离散型分布

伯努利分布
$0 < p < 1$

$f(x) = p^x(1-p)^{1-x}, \quad x = 0, 1$

$M(t) = 1 - p + pe^t, \quad -\infty < t < \infty$

$\mu = p, \quad \sigma^2 = p(1-p)$

二项分布
$b(n, p)$
$n = 1, 2, 3, \cdots$
$0 < p < 1$

$f(x) = \dfrac{n!}{x!(n-x)!} p^x(1-p)^{n-x}, \quad x = 0, 1, 2, \cdots, n$

$M(t) = (1 - p + pe^t)^n, \quad -\infty < t < \infty$

$\mu = np, \quad \sigma^2 = np(1-p)$

几何分布
$0 < p < 1$

$f(x) = (1-p)^{x-1}p, \quad x = 1, 2, 3, \cdots$

$M(t) = \dfrac{pe^t}{1 - (1-p)e^t}, \quad t < -\ln(1-p)$

$\mu = \dfrac{1}{p}, \quad \sigma^2 = \dfrac{1-p}{p^2}$

超几何分布
$N_1 > 0, \quad N_2 > 0$
$N = N_1 + N_2$
$1 \leqslant n \leqslant N_1 + N_2$

$f(x) = \dfrac{\dbinom{N_1}{x}\dbinom{N_2}{n-x}}{\dbinom{N}{n}}, \quad x \leqslant n, \, x \leqslant N_1, \, n - x \leqslant N_2$

$\mu = n\left(\dfrac{N_1}{N}\right), \quad \sigma^2 = n\left(\dfrac{N_1}{N}\right)\left(\dfrac{N_2}{N}\right)\left(\dfrac{N-n}{N-1}\right)$

负二项分布
$0 < p < 1$
$r = 1, 2, 3, \cdots$

$f(x) = \dbinom{x-1}{r-1}p^r(1-p)^{x-r}, \quad x = r, r+1, r+2, \cdots$

$M(t) = \dfrac{(pe^t)^r}{[1 - (1-p)e^t]^r}, \quad t < -\ln(1-p)$

$\mu = r\left(\dfrac{1}{p}\right), \quad \sigma^2 = \dfrac{r(1-p)}{p^2}$

泊松分布
$\lambda > 0$

$f(x) = \dfrac{\lambda^x e^{-\lambda}}{x!}, \quad x = 0, 1, 2, \cdots$

$M(t) = e^{\lambda(e^t - 1)}, \quad -\infty < t < \infty$

$\mu = \lambda, \quad \sigma^2 = \lambda$

均匀分布
$m = 1, 2, 3, \cdots$

$f(x) = \dfrac{1}{m}, \quad x = 1, 2, \cdots, m$

$\mu = \dfrac{m+1}{2}, \quad \sigma^2 = \dfrac{m^2 - 1}{12}$

连续型分布

贝塔分布
$\alpha > 0$
$\beta > 0$

$$f(x) = \frac{\Gamma(\alpha + \beta)}{\Gamma(\alpha)\Gamma(\beta)} x^{\alpha-1}(1-x)^{\beta-1}, \quad 0 < x < 1$$

$$\mu = \frac{\alpha}{\alpha + \beta}, \quad \sigma^2 = \frac{\alpha\beta}{(\alpha + \beta + 1)(\alpha + \beta)^2}$$

卡方分布
$\chi^2(r)$
$r = 1, 2, \ldots$

$$f(x) = \frac{1}{\Gamma(r/2)2^{r/2}} x^{r/2-1} e^{-x/2}, \quad 0 < x < \infty$$

$$M(t) = \frac{1}{(1 - 2t)^{r/2}}, \quad t < \frac{1}{2}$$

$$\mu = r, \quad \sigma^2 = 2r$$

指数分布
$\theta > 0$

$$f(x) = \frac{1}{\theta} e^{-x/\theta}, \quad 0 < x < \infty$$

$$M(t) = \frac{1}{1 - \theta t}, \quad t < \frac{1}{\theta}$$

$$\mu = \theta, \quad \sigma^2 = \theta^2$$

伽马分布
$\alpha > 0$
$\theta > 0$

$$f(x) = \frac{1}{\Gamma(\alpha)\theta^\alpha} x^{\alpha-1} e^{-x/\theta}, \quad 0 < x < \infty$$

$$M(t) = \frac{1}{(1 - \theta t)^\alpha}, \quad t < \frac{1}{\theta}$$

$$\mu = \alpha\theta, \quad \sigma^2 = \alpha\theta^2$$

正态分布
$N(\mu, \sigma^2)$
$-\infty < \mu < \infty$
$\sigma > 0$

$$f(x) = \frac{1}{\sigma\sqrt{2\pi}} e^{-(x-\mu)^2/2\sigma^2}, \quad -\infty < x < \infty$$

$$M(t) = e^{\mu t + \sigma^2 t^2/2}, \quad -\infty < t < \infty$$

$$E(X) = \mu, \quad \mathrm{Var}(X) = \sigma^2$$

均匀分布
$U(a, b)$
$-\infty < a < b < \infty$

$$f(x) = \frac{1}{b - a}, \quad a \leqslant x \leqslant b$$

$$M(t) = \frac{e^{tb} - e^{ta}}{t(b - a)}, \quad t \neq 0; \quad M(0) = 1$$

$$\mu = \frac{a + b}{2}, \quad \sigma^2 = \frac{(b - a)^2}{12}$$

置信区间

参数	假定	端点
μ	$N(\mu, \sigma^2)$ 或者 n 足够大，σ^2 已知	$\bar{x} \pm z_{\alpha/2} \dfrac{\sigma}{\sqrt{n}}$
μ	$N(\mu, \sigma^2)$ σ^2 未知	$\bar{x} \pm t_{\alpha/2}(n-1) \dfrac{s}{\sqrt{n}}$
$\mu_X - \mu_Y$	$N(\mu_X, \sigma_X^2)$ $N(\mu_Y, \sigma_Y^2)$ σ_X^2, σ_Y^2 已知	$\bar{x} - \bar{y} \pm z_{\alpha/2} \sqrt{\dfrac{\sigma_X^2}{n_X} + \dfrac{\sigma_Y^2}{n_Y}}$
$\mu_X - \mu_Y$	方差未知， 大样本	$\bar{x} - \bar{y} \pm z_{\alpha/2} \sqrt{\dfrac{s_X^2}{n_X} + \dfrac{s_Y^2}{n_Y}}$
$\mu_X - \mu_Y$	$N(\mu_X, \sigma_X^2)$ $N(\mu_Y, \sigma_Y^2)$ $\sigma_X^2 = \sigma_Y^2$, 未知	$\bar{x} - \bar{y} \pm t_{\alpha/2}(n_X + n_Y - 2) s_P \sqrt{\dfrac{1}{n_X} + \dfrac{1}{n_Y}}$, $s_P = \sqrt{\dfrac{(n_X - 1)s_X^2 + (n_Y - 1)s_Y^2}{n_X + n_Y - 2}}$
$\mu_D = \mu_X - \mu_Y$	X 和 Y 正态分布， 相互独立	$\bar{d} \pm t_{\alpha/2}(n-1) \dfrac{s_D}{\sqrt{n}}$
σ^2	$N(\mu, \sigma^2)$	$\dfrac{(n-1)s^2}{\chi_{\alpha/2}^2(n-1)}, \dfrac{(n-1)s^2}{\chi_{1-\alpha/2}^2(n-1)}$
$\dfrac{\sigma_X^2}{\sigma_Y^2}$	$N(\mu_X, \sigma_X^2)$ $N(\mu_Y, \sigma_Y^2)$	$\dfrac{s_X^2/s_Y^2}{F_{\alpha/2}(n_X - 1, n_Y - 1)}, F_{\alpha/2}(n_Y - 1, n_X - 1) \dfrac{s_X^2}{s_Y^2}$
p	$b(n, p)$ n 足够大	$\dfrac{y}{n} \pm z_{\alpha/2} \sqrt{\dfrac{(y/n)(1 - y/n)}{n}}$
$p_1 - p_2$	$b(n_1, p_1)$ $b(n_2, p_2)$	$\dfrac{y_1}{n_1} - \dfrac{y_2}{n_2} \pm z_{\alpha/2} \sqrt{\dfrac{\hat{p}_1(1 - \hat{p}_1)}{n_1} + \dfrac{\hat{p}_2(1 - \hat{p}_2)}{n_2}}$, $\hat{p}_1 = y_1/n_1, \ \hat{p}_2 = y_2/n_2$

假 设 检 验

假设	假定	临界区域

$H_0: \mu = \mu_0$
$H_1: \mu > \mu_0$

$N(\mu, \sigma^2)$ 或者 n 足够大，σ^2 已知

$$z = \frac{\bar{x} - \mu_0}{\sigma/\sqrt{n}} \geqslant z_\alpha$$

$H_0: \mu = \mu_0$
$H_1: \mu > \mu_0$

$N(\mu, \sigma^2)$
σ^2 未知

$$t = \frac{\bar{x} - \mu_0}{s/\sqrt{n}} \geqslant t_\alpha(n-1)$$

$H_0: \mu_X - \mu_Y = 0$
$H_1: \mu_X - \mu_Y > 0$

$N(\mu_X, \sigma_X^2)$
$N(\mu_Y, \sigma_Y^2)$
σ_X^2, σ_Y^2 已知

$$z = \frac{\bar{x} - \bar{y} - 0}{\sqrt{\sigma_X^2/n_X + \sigma_Y^2/n_Y}} \geqslant z_\alpha$$

$H_0: \mu_X - \mu_Y = 0$
$H_1: \mu_X - \mu_Y > 0$

方差未知，
大样本

$$z = \frac{\bar{x} - \bar{y} - 0}{\sqrt{s_X^2/n_X + s_Y^2/n_Y}} \geqslant z_\alpha$$

$H_0: \mu_X - \mu_Y = 0$
$H_1: \mu_X - \mu_Y > 0$

$N(\mu_X, \sigma_X^2)$
$N(\mu_Y, \sigma_Y^2)$
$\sigma_X^2 = \sigma_Y^2$, 未知

$$t = \frac{\bar{x} - \bar{y} - 0}{s_P\sqrt{1/n_X + 1/n_Y}} \geqslant t_\alpha(n_X + n_Y - 2)$$

$$s_P = \sqrt{\frac{(n_X - 1)s_X^2 + (n_Y - 1)s_Y^2}{n_X + n_Y - 2}}$$

$H_0: \mu_D = \mu_X - \mu_Y = 0$
$H_1: \mu_D = \mu_X - \mu_Y > 0$

X 和 Y 正态分布，相互独立

$$t = \frac{\bar{d} - 0}{s_D/\sqrt{n}} \geqslant t_\alpha(n-1)$$

$H_0: \sigma^2 = \sigma_0^2$
$H_1: \sigma^2 > \sigma_0^2$

$N(\mu, \sigma^2)$

$$\chi^2 = \frac{(n-1)s^2}{\sigma_0^2} \geqslant \chi_\alpha^2(n-1)$$

$H_0: \sigma_X^2/\sigma_Y^2 = 1$
$H_1: \sigma_X^2/\sigma_Y^2 > 1$

$N(\mu_X, \sigma_X^2)$
$N(\mu_Y, \sigma_Y^2)$

$$F = \frac{s_X^2}{s_Y^2} \geqslant F_\alpha(n_X - 1, n_Y - 1)$$

$H_0: p = p_0$
$H_1: p > p_0$

$b(n, p)$
n 足够大

$$z = \frac{y/n - p_0}{\sqrt{p_0(1 - p_0)/n}} \geqslant z_\alpha$$

$H_0: p_1 - p_2 = 0$
$H_1: p_1 - p_2 > 0$

$b(n_1, p_1)$
$b(n_2, p_2)$

$$z = \frac{y_1/n_1 - y_2/n_2 - 0}{\sqrt{\left(\dfrac{y_1 + y_2}{n_1 + n_2}\right)\left(1 - \dfrac{y_1 + y_2}{n_1 + n_2}\right)\left(\dfrac{1}{n_1} + \dfrac{1}{n_2}\right)}} \geqslant z_\alpha$$

统计学精品译丛

（原书第10版）

概率论与统计推断

Probability and Statistical Inference

(Tenth Edition)

罗伯特·V. 霍格（Robert V. Hogg）

[美] 艾略特·A. 塔尼斯（Elliot A. Tanis）　　著

戴尔·L. 齐默曼（Dale L. Zimmerman）

王璐　马锋　徐昌贵　张兴元　卢鹏　袁代林

赵春明　王沁　杨颖惠　任芮彬　曾荣强　　　译

机械工业出版社

China Machine Press

图书在版编目（CIP）数据

概率论与统计推断：原书第 10 版 /（美）罗伯特·V. 霍格（Robert V. Hogg），（美）艾略特·A. 塔尼斯（Elliot A. Tanis），（美）戴尔·L. 齐默曼（Dale L. Zimmerman）著；王璐等译 . -- 北京：机械工业出版社，2022.1

（统计学精品译丛）

书名原文：Probability and Statistical Inference, Tenth Edition

ISBN 978-7-111-70099-9

I. ①概…　II. ①罗…　②艾…　③戴…　④王…　III. ①概率论 - 高等学校 - 教材　②统计推断 - 高等学校 - 教材　IV. ① O211 ② O212

中国版本图书馆 CIP 数据核字（2022）第 017332 号

北京市版权局著作权合同登记　图字：01-2020-4216 号。

Authorized translation from the English language edition, entitled *Probability and Statistical Inference, Tenth Edition*, ISBN: 978-0135189399, by Robert V. Hogg, Elliot A. Tanis, Dale L. Zimmerman, published by Pearson Education, Inc., Copyright © 2020, 2015, 2010.

本书由经验丰富的统计学家撰写，全面介绍概率论和统计推断的核心内容，强化基本数学概念，同时辅以大量现实示例和应用，帮助读者了解这些重要概念之间的关系，从而更好地建立概率模型，做出更好的推断和决策 . 本书涵盖概率和统计两方面的知识：第 1~5 章主要介绍概率及概率分布，包括离散数据、顺序统计量、多元分布和正态分布；第 6~9 章侧重统计和统计推断，包括区间估计、贝叶斯估计、统计假设检验和质量改进方法 .

本书可以作为高等院校本科概率与统计相关课程的教材，也可供工程技术人员参考使用 .

出版发行：机械工业出版社（北京市西城区百万庄大街 22 号　邮政编码：100037）

责任编辑：王春华　　　　　　　　　　　　　　责任校对：殷　虹

印　　刷：三河市宏达印刷有限公司　　　　　　版　　次：2022 年 3 月第 1 版第 1 次印刷

开　　本：186mm×240mm　1/16　　　　　　　印　　张：32.75（含 0.25 印张插页）

书　　号：ISBN 978-7-111-70099-9　　　　　　定　　价：159.00 元

客服电话：(010) 88361066　88379833　68326294　　　投稿热线：(010) 88379604

华章网站：www.hzbook.com　　　　　　　　　　　读者信箱：hzjsj@hzbook.com

译 者 序

本书是由培生教育出版集团出版的一部经典的概率论与统计推断教材，到目前为止已经修订到第 10 版. 三位作者 Robert V. Hogg（已逝世）、Elliot A. Tanis 和 Dale L. Zimmerman 均是有着丰富研究与教学经验的统计学家. 本书共分成 9 章，其中前 5 章主要关于概率知识，包括以下主题：条件概率、独立性、贝叶斯定理、离散分布和连续分布，以及包括矩母函数的数学期望、涉及边际分布和条件分布的二元分布、相关性、随机变量函数及其分布、中心极限定理和切比雪夫不等式. 本版新增了超几何分布、偏态指数、期望和方差的全概率定律等. 后 4 章主要讨论统计推断，既保留了之前版本的主题，包括描述性统计和顺序统计量、点估计（包括极大似然和矩估计法）、充分统计量、贝叶斯估计、简单线性回归、区间估计和假设检验，又新增了在百分位数拟合法和极大似然估计量的不变性方面的内容、方差的假设检验、重抽样方法（特别是自助法）、一般析因设计的方差分析和统计质量控制等. 同时本版新增不少于 25 个例子和 75 道练习.

本书中提到的统计方法可以运用在许多领域中. 而且在每一章的最后，作者都给出一些有趣的历史评论，这些评论是非常有意义的. 本书的数据集可以从 Pearson 学生资源网站下载. 本书的部分数值习题可用 Maple 求解，其中一些习题利用了 Maple 作为计算机代数系统的功能.

本书在欧美是一本流行的概率论与统计推断教材，许多高校用它作为高年级本科生或者研究生的教材. 希望本书中文版的出版能够对国内概率与统计方面的教学与研究提供一定的帮助.

参与本书翻译的还有曾青、洪嫣然、张莉等同志. 此外，还要感谢许多在这本书翻译过程中给予帮助的同仁及出版社的各位编辑所做的努力. 希望我们的共同努力，能使读者对这部书的中文版本基本满意. 限于我们自身的翻译水平，书中可能会有翻译不当之处，希望读者批评指正.

译者

前　言

在本版中，我们首先感谢罗伯特·V. 霍格对前 9 版所做的贡献. 虽然霍格博士于 2014 年 12 月 23 日逝世，但他的观点将在本书中延续. 我们感激他对我们生活和工作的影响.

内容及课程规划

本版为两个学期的课程而设计，但也适用于一个学期的课程. 对读者而言，拥有良好的微积分背景是非常必要的，但概率或统计知识不是必须的.

本版新增 25 个例子和 75 道练习. 章节的组织结构与第 9 版大致相同. 前 5 章依旧关注概率，包括条件概率、独立性、贝叶斯定理、离散分布和连续分布，以及矩母函数的数学期望、涉及边际分布和条件分布的二元分布、相关性、随机变量函数及其分布、中心极限定理和切比雪夫不等式. 我们增加了超几何分布以及之前散落在第 1 章和第 2 章中的材料. 此外，在本书的这一部分，我们添加了新主题，包括偏态指数，以及期望与方差的全概率定律. 虽然前 5 章对概率的完整覆盖对所有学生都很重要，但我们收到的反馈表明，它对准备精算学与精算考试系列的 Exam P(或北美产险精算学会的 Exam 1)的学生特别有帮助.

本书余下的 4 章主要讨论统计推断. 前一版的主题包括描述性统计和顺序统计量、点估计(包括最大似然估计法和矩估计法)、充分统计量、贝叶斯估计、简单线性回归、区间估计和假设检验. 在百分位数拟合法和最大似然估计量的不变性方面添加了新的内容，同时新增了关于方差的假设检验，包括方差和两均值差的置信区间. 我们给出均值的置信区间、两均值差的置信区间、比例的置信区间、回归系数的置信区间、无分布百分位数的置信区间，以及重抽样方法(特别是自助法). 假设检验方面的内容涵盖均值的标准检验(包括无分布检验)、方差、比例、回归系数、功效函数和样本容量、最优临界区域(奈曼-皮尔逊)和似然比检验. 在应用方面，我们在列联表中描述了拟合优度和相关的卡方检验，包括一般广义析因设计的方差分析和统计质量控制.

第一学期的课程应包含第 1~5 章的大部分内容. 第二学期的课程应包含第 1~5 章省略的内容以及第 6~9 章的大部分主题. 我们认为，多样的章节顺序可以使教师的授课足够灵活. 通常，非参数和贝叶斯方法放在书中适当的位置，而不是作为独立章节. 我们发现许多人喜欢最后一节中与统计质量控制相关的应用.

引言中提到的统计方法可以运用在许多领域中. 在每一章的最后，我们给出了一些有趣的历史评注，这些评注在过去的版本中被证明非常有价值. 书中给出的涉及标准分布的练习答案通常使用概率表计算，当然，概率表中的数据是四舍五入的，以方便印刷. 如果你使用统计软件包，得到的答案可能与表中给出的略有不同.

辅助材料

书中的数据集可从 https://www.pearson.com/math-stats-resources 下载，也可从华章公司网站下载.

包含偶数编号练习答案的练习解答手册只有使用本书作为教材的教师可以申请[⊖].

致谢

感谢我们的同事、学生和朋友提出的诸多建议，感谢他们为本书的练习和示例慷慨地提供数据. 我们要特别感谢第 9 版的审稿人——博纳旺蒂尔大学的 Maureen Cox、佐治亚大学的 Lynne Seymour、北不列颠哥伦比亚大学的 Kevin Keen、康科迪亚大学安娜堡分校的 Clifford Taylor、西肯塔基大学的 Melanie Autin、道格拉斯学院的 Aubie Anisef、曼菲斯大学的 Manohar Aggarwal、堪萨斯大学的 Joseph Huber、亚什兰大学的 Christopher Swanson，他们为这个版本提供了宝贵的建议. 艾奥瓦州中央学院的 Mark Mills、艾奥瓦大学的 Matthew Bognar、利博帝大学的 David Schweitzer 也给出了很多有益的评论. 艾奥瓦大学的 Hongda Zhang 为一些新的练习提供了答案. 还要感谢文字编辑 Jody Callahan 和校对 Kyle Siegrist 的出色工作，以及艾奥瓦大学和霍普学院提供的办公空间. 最后，在本书的准备过程中，得到了家人的理解与支持. 特别要感谢我们各自的妻子 Elaine 和 Bridget，感谢她们的耐心和爱.

艾略特·A. 塔尼斯

tanis@hope.edu

戴尔·L. 齐默曼

dale-zimmerman@uiowa.edu

⊖ 关于教辅资源，仅提供给采用本书作为教材的教师用作课堂教学，布置作业，发布考试等用途。如有需要的教师，请直接联系 Pearson 北京办公室查询并填表申请。联系邮箱：Copub.Hed@pearson.com. ——编辑注

引　言

　　统计学研究的是数据的收集和分析. 计算技术的进步, 特别是与科学和商业的变化相关的技术进步, 使各行各业增加了对统计学家的需求, 以应对正在收集的大量数据的检验工作. 我们知道, 数据并不等于信息. 一旦收集到数据, 统计学家就迫切想要理解它们. 也就是说, 必须对数据进行分析, 以便为做出决策提供依据. 鉴于这一巨大的需求, 统计学科的机遇比以往任何时候都要大, 而且特别需要更多聪明的年轻人从事统计科学工作.

　　如果我们考虑数据起主要作用的领域, 一个列表无法列出, 这些领域包括: 会计学、精算学、大气科学、生物科学、经济学、教育测量学、环境科学、流行病学、金融学、遗传学、制造学、市场学、医学、制药工业、心理学、社会学、体育, 等等. 因为统计学在所有这些领域都很有用, 所以它真的应该作为一门应用科学来讲授. 然而, 要在这样一门应用科学中走得更远, 就必须理解为研究中的每种情况创建模型的重要性. 现在, 没有一个模型是完全正确的, 但是有一些作为对真实情况的近似是非常有用的. 正确地应用统计学中最合适的模型需要一定的概率方面的数学背景. 因此, 虽然示例和练习中提到了应用, 但本书实际上提供了关于统计推断所必需的概率模型的评估需要的数学知识.

　　从某种意义上说, 统计技术是科学方法的核心. 所做的观察表明存在猜想, 然后对猜想进行测试, 对数据进行收集和分析, 提供有关猜想的真相的信息. 有时猜想得到了数据的支持, 但通常需要对猜想进行修改, 且必须收集更多的数据来测试修改, 等等. 显然, 在这个迭代过程中, 统计起着重要的作用, 它强调对实验进行恰当的设计和分析, 以据此做出推断和决策. 统计提供了与采取某些行动有关的信息, 包括改进制成品、提供更好的服务、销售新产品或服务、预测能源需求、更好地对疾病进行分类等.

　　统计学家认识到他们的推断经常出现错误, 他们试图量化这些错误的概率, 并使其尽可能小. 这些不确定性的存在是由于数据的多变性, 即使实验在看似相同的条件下重复进行, 结果也会因实验而异. 鉴于这种不确定性, 统计学家试图以最好的方式总结数据, 解释统计估计的误差结构.

　　变化几乎无处不在, 所以这是一个需要学习的重要课程. 统计学家的工作是理解变化. 通常, 就像制造业一样, 人们的愿望是减少变化, 使产品更加一致. 换句话说, 如果通过使每扇车门更接近其目标值来减少变化, 那么在汽车制造中汽车门将适配得更好.

　　任何学习统计学的学生都应该理解可变性的本质, 以及创建这种可变性的概率模型的必要性. 面对这种不确定性, 我们不可避免要进行推断和决策. 但是, 这些推断和决策在很大程度上受到所选择的概率模型的影响. 有些人更善于建立模型, 因此会做出更好的推断和决策. 每一个统计模型所需要的假设都得到了仔细的检验, 希望读者能成为更好的模型构建者.

最后, 我们必须提到现代统计分析是如何依赖于计算机的. 统计学家和计算机科学家在探索性数据分析和"数据挖掘"领域的合作越来越多. 统计软件开发在今天是至关重要的, 因为在复杂的数据分析中需要最好的统计软件. 鉴于这两个领域之间的关系日益密切, 建议有兴趣的学生大量选修统计学和计算机科学方面的课程.

职场与研究生项目对统计学或计算机科学专业的学生的需求量很大. 显然, 他们可以获得统计学或计算机科学的更高学位, 或者双学位. 更重要的是, 他们是精算科学、工业工程、金融、市场营销、会计、管理科学、心理学、经济学、法律、社会学、医学、健康科学等领域研究生的理想人选. 由于如此多的领域已经被"数学化", 因此急需统计学或计算机科学专业的学生. 通常, 这些学生在其他领域也能成为"明星", 大有作为. 真诚希望我们能激发学生对统计学的研究兴趣. 如果学生这样做了, 会发现事业成功的机会数不胜数.

目　　录

第1章 概 率

1.1 概率的性质

通常很难向公众解释统计学家的所作所为. 许多人认为我们这些"数学书呆子"似乎喜欢处理数字, 而且还有一些支持这种观点的证据. 但如果我们从长远考虑, 许多人都会认识到, 统计学家在许多调查中其实是非常有帮助的.

考虑以下几点:

1. 统计学家需要考虑一些问题或情况, 因此经常被要求与研究人员或研究科学家合作.

2. 假设需要一些测量帮助我们更好地了解情况. 测量问题通常都非常困难, 并且设计好的测量方法是一项非常有用的技巧. 举一个例子, 在高等教育中, 我们如何衡量什么是好的教学? 这是一个我们没有找到满意答案的问题, 尽管学生评价等多种方法在过去都曾经被使用过.

3. 测量方法设计完成后, 我们必须通过观察来收集数据. 这些数据可能是调查的结果, 也可能是实验的结果.

4. 统计学家使用这些数据, 并且通常使用描述性统计和图形方法来展示结果.

5. 然后用这些资料来分析情况. 在这里, 统计学家有可能做出所谓的统计推断.

6. 最后, 提交一份报告, 以及基于数据分析得到的一些建议. 大多数情况下, 建议可能是要求再次进行调查或实验, 并且可能会改变一些涉及的问题或因素. 统计在所涉及的领域通常是被作为科学方法而使用, 对数据的分析结果往往表明需要进一步的实验. 因此, 科学家在寻找问题的答案时必须充分考虑不同的可能性, 从而一而再再而三地进行类似的实验.

统计学科涉及数据的收集和分析. 进行测量时, 即使在相同的条件下, 测量结果通常也是变化的. 尽管存在这种可变性, 但统计学家试图找到一种模式. 然而因为"噪声", 并非所有数据都符合这种模式. 面对变化, 统计学家仍然必须确定描述模式的最佳方式. 因此统计学家知道, 在数据分析中会犯错误, 他们会尽可能减少这些错误, 然后对可能的错误给出界限. 通过考虑这些界限, 决策者可以确定他们对数据和数据分析有多大的信心. 如果界限很宽, 也许应收集更多的数据. 但是, 如果界限是狭窄的, 参与这项研究的人可能想要做出决定并据此进行.

变化无常是生活的事实, 恰当的统计方法可以帮助我们理解在固有变化下收集的数据. 因为这种变化, 必须做出许多涉及不确定性的决定. 例如, 医学研究人员的兴趣可能集中在新型腮腺炎疫苗的有效性上; 农学家必须确定产量的增加是否可以归因于新的小麦品种; 气象学家对预测降雨的概率感兴趣; 立法机关必须确定降低车速的限制是否会使得事故减少; 大学的招生部门必须预测新生在大学里的表现; 生物学家对鸟型离合器的尺寸感兴趣；经济学家希望估计失业率；环保主义者测试新的控制措施是否能减少污染；等等.

在审查上述(相对较短)可能的统计应用领域清单时，读者应该认识到，好的统计数据与周密的调查密切相关. 举例来说，学生应该理解统计是如何在科学方法的无限循环中使用的. 我们观察并提出问题，我们运行实验并收集阐明这些问题的数据，我们分析数据，并将结果与我们以前的想法进行比较，我们不断地提出新的问题. 或者如果你喜欢，统计数据显然是重要的"计划-学习-行动"周期的一部分：提出问题、制定计划、进行调查. 对所得数据进行研究、分析，然后采取行动，并经常提出新的问题.

统计包括许多方面. 有些人对通过收集数据和试图使他们的观察有意义感兴趣. 在某些情况下，答案显而易见，很少需要统计方法的培训. 但如果一个人在调查中走得很远，他很快会意识到需要一些理论，以帮助描述各种变化的模式. 也就是说，需要使用适当的概率和数学模型对复杂的数据集做出解释. 统计方法所依据的统计和概率基础可以提供模型帮助人们做到这一点. 因此，在本书中，我们更关注统计的数学方面而非应用. 尽管如此，我们仍然提供了足够的实例，让读者可以很好地理解一些重要的统计应用方法.

在统计学的研究中，我们考虑的实验的结果是不能精确预测的，这样的实验称为**随机实验**. 尽管随机实验的具体结果在实验进行之前是未知的，但是所有可能出现的结果却是已知的，是可以描述的，也许还可以列举. 实验所有可能的结果构成的集合用 S 表示，称为**样本空间**. 给出一个样本空间 S，设 A 是 S 的一个子集，即 $A \subset S$，那么称 A 是一个**事件**.

当随机实验进行时，如果实验的结果是 A，我们就说**事件 A 发生了**.

在研究概率时，集和事件是可以互换的，所以读者可以复习一下**集合代数**. 这里我们提醒读者下面的一些术语：

- $\varnothing$ 表示**空**或**空集**；
- $A \subset B$ 表示 A 是 B 的**子集**；
- $A \cup B$ 表示 A 和 B 的**并集**；
- $A \cap B$ 表示 A 和 B 的**交集**；
- A' 表示 A 的**补集**(即不在 A 中的 S 中的所有元素).

图 1.1-1 中的阴影区域描绘了其中一些集合，其中 S 为矩形的内部. 这样的图称为**维恩图**.

统计学家经常使用的与事件相关的术语包括以下内容：

1. $A_1, A_2, \cdots, A_k$ 是**不相容事件**，意思是 $A_i \cap A_j = \varnothing$，$i \neq j$，即 $A_1, A_2, \cdots, A_k$ 是互不相交的集合；

2. $A_1, A_2, \cdots, A_k$ 是**穷举事件**(exhaustive event)，意思是 $A_1 \cup A_2 \cup \cdots \cup A_k = S$.

所以，如果 $A_1, A_2, \cdots, A_k$ 是**不相容事件**，且是**穷举事件**，则有 $A_i \cap A_j = \varnothing$，$i \neq j$，且 $A_1 \cup A_2 \cup \cdots \cup A_k = S$.

集合运算满足几个性质. 例如，如果 A，B 和 C 都是 S 的子集，则我们有以下性质：

交换律

$$A \cup B = B \cup A$$
$$A \cap B = B \cap A$$

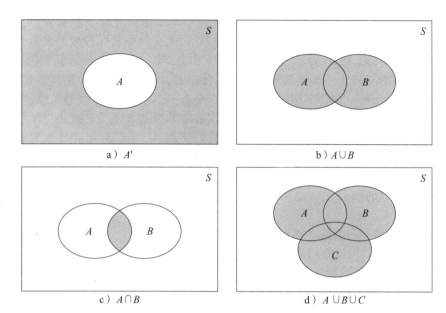

a）A'

b）$A \cup B$

c）$A \cap B$

d）$A \cup B \cup C$

图 1.1-1　集合代数

结合律

$$(A \cup B) \cup C = A \cup (B \cup C)$$
$$(A \cap B) \cap C = A \cap (B \cap C)$$

分配律

$$A \cap (B \cup C) = (A \cap B) \cup (A \cap C)$$
$$A \cup (B \cap C) = (A \cup B) \cap (A \cup C)$$

德·摩根定律

$$(A \cup B)' = A' \cap B'$$
$$(A \cap B)' = A' \cup B'$$

维恩图将被用来证明德·摩根的第一条定律是正确的. 在图 1.1-2a 中，$A \cup B$ 是由水平线表示的区域，因此 $(A \cup B)'$ 是由垂直线表示的区域. 在图 1.1-2b 中，A' 用水平线表示，B' 用垂直线表示. 一个元素如果同时属于 A' 和 B'，那么它属于 $A' \cap B'$. 因此，交叉阴影区域代表 $A' \cap B'$. 显然，这个交叉阴影区域与图 1.1-2a 中用垂直线表示的阴影区域相同.

我们感兴趣的是如何定义事件 A 的概率，它由 $P(A)$ 表示，也称为事件 A 发

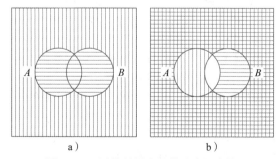

a）　　　　　　b）

图 1.1-2　用维恩图表示德·摩根定律

生的可能性. 为了帮助我们理解什么是事件 A 的概率, 考虑重复做一个实验很多次, 比如说, n 次. 我们称之为**重复实验**. 计算事件 A 在整个 n 次实验中实际发生的次数, 这个次数叫作事件 A 的频率, 用 $\mathcal{N}(A)$ 表示. 比值 $\mathcal{N}(A)/n$ 称为事件 A 在这 n 次重复实验中出现的**相对频率**. 相对频率对于较小的 n 值通常是非常不稳定的, 但它会随着 n 的增加而趋于稳定. 这暗示我们将事件 A 与一个数字相联系——比如 p——它等于相对频率趋于稳定的数字. 这个数字 p 可以视为事件 A 的相对频率在未来的实验中将接近的数字. 因此, 尽管我们无法准确预测一次随机实验出现的结果, 但是如果我们知道 p, 那么对于比较大的 n 值, 我们就可以相当准确地预测事件 A 的相对频率. 数字 p 称为事件 A 的**概率**, 用 $P(A)$ 表示. 也就是说, $P(A)$ 表示当实验次数趋于无穷时事件 A 的相对频率的极限, 它是事件 A 的固有属性.

下面的例子有助于说明刚才的想法.

例 1.1-1 将一个均匀的六面骰子掷 6 次. 如果第 k 次掷的结果恰好是数字 k, $k=1,2,\cdots,6$, 那么我们就说发生了一次匹配. 如果在 6 次实验中至少发生了一次匹配, 则称实验成功; 否则, 称实验失败. 样本空间为 $S=\{成功, 失败\}$. 记 $A=\{成功\}$. 我们希望为 $P(A)$ 确定一个值. 因此, 这个实验在计算机上被模拟了 500 次. 图 1.1-3 描述了这一模拟的结果, 下表汇总了一些数字结果:

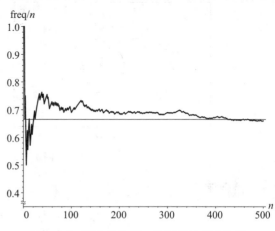

图 1.1-3 至少发生了一次匹配的实验比例

n	$\mathcal{N}(A)$	$\mathcal{N}(A)/n$
50	37	0.740
100	69	0.690
250	172	0.688
500	330	0.660

事件 A 的概率等于多少? 实验的结果在直观上并不明显, 但在例 1.4-6 中将表明 $P(A)=1-(1-1/6)^6=0.665$. 模拟的结果肯定是支持这个结论的(尽管没有得到证明). ■

例 1.1-1 表明, 有时候, 直觉不能用于计算概率, 尽管模拟可能有助于我们根据经验计算概率. 下一个例子说明直觉什么时候可以帮助我们计算一个事件的概率.

例 1.1-2 在平铺的地板上随机抛出直径为 2 英寸(1 英寸 = 2.54 厘米)的圆盘, 每块瓷砖是一个边长为 4 英寸的正方形. 设 C 表示事件"圆盘完全落在一块瓷砖上". 为了计算 $P(C)$ 的值, 考虑圆盘的中心. 中心必须位于哪个区域才能确保圆盘完全位于一块瓷砖上呢? 如果你画一幅画, 应该很清楚, 中心必须位于边长为 2 的一个正方形内, 并且其中心与瓷砖的中心重合. 因为这个正方形的面积是 4, 并且瓷砖的面积是 16, 所以 $P(C)=4/16$. ■

有时, 实验的性质使得 A 的概率可以轻松被计算. 例如, 随机选择一个三位整数, 假设 1000 个可能的三位数字都有相同的机会被选中, 即 $1/1000$. 如果我们令 $A=\{233, 323, 332\}$,

那么 $P(A) = 3/1000$. 或者如果我们令 $B = \{234, 243, 324, 342, 423, 432\}$，那么 $P(B) = 6/1000$. 在其他很多情况，得到一个事件的概率并不是如此简单，就像例 1.1-1 一样.

因此，我们希望将事件 A 的概率 $P(A)$ 与 n 趋向于无穷大时的相对频率 $\mathcal{N}(A)/n$ 相关联. 像 $P(A)$ 这样以集合 A 作为变量的函数称为**集合函数**. 在本节中，我们将考虑概率集合函数 $P(A)$，并讨论它的一些性质. 随后我们将描述如何定义特定实验的概率集合函数.

为了确定概率集合函数 $P(A)$ 应该满足哪些属性，先考虑相对频率 $\mathcal{N}(A)/n$ 所具有的性质. 例如，$\mathcal{N}(A)/n$ 总是非负的. 如果 $A = S$ 为样本空间，那么每次的实验结果将始终属于 S，因此 $\mathcal{N}(S)/n = 1$. 此外，如果 A 和 B 是两个不相容的事件，则 $\mathcal{N}(A \cup B)/n = \mathcal{N}(A)/n + \mathcal{N}(B)/n$. 希望这些结论有助于得到以下定义.

定义 1.1-1　概率是一个实值集合函数 P，它为每个包含于样本空间 S 的事件 A 确定一个称为事件 A 的概率的值 $P(A)$，满足以下性质：

（a）$P(A) \geqslant 0$；

（b）$P(S) = 1$；

（c）如果 $A_1, A_2, A_3 \cdots$ 是事件，并且 $A_i \cap A_j = \varnothing$，$i \neq j$，那么对于每个正整数 k，有

$$P(A_1 \cup A_2 \cup \cdots \cup A_k) = P(A_1) + P(A_2) + \cdots + P(A_k)$$

对于可数无穷个事件，有

$$P(A_1 \cup A_2 \cup A_3 \cup \cdots) = P(A_1) + P(A_2) + P(A_3) + \cdots$$

下面的定理给出了概率集合函数的一些其他重要性质. 在考虑这些定理时，理解这些定理及其证明是很重要的. 但是，如果读者还停留在相对频率的概念上，这些定理也应该有直观的吸引力.

定理 1.1-1　对于每个事件 A，

$$P(A) = 1 - P(A')$$

证明　（参见图 1.1-1a.）我们有

$$S = A \cup A' \quad 和 \quad A \cap A' = \varnothing$$

因此，由性质（b）和（c）得到

$$1 = P(A) + P(A')$$

因此，

$$P(A) = 1 - P(A') \qquad \square$$

例 1.1-3　连续地抛一枚均匀的硬币，直到出现第一次抛的硬币的面为止. 设 $A = \{x: x = 3, 4, 5, \cdots\}$，也就是说，$A$ 表示一个需要抛三次或更多次的事件. 如何求事件 A 的概率 $P(A)$ 呢？也许最简单的方法是先求 A 的补事件 $A' = \{x: x = 2\}$ 的概率. 连续抛一枚硬币两次，可能的结果是 $\{HH, HT, TH, TT\}$，因为硬币是均匀的，所以假设出现这四种结果的机会是相等的. 因此，

$$P(A') = P(\{HH, TT\}) = \frac{2}{4}$$

从定理 1.1-1 可以得到

$$P(A) = 1 - P(A') = 1 - \frac{2}{4} = \frac{2}{4}$$

∎

定理 1.1-2 $P(\varnothing) = 0$.

证明 在定理 1.1-1 中，取 $A = \varnothing$，则 $A' = S$，因此，

$$P(\varnothing) = 1 - P(S) = 1 - 1 = 0$$

□

定理 1.1-3 如果事件 A 和 B 满足 $A \subset B$，那么 $P(A) \leqslant P(B)$

证明 因为 $A \subset B$，我们有

$$B = A \cup (B \cap A') \quad \text{和} \quad A \cap (B \cap A') = \varnothing$$

因此，由性质（a）、（c），

$$P(B) = P(A) + P(B \cap A') \geqslant P(A)$$

□

定理 1.1-4 对于每个事件 A，$P(A) \leqslant 1$.

证明 因为 $A \subset S$，根据定理 1.1-3 和性质（b），

$$P(A) \leqslant P(S) = 1$$

这就是我们要证明的结果.

□

性质（a）以及定理 1.1-4 表明，对于每个事件 A，有

$$0 \leqslant P(A) \leqslant 1$$

定理 1.1-5 如果 A 和 B 是任意两个事件，那么

$$P(A \cup B) = P(A) + P(B) - P(A \cap B)$$

证明 （参见图 1.1-1b.）事件 $A \cup B$ 可以表示为两个不相容事件的并集，即

$$A \cup B = A \cup (A' \cap B)$$

因此，由性质（c）知，

$$P(A \cup B) = P(A) + P(A' \cap B) \tag{1.1-1}$$

然而，

$$B = (A \cap B) \cup (A' \cap B)$$

这是两个不相容事件的并集. 因此，

$$P(B) = P(A \cap B) + P(A' \cap B)$$

于是

$$P(A' \cap B) = P(B) - P(A \cap B)$$

将该式代入式（1.1-1），我们得到

$$P(A \cup B) = P(A) + P(B) - P(A \cap B)$$

这就是我们要证明的结果.

□

例 1.1-4 在一定数量的男性人群中，30% 是吸烟者，40% 是肥胖者，25% 既是吸烟者又是肥胖者. 假设从这群人中随机挑选一个人，我们令事件 A 表示此人是一个吸烟者，事件 B 表示此人是一个肥胖者. 那么

$$P(A \cup B) = P(A) + P(B) - P(A \cap B) = 0.30 + 0.40 - 0.25 = 0.45$$

是指被选中的男性要么是吸烟者要么肥胖者的概率.

定理 1.1-6　如果 A，B 和 C 是任意三个事件，那么

$$P(A \cup B \cup C) = P(A) + P(B) + P(C) - P(A \cap B) - P(A \cap C) - P(B \cap C) + P(A \cap B \cap C)$$

证明　（参见图 1.1-1d.）由

$$A \cup B \cup C = A \cup (B \cup C)$$

并应用定理 1.1-5. 细节留作练习.　　　□

　　例 1.1-5　有一项关于一个团体去年在电视上观看体育赛事习惯的调查. 设 $A = \{$观看足球$\}$，$B = \{$观看篮球$\}$，$C = \{$观看棒球$\}$. 结果表明，如果从被调查者中随机选择一个人，则 $P(A) = 0.43$，$P(B) = 0.40$，$P(C) = 0.32$，$P(A \cap B) = 0.29$，$P(A \cap C) = 0.22$，$P(B \cap C) = 0.20$，$P(A \cap B \cap C) = 0.15$. 这样就可以得到

$$\begin{aligned}P(A \cup B \cup C) &= P(A) + P(B) + P(C) - P(A \cap B) - P(A \cap C) - P(B \cap C) + P(A \cap B \cap C)\\ &= 0.43 + 0.40 + 0.32 - 0.29 - 0.22 - 0.20 + 0.15 = 0.59\end{aligned}$$

它表示这个人至少看过其中一项运动的概率.

　　设样本空间 $S = \{e_1, e_2, \cdots, e_m\}$，其中每个 e_i 都是实验的可能结果. 整数 m 称为随机实验可能发生的结果总数. 如果每一个结果具有相同的发生概率，我们就说这 m 个结果是**等可能**的，即

$$P(\{e_i\}) = \frac{1}{m}, \quad i = 1, 2, \cdots, m$$

如果事件 A 包含的可能结果的数目是 h，则整数 h 称为事件 A 发生的结果数. 在这种情况下，$P(A)$ 等于事件 A 发生的结果数除以随机实验可能发生的结果总数. 也就是说，在这种结果等可能的假设下，我们有

$$P(A) = \frac{h}{m} = \frac{N(A)}{N(S)}$$

其中 $h = N(A)$ 是事件 A 出现的结果数，$m = N(S)$ 是 S 可能发生的结果数. 练习 1.1-15 考虑了这种概率计算的理论依据.

　　应该强调的是，为了说明事件 A 的概率是 h/m，我们必须假设每个结果 $e_1, e_2, \cdots, e_m$ 具有相同的概率 $1/m$. 这个假设是我们概率模型的重要组成部分. 如果在实际中这个假设不成立，那么将无法用这种方法计算事件 A 的概率. 实际上，在例 1.1-3 给出的简单情况中我们使用了这个假设，因为假设 $S = \{HH, HT, TH, TT\}$ 中每个可能的结果具有相同的观察机会似乎是恰当的.

　　例 1.1-6　从一副普通的 52 张扑克牌中随机抽出一张牌. 那么样本空间 S 就是 $m = 52$ 张不同牌的集合，可以合理地假设抽取每一张牌都有相同的概率，即 $1/52$. 因此，如果事件 A 表示抽取的结果是一张 K，那么 $P(A) = 4/52 = 1/13$，因为总共有 $h = 4$ 张 K. 也就是说，$1/13$ 是抽到一张 K 的概率，前提是抽到 52 张牌中任意一张的概率均相同.

　　在例 1.1-6 中，计算非常简单，因为在确定 h 和 m 的值时没有任何困难. 但是，如果不是只抽一张牌，而是随机无放回地抽取 13 张，那么我们可以将每一个可能的 13 张牌看作是样本空间中的结果，并且合理地假设每个结果都有相同的概率. 例如，如果事件 A 表示

抽到了 7 张黑桃和 6 张红心,那么我们必须能够计算出所有这 7 张黑桃和 6 张红心的 h 数,以及所有可能的 13 张牌的总数 m. 对这些更复杂的情况,我们需要更好的方法来确定 h 和 m. 我们将在 1.2 节讨论其中的一些计算方法.

练习

1.1-1 在一组受伤的患者中,28% 的患者同时做理疗和脊椎按摩,另有 8% 的患者这两个都没做. 如果一个患者做理疗的概率比做脊椎按摩的概率大 16%,那么从这个小组随机选择一个人,他去做理疗的概率是多少?

1.1-2 一家保险公司检查汽车保险时发现:(a) 所有客户至少投保一辆车;(b) 85% 的客户投保了多辆车;(c) 23% 的客户投保了跑车;(d) 17% 的客户投保了多辆车,且其中至少一辆是跑车. 求客户只投保一辆车且不是跑车的概率.

1.1-3 从一副标准牌中随机抽取一张. 样本空间 S 是 52 张牌的集合. 假设样本空间 52 个结果中每一个结果的概率都是 1/52. 记

$A = \{x : x \text{ 是 J、Q 或 K}\}$

$B = \{x : x \text{ 是 9、10 或 J,且是红色牌}\}$

$C = \{x : x \text{ 的花色是梅花}\}$

$D = \{x : x \text{ 的花色是方块、红心或黑桃}\}$

求 (a) $P(A)$,(b) $P(A \cap B)$,(c) $P(A \cup B)$,(d) $P(C \cup D)$,(e) $P(C \cap D)$.

1.1-4 抛一枚均匀硬币 4 次,观察出现正面和反面的序列.

(a) 列出样本空间 S 的所有 16 个序列.

(b) 记事件 $A = \{$至少 3 次正面$\}$,$B = \{$最多 2 次正面$\}$,$C = \{$第三次抛出正面$\}$,$D = \{1$ 次正面,3 次反面$\}$. 如果样本空间 16 个结果中每一个结果的概率都是 1/16,求 (i) $P(A)$,(ii) $P(A \cap B)$,(iii) $P(B)$,(iv) $P(A \cap C)$,(v) $P(D)$,(vi) $P(A \cup C)$,(vii) $P(B \cap D)$.

1.1-5 考虑连续掷一个六面骰子,直到掷出 3 点的实验. 令 A 表示在第一次实验中掷出 3 点这一事件. 令 B 表示至少需要进行两次实验才掷出 3 点这一事件. 假设出现任何一面的概率都为 1/6,求 (a) $P(A)$,(b) $P(B)$,(c) $P(A \cup B)$.

1.1-6 如果 $P(A) = 0.5$,$P(B) = 0.6$,$P(A \cap B) = 0.4$,求 (a) $P(A \cup B)$,(b) $P(A \cap B')$,(c) $P(A' \cup B')$.

1.1-7 假设 $P(A \cup B) = 0.76$,$P(A \cup B') = 0.87$,求 $P(A)$.

1.1-8 在访问保健医师办公室的人中,既不是来自实验室也不是转诊的概率是 0.21. 这些来该办公室的人中,来自实验室的概率为 0.41,转诊的概率为 0.53. 问同时是来自实验室和转诊的概率是多少?

1.1-9 掷一个六面骰子三次. 令 $A_1 = \{$第一次掷的是 1 或 2 点$\}$,$A_2 = \{$第二次掷的是 3 或 4 点$\}$,$A_3 = \{$第三次掷的是 5 或 6 点$\}$. 假设 $P(A_i) = 1/3$,$i = 1,2,3$;$P(A_i \cap A_j) = (1/3)^2$,$i \neq j$;$P(A_1 \cap A_2 \cap A_3) = (1/3)^3$.

(a) 利用定理 1.1-6 求 $P(A_1 \cup A_2 \cup A_3)$.

(b) 证明 $P(A_1 \cup A_2 \cup A_3) = 1 - (1 - 1/3)^3$.

1.1-10 证明定理 1.1-6.

1.1-11 一个典型的赌场用的轮盘赌有 38 个编号为 $1, 2, 3, \cdots, 36, 0, 00$ 的插槽. 其中 0 和 00 插槽是绿色的. 剩下的插槽一半是红色的,一半是黑色的. 1 到 36 之间的整数一半是奇数,一半是偶数,另外,0 和 00 被定义为既不是奇数也不是偶数. 一个球绕着轮盘滚动,最后进入其中一个插槽中. 我们假设球进入每个插槽的概率都为 1/38,并且我们感兴趣的是球进入哪一个插槽.

(a) 给出样本空间 S.

(b) 设 $A = \{0, 00\}$. 给出 $P(A)$ 的值.

(c) 设 $B = \{14, 15, 17, 18\}$. 给出 $P(B)$ 的值.

(d) 设 $D = \{x : x \text{ 为奇数}\}$. 给出 $P(D)$ 的值.

1.1-12 令 x 表示从 $[0, 1]$ 中随机选择的一个数字.利用你的直觉给出下列事件的概率.

(a) $P(\{x:0 \leqslant x \leqslant 1/3\})$.

(b) $P(\{x:1/3 \leqslant x \leqslant 1\})$.

(c) $P(\{x:x=1/3\})$.

(d) $P(\{x:1/2<x<5\})$.

1.1-13 随机选择线段上的一个点,将线段分成两部分.用你的直觉给出较长段至少是较短段的两倍长这一事件的概率.

1.1-14 令区间 $[-r,r]$ 为半圆的底.如果从该区间中随机选择一个点,请给出从该点到半圆的垂线段的长度小于 $r/2$ 这一事件的概率.

1.1-15 设 $S=A_1 \cup A_2 \cup \cdots \cup A_m$,其中事件 $A_1,A_2,\cdots,A_m$ 是不相容和穷举事件.

(a) 如果 $P(A_1)=P(A_2)=\cdots=P(A_m)$,证明 $P(A_i)=1/m$,$i=1,2,\cdots,m$.

(b) 如果 $A=A_1 \cup A_2 \cup \cdots \cup A_h$,其中 $h<m$,且满足(a),证明 $P(A)=h/m$.

1.1-16 设 $p_n(n=0,1,2,\cdots)$ 表示汽车投保人在五年内提出 n 项索赔的概率.假定 $p_{n+1}=(1/4)p_n$.问该期间投保人提出两个或更多项索赔的概率是多少?

1.2　计数方法

在本节中,我们介绍计数方法,这种方法在确定随机实验中事件的结果数时非常有用.下面我们首先考虑乘法原理.

乘法原理:假设一个实验(或过程) E_1 有 n_1 个可能的结果,对于每一个可能的结果,实验(过程) E_2 有 n_2 个可能的结果.那么先进行 E_1,再进行 E_2 的综合实验(过程) E_1E_2 有 n_1n_2 个可能的结果.

例 1.2-1 令 E_1 表示从包含一只雌性(F)鼠和一只雄性(M)鼠的笼子中选择一只鼠.令 E_2 表示对所选鼠给药 A(A)或 B(B)或使用安慰剂(P).那么综合实验的结果可以用有序对表示,如(F,P).事实上,所有可能的结果有(2)(3)=6 种,可以用以下矩形形式表示:

$$(F, A) \quad (F, B) \quad (F, P)$$
$$(M, A) \quad (M, B) \quad (M, P)$$

■

11

另一种解释乘法原理的方法是用树形图.如图 1.2-1 所示.这个图显示对于鼠的性别有 $n_1=2$ 种可能性(分支),对于每个性别结果,有 $n_2=3$ 种给药的可能性(分支).

显然,乘法原理可以扩展到两个以上的实验或过程.假设实验 E_i 有 $n_i(i=1,2,\cdots,m)$ 个可能的结果,那么先进行 E_1,然后进行 E_2,……,最后进行 E_m 的综合实验 $E_1E_2\cdots E_m$ 有 $n_1n_2\cdots n_m$ 个可能的结果.

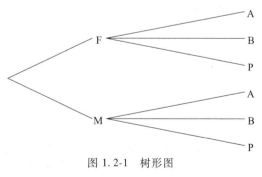

图 1.2-1　树形图

例 1.2-2 咖啡馆让你随意点一份熟食三明治.已知 E_1——面包有 6 种选择;E_2——肉有 4 种选择;E_3——奶酪有 4 种选择;E_4——12 种不同的调味品.你可以选择 1 块面包、0 或 1 块肉、0 或 1 个奶酪,以及 0 到 12 种调味品.注意你可以选择 12 种调味品的任意组

合或者不选择调味品. 根据乘法原理, 你有多少种不同的三明治选择? 共有

$$(6)(5)(5)(2^{12}) = 614\,400$$

种不同的三明治组合. ∎

虽然乘法原理相当简单, 也很容易理解, 但它在我们现在开发的各种计数方法中都非常有用.

假设 n 个位置由 n 个不同的对象填充. 第一个位置的填充选择有 n 种, 第二个位置的填充选择为 $n-1$ 种, ……, 最后一个位置的填充选择为 1 种. 因此, 根据乘法原理, 有

$$n(n-1)\cdots(2)(1) = n!$$

种可能的填充方法. 符号 $n!$ 读作 "n 的阶乘". 我们定义 $0! = 1$, 也就是说, 零位置可以用一种方式不填充对象.

定义 1.2-1 n 个不同的对象排成一行共有 $n!$ 种不同的排法, 每种排法都称为 n 个对象的一个**排列**.

例 1.2-3 四个字母 a, b, c 和 d 的排列总数显然是 $4! = 24$. 但是, 如果允许字母重复, 则排列总数为 $4^4 = 256$, 因为在这种情况下, 每个位置都有四种选择. ∎

如果只有 r 个位置, 然后从 n 个不同的对象中选择对象进行填充, $r \leqslant n$, 则可能的有序排列数为

$$P_n^r = n(n-1)(n-2)\cdots(n-r+1)$$

也就是说, 有 n 种方法填充第一个位置, $n-1$ 种方法填充第二个位置, ……, 直到有 $n-(r-1) = n-r+1$ 种方法填充第 r 个位置.

利用阶乘, 我们有

$$P_n^r = \frac{n(n-1)\cdots(n-r+1)(n-r)\cdots(3)(2)(1)}{(n-r)\cdots(3)(2)(1)} = \frac{n!}{(n-r)!}$$

定义 1.2-2 从 n 个不同的对象选取 r 个排成一行共有 P_n^r 种不同的排法, 每种排法都称为 n **取** r **时的一个排列**.

例 1.2-4 从 26 个字母中选择 4 个组成代码, 不同的代码组合有

$$P_{26}^4 = (26)(25)(24)(23) = \frac{26!}{22!} = 358\,800$$ ∎

例 1.2-5 从 10 个人组成的俱乐部里选择总裁、副总裁、秘书和财务主管的方式有

$$P_{10}^4 = 10 \cdot 9 \cdot 8 \cdot 7 = \frac{10!}{6!} = 5040$$ ∎

假设一个集合包含 n 个对象. 考虑从这个集合中选择 r 个对象的问题. 选择对象的顺序可能重要, 也可能不重要. 此外, 所选对象可能在下一个对象被选定之前就已经被放回. 因此, 我们给出一些定义, 并演示乘法原理怎样被用来计算这些组合的数量.

定义 1.2-3 如果从一组含 n 个对象的集合中选择 r 个对象, 并且选择是有顺序的, 那么所选的 r 个对象称为一个样本量为 r 的**有序样本**.

定义 1.2-4 **有放回抽样**是指选择一个对象, 然后在选择下一个对象之前将所选对象放回.

根据乘法原理，从一组含 n 个对象的集合中有放回地抽取 r 个对象，得到可能的有序样本的数量为 n^r.

例 1.2-6 一个骰子掷了 7 次. 得到可能的有序样本的数量为 $6^7 = 279\ 936$. 请注意，掷骰子相当于从集合 $\{1, 2, 3, 4, 5, 6\}$ 中进行有放回抽样. ■

例 1.2-7 一个盒子中有编号为 0, 1, 2, $\cdots$, 9 的十个球. 如果有放回地抽取四个球，则可能的有序样本的数量为 $10^4 = 10\ 000$. 注意这个 4 位整数也包括 0000 和 9999 在内. ■

定义 1.2-5 **无放回抽样**是指一个对象被选择后就不再放回.

根据乘法原理，从一组含 n 个对象的集合中无放回地抽取 r 个对象，得到可能的有序样本的数量为

$$n(n-1)\cdots(n-r+1) = \frac{n!}{(n-r)!}$$

它等于 P_n^r，即等于从 n 个对象中选取 r 个对象排成一行的排列数.

例 1.2-8 从 52 张扑克牌中依次无放回地抽取 5 张牌，抽法共有

$$(52)(51)(50)(49)(48) = \frac{52!}{47!} = 311\ 875\ 200$$

■

注 无放回抽样必须满足 $r \leqslant n$. 有放回抽样时 r 可以大于 n.

在通常情况下，选择的顺序并不重要，重点只集中在从 n 个对象中选定 r 个对象所构成的集合上. 也就是说，我们只对含 r 个对象的子集的数量感兴趣. 为了找到 r 个对象构成的(无序)子集的数量，我们将用两种不同的方法计算含 r 个对象的子集的数量. 如果这两个答案相等，表明我们已经可以计算含 r 个对象的子集的数量.

让 C 表示从 n 个对象中选定的 r 个对象所构成的(无序)子集的数目. 我们可以通过先选择 C 个无序子集，然后对每个子集的 r 个对象进行排序得到 P_n^r 个有序的子集. 因为后面的排序有 $r!$ 种方法，由乘法原理得到共有 $(C)(r!)$ 个有序子集，因此 $(C)(r!)$ 必等于 P_n^r. 这样，我们得到

$$(C)(r!) = \frac{n!}{(n-r)!}$$

或

$$C = \frac{n!}{r!(n-r)!}$$

我们用 C_n^r 或 $\binom{n}{r}$ 表示这个结果. 即

$$C_n^r = \binom{n}{r} = \frac{n!}{r!(n-r)!}$$

因此，n 个不同的对象构成的集合有

$$\binom{n}{r} = \frac{n!}{r!(n-r)!}$$

个含 r 个元素的无序子集，这里 $r \leqslant n$.

我们也可以说，不考虑选择的顺序，无放回地从 n 个对象中选择 r 个对象的方式有 $C_n^r = \binom{n}{r}$ 种，后一个表达式可以读作"n 取 r". 于是我们有下面的定义.

定义 1.2-6 C_n^r 个无序子集中的每个都被称为 n **取** r **时的一个组合.** 这里

$$C_n^r = \binom{n}{r} = \frac{n!}{r!(n-r)!}$$

例 1.2-9 从 52 张牌中抽出 5 张牌（玩五张牌），玩家手中的 5 张牌的可能组合数量是

$$C_{52}^5 = \binom{52}{5} = \frac{52!}{5!\,47!} = 2\,598\,960 \qquad \blacksquare$$

例 1.2-10 从 52 张牌中抽出 13 张牌（玩桥牌），玩家手中的 13 张牌的可能组合数量是

$$C_{52}^{13} = \binom{52}{13} = \frac{52!}{13!\,39!} = 635\,013\,559\,600 \qquad \blacksquare$$

组合数 $\binom{n}{r}$ 常被称为**二项式系数**，因为它们出现在二项式的展开式中，下面我们证明二项式展开公式

$$(a+b)^n = \sum_{r=0}^{n} \binom{n}{r} b^r a^{n-r} \qquad (1.2\text{-}1)$$

对于展开式中每一项都是从

$$(a+b)^n = (a+b)(a+b)\cdots(a+b)$$

这 n 个因子中要么选 a 要么选 b. 一种可能的乘积是 $b^r a^{n-r}$，这在从 r 个因子中选择 b，从剩余的 $n-r$ 个因子中选 a 时发生. 选择的方法有 $\binom{n}{r}$ 种，它就是 $b^r a^{n-r}$ 的系数，如式 (1.2-1) 所示.

二项式系数表见附录 B 的表 I. 注意，对于 n 和 r 的一些组合，表中反映出如下事实：

$$\binom{n}{r} = \frac{n!}{r!(n-r)!} = \frac{n!}{(n-r)!\,r!} = \binom{n}{n-r}$$

也就是说，从 n 个对象中选择 r 个对象的组合数等于从 n 个对象中选择 $n-r$ 个对象的组合数.

例 1.2-11 从 52 张牌中抽出 5 张牌的组合数是 $\binom{52}{5} = 2\,598\,960$，假设选中每个组合的概率都相等. 那么 5 张牌全部是黑桃（事件 A）的组合数是

$$N(A) = \binom{13}{5}\binom{39}{0}$$

因为 5 张黑桃可以从 13 张黑桃中选择，有 $\binom{13}{5}$ 种选择方式，之后在剩余的 39 张牌中选择零张牌，这只有一种方式. 我们从附录 B 的表 I 中得到

$$\binom{13}{5} = \frac{13!}{5!8!} = 1287$$

这样，5 张牌全部是黑桃这个事件的概率为

$$P(A) = \frac{N(A)}{N(S)} = \frac{1287}{2\ 598\ 960} = 0.000\ 495$$

现在假设事件 B 是这样一个结果，其中恰好有三张 K 和两张 Q. 从 4 张 K 中选择 3 张 K 有 $\binom{4}{3}$ 种方式，从 4 张 Q 中选择 2 张 Q 有 $\binom{4}{2}$ 种方式. 根据乘法原理，事件 B 的结果数为

$$N(B) = \binom{4}{3}\binom{4}{2}\binom{44}{0}$$

其中 $\binom{44}{0}$ 给出从剩余的 44 张牌（52 张牌除去 K 和 Q）中选择 0 张牌的方式，当然等于 1. 因此，

$$P(B) = \frac{N(B)}{N(S)} = \frac{\binom{4}{3}\binom{4}{2}\binom{44}{0}}{\binom{52}{5}} = \frac{24}{2\ 598\ 960} = 0.000\ 009\ 2$$

最后，令事件 C 表示恰好有 2 张 K，2 张 Q 和 1 张 J 的结果，那么

$$P(C) = \frac{N(C)}{N(S)} = \frac{\binom{4}{2}\binom{4}{2}\binom{4}{1}\binom{40}{0}}{\binom{52}{5}} = \frac{144}{2\ 598\ 960} = 0.000\ 055$$

因为这个分数的分子就是事件 C 的结果数.

    对于一个含 n 个对象的集合来说有两种类型：一种类型是 r，另一种类型是 $n-r$. n 个不同对象的排列数是 $n!$ 但是，在这种情况下，对象并不都是可区分的. 计算可区分的安排方式时，首先从 n 个位置中为第一种类型的对象选择 r 个位置，这有 $\binom{n}{r}$ 种方式. 然后用第二种类型的 $n-r$ 个对象填充剩余位置. 因此，可区分的安排方式的数目是

$$C_n^r = \binom{n}{r} = \frac{n!}{r!\,(n-r)!}$$

    定义 1.2-7　n 个对象的每一个 C_n^r 组合，即一种类型是 r 和另一种类型 $n-r$ 称为**可区分的组合**.

    例 1.2-12　一枚硬币被抛 10 次，观察出现正面和反面的顺序. 在 10 次抛硬币的结果里出现 4 次正面和 6 次反面的组合数是

$$\binom{10}{4} = \frac{10!}{4!\,6!} = \frac{10!}{6!\,4!} = \binom{10}{6} = 210$$

例 1.2-13 北美洲东北部森林中的蝾螈有三种可识别的颜色形态：红背、铅背和花红（红色带黑色斑驳）. 其中红背蝾螈（Plethodon cinereus）数量最多. 颜色变化是它们避免被捕食者发现和捕获的一种能力，在一项对此的研究中，4 只红背和 5 只铅背蝾螈被释放到一个受控的森林环境中. 它们被捕食者捕获（并吃掉）的顺序被记录下来. 只考虑蝾螈的颜色，有

$$\binom{9}{4} = \frac{9!}{5!4!} = 126$$

种可能被捕获的顺序. ∎

上述结果可以扩展. 假设在一个含 n 个对象的集合中，先取 n_1 个，再取 n_2 个，$\cdots$，最后取 n_s 个，其中 $n_1 + n_2 + \cdots + n_s = n$，则 n 个对象的可区分的组合数是（见练习 1.2-15）

$$\binom{n}{n_1, n_2, \ldots, n_s} = \frac{n!}{n_1! n_2! \cdots n_s!} \tag{1.2-2}$$

例 1.2-14 在 8 只被释放到东部受控森林环境中的红背蝾螈中，3 只是红色，3 只是铅色，2 只是花红色. 捕获这些蝾螈的可能顺序数为

$$\binom{8}{3, 3, 2} = \frac{8!}{3! 3! 2!} = 560$$

∎

这个结果可以推广到根据二项式 $(a+b)^n$ 的展开式系数得到 $(a_1 + a_2 + \cdots + a_s)^n$ 的展开式. $a_1^{n_1} a_2^{n_2} \cdots a_s^{n_s}$ 的系数（其中 $n_1 + n_2 + \cdots + n_s = n$）为

$$\binom{n}{n_1, n_2, \cdots, n_s} = \frac{n!}{n_1! n_2! \cdots n_s!}$$

这有时被称为**多项式系数**.

当从 n 个对象中选择 r 个对象时，我们通常对有多少种可能的结果感兴趣. 我们已经看到，对于有序样本，有放回抽样时有 n^r 种可能的结果，无放回抽样时有 P_n^r 种可能的结果. 对于无序样本，无放回抽样时有 C_n^r 种可能的结果. 上述每一个结果都是等可能出现的，前提是实验以均匀的方式进行.

注 当从 n 个对象中选择 r 个对象时，对于无序样本，有放回抽样有多少种可能的结果呢？这是一个很有趣的问题，虽然在概率研究中不是经常需要. 例如，如果六面骰子掷 10 次（或 10 个六面骰子掷一次），不考虑出现的点数的顺序，会有多少可能的结果？为了计算可能的结果数量，考虑将 $n = 10$ 个骰子按点数从小到大排列成一行，并用"0"来示意骰子，然后插入 $(r-1) = 6-1$ 个"|"，将 $n = 10$ 个骰子划分为 $r = 6$ 集合，第一个集合给出点数为 1 的骰子，第二个集合给出点数为 2 的骰子，依此类推. 在骰子示意图中一个可能的结果是

$$00||000|0|000|0$$

即有 2 个 1 点、0 个 2 点、3 个 3 点、1 个 4 点、3 个 5 点和 1 个 6 点. 一般来说，每个结果都是 n 个"0"和 $r-1$ 个"|"共 $n-r+1$ 个元素的排列，并且每个可区分的排列都是无顺序的. 因此从 n 个对象中有放回地选择 r 个对象组成的无序样本的可能数量为

$$C_{n+r-1}^{r}=\frac{(n+r-1)!}{r!(n-1)!}$$

对于为说明情况给出的骰子示例，这等于 15! /（10! 5!）= 3003.

练习

1.2-1　健身中心有一把组合密码锁. 正确的组合是三位数字 $d_1 d_2 d_3$，这里的 $d_i(i=1,2,3)$ 从 $0,1,2,3,\cdots,$ 9 中选择，则该锁有多少种不同的密码组合？

1.2-2　在设计实验时，研究人员可能要经常选择各种因素的不同水平，以尝试找到最佳的操作组合. 举例来说，假设研究人员正在研究一个特定的化学反应，可以选择 4 个不同的温度、5 种不同的压力和两种不同的催化剂.

　　　　(a) 考虑所有可能的组合，需要进行多少次实验？

　　　　(b) 通常在初步实验中，每个因素仅限于两种水平. 注意到这三个因素，需要进行多少次实验来覆盖所有可能的三个因素在两种水平上的组合？（注：这通常称为 2^3 设计.)

1.2-3　按如下方式有多少种不同的车牌可以使用？如果一个国家的车牌使用

　　　　(a) 两个字母后跟一个四位整数（第一个数字允许是零，字母和数字都可以重复).

　　　　(b) 三个字母后跟一个三位整数. （实际上，某些组合可能不规范.)

18

1.2-4　"饮食俱乐部" 正在举办一个自制圣代冰激凌活动. 并提供以下冰激凌口味和配料：

冰激凌口味	配料	冰激凌口味	配料
巧克力	焦糖	香草	M&MS
饼干	奶油热软糖		坚果
草莓	棉花糖		草莓

　　　　(a) 使用一种冰激凌口味和三种不同配料的圣代冰激凌有多少种？

　　　　(b) 使用一种冰激凌口味和零到六种不同配料的圣代冰激凌有多少种？

　　　　(c) 如果用勺子盛三勺冰激凌混合在一起做成一种口味，并且允许每勺盛不同口味的冰激凌，那么这样可以做成多少种口味的冰激凌？

1.2-5　按如下方式使用字母 IOWA 可以组成多少个含四个字母的密码：

　　　　(a) 字母不能重复？

　　　　(b) 字母可以重复？

1.2-6　假设诺瓦克·德约科维奇和罗杰·费德勒正在打一场网球比赛，第一个赢三盘的运动员获胜. 用 D 和 F 表示每盘取胜的球员名字，则这场网球比赛有多少种方式结束？

1.2-7　在紧张的彩票抽奖中，有放回地从 0 到 9 中随机抽取 4 个数字. 如果你选择的 4 个数字的任何排列就是抽奖的数字排列，那么你就中奖了. 请给出你选择下列 4 个数字中奖的概率：

　　　　(a) 6，7，8，9.

　　　　(b) 6，7，8，8.

　　　　(c) 7，7，8，8.

　　　　(d) 7，8，8，8.

1.2-8　如果尺寸方面有小、中或大三种选择；做工方面有薄而脆、手工搅拌、平底锅皮三种选择；还可以从 12 种配料中选择从 0 到 12 种的任意组合，则可以做多少种不同的比萨饼？

1.2-9　世界棒球系列赛一直持续到美国联盟队或国家联盟队赢得 4 场比赛. 有多少种不同的可能顺序（例如 *ANNAAA*，表示在 6 场比赛中美国联盟队获胜），如果系列赛结束于

　　　　(a) 4 场比赛？

（b）5 场比赛？

（c）6 场比赛？

（d）7 场比赛？

1.2-10 帕斯卡三角给出了一种计算二项式系数的方法，开始如下：

$$
\begin{array}{ccccccccccc}
 & & & & & 1 & & & & & \\
 & & & & 1 & & 1 & & & & \\
 & & & 1 & & 2 & & 1 & & & \\
 & & 1 & & 3 & & 3 & & 1 & & \\
 & 1 & & 4 & & 6 & & 4 & & 1 & \\
1 & & 5 & & 10 & & 10 & & 5 & & 1 \\
 & \vdots & & \vdots & & \vdots & & \vdots & & \vdots &
\end{array}
$$

这个三角形的第 n 行给出了 $(a+b)^{n-1}$ 的展开式系数. 对于每行的系数，除了两边的 1，其余的系数等于上一行中最近的两个数字相加. 方程式

$$
\binom{n}{r} = \binom{n-1}{r} + \binom{n-1}{r-1}
$$

称为**帕斯卡方程**，它解释了帕斯卡三角形的构成. 请证明这个方程.

1.2-11 3 名学生（S）和 6 名教员（F）正在讨论一项新的大学政策.

（a）9 位参与者能以多少种不同的方式排列在礼堂前面的一张桌子前？

（b）有多少种不同的方式排队，如果只考虑区分 S 和 F？

（c）对于 9 位参与者中的每一位，你将决定参与者对新政策的意见是好还是差，即 9 位参与者中的每一位都有一个评分为 G 或 P. 在你的评分表上有多少种不同的打分结果？

1.2-12 证明：

$$
\sum_{r=0}^{n} (-1)^r \binom{n}{r} = 0 \quad \text{和} \quad \sum_{r=0}^{n} \binom{n}{r} = 2^n
$$

提示：考虑 $(1-1)^n$ 和 $(1+1)^n$，或使用帕斯卡方程归纳证明.

1.2-13 玩桥牌时，一个人手上的 13 张牌是随机无放回地从 52 张牌中发出的. 求一手牌是下列情况的概率：

（a）一手牌中有 5 张黑桃、4 张红心、3 张方块和 1 张梅花.

（b）一手牌中有 5 张黑桃、4 张红心、2 张方块和 2 张梅花.

（c）一手牌中有 5 张黑桃、4 张红心、1 张方块和 3 张梅花.

（d）假设在你得到的牌中，5 张是同一种花色，4 张是另一种花色. 剩余 4 张牌的花色拆分是 3 和 1 的概率是否大于花色拆分是 2 和 2 的概率？

1.2-14 学期末，统计全班 29 名学生以五分制对教师进行的评分（即评估他为非常差、差、中、良和优秀）. 有多少种可能的评分组合？

1.2-15 证明公式（1.2-2）. **提示**：首先从 n 个位置中选择 n_1 个位置，有 $\binom{n}{n_1}$ 种方式. 然后从剩下的 $n-n_1$ 个位置中选择 n_2 个位置，有 $\binom{n-n_1}{n_2}$ 种方式，等等. 最后使用乘法原理.

1.2-16 一盒糖果里面有 52 颗心形糖，其中 19 颗是白色的，10 颗是棕褐色的，7 颗是粉红色的，3 颗是紫色的，5 颗是黄色的，2 颗是橙色的，6 颗是绿色的. 如果你从盒子里随机无放回地选择 9 颗糖，求下列事件的概率.

（a）有 3 颗糖是白色的.

　(b) 有 3 颗是白色的, 2 颗是棕褐色的, 1 颗是粉红色的, 1 颗是黄色的, 2 颗是绿色的.

1.2-17 玩五张牌时, 一个人手上的 5 张牌是随机无放回地从 52 张牌中发出的. 求一手牌是下列情况的概率:

　(a) 四条(4 张数字相同的牌和 1 张不同数字的牌).

　(b) 葫芦(3 张数字相同的牌和另外 2 张数字相同的牌).

　(c) 三条(3 张数字相同的牌加上 2 张散牌).

　(d) 两对(两对数字相同的牌加上 1 张散牌).

　(e) 一对(一对数字相同的牌加上 3 张散牌).

1.2-18 对于每个正整数 n, 设 $P(\{n\})=(1/2)^n$. 考虑事件 $A=\{n:1\leqslant n\leqslant 5\}$, $B=\{n:1\leqslant n\leqslant 10\}$, $C=\{n:6\leqslant n\leqslant 10\}$, 求 (a) $P(A)$, (b) $P(B)$, (c) $P(A\cup B)$, (d) $P(A\cap B)$, (e) $P(C)$, (f) $P(B')$.

1.3　条件概率

　　我们通过一个例子来介绍条件概率的概念.

　　例 1.3-1 假设根据表 1.3-1 中列出的各种组合, 我们得到 20 个外观相似的郁金香球茎, 并被告知 8 个开花早, 12 个开花晚, 13 个开红花, 7 个开黄花. 如果随机选择一个球茎, 假设在它们被选择的概率相同的情况下, 其产生红色郁金香(R)的概率是 $P(R)=13/20$. 然而, 假设仔细检查球茎将揭示它是

表 1.3-1　郁金香组合

	早开花(E)	晚开花(L)	合计
红(R)	5	8	13
黄(Y)	3	4	7
合计	8	12	20

早开花(E)还是晚开花(L). 如果我们只考虑一个结果, 即一个郁金香球茎提前开花, 那么样品空间中现在只包含一个结果. 因此, 在这个限制下, R 的概率很自然地是 5/8. 也就是说, $P(R|E=5/8)$, 其中 $P(R|E)$ 被解读为在 E 已经发生的情况下 R 的概率. 请注意

$$P(R|E)=\frac{5}{8}=\frac{N(R\cap E)}{N(E)}=\frac{N(R\cap E)/20}{N(E)/20}=\frac{P(R\cap E)}{P(E)}$$

其中 $N(R\cap E)$ 和 $N(E)$ 分别是事件 $R\cap E$ 和 E 的结果数. ■

　　这个例子说明了一些常见的情况. 也就是说, 出于某些目的, 我们只对样本空间 S 的子集 B 中的元素的实验结果感兴趣. 这意味着, 为了达到这个目的, 样本空间实际上就是子集 B. 我们现在面临的问题是定义一个概率集函数, 将 B 作为"新"样本空间. 也就是说, 对于给定的事件 A, 我们要定义 $P(A|B)$, 即定义 A 的概率, 但只考虑来自 B 的元素的随机实验的结果. 上一个例子给出了这个定义的提示. 也就是说, 对于每个结果都是等概率的实验来说, 定义 $P(A|B)$ 为

$$P(A|B)=\frac{N(A\cap B)}{N(B)}$$

是有意义的, 其中 $N(A\cap B)$ 和 $N(B)$ 分别是 $A\cap B$ 和 B 中的结果数. 如果我们把这个分数的分子和分母除以样本空间的结果数 $N(S)$, 我们得到

$$P(A|B)=\frac{N(A\cap B)/N(S)}{N(B)/N(S)}=\frac{P(A\cap B)}{P(B)}$$

因此, 我们得出以下定义.

　　定义 1.3-1 假设事件 B 已经发生且 $P(B)>0$, 则事件 A 的**条件概率**定义如下:

$$P(A \mid B) = \frac{P(A \cap B)}{P(B)}$$

下一个例子给出了定义的正式用法.

例 1.3-2 如果 $P(A) = 0.4$，$P(B) = 0.5$，$P(A \cap B) = 0.3$，则 $P(A \mid B) = 0.3/0.5 = 0.6$. $P(B \mid A) = P(A \cap B)/P(A) = 0.3/0.4 = 0.75$. ∎

我们可以把"已知 B 发生"看作是指定新的样本空间，为了确定 $P(A \mid B)$，我们要计算在 B 中 A 那一部分的概率. 下面的两个例子说明了这个想法.

例 1.3-3 假设 $P(A) = 0.7$，$P(B) = 0.3$，$P(A \cap B) = 0.2$. 这些概率列在图 1.3-1 的维恩图中. 假设实验的结果属于 B，那么 A 的概率是多少？我们有效地将样本空间限制为 B；在概率 $P(B) = 0.3$ 的情况下，0.2 对应于 $P(A \cap B)$. 也就是说，B 的概率的 $0.2/0.3 = 2/3$ 对应于 A. 当然，根据形式定义，我们也得到

$$P(A \mid B) = \frac{P(A \cap B)}{P(B)} = \frac{0.2}{0.3} = \frac{2}{3}$$ ∎

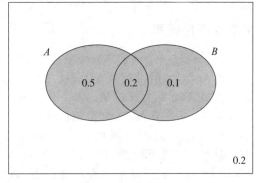

图 1.3-1 条件概率

例 1.3-4 掷两个均匀的四面骰子，观察两个骰子的点数和. 设 A 为点数和是 3 的事件，B 为点数和是 3 或 5 的事件. 在已知两个骰子的点数和是 3 或 5 的情况下，点数和是 3 的条件概率为

$$P(A \mid B) = \frac{P(A \cap B)}{P(B)} = \frac{P(A)}{P(B)} = \frac{2/16}{6/16} = \frac{1}{3}$$

注意，对于这个例子，唯一感兴趣的结果是那些点数和是 3 或 5 的结果，在这 6 个同样可能的结果中，有两个的和是 3.（见图 1.3-2 和练习 1.3-13.） ∎

有趣的是，条件概率满足概率函数的公理，即 $P(B) > 0$：

（a）$P(A \mid B) \geqslant 0$.

（b）$P(B \mid B) = 1$.

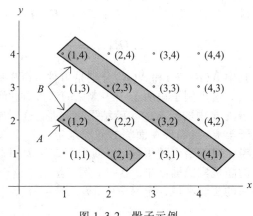

图 1.3-2 骰子示例

（c）如果 $A_1, A_2, A_3 \cdots\cdots$ 是互不相容事件，则对于每个正整数 k，有

$$P(A_1 \cup A_2 \cup \cdots \cup A_k \mid B) = P(A_1 \mid B) + P(A_2 \mid B) + \cdots + P(A_k \mid B)$$

对于无限可数的事件数，有

$$P(A_1 \cup A_2 \cup \cdots \mid B) = P(A_1 \mid B) + P(A_2 \mid B) + \cdots$$

性质（a）很明显，因为 $P(A \cap B) \geqslant 0$，$P(B) > 0$，故

$$P(A \mid B) = \frac{P(A \cap B)}{P(B)} \geqslant 0$$

性质(b)成立是因为

$$P(B \mid B) = \frac{P(B \cap B)}{P(B)} = \frac{P(B)}{P(B)} = 1$$

属性(c)成立是因为对于(c)的第二部分，有

$$P(A_1 \cup A_2 \cup \cdots \mid B) = \frac{P[(A_1 \cup A_2 \cup \cdots) \cap B]}{P(B)} = \frac{P[(A_1 \cap B) \cup (A_2 \cap B) \cup \cdots]}{P(B)}$$

但是 $A_1 \cap B, A_2 \cap B, \cdots$ 也是不相容事件，所以

$$P(A_1 \cup A_2 \cup \cdots \mid B) = \frac{P(A_1 \cap B) + P(A_2 \cap B) + \cdots}{P(B)} = \frac{P(A_1 \cap B)}{P(B)} + \frac{P(A_2 \cap B)}{P(B)} + \cdots$$
$$= P(A_1 \mid B) + P(A_2 \mid B) + \cdots$$

性质(c)的第一部分可以用类似的方式证明.

注意，作为一个结果，类似于定理 1.2-1 到定理 1.2-6 给出的结果对条件概率也成立. 例如，

$$P(A' \mid B) = 1 - P(A \mid B)$$

成立.

很多时候，由于实验的性质，事件的条件概率是明确的. 下一个例子说明了这一点.

例 1.3-5 在一个博览会的嘉年华游戏中，有 25 个气球在一块板上，其中 10 个气球是黄色的，8 个是红色的，7 个是绿色的. 玩家向气球投掷飞镖以赢取奖品. 击中其中任意一个气球都是随机的. 如果击中的第一个气球是黄色的，那么下一个被击中的气球也是黄色的概率是多少？在剩下的 24 个气球中，有 9 个是黄色的，所以这个条件概率的自然值是 9/24.　■

23

在例 1.3-5 中，设 A 为第一次被击中的气球是黄色的这一事件，设 B 为第二次被击中的气球也是黄色的这一事件. 假设我们对两个气球都被击中的概率感兴趣. 也就是说，我们感兴趣的是找到 $P(A \cap B)$. 我们在那个例子中注意到

$$P(B \mid A) = \frac{P(A \cap B)}{P(A)} = \frac{9}{24}$$

因此，乘以 $P(A)$，我们得

$$P(A \cap B) = P(A)P(B \mid A) = \left(\frac{10}{25}\right)\left(\frac{9}{24}\right) = \frac{3}{20} \tag{1.3-1}$$

式 1.3-1 给出了求两个事件 A 和 B 相交的概率的一般规则，如果我们知道 $P(A)$ 和条件概率 $P(B \mid A)$.

定义 1.3-2 两个事件 A 和 B 同时发生的概率由**乘法法则**给出.
若 $P(A) > 0$，则

$$P(A \cap B) = P(A)P(B \mid A)$$

若 $P(B) > 0$, 则

$$P(A \cap B) = P(B)P(A \mid B)$$

有时, 考虑到随机实验的性质, 我们可以做出合理的假设, 这样就更容易分配 $P(B)$ 和 $P(A \mid B)$, 而不是 $P(A \cap B)$. 那么 $P(A \cap B)$ 就可以用这些符号来表示. 这种方法将在例 1.3-6 和例 1.3-7 中进行说明.

例 1.3-6 一个碗里有七块蓝碎片和三块红碎片. 随机连续无放回地抽取两片. 我们要计算第一次抽到红碎片(A), 第二次抽到蓝碎片(B)的概率. 合理地计算出以下概率:

$$P(A) = \frac{3}{10}, \quad P(B \mid A) = \frac{7}{9}$$

则第一次抽到红碎片, 第二次抽到蓝碎片的概率是

$$P(A \cap B) = \frac{3}{10} \cdot \frac{7}{9} = \frac{7}{30}$$ ■

请注意, 在许多情况下, 可以用两种似乎不同的方法计算一个概率. 例如, 考虑例 1.3-6, 但改为在两次抽取中每一次都抽到红碎片的概率. 按照这个例子, 概率是

$$\frac{3}{10} \cdot \frac{2}{9} = \frac{1}{15}$$

但是, 我们也可以通过下面的组合求出这个概率:

$$\frac{\binom{3}{2}\binom{7}{0}}{\binom{10}{2}} = \frac{\frac{(3)(2)}{(1)(2)}}{\frac{(10)(9)}{(1)(2)}} = \frac{1}{15}$$

因此, 只要推理与基本假设相一致, 我们就能得到应该得到的同样的答案.

例 1.3-7 一个谷仓有 8 头单峰骆驼和 7 头双峰骆驼. 骆驼从谷仓里随机出来, 一次一头. 从谷仓出来的第 7 头骆驼是第 3 头双峰骆驼的概率可以计算如下: 假设 A 是前 6 头骆驼中出现 2 头双峰骆驼的事件, B 是第 7 头骆驼为双峰骆驼的事件, 那么我们希望计算的概率是 $P(A \cap B)$. 合理地计算出

$$P(A) = \frac{\binom{7}{2}\binom{8}{4}}{\binom{15}{6}} = 0.2937, \quad P(B \mid A) = \frac{5}{9} = 0.5556$$

期望的概率 $P(A \cap B)$ 是这些数字的乘积:

$$P(A \cap B) = (0.2937)(0.5556) = 0.1632$$ ■

乘法规则可以扩展到三个或多个事件. 在三个事件的情况下, 对两个事件使用乘法规则, 我们有

$$P(A \cap B \cap C) = P[(A \cap B) \cap C] = P(A \cap B)P(C \mid A \cap B)$$

但是

$$P(A \cap B) = P(A)P(B \mid A)$$

因此

$$P(A \cap B \cap C) = P(A)P(B \mid A)P(C \mid A \cap B)$$

这种类型的参数可以将乘法规则扩展到三个以上的事件，k 个事件的一般公式可以通过数学归纳法得到正式证明.

例 1.3-8 从普通的扑克牌牌组中无放回地连续随机发四张牌. 被发到的顺序依次为黑桃、红心、方块和梅花的概率是

$$\frac{13}{52} \cdot \frac{13}{51} \cdot \frac{13}{50} \cdot \frac{13}{49}$$

这是乘法规则扩展的合理结果. ■ 25

我们用另一种类型的例子结束本节.

例 1.3-9 一个小学生的左口袋里有五个蓝色和四个白色的弹珠，右口袋里有四个蓝色和五个白色的弹珠. 如果他把一块弹珠从左口袋随意转移到右口袋，那么他从右口袋里取出一个蓝色弹珠的概率有多大? 对于符号，让 BL、BR 和 WL 分别表示从左口袋取蓝色、从右口袋取蓝色和从左口袋取白色，那么要计算的概率是

$$P(BR) = P(BL \cap BR) + P(WL \cap BR) = P(BL)P(BR \mid BL) + P(WL)P(BR \mid WL)$$
$$= \frac{5}{9} \cdot \frac{5}{10} + \frac{4}{9} \cdot \frac{4}{10} = \frac{41}{90}$$ ■

例 1.3-10 保险公司销售多种类型的保险，其中包括汽车保险和房屋保险. 假设 A_1 是只买汽车保险的人，A_2 是只买房屋保险的人，A_3 是同时买汽车和房屋保险的人. 对于从公司投保人中随机抽取的一个人，假设 $P(A_1) = 0.3$，$P(A_2) = 0.2$，$P(A_3) = 0.2$，$P(A_4) = 0.2$. 此外，假设 B 是持有汽车或房屋保险的人将至少续保其中一项保险的事件. 我们指定传统概率 $P(B \mid A_1) = 0.6$，$P(B \mid A_2) = 0.7$，$P(B \mid A_3) = 0.8$. 假设随机选择的人拥有汽车保险或房屋保险，那么他至少续保其中一项保险的条件概率是多少? 期望的概率是

$$P(B \mid A_1 \cup A_2 \cup A_3) = \frac{P(A_1 \cap B) + P(A_2 \cap B) + P(A_3 \cap B)}{P(A_1) + P(A_2) + P(A_3)} = \frac{(0.3)(0.6) + (0.2)(0.7) + (0.2)(0.8)}{0.3 + 0.2 + 0.2}$$
$$= \frac{0.48}{0.70} = 0.686$$ ■

例 1.3-11 电子设备有两个部件 C_1 和 C_2，如果至少有一个部件工作正常，它就会工作. 当设备打开时，要么 C_1 立即失效，要么 C_2 立即失效，要么 C_1 和 C_2 都没有立即失效，这些事件的概率分别为 0.01、0.01 和 0.98. 如果两个部件都没有立即失效，那么这两个部件至少可以工作一个小时. 然而，当一个部件立即失效时，另一个部件由于增加了负担，在一小时内失效的概率是 0.03. 因此，该设备在运行的第一个小时内可能会发生故障的概率是

$$P(C_1 \text{故障})P(C_2 \text{故障} \mid C_1 \text{故障}) + P(C_2 \text{故障})P(C_1 \text{故障} \mid C_2 \text{故障})$$
$$= (0.01)(0.03) + (0.01)(0.03) = 0.0006$$ ■ 26

练习

1.3-1 一种常见的艾滋病毒筛查实验称为酶联免疫吸附实验. 在 100 万人中, 我们可以预期得出与下表相似的结果:

	B_1: 有艾滋病毒	B_2: 没有艾滋病毒	总计
A_1: 测试积极	4885	73 630	78 515
A_2: 测试消极	115	921 370	921 485
总计	5000	995 000	1 000 000

如果随机选择这 100 万人中的一个, 找出以下概率: (a) $P(B_1)$, (b) $P(A_1)$, (c) $P(A_1 \mid B_2)$, 和 (d) $P(B_1 \mid A_1)$. (e) 其中 (c) 和 (d) 的结果说明了什么?

1.3-2 下表按性别和是否支持枪支法对 1456 人进行了分类.

	男 (S_1)	女 (S_2)	总计
支持 (A_1)	392	649	1041
反对 (A_2)	241	174	415
总计	633	823	1456

如果随机选择 1456 个人中的一个, 计算以下概率: (a) $P(A_1)$, (b) $P(A_1 \mid S_1)$, (c) $P(A_1 \mid S_2)$. (d) 对 (b) 和 (c) 部分解释你的答案.

1.3-3 让 A_1 和 A_2 分别表示一个人以左眼占主导或右眼占主导的事件. 当一个人双手合拢时, 让 B_1 和 B_2 分别表示左手拇指在上和右手拇指在上的事件, 一项统计的调查结果如下:

	B_1	B_2	总计
A_1	5	7	12
A_2	14	9	23
总计	19	16	35

如果随机选择一个学生, 找出以下概率: (a) $P(A_1 \cap B_1)$, (b) $P(A_1 \cup B_1)$, (c) $P(A_1 \mid B_1)$, (d) $P(B_2 \mid A_2)$. (e) 如果学生双手合十, 而你希望选择一个右眼占主导的学生, 你会选择 "右手拇指在上" 还是 "左手拇指在上" 的学生? 为什么?

1.3-4 从一副普通扑克牌中连续无放回地抽出两张牌. 计算下列事件的概率:

(a) 抽到两张红心.

(b) 第一次抽到红心, 第二次抽到梅花.

(c) 第一次抽到红心, 第二次抽到 A.

提示: 对 (c), 注意红心可以通过得到红心 A 或其他 12 个红心中的一个得到.

1.3-5 假设某只雄性果蝇的眼睛颜色基因有 R(红色)和 W(白色)两种, 交配的雌性果蝇的眼睛颜色基因也有 R 和 W 两种. 它们的后代从父母双方各得到一个眼睛颜色的基因.

(a) 为后代的眼睛颜色基因定义样本空间.

(b) 假设这四种可能的结果都有相等的概率. 如果一个后代带有两个红色基因或一个红色一个白色基因, 它的眼睛就会看起来是红色的. 假设一个后代的眼睛是红色的, 那么它有两个红色基因的条件概率是多少?

1.3-6　一名研究人员发现，在 2002 年死亡的 982 名男性中，有 221 人死于某种心脏病. 此外，在 982 名男性中，334 名父母中至少有一人患有心脏病. 后 334 名男子中，111 人死于某种心脏病. 考虑从 982 人中选出一名男子，他的父母都没有心脏病，求这个人死于心脏病的条件概率.

1.3-7　一个瓮里有四个彩色的球：两个橙色的和两个蓝色的. 随机无放回地选择两个球，你被告知至少有一个是橙色的. 那么两个球都是橙色的概率是多少？

1.3-8　一个瓮里有 17 个标有"输"的球和 3 个标有"赢"的球. 你和对手轮流从瓮中随机无放回地选择一个球. 先拿到第三个标有"赢"的球的人赢得比赛，谁先选了最初的两个标有"赢"的球并不重要.

　　（a）如果你先抽签，求你在第二次抽签中获胜的概率.

　　（b）如果你先抽签，求你的对手在第二次抽签中获胜的概率.

　　（c）如果你先抽签，则你赢的概率是多少？**提示**：你可以在第二、第三、第四……或第十次抽奖中获胜，但不能在第一次抽奖中获胜.

　　（d）你喜欢先抽签还是后抽签？为什么？

1.3-9　瓮中有四个球，编号为从 1 到 4. 每次无放回地只选一个球. 如果选中的第 m 个球恰好是编号为 m 的球，则发生匹配. 让事件 A_i 表示第 i 次抽签时发生匹配，$i = 1, 2, 3, 4$.

27

　　（a）证明对于每个 i，$P(A_i) = \dfrac{3!}{4!}$.

　　（b）证明 $P(A_i \cap A_j) = \dfrac{3!}{4!}$，其中 $i \neq j$.

　　（c）证明 $P(A_i \cap A_j \cap A_k) = \dfrac{1!}{4!}$，其中 $i \neq j$，$i \neq k$，$j \neq k$.

　　（d）证明至少有一个匹配的概率是 $P(A_1 \cap A_2 \cap A_3 \cap A_4) = 1 - \dfrac{1}{2!} + \dfrac{1}{3!} - \dfrac{1!}{4!}$.

　　（e）扩展这个练习到瓮中有 n 个球. 证明至少有一个匹配的概率是

$$P(A_1 \cup A_2 \cup \cdots \cup A_n) = 1 - \frac{1}{2!} + \frac{1}{3!} - \frac{1}{4!} + \cdots + \frac{(-1)^{n+1}}{n!}$$
$$= 1 - \left(1 - \frac{1}{1!} + \frac{1}{2!} - \frac{1}{3!} + \cdots + \frac{(-1)^n}{n!}\right)$$

　　（f）当 n 增大到无穷时，这个概率的极限是多少？

1.3-10　有六副扑克牌，在每副中都随机抽取一张牌. 让 A 表示所有六张牌都不一样的事件.

　　（a）求出 $P(A)$.

　　（b）求至少两张抽中的牌相同的概率.

1.3-11　考虑一个班级中 r 名学生的生日. 假设今年有 365 天.

　　（a）若生日可以重复（相当于可放回），则有多少个不同的有序生日样本是可能的（样本容量为 r）？

　　（b）问题与（a）相同，但要求所有学生的生日不同（相当于不可放回）.

　　（c）如果我们假设（a）中的每个有序结果都有相同的概率，那么至少两个学生有相同生日的概率是多少？

　　（d）对问题（c），概率等于 1/2 的 r 值大约是多少？这个数字是不是小得惊人？**提示**：用计算器或计算机算出 r.

1.3-12　你是 18 名学生中的一员. 一个碗里有 18 个小木片：1 个是蓝色的，17 个是红色的. 每个学生必须从碗里拿一个小木片，不放回. 抽到蓝色小木片的学生这门课得 A.

　　（a）如果你可以选择先拿、第五个拿、最后拿，你会选择哪个位置？基于概率证明你的选择.

（b）假设碗里有 2 个蓝色的和 16 个红色的小木片. 你现在会选择什么位置?

1.3-13 在赌博游戏 "掷骰子" 中，掷两个骰子，实验结果是六面骰子的正面的点数之和. 如果点数和是 7 或 11，则投注者获胜；如果点数和是 2、3 或 12，则投注者输掉；如果点数和是 4、5、6、8、9 或 10，则这些数字被称为投注者的 "点数". 一旦出现这些点数，规则就如下：如果投注者在出现这些点数前掷出过 7，则投注者输；但如果点数出现在掷出 7 之前，则投注者赢.

（a）列出掷骰子的样本空间中的所有 36 个结果. 假设它们的概率都是 1/36.

（b）找出投注者在第一次投注中获胜的概率. 也就是说，求掷出 7 或 11，即 $P(7 \text{ 或 } 11)$ 的概率.

（c）假设第一次投注的结果是 8，求投注者在投注 7 之前投注 8 点并因此获胜的概率. 请注意，在游戏的这个阶段，唯一感兴趣的结果是 7 和 8，即求 $P(8 \mid 7 \text{ 或 } 8)$.

（d）投注者第一次掷到 8，然后赢的概率由 $P(8)P(8 \mid 7 \text{ 或 } 8)$ 给出，证明这个概率是 $(5/36)(5/11)$.

（e）证明投注者在掷骰子游戏中获胜的总概率为 0.492 93. **提示**：注意投注者可以通过几种互不相容的方式中的一种获胜：在第一次投注中，通过在第一次投注中设置第 4、5、6、8、9 或 10 个点数中的一个，然后在掷出 7 之前连续投注获得该点数.

1.3-14 在新西兰达尼丁附近的奥塔哥半岛上，一些信天翁每两年就会回到世界上唯一的皇家信天翁大陆殖民地筑巢和养育后代. 为了对信天翁有更多的了解，科学家在信天翁的腿上绑上彩色的塑料带，这样它们就能从远处被认出来. 假设它们的右腿上有三条带子，每条带子的颜色都是从红、黄、绿、白和蓝中选择的. 任何有双筒望远镜的人都能追踪到有带子的鸟. 请求出信天翁的三条带子的所有颜色组合，如果

（a）三条带子颜色不同.

（b）允许颜色相同.

1.3-15 一个瓮里有 8 个红球和 7 个蓝球. 第二个瓮包含未知数量的红球和 9 个蓝球. 从每个瓮中随机抽取一个球，得到两个球颜色相同的概率是 151/300. 第二个瓮里有多少个红球?

1.3-16 A 碗里有 3 个红的和 2 个白的小木条，B 碗里有 4 个红的和 3 个白的小木条. 从 A 碗中随机抽取一个小木条并转移到 B 碗中. 请计算现在从碗 B 中取出的一个小木条是红色的概率.

1.4 独立事件

对于某些成对的事件，其中一个事件的发生可能会，也可能不会改变另一个事件发生的概率. 对后一种情况，称它们是**独立事件**. 然而，在给出独立性的正式定义之前，让我们先看一个例子.

例 1.4-1 掷两次硬币，观察正面和反面的顺序. 样本空间是

$$S = \{HH, HT, TH, TT\}$$

对这四个结果中的每一个都分配 1/4 的概率是合理的. 记

$$A = \{\text{第一次是正面}\} = \{HH, HT\}$$
$$B = \{\text{第二次是反面}\} = \{HT, TT\}$$
$$C = \{\text{两次都是反面}\} = \{TT\}$$

则 $P(B) = 2/4 = 1/2$. 现在，一方面，如果我们知道事件 C 已经发生了，那么 $P(B \mid C) = 1$，因为 $C \subset B$，也就是说，在知道事件 C 发生的前提下事件 B 的概率发生了改变；另一方面，如果我们知道事件 A 已经发生了，则

$$P(B \mid A) = \frac{P(A \cap B)}{P(A)} = \frac{1/4}{2/4} = \frac{1}{2} = P(B)$$

因此事件 A 的发生没有改变事件 B 的概率. 因此, 事件 B 的概率不依赖事件 A 的发生与否, 所以我们说事件 A 和 B 是独立事件. 也就是说, 事件 A 和 B 是独立的, 如果其中一个事件的发生对另一个事件发生的概率没有影响. 数学上的表示就是

$$P(B \mid A) = P(B) \quad \text{或} \quad P(A \mid B) = P(A)$$

在第一种情况下, $P(A) > 0$, 或在后一种情况下, $P(B) > 0$. 由第一个等式和乘法规则(定义 1.3-2), 我们得到

$$P(A \cap B) = P(A)P(B \mid A) = P(A)P(B)$$

由第二个等式, 即 $P(A \mid B) = P(A)$, 我们得到相同的结果:

$$P(A \cap B) = P(B)P(A \mid B) = P(B)P(A) \qquad \blacksquare$$

于是, 由这个例子得到以下关于独立事件的定义.

定义 1.4-1　事件 A 和 B 是**独立的**, 当且仅当 $P(A \cap B) = P(A)P(B)$. 否则, A 和 B 称为**相关事件**.

事件独立有时被称为**统计独立、随机独立, 或概率意义上的独立**, 但在大多数情况下, 如果不存在误解, 则我们使用不带修饰语的独立. 有趣的是, 如果 $P(A) = 0$ 或 $P(B) = 0$, 则因为 $P(A \cap B) = 0$, $(A \cap B) \subset A$ 和 $(A \cap B) \subset B$, 所以 $P(A \cap B) = P(A)P(B)$ 的左右两边都等于零, 因此仍然成立.

例 1.4-2　掷一个红色的骰子和一个白色的骰子. 记事件 $A = \{$红色骰子是 4 点$\}$ 和事件 $B = \{$两个骰子的点数和是奇数$\}$. 在 36 个同样可能的结果中, 有 6 个结果符合 A, 18 个结果符合 B, 3 个结果符合 $A \cap B$. 于是

$$P(A)P(B) = \frac{6}{36} \cdot \frac{18}{36} = \frac{3}{36} = P(A \cap B)$$

因此, 根据定义 1.4-1, A 和 B 是独立的. $\qquad \blacksquare$

例 1.4-3　掷一个红色的骰子和一个白色的骰子. 记事件 $C = \{$红色骰子是 5 点$\}$ 和事件 $D = \{$两个骰子的点数和是 11$\}$. 在 36 个同样可能的结果中, 6 个结果符合 C, 2 个结果符合 D, 1 个结果符合 $C \cap D$. 于是

$$P(C)P(D) = \frac{6}{36} \cdot \frac{2}{36} = \frac{1}{108} \neq \frac{1}{36} = P(C \cap D)$$

因此, 根据定义 1.4-1, C 和 D 是相关事件. $\qquad \blacksquare$

定理 1.4-1　如果 A 和 B 是独立事件, 那么下面的两对事件也是独立的:

(a) A 和 B';

(b) A' 和 B;

(c) A' 和 B'.

证明　我们知道条件概率满足概率公理. 因此, 如果 $P(A) > 0$, 则 $P(B' \mid A) = 1 - P(B \mid A)$. 因此,

$$P(A \cap B') = P(A)P(B' \mid A) = P(A)[1 - P(B \mid A)]$$
$$= P(A)[1 - P(B)]$$
$$= P(A)P(B')$$

因为由题设有 $P(B \mid A) = P(B)$. 如果 $P(A) = 0$, 则 $P(A \cap B') = 0$, 因此仍然有 $P(A \cap B') = P(A)P(B')$. 故 A 和 B' 是独立事件. (b) 和 (c) 部分的证明留作练习. □

在将独立事件的定义扩展到两个以上的事件之前, 我们先给出以下示例.

例 1.4-4 掷一个骰子两次. 记事件 $A = \{$第一次的点数是奇数$\}$, $B = \{$第二次的点数是奇数$\}$, $C = \{$两次的点数和是奇数$\}$, 则 $P(A) = P(B) = P(C) = 1/2$. 此外,

$$P(A \cap B) = \frac{1}{4} = P(A)P(B)$$

$$P(A \cap C) = \frac{1}{4} = P(A)P(C)$$

$$P(B \cap C) = \frac{1}{4} = P(B)P(C)$$

这意味着 A, B 和 C 是成对独立的 (称为**成对独立**). 但是, 因为 $A \cap B \cap C = \varnothing$, 我们有

$$P(A \cap B \cap C) = 0 \neq \frac{1}{8} = P(A)P(B)P(C)$$

也就是说, 对于事件 A, B 和 C 的完全独立似乎缺乏某些东西.

这个例子说明了下一个定义中第二个条件的原因.

定义 1.4-2 事件 A, B 和 C 是**相互独立**的, 当且仅当以下两个条件满足:

(a) A, B 和 C 是成对独立的, 即

$$P(A \cap B) = P(A)P(B), \quad P(A \cap C) = P(A)P(C)$$

和

$$P(B \cap C) = P(B)P(C)$$

(b) $P(A \cap B \cap C) = P(A)P(B)P(C)$.

定义 1.4-2 可以扩展到四个或更多事件的相互独立. 在这种扩展中, 每两个、三个、四个等都必须满足这种乘法规则. 对于多个事件, 在不会产生误解的情况下, 经常只使用"独立"而不加修饰语"相互".

例 1.4-5 火箭有一个内置的冗余系统. 在这个系统中, 如果元件 K_1 发生故障, 则被绕过, 而使用元件 K_2. 如果元件 K_2 发生故障, 则被绕过而使用元件 K_3. (具有这类元件的系统的一个例子是计算机系统.) 假设任何一个元件发生故障的概率为 0.15, 并假定这些元件发生故障是相互独立的事件. 令事件 $A_i (i = 1, 2, 3)$ 表示元件 K_i 发生故障. 因为只有当 K_1, K_2, K_3 同时发生故障时, 系统才会失效, 所以系统正常工作的概率是

$$P[(A_1 \cap A_2 \cap A_3)'] = 1 - P(A_1 \cap A_2 \cap A_3) = 1 - P(A_1)P(A_2)P(A_3) = 1 - (0.15)^3 = 0.9966$$

提高这种系统可靠性的一种方法是增加更多的元件 (注意, 这也同时增加了重量, 占用了更多空间). 例如, 如果第四个元件 K_4 被添加到该系统中, 则系统正常工作的概率是

$$P[(A_1 \cap A_2 \cap A_3 \cap A_4)'] = 1 - (0.15)^4 = 0.9995$$

如果 A，B 和 C 是相互独立的事件，则以下事件同样是相互独立的：

（a）A 和 $(B \cap C)$；

（b）A 和 $(B \cup C)$；

（c）A' 和 $(B \cap C')$.

此外，A'，B' 和 C' 是相互独立的.（证明留作练习.）

许多实验都是由一系列相互独立的 n 个实验组成的. 事实上，一次实验的结果与另外一次实验的结果是无关的. 也就是说，如果事件 A_i 只与第 i 次实验有关，$i = 1, 2, \cdots, n$，则有

$$P(A_1 \cap A_2 \cap \cdots \cap A_n) = P(A_1)P(A_2) \cdots P(A_n)$$

例 1.4-6　一个骰子独立地掷六次. 让 A_i 表示第 i 次掷的是 i 点这一事件，称为在第 i 次实验中发生了匹配，$i = 1, 2, \cdots, 6$. 因此，$P(A_i) = 1/6$ 和 $P(A_i') = 1 - 1/6 = 5/6$. 如果让 B 表示至少发生一次匹配的事件，那么 B' 就是不发生一次匹配的事件. 因此，

$$P(B) = 1 - P(B') = 1 - P(A_1' \cap A_2' \cap \cdots \cap A_6') = 1 - \frac{5}{6} \cdot \frac{5}{6} \cdot \frac{5}{6} \cdot \frac{5}{6} \cdot \frac{5}{6} \cdot \frac{5}{6} = 1 - \left(\frac{5}{6}\right)^6$$

例 1.4-7　公司员工在某月内至少发生一次事故的概率是 $0.01k$，其中 k 是该月份的天数（例如，二月有 28 天）. 假设每月发生事故的数量是独立的. 如果公司的年份从 1 月开始，则第一次事故发生在四月的概率是

$$P(\text{一月、二月、三月无事故，四月至少发生一次事故})$$

$$= (1 - 0.31)(1 - 0.28)(1 - 0.31)(0.30) = (0.69)(0.72)(0.69)(0.30) = 0.103$$

例 1.4-8　三名检查员检查某产品的关键部件. 他们检测到产品缺陷的概率是不同的，分别是 0.99、0.98 和 0.96. 如果假设它们相互独立，则至少有一人检测到缺陷的概率为

$$1 - (0.01)(0.02)(0.04) = 0.999\,992$$

只有一个人检测到缺陷的概率是

$$(0.99)(0.02)(0.04) + (0.01)(0.98)(0.04) + (0.01)(0.02)(0.96) = 0.001\,376$$

作为练习，计算以下概率：（a）正好两个人检测到缺陷，（b）三个人都检测到缺陷.

例 1.4-9　假设购买"即时中奖"彩票中奖的概率是 1/5，连续购买五天，假设每天独立，我们有

$$P(WWLLL) = \left(\frac{1}{5}\right)^2 \left(\frac{4}{5}\right)^3$$

$$P(LWLWL) = \frac{4}{5} \cdot \frac{1}{5} \cdot \frac{4}{5} \cdot \frac{1}{5} \cdot \frac{4}{5} = \left(\frac{1}{5}\right)^2 \left(\frac{4}{5}\right)^3$$

一般来说，五天里面两次中奖三次未中奖的概率是

$$\binom{5}{2} \left(\frac{1}{5}\right)^2 \left(\frac{4}{5}\right)^3 = \frac{5!}{2!3!} \left(\frac{1}{5}\right)^2 \left(\frac{4}{5}\right)^3 = 0.2048$$

因为有 $\binom{5}{2}$ 种方法选择中奖的位置(或天),所以每种方法发生的概率是 $(1/5)^2(4/5)^3$.   ■

练习

1.4-1　设事件 A 和 B 独立,且 $P(A)=0.7$, $P(B)=0.2$. 计算(a) $P(A\cap B)$,(b) $P(A\cup B)$,(c) $P(A'\cup B')$.

1.4-2　设 $P(A)=0.3$, $P(B)=0.6$.

　　(a) 当 A 和 B 独立时,求 $P(A\cup B)$.

　　(b) 当 A 和 B 互不相容时,求 $P(A\mid B)$.

1.4-3　设事件 A 和 B 独立,且 $P(A)=1/4$ 和 $P(B)=2/3$. 计算(a) $P(A\cap B)$,(b) $P(A\cap B')$,(c) $P(A'\cap B')$,(d) $P[(A\cup B)']$,(e) $P(A'\cap B)$.

1.4-4　证明定理 1.4-1 的(b) 和(c) 部分.

1.4-5　如果 $P(A)=0.8$, $P(B)=0.5$, $P(A\cup B)=0.9$,则事件 A 和 B 相互独立吗? 为什么?

1.4-6　证明如果 A, B 和 C 相互独立,则以下事件也是独立的:A 和 $(B\cap C)$、A 和 $(B\cup C)$ 以及 A 和 $(B\cap C')$. 同时证明 A', B' 和 C' 相互独立.

1.4-7　三个足球运动员站在离球门 25 码线外射门. 让 A_i 表示球员 i 进球这一事件,$i=1$, 2, 3. 假设 A_1, A_2, A_3 相互独立,并且 $P(A_1)=0.5$, $P(A_2)=0.7$, $P(A_3)=0.6$.

　　(a) 计算只有一个运动员进球的概率.

　　(b) 计算恰好有两个运动员进球的概率(即有一次失误).

1.4-8　骰子 A 有一个面是橙色,五个面是蓝色,骰子 B 有两个面是橙色,四个面是蓝色,骰子 C 有三个面是橙色,三个面是蓝色. 它们都是均匀的. 如果掷三个骰子,求三个骰子中正好有两个骰子朝上的面是橙色的概率.

1.4-9　假设 A, B 和 C 是相互独立的事件,$P(A)=0.5$, $P(B)=0.8$, $P(C)=0.9$. 求下列事件的概率:(a) 三个事件同时发生,(b) 三个事件中恰好有两个发生,(c) 三个事件都没有发生.

1.4-10　设 D_1, D_2, D_3 为三个四面骰子,每面分别贴上如下标签:

$$D_1 : 0333 \qquad D_2 : 2225 \qquad D_3 : 1146$$

掷这三个骰子是随机的. 让 A, B 和 C 分别表示事件:D_1 的点数大于 D_2 的点数,D_2 的点数大于 D_3 的点数,D_3 的点数大于 D_1 的点数. 证明(a) $P(A)=9/16$,(b) $P(B)=9/16$ 和(c) $P(C)=10/16$. 你看到很有趣的事了吗? 三个事件循环对比,但概率均大于 $1/2$. 因此,很难确定哪个骰子最好.

1.4-11　让 A 和 B 表示两个事件.

　　(a) 如果事件 A 和 B 互不相容,则 A 和 B 总是独立的? 如果答案是否定的,那么它们在什么情况下独立? 解释一下.

　　(b) 如果 $A\subset B$,则 A 和 B 是否可能是独立事件? 解释一下.

1.4-12　独立掷一枚均匀的硬币 5 次. 求计算下列事件的概率:

　　(a) *HHTHT*.

　　(b) *THHHT*.

　　(c) *HTHTH*.

　　(d) 五次实验中出现三次正面.

1.4-13　一个盒子里有 2 个红球和 4 个白球. 有放回地随机连续取样 5 次,每次实验独立进行.

　　(a) 5 个球的排列中,任意两个相邻的球的颜色不相同,计算该事件的概率.

　　(b) 如果采取无放回取样,回答问题(a).

1.4-14　在例 1.4-5 中,假设一个元件发生故障的概率为 $p=0.4$. 求系统正常工作的概率,如果冗余元件

的数量是

(a) 3.

(b) 8.

1.4-15　一个盒子里有 10 个红球和 10 个白球. 球从盒子中随机抽取，一次一个. 求抽出第 4 个白球是在第 4 次、第 5 次、第 6 次或第 7 次抽取发生的概率，如果抽样采取

(a) 有放回.

(b) 无放回.

(c) 在世界系列赛中，美国棒球联队（红色）和全国棒球联队（白色）比赛，直到一队赢得 4 场比赛才结束. 你认为本练习中哪一种情况可用于描述比赛结束于第 4 场、5 场、6 场或 7 场的概率？（请注意，"红色"或"白色"都可能获胜.）如果你的回答是肯定的，则在你的模型中你会选择有放回抽样还是无放回抽样？（供你参考：截至 2017 年（含 2017 年），比赛结束于第 4、5、6 和 7 场的统计次数分别为 21、25、24、39 次. 这忽略了以平局结束的比赛，分别发生在 1907 年、1912 年和 1922 年. 此外，它还不包括 1903 年和 1919～1921 年，其中获胜者必须在 9 场比赛中赢得 5 场. 世界系列赛于 1994 年被取消.）

1.4-16　一个盒子里有 5 个球，1 个标有"赢"，4 个标有"输". 你和另一个玩家轮流从盒子中随机选择一个球，一次一个. 第一个选到标有"赢"的球的人获胜. 如果你先选择，求你获胜的概率，如果抽样选择的是

(a) 有放回.

(b) 无放回.

1.4-17　一个班上的 12 名学生每人都有一个 12 面的骰子. 此外，学生的编号是从 1 到 12.

(a) 如果所有学生都掷一次骰子，那么至少有一个"匹配"（例如，学生 4 掷 4 点）的概率是多少？

(b) 如果你是本班的一员，则在其他 11 名学生中至少有一名和你掷相同点数的概率是多少？

1.4-18　八队单淘汰赛赛制设计如下：

例如，8 名学生（编号为 A～H）在他们之间设计了一项比赛，分为 4 组，每组的前一个学生对应"正面"，后一个学生对应"反面". 同组中任选一人掷硬币，无论掷出正面还是反面，其对应的学生都将升级到下一组.

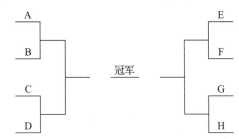

(a) 需要掷多少次硬币才能确定出比赛的冠军？

(b) 你能预测的所有获胜者的概率是多少？

(c) 在 NCAA 一级篮球赛中，64 支球队通过预选赛被选出来参加单淘汰赛，以确定全国冠军，那么总共要进行多少场比赛来决出最后的全国冠军？

(d) 假设对于任何给定的比赛，每个队获胜的机会均等（这可能不正确）. 有媒体声称"预测所有 63 场 NCAA 比赛结果正确的数学概率是 1/75 000 000. "你同意这个说法吗？如果不同意，给出原因.

34

1.4-19　将例 1.4-6 扩展到有 n 个面的骰子. 也就是说，假设一个有 n 个面的骰子被独立地掷 n 次. 如果在第 i 次实验中掷的是 i 点，$i=1,2,\cdots,n$，则称发生了一次匹配.

(a) 证明：至少发生一次匹配的概率为

$$1-\left(\frac{n-1}{n}\right)^n = 1-\left(1-\frac{1}{n}\right)^n$$

(b) 求出该概率当 n 趋于无穷时的极限.

1.4-20　猎人 A 和 B 射击目标命中的概率分别是 p_1 和 p_2. 假设独立，问是否可以选择合适的 p_1 和 p_2，使

得 $P($ 零次命中 $)=P($ 一次命中 $)=P($ 两次命中 $)$ ？

1.4-21 在美国的高加索人中有 8 种主要血型，它们的百分比根据美国红十字会的统计，如下表所示. 表中还列出了该血型的人可以献血给特定人的血型.

血型	人口比例	可以献血给
A−	7%	A−, A+, AB−, AB+
A+	33%	A+, AB+
B−	2%	B−, B+, AB−, AB+
B+	9%	B+, AB+
AB−	1%	AB−, AB+
AB+	3%	AB+
O−	8%	A−, A+, B−, B+, AB−, AB+, O−, O+
O+	37%	A+, B+, AB+, O+

假设从此人群中随机地(独立地)选择两个人.

(a) 这两人可以相互献血的概率是多少？

(b) 选中的第一个人可以给第二个人献血的概率是多少？

(c) 至少有一个人可以给另一个人献血的概率是多少？

1.5 贝叶斯定理

我们首先用一个例子来说明贝叶斯定理.

例 1.5-1 碗 B_1 里面有 2 个红色和 4 个白色的碎片，碗 B_2 里面有 1 个红色和 2 个白色的碎片，碗 B_3 里面有 5 个红色和 4 个白色的碎片. 已知选择碗的概率是不一样的，具体由 $P(B_1)=1/3$，$P(B_2)=1/6$ 和 $P(B_3)=1/2$ 给出，其中 B_1，B_2 和 B_3 分别是选择碗 B_1，B_2 和 B_3 的事件. 从这些碗里随机选择一个，然后从中随机抽取一个碎片. 让我们来计算抽到一个红色碎片这一事件 R 的概率，即 $P(R)$. 注意 $P(R)$ 是首先取决于选择哪个碗，然后取决于从选中的碗中抽取一个红色碎片的概率. 也就是说，事件 R 是 $B_1 \cap R$，$B_2 \cap R$，$B_3 \cap R$ 这三个不相容事件的并集. 因此，

$$P(R) = P(B_1 \cap R) + P(B_2 \cap R) + P(B_3 \cap R)$$
$$= P(B_1)P(R \mid B_1) + P(B_2)P(R \mid B_2) + P(B_3)P(R \mid B_3) = \frac{1}{3} \cdot \frac{2}{6} + \frac{1}{6} \cdot \frac{1}{3} + \frac{1}{2} \cdot \frac{5}{9} = \frac{4}{9}$$

35 假设现在实验的结果是一个红色碎片，但我们不知道它是从哪个碗里被抽出来的. 因此，我们计算从碗 B_1 中取出这个碎片的条件概率，即 $P(B_1 \mid R)$. 根据条件概率的定义和前面的结果，我们有

$$P(B_1 \mid R) = \frac{P(B_1 \cap R)}{P(R)} = \frac{P(B_1)P(R \mid B_1)}{P(B_1)P(R \mid B_1) + P(B_2)P(R \mid B_2) + P(B_3)P(R \mid B_3)}$$
$$= \frac{(1/3)(2/6)}{(1/3)(2/6) + (1/6)(1/3) + (1/2)(5/9)} = \frac{2}{8}$$

同理，

$$P(B_2 \mid R) = \frac{P(B_2 \cap R)}{P(R)} = \frac{(1/6)(1/3)}{4/9} = \frac{1}{8}$$

$$P(B_3 | R) = \frac{P(B_3 \cap R)}{P(R)} = \frac{(1/2)(5/9)}{4/9} = \frac{5}{8}$$

注意，条件概率 $P(B_1 | R)$，$P(B_2 | R)$ 和 $P(B_3 | R)$ 和最初的概率 $P(B_1)$，$P(B_2)$ 和 $P(B_3)$ 以符合你直觉的方式发生了改变. 一旦观察到红色碎片，关于 B_3 的概率似乎比原来更有利，因为 B_3 比 B_1 和 B_2 有更高的红色碎片百分比. 通常，原始概率称为**先验概率**，条件概率称为**后验概率**.　　　　　　　　　　　　　　　　　　　　　　　　　　■

我们概括一下例 1.5-1 的结果. 让 B_1，B_2，$\cdots$，B_m 构成样本空间 S 的一个划分. 也就是说，

$$S = B_1 \cup B_2 \cup \cdots \cup B_m \quad 和 \quad B_i \cap B_j = \emptyset, i \neq j$$

当然，事件 B_1，B_2，$\cdots$，B_m 是不相容的和穷举的. （因为不相交集的并集等于样本空间 S）. 此外，假设事件 B_i 的先验概率为正，也就是说，$P(B_i) > 0$，$i = 1, \cdots, m$. 如果 A 是一个事件，那么 A 是 m 个不相容事件的并，即

$$A = (B_1 \cap A) \cup (B_2 \cap A) \cup \cdots \cup (B_m \cap A)$$

因此

$$P(A) = \sum_{i=1}^{m} P(B_i \cap A) = \sum_{i=1}^{m} P(B_i) P(A | B_i) \tag{1.5-1}$$

这有时被称为**全概率公式**. 如果 $P(A) > 0$，则

$$P(B_k | A) = \frac{P(B_k \cap A)}{P(A)}, \quad k = 1, 2, \cdots, m \tag{1.5-2}$$

用公式 1.5-1 代替公式 1.5-2 中的 $P(A)$，我们得到了**贝叶斯定理**：

36

$$P(B_k | A) = \frac{P(B_k) P(A | B_k)}{\sum_{i=1}^{m} P(B_i) P(A | B_i)}, \quad k = 1, 2, \cdots, m$$

条件概率 $P(B_k | A)$ 通常被称为 B_k 的**后验概率**. 下一个例子说明贝叶斯定理的一个应用.

例 1.5-2　在某个工厂里，机器 Ⅰ、Ⅱ 和 Ⅲ 都生产相同长度的弹簧. 在它们的生产中，机器 Ⅰ、Ⅱ 和 Ⅲ 分别生产 2%、1% 和 3% 有缺陷的弹簧. 在工厂弹簧总产量中，机器 Ⅰ 生产 35%，机器 Ⅱ 生产 25%，机器 Ⅲ 生产 40%. 如果从一天生产的总弹簧中随机选择一个弹簧，则根据全概率公式，所选弹簧有缺陷的概率 $P(D)$ 使用明显的符号等于

$$P(D) = P(Ⅰ)P(D | Ⅰ) + P(Ⅱ)P(D | Ⅱ) + P(Ⅲ)P(D | Ⅲ)$$

$$= \left(\frac{35}{100}\right)\left(\frac{2}{100}\right) + \left(\frac{25}{100}\right)\left(\frac{1}{100}\right) + \left(\frac{40}{100}\right)\left(\frac{3}{100}\right) = \frac{215}{10\,000}$$

如果所选弹簧有缺陷，则其是由机器 Ⅲ 生产的条件概率是多少？根据贝叶斯定理，

$$P(Ⅲ | D) = \frac{P(Ⅲ)P(D | Ⅲ)}{P(D)} = \frac{(40/100)(3/100)}{215/10\,000} = \frac{120}{215}$$

在观察到有缺陷的弹簧后，注意 Ⅲ 的后验概率是如何从 Ⅲ 的先验概率增加的，因为 Ⅲ 比 Ⅰ

和 Ⅱ 生产更大比例的有缺陷的弹簧. ■

例 1.5-3　子宫颈抹片是一种用于检测宫颈癌的筛选程序. 对于患有这种癌症的女性, 大约有 16% 的假阴性, 也就是说,

$$P(T^- = 检测阴性 \mid C^+ = 癌症) = 0.16$$

因此

$$P(T^+ = 检测阳性 \mid C^+ = 癌症) = 0.84$$

对于没有癌症的女性, 大约有 10% 的假阳性, 也就是说,

$$P(T^+ \mid C^- = 无癌症) = 0.10$$

因此

$$P(T^- \mid C^- = 无癌症) = 0.90$$

在美国, 10 万人中约有 8 名妇女患有这种癌症, 也就是说,

$$P(C^+) = 0.000\,08, 所以 P(C^-) = 0.999\,92$$

根据贝叶斯定理和全概率公式,

$$P(C^+ \mid T^+) = \frac{P(C^+ \cap T^+)}{P(T^+)} = \frac{(0.000\,08)(0.84)}{(0.000\,08)(0.84) + (0.999\,92)(0.10)}$$
$$= \frac{672}{672 + 999\,920} = 0.000\,672$$

这意味着, 每 100 万份阳性的巴氏涂片中, 只有 672 份是真的宫颈癌病例. 这一低比率使人质疑检测程序的价值. 它无效的原因是, 患癌症的女性比例是如此之小, 而程序的错误率, 即 0.16 和 0.10 是如此之高. ■

练习

1.5-1　碗 B_1 里面有两个白色的碎片, 碗 B_2 里面有两个红色的碎片, 碗 B_3 里面有两个红色和两个白色的碎片, 碗 B_4 里面有三个白色和一个红色的碎片. 已知选择四个碗 B_1, B_2, B_3, B_4 的概率分别由 1/2, 1/4, 1/8 和 1/8 给出. 使用这些概率选择一个碗, 然后随机抽取一个碎片. 求
（a）$P(W)$, 即抽到一个白色碎片的概率.
（b）$P(B_1 \mid W)$, 在抽到一个白色碎片的前提下它来自碗 B_1 的条件概率.

1.5-2　来自供应商 A 的大豆种子发芽率为 85%, 来自供应商 B 的大豆种子发芽率为 75%. 一家种子包装公司购买了来自供应商 A 的 40% 的大豆和来自供应商 B 的 60% 的大豆, 并将这些种子混合在一起.
（a）求从混合种子中随机选择一颗种子, 其发芽的概率 $P(G)$.
（b）在已知一颗种子发芽的情况下, 求其是从供应商 A 购买的种子的概率.

1.5-3　一个医生关心血压和不规则心跳之间的关系. 在她的病人中, 她把血压分为高、正常或低, 心跳有规律或不规则, 发现（a）16% 的人有高血压；（b）19% 的人有低血压；（c）17% 的人有不规则心跳；（d）心跳不规则者中 35% 为高血压；（e）血压正常者中有 11% 的人心跳不规则. 她的病人中有多少百分比的人有规律的心跳且是低血压?

1.5-4　假设保险公司知道以下与汽车事故有关的概率（第二栏指投保人在年度保单期间至少发生一次事故的概率）:

司机年龄	事故发生概率	公司投保司机比例
16~25	0.05	0.10
26~50	0.02	0.55
51~65	0.03	0.20
66~90	0.04	0.15

从中随机挑选一名发生了事故的司机，这名司机是在 16~25 岁年龄段的条件概率是多少？

1.5-5 在医院的急诊室，病人被分类为 20% 是危急的，30% 是严重的，以及 50% 是轻微的. 其中危急的有 30% 死亡；严重的有 10% 死亡；轻微的有 1% 死亡. 假定一名患者死亡，那么该患者是被列为危急患者的条件概率为多少？

1.5-6 人寿保险公司发行标准、优先和超优先保单. 在公司的某个年龄段的保单持有人中，60% 有标准政策，在第二年死亡概率为 0.01；30% 的人有优先政策，在第二年死亡概率为 0.008；10% 的人有超优先政策，在第二年死亡概率为 0.007. 如果这个年龄的某投保人在第二年死亡，那么他是标准政策、优先政策或超优先政策的条件概率分别是多少？

1.5-7 一位化学家希望检测出她正在制造的某种化合物中的杂质. 有个测试能检测到化合物中的杂质的概率为 0.90. 另外，该测试表明化合物里面有杂质但其实没有的百分比是 5%. 化学家制造的化合物含有杂质的约占 20%，也就是说，制造的 80% 的化合物没有杂质. 从化学家制造的化合物中随机选择一种，测试表明存在杂质，那么化合物确实含有杂质的条件概率是多少？

1.5-8 一家商店出售四种品牌的平板电脑. 最便宜的品牌 B_1 占销售额的 40%. 其他的品牌（按价格排序）具有以下百分比的销售额：B_2，30%；B_3，20%；B_4，10%. 在保修期内需要维修的概率 B_1 为 0.10，B_2 为 0.05，B_3 为 0.03，B_4 为 0.02. 如果买家随机挑选的一款平板电脑在保修期内需要维修，那么该平板电脑分别是品牌 $B_i(i=1,2,3,4)$ 的条件概率是多少？

1.5-9 有一种新的疾病诊断测试，针对大约 0.05% 的出现这种疾病的人群. 这项测试并不完美，但能以 99% 的概率检测出患有此病的人. 另外，如果一个人被诊断没有疾病，但其实是患者的概率约为 3%. 从人群中随机选择一个人，测试表明此人患有该疾病，下列事件的条件概率分别是多少？
（a）该人确实患有该疾病.
（b）该人实际没有患该疾病.
提示：注意，人群 0.0005 的患病率中比误判的概率 0.01 和 0.03 小得多.

1.5-10 假设我们想调查在一定的人群中被虐待的儿童的百分比. 为了做到这一点，医生对从该人群中随机抽取的一些儿童进行了检查. 然而，医生并不完美：他们有时将受虐儿童（A^+）归为未受虐儿童（D^-），或将未受虐儿童（A^-）归为受虐儿童（D^+）. 假设这些误判率分别是 $P(D^-\mid A^+)=0.08$，$P(D^+\mid A^-)=0.05$，因此 $P(D^+\mid A^+)=0.92$ 和 $P(D^-\mid A^-)=0.95$ 是正确决策的概率. 让我们假设只有 2% 的儿童受到虐待，也就是说，$P(A^+)=0.02$ 和 $P(A^-)=0.98$.
（a）随机选择一个孩子. 医生把这个孩子归类为被虐待的可能性有多大？也就是说，计算
$$P(D^+)=P(A^+)P(D^+\mid A^+)+P(A^-)P(D^+\mid A^-)$$
（b）计算 $P(A^-\mid D^+)$ 和 $P(A^+\mid D^+)$.
（c）计算 $P(A^-\mid D^-)$ 和 $P(A^+\mid D^-)$.
（d）（b）和（c）中的概率是否意外？这是因为 0.08 和 0.05 的错误率相对于人群中被虐待儿童的比例 0.02 偏大很多.

1.5-11 对一群人进行研究，15% 被归类为重度吸烟者，30% 为轻度吸烟者，55% 的人不吸烟. 在为期五年的研究中，确定了重度和轻度吸烟者的死亡率分别是不吸烟者的 5 倍和 3 倍. 假定一名随机挑选的参与者在五年内死亡，请计算该参与者不吸烟的概率.

1.5-12　一公司有两种工艺生产一种材料卷：第一种工艺生产的材料卷中 3% 有缺陷，第二种工艺生产的材料卷中 1% 有缺陷. 第一种工艺生产公司 60% 的产量，第二种工艺生产 40% 的产量. 从所有的产品中随机选择一个材料卷，发现它有缺陷，问它来自第一种工艺的条件概率是多少？

1.5-13　一家医院从 A 公司获得 40% 的流感疫苗，其余的从 B 公司获得. 每批货物都含有大量的疫苗小瓶. 在从 A 公司来的疫苗小瓶中，3% 是无效的；在从 B 公司来的疫苗小瓶中，2% 是无效的. 医院从一批货物中随机抽取 25 个小瓶进行检验，结果发现其中两个无效. 问这批货物来自 A 公司的条件概率是多少？

历史评注　大多数概率论者会说概率始于 1654 年，当时法国贵族 Chevalier de Méré 喜欢赌博，他挑战 Blaise Pascall(布莱斯·帕斯卡) 解释一个谜题和他自己发现的一些赌博方面的问题. 当然，以前也有赌博，事实上，在大约这场挑战发生前 200 年，一位方济会的修道士 Luca Paccioli 提出了与此基本上相同的谜题. 那就是：

　　A 和 B 正在公平地玩一种民间游戏. 他们同意继续下去，直到一方赢六场. 然而，当 A 队赢了 5 场，B 队赢了 3 场时，比赛实际上就停止了. 问应该如何分配赌资？

在 Méré 的挑战的 100 多年前，Girolamo Cardano，一位 16 世纪的医生，也是一个赌徒，他已经找到了许多骰子赌博方面问题的答案，但都不是 Méré 提出的问题的答案. Chevalier de Méré 观察到：如果一个均匀的骰子被掷出 4 次，那么至少出现一个六点的概率略大于 1/2. 但是，保持相同的比例，如果两个骰子被掷 24 次，那么至少出现一次两个六点的概率似乎略低于 1/2. 至少 Méré 是赌输了. 这发生在他向布莱斯·帕斯卡挑战的时候. Pascal 不想独自解决这些问题，而是与 Pierre de Fermat(皮埃尔·德·费马) 合作，他是一位才华横溢的年轻的数学家. 正是 1654 年帕斯卡和费马之间的通信，意味着概率论的开始.

今天，一个概率论专业的普通学生就可以很容易地解决这两个问题. 对于这个谜题，注意 B 只有在接下来的 3 轮中获胜，才能以 6 轮获胜，概率为 $(1/2)^3 = 1/8$，因为这是一场公平的民间游戏. 因此，A 赢 6 轮的概率为 $1-1/8 = 7/8$，并且应将赌资按 7 比 1 进行分配. 对于骰子问题，骰子掷出 4 次，至少出现一个六点的概率是

$$1 - \left(\frac{5}{6}\right)^4 = 0.518$$

两个骰子被掷 24 次，至少出现一次两个六点的概率是

$$1 - \left(\frac{35}{36}\right)^{24} = 0.491$$

令人惊叹的是，Méré 能够进行足够多的这些实验，发现这些概率的细微差别. 然而，他赢了第一种却输了第二种.

顺便说一句，从谜题的解可以归纳出二项分布和著名的帕斯卡三角形. 当然，费马是伟大的数学家，他提出了"费马大定理".

Thomas Bayes(托马斯·贝叶斯) 牧师出生于 1701 年，是一个不墨守成规的人(他是一个拒绝英国国教大部分仪式的新教徒). 他在世时没有发表任何数学著作，两部著作都是在他逝世后出版的，其中一个包含了贝叶斯定理和一个非常原始的关于先验概率和后验概率的方法. 它对现代统计学产生了非常大的影响，以至于许多现代统计学家都研究新贝叶斯方法. 我们将 6.8 节专门介绍其中的一些方法.

第2章 离 散 分 布

2.1 离散型随机变量

如果样本空间 S 的元素不是数字，则它可能难以描述. 现在我们将讨论如何使用规则，通过该规则，随机实验的每个结果（S 的元素）可以与实数 x 相关联. 我们用一个例子进行讨论.

例 2.1-1 从笼子中随机选择一只老鼠并确定其性别，结果是雌性和雄性. 因此，样本空间是 $S = \{$雌性，雄性$\} = \{F, M\}$. 设 X 是在 S 上定义的函数，使得 $X(F) = 0$ 且 $X(M) = 1$. 于是，X 是一个实值函数，样本空间 S 作为定义域，实数的集合 $\{x : x = 0, 1\}$ 作为其值域. 我们将 X 称为随机变量，在此示例中，与 X 关联的空间由 $\{x : x = 0, 1\}$ 给出. ■

现在我们定义一个随机变量.

定义 2.1-1 给定样本空间 S 的随机实验，为 S 中每个元素分配一个且只有一个实数 $X(s) = x$ 的函数 X 称为**随机变量**. X 的**空间**是实数的集合 $\{x : X(s) = x, s \in S\}$，其中 $s \in S$ 表示元素 s 属于集合 S.

注 当我们给出随机变量及其概率分布的例子时，读者很快就会认识到，在观察随机实验时，实验者必须进行某种类型的测量（或度量）. 该测量可以被认为是随机变量的结果. 我们只想知道在测量结束时空间 X 的子集 A 的概率. 如果已知所有子集 A，则我们知道随机变量的概率分布. 显然，在实践中，我们并不经常知道这种分布. 因此，统计学家对这些分布进行猜测，也就是说，我们构建随机变量的概率模型. 统计学家恰当地针对真实情况建模的能力是一种有价值的特质. 在本章中，我们将介绍一些概率模型，其中随机变量的空间由整数集组成.

可能是空间 S 中的元素本身就是实数. 在这种情况下，我们可以写 $X(s) = s$，因此 X 是一个恒等函数，X 的空间也是 S. 例 2.1-2 说明了这种情况.

例 2.1-2 考虑一个随机实验，掷一个六面骰子. 与此实验相关的样本空间为 $S = \{1, 2, 3, 4, 5, 6\}$，其中的元素表示朝向一面的点数. 对于每个 $s \in S$，令 $X(s) = s$. 随机变量 X 的空间则为 $\{1, 2, 3, 4, 5, 6\}$. ■

如果将 1/6 的概率与每个结果相关联，那么，例如，$P(X = 5) = 1/6$，$P(2 \leqslant X \leqslant 5) = 4/6$ 和 $P(X \leqslant 2) = 2/6$ 似乎是合理的分配，其中，在本例中，$\{2 \leqslant X \leqslant 5\}$ 表示 $\{X = 2, 3, 4$ 或 $5\}$，$\{X \leqslant 2\}$ 表示 $\{X = 1$ 或 $2\}$.

学生无疑会认识到这里的两大困难：

（1）在许多实际情况下，分配给事件的概率是未知的.

（2）因为在 S 上有很多定义函数 X 的方法，所以我们需要使用哪个函数？

事实上，在特定情况下求解这些问题是应用统计中的主要问题. 在考虑（2）时，统计学家试图确定应对结果进行哪些测量（或度量），也就是说，如何最好地将结果"数学化"？

这些测量问题是最困难的，只有通过参与实际项目才能回答. 对于(1)，我们经常需要通过重复观察来估计这些概率或百分比(称为抽样). 例如，艾奥瓦大学医院新生女婴的体重是否小于 7 磅？这里一个新生女婴就是结果，我们用一种方式(按体重)测量了她，但显然还有很多其他的测量方法. 如果令 X 是以磅为单位的体重，我们对概率 $P(X<7)$ 感兴趣，并且我们只能通过重复观察来估计这个概率. 在经过一些观察之后，通过使用 $\{X<7\}$ 的相对频率来估计这个概率. 如果做出额外的假设是合理的，那么我们将研究估计该概率的其他方法. 这正是后面涉及的数理统计. 也就是说，如果我们假设某些模型，我们发现统计理论可以解释如何最好地得出结论或做出预测.

在许多情况下，实验者很清楚想要在样本空间上定义什么样的函数 X. 例如，称为掷骰子的骰子游戏涉及这对骰子朝上点数(比如 X)的总和. 因此，我们直接进入 X 的空间，我们将用相同的字母 S 表示. 毕竟，在骰子游戏中，玩家只关心与 X 相关的概率. 因此，为方便起见，在许多情况下，读者可以将 X 的空间视为样本空间.

42

设 X 表示空间 S 的随机变量. 假设我们知道概率如何在 S 的各个子集 A 上分布，也就是说，我们可以为每个 $A\subset S$ 计算 $P(X\in A)$. 在这个意义上，我们讨论的随机变量 X 的分布，当然就意味着与 X 的空间 S 相关的概率分布.

设 X 表示具有一维空间 S 的随机变量，它是实数的子集. 假设空间 S 包含可数的点数，也就是说，S 包含有限数量的点，或者 S 的点可以与正整数一一对应. 这样的集合 S 被称为一组离散点或简称为离散样本空间. 此外，随机变量 X 被称为**离散型**随机变量，X 的分布被称为离散型分布.

对于离散型的随机变量 X，概率 $P(X=x)$ 经常用 $f(x)$ 表示，并且该函数 $f(x)$ 被称为**概率质量函数**. 注意，一些作者将 $f(x)$ 称为概率函数、频率函数或概率密度函数. 在离散情况下，我们将使用"概率质量函数"，并简写为 pmf.

设 $f(x)$ 为离散型随机变量 X 的 pmf，并且令 S 为 X 的样本空间. 因为对于 $x\in S$，$f(x)=P(X=x)$，所以 $f(x)$ 必须是非负的，并且我们希望所有这些概率和为 1，因为每个 $P(X=x)$ 代表 x 可以预期发生的概率. 此外，要确定与事件 $A\in S$ 相关的概率，我们需要对 A 中 x 值的概率求和. 这使我们得出以下定义.

定义 2.1-2　离散随机变量 X 的**概率质量函数** $f(x)$ 是满足以下性质的函数：

(a) $f(x)>0,\quad x\in S$;

(b) $\sum\limits_{x\in S}f(x)=1$;

(c) $P(X\in A)=\sum\limits_{x\in A}f(x)$，其中 $A\subset S$.

当 $x\notin S$ 时，我们令 $f(x)=0$. 因此，$f(x)$ 的定义域是实数集. 当定义概率质量函数 $f(x)$ 而不说在其他地方为 0 时，我们默认 $f(x)$ 已经在空间 S 中的所有 x 处被定义，并且假设其他地方的 $f(x)=0$，也就是说，当 $x\notin S$ 时 $f(x)=0$. 因为当 $x\in S$ 时，概率 $P(X=x)=f(x)>0$，并且 S 包含与 X 相关的所有概率，我们有时将 S 称为 X 的**支撑**以及 X 的空间.

累积概率通常是有意义的. 我们将由

$$F(x)=P(X\le x),\quad -\infty<x<\infty$$

定义的函数称为**累积分布函数**，将其简写为 cdf. cdf 有时被称为随机变量 X 的**分布函数**. 某些随机变量的 cdf 的值在附录 B 中给出，并且在我们使用它们时将被指出. （见表Ⅱ、Ⅲ、Ⅳ、Ⅴa、Ⅵ、Ⅶ和Ⅸ.）

当概率质量函数在空间或支撑上恒定时，我们说在该空间上的分布是均匀的. 例如，在例 2.1-2 中，X 在 $S=\{1,2,3,4,5,6\}$ 上具有离散均匀分布，它的概率质量函数为

$$f(x)=\frac{1}{6}, \quad x=1,2,3,4,5,6$$

我们可以通过令 X 在前 m 个正整数上具有离散均匀分布来推广这个结果，这样它的概率质量函数为

$$f(x)=\frac{1}{m}, \quad x=1,2,3,\cdots,m$$

X 的分布函数定义如下，其中 $k=1,2,\cdots,m-1$，我们有

$$F(x)=P(X\leqslant x)=\begin{cases} 0, & x<1 \\ \dfrac{k}{m}, & k\leqslant x<k+1 \\ 1, & m\leqslant x \end{cases}$$

请注意，这是一个阶跃函数，对于 $x=1,2,\cdots,m$，跳跃大小为 $1/m$.

我们现在给出一个例子，其中 X 不具有均匀分布.

例 2.1-3 掷一个均匀的四面骰子两次，如果它们不同，则令 X 等于两个结果中的较大者，如果它们相同，则 X 为该共同值. 该实验的样本空间为 $S_0=\{(d_1,d_2):d_1=1,2,3,4,$ $d_2=1,2,3,4\}$，其中我们假设这 16 种组合中的每一个都有概率 1/16. 那么 $P(X=1)=$ $P[\{(1,1)\}]=1/16$，$P(X=2)=P[\{(1,2),(2,1),(2,2)\}]=3/16$，类似地，$P(X=3)=$ 5/16，$P(X=4)=7/16$. 也就是说，X 的 pmf 可以简单地写成

$$f(x)=P(X=x)=\frac{2x-1}{16}, \quad x=1,2,3,4 \tag{2.1-1}$$

我们可以在其他地方添加 $f(x)=0$. 但如果我们不这样做，读者应该在 $x\notin S=\{1,2,3,4\}$ 时，将 $f(x)$ 视为零. ∎

通常使用描绘 X 的 pmf 图可以帮助我们更好地理解特定的概率分布. 注意，当 $f(x)>0$ 时，pmf 的图是简单的点集 $\{[x,f(x)]:x\in S\}$，其中 S 是 X 的空间. 可以使用两种类型的图更好地视觉评估 pmf：条形图和概率直方图. 随机变量 X 的概率质量函数 $f(x)$ 的**条形图**是在 S 中的每个 x 处绘制一个具有从 $(x,0)$ 到 $[x,f(x)]$ 的垂直线段的图. 如果 x 只能假设整数值，则概率质量函数 $f(x)$ 的**概率直方图**是一个以空间 S 中的每个 x 为中心、高度为 $f(x)$、宽度为 1 的矩形. 因此，每个矩形的面积等于相应的概率 $f(x)$，并且概率直方图的总面积是 1.

图 2.1-1 显示了公式 2.1-1 中定义的概率质量函数 $f(x)$ 的条形图和概率直方图.

在 1.1 节中，我们讨论了事件 A 的概率 $P(A)$ 与事件 A 重复发生的相对频率 $\mathcal{N}(A)/n$ 之间的关系. 我们现在将扩展这些想法.

假设重复 n 次独立的随机实验. 设 $A=\{X=x\}$，即 x 是实验结果的事件. 然后我们期望相对频率 $\mathcal{N}(A)/n$ 接近 $f(x)$. 下一个示例说明了此性质.

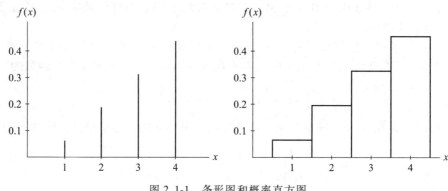

图 2.1-1 条形图和概率直方图

例 2.1-4 将结果为 1，2，3 和 4 的均匀四面骰子掷两次. 设 X 等于两个结果的总和. 那么 X 的可能值是 2，3，4，5，6，7 和 8. 以下论点表明 X 的 pmf 由 $f(x) = (4 - |x-5|)/16$ 给出，其中 $x = 2$，3，4，5，6，7，8（即 $f(2) = 1/16$，$f(3) = 2/16$，$f(4) = 3/16$，$f(5) = 4/16$，$f(6) = 3/16$，$f(7) = 2/16$，$f(8) = 1/16$）. 直观地，如果我们考虑 16 个结果（第一次掷的结果，第二次掷的结果），并假设每个概率为 1/16，那么这些概率似乎是正确的. 然后注意，$X = 2$ 仅用于点 $(1,1)$，$X = 3$ 用于两个点 $(2,1)$ 和 $(1,2)$，依此类推. 该实验在计算机上模拟 1000 次. 表 2.1-1 列出了结果，并将相对频率与相应的概率进行了比较. ∎

表 2.1-1 两个四面骰子的总和

x	x 的观察数量	x 的相对频率	x 的概率
2	71	0.071	0.0625
3	124	0.124	0.1250
4	194	0.194	0.1875
5	258	0.258	0.2500
6	177	0.177	0.1875
7	122	0.122	0.1250
8	54	0.054	0.0625

图可用于显示表 2.1-1 中的结果. X 的概率质量函数 $f(x)$ 的概率直方图由图 2.1-2 中的虚线给出. 它叠加在阴影直方图上，阴影直方图是**相对频率直方图**，它表示观察到相应 x 值的相对频率. 对于离散型随机实验，一组数据的相对频率直方图给出了当后者未知时，相关随机变量的概率直方图的估计.（估计方法将在本书的后面详细讨论.）

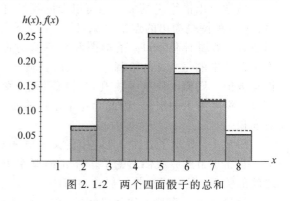

图 2.1-2 两个四面骰子的总和

练习

2.1-1 设 X 的概率质量函数 pmf 为 $f(x) = x/9$，$x = 2$，3，4.

（a）绘制 pmf 的条形图.

（b）绘制 pmf 的概率直方图.

2.1-2　从一个碗中随机取出一个芯片，碗中有六个白芯片、三个红芯片和一个蓝芯片. 如果结果是白芯片，令随机变量 $X = 1$；如果结果是红芯片，令 $X = 5$；如果结果是蓝芯片，令 $X = 10$.

（a）求出 X 的 pmf.

（b）将 pmf 绘制为条形图.

2.1-3　对于以下每一项，确定常数 c，使得 $f(x)$ 满足随机变量 X 的 pmf 条件，然后将每个 pmf 描绘为条形图：

（a）$f(x) = x/c, x = 1, 2, 3, 4$.

（b）$f(x) = cx, x = 1, 2, 3, \cdots, 10$.

（c）$f(x) = c(1/4)^x, x = 1, 2, 3, \cdots$.

（d）$f(x) = c(x+1)^2, x = 0, 1, 2, 3$.

（e）$f(x) = x/c, x = 1, 2, 3, \cdots, n$.

（f）$f(x) = \dfrac{c}{(x+1)(x+2)}, x = 0, 1, 2, 3, \cdots$.

提示：对于（f），记 $f(x) = c[1/(x+1) - 1/(x+2)]$.

2.1-4　令 X 为离散随机变量，其中概率质量函数 $f(x) = \log_{10}\left(\dfrac{x+1}{x}\right), x = 1, 2, \cdots, 9$.（这种分布称为本福德分布，它已被证明可以准确地模拟许多数据集中其数据主要有效数字的概率.）

（a）验证 $f(x)$ 满足 pmf 的条件.

（b）求 X 的 cdf.

2.1-5　X 的 pmf 为 $f(x) = (5-x)/10, x = 1, 2, 3, 4$.

（a）将 pmf 绘制为条形图.

（b）在计算机上模拟对 X 的独立观察，得到如下数据，构建一个类似于表 2.1-1 的表.

$$
\begin{array}{cccccccccccccccccccc}
3 & 1 & 2 & 2 & 3 & 2 & 2 & 2 & 1 & 3 & 3 & 2 & 3 & 2 & 4 & 2 & 1 & 1 & 3 \\
3 & 1 & 2 & 2 & 1 & 1 & 4 & 2 & 3 & 1 & 1 & 1 & 2 & 1 & 3 & 1 & 1 & 3 & 1 \\
1 & 1 & 1 & 1 & 4 & 1 & 3 & 1 & 2 & 4 & 1 & 1 & 2 & 3 & 4 & 3 & 1 & 4 & 2 \\
2 & 1 & 3 & 2 & 1 & 4 & 1 & 1 & 1 & 2 & 1 & 3 & 4 & 3 & 2 & 1 & 4 & 1 & 3 \\
2 & 2 & 2 & 1 & 2 & 3 & 1 & 1 & 4 & 2 & 1 & 4 & 2 & 1 & 2 & 3 & 1 & 4 & 2 & 3
\end{array}
$$

（c）构建概率直方图和相对频率直方图，类似于图 2.1-2.

2.1-6　密歇根州每周七天，每天两次随机生成一个三位数的数字，这些数字一次生成一位数. 考虑以下 50 个三位数字的集合作为随机生成的 150 个一位整数：

$$
\begin{array}{cccccccccc}
169 & 938 & 506 & 757 & 594 & 656 & 444 & 809 & 321 & 545 \\
732 & 146 & 713 & 448 & 861 & 612 & 881 & 782 & 209 & 752 \\
571 & 701 & 852 & 924 & 766 & 633 & 696 & 023 & 601 & 789 \\
137 & 098 & 534 & 826 & 642 & 750 & 827 & 689 & 979 & 000 \\
933 & 451 & 945 & 464 & 876 & 866 & 236 & 617 & 418 & 988
\end{array}
$$

令 X 表示生成单个数字时的结果.

（a）对于真随机数，X 的 pmf 是什么？绘制概率直方图.

（b）对于 150 个观测值，分别确定 0、1、2、3、4、5、6、7、8 和 9 的相对频率.

（c）在与概率直方图相同的图纸上绘制观测值的相对频率直方图. 使用彩色或虚线作为相对频率

直方图.

2.1-7 随机实验是掷一对均匀的六面骰子，如果它们不同，则令 X 等于较小的结果；如果它们相同，则令 X 等于该共同值.

    (a) 在合理的假设下，求 X 的 pmf.

    (b) 绘制 X 的 pmf 的概率直方图.

    (c) 设 Y 等于两个结果的范围(即最大和最小结果差的绝对值). 确定 Y 的概率质量函数 $g(y)$，其中 $y = 0, 1, 2, 3, 4, 5$.

    (d) 绘制 $g(y)$ 的概率直方图.

2.1-8 随机实验是掷一对均匀骰子，每个骰子有六个面，令随机变量 X 表示骰子的总和.

    (a) 在合理假设下，确定 X 的概率质量函数 $f(x)$.

    提示：记录由 36 个点组成的样本空间(第一个骰子上的结果，第二个骰子上的结果)，并假设每个骰子的概率为 1/36. 求出 X 的每个可能结果的概率，即 $x = 2, 3, \cdots, 12$.

    (b) 绘制 $f(x)$ 的概率直方图.

2.1-9 设 X 的 pmf 为 $f(x) = (1 + |x-3|)/11$，$x = 1, 2, 3, 4, 5$. 将 X 的 pmf 绘制为条形图.

2.1-10 一个均匀的四面骰子具有两个编号为 0 的面和两个编号为 2 的面. 另一个均匀的四面骰子具有编号为 0, 1, 4 和 5 的面. 掷出这两个骰子. 设 X 和 Y 是掷出的相应结果，并令 $W = X + Y$.

    (a) 确定 W 的 pmf.

    (b) 绘制 W 的 pmf 的概率直方图.

2.1-11 设 X 是工厂每周发生的事故数. 设 X 的 pmf 为

$$f(x) = \frac{1}{(x+1)(x+2)} = \frac{1}{x+1} - \frac{1}{x+2}, \quad x = 0, 1, 2, \cdots$$

在 $X \geqslant 1$ 的情况下，求出 $X \geqslant 4$ 的条件概率.

2.1-12 一个袋子包含 144 个乒乓球. 超过一半的球被涂成橙色，其余球被涂成蓝色. 随机抽出两个球. 抽出两个相同颜色的球的概率与抽出两个不同颜色的球的概率相同. 袋子里有多少个橙色的球?

2.2 数学期望

在总结概率分布的重要特征时，一个极其重要的概念是数学期望，下面我们通过一个例子来介绍这个概念.

例 2.2-1 一个有进取心的年轻人需要一点额外的钱，他设计了一个机会游戏，在这个游戏中，他的一些朋友可能希望参加. 他提议的游戏是让参与者掷一个均匀的骰子，然后根据以下事件表获得一笔付款：如果事件 $A = \{1, 2, 3\}$ 发生，他将收到 1 美元；如果事件 $B = \{4, 5\}$ 发生，他将收到 2 美元；如果事件 $C = \{6\}$ 发生，他将收到 3 美元. 如果 X 是表示回报的随机变量，则 X 的 pmf 为

$$f(x) = (4-x)/6, \quad x = 1, 2, 3$$

即 $f(1) = 3/6$，$f(2) = 2/6$，$f(3) = 1/6$. 如果游戏重复了很多次，那么在大约 3/6 的实验中支付 1 美元，在大约 2/6 的实验中支付 2 美元，在大约 1/6 的实验中支付 3 美元. 因此，平均支付额将是

$$(1)\left(\frac{3}{6}\right) + (2)\left(\frac{2}{6}\right) + (3)\left(\frac{1}{6}\right) = \frac{10}{6} = \frac{5}{3}$$

也就是说，年轻人希望平均支付 5/3 美元. 这被称为支付的数学期望. 如果这个年轻人可以

在游戏中收取 2 美元的费用，那么每场游戏平均赢得 2-5/3＝1/3 美元．请注意，数学期望可写为

$$E(X) = \sum_{x=1}^{3} xf(x)$$

通常用希腊字母 μ 表示，被称为 X 或其分布的均值．■

假设我们对 X 的另一个函数感兴趣，比如 $u(X)$．我们把它称为 $Y＝u(X)$．当然，Y 是一个随机变量，有 pmf．例如，在例 2.2-1 中，$Y＝X^2$ 具有概率质量函数

$$g(y) = (4 - \sqrt{y})/6, \quad y = 1, 4, 9$$

也就是说，$g(1)＝3/6$，$g(4)＝2/6$，$g(9)＝1/6$．此外，令 S_Y 表示 Y 的空间，Y 的均值是

$$\mu_Y = \sum_{y \in S_Y} yg(y) = (1)\left(\frac{3}{6}\right) + (4)\left(\frac{2}{6}\right) + (9)\left(\frac{1}{6}\right) = \frac{20}{6}$$

这个年轻人设计的游戏中参与者可能更愿意以 4 美元的价格玩这个游戏，因为他们可能赢得 9-4＝5 美元，而且只输 4-1＝3 美元．请注意，这个年轻人可能期望每场游戏平均赢 4-10/3＝2/3 美元．如果年轻人花费 10 美元来玩这个游戏，那么基于 $Z＝X^3$ 的游戏甚至可能对参与者更具吸引力．参与者可能赢得 27-10＝17 美元，只损失 10-1＝9 美元．练习 2.2-7 介绍了后一种游戏的细节．

无论如何，重要的是要注意到

$$E(Y) = \sum_{y \in S_Y} yg(y) = \sum_{x \in S_X} x^2 f(x) = \frac{20}{6}$$

也就是说，通过这一公式获得相同的值．虽然我们还没有证明，对于一般函数 $u(x)$，如果 $Y＝u(x)$，那么有

$$\sum_{y \in S_Y} yg(y) = \sum_{x \in S_X} u(x)f(x)$$

但是我们在这个简单的例子中说明了它．这个讨论暗示了函数 X 的数学期望的更一般定义．

定义 2.2-1　如果 $f(x)$ 是具有空间 S 的离散型随机变量 X 的概率质量函数，并且如果求和

$$\sum_{x \in S} u(x)f(x) \quad \text{有时候也写成} \quad \sum_{S} u(x)f(x)$$

存在，则该和被称为 $u(X)$ 的**数学期望**或**期望值**，并且由 $E[u(X)]$ 表示．即

$$E[u(X)] = \sum_{x \in S} u(x)f(x)$$

我们可以将期望值 $E[u(X)]$ 视为 $u(x)(x \in S)$ 的加权平均值，其中权重是概率 $f(x)＝P(X＝x)$，$x \in S$．

注　$u(X)$ 的数学期望的通常定义要求总和绝对收敛，也就是说，

$$\sum_{x \in S} |u(x)|f(x)$$

收敛并且是有限的. 绝对收敛的原因是在对式子

$$\sum_{x \in S_X} u(x)f(x) = \sum_{y \in S_Y} yg(y)$$

的证明中，它允许重新排列 x 求和项的顺序. 在本书中，每个 $u(x)$ 都是绝对收敛的.

我们提供另一个例子.

例 2.2-2 设随机变量 X 的 pmf 为

$$f(x) = \frac{1}{3}, \quad x \in S_X$$

其中 $S_X = \{-1, 0, 1\}$. 令 $u(X) = X^2$，则

$$E(X^2) = \sum_{x \in S_X} x^2 f(x) = (-1)^2 \left(\frac{1}{3}\right) + (0)^2 \left(\frac{1}{3}\right) + (1)^2 \left(\frac{1}{3}\right) = \frac{2}{3}$$

然而，随机变量 $Y = X^2$ 的支撑是 $S_Y = \{0, 1\}$，并且

$$P(Y = 0) = P(X = 0) = \frac{1}{3}$$

$$P(Y = 1) = P(X = -1) + P(X = 1) = \frac{1}{3} + \frac{1}{3} = \frac{2}{3}$$

即

$$g(y) = \begin{cases} \dfrac{1}{3}, & y = 0 \\ \dfrac{2}{3}, & y = 1 \end{cases}, \quad S_Y = \{0, 1\}$$

因此，

$$\mu_Y = E(Y) = \sum_{y \in S_Y} yg(y) = (0)\left(\frac{1}{3}\right) + (1)\left(\frac{2}{3}\right) = \frac{2}{3}$$

这再次说明了前面的观察.

在介绍其他例子之前，我们在下面的定理中列出了一些关于数学期望的有用事实. ∎

定理 2.2-1 当数学期望 E 存在时，它满足以下性质：

（a）如果 c 是常数，则 $E(c) = c$.

（b）如果 c 是常数，u 是函数，则 $E[cu(X)] = cE[u(X)]$.

（c）如果 c_1 和 c_2 是常数且 u_1 和 u_2 是函数，则

$$E[c_1 u_1(X) + c_2 u_2(X)] = c_1 E[u_1(X)] + c_2 E[u_2(X)]$$

证明 首先证明（a），因为 $\sum_{x \in S} f(x) = 1$，所以我们有

$$E(c) = \sum_{x \in S} cf(x) = c \sum_{x \in S} f(x) = c$$

然后证明（b），我们有

$$E[c\,u(X)] = \sum_{x \in S} c\,u(x)f(x) = c \sum_{x \in S} u(x)f(x) = c\,E[u(X)]$$

最后证明（c），我们有

$$E[c_1u_1(X) + c_2u_2(X)] = \sum_{x \in S} [c_1u_1(x) + c_2u_2(x)]f(x) = \sum_{x \in S} c_1u_1(x)f(x) + \sum_{x \in S} c_2u_2(x)f(x)$$

由（b）可得

$$E[c_1u_1(X) + c_2u_2(X)] = c_1E[u_1(X)] + c_2E[u_2(X)] \qquad \square$$

性质（c）可以通过数学归纳法扩展到两个以上的项，也就是说，我们有

$$(c') \quad E\left[\sum_{i=1}^{k} c_i u_i(X))\right] = \sum_{i=1}^{k} c_i E[u_i(X)]$$

由于性质（c'），数学期望 E 通常被称为**线性**或**分布式算子**.

例 2.2-3　设随机变量 X 的 pmf 为

$$f(x) = \frac{x}{10}, \qquad x = 1, 2, 3, 4$$

X 的均值为

$$\mu = E(X) = \sum_{x=1}^{4} x\left(\frac{x}{10}\right) = (1)\left(\frac{1}{10}\right) + (2)\left(\frac{2}{10}\right) + (3)\left(\frac{3}{10}\right) + (4)\left(\frac{4}{10}\right) = 3$$

和

$$E(X^2) = \sum_{x=1}^{4} x^2\left(\frac{x}{10}\right) = (1)^2\left(\frac{1}{10}\right) + (2)^2\left(\frac{2}{10}\right) + (3)^2\left(\frac{3}{10}\right) + (4)^2\left(\frac{4}{10}\right) = 10$$

$$E[X(5 - X)] = 5E(X) - E(X^2) = (5)(3) - 10 = 5 \qquad \blacksquare$$

例 2.2-4　令 $u(x) = (x-b)^2$，其中 b 不是 X 的函数，并假设 $E[(X-b)^2]$ 存在. 为了找到使 $E[(X-b)^2]$ 最小的 b 值，我们计算

$$g(b) = E[(X - b)^2] = E[X^2 - 2bX + b^2] = E(X^2) - 2bE(X) + b^2$$

因为 $E(b^2) = b^2$. 为了求出最小值，我们对 $g(b)$ 关于 b 求导，令 $g'(b) = 0$，并求解 b 如下：

$$g'(b) = -2E(X) + 2b = 0$$
$$b = E(X)$$

因为 $g''(b) = 2 > 0$，所以 X 的均值 $\mu = E(X)$ 是使 $E[(X-b)^2]$ 取最小值的 b 的值. $\blacksquare$

例 2.2-5　一个实验成功的概率是 $p \in (0, 1)$，失败的概率是 $q = 1-p$. 该实验发生在 X 上，且独立重复进行，直到第一次成功. 显然，X 的空间是 $S_X = \{1, 2, 3, 4, \cdots\}$. 那么 $P(X = x)$ 是多少，$x \in S_X$？我们必须观察 $x-1$ 次失败，然后出现一次成功才能实现这一目标. 因此，由于独立性，概率是

$$f(x) = P(X = x) = \overbrace{q \cdot q \cdots q}^{x-1\text{个}} \cdot p = q^{x-1}p, \qquad x \in S_X$$

因为 p 和 q 是正数，又因为

$$\sum_{x \in S_X} q^{x-1} p = p(1 + q + q^2 + q^3 + \cdots) = \frac{p}{1-q} = \frac{p}{p} = 1$$

所以这是一个 pmf. 这个**几何分布**的均值是

$$\mu = \sum_{x=1}^{\infty} x f(x) = (1)p + (2)qp + (3)q^2 p + \cdots$$

$$q\mu = (q)p + (2)q^2 p + (3)q^3 p + \cdots$$

如果用第一个式子减去第二个式子，我们就得到了

$$(1-q)\mu = p + pq + pq^2 + pq^3 + \cdots = (p)(1 + q + q^2 + q^3 + \cdots) = (p)\left(\frac{1}{1-q}\right) = 1$$

那么

$$\mu = \frac{1}{1-q} = \frac{1}{p}$$

为了更好地说明，假设 $p = 1/10$，我们预计平均需要 $\mu = 10$ 次实验才能观察到一次成功. 这当然与我们的直觉一致. ∎

练习

2.2-1 求出练习 2.1-3 中给出的每个分布的 $E(X)$.

2.2-2 随机变量 X 的 pmf 为

$$f(x) = \frac{(|x| + 1)^2}{9}, \quad x = -1, 0, 1$$

计算 $E(X)$，$E(X^2)$ 和 $E(3X^2 - 2X + 4)$.

2.2-3 设 X 是一个离散随机变量，满足练习 2.1-4 介绍的本福德分布，其 pmf 为

$$f(x) = \log_{10}\left(\frac{x+1}{x}\right), \quad x = 1, 2, \cdots, 9$$

证明 $E(X) = 9 - \log_{10}(9!)$.

2.2-4 一家保险公司出售汽车保险单，免赔额为一个单位. 设 X 是损失量，其 pmf 为

$$f(x) = \begin{cases} 0.9, & x = 0 \\ \dfrac{c}{x}, & x = 1, 2, 3, 4, 5, 6 \end{cases}$$

其中 c 是常数. 确定 c 和保险公司必须支付的金额的期望值.

2.2-5 随机变量 X 是某位患者需要住院的天数. 假设 X 的 pmf 为

$$f(x) = \frac{5-x}{10}, \quad x = 1, 2, 3, 4$$

如果患者住院的前两天每天从保险公司获得 200 美元，而在之后每天获得 100 美元，那么住院治疗的期望费用是多少？

2.2-6 设 X 的 pmf 定义为 $f(x) = 6/(\pi^2 x^2)$，$x = 1, 2, 3, \cdots$，证明在这种情况下 $E(X)$ 不存在.

2.2-7 在例 2.2-1 中，设 $Z = u(X) = X^3$.

（a）求出 Z 的概率质量函数 $h(z)$.

(b) 求出 $E(Z)$.

(c) 如果年轻人每场收费 10 美元，则他可能期望平均每场比赛赢得多少钱？

2.2-8 设 X 是一个支撑集为 $\{1, 2, 3, 5, 15, 25, 50\}$ 的随机变量，每个点的概率为 1/7. 可以计算 $c = 5$ 是最小化 $h(c) = E(|X-c|)$ 的值. 将 c 值与最小化 $g(b) = E[(X-b)^2]$ 的 b 值进行比较.

2.2-9 在 chuck-a-luck 游戏中，1 美元的赌注有可能赢 1 美元、2 美元或 3 美元，概率分别为 75/216、15/216 和 1/216. 1 美元输的概率为 125/216. 令 X 等于这个游戏的收益，求出 $E(X)$. 注意，当赢得赌注时，除了赢得的 1 美元、2 美元或 3 美元之外，下注的 1 美元也将被返还.

2.2-10 在名为 "大-小" 的赌场游戏中，有三种可能的下注. 假设 1 美元是投注的大小. 掷出两个均匀的六面骰子，并计算它们的总和. 如果你下注小，骰子的总和为 $\{2, 3, 4, 5, 6\}$，则你将获得 1 美元. 如果你下注大，骰子的总和是 $\{8, 9, 10, 11, 12\}$，则你也将获得 1 美元. 如果你在 $\{7\}$ 下注，则掷出总和为 7 你就会赢得 4 美元. 否则，下注都会输. 在这三种情况下，如果你赢了，你的赌注将被返还. 针对这三种投注情况，告知投注者游戏的期望值.

2.2-11 美国赌场使用的轮盘赌有 38 个插槽，其中 18 个是红色的，18 个是黑色的，两个是绿色的. 法国赌场使用的轮盘赌有 37 个插槽，其中 18 个是红色的，18 个是黑色的，还有一个是绿色的. 一个球绕着轮子滚动，落在每个槽上的概率是相等的. 假设一个玩家在红色位置下注 1 美元，如果球落在红色的位置，玩家将赢得 1 美元（玩家的 1 美元赌注被返还）. 如果球最终进入黑色或绿色的位置，玩家将损失 1 美元. 计算两个国家在此游戏上的期望值.

52

2.2-12 假设一所学校有 20 个班：16 个班每班有 25 名学生，3 个班每班有 100 名学生，1 个班有 300 名学生，总共 1000 名学生.

(a) 班级平均人数是多少？

(b) 从 1000 名学生中随机选择一名学生. 令随机变量 X 等于该学生所属班级的人数，并定义 X 的 pmf.

(c) 计算 X 的期望值 $E(X)$. 这个答案让你惊讶吗？

2.2-13 在赌博游戏掷骰子（参见练习 1.3-13）中，玩家每次下注 1 美元，以概率 0.492 93 赢得 1 美元，并以 0.507 07 的概率输掉 1 美元. 游戏对玩家的期望值是多少？

2.3   特殊的数学期望

在 2.2 节中，我们将 $\mu = E(X)$ 称为随机变量 X（或其分布）的均值. 一般来说，假设随机变量 X 具有空间 $S = \{u_1, u_2, \cdots, u_k\}$，并且这些点具有各自的概率 $P(X = u_i) = f(u_i) > 0$，其中 $f(x)$ 是 pmf. 当然，

$$\sum_{x \in S} f(x) = 1$$

并且随机变量 X（或其分布）的**均值**是

$$\mu = \sum_{x \in S} x f(x) = u_1 f(u_1) + u_2 f(u_2) + \cdots + u_k f(u_k)$$

即在 2.2 节中的表示 $\mu = E(X)$.

现在，u_i 是第 i 个点与原点的距离. 在力学中，距离及其重量的乘积称为力矩，因此 $u_i f(u_i)$ 是一个力臂长度为 u_i 的力矩. 这些乘积之和就是距离和重量系统的力矩. 实际上，它被称为关于原点的一阶矩，因为距离只是到一次幂的距离，臂的长度（距离）是从原点开始测量的. 但是，如果我们计算关于均值 μ 的一阶矩，那么，因为这里的力臂等于 $x-\mu$，我们有

$$\sum_{x \in S}(x - \mu)f(x) = E[(X - \mu)] = E(X) - E(\mu) = \mu - \mu = 0$$

也就是说，关于 μ 的一阶矩等于零. 在力学中，μ 称为质心. 最后一个等式意味着如果支点位于质心 μ 处，那么重量系统将平衡，因为 μ 正矩（当 $x>\mu$ 时）的总和约等于负矩（当 $x<\mu$ 时）的总和.

例 2.3-1 再次考虑在例 2.2-1 中引入的具有如下 pmf 的随机变量：

$$f(x) = \frac{4 - x}{6}, \quad x = 1, 2, 3$$

53 在同一个例子中，$E(X) = 5/3$. 因此负矩

$$\left(1 - \frac{5}{3}\right) \cdot \frac{3}{6} = -\frac{2}{6} = -\frac{1}{3}$$

等于两个正矩之和：

$$\left(2 - \frac{5}{3}\right) \cdot \frac{2}{6} + \left(3 - \frac{5}{3}\right) \cdot \frac{1}{6} = \frac{6}{18} = -\frac{1}{3} \qquad \blacksquare$$

统计学家经常发现计算关于均值 μ 的二阶矩很有价值. 它被称为二阶矩，是因为距离被提升到二次方，并且它等于 $E[(X-\mu)^2]$. 也就是说，

$$\sum_{x \in S}(x - \mu)^2 f(x) = (u_1 - \mu)^2 f(u_1) + (u_2 - \mu)^2 f(u_2) + \cdots + (u_k - \mu)^2 f(u_k)$$

这些距离的平方的加权平均值称为随机变量 X（或其分布）的**方差**. 方差的平方根称为 X 的**标准差**，用希腊字母 σ（西格玛）表示. 因此，方差是 σ^2，有时用 $\mathrm{Var}(X)$ 表示. 也就是说，$\sigma^2 = E[(X-\mu)^2] = \mathrm{Var}(X)$. 对于例 2.3-1 中的随机变量 X，因为 $\mu = 5/3$，所以方差等于

$$\sigma^2 = \mathrm{Var}(X) = \left(1 - \frac{5}{3}\right)^2 \cdot \frac{3}{6} + \left(2 - \frac{5}{3}\right)^2 \cdot \frac{2}{6} + \left(3 - \frac{5}{3}\right)^2 \cdot \frac{1}{6} = \frac{60}{108} = \frac{5}{9}$$

因此，标准差为

$$\sigma = \sqrt{\sigma^2} = \sqrt{\frac{5}{9}} \approx 0.745$$

值得注意的是，方差可以用另一种方式计算，因为

$$\sigma^2 = E[(X - \mu)^2] = E[X^2 - 2\mu X + \mu^2] = E(X^2) - 2\mu E(X) + \mu^2 = E(X^2) - \mu^2$$

也就是说，方差 σ^2 等于关于原点的二阶矩与均值平方的差. 对于例 2.3-1 中的随机变量，

$$\sigma^2 = \sum_{x=1}^{3} x^2 f(x) - \mu^2 = 1^2\left(\frac{3}{6}\right) + 2^2\left(\frac{2}{6}\right) + 3^2\left(\frac{1}{6}\right) - \left(\frac{5}{3}\right)^2 = \frac{20}{6} - \frac{25}{9} = \frac{30}{54} = \frac{5}{9}$$

这符合我们以前的计算.

例 2.3-2 在随机掷一个均匀的六面骰子之后，令 X 等于朝上一面的点数. 我们给出了一个合理的概率模型，它的 pmf 为

$$f(x) = P(X = x) = \frac{1}{6}, \quad x = 1, 2, 3, 4, 5, 6$$

X 的均值为

$$\mu = E(X) = \sum_{x=1}^{6} x\left(\frac{1}{6}\right) = \frac{1+2+3+4+5+6}{6} = \frac{7}{2}$$

X 关于原点的二阶矩为

$$E(X^2) = \sum_{x=1}^{6} x^2\left(\frac{1}{6}\right) = \frac{1^2+2^2+3^2+4^2+5^2+6^2}{6} = \frac{91}{6}$$

因此，方差为

$$\sigma^2 = \frac{91}{6} - \left(\frac{7}{2}\right)^2 = \frac{182 - 147}{12} = \frac{35}{12}$$

标准差为

$$\sigma = \sqrt{35/12} = 1.708 \qquad \blacksquare$$

虽然大多数学生都知道 $\mu = E(X)$ 在某种意义上是关于 X 分布中间的一种度量，但很难对方差和标准差有多少感觉. 下一个例子说明了标准差是对属于空间 S 的点的分散度的度量.

例 2.3-3　设 X 的 pmf 为 $f(x) = 1/3$，$x = -1$，0，1. 这里的均值是

$$\mu = \sum_{x=-1}^{1} xf(x) = (-1)\left(\frac{1}{3}\right) + (0)\left(\frac{1}{3}\right) + (1)\left(\frac{1}{3}\right) = 0$$

因此，用 σ_X^2 表示的方差为

$$\sigma_X^2 = E[(X-0)^2] = \sum_{x=-1}^{1} x^2 f(x) = (-1)^2\left(\frac{1}{3}\right) + (0)^2\left(\frac{1}{3}\right) + (1)^2\left(\frac{1}{3}\right) = \frac{2}{3}$$

所以标准差是 $\sigma_X = \sqrt{2/3}$. 接下来，令另一个随机变量 Y 的 pmf 为 $g(y) = 1/3, y = -2$，0，2. 其均值也为零，很容易求得 $\mathrm{Var}(Y) = 8/3$，所以 Y 的标准差 $\sigma_Y = 2\sqrt{2/3}$. 这里 Y 的标准差是 X 的标准差的两倍，反映了分散程度 Y 是 X 的两倍.　$\blacksquare$

例 2.3-4　设随机变量 X 在前 m 个正整数上具有均匀分布. 则 X 的均值为

$$\mu = E(X) = \sum_{x=1}^{m} x\left(\frac{1}{m}\right) = \frac{1}{m}\sum_{x=1}^{m} x = \frac{1}{m} \cdot \frac{m(m+1)}{2} = \frac{m+1}{2}$$

为了计算 X 的方差，我们首先计算

$$E(X^2) = \sum_{x=1}^{m} x^2\left(\frac{1}{m}\right) = \frac{1}{m}\sum_{x=1}^{m} x^2 = \frac{1}{m} \cdot \frac{m(m+1)(2m+1)}{6} = \frac{(m+1)(2m+1)}{6}$$

因此，X 的方差为

$$\sigma^2 = \text{Var}(X) = E[(X - \mu)^2] = E(X^2) - \mu^2 = \frac{(m+1)(2m+1)}{6} - \left(\frac{m+1}{2}\right)^2 = \frac{m^2 - 1}{12}$$

例如，我们发现如果 X 等于掷一个均匀的六面骰子时的结果，则 X 的 pmf 为

$$f(x) = \frac{1}{6}, \quad x = 1, 2, 3, 4, 5, 6$$

X 的均值和方差分别为

$$\mu = \frac{6+1}{2} = \frac{7}{2}, \quad \sigma^2 = \frac{6^2 - 1}{12} = \frac{35}{12}$$

这与例 2.3-2 的计算结果一致. ∎

现在令 X 是一个均值为 μ_X 和方差为 σ_X^2 的随机变量. 当然，$Y = aX + b$（其中 a 和 b 是常数）也是一个随机变量. Y 的均值是

$$\mu_Y = E(Y) = E(aX + b) = aE(X) + b = a\mu_X + b$$

此外，Y 的方差是

$$\sigma_Y^2 = E[(Y - \mu_Y)^2] = E[(aX + b - a\mu_X - b)^2] = E[a^2(X - \mu_X)^2] = a^2\sigma_X^2$$

因此，$\sigma_Y = |a|\sigma_X$. 为了说明，注意在例 2.3-3 中，可以通过定义 $Y = 2X$ 解释这两个分布之间的关系，因此，我们在这里观察到的 $\sigma_Y^2 = 4\sigma_X^2$，即 $\sigma_Y = 2\sigma_X$. 此外，我们看到从 X 中加或减一个常数不会改变方差. 举例来说，当 $a = 1$，$b = -1$ 时，有 $\text{Var}(X-1) = \text{Var}(X)$. 当 $a = -1$，$b = 0$ 时，有 $\text{Var}(-X) = \text{Var}(X)$.

设 r 为正整数. 如果

$$E(X^r) = \sum_{x \in S} x^r f(x)$$

是有限的，则它被称为关于原点的分布的 r **阶矩**. 此外，期望

$$E[(X - b)^r] = \sum_{x \in S} (x - b)^r f(x)$$

称为关于 b 的分布的 r 阶矩.

对于给定的正整数 r，

$$E[(X)_r] = E[X(X - 1)(X - 2) \cdots (X - r + 1)]$$

称为 r 阶乘矩. 我们注意到，2 阶乘矩等于二阶矩和一阶矩的差：

$$E[X(X - 1)] = E(X^2) - E(X)$$

还有一个公式可以用来计算方差，这个公式使用了 2 阶乘矩，有时简化了计算. 首先求出 $E(X)$ 和 $E[X(X-1)]$ 的值. 然后

$$\sigma^2 = E[X(X - 1)] + E(X) - [E(X)]^2$$

因为，根据 E 的分布性质，它变成

$$\sigma^2 = E(X^2) - E(X) + E(X) - [E(X)]^2 = E(X^2) - \mu^2$$

在均值和方差之后，下一个最重要的矩就是 μ 的三阶矩，即

$$E[(X-\mu)^3] = \sum_{x \in S}(x-\mu)^3 f(x)$$

当这个量除以 $(\sigma^2)^{3/2}$（或 σ^3）时，结果 $\gamma = E[(X-\mu)^3]/\sigma^3$ 是一个无单位（无标度）量，称为 X 的**偏度指数**. 偏度指数可以告诉我们 X 的 pmf 的形状. 如果 X 的分布是**对称的**，即 $X-\mu$ 的 pmf 和 $-(X-\mu)$ 的 pmf 是相同的，那么偏度指数等于零，因为在这种情况下，

$$E[(X-\mu)^3] = E[\{-(X-\mu)\}^3] = -E[(X-\mu)^3] \tag{2.3-1}$$

其中第一个等式为真，因为具有相同分布的两个随机变量必然具有相同的矩（所有阶次）. 因为式（2.3-1）的最左边和最右边是相等的，一个是另一个的相反数，所以它们必须等于零. 然而，反之却不一定成立，即非对称分布的偏度指数可能等于零，见练习 2.3-10.

显然

$$E[(X-\mu)^3] = E(X^3 - 3X^2\mu + 3X\mu^2 - \mu^3) = E(X^3) - 3\mu E(X^2) + 2\mu^3$$
$$= E(X^3) - 3\mu(\sigma^2 + \mu^2) + 2\mu^3 = E(X^3) - 3\mu\sigma^2 - \mu^3$$

将此表达式用于三阶中心矩，通常可以简化求偏度指数所涉及的计算.

例 2.3-5 设 X 为在例 2.3-3 中引入的随机变量，它的 pmf 为

$$f(x) = 1/3, \quad x = -1, 0, 1$$

显然 X 的分布是对称的，即 $E(X) = 0$，因此，

$$E[(X-\mu)^3] = \sum_{x=-1}^{1}(x-0)^3 f(x) = (-1)^3 \cdot \frac{1}{3} + 0^3 \cdot \frac{1}{3} + 1^3 \cdot \frac{1}{3} = 0$$

所以偏度指数也等于零. ∎

如果一个随机变量的概率直方图只有一个峰值，那么总概率在峰值的右侧比在左侧多，概率直方图中条形的高度在远离峰值的情况下或多或少单调地降低，在其右侧比在其左侧下降得慢. 那么偏度指数是正的，我们说分布是**向右偏的**. 如果峰值如前所述，但左侧的概率比右侧的概率大，概率直方图中条形的高度向左比向右下降得慢，那么偏度指数为负，我们认为分布是**向左偏的**.

例 2.3-6 设 X 为在例 2.3-1 中引入的随机变量，它的 pmf 为

$$f(x) = \frac{4-x}{6}, \quad x = 1, 2, 3$$

回想一下 $E(X) = 5/3$ 和 $\mathrm{Var}(X) = 5/9$. 因为 $P(X=1) > P(X=2) > P(X=3)$，所以在最大概率右边的概率比左边的下降得慢. 我们有

$$E(X^3) = 1^3 \cdot \frac{3}{6} + 2^3 \cdot \frac{2}{6} + 3^3 \cdot \frac{1}{6} = \frac{23}{3}$$

所以偏度指数等于

$$\left[\frac{23}{3} - 3 \cdot \frac{5}{3} \cdot \frac{5}{9} - \left(\frac{5}{3}\right)^3\right] \bigg/ \left(\frac{5}{9}\right)^{3/2} = \left(\frac{207 - 75 - 125}{27}\right) \bigg/ \left(\frac{5\sqrt{5}}{27}\right) = \frac{7\sqrt{5}}{25}$$

这是正的.

现在我们定义一个函数, 它将帮助我们生成一个分布的矩. 因此, 这个函数称为矩母函数. 虽然这种生成特性非常重要, 但是更重要的是唯一性. 我们首先定义新函数, 然后解释这个唯一性特性, 并展示如何使用它计算 X 的矩.

定义 2.3-1 设 X 是概率质量函数为 $f(x)$, 空间为 S 的离散型随机变量. 如果有一个正数 h, 使得

$$E(e^{tX}) = \sum_{x \in S} e^{tx} f(x)$$

存在且对 $-h < t < h$ 是有限的, 那么定义为

$$M(t) = E(e^{tX})$$

的这个函数称为 X(或 X 的分布)的**矩母函数**, 此函数通常简写为 mgf.

首先, 很明显, 如果令 $t = 0$, 那么 $M(0) = 1$. 此外, 如果 X 的空间为 $S = \{b_1, b_2, b_3, \cdots\}$, 则矩母函数由展开式

$$M(t) = e^{tb_1} f(b_1) + e^{tb_2} f(b_2) + e^{tb_3} f(b_3) + \cdots$$

给出. 因此, e^{tb_i} 的系数是概率

$$f(b_i) = P(X = b_i)$$

因此, 如果两个随机变量(或两个概率分布)具有相同的矩母函数, 则它们必须具有相同的概率分布. 也就是说, 如果两个随机变量具有两个概率质量函数 $f(x)$ 和 $g(y)$, 以及相同的空间 $S = \{b_1, b_2, b_3, \cdots\}$, 并且如果对于所有的 t, $-h < t < h$,

$$e^{tb_1} f(b_1) + e^{tb_2} f(b_2) + \cdots = e^{tb_1} g(b_1) + e^{tb_2} g(b_2) + \cdots \tag{2.3.2}$$

那么数学变换理论要求

$$f(b_i) = g(b_i), \quad i = 1, 2, 3, \cdots$$

因此我们看到离散随机变量的矩母函数唯一地决定了该随机变量的分布. 换句话说, 如果存在 mgf, 那么与该 mgf 相关的概率分布有且只有一个.

注 由初等代数, 我们可以理解为什么式 (2.3-2) 要求 $f(b_i) = g(b_i)$. 在该式中, 令 $e^t = w$, 并假设支撑点 $b_1, b_2, \cdots, b_k$ 是正整数, 其中最大的是 m. 那么, 式 (2.3-2) 提供 w 中两个 m 次多项式的等式, 其中 w 的值不可数. 代数的基本定理要求两个多项式的相应系数相等, 即 $f(b_i) = g(b_i), i = 1, 2, \cdots$.

例 2.3-7 如果 X 有 mgf:

$$M(t) = e^t \left(\frac{3}{6}\right) + e^{2t} \left(\frac{2}{6}\right) + e^{3t} \left(\frac{1}{6}\right), \quad -\infty < t < \infty$$

那么 X 的支撑是 $S = \{1, 2, 3\}$, 相关概率为

$$P(X = 1) = \frac{3}{6}, \quad P(X = 2) = \frac{2}{6}, \quad P(X = 3) = \frac{1}{6}$$

我们将这个概率分布视为例 2.3-1 中描述的概率分布.

例 2.3-8 假设 X 的 mgf 为

$$M(t) = \frac{e^t/2}{1 - e^t/2}, \quad t < \ln 2$$

在展开 $M(t)$ 之前, 我们无法确定 e^{tb_i} 的系数. 回想

$$(1 - z)^{-1} = 1 + z + z^2 + z^3 + \cdots, \quad -1 < z < 1$$

我们有

$$\frac{e^t}{2}\left(1 - \frac{e^t}{2}\right)^{-1} = \frac{e^t}{2}\left(1 + \frac{e^t}{2} + \frac{e^{2t}}{2^2} + \frac{e^{3t}}{2^3} + \cdots\right) = (e^t)\left(\frac{1}{2}\right)^1 + (e^{2t})\left(\frac{1}{2}\right)^2 + (e^{3t})\left(\frac{1}{2}\right)^3 + \cdots$$

当 $e^t/2<1$ 时, 有 $t<\ln 2$. 也就是说, 当 x 是一个正整数时,

$$P(X = x) = \left(\frac{1}{2}\right)^x$$

或者等价地, X 的 pmf 是

$$f(x) = \left(\frac{1}{2}\right)^x, \quad x = 1, 2, 3, \cdots$$

我们将其视为例 2.2-5 几何分布的 pmf, 其中 $p=1/2$. ■

从拉普拉斯变换理论可以看出, 对于 $-h<t<h$, $M(t)$ 的存在意味着所有阶的 $M(t)$ 的导数在 $t=0$ 都存在. 因此, $M(t)$ 在 $t=0$ 是连续的. 此外, 当级数一致收敛时, 允许交换微分和求和. 因此,

$$M'(t) = \sum_{x \in S} x e^{tx} f(x)$$

$$M''(t) = \sum_{x \in S} x^2 e^{tx} f(x)$$

对于每个正整数 r,

$$M^{(r)}(t) = \sum_{x \in S} x^r e^{tx} f(x)$$

令 $t=0$, 我们可以看到

$$M'(0) = \sum_{x \in S} x f(x) = E(X)$$

$$M''(0) = \sum_{x \in S} x^2 f(x) = E(X^2)$$

一般来说,

$$M^{(r)}(0) = \sum_{x \in S} x^r f(x) = E(X^r)$$

特别地, 如果矩母函数存在, 那么

$$M'(0) = E(X) = \mu$$

$$M''(0) - [M'(0)]^2 = E(X^2) - [E(X)]^2 = \sigma^2$$

前面的论证表明，我们可以通过微分 $M(t)$ 求 X 的矩. 在使用这种方法时，必须强调的是，首先我们评估表示 $M(t)$ 的求和，以获得一个闭式解，然后对该解求微分，以获得 X 的矩. 下一个例子说明了如何使用矩母函数求一阶矩和二阶矩，然后求几何分布的均值和方差.

例 2.3-9　假设 X 服从例 2.2-5 的几何分布，也就是说，X 的 pmf 为

$$f(x) = q^{x-1}p, \quad x = 1, 2, 3, \cdots$$

式中 $p \in (0, 1)$，$q = 1-p$，则 X 的 mgf 为

$$M(t) = E(e^{tX}) = \sum_{x=1}^{\infty} e^{tx}q^{x-1}p = \left(\frac{p}{q}\right)\sum_{x=1}^{\infty}(qe^t)^x = \left(\frac{p}{q}\right)[(qe^t) + (qe^t)^2 + (qe^t)^3 + \cdots]$$

$$= \left(\frac{p}{q}\right)\frac{qe^t}{1-qe^t} = \frac{pe^t}{1-qe^t}, \text{ 假定 } qe^t < 1 \text{ 或 } t < -\ln q$$

其中 $t < -\ln q = h$，h 为正. 为了求 X 的均值和方差，我们首先对 $M(t)$ 进行两次微分.

$$M'(t) = \frac{(1-qe^t)(pe^t) - pe^t(-qe^t)}{(1-qe^t)^2} = \frac{pe^t}{(1-qe^t)^2}$$

$$M''(t) = \frac{(1-qe^t)^2(pe^t) - pe^t(2)(1-qe^t)(-qe^t)}{(1-qe^t)^4} = \frac{pe^t(1+qe^t)}{(1-qe^t)^3}$$

当然，$M(0) = 1$ 且 $M(t)$ 在 $t = 0$ 是连续的，因为我们能够在 $t = 0$ 时进行微分. 由于 $1-q = p$，故有

$$M'(0) = \frac{p}{(1-q)^2} = \frac{1}{p} = \mu, \quad M''(0) = \frac{p(1+q)}{(1-q)^3}$$

因而

$$\sigma^2 = M''(0) - [M'(0)]^2 = \frac{p(1+q)}{(1-q)^3} - \frac{1}{p^2} = \frac{q}{p^2} \quad \blacksquare$$

练习

2.3-1　计算以下离散分布的均值、方差和偏度指数：

(a) $f(x) = 1$，$x = 5$

(b) $f(x) = 1/5$，$x = 1,2,3,4,5$

(c) $f(x) = 1/5$，$x = 3,5,7,9,11$

(d) $f(x) = x/6$，$x = 1,2,3$

(e) $f(x) = (1+|x|)/5$，$x = -1,0,1$

(f) $f(x) = (2-|x|)/4$，$x = -1,0,1$

2.3-2　对下列每个分布，计算 $\mu = E(X)$、$E[X(X-1)]$ 和 $\sigma^2 = E[X(X-1)] + E(X) - \mu^2$：

(a) $f(x) = \dfrac{3!}{x!\,(3-x)!}\left(\dfrac{1}{4}\right)^x\left(\dfrac{3}{4}\right)^{3-x}$，$x = 0,1,2,3$

(b) $f(x) = \dfrac{4!}{x!\,(4-x)!}\left(\dfrac{1}{2}\right)^4$，$x = 0,1,2,3,4$

2.3-3　如果 X 的 pmf 由 $f(x)$ 给出，则 (i) 将 pmf 描述为概率直方图，(ii) 求均值，(iii) 求标准差，(iv) 求

偏度指数.

$$(a) f(x) = \begin{cases} \dfrac{2^6 - x}{64}, & x = 1,2,3,4,5,6 \\[2mm] \dfrac{1}{64}, & x = 7 \end{cases}$$

$$(b) f(x) = \begin{cases} \dfrac{1}{64}, & x = 1 \\[2mm] \dfrac{2^{x-2}}{64}, & x = 2,3,4,5,6,7 \end{cases}$$

2.3-4 设 μ 和 σ^2 表示随机变量 X 的均值和方差. 确定 $E[(X-\mu)/\sigma]$ 和 $E\{[(X-\mu)/\sigma]^2\}$.　61

2.3-5 考虑这样一个实验:从一副普通牌中随机选择一张牌. 令随机变量 X 等于所选牌的值,其中 A = 1,J = 11, Q = 12, K = 13. 因此, X 的空间是 $S = \{1,2,3,\cdots,13\}$. 如果以无偏的方式进行实验,请为这 13 个结果分配概率,并计算该概率分布的均值 μ.

2.3-6 将 8 个芯片放入一个碗中:三个具有数字 1,两个具有数字 2,三个具有数字 3. 假设每个芯片随机抽取的概率为 1/8. 令随机变量 X 等于所选芯片上的数字,使得 X 的空间为 $S = \{1,2,3\}$. 对这三个结果中的每一个进行合理的概率分配,并计算该概率分布的均值 μ 和方差 σ^2.

2.3-7 设 X 等于从前 m 个正整数 $\{1,2,\cdots,m\}$ 中随机选择的整数. 求 m 的值,使得 $E(X) = \mathrm{Var}(X)$. (见参考文献 Zerger.)

2.3-8 当掷两个均匀的四面骰子时,设 X 等于较大的结果. X 的 pmf 是

$$f(x) = \frac{2x - 1}{16}, \qquad x = 1,2,3,4$$

求出 X 的均值、方差和标准差.

2.3-9 对价值 10 000 美元的产品进行保修,如果产品在第一年损坏,买方可获得 8000 美元;如果在第二年损坏,则获得 6000 美元;如果在第三年损坏,则获得 4000 美元;如果在第四年损坏,则获得 2000 美元;之后获得为 0. 产品在一年内损坏的概率是 0.1,故障与其他年份的故障无关. 保修的期望值是多少?

2.3-10 设 X 是具有如下 pmf 的离散随机变量:

$$f(x) = \begin{cases} 1/16, & x = -5 \\ 5/8, & x = -1 \\ 5/16, & x = 3 \end{cases}$$

计算 X 的偏度指数. 这个分布是否对称?

2.3-11 如果 X 的矩母函数是

$$M(t) = \frac{2}{5}\mathrm{e}^t + \frac{1}{5}\mathrm{e}^{2t} + \frac{2}{5}\mathrm{e}^{3t}$$

求出 X 的均值、方差和 pmf.

2.3-12 设 X 等于随机选择的人数,他们是你为了找到一个和你生日相同的人而必须询问的人. 假设一年中的每一天都是等可能的,并忽略 2 月 29 日.

(a) X 的 pmf 是多少?

(b) 给出 X 的均值、方差和标准差的值.

(c) 求 $P(X>400)$ 和 $P(X<300)$.

2.3-13 对于多项选择测试的每个问题,有五个可能的答案,其中一个是正确的. 如果学生随机选择答案,给出正确回答的第一个问题是问题 4 的概率.

2.3-14 机器生产出有缺陷物品的概率为 0.01. 每件物品在生产时都要进行检查. 假设这些是独立的实验，计算必须检查至少 100 个物品才能找到一个有缺陷物品的概率.

2.3-15 苹果被自动装在 3 磅重的袋子中. 假设 4% 的苹果袋重量不到 3 磅. 如果你随机选择袋子，并通过称重来发现一个重量不足有缺陷的苹果袋，分别计算下列三个问题的袋子数量，看看找到重量不足袋子的概率是多少.

（a）至少 20 个.

（b）最多 20 个.

（c）正好 20 个.

2.3-16 设 X 为连续抛掷一枚均匀硬币观察到同一面所需的抛掷次数，

（a）求 X 的 pmf. **提示**：绘制树形图.

（b）求 X 的矩母函数.

（c）使用 mgf 计算 X 的均值和方差.

（d）求出（i）$P(X \leqslant 3)$、（ii）$P(X \geqslant 3)$）和（iii）$P(X = 3)$ 的值.

2.3-17 设 X 为连续抛掷一枚均匀硬币观察到正反两面所需的抛掷次数.

（a）求 X 的 pmf. **提示**：绘制树形图.

（b）证明 X 的 mgf 是 $M(t) = e^{2t}/(e^t - 2)^2$.

（c）使用 mgf 计算 X 的均值和方差.

（d）求出（i）$P(X \leqslant 3)$、（ii）$P(X \geqslant 3)$）和（iii）$P(X = 3)$ 的值.

2.3-18 设 X 服从几何分布. 证明：

$$P(X > k + j \mid X > k) = P(X > j)$$

其中 k 和 j 是非负整数. 注：我们有时会说在这种情况下无记忆性.

2.3-19 给定集合 $\{1, 2, 3, 4, 5\}$ 中整数的随机排列，令 X 等于其自然位置的整数值. X 的矩母函数是

$$M(t) = \frac{44}{120} + \frac{45}{120}e^t + \frac{20}{120}e^{2t} + \frac{10}{120}e^{3t} + \frac{1}{120}e^{5t}$$

（a）求出 X 的均值和方差.

（b）求出至少一个整数处于其自然位置的概率.

（c）绘制 X 的 pmf 的概率直方图.

2.3-20 在第一象限中构建一个正方形序列，其中一个顶点位于原点、边长为 $1 - 1/2^x, x = 1, 2, \cdots$，从有一个顶点在原点、边长是 1 的单位正方形中随机选择一个点. 如果该点位于边长为 $1 - 1/2^x$ 和 $1 - 1/2^{x-1}(x = 1, 2, \cdots)$ 的正方形之间的区域中，则令随机变量 X 等于 x.

（a）画一个图说明这个练习.

（b）证明：

$$f(x) = P(X = x) = \left(1 - \frac{1}{2^x}\right)^2 - \left(1 - \frac{1}{2^{x-1}}\right)^2 = \frac{2^{x+1} - 3}{2^{2x}}, \quad x = 1, 2, 3, \cdots$$

（c）证明 $f(x)$ 是一个 pmf.

（d）求出 X 的矩母函数.

（e）求出 X 的均值.

（f）求出 X 的方差.

2.4　二项分布

本节中描述的随机实验的概率模型在应用中经常出现.

伯努利实验是一种随机实验，其特点是只有两种可能结果：这两种结果不相容且穷举，例如，成功或失败，女性或男性，生或死，无缺陷或有缺陷. 当多次独立执行伯努利实验且每次实验成功的概率 p 相同时，就会出现一个**独立伯努利实验序列**，也就是说，在这样的序列中，我们设 p 表示每次实验成功的概率. 此外，我们经常设 $q = 1-p$ 表示失败的概率. 也就是说，我们可以互换使用 q 和 $1-p$.

例 2.4-1   假设甜菜种子萌发的概率为 0.8，种子的萌发称为成功. 如果我们种植 10 粒种子，并假设一粒种子的萌发与另一粒种子的萌发无关，那么这将对应于 10 个独立的伯努利实验，其中 $p = 0.8$.   ∎

例 2.4-2   在密歇根州的每日彩票中，当进行六方盒装下注时获胜的概率为 0.006. 假设独立，则连续 12 天中的每一天下注将对应于 12 次独立的伯努利实验，其中 $p = 0.006$.   ∎

设 X 是一个与伯努利实验相关的随机变量，定义如下：

$$X(成功) = 1 \quad 和 \quad X(失败) = 0$$

也就是说，成功和失败这两个结果分别用 1 和 0 表示. X 的 pmf 可以写成

$$f(x) = p^x(1-p)^{1-x}, \quad x = 0, 1$$

我们称 X 服从**伯努利分布**. X 的期望值是

$$\mu = E(X) = \sum_{x=0}^{1} x\, p^x(1-p)^{1-x} = (0)(1-p) + (1)(p) = p$$

X 的方差是

$$\sigma^2 = \mathrm{Var}(X) = \sum_{x=0}^{1} (x-p)^2 p^x(1-p)^{1-x} = (0-p)^2(1-p) + (1-p)^2 p = p(1-p) = pq$$

由此得出 X 的标准差是

$$\sigma = \sqrt{p(1-p)} = \sqrt{pq}$$

在 n 次伯努利实验的序列中，我们将设 X_i 表示与第 i 次实验相关的伯努利随机变量. 然后，观察到的 n 次独立伯努利实验序列将是 0 和 1 的 n 元组. 我们经常将此集合称为伯努利分布中大小为 n 的**随机样本**.

例 2.4-3   在数百万的即开型彩票中，假设 20% 是赢家. 如果购买了五张这样的彩票，则 (0, 0, 0, 1, 0) 是可能观察到的序列，其中第四张彩票是赢家而其他四张是输家. 假设赢家彩票和输家彩票之间是独立的，我们观察到这个结果的概率是

$$(0.8)(0.8)(0.8)(0.2)(0.8) = (0.2)(0.8)^4$$ ∎

例 2.4-4   如果连续种植五粒甜菜种子，可能观察到的序列是 (1, 0, 1, 0, 1)，其中第一、第三和第五粒种子发芽，而另外两粒没有发芽. 如果萌发的概率是 $p = 0.8$，假设独立，则这个结果的概率是

$$(0.8)(0.2)(0.8)(0.2)(0.8) = (0.8)^3(0.2)^2$$ ∎

在一个伯努利实验序列中，我们经常对成功的总数感兴趣，而不是对其发生的顺序感

兴趣. 如果我们设随机变量 X 等于 n 次伯努利实验中观察到的成功次数, 那么 X 的可能值是 $0,1,2,\cdots,n$. 如果 x 次成功, 其中 $x=0,1,2,\cdots,n$, 则 $n-x$ 次失败. 为 n 次实验中成功的 x 次选择 x 个位置的方法数是

$$\binom{n}{x} = \frac{n!}{x!(n-x)!}$$

如果实验是独立的, 并且每次实验成功和失败的概率分别是 p 和 $q=1-p$, 则这些方式中每一种的概率是 $p^x(1-p)^{n-x}$. 因此, 随机变量 X 的概率质量函数 $f(x)$ 是 $\binom{n}{x}$ 个不相容事件的概率之和, 即

$$f(x) = \binom{n}{x} p^x (1-p)^{n-x}, \quad x = 0, 1, 2, \cdots, n$$

这些概率称为二项式概率, 并且随机变量 X 被称为服从**二项分布**.

总之, 二项式实验满足以下性质:

1. 伯努利(成功–失败)实验进行了 n 次.
2. 实验是独立的.
3. 每次实验的成功概率为常数 p, 失败概率为 $q=1-p$.
4. 随机变量 X 等于 n 次实验的成功次数.

二项分布用符号 $b(n,\ p)$ 表示, 我们说 X 的分布是 $b(n,\ p)$. 常数 n 和 p 称为二项分布的**参数**, 它们对应于独立实验的个数和每次实验成功的概率. 因此, 如果我们说 X 的分布是 $b(12,\ 1/4)$, 我们的意思是 X 是服从伯努利分布($p=1/4$)中随机抽样 $n=12$ 的成功次数.

例 2.4-5   在有 20% 中奖率的即时彩票中, 如果 X 等于购买 $n=8$ 张彩票中的中奖彩票数, 假设各张彩票独立, 购买两张中奖彩票的概率为

$$f(2) = P(X=2) = \binom{8}{2}(0.2)^2(0.8)^6 = 0.2936$$

随机变量 X 的分布是 $b(8,\ 0.2)$.   ∎

例 2.4-6   为了更好地了解参数 n 和 p 对概率分布的影响, 图 2.4-1 显示了四个概率直方图.   ∎

例 2.4-7   在例 2.4-1 中, $n=10$ 次独立实验中萌发的种子数 X 服从 $b(10,0.8)$ 分布, 也就是说,

$$f(x) = \binom{10}{x}(0.8)^x(0.2)^{10-x}, \quad x = 0, 1, 2, \cdots, 10$$

特别地,

$$P(X \leqslant 8) = 1 - P(X=9) - P(X=10) = 1 - 10(0.8)^9(0.2) - (0.8)^{10} = 0.6242$$

另外, 我们可以计算

$$P(X \leqslant 6) = \sum_{x=0}^{6} \binom{10}{x}(0.8)^x(0.2)^{10-x}$$ ∎

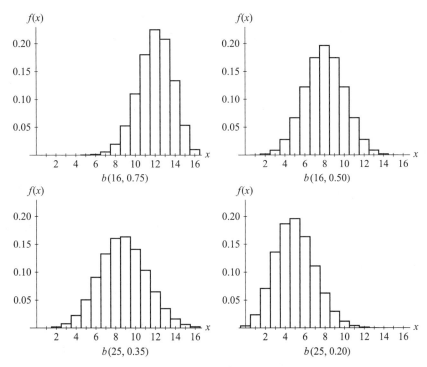

图 2.4-1　不同二项分布的概率直方图

回想一下, 累积概率(如上一个例子中的概率)是由 X 的累积分布函数(cdf)给出的(有时更简单地称为 X 的分布函数), 定义为

$$F(x) = P(X \leqslant x), \quad -\infty < x < \infty$$

为了获得涉及 $b(n, p)$ 随机变量 X 的事件概率, 通常 cdf 是有用的. 这个 cdf 的表见附录 B 表 II 中 n 和 p 的选定值.

对于例 2.4-7 中给出的二项分布, 即 $b(10, 0.8)$ 分布, 分布函数定义为

$$\begin{aligned} F(x) &= P(X \leqslant x) \\ &= \sum_{y=0}^{[x]} \binom{10}{y} (0.8)^y (0.2)^{10-y} \end{aligned}$$

其中 $[x]$ 是 x 中最大的整数. 该 cdf 的图如图 2.4-2 所示. 请注意, 这个阶跃函数中整数处的跳跃等于与相应整数相关联的概率.

例 2.4-8　H5N1 是一种在鸟类中引起严重呼吸道疾病的流感病毒, 称为禽流感. 虽然人类病例很罕见, 但却是致命的. 根据世界卫生组织的数据, 人类的死

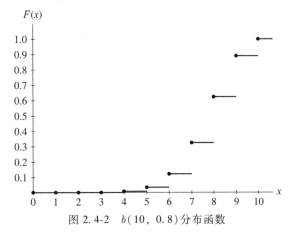

图 2.4-2　$b(10, 0.8)$ 分布函数

65

亡率是 60%. 在接下来的 25 个报告病例中，设 X 等于存活但患病的人数. 假设独立，则 X 的分布是 $b(25, 0.4)$. 根据附录 B 中的表 II，10 个或更少的病人存活的概率为

$$P(X \leqslant 10) = 0.5858$$

只有 10 个人存活的概率是

$$P(X = 10) = \binom{25}{10}(0.4)^{10}(0.6)^{15} = P(X \leqslant 10) - P(X \leqslant 9) = 0.5858 - 0.4246 = 0.1612$$

25 个病例中半数以上存活的概率是

$$P(X \geqslant 13) = 1 - P(X \leqslant 12) = 1 - 0.8462 = 0.1538$$

尽管附录 B 中的表 II 给出了选择值小于或等于 0.5 的二项分布 $b(n, p)$ 的概率，但下一个示例表明，该表也可用于大于 0.5 的 p 值. 在后面的章节中，我们将学习如何将某些二项概率与其他分布的概率近似. 此外，你可以使用计算器和统计软件包（如 Minitab）求出二项概率.

例 2.4-9 假设我们正处于这样一个罕见的时代：65% 的美国公众赞同美国总统处理这项工作的方式. 随机抽取 $n = 8$ 个美国人的样本，让 Y 等于给予赞成的人数，那么 Y 的分布是 $b(8, 0.65)$. 要求 $P(Y \geqslant 6)$，请注意

$$P(Y \geqslant 6) = P(8 - Y \leqslant 8 - 6) = P(X \leqslant 2)$$

其中 $X = 8 - Y$ 表示不赞成的人数. 因为 $q = 1 - p = 0.35$ 等于被选择的每个人不赞成的概率，所以 X 的分布是 $b(8, 0.35)$（见图 2.4-3）. 根据附录 B 中的表 II，由于 $P(X \leqslant 2) = 0.4278$，因此 $P(Y \geqslant 6) = 0.4278$.

类似地，

$$P(Y \leqslant 5) = P(8 - Y \geqslant 8 - 5) = P(X \geqslant 3) = 1 - P(X \leqslant 2) = 1 - 0.4278 = 0.5722$$

和

$$P(Y = 5) = P(8 - Y = 8 - 5) = P(X = 3) = P(X \leqslant 3) - P(X \leqslant 2)$$
$$= 0.7064 - 0.4278 = 0.2786$$

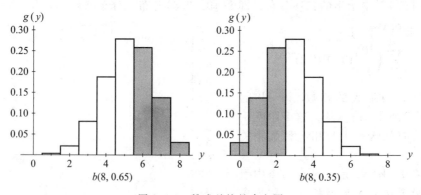

图 2.4-3 赞成总统的直方图

回想一下，如果 n 是一个正整数，那么

$$(a+b)^n = \sum_{x=0}^{n} \binom{n}{x} b^x a^{n-x}$$

因此，如果我们使用 $b=p$ 和 $a=1-p$ 的二项展开式，那么二项式概率的和是

$$\sum_{x=0}^{n} \binom{n}{x} p^x (1-p)^{n-x} = [(1-p) + p]^n = 1$$

从 $f(x)$ 是 pmf 这一事实得出的结果.

我们现在使用二项展开式来求二项随机变量的 mgf，然后求均值和方差.

$$M(t) = E(e^{tX}) = \sum_{x=0}^{n} e^{tx} \binom{n}{x} p^x (1-p)^{n-x} = \sum_{x=0}^{n} \binom{n}{x} (pe^t)^x (1-p)^{n-x}$$

$$= [(1-p) + pe^t]^n, \quad -\infty < t < +\infty$$

是 $(a+b)^n$ 的展开式，其中 $a=1-p$ 和 $b=pe^t$. 有趣的是，在这里和其他地方，如果 pmf 具有涉及指数的因子，例如二项 pmf 中的 p^x，则 mgf 通常相当容易计算.

$M(t)$ 的前两阶导数是

$$M'(t) = n[(1-p) + pe^t]^{n-1}(pe^t)$$

$$M''(t) = n(n-1)[(1-p) + pe^t]^{n-2}(pe^t)^2 + n[(1-p) + pe^t]^{n-1}(pe^t)$$

因此，

$$\mu = E(X) = M'(0) = np$$

$$\sigma^2 = E(X^2) - [E(X)]^2 = M''(0) - [M'(0)]^2 = n(n-1)p^2 + np - (np)^2 = np(1-p)$$

注意，当 p 是每次实验的成功概率时，n 次实验的期望成功数是 np，这一结果与我们的直觉一致.

矩母函数也可用于获得 $E(X^3)$ 和 $b(n, p)$ 分布的偏度指数（见练习 2.4-11），并表明后者在 $p < 0.5$ 时为负，在 $p = 0.5$ 时为零，在 $p > 0.5$ 时为正. 该结果与图 2.4-1 的二项概率直方图中看到的偏度（或不偏度）一致.

在 $n=1$ 的特殊情况下，X 服从伯努利分布，并且

$$M(t) = (1-p) + pe^t$$

对于所有实数值 t，有 $\mu = p$ 和 $\sigma^2 = p(1-p)$.

例 2.4-10 长时间的观察表明，平均而言，在一个过程产生的 10 个产品中有一个是有缺陷的. 从生产线中独立选择 5 个产品并进行测试. 设 X 表示 $n=5$ 个产品中的缺陷产品数，那么 X 是 $b(5, 0.1)$. 此外，

$$E(X) = 5(0.1) = 0.5, \quad \text{Var}(X) = 5(0.1)(0.9) = 0.45$$

例如，观察最多一个有缺陷产品的概率是

$$P(X \leq 1) = \binom{5}{0}(0.1)^0(0.9)^5 + \binom{5}{1}(0.1)^1(0.9)^4 = 0.9185 \quad \blacksquare$$

练习

2.4-1 一个盒子里包含 7 个红球和 11 个白球. 从盒中随机取出一个球. 如果取出的是一个红球, 则令 $X=1$; 如果取出的是一个白球, 则令 $X=0$. 给出 X 的 pmf、均值和方差.

2.4-2 假设在练习 2.4-1 中, 如果取出的是一个红球, 则 $X=1$; 如果取出的是一个白球, 则 $X=-1$. 给出 X 的 pmf、均值和方差.

2.4-3 在有 6 个问题的多项选择测试中, 每个问题有 5 个可能的答案, 其中 1 个是正确的(C). 4 个是不正确的(Ⅰ). 如果学生随机和独立猜测, 求以下概率:

(a) 仅在问题 1 和 4 上正确(即得分 C, Ⅰ, Ⅰ, C, Ⅰ, Ⅰ).

(b) 在两个问题上是正确的.

2.4-4 据报道, 某一地区 15% 的鸭子都有血吸虫感染. 假设随机挑选 7 只鸭子. 令 X 等于被感染的鸭子的数量.

(a) 假设独立, 则 X 是如何分布的?

(b) 求(ⅰ) $P(X \geqslant 2)$, (ⅱ) $P(X=1)$, 以及(ⅲ) $P(X \leqslant 3)$.

2.4-5 在无机合成有机金属陶瓷分子前驱体的实验室实验中, 五步反应的最后一步是形成金属-金属键. 这个键形成的概率为 $p=0.2$. 令 X 等于 $n=25$ 次这样的实验中的成功反应数.

(a) 求出 X 至多为 4 的概率.

(b) 求出 X 至少为 5 的概率.

(c) 求出 X 等于 6 的概率.

(d) 给出 X 的均值、方差和标准差.

2.4-6 人们认为, 由于医疗保险法, 大约有 75% 的美国青年现在拥有医疗保险. 假设这是真的, 令 X 等于在具有私人医疗保险的 $n=15$ 的随机样本中的美国青年人数.

(a) X 是如何分布的?

(b) 求出 X 至少为 10 的概率.

(c) 求出 X 至多为 10 的概率.

(d) 求 X 等于 10 的概率.

(e) 给出 X 的均值、方差和标准差.

2.4-7 假设从单位平方 $\{(x,y): 0 \leqslant x<1, \ 0 \leqslant y<1\}$ 中独立且随机选择 2000 个点. 令 W 等于落在 $A=\{(x,y): x^2+y^2<1\}$ 中的点数.

(a) W 是如何分布的?

(b) 给出 W 的均值、方差和标准差.

(c) $W/500$ 的期望值是多少?

(d) 使用计算机选择 2000 对随机数. 确定 W 的值, 并用该值求 π 的估计值. (当然, 我们知道 π 的实际值, 在本书的后面我们将讨论更多关于 π 的估计.)

(e) 如何扩展(d)部分, 以估计三维空间中半径为 1 的球的体积 $V=(4/3)\pi$?

(f) 你如何扩展这些技术来估计 n 维空间中半径为 1 的球的 "体积"? 注: 根据 Γ 函数(见式 (3.2-2))得出的答案是

$$V_n = \pi^{n/2} / \Gamma(n/2+1)$$

2.4-8 锅炉有四个安全阀. 每个被正确打开的概率为 0.99.

(a) 求出至少一个被正确打开的概率.

(b) 求出全部四个被正确打开的概率.

2.4-9 假设美国多任务驾驶者(例如, 在开车的同时打电话、吃零食或发短信)的比例约为 80%. 在 $n=20$ 个驾驶者的随机样本中, 令 X 等于多任务者人数.

(a) X 是如何分布的?

(b) 给出 X 的均值、方差和标准差.

(c) 求 (i) $P(X=15)$, (ii) $P(X>15)$, (iii) $P(X \leqslant 15)$.

2.4-10　某种薄荷的标签重量为 20.4 克. 假设薄荷重量超过 20.7 克的概率为 0.90. 设 X 等于随机选择的 8 个薄荷样品中重量超过 20.7 克的薄荷数.

(a) 如果我们假设独立, 则 X 如何分布?

(b) 求 (i) $P(X=8)$, (ii) $P(X \leqslant 6)$, (iii) $P(X \geqslant 6)$.

2.4-11　求 $b(n, p)$ 分布的偏度指数, 如果 $p<0.5$, 则验证它是负数; 如果 $p=0.5$, 则验证它为零; 如果 $p>0.5$, 则验证它为正.

2.4-12　在 chuck-a-luck 游戏中, 掷三个均匀的六面骰子. 一种可能的投注是 1 美元并选择一个面, 如果结果有一个面与所选择的面相同, 则回报等于 1 美元; 如果结果有两个面与所选择的面相同, 则回报等于 2 美元; 如果结果有三个面与所选择的面相同, 则回报等于 3 美元. 如果结果没有与所选择的面相同, 则只损失投注的 1 美元. 设 X 表示这个游戏的收益. 那么 X 可以等于 -1, 1, 2 或 3.

(a) 确定概率质量函数 $f(x)$.

(b) 计算 μ, σ^2 和 σ.

(c) 将 pmf 描述为概率直方图.

2.4-13　据称, 对于一个特定的彩票, 5000 万张彩票中将有 1/10 会中奖. 如果你买了 (a) 10 张彩票或 (b) 15 张彩票, 则至少中一个奖的概率是多少?

2.4-14　对于练习 2.4-13 中描述的彩票, 求出必须购买的最少数量的彩票, 使得至少中一个奖的概率大于 (a) 0.50 和 (b) 0.95.

2.4-15　一个医院从 A 公司获得 40% 的流感疫苗, 从 B 公司获得 50% 的流感疫苗, 从 C 公司获得 10% 的流感疫苗. 根据以往的经验, A 公司 3% 的药瓶无效, B 公司 2% 的药瓶无效, C 公司 5% 的药瓶无效. 医院从每批货物中检验五个药瓶. 如果五瓶中至少有一瓶是无效的, 求出该批货物来自 C 公司的条件概率.

2.4-16　一家公司成立了一个百万美元的基金, 从中支付 1000 美元给在这一年中取得高绩效的每位员工. 每位员工实现此目标的概率为 0.10, 与其他员工实现此目标的概率无关. 如果有 $n=10$ 位员工, 那么 M 应该等于多少, 才能使基金至少有 99% 的概率支付这些款项?

2.4-17　你的股票经纪人有 60% 的时间可以自由接听你的电话; 否则, 他会和另一个客户通话或者不在办公室. 你在一个月内随机给他打了 5 次电话. (假设独立.)

70

(a) 5 次电话中每一次他都能接到的概率是多少?

(b) 5 次电话中他能接到 3 次的概率是多少?

(c) 他至少能接到一次电话的概率是多少?

2.4-18　在对某一疾病进行分组检测时, 从 n 个受试者中各抽取一份血样, 并将其中的一部分放在一个公共池中. 然后对后者进行检测. 如果结果为阴性, 则不再进行检测, 所有 n 个受试者在一次检测中均为阴性. 然而, 如果发现组合结果为阳性, 则对所有受试者进行检测, 需要进行 $n+1$ 次检测. 如果 $p=0.05$ 是患有该疾病并且 $n=5$ 的概率, 则计算所需检测的期望次数, 假设独立.

2.4-19　定义 pmf, 当 X 的矩母函数由以下公式定义时, 给出 μ, σ^2 和 σ 的值:

(a) $M(t) = 1/3 + (2/3) e^t$

(b) $M(t) = (0.25 + 0.75 e^t)^{12}$

2.4-20　(i) 给出 X 的分布名称 (如果有), (ii) 求出 μ 和 σ^2 的值, (iii) 当 X 的矩母函数由下式给出时, 计算 $P(1 \leqslant X \leqslant 2)$:

(a) $M(t) = (0.3 + 0.7e^t)^5$

(b) $M(t) = \dfrac{0.3e^t}{1 - 0.7e^t}$, $t < -\ln(0.7)$

(c) $M(t) = 0.45 + 0.55e^t$

(d) $M(t) = 0.3e^t + 0.4e^{2t} + 0.2e^{3t} + 0.1e^{4t}$

(e) $M(t) = \displaystyle\sum_{x=1}^{10} (0.1)e^{tx}$

2.5 超几何分布

考虑一组 $N = N_1 + N_2$ 个相似对象，其中 $N_1 > 0$ 属于两个二分类中的一个（如红筹码），$N_2 > 0$ 属于第二类（如蓝筹码）. 从这 N 个对象中随机无放回地选择 n 个对象，其中 $1 \le n \le N_1 + N_2$. 设 X 为所选属于第一类的对象数. 我们希望求出 $P(X = x)$，其中非负整数 x 满足 $x \le n$，$x \le N_1$ 和 $n - x \le N_2$，也就是说，这 n 个对象中恰好 x 个属于第一类，$n - x$ 个属于第二类的概率. 当然，我们可以在第一类中以 $\binom{N_1}{x}$ 种方式任意选择 x 个对象，在第二类中以 $\binom{N_2}{n-x}$ 种方式任意选择 $n - x$ 个对象. 根据乘法原理，乘积 $\binom{N_1}{x}\binom{N_2}{n-x}$ 等于执行联合选择操作的方式数. 由于从 $N = N_1 + N_2$ 个对象中选择 n 个对象的方式有 $\binom{N}{n}$ 种，因此所需的概率为

$$f(x) = P(X = x) = \frac{\dbinom{N_1}{x}\dbinom{N_2}{n-x}}{\dbinom{N}{n}}$$

其中，空间 S 是满足不等式 $x \le n$，$x \le N_1$ 和 $n - x \le N_2$ 的非负整数 x 的集合，也就是说，x 满足不等式 $\max(n - N_2, 0) \le x \le \min(n, N_1)$. 我们称随机变量 X 服从一个**超几何分布**，其参数为 N_1，N_2 和 n，它可表示为 $HG(N_1, N_2, n)$.

例 2.5-1 图 2.5-1 给出了一些超几何分布的概率直方图的示例，也给出了每个图中的 N_1，N_2 和 n 的值.

例 2.5-2 在一个小池塘里有 50 条鱼，其中 10 条鱼已被标记. 如果一个渔民的捕获物由无放回随机选择的 7 条鱼组成，X 表示捕获到被标记鱼的数量，那么捕获两条被标记鱼的概率是

$$P(X = 2) = \frac{\dbinom{10}{2}\dbinom{40}{5}}{\dbinom{50}{7}} = \frac{(45)(658\,008)}{99\,884\,400} = \frac{246\,753}{832\,370} = 0.2964$$

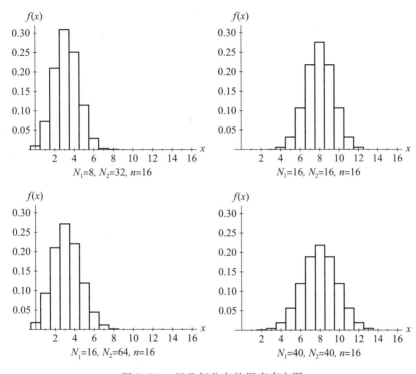

图 2.5-1 超几何分布的概率直方图

例 2.5-3 由 100 个保险丝组成的一批货物(集合)按照以下程序进行检查：随机选择 5 个保险丝并进行测试，如果所有 5 个保险丝在正确的电流下烧断，则该批次被接受. 假设该批次包含 20 个有缺陷的保险丝. 如果 X 是一个随机变量，等于 5 个样品中有缺陷的保险丝数量，则接受该批次的概率为

$$P(X = 0) = \frac{\binom{20}{0}\binom{80}{5}}{\binom{100}{5}} = \frac{19\ 513}{61\ 110} = 0.3193$$

一般来说，X 的 pmf 是

$$f(x) = P(X = x) = \frac{\binom{20}{x}\binom{80}{5-x}}{\binom{100}{5}}, \quad x = 0, 1, 2, 3, 4, 5$$

■

现在让我们给出超几何分布的均值. 根据定义，

$$\mu = E(X) = \sum_{x \in S} x \, \frac{\binom{N_1}{x}\binom{N_2}{n-x}}{\binom{N}{n}}$$

如果 $0 \in S$，那么这个求和的第一项等于零，所以

$$E(X) = \sum_{x \in S, x \neq 0} x \frac{\binom{N_1}{x}\binom{N_2}{n-x}}{\binom{N}{n}} = \sum_{x \in S, x \neq 0} x \frac{N_1!}{x!(N_1-x)!} \frac{\binom{N_2}{n-x}}{\binom{N}{n}\binom{N-1}{n-1}}$$

显然，当 $x \neq 0$ 时，$x/x! = 1/(x-1)!$，从而，

$$E(X) = \left(\frac{n}{N}\right) \sum_{x \in S, x \neq 0} \frac{(N_1)(N_1-1)!}{(x-1)!(N_1-x)!} \frac{\binom{N_2}{n-x}}{\binom{N-1}{n-1}} = n\left(\frac{N_1}{N}\right) \sum_{x \in S, x \neq 0} \frac{\binom{N_1-1}{x-1}\binom{N_2}{n-1-(x-1)}}{\binom{N-1}{n-1}}$$

但是，当 $x > 0$ 时，最后一个表达式的总和表示 $P(Y = x-1)$，其中 Y 服从 $HG(N_1-1, N_2, n-1)$ 分布. 因为是对 $x-1$ 的所有可能值求和，所以必须求和为 1. 因此

$$\mu = E(X) = n\left(\frac{N_1}{N}\right) \tag{2.5-1}$$

这与我们的直觉是一致的：我们期望红筹码的数量 X 等于选择的数量 n 和原始集合中红筹码所占比例 N_1/N 的乘积.

接下来我们求超几何分布的方差. 在练习 2.5-6 中，可以确定

$$E[X(X-1)] = \frac{(n)(n-1)(N_1)(N_1-1)}{N(N-1)}$$

因此，X 的方差为 $E[X(X-1)] + E(X) - [E(X)]^2$，即

$$\sigma^2 = \frac{n(n-1)(N_1)(N_1-1)}{N(N-1)} + \frac{nN_1}{N} - \left(\frac{nN_1}{N}\right)^2$$

在一些简单的代数之后，我们发现

$$\sigma^2 = n\left(\frac{N_1}{N}\right)\left(\frac{N_2}{N}\right)\left(\frac{N-n}{N-1}\right) \tag{2.5-2}$$

现在假设我们不是像本节开头所描述的那样在无放回的情况下执行采样，而是通过有放回采样从 $N = N_1 + N_2$ 个对象中选择 n 个对象. 在这种情况下，如果我们调用从第一类中选择一个对象成功，并像以前一样，将 X 定义为选择属于第一类的对象数，则 X 的分布是 $b(n, p)$，其中 $p = N_1/N$，此外

$$E(X) = n\left(\frac{N_1}{N}\right) \quad 和 \quad \mathrm{Var}(X) = n\left(\frac{N_1}{N}\right)\left(1 - \frac{N_1}{N}\right) = n\left(\frac{N_1}{N}\right)\left(\frac{N_2}{N}\right)$$

在将 X 的这些矩与通过无放回采样得到的矩（如式（2.5-1）和式（2.5-2）所示）进行比较时，无论采样的类型如何，我们都看到均值是相同的，但是在观察方差时，无放回的方差稍微小一些（除了 $n=1$，在这种情况下，两种采样类型下的方差是相同的）. 然而，还可以看出，当 $N \to \infty$（n 固定）时，对应于每种类型的采样方差的差异趋于 0. 图 2.5-2 比较了 N_1，N_2 和 n 的不同组合的 $b(n, N_1/N)$ 和 $HG(N_1, N_2, n)$ 的概率直方图. 通过比较左图和右图，可以

观察到增加 N 的值对概率的影响.

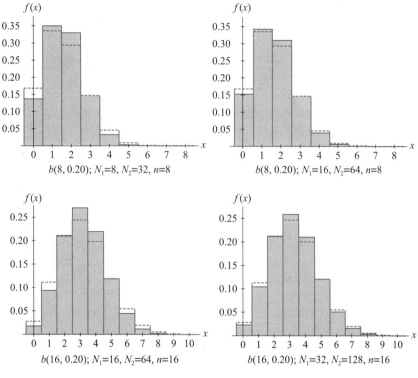

图 2-5.2 二项分布和超几何分布(阴影)概率直方图

练习

2.5-1 在 100 个灯泡中, 有 5 个有缺陷灯泡. 检查员随机检查所选灯泡. 给出找到至少一个有缺陷灯泡的概率. **提示**: 首先计算在样本中没有发现有缺陷灯泡的概率.

2.5-2 星期三下午, 8 个人在两个球场打网球. 他们提前知道哪 4 个人将在北场比赛, 哪 4 个人将在南场比赛. 球员随机到达网球场. 到达的前 4 名球员被分配到(a) 北球场和(b) 同一球场的概率分别是多少?

2.5-3 一位教授给了她的学生六篇论文问题, 她将从中选出三个进行测试. 学生只有时间学习其中三个问题. 下面研究的问题的概率是多少?

(a) 至少有一个被选中进行测试.

(b) 所有三个都被选中.

(c) 恰好选中了两个.

2.5-4 当顾客在超市购买产品时, 会担心产品重量不足. 假设有 20 袋 "一磅" 的冷冻火鸡, 其中 3 袋重量不足. 一个消费者团体随机购买 20 袋中的 5 袋. 这 5 袋当中至少有一袋重量不足的概率是多少?

2.5-5 随机无放回地从一副标准的、彻底洗牌的 52 张扑克牌中选择 5 张. 设 X 等于手中的面部牌 (K、Q、J) 的数量. 对 X 的 40 次观察产生了以下数据:

$$2\ 1\ 2\ 1\ 0\ 0\ 1\ 0\ 1\ 1\ 0\ 2\ 0\ 2\ 3\ 0\ 1\ 1\ 0\ 3$$
$$1\ 2\ 0\ 2\ 0\ 2\ 0\ 1\ 0\ 1\ 1\ 2\ 1\ 0\ 1\ 1\ 2\ 1\ 1\ 0$$

(a) 验证 X 的 pmf 是

$$f(x) = \frac{\binom{12}{x}\binom{40}{5-x}}{\binom{52}{5}}, \quad x = 0, 1, 2, 3, 4, 5$$

因而有 $f(0) = 2109/8330$，$f(1) = 703/1666$，$f(2) = 209/833$，$f(3) = 55/833$，$f(4) = 165/21\,658$ 和 $f(5) = 33/108\,290$.

(b) 绘制该分布的概率直方图.

(c) 确定 0，1，2，3 的相对频率，并将相对频率直方图叠加到概率直方图上.

2.5-6 为了求式(2.5-2)中超几何随机变量的方差，我们使用以下事实：

$$E[X(X-1)] = \frac{N_1(N_1 - 1)\,n(n-1)}{N(N-1)}$$

通过改变变量 $k = x - 2$ 来证明这个结果，并注意：

$$\binom{N}{n} = \frac{N(N-1)}{n(n-1)}\binom{N-2}{n-2}$$

2.5-7 在密歇根州的乐透 47 号彩票中，州政府从 47 个编号的球中随机选出 6 个球. 玩家从前 47 个正整数中选择 6 个不同的数字. 中奖的优先顺序是：中六个数字(头奖)、五个数字(2500 美元)、四个数字(100 美元)和三个数字(5.00 美元). 一张彩票 1.00 美元，这一美元不会返还给玩家. 求出匹配 (a) 六个数字、(b) 五个数字、(c) 四个数字和 (d) 三个数字的概率. (e) 如果头奖是 1 000 000 美元，则这个游戏对于玩家来说的望值是多少？(f) 如果头奖是 2 000 000 美元，则这个游戏对于玩家来说期望值是多少？

2.5-8 44 个州、华盛顿特区和维尔京群岛加入了超级百万彩票游戏. 对于该游戏，玩家选择 5 个白球，编号从 1 到 70(包括 1 和 70)，加上一个黄金超级球，编号从 1 到 25(包括 1 和 25). 有如下几个不同的奖励选项.

(a) 所有 5 个白球和超级球全都匹配，并赢得头奖的概率是多少？

(b) 匹配全部 5 个白球而不匹配超级球，并赢得 1 000 000 美元的概率是多少？

(c) 匹配 4 个白球和超级球，并赢得 10 000 美元的概率是多少？

(d) 匹配 4 个白色球而不匹配超级球，并赢得 500 美元的概率是多少？

(e) 只匹配超级球而赢得 2 美元的概率是多少？

2.5-9 假设一批 50 件商品中三件有缺陷. 随机无放回地抽取 10 件样本. 设 X 表示样本中有缺陷商品的数量. 求样本包含

(a) 恰好有一件缺陷商品的概率.

(b) 至多有一件缺陷商品的概率.

2.5-10 (密歇根数学奖竞赛，1992 年，第 II 部分)从集合 $\{1, 2, 3, \cdots, n\}$ 中，随机选择 k 个不同的整数并按数字顺序排列(从最小到最大). 设 $P(i, r, k, n)$ 表示整数 i 在位置 r 中的概率. 例如，观察 $P(1, 2, k, n) = 0$，因为数字 1 在排序后不可能位于第二个位置.

(a) 计算 $P(2, 1, 6, 10)$.

(b) 求出 $P(i, r, k, n)$ 的一般表达式.

2.5-11 宾果游戏卡有 25 个方块，其中 24 个方块上有数字，中间是一个自由方块. 放置在宾果卡上的整数是从 1 到 75(包括 1 和 75)随机无放回选择的. 当玩一个名为"掩盖"的游戏时，从 1 到 75(包括 1 和 75)编号的球会被随机无放回地选择，直到一个玩家掩盖卡片上的每个数字. 设 X 等于为掩盖一张卡片上的所有数字而必须抽取的球数.

(a) 证明：对于 $x = 24, 25, \cdots, 75$，X 的 pmf 是

$$f(x) = \frac{\binom{24}{23}\binom{51}{x-24}}{\binom{75}{x-1}} \cdot \frac{1}{75-(x-1)} = \frac{\binom{51}{x-24}}{\binom{75}{x}} \cdot \frac{24}{x} = \frac{\binom{x}{24}}{\binom{75}{24}} \cdot \frac{24}{x}$$

（b）最可能出现的 X 值是多少？换句话说，这个分布的模式是什么？

（c）为了证明 X 的均值是 $(24)(76)/25 = 72.96$，使用组合恒等式

$$\binom{k+n+1}{k+1} = \sum_{x=k}^{n+k}\binom{x}{k}$$

（d）证明：$E[X(X+1)] = \dfrac{24 \cdot 77 \cdot 76}{26} = 5401.8462$

（e）计算 $\mathrm{Var}(X) = E[X(X+1)] - E(X) - [E(X)]^2 = \dfrac{46\,512}{8125} = 5.7246$ 和 $\sigma = 2.39$.

2.6 负二项分布

现在我们来看一种情况. 在这种情况下，我们观察一系列独立的伯努利实验，直到恰好出现 r 次成功，其中 r 是一个固定的正整数. 设随机变量 X 表示观察到 r 次成功所需的实验次数. 也就是说，X 是观察到第 r 次成功的实验编号. 根据概率的乘法规则，X 的 pmf（即 $g(x)$）等于在前 $x-1$ 次实验中获得 $r-1$ 次成功的概率

$$\binom{x-1}{r-1}p^{r-1}(1-p)^{x-r} = \binom{x-1}{r-1}p^{r-1}q^{x-r}$$

和在第 r 次实验中获得 1 次成功的概率 p 的乘积. 因此，X 的 pmf 是

$$g(x) = \binom{x-1}{r-1}p^r(1-p)^{x-r} = \binom{x-1}{r-1}p^rq^{x-r}, \quad x = r, r+1, \cdots.$$

我们称 X 服从**负二项分布**.

注 将此分布称为负二项分布的原因如下：考虑 $h(w) = (1-w)^{-r}$，具有负指数 $-r$ 的二项式 $1-w$. 使用麦克劳林级数展开，我们得到

$$(1-w)^{-r} = \sum_{k=0}^{\infty}\frac{h^{(k)}(0)}{k!}w^k = \sum_{k=0}^{\infty}\binom{r+k-1}{r-1}w^k, \quad -1 < w < 1$$

如果求和中让 $x = k+r$，则 $k = x-r$

$$(1-w)^{-r} = \sum_{x=r}^{\infty}\binom{r+x-r-1}{r-1}w^{x-r} = \sum_{x=r}^{\infty}\binom{x-1}{r-1}w^{x-r}$$

除因子 p^r 外，当 $w=q$ 时，其和为负二项概率，特别地，负二项分布的概率之和为 1，因为

$$\sum_{x=r}^{\infty}g(x) = \sum_{x=r}^{\infty}\binom{x-1}{r-1}p^rq^{x-r} = p^r(1-q)^{-r} = 1$$

如果在负二项分布中 $r=1$，我们注意到 x 服从一个**几何分布**，因为 pmf 由一个几何级数的项组成，即

76

$$g(x) = p(1-p)^{x-1}, \quad x = 1, 2, 3, \cdots$$

回想一下，对于一个几何级数，和由

$$\sum_{k=0}^{\infty} ar^k = \sum_{k=1}^{\infty} ar^{k-1} = \frac{a}{1-r}, \quad |r|<1$$

给出，因此，对于几何分布，

$$\sum_{x=1}^{\infty} g(x) = \sum_{x=1}^{\infty} (1-p)^{x-1} p = \frac{p}{1-(1-p)} = 1$$

所以 $g(x)$ 满足 pmf 的性质.

从一个几何级数的和，我们也注意到当 k 是一个整数时，

$$P(X > k) = \sum_{x=k+1}^{\infty} (1-p)^{x-1} p = \frac{(1-p)^k p}{1-(1-p)} = (1-p)^k = q^k$$

因此，cdf 在正整数 k 处的值是

$$P(X \leqslant k) = \sum_{x=1}^{k} (1-p)^{x-1} p = 1 - P(X > k) = 1 - (1-p)^k = 1 - q^k$$

例 2.6-1   一些生物学学生正在检查大量果蝇的眼睛颜色. 对于单只果蝇，假设白眼的概率为 1/4，红眼的概率为 3/4，我们可以将这些观察结果视为独立的伯努利实验. 至少要检查四只果蝇的眼睛颜色才能观察到一只白眼果蝇的概率由下式得出：

$$P(X \geqslant 4) = P(X > 3) = q^3 = \left(\frac{3}{4}\right)^3 = \frac{27}{64} = 0.4219$$

为了观察白眼果蝇，至多需要检查四只果蝇的眼睛颜色的概率由下式得出：

$$P(X \leqslant 4) = 1 - q^4 = 1 - \left(\frac{3}{4}\right)^4 = \frac{175}{256} = 0.6836$$

第一只白眼果蝇是第四只果蝇的概率是

$$P(X = 4) = q^{4-1} p = \left(\frac{3}{4}\right)^3 \left(\frac{1}{4}\right) = \frac{27}{256} = 0.1055$$

或者

$$P(X = 4) = P(X \leqslant 4) - P(X \leqslant 3) = \left[1 - \left(\frac{3}{4}\right)^4\right] - \left[1 - \left(\frac{3}{4}\right)^3\right] = \left(\frac{3}{4}\right)^3 \left(\frac{1}{4}\right)$$

■

我们现在证明负二项随机变量 X 的均值和方差分别是

$$\mu = E(X) = \frac{r}{p} \quad \text{和} \quad \sigma^2 = \frac{rq}{p^2} = \frac{r(1-p)}{p^2}$$

特别地，如果 $r=1$，X 服从一个几何分布，那么

$$\mu = \frac{1}{p}, \quad \sigma^2 = \frac{q}{p^2} = \frac{1-p}{p^2}$$

均值 $\mu = 1/p$ 符合我们的直觉. 让我们检查一下：如果 $p = 1/6$，那么我们平均期望在第一次成功之前有 $1/(1/6) = 6$ 次实验.

为了求出这些矩，我们确定负二项分布的 mgf. 它是

$$M(t) = \sum_{x=r}^{\infty} e^{tx} \binom{x-1}{r-1} p^r (1-p)^{x-r} = (pe^t)^r \sum_{x=r}^{\infty} \binom{x-1}{r-1} \left[(1-p)e^t\right]^{x-r}$$

$$= \frac{(pe^t)^r}{[1-(1-p)e^t]^r}, \quad \text{其中 } (1-p)\,e^t < 1$$

（或者等价地，当 $t < -\ln(1-p)$ 时）. 因此，

$$M'(t) = (pe^t)^r(-r)[1-(1-p)e^t]^{-r-1}[-(1-p)e^t] + r(pe^t)^{r-1}(pe^t)[1-(1-p)e^t]^{-r}$$

$$= r(pe^t)^r[1-(1-p)e^t]^{-r-1}$$

和

$$M''(t) = r(pe^t)^r(-r-1)[1-(1-p)e^t]^{-r-2}[-(1-p)e^t] + r^2(pe^t)^{r-1}(pe^t)[1-(1-p)e^t]^{-r-1}$$

相应地，

$$M'(0) = rp^r p^{-r-1} = rp^{-1}$$

和

$$M''(0) = r(r+1)p^r p^{-r-2}(1-p) + r^2 p^r p^{-r-1} = rp^{-2}[(1-p)(r+1) + rp] = rp^{-2}(r+1-p)$$

因此，我们有

$$\mu = \frac{r}{p} \quad \text{和} \quad \sigma^2 = \frac{r(r+1-p)}{p^2} - \frac{r^2}{p^2} = \frac{r(1-p)}{p^2}$$

这些计算有点混乱，所以在练习 2.6-5 和练习 2.6-6 中给出了一种稍微简单的方法.

78

例 2.6-2　假设在练习期间，篮球运动员有 80% 的罚球命中率. 此外，假设一系列罚球命中率可以被认为是独立的伯努利实验. 设 X 等于该运动员必须尝试总共 10 次进球的最小罚球数. X 的 pmf 是

$$g(x) = \binom{x-1}{10-1}(0.80)^{10}(0.20)^{x-10}, \quad x = 10, 11, 12, \cdots$$

X 的均值、方差和标准差分别为

$$\mu = 10\left(\frac{1}{0.80}\right) = 12.5, \quad \sigma^2 = \frac{10(0.20)}{0.80^2} = 3.125, \quad \sigma = 1.768$$

例如，我们有

$$P(X = 12) = g(12) = \binom{11}{9}(0.80)^{10}(0.20)^2 = 0.2362 \qquad \blacksquare$$

例 2.6-3　为了考虑 p 和 r 对负二项分布的影响，图 2.6-1 给出了 p 和 r 的四种组合的

概率直方图. 请注意, 因为在第一个图中 $r=1$, 所以它表示几何分布的 pmf. ∎

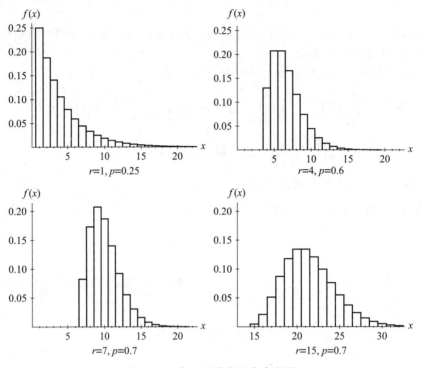

图 2.6-1 负二项分布概率直方图

当矩母函数存在时, 所有阶导数在 $t=0$ 时都存在. 因此, 可以将 $M(t)$ 表示为麦克劳林级数, 即

$$M(t) = M(0) + M'(0)\left(\frac{t}{1!}\right) + M''(0)\left(\frac{t^2}{2!}\right) + M'''(0)\left(\frac{t^3}{3!}\right) + \cdots$$

如果存在 $M(t)$ 的麦克劳林级数展开式并给出了矩, 我们可以通过求麦克劳林级数和得到 $M(t)$ 的闭形式. 下一个示例说明了这种方法.

例 2.6-4 X 的矩定义为

$$E(X^r) = 0.8, \quad r = 1, 2, 3, \cdots$$

那么 X 的矩母函数是

$$M(t) = M(0) + \sum_{r=1}^{\infty} 0.8\left(\frac{t^r}{r!}\right) = 1 + 0.8\sum_{r=1}^{\infty}\frac{t^r}{r!} = 0.2 + 0.8\sum_{r=0}^{\infty}\frac{t^r}{r!} = 0.2e^{0t} + 0.8e^{1t}$$

因此,

$$P(X=0) = 0.2, \quad P(X=1) = 0.8$$

这是伯努利分布的一个例子. ∎

下一个例子给出了几何分布的应用.

例 2.6-5　掷一个均匀的六面骰子,直到每个面至少被观察一次.平均来说,需要掷多少次骰子? 观察第一个结果总需要掷一次骰子.观察与第一个结果不同的面就像观察一个几何随机变量,其中 $p=5/6$,$q=1/6$.所以平均需要 $1/(5/6)=6/5$ 次.观察到两个不同的面后,观察新面的概率为 $4/6$,因此平均需要 $1/(4/6)=6/4$ 次.以这种方式继续,平均而言需要掷的次数为

$$1+\frac{6}{5}+\frac{6}{4}+\frac{6}{3}+\frac{6}{2}+\frac{6}{1}=\frac{147}{10}=14.7 \qquad \blacksquare$$

练习

2.6-1　一个优秀的罚球手尝试几次罚球,直到她失误.

(a) 如果 $p=0.9$ 是她罚球的概率,则在第 13 次或之后的尝试中第一次失误的概率是多少?

(b) 如果她继续罚球直到三次失误,则第三次失误发生在第 30 次尝试的概率是多少?

2.6-2　证明: 63/512 是在均匀硬币的第 10 次独立抛掷时观察到第 5 次正面朝上的概率.

2.6-3　假设与例 2.6-2 和练习 2.6-1 中的篮球运动员不同的篮球运动员可以以 60% 的准确率进行罚球.设 X 等于该运动员必须尝试总共 10 次投球的最小罚球数.

(a) 给出 X 的均值、方差和标准差.

(b) 求 $P(X=16)$.

2.6-4　假设机场的金属探测器能在 99% 的时间检测出一个携带金属的人.也就是说,它有 1% 的时间无法检测到一个人身上有金属.假设携带金属的人是独立的.第一个漏检的(未检出)携带金属的人属于首批扫描的 50 个携带金属的人的概率是多少?

2.6-5　设 X 的矩母函数 $M(t)$ 存在,其中 $-h<t<h$.考虑函数 $R(t)=\ln M(t)$.它的前两个导数分别是 $R'(t)=\dfrac{M'(t)}{M(t)}$ 和 $R''(t)=\dfrac{M(t)M''(t)-[M'(t)]^2}{[M(t)]^2}$.令 $t=0$,证明:

(a) $\mu=R'(0)$.

(b) $\sigma^2=R''(0)$.

2.6-6　使用练习 2.6-5 的结果求出下列分布的均值和方差:

(a) 伯努利分布.

(b) 二项分布.

(c) 几何分布.

(d) 负二项分布.

2.6-7　如果 $E(X^r)=5^r$,$r=1,2,3,\cdots$,求 X 的矩母函数 $M(t)$ 和 X 的 pmf.

2.6-8　公司员工在一个月内没有发生事故的概率为 0.7.每月的事故数量是独立的.在一年中第一个月至少发生一次事故的前提下,第三个月没有发生事故的概率是多少?

2.6-9　将四种不同奖品中的一种随机放入每盒麦片中.如果一个家庭决定购买这种麦片,直到在四种不同奖品中至少各获得一种为止,那么必须购买麦片盒数的期望值是多少?

2.6-10　2016 年,红玫瑰茶随机开始将 10 个英国瓷器微型雕像中的一个放在 100 包一盒的茶叶中,这些雕像是从美国遗产系列的 10 个雕像中挑选出来的.

(a) 平均而言,一位顾客必须购买多少盒茶叶才能获得 10 个不同的雕像(即完整的收藏)?

(b) 如果顾客每天使用一个茶包,那么这位顾客平均需要多长时间才能获得完整的收藏?

2.7　泊松分布

一些实验会计算特定事件在给定时间或给定物理对象发生的次数.例如,我们可以计

80

算在上午 9 点到 10 点之间通过中继塔的手机呼叫数、100 英尺（1 英尺 = 0.3048 米）电线的缺陷数、在中午到下午 2 点之间到达售票窗口的客户数，或者是一个 100 英尺高 2 英尺宽的铝筛网的缺陷数量. 如果满足以下定义中的条件，则可以将此类事件的计数视为与近似泊松过程相关联的随机变量的观测值.

定义 2.7-1 让我们计算给定连续间隔内某些事件的发生次数. 如果满足以下条件，则我们得到参数 $\lambda>0$ 的**近似泊松过程**：

（a）不重叠子间隔内发生的次数是独立的.

（b）在长度 h 足够短的子区间内恰好发生一次的概率约为 λh.

（c）在足够短的子区间内发生两次或两次以上的概率基本上为零.

注 我们使用近似来修改泊松过程，因为我们使用（b）中的近似和（c）中的本质来避免概率论的"小 o"符号. 有时，我们简单地说"泊松过程"和近似下降.

假设一个实验满足近似泊松过程的前三个条件. 设 X 表示在长度为 1 的间隔内发生的次数（其中"长度 1"表示所考虑数量的一个单位）. 我们想找到 $P(X=x)$ 的近似值，其中 x 是非负整数. 为了实现这一点，我们将单位间隔划分为 n 个等长的子区间 $1/n$. 如果 n 足够大（即远大于 x），我们将通过求出在每个子区间内都发生一次的概率近似该单位间隔内发生 x 次的概率，正是这些 n 个子区间的 x. 根据条件（b），长度为 $1/n$ 的任何一个子区间内发生一次的概率约为 $\lambda(1/n)$. 根据条件（c），在任何一个子区间内发生两次或两次以上的概率基本上为零. 因此，对于每个子区间，恰好只发生一次的概率约为 $\lambda(1/n)$. 把每个子区间内发生或不发生看作是伯努利实验. 根据条件（a），我们有概率 p 近似等于 $\lambda(1/n)$ 的 n 个独立伯努利实验序列. 因此，$P(X=x)$ 的近似值由如下二项概率给出：

$$\frac{n!}{x!\,(n-x)!}\left(\frac{\lambda}{n}\right)^{x}\left(1-\frac{\lambda}{n}\right)^{n-x}$$

如果 n 趋于正无穷，那么

$$\lim_{n\to\infty}\frac{n!}{x!\,(n-x)!}\left(\frac{\lambda}{n}\right)^{x}\left(1-\frac{\lambda}{n}\right)^{n-x}=\lim_{n\to\infty}\frac{n(n-1)\cdots(n-x+1)}{n^{x}}\frac{\lambda^{x}}{x!}\left(1-\frac{\lambda}{n}\right)^{n}\left(1-\frac{\lambda}{n}\right)^{-x}$$

现在，对于固定的 x，我们有

$$\lim_{n\to\infty}\frac{n(n-1)\cdots(n-x+1)}{n^{x}}=\lim_{n\to\infty}\left[(1)\left(1-\frac{1}{n}\right)\cdots\left(1-\frac{x-1}{n}\right)\right]=1$$

$$\lim_{n\to\infty}\left(1-\frac{\lambda}{n}\right)^{n}=\mathrm{e}^{-\lambda}\quad\text{和}\quad\lim_{n\to\infty}\left(1-\frac{\lambda}{n}\right)^{-x}=1$$

因此，

$$\lim_{n\to\infty}\frac{n!}{x!\,(n-x)!}\left(\frac{\lambda}{n}\right)^{x}\left(1-\frac{\lambda}{n}\right)^{n-x}=\frac{\lambda^{x}\mathrm{e}^{-\lambda}}{x!}=P(X=x)$$

与此过程相关的概率分布具有特殊名称. 我们称随机变量 X 具有**泊松分布**，如果它的 pmf 有如下形式：

$$f(x) = \frac{\lambda^x \mathrm{e}^{-\lambda}}{x!}, \quad x = 0, 1, 2, \cdots$$

其中 $\lambda > 0$.

很容易看出 $f(x)$ 具有 pmf 的性质, 因为很明显, $f(x) \geqslant 0$, 并且从 e^{λ} 的麦克劳林级数展开, 我们得到

$$\sum_{x=0}^{\infty} \frac{\lambda^x \mathrm{e}^{-\lambda}}{x!} = \mathrm{e}^{-\lambda} \sum_{x=0}^{\infty} \frac{\lambda^x}{x!} = \mathrm{e}^{-\lambda} \mathrm{e}^{\lambda} = 1$$

为了发现参数 $\lambda > 0$ 的确切作用, 让我们给出泊松分布的一些特征. X 的 mgf 是

$$M(t) = E(\mathrm{e}^{tX}) = \sum_{x=0}^{\infty} \mathrm{e}^{tx} \frac{\lambda^x \mathrm{e}^{-\lambda}}{x!} = \mathrm{e}^{-\lambda} \sum_{x=0}^{\infty} \frac{(\lambda \mathrm{e}^t)^x}{x!}$$

从指数函数的级数表示, 我们有

$$M(t) = \mathrm{e}^{-\lambda} \mathrm{e}^{\lambda \mathrm{e}^t} = \mathrm{e}^{\lambda(\mathrm{e}^t - 1)}$$

对于 t 的所有实数值. 现在,

$$M'(t) = \lambda \mathrm{e}^t \mathrm{e}^{\lambda(\mathrm{e}^t - 1)}$$

$$M''(t) = (\lambda \mathrm{e}^t)^2 \mathrm{e}^{\lambda(\mathrm{e}^t - 1)} + \lambda \mathrm{e}^t \mathrm{e}^{\lambda(\mathrm{e}^t - 1)}$$

X 的均值和方差分别为

$$\mu = M'(0) = \lambda$$

$$\sigma^2 = M''(0) - [M'(0)]^2 = (\lambda^2 + \lambda) - \lambda^2 = \lambda$$

也就是说, 对于泊松分布, $\mu = \sigma^2 = \lambda$.

注　在不使用 mgf 的情况下, 也可以直接求出泊松分布的均值和方差. 泊松分布的均值为

$$E(X) = \sum_{x=0}^{\infty} x \frac{\lambda^x \mathrm{e}^{-\lambda}}{x!} = \mathrm{e}^{-\lambda} \sum_{x=1}^{\infty} \frac{\lambda^x}{(x-1)!}$$

因为当 $x > 0$ 时, $(0)f(0) = 0$ 和 $x/x! = 1/(x-1)!$. 如果我们令 $k = x - 1$, 则

$$E(X) = \mathrm{e}^{-\lambda} \sum_{k=0}^{\infty} \frac{\lambda^{k+1}}{k!} = \lambda \mathrm{e}^{-\lambda} \sum_{k=0}^{\infty} \frac{\lambda^k}{k!} = \lambda \mathrm{e}^{-\lambda} \mathrm{e}^{\lambda} = \lambda$$

为了求方差, 我们首先确定二阶矩 $E[X(X-1)]$. 我们有

$$E[X(X-1)] = \sum_{x=0}^{\infty} x(x-1) \frac{\lambda^x \mathrm{e}^{-\lambda}}{x!} = \mathrm{e}^{-\lambda} \sum_{x=2}^{\infty} \frac{\lambda^x}{(x-2)!}$$

因为当 $x > 1$ 时, $(0)(0-1)f(0) = 0$, $(1)(1-1)f(1) = 0$ 和 $x(x-1)/x! = 1/(x-2)!$ 如果我们令 $k = x - 2$, 则

$$E[X(X-1)] = \mathrm{e}^{-\lambda} \sum_{k=0}^{\infty} \frac{\lambda^{k+2}}{k!} = \lambda^2 \mathrm{e}^{-\lambda} \sum_{k=0}^{\infty} \frac{\lambda^k}{k!} = \lambda^2 \mathrm{e}^{-\lambda} \mathrm{e}^{\lambda} = \lambda^2$$

因此，

$$\mathrm{Var}(X) = E(X^2) - [E(X)]^2 = E[X(X-1)] + E(X) - [E(X)]^2 = \lambda^2 + \lambda - \lambda^2 = \lambda$$

我们再次看到，对于泊松分布，$\mu = \sigma^2 = \lambda$.

附录 B 中的表 Ⅲ 给出了所选 λ 值的泊松随机变量的 cdf 值. 下一个示例说明了此表.

例 2.7-1　设 X 服从泊松分布，其均值为 $\lambda = 5$. 则利用附录 B 中的表 Ⅲ，我们得出

$$P(X \le 6) = \sum_{x=0}^{6} \frac{5^x \mathrm{e}^{-5}}{x!} = 0.762$$

$$P(X > 5) = 1 - P(X \le 5) = 1 - 0.616 = 0.384$$

$$P(X = 6) = P(X \le 6) - P(X \le 5) = 0.762 - 0.616 = 0.146 \qquad \blacksquare$$

例 2.7-2　为了观察 λ 对 X 的概率质量函数 $f(x)$ 的影响，图 2.7-1 显示了对于四个不同的 λ 值，$f(x)$ 的概率直方图. $\blacksquare$

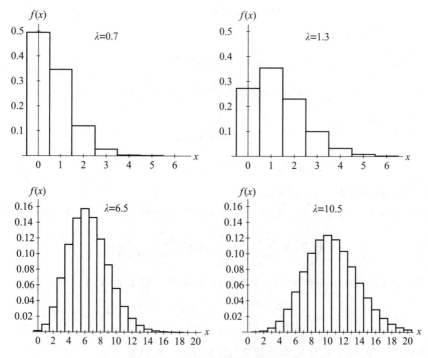

图 2.7-1　泊松分布的概率直方图

如果近似泊松过程中的事件以每单位 λ 的平均速率发生，则在长度 t 的间隔内发生的期望次数为 λt. 例如，令 X 等于一秒钟内钡-133 发射的 α 粒子数，并用盖革计数器计数. 如果发射粒子的平均数为每秒 60 个，则每 1/10 秒发射的粒子期望数为 $60(1/10) = 6$. 此外，在长度为 t 的时间间隔内发射的粒子数（如 X）具有泊松 pmf

$$f(x) = \frac{(\lambda t)^x \mathrm{e}^{-\lambda t}}{x!}, \quad x = 0, 1, 2, \cdots$$

如果我们将长度 t 的间隔视为具有平均 λt 而不是 λ 的"单位间隔",则该等式如上.

例 2.7-3 USB 闪存驱动器有时用于备份计算机文件. 但是, 过去使用的不太可靠的备份系统是计算机磁带, 这些磁带有一些缺陷. 在特定情况下, 使用过的计算机磁带上的缺陷(坏记录)平均每 1200 英尺出现一个缺陷. 如果假设服从一个泊松分布, 那么 4800 英尺滚动中的缺陷数量 X 的分布是什么? $4800 = 4(1200)$ 英尺中缺陷的期望数为 4 个, 即 $E(X) = 4$ 个. 因此, X 的 pmf 是

$$f(x) = \frac{4^x \mathrm{e}^{-4}}{x!}, \quad x = 0, 1, 2, \cdots$$

特别地, 根据附录 B 中的表Ⅲ,

$$P(X = 0) = \frac{4^0 \mathrm{e}^{-4}}{0!} = \mathrm{e}^{-4} = 0.018$$

$$P(X \leqslant 4) = 0.629$$

■

例 2.7-4 在大城市里, 打 911 的电话平均每 3 分钟两次. 如果假设这服从一个近似的泊松过程, 那么在 9 分钟内打 5 次或更多次 911 电话的概率是多少? 令 X 表示 9 分钟内的通话次数. 我们看到 $E(X) = 6$, 也就是说, 平均来说, 在 9 分钟的时间内会打 6 次电话. 因此, 根据附录 B 中的表Ⅲ,

$$P(X \geqslant 5) = 1 - P(X \leqslant 4) = 1 - \sum_{x=0}^{4} \frac{6^x \mathrm{e}^{-6}}{x!} = 1 - 0.285 = 0.715$$

■

泊松分布不仅本身很重要, 而且可以用来近似二项分布的概率. 前面我们看到, 如果 X 服从一个参数为 λ 的泊松分布, 那么当 n 足够大时, 有

$$P(X = x) \approx \binom{n}{x} \left(\frac{\lambda}{n}\right)^x \left(1 - \frac{\lambda}{n}\right)^{n-x}$$

其中 $p = \lambda/n$, 因此在先前的二项概率中 $\lambda = np$. 也就是说, 如果 X 服从二项分布 $b(n, p)$, 且参数为大 n 和小 p, 那么

$$\frac{(np)^x \mathrm{e}^{-np}}{x!} \approx \binom{n}{x} p^x (1 - p)^{n-x}$$

如果 n 很大, 则这个近似值是相当好的. 但是因为在前面的讨论中, λ 是一个固定常数, 因为 $np = \lambda$, 所以 p 应该很小. 特别地, 当 $n \geqslant 20$ 且 $p \leqslant 0.05$ 或者 $n \geqslant 100$ 且 $p \leqslant 0.10$ 时, 近似值是相当准确的, 但在有些违反这些界限的情况下, 如 $n = 50$ 且 $p = 0.12$ 时, 近似值也并不坏.

例 2.7-5 圣诞树灯泡的制造商知道 2% 的灯泡有缺陷. 假设独立, 100 个灯泡箱中的缺陷灯泡数量服从二项分布, 参数 $n = 100$, $p = 0.02$. 为了估计一盒 100 个灯泡中最多包含 3 个有缺陷灯泡的概率, 我们使用泊松分布, 其中 $\lambda = 100(0.02) = 2$, 得出

$$\sum_{x=0}^{3} \frac{2^x \mathrm{e}^{-2}}{x!} = 0.857$$

根据附录 B 中的表Ⅲ, 利用二项分布, 经过一些烦琐的计算, 我们得出

$$\sum_{x=0}^{3} \binom{100}{x} (0.02)^x (0.98)^{100-x} = 0.859$$

因此，在这种情况下，泊松近似非常接近真实值，但更容易求得.   ■

　　注　由于统计计算机包和统计计算器的可用性，通常很容易求出二项概率. 因此，如果你能准确地求得二项概率，那么使用泊松近似获得二项概率是不必要的. 另一方面，对于参数估计（见第 6 章），用泊松分布近似二项分布可能有用，因为泊松分布的参数较少. 也就是说，当 n 大而 p 小时，为了从观测数据中得到一个很好的概率分布估计，我们不需要单独估计 n 和 p，只需要估计它们的乘积 np.

　　例 2.7-6　在图 2.7-2 中，泊松概率直方图被叠加在阴影的二项概率直方图上，以便我们可以看到它们是否彼此接近. 如果 X 的分布是 $b(n,p)$，则近似泊松分布的均值为 $\lambda = np$. 注意，当 p 较大时，近似值不好（例如 $p = 0.30$）.   ■

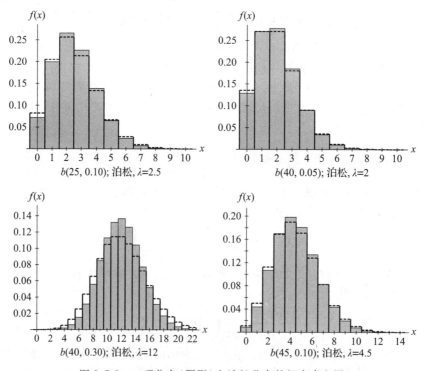

图 2.7-2　二项分布（阴影）和泊松分布的概率直方图

练习

2.7-1　假设 X 服从一个均值为 4 的泊松分布. 求出：

　　（a）$P(3 \leqslant X \leqslant 5)$.

　　（b）$P(X \geqslant 3)$.

　　（c）$P(X \leqslant 3)$.

2.7-2　假设 X 服从一个方差为 3 的泊松分布，求出 $P(X=2)$.

2.7-3　顾客以平均每小时 11 人的速率到达旅行社. 假设每小时到达的人数服从泊松分布，则给出超过 10 位顾客在给定时间内到达的概率.

2.7-4　如果 X 服从泊松分布，满足 $3P(X=1) = P(X=2)$，求 $P(X=4)$.

2.7-5　某种窗帘材料的缺陷在平均每 150 平方英尺出现一处. 如果假设为泊松分布，求出 225 平方英尺内出现最多一个缺陷的概率.

2.7-6　求均值为 λ 的泊松分布的偏度指数. 当 λ 增加时, 它是如何变化的?

2.7-7　密歇根州每日彩票下注 1 美元以概率 0.001 中奖 499 美元. 令 Y 等于赌徒在连续下注 n 次后赢得 499 美元奖金的次数. 注意, Y 是 $b(n, 0.001)$. 下注 $n = 2000$ 次 1 美元后, 赌徒落后, 即使 $\{Y \le 4\}$. 当 $n = 2000$ 时, 使用泊松分布近似 $P(Y \le 4)$.

2.7-8　假设某种流感疫苗产生副作用的概率为 0.005. 如果接种 1000 人, 近似以下情况的概率:
　　(a) 最多有 1 人产生副作用.
　　(b) 有 4、5 或 6 人产生副作用.

2.7-9　一家卖报纸的商店只订了一份报纸的 4 份, 因为经理没有接到很多预订该份报纸的电话. 如果每天的请求数服从均值为 3 的泊松分布, 则
　　(a) 售出数量的期望值是多少?
　　(b) 经理应订购多少份才能使得收到比现有报纸更多的请求的机会小于 0.05?

2.7-10　泊松随机变量 X 的均值为 $\mu = 9$. 计算
$$P(\mu - 2\sigma < X < \mu + 2\sigma)$$

87

2.7-11　如果可能的话, 航空公司总是超额预订. 一架特定的飞机有 95 个座位, 其中一张票售价 300 美元. 这家航空公司出售 100 张这样的机票.
　　(a) 如果一个人不出现的概率为 0.05, 假设独立, 那么航空公司能够容纳所有出现的乘客的概率是多少?
　　(b) 如果航空公司必须将 300 美元的价格加上 400 美元的罚款一起退还给不能上飞机的每名乘客, 那么航空公司将支付的期望支出(罚款加机票退款)是多少?

2.7-12　一个棒球队每遇到一个下雨天都会损失 10 万美元. 设 X 为赛季开始时连续下雨的天数, 它服从一个泊松分布, 均值为 0.2. 开局前的期望损失是多少?

2.7-13　假设投保人提交两份索赔的可能性是提交三份索赔的可能性的 4 倍. 同时假设该投保人的索赔数量 X 服从泊松分布. 确定期望值 $E(X^2)$.

　　历史评注　概率论的下一个主要进展是由伯努利家族提出的, 伯努利家族是 17 世纪末到 18 世纪末一个杰出的瑞士数学家家族. 他们中有 8 位数学家, 但我们只提及其中的 3 位: 雅各布、尼古拉斯二世(Nicolaus II)和丹尼尔. 正在写 *Ars Conjectandi(The Art of Conjectandi)* 的雅各布于 1705 年去世, 他的侄子尼古拉斯二世编辑了这部作品以供出版. 然而, 正是雅各布发现了重要的大数定律, 这一定律将在 5.8 节介绍.

　　雅各布的另一个侄子丹尼尔在他的圣彼得堡的论文中指出: "期望值的计算方法是将每一个可能的收益乘以其发生的方式数, 然后将乘积的和除以总情形数." 尼古拉斯二世随后提出所谓的圣彼得堡悖论: 彼得继续掷硬币, 直到第一次出现正面朝上, 比如说, 在第 x 次投掷中, 他支付给保罗 $2^x - 1$ 单位(最初是达克特, 但为了方便起见, 我们使用美元). 每投掷一次, 美元的数量就翻了一番. 另一个人应该付多少钱来代替保罗玩这个游戏? 很明显,

$$E(2^{X-1}) = \sum_{x=1}^{\infty} (2^{x-1})\left(\frac{1}{2^x}\right) = \sum_{x=1}^{\infty} \frac{1}{2} = \infty$$

然而, 如果我们认为这是一个实际的问题, 那么即使有这个无限的期望值, 也会有人愿意给保罗 1000 美元来代替他吗? 我们对此表示怀疑, 丹尼尔也对此表示怀疑, 这让他想到了金钱的效用. 例如, 对我们大多数人来说, 300 万美元并不等于 100 万美元的 3 倍. 为了让

你相信这一点,假设你正好有 100 万美元,而一个非常富有的人愿意用掷硬币的方式和你下赌注 200 万美元. 掷出硬币后你将拥有 0 或 300 万美元,因此你的期望值是

$$(0)\left(\frac{1}{2}\right) + (3\,000\,000)\left(\frac{1}{2}\right) = 1\,500\,000\,(\text{美元})$$

比你的 100 万美元还多. 看起来,这是一场豪赌,可能只有比尔·盖茨才能玩得起. 但是,记住你肯定有 100 万美元,并且以概率 1/2 变为 0 美元. 我们中资源有限的人都不应该考虑下赌注,因为这笔额外的钱对我们的效用并不等于前 100 万美元的效用. 现在,我们每个人都有自己的效用函数. 对我们所有人来说,2 美元的价值几乎是 1 美元的两倍. 但 20 万美元的价值是 10 万美元的两倍吗?这取决于具体情况. 虽然对于前几美元效用函数是一条直线,它保持递增,但随着金额的增加,它开始向下弯曲. 对于我们所有人来说,这种情况发生在不同的地方. 本书的作者霍格曾以 1000 美元兑换 2000 美元下赌注掷硬币,但可能不会赌 100 000 美元兑换 200 000 美元,因此霍格的效用函数在 1000 美元到 100 000 美元之间的某个地方开始向下弯曲. 丹尼尔·伯努利做了这个观察,它在各种商业活动中都非常有用.

举例来说,在保险业中,我们大多数人都知道,我们为所有类型的保险支付的保险费都高于公司预期支付给我们的保险费,这就是他们赚钱的方式. 表面上看,保险是一个糟糕的赌注,但事实并非总是如此. 的确,我们不应该为那些价值在效用函数直线部分上的较便宜的物品进行投保. 我们甚至听过这个"规则":你不能为价值低于你两个月工资的物品投保. 这是一个相当好的指南,但我们每个人都有自己的效用函数,并且必须做出决策. 霍格可以承受 5000 ~ 10 000 美元的损失(当然,他并不喜欢这些损失),但他不想支付 100 000 美元或更多的损失. 所以当参数为负值时,他的效用函数对于相对较小的负值是遵循直线的,但对于较大的负值则再次弯曲向下. 如果你为昂贵的物品投保,那么你会发现绝对价值期望效用现在会超过保险费. 这就是大多数人都为自己的生活、家庭和汽车(尤其是在责任方面)投保的原因. 但是,他们不应该为他们的高尔夫球杆、眼镜、皮草或珠宝投保(除非后两件物品极其贵重).

第3章 连续分布

3.1 连续型随机变量

设随机变量 X 表示从区间 $[a, b]$ 中随机选取一个点的结果，其中 $-\infty < a < b < \infty$. 如果实验以一种公平的方式进行，那么就有理由假设从区间 $[a, x]$ ($a \leqslant x \leqslant b$) 中选取该点的概率为 $(x-a)/(b-a)$，即概率与区间的长度成正比，因此 X 的 cdf (累积分布函数) 为

$$F(x) = \begin{cases} 0, & x < a \\ \dfrac{x-a}{b-a}, & a \leqslant x < b \\ 1, & b \leqslant x \end{cases}$$

也可以写成

$$F(x) = \int_{-\infty}^{x} f(y)\,\mathrm{d}y$$

其中

$$f(x) = \frac{1}{b-a}, \quad a \leqslant x \leqslant b$$

并且在其他地方等于零，即 $F'(x) = f(x)$，则称 $f(x)$ 是 X 的**概率密度函数**(pdf).

当然，学生会注意到 $F'(x)$ 在 $x = a$ 和 $x = b$ 处不存在，但是由于 $F(x)$ 是连续的，不能将概率分配给单个点，因此可以定义 $f(x)$ 在 $x = a$ 和 $x = b$ 处的任意值. 通常在这种情况下，取 $f(a) = f(b) = 1/(b-a)$ 或者取 $f(a) = f(b) = 0$. 因为 X 是一个连续型随机变量，当 $F'(x)$ 存在时，$F'(x)$ 等于 X 的 pdf，所以当 $a < x < b$ 时，得到 $f(x) = F'(x) = 1/(b-a)$.

如果随机变量 X 的 pdf 在其支撑上是一个常数，则它服从一个**均匀分布**，特别地，如果支撑是区间 $[a, b]$，则

$$f(x) = \frac{1}{b-a}, \quad a \leqslant x \leqslant b$$

此外，可以称 X 是 $U(a, b)$. 这种分布也称为**矩形分布**，而 $f(x)$ 的图像很好地解释了为什么被称为矩形分布. 图 3.1-1 为 $a = 0.30$，$b = 1.55$ 时 $f(x)$ 与 cdf $F(x)$ 的图像.

现在有许多概率密度函数可以用来描述与一个随机变量 X 相关的概率，因此**连续型随机变量** X 的**概率密度函数**是一个满足以下条件的可积函数 $f(x)$，其空间 S 是一个区间或区间的并集：

(a) $f(x) \geqslant 0$，$x \in S$

(b) $\displaystyle\int_{S} f(x)\,\mathrm{d}x = 1$

（c）如果 $(a,b)\subseteq S$，那么事件 $\{a<X<b\}$ 的概率是

$$P(a<X<b)=\int_a^b f(x)\mathrm{d}x$$

相应的概率分布称为连续型分布.

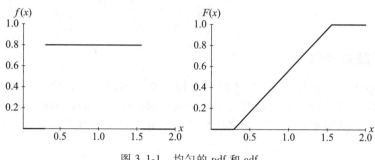

图 3.1-1　均匀的 pdf 和 cdf

根据 X 的 pdf，连续型随机变量 X 的**累积分布函数**（cdf）或**分布函数**定义为

$$F(x)=P(X\leqslant x)=\int_{-\infty}^x f(t)\mathrm{d}t,\quad -\infty<x<\infty$$

同样，$F(x)$ 累加了所有小于或等于 x 的概率. 根据微积分的基本定理，如果 x 值的导数 $F'(x)$ 存在，则 $F'(x)=f(x)$.

例 3.1-1　设 Y 为连续随机变量，其中 pdf 为 $g(y)=2y$，$0<y<1$. Y 的 cdf 定义为

$$G(y)=\begin{cases}0, & y<0\\[2mm]\displaystyle\int_0^y 2t\,\mathrm{d}t=y^2, & 0\leqslant y<1\\[2mm]1, & 1\leqslant y\end{cases}$$

图 3.1-2 给出了 $g(y)$ 和 $G(y)$ 的图像. 概率计算示例如下：

$$P\left(\frac{1}{2}<Y\leqslant\frac{3}{4}\right)=G\left(\frac{3}{4}\right)-G\left(\frac{1}{2}\right)=\left(\frac{3}{4}\right)^2-\left(\frac{1}{2}\right)^2=\frac{5}{16}$$

$$P\left(\frac{1}{4}\leqslant Y<2\right)=G(2)-G\left(\frac{1}{4}\right)=1-\left(\frac{1}{4}\right)^2=\frac{15}{16}$$

离散型随机变量的 pmf $f(x)$ 以 1 为界，因为 $f(x)$ 给出了一个概率公式如下：

$$f(x)=P(X=x)$$

对于连续型随机变量，pdf 不必是有界的（详见练习 3.1-7（c）和 3.1-8（c）），并且限制是 pdf 和 x 轴之间的面积必须等于 1. 此外，连续型随机变量 X 的 pdf 不需要为连续函数. 例如，函数

$$f(x)=\begin{cases}\dfrac{1}{2}, & 0<x<1 \quad\text{或}\quad 2<x<3\\[2mm]0, & \text{其他}\end{cases}$$

虽然具有连续型分布 pdf 的性质，但在 $x = 0$，1，2，3 处不连续. 然而与连续型分布相关联的 cdf 始终是一个连续函数.

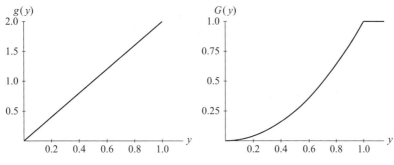

图 3.1-2　连续的 pdf 和 cdf

对于连续型随机变量而言，除积分代替求和外，其数学期望相关的定义与离散情况下的定义相同. 假设 X 是一个具有 pdf $f(x)$ 的连续型随机变量，那么 X 的**期望值**或 X 的**均值**是

$$\mu = E(X) = \int_{-\infty}^{\infty} x f(x)\, \mathrm{d}x$$

X 的**方差**为

$$\sigma^2 = \mathrm{Var}(X) = E[(X - \mu)^2] = \int_{-\infty}^{\infty} (x - \mu)^2 f(x)\, \mathrm{d}x$$

X 的**标准差**为

$$\sigma = \sqrt{\mathrm{Var}(X)}$$

如果存在**矩母函数**（mgf），则为

$$M(t) = \int_{-\infty}^{\infty} \mathrm{e}^{tx} f(x)\, \mathrm{d}x, \quad -h < t < h$$

此外，$\sigma^2 = E(X^2) - \mu^2$，$\mu = M'(0)$，$\sigma^2 = M''(0) - [M'(0)]^2$ 是正确的. 如果 $-h < t < h$ 对于某些 $h > 0$ 来说是有限的，那么需要注意的是 mgf 完全可以决定其分布.

注　在离散和连续的情况下，如果 r 阶矩 $E(X^r)$ 存在并且是有限的，那么所有的低阶矩 $E(X^k)$（$k = 1, 2, \cdots, r-1$）也是如此，反之不成立. 例如，一阶矩可能存在并且是有限的，但是二阶矩不一定是有限的（详见练习 3.1-11）. 此外，如果 $E(\mathrm{e}^{tX})$ 存在并且对于 $-h < t < h$ 是有限的，那么所有的矩都存在并且有限，但反之不一定成立.

如果 X 是 $U(a, b)$，那么它的均值、方差和矩母函数不难计算（详见练习 3.1-1），计算公式分别为

$$\mu = \frac{a+b}{2}, \quad \sigma^2 = \frac{(b-a)^2}{12}$$

$$M(t) = \begin{cases} \dfrac{\mathrm{e}^{tb} - \mathrm{e}^{ta}}{t(b-a)}, & t \neq 0 \\ 1, & t = 0 \end{cases}$$

一个重要的均匀分布是 $a=0$，$b=1$，即 $U(0,1)$. 如果 X 是 $U(0,1)$，那么大多数计算机都可以使用随机数生成器模拟 X 的近似值. 事实上，它应该被称为**伪随机数生成器**，因为产生随机数的程序通常满足如果已知起始数，那么序列中的所有后续数就可以通过简单的算术进行运算来确定. 然而，尽管这些计算机生成的数字的起源是可以确定的，但它们的行为确实像真正随机生成的一样，也不会通过添加伪数字来妨碍术语(计算机产生随机数的例子详见附录 B 的表Ⅷ，在每个四位数的前面都放一个小数点，这样每个数都介于 0 到 1 之间).

94

例 3.1-2 设 X 的概率密度函数为

$$f(x) = \frac{1}{100}, \quad 0 < x < 100$$

因此 X 是 $U(0,100)$，它的均值和方差分别是

$$\mu = \frac{0+100}{2} = 50 \quad 和 \quad \sigma^2 = \frac{(100-0)^2}{12} = \frac{10\,000}{12}$$

它的标准差为 $\sigma = 100/\sqrt{12}$，是 $U(0,1)$ 分布的 100 倍. 这和我们的直觉是一致的，因为标准差是扩散程度的度量，而 $U(0,100)$ 显然是 $U(0,1)$ 扩散程度的 100 倍. ■

例 3.1-3 对于例 3.1-1 中的随机变量 Y，Y 的均值和方差分别为

$$\mu = E(Y) = \int_0^1 y\,(2y)\,\mathrm{d}y = \left[\left(\frac{2}{3}\right)y^3\right]_0^1 = \frac{2}{3}$$

$$\sigma^2 = \mathrm{Var}(Y) = E(Y^2) - \mu^2 = \int_0^1 y^2(2y)\,\mathrm{d}y - \left(\frac{2}{3}\right)^2 = \left[\left(\frac{1}{2}\right)y^4\right]_0^1 - \frac{4}{9} = \frac{1}{18} \quad ■$$

例 3.1-4 设 X 的概率密度函数为

$$f(x) = |x|, \quad -1 < x < 1$$

那么

$$P\left(-\frac{1}{2} < X < \frac{3}{4}\right) = \int_{-1/2}^{3/4} |x|\,\mathrm{d}x = \int_{-1/2}^{0} -x\,\mathrm{d}x + \int_0^{3/4} x\,\mathrm{d}x$$

$$= \left[-\frac{x^2}{2}\right]_{-1/2}^0 + \left[\frac{x^2}{2}\right]_0^{3/4} = \frac{1}{8} + \frac{9}{32} = \frac{13}{32}$$

此外，

$$E(X) = \int_{-1}^0 -x^2\,\mathrm{d}x + \int_0^1 x^2\,\mathrm{d}x = \left[-\frac{x^3}{3}\right]_{-1}^0 + \left[\frac{x^3}{3}\right]_0^1 = -\frac{1}{3} + \frac{1}{3} = 0$$

$$\mathrm{Var}(X) = E(X^2) = \int_{-1}^0 -x^3\,\mathrm{d}x + \int_0^1 x^3\,\mathrm{d}x = \left[-\frac{x^4}{4}\right]_{-1}^0 + \left[\frac{x^4}{4}\right]_0^1 = \frac{1}{4} + \frac{1}{4} = \frac{1}{2} \quad ■$$

95

例 3.1-5 设 X 的概率密度函数为

$$f(x) = xe^{-x}, \quad 0 \leqslant x < \infty$$

则

$$M(t) = \int_0^\infty e^{tx} x e^{-x} \, dx = \lim_{b \to \infty} \int_0^b x e^{-(1-t)x} \, dx = \lim_{b \to \infty} \left[-\frac{x e^{-(1-t)x}}{1-t} - \frac{e^{-(1-t)x}}{(1-t)^2} \right]_0^b$$

$$= \lim_{b \to \infty} \left[-\frac{b e^{-(1-t)b}}{1-t} - \frac{e^{-(1-t)b}}{(1-t)^2} \right] + \frac{1}{(1-t)^2} = \frac{1}{(1-t)^2}$$

假设 $t<1$，其中 $M(0)=1$ 对于每个 mgf 都成立，那么

$$M'(t) = \frac{2}{(1-t)^3} \, , \qquad M''(t) = \frac{6}{(1-t)^4}$$

所以

$$\mu = M'(0) = 2$$
$$\sigma^2 = M''(0) - [M'(0)]^2 = 6 - 2^2 = 2$$

第 100p 百分位数是一个数字 π_p，因此 $f(x)$ 以下、π_p 以左的面积为 p，也就是说，

$$p = \int_{-\infty}^{\pi_p} f(x) \, dx = F(\pi_p)$$

第 50 百分位称为**中位数**. 令 $m = \pi_{0.50}$，第 25 和第 75 百分位数称为**第一和第三四分位数**，分别用 $q_1 = \pi_{0.25}$ 和 $q_3 = \pi_{0.75}$ 表示. 当然，中位数 $m = \pi_{0.50} = q_2$ 又称为**第二四分位数**.

例 3.1-6   再次考虑例 3.1-4 中定义的随机变量 X，其中 pdf 是 $f(x) = |x|$，$-1<x<1$. 必须要注意的是这个 pdf 是关于 0 对称的，所以中值等于 0. 因此，这个分布的第一个四分位数必须小于 0，通过解这个方程得到

$$0.25 = \int_{-1}^{\pi_{0.25}} -x \, dx$$

因为这个方程的右边是

$$\left[-\frac{x^2}{2} \right]_{-1}^{\pi_{0.25}} = \frac{1 - \pi_{0.25}^2}{2}$$

我们发现 $1 - \pi_{0.25}^2 = 0.5$，其中 $\pi_{0.25} = -1/\sqrt{2}$，第 90 百分位数必须大于 0，所以通过解这个方程得到

$$0.90 - 0.50 = \int_0^{\pi_{0.90}} x \, dx = \left[\frac{x^2}{2} \right]_0^{\pi_{0.90}} = \frac{\pi_{0.90}^2}{2}$$

$$\pi_{0.90}^2 = 0.80, \quad \pi_{0.90} = \sqrt{4/5}$$

例 3.1-7   时间 X 以月为单位，直到某一产品出现故障才有 pdf：

$$f(x) = \frac{3x^2}{4^3} e^{-(x/4)^3}, \qquad 0 < x < \infty$$

它的 cdf 是

$$F(x) = \begin{cases} 0, & -\infty < x < 0 \\ 1 - e^{-(x/4)^3}, & 0 \leqslant x < \infty \end{cases}$$

例如，第 30 百分位数 $\pi_{0.3}$ 为

$$F(\pi_{0.3}) = 0.3$$

或者

$$1 - e^{-(\pi_{0.3}/4)^3} = 0.3$$

$$\ln(0.7) = -(\pi_{0.3}/4)^3$$

$$\pi_{0.3} = -4\sqrt[3]{\ln(0.7)} = 2.84$$

同样

$$F(\pi_{0.9}) = 0.9$$

那么

$$\pi_{0.9} = -4\sqrt[3]{\ln(0.1)} = 5.28$$

所以

$$P(2.84 < X < 5.28) = 0.6$$

第 30 和第 90 百分位数如图 3.1-3 所示.

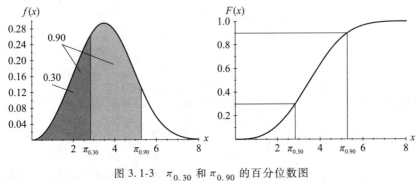

图 3.1-3　$\pi_{0.30}$ 和 $\pi_{0.90}$ 的百分位数图

我们采用一个例子回顾并总结这节的重要思想.

例 3.1-8　设 X 的 pdf 为

$$f(x) = e^{-x-1}, \quad -1 < x < \infty$$

那么

$$P(X \geqslant 1) = \int_1^\infty e^{-x-1} dx = e^{-1} \left[-e^{-x} \right]_1^\infty = e^{-2} = 0.135$$

同时，

$$M(t) = E(e^{tX}) = \int_{-1}^{\infty} e^{tx} e^{-x-1} dx = e^{-1} \left[\frac{-e^{-(1-t)x}}{1-t} \right]_{-1}^{\infty} = e^{-t}(1-t)^{-1}, \quad t < 1$$

因为

$$M'(t) = (e^{-t})(1-t)^{-2} - e^{-t}(1-t)^{-1}$$

$$M''(t) = (e^{-t})(2)(1-t)^{-3} - 2 e^{-t}(1-t)^{-2} + e^{-t}(1-t)^{-1}$$

得出

$$\mu = M'(0) = 0, \quad \sigma^2 = M''(0) - [M'(0)]^2 = 1$$

cdf 为

$$F(x) = \int_{-1}^{x} e^{-w-1} dw = e^{-1} \left[-e^{-w} \right]_{-1}^{x} = e^{-1} \left[e^{1} - e^{-x} \right] = 1 - e^{-x-1}, \quad -1 < x < \infty$$

并且 $x \leqslant -1$ 时为 0.

例如，中位数 $\pi_{0.5}$ 通过求解如下等式得到：

$$F(\pi_{0.5}) = 0.5$$

这等价于

$$-\pi_{0.5} - 1 = \ln(0.5)$$

所以

$$\pi_{0.5} = \ln 2 - 1 = -0.307$$

■ | 98 |

练习

3.1-1 证明：本节里均匀分布的均值、方差和 mgf，并证明其偏度指数为零.

3.1-2 设 X 为连续随机变量，pdf 为 $f(x) = c(x - x^2)$，$0 < x < 1$.
   (a) 求 c.
   (b) 求 $P(0.3 < X < 0.6)$.
   (c) 求 X 的中位数.

3.1-3 客户随机来到银行柜员处. 假设有一个客户在特定的 10 分钟内到达，设 X 为客户在 10 分钟内到达的时间. 如果 X 是 $U(0,10)$，求：
   (a) X 的 pdf.
   (b) $P(X \geqslant 8)$.
   (c) $P(2 \leqslant X < 8)$.
   (d) $E(X)$.
   (e) $\text{Var}(X)$.

3.1-4 如果 X 的 mgf 是

$$M(t) = \frac{e^{5t} - e^{4t}}{t}, t \neq 0, \quad M(0) = 1$$

$M(0) = 1$，求：
   (a) $E(X)$.
   (b) $\text{Var}(X)$.
   (c) $P(4.2 < X \leqslant 4.7)$.

3.1-5 设 Y 服从均匀分布 $U(0, 1)$，设

$$W = a + (b-a)Y, \quad a < b$$

(a) 求 W 的 cdf. (**提示**: 求 $P[a+(b-a)Y \leqslant w]$.)

(b) W 是如何分布的?

3.1-6 杂货店可以向供应商订购 n 个西瓜. 这个杂货商每卖一个西瓜可以赚 1 美元, 但限制每位顾客只能买一个西瓜. 设 X(即想要买西瓜的顾客人数)是一个随机变量, 其连续的 pdf 如下:

$$f(x) = \frac{1}{200}, \quad 0 < x < 200$$

如果杂货店没有足够的西瓜卖给所有想买西瓜的顾客, 预计她会从每个未买到西瓜的顾客那里损失 5 美元的商誉. 但是, 如果她没有把订购的所有西瓜都卖出去, 那么没卖出的每个西瓜就会让她损失 50 美分. 要使总成本预期利润最大, n 应该是多少? **提示**: 如果 $X \leqslant n$, 则利润为 $(1.00)X + (-0.50)(n-X)$; 但如果 $X>n$, 则她的利润是 $(1.00)n + (-5.00)(X-n)$. 求出利润的期望值是关于 n 的函数, 并求出使函数最大化的 n 值.

3.1-7 对于下面的每一个函数: (i) 求出常数 c, 使得 $f(x)$ 为随机变量 X 的 pdf; (ii) 求 cdf, 及 $F(x) = P(X \leqslant x)$; (iii) 绘出 pdf $f(x)$ 及 cdf $F(x)$ 的草图; (iv) 求 μ, σ^2 和偏度指数 γ.

(a) $f(x) = 4x^c$, $0 \leqslant x \leqslant 1$.

(b) $f(x) = c\sqrt{x}$, $0 \leqslant x \leqslant 4$.

(c) $f(x) = c\sqrt{x}$, $0 \leqslant x \leqslant 1$.

3.1-8 对于下面每一个函数: (i) 求常数 c, 使得 $f(x)$ 是随机变量 X 的 pdf; (ii) 求 cdf, $F(x) = P(X \leqslant x)$; (iii) 做出 pdf $f(x)$ 和分布函数 $F(x)$ 的图; (iv) 求 μ, σ^2 和偏度指数 γ.

(a) $f(x) = x^3/4$, $0 < x < c$.

(b) $f(x) = (3/16)x^2$, $-c < x < c$.

(c) $f(x) = c/\sqrt{x}$, $0 < x < 1$ 这个 pdf 有界?

3.1-9 设随机变量 X 有 pdf $f(x) = 2(1-x)$, $0 \leqslant x \leqslant 1$, 其他地方为 0, 则

(a) 做出该 pdf 的草图.

(b) 确定并绘制 X 的 cdf 的草图.

(c) +求 (i) $P(0 \leqslant X \leqslant 1/2)$ (ii) $P(1/4 \leqslant X \leqslant 3/4)$ (iii) $P(X = 3/4)$ (iv) $P(X \geqslant 3/4)$.

3.1-10 X 的 pdf $f(x) = c/x^2$, $1 < X < \infty$.

(a) 计算 c 的值, 使 $f(x)$ 为 pdf.

(b) 证明 $E(X)$ 不是有限的.

3.1-11 Y 的 pdf 是 $g(y) = c/y^3$, $1 < y < \infty$.

(a) 计算 c 的值, 使 $g(y)$ 为 pdf.

(b) 求 $E(Y)$.

(c) 证明 $\mathrm{Var}(Y)$ 不是有限的.

3.1-12 绘制下列 pdf 的草图, 求出并绘制与这些分布有关的 cdf 的草图(请注意 pdf 和 cdf 图的形状与凹度之间的关系).

(a) $f(x) = \left(\dfrac{3}{2}\right)x^2$, $-1 < x < 1$.

(b) $f(x) = \dfrac{1}{2}$, $-1 < x < 1$.

(c) $f(x) = \begin{cases} x+1, & -1 < x < 0 \\ 1-x, & 0 \leqslant x < 1. \end{cases}$

3.1-13 逻辑斯谛分布与 cdf $F(x) = (1+e^{-x})^{-1}$, $-\infty < x < \infty$ 相关, 求出 pdf 的逻辑斯谛分布, 并证明其

图关于 $x = 0$ 是对称的.

3.1-14 求出在练习 3.1-12 中列出的 pdf 的每个分布的方差. 根据该练习中 pdf 的草图, 解释方差的相对大小是否有意义.

99

3.1-15 汽车电压调节器的寿命 X(以年为单位)的 pdf 为

$$f(x) = \frac{3x^2}{7^3} e^{-(x/7)^3}, \quad 0 < x < \infty$$

(a) 这个调压器至少维持 7 年的概率是多少?

(b) 若它已经持续了至少 7 年, 则它至少再持续 3.5 年的条件概率是多少?

3.1-16 设 $f(x) = (x+1)/2$, $-1 < x < 1$. 求:

(a) $\pi_{0.64}$.

(b) $q_1 = \pi_{0.25}$.

(c) $\pi_{0.81}$.

3.1-17 如果保险代理人的业务损失率 L 小于 0.5, 则保险代理人将获得奖金, 其中 L 是总损失(比如 X)除以总保费(比如 T). 如果 $L < 0.5$, 则奖金等于 $(0.5-L)(T/30)$; 否则奖金等于 0. 若 X(100 000 美元)的 pdf 为 $f(x) = 3/x^4$, $x > 1$, 且 T(100 000 美元)等于 3, 确定奖金的期望值.

3.1-18 设 X 的 pdf 为 $f(x) = 1/2$, $0 < x < 1$ 或 $2 < x < 3$, 其他地方为 0.

(a) 绘制 pdf 的草图.

(b) 定义 X 的 cdf 并绘制其草图.

(c) 求 $q_1 = \pi_{0.25}$.

(d) 求 $m = \pi_{0.50}$. 它是特例?

(e) 求 $q_3 = \pi_{0.75}$.

3.1-19 公司员工的医疗索赔总额(以 100 000 美元计)的 pdf 为 $f(x) = 30x(1-x)^4$, $0 < x < 1$.

(a) 以美元计的总额的均值和标准差.

(b) 总数超过 20 000 美元的概率.

3.1-20 Nicol(参见参考文献)设 X 的 pdf 为

$$f(x) = \begin{cases} x, & 0 \leq x \leq 1 \\ c/x^3, & 1 \leq x < \infty \\ 0, & \text{其他} \end{cases}$$

求:

(a) c 的值, 使得 $f(x)$ 为 pdf.

(b) X 的均值(如果存在).

(c) X 的方差(如果存在).

(d) $P(1/2 \leq X \leq 2)$.

(e) $\pi_{0.82}$.

3.1-21 设 $X_1, X_2, \cdots, X_k$ 为连续型随机变量, $f_1(x), f_2(x), \cdots, f_k(x)$ 为它们相关的 pdf, 每个 pdf 的样本空间为 $S = (-\infty, \infty)$. 同样, 令 $c_1, c_2, \cdots, c_k$ 是非负常数, 使得 $\sum_{i=1}^{k} c_i = 1$.

(a) 证明连续型随机变量的 pdf $\sum_{i=1}^{k} c_i f_i(x)$ 在 S 上.

(b) 如果 X 是连续型随机变量, 其在 S 上的 pdf 为 $\sum_{i=1}^{k} c_i f_i(x)$, $E(X_i) = \mu_i$, $\text{Var}(X_i) = \sigma_i^2$, $i = 1, \cdots, k$, 求 X 的均值和方差.

3.2　指数分布、伽马分布和卡方分布

接下来我们看一个与泊松分布相关的连续分布. 在以前观察(近似的)泊松类型的过程时, 我们计算了在给定区间内发生的次数. 该数为离散型随机变量, 并且具有泊松分布. 但不仅发生的次数是一个随机变量, 连续事件之间的等待时间也是随机变量. 然而, 后者是连续型的, 因为它们都可以假定任何正值. 特别假设 W 为泊松过程观测到第一次发生前的等待时间, λ 为单位时间间隔的平均数. 那么 W 是一个连续型随机变量, 我们继续求它的 cdf(累积密度函数).

由于等待时间是非负的, 所以 cdf $F(w)=0$, $w<0$. 对于 $w>0$,

$$F(w) = P(W \leqslant w) = 1 - P(W > w) = 1 - P(\,[0, w]\,区间内没有发生\,) = 1 - \mathrm{e}^{-\lambda w}$$

因为之前发现 $\mathrm{e}^{-\lambda w}$ 表示长度为 w 的区间内没有发生的概率. 即如果每个单位间隔的平均发生次数是 λ, 则在长度为 w 的区间内平均发生次数与 w 成正比, 因此由 λw 给出. 所以, 当 $w>0$ 时, w 的 pdf 为

$$F'(w) = f(w) = \lambda\, \mathrm{e}^{-\lambda w}$$

通常令 $\lambda = 1/\theta$, 随机变量 X 的**指数分布**的 pdf 定义为

$$f(x) = \frac{1}{\theta}\, \mathrm{e}^{-x/\theta}, \quad 0 \leqslant x < \infty$$

其中参数 $\theta>0$. 因此, 泊松过程观测到第一次发生前的等待时间 W 服从 $\theta = 1/\lambda$ 的指数分布. 确定参数 θ 的确切含义, 我们首先求出 X 的矩母函数. 它是

$$M(t) = \int_0^\infty \mathrm{e}^{tx} \left(\frac{1}{\theta}\right) \mathrm{e}^{-x/\theta}\, \mathrm{d}x = \lim_{b \to \infty} \int_0^b \left(\frac{1}{\theta}\right) \mathrm{e}^{-(1-\theta t)x/\theta}\, \mathrm{d}x$$

$$= \lim_{b \to \infty} \left[-\frac{\mathrm{e}^{-(1-\theta t)x/\theta}}{1 - \theta t} \right]_0^b = \frac{1}{1-\theta t}, \quad t < \frac{1}{\theta}$$

因此,

$$M'(t) = \frac{\theta}{(1-\theta t)^2}, \quad M''(t) = \frac{2\theta^2}{(1-\theta t)^3}$$

而且,

$$M'''(t) = \frac{6\theta^3}{(1-\theta t)^4}$$

因此, 对于指数分布, 有

$$\mu = M'(0) = \theta, \quad \sigma^2 = M''(0) - [M'(0)]^2 = \theta^2$$

并且

$$\gamma = [M'''(0) - 3\mu\sigma^2 - \mu^3]/(\sigma^2)^{3/2} = [6\theta^3 - 3(\theta)(\theta^2) - \theta^3]/(\theta^2)^{3/2} = 2$$

所以, 如果 λ 是单位区间的平均发生次数, 则 $\theta = 1/\lambda$ 是第一次发生的平均等待时间. 特别

是，假设 $\lambda = 7$ 是平均每分钟的发生次数，那么我们的直觉将会是：第一次发生的平均等待时间是 $1/7$ 分钟. 此外，指数分布的偏度指数是正的，不依赖 θ.

例 3.2-1　假设 X 服从均值是 $\theta = 20$ 的指数分布，那么 X 的 pdf 等于

$$f(x) = \frac{1}{20} e^{-x/20}, \qquad 0 \le x < \infty$$

X 小于 18 的概率是

$$P(X < 18) = \int_0^{18} \frac{1}{20} e^{-x/20}\, \mathrm{d}x = 1 - e^{-18/20} = 0.593 \qquad ■$$

假设 X 服从均值是 $\mu = \theta$ 的指数分布，那么 X 的 cdf 等于

$$F(x) = \begin{cases} 0, & -\infty < x < 0 \\ 1 - e^{-x/\theta}, & 0 \le x < \infty \end{cases}$$

$\theta = 5$ 时的 pdf 和 cdf 请见图 3.2-1. 通过解 $F(m) = 0.5$ 可以得到中位数 m，它是

$$1 - e^{-m/\theta} = 0.5$$

因此，

$$m = -\theta \ln(0.5) = \theta \ln(2)$$

所以，当 $\theta = 5$ 时，中位数是 $m = -5\ln(0.5) = 3.466$. $\theta = 5$ 时的中位数和均值表示在图中.

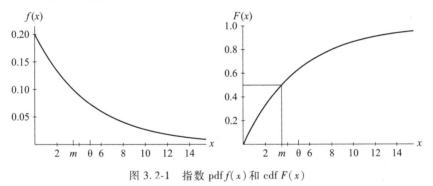

图 3.2-1　指数 pdf $f(x)$ 和 cdf $F(x)$

对于均值为 θ 的指数随机变量 X，我们有

$$P(X > x) = 1 - F(x) = 1 - (1 - e^{-x/\theta}) = e^{-x/\theta} \quad x > 0$$

例 3.2-2　顾客按照近似泊松过程以平均每小时 20 个的速度到达某一商店. 第一个顾客到达时，店主要等 5 分钟以上的概率有多大？设 X 为第一个顾客到达前的等待时间，单位为分钟，注意，$\lambda = 1/3$ 是预期的每分钟的到达人数. 因此，

$$\theta = \frac{1}{\lambda} = 3$$

而且，

$$f(x) = \frac{1}{3} e^{-(1/3)x}, \qquad 0 \le x < \infty$$

因此,

$$P(X > 5) = \int_5^\infty \frac{1}{3} e^{-(1/3)x} dx = e^{-5/3} = 0.1889$$

第一个到达的中位数时间是

$$m = -3\ln(0.5) = 2.0794$$ ∎

例 3.2-3 假设某一种电子元件服从指数分布,平均寿命为 500 小时. 如果 X 表示该组件的寿命(或该组件失效的时间),则

$$P(X > x) = \int_x^\infty \frac{1}{500} e^{-t/500} dt = e^{-x/500}$$

如果组件已经运行了 300 小时,那么它将继续运行 600 小时的条件概率为

$$P(X > 900 | X > 300) = \frac{P(X > 900)}{P(X > 300)} = \frac{e^{-900/500}}{e^{-300/500}} = e^{-6/5}$$

需要注意的是,这个条件概率恰好等于 $P(X>600) = e^{-6/5}$,也就是说,如果一个组件已经工作了 300 个小时,那么它还能工作 600 个小时的概率与第一次投入使用时能持续 600 小时的概率相同. 因此我们所说的故障率是常数,即对于这样的组件,旧组件与新组件一样好. 当然,在一个恒定的故障率下,更换运行良好的组件没有任何好处. 然而,事实并不是这样,因为随着时间的推移,大多数组件的故障率会增加. 因此,指数分布可能不是这种寿命概率分布的最佳模型. ∎

注 练习 3.2-3 推广了例 3.2-3 的结果. 即如果组件呈指数分布,那么至少持续 $x+y$ 个单位的时间的概率(假设它至少持续了 x 个单位)恰好与首次投入使用时至少持续 y 个单位的概率完全相同. 实际上,这个表述是说指数分布具有"健忘"(或"无记忆")特性. 同样有趣的是,对于支撑为 $(0, \infty)$ 的连续随机变量,指数分布是唯一具有遗忘性的连续型分布. 但是,回想一下,当考虑离散型的分布时,我们发现几何分布也具有这种性质(见练习 2.3-18).

在均值为 λ 的(近似)泊松过程中,我们发现,直到第一次发生的等待时间呈指数分布. 我们现在令 W 表示直到第 α 次发生的等待时间,求 W 的分布.

$w \geq 0$ 时,W 的 cdf 为

$$F(w) = P(W \leq w) = 1 - P(W > w) = 1 - P(出现 [0, w] 少于 \alpha 的次数)$$

$$= 1 - \sum_{k=0}^{\alpha-1} \frac{(\lambda w)^k e^{-\lambda w}}{k!} \tag{3.2-1}$$

因为发生次数在区间 $[0, w]$ 内服从均值为 λw 的泊松分布. 由于 W 是连续型随机变量,如果 $F'(w)$ 存在,则它也等于 W 的 pdf. 假设 $w > 0$,我们有

$$F'(w) = \lambda e^{-\lambda w} - e^{-\lambda w} \sum_{k=1}^{\alpha-1} \left[\frac{k(\lambda w)^{k-1}\lambda}{k!} - \frac{(\lambda w)^k \lambda}{k!} \right] = \lambda e^{-\lambda w} - e^{-\lambda w} \left[\lambda - \frac{\lambda(\lambda w)^{\alpha-1}}{(\alpha-1)!} \right]$$

$$= \frac{\lambda(\lambda w)^{\alpha-1}}{(\alpha-1)!} e^{-\lambda w}$$

如果 $w<0$, 那么 $F(w)=0$ 和 $F'(w)=0$, 这种形式的 pdf 是一种伽马类型, 随机变量 W 服从**伽马分布**.

在确定伽马分布的特征之前, 让我们先考虑伽马函数. 伽马函数定义如下:

$$\Gamma(t)=\int_0^\infty y^{t-1}\mathrm{e}^{-y}\mathrm{d}y, \quad 0<t \tag{3.2-2}$$

这个积分对于 $t>0$ 是正的, 因为被积函数是正的. 它的值通常在积分表中给出. 如果 $t>1$, 对 t 的伽马函数分部积分得到

$$\Gamma(t)=\left[-y^{t-1}\mathrm{e}^{-y}\right]_0^\infty+\int_0^\infty(t-1)y^{t-2}\mathrm{e}^{-y}\mathrm{d}y=(t-1)\int_0^\infty y^{t-2}\mathrm{e}^{-y}\mathrm{d}y=(t-1)\Gamma(t-1)$$

例如: $\Gamma(6)=5\Gamma(5)$, $\Gamma(3)=2\Gamma(2)=(2)(1)\Gamma(1)$. 当 $t=n$ 为正整数时, 通过反复应用 $\Gamma(t)=(t-1)\Gamma(t-1)$, 有

$$\Gamma(n)=(n-1)\Gamma(n-1)=(n-1)(n-2)\cdots(2)(1)\Gamma(1)$$

然而,

$$\Gamma(1)=\int_0^\infty \mathrm{e}^{-y}\mathrm{d}y=1$$

因此, 当 n 是正整数时, 有

$$\Gamma(n)=(n-1)!$$

由于这个原因, 伽马函数被称为**广义阶乘**. (并且 $\Gamma(1)=0!$, $\Gamma(1)=1$, 这与之前的讨论是一致的.)

接下来正式定义伽马分布的 pdf 并给出它们特征. 如果随机变量 X 的 pdf 定义为

$$f(x)=\frac{1}{\Gamma(\alpha)\theta^\alpha}x^{\alpha-1}\mathrm{e}^{-x/\theta}, \quad 0\leqslant x<\infty, \quad 0<\alpha<\infty, \quad 0<\theta<\infty$$

那么它就具有**伽马分布**.

因此, 在近似泊松过程直到第 α 次出现的等待时间 W 有一个伽马分布, 参数为 α 和 $\theta=1/\lambda$. 要查看 $f(x)$ 是否具有 pdf 的性质, 请注意 $f(x)\geqslant0$, 且:

$$\int_{-\infty}^\infty f(x)\mathrm{d}x=\int_0^\infty\frac{x^{\alpha-1}\mathrm{e}^{-x/\theta}}{\Gamma(\alpha)\theta^\alpha}\mathrm{d}x$$

通过改变变量 $y=x/\theta$, 有

$$\int_0^\infty\frac{(\theta y)^{\alpha-1}\mathrm{e}^{-y}}{\Gamma(\alpha)\theta^\alpha}\theta\,\mathrm{d}y=\frac{1}{\Gamma(\alpha)}\int_0^\infty y^{\alpha-1}{}^{-y}\mathrm{d}y=\frac{\Gamma(\alpha)}{\Gamma(\alpha)}=1$$

X 的矩母函数为(详见练习 3.2-7)

$$M(t)=\frac{1}{(1-\theta t)^\alpha}, \quad t<1/\theta$$

均值和方差为(详见练习 3.2-10)

$$\mu=\alpha\theta, \quad \sigma^2=\alpha\theta^2$$

例 3.2-4　假设每小时到达一家商店的顾客数量服从均值为 20 的泊松分布. 以一分钟为单位, 那么 $\lambda = 1/3$. 第二个顾客在商店开张五分钟后到达的概率是多少？如果 X 表示等待时间, 以分钟为单位, 直到第二个顾客到达, 则 X 服从 $\alpha = 2$, $\theta = 1/\lambda = 3$ 的伽马分布. 因此,

$$P(X > 5) = \int_5^\infty \frac{x^{2-1} \mathrm{e}^{-x/3}}{\Gamma(2)3^2}\, \mathrm{d}x = \int_5^\infty \frac{x\mathrm{e}^{-x/3}}{9}\, \mathrm{d}x = \frac{1}{9}\left[(-3)x\mathrm{e}^{-x/3} - 9\mathrm{e}^{-x/3}\right]_5^\infty = \frac{8}{3}\mathrm{e}^{-5/3} = 0.504$$

我们也可以用式 (3.2-1) 中的 $\lambda = 1/\theta$, 由于 α 是一个整数. 由这个方程, 我们得出

$$P(X > x) = \sum_{k=0}^{\alpha-1} \frac{(x/\theta)^k \mathrm{e}^{-x/\theta}}{k!}$$

因此, $x = 5$, $\alpha = 2$, $\theta = 2$, 则

$$P(X > 5) = \sum_{k=0}^{2-1} \frac{(5/3)^k \mathrm{e}^{-5/3}}{k!} = \mathrm{e}^{-5/3}\left(1 + \frac{5}{3}\right) = \left(\frac{8}{3}\right)\mathrm{e}^{-5/3}$$
∎

例 3.2-5　电话到达办公室的时间服从每分钟均值 $\lambda = 2$ 的泊松过程. 设 X 表示等待时间, 以分钟为单位, 直到第 5 个呼叫到达. X 的 pdf 如下, 其中 $\alpha = 5$, $\theta = 1/\lambda = 1/2$：

$$f(x) = \frac{2^5 x^4}{4!}\mathrm{e}^{-2x}, \quad 0 \le x < \infty$$

X 的均值和方差分别为 $\mu = 5/2$ 和 $\alpha^2 = 5/4$.
∎

关于参数对伽马分布 pdf 的影响, 一些 α 和 θ 的组合已经在图 3.2-2 显示. 对于固定的 θ, 随着 α 增加, 概率右移. 这同样适用于固定 α 时增加 θ. 因为 $\theta = 1/\lambda$, 随着 θ 增加, λ 减少. 即如果 $\theta_2 > \theta_1$, 则 $\lambda_2 = 1/\theta_2 < \lambda_1 = 1/\theta_1$. 如果单位变化量的均值数减小, 则预计观察 α 变化的等待时间会增加.

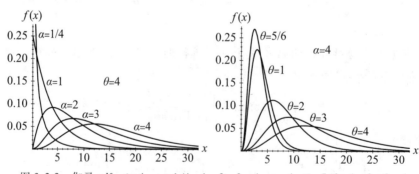

图 3.2-2　伽马 pdf: $\theta = 4$, $\alpha = 1/4$, 1, 2, 3, 4; $\alpha = 4$, $\theta = 5/6$, 1, 2, 3, 4

下面介绍的伽马分布情形在统计学中起着重要作用. 设 X 服从伽马分布, $\theta = 2$, $\alpha = r/2$, r 是一个正整数. X 的 pdf 如下：

$$f(x) = \frac{1}{\Gamma(r/2)2^{r/2}} x^{r/2-1}\mathrm{e}^{-x/2}, \quad 0 < x < \infty$$

我们说 X 服从 r 个自由度的**卡方分布**, 即 $\chi^2(r)$. 这个卡方分布的均值和方差分别为

$$\mu = \alpha\theta = \left(\frac{r}{2}\right)2 = r, \quad \sigma^2 = \alpha\theta^2 = \left(\frac{r}{2}\right)2^2 = 2r$$

即均值等于自由度的个数，方差等于自由度的两倍. 后面会给出"自由度"的解释. 从更一般的伽马分布的结果得出它的矩母函数是

$$M(t) = (1-2t)^{-r/2}, \quad t < \frac{1}{2}$$

图 3.2-3 给出了 $r = 2$，3，5，8 时卡方 pdf 的曲线图. 注意均值 $\mu\ (= r)$ 和 pdf 达到最大值的点（详见练习 3.2-15）.

因为卡方分布在应用中具有非常重要的作用，所以我们给出了 cdf 的值，如下：

$$F(x) = \int_0^x \frac{1}{\Gamma(r/2)2^{r/2}}\, w^{r/2-1}\mathrm{e}^{-w/2}\,\mathrm{d}w$$

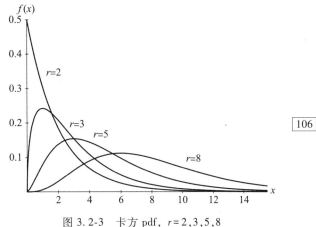

图 3.2-3　卡方 pdf，$r = 2,3,5,8$

其中 r 和 x 为选定的值（参见附录 B 中的表Ⅳ）.

例 3.2-6　设 X 服从卡方分布，r 有 5 个自由度. 然后，使用附录 B 中的表Ⅳ，我们得到

$$P(1.145 \leqslant X \leqslant 12.83) = F(12.83) - F(1.145) = 0.975 - 0.050 = 0.925$$

并且，

$$P(X > 15.09) = 1 - F(15.09) = 1 - 0.99 = 0.01 \qquad ■$$

例 3.2-7　如果 X 服从 $\chi^2(7)$，那么常数 a 和 b 满足

$$P(a < X < b) = 0.95$$

其中 $a = 1.690$，$b = 16.01$. 其他常数 a 和 b 可以找到（选择只受限于有限的表）. ■

像例 3.2-7 这样的概率在统计应用中非常重要. 我们用特殊符号 a 和 b. 令 α 是一个正的概率，X 服从 r 个自由度的卡方分布，则

$$P[X \geqslant \chi_\alpha^2(r)] = \alpha$$

即 $\chi_\alpha^{2}(r)$ 是 r 个自由度的卡方分布的第 $100(1-\alpha)$ 百分位数（或上第 100α 百分比点），然后第 100α 百分位数是 $\chi_{1-\alpha}^2(r)$，使得

$$P[X \leqslant \chi_{1-\alpha}^2(r)] = \alpha$$

即概率 $\chi_{1-\alpha}^2(r)$ 是 $1-\alpha$（详见图 3.2-4）.

例 3.2-8　设 X 服从 5 个自由度的卡

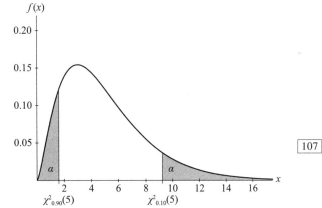

图 3.2-4　卡方尾部，$r = 5$，$\alpha = 0.10$

方分布. 通过附录 B 中的表 IV, 求得 $\chi^2_{0.10}(5) = 9.236$, $\chi^2_{0.90}(5) = 1.610$. 这些是 $\alpha = 0.10$ 的点, 如图 3.2-4 所示. ∎

例 3.2-9   一家商店平均每小时有 30 位顾客光顾, 服从泊松过程, 店家等待前 9 位顾客超过 9.390 分钟的概率是多少? 注意每分钟平均到达率 $\lambda = 1/2$, 则 $\theta = 2$ 和 $\alpha = r/2 = 9$. 如果 X 表示直到第 9 位到达的等待时间, 那么 $X \sim \chi^2(18)$. 因此,

$$P(X > 9.390) = 1 - 0.05 = 0.95$$

∎

例 3.2-10   如果 X 服从均值为 2 的指数分布, 那么 X 的 pdf 为

$$f(x) = \frac{1}{2}\,e^{-x/2} = \frac{x^{2/2-1}e^{-x/2}}{\Gamma(2/2)2^{2/2}}, \qquad 0 \le x < \infty$$

即 $X \sim \chi^2(12)$. 如下所示:

$$P(0.051 < X < 7.378) = 0.975 - 0.025 = 0.95$$

∎

练习

3.2-1   如果 X 的矩母函数由下面给出, 那么 X 的 pdf、均值和方差是多少?

(a) $M(t) = \dfrac{1}{1-3t}$, $t < 1/3$

(b) $M(t) = \dfrac{3}{3-t}$, $t < 3$

3.2-2   医生办公室接到的电话服从平均每三分钟的泊松分布过程. 设 X 表示直到第一个电话在上午 10 点以后到达的等待时间.

(a) X 的 pdf 是什么?

(b) 求 $P(X > 2)$.

3.2-3   设 X 是均值 $\theta > 0$ 的指数分布. 证明:

$$P(X > x + y \mid X > x) = P(X > y)$$

3.2-4   设 $F(x)$ 为连续型随机变量 X 的 cdf, 假设 $x \le 0$ 时 $F(x) = 0$, $x > 0$ 时 $0 < F(x) < 1$. 请证明: 如果对于所有的 $y > 0$,

$$P(X > x + y \mid X > x) = P(X > y)$$

则

$$F(x) = 1 - e^{-\lambda x}, \qquad 0 < x$$

提示: $g(x) = 1 - F(x)$ 满足函数方程:

$$g(x + y) = g(x)g(y)$$

这意味着 $g(x) = a^{cx}$.

3.2-5   有时移位的指数模型是合适的, 即令 X 的 pdf 为

$$f(x) = \frac{1}{\theta}\,e^{-(x-\delta)/\theta}, \qquad \delta < x < \infty$$

(a) 定义 X 的 cdf.

(b) 计算 X 的均值和方差.

3.2-6   一种 2 英尺宽的铝网, 在 100 英尺的卷筒上平均有 3 个缺陷.

(a) 一卷纸的前 40 英尺没有瑕疵的概率是多少?

（b）求解（a）需要什么假设？

3.2-7 求伽马分布的矩母函数参数 α 和 θ.

提示：在 $E(e^{tX})$ 的积分表达式中，令 $y=(1-\theta t)x/\theta$，其中 $1-\theta t>0$.

3.2-8 如果 X 满足 $\theta=4$，$\alpha=2$ 的伽马分布，求 $P(X<5)$.

3.2-9 如果随机变量 W 的矩母函数为

$$M(t)=(1-7t)^{-20}, \quad t<1/7$$

请求出 W 的 pdf、均值和方差.

3.2-10 利用伽马分布的矩母函数求证 $E(X)=\alpha\theta$，$\mathrm{Var}(X)=\alpha\theta^2$.

3.2-11 设 X 服从参数为 α 和 θ 的伽马分布，其中 $\alpha>1$. 求 $E(1/X)$.

3.2-12 设 X 等于每秒由盖革计数器计算的碳 14 的粒子发射数. 假设 X 的分布是泊松分布，均值为 16.
令 W 等于第 7 次计数之前的时间（以秒为单位）.

（a）给出 W 的分布.

（b）求出 $P(W\le 0.5)$.

提示：使用式（3.2-1）以及 $\lambda w=8$.

3.2-13 如果 $X\sim\chi^2(23)$，求：

（a）$P(14.85<X<32.01)$.

（b）常数 a 和 b，使得 $P(a<X<b)=0.95$ 和 $P(X<a)=0.025$.

（c）X 的均值和方差.

（d）$\chi^2_{0.05}(23)$ 和 $\chi^2_{0.95}(23)$.

3.2-14 如果 $X\sim\chi^2(12)$，找到常数 a 和 b，使得 $P(a<X<b)=0.90$，$P(X<a)=0.05$.

3.2-15 设 $X\sim\chi^2(r)$.

（a）找出当 $r\ge 2$ 时，X 的 pdf 达到最大值的点. 这是一个 $\chi^2(r)$ 的分布.

（b）求 $r\ge 4$ 时 X 的 pdf 的拐点.

（c）利用（a）及（b）的结果，当 $r=4$ 和 $r=10$ 时，求 X 的 pdf.

3.2-16 根据泊松过程，每 10 分钟就有一辆汽车到达停车场. 找出收费员在第八次收费前需等候超过
26.30 分钟的概率.

3.2-17 如果 15 个观察值独立于 4 个自由度的卡方分布，求 15 个观察值中最多有 3 个超过 7.779 的
概率.

3.2-18 假设美国 25~34 岁男性的血清胆固醇水平 X 服从伽马分布，其 pdf 为

$$f(x)=\frac{x-80}{50^2}\,e^{-(x-80)/50}, \quad 80<x<\infty$$

（a）这种分布的均值和方差是什么？

（b）模式是什么？

（c）血清胆固醇水平低于 200 的百分比是多少？ **提示**：使用分部积分.

3.2-19 面包店以一打为单位出售面包卷，需求 X（1000 单位）服从伽马分布，参数 $\alpha=3$，$\theta=0.5$，θ 是每
1000 单位卷以天为单位. 在面包卷新鲜的第一天，每卷售价 5 美元，每卷成本 2 美元. 余下部分
第二天售价 1 美元. 应该生产多少个单位才能使利润的期望值最大化？

3.2-20 一个设备的初始价值是 700 美元，它未来的美元价值如下：

$$v(t)=100(2^{3-t}-1), \quad 0\le t\le 3$$

时间 t 以年为单位. 因此，在前三年之后，只要有保修期，这台设备就一文不值了. 如果它在前
三年出故障，保修支付 $v(t)$. 如果 T 呈指数分布且均值为 5，请计算质保付款的期望值.

3.2-21 建筑物火灾造成的损失（10万美元）的 pdf 为 $f(x)=(1/6)e^{-x/6}$，$0<x<\infty$. 假设损失大于5，求出它大于8的概率.

3.2-22 找到偏度指数的 $\chi^2(r)$ 分布. 当 r 增加时，它是如何变化的？

3.2-23 一些牙科保险公司只支付一定数额（比如 M）的费用.（在我们看来，这是一种愚蠢的保险，因为大多数人都想保护自己免受巨额损失.）假设牙科费用 X 是一个随机变量，pdf 为 $f(x)=(0.001)$ $e^{-x/1000}$，$0<x<\infty$. 求 M，使得 $P(X<M)=0.08$.

3.3 正态分布

有时某些测量值具有（近似）正态分布. 然而，这有时应用得过于频繁. 例如，我们经常会遇到这种情况：当老师们"在曲线上打分"时，他们认为学生的分数是正态分布的，而往往不是. 如果学生做了适当的工作，则每个学生都应该能够获得 A 级（或 B 级、C 级或 D 级）. 并且分数不应该取决于别人做什么. 因此，研究正态分布是极其重要的，并且我们必须了解它的主要特点.

本节给出了 pdf 正态分布的定义，确认这是一个 pdf，然后证明公式里使用的 μ，σ^2，即我们将表明 μ，σ^2 实际上是该分布的均值和方差. 如果随机变量 X 的 pdf 定义为

$$f(x)=\frac{1}{\sigma\sqrt{2\pi}}\exp\left[-\frac{(x-\mu)^2}{2\sigma^2}\right],\quad -\infty<x<\infty$$

参数 μ 和 σ 满足 $-\infty<\mu<\infty$ 和 $0<\sigma<\infty$，并且 $\exp[\nu]$ 意味着 e^ν，则 X 服从**正态分布**. 简单表示为 $X\sim N(\mu,\sigma^2)$.

很明显，$f(x)>0$. 求积分

$$I=\int_{-\infty}^{\infty}\frac{1}{\sigma\sqrt{2\pi}}\exp\left[-\frac{(x-\mu)^2}{2\sigma^2}\right]dx$$

证明它等于 1. 在公式中改变变量的积分，使得 $z=(x-\mu)/\sigma$，那么

$$I=\int_{-\infty}^{\infty}\frac{1}{\sqrt{2\pi}}e^{-z^2/2}dz$$

因为 $I>0$，如果 $I^2=1$，那么 $I=1$. 现在

$$I^2=\frac{1}{2\pi}\left[\int_{-\infty}^{\infty}e^{-x^2/2}dx\right]\left[\int_{-\infty}^{\infty}e^{-y^2/2}dy\right]$$

或者等价地，

$$I^2=\frac{1}{2\pi}\int_{-\infty}^{\infty}\int_{-\infty}^{\infty}\exp\left(-\frac{x^2+y^2}{2}\right)dx\,dy$$

设 $x=r\cos\theta$，$y=r\sin\theta$（极坐标），则

$$I^2=\frac{1}{2\pi}\int_0^{2\pi}\int_0^{\infty}e^{-r^2/2}r\,dr\,d\theta=\frac{1}{2\pi}\int_0^{2\pi}d\theta=\frac{1}{2\pi}2\pi=1$$

因此，$I=1$，我们已经证明了 $f(x)$ 具有 pdf 的性质. X 的矩母函数为

$$M(t) = \int_{-\infty}^{\infty} \frac{e^{tx}}{\sigma\sqrt{2\pi}} \exp\left[-\frac{(x-\mu)^2}{2\sigma^2}\right] dx = \int_{-\infty}^{\infty} \frac{1}{\sigma\sqrt{2\pi}} \exp\left\{-\frac{1}{2\sigma^2}[x^2 - 2(\mu+\sigma^2 t)x + \mu^2]\right\} dx$$

其中 t 是任意实数. 为了计算这个积分, 我们完善了指数的平方:

$$x^2 - 2(\mu+\sigma^2 t)x + \mu^2 = [x - (\mu+\sigma^2 t)]^2 - 2\mu\sigma^2 t - \sigma^4 t^2$$

因此,

$$M(t) = \exp\left(\frac{2\mu\sigma^2 t + \sigma^4 t^2}{2\sigma^2}\right) \int_{-\infty}^{\infty} \frac{1}{\sigma\sqrt{2\pi}} \exp\left\{-\frac{1}{2\sigma^2}[x - (\mu+\sigma^2 t)]^2\right\} dx$$

注意, 最后一个积分中的被积函数类似于正态分布的 pdf, 用 μ 取代了 $\mu+\sigma^2 t$. 然而, 当 μ 取代了 $\mu+\sigma^2 t$ 时, 正态的 pdf 积分为趋近于 1, 因此,

$$M(t) = \exp\left(\frac{2\mu\sigma^2 t + \sigma^4 t^2}{2\sigma^2}\right) = \exp\left(\mu t + \frac{\sigma^2 t^2}{2}\right), \quad -\infty < t < \infty$$

那么

$$M'(t) = (\mu + \sigma^2 t) \exp\left(\mu t + \frac{\sigma^2 t^2}{2}\right)$$

$$M''(t) = [(\mu + \sigma^2 t)^2 + \sigma^2] \exp\left(\mu t + \frac{\sigma^2 t^2}{2}\right)$$

从而

$$E(X) = M'(0) = \mu$$
$$\mathrm{Var}(X) = M''(0) - [M'(0)]^2 = \mu^2 + \sigma^2 - \mu^2 = \sigma^2$$

即 X 的 pdf 中的参数 μ, σ^2 是 X 的均值和方差.

例 3.3-1 如果 X 的 pdf 是

$$f(x) = \frac{1}{\sqrt{32\pi}} \exp\left[-\frac{(x+7)^2}{32}\right], \quad -\infty < x < \infty$$

那么 $X = N(-7, 16)$, 即 X 服从均值 $\mu = -7$、方差 $\sigma^2 = 16$ 的正态分布. 矩母函数为

$$M(t) = \exp(-7t + 8t^2), \quad -\infty < t < \infty$$ ■

例 3.3-2 如果 X 的矩母函数为

$$M(t) = \exp(5t + 12t^2), \quad -\infty < t < \infty$$

那么 $X \sim N(5, 24)$, 它的 pdf 为

$$f(x) = \frac{1}{\sqrt{48\pi}} \exp\left[-\frac{(x-5)^2}{48}\right], \quad -\infty < x < \infty$$ ■

如果 $Z \sim N(0, 1)$, 那么称 Z 是**标准正态分布**. 此外, Z 的 cdf 为

$$\Phi(z) = P(Z \leqslant z) = \int_{-\infty}^{z} \frac{1}{\sqrt{2\pi}}\, e^{-w^2/2}\, \mathrm{d}w$$

不定积分可以表示为初等函数，但不可能通过求不定积分来求这个积分. 但是这类积分的数值近似已被制成表格，并在附录 B 的表 Va 和表 Vb 中给出. 图 3.3-1 中的钟形曲线为 Z 的 pdf 图，阴影区域为 $\Phi(z_0)$.

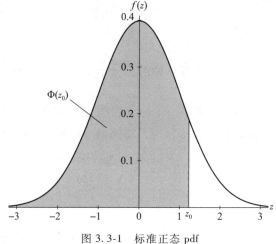

图 3.3-1   标准正态 pdf

附录 B 中的表 Va 给出了 $z \geqslant 0$ 时的 $\Phi(z)$ 值. 由于标准规范 pdf 的对称性，对于所有实数 z，$\Phi(-z) = 1 - \Phi(z)$. 因此，表 Va 是充分的. 当然，从表格里直接获取 $\Phi(-z)$，$z>0$，有时是非常方便的. 这可以通过使用附录 B 中的表 Vb 中的值实现，其列出了右尾概率. 同样，由于标准规范 pdf 的对称性，当 $z>0$ 时，$\Phi(-z) = P(Z \leqslant -z) = P(Z>z)$ 可以直接从表 Vb 中获取.

112

例 3.3-3   如果 $Z = N(0,1)$，则利用附录 B 中的表 Va，得到

$$P(Z \leqslant 1.24) = \Phi(1.24) = 0.8925$$

$$P(1.24 \leqslant Z \leqslant 2.37) = \Phi(2.37) - \Phi(1.24) = 0.9911 - 0.8925 = 0.0986$$

$$P(-2.37 \leqslant Z \leqslant -1.24) = P(1.24 \leqslant Z \leqslant 2.37) = 0.0986$$

通过表 Vb，我们发现

$$P(Z > 1.24) = 0.1075$$

$$P(Z \leqslant -2.14) = P(Z \geqslant 2.14) = 0.0162$$

使用这两个表，我们得到

$$P(-2.14 \leqslant Z \leqslant 0.77) = P(Z \leqslant 0.77) - P(Z \leqslant -2.14) = 0.7794 - 0.0162 = 0.7632 \quad \blacksquare$$

有时想用相反的方法来读正态概率表，它本质上就是求标准正态 cdf 的倒数. 也就是说，给定一个概率 p，我们找到一个常数 a 使得 $P(Z \leqslant a) = p$，这种情况在下一个例子中说明.

例 3.3-4   如果 Z 的分布是 $N(0,1)$，那么找出常数 a 和常数 b，满足

$$P(Z \leqslant a) = 0.9147, \quad P(Z \geqslant b) = 0.0526$$

在附录 B 的表 Va 和表 Vb 中分别找到了概率，并读出了 z 的对应值. 由表 Va 可知，$a = 1.37$，由表 Vb 可知，$b = 1.62$. \quad $\blacksquare$

在统计应用程序中，常常发现这样一个 z_a，它使得

$$P(Z \geqslant z_\alpha) = \alpha$$

其中 Z 是 $N(0,1)$，α 通常在 0 到 0.5 之间，即 z_a 是第 $100(1-\alpha)$ 百分位数（有时称为上

$100\alpha\%$）为标准正态分布（见图 3.3-2）. z_a 的值是在表 Va 中选择 α 的值. 对于其他的 α 值，可以从表 Vb 中获取 z_a.

由于规范 pdf 的对称性，

$$P(Z \leqslant -z_\alpha) = P(Z \geqslant z_\alpha) = \alpha$$

另外，因为 z_α 的下标是右尾概率：

$$z_{1-\alpha} = -z_\alpha$$

例如

$$z_{0.95} = z_{1-0.05} = -z_{0.05}$$

例 3.3-5　要找到 $z_{0.0125}$，请注意

$$P(Z \geqslant z_{0.0125}) = 0.0125$$

因此，

$$z_{0.0125} = 2.24$$

也来自附录 B 中的表 Vb. 另外，

$$z_{0.05} = 1.645, \quad z_{0.025} = 1.960$$

来自表 Va 的最后一行.　■

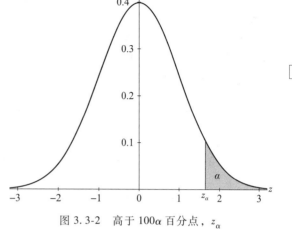

图 3.3-2　高于 100α 百分点，z_α

注　回顾对于随机变量 X，第 $(100p)$ 百分位数 π_p 是一个使得 $P(X \leqslant \pi_p) = p$ 的数. 如果 Z 服从 $N(0, 1)$，那么因为

$$P(Z \geqslant z_\alpha) = \alpha$$

所以有

$$P(Z < z_\alpha) = 1 - \alpha$$

因此，z_α 是第 $100(1-\alpha)$ 标准正态分布 $N(0,1)$ 的百分位数. 例如，$z_{0.05} = 1.645$ 是 $100(1-0.05)$ 的第 95 百分位数，$z_{0.95} = -1.645$ 是 $100(1-0.95)$ 的第 5 百分位数.

下一个定理表明，如果 X 服从 $N(\mu, \sigma^2)$，则随机变量 $(X-\mu)/\sigma$ 服从 $N(0,1)$. 因此，附录 B 中的表 Va 和表 Vb 可以用来求与 X 有关的概率.

定理 3.3-1　如果 $X \sim N(\mu, \sigma^2)$，则 $Z = (X-\mu)/\sigma \sim N(0,1)$.

证明　Z 的 cdf 为：

$$P(Z \leqslant z) = P\left(\frac{X-\mu}{\sigma} \leqslant z\right) = P(X \leqslant z\sigma + \mu) = \int_{-\infty}^{z\sigma+\mu} \frac{1}{\sigma\sqrt{2\pi}} \exp\left[-\frac{(x-\mu)^2}{2\sigma^2}\right] dx$$

现在，对于积分代表 $P(Z \leqslant z)$，令 $w = (x-\mu)/\sigma$（即 $x = w\sigma + \mu$），有

$$P(Z \leqslant z) = \int_{-\infty}^{z} \frac{1}{\sqrt{2\pi}} e^{-w^2/2} dw$$

这是标准正态随机变量 cdf 的表达式. 因此，$Z = N(0,1)$.　□

注　如果 X 是任意随机变量，且 $E(X) = \mu$ 和 $E[(X-\mu)^2] = \sigma^2$ 存在，$Z = (X-\mu)/\sigma$，则

$$\mu_Z = E(Z) = E\left[\frac{X-\mu}{\sigma}\right] = \frac{E(X)-\mu}{\sigma} = 0$$

$$\sigma_Z^2 = E\left[\left(\frac{X-\mu}{\sigma}\right)^2\right] = \frac{E[(X-\mu)^2]}{\sigma^2} = \frac{\sigma^2}{\sigma^2} = 1$$

即无论 X 的分布如何, Z 的均值和方差分别为 0 和 1. 这个定理的重要之处在于, 如果 X 是正态分布, 那么 Z 就是正态分布, 当然, 均值和单位方差为零. Z 通常被称为与 X 相关的**标准分数**, 并且改变 X 到 Z 的过程(通过减去 μ 和结果除以 σ)称为**标准化**.

定理 3.3-1 可以用来找到与 X(服从 $N(\mu,\sigma^2)$)相关的概率, 如下:

$$P(a \leqslant X \leqslant b) = P\left(\frac{a-\mu}{\sigma} \leqslant \frac{X-\mu}{\sigma} \leqslant \frac{b-\mu}{\sigma}\right) = \Phi\left(\frac{b-\mu}{\sigma}\right) - \Phi\left(\frac{a-\mu}{\sigma}\right)$$

因为 $(X-\mu)/\sigma$ 服从 $N(0,1)$.

例 3.3-6 如果 X 服从 $N(3,16)$, 则

$$P(4 \leqslant X \leqslant 8) = P\left(\frac{4-3}{4} \leqslant \frac{X-3}{4} \leqslant \frac{8-3}{4}\right)$$

$$= \Phi(1.25) - \Phi(0.25) = 0.8944 - 0.5987 = 0.2957$$

$$P(0 \leqslant X \leqslant 5) = P\left(\frac{0-3}{4} \leqslant Z \leqslant \frac{5-3}{4}\right)$$

$$= \Phi(0.5) - \Phi(-0.75) = 0.6915 - 0.2266 = 0.4649$$

$$P(-2 \leqslant X \leqslant 1) = P\left(\frac{-2-3}{4} \leqslant Z \leqslant \frac{1-3}{4}\right)$$

$$= \Phi(-0.5) - \Phi(-1.25) = 0.3085 - 0.1056 = 0.2029 \quad ■$$

例 3.3-7 如果 $X = N(25,36)$, 我们找到一个常数 c, 满足

$$P(|X-25| \leqslant c) = 0.9544$$

令

$$P\left(\frac{-c}{6} \leqslant \frac{X-25}{6} \leqslant \frac{c}{6}\right) = 0.9544$$

因此,

$$\Phi\left(\frac{c}{6}\right) - \left[1 - \Phi\left(\frac{c}{6}\right)\right] = 0.9544$$

$$\Phi\left(\frac{c}{6}\right) = 0.9772$$

因此, $c/6 = 2$, $c = 12$. 即 X 落在两个标准差范围内的概率和标准规范变量 Z 落在 0 的两个单位(标准差)内的概率一致. ■

在下一个定理中, 我们给出了卡方和正态分布之间的关系.

定理 3.3-2 如果随机变量 $X \sim N(\mu,\sigma^2)$, $\sigma^2 > 0$, 则随机变量 $V = (X-\mu)^2/\sigma^2 = Z^2 \sim \chi^2(1)$.

证明 因为 $V = Z^2$, $Z = (X-\mu)/\sigma \sim N(0,1)$, 当 $v \geqslant 0$ 时, v 的 cdf $G(v)$ 为

$$G(v) = P(Z^2 \leqslant v) = P(-\sqrt{v} \leqslant Z \leqslant \sqrt{v})$$

即当 $v \geqslant 0$ 时，

$$G(v) = \int_{-\sqrt{v}}^{\sqrt{v}} \frac{1}{\sqrt{2\pi}} e^{-z^2/2} dz = 2 \int_0^{\sqrt{v}} \frac{1}{\sqrt{2\pi}} e^{-z^2/2} dz$$

如果我们用 $z = \sqrt{y}$ 来改变积分的变量，因为

$$\frac{d}{dy}(\sqrt{y}) = \frac{1}{2\sqrt{y}}$$

那么

$$G(v) = \int_0^v \frac{1}{\sqrt{2\pi y}} e^{-y/2} dy, \quad 0 \leqslant v$$

当然，当 $v < 0$ 时 $G(v) = 0$. 根据微积分基本定理

$$g(v) = \frac{1}{\sqrt{\pi}\sqrt{2}} v^{1/2-1} e^{-v/2}, \quad 0 < v < \infty$$

连续型随机变量 V 的 pdf 为 $g(v) = G'(v)$. 因为 $g(v)$ 是 pdf，所以

$$\int_0^\infty \frac{1}{\sqrt{\pi}\sqrt{2}} v^{1/2-1} e^{-v/2} dv = 1$$

令 $x = v/2$，有

$$1 = \frac{1}{\sqrt{\pi}} \int_0^\infty x^{1/2-1} e^{-x} dx = \frac{1}{\sqrt{\pi}} \Gamma\left(\frac{1}{2}\right)$$

因此，$\Gamma(1/2) = \sqrt{\pi}$，并且遵循 $V \sim \chi^2(1)$.　　　□

　　例 3.3-8　如果 $Z \sim N(0,1)$，则

$$P(|Z| < 1.96 = \sqrt{3.841}) = 0.95$$

并且从 $r = 1$ 的卡方表中可知，

$$P(Z^2 < 3.841) = 0.95$$ ∎

练习

3.3-1　如果 $Z \sim N(0,1)$，求：

(a) $P(0.47 < Z \leqslant 2.13)$.

(b) $P(-0.97 \leqslant Z < 1.27)$.

(c) $P(Z > -1.56)$.

(d) $P(Z > 2.78)$.

(e) $P(|Z| < 1.96)$.

(f) $P(|Z| < 1)$.

(g) $P(|Z| < 2)$.

(h) $P(|Z| < 3)$.

3.3-2　如果 $Z \sim N(0,1)$，求：

(a) $P(0 \leqslant Z \leqslant 0.78)$.

(b) $P(-2.46 \leqslant Z \leqslant 0)$.

  (c) $P(-2.31 \leqslant Z \leqslant -0.65)$.

  (d) $P(|Z| > 1.93)$.

  (e) $P(Z < -1.26)$.

  (f) $P(|Z| > 1)$.

  (g) $P(|Z| > 2)$.

  (h) $P(|Z| > 3)$.

3.3-3 如果 $Z \sim N(0,1)$，求 c 的值，满足：

  (a) $P(Z \geqslant c) = 0.025$.

  (b) $P(|Z| \leqslant c) = 0.95$.

  (c) $P(Z > c) = 0.05$.

  (d) $P(|Z| \leqslant c) = 0.90$.

3.3-4 求 (a) $z_{0.10}$，(b) $-z_{0.05}$，(c) $-z_{0.0485}$，(d) $z_{0.9656}$.

3.3-5 如果 X 是正态分布，均值为 6，方差为 25，求：

  (a) $P(6 \leqslant X \leqslant 14)$.

  (b) $P(4 \leqslant X \leqslant 14)$.

  (c) $P(-4 < X \leqslant 0)$.

  (d) $P(X > 15)$.

  (e) $P(|X-6| < 5)$.

  (f) $P(|X-6| < 10)$.

  (g) $P(|X-6| < 15)$.

  (h) $P(|X-6| < 12.4)$.

3.3-6 如果 X 的矩母函数是 $M(t) = \exp(166t + 200t^2)$，$-\infty < t < \infty$，求：

  (a) X 的均值.

  (b) X 的方差.

  (c) $P(170 < X < 200)$.

  (d) $P(148 \leqslant X \leqslant 172)$.

3.3-7 如果 $X \sim N(650, 400)$，求：

  (a) $P(600 \leqslant X < 660)$，

  (b) 使得 $P(|X-650| \leqslant c) = 0.95$ 的常数 $c > 0$.

3.3-8 设 $X \sim N(\mu, \sigma^2)$. 证明 X 的 pdf 图形的拐点为 $x = \mu \pm \sigma$.

3.3-9 求下列 $W = X^2$ 的分布：

  (a) $X \sim N(0,4)$，

  (b) $X \sim N(0, \sigma^2)$.

3.3-10 如果 $X \sim N(\mu, \sigma^2)$，那么 $Y = aX + b \sim N(a\mu + b, a^2\sigma^2)$，$a \neq 0$. **提示**：求 Y 的 cdf $P(Y \leqslant y)$，在得到的积分中，设 $w = ax + b$，或者 $x = (w-b)/a$.

3.3-11 糖果制造商生产的薄荷糖标签重量为 20.4 克. 假设这些薄荷糖的重量分布服从 $N(21.37, 0.16)$.

  (a) 设 X 为从生产线上随机选取的单个薄荷糖的重量，求 $P(X > 22.07)$.

  (b) 假设独立选择 15 个薄荷糖并称重. 令 Y 等于重量小于 20.857 克的薄荷糖的数量. 求 $P(Y \leqslant 2)$.

3.3-12 如果 X 的矩母函数由 $M(t) = e^{500t + 1250t^2}$ 给出，其中 $-\infty < t < \infty$，求 $P[6765 \leqslant (X-500)^2 \leqslant 12\,560]$.

3.3-13 15 和 17 岁之间的男性的血清锌水平 X（每分升微克）近似服从正态分布，$\mu = 90$，$\sigma = 15$. 计算条件概率 $P(X > 114 | X > 99)$.

3.3-14   某一材料的强度 X 的分布由 $X=e^Y$ 确定，其中 $Y\sim N(10,1)$. 求 X 的 cdf 和 pdf. 计算 $P(10\,000<X<20\,000)$. 注：$F(X)=P(X\leqslant x)=P(e^Y\leqslant x)=P(Y\leqslant \ln x)$，使得随机变量 X 具有**对数正态分布**.

3.3-15   "填充物"问题在许多行业都很重要，比如谷物、牙膏、啤酒等行业. 如果一个行业声称它在一个容器中出售 12 盎司（1 盎司 = 0.028 349 523 125 千克）的产品，那么它必须在 12 盎司的基础上再加装 12 盎司的产品，否则美国食品药品监督管理局（FDA）将予以取缔，尽管 FDA 将允许一小部分容器的重量低于 12 盎司.

(a) 如果一个容器的产品 $X\sim N(12.1,\sigma^2)$，求满足 $P(X<12)=0.01$ 的 σ.

(b) 如果 $\sigma=0.05$，求满足 $P(X<12)=0.01$ 的 μ.

3.3-16   三种正态分布 $N(0,1)$，$N(-1,1)$，$N(2,1)$ 的矩母函数如图 3.3-3(a) 所示.

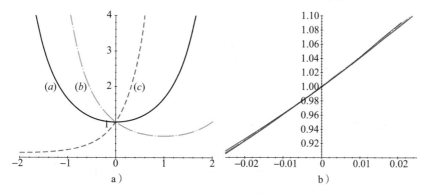

图 3.3-3   矩母函数

3.3-17   图 3.3-3b 为以下三个矩母函数的曲线图：

$$g_1(t)=\frac{1}{1-4t},\qquad t<1/4$$

$$g_2(t)=\frac{1}{(1-2t)^2},\qquad t<1/2$$

$$g_3(t)=e^{4t+t^2/2},\qquad -\infty<t<\infty$$

为什么这三个图在 $t=0$ 附近看起来如此相似？

118

3.4   其他模型

统计中常用二项式、泊松、伽马、卡方和正态模型. 但还有许多其他有趣和非常有用的模型. 我们首先修改近似泊松过程的一个假设，如 2.7 节所示. 在这个定义中，非重叠区间出现的次数是独立的，并且在足够小的区间中至少出现两次的概率本质上为零. 我们继续使用这些假设，现在我们说恰好一次出现的概率在足够短的区间长度 h 近似为 λh，λ 是这个区间位置的一个非负函数. 明确地说，$p(x,w)$ 出现是 x 在 $(0,w)$，$0\leqslant w$ 区间内出现的概率，那么最后一个假设，用更正式的术语来说，为：

$$p(x+1,w+h)-p(x,w)\approx\lambda(w)h$$

其中 $\lambda(w)$ 是 w 的一个非负函数. 这意味着，如果想要零的近似概率出现的间隔 $(0,w+h)$，我们可以从事件的独立性取零出现的概率区间 $(0,w)$. 区间内出现零的概率乘以 $(w,w+h)$

区间内零次出现的概率. 即

$$p(0, w + h) \approx p(0, w)[1 - \lambda(w)h]$$

因为 $(w, w+h)$ 中出现一次或多次的概率大约等于 $\lambda(w)h$. 等价地,

$$\frac{p(0, w + h) - p(0, w)}{h} \approx -\lambda(w)p(0, w)$$

取极限为 $h \to 0$,

$$\frac{\mathrm{d}}{\mathrm{d}w}[p(0, w)] = -\lambda(w)p(0, w)$$

也就是说, 得到的方程是

$$\frac{\frac{\mathrm{d}}{\mathrm{d}w}[p(0, w)]}{p(0, w)} = -\lambda(w)$$

那么

$$\ln p(0, w) = -\int \lambda(w)\,\mathrm{d}w + c_1$$

$$p(0, w) = \exp\left[-\int \lambda(w)\,\mathrm{d}w + c_1\right] = c_2 \exp\left[-\int \lambda(w)\,\mathrm{d}w\right]$$

其中 $c_2 = e_1^c$. 然而, 在长度为 0 的区间内出现概率为 0 的边界条件必须为 1. 也就是说, $p(0, 0) = 1$. 如果我们选择

$$H(w) = \int \lambda(w)\,\mathrm{d}w$$

119 满足 $H(0) = 0$, 则 $c_2 = 1$, 即

$$p(0, w) = e^{-H(w)}$$

其中 $H'(w) = \lambda(w)$ 和 $H(0) = 0$. 因此,

$$H(w) = \int_0^w \lambda(t)\,\mathrm{d}t$$

假设我们现在让连续型随机变量 W 作为产生第一次出现的必要区间, 那么 W 的 cdf 等于

$$G(w) = P(W \leq w) = 1 - P(W > w), \quad 0 \leq w$$

因为区间 $(0, w)$ 中的零次出现与 $W > w$ 相同, 那么

$$G(w) = 1 - p(0, w) = 1 - e^{-H(w)}, \quad 0 \leq w$$

W 的 pdf 如下:

$$g(w) = G'(w) = H'(w)e^{-H(w)} = \lambda(w)\exp\left[-\int_0^w \lambda(t)\,\mathrm{d}t\right], \quad 0 \leq w$$

从这个公式中我们可以看出, 对 $g(w)$ 和 $G(w)$ 而言,

$$\lambda(w) = \frac{g(w)}{1 - G(w)}$$

在该结果的许多应用中，W 可以被认为是一个随机的时间间隔，例如，如果一次出现意味着所考虑的项目的"死亡"或"失败"，那么 W 实际上就是该项目的生命长度. $\lambda(w)$ 通常被称为**故障率**或**死亡率**，是 w 的增函数. 即 w 越大（时间越久远），在长度为 h 的短时间间隔内发生故障的可能性越大，称为 $\lambda(w)h$. 回顾 3.2 节的指数分布，发现 $\lambda(w)$ 是一个常数，也就是说，故障率或死亡率不会随着项目的老化而增加. 如果这对人类而言也是正确的，那么就意味着一个 80 岁的人和一个 20 岁的人有同样多的机会再活一年（有点像数学上的"青春之泉"）. 然而，对大多数人或大多数制造物品而言并不是这样的. 即故障率 $\lambda(w)$ 通常是 w 的一个增函数. 我们给出有用的概率模型的两个重要例子.

例 3.4-1 设

$$H(w) = \left(\frac{w}{\beta}\right)^{\alpha}, \quad 0 \leqslant w$$

故障率是

$$\lambda(w) = H'(w) = \frac{\alpha w^{\alpha-1}}{\beta^{\alpha}}$$

其中 $\alpha>0$，$\beta>0$. 那么 W 的 pdf 是

$$g(w) = \frac{\alpha w^{\alpha-1}}{\beta^{\alpha}} \exp\left[-\left(\frac{w}{\beta}\right)^{\alpha}\right], \quad 0 \leqslant w$$

通常在工程项目中，这个分布拥有适当的 α 和 β 的值，很好地描述了生活制造项目. 通常 α 大于 1 但小于 5. 这个 pdf 经常被称为**韦伯分布**，在模型拟合中，它是伽马 pdf 的一个强有力的竞争对手.

韦伯分布的均值和方差为

$$\mu = \beta \Gamma\left(1 + \frac{1}{\alpha}\right)$$

$$\sigma^2 = \beta^2 \left\{\Gamma\left(1 + \frac{2}{\alpha}\right) - \left[\Gamma\left(1 + \frac{1}{\alpha}\right)\right]^2\right\}$$

韦伯 pdf 的部分图形如图 3.4-1 所示.

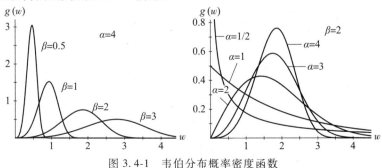

图 3.4-1　韦伯分布概率密度函数

例 3.4-2 人们常常震惊地发现，一旦一个人到了 25 岁，死亡率几乎就呈指数增长. 根据使用的死亡率表，人们发现每年的增长率约为 10%，这意味着死亡率将每 7 年翻一番（见本章末的历史评注中的第 72 条规则）. 尽管这一事实可能令人震惊，但我们应该感谢死亡率在开始时很低. 健康的 63 岁男性在未来一年内死亡的概率只有 1% 左右. 假设死亡率呈指数增长，那么

$$\lambda(w) = H'(w) = ae^{bw}, \quad a > 0, \quad b > 0$$

因此，

$$H(w) = \int_0^w ae^{bw}dt = \frac{a}{b}e^{bw} - \frac{a}{b}$$

$$G(w) = 1 - \exp\left[-\frac{a}{b}e^{bw} + \frac{a}{b}\right], \quad 0 \leqslant w$$

$$g(w) = ae^{bw}\exp\left[-\frac{a}{b}e^{bw} + \frac{a}{b}\right], \quad 0 \leqslant w$$

cdf 和 pdf 与在精算学中发现的著名 **Gompertz 定律**有关. 与 Gompertz 定律相关的一些图表如图 3.4-2 所示. 注意，Gompertz 分布的模式是当 $b > a$ 时为 $\ln(b/a)/b$. 当 $0 < b < a$ 时为 0，因为 pdf 是严格递减的. ■

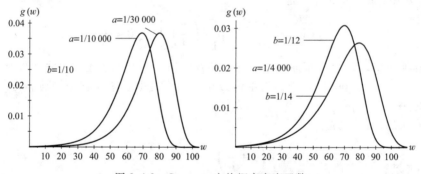

图 3.4-2　Gompertz 定律概率密度函数

伽马和韦伯分布都不是无偏的. 在许多研究中（生命测试、响应时间、收入等），这些都是模型会选择考虑的有价值的分布.

到目前为止，我们已经考虑了离散或连续的随机变量. 在大多数应用中都会遇到这些类型. 然而，某些情况会考虑这两种随机变量的组合. 即在一些实验中，正概率分配给每一个特定的点，也分配给结果的区间，每个点的概率为零. 下面举例说明.

例 3.4-3 投影仪的一个灯泡的测试方法是打开它一个小时，然后关闭它. 让 X 等于这个灯泡在测试中表现令人满意的时间长度. 有这样一个正概率，在灯泡打开时将烧毁. 因此

$$0 < P(X = 0) < 1$$

它也可能在打开的一小时内烧毁，因此：

$$P(0 < X < 1) > 0$$

当 $x \in (0,1)$ 时, $P(X = x) = 0$. 除此之外 $P(X = 1) > 0$. 将灯泡关闭一小时后, 使实际故障时间不超过一小时的行为称为删失, 本节后续将讨论这个问题. ■

用于**混合类型**分布的 cdf 将是离散型和连续型的 cdf 的组合. 即在每个正概率点, cdf 将是不连续的. 所以这一点的高度等于对应的概率, 在所有其他点, cdf 将是连续的.

122

例 3.4-4 设 X 的 cdf 为

$$F(x) = \begin{cases} 0, & x < 0, \\ \dfrac{x^2}{4}, & 0 \leqslant x < 1 \\ \dfrac{1}{2}, & 1 \leqslant x < 2 \\ \dfrac{x}{3}, & 2 \leqslant x < 3 \\ 1, & 3 \leqslant x \end{cases}$$

这个 cdf 如图 3.4-3 所示, 可以用来计算概率. 作为例子, 考虑

$$P(0 < X < 1) = \frac{1}{4}$$

$$P(0 < X \leqslant 1) = \frac{1}{2}$$

$$P(X = 1) = \frac{1}{4}$$

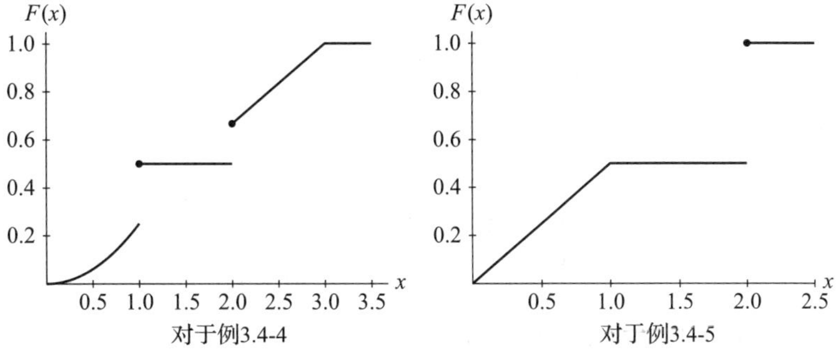

图 3.4-3 混合分布函数

■

例 3.4-5 抛硬币游戏: 抛一枚均匀的硬币. 如果结果是正面, 则玩家得到 2 美元; 如果结果是反面, 则玩家旋转一个从 0 到 1 的平衡旋转器. 然后玩家将获得与旋转器选择的点数相关联的那部分美元. 如果 X 表示得到的数量, 则 X 的空间为 $S = [0, 1) \cup \{2\}$. X 的 cdf 定义如下:

$$F(x) = \begin{cases} 0, & x < 0 \\ \dfrac{x}{2}, & 0 \leqslant x < 1 \\ \dfrac{1}{2}, & 1 \leqslant x < 2 \\ 1, & 2 \leqslant x \end{cases}$$

cdf $F(x)$ 的图形由图 3.4-3 给出. ∎

假设随机变量 X 具有混合类型的分布. 为求函数 X 的期望 $u(X)$, 使用求和与黎曼积分 (Riemann integral) 的组合, 如例 3.4-6 所示.

例 3.4-6 我们将求例 3.4-4 中给出的随机变量的均值和方差. 当 $0 < x < 1$ 时, $F'(x) = x/2$, 当 $2 < x < 3$ 时, $F'(x) = 1/3$, 并且 $P(X=1) = 1/4$, $P(X=2) = 1/6$. 我们有

$$\mu = E(X) = \int_0^1 x\left(\frac{x}{2}\right)\mathrm{d}x + 1\left(\frac{1}{4}\right) + 2\left(\frac{1}{6}\right) + \int_2^3 x\left(\frac{1}{3}\right)\mathrm{d}x = \left[\frac{x^3}{6}\right]_0^1 + \frac{1}{4} + \frac{1}{3} + \left[\frac{x^2}{6}\right]_2^3 = \frac{19}{12}$$

且

$$\sigma^2 = E(X^2) - [E(X)]^2 = \int_0^1 x^2\left(\frac{x}{2}\right)\mathrm{d}x + 1^2\left(\frac{1}{4}\right) + 2^2\left(\frac{1}{6}\right) + \int_2^3 x^2\left(\frac{1}{3}\right)\mathrm{d}x - \left(\frac{19}{12}\right)^2 = \frac{31}{48}$$ ∎

通常, 在生命测试中, 我们知道生命的长度 (例如 X) 超过了 b, 但是 X 的确切值是未知的. 这种现象叫作 **删失**. 例如, 当癌症研究中的一个对象消失时, 就会发生这种情况, 研究人员知道受试者已经活了几个月, 但不知道受试者的确切寿命. 或者在某些研究中, 当研究人员没有足够的时间去观察所有动物 (比如老鼠) 的死亡时刻时, 这种情况也可能发生. 删失也可以发生在保险业, 在有限制薪酬政策的情况下, 损失超过了最高金额, 但不知道具体数额.

例 3.4-7 再保险公司在很大程度上受到关注, 因为他们可能会同意例如为风力造成的损失支付 200 万至 1000 万美元. 假设 X 等于风力损失的百万美元, 假设 X 的 cdf 为

$$F(x) = 1 - \left(\frac{10}{10+x}\right)^3, \quad 0 \leqslant x < \infty$$

如果损失超过 1000 万美元, 则仅报告为 10, 即当 $X \leqslant 10$ 时, $Y = X$; 当 $X > 10$ 时, $Y = 10$. 删
失分布的 cdf 为

$$G(y) = \begin{cases} 1 - \left(\dfrac{10}{10+y}\right)^3, & 0 \leqslant y < 10 \\ 1, & 10 \leqslant y < \infty \end{cases}$$ ∎

当 $y = 10$ 时, 跳变为 $[10/(10+10)]^3 = 1/8$.

例 3.4-8 一辆价值 24 个单位 (1 个单位 = 1000 美元) 的汽车按 1 个单位的免赔额投保一年. 一年内无损伤的概率为 0.95, 总的概率为 0.01. 如果损伤是部分的, 其概率为 0.04, 则此损伤的 pdf 为

$$f(x) = \frac{25}{24}\frac{1}{(x+1)^2}, \quad 0 < x < 24$$

在计算期望付款金额时, 保险公司会这样做: 如果 $X \leqslant 1$, 则为零支付; 如果汽车报废, 则为 $24-1 = 23$; 如果 $1 < X < 24$, 则为 $X-1$. 因此期望付款金额为

$$(0)(0.95) + (0)(0.04)\int_0^1 \frac{25}{24}\frac{1}{(x+1)^2}\mathrm{d}x + (23)(0.01) + (0.04)\int_1^{24}(x-1)\frac{25}{24}\frac{1}{(x+1)^2}\mathrm{d}x$$

即答案是

$$0.23 + (0.04)(1.67) = 0.297$$

也就是 297 美元，因为最后一个积分等于

$$\int_1^{24} (x + 1 - 2)\frac{25}{24}\frac{1}{(x+1)^2}\,\mathrm{d}x = (-2)\int_1^{24}\frac{25}{24}\frac{1}{(x+1)^2}\,\mathrm{d}x + \int_1^{24}\frac{25}{24}\frac{1}{(x+1)}\,\mathrm{d}x$$

$$= (-2)\left[\frac{25}{24}\frac{-1}{(x+1)}\right]_1^{24} + \left[\frac{25}{24}\ln(x+1)\right]_1^{24} = 1.67 \quad\blacksquare$$

练习

3.4-1　设家庭轿车的寿命 W（年）服从参数为 $\alpha = 2$ 的韦伯分布. 证明：β 必须等于 10，其中 $P(W>5) = \mathrm{e}^{-1/4} \approx 0.7788$.

提示：$p(W>5) = \mathrm{e}^{-H(5)}$

3.4-2　假设一个人的生命的长度 W 符合 Gompertz 分布，其中 $\lambda(w) = \alpha(1.1)^w = a\mathrm{e}^{(\ln 1.1)w}$，$P(63 < W < 64) = 0.01$. 确定常数 a 和 $P(W \leqslant 71 \mid 70 < W)$.

3.4-3　设 Y_1 为三个独立随机变量 W_1，W_2，W_3 的最小观测值，每个随机变量都服从韦伯分布，其参数为 α 和 β. 证明 Y_1 有一个韦伯分布，并求其参数是什么？

提示：

$$G(y_1) = P(Y_1 \leqslant y_1) = 1 - P(y_1 < W_i$$
$$i = 1, 2, 3) = 1 - [P(y_1 < W_1)]^3$$

3.4-4　保险精算的死亡率通常使用 $\lambda(w) = a\mathrm{e}^{bw} + c, a > 0, c > 0, b > 0$. 求与此 Makeham 定律相关的 cdf 和 pdf.

3.4-5　设 X 为混合类型的随机变量，具有 cdf

$$F(x) = \begin{cases} 0, & x < -1 \\ \dfrac{x}{4} + \dfrac{1}{2}, & -1 \leqslant x < 1 \\ 1, & 1 \leqslant x \end{cases}$$

求指定的概率. 绘制 cdf 图可能会有帮助.

(a) $P(X<0)$，(b) $P(X<-1)$，(c) $P(X \leqslant -1)$，

(d) $P(X<1)$，(e) $P\left(-1 \leqslant X < \dfrac{1}{2}\right)$，(f) $P(-1 < X \leqslant 1)$.

3.4-6　设 X 为混合类型的随机变量，具有 cdf

$$F(x) = \begin{cases} 0, & x < -1 \\ \dfrac{x}{4} + \dfrac{1}{4}, & -1 \leqslant x < 0 \\ \dfrac{1}{4}, & 0 \leqslant x < 1 \\ \dfrac{x}{4} + \dfrac{1}{4}, & 1 \leqslant x < 2 \\ \dfrac{3}{4}, & 2 \leqslant x < 3 \\ 1, & 3 \leqslant x \end{cases}$$

求指定的概率. 绘制 cdf 图可能会有帮助.

125

（a）$P\left(-\dfrac{1}{2}\leqslant X\leqslant\dfrac{1}{2}\right)$，（b）$P\left(\dfrac{1}{2}<X<1\right)$，（c）$P\left(\dfrac{3}{4}<X<2\right)$，

（d）$P(X>1)$，（e）$P(2<X<3)$，（f）$P(2<X\leqslant3)$.

3.4-7 设 X 为混合类型的随机变量，具有 cdf

$$F(x)=\begin{cases}0, & x<0\\[2mm]\dfrac{x^2}{4}, & 0\leqslant x<1\\[2mm]\dfrac{x+1}{4}, & 1\leqslant x<2\\[2mm]1, & 2\leqslant x\end{cases}$$

（a）仔细画出 $F(x)$ 的草图.

（b）求 X 的均值和方差.

（c）$P(1/4<X<1)$，$P(X=1)$，$P(X=1/2)$，$P(1/2\leqslant X<2)$.

3.4-8 求 X 的均值和方差，X 的 cdf 如下：

$$F(x)=\begin{cases}0, & x<0\\[2mm]1-\left(\dfrac{2}{3}\right)e^{-x}, & 0\leqslant x\end{cases}$$

3.4-9 游戏：掷出一个质地均匀的骰子. 如果结果是偶数，则玩家将得到与骰子结果相等的美元. 如果结果是奇数，则使用一个平衡的转轮，从区间[0, 1]中随机选择一个数字，玩家将获得与所选点数相关的那部分美元.

（a）定义和绘制 X 的 cdf，X 为收到的金额.

（b）求 X 的期望值.

3.4-10 每周的砾石需求量 X（以吨为单位）的 pdf 为

$$f(x)=\left(\dfrac{1}{5}\right)e^{-x/5},\quad 0<x<\infty$$

然而，砾石坑的主人每周最多只能生产 4 吨砾石. 计算业主每周卖出的吨数的期望值.

3.4-11 某一设备的寿命 X 呈指数分布，均值为 5 年. 但该设备要到三年后才能连续观测到. 因此，我们实际上观察到 $Y=\max(X,3)$. 计算 $E(Y)$.

3.4-12 设 X 满足指数分布，其 $\theta=1$，即 X 的 pdf 为 $f(x)=e^{-x}$，$0<x<\infty$. 设由 $T=\ln X$ 定义，则 T 的 cdf 为

$$G(t)=P(\ln X\leqslant t)=P(X\leqslant e^t)$$

（a）证明：T 的 pdf 为

$$g(t)=e^t e^{-e^t},\quad -\infty<t<\infty$$

这是一个极值分布的 pdf.

（b）令 $T=\alpha+\beta\ln W$，其中 $-\infty<\alpha<\infty$ 和 $\beta>0$. 证明 W 具有韦伯分布.

3.4-13 汽车上的损失 X 呈混合分布，$p=0.95$ 为零，$p=0.05$ 服从均值为 5000 美元的指数分布. 如果汽车上的 X 损失大于 500 美元的免赔额，则差额 $X-500$ 是付给车主的. 考虑 0（如果 $X\leqslant500$）为可能的支付，确定支付的均值和标准差.

3.4-14 一位顾客为她的车买了一份 1000 美元保单，免赔额为 31 000 美元. 发生损失超过 1000 美元事故的概率是 0.03，损失是指汽车价值减去可扣除部分的一部分，其 pdf 为 $f(x)=6(1-x)^5$，$0<x<1$.

（a）保险公司必须向客户支付超过 2000 元的概率是多少？

（b）公司希望支付多少？

3.4-15　某台机器的寿命 X 服从均值为 10 的指数分布. 保修是这样的, 如果机器在第一年出现故障, 则以 100% 的价格被退回；如果在第二年出现故障, 则以 50% 的价格被退回, 之后什么也不退还. 如果这台机器的价格是 2500 美元, 那么保修单上退货的期望值和标准差是多少？

3.4-16　某台机器的寿命 X 服从均值为 10 的指数分布. 保修是这样的, 如果机器在第一年出现故障, 则 m 美元将被退还, 如果在第二年出现故障, 则 $0.5m$ 美元被退还, 而在那之后就什么也不退还了. 如果预期的付款是 200 美元, 求 m.

3.4-17　一些银行现在采取每天复利的方式, 但只按季度报告. 在我们看来, 每时每刻都计算复利似乎更容易些, 因为以年利率 i 投资 1 美元, 期限为 t 年, 其价值将为 e^{ti}（**提示**：用 $n \to \infty$ 时 $(1+i/n)^{nt}$ 的极限来证明）. 如果 X 是一个随机利率, 其 pdf $f(x) = ce^{-x}$, $0.04 < X < 0.08$, 求一美元在三年后的价值的 pdf.

126

3.4-18　机器故障时间 X 的 pdf 为

$$f(x) = (x/4)^3 e^{-(x/4)^4}, \qquad 0 < x < \infty$$

计算 $P(X>5 \mid X>4)$.

3.4-19　假设美国婴儿出生时的体重 X（以克为单位）近似服从韦伯分布, 其 pdf 如下：

$$f(x) = \frac{3x^2}{3500^3} e^{-(x/3500)^3}, \qquad 0 < x < \infty$$

假设出生时体重大于 3000, 那么超过 4000 的条件概率是多少？

3.4-20　设 X 为某一绝缘材料的失效时间（以月为单位）. X 的 pdf 如下：

$$f(x) = \frac{2x}{50^2} e^{-(x/50)^2}, \qquad 0 < x < \infty$$

求：

（a）$P(40 < X < 60)$,

（b）$P(X > 80)$.

3.4-21　在一项医学实验中, 将一只老鼠暴露在辐射中. 实验人员认为, 老鼠的生存时间 X（以周为单位）的 pdf 如下：

$$f(x) = \frac{3x^2}{120^3} e^{-(x/120)^3}, \qquad 0 < x < \infty$$

（a）老鼠存活至少 100 周的概率是多少？

（b）求生存时间的期望值. **提示**：在表示 $E(X)$ 的积分中, 令 $y = (x/120)^3$, 通过伽马函数获得答案.

历史评注　在本章中, 我们研究了几个连续分布, 包括非常重要的正态分布. 实际上, 正态分布的真实影响将在第 5 章给出, 其中考虑了中心极限定理及其推广. 综上所述, 该定理及其推广意味着若干随机影响之和对某些测量存在影响, 并且表明该测量具有近似正态分布. 例如, 在一项关于鸡蛋长度的研究中, 不同的母鸡产不同的鸡蛋, 测量鸡蛋的人会产生不同的影响, 鸡蛋放置在"支架"中的方式是一个因素, 使用的卡尺是重要的, 等等. 因此, 鸡蛋的长度可能存在一个近似的正态分布.

有时老师让学生的成绩服从正态分布, 因为他们在"（正态）的曲线"上打分. 这种情况太常见了, 它就意味着一定比例的学生应该获得助教、学位等. 我们认为只要所有学生满足某些适当的标准，他们就都应该能够赚钱. 因此，我们认为把分数限制在一个正态的曲线是错误的.

正态分布是对称的，但许多重要的分布，如伽马和韦伯分布是非正态的. 我们了解到韦伯分布的失败率近似等于 $\lambda(x) = \alpha x \alpha - 1 / \beta \alpha$，$\alpha \geq 1$，这个分布是适合许多工业产品的生命的长度. 有趣的是，如果 $\alpha = 1$，则失败率是一个常数. 这意味着旧的部分和新的一样好. 如果这也适用于人类，那么一个老人多活 50 年的机会将同年轻人一样. 然而，正如本章中所指出的，人类的死亡率正随着年龄的增长而增长，并且接近指数级（$\lambda(x) = ae^{bx}$，$a > 0$，$b > 0$），服从 Gompertz 分布. 事实上，大多数人会发现死亡率每年增长 10% 左右. 因此，根据 "72" 法则，它将每 $72/10 = 7.2$ 年翻一番. 幸运的是，对于 20 多岁的人来说，这个数字很小.

72 法则来自对以下问题的回答："如果利率是 i，那么货币价值需要多长时间才能翻倍？" 假设复利是按年计算的，你从 1 美元开始，一年后你有 $1+i$ 美元，两年后你拥有的美元数为

$$(1+i) + i(1+i) = (1+i)^2$$

继续这个过程，我们要解的方程是：

$$(1+i)^n = 2$$

则

$$n = \frac{\ln 2}{\ln(1+i)}$$

为了近似 n 的值，由于 $\ln 2 \approx 0.693$，利用 $\ln(1+i)$ 的级数展开得到

$$n \approx \frac{0.693}{i - \dfrac{i^2}{2} + \dfrac{i^3}{3} - \cdots}$$

由于分母上的交替级数，分母比 i 小一点. 通常，经纪人会将分子稍微增大一点（比如 0.72），然后简单地除以 i，得到众所周知的 "72 法则"，即

$$n \approx \frac{72}{100i}$$

例如，如果 $i = 0.08$，则 $n \approx 72/8 = 9$ 提供了一个很好的近似（真实值约为 9.006）. 许多人发现 "72 法则" 在处理金钱问题时非常有用.

第4章 二元分布

4.1 离散型二元分布

到目前为止，我们只考虑了单个随机变量的情形，然而，在许多实际情况中，有必要且可以考虑多个随机变量的情形. 例如，假设已知夏季某一特定天气状态下的日最高气温 x 和最大相对湿度 y，我们试图确定这两个变量之间的关系. 这里，温度和湿度之间可能存在某种模式，可以通过适当的曲线 $y=u(x)$ 来表示，当然，并不是观察到的所有点都在这条曲线上，但是我们尝试找到"最佳"曲线来表示这种关系，然后描述曲线周围点的变化情况.

另一个例子是高中成绩排名(用 x 表示)和 ACT(或者 SAT)分数(用 y 表示)这两个随机变量. 我们关心它们之间存在的关系. 更重要的是，我们如何使用这两个变量预测第三个变量，例如，预测大学一年级的 GPA(用 z 表示)，建立诸如 z 的函数：$z=v(x,y)$？这样的研究和分析对于大学招生办公室，特别是在颁发体育奖学金时是一个非常重要的问题，因为新来的学生运动员必须满足一定的条件才能接受这种奖励.

定义 4.1-1 设 X 和 Y 是定义在离散样本空间中的两个随机变量，S 表示这两个离散型随机变量 X 和 Y 所对应的二维空间. 则 $X=x$ 和 $Y=y$ 的概率定义为 $f(x,y)=P(X=x,\ Y=y)$，函数 $f(x,y)$ 称为 X 和 Y 的**联合概率质量函数**(联合 pmf)，具有以下性质：

(a) $0 \leqslant f(x,y) \leqslant 1$.

(b) $\displaystyle\sum_{(x,y)\in S}\sum f(x,\ y) = 1$.

(c) $P[(x,\ y)\in A] = \displaystyle\sum_{(x,y)\in A}\sum f(x,\ y)$，其中 A 是空间 S 的子集.

通过下面的例子理解这个定义.

例 4.1-1 投掷一对均匀骰子，其中每一个点出现的概率为 $\dfrac{1}{36}$，令 X 表示每次实验结果中较小的数，Y 表示较大的数. 例如，实验结果是 (3，2)，那么观测值为 $X=2$，$Y=3$. 而实验结果 (3，2) 和 (2，3) 都可以导致事件 $\{X=2,\ Y=3\}$ 的发生，因此该事件发生的概率为

$$\frac{1}{36}+\frac{1}{36}=\frac{2}{36}$$

如果实验结果是 (2，2)，则观测值为 $X=2$，$Y=2$. 因为事件 $\{X=2,\ Y=2\}$ 发生的情况只有一种，所以 $P(X=2,\ Y=2)=\dfrac{1}{36}$. X 和 Y 的联合概率质量函数为

$$f(x,y) = \begin{cases} \dfrac{1}{36}, & 1 \leqslant x = y \leqslant 6 \\ \dfrac{2}{36}, & 1 \leqslant x < y \leqslant 6 \end{cases}$$

当 x 和 y 是整数时，空间 S 中各点的概率如图 4.1-1 所示.

注意到有些数据已经记录在图 4.1-1 的底部和左边的边际，这些数表示的是相应的各行和各列的概率和. 每列的和是 X 取空间 $S_x = \{1, 2, 3, 4, 5, 6\}$ 中各个值的概率，每行的和是 Y 取空间 $S_y = \{1, 2, 3, 4, 5, 6\}$ 中各个值的概率. 也就是说，这些和分别描述的是 X 和 Y 的概率质量函数. 因为每一个收集的概率都被记录在边际，并且满足随机变量概率质量函数的性质，因此被称为**边际概率质量函数**.

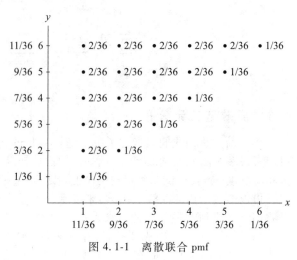

图 4.1-1   离散联合 pmf

定义 4.1-2   设随机变量 X 和 Y 在空间 S 上的联合概率质量函数为 $f(x,y)$，则 X 的概率质量函数（即 X 的**边际概率质量函数**）定义为

$$f_X(x) = \sum_y f(x, y) = P(X = x), \quad x \in S_X$$

其中求和表示的是对每一空间 S_X 上给定的 x 求所有可能的 y 取值的和. 也就是说，在空间 S 中对一个给定的 x，求所有 (x, y) 的和. 类似地，Y 的**边际概率质量函数**定义为

$$f_Y(y) = \sum_x f(x, y) = P(Y = y), \quad y \in S_Y$$

其中求和表示的是对每一空间 S_Y 上给定的 y 求所有可能的 x 取值的和. 随机变量 X 和 Y 是**独立的**，当且仅当

$$P(X = x, Y = y) = P(X = x)P(Y = y)$$

或者，等价地

$$f(x, y) = f_X(x)f_Y(y), \quad x \in S_X, \quad y \in S_Y$$

否则，称 X 和 Y 是**相依的**.

我们注意到在例 4.1-1 中 X 和 Y 是相依的，因为对于很多 x 和 y 的值都有

$$f(x, y) \neq f_X(x)f_Y(y)$$

例如，$f_X(1)f_Y(1) = \left(\dfrac{11}{36}\right)\left(\dfrac{1}{36}\right) \neq \dfrac{1}{36} = f(1, 1)$.

例 4.1-2   设 X 和 Y 的联合概率质量函数为

$$f(x, y) = \frac{x + y}{21}, \quad x = 1, 2, 3, \quad y = 1, 2$$

于是

$$f_X(x) = \sum_y f(x,y) = \sum_{y=1}^{2} \frac{x+y}{21} = \frac{x+1}{21} + \frac{x+2}{21} = \frac{2x+3}{21}, \quad x = 1, 2, 3$$

并且有

$$f_Y(y) = \sum_x f(x,y) = \sum_{x=1}^{3} \frac{x+y}{21} = \frac{6+3y}{21}, \quad y = 1, 2$$

注意到 $f_X(x)$ 和 $f_Y(y)$ 满足概率质量函数的性质. 因为 $f(x,y) \not\equiv f_X(x)f_Y(y)$, 所以 X 和 Y 是相依的. ■

131

例 4.1-3 设 X 和 Y 的联合概率质量函数为

$$f(x,y) = \frac{xy^2}{30}, \quad x = 1, 2, 3, \quad y = 1, 2$$

则边际概率质量函数为

$$f_X(x) = \sum_{y=1}^{2} \frac{xy^2}{30} = \frac{x}{6}, \quad x = 1, 2, 3$$

$$f_Y(y) = \sum_{x=1}^{3} \frac{xy^2}{30} = \frac{y^2}{5}, \quad y = 1, 2$$

对于 $x = 1$, 2, 3 和 $y = 1$, 2, $f(x,y) \equiv f_X(x)f_Y(y)$, 所以 X 和 Y 是独立的. (见图 4.1-2.) ■

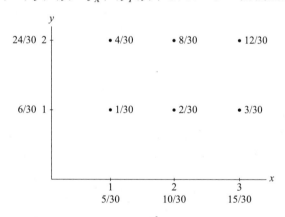

图 4.1-2　联合 pmf $f(x,y) = \dfrac{xy^2}{30}$, $x = 1,2,3$, $y = 1,2$

例 4.1-4 设 X 和 Y 的联合概率质量函数为

$$f(x,y) = \frac{xy^2}{13}, \quad (x,y) = (1,1), (1,2), (2,2)$$

则 X 的概率质量函数为

$$f_X(x) = \begin{cases} \dfrac{5}{13}, & x = 1 \\[2mm] \dfrac{8}{13}, & x = 2 \end{cases}$$

Y 的概率质量函数为

$$f_Y(y) = \begin{cases} \dfrac{1}{13}, & y = 1 \\[2mm] \dfrac{12}{13}, & y = 2 \end{cases}$$

132 因为对于 $x = 1$，2 和 $y = 1$，2，$f(x, y) \not\equiv f_X(x)f_Y(y)$，所以 X 和 Y 是相依的. ∎

注意在例 4.1-4 中，X 和 Y 的支撑集 S 是"三角形"的，只要支撑集 S 不是"矩形"的，随机变量就一定是相依的，因为 S 不等于乘积集 $\{(x, y): x \in S_X, y \in S_Y\}$. 也就是说，如果我们观察到 X 和 Y 的支撑集 S 不是一个乘积集，则 X 和 Y 一定是相依的. 比如，在例 4.1-4 中，因为 $S = \{(1, 1), (1, 2), (2, 2)\}$ 不是一个乘积集，所以 X 和 Y 是相依的. 另一方面，如果 S 是乘积集 $\{(x, y): x \in S_X, y \in S_Y\}$，并且函数 $f(x, y)$ 是关于 x 或者关于 y 的表达式，则 X 和 Y 是独立的，就像例 4.1-3 中表示的那样. 例 4.1-2 表明了一个事实：如果支撑集 S 的是矩形的时，但 $f(x, y)$ 不是 $f_X(x)f_Y(y)$ 的乘积，则 X 和 Y 是相依的.

就像我们对单个随机变量定义的概率质量函数那样，可以定义联合概率质量函数的概率直方图. 假设 X 和 Y 在空间 S 上的联合概率质量函数为 $f(x, y)$，其中 S 是一组整数. 在 S 中的一个点 (x, y) 处，构造一个以 (x, y) 为中心的"矩形列"，其高度等于 $f(x, y)$，则 $f(x, y)$ 等于该矩形列的体积，并且该概率直方图中矩形列的体积之和等于 1.

例 4.1-5 设 X 和 Y 的联合概率质量函数为

$$f(x, y) = \frac{xy^2}{30}, \quad x = 1, 2, 3, \quad y = 1, 2$$

概率直方图如图 4.1-3 所示. ∎

有时用随机变量 X_1 和 X_2 代替随机变量 X 和 Y 更为方便，在两个以上的随机变量的情形中更是如此，有时用 X 和 Y 表示，有时用 X_1 和 X_2 表示. 读者将在后面看到使用下标的优点.

设定义在空间 S 上的离散型随机变量 $X_1 X_1$ 和 X_2 的联合概率质量函数为 $f(x_1, x_2)$，如果 $u(X_1, X_2)$ 是关于这两个随机变量的函数，则有

$$E[u(X_1, X_2)] = \sum_{(x_1, x_2) \in S} \sum u(x_1, x_2) f(x_1, x_2)$$

如果它存在，则称为 $u(X_1, X_2)$ 的**数学**

133 **期望**（或期望值）.

注 在单变量情形中得到相同的结

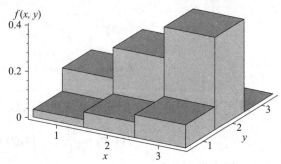

图 4.1-3 联合 pmf $f(x, y) = \dfrac{xy^2}{30}$，$x = 1$，2，3；$y = 1$，2

论，即

$$\sum_{(x_1, x_2) \in S} \sum |u(x_1, x_2)| f(x_1, x_2)$$

必须是收敛且有限的. 对于定义在空间 S_Y 上的随机变量 $Y = u(X_1, X_2)$，其概率质量函数为 $g(y)$，有

$$\sum_{(x_1, x_2) \in S} \sum u(x_1, x_2) f(x_1, x_2) = \sum_{y \in S_Y} y\, g(y)$$

例 4.1-6 在一个碗中有 8 个相同的碎片：三个标记为 $(0, 0)$，两个标记为 $(1, 0)$，两个标记为 $(0, 1)$，一个标记为 $(1, 1)$. 玩家随机抽取一个碎片，并以美元为单位给出两个坐标的总和. 设 X_1 和 X_2 分别代表这两个坐标，则它们的联合概率质量函数为

$$f(x_1, x_2) = \frac{3 - x_1 - x_2}{8}, \quad x_1 = 0, \quad x_2 = 0, 1$$

因此，

$$E(X_1 + X_2) = \sum_{x_2=0}^{1} \sum_{x_1=0}^{1} (x_1 + x_2) \frac{3 - x_1 - x_2}{8} = (0)\left(\frac{3}{8}\right) + (1)\left(\frac{2}{8}\right) + (1)\left(\frac{2}{8}\right) + (2)\left(\frac{1}{8}\right) = \frac{3}{4}$$

也就是说，期望收益为 75 ¢. ∎

以下数学期望（如果存在的话）具有一个特殊名称：

（a）如果 $u_1(X_1, X_2) = X_i$，那么 $E[u_1(X_1, X_2)] = E(X_i) = \mu_i$ 称为 $X_i (i = 1, 2)$ 的**均值**.

（b）如果 $u_2(X_1, X_2) = (X_i - \mu_i)^2$，那么 $E[u_2(X_1, X_2)] = E[(X_i - \mu_i)^2] = \sigma_i^2 = \text{Var}(X_i)$ 称为 $X_i (i = 1, 2)$ 的**方差**.

均值 μ_i 和方差 σ_i^2 可以用联合概率质量函数 $f(x_1, x_2)$ 或者边际概率质量函数 $f_i(x_i)$ $(i = 1, 2)$ 计算求得.

通过下面的例子，我们给出两个重要的单变量分布的扩展：超几何分布和二项分布.

例 4.1-7 考虑刚刚完成微积分第一学期课程的 200 名学生. 在这 200 人中，有 40 人获得了 A，60 人获得了 B，100 人获得了 C、D 或 F. 大小为 25 的样本是随机抽取的，每个个体不重复抽样，则其概率为 $\dfrac{1}{\dbinom{200}{25}}$. 在这 25 个样本中，令 X 表示得 A 的学生数量，Y 表示得 B 的学生数量，$25 - X - Y$ 表示其他学生的数量. (X, Y) 的空间 S 定义为非负整数 (x, y) 的集合，满足 $x + y \leqslant 25$. X，Y 的联合概率质量函数为

$$f(x, y) = \frac{\dbinom{40}{x}\dbinom{60}{y}\dbinom{100}{25 - x - y}}{\dbinom{200}{25}}, \quad (x, y) \in S$$

如果 $j > k$，则假定 $\dbinom{k}{j} = 0$. 显然，X 的边际概率质量函数为

$$f_X(x) = \frac{\dbinom{40}{x}\dbinom{160}{25-x}}{\dbinom{200}{25}}, \quad x = 0, 1, 2, \cdots, 25$$

因为 X 服从超几何分布. 同理, 函数 $f_Y(y)$ 也是一个超几何概率质量函数, 并且 $f(x,y) \neq f_X(x)f_Y(y)$, 所以 X 和 Y 是相依的. 注意到空间 S 不是"矩形的", 故随机变量是相依的. ∎

现在我们将二项分布扩展到三项分布, 在这里我们把实验结果设为三个等级: 一等品、二等品、残次品. 在 n 次的独立重复实验中, 一等品、二等品和残次品的概率分别为 P_X, P_Y, $P_Z = 1-P_X-P_Y$. 在这 n 次实验中, 令 $X=$ 一等品个数, $Y=$ 二等品个数, $Z=n-X-Y=$ 残次品个数. 如果 x 和 y 是非负整数, 满足 $x+y \leq n$, 则一等品 x 个、二等品 y 个、残次品 $n-x-y$ 个的概率为

$$p_X^x p_Y^y (1 - p_X - p_Y)^{n-x-y}$$

然而, 如果我们想求 $P(X=x, Y=y)$, 那么我们必须认识到 $X=x$, $Y=y$ 有

$$\binom{n}{x, y, n-x-y} = \frac{n!}{x!y!(n-x-y)!}$$

种方式实现. 因此, **三项**概率质量函数为

$$
\begin{aligned}
f(x, y) &= P(X=x, Y=y) \\
&= \frac{n!}{x!y!(n-x-y)!} p_X^x p_Y^y (1 - p_X - p_Y)^{n-x-y}
\end{aligned}
$$

这里 x 和 y 是非负整数, 满足 $x+y \leq n$. 显然, 我们能够看到 $X \sim b(n, p_X)$, $Y \sim b(n, p_Y)$, 所以 X 和 Y 是相依的, 即边际概率质量函数的乘积不等于 $f(x,y)$.

例 4.1-8　在制造某种物品时, 其中一等品占 95%, 二等品占 4%, 残次品占 1%. 一个公司通过统计方法进行质量控制检测, 在线检查员每小时随机抽查 20 个产品进行检测, 计算二等品 X 和残次品 Y 的数量. 假设生产正常, 在样本大小为 20 时, 求至少有两个二等品或两个残次品被检测出来的概率. 如果我们假设 $A = \{(x,y): x \geq 2 \text{ 或 } y \geq 2\}$, 那么

$$
\begin{aligned}
P(A) &= 1 - P(A') \\
&= 1 - P(X=0 \text{ or } 1 \text{ and } Y=0 \text{ or } 1) \\
&= 1 - \frac{20!}{0!0!20!}(0.04)^0(0.01)^0(0.95)^{20} - \frac{20!}{1!0!19!}(0.04)^1(0.01)^0(0.95)^{19} - \\
&\quad \frac{20!}{0!1!19!}(0.04)^0(0.01)^1(0.95)^{19} - \frac{20!}{1!1!18!}(0.04)^1(0.01)^1(0.95)^{18} = 0.204
\end{aligned}
$$
∎

例 4.1-9　设 X 和 Y 服从三项分布, 参数 $p_X = \dfrac{1}{5}$, $p_Y = \dfrac{2}{5}$, $n=5$. X 和 Y 的联合概率质量函数的概率直方图如图 4.1-4 所示. ∎

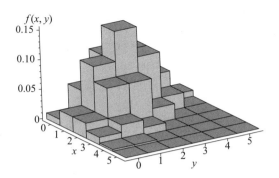

图 4.1-4　三项分布，$p_X = 1/5$，$p_Y = 2/5$，$n = 5$

练习

4.1-1　对于以下每个函数，确定常数 c，使得 $f(x,y)$ 满足随机变量 X 和 Y 的联合概率质量函数的条件：

(a) $f(x,y) = c(x+2y)$，$x = 1, 2$，$y = 1, 2, 3$.

(b) $f(x,y) = c(x+y)$，$x = 1, 2, 3$，$y = 1, \cdots, x$.

(c) $f(x,y) = c$，x 和 y 是整数，且满足 $6 \le x+y \le 8, 0 \le y \le 5$.

(d) $f(x,y) = c\left(\dfrac{1}{4}\right)^x\left(\dfrac{1}{3}\right)^y$，$x = 1, 2, \cdots, y = 1, 2, \cdots$.

4.1-2　投掷一对四面骰子，一个红色和一个黑色，每个骰子可能出现的结果 1，2，3，4 都具有相同的概率. X 等于红色骰子的结果，Y 等于黑色骰子的结果.

(a) 在图上描述出 X 和 Y 的空间.

(b) 定义该空间上的联合概率质量函数（类似于图 4.1-1）.

(c) 求出 X 的边际概率质量函数.

(d) 求出 Y 的边际概率质量函数.

(e) X 和 Y 是相依的还是独立的？请说明原因.

4.1-3　设 X 和 Y 的联合概率质量函数为 $f(x,y) = \dfrac{x+y}{32}$，$x = 1, 2$，$y = 1, 2, 3, 4$.

(a) 求 $f_X(x)$，即 X 的边际概率质量函数.

(b) 求 $f_Y(y)$，即 Y 的边际概率质量函数.

(c) 求 $P(X > Y)$.

(d) 求 $P(Y = 2X)$.

(e) 求 $P(X + Y = 3)$.

(f) 求 $P(X \le 3 - Y)$.

(g) X 和 Y 是相依的还是独立的？请说明原因.

(h) 求变量 X 和 Y 各自的均值和方差.

4.1-4　从第一个集合 $\{0, 2, 4, 6, 8\}$ 中随机抽取一个整数，第二个集合 $\{0, 1, 2, 3, 4\}$ 中随机抽取一个整数. 令 X 表示从第一个集合中抽取的整数，Y 表示两个整数的和.

(a) 在 X 和 Y 的空间中求出 X 和 Y 的联合概率质量函数.

(b) 计算边际概率质量函数.

(c) X 和 Y 是独立的吗？请说明原因.

4.1-5　图 4.1-5 的每个部分描绘了离散型随机变量 X 和 Y 的联合概率质量函数的样本空间 S. 假设对于每一部分，联合概率质量函数对于空间 S 是常数. 根据图 4.1-5a、b、c、d 四部分的不等式给出 S，

并确定 X 和 Y 的边际概率质量函数.

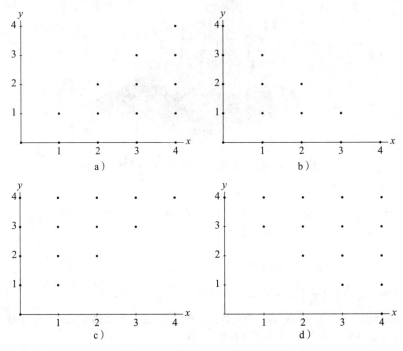

图 4.1-5   练习 4.1-5 的样本空间

136

4.1-6   去除钢板中的螺栓所需的转矩被评定为非常高、高、一般和低四个等级, 这四个等级发生的概率分别为 30%, 40%, 20% 和 10%. 假设螺栓的样本大小为 $n = 25$, 且每次实验之间是独立的, 则评级为 7 个非常高、8 个高、6 个一般、4 个低的概率分别是多少?

4.1-7   投掷一对四面骰子, 一个红色和一个黑色. 令 X 等于红色骰子的结果, Y 等于两个骰子结果的和.
(a) 在图上描述出 X 和 Y 的空间.
(b) 定义该空间上的联合概率质量函数 (类似于图 4.1-1).
(c) 求出 X 的边际概率质量函数.
(d) 求出 Y 的边际概率质量函数.
(e) X 和 Y 是相关的还是独立的? 请说明原因.

137

4.1-8   图 4.1-6 的每个部分描绘了离散型随机变量 X 和 Y 的联合概率质量函数的样本空间 S. 假设对于每一部分, 联合概率质量函数在空间 S 上是常数. 根据图 4.1-6a、b、c 的不等式给出 S, 并确定 X 和 Y 的边际概率质量函数.

4.1-9   一个粒子以独立的步骤从 $(0, 0)$ 开始每次一个单元移动, 在四个方向都有相同的概率 $\frac{1}{4}$: 北、南、东和西. 在 n 步后, 令 S 等于东西向位置, T 等于南北向位置.
(a) 在 $n = 3$ 时定义 S 和 T 的联合概率质量函数, 在二维图上, 求出联合概率质量函数和边际概率质量函数的概率 (类似于图 4.1-1).
(b) 设 $X = S + 3$, $Y = T + 3$, 求出 X 和 Y 的边际概率质量函数.

4.1-10   一项 12 至 17 岁男孩的吸烟调查显示, 78% 的人喜欢与不吸烟者约会, 1% 的人喜欢与吸烟者约会, 21% 的人表示不关心. 假设随机抽取 7 个男孩, 令 X 表示喜欢与不吸烟者约会的人数, Y 表示喜欢与吸烟者约会的人数.

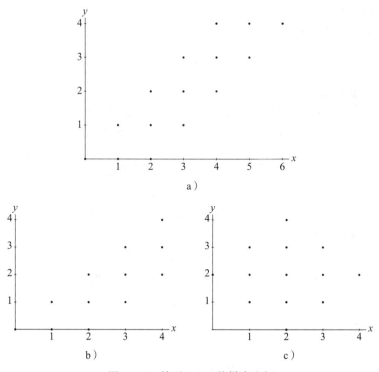

图 4.1-6　练习 4.1-8 的样本空间

（a）求出 X 和 Y 的联合概率质量函数，并确定联合概率质量函数的支撑.

（b）求出 X 的边际概率质量函数，确定函数的支撑.

4.1-11　产品分为一等品、二等品和残次品三个等级，其概率分别为 $\dfrac{6}{10}$，$\dfrac{3}{10}$ 和 $\dfrac{1}{10}$. 从生产线中随机抽取

15 个产品. 设 X 表示一等品个数，Y 表示二等品个数，$15-X-Y$ 表示残次品个数.

（a）求出 X 和 Y 的联合概率质量函数 $f(x,y)$.

（b）绘制出 $f(x,y)>0$ 的点集，从该区域的形状判断，X 和 Y 是独立的吗？请给出理由.

（c）求 $P(X=10,\ Y=4)$.

（d）求 X 的边际概率质量函数.

（e）求 $P(X\leqslant11)$.

138

4.2　相关系数

在 4.1 节中，我们介绍了两个随机变量 X 和 Y 的数学期望函数，也给出了 X 和 Y 的均值和方差：

$$\mu_X=E(X),\ \mu_Y=E(Y)\quad 和\quad \sigma_X^2=E[(X-\mu_X)^2],\ \sigma_Y^2=E[(Y-\mu_Y)^2]$$

现在我们介绍另外两个重要名称：

（a）如果 $u(X,\ Y)=(X-\mu_X)(Y-\mu_Y)$，那么

$$E[u(X,Y)]=E[(X-\mu_X)(Y-\mu_Y)]=\sigma_{XY}=\mathrm{Cov}(X,Y)$$

称为 X 和 Y 的**协方差**.

（b）如果标准差 σ_X 和 σ_Y 为正，那么

$$\rho = \frac{\text{Cov}(X, Y)}{\sigma_X \sigma_Y} = \frac{\sigma_{XY}}{\sigma_X \sigma_Y}$$

称为 X 和 Y 的**相关系数**.

为了方便起见，X 的均值和方差可以用联合概率质量函数（或联合 pdf，参见 4.4 节）或者 X 的边际概率质量函数（或 pdf）计算. 例如，在离散情况下，

$$\mu_X = E(X) = \sum_x \sum_y x f(x, y) = \sum_x x \left[\sum_y f(x, y) \right] = \sum_x x f_X(x)$$

但是，要计算协方差，我们需要知道联合概率质量函数（或 pdf）.

在思考协方差和相关系数的重要性之前，我们会注意到几个简单的事实. 首先，

$$E[(X - \mu_X)(Y - \mu_Y)] = E(XY - \mu_X Y - \mu_Y X + \mu_X \mu_Y) = E(XY) - \mu_X E(Y) - \mu_Y E(X) + \mu_X \mu_Y$$

因为，即使在双变量情况下，E 仍然是线性或分布式算子.（见练习 4.4-12.）所以，

$$\text{Cov}(X, Y) = E(XY) - \mu_X \mu_Y - \mu_Y \mu_X + \mu_X \mu_Y = E(XY) - \mu_X \mu_Y$$

因为 $\rho = \dfrac{\text{Cov}(X, Y)}{\sigma_X \sigma_Y}$，则有

$$E(XY) = \mu_X \mu_Y + \rho \sigma_X \sigma_Y$$

也就是说，两个随机变量的乘积的期望值等于它们的期望的乘积 $\mu_X \mu_Y$ 加上它们的协方差 $\rho \sigma_X \sigma_Y$.

下面一个简单的例子将帮助我们理解.

例 4.2-1 设 X 和 Y 的联合概率质量函数为 $f(x,y) = \dfrac{x+2y}{18}$，$x = 1$，$2 y = 1$，$2$，则 X 和 Y 的边际概率质量函数分别为

$$f_X(x) = \sum_{y=1}^{2} \frac{x + 2y}{18} = \frac{2x + 6}{18}, \quad x = 1, 2$$

$$f_Y(y) = \sum_{x=1}^{2} \frac{x + 2y}{18} = \frac{3 + 4y}{18}, \quad y = 1, 2$$

因为 $f(x,y) \neq f_X(x) f_Y(y)$，所以 X 和 Y 是相依的. X 的均值和方差分别是

$$\mu_X = \sum_{x=1}^{2} x \frac{2x + 6}{18} = (1)\left(\frac{8}{18}\right) + (2)\left(\frac{10}{18}\right) = \frac{14}{9}$$

$$\sigma_X^2 = \sum_{x=1}^{2} x^2 \frac{2x + 6}{18} - \left(\frac{14}{9}\right)^2 = \frac{24}{9} - \frac{196}{81} = \frac{20}{81}$$

Y 的均值和方差分别是

$$\mu_Y = \sum_{y=1}^{2} y \frac{3+4y}{18} = (1)\left(\frac{7}{18}\right) + (2)\left(\frac{11}{18}\right) = \frac{29}{18}$$

$$\sigma_Y^2 = \sum_{y=1}^{2} y^2 \frac{3+4y}{18} - \left(\frac{29}{18}\right)^2 = \frac{51}{18} - \frac{841}{324} = \frac{77}{324}$$

X 和 Y 的协方差为

$$\mathrm{Cov}(X, Y) = \sum_{x=1}^{2} \sum_{y=1}^{2} xy \frac{x+2y}{18} - \left(\frac{14}{9}\right)\left(\frac{29}{18}\right)$$

$$= (1)(1)\left(\frac{3}{18}\right) + (2)(1)\left(\frac{4}{18}\right) + (1)(2)\left(\frac{5}{18}\right) + (2)(2)\left(\frac{6}{18}\right) - \left(\frac{14}{9}\right)\left(\frac{29}{18}\right)$$

$$= \frac{45}{18} - \frac{406}{162} = -\frac{1}{162}$$

因此 X 和 Y 的相关系数为

$$\rho = \frac{-1/162}{\sqrt{(20/81)(77/324)}} = \frac{-1}{\sqrt{1540}} = -0.025 \qquad ■$$

通过深入研究 ρ 的定义，可以得到两个离散型随机变量 X 和 Y 的相关系数的公式为：

$$\rho = \frac{\sum_x \sum_y (x - \mu_X)(y - \mu_Y) f(x,y)}{\sigma_X \sigma_Y}$$

其中 μ_X，μ_Y，σ_X 和 σ_Y 表示各自的均值和标准差. 如果正概率分配给成对 (x, y)，其中 x 和 y 同时高于或低于它们各自的均值，那么定义 ρ 的求和是正的，因为这两个因子 $x - \mu_X$ 和 $y - \mu_Y$ 将同为正数或同为负数. 一方面，对于能够使得 $(x - \mu_X)(y - \mu_Y)$ 产生大的正的结果点 (x, y)，它们的相关系数也往往是正值. 另一方面，对于点 (x, y)，若其中一个分量低于其均值而另一个分量高于其均值，则其相关系数往往是负值，因为 $(x - \mu_X)(y - \mu_Y)$ 具有较高的概率是负的. (参见练习 4.2-4.) 对相关系数符号的这种解释将在后面发挥重要作用.

为了进一步了解相关系数 ρ 的含义，请考虑以下问题：样本空间 S 中的点 (x, y) 及其相应的概率. 考虑二维空间中的所有可能的线，每条线具有有限的斜率，其穿过与均值相关联的点，即 (μ_X, μ_Y). 这些线的形式为 $y - \mu_Y = b(x - \mu_X)$ 或等价地为 $y = \mu_Y + b(x - \mu_X)$. 对于空间 S 中的每个点 (x_0, y_0)，$f(x_0, y_0) > 0$，考虑从该点到上述线之一的垂直距离. 因为 y_0 是 x 轴以上点的高度，并且 $\mu_Y + b(x - \mu_X)$ 是直线上点的高度，它们直接高于或低于点 (x_0, y_0)，所以这两个高度差的绝对值是从点 (x_0, y_0) 到直线 $y = \mu_Y + b(x - \mu_X)$ 的垂直距离. 也就是说，所求的距离是 $|y_0 - \mu_Y - b(x_0 - \mu_X)|$. 现在我们将这个距离平方，并取所有这些平方的加权平均值. 换句话说，让我们考虑数学期望

$$E\{[(Y - \mu_Y) - b(X - \mu_X)]^2\} = K(b)$$

140

问题是找到使 $[(Y-\mu_Y)-b(X-\mu_X)]^2$ 期望最小的那条线（或那个 b），这是最小二乘法原理的应用，该线有时被称为最小二乘回归线.

这个问题的求解非常简单，因为

$$K(b) = E[(Y-\mu_Y)^2 - 2b(X-\mu_X)(Y-\mu_Y) + b^2(X-\mu_X)^2]$$
$$= \sigma_Y^2 - 2b\rho\sigma_X\sigma_Y + b^2\sigma_X^2$$

因为 E 是一个线性算子，$E[(X-\mu_X)(Y-\mu_Y)] = \rho\sigma_X\sigma_Y$. 因此，导数为

$$K'(b) = -2\rho\sigma_X\sigma_Y + 2b\sigma_X^2$$

并且在 $b = \dfrac{\rho\sigma_Y}{\sigma_X}$ 处值为 0，我们看到从 $K(b)$ 可以得到该 b 的最小值，因为 $K''(b) = 2\sigma_X^2 > 0$.

因此，**最小二乘回归线**（在上述意义上给定的最合适的线）为

$$y = \mu_Y + \rho\frac{\sigma_Y}{\sigma_X}(x - \mu_X)$$

当然，如果 $\rho > 0$，则直线的斜率为正；如果 $\rho < 0$，则直线的斜率为负.

注意到

$$K(b) = E\{[(Y-\mu_Y) - b(X-\mu_X)]^2\} = \sigma_Y^2 - 2b\rho\sigma_X\sigma_Y + b^2\sigma_X^2$$

的最小值也是很有启发性的，则

$$K\left(\rho\frac{\sigma_Y}{\sigma_X}\right) = \sigma_Y^2 - 2\rho\frac{\sigma_Y}{\sigma_X}\rho\sigma_X\sigma_Y + \left(\rho\frac{\sigma_Y}{\sigma_X}\right)^2\sigma_X^2 = \sigma_Y^2 - 2\rho^2\sigma_Y^2 + \rho^2\sigma_Y^2 = \sigma_Y^2(1 - \rho^2)$$

因为 $K(b)$ 是平方的期望值，所以对于所有的 b，它必须是非负的，并且由于 $\sigma_Y^2(1-\rho^2) \geqslant 0$，即 $\rho^2 \leqslant 1$，因此，$-1 \leqslant \rho \leqslant 1$，这是相关系数 ρ 的重要性质. 一方面，如果 $\rho = 0$，那么 $K\left(\dfrac{\rho\sigma_Y}{\sigma_X}\right) = \sigma_Y^2$；另一方面，如果 ρ 接近 1 或 -1，则 $K\left(\dfrac{\rho\sigma_Y}{\sigma_X}\right)$ 相对较小. 也就是说，如果 ρ 接近 1 或 -1，那么具有正概率的点与线 $y = \mu_Y + \rho\left(\dfrac{\sigma_Y}{\sigma_X}\right)(x-\mu_X)$ 的垂直偏差很小，因为 $K\left(\dfrac{\rho\sigma_Y}{\sigma_X}\right)$ 是这些偏差的平方的期望. 因此，在这个意义上，ρ 测量概率分布中的线性度. 事实上，在离散情况下，当且仅当 ρ 等于 1 或 -1 时，所有正概率点都位于该直线上.

注 更一般地，我们可以通过最小二乘原理的相同应用拟合直线 $y = a + bx$. 然后我们将证明"最佳"直线实际通过点 (μ_X, μ_Y). 回想一下，在前面的讨论中，我们假设直线就是这种形式. 学生会发现这个求导需要使用偏导数.（参见练习 4.2-5.）

下面一个例子说明了 ρ 为负的联合离散分布. 图 4.2-1 还绘制了最佳拟合线或最小二乘回归线.

例 4.2-2 当掷一对均匀四面骰子时，令 X 等于第一面的点数，Y 等于第二面和第三面的点数. 则 X 和 Y 服从三项分布，其联合概率质量函数为

$$f(x,y) = \frac{2!}{x!y!(2-x-y)!}\left(\frac{1}{4}\right)^x\left(\frac{2}{4}\right)^y\left(\frac{1}{4}\right)^{2-x-y}, \quad 0 \leqslant x + y \leqslant 2$$

其中 x 和 y 是非负整数. 因为 X 的边际概率质量函数是 $b\left(2, \dfrac{1}{4}\right)$, Y 的边际概率质量函数是 b $\left(2, \dfrac{1}{2}\right)$, 故 $\mu_X = \dfrac{1}{2}$, $\mathrm{Var}(X) = \dfrac{6}{16}$, $\mu_Y = 1$, $\mathrm{Var}(Y) = \dfrac{1}{2}$. 因为 $E(XY) = (1)(1)(4/16) = 4/16$, 我们得出 $\mathrm{Cov}(X, Y) = -\dfrac{1}{4}$, 相关系数 $\rho = -\dfrac{1}{\sqrt{3}}$. 使用这些参数值, 我们可以获得最佳拟合线, 即

$$y = 1 + \left(-\frac{1}{\sqrt{3}}\right)\sqrt{\frac{1/2}{3/8}}\left(x - \frac{1}{2}\right) = -\frac{2}{3}x + \frac{4}{3}$$

联合概率质量函数和最佳拟合线如图 4.2-1 所示.

假设 X 和 Y 是独立的, 满足 $f(x, y) = f_X(x)f_Y(y)$. 假设我们想要求 $u(X)v(Y)$ 的期望值. 在期望存在的情况下, 我们知道

$$\begin{aligned}
E[u(X)v(Y)] &= \sum_{S_X}\sum_{S_Y} u(x)v(y)f(x, y) \\
&= \sum_{S_X}\sum_{S_Y} u(x)v(y)f_X(x)f_Y(y) \\
&= \sum_{S_X} u(x)f_X(x) \sum_{S_Y} v(y)f_Y(y) \\
&= E[u(X)]E[v(Y)]
\end{aligned}$$

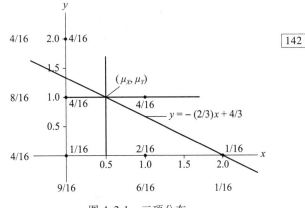

图 4.2-1　三项分布

该公式可用于表明两个独立变量的相关系数为零. 对于标准符号, 我们有

$$\mathrm{Cov}(X, Y) = E[(X - \mu_X)(Y - \mu_Y)] = E(X - \mu_X)E(Y - \mu_Y) = 0$$

然而, 这个等式反之并不一定正确: 通常, 零相关并不意味着独立. 重要的是要牢记下面的关系: 独立意味着零相关, 但零相关并不一定意味着独立. 我们现在用一个例题来说明.

例 4.2-3　设 X 和 Y 的联合概率质量函数为 $f(x, y) = \dfrac{1}{3}$, $(x, y) = (0, 1), (1, 0), (2, 1)$. 因为支撑不是 "矩形的", 所以 X 和 Y 必定是相依的. X 和 Y 的均值分别是 $\mu_X = 1$ 和 $\mu_Y = \dfrac{2}{3}$. 因此

$$\mathrm{Cov}(X, Y) = E(XY) - \mu_X\mu_Y = (0)(1)\left(\frac{1}{3}\right) + (1)(0)\left(\frac{1}{3}\right) + (2)(1)\left(\frac{1}{3}\right) - (1)\left(\frac{2}{3}\right) = 0$$

换句话说, $\rho = 0$, 但是 X 和 Y 是相依的.

练习

4.2-1 设随机变量 (X, Y) 的联合概率质量函数为

$$f(x,y) = \frac{x+y}{32}, \quad x = 1, 2, \quad y = 1, 2, 3, 4$$

求均值 μ_X 和 μ_Y、方差 $\sigma^2{}_X$ 和 $\sigma^2{}_Y$、协方差 $\mathrm{Cov}(X, Y)$ 以及相关系数 ρ. X 和 Y 是否独立?

4.2-2 设随机变量 (X, Y) 的联合概率质量函数定义为 $f(0,0) = f(1,2) = 0.2, f(0,1) = f(1,1) = 0.3$.

(a) 在图上描绘点及其对应的概率.

(b) 写出边际概率质量函数.

(c) 计算 μ_X, μ_Y, $\sigma^2{}_X$, $\sigma^2{}_Y$, $\mathrm{Cov}(X, Y)$ 和 ρ.

(d) 求出最小二乘回归线方程,并在图上画出. 该直线是否与猜想的一致?

4.2-3 将一个均匀的四面骰子掷两次,第一次掷出来的数记为 X,两次掷出数之和记为 Y.

(a) 计算 μ_X, μ_Y, $\sigma^2{}_X$, $\sigma^2{}_Y$, $\mathrm{Cov}(X, Y)$ 和 ρ.

(b) 求出最小二乘回归线方程,并在图上画出. 该直线是否与猜想的一致?

4.2-4 随机变量 X 和 Y 服从三项分布,其中 $n = 3$, $p_X = 1/6$, $p_Y = 1/2$. 求

(a) $E(X)$.

(b) $E(Y)$.

(c) $\mathrm{Var}(X)$.

(d) $\mathrm{Var}(Y)$.

(e) $\mathrm{Cov}(X, Y)$.

(f) ρ.

注意,在本例中 $\rho = -\sqrt{p_X p_Y / (1-p_X)(1-p_Y)}$(事实上,这个公式对三项分布是成立的,参见例 4.3-3).

4.2-5 设 X, Y 为随机变量,均值分别为 μ_X 和 μ_Y,方差分别为 $\sigma^2{}_X$ 和 $\sigma^2{}_Y$,相关系数为 ρ. 用最小期望 $K(a,b) = E[(Y-a-bX)^2]$ 和最小二乘法将直线 $y = a+bx$ 拟合成概率分布.

提示:考虑 $\partial K/\partial a = 0$ 和 $\partial K/\partial b = 0$,并同时求解.

4.2-6 设随机变量 X, Y 的联合概率质量函数为 $f(x,y) = 1/6$, $0 \le x+y \le 2$,其中 x 和 y 为非负整数.

(a) 绘制 X 和 Y 的支撑.

(b) 求出边际概率质量函数 $f_X(x)$ 和 $f_y(y)$.

(c) 计算 $\mathrm{Cov}(X, Y)$.

(d) 确定相关系数 ρ.

(e) 求出最佳拟合线,并在图上画出.

4.2-7 确定练习 4.1-5 中四个分布的相关系数 ρ.

4.2-8 确定练习 4.1-8 中三个分布的相关系数 ρ.

4.2-9 设随机变量 (X, Y) 的联合概率质量函数为

$f(x,y) = 1/4$, $(x,y) \in S = \{(0, 0), (1, 1), (1, -1), (2, 0)\}$

(a) X 和 Y 是否独立?

(b) 计算 $\mathrm{Cov}(X, Y)$ 和 ρ.

这个练习还说明了相依的随机变量的相关系数可以为零.

4.2-10 某种原料按含水率 $X(\%)$ 和杂质 $Y(\%)$ 进行分类. 令 X 和 Y 的联合概率质量函数为

y	x			
	1	2	3	4
2	0.10	0.20	0.30	0.05
1	0.05	0.05	0.15	0.10

（a）求出边际概率质量函数，均值和方差.

（b）求出 X 和 Y 的协方差和相关系数.

（c）如果需要高含水率的额外加热和高杂质的额外过滤，使得额外成本可以表示为函数 $C = 2X + 10Y^2$（美元），求 $E(C)$.

4.2-11　一个汽车经销商每天销售 X 辆汽车，并且总是在尝试为这些汽车出售延长保修期.（在我们看来，这些保证大都不划算.）设 Y 为已售出延长保修期的数量，则 $Y \leqslant X$. X 和 Y 的联合概率质量函数为

$$f(x, y) = c(x + 1)(4 - x)(y + 1)(3 - y),$$
$$x = 0, 1, 2, 3, \ y = 0, 1, 2, \quad y \leqslant x$$

（a）求 c 的值.

（b）绘制 X 和 Y 的支撑.

（c）求出边际概率质量函数 $f_X(x)$ 和 $f_Y(y)$.

（d）X 和 Y 是否独立？

（e）计算 μ_X 和 $\sigma^2{}_X$.

（f）计算 μ_Y 和 $\sigma^2{}_Y$.

（g）计算 $\text{Cov}(X, Y)$.

（h）确定相关系数 ρ.

（i）求出最佳拟合线并在图上画出.

4.2-12　如果相关系数 ρ 存在，证明 $-1 \leqslant \rho \leqslant 1$.

提示：考虑非负二次函数 $h(v) = E\left\{\left[(X - \mu_X) + v(Y - \mu_Y)\right]^2\right\}$ 的判别式.

4.3　条件分布

设随机变量 X 和 Y 在离散样本空间 S 上的联合概率质量函数为 $f(x, y)$. 假设在空间 S_X 和 S_Y 上，边际概率质量函数分别为 $f_X(x)$ 和 $f_Y(y)$. 设事件 $A = \{X = x\}$，事件 $B = \{Y = y\}$，$(x, y) \in S$. 因此，$A \cap B = \{X = x, Y = y\}$. 因为

$$P(A \cap B) = P(X = x, Y = y) = f(x, y)$$

以及

$$P(B) = P(Y = y) = f_Y(y) > 0 \quad (因为 y \in S_Y)$$

在事件 B 的条件下 A 的条件概率为

$$P(A \mid B) = \frac{P(A \cap B)}{P(B)} = \frac{f(x, y)}{f_Y(y)}$$

由这个公式得出以下定义.

定义 4.3-1　给定 $Y = y$ 条件下 X 的**条件概率质量函数**为

$$g(x \mid y) = \frac{f(x, y)}{f_Y(y)}, \quad f_Y(y) > 0$$

类似地，给定 $X=x$ 条件下 Y 的**条件概率质量函数**为

$$h(y \mid x) = \frac{f(x, y)}{f_X(x)}, \quad f_X(x) > 0$$

例 4.3-1 设随机变量 X, Y 的联合概率质量函数为

$$f(x, y) = \frac{x + y}{21}, \quad x = 1, 2, 3, \quad y = 1, 2$$

在例 4.1-2 中，我们得到了

$$f_X(x) = \frac{2x + 3}{21}, \quad x = 1, 2, 3$$

$$f_Y(y) = \frac{3y + 6}{21}, \quad y = 1, 2$$

因此，给定 $Y=y$ 条件下 X 的条件概率质量函数为

$$g(x \mid y) = \frac{(x+y)/21}{(3y+6)/21} = \frac{x + y}{3y + 6}, \quad x = 1, 2, 3, \quad \text{当 } y = 1 \text{ 或 } 2 \text{ 时}$$

例如，

$$P(X = 2 \mid Y = 2) = g(2 \mid 2) = \frac{4}{12} = \frac{1}{3}$$

类似地，给定 $X=x$ 条件下 Y 的条件概率质量函数为

$$h(y \mid x) = \frac{x + y}{2x + 3}, \quad y = 1, 2, \quad \text{当 } x = 1, 2 \text{ 或 } 3 \text{ 时}$$

联合概率质量函数 $f(x,y)$ 与边际概率质量函数如图 4.3-1a 所示. 当 $y=2$ 时，我们期望 x（即 1、2 和 3）的结果按照 $3:4:5$ 的比例出现. 这正是 $g(x \mid y)$ 的作用：

$$g(1 \mid 2) = \frac{1 + 2}{12}, \quad g(2 \mid 2) = \frac{2 + 2}{12}, \quad g(3 \mid 2) = \frac{3 + 2}{12}$$

$g(x \mid 1)$ 和 $g(x \mid 2)$ 如图 4.3-1b 所示，$h(y \mid 1)$, $h(y \mid 2)$ 和 $h(y \mid 3)$ 如图 4.3-1c 所示，将图 4.3-1c 与图 4.3-1a 中的概率进行比较，它们符合最初猜想和 $h(y \mid x)$ 公式. ∎

注意，$0 \leq h(y \mid x)$. 如果 x 不变，对 $h(y \mid x)$ 关于 y 求和，则有

$$\sum_y h(y \mid x) = \sum_y \frac{f(x, y)}{f_X(x)} = \frac{f_X(x)}{f_X(x)} = 1$$

因此，$h(y \mid x)$ 满足概率质量函数的条件，我们能够计算出条件概率和其条件期望，如

$$P(a < Y < b \mid X = x) = \sum_{\{y : a < y < b\}} h(y \mid x)$$

$$E[u(Y) \mid X = x] = \sum_y u(y) h(y \mid x)$$

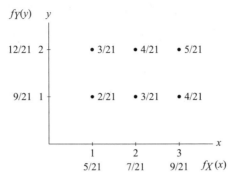

a）联合概率质量函数与边际概率质量函数

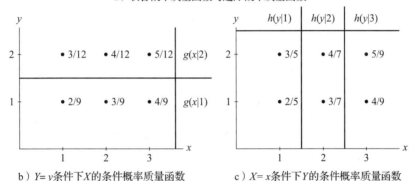

b）$Y=y$条件下X的条件概率质量函数   c）$X=x$条件下Y的条件概率质量函数

图 4.3-1   联合概率质量函数、边际概率质量函数和条件概率质量函数

以上公式也适用于与其相关的无条件概率和期望.

给定 $X=x$，Y 的**条件均值**和**条件方差**分别定义为

$$\mu_{Y|x} = E(Y|x) = \sum_y y\,h(y|x)$$

$$\sigma^2_{Y|x} = \text{Var}(Y|x) = E\{[Y - E(Y|x)]^2|x\} = \sum_y [y - E(Y|x)]^2\,h(y|x)$$

结合以上公式也可得出

$$\sigma^2_{Y|x} = E(Y^2|x) - [E(Y|x)]^2$$

条件均值 $\mu_{X|y}$ 和条件方差 $\sigma^2_{X|y}$ 也适用于以上公式.

例 4.3-2   在例 4.3-1 的条件下，当 $x=3$ 时，计算 $\mu_{Y|x}$ 和 $\sigma^2_{Y|x}$：

$$\mu_{Y|3} = E(Y|X=3) = \sum_{y=1}^2 y\,h(y|3) = \sum_{y=1}^2 y\left(\frac{3+y}{9}\right) = 1\left(\frac{4}{9}\right) + 2\left(\frac{5}{9}\right) = \frac{14}{9}$$

$$\sigma^2_{Y|3} = E\left[\left(Y - \frac{14}{9}\right)^2 \middle| X=3\right] = \sum_{y=1}^2 \left(y - \frac{14}{9}\right)^2 \left(\frac{3+y}{9}\right) = \frac{25}{81}\left(\frac{4}{9}\right) + \frac{16}{81}\left(\frac{5}{9}\right) = \frac{20}{81} \quad \blacksquare$$

给定 $Y=y$ 条件下 X 的条件均值仅是关于 y 的函数，同样，给定 $X=x$ 条件下 Y 的条件

均值仅是关于 x 的函数. 假设后者的条件均值是关于 x 的线性函数，即 $E(Y\mid x)=a+bx$. 根据特征 μ_X，μ_Y，σ_X^2，σ_Y^2 和 ρ 可计算出常数 a 和 b. 这可进一步阐明相关系数 ρ，因此，假设相应的标准差 σ_X 和 σ_Y 都是正的，这样相关系数就存在了.

给定

$$\sum_y y h(y\mid x)=\sum_y y\frac{f(x,y)}{f_X(x)}=a+bx,\quad x\in S_X$$

其中 X 在空间 S_X 上，可得出

$$\sum_y y f(x,y)=(a+bx)f_X(x),\quad x\in S_X \tag{4.3-1}$$

和

$$\sum_{x\in S_X}\sum_y y f(x,y)=\sum_{x\in S_X}(a+bx)f_X(x)$$

μ_X 和 μ_Y 代表相应的均值，可得出

$$\mu_Y=a+b\mu_X \tag{4.3-2}$$

另外，将公式 (4.3-1) 与 x 相乘，对结果进行求和，得出

$$\sum_{x\in S_X}\sum_y xy f(x,y)=\sum_{x\in S_X}(ax+bx^2)f_X(x)$$

即

$$E(XY)=aE(X)+bE(X^2)$$

或等价地，

$$\mu_X\mu_Y+\rho\sigma_X\sigma_Y=a\mu_X+b(\mu_X^2+\sigma_X^2) \tag{4.3-3}$$

式 (4.3-2) 和式 (4.3-3) 的解为

$$a=\mu_Y-\rho\frac{\sigma_Y}{\sigma_X}\mu_X,\quad b=\rho\frac{\sigma_Y}{\sigma_X}$$

这表明如果 $E(Y\mid x)$ 是线性的，那么

$$E(Y\mid x)=\mu_Y+\rho\frac{\sigma_Y}{\sigma_X}(x-\mu_X)$$

因此，如果给定 $X=x$ 条件下 Y 的条件均值是线性的，那么它就与 4.2 节中精确的最佳拟合线（最小二乘回归线）相同.

由对称性可得，如果给定 $Y=y$ 条件下 X 的条件均值是线性的，那么

$$E(X\mid y)=\mu_X+\rho\frac{\sigma_X}{\sigma_Y}(y-\mu_Y)$$

可以看出点 $[x=\mu_X,\ E(Y\mid x=\mu_X)]$ 满足 $E(Y\mid x)$，$[E(X\mid y)=\mu_X,\ y=\mu_Y]$ 满足 $E(X\mid y)$. 即这两条线的交点为 (μ_X,μ_Y). 另外，$E(Y\mid x)$ 中的 x 的系数与 $E(X\mid y)$ 中 y 的系数的积为 ρ^2，两个系数的比值为 $\dfrac{\sigma_Y^2}{\sigma_X^2}$. 在解决特殊问题时，这些结论简便有效.

例 4.3-3 给出参数 n，p_X，p_Y 以及 $1-p_X-p_Y=p_Z$，那么 X 和 Y 服从的三项概率质量函数为

$$f(x,y) = \frac{n!}{x!\,y!\,(n-x-y)!}\, p_X^x p_Y^y p_Z^{n-x-y}$$

其中 X 和 Y 为非负整数并且 $x+y \leqslant n$，从三项概率质量函数的分布中可得出 X 和 Y 相应的边际二项分布 $b(n,p_X)$ 和 $b(n,p_Y)$. 因此

$$h(y\,|\,x) = \frac{f(x,y)}{f_X(x)} = \frac{(n-x)!}{y!\,(n-x-y)!}\left(\frac{p_Y}{1-p_X}\right)^y \left(\frac{p_Z}{1-p_X}\right)^{n-x-y}$$
$$y = 0,1,2,\cdots,n-x$$

如果给定 $X=x$ 条件下 Y 的条件概率质量函数为二项分布，即

$$b\left[n-x,\frac{p_Y}{1-p_X}\right]$$

从而其条件均值为

$$E(Y\,|\,x) = (n-x)\frac{p_Y}{1-p_X}$$

相应地得出

$$E(X\,|\,y) = (n-y)\frac{p_X}{1-p_Y}$$

因为二者的条件均值是线性的，所以 x 和 y 相应的系数乘积为

$$\rho^2 = \left(\frac{-p_Y}{1-p_X}\right)\left(\frac{-p_X}{1-p_Y}\right) = \frac{p_X p_Y}{(1-p_X)(1-p_Y)}$$

但是，因为 x 和 y 的系数都为负数，所以 ρ 一定为负值，即

$$\rho = -\sqrt{\frac{p_X p_Y}{(1-p_X)(1-p_Y)}}\qquad\blacksquare$$

在例 4.3-4 中，当 X 和 Y 服从三项分布时，再来看条件概率质量函数.

例 4.3-4 设 X 和 Y 服从三项分布，$p_X=1/3$，$p_Y=1/3$ 且 $n=5$，由上个例子的结果得出给定 $X=x$ 条件下 Y 的条件分布为 $b(5-x,(1/3)/(1-1/3))$，或 $b(5-x,1/2)$. 当 $x=0,1,2\cdots,5$ 时，$h(y\,|\,x)$ 如图 4.3-2a 所示. 注意，选定轴的方向，可以看到这些概率质量函数的形状. 同理，给定 $Y=y$ 条件下 X 的条件分布为 $b(5-y,1/2)$. 当 $y=0,1,2\cdots,5$ 时，$g(x\,|\,y)$ 如图 4.3-2b 所示. $\blacksquare$

到目前为止，我们定义了条件均值 $E(Y\,|\,x)$ 是观测值 x 的函数. 可以通过在观测到 X 之前猜测其值将条件均值的概念扩展到随机变量. 也就是说，将 $E(Y\,|\,X)$ 定义为一个值为 $E(Y\,|\,x)$ 的（离散型）随机变量，$x \in S_X$，概率由 x 的边际概率质量函数给出.

再次回顾例 4.3-1 中的随机变量 X 和 Y，从图 4.3-1c 中随机变量 Y 的条件概率质量函数，可得出

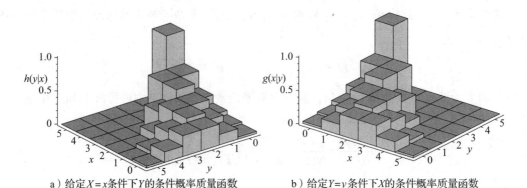

a）给定 $X=x$ 条件下 Y 的条件概率质量函数　　　　　b）给定 $Y=y$ 条件下 X 的条件概率质量函数

图 4.3-2　三项分布的条件概率质量函数

$$E(Y\,|\,1) = \sum_{y=1}^{2} yh(y\,|\,1) = (1)(2/5) + (2)(3/5) = 8/5$$

$$E(Y\,|\,2) = \sum_{y=1}^{2} yh(y\,|\,2) = (1)(3/7) + (2)(4/7) = 11/7$$

$$E(Y\,|\,3) = \sum_{y=1}^{2} yh(y\,|\,3) = (1)(4/9) + (2)(5/9) = 14/9$$

那么，$E(Y\,|\,X)$ 为随机变量，取值分别为 8/5，11/7，14/9，其相应的概率分别为 5/21，7/21，9/21.

因为 $E(Y\,|\,X)$ 为随机变量，可能存在期望值. 计算该随机变量的期望值，可得出

$$E[E(Y\,|\,X)] = \sum_{x=1}^{3} E(Y\,|\,x)f_X(x) = (8/5)(5/21) + (11/7)(7/21) + (14/9)(9/21) = 33/21$$

值得注意的是，$E(Y\,|\,X)$ 的期望值与 Y 的期望值相同：

$$E(Y) = \sum_{y=1}^{2} yf_Y(y) = (1)(9/21) + (2)(12/21) = 33/21$$

这种"巧合"实际上说明了一个更普遍的结果，称为**期望的全概率定律**，以下将对其进行陈述和证明.

150
　　定理 4.3-1　设 X 和 Y 为离散型随机变量，$E(Y)$ 存在，那么 $E[E(Y\,|\,X)] = E(Y)$.
　　证明

$$E[E(Y\,|\,X)] = \sum_{S_X}\left[\sum_{S_Y} yh(y\,|\,x)\right]f_X(x) = \sum_{S_X}\sum_{S_Y}\left[y\frac{f(x,y)}{f_X(x)}\right]f_X(x)$$

$$= \sum_{S_Y}\sum_{S_X} yf(x,y) = \sum_{S_Y} y\sum_{S_X} f(x,y) = \sum_{S_X} yf_Y(y) = E(Y) \qquad\square$$

同理，条件方差也可以作为一个随机变量. 也就是说，将$\mathrm{Var}(Y\,|\,X)$定义为一个值为$\mathrm{Var}(Y\,|\,x)(x\in S_Y)$的随机变量，其概率由$X$的边际概率质量函数给出. 对于上面用于说明$E(Y\,|\,X)$的相同随机变量$X$和$Y$，有

$$\mathrm{Var}(Y\,|\,1) = \sum_{y=1}^{2} y^2 h(y\,|\,1) - [E(Y\,|\,1)]^2 = (1)^2(2/5) + (2)^2(3/5) - (8/5)^2 = 6/25$$

$$\mathrm{Var}(Y\,|\,2) = \sum_{y=1}^{2} y^2 h(y\,|\,2) - [E(Y\,|\,2)]^2 = (1)^2(3/7) + (2)^2(4/7) - (11/7)^2 = 12/49$$

$$\mathrm{Var}(Y\,|\,3) = \sum_{y=1}^{2} y^2 h(y\,|\,3) - [E(Y\,|\,3)]^2 = (1)^2(4/9) + (2)^2(5/9) - (14/9)^2 = 20/81$$

那么$\mathrm{Var}(Y\,|\,X)$为随机变量，取值分别为$6/25$，$12/49$，$20/81$，其相应的概率分别为$5/21$，$7/21$，$9/21$.

以下定理称为**方差的全概率定律**，该定律将条件方差的期望和条件均值的方差与边际方差联系起来.

定理 4.3-2 设X和Y为离散型随机变量，假定所有的期望和方差都存在，则

$$E[\mathrm{Var}(Y\,|\,X)] + \mathrm{Var}[E(Y\,|\,X)] = \mathrm{Var}(Y)$$

证明 利用数学期望的线性和期望的全概率定律，得

$$E[\mathrm{Var}(Y\,|\,X)] = E\{E(Y^2\,|\,X) - [E(Y\,|\,X)]^2\} = E[E(Y^2\,|\,X)] - E\{[E(Y\,|\,X)]^2\}$$
$$= E(Y^2) - E\{[E(Y\,|\,X)]^2\} \tag{4.3-4}$$

同理，

$$\mathrm{Var}[E(Y\,|\,X)] = E\{[E(Y\,|\,X)]^2\} - \{E[E(Y\,|\,X)]\}^2$$
$$= E\{[E(Y\,|\,X)]^2\} - [E(Y)]^2 \tag{4.3-5}$$

将公式(4.3-4)与公式(4.3-5)相结合，得出

$$E[\mathrm{Var}(Y\,|\,X)] + \mathrm{Var}[E(Y\,|\,X)] = E(Y^2) - [E(Y)]^2 = \mathrm{Var}(Y) \qquad \square$$

例 4.3-5 设随机变量X服从均值为4的泊松分布，给定$X=x$条件下随机变量Y的条件分布为二项分布，样本量为$n=x+1$，成功概率为p，则$E(Y\,|\,X) = (X+1)p$，所以

$$E(Y) = E[E(Y|X)] = E[(X+1)p] = [E(X)+1]p = (4+1)p = 5p$$

此外，$\mathrm{Var}(Y\,|\,X) = (X+1)p(1-p)$，有

$$\mathrm{Var}(Y) = \mathrm{Var}[(E(Y|X)] + E[\mathrm{Var}(Y|X)] = \mathrm{Var}[(X+1)p] + E[(X+1)p(1-p)]$$
$$= p^2\mathrm{Var}(X) + [E(X)+1]p(1-p) = 4p^2 + 5p(1-p) = 5p - p^2 \qquad \blacksquare$$

练习

4.3-1 设随机变量(X, Y)的联合概率质量函数为

$$f(x,y) = \frac{x+y}{32}, \quad x = 1, 2, \quad y = 1, 2, 3, 4$$

(a) 绘制出联合概率质量函数和边际概率质量函数的图像，类似于图 4.3-1a.

(b) 求出$g(x\,|\,y)$并作图，描绘$y=1$，2，3 和 4 的条件概率质量函数，类似于图 4.3-1b.

(c) 求出$h(y\,|\,x)$并作图，描绘$x=1$ 和 2 的条件概率质量函数，类似于图 4.3-1c.

(d) 计算 $P(1 \leqslant Y \leqslant 3 \mid X=1)$，$P(Y \leqslant 2 \mid X=2)$，$P(Y=2 \mid X=3)$.

(e) 计算 $E(Y \mid X=1)$，$\mathrm{Var}(Y \mid X=1)$.

4.3-2 X 和 Y 的联合概率质量函数 $f(x, y)$ 如下表所示：

(x, y)	$f(x, y)$
$(1, 1)$	3/8
$(2, 1)$	1/8
$(1, 2)$	1/8
$(2, 2)$	3/8

写出两个条件概率质量函数及相应的均值和方差.

4.3-3 假设 W 为 1kg 盒子中装洗衣皂的重量，这种盒子在东南亚很常见. 设 $P(W<1)=0.02$，$P(W>1.072)=0.08$，当 $W<1$ 时，偏轻；当 $1 \leqslant W \leqslant 1.072$ 时，标准；当 $W>1.072$ 时，超重. 独立观察 $n=50$ 个盒子，设 X 为偏轻盒子的数量，Y 为标准盒子的数量.

(a) 求 X 和 Y 的联合概率质量函数.

(b) 给出 Y 的分布和该分布的参数值.

(c) 求出 $X=3$ 时，Y 的条件分布.

(d) 求 $E(Y \mid X=3)$.

(e) 求出 X 和 Y 的相关系数 ρ.

4.3-4 在某些雄性果蝇中，眼睛颜色的基因有等位基因 (R, W)，交配雌性果蝇眼睛颜色的基因也有等位基因 (R, W)，它们的后代从每个父母中得到一个等位基因. 如果一个后代最终得到 (R, R)，(R, W) 或 (W, R)，它的眼睛是红色的. 设 X 为有红眼睛的后代数量，Y 为携带 (R, W) 或 (W, R) 基因红眼睛后代的数量.

(a) 如果后代总数为 $n=400$，求 X 的分布.

(b) 求 $E(X)$ 和 $\mathrm{Var}(X)$.

(c) 当 $X=300$ 时，求 Y 的分布.

(d) 求出 $E(Y \mid X=300)$ 和 $\mathrm{Var}(Y \mid X=300)$.

4.3-5 设 X，Y 服从三项分布，$n=2$，$p_X=1/4$，$p_Y=1/2$.

(a) 求 $E(Y \mid x)$.

(b) 将 (a) 中的答案与例 4.2-2 中的最佳拟合直线方程进行比较，它们是否一样？为什么？

4.3-6 保险公司同时销售房屋保险和汽车免赔额保险，设 X 为房屋保险的免赔额，Y 为汽车保险的免赔额. 在该公司投保这两种保险的人中，发现以下概率：

y	x		
	100	500	1000
1000	0.05	0.10	0.15
500	0.10	0.20	0.05
100	0.20	0.10	0.05

(a) 计算下列概率：

$$P(X=500),\ P(Y=500),\ P(Y=500 \mid X=500),\quad P(Y=100 \mid X=500)$$

(b) 求 μ_X，μ_Y，σ_X^2，σ_Y^2.

(c) 计算 $E(X \mid Y=100)$，$E(Y \mid X=500)$.

(d) 求 $\mathrm{Cov}(X, Y)$.

（e）求相关系数 $\rho = \mathrm{Cov}(X,\ Y)/\sigma_X\sigma_Y$.

4.3-7　根据练习 4.2-3 中的联合概率质量函数，求出 $x = 1,\ 2,\ 3,\ 4$ 时 $E(Y\mid x)$ 的值. 点 $[x,\ E(Y\mid x)]$ 在最佳拟合直线上吗？

4.3-8　一个均匀的骰子掷 30 次，设 X 为出现奇数的次数，Y 为出现偶数的次数.

（a）求 X 和 Y 的联合概率质量函数.

（b）求给定 $Y = y$ 条件下 X 的条件概率质量函数.

（c）计算 $E(X^2 - 4XY + 3Y^2)$.

4.3-9　设 X 和 Y 在 S 的整数坐标点集上服从均匀分布，$S = \{(x,y): 0 \leqslant x \leqslant 7,\ x \leqslant y \leqslant x + 2\}$，那么，$x$ 和 y 都为整数时，$f(x,y) = 1/24$，计算：

（a）$f_X(x)$.

（b）$h(y\mid x)$.

（c）$E(Y\mid x)$.

（d）$\sigma^2_{Y\mid x}$.

（e）$f_Y(y)$.

4.3-10　设 $f_X(x) = 1/10,\ x = 0,1,2\cdots,9$ 和 $h(y\mid x) = 1/(10 - x),\ y = x, x+1,\cdots,9$，计算：

（a）$f(x,y)$.

（b）$f_Y(y)$.

（c）$E(Y\mid x)$.

4.3-11　设 X 服从参数为 p 的几何分布，给定 $X = x$ 条件下 Y 的条件分布是均值为 x 的泊松分布，求 $E(Y)$ 和 $\mathrm{Var}(Y)$.

4.4　连续型二元分布

将离散型随机变量的联合分布推广到连续型随机变量的联合分布，除了用积分代替求和之外，它们实际上是相同的. 两个连续型随机变量的**联合概率质量函数**是可积的. 函数 $f(x,y)$ 具有以下性质：

（a）$f(x,y) \geqslant 0$，其中当 $(x,y) \notin S$ 时，$f(x,y) = 0$.

（b）$\displaystyle\int_{-\infty}^{\infty}\int_{-\infty}^{\infty} f(x,y)\,\mathrm{d}x\mathrm{d}y = 1$.

（c）$P[(X,Y) \in A] = \displaystyle\iint_{A} f(x,y)\,\mathrm{d}x\mathrm{d}y$，其中 $\{(X,\ Y) \in A\}$ 是在这个平面中定义的一个事件.

性质 c 表明，$P[(X,\ Y) \in A]$ 是以 $z = f(x,y)$ 为顶. 区域 A 为底的曲顶柱体的体积.

连续型随机变量 X 和 Y 的**边际概率质量函数**分别为

$$f_X(x) = \int_{-\infty}^{\infty} f(x,y)\,\mathrm{d}y, \quad x \in S_X$$

$$f_Y(y) = \int_{-\infty}^{\infty} f(x,y)\,\mathrm{d}x, \quad y \in S_Y$$

其中，S_X 和 S_Y 分别是 X 和 Y 的所在空间. 用积分代替求和后，离散情况下与数学期望有关的定义和连续情况下与数学期望有关的定义相同.

例 4.4-1　设随机变量 X 和 Y 的联合概率质量函数为

153

$$f(x, y) = \left(\frac{4}{3}\right)(1 - xy), \quad 0 < x < 1, \quad 0 < y < 1$$

边际概率质量函数为

$$f_X(x) = \int_0^1 \left(\frac{4}{3}\right)(1 - xy)\,\mathrm{d}y = \left(\frac{4}{3}\right)\left(1 - \frac{x}{2}\right), \quad 0 < x < 1$$

和

$$f_Y(y) = \int_0^1 \left(\frac{4}{3}\right)(1 - xy)\,\mathrm{d}x = \left(\frac{4}{3}\right)\left(1 - \frac{y}{2}\right), \quad 0 < y < 1$$

以下概率由二重积分计算得出

$$P(Y \leqslant X/2) = \int_0^1 \int_0^{x/2} \left(\frac{4}{3}\right)(1 - xy)\,\mathrm{d}y\mathrm{d}x = \int_0^1 \left(\frac{4}{3}\right)\left(\frac{x}{2} - \frac{x^3}{8}\right)\mathrm{d}x = \left(\frac{4}{3}\right)\left(\frac{1}{4} - \frac{1}{32}\right) = \frac{7}{24}$$

X 的均值为

$$\mu_X = E(X) = \int_0^1 \int_0^1 x\left(\frac{4}{3}\right)(1 - xy)\,\mathrm{d}y\mathrm{d}x = \int_0^1 x\left(\frac{4}{3}\right)\left(1 - \frac{x}{2}\right)\mathrm{d}x = \left(\frac{4}{3}\right)\left(\frac{1}{2} - \frac{1}{6}\right) = \frac{4}{9}$$

同理，Y 的期望为

$$\mu_Y = E(Y) = \frac{4}{9}$$

X 的方差为

$$\sigma_X^2 = E(X^2) - [E(X)]^2 = \int_0^1 \int_0^1 x^2\left(\frac{4}{3}\right)(1 - xy)\,\mathrm{d}y\mathrm{d}x - \left(\frac{4}{9}\right)^2 = \int_0^1 x^2\left(\frac{4}{3}\right)\left(1 - \frac{x}{2}\right)\mathrm{d}x - \frac{16}{81}$$

$$= \left(\frac{4}{3}\right)\left(\frac{1}{3} - \frac{1}{8}\right) - \frac{16}{81} = \frac{13}{162}$$

同理，Y 的方差为

$$\mathrm{Var}(Y) = \sigma_Y^2 = \frac{13}{162}$$

从这些计算中可以看出，计算均值和方差使用的是边际概率质量函数而不是联合概率质量函数. ■

例 4.4-2 设 X 和 Y 的联合概率质量函数为

$$f(x, y) = \frac{3}{2}x^2(1 - |y|),$$
$$-1 < x < 1, \quad -1 < y < 1$$

$z = f(x, y)$ 的图如图 4.4-1 所示. 设 $A = \{(X, Y): 0 < x < 1, 0 < y < x\}$. 则 (X, Y) 落入的概率为

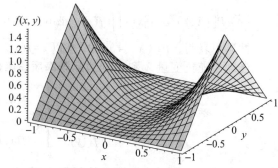

图 4.4-1　联合概率质量函数 $f(x, y) = \frac{2}{3}x^2(1 - |y|)$

$$P[(X, Y) \in A] = \int_0^1 \int_0^x \frac{3}{2} x^2 (1 - y) \, \mathrm{d}y \mathrm{d}x = \int_0^1 \frac{3}{2} x^2 \left[y - \frac{y^2}{2} \right]_0^x \mathrm{d}x$$

$$= \int_0^1 \frac{3}{2} \left(x^3 - \frac{x^4}{2} \right) \mathrm{d}x = \frac{3}{2} \left[\frac{x^4}{4} - \frac{x^5}{10} \right]_0^1 = \frac{9}{40}$$

均值是

$$\mu_X = E(X) = \int_{-1}^1 x \cdot \frac{3}{2} x^2 \, \mathrm{d}x = \left[\frac{3}{8} x^4 \right]_{-1}^1 = 0$$

和

$$\mu_Y = E(Y) = \int_{-1}^1 y(1 - |y|) \, \mathrm{d}y = \int_{-1}^0 y(1 + y) \, \mathrm{d}x + \int_0^1 y(1 - y) \, \mathrm{d}y = -\frac{1}{2} + \frac{1}{3} + \frac{1}{2} - \frac{1}{3} = 0$$

方差的计算留作练习 4.4-6.　　　　　　　　　　　　　　　　　　　　　　　　　■

例 4.4-3　设 X 和 Y 的联合概率质量函数为 155

$$f(x, y) = 2, \quad 0 < x < y < 1$$

那么 $S = \{(x, y): 0 < x < y < 1\}$ 支撑集，例如

$$P\left(0 < X < \frac{1}{2}, 0 < Y < \frac{1}{2} \right) = P\left(0 < X < Y, 0 < Y < \frac{1}{2} \right)$$

$$= \int_0^{1/2} \int_0^y 2 \, \mathrm{d}x \mathrm{d}y = \int_0^{1/2} 2y \, \mathrm{d}y = \frac{1}{4}$$

你应该画一个图来说明 $f(x, y) > 0$ 的点的集合，然后画出积分区域. 这个概率就是由满足 $f(x, y) > 0$ 的点的集合与平面 $z = 2$ 围成区域的体积. 边际概率质量函数为

$$f_X(x) = \int_x^1 2 \, \mathrm{d}y = 2(1 - x), \quad 0 < x < 1$$

$$f_Y(y) = \int_0^y 2 \, \mathrm{d}x = 2y, \quad 0 < y < 1$$

以下是 3 个关于期望值的例子:

$$E(X) = \int_0^1 \int_x^1 2x \, \mathrm{d}x \mathrm{d}y = \int_0^1 2x(1 - x) \, \mathrm{d}x = \frac{1}{3}$$

$$E(Y) = \int_0^1 \int_0^y 2y \, \mathrm{d}x \mathrm{d}y = \int_0^1 2y^2 \, \mathrm{d}y = \frac{2}{3}$$

$$E(Y^2) = \int_0^1 \int_0^y 2y^2 \, \mathrm{d}x \mathrm{d}y = \int_0^1 2y^3 \mathrm{d}y = \frac{1}{2}$$

这些计算表明 $E(X)$、$E(Y)$ 和 $E(Y^2)$ 可以从边际概率质量函数而非联合概率质量函数中计算得出.　　　　　　　　　　　　　　　　　　　　　　　　　　　　　　　　　■

连续型独立随机变量的定义可以很自然地从离散型情况推出，也就是说，当且仅当 X 和 Y 的联合概率质量函数是它们边际概率质量函数的乘积时 X 和 Y 才是**独立的**，即

$$f(x, y) = f_X(x)f_Y(y), \quad x \in S_X, \, y \in S_Y$$

例 4.4-4　与大多数情况一样，（在本例中画出积分区域是有帮助的．）假设 X 和 Y 的联合概率质量函数如下：

$$f(x, y) = cx^2y, \quad -y < x < 1, \quad 0 < y < 1$$

为了确定常量 c 的值，我们做如下计算：

$$\int_0^1 \int_{-y}^1 cx^2y \, \mathrm{d}x\mathrm{d}y = \int_0^1 \frac{c}{3}(y + y^4) \, \mathrm{d}y = \frac{c}{3}\left(\frac{1}{2} + \frac{1}{5}\right) = \frac{7c}{30}$$

那么 $\dfrac{7c}{30} = 1$，因此有 $c = \dfrac{30}{7}$. X 的边际概率质量函数是

$$f_X(x) = \begin{cases} \int_{-x}^1 \frac{30}{7}x^2y \, \mathrm{d}y = \frac{15}{7}x^2(1 - x^2), & -1 < x < 0 \\ \int_0^1 \frac{30}{7}x^2y \, \mathrm{d}y = \frac{15}{7}x^2, & 0 < x < 1 \end{cases}$$

Y 的边际概率函数如下：

$$f_Y(y) = \int_{-y}^1 \frac{30}{7}x^2y \, \mathrm{d}x = \frac{10}{7}(y + y^4), \quad 0 < y < 1$$

作为例证，我们计算了如下两个概率，在第一个概率的计算中，我们使用了 X 的边际概率质量函数 $f_X(x)$，结果如下：

$$P(X \leq 0) = \int_{-1}^0 \frac{15}{7}x^2(1 - x^2) \, \mathrm{d}x = \frac{15}{7}\left(\frac{1}{3} - \frac{1}{5}\right) = \frac{2}{7}$$

另一个概率如下：

$$P(0 \leq Y \leq X \leq 1) = \int_0^1 \int_0^x \frac{30}{7}x^2y \, \mathrm{d}y\mathrm{d}x = \int_0^1 \frac{15}{7}x^4 \, \mathrm{d}x = \frac{3}{7}$$

练习 4.4-8 要求计算 X 和 Y 的均值和方差． ∎

4.2 节使用离散型随机变量定义了相关系数和有关的概念．这些思想被用到了有普通修正模型的连续型例子中，尤其是用积分代替求和．在下一个例子以及练习 4.4-13 和练习 4.4-14 中我们阐明了连续型变量的关系．

例 4.4-5　设 X 和 Y 的联合分布概率密度为

$$f(x, y) = 1, \quad x < y < x + 1, \quad 0 < x < 1$$

那么

$$f_X(x) = \int_x^{x+1} 1 \, \mathrm{d}y = 1, \quad 0 < x < 1$$

$$f_Y(y) = \begin{cases} \displaystyle\int_0^y 1\,\mathrm{d}x = y, & 0 < y < 1 \\[4mm] \displaystyle\int_{y-1}^1 1\,\mathrm{d}x = 2 - y, & 1 < y < 2 \end{cases}$$

则

$$\mu_X = \int_0^1 x \cdot 1\,\mathrm{d}x = \frac{1}{2}$$

$$\mu_Y = \int_0^1 y \cdot y\,\mathrm{d}y + \int_1^2 y(2-y)\,\mathrm{d}y = \frac{1}{3} + \frac{2}{3} = 1$$

$$E(X^2) = \int_0^1 x^2 \cdot 1\,\mathrm{d}x = \frac{1}{3}$$

$$E(Y^2) = \int_0^1 y^2 \cdot y\,\mathrm{d}y + \int_1^2 y^2(2-y)\,\mathrm{d}y = \frac{1}{4} + \left(\frac{14}{3} - \frac{15}{4}\right) = \frac{7}{6}$$

$$E(XY) = \int_0^1 \int_x^{x+1} xy \cdot 1\,\mathrm{d}y\mathrm{d}x = \int_0^1 \frac{1}{2} x\,(2x+1)\,\mathrm{d}x = \frac{7}{12}$$

因此

$$\sigma_X^2 = \frac{1}{3} - \left(\frac{1}{2}\right)^2 = \frac{1}{12}, \quad \sigma_Y^2 = \frac{7}{6} - 1^2 = \frac{1}{6}$$

所以 X 和 Y 的协方差为

$$\mathrm{Cov}(X, Y) = \frac{7}{12} - \left(\frac{1}{2}\right)(1) = \frac{1}{12}$$

X 和 Y 的相关系数为

$$\rho = \frac{1/12}{\sqrt{(1/12)(1/6)}} = \frac{1}{\sqrt{2}} = \frac{\sqrt{2}}{2}$$

那么最小二乘回归方程为

$$y = 1 + \frac{\sqrt{2}}{2}\frac{\sqrt{1/6}}{\sqrt{1/12}}\left(x - \frac{1}{2}\right) = x + \frac{1}{2}$$

后者的表达式同我们的猜想一致，因为 X 和 Y 的联合概率质量函数是一个常数. ■

　　4.3 节使用离散型随机变量引入了条件概率质量函数、条件均值、条件方差的定义. 这些定义同样适用于连续型随机变量. 假设连续型随机变量 X 和 Y 的联合概率质量函数和边际概率质量函数分别为 $f(x, y)$, $f_X(x)$ 和 $f_Y(y)$, 那么给定 $X = x$ 条件下 Y 的条件函数、条件均值和条件方差依次为

$$h(y \mid x) = \frac{f(x, y)}{f_X(x)}, \quad 假定\ f_X(x) > 0$$

$$E(Y \mid x) = \int_{-\infty}^\infty y\,h(y \mid x)\,\mathrm{d}y$$

$$\text{Var}(Y\,|\,x) = E\{[Y - E(Y\,|\,x)]^2\,|\,x\} = \int_{-\infty}^{\infty} [y - E(Y\,|\,x)]^2\, h(y\,|\,x)\,\mathrm{d}y = E[Y^2\,|\,x] - [E(Y\,|\,x)]^2$$

在给定 $Y=y$ 的条件下，类似的表达式定义了与 X 有关的条件分布，甚至定义了离散型情况下的 $E(Y\,|\,X)$ 和 $\text{Var}(Y\,|\,X)$. 且在给定 $X=x$ 的情况下，随机变量的条件均值和条件方差分别为 $E(Y\,|\,x)$ 和 $\text{Var}(Y\,|\,x)$. 从原则上来讲，其概率质量函数可以由 X 的概率质量函数得到. 离散型情况下计算 X 和 Y 的期望和方差的全概率定律同样适用于连续型的情况.

例 4.4-6 设 X 和 Y 是例 4.4-3 中的随机变量，那么

$$\begin{aligned}
f(x,y) &= 2, & 0 < x < y < 1 \\
f_X(x) &= 2(1-x), & 0 < x < 1 \\
f_Y(y) &= 2y, & 0 < y < 1
\end{aligned}$$

在真正找到给定 $X=x$ 条件下 Y 的条件概率质量函数之前，我们将给出一个直观的讨论. 在由 $y=x, y=1$ 和 $x=0$ 围成的三角形区域下，X 和 Y 的联合概率质量函数为一个常数. 若 X 的值已知（比如 $X=x$），则 Y 的可能取值界于 x 和 1 之间. 更进一步，我们期望 Y 均匀分布在区间 $(x, 1)$ 上. 也就是说，我们期望 $h(y\,|\,x) = 1/(1-x)$，$x < y < 1$.

更一般地，由定义有

$$h(y\,|\,x) = \frac{f(x,y)}{f_X(x)} = \frac{2}{2(1-x)} = \frac{1}{1-x}, \quad x < y < 1, \quad 0 < x < 1$$

在 $X=x$ 给定的条件下，Y 的条件均值是

$$E(Y\,|\,x) = \int_x^1 y\,\frac{1}{1-x}\,\mathrm{d}y = \left[\frac{y^2}{2(1-x)}\right]_x^1 = \frac{1+x}{2}, \quad 0 < x < 1$$

类似地，X 的条件均值如下：

$$E(X\,|\,y) = \frac{y}{2}, \quad 0 < y < 1$$

在给定 $X=x$ 的条件下，Y 的条件方差是

$$E\{[Y - E(Y\,|\,x)]^2\,|\,x\} = \int_x^1 \left(y - \frac{1+x}{2}\right)^2 \frac{1}{1-x}\,\mathrm{d}y = \left[\frac{1}{3(1-x)}\left(y - \frac{1+x}{2}\right)^3\right]_x^1 = \frac{(1-x)^2}{12}$$

回顾：若随机变量 W 是 (a,b) 上的均匀分布，那么 W 的均值为 $E(W) = (a+b)/2$，W 的方差为 $\text{Var}(W) = (b-a)^2/12$. 因为在给定 $X=x$ 的条件下 Y 的条件分布服从 $U(x, 1)$，所以我们可以很快地推断出 $E(Y\,|\,x) = (1+x)/2$ 和 $\text{Var}(Y\,|\,x) = (1-x)^2/12$.

一个计算条件概率的例子如下：

$$P\left(\frac{3}{4} < Y < \frac{7}{8}\,\Big|\,X = \frac{1}{4}\right) = \int_{3/4}^{7/8} h\left(y\,\Big|\,\frac{1}{4}\right)\mathrm{d}y = \int_{3/4}^{7/8} \frac{1}{3/4}\,\mathrm{d}y = \frac{1}{6} \qquad \blacksquare$$

一般地，若 $E(Y\,|\,x)$ 是线性的，则有

$$E(Y\,|\,x) = \mu_Y + \rho\left(\frac{\sigma_Y}{\sigma_X}\right)(x - \mu_X)$$

若 $E(X|y)$ 是线性的, 则有

$$E(X|y) = \mu_X + \rho\left(\frac{\sigma_X}{\sigma_Y}\right)(y - \mu_Y)$$

因此, 在例 4.4-6 中, $E(Y|x)$ 中 x 的系数与 $E(X|y)$ 中 y 的系数的乘积 $\rho^2 = 1/4$. 因为每个系数都为正, 所以 $\rho = 1/2$. 因为系数比等价于 $\sigma_Y^2/\sigma_X^2 = 1$, 因此有 $\sigma_X^2 = \sigma_Y^2$.

例 4.4-7 设 X 服从 $U(0, 1)$, 在 $X = x$ 给定的条件下 Y 的条件分布为 $U(x, 2x)$, 那么由期望的全概率定律有

$$E(Y) = E[E(Y|X)] = E[(X + 2X)/2] = (3/2)E(X) = 3/4$$

更进一步, 由方差的全概率定律有

$$
\begin{aligned}
\mathrm{Var}(Y) &= E[\mathrm{Var}(Y|X)] + \mathrm{Var}[E(Y|X)] = E[(2X - X)^2/12] + \mathrm{Var}(3X/2) \\
&= E(X^2)/12 + (9/4)\mathrm{Var}(X) = [1/12 + (1/2)^2]/12 + (9/4)(1/12) \\
&= \frac{1}{36} + \frac{3}{16} = \frac{31}{144}
\end{aligned}
$$
∎

练习

4.4-1 假设 X 和 Y 的联合概率质量函数为 $f(x,y) = (3/16)xy^2$, $0 \leq x \leq 2$, $0 \leq y \leq 2$.

(a) 求 X 和 Y 的边际概率质量函数 $f_X(x)$ 和 $f_Y(y)$.

(b) 这两个随机变量是否独立? 为什么?

(c) 计算 X 和 Y 的均值和方差.

(d) 计算 $P(X \leq Y)$.

4.4-2 假设 X 和 Y 的联合概率质量函数为 $f(x,y) = x+y$, $0 \leq x \leq 1$, $0 \leq y \leq 1$.

(a) 计算 X 和 Y 的边际概率质量函数 $f_X(x)$ 和 $f_Y(y)$, 并证明 $f(x,y) \not\equiv f_X(x)f_Y(y)$, 即 X 和 Y 相依.

(b) 计算 (i) μ_X, (ii) μ_Y, (iii) σ_X^2, (iv) σ_Y^2.

4.4-3 假设 X 和 Y 的联合概率质量函数为 $f(x,y) = 2e^{-x-y}$, $0 \leq x \leq y < \infty$. 试分别求出 X 和 Y 的边际概率质量函数 $f_X(x)$ 和 $f_Y(y)$. X 和 Y 是否独立?

4.4-4 假设 X 和 Y 的联合概率质量函数为 $f(x,y) = 3/2$, $x^2 \leq y \leq 1$, $0 \leq x \leq 1$.

(a) 求 $P(0 \leq X \leq 1/2)$.

(b) 求 $P(1/2 \leq Y \leq 1)$.

(c) 求 $P(X \geq 1/2,\ Y \geq 1/2)$.

(d) X 和 Y 是否独立? 为什么?

4.4-5 对下列函数, 试确定连续型随机变量 X 和 Y 的联合概率质量函数中的常数 c.

(a) $f(x,y) = cxy$, $0 \leq x \leq 1$, $x^2 \leq y \leq x$.

(b) $f(x,y) = c(1+x^2y)$, $0 \leq x \leq y \leq 1$.

(c) $f(x,y) = cye^x$, $0 \leq x \leq y^2$, $0 \leq y \leq 1$.

(d) $f(x,y) = c\sin(x+y)$, $0 \leq x \leq \pi/2$, $0 \leq y \leq \pi/2$.

4.4-6 利用例 4.4-2, 求

(a) X 和 Y 的方差.

(b) $P(-X \leq Y)$.

4.4-7 设 X 和 Y 的联合概率质量函数为 $f(x,y) = 4/3$, $0<x<1$, $x^3<y<1$, 其他各处为 0.

  (a) 画出使得 $f(x,y)>0$ 的区域.

  (b) 求 $P(X>Y)$.

4.4-8 利用例 4.4-4 的背景, 计算 X 和 Y 的均值和方差.

160

4.4-9 两家建筑公司对一重建项目分别出资 X 和 Y (以 10 万美元为单位). X 和 Y 的联合概率质量函数是区域 $2<x<2.5$, $2<y<2.3$ 下的均匀分布. 如果 X 和 Y 都在 1 万美元以下, 公司将被要求重新投标, 否则, 低出价者将被授予合同. 问两家公司被要求重新投标的概率是多少?

4.4-10 设 T_1 和 T_2 是一家公司完成某项工程的两个步骤所用的随机时间, 以天计算 T_1 和 T_2, 并且 T_1 和 T_2 是区域 $1<t_1<10$, $2<t_2<6$, $t_1+2t_2<14$ 上的均匀分布, 求 $P(T_1+T_2>10)$.

4.4-11 X 和 Y 的联合概率质量函数为 $f(x,y) = cx(1-y)$, $0<y<1$, $0<x<1-y$.

  (a) 求 c.

  (b) 计算 $P(Y<X \mid X \leqslant 1/4)$.

4.4-12 证明: 在二元情况下, 期望 E 是线性的并且服从分配律, 即证明

$$E[a_1 u_1(X, Y) + a_2 u_2(X, Y)] = a_1 E[u_1(X, Y)] + a_2 E[u_2(X, Y)]$$

4.4-13 连续型随机变量 X 和 Y 的联合概率质量函数为

$$f(x, y) = 2, \quad 0 \leqslant y \leqslant x \leqslant 1$$

  画图说明函数的积分区域.

  (a) 求 X 和 Y 的边际概率质量函数.

  (b) 计算 μ_X, μ_Y, σ_X^2, σ_Y^2, $\text{Cov}(X, Y)$, ρ.

  (c) 确定最小二乘回归方程并画出该回归线. 这条回归线是否符合你的预期?

4.4-14 连续型随机变量 X 和 Y 的联合概率质量函数为

$$f(x, y) = 8xy, \quad 0 \leqslant x \leqslant y \leqslant 1$$

  画图说明函数积分区域.

  (a) 求 X 和 Y 的边际概率质量函数.

  (b) 计算 μ_X, μ_Y, σ_X^2, σ_Y^2, $\text{Cov}(X, Y)$, ρ.

  (c) 确定最小二乘回归方程并画出该回归线. 这条回归线是否符合你的预期?

4.4-15 某汽修店初步估计了事故后修理汽车所用费用 X (以千美元为单位), 且 X 的概率质量函数为

$$f(x) = 2 e^{-2(x-0.2)}, \quad 0.2 < x < \infty$$

  在 $X=x$ 的条件下, 最终支付费用 Y 是 $(x-0.1, x+0.1)$ 上的均匀分布. 试求 Y 的期望值.

4.4-16 对于例 4.4-3 中定义的随机变量, 用定义 $\rho = \dfrac{\text{Cov}(X, Y)}{\sigma_X \sigma_Y}$ 计算相关系数.

4.4-17 X 和 Y 的联合概率质量函数为 $f(x,y) = 1/40$, $0 \leqslant x \leqslant 10$, $10-x \leqslant y \leqslant 14-x$.

  (a) 求令 $f(x,y)$ 的区域.

  (b) 求 X 的边际概率质量函数 $f_X(x)$.

  (c) 在 $X=x$ 的条件下, 求 Y 的条件概率质量函数 $h(y \mid x)$.

  (d) 在 $X=x$ 的条件下, 计算 Y 的条件均值 $E(Y \mid x)$.

4.4-18 X 和 Y 的联合概率质量函数为 $f(x,y) = 1/8$, $0 \leqslant y \leqslant 4$, $y \leqslant x \leqslant y+2$.

  (a) 求令 $f(x,y)>0$ 的区域.

  (b) 求 X 的边际概率质量函数 $f_X(x)$.

  (c) 求 Y 的边际概率质量函数 $f_Y(y)$.

（d）求在 $X=x$ 的条件下，Y 的条件概率质量函数 $h(y \mid x)$.

（e）在 $Y=y$ 的条件下，求 X 的条件概率质量函数 $g(x \mid y)$.

（f）给定 $X=x$ 的条件下，计算 Y 的条件均值 $y=E(Y \mid x)$.

（g）给定 $Y=y$ 的条件下，计算 Y 的条件均值 $x=E(X \mid y)$.

（h）在（a）中求得的区域上画出 $y=E(Y \mid x)$ 的图，并判断它是线性的吗？

（i）在（a）中求得的区域上画出 $x=E(X \mid y)$ 的图，并判断它是线性的吗？

4.4-19　假设 X 服从均匀分布 $U(0, 2)$，在给定 $X=x$ 的条件下，Y 的条件分布为均匀分布 $U(0, x^2)$.

（a）求 X 和 Y 的联合概率质量函数 $f(x, y)$.

（b）求 Y 的边际概率质量函数 $f_Y(y)$.

（c）给定 $Y=y$ 的条件下，计算 X 的条件均值 $x=E(X \mid y)$.

（d）给定 $X=x$ 的条件下，计算 Y 的条件均值 $y=E(Y \mid x)$.

4.4-20　假设 X 服从均匀分布 $U(1, 2)$，在给定 $X=x$ 的条件下，Y 的条件概率质量函数为 $h(y \mid x)=(x+1)y^x$，$0<y<1$. 求 $E(Y)$.（提示：$(x+1)/(x+2)=1-1/((x+2))$.）

4.4-21　假设 X 服从均匀分布 $U(0, 1)$，在给定 $X=x$ 的条件下，Y 的条件分布为 $U(0, x)$. 试求 $P(X+Y \geqslant 1)$.

161

4.5　二元正态分布

随机变量 X 和 Y 的联合概率质量函数为连续分布 $f(x, y)$. 许多应用都与随机变量的条件分布有关，比如已知 $X=x$ 时 Y 的条件分布. 例如，X 和 Y 分别是一个学生高中和大学第一学年的绩点. 在这种情况下，教育考试和评判领域的人对给定 $X=x$ 条件下 Y 的条件分布更感兴趣.

在一个例题中，我们可以对给定 $X=x$ 条件下 Y 的条件分布做以下三个假设：

（a）对于每个 x，它都是正态分布.

（b）它的均值 $E(Y \mid x)$ 是 x 的线性函数.

（c）它的方差是常数，也就是说，方差不依赖于 x 的值.

当然，假设（b）和 4.3 节给出的结果表明

$$E(Y \mid x) = \mu_Y + \rho \frac{\sigma_Y}{\sigma_X}(x - \mu_X)$$

考虑假设（c）的含义. 条件方差由以下公式给出：

$$\sigma_{Y \mid x}^2 = \int_{-\infty}^{\infty} \left[y - \mu_Y - \rho \frac{\sigma_Y}{\sigma_X}(x - \mu_X) \right]^2 h(y \mid x)\, \mathrm{d}y$$

$h(y \mid x)$ 是 $X=x$ 已知时 Y 的条件概率质量函数. 将方程的每一部分乘以 X 的边际概率质量函数 $f_X(x)$，并关于 x 求积分. 因为 $\sigma_{Y \mid x}^2$ 是一个常量，所以左边部分等于 $\sigma_{Y \mid x}^2$，因此以下等式成立：

$$\sigma_{Y \mid x}^2 = \int_{-\infty}^{\infty} \int_{-\infty}^{\infty} \left[y - \mu_Y - \rho \frac{\sigma_Y}{\sigma_X}(x - \mu_X) \right]^2 h(y \mid x) f_X(x)\, \mathrm{d}y\, \mathrm{d}x$$

然而，$k(y \mid x) f_X(x) = f(x, y)$，因此右边的部分只是一个期望，公式（4.5-1）可以写成如下形式：

$$\sigma_{Y|x}^2 = E\left[(Y - \mu_Y)^2 - 2\rho \frac{\sigma_Y}{\sigma_X}(X - \mu_x)(Y - \mu_Y) + \rho^2 \frac{\sigma_Y^2}{\sigma_X^2}(X - \mu_x)^2 \right]$$

利用期望 E 是线性算子的事实并通过公式 $E[(X - \mu_X)(Y - \mu_Y)] = \rho \sigma_X \sigma_Y$，可以得出如下公式：

$$\sigma_{Y|x}^2 = \sigma_Y^2 - 2\rho \frac{\sigma_Y}{\sigma_X}\rho \sigma_X \sigma_Y + \rho^2 \frac{\sigma_Y^2}{\sigma_X^2}\sigma_X^2 = \sigma_Y^2 - 2\rho^2 \sigma_Y^2 + \rho^2 \sigma_Y^2 = \sigma_Y^2(1 - \rho^2)$$

也就是说，对于每一个给定的 x，Y 的条件方差是 $\sigma_Y^2(1 - \rho^2)$. 条件均值和条件方差的事实和假设（a）都要求给定 $X = x$ 时，对任意实数 x，Y 的条件概率质量函数是

$$h(y|x) = \frac{1}{\sigma_Y \sqrt{2\pi}\sqrt{1 - \rho^2}} \exp\left[-\frac{[y - \mu_Y - \rho(\sigma_Y/\sigma_X)(x - \mu_x)]^2}{2\sigma_Y^2(1 - \rho^2)} \right], \quad -\infty < y < \infty$$

162 在给出关于 X 的分布的任何假设之前，我们给出一个例子和图表来阐述当前假设的含义.

例 4.5-1　$\mu_X = 10$，$\sigma_X^2 = 9$，$\mu_Y = 12$，$\sigma_Y^2 = 16$，$\rho = 0.6$. 假设（a）、（b）和（c）表明 $X = x$ 已知时 Y 的条件分布是

$$N\left[12 + (0.6)\left(\frac{4}{3}\right)(x - 10), 16(1 - 0.6^2) \right]$$

图 4.5-1 中画出了条件均值线.

$$E(Y|x) = 12 + (0.6)\left(\frac{4}{3}\right)(x - 10)$$
$$= 0.8x + 4$$

在给定 $X = x$ 时，图 4.5-1 展示了 x 分别取 5，10，15 时 Y 的条件概率质量函数.　■

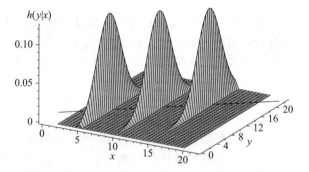

图 4.5-1　$x = 5$，10，15 时 Y 的条件概率质量函数

到目前为止，对于 X 的分布，除了 X 的均值 μ_X 和正的方差 σ_X^2 外，我们一无所知. 另外，假定 X 的分布是正态分布. 也就是说，X 的边际概率质量函数 $f_X(x)$ 是

$$f_X(x) = \frac{1}{\sigma_X \sqrt{2\pi}} \exp\left[-\frac{(x - \mu_X)^2}{2\sigma_X^2} \right], \quad -\infty < x < \infty$$

因此，X 和 Y 的联合概率质量函数由以下乘积给出：

$$f(x, y) = h(y|x)f_X(x)$$
$$= \frac{1}{2\pi \sigma_X \sigma_Y \sqrt{1 - \rho^2}} \exp\left[-\frac{q(x, y)}{2} \right], \quad -\infty < x < \infty, -\infty < y < \infty$$

$$(4.5-2)$$

在练习 4.5-2 中证明了如下公式：

$$q(x, y) = \frac{1}{1 - \rho^2}\left[\left(\frac{x - \mu_X}{\sigma_X}\right)^2 - 2\rho\left(\frac{x - \mu_X}{\sigma_X}\right)\left(\frac{y - \mu_Y}{\sigma_Y}\right) + \left(\frac{y - \mu_Y}{\sigma_Y}\right)^2 \right]$$

这种形式的联合概率质量函数称为**二元正态概率质量函数**.

例 14.5-2　假设某些大学生在高中和大学第一学年的绩点 X 和 Y 服从二元正态分布，其参数分别为 $\mu_X = 2.9$，$\mu_Y = 2.4$，$\sigma_X = 0.4$，$\sigma_Y = 0.5$，$\rho = 0.6$.

那么，有如下例子：

$$P(2.1 < Y < 3.3) = P\left(\frac{2.1 - 2.4}{0.5} < \frac{Y - 2.4}{0.5} < \frac{3.3 - 2.4}{0.5}\right) = \Phi(1.8) - \Phi(-0.6) = 0.6898$$

因为给定 $X = 3.2$ 时，Y 的条件概率质量函数是正态分布，其均值为

$$2.4 + (0.6)\left(\frac{0.5}{0.4}\right)(3.2 - 2.9) = 2.625$$

标准差为（$0.5\sqrt{1 - 0.6^2} = 0.4$），因此有

$$P(2.1 < Y < 3.3 \mid X = 3.2) = P\left(\frac{2.1 - 2.625}{0.4} < \frac{Y - 2.625}{0.4} < \frac{3.3 - 2.625}{0.4} \,\middle|\, X = 3.2\right)$$
$$= \Phi(1.6875) - \Phi(-1.3125) = 0.9545 - 0.0951 = 0.8594$$

在这个式子中，我们使用了附录 B 中的表 Va 和表 Vb. ∎

因为 x 和 y 在二元正态概率质量函数中地位相同，即 X 和 Y 的角色可以互换．也就是说，Y 的边际概率质量函数为正态概率质量函数 $N(\mu_Y, \sigma_Y^2)$，已知 $Y = y$ 时 X 的条件概率质量函数服从均值为 $\mu_X + \rho(\sigma_X/\sigma_Y)(y - \mu_Y)$．方差为 $\sigma_X^2(1 - \rho^2)$ 的正态分布．虽然这个性质很显然，但我们还是要特别注意它．

为了更好地理解二元正态分布的几何意义，我们考虑 $z = f(x, y)$ 的图像，其中 $f(x, y)$ 由公式（4.5-2）给出．如果我们将这个曲面与平行于 yz 的平面（即 $x = x_0$）相交，那么有

$$f(x_0, y) = f_X(x_0) h(y \mid x_0)$$

在该等式中，$f_x(x_0)$ 是常数，$h(y \mid x_0)$ 是正态概率质量函数．因此 $z = f(x_0, y)$ 是钟形的，也就是说，具有正态概率质量函数的形状．但请注意，由于 $f_X(X_0)$，它并不一定是概率质量函数．类似地，曲面 $z = f(x, y)$ 的与平行于 xz 的平面（即 $y = y_0$）的交叉将是钟形的．

如果

$$0 < z_0 < \frac{1}{2\pi \sigma_X \sigma_Y \sqrt{1 - \rho^2}}$$

那么

$$0 < z_0 2\pi \sigma_X \sigma_Y \sqrt{1 - \rho^2} < 1$$

如果我们将 $z = f(x, y)$ 和与平面 xy 平行的平面 $z = z_0$ 相交，那么就有

$$z_0 2\pi \sigma_X \sigma_Y \sqrt{1 - \rho^2} = \exp\left[\frac{-q(x, y)}{2}\right]$$

通过对两边取自然对数，我们有

$$\left(\frac{x - \mu_X}{\sigma_X}\right)^2 - 2\rho\left(\frac{x - \mu_X}{\sigma_X}\right)\left(\frac{y - \mu_Y}{\sigma_Y}\right) + \left(\frac{y - \mu_Y}{\sigma_Y}\right)^2 = -2(1 - \rho^2)\ln(z_0 2\pi \sigma_X \sigma_Y \sqrt{1 - \rho^2}).$$

可以看到这些交叉呈椭圆形.

例 4.5-3 图 4.5-2a 是参数为 $\mu_X = 10$，$\sigma_X^2 = 9$，$\mu_Y = 12$，$\sigma_Y^2 = 16$，$\rho = 0.6$ 的二元正态概率质量函数的图像. 图 4.5-2b 给出了 $\rho = 0.6$ 时的水平曲线或等高线，也给出了条件均值线

$$E(Y \mid x) = 12 + (0.6)\left(\frac{4}{3}\right)(x - 10) = 0.8x + 4$$

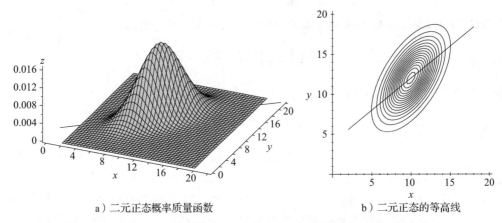

a）二元正态概率质量函数   b）二元正态的等高线

图 4.5-2 　二元正态，$\mu_X = 10$，$\sigma_X^2 = 9$，$\mu_Y = 12$，$\sigma_Y^2 = 16$，$\rho = 0.6$

我们注意到这条线与通过水平曲线的垂直切线相交，可以绘制出一个椭圆. ∎

如果 X 和 Y 服从二元正态分布，我们通过观察相关系数 ρ 的另一个重要性质来结束本节. 对于公式（4.5-2）中的乘积 $h(y \mid x) f_X(x)$，思考 $\rho = 0$ 时的因子 $h(y \mid x)$. 可以看到这个乘积（即 X 和 Y 的联合概率质量函数）等于 $f_X(x) f_Y(y)$，因为 $\rho = 0$ 时 $h(y \mid x)$ 是均值为 μ_Y. 方差为 σ_Y^2 的正态概率质量函数. 也就是说，$\rho = 0$ 时联合概率质量函数中的两个乘积因子是两个边际概率质量函数，因此 X 和 Y 是相互独立的随机变量. 当然，如果 X 和 Y 是两个独立的随机变量（并不仅限于正态分布），则若 ρ 存在，那么也经常被视为 0. 因此，我们有如下定理.

定理 4.5-1 如果 X 和 Y 是相关系数为 ρ 的二元正态分布，那么当且仅当 $\rho = 0$ 时，X 和 Y 是独立的.

因此在二元正态分布中，$\rho = 0$ 表明 X 和 Y 是独立的. 注意，二元正态分布的这些特征可以扩展到三元正态分布，或更一般地，可以扩展到多元正态分布. 这是在更高级的教材中完成的，阅读它们需要具备矩阵知识（例如 Hogg、McKean 和 Craig（2013））. □

练习

4.5-1 设 X 和 Y 服从二元正态分布，参数为 $\mu_X = -3$，$\mu_Y = 10$，$\sigma_X^2 = 25$，$\sigma_Y^2 = 9$，$\rho = 3/5$. 计算

(a) $P(-5 < X < 5)$.

(b) $P(-5 < X < 5 \mid Y = 13)$.

(c) $P(7 < Y < 16)$.

(d) $P(7 < Y < 16 \mid X = 2)$.

4.5-2　证明：公式(4.5-2)中的指数表达式等于正文中给出的函数 $q(x,y)$.

4.5-3　设 X 和 Y 服从二元正态分布，参数为 $\mu_X = 2.8$，$\mu_Y = 110$，$\sigma_X^2 = 0.16$，$\sigma_Y^2 = 100$，$\rho = 0.6$. 计算

(a) $P(108 < Y < 126)$.

(b) $P(108 < Y < 126 \mid X = 3.2)$.

4.5-4　设 X 和 Y 服从二元正态分布，参数为 $\mu_X = 70$，$\sigma_X^2 = 100$，$\mu_Y = 80$，$\sigma_Y^2 = 169$，$\rho = 5/13$. 求：

(a) $E(Y \mid X = 76)$.

(b) $\mathrm{Var}(Y \mid X = 76)$.

(c) $P(Y \leqslant 86 \mid X = 76)$.

4.5-5　设 X 表示男大学生的身高(cm)，Y 表示男大学生的体重(kg). X 和 Y 服从二元正态分布，参数为 $\mu_X = 185$，$\sigma_X^2 = 100$，$\mu_Y = 84$，$\sigma_Y^2 = 64$，$\rho = 3/5$.

(a) 计算 $X = 190$ 时 Y 的条件分布.

(b) 求 $P(86.4) < Y < 95.36 \mid X = 190)$.

4.5-6　对于某学基础统计并主修心理学的新生，令 X 为学生的 ACT 数学得分，Y 为学生的 ACT 口头评分. 假定 X 和 Y 服从二元正态分布，参数为 $\mu_X = 22.7$，$\sigma_X^2 = 17.64$，$\mu_Y = 22.7$，$\sigma_Y^2 = 12.25$，$\rho = 0.79$.

(a) 求 $P(19.9 < Y < 26.9)$.

(b) 求 $E(Y \mid x)$.

(c) 求 $\mathrm{Var}(Y \mid x)$.

(d) 求 $P(19.9 < Y < 26.9 \mid X = 23)$.

(e) 求 $P(19.9 < Y < 26.9 \mid X = 25)$.

(f) 令 $x = 21$，23 和 25 时画出类似图 4.5-1 的 $z = h(y \mid x)$ 的图像.

4.5-7　对于一对秧鸡，设 X 等于雄性的重量(g)，Y 等于雌性的重量(g). 假定 X 和 Y 服从二元正态分布，参数为 $\mu_X = 415$，$\sigma_X^2 = 611$，$\mu_Y = 347$，$\sigma_Y^2 = 689$，$\rho = -0.25$. 求：

(a) $P(309.2) < Y < 380.6)$.

(b) $E(Y \mid x)$.

(c) $\mathrm{Var}(Y \mid x)$.

(d) $P(309.2 < Y < 380.6 \mid X = 385.1)$.

4.5-8　设 X 和 Y 服从二元正态分布，参数为 $\mu_X = 8$，$\sigma_X^2 = 9$，$\mu_Y = 17$，$\sigma_Y^2 = 16$，$\rho = 0$. 求：

(a) $P(13.6) < Y < 17.8)$.

(b) $E(Y \mid x)$.

(c) $\mathrm{Var}(Y \mid x)$.

(d) $P(13.6 < Y < 17.8 \mid X = 9.1)$.

4.5-9　设 X 和 Y 服从二元正态分布，找两条与 $E(Y \mid x)$ 平行且等距的线 $a(x)$ 和 $b(x)$，使得对于每一个实数 x，有 $P[a(x) < Y < b(x) \mid X = x] = 0.9544$. 当 $\mu_X = 2$，$\mu_Y = -1$，$\sigma_X = 3$，$\sigma_Y = 5$，$\rho = 3/5$ 时，画出 $a(x)$，$b(x)$ 和 $E(Y \mid x)$ 的图像.

4.5-10　在一项大学健康健身实验中，令 X 表示实验之初男性新生的体重(kg)，Y 表示一学期后体重的变化量. 假定 X 和 Y 服从二元正态分布，参数为 $\mu_X = 72.30$，$\sigma_X^2 = 110.25$，$\mu_Y = 2.80$，$\sigma_Y^2 = 2.89$，$\rho = -0.57$.（较轻的学生应该增加体重，较重的学生应该减肥.）求：

(a) $P(2.80) \leqslant Y \leqslant 5.35)$.

(b) $P(2.76 \leqslant y \leqslant 5.34 \mid X = 82.3)$.

4.5-11 对于健康健身实验中的女性新生，令 X 等于实验初始时女性身体脂肪的百分比，Y 表示实验结束时所测得的女性身体脂肪百分比的变化量. 假定 X 和 Y 服从二元正态分布，参数为 $\mu_X = 24.5$，$\sigma_X^2 = 4.8^2 = 23.04$，$\mu_Y = -0.2$，$\sigma_Y^2 = 3.0^2 = 9.0$，$\rho = -0.32$. 求：

(a) $P(1.3) \leqslant Y \leqslant 5.8)$.

(b) $\mu_{Y \mid x}$，即给定 $X = x$ 时 Y 的条件均值.

(c) $\sigma_{Y \mid x}^2$，即给定 $X = x$ 时 Y 的条件方差.

(d) $P(1.3) \leqslant Y \leqslant 5.8 \mid X = 18)$.

4.5-12 设

$$f(x, y) = \left(\frac{1}{2\pi}\right) e^{-(x^2 + y^2)/2} [1 + xy e^{-(x^2 + y^2 - 2)/2}]$$
$$-\infty < x < \infty, \ -\infty < y < \infty$$

证明：$f(x, y)$ 是联合概率质量函数并且两个边际概率质量函数都是正态的. 注意到 X 和 Y 都是正态时，它们的联合概率质量函数并不是二元正态的.

4.5-13 产科医生让其患者分别在怀孕第 16 周和 25 周期间作超声波检查，以确定每个胎儿的生长情况. 设 X 等于胎头的最大直径（mm），Y 等于股骨长度（mm），假定 X 和 Y 服从二元正态分布，参数为 $\mu_X = 60.6$，$\sigma_X = 11.2$，$\mu_Y = 46.8$，$\sigma_Y = 8.4$，$\rho = 0.94$.

(a) 求 $P(40.5 < Y < 48.9)$.

(b) 求 $P(40.5 < Y < 48.9 \mid X = 68.6)$.

历史评注 我们已经研究了条件分布，现在是时候介绍一下相信以下方法（第 6 章再次考虑）的贝叶斯学派：他们将参数 θ（如各种分布中的 μ，σ^2，α，β）看作分布中的随机变量，比如 $g(\theta)$. 在 θ 已知时，假定另一个随机变量 X 的分布为 $f(x \mid \theta)$. 假设先验概率可以用 $g(\theta)$ 来描述，那么 X 的边际概率质量函数（或概率质量函数）可由以下和（或积分）给出：

$$h(x) = \sum_\theta g(\theta) f(x \mid \theta)$$

因此给定 $X = x$ 时，θ 的条件概率质量函数（或概率质量函数）是

$$k(\theta \mid x) = \frac{g(\theta) f(x \mid \theta)}{h(x)} = \frac{g(\theta) f(x \mid \theta)}{\sum_\theta g(\theta) f(x \mid \theta)}$$

稍加思考就可以判定这个公式是贝叶斯定理. 后验概率 $k(\theta \mid x)$ 衡量了已知 X 的观测值 x 和先验概率 $g(\theta)$ 后 θ 的改变量. 重复做 n 次独立实验（见第 5 章），可以得到 x 的 n 个观测值 $x_1, x_2, \cdots, x_n$. 贝叶斯学派使用后验分布 $k(\theta \mid x_1, x_2, \cdots, x_n)$ 推断参数 θ，因为在 $x_1, x_2, \cdots, x_n$ 已知时可以得到 θ 的条件概率.

值得注意的是，牧师托马斯·贝叶斯最初提出了这种方法，但他一生中却从未发表过这方面的文章，而且他的著名论文是在他去世两年后才发表. 显然，贝叶斯并没有成为大学的专职教授. 我们将会在第 6 章了解更多关于贝叶斯方法的知识.

第5章 随机变量函数的分布

5.1 一个随机变量的函数

设 X 是一个随机变量, 我们常对 X 的某些函数感兴趣, 比如 $Y=u(X)$, 它本身就是一个随机变量, 因此它有自己的概率分布. 本节介绍如何根据 X 的分布确定 Y 的分布, 细节取决于 X 是离散型还是连续型随机变量. 由于离散型随机变量处理起来更容易, 所以我们就从离散型随机变量开始.

设 X 是离散型随机变量, 其概率质量函数(pmf)为 $f(x)=P(X=x)$, $x\in S_X$, X 的取值范围(或支撑集) S_X 由可数个点组成, 例如 $S_X=\{c_1,c_2,\cdots\}$. 设 $Y=u(X)$ 是 X 的函数, 将 S_X 映射到可数的点集 S_Y, 其中 S_Y 是 Y 的取值范围. 因此, Y 是离散的, 其概率质量函数是

$$g(y)=P(Y=y)=P[u(X)=y]=\sum_{\{x:u(x)=y\}}f(x), \quad y\in S_Y$$

也就是说, 对于每个 $y\in S_Y$, 可以通过对满足 $u(x)=y$ 的所有 x 的概率求和来求出 $g(y)$ 的值. 进一步分析, 如果 $Y=u(X)$ 是一一对应的函数, 且反函数为 $X=v(Y)$, 那么对于每个 $y\in S_Y$, 只有一个 x 满足 $u(x)=y$, 此时 $g(y)=f[v(y)]$.

例 5.1-1 设 X 为定义在整数 $-2,-1,0,\cdots,5$ 上的离散型均匀分布, 即

$$f(x)=1/8, \quad x=-2,-1,\cdots,5$$

如果定义 $Y=X^2$, 那么

$$g(y)=P(X^2=y)=\sum_{\{x:x^2=y\}}(1/8)=\begin{cases}2/8, & y=1,4, \\ 1/8, & y=0,9,16,25\end{cases}$$

注意, 由于函数 $u(X)=X^2$ 不是一一对应的函数, 因此需要将 S_X 的一些元素的概率相加, 以获得 S_Y 的元素的概率. 如果我们考虑 X 的一一对应的函数, 比如 $Y=2X+5$, 那么 S_Y 中的每个值 y 由唯一的 S_X 的值 x 映射得到, 并且 Y 的概率质量函数是 $g(y)=\dfrac{1}{8}$, $y=1$, 3, 5, 7, 9, 11, 13, 15. ∎

例 5.1-2 设 X 服从二项分布, 参数为 n 和 p, 因为 X 是离散型分布, 所以一一对应的函数 $Y=u(X)$ 也将服从离散分布, 并且有与 X 相同的分布律. 例如, 当 $n=3$, $p=1/4$, $Y=e^X$ 时, 我们有

$$g(y)=\binom{3}{\ln y}\left(\frac{1}{4}\right)^{\ln y}\left(\frac{3}{4}\right)^{3-\ln y}, \quad y=1,e,e^2,e^3$$

∎

例 5.1-3 设 X 服从参数 $\lambda=4$ 的泊松分布, 因此其概率质量函数是

$$f(x) = \frac{4^x \mathrm{e}^{-4}}{x!}, \quad x = 0, 1, 2, \cdots$$

如果 $Y = \sqrt{X}$，那么因为 $X = Y^2$，我们有

$$g(y) = \frac{4^{y^2} \mathrm{e}^{-4}}{(y^2)!}, \quad y = 0, 1, \sqrt{2}, \sqrt{3}, \cdots$$

现在我们将注意力转向 X 是连续分布的情况，记其累积分布函数(cdf)为 $F(x)$，概率密度函数(pdf)为 $f(x)$. 此时，$Y = u(X)$ 可以是离散的或连续的(或两者都不是). 一个简单的例子：设随机变量 X 服从标准正态分布，定义随机变量 Y 为若 $X > 0$，则 $Y = 1$；否则 $Y = 0$. 这样定义的 Y 就服从参数 $p = 0.5$ 的伯努利分布. 此后，我们只考虑那些使得 Y 是连续的函数 $Y = u(X)$.

对于使得 Y 为连续型随机变量的函数 $Y = u(X)$，Y 的分布可以通过累积分布函数方法(称为 **cdf 技术**)确定，这样命名的原因是该方法先求得 Y 的累积分布函数，如果确实需要概率密度函数，可以再对 Y 的累积分布函数求导，得到 Y 的概率密度函数. 要应用 cdf 技术，我们从如下等式开始：

$$G(y) = P(Y \leqslant y) = P[u(X) \leqslant y]$$

我们接下来要做什么取决于函数 $Y = u(X)$ 所具有的更多的性质. 在详细介绍之前，我们先通过两个例子说明该技术.

例 5.1-4 设随机变量 X 服从伽马(Gamma)分布，其概率密度函数为

$$f(x) = \frac{1}{\Gamma(\alpha)\theta^\alpha} x^{\alpha-1} \mathrm{e}^{-x/\theta}, \quad 0 < x < \infty$$

其中 $\alpha > 0$，$\theta > 0$. 设 $Y = \mathrm{e}^X$，因此对 Y 的值域中的每个 y，有 $1 < y < \infty$，Y 的 cdf 为

$$G(y) = P(Y \leqslant y) = P(\mathrm{e}^X \leqslant y) = P(X \leqslant \ln y)$$

即

$$G(y) = \int_0^{\ln y} \frac{1}{\Gamma(\alpha)\theta^\alpha} x^{\alpha-1} \mathrm{e}^{-x/\theta} \mathrm{d}x$$

因此，Y 的概率密度函数 $g(y) = G'(y)$ 即为

$$g(y) = \frac{1}{\Gamma(\alpha)\theta^\alpha} (\ln y)^{\alpha-1} \mathrm{e}^{-(\ln y)/\theta} \left(\frac{1}{y}\right), \quad 1 < y < \infty$$

化简，得

$$g(y) = \frac{1}{\Gamma(\alpha)\theta^\alpha} \frac{(\ln y)^{\alpha-1}}{y^{1+1/\theta}}, \quad 1 < y < \infty$$

这称为**对数-伽马**(log-Gamma)概率密度函数. (部分图像见图 5.1-1.)注意，$\alpha\theta$ 和 $\alpha\theta^2$ 不是 Y 而是原始随机变量 $X = \ln Y$ 的均值和方差. 对于对数-伽马分布，均值和方差分别为

$$\mu = \frac{1}{(1-\theta)^\alpha}, \quad \theta < 1$$

$$\sigma^2 = \frac{1}{(1-2\theta)^\alpha} - \frac{1}{(1-\theta)^{2\alpha}}, \quad \theta < \frac{1}{2} \qquad \blacksquare$$

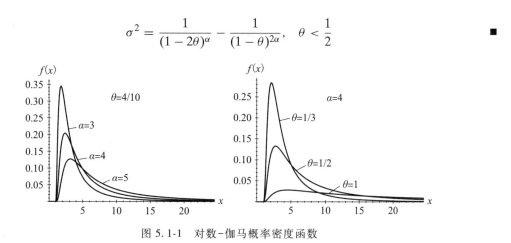

图 5.1-1 对数-伽马概率密度函数

还有另一个有趣的分布, 它涉及均匀随机变量的变换.

例 5.1-5 微调器安装在点 $(0,1)$ 处. 设 x 是垂直轴和微调器之间的最小角度(见图 5.1-2). 假设 x 是随机变量 X 的值, 而 X 在区间 $\left(-\frac{\pi}{2}, \frac{\pi}{2}\right)$ 上服从均匀分布. 即 X 服从均匀分布 $U\left(-\frac{\pi}{2}, \frac{\pi}{2}\right)$, X 的 cdf 为 171

$$P(X \leqslant x) = F(x) = \begin{cases} 0, & -\infty < x < -\frac{\pi}{2} \\ \left(x + \frac{\pi}{2}\right)\left(\frac{1}{\pi}\right), & -\frac{\pi}{2} \leqslant x < \frac{\pi}{2} \\ 1, & \frac{\pi}{2} \leqslant x < \infty \end{cases}$$

y 和 x 之间的关系由 $y = \tan x$ 给出. 请注意, y 是水平轴上的点, 该点是水平轴与微调器的线段延长线的交点. 为了求得随机变量 $Y = \tan X$ 的分布, 我们注意到 Y 的 cdf 由下式给出:

$$G(y) = P(Y \leqslant y) = P(\tan X \leqslant y) = P(X \leqslant \arctan y)$$

$$= F(\arctan y) = \left(\arctan y + \frac{\pi}{2}\right)\left(\frac{1}{\pi}\right), \quad -\infty < y < \infty$$

最后一个等式成立是因为 $-\pi/2 < x = \arctan y < \pi/2$. Y 的概率密度函数由下式给出:

$$g(y) = G'(y) = \frac{1}{\pi(1+y^2)}, \quad -\infty < y < \infty$$

图 5.1-2 显示了这个**柯西**(Cauchy)**概率密度函数**的图像. 练习 5.1-14 将要求你证明柯西分布的期望不存在, 因为它的尾部包含太多概率密度函数的概率, 而无法在零处"平衡". $\qquad \blacksquare$

在前面的两个例子中, X 的定义域是一个区间, 函数 $Y = u(X)$ 是连续的、一一对应的递增函数. 现假设 X 是任意连续型随机变量, 其定义区间为 $c_1 < x < c_2$(其中 c_1 可以取 $-\infty$, c_2 可以取 $+\infty$), 并且假设 $Y = u(X)$ 是可微的、一一对应的递增函数, 同时具有可微的反函

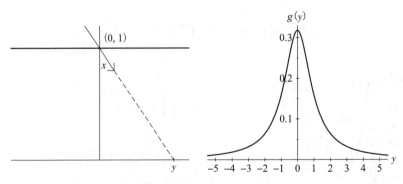

图 5.1-2　微调器和柯西概率密度函数

数 $X = v(Y)$. $Y = u(X)$ 是映上的, 即 Y 的值域是 $d_1 = u(c_1) < y < d_2 = u(c_2)$. 那么, Y 的概率密度函数为

$$G(y) = P(Y \leq y) = P[u(X) \leq y] = P[X \leq v(y)], \quad d_1 < y < d_2$$

因为 u 和 v 是连续递增函数. 当然, $G(y) = 0$, $y \leq d_1$, 以及 $G(y) = 1$, $y \geq d_2$. 从而,

$$G(y) = \int_{c_1}^{v(y)} f(x) \mathrm{d}x, \quad d_1 < y < d_2$$

在这样的表示下, 其导数 $G'(y) = g(y)$ 由下式给出:

$$G'(y) = g(y) = f[v(y)][v'(y)], \quad d_1 < y < d_2$$

当然, 如果 $y < d_1$ 或 $y > d_2$, 则 $G'(y) = g(y) = 0$. 我们可以约定 $g(d_1) = g(d_2) = 0$.

为了说明此方法, 让我们再次考虑例 5.1-4, 其中 $Y = e^X$, X 具有概率密度函数

$$f(x) = \frac{1}{\Gamma(\alpha)\theta^\alpha} x^{\alpha-1} e^{-x/\theta}, \quad 0 < x < \infty$$

这里 $c_1 = 0$ 且 $c_2 = \infty$, 因此 $d_1 = 1$ 且 $d_2 = \infty$. 此外, $X = \ln Y = v(Y)$. 由于 $v'(y) = 1/y$, Y 的概率密度函数为

$$g(y) = \frac{1}{\Gamma(\alpha)\theta^\alpha} (\ln y)^{\alpha-1} e^{-(\ln y)/\theta} \left(\frac{1}{y}\right), \quad 1 < y < \infty$$

它和例 5.1-4 中的结果相同.

现假设函数 $Y = u(X)$ 及其逆 $X = v(Y)$ 是可微的、一一对应的递减函数, 以及 $c_1 < x < c_2$ 的像为 $d_1 = u(c_1) > y > d_2 = u(c_2)$. 因为 u 和 v 是连续的递减函数, 所以有

$$G(y) = P(Y \leq y) = P[u(X) \leq y] = P[X \geq v(y)] = \int_{v(y)}^{c_2} f(x) \mathrm{d}x, \quad d_2 < y < d_1$$

因此, 利用微积分运算, 可得

$$G'(y) = g(y) = f[v(y)][-v'(y)], \quad d_2 < y < d_1$$

在其他点处, $G'(y) = g(y) = 0$. 请注意, 在递增和递减的情况下, 我们可以写成统一的表达式

$$g(y) = f[v(y)] |v'(y)|, \quad y \in S_Y \tag{5.1-1}$$

其中 S_Y 是通过将 X 的定义域(设为 S_X)映上到 S_Y 而得到的 Y 的定义域. 绝对值 $|v'(y)|$ 确保 $g(y)$ 是非负的.

刚才描述的方法是 cdf 技术的一个特例, 该特例自身也被命名为**变量变换技术**. 在此特殊情况下, 函数 u 所需的附加性质允许我们使用公式(5.1-1)直接获得 Y 的概率密度函数, 从而绕过确定 Y 的 cdf 的表达式(如我们对例 5.1-4 和例 5.1-5 所做的那样).

例 5.1-6　设随机变量 X 的概率密度函数为

$$f(x) = 3(1-x)^2, \quad 0 < x < 1$$

假设 $Y = (1-X)^3 = u(X)$, Y 是一个递减函数. 因此, $X = 1 - Y^{1/3} = v(Y)$, $0 < x < 1$ 被映上到 $0 < y < 1$. 由于

$$v'(y) = -\frac{1}{3y^{2/3}}$$

我们得到

$$g(y) = 3[1 - (1 - y^{1/3})]^2 \left| \frac{-1}{3y^{2/3}} \right|, \quad 0 < y < 1$$

即

$$g(y) = 3y^{2/3} \left(\frac{1}{3y^{2/3}} \right) = 1, \quad 0 < y < 1$$

所以 $Y = (1-X)^3$ 服从均匀分布 $U(0,1)$. ∎

正如我们所看到的, 有时使用变量变换技术比使用更一般的 cdf 技术更容易. 但是, 在许多情况下后者使用起来更方便. 事实上, 我们必须使用 cdf 技术从泊松过程求得伽马分布(参见 3.2 节.)我们再次使用 cdf 技术证明涉及均匀分布的两个定理.

定理 5.1-1　设 Y 服从均匀分布 $U(0,1)$, $F(x)$ 具有连续型随机变量的 cdf 的性质: $F(a) = 0$, $F(b) = 1$, 且 $F(x)$ 在 $a < x < b$ 上是严格递增函数, 其中 a 和 b 可以是 $-\infty$ 和 $+\infty$, 那么由 $X = F^{-1}(y)$ 定义的随机变量 X 也是连续型随机变量, 且它的 cdf 为 $F(x)$.

证明　随机变量 X 的 cdf 为

$$P(X \leq x) = P[F^{-1}(Y) \leq x], \quad a < x < b$$

因为 $F(x)$ 严格递增的, 所以 $\{F^{-1}(Y) \leq x\}$ 等价于 $\{Y \leq F(x)\}$. 由此可得

$$P(X \leq x) = P[Y \leq F(x)], \quad a < x < b$$

但 Y 服从均匀分布 $U(0,1)$, 所以当 $0 < y < 1$ 时, $P(Y \leq y) = y$, 因此,

$$P(X \leq x) = P[Y \leq F(x)] = F(x), \quad 0 < F(x) < 1$$

也就是说, X 的 cdf 是 $F(x)$. □

下一个例子说明了定理 5.1-1 如何用于模拟给定分布的观测值.

例 5.1-7　为了帮助理解柯西分布中的尾部的大概率, 模拟柯西型随机变量的一些观测值是有用的. 我们可以从随机数 Y 开始, 它是来自均匀分布 $U(0,1)$ 的观测值. 从 X 的分

布函数 $G(x)$，即例 5.1-5 中给出的柯西分布的分布函数，我们得到

$$y = G(x) = \left(\arctan x + \frac{\pi}{2}\right)\left(\frac{1}{\pi}\right), \quad -\infty < x < \infty$$

或者，等价地，

$$x = \tan\left(\pi y - \frac{\pi}{2}\right) \tag{5.1-2}$$

后一种表达式提供了对 X 的观测值.

在表 5.1-1 中，y 的值是附录 B 的表 I X 最后一列中的前 10 个随机数. 对应的 x 值由公式 (5.1-2) 给出. 尽管来自柯西分布的大多数观察结果都相对偏小，但我们偶尔会看到出现非常大的值. 另一种观察方法是考虑从观测塔的观察 (或射击枪)，这里有坐标 (0, 1)，独立的随机角度，每个都服从均匀分布 $U(\pi/2, \pi/2)$，目标点将是柯西观测值 $y = G(x)$.

表 5.1-1 柯西观测值

y	x	y	x
0.1514	-1.9415	0.2354	-1.0962
0.6697	0.5901	0.9662	9.3820
0.0527	-5.9847	0.0043	-74.0211
0.4749	-0.0790	0.1003	-3.0678
0.2900	-0.7757	0.9192	3.8545

下面的定理是定理 5.1-1 的逆.

定理 5.1-2 设连续型随机变量 X 的 cdf 为 $F(x)$，$F(x)$ 是 $a < x < b$ 上的严格递增函数，那么由 $Y = F(X)$ 定义的随机变量 Y 服从均匀分布 $U(0, 1)$.

证明 因为 $F(a) = 0$ 且 $F(b) = 1$，所以 Y 的 cdf 是

$$P(Y \le y) = P[F(X) \le y], \quad 0 < y < 1$$

但是，$\{F(X) \le y\}$ 相当于 $\{X \le F^{-1}(y)\}$，从而，

$$P(Y \le y) = P[X \le F^{-1}(y)], \quad 0 < y < 1$$

因为 $P(X \le x) = F(x)$，我们有

$$P(Y \le y) = P[X \le F^{-1}(y)] = F[F^{-1}(y)] = y, \quad 0 < y < 1$$

这是一个 $U(0, 1)$ 型随机变量的 cdf. □

注 尽管我们在定理 5.1-1 和定理 5.1-2 的陈述和证明中要求 $F(x)$ 严格递增，但去掉这个限制后两个定理仍然成立. 在我们的证明中，没有考虑 $F(x)$ 不是严格递增的情况，因为那种情况下的证明对学生来讲确实有点儿难.

到目前为止，我们对 cdf 技术的讨论以及说明其方法的例子仅适用于一一对应的函数. 现假设变换 $Y = u(X)$ 不是一一对应的，例如，设 $Y = X^2$，其中 X 服从例 5.1-5 中介绍的柯西分布，Y 是"二对一"的，因此不能直接应用变量变换技术. 此时，我们使用 cdf 技术解决此类问题. 首先注意 $-\infty < x < \infty$ 映上到 $0 \le y < \infty$，所以

$$G(y) = P(X^2 \le y) = P(-\sqrt{y} \le X \le \sqrt{y})$$

$$= F(\sqrt{y}) - F(-\sqrt{y}) = \left(\arctan(\sqrt{y}) + \frac{\pi}{2}\right)\left(\frac{1}{\pi}\right) - \left(\arctan(-\sqrt{y}) + \frac{\pi}{2}\right)\left(\frac{1}{\pi}\right)$$

$$= [\arctan(\sqrt{y}) - \arctan(-\sqrt{y})]/\pi, \quad 0 \le y < \infty$$

从而

$$g(y) = G'(y) = \left[\left(\frac{1}{1+(\sqrt{y})^2} \right) \left(\frac{1}{2\sqrt{y}} \right) - \left(\frac{1}{1+(-\sqrt{y})^2} \right) \left(-\frac{1}{2\sqrt{y}} \right) \right] \Big/ \pi$$

$$= \frac{1}{\pi(1+y)\sqrt{y}}, \quad 0 < y < \infty$$

仔细考虑并推广解决这个特殊例子的方法，我们可以处理许多相似的问题.

例 5.1-8 设随机变量 X 的概率密度函数为

$$f(x) = \frac{x^2}{3}, \quad -1 < x < 2$$

那么 X 的 cdf 是

$$F(x) = \begin{cases} 0, & -\infty < x < -1 \\ \dfrac{x^3+1}{9}, & -1 \leqslant x < 2 \\ 1, & 2 \leqslant x < \infty \end{cases}$$

随机变量 $Y = X^2$ 的取值范围为 $0 \leqslant y < 4$. 应用 cdf 技术，我们有

$$G(y) = P(X^2 \leqslant Y) = P(-\sqrt{y} < X < \sqrt{y}) = F(\sqrt{y}) - F(-\sqrt{y})$$

$$= \begin{cases} \dfrac{(\sqrt{y})^3+1}{9} - \dfrac{(-\sqrt{y})^3+1}{9} = \dfrac{2y^{3/2}}{9}, & 0 \leqslant y < 1 \\ \dfrac{(\sqrt{y})^3+1}{9} = \dfrac{y^{3/2}+1}{9}, & 1 \leqslant y < 4 \end{cases}$$

由此可得，Y 的概率密度函数为

$$g(y) = \begin{cases} \dfrac{\sqrt{y}}{3}, & 0 < y < 1 \\ \dfrac{\sqrt{y}}{6}, & 1 \leqslant y < 4 \end{cases}$$

练习

5.1-1 设 X 服从参数为 p 的几何分布，求下列随机变量的概率质量函数：

(a) $Y = 2X$.

(b) $Y = X^2$.

5.1-2 设 X 是连续型随机变量，其概率密度函数为 $f(x)$，$c_1 < x < c_2$. 定义 $Y = aX + b$，其中 $a \neq 0$(这称为**线性变换**). 求 Y 的概率密度函数.

5.1-3 设随机变量 X 的概率密度函数为 $f(x) = 4x^3$，$0 < x < 1$. 求 $Y = X^2$ 的概率密度函数.

5.1-4 设随机变量 X 的概率密度函数为 $f(x) = xe^{-x^2/2}$，$0 < x < \infty$. 求 $Y = X^2$ 的概率密度函数.

5.1-5 设随机变量 X 服从参数 $\alpha = 3$ 和 $\theta = 2$ 的伽马分布，试确定 $Y = \sqrt{X}$ 的概率密度函数.

5.1-6 设随机变量 X 的概率密度函数是 $f(x) = 2x$，$0 < x < 1$.

(a) 求 X 的 cdf.

(b) 描述如何模拟 X 的观测值.

（c）模拟 X 的 10 个观测值.

5.1-7 设随机变量 X 的概率密度函数是 $f(x) = \theta x^{\theta-1}$，$0<x<1$，$0<\theta<\infty$. 令 $Y = -2\theta\ln X$，问 Y 是何种分布？

5.1-8 设 X 服从 Logistic 分布，其概率密度函数为

$$f(x) = \frac{e^{-x}}{(1+e^{-x})^2}, \quad -\infty < x < \infty$$

证明：

$$Y = \frac{1}{1+e^{-X}}$$

服从均匀分布 $U(0,1)$. **提示：**当 $0<y<1$ 时，计算 $G(y) = P(Y \leqslant y) = P\left(\dfrac{1}{1+e^{-X}} \leqslant y\right)$.

5.1-9 一笔总额 50 000 美元的资金用于投资，利率为 R，其中 R 在区间 $(0.03, 0.07)$ 上服从均匀分布. 一旦 R 被选定，且收益按照复合利率计算，年终的收益总额就为 $X = 50\,000e^R$.

（a）求 X 的 cdf 和概率密度函数.

（b）如果复合计算是随时进行的，验证 $X = 50\,000e^R$ 是准确的. **提示：**将一年分成 n 等份，计算在每一个分点处的收益，然后取极限（$n \to \infty$）.

5.1-10 某种产品的寿命（以年为单位）为 $Y = 5X^{0.7}$，其中 X 服从指数分布，均值为 1. 求 Y 的 cdf 和概率密度函数.

5.1-11 统计学家经常使用的极值分布是 cdf

$$F(x) = 1 - \exp\left[-e^{(x-\theta_1)/\theta_2}\right], \quad -\infty < x < \infty$$

一个简单的情况是 $\theta_1 = 0$ 且 $\theta_2 = 1$，$F(x)$ 为

$$F(x) = 1 - \exp\left[-e^x\right], \quad -\infty < x < \infty$$

设 $Y = e^X$ 或 $X = \ln Y$，那么 Y 的支撑集为 $0 < y < \infty$.

（a）证明：当 $\theta_1 = 0$ 且 $\theta_2 = 1$ 时，Y 服从指数分布.

（b）当 $\theta_1 \neq 0$，$\theta_2 > 0$ 时，求 Y 的 cdf 和概率密度函数.

（c）在 Y 的 cdf 和概率密度函数中令 $\theta_1 = \ln\beta$，$\theta_2 = 1/\alpha$，问 Y 服从什么分布？

（d）正如其名称所示，极值分布可用于模拟最长的本垒打、最深的矿井、最大的洪水等. 假设某人本垒打距离的最大值 X（以英尺为单位，1 英尺 = 0.3048 米）由极值分布建模，其中 $\theta_1 = 550$ 和 $\theta_2 = 25$. 问 X 超过 500 英尺的概率是多少？

5.1-12 设 X 服从均匀分布 $U(-1, 3)$，求 $Y = X^2$ 的概率密度函数.

5.1-13 设 X 服从柯西分布，求：

（a）$P(X>1)$.

（b）$P(X>5)$.

（c）$P(X>10)$.

5.1-14 已知柯西型随机变量 X 的概率密度函数为

$$f(x) = 1/[\pi(1+x^2)], \quad -\infty < x < \infty$$

证明 $E(X)$ 不存在.

5.1-15 如果 X 服从正态分布 $N(\mu, \sigma^2)$，那么 $M(t) = E(e^{tX}) = \exp(\mu t + \sigma^2 t^2/2)$，$-\infty < t < \infty$. 因为 $X = \ln Y$，所以我们称 $Y = e^X$ 服从**对数正态分布**.

（a）证明：Y 的概率密度函数为

$$g(y) = \frac{1}{y\sqrt{2\pi\sigma^2}} \exp[-(\ln y - \mu)^2/2\sigma^2], \quad 0 < y < \infty$$

（b）利用 $M(t)$，求 (i) $E(Y) = E(e^X) = M(1)$，(ii) $E(Y^2) = E(e^{2X}) = M(2)$，(iii) $\mathrm{Var}(Y)$。

5.1-16　设 X 服从标准正态分布 $N(0,1)$，求 $Y = |X|$ 的概率密度函数，这种分布通常称为**半正态分布**。
提示：此处 $y \in S_y = \{y: 0 < y < \infty\}$，考虑 $x_1 = -y(-\infty < x_1 < 0)$ 和 $x_2 = y(0 < x_2 < \infty)$ 这两个变换。

5.1-17　设 $Y = X^2$。

（a）当 X 服从标准正态分布 $N(0,1)$ 时，求 Y 的概率密度函数。

（b）当 X 的概率密度函数是 $f(x) = \dfrac{3}{2}x^2$，$-1 < x < 1$ 时，求 Y 的概率密度函数。

5.1-18　（a）设 X 是连续型随机变量，其概率密度函数为 $f(x) = \dfrac{2}{9}(x+1)$，$-1 < x < 2$，求 $Y = X^2$ 的概率密度函数。

（b）若（a）中 X 的概率密度函数为 $f(x) = \dfrac{2}{9}(x+2)$，$-2 < x < 1$，重新计算 Y 的概率密度函数。

177

5.2　两个随机变量的变换

在 5.1 节中，我们利用概率密度函数 $f(x)$ 考虑了单个随机变量 X 的函数的分布问题。特别地，对连续型随机变量情况，如果 $Y = u(X)$ 是 X 的递增或递减函数，且 Y 具有反函数 $X = v(Y)$，则 Y 的概率密度函数为

$$g(y) = |v'(y)| f[v(y)], \quad c < y < d$$

其中定义域 $c < y < d$ 对应 X 的取值范围 $a < x < b$，$a < x < b$ 可以通过变换 $x = v(y)$ 求得。

警告：如果 $Y = u(X)$ 没有单值逆，则确定 Y 的分布将不那么简单。事实上，在 5.1 节中我们确实考虑过两个例子（见例 5.1-6，例 5.1-8），它们都是"二对一"的，在这些例子中，我们计算得特别小心。在这里，虽然我们不考虑具有许多逆的问题，但是这样的警告仍然是适宜的。■

当涉及两个随机变量时，可能会产生许多有趣的问题。在具有单值逆的情况下，确定分布的规则与一个随机变量的情况大致相同，其中导数被雅可比矩阵替换。也就是说，如果 X_1 和 X_2 是两个连续型随机变量，联合概率密度函数为 $f(x_1, x_2)$，且 $Y_1 = u_1(X_1, X_2)$，$Y_2 = u_2(X_1, X_2)$ 具有单值逆 $X_1 = v_1(Y_1, Y_2)$，$X_2 = v_2(Y_1, Y_2)$，则 Y_1 和 Y_2 的联合概率密度函数为

$$g(y_1, y_2) = |J| f[v_1(y_1, y_2), v_2(y_1, y_2)], \quad (y_1, y_2) \in S_Y$$

其中雅可比 J 是行列式

$$J = \begin{vmatrix} \dfrac{\partial x_1}{\partial y_1} & \dfrac{\partial x_1}{\partial y_2} \\[2ex] \dfrac{\partial x_2}{\partial y_1} & \dfrac{\partial x_2}{\partial y_2} \end{vmatrix}$$

当然，我们可以通过考虑 X_1，X_2 的取值范围在变换 $y_1 = u_1(x_1, x_2)$，$y_2 = u_2(x_1, x_2)$ 下的像

得到 Y_1，Y_2 的取值范围 S_Y. 这种求 Y_1，Y_2 的分布的方法称为**变量变换技术**.

通常将 X_1，X_2 的取值范围 S_X 映射到 Y_1，Y_2 的取值范围 S_Y 是面临的最大挑战. 也就是说，在大多数情况下，用 y_1 和 y_2 很容易解出 x_1 和 x_2，比方说，

$$x_1 = v_1(y_1, y_2), \quad x_2 = v_2(y_1, y_2)$$

然后，计算雅可比行列式

$$J = \begin{vmatrix} \dfrac{\partial v_1(y_1, y_2)}{\partial y_1} & \dfrac{\partial v_1(y_1, y_2)}{\partial y_2} \\[2mm] \dfrac{\partial v_2(y_1, y_2)}{\partial y_1} & \dfrac{\partial v_2(y_1, y_2)}{\partial y_2} \end{vmatrix}$$

178 然而，将 $(x_1, x_2) \in S_X$ 映射到 $(y_1, y_2) \in S_Y$ 可能更困难. 让我们考虑两个简单例子.

例 5.2-1 设 X_1 和 X_2 具有联合概率密度函数

$$f(x_1, x_2) = 2, \quad 0 < x_1 < x_2 < 1$$

考虑变换

$$Y_1 = \frac{X_1}{X_2}, \quad Y_2 = X_2$$

求解 x_1 和 x_2 当然很容易，即

$$x_1 = y_1 y_2, \quad x_2 = y_2$$

并计算

$$J = \begin{vmatrix} y_2 & y_1 \\ 0 & 1 \end{vmatrix} = y_2$$

现在让我们考虑 S_X，如图 5.2-1a 所示. 虽然 S_X 的边界不是取值范围的一部分，但让我们看看它们是如何映射的. 那些满足 $x_1 = 0$，$0 < x_2 < 1$ 的点映射成 $y_1 = 0$，$0 < y_2 < 1$ 的点；满足 $x_2 = 1$，$0 \le x_1 < 1$ 的点映射成 $y_2 = 1$，$0 \le y_1 < 1$ 的点；满足 $0 < x_1 = x_2 \le 1$ 的点映射成 $y_1 = 1$，

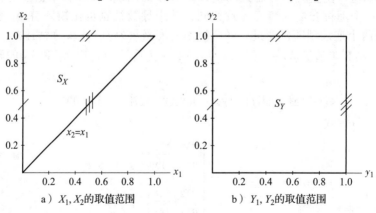

a）X_1, X_2 的取值范围   b）Y_1, Y_2 的取值范围

图 5.2-1 从 x_1，x_2 到 y_1，y_2 的映射

$0 < y_2 \leqslant 1$ 的点. 我们在图 5.2-1b 中描述了这些线段, 并用与图 5.2-1a 中的线段对应的符号标记它们.

我们注意到 $y_2 = 0$, $0 < y_1 < 1$ 的点全部(通过逆变换)映射到单点 $x_1 = 0$, $x_2 = 0$. 也就是说, 这是多对一映射, 但我们将自己局限于一对一的映射. 然而, 边界不是我们取值范围的一部分! 因此, S_Y 如图 5.2-1b 所示, 根据规则, Y_1, Y_2 的联合概率密度函数是

$$g(y_1, y_2) = |y_2| \cdot 2 = 2y_2, \quad 0 < y_1 < 1, \quad 0 < y_2 < 1$$

值得注意的是, 边际概率密度函数是

$$g_1(y_1) = \int_0^1 2y_2 \, dy_2 = 1, \quad 0 < y_1 < 1$$

和

$$g_2(y_2) = \int_0^1 2y_2 \, dy_1 = 2y_2, \quad 0 < y_2 < 1$$

因此, $Y_1 = X_1/X_2$, $Y_2 = X_2$ 是独立的. 尽管 Y_1 的计算在很大程度上取决于 Y_2 的值, 但在概率意义上, Y_1 和 Y_2 仍然是独立的. ■

例 5.2-2 设 X_1 和 X_2 是独立的随机变量, 它们有相同的概率密度函数

$$f(x) = e^{-x}, \quad 0 < x < \infty$$

因此, 它们的联合概率密度函数是

$$f(x_1)f(x_2) = e^{-x_1 - x_2}, \quad 0 < x_1 < \infty, \quad 0 < x_2 < \infty$$

让我们考虑

$$Y_1 = X_1 - X_2, \quad Y_2 = X_1 + X_2$$

从而,

$$x_1 = \frac{y_1 + y_2}{2}, \quad x_2 = \frac{y_2 - y_1}{2}$$

并有

$$J = \begin{vmatrix} \dfrac{1}{2} & \dfrac{1}{2} \\[2mm] -\dfrac{1}{2} & \dfrac{1}{2} \end{vmatrix} = \frac{1}{2}$$

区域 S_X 如图 5.2-2a 所示. 如图 5.2-2b 所示, 边界上的线段, 即 $x_1 = 0$, $0 < x_2 < \infty$ 和 $x_2 = 0$, $0 < x_1 < \infty$, 分别被映射成线段 $y_1 + y_2 = 0$, $y_2 > y_1$ 和 $y_1 = y_2$, $y_2 > -y_1$, 其中描述了 S_Y 的取值范围. 因为区域 S_Y 不以水平线段和垂直线段为界, 所以 Y_1 和 Y_2 是相依的.

Y_1 和 Y_2 的联合概率密度函数是

$$g(y_1, y_2) = \frac{1}{2} e^{-y_2}, \quad -y_2 < y_1 < y_2, \quad 0 < y_2 < \infty$$

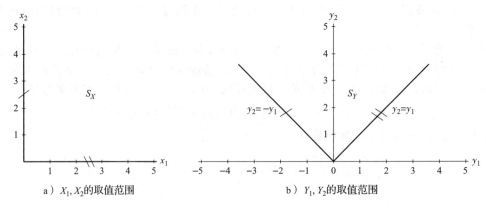

a）X_1, X_2的取值范围   b）Y_1, Y_2的取值范围

图 5.2-2   从 x_1，x_2 到 y_1，y_2 的映射

概率 $P(Y_1 \geqslant 0, Y_2 \leqslant 4)$ 由下式给出：

$$\int_0^4 \int_{y_1}^4 \frac{1}{2} e^{-y_2} \, dy_2 \, dy_1 \quad \text{或} \quad \int_0^4 \int_0^{y_2} \frac{1}{2} e^{-y_2} \, dy_1 \, dy_2$$

这些积分都不难计算，我们选择后者来计算：

$$\int_0^4 \frac{1}{2} y_2 e^{-y_2} \, dy_2 = \left[\frac{1}{2}(-y_2)e^{-y_2} - \frac{1}{2} e^{-y_2} \right]_0^4 = \frac{1}{2} - 2e^{-4} - \frac{1}{2} e^{-4} = \frac{1}{2} \left[1 - 5e^{-4} \right]$$

Y_2 的边际概率密度函数是

$$g_2(y_2) = \int_{-y_2}^{y_2} \frac{1}{2} e^{-y_2} \, dy_1 = y_2 e^{-y_2}, \quad 0 < y_2 < \infty$$

这是一个带有形状参数 2 和比例参数 1 的伽马分布的概率密度函数. Y_1 的边际概率密度函数是

$$g_1(y_1) = \begin{cases} \displaystyle\int_{-y_1}^{\infty} \frac{1}{2} e^{-y_2} \, dy_2 = \frac{1}{2} e^{y_1}, & -\infty < y_1 \leq 0 \\[3mm] \displaystyle\int_{y_1}^{\infty} \frac{1}{2} e^{-y_2} \, dy_2 = \frac{1}{2} e^{-y_1}, & 0 < y_1 < \infty \end{cases}$$

即 $g_1(y_1)$ 的表达式依赖于 y_1 的位置，即使它可以书写为

$$g_1(y_1) = \frac{1}{2} e^{-|y_1|}, \quad -\infty < y_1 < \infty$$

它被称为**双指数**概率密度函数，或者有时也称为**拉普拉斯**概率密度函数. ∎

我们现在考虑两个例子，它们涉及两个重要分布. 其中第二个使用 cdf 技术而不是变量变换方法.

例 5.2-3   设随机变量 X_1 和 X_2 独立并服从伽马分布，参数分别为 α，θ 和 β，θ，也就是说，X_1 和 X_2 的联合概率密度函数是

$$f(x_1, x_2) = \frac{1}{\Gamma(\alpha)\Gamma(\beta)\theta^{\alpha+\beta}} x_1^{\alpha-1} x_2^{\beta-1} \exp\left(-\frac{x_1+x_2}{\theta}\right), \quad 0 < x_1 < \infty, \quad 0 < x_2 < \infty$$

考虑

$$Y_1 = \frac{X_1}{X_1 + X_2}, \quad Y_2 = X_1 + X_2$$

或者，等价地

$$X_1 = Y_1 Y_2, \quad X_2 = Y_2 - Y_1 Y_2$$

雅可比行列式是

$$J = \begin{vmatrix} y_2 & y_1 \\ -y_2 & 1-y_1 \end{vmatrix} = y_2(1-y_1) + y_1 y_2 = y_2$$

因此，Y_1 和 Y_2 的联合概率密度函数 $g(y_1, y_2)$ 是

$$g(y_1, y_2) = |y_2| \frac{1}{\Gamma(\alpha)\Gamma(\beta)\theta^{\alpha+\beta}} (y_1 y_2)^{\alpha-1} (y_2 - y_1 y_2)^{\beta-1} e^{-y_2/\theta}$$

其中取值范围是 $0 < y_1 < 1$，$0 < y_2 < \infty$，是 $0 < x_i < \infty$（$i=1,2$）的像. 为了观察该联合分布的概率密度函数的图像，图 5.2-3 画出了 $z = g(y_1, y_2)$ 的图像，参数分别为：（a）$\alpha=4$，$\beta=7$，$\theta=1$；（b）$\alpha=8$，$\beta=3$，$\theta=1$. 为了求出 Y_1 的边际概率密度函数，我们将联合概率密度函数对 y_2 积分，得到 Y_1 的边际概率密度函数是

$$g_1(y_1) = \frac{y_1^{\alpha-1}(1-y_1)^{\beta-1}}{\Gamma(\alpha)\Gamma(\beta)} \int_0^\infty \frac{y_2^{\alpha+\beta-1}}{\theta^{\alpha+\beta}} e^{-y_2/\theta} \, dy_2$$

由于上述表达式右边的积分等于 $\Gamma(\alpha+\beta)$，我们有

$$g_1(y_1) = \frac{\Gamma(\alpha+\beta)}{\Gamma(\alpha)\Gamma(\beta)} y_1^{\alpha-1}(1-y_1)^{\beta-1}, \quad 0 < y_1 < 1$$

因此，我们说 Y_1 服从参数为 α 和 β 的**贝塔分布**（见图 5.2-4）. 注意图 5.2-3 和图 5.2-4 之间的关系. ∎

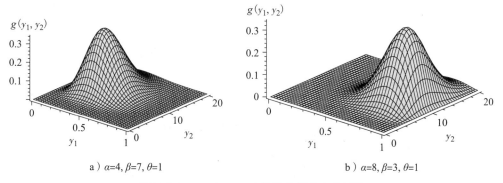

　　　　a）$\alpha=4$, $\beta=7$, $\theta=1$　　　　　　　　b）$\alpha=8$, $\beta=3$, $\theta=1$

图 5.2-3　$z = g(y_1, y_2)$ 的联合概率密度函数

下一个例子说明了 cdf 技术. 你将在练习 5.2-2 中计算出相同的结果，但使用的是变量变换技术.

182

例 5.2-4 设

$$W = \frac{U/r_1}{V/r_2}$$

其中 U 和 V 是独立的卡方变量，分别具有 r_1 和 r_2 个自由度. 因此，U 和 V 的联合概率密度函数是

$$g(u, v) = \frac{u^{r_1/2-1}\mathrm{e}^{-u/2}}{\Gamma(r_1/2)2^{r_1/2}} \frac{v^{r_2/2-1}\mathrm{e}^{-v/2}}{\Gamma(r_2/2)2^{r_2/2}},$$

$$0 < u < \infty, \ \ 0 < v < \infty$$

令 $w > 0$，W 的 cdf $F(w) = P(W \leq w)$ 为

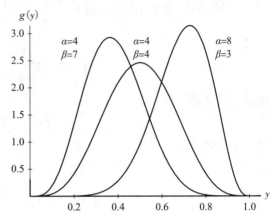

图 5.2-4　贝塔分布的概率密度函数

$$F(w) = P\left(\frac{U/r_1}{V/r_2} \leq w\right) = P\left(U \leq \frac{r_1}{r_2} w V\right) = \int_0^\infty \int_0^{(r_1/r_2)wv} g(u, v) \, \mathrm{d}u \, \mathrm{d}v$$

即

$$F(w) = \frac{1}{\Gamma(r_1/2)\Gamma(r_2/2)} \int_0^\infty \left[\int_0^{(r_1/r_2)wv} \frac{u^{r_1/2-1}\mathrm{e}^{-u/2}}{2^{(r_1+r_2)/2}} \, \mathrm{d}u \right] v^{r_2/2-1} \mathrm{e}^{-v/2} \, \mathrm{d}v$$

由于 W 的概率密度函数是 cdf 的导数，所以，将微积分的基本定理应用于里面的积分，交换积分和微分的运算(在这种情况下是允许的)，我们有

183

$$f(w) = F'(w) = \frac{1}{\Gamma(r_1/2)\Gamma(r_2/2)} \int_0^\infty \frac{[(r_1/r_2)vw]^{r_1/2-1}}{2^{(r_1+r_2)/2}} \mathrm{e}^{-(r_1/2r_2)(vw)}\left(\frac{r_1}{r_2}v\right)v^{r_2/2-1}\mathrm{e}^{-v/2} \, \mathrm{d}v$$

$$= \frac{(r_1/r_2)^{r_1/2}w^{r_1/2-1}}{\Gamma(r_1/2)\Gamma(r_2/2)} \int_0^\infty \frac{v^{(r_1+r_2)/2-1}}{2^{(r_1+r_2)/2}} \mathrm{e}^{-(v/2)[1+(r_1/r_2)w]} \, \mathrm{d}v$$

在上述积分中，我们作变量变换

$$y = \left(1 + \frac{r_1}{r_2}w\right)v, \ \ 这样 \ \ \frac{\mathrm{d}v}{\mathrm{d}y} = \frac{1}{1 + (r_1/r_2)w}$$

因此，我们有

$$f(w) = \frac{(r_1/r_2)^{r_1/2}\Gamma[(r_1+r_2)/2]w^{r_1/2-1}}{\Gamma(r_1/2)\Gamma(r_2/2)[1+(r_1w/r_2)]^{(r_1+r_2)/2}} \int_0^\infty \frac{y^{(r_1+r_2)/2-1}\mathrm{e}^{-y/2}}{\Gamma[(r_1+r_2)/2]2^{(r_1+r_2)/2}} \, \mathrm{d}y$$

$$= \frac{(r_1/r_2)^{r_1/2}\Gamma[(r_1+r_2)/2]w^{r_1/2-1}}{\Gamma(r_1/2)\Gamma(r_2/2)[1+(r_1w/r_2)]^{(r_1+r_2)/2}}, \ \ \ w > 0$$

这就是著名的 **F 分布**的概率密度函数，其自由度为 r_1 和 r_2. 注意，$f(w)$ 中的积分等于 1，

因为被积函数类似于具 r_1+r_2 自由度的卡方分布的概率密度函数. 图 5.2-5 给出了 F 分布的概率密度函数图.

通过例 5.2-4，我们证明了以下重要定理.

定理 5.2-1 设

$$W = \frac{U/r_1}{V/r_2}$$

其中 U 和 V 分别是自由度为 r_1 和 r_2 的独立的卡方随机变量，那么 W 服从自由度为 r_1 和 r_2 的 F 分布，其概率密度函数是

$$f(w) = \frac{\Gamma[(r_1+r_2)/2](r_1/r_2)^{r_1/2}w^{r_1/2-1}}{\Gamma(r_1/2)\Gamma(r_2/2)[1+(r_1/r_2)w]^{(r_1+r_2)/2}}, \quad w > 0$$

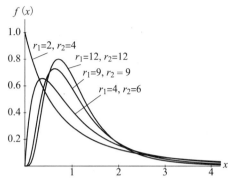

图 5.2-5 F 分布的概率密度函数图

要计算自由度为 r_1（分子）和 r_2（分母）的 F 型随机变量的概率，可使用计算器、计算机程序或附录 B 中的表 Ⅶ. 表 Ⅶ 只包含有限值，但是适用于本书中的大多数应用情况. 对于符号，如果 W 服从自由度为 r_1 和 r_2 的 F 分布，则称 W 的分布是 $F(r_1,r_2)$. 对于 α 的右尾概率，记

$$P[W \geqslant F_\alpha(r_1,r_2)] = \alpha$$

对于 α 的左尾概率，其中 α 通常很小，我们注意到如果 W 的分布是 $F(r_1,r_2)$，那么 $1/W$ 的分布是 $F(r_2,r_1)$（参见练习 5.2-16）. 因为

$$\alpha = P[W \leqslant F_{1-\alpha}(r_1,r_2)] = P[1/W \geqslant 1/F_{1-\alpha}(r_1,r_2)]$$

和

$$P[1/W \geqslant F_\alpha(r_2,r_1)] = \alpha$$

所以，它满足如下公式：

$$\frac{1}{F_{1-\alpha}(r_1,r_2)} = F_\alpha(r_2,r_1) \quad \text{或} \quad F_{1-\alpha}(r_1,r_2) = \frac{1}{F_\alpha(r_2,r_1)}$$

例 5.2-5 设 W 的分布是 $F(4,6)$，在表 Ⅶ 中，我们查到

$$F_{0.05}(4,6) = 4.53$$
$$P(W \leqslant 9.15) = 0.99$$

由此可得，$F_{0.01}(4,6) = 9.15$. 我们也注意到

$$F_{0.95}(4,6) = \frac{1}{F_{0.05}(6,4)} = \frac{1}{6.16} = 0.1623$$

$$F_{0.99}(4,6) = \frac{1}{F_{0.01}(6,4)} = \frac{1}{15.21} = 0.0657$$

由此，可得

$$P(1/15.21 \leqslant W \leqslant 9.15) = 0.98$$
$$P(1/6.16 \leqslant W \leqslant 4.53) = 0.90$$

例 5.2-6(Box-Muller 变换) 考虑以下变换，其中 X_1 和 X_2 是独立的，每个都服从均匀分布 $U(0,1)$. 设

$$Z_1 = \sqrt{-2\ln X_1}\,\cos(2\pi X_2), \quad Z_2 = \sqrt{-2\ln X_1}\,\sin(2\pi X_2)$$

或等价地，令 $Q = Z_1^2 + Z_2^2$，

$$X_1 = \exp\left(-\frac{Z_1^2 + Z_2^2}{2}\right) = e^{-Q/2}, \quad X_2 = \frac{1}{2\pi}\arctan\left(\frac{Z_2}{Z_1}\right)$$

该变换的雅可比行列式为

$$J = \begin{vmatrix} -z_1 e^{-q/2} & -z_2 e^{-q/2} \\ \dfrac{-z_2}{2\pi(z_1^2 + z_2^2)} & \dfrac{z_1}{2\pi(z_1^2 + z_2^2)} \end{vmatrix} = \frac{-1}{2\pi} e^{-q/2}$$

因为 X_1 和 X_2 的联合概率密度函数是

$$f(x_1, x_2) = 1, \quad 0 < x_1 < 1, \quad 0 < x_2 < 1$$

由它可以推出 Z_1 和 Z_2 的联合概率密度函数为

$$g(z_1, z_2) = \left|\frac{-1}{2\pi} e^{-q/2}\right|(1) = \frac{1}{2\pi}\exp\left(-\frac{z_1^2 + z_2^2}{2}\right), \quad -\infty < z_1 < \infty, \quad -\infty < z_2 < \infty$$

我们发现这是两个独立的标准正态随机变量的联合概率密度函数. 注意，这种变换的定义存在一些困难，特别是当 $z_1 = 0$ 时. 然而，这些困难发生在概率为零的事件中，因此不会引起任何问题.（参见练习 5.2-15.）总之，从两个独立的 $U(0,1)$ 随机变量，我们可以通过 Box-Muller 变换生成两个独立的标准正态随机变量. ∎

练习

5.2-1 设 X_1，X_2 是两个独立的随机变量，均服从卡方分布 $\chi^2(2)$. 求 $Y_1 = X_1$ 和 $Y_2 = X_2 + X_1$ 的联合概率密度函数. 注意，Y_1，Y_2 的取值范围为 $0 < y_1 < y_2 < \infty$. 另外，求出 Y_1 和 Y_2 的边际概率密度函数，问 Y_1 和 Y_2 是否独立？

5.2-2 设 X_1，X_2 是两个独立的卡方随机变量，自由度分别为 r_1 和 r_2. 令 $Y_1 = \dfrac{X_1/r_1}{X_2/r_2}$ 和 $Y_2 = X_2$.

(a) 求 Y_1 和 Y_2 的联合概率密度函数.

(b) 确定 Y_1 的边际概率密度函数，并证明 Y_1 服从 F 分布.（这是另一种但等价的求出 F 的概率密度函数的方法.）

5.2-3 首先求出 $E(U)$，$E(1/V)$，$E(U^2)$ 和 $E(1/V^2)$，然后计算自由度为 r_1 和 r_2 的 F 随机变量的均值和方差.

5.2-4 设 W 服从 F 分布 $F(9,24)$，计算：

(a) $F_{0.05}(9,24)$.

(b) $F_{0.95}(9,24)$.

(c) $P(0.277 \leqslant W \leqslant 2.70)$.

5.2-5 设 W 服从 F 分布 $F(8,4)$，计算：

(a) $F_{0.01}(8,4)$.

(b) $F_{0.99}(8,4)$.

(c) $P(0.198 \leqslant W \leqslant 8.98)$.

5.2-6 设 X_1 和 X_2 是独立的伽马分布, 分别具有参数 α, θ 和 β, θ, $W = \dfrac{X_1}{X_1 + X_2}$, 使用类似于推导 F 分布 (例 5.2-4) 中给出的方法证明 W 的概率密度函数是

$$g(w) = \frac{\Gamma(\alpha + \beta)}{\Gamma(\alpha)\Gamma(\beta)} w^{\alpha-1}(1-w)^{\beta-1}, \quad 0 < w < 1$$

我们称 W 服从参数为 α 和 β 的贝塔分布. (参见例 5.2-3.)

5.2-7 令 X_1 和 X_2 是独立的卡方随机变量, 分别具有自由度为 r_1 和 r_2. 证明:

(a) $U = \dfrac{X_1}{X_1 + X_2}$ 服从贝塔分布, 其中参数 $\alpha = \dfrac{1}{2}r_1$ 和 $\beta = \dfrac{1}{2}r_2$;

(b) $V = \dfrac{X_2}{X_1 + X_2}$ 服从贝塔分布, 其中参数 $\alpha = \dfrac{1}{2}r_2$ 和 $\beta = \dfrac{1}{2}r_1$.

5.2-8 设 X 服从参数为 α 和 β 的贝塔分布. (见例 5.2-3.)

(a) 证明: X 的均值和方差分别为

$$\mu = \frac{\alpha}{\alpha + \beta} \quad \text{和} \quad \sigma^2 = \frac{\alpha\beta}{(\alpha + \beta + 1)(\alpha + \beta)^2}$$

(b) 证明: 当 $\alpha > 1$ 且 $\beta > 1$ 时, 概率密度函数的极大值点为

$$x = (\alpha - 1)/(\alpha + \beta - 2)$$

5.2-9 确定常数 c, 使得 $f(x) = cx^3(1-x)^6 (0 < x < 1)$ 是概率密度函数.

5.2-10 当 α 和 β 是整数且 $0 < p < 1$ 时, 我们有

$$\int_0^p \frac{\Gamma(\alpha + \beta)}{\Gamma(\alpha)\Gamma(\beta)} y^{\alpha-1}(1-y)^{\beta-1} \mathrm{d}y = \sum_{y=\alpha}^n \binom{n}{y} p^y (1-p)^{n-y}$$

其中 $n = \alpha + \beta - 1$. 当 $\alpha = 4$ 和 $\beta = 3$ 时验证该公式. **提示:** 对左端的积分分部积分数次.

5.2-11 按要求计算

$$\int_0^{0.4} \frac{\Gamma(7)}{\Gamma(4)\Gamma(3)} y^3(1-y)^2 \mathrm{d}y$$

186

(a) 直接计算积分.

(b) 利用练习 5.2-10 的结论计算.

5.2-12 设 W_1 和 W_2 是独立的, 并且都服从柯西分布. 在本题中, 我们求出样本均值 $\overline{W} = (W_1 + W_2)/2$ 的概率密度函数.

(a) 证明: $X_1 = (1/2)W_1$ 的概率密度函数是

$$f(x_1) = \frac{2}{\pi(1 + 4x_1^2)}, \quad -\infty < x_1 < \infty$$

(b) 设 $Y_1 = X_1 + X_2 = \overline{W}$ 和 $Y_2 = X_1$, 此处 $X_2 = (1/2)W_2$. 证明: Y_1 和 Y_2 的联合概率密度函数是

$$g(y_1, y_2) = f(y_1 - y_2)f(y_2), \quad -\infty < y_1 < \infty, \quad -\infty < y_2 < \infty$$

(c) 证明 $Y_1 = \overline{W}$ 的概率密度函数由如下**卷积**公式给出:

$$g_1(y_1) = \int_{-\infty}^{\infty} f(y_1 - y_2) f(y_2) \mathrm{d}y_2$$

（d）证明：

$$g_1(y_1) = \frac{1}{\pi(1 + y_1^2)}, \quad -\infty < y_1 < \infty$$

也就是说，$\overline{W}$ 的概率密度函数与单个 W 的概率密度函数相同.

5.2-13 设 X_1 和 X_2 是独立随机变量，表示某个设备的两个关键元件的寿命（以小时为单位），当且仅当两个元件都失效时该设备才失效. 假设 X_1 和 X_2 均服从指数分布，均值为 1000，设 $Y_1 = \min(X_1, X_2)$ 和 $Y_2 = \max(X_1, X_2)$，因此，Y_1，Y_2 的取值范围为 $0 < y_1 < y_2 < \infty$.

（a）计算 $G(y_1, y_2) = P(Y_1 \leqslant y_1, Y_2 \leqslant y_2)$.

（b）计算 1200 小时后设备才失效的概率，即计算 $P(Y_2 > 1200)$.

5.2-14 一家公司提供地震保险. 溢价 X 的模型为概率密度函数

$$f(x) = \frac{x}{5^2} \mathrm{e}^{-x/5}, \quad 0 < x < \infty$$

而索赔 Y 具有概率密度函数

$$g(y) = \frac{1}{5} \mathrm{e}^{-y/5}, \quad 0 < y < \infty$$

如果 X 和 Y 是独立的，求 $Z = X/Y$ 的概率密度函数.

5.2-15 在例 5.2-6 中，验证除了一组概率为 0 的点以外，给定的变换将 $\{(x_1, x_2): 0 < x_1 < 1, 0 < x_2 < 1\}$ 映射到 $\{(z_1, z_2): -\infty < z_1 < \infty, -\infty < z_2 < \infty\}$. 提示：哪些是垂直线段的像？哪些是水平线段的像？

5.2-16 证明：如果 W 服从分布 $F(r_1, r_2)$，那么 $1/W$ 服从分布 $F(r_2, r_1)$.

5.2-17 设 W 服从参数为 r_1 和 r_2 的 F 分布，证明：$Z = 1/[1 + (r_1/r_2)W]$ 服从参数为 $\alpha = r_1/2$，$\beta = r_2/2$ 的贝塔分布.

5.3 多个独立随机变量

在 5.2 节中，我们介绍了一些两个随机变量的分布. 这些随机变量中的每一个都可以被认为是某些随机实验的测量值. 在本节中，我们考虑进行多个随机实验或一个随机实验进行多次的可能性，其中每次实验结果可被视为一个随机变量. 也就是说，我们从每个实验中获得一个随机变量，因此我们从多个实验中获得了多个随机变量的集合. 此外，假设以这样的方式进行这些实验：与其中任何一个相关联的事件独立于与其他事件相关联的事件，因此相应的随机变量在概率意义上是独立的.

回想 5.2 节，如果 X_1 和 X_2 是离散型随机变量，分别有概率质量函数 $f_1(x_1)$ 和 $f_2(x_2)$，并且

$$P(X_1 = x_1, X_2 = x_2) = P(X_1 = x_1) P(X_2 = x_2)$$
$$= f_1(x_1) f_2(x_2), \quad x_1 \in S_1, \quad x_2 \in S_2$$

则认为 X_1 和 X_2 是独立的，并且它们的联合概率质量函数是 $f_1(x_1) f_2(x_2)$.

有时两个随机实验完全相同. 例如，我们可以投掷一个均匀的骰子两次，用 X_1 记录第一次的结果，X_2 记录第二次的结果. X_1 的概率质量函数是 $f(x_1) = 1/6$，$x_1 = 1, 2, \cdots, 6$，X_2

的概率质量函数是 $f(x_2) = 1/6$，$x_2 = 1, 2, \cdots, 6$. 假设它们独立，这意味着以公平的方式进行 187
实验，那么联合概率质量函数就是

$$f(x_1)f(x_2) = \left(\frac{1}{6}\right)\left(\frac{1}{6}\right) = \frac{1}{36}, \quad x_1 = 1, 2, \cdots, 6; \quad x_2 = 1, 2, \cdots, 6$$

通常，如果独立随机变量 X_1 和 X_2 的概率质量函数 $f(x)$ 相同，则联合概率质量函数是
$f(x_1)f(x_2)$. 此外，在这种情况下，两个随机变量 X_1 和 X_2 的集合被称为从具有概率质量
函数 $f(x)$ 的分布中抽取的样本量为 $n = 2$ 的随机样本. 因此，在掷两次均匀骰子的实验中，我
们称从样本空间 $\{1, 2, 3, 4, 5, 6\}$ 上的均匀分布抽取了一个样本量为 $n = 2$ 的随机样本.

例 5.3-1 设 X_1 和 X_2 是两个独立的随机变量，由掷两次均匀的骰子产生. 也就是说，
X_1, X_2 是样本量为 $n = 2$ 的随机样本，其分布的概率质量函数为 $f(x) = 1/6$，$x = 1, 2, \cdots, 6$.
我们有

$$E(X_1) = E(X_2) = \sum_{x=1}^{6} xf(x) = 3.5$$

此外，

$$\mathrm{Var}(X_1) = \mathrm{Var}(X_2) = \sum_{x=1}^{6} (x - 3.5)^2 f(x) = \frac{35}{12}$$

另外，由独立性，可得

$$E(X_1 X_2) = E(X_1)E(X_2) = (3.5)(3.5) = 12.25$$

和

$$E[(X_1 - 3.5)(X_2 - 3.5)] = E(X_1 - 3.5)E(X_2 - 3.5) = 0$$

如果 $Y = X_1 + X_2$，那么

$$E(Y) = E(X_1) + E(X_2) = 3.5 + 3.5 = 7$$

$$\begin{aligned}
\mathrm{Var}(Y) = E[(X_1 + X_2 - 7)^2] &= E\{[(X_1 - 3.5) + (X_2 - 3.5)]^2\} \\
&= E[(X_1 - 3.5)^2] + E[2(X_1 - 3.5)(X_2 - 3.5)] + E[(X_2 - 3.5)^2] \\
&= \mathrm{Var}(X_1) + (2)(0) + \mathrm{Var}(X_2) = (2)\left(\frac{35}{12}\right) = \frac{35}{6}
\end{aligned}$$

在例 5.3-1 中，我们可以得到 $Y = X_1 + X_2$ 的概率质量函数为 $g(y)$. 因为 Y 的样本空间是
$\{2, 3, 4, \cdots, 12\}$，所以通过相当简单的计算可得

$$g(2) = P(X_1 = 1, X_2 = 1) = f(1)f(1) = \left(\frac{1}{6}\right)\left(\frac{1}{6}\right) = \frac{1}{36}$$

$$g(3) = P(X_1 = 1, X_2 = 2 \text{ or } X_1 = 2, X_2 = 1) = \left(\frac{1}{6}\right)\left(\frac{1}{6}\right) + \left(\frac{1}{6}\right)\left(\frac{1}{6}\right) = \frac{2}{36}$$

$$g(4) = P(X_1 = 1, X_2 = 3 \text{ or } X_1 = 2, X_2 = 2 \text{ or } X_1 = 3, X_2 = 1) = \frac{3}{36}$$

188

等等. 完整的概率质量函数结果由下表给出:

y	2	3	4	5	6	7	8	9	10	11	12
$g(y)$	$\dfrac{1}{36}$	$\dfrac{2}{36}$	$\dfrac{3}{36}$	$\dfrac{4}{36}$	$\dfrac{5}{36}$	$\dfrac{6}{36}$	$\dfrac{5}{36}$	$\dfrac{4}{36}$	$\dfrac{3}{36}$	$\dfrac{2}{36}$	$\dfrac{1}{36}$

利用此概率质量函数, 很容易计算

$$E(Y) = \sum_{y=2}^{12} y\, g(y) = 7$$

$$\mathrm{Var}(Y) = \sum_{y=2}^{12} (y - 7)^2 g(y) = \frac{35}{6}$$

这与例 5.3-1 的结果一致.

关于两个离散型随机变量的所有定义和结果都可以被平推到两个连续型随机变量. 此外, 关于两个独立随机变量的概念可以扩展到 n 个独立随机变量, 可以将其视为对 n 次随机实验的结果的测量值. 也就是说, 如果 $X_1, X_2, \cdots, X_n$ 是独立的随机变量, 则联合概率质量函数或概率密度函数是相应概率质量函数或概率密度函数的乘积, 即 $f_1(x_1)f_2(x_2)\cdots f_n(x_n)$.

如果所有 n 个随机变量的分布都相同, 则 n 个独立同分布的随机变量 $X_1, X_2, \cdots, X_n$ 的集合称为来自相同分布的一个样本量为 n 的随机样本. 如果 $f(x)$ 是这 n 个随机变量的公共概率质量函数或概率密度函数, 则联合概率质量函数或概率密度函数是 $f(x_1)f(x_2)\cdots f(x_n)$.

例 5.3-2 设 X_1, X_2, X_3 是样本量为 3 的随机样本, 概率密度函数如下:

$$f(x) = \mathrm{e}^{-x}, \quad 0 < x < \infty$$

这三个随机变量的联合概率密度函数是

$$f(x_1, x_2, x_3) = (\mathrm{e}^{-x_1})(\mathrm{e}^{-x_2})(\mathrm{e}^{-x_3}) = \mathrm{e}^{-x_1-x_2-x_3}, \quad 0 < x_i < \infty, \quad i = 1, 2, 3$$

概率

$$P(0 < X_1 < 1, 2 < X_2 < 4, 3 < X_3 < 7) = \left(\int_0^1 \mathrm{e}^{-x_1}\mathrm{d}x_1\right)\left(\int_2^4 \mathrm{e}^{-x_2}\mathrm{d}x_2\right)\left(\int_3^7 \mathrm{e}^{-x_3}\mathrm{d}x_3\right)$$

$$= (1 - \mathrm{e}^{-1})(\mathrm{e}^{-2} - \mathrm{e}^{-4})(\mathrm{e}^{-3} - \mathrm{e}^{-7})$$

此处利用了 X_1, X_2, X_3 的独立性. ∎

例 5.3-3 某电子设备由三个元件组成, 它能一直运行, 直到其中任一个元件发生故障才停止. 这些元件的寿命(以周为单位) X_1, X_2, X_3 相互独立, 每个都服从韦布尔分布, 其概率密度函数为

$$f(x) = \frac{2x}{25}\mathrm{e}^{-(x/5)^2}, \quad 0 < x < \infty$$

则该设备在前三周内停止运行的概率等于

$$1 - P(X_1 > 3, X_2 > 3, X_3 > 3) = 1 - P(X_1 > 3)P(X_2 > 3)P(X_3 > 3)$$

$$= 1 - \left(\int_3^\infty f(x)\,dx \right)^3 = 1 - \left(\left[-e^{-(x/5)^2} \right]_3^\infty \right)^3$$

$$= 1 - \left[e^{-(3/5)^2} \right]^3 = 0.660 \qquad ■$$

当我们处理非独立的 n 个随机变量时，联合概率质量函数（或概率密度函数）可以表示为

$$f(x_1, x_2, \cdots, x_n), \quad (x_1, x_2, \cdots, x_n) \in S$$

$u(X_1, X_2, \cdots, X_n)$ 的**数学期望**（或**期望值**）为

$$E[u(X_1, X_2, \cdots, X_n)] = \sum \sum_S \cdots \sum u(x_1, x_2, \cdots, x_n)f(x_1, x_2, \cdots, x_n)$$

当然，$Y = u(X_1, X_2, \cdots, X_n)$ 是一个随机变量，它的概率质量函数（或概率密度函数）记为 $g(y)$. 我们有如下结论（没有给出证明）：

$$E(Y) = \sum_y y\, g(y) = \sum \sum_S \cdots \sum u(x_1, x_2, \cdots, x_n)f(x_1, x_2, \cdots, x_n)$$

在 $X_1, X_2, \cdots, X_n$ 是独立随机变量，且它们的概率质量函数（或概率密度函数）分别为 $f_1(x_1), f_2(x_2), \cdots, f_n(x_n)$ 时，有

$$f(x_1, x_2, \cdots, x_n) = f_1(x_1), f_2(x_2), \cdots, f_n(x_n)$$

下面的定理证明了 n 个独立随机变量的函数的乘积的期望值就是这些函数的期望值的乘积.

定理 5.3-1   设 $X_1, X_2, \cdots, X_n$ 是 n 个独立随机变量，$Y = u_1(X_1)u_2(X_2)\cdots u_n(X_n)$. 如果 $E[u_i(X_i)]\,(i = 1, 2, \cdots, n)$ 存在，则

$$E(Y) = E[u_1(X_1)u_2(X_2)\cdots u_n(X_n)] = E[u_1(X_1)]E[u_2(X_2)]\cdots E[u_n(X_n)]$$

证明   在离散的情况下，我们有

$$E[u_1(X_1)u_2(X_2)\cdots u_n(X_n)] = \sum_{x_1}\sum_{x_2}\cdots\sum_{x_n} u_1(x_1)u_2(x_2)\cdots u_n(x_n)f_1(x_1)f_2(x_2)\cdots f_n(x_n)$$

$$= \sum_{x_1} u_1(x_1)f_1(x_1)\sum_{x_2} u_2(x_2)f_2(x_2)\cdots\sum_{x_n} u_n(x_n)f_n(x_n)$$

$$= E[u_1(X_1)]E[u_2(x_2)]\cdots E[u_n(X_n)]$$

在连续情形的证明中，只需要用积分取代上面的求和即可.   □   190

注   有时学生认识到 $X^2 = XX$，因此认为 $E(X^2) = [E(X)][E(X)] = [E(X)]^2$. 他们的理由是：定理 5.3-1 指出乘积的期望值就是期望值的乘积. 但请注意定理中的独立性假设是否被满足，当然，随机变量 X 和它自身是不独立的. 如果 $E(X^2)$ 确实等于 $[E(X)]^2$，那么 X 的方差，或者

$$\sigma^2 = E(X^2) - [E(X)]^2$$

恒等于零. 这仅在退化(一点)分布的情况下发生.

我们现在证明关于随机变量的线性组合的均值和方差的重要定理.

定理 5.3-2 如果 $X_1, X_2, \cdots, X_n$ 是 n 个随机变量, 分别具有均值 $\mu_1, \mu_2, \cdots, \mu_n$ 和方差 $\sigma_1^2, \sigma_2^2, \cdots, \sigma_n^2$, 设 $Y = \sum_{i=1}^{n} a_i X_i$, 其中 $a_1, a_2, \cdots, a_n$ 是实常量, 则 Y 的均值为

$$\mu_Y = \sum_{i=1}^{n} a_i \mu_i$$

另外, 如果 $X_1, X_2, \cdots, X_n$ 是独立的, 那么 Y 的方差是

$$\sigma_Y^2 = \sum_{i=1}^{n} a_i^2 \sigma_i^2$$

证明 因为和的期望值是期望值的和(即 E 是线性算子), 我们有

$$\mu_Y = E(Y) = E\left(\sum_{i=1}^{n} a_i X_i\right) = \sum_{i=1}^{n} a_i E(X_i) = \sum_{i=1}^{n} a_i \mu_i$$

类似地,

$$\sigma_Y^2 = E[(Y - \mu_Y)^2] = E\left[\left(\sum_{i=1}^{n} a_i X_i - \sum_{i=1}^{n} a_i \mu_i\right)^2\right]$$

$$= E\left\{\left[\sum_{i=1}^{n} a_i(X_i - \mu_i)\right]^2\right\} = E\left[\sum_{i=1}^{n} \sum_{j=1}^{n} a_i a_j (X_i - \mu_i)(X_j - \mu_j)\right]$$

再次使用 E 是线性算子的事实, 我们得到

$$\sigma_Y^2 = \sum_{i=1}^{n} \sum_{j=1}^{n} a_i a_j E[(X_i - \mu_i)(X_j - \mu_j)]$$

而且, 如果 $i \neq j$, 则由 X_i 和 X_j 的独立性, 我们得到

$$E[(X_i - \mu_i)(X_j - \mu_j)] = E(X_i - \mu_i)E(X_j - \mu_j) = (\mu_i - \mu_i)(\mu_j - \mu_j) = 0$$

因此, 方差可写为

$$\sigma_Y^2 = \sum_{i=1}^{n} a_i^2 E[(X_i - \mu_i)^2] = \sum_{i=1}^{n} a_i^2 \sigma_i^2 \qquad \square$$

注 尽管定理 5.3-2 的第二部分给出了多个独立随机变量的线性函数的方差, 但从证明中可以清楚地看出, 这些变量仅仅需要不相关就足够了. 此外, 可以修改证明, 以处理 X_i 和 X_j 相关的情况. 在这种情况下,

$$E[(X_i - \mu_i)(X_j - \mu_j)] = \rho_{ij} \sigma_i \sigma_j$$

不为零，其中 ρ_{ij} 是 X_i 和 X_j 的相关系数. 从而，

$$\sigma_Y^2 = \sum_{i=1}^n a_i^2 \sigma_i^2 + 2\sum\sum_{i<j} a_i a_j \rho_{ij} \sigma_i \sigma_j$$

出现因子 2 的原因是求和范围为 $i<j$，以及

$$a_i a_j \rho_{ij} \sigma_i \sigma_j = a_j a_i \rho_{ji} \sigma_j \sigma_i$$

我们给出定理的两个例子.

例 5.3-4   设随机变量 X_1 和 X_2 独立，均值分别为 $\mu_1 = -4$ 和 $\mu_2 = 3$，方差分别为 $\sigma_1^2 = 4$ 和 $\sigma_2^2 = 9$，则 $Y = 3X_1 - 2X_2$ 的均值和方差分别为

$$\mu_Y = (3)(-4) + (-2)(3) = -18$$

$$\sigma_Y^2 = (3)^2(4) + (-2)^2(9) = 72$$

如果 X_3 是第三个随机变量，且与 X_2 同分布，但与 X_1 相关，相关系数 $\rho = 0.3$，那么 $W = 3X_1 - 2X_3$ 的均值与 Y 的均值相同，但 W 的方差为

$$\sigma_W^2 = (3)^2(4) + (-2)^2(9) + (2)(3)(-2)(0.3)(\sqrt{4})(\sqrt{9}) = 50.4 \qquad \blacksquare$$

例 5.3-5   设 X_1，X_2 是来自均值为 μ 和方差为 σ^2 的分布的随机样本，令 $Y = X_1 - X_2$，则

$$\mu_Y = \mu - \mu = 0$$

$$\sigma_Y^2 = (1)^2 \sigma^2 + (-1)^2 \sigma^2 = 2\sigma^2 \qquad \blacksquare$$

现在考虑随机样本 $X_1, X_2, \cdots, X_n$ 的均值，其中 $X_1, X_2, \cdots, X_n$ 来自均值为 μ 和方差为 σ^2 的分布，即

$$\overline{X} = \frac{X_1 + X_2 + \cdots + X_n}{n}$$

192

这是一个线性函数，每个 $a_i = 1/n$. 于是

$$\mu_{\overline{X}} = \sum_{i=1}^n \left(\frac{1}{n}\right)\mu = \mu \quad \text{和} \quad \sigma_{\overline{X}}^2 = \sum_{i=1}^n \left(\frac{1}{n}\right)^2 \sigma^2 = \frac{\sigma^2}{n}$$

也就是说，$\overline{X}$ 的均值是产生样本的分布的均值，但 $\overline{X}$ 的方差是潜在分布的方差除以 n. 样本观测值 $X_1, X_2, \cdots, X_n$ 的任意函数称为**统计量**，因此这里的 $\overline{X}$ 是一个统计量，并且也是分布均值 μ 的**估计量**. 另一个重要的统计量是**样本方差**

$$S^2 = \frac{1}{n-1} \sum_{i=1}^n (X_i - \overline{X})^2$$

后面，我们会发现 S^2 是 σ^2 的一个估计量.

练习

5.3-1 设 X_1 和 X_2 是独立的泊松型随机变量，均值分别为 $\lambda_1 = 2$ 和 $\lambda_2 = 3$. 求：

(a) $P(X_1 = 3, X_2 = 5)$.

(b) $P(X_1+X_2=1)$. **提示**：当且仅当 $\{X_1=1,X_2=0\}$ 或 $\{X_1=0,X_2=1\}$ 时，该事件才能发生.

5.3-2 设 X_1 和 X_2 是独立随机变量，分别服从二项分布 $b(3,1/2)$ 和 $b(5,1/2)$. 求：

(a) $P(X_1=2,X_2=4)$.

(b) $P(X_1+X_2=7)$.

5.3-3 设 X_1 和 X_2 是独立随机变量，概率密度函数分别为 $f_1(x_1)=2x_1$，$0<x_1<1$，$f_2(x_2)=4x^3$，$0<x_2<1$. 计算：

(a) $P(0.5<X_1<1,0.4<X_2<0.8)$.

(b) $E(X_1^2 X_2^3)$.

5.3-4 设 X_1 和 X_2 是样本量为 2 的随机样本，它们来自概率密度函数为 $f(x)=2e^{-x}$，$0<x<\infty$ 的指数分布. 计算：

(a) $P(0.5<X_1<1.0,0.7<X_2<1.2)$.

(b) $E[X_1(X_2-0.5)^2]$.

5.3-5 设 X_1 和 X_2 是样本量为 2 的随机样本，其概率质量函数为 $f(x)=x/6$，$x=1,2,3$. 求 $Y=X_1+X_2$ 的概率质量函数，并用两种方法求 Y 的均值和方差.

5.3-6 设 X_1 和 X_2 是样本量为 $n=2$ 的随机样本，其概率密度函数为 $f(x)=6x(1-x)$，$0<x<1$. 求 $Y=X_1+X_2$ 的均值和方差.

5.3-7 两个城市的收入分配分别服从两个帕雷托类型分布，其概率密度函数分别为

$$f(x)=\frac{2}{x^3},\ 1<x<\infty\ \ 和\ \ g(y)=\frac{3}{y^4},\ 1<y<\infty$$

在这里，一个单位代表 20 000 美元. 从每个城市随机选择一个有收入的人，用 X 和 Y 表示他们各自的收入，计算 $P(X<Y)$.

5.3-8 假设在两个有保险的房屋上提出了两个独立的索赔要求，其中每个索赔都有概率密度函数

$$f(x)=\frac{4}{x^5},\quad 1<x<\infty$$

这里，单位是 1000 美元. 求较大索赔的期望值. **提示**：如果用 X_1 和 X_2 表示这两个独立的索赔，$Y=\max(X_1,X_2)$ 表示较大索赔，则

$$G(y)=P(Y\leqslant y)=P(X_1\leqslant y)P(X_2\leqslant y)=[P(X\leqslant y)]^2$$

求 $g(y)=G'(y)$ 和 $E(Y)$.

5.3-9 设 $X_1,X_2,\cdots,X_n$ 是来自总体均值为 μ 和方差为 σ^2 的随机样本，样本量为 n，定义

$$Y_1=X_1,Y_2=X_1-X_2,Y_3=X_1-X_2+X_3,\cdots$$
$$Y_n=\sum_{i=1}^{n}(-1)^{i-1}X_i$$

求 $E(Y_k)$ 和 $\mathrm{Var}(Y_k)$，$k=1,2,\cdots,n$.

5.3-10 设 X_1，X_2，X_3 是样本量为 $n=3$ 的随机样本，它们来自几何分布，其概率质量函数为

$$f(x)=\left(\frac{3}{4}\right)\left(\frac{1}{4}\right)^{x-1},\quad x=1,2,3,\cdots$$

（a）计算 $P(X_1=1,X_2=3,X_3=1)$.

（b）计算 $P(X_1+X_2+X_3=5)$.

（c）如果 $Y=\max(X_1,X_2,X_3)$，计算

$$P(Y \le 2) = P(X_1 \le 2)P(X_2 \le 2)P(X_3 \le 2)$$

5.3-11　设 X_1，X_2，X_3 为三个独立随机变量，分别服从二项分布 $b(4,1/2)$，$b(6,1/3)$ 和 $b(12,1/6)$.
计算：

（a）$P(X_1=2, X_2=2, X_3=5)$.

（b）$E(X_1 X_2 X_3)$.

（c）$Y=X_1+X_2+X_3$ 的均值和方差.

5.3-12　设 X_1，X_2，X_3 是样本量为 $n=3$ 的随机样本，它们来自指数分布，其概率密度函数为 $f(x)=e^{-x}$，$0<x<\infty$. 计算

$$P(1 < \min X_i) = P(1 < X_1, 1 < X_2, 1 < X_3)$$

5.3-13　设某个设备包含三个元件，每个元件的使用寿命以小时为单位，并有概率密度函数

$$f(x) = \frac{2x}{10^2}\, e^{-(x/10)^2}, \quad 0 < x < \infty$$

若三个元件中的任何一个出现故障，该设备就会失效. 假设各设备使用寿命是独立的，那么设备在运行的第一个小时内出现故障的概率是多少？

提示：$G(y) = P(Y \le y) = 1 - P(Y > y) = 1 - P(\text{所有三个} > y)$.

5.3-14　设 X_1，X_2，X_3 是独立的随机变量，它们代表某个设备的三个关键元件的寿命（以小时为单位）. 假设它们各自服从均值为 1000，1500 和 2000 的指数分布. 令 Y 是 X_1，X_2，X_3 的最小值，计算 $P(Y>1000)$.

5.3-15　在考虑某项手术的医疗保险时，设 X 等于支付给医生的报酬（以美元为单位），Y 等于支付给医院的报酬. 以前，方差分别为 $\mathrm{Var}(X)=8100$，$\mathrm{Var}(Y)=10\,000$ 和 $\mathrm{Var}(X+Y)=20\,000$. 由于费用增加，决定将医生的费用增加 500 美元，并将医院费用 Y 提高 8%. 计算新的总赔付额 $X+500+(1.08)Y$ 的方差.

5.3-16　某个零件的使用寿命（以月为单位）服从参数 $\alpha=\theta=2$ 的伽马分布. 一家公司购买三个这样的零件，并使用一个直到它失效，然后用第二个零件替换它. 当第二个零件失效时，它将被第三个零件替换. 在这种情况下，总寿命（三个零件的寿命之和）的均值和方差是多少？

5.3-17　两个元件在一个设备中并行运行，因此只有当两个元件都出现故障时，设备才会出现故障. 两个元件的寿命 X_1 和 X_2 是独立的，并且服从相同的伽马分布，其参数 $\alpha=1$，$\theta=2$. 运行设备的时间为 $Z=2Y_1+Y_2$，其中 $Y_1=\min(X_1,X_2)$ 和 $Y_2=\max(X_1,X_2)$. 计算 $E(Z)$.

5.3-18　设 X 和 Y 是独立的随机变量，且方差均不为零. 根据 X 和 Y 的均值和方差求出 $W=XY$ 和 $V=X$ 的相关系数.

5.3-19　掷 8 枚均匀的硬币，并移除所有正面朝上的硬币；掷余下的硬币（正面朝下的硬币），并移除正面朝上的硬币；继续这个过程，直到移除所有硬币（即所有硬币都正面朝上）. 用 Y 表示所需实验的次数，我们将要求出 Y 的概率质量函数. 设 X_i 为观察到第 i 枚硬币为正面朝上时需要的投掷次数，$i=1,2,\cdots,8$，则 $Y=\max(X_1, X_2, \cdots, X_8)$.

（a）证明：$P(Y \le y) = \left[1-(1/2)^y\right]^8$.

（b）证明：$P(Y=y) = \left[1-(1/2)^y\right]^8 - \left[1-(1/2)^{y-1}\right]^8$，$y=1,2,\cdots$.

（c）使用计算机代数系统（如 Maple 或 Mathematica）验证 $E(Y)=13\,315\,424/3\,011\,805=4.421$.

（d）当硬币数量加倍时，Y 的期望值会发生什么变化？

5.3-20　设 $X_1, X_2, \cdots, X_n$ 是随机变量，它们具有相同的均值 μ、相同的方差 σ^2 和相同的相关系数 ρ，且 $\rho>0$. 计算 $\mathrm{Var}(\overline{X})$，并确定当观察结果不相关时该方差是否小于、等于或大于 $\overline{X}$ 的方差.

5.4 矩母函数技术

本章的前三节介绍了几种用于确定具有已知分布的随机变量函数的分布的技术. 用于此目的的另一种方法是矩母函数技术. 如果 $Y = u(X_1, X_2, \cdots, X_n)$, 我们注意到可以通过演算 (evaluating) $E[u(X_1, X_2, \cdots, X_n)]$ 找到 $E(Y)$. 我们也可以通过计算 $E(e^{tu(X_1, X_2, \cdots, X_n)})$ 求得 $E(e^{tY})$. 我们从一个简单的例子开始.

例 5.4-1 设 X_1 和 X_2 是服从 $\{1, 2, 3, 4\}$ 上均匀分布的独立随机变量, $Y = X_1 + X_2$. 例如, 当投掷两个均匀的四面骰子时, Y 等于点数之和. Y 的矩母函数是

$$M_Y(t) = E(e^{tY}) = E[e^{t(X_1+X_2)}] = E(e^{tX_1}e^{tX_2}), \quad -\infty < t < \infty$$

X_1 和 X_2 的独立性意味着

$$M_Y(t) = E(e^{tX_1})E(e^{tX_2})$$

在这个例子中, X_1 和 X_2 具有相同的概率质量函数, 即

$$f(x) = \frac{1}{4}, \quad x = 1, 2, 3, 4$$

因此, 它们有相同的矩母函数,

$$M_X(t) = \frac{1}{4}e^t + \frac{1}{4}e^{2t} + \frac{1}{4}e^{3t} + \frac{1}{4}e^{4t}$$

于是, 可以得出 $M_Y(t) = [M_X(t)]^2$ 等于

$$\frac{1}{16}e^{2t} + \frac{2}{16}e^{3t} + \frac{3}{16}e^{4t} + \frac{4}{16}e^{5t} + \frac{3}{16}e^{6t} + \frac{2}{16}e^{7t} + \frac{1}{16}e^{8t}$$

注意, e^{bt} 的系数等于 $P(Y=b)$, 例如, $4/16 = P(Y=5)$. 因此, 我们可以通过确定其矩母函数求得 Y 的分布律. ∎

在某些应用中, 知道随机变量 (例如 Y) 的线性组合的均值和方差就足够了. 但是, 准确地了解 Y 的分布通常会有所帮助. 接下来的定理经常用来求独立随机变量的线性组合的分布.

定理 5.4-1 如果 $X_1, X_2, \cdots, X_n$ 是独立随机变量, 其矩母函数为 $M_{X_i}(t)$, $i = 1, 2, 3, \cdots, n$, $-h_i < t < h_i$, $i = 1, 2, \cdots, n$, 其中 h_i 为正数, 则 $Y = \sum_{i=1}^{n} a_i X_i$ 的矩母函数为

$$M_Y(t) = \prod_{i=1}^{n} M_{X_i}(a_i t), \quad -h_i < a_i t < h_i$$

证明 由定理 5.3-1, Y 的矩母函数由下式给出:

$$M_Y(t) = E[e^{tY}] = E[e^{t(a_1X_1 + a_2X_2 + \cdots + a_nX_n)}]$$

$$= E[e^{a_1tX_1}e^{a_2tX_2}\cdots e^{a_ntX_n}] = E[e^{a_1tX_1}]E[e^{a_2tX_2}]\cdots E[e^{a_ntX_n}]$$

又因为

$$E(\mathrm{e}^{tX_i}) = M_{X_i}(t)$$

由此推得

$$E(\mathrm{e}^{a_itX_i}) = M_{X_i}(a_it)$$

因此，我们有

$$M_Y(t) = M_{X_1}(a_1t)M_{X_2}(a_2t)\cdots M_{X_n}(a_nt) = \prod_{i=1}^{n} M_{X_i}(a_it) \qquad \Box$$

195

利用此定理，马上可以得到一个推论，它将用于一些重要的例子.

推论 5.4-1 如果 $X_1, X_2, \cdots, X_n$ 是来自某个分布的随机样本的观察结果，该分布的矩母函数为 $M(t)$，其中 $-h<t<h$，那么

（a） $Y = \sum_{i=1}^{n} X_i$ 的矩母函数是

$$M_Y(t) = \prod_{i=1}^{n} M(t) = [M(t)]^n, \quad -h < t < h$$

（b） $\overline{X} = \sum_{i=1}^{n}(1/n)X_i$ 的矩母函数是

$$M_{\overline{X}}(t) = \prod_{i=1}^{n} M\left(\frac{t}{n}\right) = \left[M\left(\frac{t}{n}\right)\right]^n, \quad -h < \frac{t}{n} < h$$

证明 在定理 5.4-1 中，令 $a_i = 1$，$i = 1, 2, \cdots, n$ 可得到（a）；在定理 5.4-1 中，令 $a_i = 1/n$，$i = 1, 2, \cdots, n$，可得到（b）. $\qquad \Box$

接下来的两个例子和练习给出了定理 5.4-1 及其推论的一些重要应用. 回忆一下，矩生成函数一旦被找到，就可以唯一确定所考虑的随机变量的分布.

例 5.4-2 设 $X_1, X_2, \cdots, X_n$ 表示 n 次独立伯努利实验的结果，每个实验的成功概率为 p. $X_i (i = 1, 2, \cdots, n)$ 的矩母函数是

$$M(t) = q + p\mathrm{e}^t, \quad -\infty < t < \infty$$

如果

$$Y = \sum_{i=1}^{n} X_i$$

那么

$$M_Y(t) = \prod_{i=1}^{n}(q + p\mathrm{e}^t) = (q + p\mathrm{e}^t)^n, \quad -\infty < t < \infty$$

我们意识到这就是 $b(n, p)$ 分布的矩母函数. 因此，我们再次看到 Y 服从分布 $b(n, p)$. ■

例 5.4-3 设 X_1，X_2，X_3 是样本量为 $n = 3$ 的随机样本的观测值，来自均值为 θ 的指数分布，当然，指数分布的矩母函数是 $M(t) = 1/(1 - \theta t)$，$t < 1/\theta$. $Y = X_1 + X_2 + X_3$ 的矩母函数

为

$$M_Y(t) = [(1 - \theta t)^{-1}]^3 = (1 - \theta t)^{-3}, \quad t < 1/\theta$$

这是具有参数 $\alpha = 3$ 和 θ 的伽马分布的矩母函数. 因此, Y 也服从这个分布. 另一方面, $\overline{X}$ 的矩母函数为

$$M_{\overline{X}}(t) = \left[\left(1 - \frac{\theta t}{3} \right)^{-1} \right]^3 = \left(1 - \frac{\theta t}{3} \right)^{-3}, \quad t < 3/\theta$$

因此, $\overline{X}$ 服从伽马分布, 参数分别为 $\alpha = 3$ 和 $\theta/3$. ■

定理 5.4-2 设 $X_1, X_2, \cdots, X_n$ 是独立的卡方随机变量, 自由度分别为 $r_1, r_2, \cdots, r_n$, 则 $Y = X_1 + X_2 + \cdots + X_n$ 服从 $\chi^2(r_1 + r_2 + \cdots + r_n)$.

证明 根据定理 5.4-1, 每个 $a = 1$, Y 的矩母函数是

$$M_Y(t) = \prod_{i=1}^{n} M_{X_i}(t) = (1 - 2t)^{-r_1/2}(1 - 2t)^{-r_2/2} \cdots (1 - 2t)^{-r_n/2}$$
$$= (1 - 2t)^{-\Sigma r_i/2}, \quad t < 1/2$$

它就是 $\chi^2(r_1 + r_2 + \cdots + r_n)$ 的矩母函数. 因此, Y 服从分布 $\chi^2(r_1 + r_2 + \cdots + r_n)$. □

接下来的两个推论组合并扩展了定理 3.3-2 和定理 5.4-2 的结果, 给出了自由度的一个解释.

推论 5.4-2 设 $Z_1, Z_2, \cdots, Z_n$ 服从标准正态分布 $N(0, 1)$. 如果这些随机变量是独立的, 那么 $W = Z_1^2 + Z_2^2 + \cdots + Z_n^2$ 服从分布 $\chi^2(n)$.

证明 由定理 3.3-2, Z_i^2 服从分布 $\chi^2(1)$, $i = 1, 2, \cdots, n$. 在定理 5.4-2 中, 取 $k = n$, $Y = W$ 和 $r_i = 1$, 因此 W 服从分布 $\chi^2(n)$. □

推论 5.4-3 如果 $X_1, X_2, \cdots, X_n$ 是独立的, 并且分别服从正态分布 $N(\mu_i, \sigma_i^2)$, $i = 1, 2, \cdots, n$, 那么

$$W = \sum_{i=1}^{n} \frac{(X_i - \mu_i)^2}{\sigma_i^2}$$

服从分布 $\chi^2(n)$.

证明 因为 $Z_i = (X_i - \mu_i)/\sigma_i$ 服从分布 $N(0, 1)$, 并且

$$Z_i^2 = \frac{(X_i - \mu_i)^2}{\sigma_i^2}, \quad i = 1, 2, \cdots, n$$

服从分布 $\chi^2(1)$, 利用推论 5.4-2 可以直接得出结论. □

练习

5.4-1 设 X_1, X_2, X_3 是样本量为 3 的随机样本, 其分布的概率质量函数为 $f(x) = 1/4$, $x = 1$, 2, 3, 4. 例如, 它们可以被视为三次独立地投掷均匀的四面体骰子的观测值.

(a) 求出 $Y = X_1 + X_2 + X_3$ 的概率质量函数.

(b) 绘制 Y 的概率质量函数的条形图.

5.4-2　设 X_1 和 X_2 服从独立的分布 $b(n_1,p)$ 和 $b(n_2,p)$. 求 $Y=X_1+X_2$ 的矩母函数. Y 是如何分布的？

5.4-3　设 X_1, X_2, X_3 是相互独立的随机变量，且分别服从均值为 2, 1 和 4 的泊松分布.

　　(a) 求出总和 $Y=X_1+X_2+X_3$ 的矩母函数.

　　(b) Y 是如何分布的？

　　(c) 计算 $P(3 \leqslant Y \leqslant 9)$.

5.4-4　推广练习 5.4-3 的结论，即证明 n 个独立的、服从均值分别为 $\mu_1,\mu_2,\cdots,\mu_n$ 的泊松分布的随机变量的和仍服从泊松分布，且均值为

$$\mu_1+\mu_2+\cdots+\mu_n$$

5.4-5　设 $Z_1,Z_2,\cdots,Z_7$ 是来自标准状态分布 $N(0,1)$ 的随机样本，且 $W=Z_1^2+Z_2^2+\cdots+Z_7^2$，计算 $P(1.69<W<14.07)$.

5.4-6　设 X_1, X_2, X_3, X_4, X_5 是样本量为 5 的随机样本，并服从 $p=1/3$ 的几何分布.

　　(a) 求出 $Y=X_1+X_2+X_3+X_4+X_5$ 的矩母函数.

　　(b) Y 是如何分布的？

5.4-7　设 X_1, X_2, X_3 是样本量为 3 的随机样本，并服从 $\alpha=7$, $\theta=5$ 的伽马分布.

　　(a) 求出 $Y=X_1+X_2+X_3$ 的矩母函数.

　　(b) Y 是如何分布的？

　　(c) $\overline{X}$ 是如何分布的？

5.4-8　设 $W=X_1+X_2+\cdots+X_h$ 为 h 个相互独立的、均值均为 θ 的指数分布的和，证明：W 服从参数 $\alpha=h$ 和 θ 的伽马分布.

5.4-9　设 X 和 Y 是独立的离散随机变量，且各自的概率质量函数为 $f(x)$ 和 $g(y)$，且每个变量的支撑集是非负整数 $0,1,2,\cdots$ 的子集. 证明：$W=X+Y$ 的概率质量函数由**卷积公式**

$$h(w)=\sum_{x=0}^{w} f(x)g(w-x), \quad w=0,1,2,\cdots$$

　　给出. **提示**：说明 $h(w)=P(W=w)$ 是 $w+1$ 个互斥事件 $\{X=x,Y=w-x\}$，$x \in \{0,1,\cdots,w\}$ 的概率.

5.4-10　设 X 等于投掷面标记为 0, 1, 2 和 3 的均匀四面体骰子的观测值，并设 Y 等于投掷面标记为 0, 4, 8 和 12 的均匀四面体骰子的观测值.

　　(a) 确定 X 的矩母函数.

　　(b) 确定 Y 的矩母函数.

　　(c) 当投掷一对这种骰子时，用 $W=X+Y$ 表示观测值的和，确定 W 的矩母函数.

　　(d) 给出 W 的概率质量函数，即利用 W 的矩母函数确定 $P(W=w)$，$w=0,1,\cdots,15$.

5.4-11　当投掷两个均匀六面体骰子时，令 X 和 Y 等于观测值. 设 $W=X+Y$，假设 X 与 Y 独立，分别在下列条件下确定 W 的概率质量函数：

　　(a) 第一个骰子上有三个面标记为 0 和三个面标记为 2，并且第二个骰子上的面标记为 0, 1, 4, 5, 8 和 9.

　　(b) 第一个骰子上的面标记为 0, 1, 2, 3, 4 和 5，第二个骰子上的面标记为 0, 6, 12, 18, 24 和 30.

5.4-12　设 $W=X+Y$，其中 X 和 Y 记为投掷一对均匀八面骰子的结果. 应该如何对骰子的面进行标记，使得 W 在 $0,1,\cdots,15$ 上服从均匀分布？

5.4-13　设 $X_1,X_2,\cdots,X_8$ 为来自某个分布的随机样本，该分布的概率质量函数为 $f(x)=(x+1)/6$，$x=0,1,2$.

　　(a) 利用练习 5.4-9 的结论计算 $W_1=X_1+X_2$ 的概率质量函数.

　　（b）$W_2 = X_3 + X_4$ 的概率质量函数是什么？

　　（c）计算 $W = W_1 + W_2 = X_1 + X_2 + X_3 + X_4$ 的概率质量函数.

　　（d）计算 $Y = X_1 + X_2 + \cdots + X_8$ 的概率质量函数.

　　（e）构造 X_1，W_1，W 和 Y 的概率直方图，这些直方图是有偏的还是对称的？

5.4-14　一个星期内的事故数服从均值为 2 的泊松分布. 每周的事故数是独立的. 在给定的三周内发生 7 次事故的概率是多少？**提示**：见练习 5.4-4.

5.4-15　给定一个均匀四面体骰子，Y 记为投掷骰子时观察到每个面至少出现一次所需的投掷次数.

　　（a）计算 $Y = X_1 + X_2 + X_3 + X_4$，其中 X_i 服从 $p_i = (5-i)/4(i=1,2,3,4)$ 的几何分布，并且 X_1，X_2，X_3，X_4 是独立的.

　　（b）求出 Y 的均值和方差.

　　（c）求 $P(Y=y)$，$y = 4$，5，6，7.

5.4-16　一名雇员一年中请病假的天数 X 服从泊松分布，均值为 2. 让我们观察四名这样的雇员. 假设他们相互独立，计算一年中他们请病假总天数超过 10 的概率.

5.4-17　在一项关于某种疾病的新治疗方法的研究中，两组各有 25 名参与者，随访了 5 年. 一组采用旧疗法，另一组采用新疗法. 在这 5 年中，每名参与者的理论退出率均为 50%. 设 X 是第一组中退出的人数，Y 是第二组中退出的人数. 假设他们是相互独立的，求出满足 $Y \geqslant X+2$ 的概率的和. **提示**：$Y-X+25$ 的分布是什么？

5.4-18　高速公路上的裂缝数量遵循泊松分布，均值为 0.5 条/英里（1 英里 ≈ 1.6093 公里）. 假设独立性（这可能不是一个好的假设，为什么？），在该高速公路 40 英里的路段上，裂缝少于 15 条的概率是多少？

5.4-19　酒店的门卫试图为三对夫妇招呼三辆出租车. 空车的到来时间服从均值为 2 分钟的指数分布. 假设相互独立，问门卫将在 6 分钟内为所有三对夫妇招呼上出租车的概率是多少？

5.4-20　患者拜访心血管疾病专家的时间 X（以分钟为单位）可用参数 $\alpha = 1.5$ 和 $\theta = 10$ 的伽马分布建模. 假设你是这样的一位患者，并且前面有四位患者且拜访时间相互独立，使用积分表示你等待超过 90 分钟的概率.

5.4-21　设 X 和 Y 是独立随机变量，分别服从正态分布 $N(5,16)$ 和 $N(6,9)$. 计算 $P(X>Y) = P(X-Y>0)$.

5.4-22　设 X_1 和 X_2 是两个独立的随机变量，X_1 服从分布 $\chi^2(r_1)$，$Y = X_1 + X_2$ 服从分布 $\chi^2(r)$，其中 $r_1 < r$.

　　（a）求 X_2 的矩母函数.

　　（b）问 X_2 服从什么分布？

5.4-23　设 X 服从分布 $N(0,1)$，使用矩母函数技术证明 $Y = X^2$ 服从分布 $\chi^2(1)$. **提示**：记 $w = x\sqrt{1-2t}$，计算积分表示式 $E(e^{tX^2})$.

5.4-24　设 X_1，X_2，X_3，X_4 是来自分布 $\chi^2(r)$ 的随机样本，

　　（a）计算 $\overline{X}$ 的矩母函数.

　　（b）确定 $\overline{X}$ 服从什么分布？

5.5　与正态分布相关的随机函数

　　在统计应用中，通常假设抽样的总体是正态分布 $N(\mu, \sigma^2)$. 然后，感兴趣的是估计参数 μ 和 σ^2，或者检验关于这些参数的猜想. 在这些活动中常用的统计量是样本均值 $\overline{X}$ 和样本方差 S^2. 因此，我们需要了解这些统计量的分布或这些统计量的函数.

现在，我们使用 5.4 节的矩母函数技术证明一个定理，该定理涉及独立正态分布随机变量的线性函数.

定理 5.5-1 设 $X_1, X_2, \cdots, X_n$ 是 n 个独立的正态随机变量，其均值和方差分别为 $\mu_1, \mu_2, \cdots, \mu_n$ 和 $\sigma_1^2, \sigma_2^2, \cdots, \sigma_n^2$，则线性函数

$$Y = \sum_{i=1}^{n} c_i X_i$$

服从正态分布

$$N\left(\sum_{i=1}^{n} c_i \mu_i, \sum_{i=1}^{n} c_i^2 \sigma_i^2 \right)$$

证明 根据定理 5.4-1，我们有 $-\infty < c_i t < \infty$ 或 $-\infty < t < \infty$，

$$M_Y(t) = \prod_{i=1}^{n} M_{X_i}(c_i t) = \prod_{i=1}^{n} \exp(\mu_i c_i t + \sigma_i^2 c_i^2 t^2 / 2)$$

因为 $M_{X_i}(t) = \exp(\mu_i t + \sigma_i^2 t^2 / 2)$，$i = 1, 2, \cdots, n$，所以

$$M_Y(t) = \exp\left[\left(\sum_{i=1}^{n} c_i \mu_i \right) t + \left(\sum_{i=1}^{n} c_i^2 \sigma_i^2 \right) \left(\frac{t^2}{2} \right) \right]$$

它是正态分布

$$N\left(\sum_{i=1}^{n} c_i \mu_i, \sum_{i=1}^{n} c_i^2 \sigma_i^2 \right)$$

的矩母函数. 因此，Y 也服从正态分布. □

根据定理 5.5-1，我们得到两个独立的正态分布随机变量的差，如 $Y = X_1 - X_2$ 服从正态分布 $N(\mu_1 - \mu_2, \sigma_1^2 + \sigma_2^2)$.

例 5.5-1 设 X_1 和 X_2 等于两只荷斯坦奶牛在小牛出生后的哺乳期（共 305 天）产生的乳脂的数量（单位：磅），其中一只从 Koopman 农场随机选择，另一只从 Vliestra 农场随机选择. 假设 X_1 和 X_2 独立，X_1 服从分布 $N(693.2, 22\,820)$，X_2 服从分布 $N(631.7, 19\,205)$. 我们将计算 $P(X_1 > X_2)$，即我们将计算 Koopman 农场奶牛生产的乳脂超过 Vliestra 农场奶牛产生的乳脂的概率.（对于这两个正态分布，将它们的概率密度函数（pdf）图像绘制在同一张图上）. 如果令 $Y = X_1 - X_2$，则 Y 的分布为 $N(693.2 - 631.7, 22\,820 + 19\,205)$. 从而

$$P(X_1 > X_2) = P(Y > 0) = P\left(\frac{Y - 61.5}{\sqrt{42\,025}} > \frac{0 - 61.5}{205} \right)$$

$$= P(Z > -0.30) = 0.6179 \quad \blacksquare$$

推论 5.5-1 如果 $X_1, X_2, \cdots, X_n$ 是来自分布 $N(\mu, \sigma^2)$ 的样本量为 n 的随机样本的观测值，则样本均值 $\overline{X} = (1/n) \sum_{i=1}^{n} X_i$ 服从正态分布 $N(\mu, \sigma^2/n)$.

证明 在定理 5.5-1 中取 $c_i = 1/n$，$\mu_i = \mu$ 和 $\sigma_i^2 = \sigma^2$ 即可. □

推论 5.5-1 表明，如果 $X_1, X_2, \cdots, X_n$ 是来自正态分布 $N(\mu, \sigma^2)$ 的随机样本，那么 $\overline{X}$ 也服从正态分布，其均值仍为 μ，但方差为 σ^2/n. 这表明相对于单次的观测值，比如 X_1，$\overline{X}$ 以更大的概率落入包含 μ 的区间内. 例如，若 $\mu = 50$，$\sigma^2 = 16$ 和 $n = 64$，那么 $P(49 < \overline{X} < 51) = 0.9544$，而 $P(49 < X_1 < 51) = 0.1974$. 下一个示例再次说明该性质.

例 5.5-2 设 $X_1, X_2, \cdots, X_n$ 是来自正态分布 $N(50, 16)$ 的随机样本. 已知 $\overline{X}$ 的分布是 $N(50, 16/n)$. 为了说明 n 的影响，图 5.5-1 画出了 $n = 1$，4，16 和 64 时 $\overline{X}$ 的概率密度函数图. 当 $n = 64$ 时，比较代表 $P(49 < \overline{X} < 51)$ 和 $P(49 < X_1 < 51)$ 的区域大小. ∎

下一个定理给出了一个将用于统计应用的重要结果. 结合这些应用，当从正态分布 $N(\mu, \sigma^2)$ 进行抽样时，我们将使用样本方差 S^2 估计方差 σ^2. （关于 S^2，在使用时会有更多的说法.）

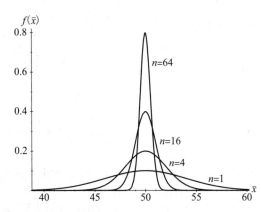

图 5.5-1 来自 $N(50, 16)$ 的样本均值的概率密度函数

定理 5.5-2 设 $X_1, X_2, \cdots, X_n$ 是来自正态分布 $N(\mu, \sigma^2)$ 的样本量为 n 的随机样本的观测值，则样本均值

$$\overline{X} = \frac{1}{n} \sum_{i=1}^{n} X_i$$

和样本方差

$$S^2 = \frac{1}{n-1} \sum_{i=1}^{n} (X_i - \overline{X})^2$$

相互独立，且

$$\frac{(n-1)S^2}{\sigma^2} = \frac{\sum_{i=1}^{n} (X_i - \overline{X})^2}{\sigma^2} \text{ 服从卡方分布} \chi^2(n-1)$$

证明 此处我们不准备证明 $\overline{X}$ 和 S^2 的独立性（有关证明参见 6.7 节），所以我们在没有证明的情况下就接受它. 为证明第二部分，请注意

$$W = \sum_{i=1}^{n} \left(\frac{X_i - \mu}{\sigma} \right)^2 = \sum_{i=1}^{n} \left[\frac{(X_i - \overline{X}) + (\overline{X} - \mu)}{\sigma} \right]^2$$

$$= \sum_{i=1}^{n} \left(\frac{X_i - \overline{X}}{\sigma} \right)^2 + \frac{n(\overline{X} - \mu)^2}{\sigma^2} \tag{5.5-1}$$

因为交叉乘积项

$$2 \sum_{i=1}^{n} \frac{(\overline{X} - \mu)(X_i - \overline{X})}{\sigma^2} = \frac{2(\overline{X} - \mu)}{\sigma^2} \sum_{i=1}^{n} (X_i - \overline{X}) = 0$$

但是 $Y_i = (X_i - \mu)/\sigma (i = 1, 2, \cdots, n)$ 是标准化的正态随机变量，并且相互独立. 因此，利用推论 5.4-3 可得 $W = \sum_{i=1}^{n} Y_i^2$ 服从卡方分布 $\chi^2(n)$. 进一步地，由 $\overline{X} \sim N(\mu, \sigma^2/n)$，利用定理 3.3-2 可以推出

$$Z^2 = \left(\frac{\overline{X} - \mu}{\sigma/\sqrt{n}} \right)^2 = \frac{n(\overline{X} - \mu)^2}{\sigma^2}$$

服从分布 $\chi^2(1)$. 在这种表示法下，公式 (5.5-1) 变为

$$W = \frac{(n-1)S^2}{\sigma^2} + Z^2$$

而且，由 $\overline{X}$ 和 S^2 是独立的，可以得出 Z^2 和 S^2 也是独立的. 在 W 的矩母函数中，这种独立性允许我们写

$$E[e^{tW}] = E[e^{t\{(n-1)S^2/\sigma^2 + Z^2\}}] = E[e^{t(n-1)S^2/\sigma^2} e^{tZ^2}] = E[e^{t(n-1)S^2/\sigma^2}] E[e^{tZ^2}]$$

因为 W 和 Z^2 服从卡方分布，我们可以用它们的矩母函数代换，得到

$$(1 - 2t)^{-n/2} = E[e^{t(n-1)S^2/\sigma^2}](1 - 2t)^{-1/2}, \quad t < \frac{1}{2}$$

同样，我们有

$$E[e^{t(n-1)S^2/\sigma^2}] = (1 - 2t)^{-(n-1)/2}, \quad t < \frac{1}{2}$$

当然，这就是 $\chi^2(n-1)$ 变量的矩母函数. 因此，$(n-1)S^2/\sigma^2$ 服从该分布. □

结合推论 5.4-3 和定理 5.5-2 的结果，我们看到当抽样来自正态分布时，

$$U = \sum_{i=1}^{n} \frac{(X_i - \mu)^2}{\sigma^2}$$

服从分布 $\chi^2(n)$，而

$$W = \sum_{i=1}^{n} \frac{(X_i - \overline{X})^2}{\sigma^2}$$

服从 $\chi^2(n-1)$. 也就是说，当 $\sum_{i=1}^{n} (X_i - \mu)^2$ 中的总体平均值 μ 被样本均值 $\overline{X}$ 替换掉后，会失去一个自由度. 在更普遍的情况下，在估计某些卡方随机变量中的每个参数时都失去一个自由度，其中一些随机变量可以在第 7 章、第 8 章和第 9 章中遇到.

　　例 5.5-3 设 X_1, X_2, X_3, X_4 是来自正态分布 $N(76.4, 383)$ 的样本量为 4 的随机样

本，则

$$U = \sum_{i=1}^{4} \frac{(X_i - 76.4)^2}{383} \sim \chi^2(4)$$

$$W = \sum_{i=1}^{4} \frac{(X_i - \overline{X})^2}{383} \sim \chi^2(3)$$

并且

$$P(0.711 \leqslant U \leqslant 7.779) = 0.90 - 0.05 = 0.85$$

$$P(0.352 \leqslant W \leqslant 6.251) = 0.90 - 0.05 = 0.85 \qquad \blacksquare$$

在后续的章节中，我们将说明卡方分布在应用中的重要性.

我们现在证明一个定理，它是统计学中一些最重要推断的基础.

定理 5.5-3（ t 分布 ）　设

$$T = \frac{Z}{\sqrt{U/r}}$$

其中 Z 是随机变量，服从正态分布 $N(0,1)$ ，U 也是随机变量，服从卡方分布 $\chi^2(r)$ ，并且 Z 和 U 是独立的，则 T 服从自由度为 r 的 t 分布，其概率密度函数是

$$f(t) = \frac{\Gamma((r+1)/2)}{\sqrt{\pi r}\,\Gamma(r/2)} \frac{1}{(1+t^2/r)^{(r+1)/2}}, \quad -\infty < t < \infty$$

证明　Z 和 U 的联合概率密度函数为

$$g(z,u) = \frac{1}{\sqrt{2\pi}}\, e^{-z^2/2} \frac{1}{\Gamma(r/2)2^{r/2}}\, u^{r/2-1} e^{-u/2}, \quad -\infty < z < \infty, \quad 0 < u < \infty$$

T 的概率密度函数 $F(t) = P(T \leqslant t)$ 由下式给出：

$$F(t) = P(Z/\sqrt{U/r} \leqslant t) = P(Z \leqslant \sqrt{U/r}\,t) = \int_0^\infty \int_{-\infty}^{\sqrt{(u/r)}\,t} g(z,u)\,\mathrm{d}z\,\mathrm{d}u$$

即

$$F(t) = \frac{1}{\sqrt{\pi}\,\Gamma(r/2)} \int_0^\infty \left[\int_{-\infty}^{\sqrt{(u/r)}\,t} \frac{e^{-z^2/2}}{2^{(r+1)/2}}\,\mathrm{d}z \right] u^{r/2-1} e^{-u/2}\,\mathrm{d}u$$

由于 T 的概率密度函数是其分布函数的导数，因此，将微积分的基本定理应用于内部积分，我们发现

$$f(t) = F'(t) = \frac{1}{\sqrt{\pi}\,\Gamma(r/2)} \int_0^\infty \frac{e^{-(u/2)(t^2/r)}}{2^{(r+1)/2}} \sqrt{\frac{u}{r}}\, u^{r/2-1} e^{-u/2}\,\mathrm{d}u$$

$$= \frac{1}{\sqrt{\pi r}\,\Gamma(r/2)} \int_0^\infty \frac{u^{(r+1)/2-1}}{2^{(r+1)/2}}\, e^{-(u/2)(1+t^2/r)}\,\mathrm{d}u$$

在积分中，作变量变换

$$y = (1 + t^2/r)u, \quad \text{满足} \quad \frac{\mathrm{d}u}{\mathrm{d}y} = \frac{1}{1 + t^2/r}$$

从而

$$f(t) = \frac{\Gamma[(r+1)/2]}{\sqrt{\pi r}\,\Gamma(r/2)} \left[\frac{1}{(1 + t^2/r)^{(r+1)/2}} \right] \int_0^{\infty} \frac{y^{(r+1)/2-1}}{\Gamma[(r+1)/2]\,2^{(r+1)/2}} \mathrm{e}^{-y/2} \mathrm{d}y$$

$f(t)$ 的最后一个表达式中的积分等于 1，因为被积函数类似于具有 $r+1$ 自由度的卡方分布的概率密度函数. 因此, t 分布的概率密度函数是

$$f(t) = \frac{\Gamma[(r+1)/2]}{\sqrt{\pi r}\,\Gamma(r/2)} \frac{1}{(1 + t^2/r)^{(r+1)/2}}, \quad -\infty < t < \infty \qquad \square$$

图 5.5-2a 给出了当 $r=1$, 3 和 7 时 T 的概率密度函数图以及 $N(0,1)$ 的概率密度函数图. 在此图中, 我们看到 t 分布的尾部比正态分布的尾部重(大). 也就是说, t 分布中的极端概率比标准化正态分布的极端概率更高.

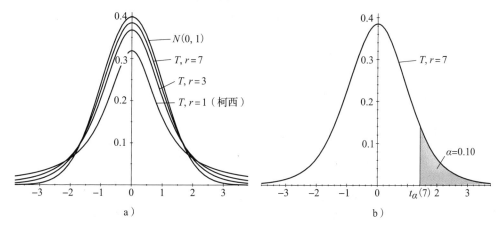

图 5.5-2　t 分布概率密度函数和右尾概率

要求具有 r 个自由度的 t 分布随机变量的概率, 请使用计算器、计算机程序或附录 B 中的表Ⅵ. 如果 T 是自由度为 r 的 t 分布, 我们说 T 的分布为 $t(r)$. 此外, 第 $100(1-\alpha)$ 百分位数表示为 $t_\alpha(r)$. (见图 5.5-2b.)

例 5.5-4　设 T 的分布为 $t(11)$, 则

$$t_{0.05}(11) = 1.796, \quad -t_{0.05}(11) = -1.796$$

从而

$$P(-1.796 \leqslant T \leqslant 1.796) = 0.90$$

我们还可以求得累积分布函数(cdf)的值, 例如,

$$P(T \leqslant 2.201) = 0.975, \quad P(T \leqslant -1.363) = 0.10 \qquad \blacksquare$$

我们可以使用推论 5.5-1、定理 5.5-2 和定理 5.5-3 的结果构造一个重要的 T 型随机变

204 量. 给定一个随机样本 $X_1, X_2, \cdots, X_n$, 它来自正态分布 $N(\mu, \sigma^2)$, 令

$$Z = \frac{\overline{X} - \mu}{\sigma/\sqrt{n}}, \quad U = \frac{(n-1)S^2}{\sigma^2}$$

那么, 由推论 5.5-1 得出 Z 的分布为 $N(0,1)$. 定理 5.5-2 告诉我们, U 的分布是 $\chi^2(n-1)$, Z 和 U 是独立的. 从而,

$$T = \frac{\dfrac{\overline{X} - \mu}{\sigma/\sqrt{n}}}{\sqrt{\dfrac{(n-1)S^2}{\sigma^2} \Big/ (n-1)}} = \frac{\overline{X} - \mu}{S/\sqrt{n}} \tag{5.5-2}$$

根据定理 5.5-3, T 服从自由度为 $n-1$ 的学生 t 分布(请参阅历史评注). 我们将在 7.1 节使用这个 T 构建正态分布的未知均值 μ 的置信区间. (另请参阅练习 5.5-16.)

练习

5.5-1 设 $X_1, X_2, \cdots, X_{16}$ 是来自正态分布 $N(77, 25)$ 的随机样本. 计算:

(a) $P(77 < \overline{X} < 79.5)$, (b) $P(74.2 < \overline{X} < 78.4)$.

5.5-2 设 X 服从正态分布 $N(50, 36)$. 在同一坐标系中, 绘制以下随机变量的概率密度函数图.

(a) X.

(b) 来自该分布的样本量为 9 的随机样本的样本均值 $\overline{X}$.

(c) 来自该分布的样本量为 36 的随机样本的样本均值 $\overline{X}$.

5.5-3 设 X 等于怀孕第 16 周到第 25 周之间测得的胎儿头的最大直径(毫米). 假设 X 服从正态分布 $N(46.58, 40.96)$. 设 $\overline{X}$ 是来自 X 的样本量为 $n = 16$ 的随机样本的观测值的样本均值.

(a) 计算 $E(\overline{X})$ 和 $\mathrm{Var}(\overline{X})$.

(b) 计算 $P(44.42 \leqslant \overline{X} \leqslant 48.98)$.

5.5-4 设 X 等于 "6 磅" 盒子中肥皂的重量. 假设 X 服从正态分布 $N(6.05, 0.0004)$,

(a) 计算 $P(X < 6.0171)$.

(b) 如果从生产线中随机选择 9 盒肥皂, 计算最多 2 盒重量小于 6.0171 磅的概率. **提示**: 设 Y 等于重量小于 6.0171 磅的盒子数.

205 (c) 设 $\overline{X}$ 是 9 盒肥皂重量的样本均值, 计算 $P(\overline{X} \leqslant 6.035)$.

5.5-5 设 X 等于用于制作甲板的钉子的重量(克). 假设 X 的分布是 $N(8.78, 0.16)$. 用 $\overline{X}$ 表示随机抽取的 9 个钉子重量的均值.

(a) 在同一坐标系中绘制 X 和 $\overline{X}$ 的概率密度函数图.

(b) 设 S^2 为 9 个钉子重量的样本方差, 确定常数 a 和 b, 使 $P(a \leqslant S^2 \leqslant b) = 0.90$. **提示**: $P(a \leqslant S^2 \leqslant b)$ 等价于 $P(8a/0.16 \leqslant 8S^2/0.16 \leqslant 8b/0.16)$, 而 $8S^2/0.16$ 服从卡方分布 $\chi^2(8)$. 从附录 B 的表 IV 中求出 $8a/0.16$ 和 $8b/0.16$ 对应的概率.

5.5-6 设 $X_1, X_2, \cdots, X_{100}$ 是来自正态分布 $N(\mu, 4)$ 的随机样本, 令 $Y_1, Y_2, \cdots, Y_n$ 是来自 $N(\mu, 9)$ 的随机样本.

(a) 如果 $\overline{X}$ 和 $\overline{Y}$ 具有相同的分布, 那么 n 是多少?

(b) 利用 (a) 中确定的 n, 计算 $P(\overline{Y} - \overline{X} > 0.2)$.

5.5-7 假设胡萝卜的预包装 "1 磅袋" 的重量服从正态分布 $N(1.18,0.07^2)$，胡萝卜的预包装的 "3 磅袋" 的重量服从正态分布 $N(3.22,0.09^2)$. 随机选择袋子，计算三个 "1 磅袋" 的重量之和超过一个 "3 磅袋" 的重量的概率. **提示**：首先确定三个 "1 磅袋" 的重量之和 Y 的分布，然后计算 $P(Y>W)$，其中 W 是 "3 磅袋" 的重量.

5.5-8 设 X 表示雄性秧鸡的翅膀长度（毫米），Y 表示雌性秧鸡的翅膀长度（毫米）. 假设 X 服从正态分布 $N(184.09,39.37)$，Y 服从正态分布 $N(171.93,50.88)$，并且 X 与 Y 独立. 如果捕获一只雄性和一只雌性秧鸡，求 X 大于 Y 的概率是多少？

5.5-9 假设由公司 A 生产的灯泡的寿命（记为 X，单位为小时）服从正态分布 $N(800,14\,400)$，由 B 公司生产的灯泡的寿命（记为 Y，单位为小时）服从正态分布 $N(850,2500)$. 从每家公司随机选择一个灯泡，并点亮直到 "死亡" 为止.

(a) 计算 A 公司的灯泡寿命超过 B 公司灯泡寿命至少 15 小时的概率.

(b) 计算至少一个灯泡 "存活" 至少 920 小时的概率.

5.5-10 消费者购买 n 个灯泡，每个灯泡的寿命服从均值为 800 小时、标准差为 100 小时的正态分布. 一旦灯泡烧坏，灯泡就会马上被另一个灯泡取代. 假设灯泡的寿命相互独立，求出最小的 n，使得灯泡连续发光至少 10\,000 小时的概率为 0.90.

5.5-11 一家市场研究公司向一家公司建议，两种可能的竞争产品可分别产生 X 和 Y 的收入（以百万计），它们分别服从正态分布 $N(3,1)$ 和 $N(3.5,4)$. 显然，$P(X<Y)>1/2$. 但是实际上，如果 $P(X>2)>P(Y>2)$，那么公司将更喜欢具有较小方差的产品. 该公司选择哪种产品？

5.5-12 设随机变量 X_1 和 X_2 独立，分别服从正态分布 $N(0,1)$ 和卡方分布 $\chi^2(r)$. 设 $Y_1 = X_1/\sqrt{X_2/r}$ 和 $Y_2 = X_2$.

(a) 求 Y_1 和 Y_2 的联合概率密度函数.

(b) 确定 Y_1 的边际概率密度函数，并说明 Y_1 服从 t 分布.（这是求出 T 的概率密度函数的另一种等价方法.）

5.5-13 设 Z_1，Z_2 和 Z_3 相互独立，均服从标准正态分布 $N(0,1)$.

(a) 求出 W 的分布，其中

$$W = \frac{Z_1}{\sqrt{(Z_2^2 + Z_3^2)/2}}$$

(b) 证明：

$$V = \frac{Z_1}{\sqrt{(Z_1^2 + Z_2^2)/2}}$$

的概率密度函数为 $f(v) = 1/(\pi\sqrt{2-v^2})$，$-\sqrt{2}<v<\sqrt{2}$.

(c) 求 V 的均值.

(d) 求 V 的标准差.

(e) 为什么 W 和 V 的分布如此不同？

5.5-14 设 T 服从自由度为 r 的 t 分布，通过计算

$$E(Z), E(1/\sqrt{U}), E(Z^2) \quad 和 \quad E(1/U)$$

证明：如果 $r \geqslant 2$，则 $E(T)=0$；如果 $r \geqslant 3$，则 $\mathrm{Var}(T) = r/(r-2)$.

5.5-15 设 T 服从分布 $t(17)$，计算：

(a) $t_{0.01}(17)$.

（b）$t_{0.95}(17)$.

（c）$P(-1.740 \leqslant T \leqslant 1.740)$.

5.5-16 设 T 如公式（5.5-2）所定义，其中 $n=9$.

（a）求 $t_{0.025}$，使得 $P(-t_{0.025} \leqslant T \leqslant t_{0.025}) = 0.95$.

（b）求解不等式 $[-t_{0.025} \leqslant T \leqslant t_{0.025}]$，使得 μ 落在其中（中间）.

5.6 中心极限定理

在 5.3 节中，我们发现从均值为 μ、方差为 $\sigma^2 > 0$ 的概率分布中抽样得到的样本量为 n 的随机样本的均值 $\overline{X}$ 是一个随机变量，它具有数字特征

$$E(\overline{X}) = \mu \quad \text{和} \quad \text{Var}(\overline{X}) = \frac{\sigma^2}{n}$$

随着 n 的增加，$\overline{X}$ 的方差减小. 因此，$\overline{X}$ 的分布明显依赖 n，我们发现我们正在处理（随机变量的）分布序列.

在定理 5.5-1 中，我们考虑了当样本来自正态分布 $N(\mu, \sigma^2)$ 时 $\overline{X}$ 的概率密度函数. 我们发现 $\overline{X}$ 的分布是 $N(\mu, \sigma^2/n)$，而在图 5.5-1 中，通过绘制几个不同 n 值的概率密度函数，我们说明了随着 n 的增加，概率变得集中在以 μ 为中心的小区间中的性质. 也就是说，在概率意义上，随着 n 的增加，$\overline{X}$ 倾向于收敛到 μ，或者 $\overline{X}-\mu$ 倾向于收敛到 0. （参见 5.8 节.）

一般来说，如果我们设

$$W = \frac{\sqrt{n}}{\sigma}(\overline{X} - \mu) = \frac{\overline{X} - \mu}{\sigma/\sqrt{n}} = \frac{Y - n\mu}{\sqrt{n}\,\sigma}$$

其中 Y 是来自均值为 μ、方差为 σ^2 的某个分布的样本量为 n 的随机样本的和，那么，对于每个正整数 n，有

$$E(W) = E\left[\frac{\overline{X} - \mu}{\sigma/\sqrt{n}}\right] = \frac{E(\overline{X}) - \mu}{\sigma/\sqrt{n}} = \frac{\mu - \mu}{\sigma/\sqrt{n}} = 0$$

$$\text{Var}(W) = E(W^2) = E\left[\frac{(\overline{X} - \mu)^2}{\sigma^2/n}\right] = \frac{E[(\overline{X} - \mu)^2]}{\sigma^2/n} = \frac{\sigma^2/n}{\sigma^2/n} = 1$$

因此，当 $\overline{X}-\mu$ 倾向于"退化"为 0 时，$\sqrt{n}(\overline{X}-\mu)/\sigma$ 中的因子 $\sqrt{n}/\sigma$ 却"放大"该概率，并足以防止这种退化发生. 那么，当 n 增加时，W 的分布是什么？可能会立即给出一个可能对该问题的答案有所了解的观测结果. 如果样本来自正态分布，那么依据定理 5.5-1，我们知道 $\overline{X}$ 的分布是 $N(\mu, \sigma^2/n)$，因此对于每个正整数 n，W 服从标准状态分布 $N(0,1)$. 于是从极限意义上，W 的分布一定是 $N(0,1)$. 因此，如果问题的答案不依赖于总体分布（即答案是唯一的），则该答案必须是 $N(0,1)$. 正如我们将要看到的那样，情况正是如此，这个结果非常重要，它被称为中心极限定理，其证明见 5.9 节.

定理 5.6-1(中心极限定理)　如果 $\overline{X}$ 是样本量为 n 的随机样本 $X_1, X_2, \cdots, X_n$ 的均值，该样本来自某个具有有限均值 μ 和有限正方差 σ^2 的分布，则当 $n \to \infty$ 时，随机变量

$$W = \frac{\overline{X} - \mu}{\sigma/\sqrt{n}} = \frac{\sum\limits_{i=1}^{n} X_i - n\mu}{\sqrt{n}\,\sigma}$$

服从分布 $N(0,1)$.

当 n "足够大"时，中心极限定理的实际用途是逼近 W 的累积分布函数，即

$$P(W \leqslant w) \approx \int_{-\infty}^{w} \frac{1}{\sqrt{2\pi}} e^{-z^2/2}\,\mathrm{d}z = \Phi(w)$$

我们提供一些关于这个应用的例子，讨论"足够大"的概念，并试图给出中心极限定理的直观含义.

例 5.6-1　对一个电路中的电流强度(毫安)独立地进行了 25 次测量，每次测量的均值为 15，方差为 4，并用 $\overline{X}$ 表示这 25 次测量的均值，那么 $\overline{X}$ 近似分布 $N(15, 4/25)$，并可计算概率值，如

$$P(14.4 < \overline{X} < 15.6) = P\left(\frac{14.4 - 15}{0.4} < \frac{\overline{X} - 15}{0.4} < \frac{15.6 - 15}{0.4}\right)$$

$$\approx \Phi(1.5) - \Phi(-1.5) = 0.9332 - 0.0668 = 0.8664 \qquad \blacksquare$$

例 5.6-2　设 $X_1, X_2, \cdots, X_{20}$ 是样本量为 20 的随机样本，它们来自均匀分布 $U(0,1)$. 这里，$E(X_i) = 1/2$ 和 $\mathrm{Var}(X_i) = 1/12$, $i = 1, 2, \cdots, 20$. 如果 $Y = X_1 + X_2 + \cdots + X_{20}$，那么

$$P(Y \leqslant 9.1) = P\left(\frac{Y - 20(1/2)}{\sqrt{20/12}} \leqslant \frac{9.1 - 10}{\sqrt{20/12}}\right) = P(W \leqslant -0.697) \approx \Phi(-0.697) = 0.2423$$

也有

$$P(8.5 \leqslant Y \leqslant 11.7) = P\left(\frac{8.5 - 10}{\sqrt{5/3}} \leqslant \frac{Y - 10}{\sqrt{5/3}} \leqslant \frac{11.7 - 10}{\sqrt{5/3}}\right) = P(-1.162 \leqslant W \leqslant 1.317)$$

$$\approx \Phi(1.317) - \Phi(-1.162) = 0.9061 - 0.1226 = 0.7835 \qquad \blacksquare$$

例 5.6-3　设 $\overline{X}$ 表示来自概率密度函数为 $f(x) = x^3/4$, $0 < x < 2$ 的总体的随机样本的均值，样本量为 25. 容易计算得到 $\mu = 8/5 = 1.6$ 和 $\sigma^2 = 8/75$. 于是

$$P(1.5 \leqslant \overline{X} \leqslant 1.65) = P\left(\frac{1.5 - 1.6}{\sqrt{8/75}/\sqrt{25}} \leqslant \frac{\overline{X} - 1.6}{\sqrt{8/75}/\sqrt{25}} \leqslant \frac{1.65 - 1.6}{\sqrt{8/75}/\sqrt{25}}\right)$$

$$= P(-1.531 \leqslant W \leqslant 0.765) \approx \Phi(0.765) - \Phi(-1.531)$$

$$= 0.7779 - 0.0629 = 0.7150 \qquad \blacksquare$$

这些例子说明了中心极限定理如何用于近似关于样本均值 $\overline{X}$ 或总和 $Y = \sum\limits_{i=1}^{n} X_i$ 的某些概

率. 也就是说，当 n 充分大时，$\overline{X}$ 近似服从分布 $N(\mu, \sigma^2/n)$，Y 近似服从分布 $N(n\mu, n\sigma^2)$，其中 μ 和 σ^2 分别为被抽样的总体的均值和方差. 一般地，如果 n 超过 25 或者 30，则这些近似会比较好. 但是，如果总体是对称的、单峰的和连续的，则 n 小到 4 或 5 的值也可以产生合适的近似值. 此外，如果原始分布近似正态分布，当 n 等于 2 或 3 时，$\overline{X}$ 将非常接近正态分布. 事实上，我们知道如果样本取自 $N(\mu, \sigma^2)$，则对于每个 $n = 1, 2, 3, \cdots, \overline{X}$ 恰好服从正态分布 $N(\mu, \sigma^2/n)$.

接下来的例题将有助于解释之前的注，并会使读者对中心极限定理有更直观的理解. 特别地，通过从不同的总体抽样，我们将看到样本量 n 如何影响样本均值 $\overline{X}$ 和 $Y = \sum\limits_{i=1}^{n} X_i$ 的分布.

例 5.6-4 设 X_1，X_2，X_3，X_4 为来自均匀分布 $U(0,1)$ 的随机样本，样本量为 4，其概率密度函数为 $f(x) = 1$，$0 < x < 1$，则 $\mu = 1/2$ 和 $\sigma^2 = 1/12$. 我们将对 $n = 2$ 和 4 分别比较

$$Y = \sum_{i=1}^{n} X_i$$

和 $N[n(1/2), n(1/12)]$ 的概率密度函数的图.

利用 5.2 节给出的方法，我们可以确定 $Y = X_1 + X_2$ 的概率密度函数为

$$g(y) = \begin{cases} y, & 0 < y \leqslant 1 \\ 2 - y, & 1 < y < 2 \end{cases}$$

这是图 5.6-1a 所示的三角形的概率密度函数，在该图中，$N[2(1/2), 2(1/12)]$ 的概率密度函数也被绘制出来了.

进一步地，$Y = X_1 + X_2 + X_3 + X_4$ 的概率密度函数是

$$g(y) = \begin{cases} \dfrac{y^3}{6}, & 0 \leqslant y < 1 \\[2mm] \dfrac{-3y^3 + 12y^2 - 12y + 4}{6}, & 1 \leqslant y < 2 \\[2mm] \dfrac{3y^3 - 24y^2 + 60y - 44}{6}, & 2 \leqslant y < 3 \\[2mm] \dfrac{-y^3 + 12y^2 - 48y + 64}{6}, & 3 \leqslant y \leqslant 4 \end{cases}$$

它的概率密度函数图和 $N[4(1/2), 4(1/12)]$ 的概率密度函数图如图 5.6-1b 所示. 如果我们对计算 $P(1.7 \leqslant Y \leqslant 3.2)$ 感兴趣，可以通过计算

$$\int_{1.7}^{3.2} g(y)\,\mathrm{d}y$$

得到其值，这很烦琐(参见练习 5.6-9). 使用正态分布近似要容易得多，也会得到一个接近

精确值的数值.

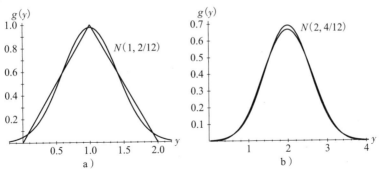

图 5.6-1 均匀随机变量之和的概率密度函数

在例 5.6-4 和练习 5.6-9 中，我们展示了即使给定一个较小的 n 值，例如 $n=4$，样本的总和也有近似的正态分布. 下一个例子说明，对于一些总体分布(特别是有偏分布)，为了能获得令人满意的近似，n 必须非常大. 为了使水平轴上的刻度对于 n 的每个值保持相同，我们将使用以下结果：令 $f(x)$ 和 $F(x)$ 分别是连续型随机变量 X 的概率密度函数和累积分布函数，它具有均值 μ 和方差 σ^2. 设 $W=(X-\mu)/\sigma$，则 W 的累积分布函数为

$$G(w)=P(W\leqslant w)=P\left(\frac{X-\mu}{\sigma}\leqslant w\right)=P(X\leqslant\sigma w+\mu)=F(\sigma w+\mu)$$

于是，W 的概率密度函数为

$$g(w)=F'(\sigma w+\mu)=\sigma f(\sigma w+\mu)$$

例 5.6-5 设 $X_1,X_2,\cdots,X_n$ 是来自总体为卡方分布的随机样本，该卡方分布的自由度为 1. 如果

$$Y=\sum_{i=1}^{n}X_i$$

则 Y 服从卡方分布 $\chi^2(n)$，并可以推出 $E(Y)=n$ 和 $\mathrm{Var}(Y)=2n$. 令

$$W=\frac{Y-n}{\sqrt{2n}}$$

W 的概率密度函数为

$$g(w)=\sqrt{2n}\,\frac{(\sqrt{2n}\,w+n)^{n/2-1}}{\Gamma\left(\dfrac{n}{2}\right)2^{n/2}}\,\mathrm{e}^{-(\sqrt{2n}\,w+n)/2},\quad -n/\sqrt{2n}<w<\infty$$

注意 $W>-n/\sqrt{2n}$ 对应 $y>0$. 在图 5.6-2 中分别绘制了两个图：左图为 $n=20$ 时 W 和 $N(0,1)$ 的概率密度函数图；右图为 $n=100$ 时 W 与 $N(0,1)$ 的概率密度函数图.

为了获得关于样本量 n 是如何影响 $W=(\bar{X}-\mu)/(\sigma/\sqrt{n})$ 的分布的直观概念，在计算机上利用不同的 n 和不同的总体分布模拟 W 的取值是很有帮助的. 下面的例子描述了这样的模拟.

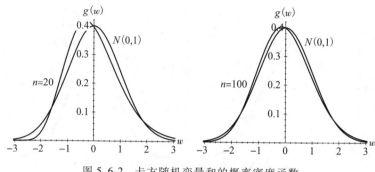

图 5.6-2 卡方随机变量和的概率密度函数

注 回忆前面的内容，我们模拟具有连续型累积分布函数 $F(x)$ 的随机变量 X 的观测结果的方法如下：假设 $F(a)=0$，$F(b)=1$，并且 $F(x)$ 在 $a<x<b$ 上严格递增. 设 $Y=F(x)$，并且 Y 服从分布 $U(0,1)$. 如果 y 是 Y 的观测值，那么 $x=F^{-1}(y)$ 就是 X 的观测值.（见 5.1 节.）因此，如果 y 是计算机生成的随机数，那么 $x=F^{-1}(y)$ 就是 X 的模拟值.

例 5.6-6 通常很难求得随机变量 $W=(\bar{X}-\mu)/(\sigma/\sqrt{n})$ 的确切分布，除非你使用像 Maple 这样的计算机代数系统. 在本例中，我们通过在计算机上模拟随机样本来给出 W 的分布的一些经验证据. 我们还叠加了 W 的理论概率密度函数，我们通过使用 W 求出了它. 令 X_1, $X_2, \cdots, X_n$ 表示具有概率密度函数 $f(x)$、累积分布函数 $F(x)$、均值 μ 和方差 σ^2 的分布的随机样本，样本量为 n，对两个分布中的每一个，我们模拟了 1000 个样本量为 $n=2$ 和 $n=7$ 的随机样本. 然后，我们计算每个样本的 W 值，从而获得 1000 个 W 的观测值. 接下来，我们使用 21 个相等长度的间隔构建了这 1000 个 W 值的直方图. 图 5.6-3 和图 5.6-4 给出了 W 的观测值的相对频率直方图、标准状态分布的概率密度函数图和 W 的理论概率密度函数图.

（a）在图 5.6-3 中，对于 $-1<x<1$，$f(x)=(x+1)/2$ 和 $F(x)=(x+1)^2/4$，$u=1/3$，$\sigma^2=2/9$，并且 $n=2$ 和 7. 总体分布是左偏的.

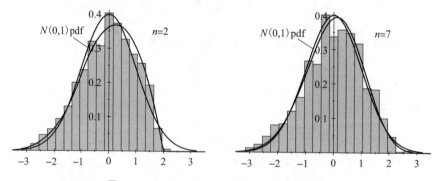

图 5.6-3 $(\bar{X}-\mu)/(\sigma/\sqrt{n})$ 的概率密度函数，总体分布为三角形分布

（b）在图 5.6-4 中，对于 $-1<x<1$，$f(x)=(3/2)x^2$ 和 $F(x)=(x^3+1)/2$，$u=0$，$\sigma^2=3/5$，并且 $n=2$ 和 7.（绘制 $y=f(x)$ 的图，就为什么 $n=2$ 时的直方图看起来像它的形式给出你的观点.）这个总体分布是 U 形的，因此，对于小 n，W 不遵循正态分布. ■

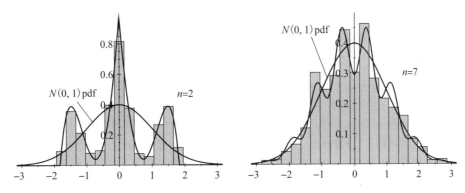

图 5.6-4　$(\overline{X}-\mu)/(\sigma/\sqrt{n})$ 的概率密度函数，总体分布为 U 形分布

请注意，这些例子没有证明任何事情．它们用于作为说明中心极限定理正确的证据，并且它们确实非常直观地给出了正在发生的事情．

到目前为止，所有的例子都是关注于连续型分布．然而，中心极限定理的假设并不要求分布是连续的．我们将在下一节考虑离散型分布的中心极限定理的应用．

练习

5.6-1　设 $\overline{X}$ 表示来自区间 $(0,1)$ 上均匀分布的样本量为 12 的随机样本均值，近似计算 $P(1/2 \leqslant \overline{X} \leqslant 2/3)$．

5.6-2　设 $Y = X_1 + X_2 + \cdots + X_{15}$，其中 $X_i(i=1,2,\cdots,15)$ 是来自总体概率密度函数为 $f(x) = (3/2)x^2(-1<x<1)$ 的随机样本．利用 Y 的概率密度函数，我们可以得到 $P(-0.3 \leqslant Y \leqslant 1.5) = 0.227\,88$．请利用中心极限定理近似计算这个概率．

5.6-3　设 $\overline{X}$ 表示来自均值为 3 的指数分布的样本量为 36 的随机样本均值，近似计算 $P(2.5 \leqslant \overline{X} \leqslant 4)$．

5.6-4　近似计算 $P(39.75 \leqslant \overline{X} \leqslant 41.25)$，其中 $\overline{X}$ 表示来自一个均值 $u=40$、方差 $\sigma^2 = 8$ 的分布的样本量为 32 的随机样本均值．

5.6-5　设 $X_1, X_2, \cdots, X_{18}$ 为来自相同卡方分布的样本量为 18 的随机样本，该卡方分布的自由度为 1．回忆一下 $\mu=1$ 且 $\sigma^2 = 2$．

(a) $Y = \sum\limits_{i=1}^{18} X_i$ 是怎样分布的？

(b) 使用(a)的结果，我们从附录 B 的表 Ⅳ 中查到

$$P(Y \leqslant 9.390) = 0.05, \quad P(Y \leqslant 34.80) = 0.99$$

将这两个概率与使用中心极限定理得到的近似值进行比较．

5.6-6　从一个总体分布中产生一个样本量为 $n=18$ 的随机样本，该总体分布的概率密度函数为 $f(x) = 1 - x/2$，$0 \leqslant x \leqslant 2$．

(a) 求均值 μ 和方差 σ^2． (b) 近似计算 $P(2/3 \leqslant \overline{X} \leqslant 5/6)$．

5.6-7　设 X 表示位于跑步机上人的最大氧气摄入量，其中测量值是每分钟每千克体重摄入氧气的毫升数．假设对于特定人群，X 的均值是 $u=54.030$，标准差为 $\sigma=5.8$，用 $\overline{X}$ 表示样本量为 $n=47$ 的随机样本均值．近似计算 $P(52.761 \leqslant \overline{X} \leqslant 54.453)$．

5.6-8　设 X 等于微型糖果棒的重量(以克为单位)，假设 $u=E(X)=24.43$ 并且 $\sigma^2 = \mathrm{Var}(X) = 2.20$．设 $\overline{X}$ 表示样本量为 $n=30$ 的随机样本均值．计算：

211
212

(a) $E(\overline{X})$，(b) $\mathrm{Var}(\overline{X})$，(c) $P(24.17 \leqslant X \leqslant 24.82)$ 的近似值.

5.6-9   在例 5.6-4 中，当 $n=4$ 时，计算 $P(1.7 \leqslant Y \leqslant 3.2)$，并将你的答案与该概率的正态近似值进行比较.

5.6-10   设 X 和 Y 等于随机选择的儿童在某个月内电视上分别观看电影和卡通片的小时数. 从经验来看，已知 $E(X)=30$，$E(Y)=50$，$\mathrm{Var}(X)=52$，$\mathrm{Var}(Y)=64$，$\mathrm{Cov}(X,Y)=14$. 随机选择 25 名儿童，设 Z 等于这 25 名儿童在下个月电视上观看电影或卡通片的总小时数. 近似计算 $P(1970<Z<2090)$. 提示：使用定理 5.3-2 后的注.

5.6-11   纸张的抗拉强度为 X（单位为磅/平方英寸），$\mu=30$，$\sigma=3$. 从抗拉强度分布中取出样本量为 $n=100$ 的随机样本. 计算样本均值 $\overline{X}$ 超过 29.5 磅/平方英寸的概率.

5.6-12   在一年中的某些时候，一家公共汽车公司经营一辆从艾奥瓦市到芝加哥市的货车，有 10 名乘客. 在开始售票之后，两张车票销售之间的时间间隔（以分钟为单位）服从 $\alpha=3$ 且 $\theta=2$ 的伽马分布.
(a) 假设独立，利用积分表示车票在一小时内售罄的概率.
(b) 近似计算 (a) 的值.

5.6-13   设 X_1，X_2，X_3，X_4 表示完成某项目的四个步骤所需的随机时间. 这些时间是独立的，并且均服从伽马分布，各伽马分布有共同参数 $\theta=2$，参数 $\alpha_1=3$，$\alpha_2=2$，$\alpha_3=5$，$\alpha_4=3$. 该项目必须完成当前步骤才能开始下一步. 设 Y 等于完成项目所需的总时间.
(a) 求表示 $P(Y \leqslant 25)$ 的积分.
(b) 使用正态分布近似计算 (a). 这种方法是否合理？

5.6-14   假设一个工人每年请病假的天数满足 $\mu=10$，$\sigma=2$. 一家公司拥有 $n=20$ 个工人. 假设不同工人请病假是相互独立的，如果财务希望请病假的总天数超过预算天数的概率小于 20%，那么公司预算总的病假天数应该为多少天？

5.7   离散分布的近似

在本节中，我们将说明如何使用正态分布近似计算某些离散型分布的概率. 一个很重要的离散分布是二项分布，为了了解如何应用中心极限定理，回想一下二项随机变量可以描述为伯努利随机变量的总和. 也就是说，设 $X_1, X_2, \cdots, X_n$ 是来自伯努利分布的随机样本，其均值为 $\mu=p$，方差为 $\sigma^2=p(1-p)$，其中 $0<p<1$. 那么 $Y=\sum_{i=1}^{n} X_i$ 服从二项分布 $b(n,p)$. 中心极限定理表明，当 $n \to \infty$ 时，

$$W = \frac{Y-np}{\sqrt{np(1-p)}} = \frac{\overline{X}-p}{\sqrt{p(1-p)/n}}$$

的极限分布为 $N(0,1)$. 因此，如果 n "足够大"，则 Y 的分布近似为 $N[np, np(1-p)]$，并且二项分布 $b(n,p)$ 的概率可用该正态分布近似. 常用的规则是，如果 $np \geqslant 5$ 且 $n(1-p) \geqslant 5$，则认为 n 足够大.

注意，我们将要用连续分布的概率近似离散分布的概率. 我们在这种情况下讨论一个合理的过程. 如果 $V \sim N(\mu, \sigma^2)$，则 $P(a<V<b)$ 等于以 v 轴，$v=a$，$v=b$ 和 V 的概率密度函数为边界的区域的面积. 现在设有一个服从 $b(n,p)$ 的随机变量 Y，Y 的概率直方图定义如下：对于每个满足 $k-1/2<y<k<k+1/2$ 的 y，设

$$f(k) = \frac{n!}{k!(n-k)!} p^k (1-p)^{n-k}, \quad k=0,1,2,\cdots,n$$

那么 $P(Y=k)$ 可以由矩形的面积表示，其高度为 $P(Y=k)$，底的长度为 1 并以 k 为中心.
图 5.7-1 显示了二项分布 $b(4,1/4)$ 的概率直方图. 在使用正态分布的概率近似二项分布的概率时，正态分布的概率密度函数下的面积将用于近似二项分布的概率直方图中的矩形面积. 因为这些矩形的底具有以整数为中心的单位长度，所以这被称为**连续性的半单位校正**（half-unit correction for continuity）. 注意，对于整数 k，有

$$P(Y=k) = P(k-1/2 < Y < k+1/2)$$

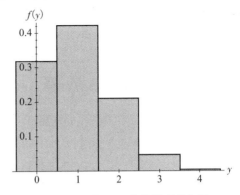

图 5.7-1　$b(4, 1/4)$ 的概率直方图

例 5.7-1　设 Y 的分布为 $b(10,1/2)$，通过中心极限定理，$P(a<Y<b)$ 可以使用正态分布近似，该正态分布的均值为 $10(1/2) = 5$，方差为 $10(1/2)(1/2) = 5/2$. 图 5.7-2a 显示了 $b(10, 1/2)$ 的概率直方图和正态分布 $N(5, 5/2)$ 的概率密度函数图. 注意，在图 5.7-2a 中的每个整数 k，底为

$$\left(k - \frac{1}{2}, k + \frac{1}{2}\right)$$

的矩形的面积和 $k-1/2$ 和 $k+1/2$ 之间的正态分布曲线下的面积近似相等，图 5.7-2a 说明了连续性的半单位校正的含义. ■

例 5.7-2　设 Y 为 $b(18,1/6)$. 因为 $np = 18(1/6) = 3 < 5$，所以这里的正态分布近似不太好. 图 5.7-2b 通过绘制 $b(18,1/6)$ 的有偏概率直方图和正态分布 $N(3,5/2)$ 的对称概率密度函数来说明这一点. ■

214

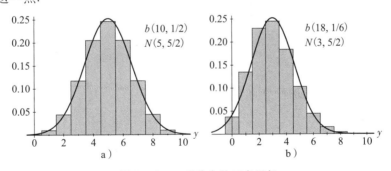

图 5.7-2　二项分布的正态近似

例 5.7-3　设 Y 具有例 5.7-1 和图 5.7-2a 的二项分布，即 $b(10,1/2)$. 因为 $P(Y=6)$ 不在期望的概率中，那么

$$P(3 \leqslant Y < 6) = P(2.5 \leqslant Y \leqslant 5.5)$$

但后者等于

$$P\left(\frac{2.5 - 5}{\sqrt{10/4}} \leqslant \frac{Y - 5}{\sqrt{10/4}} \leqslant \frac{5.5 - 5}{\sqrt{10/4}}\right) \approx \Phi(0.316) - \Phi(-1.581) = 0.6240 - 0.0570 = 0.5670$$

使用附录 B 中的表 Ⅱ, 我们求得 $P(3 \leqslant Y < 6) = 0.5683$.

例 5.7-4 设 Y 服从二项分布 $b(36, 1/2)$. 因为

$$\mu = (36)(1/2) = 18, \quad \sigma^2 = (36)(1/2)(1/2) = 9$$

于是

$$P(12 < Y \leqslant 18) = P(12.5 \leqslant Y \leqslant 18.5) = P\left(\frac{12.5 - 18}{\sqrt{9}} \leqslant \frac{Y - 18}{\sqrt{9}} \leqslant \frac{18.5 - 18}{\sqrt{9}}\right)$$

$$\approx \Phi(0.167) - \Phi(-1.833) = 0.5329$$

注意, 12 增加到 12.5, 因为 $P(Y = 12)$ 不包含在期望的概率中. 使用二项式公式, 我们求得

$$P(12 < Y \leqslant 18) = P(13 \leqslant Y \leqslant 18) = 0.5334$$

215 (你可以使用计算器或 Minitab 验证此答案.)此外,

$$P(Y = 20) = P(19.5 \leqslant Y \leqslant 20.5) = P\left(\frac{19.5 - 18}{\sqrt{9}} \leqslant \frac{Y - 18}{\sqrt{9}} \leqslant \frac{20.5 - 18}{\sqrt{9}}\right)$$

$$\approx \Phi(0.833) - \Phi(0.5) = 0.1060$$

利用二项式公式, 我们得到 $P(Y = 20) = 0.1063$. 因此, 在这种情况下, 近似值(效果)非常好.

注意, 一般来说, 如果 Y 服从二项分布 $b(n, p)$, n 很大, 而 $k = 0, 1, \cdots, n$, 那么

$$P(Y \leqslant k) \approx \Phi\left(\frac{k + 1/2 - np}{\sqrt{npq}}\right)$$

$$P(Y < k) \approx \Phi\left(\frac{k - 1/2 - np}{\sqrt{npq}}\right)$$

它们之间的差异是因为在第一种情况下包括 k, 而在第二种情况下则不包括 k.

我们现在展示如何使用正态分布来近似均值足够大的泊松分布.

例 5.7-5 均值为 20 的泊松分布可以被认为是 20 个均值为 1 的泊松分布的观测值的和 Y. 因此

$$W = \frac{Y - 20}{\sqrt{20}}$$

近似服从分布 $N(0, 1)$, 并且 Y 的分布近似为 $N(20, 20)$. (见图 5.7-3.) 例如, 使

216 用半单位校正确保连续性,

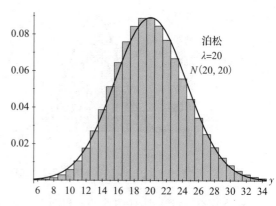

图 5.7-3 泊松的正态近似, $\lambda = 20$

$$P(16 < Y \leqslant 21) = P(16.5 \leqslant Y \leqslant 21.5) = P\left(\frac{16.5 - 20}{\sqrt{20}} \leqslant \frac{Y - 20}{\sqrt{20}} \leqslant \frac{21.5 - 20}{\sqrt{20}}\right)$$

$$\approx \Phi(0.335) - \Phi(-0.783) = 0.4142$$

请注意, 16 增加到 16.5, 因为事件 $\{16 < Y \leqslant 21\}$ 中不包括 $Y = 16$. 使用泊松公式得到的答案

是 0.4226.

一般来说，如果 Y 服从均值为 λ 的泊松分布，则当 λ 足够大时，

$$W = \frac{Y - \lambda}{\sqrt{\lambda}}$$

近似服从 $N(0,1)$ 分布.

注 如果你有统计计算器或统计计算包，请使用它计算离散概率. 但是，学习如何应用中心极限定理也很重要.

练习

5.7-1 设 Y 服从二项分布 $b(25,1/2)$. 使用两种方法计算以下三个概率值，并比较计算结果，方法一：使用附录 B 中的表 II，准确地计算. 方法二：使用中心极限定理近似地计算.
(a) $P(10 < Y \leqslant 12)$. (b) $P(12 \leqslant Y < 15)$. (c) $P(Y = 12)$.

5.7-2 假设在数学考试中得分很高的七年级学生中，大约 20% 是左撇子或双手平衡的学生. 令 X 等于 25 名有天赋的七年级学生随机样本中左撇子或双手平衡的学生的数量. 使用下面两种方法求 $P(2 < X < 9)$:
(a) 使用附录中的表 II 计算.
(b) 使用中心极限定理近似计算.

注 因为 X 具有偏态分布，所以即使 $np = 5$，近似效果仍不如 $p = 0.50$ 的对称分布的近似效果好.

5.7-3 专家预测在未来 50 年内将有一次"大地震"，它会摧毁南加州地区，为了确定南加州人是否为"大地震"做好准备，他们在南加州进行了一项民意调查. 根据调查结果，"60% 的家庭中没有安全物品，这可能致使他们在地震中会跌倒，并受到伤害." 在 $n = 864$ 个南加利福尼亚家庭的随机样本中，令 X 等于家中没有安全物品的家庭数量. 近似计算 $P(496 \leqslant X \leqslant 548)$.

5.7-4 令 X 等于"$n = 48$ 粒成熟的紫菀种子中发芽的种子数量"，其中特定种子发芽的概率为 $p = 0.75$. 近似计算 $P(35 \leqslant X \leqslant 40)$.

5.7-5 设 $X_1, X_2, \cdots, X_{48}$ 是样本量为 48 的随机样本，总体分布的概率密度函数为 $f(x) = 1/x^2$, $1 < x < \infty$. 近似计算这些随机变量中最大的 10 个取值大于 4 的概率. **提示**：如果 $X_i > 4$, $i = 1, 2, 3, \cdots, 48$，则表示第 i 次实验成功，令 Y 等于成功的总次数.

5.7-6 在成人中，肺炎球菌细菌引起 70% 的肺炎病例. 在 $n = 84$ 名患有肺炎的成年人随机样本中，令 X 等于"肺炎由肺炎球菌引起的病例数". 使用正态分布近似计算 $P(X \leqslant 52)$.

5.7-7 设 X 等于每秒钡 133 发出的 α 粒子数，并用 Geiger 计数器计数. 假设 X 服从 $\lambda = 49$ 的泊松分布. 近似计算 $P(45 < X < 60)$.

5.7-8 糖果制造商生产的薄荷糖标签重量为 20.4 克. 假设这些薄荷糖的重量分布为 $N(21.37, 0.16)$.
(a) 设 X 表示从生产线中随机选择的单个薄荷糖的重量. 求 $P(X < 20.857)$.
(b) 对某个特定批次的糖果，随机选择 100 个薄荷糖并称重. 设 Y 等于重量小于 20.857 克的这些薄荷糖的数量. 近似计算 $P(Y \leqslant 5)$.
(c) 设 $\overline{X}$ 等于在特定批次上选择的 100 个薄荷糖的样本均值. 求 $P(21.31 \leqslant \overline{X} \leqslant 21.39)$.

5.7-9 设 $X_1, X_2, \cdots, X_{30}$ 是来自均值为 2/3 的泊松分布的样本量为 30 的随机样本. 近似计算
(a) $P\left(15 < \sum_{i=1}^{30} X_i \leqslant 22\right)$. (b) $P\left(21 \leqslant \sum_{i=1}^{30} X_i < 27\right)$.

5.7-10 在赌场游戏轮盘赌中，用红色下注赢的概率是 $p = 18/38$. 设 Y 等于 1000 次独立投注中的获胜投注数，近似计算 $P(Y > 500)$.

5.7-11 在某一年的 1 月 1 日，一名大学篮球运动员将在训练中练习罚球，直到他投中 10 次才结束. 他将在那年 1 月的每一天重复这个随机实验. 用 $X_i (i = 1, 2, \cdots, 31)$ 表示篮球运动员在 1 月第 i 天投进

217

10 球所用的罚球次数，将 $X_1, X_2, \cdots, X_{31}$ 作为来自负二项分布的随机样本，并假设每次成功的概率（即他在一次尝试中投进的概率）等于 2/3，近似计算该篮球运动员尝试的罚球次数的总数小于或等于 500 次的概率.

5.7-12 如果 X 服从二项分布 $b(100, 0.1)$，请用以下方法近似计算 $P(12 \leqslant X \leqslant 14)$：

(a) 正态分布近似.

(b) 泊松分布近似.

(c) 二项式公式.

5.7-13 设 $X_1, X_2, \cdots, X_{36}$ 是来自几何分布、样本量为 36 的随机样本，其概率质量函数为 $f(x) = (1/4)^{x-1}(3/4)^x$，$x = 1, 2, 3, \cdots$. 近似计算

(a) $P\left(46 \leqslant \sum_{i=1}^{36} X_i \leqslant 49 \right)$. (b) $P(1.25 \leqslant \overline{X} \leqslant 1.50)$.

提示：观察离散型随机变量和的分布.

5.7-14 独立抛掷均匀骰子 24 次. 设 Y 是 24 个结果值的总和. 回顾（以前的知识知道）Y 是离散型随机变量，近似计算

(a) $P(Y \geqslant 86)$. (b) $P(Y < 86)$. (c) $P(70 < Y \leqslant 86)$.

5.7-15 在美国，新生儿第一年的死亡率约为 $p = 0.01$.（实际上略低于此值.）考虑一组 5000 个新生儿，求第一年中死亡的婴儿数介于 45 和 53 之间（含 45 和 53）的概率是多少？

5.7-16 设 Y 等于 "$n = 100$ 次伯努利实验的和"，也就是说，Y 服从二项分布 $b(100, p)$. 对于 (i) $p = 0.1$，(ii) $p = 0.5$ 和 (iii) $p = 0.8$，完成以下工作：

(a) 在同一图上绘制全部的近似正态分布的概率密度函数曲线.

(b) 近似计算 $P(\,|Y/100 - p| \leqslant 0.015)$.

5.7-17 一英亩（一英亩 $= 0.4046856$ 公顷）的树木数量服从泊松分布，均值为 60. 假设相互独立，近似计算 $P(5950 \leqslant X \leqslant 6100)$，其中 X 是 100 英亩的树木数量.

5.7-18 假设数字信号的背景噪声 X 服从正态分布，其中 $\mu = 0$ 伏，$\sigma = 0.5$ 伏. 如果我们对背景噪声进行 $n = 100$ 次独立测量，问其中至少 7 个值的绝对值超过 0.98 的概率是多少？

(a) 使用泊松分布近似此概率.

(b) 使用正态分布近似此概率.

(c) 使用二项分布获得此概率的精确值.

5.7-19 公司有一个一年的团体生存活动，将员工分为以下两类：

类型	死亡概率	死亡补偿	类中人数
A	0.01	20 000 美元	1000
B	0.03	10 000 美元	500

保险公司希望收取相当于总索赔分布的第 90 百分位数的保险费. 保费应该是多少？

概率评述（模拟：中心极限定理） 当我们想到棣莫弗、拉普拉斯和高斯在他们的时代发现了什么时，我们发现它真的很神奇. 当然，棣莫弗可以计算出与各种二项分布相关的概率，看看它们是如何 "堆积" 成 "钟形" 的，并且他想出了正态的公式. 现在，拉普拉斯和高斯的任务更加艰巨，因为他们无法轻易求得与样本均值 $\overline{X}$ 相关的概率，即使简单的总体分布也是如此. 作为例证，假设随机样本 $X_1, X_2, \cdots, X_n$ 来自区间 $(0,1)$ 上的均匀分布. 计算 $\overline{X}$ 的概率非常困难，除非 n 非常小，例如 $n = 2$ 或 $n = 3$. 当然，在当今时代，我们可以

使用计算机代数系统(CAS)来模拟任何样本量的 $\overline{X}$ 的分布，并且得到与 $\overline{X}$ 相关的概率相当准确的估计. 对于 $n=6$，我们作了 10 000 次实验，这就形成图 5.7-4. 在本章中，我们了解到 $\overline{X}$ 具有近似正态分布，均值为 1/2，方差为 1/72，那样我们可以将此正态分布的概率密度函数叠加在直方图的图形上以进行比较(我们使用了随后显示的实际的概率密度函数，而不是叠加正态分布的概率密度函数). 从直方图中，我们看到由此模拟产生的钟形曲线. 这三位杰出的数学家都没有计算机的优势. 今天，一个对概率分布有新想法的研究人员可以通过模拟轻松检查，看看是否值得投入更多时间(研究它).

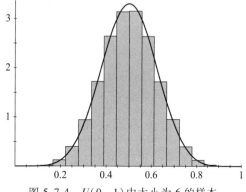

图 5.7-4　$U(0, 1)$ 中大小为 6 的样本均值 $\overline{X}$ 的 10 000 次模拟

模拟产生的 $\overline{x}$ 被分为 18 组，长度相等，为 1/18. 18 个组的频率是

0, 1, 9, 72, 223, 524, 957, 1467, 1744, 1751, 1464, 954, 528, 220, 69, 15, 2, 0

使用这些数据，我们可以估计某些概率，例如

$$P\left(\frac{1}{6} \leqslant \overline{X} \leqslant \frac{2}{6}\right) \approx \frac{72+223+524}{10\ 000} = 0.0819$$

和

$$P\left(\frac{11}{18} \leqslant \overline{X} \leqslant 1\right) \approx \frac{954+528+220+69+15+2+0}{10\ 000} = 0.1788$$

使用 CAS，有时可能会找到涉及相当复杂计算的概率密度函数. 例如，Maple 用于查找此示例的 $\overline{X}$ 的实际概率密度函数. 这个概率密度函数叠加在直方图上. 令 $u=\overline{x}$，我们发现其概率密度函数由

$$g(u) = \begin{cases} 6\left(\dfrac{324u^5}{5}\right), & 0 < u < 1/6 \\[2mm] 6\left(\dfrac{1}{20} - 324u^5 + 324u^4 - 108u^3 + 18u^2 - \dfrac{3u}{2}\right), & 1/6 \leqslant u < 2/6 \\[2mm] 6\left(-\dfrac{79}{20} + \dfrac{117u}{2} + 648u^5 - 1296u^4 + 972u^3 - 342u^2\right), & 2/6 \leqslant u < 3/6 \\[2mm] 6\left(\dfrac{731}{20} - \dfrac{693u}{2} - 648u^5 + 1944u^4 - 2268u^3\right), & 3/6 \leqslant u < 4/6 \\[2mm] 6\left(-\dfrac{1829}{20} + \dfrac{1227u}{2} - 1602u^2 + 2052u^3 + 324u^5 - 1296u^4\right), & 4/6 \leqslant u < 5/6 \\[2mm] 6\left(\dfrac{324}{5} - 324u + 648u^2 - 648u^3 + 324u^4 - \dfrac{324u^5}{5}\right), & 5/6 \leqslant u < 1 \end{cases}$$

219

给出. 我们也可以计算

$$\int_{1/6}^{2/6} g(u)\,\mathrm{d}u = \frac{19}{240} = 0.0792$$

和

$$\int_{11/18}^{1} g(u)\,\mathrm{d}u = \frac{5818}{32\ 805} = 0.177\ 35$$

尽管这些积分的计算并不复杂, 但手工计算它们仍然是乏味的.

5.8　切比雪夫不等式和依概率收敛

在本节中, 我们使用切比雪夫不等式证明: 在另一种意义上, 样本均值 $\overline{X}$ 是一个用于估计总体均值 μ 的好的统计量. n 次独立伯努利实验的相对成功频率 Y/n, 是估计 p 的一个好的统计量. 我们将考察样本量 n 对这些估计的影响.

我们首先明确, 在约束某些概率方面切比雪夫不等式给标准差带来了更大的意义. 该不等式对标准差存在的所有分布都有效. 它的证明是针对离散情况给出的, 但该证明也适用于连续情况, (只需要)用积分代替其中的求和即可.

定理 5.8-1(切比雪夫不等式)　如果随机变量 X 具有均值 μ 和方差 σ^2, 那么对于每个 $k \geqslant 1$,

$$P(|X-\mu| \geqslant k\sigma) \leqslant \frac{1}{k^2}$$

证明　用 $f(x)$ 表示 X 的概率质量函数, 则

$$\sigma^2 = E[(X-\mu)^2] = \sum_{x \in S}(x-\mu)^2 f(x) = \sum_{x \in A}(x-\mu)^2 f(x) + \sum_{x \in A'}(x-\mu)^2 f(x) \quad (5.8\text{-}1)$$

其中

$$A = \{x: |x-\mu| \geqslant k\sigma\}$$

公式 (5.8-1) 右边的第二项是非负数的和, 因此它大于或等于零. 于是,

$$\sigma^2 \geqslant \sum_{x \in A}(x-\mu)^2 f(x)$$

但是, 在 A 中, $|x-\mu| \geqslant k\sigma$, 所以

$$\sigma^2 \geqslant \sum_{x \in A}(k\sigma)^2 f(x) = k^2\sigma^2 \sum_{x \in A} f(x)$$

但上式右边的求和等于 $P(X \in A)$, 从而,

$$\sigma^2 \geqslant k^2\sigma^2 P(X \in A) = k^2\sigma^2 P(|X-\mu| \geqslant k\sigma)$$

即

$$P(|X-\mu| \geqslant k\sigma) \leqslant \frac{1}{k^2}$$

□

推论 5.8-1   如果 $\varepsilon = k\sigma$，那么

$$P(|X - \mu| \geqslant \varepsilon) \leqslant \frac{\sigma^2}{\varepsilon^2}$$

用语言叙述，即切比雪夫不等式表明 X 与其均值 μ 相差至少 k 个标准差的概率小于或等于 $1/k^2$. 由此得出，X 与其均值 μ 相差小于 k 个标准差的概率至少为 $1 - 1/k^2$，即

$$P(|X - \mu| < k\sigma) \geqslant 1 - \frac{1}{k^2}$$

从推论出发，对于任何 $\varepsilon > 0$，

$$P(|X - \mu| < \varepsilon) \geqslant 1 - \frac{\sigma^2}{\varepsilon^2}$$

因此，切比雪夫不等式可以用来确定某些概率的界. 但是，在许多情况下，该值不是非常接近真实概率.

例 5.8-1   如果已知 X 的均值为 25，方差为 16，由于 $\sigma = 4$，$P(17 < X < 33)$ 的下界由下式给出：

$$P(17 < X < 33) = P(|X - 25| < 8) = P(|X - 25| < 2\sigma) \geqslant 1 - \frac{1}{4} = 0.75$$

221

并可找到 $P(|X-25| \geqslant 12)$ 的上界为

$$P(|X - 25| \geqslant 12) = P(|X - \mu| \geqslant 3\sigma) \leqslant \frac{1}{9}$$ ∎

注意，上例的结果适用于均值为 25、标准差为 4 的任何分布. 进一步地，通过在定理 5.8-1 中令 $k = 3$ 可以得出：任何随机变量 X 与其均值 μ 相差 3 个或更多标准差 σ 的概率最多为 1/9. 此外，通过令 $k = 2$ 可以得到：任何随机变量 X 与其均值 μ 相差小于两个标准差 σ 的概率至少为 3/4.

以下考虑表明在理论讨论中切比雪夫不等式的价值：如果 Y 是 n 次独立伯努利实验中成功的次数，每次实验的成功概率为 p，则 Y 服从二项分布 $b(n,p)$. 此外，Y/n 给出成功的相对频率，并且当 p 未知时，Y/n 可以用作其均值 p 的估计值. 为了深入了解 Y/n 与 p 的接近程度，使用切比雪夫不等式说明. 给定 $\varepsilon > 0$，我们注意到，由推论 5.8-1，因为 $\mathrm{Var}(Y/n) = pq/n$，所以可以推出

$$P\left(\left|\frac{Y}{n} - p\right| \geqslant \varepsilon\right) \leqslant \frac{pq/n}{\varepsilon^2}$$

或者，等价地，

$$P\left(\left|\frac{Y}{n} - p\right| < \varepsilon\right) \geqslant 1 - \frac{pq}{n\varepsilon^2} \tag{5.8-2}$$

其中 $q = 1-p$. 一方面，当 p 完全未知时，我们可以使用 $pq = p(1-p)$ 在 $p = 1/2$ 时最大的事实，这样就在公式(5.8-2)中求得概率的下界，即

$$1 - \frac{pq}{n\varepsilon^2} \geqslant 1 - \frac{(1/2)(1/2)}{n\varepsilon^2}$$

例如，如果 $\varepsilon = 0.05$ 且 $n = 400$，那么

$$P\left(\left|\frac{Y}{400} - p\right| < 0.05\right) \geq 1 - \frac{(1/2)(1/2)}{400(0.0025)} = 0.75$$

另一方面，如果已知 p 等于 $1/10$，我们就会得到

$$P\left(\left|\frac{Y}{400} - p\right| < 0.05\right) \geq 1 - \frac{(0.1)(0.9)}{400(0.0025)} = 0.91$$

注意，切比雪夫不等式适用于具有有限方差的所有分布，因此其上（下）界并不总是紧的。也就是说，上（下）界不一定接近真实概率。

一般来说，应该注意到，固定 $\varepsilon > 0$ 且 $0 < p < 1$，我们有

$$\lim_{n \to \infty} P\left(\left|\frac{Y}{n} - p\right| < \varepsilon\right) \geq \lim_{n \to \infty}\left(1 - \frac{pq}{n\varepsilon^2}\right) = 1$$

但是因为每个事件的概率小于或等于 1，所以必有如下等式：

$$\lim_{n \to \infty} P\left(\left|\frac{Y}{n} - p\right| < \varepsilon\right) = 1$$

也就是说，当 n 足够大时，相对频率 Y/n 落在 p 的 ε 领域内的概率任意接近 1。这是**大数定律**的一种形式，我们说 Y/n **依概率收敛于** p。

通过考虑来自具有均值 μ 和方差 σ^2 的分布的随机样本的均值 $\overline{X}$，可以得到更一般形式的大数定律。这种形式的定律更为通用，因为当样本来自伯努利分布时，相对频率 Y/n 可以被认为是 $\overline{X}$。为了推导它，我们注意到

$$E(\overline{X}) = \mu \quad \text{和} \quad \text{Var}(\overline{X}) = \frac{\sigma^2}{n}$$

因此，由推论 5.8-1，对于每个 $\varepsilon > 0$，我们有

$$P[\,|\overline{X} - \mu| \geq \varepsilon\,] \leq \frac{\sigma^2/n}{\varepsilon^2} = \frac{\sigma^2}{n\varepsilon^2}$$

因为概率是非负的，所以它遵循

$$\lim_{n \to \infty} P(|\overline{X} - \mu| \geq \varepsilon) \leq \lim_{n \to \infty} \frac{\sigma^2}{\varepsilon^2 n} = 0$$

这意味着

$$\lim_{n \to \infty} P(|\overline{X} - \mu| \geq \varepsilon) = 0$$

或者，等价地，

$$\lim_{n \to \infty} P(|\overline{X} - \mu| < \varepsilon) = 1$$

上述讨论表明，当 n 增加时，与 $\overline{X}$ 的分布相关联的概率集中在以 μ 为中心的任意小的区间中。这是大数定律的更一般形式，我们称 $\overline{X}$ 依概率收敛于 μ。

练习

5.8-1 设 X 是一个均值为 33、方差为 16 的随机变量，使用切比雪夫不等式求解：

(a) $P(23<X<43)$ 的下限.

(b) $P(|X-33| \geqslant 14)$ 的上限.

5.8-2 设 $E(X)=17$ 且 $E(X^2)=298$，使用切比雪夫不等式确定：

(a) $P(10<X<24)$ 的下限.

(b) $P(|X-17| \geqslant 16)$ 的上限.

5.8-3 设 X 表示投掷均匀骰子时的结果，其均值 $\mu=7/2$，方差 $\sigma^2=35/12$. 请注意，X 与 μ 的最大差等于 5/2. 用标准差的数量表示这种偏差. 也就是说，找到 k，使得 $k\sigma=5/2$. 确定下限 $P(|X-3.5|<2.5)$.

5.8-4 如果 Y 服从二项分布 $b(n,0.5)$，对下列 n，给出 $P(|Y/n-0.5|<0.08)$ 的下界：

(a) $n=100$；(b) $n=500$；(c) $n=1000$.

5.8-5 如果 Y 服从二项分布 $b(n,0.25)$，对下列 n，给出 $P(|Y/n-0.25|<0.05)$ 的下界：

(a) $n=100$；(b) $n=500$；(c) $n=1000$.

5.8-6 设 $\overline{X}$ 是均值 $\mu=80$、方差 $\sigma^2=60$ 的分布的样本量为 $n=15$ 的随机样本均值. 使用切比雪夫不等式求 $P(75<\overline{X}<85)$ 的下界.

5.8-7 假设 W 是一个连续的随机变量，其均值为 $\mu=0$ 且有对称的概率密度函数 $f(w)$ 和累积分布函数 $F(w)$，但是没有指定方差（可能不存在）. 进一步假设对于 $k\geqslant 1$，W 满足等式

$$P(|W-0|<k)=1-\frac{1}{k^2}$$

（注意，如果 W 的方差等于 1，那么这个等式相当于切比雪夫不等式中的等号情形.）则累积分布函数满足

$$F(w)-F(-w)=1-\frac{1}{w^2}, \quad w \geqslant 1$$

此外，对称假设意味着

$$F(-w)=1-F(w)$$

(a) 证明：W 的概率密度函数是

$$f(w)=\begin{cases} \dfrac{1}{|w|^3}, & |w|>1 \\ 0, & |w|\leqslant 1 \end{cases}$$

(b) 求出 W 的均值和方差，并解释结果.

(c) 绘制 W 的累积分布函数图.

5.9 矩母函数的极限

我们通过证明当 n 足够大，并且 p 非常小时可以通过泊松分布近似二项分布来开始本节. 当然，我们在 2.7 节中证明了在这些条件下，二项分布的概率质量函数接近泊松分布的概率质量函数. 然而，在这里，我们证明二项分布的矩母函数接近泊松分布的矩母函数. 我们通过利用矩母函数的限制来实现.

考虑 Y 的矩母函数，其中 Y 服从二项分布 $b(n,p)$. 我们设该函数的极限满足当 $n\to\infty$ 时 $np=\lambda$ 是常数，因此，$p\to0$. Y 的矩母函数是

$$M(t) = (1 - p + pe^t)^n, \quad -\infty < t < \infty$$

因为 $p = \lambda / n$, 我们有

$$M(t) = \left[1 - \frac{\lambda}{n} + \frac{\lambda}{n}e^t\right]^n = \left[1 + \frac{\lambda(e^t - 1)}{n}\right]^n$$

因为

$$\lim_{n \to \infty} \left(1 + \frac{b}{n}\right)^n = e^b$$

我们有

$$\lim_{n \to \infty} M(t) = e^{\lambda(e^t - 1)}$$

对所有实数 t 成立. 但这是具有均值 λ 的泊松型随机变量的矩母函数. 因此, 当 n 很大而 p 很小时, 这个泊松分布似乎是二项分布的合理近似. 可以发现: 通常情况下, 当 $n \geqslant 20$ 且 $p \leqslant 0.05$ 时, 这种近似是相当成功的; 并且当 $n \geqslant 100$ 且 $p \leqslant 0.10$ 时, 这种近似也是非常成功的; 而且当这些边界有所违反时, 这种近似也不差, 也就是说, 近似也可以用于其他情况. 我们只想强调更大的 n 和更小的 p 近似效果更好.

224 上面的结果解释了下面的未证明的定理.

定理 5.9-1 如果矩母函数的序列逼近某个矩母函数, 比如 $M(t)$, 那么对应的分布的极限必定是对应于 $M(t)$ 的分布.

注 这个定理肯定会吸引人的直觉! 更高级的课程证明了该定理, 并且甚至不需要存在矩母函数, 因为我们将使用特征函数 $\phi(t) = E(e^{itx})$ 来代替矩母函数.

下一个例子以图形方式说明了二项分布的矩母函数收敛到某个泊松分布.

例 5.9-1 考虑 $\lambda = 5$ 的泊松分布的矩母函数和 $np = 5$ 的三个二项分布的矩母函数, 三个分布为 $b(10, 1/2)$, $b(20, 1/4)$ 和 $b(50, 1/10)$. 这四个矩母函数分别是

$$M(t) = e^{5(e^t - 1)}, \quad -\infty < t < \infty$$
$$M(t) = (0.5 + 0.5e^t)^{10}, \quad -\infty < t < \infty$$
$$M(t) = (0.75 + 0.25e^t)^{20}, \quad -\infty < t < \infty$$
$$M(t) = (0.9 + 0.1e^t)^{50}, \quad -\infty < t < \infty$$

这些矩母函数如图 5.9-1 所示. 虽然证明和图显示了二项分布的矩母函数收敛于泊松分布, 但图 5.9-1 中的最后三个图更清楚地显示了泊松分布如何用于近似具有大 n 和小 p 的二项式分布的概率. ∎

例 5.9-2 设 Y 服从二项分布 $b(50, 1/25)$, 则

$$P(Y \leqslant 1) = \left(\frac{24}{25}\right)^{50} + 50\left(\frac{1}{25}\right)\left(\frac{24}{25}\right)^{49} = 0.400$$

因为 $\lambda = np = 2$, 所以泊松分布的近似值为

$$P(Y \leqslant 1) \approx 0.406$$

此处利用了附录 B 中的表Ⅲ.

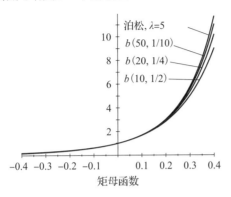

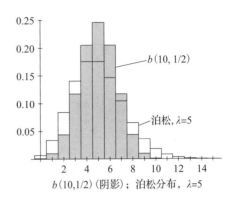

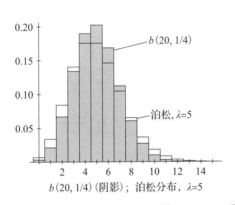

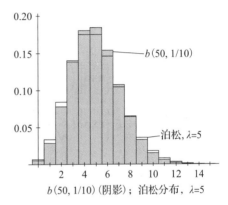

图 5.9-1   二项分布的泊松近似

225

定理 5.9-1 可用于证明中心极限定理. 为了帮助理解该证明，首先考虑一个不同的问题：来自均值为 μ 的分布的随机样本 $X_1, X_2, \cdots, X_n$ 的均值为 $\overline{X}$ 的极限分布. 如果该分布具有矩母函数 $M(t)$，其中 t 属于某个包含 0 的开区间，那么 $\overline{X}$ 的矩母函数是 $[M(t/n)]^n$. 但是，由泰勒的展开式，存在 0 到 t/n 之间的数 t_1 满足

$$M\left(\frac{t}{n}\right) = M(0) + M'(t_1)\frac{t}{n} = 1 + \frac{\mu t}{n} + \frac{[M'(t_1) - M'(0)]t}{n}$$

因为 $M(0) = 1$ 而 $M'(0) = \mu$，并因为 $M'(t)$ 在 $t = 0$ 时是连续的，且当 $n \to \infty$ 时 $t_1 \to 0$，由此可得

$$\lim_{n \to \infty}[M'(t_1) - M'(0)] = 0$$

因此，使用高等微积分的结果，我们得到了

$$\lim_{n \to \infty}\left[M\left(\frac{t}{n}\right)\right]^n = \lim_{n \to \infty}\left\{1 + \frac{\mu t}{n} + \frac{[M'(t_1) - M'(0)]t}{n}\right\}^n = \mathrm{e}^{\mu t}$$

对所有的实数 t 成立. 该极限是一个所有概率都集中于 μ 处的退化分布的矩母函数. 因此，

$\overline{X}$ 具有该极限分布，表明 $\overline{X}$ 在某种意义上收敛于 μ. 这是大数定律的一种形式.

我们已经看到，在概率意义上，$\overline{X}$ 收敛到 μ，或者等价地，$\overline{X}-\mu$ 收敛到零. 我们将差值 $\overline{X}-\mu$ 乘以 n 的某个函数，使得结果不会收敛到零. 在我们寻找这样的函数时，很自然地考虑

$$W = \frac{\overline{X}-\mu}{\sigma/\sqrt{n}} = \frac{\sqrt{n}(\overline{X}-\mu)}{\sigma} = \frac{Y-n\mu}{\sqrt{n}\,\sigma}$$

其中 Y 是随机样本的观测值之和. 这样做的原因在于：通过定理 3.3-1 证明之后的注，W 是标准化的随机变量. 也就是说，对于每个正整数 n，W 具有均值 0 和方差 1. 我们现在准备证明在 5.6 节中提出的中心极限定理.

证明（中心极限定理） 我们首先考虑

$$E[\exp(tW)] = E\left\{\exp\left[\left(\frac{t}{\sqrt{n}\sigma}\right)\left(\sum_{i=1}^{n}X_i - n\mu\right)\right]\right\}$$

$$= E\left\{\exp\left[\left(\frac{t}{\sqrt{n}}\right)\left(\frac{X_1-\mu}{\sigma}\right)\right]\cdots\exp\left[\left(\frac{t}{\sqrt{n}}\right)\left(\frac{X_n-\mu}{\sigma}\right)\right]\right\}$$

$$= E\left\{\exp\left[\left(\frac{t}{\sqrt{n}}\right)\left(\frac{X_1-\mu}{\sigma}\right)\right]\right\}\cdots E\left\{\exp\left[\left(\frac{t}{\sqrt{n}}\right)\left(\frac{X_n-\mu}{\sigma}\right)\right]\right\}$$

上面的推导利用了 $X_1, X_2, \cdots, X_n$ 的独立性. 于是

$$E[\exp(tW)] = \left[m\left(\frac{t}{\sqrt{n}}\right)\right]^n, \quad -h < \frac{t}{\sqrt{n}} < h$$

这里

$$m(t) = E\left\{\exp\left[t\left(\frac{X_i-\mu}{\sigma}\right)\right]\right\}, \quad -h < t < h$$

是每个

$$Y_i = \frac{X_i-\mu}{\sigma}, \quad i=1,2,\cdots,n$$

的共同的矩母函数. 因为 $E(Y_i) = 0$ 而 $E(Y_2) = 1$，所以必有

$$m(0) = 1, \quad m'(0) = E\left(\frac{X_i-\mu}{\sigma}\right) = 0, \quad m''(0) = E\left[\left(\frac{X_i-\mu}{\sigma}\right)^2\right] = 1$$

因此，使用泰勒公式及其余项，我们知道存在一个数 t_1 介于 0 和 t 之间，使得

$$m(t) = m(0) + m'(0)t + \frac{m''(t_1)t^2}{2} = 1 + \frac{m''(t_1)t^2}{2}$$

加上和减去 $t^2/2$，我们有

$$m(t) = 1 + \frac{t^2}{2} + \frac{[m''(t_1)-1]t^2}{2}$$

在 $E[\exp(tW)]$ 中使用 $m(t)$ 的这个表达式, 我们可以表示 W 的矩母函数为

$$E[\exp(tW)] = \left\{1 + \frac{1}{2}\left(\frac{t}{\sqrt{n}}\right)^2 + \frac{1}{2}[m''(t_1)-1]\left(\frac{t}{\sqrt{n}}\right)^2\right\}^n$$

$$= \left\{1 + \frac{t^2}{2n} + \frac{[m''(t_1)-1]t^2}{2n}\right\}^n, \quad -\sqrt{n}\,h < t < \sqrt{n}\,h$$

这里 t_1 在 0 和 $t/\sqrt{n}$ 之间. 因为 $m''(t)$ 在 $t=0$ 是连续的并且当 $n\to\infty$ 时 $t_1\to 0$, 我们有

$$\lim_{n\to\infty}[m''(t_1)-1] = 1 - 1 = 0$$

因此, 使用微积分的结果, 我们得到了

$$\lim_{n\to\infty} E[\exp(tW)] = \lim_{n\to\infty}\left\{1 + \frac{t^2}{2n} + \frac{[m''(t_1)-1]t^2}{2n}\right\}^n$$

$$= \lim_{n\to\infty}\left\{1 + \frac{t^2}{2n}\right\}^n = \mathrm{e}^{t^2/2}$$

对所有实数成立. 我们知道 $\mathrm{e}^{t^2/2}$ 是标准正态分布 $N(0,1)$ 的矩母函数, 由此可得

$$W = \frac{\overline{X}-\mu}{\sigma/\sqrt{n}} = \frac{\sum_{i=1}^{n}X_i - n\mu}{\sqrt{n}\,\sigma}$$

的极限分布是 $N(0,1)$. 这完成了中心极限定理的证明.　　□

5.6 节和 5.7 节给出了使用中心极限定理作为近似分布的例子.

为了帮助理解中心极限定理的证明, 下一个例子以图的方式说明了两个不同分布的矩母函数的收敛性.

例 5.9-3　令 $X_1, X_2, \cdots, X_n$ 是从指数分布产生的样本量为 n 的随机样本, 其中 $\theta=2$. $(\overline{X}-\theta)/(\theta/\sqrt{n})$ 的矩母函数是

$$M_n(t) = \frac{\mathrm{e}^{-t\sqrt{n}}}{(1-t/\sqrt{n})^n}, \quad t < \sqrt{n}$$

中心极限定理表明, 当 n 增加时, 该矩母函数接近标准正态分布, 即

$$M(t) = \mathrm{e}^{t^2/2}, \quad -\infty < t < \infty$$

$M(t)$ 和 $M_n(t)$ $(n=5,\ 15,\ 50)$ 的矩母函数如图 5.9-2a 所示. (对比图 5.6-2, 其中样本取自 $\chi^2(1)$ 分布, 并且回想起 $\theta=2$ 的指数分布是 $\chi^2(2)$.)

在例 5.6-6 中, 考虑了 U 形分布, 其中 pdf 是 $f(x) = (3/2)x^2$, $-1<x<1$. 对于这种分布, $\mu=0$ 和 $\sigma^2=3/5$. 对于 $t\neq 0$, 其矩母函数为

$$M(t) = \left(\frac{3}{2}\right)\frac{\mathrm{e}^t t^2 - 2\mathrm{e}^t t + 2\mathrm{e}^t - \mathrm{e}^{-t} t^2 - 2\mathrm{e}^{-t} t - 2\mathrm{e}^{-t}}{t^3}$$

当然，$M(0)=1$.

$$W_n = \frac{\overline{X}-0}{\sqrt{3/(5n)}}$$

的矩母函数是

$$E[e^{tW_n}] = \left\{E\left[\exp\left(\sqrt{\frac{5}{3n}}\,t\right)\right]\right\}^n = \left[M\left(\sqrt{\frac{5}{3n}}\,t\right)\right]^n$$

当 $n=2$，5，10 时，这些矩母函数的图和标准正态分布的矩母函数图如图 5.9-2b 所示. 请注意，与指数分布相比，矩母函数收敛的速度要快得多.

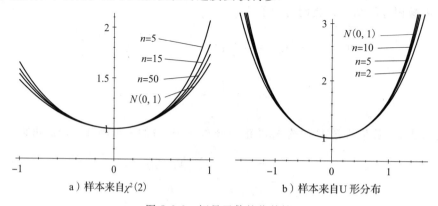

a）样本来自 $\chi^2(2)$ b）样本来自 U 形分布

图 5.9-2   矩母函数的收敛性

练习

5.9-1 设 Y 是从机器输出的 50 篇文章中有缺陷的文章数量. 每篇文章有缺陷的概率为 0.01. 找出 $Y=0$，1，2 或 3 的概率：

(a) 使用二项分布.

(b) 使用泊松近似.

5.9-2 某种育苗接种生效的概率为 0.995. 使用泊松分布估计接种的 400 人中最多有 2 人没有生效的概率. **提示**：设 $p = 1-0.995 = 0.005$.

5.9-3 设 S^2 是来自 $N(\mu,\sigma^2)$ 的样本量为 n 的随机样本的样本方差. 证明：当 $n \to \infty$ 时，S^2 的矩母函数是 $e^{\sigma^2 t}$，$-\infty < t < \infty$. 因此，在极限情况下，S^2 的分布是以概率 1 取值 σ^2 的退化分布.

5.9-4 设 Y 服从卡方分布 $\chi^2(n)$，使用中心极限定理证明 $W=(Y-n)/\sqrt{2n}$ 的极限分布为 $N(0,1)$. **提示**：将 Y 视为来自特定分布的随机样本的总和.

5.9-5 设 Y 服从均值为 $3n$ 的泊松分布，使用中心极限定理证明：$W=(Y-3n)/\sqrt{3n}$ 的极限分布为 $N(0,1)$.

历史评注   在本章中，我们讨论了 t 和 F 分布，以及许多其他重要分布. 但是，我们应该就两个问题给出一些说明. 第一个问题涉及"学生 t"分布名称的由来. 因为 Guinness 对该出版物的研究人员有规定——不要提吉尼斯，不要提啤酒，也不要使用你的姓氏，所以都柏林吉尼斯啤酒厂的首席酿酒师 W. S. Gosset 于 1908 年以笔名"A Student"发表了他的 t 分布工作. 我们不确定为什么 Gosset 使用"学生"作为别名，但他当时使用的笔记本被称为"学生的科学笔记本"（Ziliak 和 McCloskey，2008，第 213 页）. 无论如何，Gosset 很幸运，因为他作了两个有根据的猜测，其中一个涉及皮尔逊分布族. 顺便提一下，另一位著名的统计学家卡尔·皮尔逊(Karl Pearson)几年前提出过这个分布族. 几年后，伟大的统计学家罗纳德·A. 费舍尔(Ronald A. Fisher)爵士(可能是最伟大的统计学家)实际上证明了 T 服从 Gosset 所发现的分布. 关于 F 分布，费舍尔曾经使用过现在称为 F 分布的函数. 艾奥瓦州立大学的 George Snedecor 将其表示为现在的形式，并称为 F(可能是为了纪念费舍尔)，我们稍后会看到，Snedecor 的表示则是更有用的形式. 我们还应该注意到费舍尔曾经被授予骑士称号，其他三位统计学家——莫里斯·G. 肯德尔爵士，大卫·R. 考克斯爵士和阿德里安·史密斯爵士也被授予骑士称号. (后两者仍然活着.)他们的骑士荣誉至少证明了英国君主制对一些统计工作的欣赏.

概率史上另一位重要的人物是亚伯拉罕·棣莫弗(Abraham de Moivre)，他 1667 年出生于法国，作为一名新教徒，在这个天主教国家受到不公平的待遇. 事实上，他因信仰被监禁了大约两年. 释放后，他去了英格兰，但在那里过着黯淡的生活，因为他找不到学术职位. 所以棣莫弗通过给赌徒或保险经纪人提供辅导或咨询维持生计. 在发表了 *The Doctrine of Chance* 之后，他转向了尼古拉斯·伯努利向他建议的一个项目. 利用 Y 服从二项 $b(n, p)$ 的事实，他发现成功的相对频率，即雅克布·伯努力(Jacob Bernoulli)证明的依概率收敛到 p 的 Y/n，本身具有一个有趣的近似分布. 棣莫弗发现了众所周知的钟形曲线(称为正态分布)以及中心极限定理的一个特例. 虽然棣莫弗当时没有计算机，但仍像我们一样证明：如果 X 是 $b(100, 1/2)$，那么 $X/100$ 的概率质量函数图如图 5.9-3 所示.

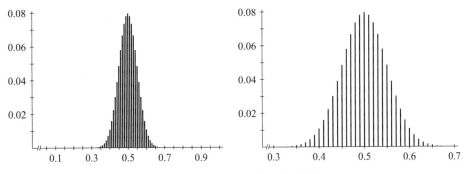

图 5.9-3　$X/100$ 分布的条形图

这种分布允许棣莫弗确定扩散的度量，我们现在将其称为标准差. 此外，他可以确定 Y/n 落入包含 p 的给定区间的近似概率. 棣莫弗对这些随机相对频率的有序性印象深刻，这归因于全能者的计划. 尽管他的工作非常出色，但亚伯拉罕·德·莫维尔作为一个苦涩而反社会的人，却在双目失明和贫困中去世，享年 87 岁.

在概率史上我们想提到的另外两个人是卡尔·弗里德里希·高斯(Carl Friedrich Gauss)和皮埃尔-西蒙·德·拉普拉斯(Marquis Pierre Simon de Laplace). 高斯比拉普拉斯小 29 岁，而高斯的工作如此神秘，以至于很难分辨谁先发现了中心极限定理，该定理是对棣莫弗结果的推广. 在棣莫弗的案例中，他从伯努利分布中抽样，其中在第 i 次实验中 $X_i = 1$ 或 0，则成功的相对频率

$$\frac{Y}{n} = \sum_{i=1}^{n} \frac{X_i}{n} = \overline{X}$$

具有棣莫弗的近似正态分布. 拉普拉斯和高斯从任意分布中抽样, 只要存在第二个时刻, 他们发现样本均值 $\overline{X}$ 就具有近似正态分布. 看起来, 中心极限定理似乎是在 1809 年由拉普拉斯发表的, 在 1810 年高斯发表 *Theoria Motus* 之前. 出于某种原因, 正态分布通常被称为高斯分布. 人们似乎忘记了拉普拉斯的贡献以及(更糟糕的是)83 年前棣莫弗的原创工作. 从那时起, 就有了更多的关于中心极限定理的推广结论, 特别地, 常规情况下的大多数参数估计具有近似正态分布.

有很多好的概率论和统计学方面的历史著作. 但是, 我们发现特别有趣的两本: Peter L. Bernstein 的 *Against the Gods*: *The Remarkable Story of Risk* (New York: John Wiley&Sons, Inc., 1996) 和 Stephen M. Stigler 的 The *History of Statistics*: *The Measurement of Uncertainty Before* 1900 (Cambridge, MA: Harvard University Press, 1986).

我们试图用概率分布模拟任何随机现象的原因是, 如果我们的模型相当好, 那么我们知道高于或低于某些标记的近似百分比. 拥有此类信息有助于我们做出某些决定——有时非常重要.

通过这些模型, 我们学习了如何模拟具有特定分布的随机变量. 在许多实际情况下, 我们无法计算具有大量随机变量的方程的精确解. 因此, 我们多次模拟所讨论的随机变量, 导致随机解的近似分布. "蒙特卡罗" 这个术语经常与这种模拟有关, 我们相信它最初用于计算机模拟第二次世界大战中与原子弹有关的核裂变. 当然, "蒙特卡罗" 这个名字取自该城市, 其以赌场赌博而闻名.

第6章 点 估 计

6.1 描述性统计

在第 2 章中，我们考虑了这样的随机变量的概率分布，其样本空间 S 含有可数个结果：或者有限多个结果，或者这些结果能与正整数构成一一对应关系. 称这样的随机变量为**离散型**随机变量，称其概率分布为离散型分布.

当然，许多实验或随机现象的观测并不具有整数个或其他离散多个结果，而是来自数字区间中选择的测量值. 例如，你会发现排队购买冷冻酸奶花费的时间长度就是这样的情况，或者一磅装的一包热狗的重量会是 0.94~1.25 磅之间的任何数，一块迷你露丝糖果棒的重量可以是 20~27 克之间的任何数. 虽然这些时间和重量能够从一个取值区间选取，但是我们通常对它们进行四舍五入，以便相应的数据看起来像离散型数据. 从概念上讲，如果测量值来自由可能结果组成的区间，我们称这样的数据来自连续型分布，简称为**连续型数据**.

给定一组连续型数据集，我们将数据进行分组，然后构建分组数据的直方图，这将帮助我们更好地对数据进行可视化. 我们将使用以下准则和术语来对连续型数据进行等长度分组（这些准则也适用于范围较大的离散型数据）.

1. 确定最大和最小观测值. **极差** R 定义为最大值减去最小值.

2. 一般而言，选择 $k=5$ 到 $k=20$ 个分组，通常这些分组是等长的不重叠区间，并且这些分组应覆盖从最小观测值到最大观测值的区间.

3. 每个区间的左右端点在两个可能观测值之间，这些观测值四舍五入到给定的小数位数.

4. 第一个区间的左端点应小于最小的观测值，同时最后一个区间的右端点应大于最大的观测值.

5. 这些区间称为**分组区间**，相应的边界称为**分组边界**，我们将这 k 个分组区间记作

$$(c_0, c_1), (c_1, c_2), \cdots, (c_{k-1}, c_k)$$

6. **组限**是分组中可能观测到（记录到）的最小值和最大值.

7. **组标识**是一个分组的中点.

频数表是通过列出分组区间、组限、各个分组的观测值列表、每个分组的频率 f_i 和组标识来构建的. 柱形图有时用来构建相对频率（密度）直方图. 对于等长度的分组区间，频率直方图是通过画这样的矩形构建的：矩形的底是分组区间，高是每组的频率. 而相对频率直方图是每个矩形的**面积**等于该分组观测值的相对频率 f_i/n. 这样，如下定义的函数图形：

$$h(x) = \frac{f_i}{(n)(c_i - c_{i-1})}, \quad \text{其中 } c_{i-1} < x \leq c_i, \quad i = 1, 2, \cdots, k$$

称为**相对频率直方图**或**密度直方图**，其中 f_i 是第 i 个分组的频率，n 是观测值总数. 显然，如果分组区间是等长度的，那么当 $c_{i-1} < x \leqslant c_i (i=1,2,\cdots,k)$ 时，相对频率直方图的 $h(x)$ 正比于**频率直方图**的 f_i. 频率直方图适用于分组区间等长度的情形，相对频率直方图可以看作潜在概率密度函数的估计.

例 6.1-1　40 块迷你露丝糖果棒按重量(以克为单位)排序后，数据见表 6.1-1.

表 6.1-1　糖果棒重量

20.5	20.7	20.8	21.0	21.0	21.4	21.5	22.0	22.1	22.5
22.6	22.6	22.7	22.7	22.9	22.9	23.1	23.3	23.4	23.5
23.6	23.6	23.6	23.9	24.1	24.3	24.5	24.5	24.8	24.8
24.9	24.9	25.1	25.1	25.2	25.6	25.8	25.9	26.1	26.7

我们需要将这些数据进行分组，然后构建直方图来直观认识重量的分布. 数据集的极差 $R = 26.7 - 20.5 = 6.2$，区间 $(20.5, 26.7)$ 能够被宽度为 0.8 的 8 个分组区间覆盖，或宽度为 0.7 的 9 个分组区间覆盖(也有其他可能分组情况). 我们用宽度为 0.9 的 7 个分组区间，第一个分组区间是 $(20.45, 21.35)$，最后一个分组区间是 $(25.85, 26.75)$，数据分组见表 6.1-2.

表 6.1-2　糖果棒重量频率表

分组区间	组限	列表	频率(f_i)	$h(x)$	组标识
(20.45, 21.35)	20.5-21.3	卌	5	5/36	20.9
(21.35, 22.25)	21.4-22.2	卌	4	4/36	21.8
(22.25, 23.15)	22.3-23.1	卌 |||	8	8/36	22.7
(23.15, 24.05)	23.2-24.0	卌 ||	7	7/36	23.6
(24.05, 24.95)	24.1-24.9	卌 |||	8	8/36	24.5
(24.95, 25.85)	25.0-25.8	卌	5	5/36	25.4
(25.85, 26.75)	25.9-26.7	|||	3	3/36	26.3

这些数据的相对频率直方图见图 6.1-1，注意到这个直方图的总面积等于 1. 我们也可以构建频率直方图，其矩形的高度等于分组数据的频率. 两个直方图的形状是一样的，后面我们会明白更喜欢构建相对频率直方图的原因. 特别地，我们将在相对频率直方图上叠加一条概率密度函数曲线.　■

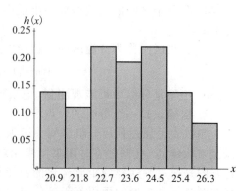

图 6.1-1　糖果棒重量的相对频率直方图

假定我们现在考虑的情形是将某随机实验进行了 n 次，得到随机变量的 n 个观测值，记为 $x_1, x_2, \cdots, x_n$. 通常这种集合称为一个**样本**. 这些观测值中某些值可以是相同的，但我们此时不必为此而担心. 我们通过对每个 x 值赋予权重 $1/n$ 人为地构造一个概率分布. 注意到这些权重都是正数, 其和等于 1, 所以我们得到一个概率分布, 称其为**经验分布**, 因为它是由数据 $x_1, x_2, \cdots, x_n$ 确定的. 经验分布的均值是

$$\sum_{i=1}^{n} x_i \left(\frac{1}{n} \right) = \frac{1}{n} \sum_{i=1}^{n} x_i$$

它等于观测值 $x_1, x_2, \cdots, x_n$ 的算术平均值. 我们将这种均值记为 $\bar{x}$, 称其为**样本均值**(或样本 $x_1, x_2, \cdots, x_n$ 的均值), 即样本均值是

$$\bar{x} = \frac{1}{n} \sum_{i=1}^{n} x_i$$

从某种意义上讲, 它是未知 μ 的估计.

同样, **经验分布的方差**是

$$v = \sum_{i=1}^{n} (x_i - \bar{x})^2 \left(\frac{1}{n} \right) = \frac{1}{n} \sum_{i=1}^{n} (x_i - \bar{x})^2$$

它可记作

$$v = \sum_{i=1}^{n} x_i^2 \left(\frac{1}{n} \right) - \bar{x}^2 = \frac{1}{n} \sum_{i=1}^{n} x_i^2 - \bar{x}^2$$

即二阶原点矩减去均值的平方. 但是 v 不能称为样本方差, 而

$$s^2 = \left[\frac{n}{n-1} \right] v = \frac{1}{n-1} \sum_{i=1}^{n} (x_i - \bar{x})^2$$

是样本方差, 因我们在后面会看到, 在某种意义上, 用 s^2 估计未知参数 σ^2 比用 v 估计好. 因此, **样本方差**定义为

$$s^2 = \frac{1}{n-1} \sum_{i=1}^{n} (x_i - \bar{x})^2$$

注 可以很容易地将平方和展开, 我们有

$$\sum_{i=1}^{n} (x_i - \bar{x})^2 = \sum_{i=1}^{n} x_i^2 - \frac{\left(\sum_{i=1}^{n} x_i \right)^2}{n}$$

人们发现相对于上面公式的左边先通过计算 n 个差值 $x_i - \bar{x} (i = 1, 2, \cdots, n)$, 再将其平方求和而言, 右边的各项更容易计算. 还有另外一个好处, 当 $\bar{x}$ 的小数点右边有许多位数字时, $x_i - \bar{x}$ 必定会有四舍五入, 那样在平方和里就产生了误差, 而通过上述公式右边各项来计算, 在计算完成后才会有四舍五入. 当然, 如果你在计算时使用的是统计计算器, 或统计软件包, 那么所有这些计算都已为你完成了.

样本标准差 $s = \sqrt{s^2} \geq 0$ 是数据偏离样本均值的分散性的度量. 在统计研究的现有阶段, 很好地理解和感知样本标准差 s 是困难的, 但是可以粗略地将样本标准差想成数据偏离样本均值 $\bar{x}$ 的平均距离. 这并不完全正确, 通常

$$s > \frac{1}{n} \sum_{i=1}^{n} |x_i - \overline{x}|$$

但是可以公正地说，尽管 s 比 $x_1, x_2, \cdots, x_n$ 偏离 $\overline{x}$ 的平均距离要大，然而它们处于同样的数量级.

例 6.1-2 投掷一枚均匀的六面骰子 5 次，得到如下 $n = 5$ 的样本观测值：

$$x_1 = 3, \quad x_2 = 1, \quad x_3 = 2, \quad x_4 = 6, \quad x_5 = 3$$

此时

$$\overline{x} = \frac{3 + 1 + 2 + 6 + 3}{5} = 3$$

以及

$$s^2 = \frac{(3-3)^2 + (1-3)^2 + (2-3)^2 + (6-3)^2 + (3-3)^2}{4} = \frac{14}{4} = 3.5$$

由此得到 $s = \sqrt{14/4} = 1.87$. 我们已经注意到，s 可以被粗略地想成那些 x 值偏离样本均值 $\overline{x}$ 的平均距离. 在此例中，偏离样本均值 $\overline{x} = 3$ 的距离分别是 0，2，1，3，0，其平均值是 1.2，小于 $s(s = 1.87)$. 这就阐明了 s 通常比平均距离大的事实. ■

另外有一个计算 s^2 的方法，因为 $s^2 = [n/(n-1)]v$，而且

$$v = \frac{1}{n} \sum_{i=1}^{n} (x_i - \overline{x})^2 = \frac{1}{n} \sum_{i=1}^{n} x_i^2 - \overline{x}^2$$

由此得到

$$s^2 = \frac{\sum_{i=1}^{n} x_i^2 - n\overline{x}^2}{n-1} = \frac{\sum_{i=1}^{n} x_i^2 - (1/n)\left(\sum_{i=1}^{n} x_i\right)^2}{n-1}$$

给定一组测量值，样本均值是这些数据的中心，而偏离此中心的这些偏差之和等于 0，即 $\sum_{i=1}^{n} (x_i - \overline{x}) = 0$，其中 $x_1, x_2, \cdots, x_n$ 和 $\overline{x}$ 是一组样本 $X_1, X_2, \cdots, X_n$ 和 $\overline{X}$ 的给定的观测值. 样本标准差 s 作为 S 的一个观测值，度量了这些数据偏离样本均值的分散性. 如果直方图是"尖峰"的或"钟形"的，则以下的经验准则给出了落在某两点之间的数据所占百分比的粗略近似. 这些百分比显然跟正态分布有联系.

经验准则 假设 $x_1, x_2, \cdots, x_n$ 的样本均值是 $\overline{x}$，样本标准差是 s，如果这些数据的直方图是"钟形"的，那么

- 大约有 68% 的数据落在区间 $(\overline{x} - s, \overline{x} + s)$.
- 大约有 95% 的数据落在区间 $(\overline{x} - 2s, \overline{x} + 2s)$.
- 大约有 99.7% 的数据落在区间 $(\overline{x} - 3s, \overline{x} + 3s)$.

对于例 6.1-1 中的数据，样本均值 $\overline{x} = 23.505$，样本标准差 $s = 1.641$. 落在样本均值的 1 个标准差范围内 $(23.505 - 1.641, 23.505 + 1.641)$ 的糖果棒有 27 个，占 67.5%. 对于这些特殊的重量值，100% 的数据落在 $\overline{x}$ 的 2 个标准差范围内. 因此，直方图缺少了尾部的"钟"

部分，经验准则依然保持成立.

当分组区间等长度时，可以对相对频率直方图进行改进. **相对频率多边形**在一定程度上平滑了相应的直方图. 为了构建这样的多边形，在直方图的每个"棒条"的顶端中点作上记号，然后用直线段连接这些中点，在两端的每根棒条上，从棒条的上中点到棒条的外垂线的中点画一条线. 当然，如果相对频率直方图的顶部下方的面积等于1，它也应该等于1，那么相对频率多边形下方的面积也等于1，因为通过考虑全等三角形，可知失去的面积和获得的面积相互抵消了. 下一个例子可以清楚地说明这一想法.

例 6.1-3 一家生产含氟牙膏的公司定期测量牙膏中氟化物的浓度，以确保它在0.85~1.10mg/g 的规定范围内. 表 6.1-3 列出了 100 个这样的测量值.

表 6.1-3 牙膏中氟化物的浓度（mg/g）

0.98	0.92	0.89	0.90	0.94	0.99	0.86	0.85	1.06	1.01
1.03	0.85	0.95	0.90	1.03	0.87	1.02	0.88	0.92	0.88
0.88	0.90	0.98	0.96	0.98	0.93	0.98	0.92	1.00	0.95
0.88	0.90	1.01	0.98	0.85	0.91	0.95	1.01	0.88	0.89
0.99	0.95	0.90	0.88	0.92	0.89	0.90	0.95	0.93	0.96
0.93	0.91	0.92	0.86	0.87	0.91	0.89	0.93	0.93	0.95
0.92	0.88	0.87	0.98	0.98	0.91	0.93	1.00	0.95	0.93
0.89	0.97	0.98	0.91	0.88	0.89	1.00	0.94	0.90	0.97
0.97	0.91	0.85	0.92	0.87	0.86	0.91	0.92	0.95	0.97
0.88	1.05	0.91	0.89	0.92	0.94	0.90	1.00	0.90	0.93

这些测量值的最小值是 0.85，最大值是 1.06，极差是 1.06-0.85=0.21. 我们用 $k=8$ 个分组区间，区间长度为 0.03. 注意到 $8 \times 0.03 = 0.24 > 0.21$，我们选择开始点为 0.835，结束点为 1.075，这种边界与最小值以下和最大值以上的距离相等. 在表 6.1-4 中，我们也给出了相对频率直方图中每个矩形的高度值，使直方图的总面积等于1，其高度由以下公式给出：

$$h(x) = \frac{f_i}{(0.03)(100)} = \frac{f_i}{3}$$

表 6.1-4 氟化物浓度频率表

分组区间	组标识（u_i）	列表	频率（f_i）	$h(x)=f_i/3$
$(0.835, 0.865)$	0.85	卌 ‖	7	7/3
$(0.865, 0.895)$	0.88	卌 卌 卌 卌	20	20/3
$(0.895, 0.925)$	0.91	卌 卌 卌 卌 卌 ‖	27	27/3
$(0.925, 0.955)$	0.94	卌 卌 卌 ‖‖	18	18/3
$(0.955, 0.985)$	0.97	卌 卌 ‖‖‖	14	14/3
$(0.985, 1.015)$	1.00	卌 ‖‖‖	9	9/3
$(1.015, 1.045)$	1.03	‖‖	3	3/3
$(1.045, 1.075)$	1.06	‖	2	2/3

相对频率直方图和相对频率多边形的图形在图 6.1-2 中给出.

如果使用计算机程序分析一个数据集，那么很容易得到样本均值、样本方差和样本标准差. 但是，如果只有分组数据或不使用计算机，那么可以使用带有各自频率加权的组标识，通过计算分组数据的均值 $\bar{u}$ 和方差 s_u^2 得到这些值的近似值. 我们有

$$\bar{u} = \frac{1}{n}\sum_{i=1}^{k} f_i u_i$$

$$= \frac{1}{100}\sum_{i=1}^{8} f_i u_i = \frac{92.83}{100} = 0.9283$$

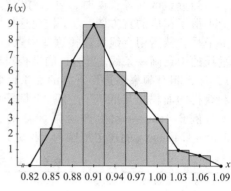

图 6.1-2　牙膏中氟化物浓度

$$s_u^2 = \frac{1}{n-1}\sum_{i=1}^{k} f_i(u_i - \bar{u})^2 = \frac{\sum_{i=1}^{k} f_i u_i^2 - (1/n)\left(\sum_{i=1}^{k} f_i u_i\right)^2}{n-1} = \frac{0.237\,411}{99} = 0.002\,398$$

因此，

$$s_u = \sqrt{0.002\,398} = 0.048\,97$$

这些结果跟原始数据的 $\bar{x} = 0.9293$ 和 $s_x = 0.048\,95$ 比较起来相当好. ■

在某些情形下，在构建频率分布和直方图时，不一定要使用等长度的分组区间. 如果数据以非常长的尾部倾斜，则特别适合这种情形. 现在我们举一个看起来似乎有必要使用不等长度分组区间，因此不能使用相对频率多边形的例子.

例 6.1-4　由于与风有关的灾难，以下记录了 100 万美元数量级的 40 个损失（这些数据仅仅包含 200 万美元及以上的损失，为方便起见，它们已经被排序，并且以百万美元为单位被记录）：

2	2	2	2	2	2	2	2	2	2
2	2	3	3	3	3	4	4	4	5
5	5	5	6	6	6	6	8	8	9
15	17	22	23	24	24	25	27	32	43

在这种情形下，组边界的选择更加主观. 因为仅仅记录了 200 万及以上的损失，并且有 12 个观测值等于 2，所以取 $c_0 = 1.5$ 和 $c_1 = 2.5$ 能满足实际意义. 然后取 $c_2 = 6.5$，$c_3 = 29.5$ 及 $c_4 = 49.5$，得到如下的相对频率直方图：

$$h(x) = \begin{cases} \dfrac{12}{40}, & 1.5 < x \leqslant 2.5 \\[2mm] \dfrac{15}{(40)(4)}, & 2.5 < x \leqslant 6.5 \\[2mm] \dfrac{11}{(40)(23)}, & 6.5 < x \leqslant 29.5 \\[2mm] \dfrac{2}{(40)(20)}, & 29.5 < x \leqslant 49.5 \end{cases}$$

其直方图如图 6.1-3 所示. 需要一定的实践经验才能展示相对频率直方图最有意义之处.

四个矩形的面积分别是 0.300、0.375、0.275 和 0.050, 它们是相应的相对频率. 重要的是要注意到, 在分组区间不等长的情况下, 矩形的面积正比于频率, 而不是矩形的高度. 特别地, 第一个和第二个分组频率分别为 $f_1 = 12$ 和 $f_2 = 15$, 然而第一个分组区间的高度大于第二个分组区间的高度, 这里却有 $f_1 < f_2$. 如果分组区间取相等的长度, 那么矩形的高度正比于相应的频率. ■

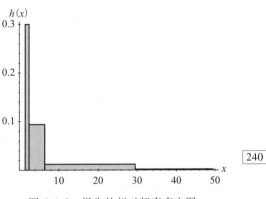

图 6.1-3 损失的相对频率直方图

对于连续型数据, 具有最大分组高度的区间称为**众数类**, 相应的组标识称为**众数**. 因此, 在上面例子中, $x = 2$ 是众数, $(1.5, 2.5)$ 是众数类.

例 6.1-5 考虑拨打 911 电话的间隔时间 X, 以分钟为时间单位, 其 105 个观测值如下:

30	17	65	8	38	35	4	19	7	14	12	4	5	4	2
7	5	12	50	33	10	15	2	10	1	5	30	41	21	31
1	18	12	5	24	7	6	31	1	3	2	22	1	30	2
1	3	12	12	9	28	6	50	63	5	17	11	23	2	46
90	13	21	55	43	5	19	47	24	4	6	27	4	6	37
16	41	68	9	5	28	42	3	42	8	52	2	11	41	4
35	21	3	17	10	16	1	68	105	45	23	5	10	12	17

为了直观地确定例 3.2-1 中的指数模型是否适合此处的情况, 我们需要看两个图. 首先, 我们在图 6.1-4a 中画出了数据的相对频率直方图 $h(x)$, 其上叠加的 $f(x) = (1/20) e^{-x/20}$. 其次, 在图 6.1-4b 中画出了数据的经验分布函数图, 其上叠加了理论分布函数图. 注意到**经验分布函数** $F_n(x)$ 是一个阶梯函数, 在 X 的每一个观测值处具有步长 $1/n$. 如果有 k 个观测值相等, 那么在此处的步长是 k/n. 理论分布函数与经验分布函数看起来十分吻合. ■

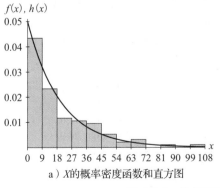

a) X 的概率密度函数和直方图

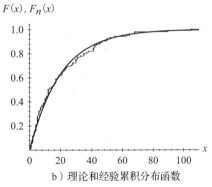

b) 理论和经验累积分布函数

图 6.1-4 拨打 911 电话的间隔时间

统计评述（Simpson 悖论）   前 5 章大部分是关于概率和概率分布的内容，现在我们提出一些统计概念. 相对频率 f/n 称为**统计量**，用它来**估计**通常是未知的概率 p. 例如，如果一个职业棒球联盟击球手在本赛季 $n = 500$ 个的正式击球数中击中 $f = 152$ 个，那么相对频率 $f/n = 0.304$ 是他击中概率的估计，称为他在本赛季的平均击球率.

有一次，在对一群教练讲话时，Hogg 发表了这样的评论：在其整个职业生涯中，击球手 A 在每个赛季的平均得分都有可能高于击球手 B，然而在他们的职业生涯末期，击球手 B 具有更好的整体平均水平. 虽然没有教练发言，但是你可以看出他们正在思考："那个家伙应该懂点数学."

当然，下面这个简单的例子说明他们那句评论是对的. 假设 A 和 B 只打了两个赛季，结果如下：

赛季	击球手 A			击球手 B		
	AB	击球数	平均	AB	击球数	平均
1	500	126	0.252	300	75	0.250
2	300	90	0.300	500	145	0.290
总数	800	216	0.270	800	220	0.275

显然，A 在两个单独的赛季中击败了 B，但是 B 的整体平均水平更好. 注意在他们表现更好的第二赛季中，B 的击球次数比 A 多. 这种结果通常称为 **Simpson 悖论**，这种情况在许多其他情况下也会发生（见练习 6.1-10）.

练习

6.1-1　汽车存储控制台是由其制造商检测的，它的一个特征是控制下存储室门完全打开所花的时间，以秒为单位. 一个样本量 $n = 5$ 的随机样本得到如下的时间：

$$1.1 \quad 0.9 \quad 1.4 \quad 1.1 \quad 1.0$$

(a) 求样本均值 $\bar{x}$.

(b) 求样本方差 s^2.

(c) 求样本标准差 s.

6.1-2　进行泄漏实验来确定一种密封装置的有效性，该装置用来使塞子的内部保持密闭. 将一根空气针插进塞子，然后放入水下. 接着，增加压力直到观察到泄漏. 压力的大小以磅/平方英寸为单位，记录了 10 次实验值：

$$3.1 \quad 3.5 \quad 3.3 \quad 3.7 \quad 4.5 \quad 4.2 \quad 2.8 \quad 3.9 \quad 3.5 \quad 3.3$$

求这 10 个测量值的样本均值和样本标准差.

6.1-3　在一家制造内燃机燃料注射泵的公司实习课程中，学生需要测量"将燃料从泵中挤出的活塞"这一事件. 这一事件是根据相对比例计算的，即测量活塞的直径与绝对最小可接受直径的差（以微米为单位）. 随机地从生产线上抽取 96 个活塞，数据如下：

17.1	19.3	18.0	19.4	16.5	14.4	15.8	16.6	18.5	14.9
14.8	16.3	20.8	17.8	14.8	15.6	16.7	16.1	17.1	16.5
18.8	19.3	18.1	16.1	18.0	17.2	16.8	17.3	14.4	14.1
16.9	17.6	15.5	17.8	17.2	17.4	18.1	18.4	17.8	16.7
17.2	13.7	18.0	15.6	17.8	17.0	17.7	11.9	15.9	17.8
15.5	14.6	15.6	15.1	15.4	16.1	16.6	17.1	19.1	15.0
17.6	19.7	17.1	13.6	15.6	16.3	14.8	17.4	14.8	14.9
14.1	17.8	19.8	18.9	15.6	16.1	15.9	15.7	22.1	16.1
18.9	21.5	17.4	12.3	20.2	14.9	17.1	15.0	14.4	14.7
15.9	19.0	16.6	15.3	17.7	15.8				

(a) 计算这些测量值的样本均值和样本标准差.

（b）使用分组边界 10.95，11.95，…，22.95 画这些数据的直方图.

6.1-4 Ledolter 和 Hogg(见参考文献)报告一家金属合金制造厂关注顾客对该公司生产的一种合金细丝熔点不均匀的投诉. 选择 50 个细丝，测量它们的熔点(以摄氏度为单位)，得到如下结果：

320	326	325	318	322	320	329	317	316	331
320	320	317	329	316	308	321	319	322	335
318	313	327	314	329	323	327	323	324	314
308	305	328	330	322	310	324	314	312	318
313	320	324	311	317	325	328	319	310	324

（a）构建一个频率分布，并绘制数据的频率直方图.

（b）计算样本均值和样本标准差.

（c）在直方图上标注 $\bar{x}$，$\bar{x} \pm s$ 和 $\bar{x} \pm 2s$ 的位置，有多少观测值位于样本均值的 1 个标准差范围内？多少观测值位于样本均值的 2 个标准差范围内？

6.1-5 在赌场游戏轮盘赌中，如果一名玩家在红色上下注 1 美元，那么他赢 1 美元的概率是 18/38，输 1 美元的概率是 20/38. 令 X 等于玩家在输 5 美元之前连续下注 1 美元的次数，在计算机上模拟了 100 次 X 的观测结果，得到下面的数据：

23	127	877	65	101	45	61	95	21	43
53	49	89	9	75	93	71	39	25	91
15	131	63	63	41	7	37	13	19	413
65	43	35	23	135	703	83	7	17	65
49	177	61	21	9	27	507	7	5	87
13	213	85	83	75	95	247	1815	7	13
71	67	19	615	11	15	7	131	47	25
25	5	471	11	5	13	75	19	307	33
57	65	9	57	35	19	9	33	11	51
27	9	19	63	109	515	443	11	63	9

（a）求这些数据的样本均值和样本标准差.

（b）画这些数据的相对频率直方图，其中使用 10 个分组，分组区间不必等长度.

（c）在直方图上标注 $\bar{x}$，$\bar{x} \pm s$，$\bar{x} \pm 2s$ 和 $\bar{x} \pm 3s$ 的位置.

（d）在你看来，是中位数还是样本均值能更好地衡量这些数据的中心？

6.1-6 一家保险公司经历了如下 50 个移动房屋损失的灾难事件，以万美元为单位：

1	2	2	3	3	4	4	5	5	5
5	6	7	7	9	9	9	10	11	12
22	24	28	29	31	33	36	38	38	38
39	41	48	49	53	55	74	82	117	134
192	207	224	225	236	280	301	308	351	527

（a）用分组边界 0.5，5.5，17.5，38.5，163.5 及 549.5 将这些数据分成 5 组.

（b）画数据的相对频率直方图.

（c）描述损失的分布.

6.1-7 Ledolter 和 Hogg(见参考文献)报告了每天工作日下午(3 点到 7 点)铅浓度(单位为 $\mu g/m^3$)的 64 个观测样本值. 下面的数据是洛杉矶的圣地业哥高速公路附近的大气监测站在 1976 年秋天的观测结果：

6.7	5.4	5.2	6.0	8.7	6.0	6.4	8.3	5.3	5.9	7.6
5.0	6.9	6.8	4.9	6.3	5.0	6.0	7.2	8.0	8.1	7.2
10.9	9.2	8.6	6.2	6.1	6.5	7.8	6.2	8.5	6.4	8.1
2.1	6.1	6.5	7.9	14.1	9.5	10.6	8.4	8.3	5.9	6.0
6.4	3.9	9.9	7.6	6.8	8.6	8.5	11.2	7.0	7.1	6.0
9.0	10.1	8.0	6.8	7.3	9.7	9.3	3.2	6.4		

(a) 构建数据的频率分布, 并且以直方图的形式显示结果, 这个分布对称吗?

(b) 计算样本均值和样本标准差.

(c) 在直方图上标出 $\bar{x}$ 和 $\bar{x} \pm s$, 在距样本均值 1 个标准差范围内有多少个观测值? 在距样本均值 2 个标准差范围内有多少个观测值?

6.1-8 汽车后视镜的小零件在两台不同的冲床上生产. 为了描述这些零件重量的分布, 随机抽取了一个样本, 每个零件以克为单位称重, 产生如下数据集:

3.968	3.534	4.032	3.912	3.572	4.014	3.682	3.608
3.669	3.705	4.023	3.588	3.945	3.871	3.744	3.711
3.645	3.977	3.888	3.948	3.551	3.796	3.657	3.667
3.799	4.010	3.704	3.642	3.681	3.554	4.025	4.079
3.621	3.575	3.714	4.017	4.082	3.660	3.692	3.905
3.977	3.961	3.948	3.994	3.958	3.860	3.965	3.592
3.681	3.861	3.662	3.995	4.010	3.999	3.993	4.004
3.700	4.008	3.627	3.970	3.647	3.847	3.628	3.646
3.674	3.601	4.029	3.603	3.619	4.009	4.015	3.615
3.672	3.898	3.959	3.607	3.707	3.978	3.656	4.027
3.645	3.643	3.898	3.635	3.865	3.631	3.929	3.635
3.511	3.539	3.830	3.925	3.971	3.646	3.669	3.931
4.028	3.665	3.681	3.984	3.664	3.893	3.606	3.699
3.997	3.936	3.976	3.627	3.536	3.695	3.981	3.587
3.680	3.888	3.921	3.953	3.847	3.645	4.042	3.692
3.910	3.672	3.957	3.961	3.950	3.904	3.928	3.984
3.721	3.927	3.621	4.038	4.047	3.627	3.774	3.983
3.658	4.034	3.778					

(a) 使用大约 10 个 (比如 8 到 12 个) 分组, 构建频率分布.

(b) 绘制数据的直方图.

(c) 描述用直方图表示的分布的形状.

6.1-9 老忠实泉是黄石国家公园的一个间歇泉, 游客总是想知道下一次喷泉什么时候出现, 所以我们收集了数据来进行预测. 下面的数据集来自连续几天的观测, 记录的数据给出了喷发的开始时间 (STE)、喷发的持续时间以秒为单位 (DIS)、下一次喷发时间的预测以分钟为单位 (PTM)、下一次喷发的实际时间以分钟为单位 (ATM), 以及实际的喷发持续时间以分钟为单位 (DIM).

STE	DIS	PTM	ATM	DIM	STE	DIS	PTM	ATM	DIM
706	150	65	72	2.500	1411	110	55	65	1.833
818	268	89	88	4.467	616	289	89	97	4.817
946	140	65	62	2.333	753	114	58	52	1.900
1048	300	95	87	5.000	845	271	89	94	4.517
1215	101	55	57	1.683	1019	120	58	60	2.000

（续）

STE	DIS	PTM	ATM	DIM	STE	DIS	PTM	ATM	DIM
1312	270	89	94	4.500	1119	279	89	84	4.650
651	270	89	91	4.500	1253	109	55	63	1.817
822	125	59	51	2.083	1356	295	95	91	4.917
913	262	89	98	4.367	608	240	85	83	4.000
1051	95	55	59	1.583	731	259	86	84	4.317
1150	270	89	93	4.500	855	128	60	71	2.133
637	273	89	86	4.550	1006	287	92	83	4.783
803	104	55	70	1.733	1129	253	65	70	4.217
913	129	62	63	2.150	1239	284	89	81	4.733
1016	264	89	91	4.400	608	120	58	60	2.000
1147	239	82	82	3.983	708	283	92	91	4.717
1309	106	55	58	1.767	839	115	58	51	1.917
716	259	85	97	4.317	930	254	85	85	4.233
853	115	55	59	1.917	1055	94	55	55	1.567
952	275	89	90	4.583	1150	274	89	98	4.567
1122	110	55	58	1.833	1328	128	64	49	2.133
1220	286	92	98	4.767	557	270	93	85	4.500
735	115	55	55	1.917	722	103	58	65	1.717
830	266	89	107	4.433	827	287	89	102	4.783
1017	105	55	61	1.750	1009	111	55	56	1.850
1118	275	89	82	4.583	1105	275	89	86	4.583
1240	226	79	91	3.767	1231	104	55	62	1.733

（a）绘制喷发持续时间直方图，以秒为单位，用 10 到 12 个分组.

（b）计算样本均值，并在直方图中标出，它能很好地衡量一次喷发持续长度的平均值吗？能或不能的原因是什么？

（c）构建两次喷发之间的时间长度直方图，使用 10 到 12 个分组.

（d）计算样本均值，并在直方图中标出. 它能很好地衡量两次喷发之间的时间长度平均值吗？

6.1-10 棒球手 H 的主场是一个有人造草坪的室内运动场，棒球手 J 的主场是有草坪的室外运动场. 在一个棒球赛季，两名棒球手具有如下在草坪和人造草坪上的击球数（H）和正式挥打数（AB）：

场地面	棒球手 H			棒球手 J		
	AB	H	BA	AB	H	BA
草坪	204	50		329	93	
人造草皮	355	124		58	21	
总数	559	174		387	114	

（a）求每名棒球手在草坪上的平均击球数 BA（即 H/AB）.

（b）求每名棒球手在人造草坪上的平均击球数 BA.

（c）求两名棒球手本赛季的平均击球数.

（d）对你的结果给出解释.

6.1-11 假设对数据集 $x_1, x_2, \cdots, x_n$ 中每个观测值进行线性变换，即变换后的数据集 $y_1, y_2, \cdots, y_n$ 由原

始数据通过方程 $y_i = ax_i + b (i = 1, 2, \cdots, n)$ 生成，其中 a 和 b 是实数. 试证明：如果 $\bar{x}$ 和 s_X^2 分别是原始数据的样本均值和样本方差，那么变换后的数据的样本均值和样本方差分别是 $\bar{y} = a\bar{x} + b$ 和 $s_Y^2 = a^2 s_X^2$.

6.2 探索性数据分析

为了探索未知分布的其他特征，我们需要抽取来自这种分布的 n 个观测值 $x_1, x_2, \cdots, x_n$ 的样本，同时需要将它们按从小到大进行排序. 完成此工作的一个便捷方法是使用茎叶图，此方法是由 John W. Tukey 提出的(要了解更多细节，请参阅 Tukey(1977)以及 Velleman 和 Hoaglin(1981)的书籍).

也许最简单的方法是从一个我们所有人都能理解的例子开始. 假设我们有以下 50 个统计课程考试成绩：

93	77	67	72	52	83	66	84	59	63
75	97	84	73	81	42	61	51	91	87
34	54	71	47	79	70	65	57	90	83
58	69	82	76	71	60	38	81	74	69
68	76	85	58	45	73	75	42	93	65

像使用频率表和直方图一样，我们可以借助茎叶图做很多事情，但保留了原始值. 对于这个特定的数据集，我们可以使用如下步骤：数据集中第一个数字 93 这样来记录——将 9(在十位位置)作为茎，3(在个位位置)作为相应的叶. 注意在表 6.2-1 中叶 3 是茎 9 后第一个数字. 第二个数字 77 通过叶 7 在茎 7 后给出；第三个数字 67 通过叶 7 在茎 6 后给出；第四个数字 72 通过叶 2 在茎 7 后给出(注意到这是茎 7 的第二片叶)；以此类推. 表 6.2-1 是茎叶图的一个例子. 如果这些叶严格地竖直排列，则该表具有与直方图相同的效果，但是原始数据没有丢失.

将茎叶图做这样的修改是有好处的，即对每一排叶按从小到大排序，所得的茎叶图称为**有序茎叶图**. 表 6.2-2 使用表 6.2-1 的数据生成了一个有序茎叶图.

表 6.2-1　50 个统计考试成绩的茎叶图

茎	叶	频率
3	4 8	2
4	2 7 5 2	4
5	2 9 1 4 7 8 8	7
6	7 6 3 1 5 9 0 9 8 5	10
7	7 2 5 3 1 9 0 6 1 4 6 3 5	13
8	3 4 4 1 7 3 2 1 5	9
9	3 7 1 0 3	5

表 6.2-2　统计考试成绩的有序茎叶图

茎	叶	频率
3	4 8	2
4	2 2 5 7	4
5	1 2 4 7 8 8 9	7
6	0 1 3 5 5 6 7 8 9 9	10
7	0 1 1 2 3 3 4 5 5 6 6 7 9	13
8	1 1 2 3 3 4 4 5 7	9
9	0 1 3 3 7	5

另外的修改也是有帮助的. 假设我们想要两排叶，每排都有原来的茎. 我们可以通过这样记录叶来做到这一点——将叶 0，1，2，3，4 的茎添加上星号(∗)，将叶 5，6，7，8，9 的茎添加上点号(·). 当然，在我们的例子中，从最初的 7 个分组变成了 14 个分组，对这

个特定的数据集，我们失去了一定的平滑性，如表 6.2-3 所示，它也是有序的.

表 6.2-3　统计考试成绩的有序茎叶图

茎	叶							频率	茎	叶							频率
3 *	4							1	3 •	8							1
4 *	2	2						2	4 •	5	7						2
5 *	1	2	4					3	5 •	7	8	8	9				4
6 *	0	1	3					3	6 •	5	5	6	7	8	9	9	7
7 *	0	1	1	2	3	3	4	7	7 •	5	5	6	6	7	9		6
8 *	1	1	2	3	3	4	4	7	8 •	5	7						2
9 *	0	1	3	3				4	9 •	7							1

Tukey 提出另一个修改方法，这将在下一个例子中使用.

例 6.2-1　下面数字代表某大学 60 名入学新生的 ACT 综合得分：

26	19	22	28	31	29	25	23	20	33	23	26
30	27	26	29	20	23	18	24	29	27	32	24
25	26	22	29	21	24	20	28	23	26	30	19
27	21	32	28	29	24	25	21	28	22	24	24
19	24	35	26	25	20	31	27	23	26	30	29

247

表 6.2-4 给出了这些得分的有序茎叶图，其中记录为 0 和 1 的叶相连的茎添加上星号（ * ），记录为 2 和 3 的叶相连的茎添加上 t，记录为 4 和 5 的叶相连的茎添加上 f，记录为 6 和 7 的叶相连的茎添加上 s，记录为 8 和 9 的叶相连的茎添加上点号（ • ）.　■

表 6.2-4　60 个 ACT 成绩的有序茎叶图

茎	叶											频率
1 •	8	9	9	9								4
2 *	0	0	0	0	1	1	1					7
2 t	2	2	2	3	3	3	3	3	3			9
2 f	4	4	4	4	5	5	5	5	5	5		10
2 s	6	6	6	6	6	6	6	7	7	7	7	11
2 •	8	8	8	9	9	9	9	9	9	9		10
3 *	0	0	0	1	1							5
3 t	2	2	3									3
3 f	5											1

构建有序茎叶图是有原因的. 对于有 n 个观测值 $x_1, x_2, \cdots, x_n$ 的一个样本，当观测值按从小到大排序后，生成的有序数据称为样本的**顺序统计量**. 统计学家已经发现顺序统计量及其某种函数是很有价值的，我们将在 6.3 节中提供一些有关它们的理论. 从有序茎叶图中很容易确定按顺序排列的样本值. 作为一个例证，考虑表 6.2-1 或表 6.2-2 中的值，50 个考试成绩的顺序统计量如表 6.2-5 所示.

表 6.2-5　50 个考试成绩的顺序统计量

34	38	42	42	45	47	51	52	54	57
58	58	59	60	61	63	65	65	66	67
68	69	69	70	71	71	72	73	73	74
75	75	76	76	77	79	81	81	82	83
83	84	84	85	87	90	91	93	93	97

有时我们给出顺序统计量的秩，将秩作为 y 的下标. 第一个顺序统计量 $y_1 = 34$ 具有秩

1；第二个顺序统计量 $y_2 = 38$ 具有秩 2；第三个顺序统计量 $y_3 = 42$ 具有秩 3；第四个顺序统计量 $y_4 = 42$ 具有秩 4……第 50 个顺序统计量 $y_{50} = 97$ 具有秩 50. 从有序茎叶图中也同样容易确定这些值. 我们知道 $y_1 \leqslant y_2 \leqslant \cdots \leqslant y_{50}$.

从这些顺序统计量或相应的有序茎叶图中很容易找到**样本百分位数**. 如果 $0 < p < 1$，那么第 $100p$ 样本百分位数大约有 np 个样本观测值小于它，同时也大约有 $n(1-p)$ 个样本观测值大于它. 实现这一目标的一个方法是，如果 $(n+1)p$ 是整数，那么取第 $100p$ 样本百分位数作为第 $(n+1)p$ 个顺序统计量. 如果 $(n+1)p$ 不是整数，而是等于整数 r 加上某个真分数，比如 a/b，那么使用第 r 个和第 $r+1$ 个顺序统计量的加权平均. 也就是说，将第 $100p$ 样本百分位数定义为

$$\widetilde{\pi}_p = y_r + (a/b)(y_{r+1} - y_r) = (1 - a/b)y_r + (a/b)y_{r+1}$$

注意到此公式只是 y_r 和 y_{r+1} 的一个线性插值（如果 $p < 1/(n+1)$ 或 $p > n/(n+1)$，那么这样的样本百分位数没有定义）.

作为例证，考虑 50 个已排序的考试成绩. 取 $p = 1/2$，我们通过第 25 个和第 26 个顺序统计量的平均值得到第 50 百分位数，因为 $(n+1)p = 51 \times (1/2) = 25.5$. 这样，第 50 百分位数是

$$\widetilde{\pi}_{0.50} = (1/2)y_{25} + (1/2)y_{26} = (71 + 71)/2 = 71$$

取 $p = 1/4$，我们有 $(n+1)p = 51 \times (1/4) = 12.75$，那么第 25 百分位数是

$$\widetilde{\pi}_{0.25} = (1 - 0.75)y_{12} + (0.75)y_{13} = (0.25)(58) + (0.75)(59) = 58.75$$

取 $p = 3/4$，我们有 $(n+1)p = 51 \times (3/4) = 38.25$，那么第 75 百分位数是

$$\widetilde{\pi}_{0.75} = (1 - 0.25)y_{38} + (0.25)y_{39} = (0.75)(81) + (0.25)(82) = 81.25$$

注意到大约 50%，25% 和 75% 的样本观测值分别比 71，58.75 和 81.25 小.

特定的百分位数有特定的名称，第 50 百分位数是**样本中位数**

$$\widetilde{\pi}_{0.50} = \begin{cases} Y_{(n+1)/2}, & n \text{ 是奇数} \\ \dfrac{Y_{n/2} + Y_{(n/2)+1}}{2}, & n \text{ 是偶数} \end{cases}$$

第 25、第 50 和第 75 百分位数分别是**第一**、**第二**和**第三样本四分位数**. 对相应的符号，我们令 $\widetilde{q}_1 = \widetilde{\pi}_{0.25}$，$\widetilde{q}_2 = \widetilde{m} = \widetilde{\pi}_{0.50}$ 及 $\widetilde{q}_3 = \widetilde{\pi}_{0.75}$. 第 10、第 20、……及第 90 百分位数是样本的各个**十分位数**，所以知道第 50 百分位数也是中位数，第二样本四分位数和第 5 样本十分位数. 对于 50 个考试成绩数据集，因为 $51 \times (2/10) = 10.2$ 及 $51 \times (9/10) = 45.9$，所以第二和第 9 样本十分位数分别是

$$\widetilde{\pi}_{0.20} = (0.8)y_{10} + (0.2)y_{11} = (0.8)(57) + (0.2)(58) = 57.2$$

及

$$\widetilde{\pi}_{0.90} = (0.1)y_{45} + (0.9)y_{46} = (0.1)(87) + (0.9)(90) = 89.7$$

第二样本十分位数通常称为第 20 百分位数，第九样本十分位数是第 90 百分位数.

最小值（样本中最小的值）、第一四分位数、中位数（第二四分位数）、第三四分位数和

最大值(样本中最大的值)组成了数据集的**五数概括**. 此外，第三和第一四分位数的差称为**四分位间距**(IQR).

例 6.2-2 我们用表 6.1-3 中氟化物数据阐明上面的观点. 为方便起见，我们取分组区间的长度为 0.02. 有序茎叶图如表 6.2-6 所示.

表 6.2-6　氟化物浓度的有序茎叶图

茎	叶																	频率
0.8*f*	5	5	5	5														4
0.8*s*	6	6	6	7	7	7												7
0.8 •	8	8	8	8	8	8	8	8	9	9	9	9	9	9	9	9		16
0.9 *	0	0	0	0	0	0	0	0	0	1	1	1	1	1	1	1	1	17
0.9*t*	2	2	2	2	2	2	2	2	2	3	3	3	3	3	3	3	3	19
0.9*f*	4	4	5	5	5	5	5	5	5									9
0.9*s*	6	6	7	7	7	7												6
0.9 •	8	8	8	8	8	8	8	8	9	9								10
1.0 *	0	0	0	0	1	1	1											7
1.0*t*	2	3	3															3
1.0*f*	5																	1
1.0*s*	6																	1

这种有序茎叶图对于找到数据的样本百分位数是有用的. 因为 $n=100$，$(n+1) \times 0.25 = 25.25$，$(n+1) \times 0.5 = 50.5$ 及 $(n+1) \times 0.75 = 75.75$，所以第 25、第 50 和第 75 百分位数(第一、第二和第三四分位数)分别是

$$\tilde{\pi}_{0.25} = (0.75)y_{25} + (0.25)y_{26} = (0.75)(0.89) + (0.25)(0.89) = 0.89$$
$$\tilde{\pi}_{0.50} = (0.50)y_{50} + (0.50)y_{51} = (0.50)(0.92) + (0.50)(0.92) = 0.92$$
$$\tilde{\pi}_{0.75} = (0.25)y_{75} + (0.75)y_{76} = (0.25)(0.97) + (0.75)(0.97) = 0.97$$

最小值和最大值分别是 0.85 和 1.06，所以极差等于 0.21，四分位间距等于

$$\tilde{q}_3 - \tilde{q}_1 = \tilde{\pi}_{0.75} - \tilde{\pi}_{0.25} = 0.97 - 0.89 = 0.08$$

■

展示数据集五数概括的一种图形方法称为**箱线图**. 为了构建水平箱线图，绘制与数据对应成比例的水平轴. 在水平轴的上方，画一个矩形盒子，其左右边界分别在 $\tilde{q}_1$ 和 $\tilde{q}_3$ 处，并且在中位数 $\tilde{q}_2 = \tilde{m}$ 处画一条竖直分隔线. 从最小值处到盒子左边界中点处画一条水平分隔线作为左边的须，从盒子有边界中点处到最大值处画一条水平分隔线作为右边的须. 注意到盒子的长度等于 IQR，左须和右须分别表示第一个和第四个四等分的数据，中间两个四等分的数据分别由盒子的两个部分代表，一个在中间线的左边，一个在中间线的右边.

例 6.2-3 使用表 6.2-6 中的氟化物数据，我们发现五数概括是

$$y_1 = 0.85, \tilde{q}_1 = 0.89$$

250

$$\tilde{q}_2 = \tilde{m} = 0.92, \tilde{q}_3 = 0.97, y_{100} = 1.06$$

数据的箱线图如图 6.2-1 所示. 长须在右边以及盒子右半部分大于左半部分的事实让我们认为这些数据有些右偏. 注意到这种偏斜也能在直方图和茎叶图中看出. ■

下一个例子说明箱线图描述的数据是如何左偏的.

例 6.2-4   下面的数据是 39 枚金币经过排序后的重量(以克为单位), 金币是在前罗马英国国王 Verica 统治时期生产的:

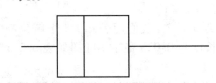

0.82 0.85 0.88 0.91 0.94 0.97 1.00 1.03 1.06 1.09

图 6.2-1   氟化物浓度箱线图

4.90	5.06	5.07	5.08	5.15	5.17	5.18	5.19	5.24	5.25
5.25	5.25	5.25	5.27	5.27	5.27	5.27	5.28	5.28	5.28
5.29	5.30	5.30	5.30	5.30	5.31	5.31	5.31	5.31	5.31
5.32	5.32	5.33	5.34	5.35	5.35	5.35	5.36	5.37	

对于这些数据, 最小值是 4.90, 最大值是 5.37. 因为

$$(39+1)(1/4) = 10, \quad (39+1)(2/4) = 20, \quad (39+1)(3/4) = 30$$

我们有

$$\tilde{q}_1 = y_{10} = 5.25$$
$$\tilde{m} = y_{20} = 5.28$$
$$\tilde{q}_3 = y_{30} = 5.31$$

因此, 五数概括是

$$y_1 = 4.90, \tilde{q}_1 = 5.25, \tilde{q}_2 = \tilde{m} = 5.28, \tilde{q}_3 = 5.31, y_{39} = 5.37$$

与所给数据相关联的箱线图如图 6.2-2 所示, 注意到此箱线图表明数据是左偏的. ■

有时我们感兴趣的是挑出那些看起来比其他大多数观测值大得多或小得多的观测值, 也就是说, 我们在寻找离群值. 图基(Tukey)提出一种定义离群值的方法, 它能抵抗一两个极值的影响, 并且利用 IQR. 在箱线图中, 从盒子左右以 IQR 的 1.5 倍的距离构建**内围栏**, 从盒子左右以

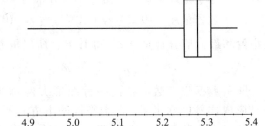

4.9   5.0   5.1   5.2   5.3   5.4

图 6.2-2   39 枚金币重量箱线图

IQR 的 3 倍的距离构建**外围栏**, 处于内外围栏之间的观测值称为**疑似离群值**, 超出外围栏的观测值称为**离群值**. 超出内围栏的观测值用圆(·)标记, 并且箱线图的须仅仅画到极值之内或到内围栏处. 当你分析一个数据集时, 离群值和疑似离群值值得进一步研究, 而离群值更应该特别仔细研究. 这并不是说离群值和疑似离群值就应该从数据集中移除, 除非出现某些错误(例如记录错误). 此外, 有时确定引起极值的原因是重要的, 因为离群值经常

能对所分析的情况提供有用的见解（比如更好的分析方式）.

统计评述 统计学家讲了一个有关 Ralph Sampson 的故事，他在 20 世纪 80 年代是弗吉尼亚大学的一名优秀篮球运动员，后来被休斯敦火箭队选中. 据说他在弗吉尼亚主修传播学，据报道该系表示，他们专业的平均起薪要比理科专业高很多，那是因为 Sampson 在火箭队的高起薪. 如果这个故事是真的，那么报告专业的起薪中位数应该更合适，而且这个超薪中位数会比理科专业起薪中位数低得多.

例 6.2-5 续例 6.2-4，我们发现四分位间距 IQR = 5.31 − 5.25 = 0.06，那么内围栏将会在距盒子左右 $1.5 \times 0.06 = 0.09$ 的距离处构建，外围栏在距盒子左右 $3 \times 0.06 = 0.18$ 距离处构建. 图 6.2-3 是有围栏的箱线图. 当然，因为最大值比 $\tilde{q}_3$ 大 0.06，所以右边没有围栏. 从箱线图我们可以看出，有三个疑似离群值、两个离群值（你可以推断这些数据为什么有离群值，它们为什么落在左边，也就是说，它们比预期的要轻）. 注意，许多计算机程序使用星号绘制离群值和疑似离群值，并且不画围栏. ∎

在现代统计中，两个或多个顺序统计量的某些函数是很重要的. 除极差和 IQR 外，我们提出并且举例说明另一个，使用的是表 6.2-6 显示的 100 个氟化物浓度值.

（a）**中列数** = 极值的平均

$$= \frac{y_1 + y_n}{2} = \frac{0.85 + 1.06}{2} = 0.955$$

（b）**极差** = 两个极值的差

（c）**四分位间距** = 第三和第一四分位数的差

$$= \tilde{q}_3 - \tilde{q}_1 = 0.97 - 0.89 = 0.08$$

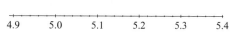

图 6.2-3 带有围栏和离群值的 39 枚金币重量的箱线图

因此，我们知道样本均值、中位数和中列数是样本中间的度量. 在某种意义上，样本标准差、极差和四分位间距给出了样本分散性的度量.

练习

6.2-1 练习 6.1-3 给出了 96 个活塞的测量值，使用这些测量值

（a）将整数部分作为茎，画茎叶图.

（b）求数据的五数概括.

（c）画箱线图. 是否有离群值？

6.2-2 当你购买"一磅一袋"的胡萝卜时，你可以购买"小婴儿"胡萝卜或普通胡萝卜. 我们将比较 75 袋这种类型胡萝卜的重量，下面给出了"小婴儿"胡萝卜的重量：

1.03	1.03	1.06	1.02	1.03	1.03	1.03	1.02	1.03	1.03
1.06	1.04	1.05	1.03	1.04	1.03	1.05	1.06	1.04	1.04
1.03	1.04	1.04	1.06	1.03	1.04	1.05	1.04	1.04	1.02
1.03	1.05	1.05	1.03	1.04	1.03	1.04	1.04	1.03	1.04
1.03	1.04	1.04	1.04	1.05	1.04	1.04	1.03	1.04	1.05
1.04	1.04	1.05	1.04	1.04	1.04	1.04	1.03	1.04	1.04
1.04	1.04	1.04	1.04	1.05	1.04	1.04	1.04	1.04	1.03
1.05	1.05	1.05	1.03	1.04					

下面给出了普通胡萝卜的重量：

$$
\begin{array}{cccccccccc}
1.29 & 1.10 & 1.28 & 1.29 & 1.23 & 1.20 & 1.31 & 1.25 & 1.13 & 1.26 \\
1.19 & 1.33 & 1.24 & 1.20 & 1.26 & 1.24 & 1.11 & 1.14 & 1.15 & 1.15 \\
1.19 & 1.26 & 1.14 & 1.20 & 1.20 & 1.20 & 1.24 & 1.25 & 1.28 & 1.24 \\
1.26 & 1.20 & 1.30 & 1.23 & 1.26 & 1.16 & 1.34 & 1.10 & 1.22 & 1.27 \\
1.21 & 1.09 & 1.23 & 1.03 & 1.32 & 1.21 & 1.23 & 1.34 & 1.19 & 1.18 \\
1.20 & 1.20 & 1.13 & 1.43 & 1.19 & 1.05 & 1.16 & 1.19 & 1.07 & 1.21 \\
1.36 & 1.21 & 1.00 & 1.23 & 1.22 & 1.13 & 1.24 & 1.10 & 1.18 & 1.26 \\
1.12 & 1.10 & 1.19 & 1.10 & 1.24 & & & & &
\end{array}
$$

（a）计算每一个重量集的五数概括.

（b）将两个重量集的箱线图画在同一个图形上.

（c）如果每袋胡萝卜的价格一样，买哪种胡萝卜更好？你会选择哪种类型的胡萝卜？

6.2-3 以下是 82 名男学生的水下体重（以千克为单位）：

$$
\begin{array}{cccccccccccccc}
3.7 & 3.6 & 4.0 & 4.3 & 3.8 & 3.4 & 4.1 & 4.0 & 3.7 & 3.4 & 3.5 & 3.8 & 3.7 & 4.9 \\
3.5 & 3.8 & 3.3 & 4.8 & 3.4 & 4.6 & 3.5 & 5.3 & 4.4 & 4.2 & 2.5 & 3.1 & 5.2 & 3.8 \\
3.3 & 3.4 & 4.1 & 4.6 & 4.0 & 1.4 & 4.3 & 3.8 & 4.7 & 4.4 & 5.0 & 3.2 & 3.1 & 4.2 \\
4.9 & 4.5 & 3.8 & 4.2 & 2.7 & 3.8 & 3.8 & 2.0 & 3.4 & 4.9 & 3.3 & 4.3 & 5.6 & 3.2 \\
4.7 & 4.5 & 5.2 & 5.0 & 5.0 & 4.0 & 3.8 & 5.3 & 4.5 & 3.8 & 3.8 & 3.4 & 3.6 & 3.3 \\
4.2 & 5.1 & 4.0 & 4.7 & 6.5 & 4.4 & 3.6 & 4.7 & 4.5 & 2.3 & 4.0 & 3.7 & &
\end{array}
$$

以下是 100 名女学生的水下重量（以千克为单位）：

$$
\begin{array}{cccccccccccc}
2.0 & 2.0 & 2.1 & 1.6 & 1.9 & 2.0 & 2.0 & 1.3 & 1.3 & 1.2 & 2.3 & 1.9 \\
2.1 & 1.2 & 2.0 & 1.6 & 1.1 & 2.2 & 2.2 & 1.4 & 1.7 & 2.4 & 1.8 & 1.7 \\
2.0 & 2.1 & 1.6 & 1.7 & 1.8 & 0.7 & 1.9 & 1.7 & 1.7 & 1.1 & 2.0 & 2.3 \\
0.5 & 1.3 & 2.7 & 1.8 & 2.0 & 1.7 & 1.2 & 0.7 & 1.1 & 1.1 & 1.7 & 1.7 \\
1.2 & 1.2 & 0.7 & 2.3 & 1.7 & 2.4 & 1.0 & 2.4 & 1.4 & 1.9 & 2.5 & 2.2 \\
2.1 & 1.4 & 2.4 & 1.8 & 2.5 & 1.3 & 0.5 & 1.7 & 1.9 & 1.8 & 1.3 & 2.0 \\
2.2 & 1.7 & 2.0 & 2.5 & 1.2 & 1.4 & 1.4 & 1.2 & 2.2 & 2.0 & 1.8 & 1.4 \\
1.9 & 1.4 & 1.3 & 2.5 & 1.2 & 1.5 & 0.8 & 2.0 & 2.2 & 1.8 & 2.0 & 1.6 \\
1.5 & 1.6 & 1.5 & 2.6 & & & & & & & &
\end{array}
$$

（a）以 0.5 千克为分组区间宽度，组标识为 0.5，1.0，1.5，…，将每一个数据集进行分组.

（b）画分组数据的直方图.

（c）画数据的箱线图，将它们画在同一个图形上，描述一下此图形显示的内容.

6.2-4 一家保险公司经历了如下 50 个灾难事件中移动房屋损失（以万美元为单位）：

$$
\begin{array}{cccccccccc}
1 & 2 & 3 & 4 & 5 & 5 & 5 & 5 & 5 & 5 \\
5 & 6 & 7 & 7 & 9 & 9 & 9 & 10 & 11 & 12 \\
22 & 24 & 28 & 29 & 31 & 33 & 36 & 38 & 38 & 38 \\
39 & 41 & 48 & 49 & 53 & 55 & 74 & 82 & 117 & 134 \\
192 & 207 & 224 & 225 & 236 & 280 & 301 & 308 & 351 & 527
\end{array}
$$

（a）求数据的五数概括，并绘制箱线图.

（b）计算 IQR 和内外围栏的位置.

（c）绘制箱线图，显示围栏、疑似离群值和离群值.

（d）描述损失的分布（见练习 6.1-6）.

6.2-5 练习 6.1-5 给出的数据是玩家在轮盘赌中输 5 美元以前下注 1 美元的数量. 利用这些数据回答下列问题：

（a）确定顺序统计量.

（b）求数据的五数概括.

（c）绘制箱线图.

（d）求内外围栏的位置，绘制箱线图，显示围栏、疑似离群值和离群值.

（e）在你看来，是中位数还是样本均值更好地度量了数据的中心？

6.2-6 在赌场游戏轮盘赌中，如果玩家在红色（或者黑色、奇数、偶数）上下注 1 美元，那么赢 1 美元的概率是 18/38，损失 1 美元的概率是 20/38. 假设玩家开始有 5 美元，然后连续下注 1 美元，令 Y 等于玩家损失 5 美元之前的最大本金. 在计算机上模拟了 Y 的 100 个观测值，产生以下数据：

25	9	5	5	5	9	6	5	15	45
55	6	5	6	24	21	16	5	8	7
7	5	5	35	13	9	5	18	6	10
19	16	21	8	13	5	9	10	10	6
23	8	5	10	15	7	5	5	24	9
11	34	12	11	17	11	16	5	15	5
12	6	5	5	7	6	17	20	7	8
8	6	10	11	6	7	5	12	11	18
6	21	6	5	24	7	16	21	23	15
11	8	6	8	14	11	6	9	6	10

（a）构建有序茎叶图.

（b）求数据的五数概括，绘制箱线图.

（c）计算 IQR 和内外围栏的位置.

（d）绘制箱线图，显示围栏、疑似离群值和离群值.

（e）求第 90 百分位数.

6.2-7 令 X 表示碳酸钙（$CaCO_3$）的浓度，以毫克每升为单位，以下是 X 的 20 个观测值：

130.8	129.9	131.5	131.2	129.5
132.7	131.5	127.8	133.7	132.2
134.8	131.7	133.9	129.8	131.4
128.8	132.7	132.8	131.4	131.3

（a）构建有序茎叶图，其中茎取为 127, 128, …, 134.

（b）求中列数、极差、四分位间距、中位数、样本均值和样本方差.

（c）绘制箱线图.

6.2-8 仪表上 25 个指示器外壳的重量（以克为单位）如下：

102.0	106.3	106.6	108.8	107.7
106.1	105.9	106.7	106.8	110.2
101.7	106.6	106.3	110.2	109.9
102.0	105.8	109.1	106.7	107.3
102.0	106.8	110.0	107.9	109.3

（a）绘制有序茎叶图，使用整数部分作为茎，十分位数作为叶.

（b）求数据的五数概括，绘制箱线图.

（c）是否有疑似离群值？是否有离群值？

6.2-9 练习 6.1-4 对研究某公司合金细丝的熔点给出了 50 个细丝熔点的样本值.

（a）绘制这些熔点的茎叶图，使用茎为 $30f$, $30s$, …, $33f$.

（b）求这些熔点的五数概括.

（c）绘制箱线图.

（d）描述数据对称性.

6.2-10 练习 6.1-7 给出了 1976 年圣地亚哥高速公路附近的铅浓度. 1977 年秋季，在洛杉矶的圣地亚哥

255

高速公路附近的测量站测到的工作日下午铅浓度（以 $\mu g/m^3$ 为单位）如下：

$$9.5 \quad 10.7 \quad 8.3 \quad 9.8 \quad 9.1 \quad 9.4 \quad 9.6 \quad 11.9 \quad 9.5 \quad 12.6 \quad 10.5$$
$$8.9 \quad 11.4 \quad 12.0 \quad 12.4 \quad 9.9 \quad 10.9 \quad 12.3 \quad 11.0 \quad 9.2 \quad 9.3 \quad 9.3$$
$$10.5 \quad 9.4 \quad 9.4 \quad 8.2 \quad 10.4 \quad 9.3 \quad 8.7 \quad 9.8 \quad 9.1 \quad 2.9 \quad 9.8$$
$$5.7 \quad 8.2 \quad 8.1 \quad 8.8 \quad 9.7 \quad 8.1 \quad 8.8 \quad 10.3 \quad 8.6 \quad 10.2 \quad 9.4$$
$$14.8 \quad 9.9 \quad 9.3 \quad 8.2 \quad 9.9 \quad 11.6 \quad 8.7 \quad 5.0 \quad 9.9 \quad 6.3 \quad 6.5$$
$$10.2 \quad 8.8 \quad 8.0 \quad 8.7 \quad 8.9 \quad 6.8 \quad 6.6 \quad 7.3 \quad 16.7$$

（a）构建频率分布，并以直方图的形式展示结果. 这种分布是否对称？

（b）计算样本均值和样本标准差.

（c）在直方图上确定 $\bar{x}$，$\bar{x} \pm s$ 的位置，有多少观测值位于样本均值 1 个标准差范围内？多少观测值位于样本均值 2 个标准差范围内？

（d）使用练习 6.1-7 中的数据和此练习中的数据，绘制背靠背茎叶图，用整数作为中央的茎，1976 年数据的叶在左边，1977 年数据的叶在右边.

（e）将两个数据集的箱线图画在一个图形上.

（f）用你的数值和图形结果解释你所看到的.

　　注　在 1977 年春天，高速公路上增加了一条新车道. 这条车道降低了交通拥堵，提高了车辆行驶速度.

6.3　顺序统计量

　　顺序统计量是随机样本在数量上按从小到大经过整理、排序后的观测. 近年来，由于更频繁地使用非参数推断和稳健过程，顺序统计量的重要性增加了. 然而，顺序统计量一直是很突出的，因为还需要用它们确定像样本中位数、样本极差和经验分布函数这些相当简单的统计量，以及其他方面的内容. 回想一下，在 6.2 节中我们用描述和探索性统计方法讨论了观测到的顺序统计量. 在本节中，我们将考虑关于它们分布的一些有趣的方面.

　　在大多数关于顺序统计量的讨论中，我们将假设来自连续型分布的 n 个独立观测. 这意味着任何两个观测相等的概率为 0 等结论. 也就是说，观测能够从最小到最大排序而两两不等的概率等于 1. 当然，在实际中我们需要频繁地考察观测之间的大小关系（这通常是由于测量设备的不精确. 例如，如果物体长度的测量只能精确到 0.1 厘米，那么两个物体的长度稍有不同，但很可能有相同的测量长度）. 如果观测相等的概率很小，那么下面的分布理论近似成立. 这样，在这里的讨论中，我们假定相等的概率等于 0.

　　例 6.3-1　数值 $x_1 = 0.62$，$x_2 = 0.98$，$x_3 = 0.31$，$x_4 = 0.81$ 和 $x_5 = 0.53$ 是 5 次独立实验中的 5 个观测值（$n = 5$），具有概率密度函数 $f(x) = 2x$，$0 < x < 1$. 观测值的顺序统计量是

$$y_1 = 0.31 < y_2 = 0.53 < y_3 = 0.62 < y_4 = 0.81 < y_5 = 0.98$$

回忆一下，在按顺序的排列中，中间的观测值是 $y_3 (y_3 = 0.62)$，称为样本中位数，而在这里最大值和最小值之差等于

$$y_5 - y_1 = 0.98 - 0.31 = 0.67$$

称为样本极差.

256

如果 $X_1, X_2, \cdots, X_n$ 是样本量为 n 的随机样本的观测，来自连续型分布，我们令随机变量

$$Y_1 < Y_2 < \cdots < Y_n$$

表示样本的顺序统计量，即

$$Y_1 = X_1, X_2, \cdots, X_n \text{ 中最小者}$$
$$Y_2 = X_1, X_2, \cdots, X_n \text{ 中次小者}$$
$$\vdots$$
$$Y_n = X_1, X_2, \cdots, X_n \text{ 中最大者}$$

确定第 r 个顺序统计量 Y_r 的分布函数有非常简单的步骤，该步骤依赖于二项分布，它在例 6.3-2 中说明.

例 6.3-2 令 $Y_1 < Y_2 < Y_3 < Y_4 < Y_5$ 是 5 个独立观测 X_1，X_2，X_3，X_4，X_5 的顺序统计量，每个观测的分布具有概率密度函数 $f(x) = 2x$，$0 < x < 1$. 考虑概率 $P(Y_4 < 1/2)$. 因为 Y_4 是 5 个观测中第四小者，所以事件 $\{Y_4 < 1/2\}$ 发生，那么随机变量 X_1，X_2，X_3，X_4，X_5 中至少 4 个必须小于 1/2. 因此，如果事件 $\{X_i < 1/2\}$，$i = 1, 2, \cdots, 5$ 称为"成功"，那么在 5 个相互独立实验中我们必须有至少 4 次成功，而每次成功的概率等于

$$P\left(X_i \leqslant \frac{1}{2}\right) = \int_0^{1/2} 2x \, \mathrm{d}x = \left(\frac{1}{2}\right)^2 = \frac{1}{4}$$

因此，

$$P\left(Y_4 \leqslant \frac{1}{2}\right) = \binom{5}{4}\left(\frac{1}{4}\right)^4\left(\frac{3}{4}\right) + \left(\frac{1}{4}\right)^5 = 0.0156$$

一般地，如果 $0 < y < 1$，那么 Y_4 的分布函数是

$$G(y) = P(Y_4 < y) = \binom{5}{4}(y^2)^4(1 - y^2) + (y^2)^5$$

因为这代表了 5 次独立实验中至少 4 次"成功"的概率，而每次成功的概率均等于

$$P(X_i < y) = \int_0^y 2x \, \mathrm{d}x = y^2$$

因此，对于 $0 < y < 1$，Y_4 的概率密度函数是

$$g(y) = G'(y) = \binom{5}{4}4(y^2)^3(2y)(1 - y^2) + \binom{5}{4}(y^2)^4(-2y) + 5(y^2)^4(2y)$$

$$= \frac{5!}{3! \, 1!} (y^2)^3(1 - y^2)(2y), \quad 0 < y < 1$$

注意在此例中，当 $0 < x < 1$ 时，每个 X 的分布函数是 $F(x) = x^2$，因此，

257

$$g(y) = \frac{5!}{3!\,1!} [F(y)]^3 [1 - F(y)] f(y), \quad 0 < y < 1$$ ■

上面的例子进行如下推广更容易理解：令 $Y_1 < Y_2 < \cdots < Y_n$ 是 n 个独立观测的顺序统计量，每个观测的分布是连续型，具有分布函数 $F(x)$ 和概率密度函数 $F'(x) = f(x)$，其中当 $a < x < b$ 时 $0 < F(x) < 1$，而且 $F(a) = 0$，$F(b) = 1$（可以是 $a = -\infty$ 或 $b = +\infty$）. 第 r 个顺序统计量 Y_r 不超过 y 这一事件 $\{Y_r \leqslant y\}$ 发生，当且仅当 n 个观测中至少有 r 个小于或等于 y. 也就是说，这里每次实验"成功"的概率是 $F(y)$，我们至少有 r 次成功. 因此，

$$G_r(y) = P(Y_r \leqslant y) = \sum_{k=r}^{n} \binom{n}{k} [F(y)]^k [1 - F(y)]^{n-k}$$

稍微重新整理一下这个式子，我们有

$$G_r(y) = \sum_{k=r}^{n-1} \binom{n}{k} [F(y)]^k [1 - F(y)]^{n-k} + [F(y)]^n$$

因此，Y_r 的概率密度函数是

$$
\begin{aligned}
g_r(y) = G_r'(y) = &\sum_{k=r}^{n-1} \binom{n}{k} (k) [F(y)]^{k-1} f(y) [1 - F(y)]^{n-k} + \\
&\sum_{k=r}^{n-1} \binom{n}{k} [F(y)]^k (n-k) [1 - F(y)]^{n-k-1} [-f(y)] + n [F(y)]^{n-1} f(y)
\end{aligned}
\tag{6.3-1}
$$

然而，因为

$$\binom{n}{k} k = \frac{n!}{(k-1)!\,(n-k)!} \quad \text{及} \quad \binom{n}{k} (n-k) = \frac{n!}{k!\,(n-k-1)!}$$

由此可见，Y_r 的概率密度函数是

$$g_r(y) = \frac{n!}{(r-1)!\,(n-r)!} [F(y)]^{r-1} [1 - F(y)]^{n-r} f(y), \quad a < y < b$$

它是方程 (6.3-1)，即 $g_r(y) = G_r'(y)$ 中第一个和式的第一项. $g_r(y) = G_r'(y)$ 中剩余项之和等于 0，因为第一个和式的第二项（当 $k = r+1$ 时）等于第二个和式的第一项（当 $k = r$ 时）的相反数，以此类推. 最后，第二个和式的最后一项等于 $n [F(y)]^{n-1} f(y)$ 的相反数. 为了看得清楚，请写出这些和式的若干项（见练习 6.3-4）.

值得注意的是，最小顺序统计量的概率密度函数是

$$g_1(y) = n [1 - F(y)]^{n-1} f(y), \quad a < y < b$$

最大顺序统计量的概率密度函数是

$$g_n(y) = n [F(y)]^{n-1} f(y), \quad a < y < b$$

注　有一个相当令人满意的方法来启发式地构造 Y_r 的概率密度函数. 为了做到这一点，我们必须回忆一下多项式概率，然后考虑 Y_r 的概率元素 $g_r(y) \Delta y$. 如果长度 Δy 很小，那么

258

$g_r(y)\Delta y$ 近似代表概率

$$P(y < Y_r \leqslant y + \Delta y)$$

因此，我们想要的概率 $g_r(y)\Delta y$ 是有 $r-1$ 项小于 y，$n-r$ 项大于 $y+\Delta y$，一项落在 y 和 $y+\Delta y$ 之间. 回想一下单个实验的概率是

$$P(X \leqslant y) = F(y)$$
$$P(X > y + \Delta y) = 1 - F(y + \Delta y) \approx 1 - F(y)$$
$$P(y < X \leqslant y + \Delta y) \approx f(y)(\Delta y)$$

因此，多项式概率近似为

$$g_r(y)(\Delta y) = \frac{n!}{(r-1)!\,1!\,(n-r)!}[F(y)]^{r-1}[1-F(y)]^{n-r}[f(y)(\Delta y)]$$

如果两边同时除以 Δy，则得到 $g_r(y)$ 的公式.

例 6.3-3 回到例 6.3-2，我们现在要画顺序统计量 $Y_1 < Y_2 < Y_3 < Y_4 < Y_5$ 的概率密度函数，其中样本是从密度函数为 $f(x) = 2x\,(0 < x < 1)$ 的分布中抽取，分布函数为 $F(x) = x^2$，$0 < x < 1$. 这些图形如图 6.3-1 所示，它们各自的概率密度函数和数学期望如下：

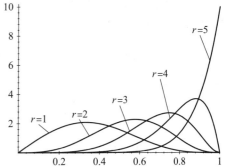

$$g_1(y) = 10y(1-y^2)^4, \quad 0 < y < 1; \quad \mu_1 = \frac{256}{693}$$

$$g_2(y) = 40y^3(1-y^2)^3, \quad 0 < y < 1; \quad \mu_2 = \frac{128}{231}$$

$$g_3(y) = 60y^5(1-y^2)^2, \quad 0 < y < 1; \quad \mu_3 = \frac{160}{231}$$

$$g_4(y) = 40y^7(1-y^2), \quad 0 < y < 1; \quad \mu_4 = \frac{80}{99}$$

$$g_5(y) = 10y^9, \quad 0 < y < 1; \quad \mu_5 = \frac{10}{11} \quad ■$$

图 6.3-1 顺序统计量的概率密度函数
$f(x) = 2x,\ 0 < x < 1$

259

回想一下，在定理 5.1-2 中我们证明了，如果 X 具有连续型分布函数 $F(x)$，那么 $F(X)$ 服从区间 0 到 1 上的均匀分布. 如果 $Y_1 < Y_2 < \cdots < Y_n$ 是 n 个独立观测 $X_1, X_2, \cdots, X_n$ 的顺序统计量，那么

$$F(Y_1) < F(Y_2) < \cdots < F(Y_n)$$

这是因为 F 是非降函数，而相等的概率又等于 0. 注意，这种排序可以看作相互独立的随机变量 $F(X_1), F(X_2), \cdots, F(X_n)$ 的排序，每个都服从 $U(0,1)$. 也就是说，

$$W_1 = F(Y_1) < W_2 = F(Y_2) < \cdots < W_n = F(Y_n)$$

可被看作均匀分布下的 n 个独立观测的顺序统计量. 因为 $U(0,1)$ 的分布函数是 $G(w) = w$，$0 < w < 1$，所以第 r 个顺序统计量 $W_r = F(Y_r)$ 的概率密度函数是

$$h_r(w) = \frac{n!}{(r-1)!\,(n-r)!}w^{r-1}(1-w)^{n-r}, \quad 0 < w < 1$$

当然，$W_r = F(Y_r)$ 的数学期望 $E(W_r) = E[F(Y_r)]$ 通过积分

$$E(W_r) = \int_0^1 w \, \frac{n!}{(r-1)!\,(n-r)!} w^{r-1}(1-w)^{n-r} \, \mathrm{d}w$$

得到, 该积分可以通过几次分部积分来计算, 但是更容易获取结果的方法是我们将积分重写为

$$E(W_r) = \left(\frac{r}{n+1}\right) \int_0^1 \frac{(n+1)!}{r!\,(n-r)!} w^r (1-w)^{n-r} \, \mathrm{d}w$$

最后一个表达式的被积函数可以看作是来自分布 $U(0,1)$ 的 $n+1$ 个独立观测的第 $r+1$ 个顺序统计量的概率密度函数. 这是贝塔分布的概率密度函数, 其中参数 $\alpha = r+1$ 和 $\beta = n-r+1$. 因此积分必定等于 1, 有

$$E(W_r) = \frac{r}{n+1}, \quad r = 1, 2, \cdots, n$$

有一个非常有趣的关于 $W_r = F(Y_r)$ 的解释. 注意到 $F(Y_r)$ 是直到并且包括 Y_r 的累积概率, 或等价地, 等于 $f(x) = F'(x)$ 之下且小于 Y_r 的面积. 因此, $F(Y_r)$ 可以看作随机面积. 因为 $F(Y_{r-1})$ 也是随机面积, 所以 $F(Y_r) - F(Y_{r-1})$ 是 $f(x)$ 下方 Y_{r-1} 到 Y_r 之间的随机面积. 因此, 任何两个相邻顺序统计量之间随机面积的数学期望等于

$$E[F(Y_r) - F(Y_{r-1})] = E[F(Y_r)] - E[F(Y_{r-1})] = \frac{r}{n+1} - \frac{r-1}{n+1} = \frac{1}{n+1}$$

而且, 容易证明(见练习 6.3-6)

$$E[F(Y_1)] = \frac{1}{n+1} \quad \text{及} \quad E[1 - F(Y_n)] = \frac{1}{n+1}$$

即顺序统计量 $Y_1 < Y_2 < \cdots < Y_n$ 将 X 的支撑集分成了 $n+1$ 个部分, 这样在 $f(x)$ 下方和 x 轴上方创建了 $n+1$ 个面积. 平均而言, $n+1$ 个面积中每一个都等于 $1/(n+1)$.

如果我们回想一下, 第 $100p$ 百分位数 π_p 等于 $f(x)$ 下方和 π_p 左方的面积, 那么前面的讨论表明, 我们可令 Y_r 是 π_p 的估计量, 其中 $p = r/(n+1)$. 还记得我们将 Y_r 定义为**第 $100p$ 样本百分位数**, 其中 $r = (n+1)p$. 当 $(n+1)p$ 不是整数时, 我们使用两个相邻顺序统计量 Y_r 和 Y_{r+1} 的加权平均(或者算术平均), 其中 r 是 $(n+1)p$ 的最大整数部分 $[(n+1)p]$ (或者记为 $\lfloor(n+1)p\rfloor$).

分布的第 $100p$ 百分位数通常称为 p 分位数. 因此, 如果 $y_1 \leqslant y_2 \leqslant \cdots \leqslant y_n$ 是与样本 $x_1, x_2, \cdots, x_n$ 相应的顺序统计量, 那么 y_r 称为**样本 $r/(n+1)$ 分位数**, 也称为**第 $100r/(n+1)$ 样本百分位数**. 此外, 理论分布的百分位数 π_p 是 p 分位数. 现在, 假设理论分布是观测的一个很好的模型, 那么根据 r 的几个值(甚至可以是 r 的所有值, $r = 1, 2, \cdots, n$)画点 (y_r, π_p), 其中 $p = r/(n+1)$. 因为 $y_r \approx \pi_p$, 我们期望这些点 (y_r, π_p) 接近一条经过原点、斜率等于 1 的直线. 如果这些点不接近该直线, 那么我们可以怀疑理论分布不是这些观测的一个好模型. 对于 r 的几个值, (y_r, π_p) 的图形称为**分位数-分位数图**, 或者更简单地称为 **q-q 图**.

给定随机变量 X 的一个观测集, 例如, 我们如何决定 X 是否具有正态分布? 如果我们有 X 的大量观测, 那么观测的茎叶图或直方图往往是有用的(分别见练习 6.2-1 和练习 6.1-3).

对于小样本，可以用 q-q 图检测样本是否来自正态分布. 例如，假设样本分位数相对于某正态分布相应的分位数的图形已画了出来，生成的这些点在一条斜率等于 1、截距等于 0 的直线上，那么当然我们会相信有理想的样本来自具有某数学期望和标准差的正态分布. 然而这种图形要求我们知道该正态分布的数学期望和标准差，而我们常常不知道. 但是，因为 $N(\mu,\sigma^2)$ 的分位数 q_p 跟相应 $N(0,1)$ 的分位数 z_{1-p} 通过 $q_p=\mu+\sigma z_{1-p}$ 相联系，所以我们总是能够画样本分位数相对于 $N(0,1)$ 分位数的图形，并获得需要的信息. 即如果样本分位数被画成数对的 x 坐标，$N(0,1)$ 的分位数被画成 y 坐标，并且图形几乎是一条直线，那么假定样本来自正态分布是合理的. 此外，因为 $z_{1-p}=(q_p-\mu)/\sigma$，所以该直线斜率的倒数是标准差 σ 的一个好的估计.

例 6.3-4 在地下水研究中，了解某一地点的土壤特征通常是重要的. 这些特征有许多，比如孔隙度，至少部分地取决于颗粒大小，而土壤单个颗粒的直径是可以测量的. 以下是随机选取的 30 个颗粒的直径（单位为毫米）：

1.24	1.36	1.28	1.31	1.35	1.20	1.39	1.35	1.41	1.31
1.28	1.26	1.37	1.49	1.32	1.40	1.33	1.28	1.25	1.39
1.38	1.34	1.40	1.27	1.33	1.36	1.43	1.33	1.29	1.34

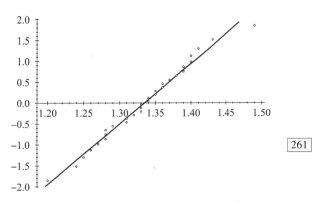

由此数据得知，$\bar{x}=1.33$，$s^2=0.0040$. 我们可以假设这些数据是从服从分布 $N(1.33,0.0040)$ 的随机变量 X 中抽取的观测吗？为了帮助回答这个问题，我们将构造一个对应于 $p=1/31,2/31,\cdots,30/31$ 的标准正态分布分位数相对于有序观测样本分位数的 q-q 图. 为了求出这些分位数，使用计算机是有帮助的.

这些数据的 q-q 图如图 6.3-2 所示. 注意，这些点确实落在一条直线附近，所以，基于此少量的数据，正态概率模型似乎是合适的. ∎

图 6.3-2　q-q 图，$N(0,1)$ 分位数与颗粒直径

261
262

k	直径(x)单位毫米	$p=k/31$	z_{1-p}	k	直径(x)单位毫米	$p=k/31$	z_{1-p}
1	1.20	0.0323	-1.85	10	1.31	0.3226	-0.46
2	1.24	0.0645	-1.52	11	1.31	0.3548	-0.37
3	1.25	0.0968	-1.30	12	1.32	0.3871	-0.29
4	1.26	0.1290	-1.13	13	1.33	0.4194	-0.20
5	1.27	0.1613	-0.99	14	1.33	0.4516	-0.12
6	1.28	0.1935	-0.86	15	1.33	0.4839	-0.04
7	1.28	0.2258	-0.75	16	1.34	0.5161	0.04
8	1.28	0.2581	-0.65	17	1.34	0.5484	0.12
9	1.29	0.2903	-0.55	18	1.35	0.5806	0.20

（续）

k	直径(x)单位毫米	$p=k/31$	z_{1-p}	k	直径(x)单位毫米	$p=k/31$	z_{1-p}
19	1.35	0.6129	0.29	25	1.39	0.8065	0.86
20	1.36	0.6452	0.37	26	1.40	0.8387	0.99
21	1.36	0.6774	0.46	27	1.40	0.8710	1.13
22	1.37	0.7097	0.55	28	1.41	0.9032	1.30
23	1.38	0.7419	0.65	29	1.43	0.9355	1.52
24	1.39	0.7742	0.75	30	1.49	0.9677	1.85

练习

6.3-1 一些生物学学生对分析蜜蜂在花丛中采蜜所花费的时间量感兴趣. 有 39 只蜜蜂来到了一个高密度的花丛，如下是采蜜花费的时间(单位为秒)：

$$
\begin{array}{ccccccccc}
235 & 210 & 95 & 146 & 195 & 840 & 185 & 610 & 680 & 990 \\
146 & 404 & 119 & 47 & 9 & 4 & 10 & 169 & 270 & 95 \\
329 & 151 & 211 & 127 & 154 & 35 & 225 & 140 & 158 & 116 \\
46 & 113 & 149 & 420 & 120 & 45 & 10 & 18 & 105 &
\end{array}
$$

（a）求顺序统计量.

（b）求中位数和第 80 样本百分位数.

（c）确定样本的第一和第三四分位数(即第 25 百分位数和第 75 百分位数).

6.3-2 令 X 等于大一男生的肺活量(一个人从肺里排出的空气量). X 的 17 个观测值如下，已经经过排序：

$$
\begin{array}{cccccccc}
3.7 & 3.8 & 4.0 & 4.3 & 4.7 & 4.8 & 4.9 & 5.0 \\
5.2 & 5.4 & 5.6 & 5.6 & 5.6 & 5.7 & 6.2 & 6.8 & 7.6
\end{array}
$$

（a）求中位数、第一四分位数、第三四分位数.

（b）求第 35 和第 65 百分位数.

6.3-3 令 $Y_1 < Y_2 < Y_3 < Y_4 < Y_5$ 是 5 个独立观测的顺序统计量，观测来自均值 $\theta = 3$ 的指数分布.

（a）求样本中位数 Y_3 的概率密度函数.

（b）计算 Y_4 小于 5 的概率.

（c）确定 $P(1 < Y_1)$.

6.3-4 在方程(6.3-1)的表达式 $g_r(y) = G'_r(y)$ 中，令 $n=6$，$r=3$，写出求和式，表明可取得正文中揭示的"伸缩精简".

6.3-5 令 $Y_1 < Y_2 < \cdots < Y_8$ 是 8 个独立观测的顺序统计量，观测来自具有第 70 百分位数 $\pi_{0.7} = 27.3$ 的连续型分布.

（a）确定 $P(Y_7 < 27.3)$.

（b）求 $P(Y_5 < 27.3 < Y_8)$.

提示：考虑伯努利实验，以 $\{X < 27.3\}$ 作为成功，$p = 0.7$.

6.3-6 令 $W_1 < W_2 < \cdots < W_n$ 是来自分布 $U(0,1)$ 的 n 个独立观测的顺序统计量.

（a）求 W_1 和 W_n 的概率密度函数.

（b）使用(a)中的结果验证 $E(W_1) = 1/(n+1)$ 及 $E(W_n) = n/(n+1)$.

（c）证明：W_r 的概率密度函数是贝塔分布密度.

6.3-7 令 $Y_1 < Y_2 < \cdots < Y_{19}$ 是 $n = 19$ 个独立观测的顺序统计量，观测来自均值为 θ 的指数分布.

（a）Y_1 的概率密度函数是什么?

（b）使用积分求 $E[F(Y_1)]$ 的值，其中 F 是指数分布的分布函数.

6.3-8 令 $W_1 < W_2 < \cdots < W_n$ 是 n 个独立观测的顺序统计量, 观测来自分布 $U(0,1)$.

    (a) 使用类似于证明 $E(W_r) = r/(n+1)$ 的技巧证明 $E(W_r^2) = r(r+1)/(n+1)(n+2)$.

    (b) 求 W_r 的方差.

6.3-9 令 $Y_1 < Y_2 < \cdots < Y_n$ 是样本量为 n 的随机样本的顺序统计量, 样本来自的分布具有概率密度函数 $f(x) = e^{-x}$, $0 < x < \infty$.

    (a) 求 Y_r 的概率密度函数.

    (b) 确定 $U = e^{-Y_r}$ 的概率密度函数.

6.3-10 使用启发式论证证明两个顺序统计量 $Y_i < Y_j$ 的联合概率密度函数是

$$g(y_i, y_j) = \frac{n!}{(i-1)!(j-i-1)!(n-j)!} \times [F(y_i)]^{i-1} [F(y_j) - F(y_i)]^{j-i-1} \times$$

$$[1 - F(y_j)]^{n-j} f(y_i) f(y_j), \quad -\infty < y_i < y_j < \infty$$

6.3-11 使用练习 6.3-10 的结果.

    (a) 求 Y_1 和 Y_n 的概率密度函数, 它们是样本量为 n 的随机样本的第 1 和第 n 个顺序统计量, 来自分布 $U(0,1)$.

    (b) 求 $W_1 = Y_1/Y_n$ 和 $W_2 = Y_n$ 的联合概率密度函数和边际概率密度函数.

    (c) W_1 和 W_2 是否独立?

    (d) 使用数值模拟证实你的理论结果.

6.3-12 对某种金属的抗拉强度(单位为 g/cm^3)进行了 9 次测量, 按顺序, 它们分别是 7.2, 8.9, 9.7, 10.5, 10.9, 11.7, 12.9, 13.9 和 15.3, 这些值对应于第 10, 第 20, $\cdots$, 第 90 百分位数. 构建测量值对 $N(0,1)$ 相同百分位数的 q-q 图. 抗拉强度的潜在分布是正态分布, 这看起来合理吗?

6.3-13 对佛罗里达蜘蛛标本进行了测量(单位为 mm), 该蜘蛛原产于佛罗里达. 下面是 9 只雌蜘蛛和 9 只雄蜘蛛的长度:

雌蜘蛛 11.06 13.87 12.93 15.08 17.82 14.14 12.26 17.82 20.17

雄蜘蛛 12.26 11.66 12.53 13.00 11.79 12.46 10.65 10.39 12.26

    (a) 构建雌蜘蛛长度的 q-q 图, 它们是否呈正态分布?

    (b) 构建雄蜘蛛长度的 q-q 图, 它们是否呈正态分布?

6.3-14 一个汽车内饰供应商在线束中放置了几根电线, 进行拉力测试, 即测量把接好的电线拉开所需要的力. 客户要求每根接在线束上的电线能承受 20 磅的拉力. 令 X 等于拉开接好的电线所需要的拉力, 以下数据给出了 X 的样本量为 $n = 20$ 的样本值:

28.8 24.4 30.1 25.6 26.4 23.9 22.1 22.5 27.6 28.1

20.8 27.7 24.4 25.1 24.6 26.3 28.2 22.2 26.3 24.4

    (a) 利用排序后的数据和 $N(0,1)$ 相应的分位数构建 q-q 图.

    (b) X 看起来呈正态分布吗?

6.3-15 假设样本量为 3 的随机样本来自连续型概率分布, 观测是 $x_1 = 0.8$, $x_2 = 1.7$ 和 $x_3 = 0.5$. 抽取的样本可能具有概率密度函数

$$f(x) = \begin{cases} 3/4, & 0 < x < 1 \\ 1/4, & 1 \leq x < 2 \end{cases}$$

在 q-q 图中确定各点的坐标, 评估随机样本是否确实取自该分布.

6.4 最大似然估计法和矩估计法

在前面几章中，我们提到了从样本的特征去估计分布的相应特征，希望前者与后者相当接近. 例如，样本均值 $\bar{x}$ 可以看作分布均值 μ 的估计，样本方差 s^2 可以用来估计分布方差 σ^2. 甚至相应于样本的相对频率直方图可以用来估计潜在分布的概率密度函数. 但是，这些估计有多好? 怎样才能做出好的估计? 我们能说出估计值与未知参数的接近程度吗?

在本节中，我们考虑概率质量函数或概率密度函数的函数形式已知的随机变量，但分布依赖于一个未知参数(如 θ)，它可以取自一个集合(如 Ω)中的任何值，该集合称作**参数空间**. 例如，可能知道 $f(x;\theta) = (1/\theta)\mathrm{e}^{-x/\theta}$，$0 < x < \infty$，以及 $\theta \in \Omega = \{\theta : 0 < \theta < \infty\}$. 在某些情况下，从分布族 $\{f(x;\theta), \theta \in \Omega\}$ 中精确地选择一个作为随机变量最可能的概率密度函数，这对实验者来说可能是必要的. 也就是说，实验者需要参数 θ 的一个点估计值，即对应于所选概率密度函数的参数值.

在通常的估计方案中，我们从分布中抽取随机样本来得到未知参数 θ 的信息. 也就是说，我们进行 n 次重复独立实验，以观测样本 $X_1, X_2, \cdots, X_n$，试着用观测 $x_1, x_2, \cdots, x_n$ 去估计 θ 的值. 用于估计 θ 的 $X_1, X_2, \cdots, X_n$ 的某个函数，如统计量 $u(X_1, X_2, \cdots, X_n)$，称为 θ 的**估计量**. 我们希望计算出的**估计值** $u(x_1, x_2, \cdots, x_n)$ 通常接近 θ. 因为我们估计的是 $\theta \in \Omega$ 的一个值，所以这样的估计量称为**点估计量**.

求点估计的一个原则是选择 $\theta \in \Omega$ 值，它最有可能产生观测数据. 下面的例子将说明这一原则.

[264]

例 6.4-1 假设 X 服从 $b(1,p)$，所以 X 的概率质量函数为

$$f(x;p) = p^x(1-p)^{1-x}, \quad x = 0, 1$$

其中 p 等于 0.2，0.7 或 0.9(我们不知道是其中哪一个)，也就是说，$p \in \Omega = \{0.2, 0.7, 0.9\}$. 给定一个随机样本 $X_1, X_2, \cdots, X_n$，问题是求估计量 $u(X_1, X_2, \cdots, X_n)$，使得 $u(x_1, x_2, \cdots, x_n)$ 是 p 的一个好的点估计，其中 $x_1, x_2, \cdots, x_n$ 是随机样本的观测值. 现在，$X_1, X_2, \cdots, X_n$ 取这些特定的值的概率等于 $\left(\text{用} \sum x_i \text{ 表示} \sum_{i=1}^{n} x_i\right)$

$$P(X_1 = x_1, \cdots, X_n = x_n) = \prod_{i=1}^{n} p^{x_i}(1-p)^{1-x_i} = p^{\sum x_i}(1-p)^{n-\sum x_i}$$

它是 $X_1, X_2, \cdots, X_n$ 的联合概率质量函数在观测值处的取值. 用来继续求 p 的好的估计的一个合理方法是将该概率(或联合概率质量函数)看作 p 的一个函数，然后求 p 的值，使得该函数取最大值. 也就是说，我们求得的 p 值最有可能产生这些样本值. 联合概率质量函数被视为关于 p 的一个函数，常称为**似然函数**. 因此，这里的似然函数是

$$L(p) = L(p; x_1, x_2, \cdots, x_n) = f(x_1; p)f(x_2; p) \cdots f(x_n; p)$$
$$= p^{\sum x_i}(1-p)^{n-\sum x_i}, \quad p \in \{0.2, 0.7, 0.9\}$$

具体来说，假设 $n = 5$ 及 $\sum x_i = 3$，那么可以求出似然函数的值为

$$L(p) = \begin{cases} (0.2)^3(0.8)^2 = 0.005\,12, & p = 0.2 \\ (0.7)^3(0.3)^2 = 0.030\,87, & p = 0.7 \\ (0.9)^3(0.1)^2 = 0.007\,29, & p = 0.9 \end{cases}$$

我们看到在 $p \in \{0.2,\ 0.7,\ 0.9\}$ 中，使似然函数取最大值的是 $p = 0.7$，我们用 $\hat{p}$ 表示，将其称为 p 的**最大似然估计值**. ∎

在例 6.4-1 中，参数空间是很有限的（它仅仅有三个元素），所以我们简单地通过比较其不同的值，就能够最大化似然函数. 当参数空间是一个区间时，该最大化方法通常是不可行的，但是我们常常可以使用基于微积分的方法.

例 6.4-2 考虑一个与前面的例子非常相似的例子，但这里的参数空间是 $\Omega = \{p:\ 0 \le p \le 1\}$，那么似然函数的形式与以前的完全一样，但它的定义域是区间 $[0, 1]$，而不是仅有该区间中的三个点. 在该定义域内最大化 $L(p)$ 的 p 值依赖于 $\sum\limits_{i=1}^{n} x_i$. 如果 $\sum\limits_{i=1}^{n} x_i = 0$，那么

$L(p) = (1-p)^n$，其在 $p \in [0,1]$ 通过 $\hat{p} = 0$ 取得最大. 另一方面，如果 $\sum\limits_{i=1}^{n} x_i = n$，那么

$L(p) = p^n$，其在 $p \in [0,1]$ 通过 $\hat{p} = 1$ 取得最大. 如果 $\sum\limits_{i=1}^{n} x_i$ 既不等于 0 也不等于 n，那么 $L(0) = L(1) = 0$，同时对所有 $p \in (0,1)$ 有 $L(p) > 0$. 因此，这种情况下，在 $0 < p < 1$ 内最大化 $L(p)$ 就足够了，我们用标准的微积分方法就能做到. $L(p)$ 的导数是

$$L'(p) = (\Sigma\,x_i)p^{\Sigma x_i - 1}(1 - p)^{n - \Sigma x_i} - (n - \Sigma x_i)p^{\Sigma x_i}(1 - p)^{n - \Sigma x_i - 1}$$

265

令该一阶导数等于 0，得到

$$p^{\Sigma x_i}(1 - p)^{n - \Sigma x_i}\left(\frac{\Sigma\,x_i}{p} - \frac{n - \Sigma x_i}{1 - p}\right) = 0.$$

因为 $0 < p < 1$，要使上式等于 0，必须令

$$\frac{\Sigma\,x_i}{p} - \frac{n - \Sigma x_i}{1 - p} = 0 \tag{6.4-1}$$

将式（6.4-1）中每一项乘以 $p(1-p)$ 并化简，我们得到

$$\sum_{i=1}^{n} x_i - np = 0$$

或等价地

$$p = \frac{\sum\limits_{i=1}^{n} x_i}{n} = \bar{x}$$

可以表明 $L''(\bar{x}) < 0$，所以 $L(\bar{x})$ 是最大值. 相应的统计量，即 $\left(\sum\limits_{i=1}^{n} X_i\right)\Big/ n = \bar{X}$，称为**最大似然估计量**，用 $\hat{p}$ 表示，即

$$\hat{p} = \frac{1}{n} \sum_{i=1}^{n} X_i = \overline{X} \qquad \blacksquare$$

当我们用基于微积分的方法求最大似然估计量时，求最大化似然函数的自然对数的参数值通常易于求最大化似然函数本身的参数值. 因为自然对数函数是严格递增函数，所以两者的解是相同的. 为了明白这一点，注意到对 $0<p<1$，例 6.4-2 中似然函数的自然对数是

$$\ln L(p) = \left(\sum_{i=1}^{n} x_i \right) \ln p + \left(n - \sum_{i=1}^{n} x_i \right) \ln(1-p)$$

为了求最大值，我们令一阶导数等于 0，得到

$$\frac{\mathrm{d}[\ln L(p)]}{\mathrm{d}p} = \left(\sum_{i=1}^{n} x_i \right) \left(\frac{1}{p} \right) + \left(n - \sum_{i=1}^{n} x_i \right) \left(\frac{-1}{1-p} \right) = 0$$

它与公式 (6.4-1) 是一样的. 因此，解是 $p = \bar{x}$，p 的最大似然估计量是 $\hat{p} = \overline{X}$.

受前面例子的启发，我们给出最大似然估计量的正式定义 (该定义既用于离散型情况，也用于连续型情况).

令 $X_1, X_2, \cdots, X_n$ 是一个随机样本，它的分布依赖于一个或多个未知参数 $\theta_1, \theta_2, \cdots, \theta_m$，其概率质量函数或概率密度函数用 $f(x; \theta_1, \theta_2, \cdots, \theta_m)$ 表示. 假设 $(\theta_1, \theta_2, \cdots, \theta_m)$ 限制在一个给定参数空间 Ω 中. 则 $X_1, X_2, \cdots, X_n$ 的联合概率质量函数或联合概率密度函数，即

$$L(\theta_1, \theta_2, \cdots, \theta_m) = f(x_1; \theta_1, \cdots, \theta_m) f(x_2; \theta_1, \cdots, \theta_m) \cdots f(x_n; \theta_1, \cdots, \theta_m), \quad (\theta_1, \theta_2, \cdots, \theta_m) \in \Omega$$

当被看作 $\theta_1, \theta_2, \cdots, \theta_m$ 的函数时，称其为**似然函数**. 假定

$$[u_1(x_1, \cdots, x_n), u_2(x_1, \cdots, x_n), \cdots, u_m(x_1, \cdots, x_n)]$$

是 Ω 中最大化 $L(\theta_1, \theta_2, \cdots, \theta_m)$ 的 m 元组，那么

$$\widehat{\theta_1} = u_1(X_1, \cdots, X_n)$$
$$\widehat{\theta_2} = u_2(X_1, \cdots, X_n)$$
$$\vdots$$
$$\widehat{\theta_m} = u_m(X_1, \cdots, X_n)$$

分别是 $\theta_1, \theta_2, \cdots, \theta_m$ 的**最大似然估计量**. 这些统计量相应的观测值，即

$$u_1(x_1, \cdots, x_n), u_2(x_1, \cdots, x_n), \cdots, u_m(x_1, \cdots, x_n)$$

称为**最大似然估计值**. 在许多实际情况下，这些估计量 (及估计值) 是唯一的.

在许多应用场合，仅仅有一个未知参数. 在这些情况下，似然函数为

$$L(\theta) = \prod_{i=1}^{n} f(x_i; \theta)$$

其他的一些例子将有助于阐明这些定义.

例 6.4-3   令 $X_1, X_2, \cdots, X_n$ 是来自指数分布的随机样本，具有概率密度函数

$$f(x;\theta) = \frac{1}{\theta} e^{-x/\theta}, \quad 0 < x < \infty, \quad \theta \in \Omega = \{\theta : 0 < \theta < \infty\}$$

似然函数为

$$L(\theta) = L(\theta; x_1, x_2, \cdots, x_n) = \left(\frac{1}{\theta} e^{-x_1/\theta}\right)\left(\frac{1}{\theta} e^{-x_2/\theta}\right)\cdots\left(\frac{1}{\theta} e^{-x_n/\theta}\right)$$

$$= \frac{1}{\theta^n} \exp\left(\frac{-\sum\limits_{i=1}^{n} x_i}{\theta}\right), \quad 0 < \theta < \infty$$

$L(\theta)$ 的自然对数是

$$\ln L(\theta) = -(n)\ln(\theta) - \frac{1}{\theta} \sum_{i=1}^{n} x_i, \quad 0 < \theta < \infty$$

因此，

$$\frac{d[\ln L(\theta)]}{d\theta} = \frac{-n}{\theta} + \frac{\sum\limits_{i=1}^{n} x_i}{\theta^2} = 0$$

该方程关于 θ 的解是

$$\theta = \frac{1}{n} \sum_{i=1}^{n} x_i = \bar{x}$$

注意到

$$\frac{d[\ln L(\theta)]}{d\theta} = \frac{1}{\theta}\left(-n + \frac{n\bar{x}}{\theta}\right) \begin{array}{ll} > 0, & \theta < \bar{x} \\ = 0, & \theta = \bar{x} \\ < 0, & \theta > \bar{x} \end{array}$$

因此，$L(\theta)$ 确实在 $\bar{x}$ 处取得最大值，由此得出 θ 的最大似然估计量是

$$\theta = \overline{X} = \frac{1}{n} \sum_{i=1}^{n} X_i \qquad \blacksquare$$

例 6.4-4 令 $X_1, X_2, \cdots, X_n$ 是来自几何分布的随机样本，具有概率质量函数 $f(x;p) = (1-p)^{x-1} p$, $x = 1, 2, 3, \cdots$，其中 $0 < p \leqslant 1$. 似然函数是

$$L(p) = (1-p)^{x_1-1} p (1-p)^{x_2-1} p \cdots (1-p)^{x_n-1} p = p^n (1-p)^{\Sigma x_i - n}, \quad 0 < p \leqslant 1$$

如果 $\sum\limits_{i=1}^{n} x_i \neq n$，那么 $L(1) = 0$，并且对任意 $0 < p < 1$ 有 $L(p) > 0$. 因此，在这种情况下，我们可以通过标准的微积分方法在 $0 < p < 1$ 中求 $L(p)$ 的最大值. $L(p)$ 的自然对数是

$$\ln L(p) = n \ln p + \left(\sum_{i=1}^{n} x_i - n\right)\ln(1-p), \quad 0 < p < 1$$

因此，

$$\frac{\mathrm{d}\ln L(p)}{\mathrm{d}p} = \frac{n}{p} - \frac{\sum\limits_{i=1}^{n} x_i - n}{1-p} = 0$$

求解 p，我们得到

$$p = \frac{n}{\sum\limits_{i=1}^{n} x_i} = \frac{1}{\bar{x}}$$

而且，通过二阶导数检验知，此解使得似然函数取最大值. 另一方面，如果 $\sum\limits_{i=1}^{n} x_i = n$ ，那么 $L(p) = p^n$ ，其在 $0 < p \leqslant 1$ 上的最大值点是 $p = 1 = 1/\bar{x}$. 因此，在两种情况下，p 的最大似然估计量都是

$$\hat{p} = \frac{n}{\sum\limits_{i=1}^{n} X_i} = \frac{1}{\bar{X}}$$

这个估计量与我们的直觉相符，因为在一个几何分布随机变量的 n 次观测中，$\sum\limits_{i=1}^{n} x_i$ 次实验中成功了 n 次. 因此，p 的估计是成功次数除以实验总次数. ■

268

在下面的重要例子中，我们求有关正态分布参数的最大似然估计量.

例 6.4.5 令 $X_1, X_2, \cdots, X_n$ 是来自 $N(\theta_1, \theta_2)$ 的随机样本，

$$\Omega = \{(\theta_1, \theta_2): -\infty < \theta_1 < \infty, 0 < \theta_2 < \infty\}$$

也就是说，我们在这里让 $\theta_1 = \mu$，$\theta_2 = \sigma^2$. 因此，

$$L(\theta_1, \theta_2) = \prod_{i=1}^{n} \frac{1}{\sqrt{2\pi\theta_2}} \exp\left[-\frac{(x_i - \theta_1)^2}{2\theta_2}\right]$$

或等价地，

$$L(\theta_1, \theta_2) = \left(\frac{1}{\sqrt{2\pi\theta_2}}\right)^n \exp\left[\frac{-\sum\limits_{i=1}^{n}(x_i - \theta_1)^2}{2\theta_2}\right], \quad (\theta_1, \theta_2) \in \Omega$$

似然函数的自然对数是

$$\ln L(\theta_1, \theta_2) = -\frac{n}{2}\ln(2\pi\theta_2) - \frac{\sum\limits_{i=1}^{n}(x_i - \theta_1)^2}{2\theta_2}$$

关于 θ_1 和 θ_2 的偏导数分别是

$$\frac{\partial(\ln L)}{\partial\theta_1} = \frac{1}{\theta_2}\sum_{i=1}^{n}(x_i - \theta_1)$$

和

$$\frac{\partial(\ln L)}{\partial\theta_2} = \frac{-n}{2\theta_2} + \frac{1}{2\theta_2^2}\sum_{i=1}^{n}(x_i - \theta_1)^2$$

方程 $\partial(\ln L)/\partial\theta_1 = 0$ 有解 $\theta_1 = \bar{x}$. 令 $\partial(\ln L)/\partial\theta_2 = 0$ 并用 $\bar{x}$ 替换 θ_1, 得到

$$\theta_2 = \frac{1}{n}\sum_{i=1}^{n}(x_i - \bar{x})^2$$

通过考虑二阶偏导数的一般条件, 我们知道这些解确实使函数值达到最大. 因此, $\mu = \theta_1$ 和 $\sigma^2 = \theta_2$ 的最大似然估计量是

$$\hat{\theta}_1 = \overline{X} \quad 和 \quad \hat{\theta}_2 = \frac{1}{n}\sum_{i=1}^{n}(X_i - \overline{X})^2 = V \qquad\blacksquare$$

在例 6.4-4 中, 随机样本来自参数为 p 的几何分布, 我们发现 p 的最大似然估计量是 $\hat{p} = 1/\overline{X}$. 现在回想一下参数为 p 的几何分布的均值是 $1/p$. 假设我们想求该均值的最大似然估计量, 那么期望 $1/p$ 的最大似然估计量为 $1/\hat{p} = 1/(1/\overline{X}) = \overline{X}$ 似乎是合理的, 但这是真的吗? 根据下面的定理, 答案是肯定的.

定理 6.4-1 如果 $\hat{\theta}$ 是 θ 基于随机样本的最大似然估计量, 样本来自具有概率密度函数或概率质量函数为 $f(x;\theta)$ 的分布, 而且 g 是一一对应的函数, 那么 $g(\hat{\theta})$ 是 $g(\theta)$ 的最大似然估计量.

证明 令 $\psi = g(\theta)$ 表示感兴趣的新参数, Ω_ψ 表示其参数空间, 它等于 $\{\psi = g(\theta): \theta \in \Omega\}$. 同时令 $\theta = h(\psi)$ 表示相应的反函数, 那么似然函数可以表示成 $L(\theta) = L[h(\psi)]$. 因为在 Ω 中, $L(\theta)$ 于 $\theta = \hat{\theta}$ 处取得最大值, 所以我们知道在 Ω_ψ 中, $L[h(\psi)]$ 于 $h(\psi) = \hat{\theta}$ 处取得最大值. 因此, ψ 的最大似然估计量 $\hat{\psi}$ 必定满足等式 $h(\hat{\psi}) = \hat{\theta}$, 或等价地, $\hat{\psi} = g(\hat{\theta})$. $\qquad\square$

定理 6.4-1 中所描述的性质有时称为**最大似然估计量的不变性**.

有趣的是, 注意到在例 6.4-2 中 $\hat{p} = \overline{X}$, 在例 6.4-3 中 $\hat{\theta} = \overline{X}$, 估计量的期望值等于相应的参数. 这个观察引出下面的定义.

定义 6.4-1 如果对任意 $\theta \in \Omega$ 有 $E[u(X_1, X_2, \cdots, X_n)] = \theta$, 则统计量 $u(X_1, X_2, \cdots, X_n)$ 称为 θ 的**无偏估计量**; 否则, 称它为**有偏的**.

例 6.4-6 令 $Y_1 < Y_2 < Y_3 < Y_4$ 是来自均匀分布的随机样本 X_1, X_2, X_3, X_4 的顺序统计量, 分布的概率密度函数 $f(x;\theta) = 1/\theta$, $0 < x \le \theta$. 似然函数为

$$L(\theta) = \left(\frac{1}{\theta}\right)^4, \quad 0 < x_i \le \theta, \ i = 1,2,3,4$$

如果 $\theta < x_i$, 那么它等于 0. 要最大化 $L(\theta)$, 我们必须使 θ 尽可能小. 因此, 最大似然估计量是

$$\hat{\theta} = \max(X_i) = Y_4$$

这是因为 θ 不小于任何 X_i. 由于 $F(x;\theta) = x/\theta$, $0 < x \leqslant \theta$, 所以 Y_4 的概率密度函数是

$$g_4(y_4) = \frac{4!}{3!1!}\left(\frac{y_4}{\theta}\right)^3\left(\frac{1}{\theta}\right) = 4\frac{y_4^3}{\theta^4}, \quad 0 < y_4 \leqslant \theta$$

于是

$$E(Y_4) = \int_0^\theta y_4 \cdot 4\frac{y_4^3}{\theta^4}\,\mathrm{d}y_4 = \frac{4}{5}\theta$$

所以最大似然估计量 Y_4 是 θ 的一个有偏估计量. 然而, $5Y_4/4$ 是无偏的, 它是最大似然估计量的函数. ■

例 6.4-7 我们已经说明, 当从 $N(\theta_1=\mu, \theta_2=\sigma^2)$ 中抽样时, 发现 μ 和 σ^2 的最大似然估计量是

$$\hat{\theta}_1 = \hat{\mu} = \overline{X} \quad 及 \quad \hat{\theta}_2 = \hat{\sigma}^2 = \frac{(n-1)S^2}{n}$$

回忆一下 $\overline{X}$ 的分布是 $N(\mu, \sigma^2/n)$, 我们看到 $E(\overline{X}) = \mu$. 因此, $\overline{X}$ 是 μ 的一个无偏估计量.

在定理 5.5-2 中, 我们表明 $(n-1)S^2/\sigma^2$ 服从的分布是 $\chi^2(n-1)$. 因此

$$E(S^2) = E\left[\frac{\sigma^2}{n-1}\frac{(n-1)S^2}{\sigma^2}\right] = \frac{\sigma^2}{n-1}(n-1) = \sigma^2$$

即样本方差

$$S^2 = \frac{1}{n-1}\sum_{i=1}^n (X_i - \overline{X})^2$$

是 σ^2 的一个无偏估计量. 所以, 由于

$$E(\hat{\theta}_2) = \frac{n-1}{n}E(S^2) = \frac{n-1}{n}\sigma^2$$

$\hat{\theta}_2$ 是 $\theta_2 = \sigma^2$ 的有偏估计量. ■

有时, 求最大似然估计量的方便的封闭形式解是不可能的, 而必须用数值方法求似然函数的最大值. 例如, 假设 $X_1, X_2, \cdots, X_n$ 是来自伽马分布的随机样本, 参数 $\alpha = \theta_1$, $\beta = \theta_2$, 其中 $\theta_1 > 0$, $\theta_2 > 0$. 由于伽马函数 $\Gamma(\theta_1)$ 的存在, 很难求得关于 θ_1 和 θ_2 的函数

$$L(\theta_1, \theta_2; x_1, \cdots, x_n) = \left[\frac{1}{\Gamma(\theta_1)\theta_2^{\theta_1}}\right]^n (x_1 x_2 \cdots x_n)^{\theta_1-1}\exp\left(-\sum_{i=1}^n x_i/\theta_2\right)$$

的最大值. 因此, 一旦有观测值 $x_1, x_2, \cdots, x_n$, 必须用数值方法求 L 的最大值. 在其他情况下求最大似然估计量的一些额外困难是它们可能不存在或者不唯一.

然而, 还有其他方法可以容易地获得 θ_1 和 θ_2 的点估计. 早期的一种方法是简单地令一阶样本矩等于一阶理论矩. 接下来, 如果需要, 令两个二阶矩相等, 然后令两个三阶矩相等, 以此类推, 直到我们有足够的方程求解参数. 作为一个例子, 在伽马分布情况下, 我们简单地令该分布的前二阶矩等于经验分布相应的矩. 这看起来是求估计量的合理方法,

因为经验分布在某种意义上收敛于其概率分布，因此相应的矩应该相等. 在此情况下，我们有

$$\theta_1\theta_2 = \overline{X}, \quad \theta_1\theta_2^2 = V$$

它们的解是

$$\tilde{\theta}_1 = \frac{\overline{X}^2}{V} \quad \text{及} \quad \tilde{\theta}_2 = \frac{V}{\overline{X}}$$

271

我们说后两个统计量 $\tilde{\theta}_1$ 和 $\tilde{\theta}_2$ 分别是 θ_1 和 θ_2 通过**矩估计法**得到的估计量.

为了推广这个讨论，令 $X_1, X_2, \cdots, X_n$ 是样本量为 n 的随机样本，其总体分布具有概率密度函数 $f(x; \theta_1, \theta_2, \cdots, \theta_r)$，$(\theta_1, \theta_2, \cdots, \theta_r) \in \Omega$. 期望 $E(X^k)$ 常常称为该分布的 k 阶矩，$k = 1, 2, 3, \cdots$，$M_k = \sum_{i=1}^{n} X_i^k / n$ 称为样本 k 阶矩，$k = 1, 2, 3, \cdots$. 矩估计法可以描述如下：令 $E(X^k)$ 等于 M_k，从 $k = 1$ 开始，然后继续，直到有足够的方程提供关于 $\theta_1, \theta_2, \cdots, \theta_r$ 唯一的解，比如分别为 $h_i(M_1, M_2, \cdots)$，$i = 1, 2, \cdots, r$. 注意到这可以通过等价的方法做到，令 $\mu = E(X)$ 等于 $\overline{X}$，$E[(X-\mu)^k]$ 等于 $\sum_{i=1}^{n}(X_i - \overline{X})^k / n$，$k = 2, 3$，等等，直到得到关于 $\theta_1, \theta_2, \cdots, \theta_r$ 的唯一解. 在前面的例子中使用了此替代过程. 在大多数实际情况下，当 n 很大时，通过矩估计法得到的 θ_i 的估计量 $\tilde{\theta}_i = h_i(M_1, M_2, \cdots)$ 在某种意义上接近该参数 θ_i 的估计量，$i = 1, 2, \cdots, r$.

下面两个例子——第一个是单参数族，第二个是双参数族——阐明了求估计量的矩估计法.

例 6.4-8　令 $X_1, X_2, \cdots, X_n$ 是样本量为 n 的随机样本，总体分布具有概率密度函数 $f(x; \theta) = \theta x^{\theta-1}$，$0 < x < 1$，$0 < \theta < \infty$. 画出 $\theta = 1/4$，1 和 4 的概率密度函数图. 注意到，对于这三个 θ 值，相应的观测看起来很不一样. 我们该如何估计 θ 值？给出该分布的均值是

$$E(X) = \int_0^1 x \theta x^{\theta-1} \mathrm{d}x = \frac{\theta}{\theta+1}$$

我们令分布均值等于样本均值，并求解 θ，得到

$$\overline{x} = \frac{\theta}{\theta+1}$$

求解 θ，我们得到矩估计量

$$\tilde{\theta} = \frac{\overline{X}}{1 - \overline{X}}$$

因此，通过矩估计法得到 θ 的估计值是 $\overline{x}/(1-\overline{x})$.　　　　　　　　　　■

回忆一下，在矩估计法中，如果要估计两个参数，令前二阶样本矩等于用未知参数表示的分布的前二阶矩，然后同时求解这两个方程，得到未知参数.

例 6.4-9　令 X 的分布是 $N(\mu, \sigma^2)$，那么

$$E(X) = \mu \quad 及 \quad E(X^2) = \sigma^2 + \mu^2$$

对于样本量为 n 的随机样本，给出前二阶样本矩

$$m_1 = \frac{1}{n}\sum_{i=1}^{n} x_i \quad 及 \quad m_2 = \frac{1}{n}\sum_{i=1}^{n} x_i^2$$

我们设 $m_1 = E(X)$ 及 $m_2 = E(X^2)$，并解出 μ 和 σ^2，即

$$\frac{1}{n}\sum_{i=1}^{n} x_i = \mu \quad 及 \quad \frac{1}{n}\sum_{i=1}^{n} x_i^2 = \sigma^2 + \mu^2$$

第一个方程得到 μ 的估计为 $\bar{x}$. 用 $\bar{x}^2$ 代替第二个方程中的 μ^2 并解出 σ^2，我们得到

$$\frac{1}{n}\sum_{i=1}^{n} x_i^2 - \bar{x}^2 = \sum_{i=1}^{n}\frac{(x_i - \bar{x})^2}{n} = v$$

是 σ^2 的解. 因此，μ 和 σ^2 的矩估计量是 $\tilde{\mu} = \bar{X}$ 和 $\widetilde{\sigma^2} = V$，它们与最大似然估计量相同. 当然，$\tilde{\mu} = \bar{X}$ 是无偏的，而 $\widetilde{\sigma^2} = V$ 是有偏的. ■

在例 6.4-7 中，我们表明当从正态分布抽样时，$\bar{X}$ 和 S^2 分别是 μ 和 σ^2 的无偏估计量. 当从任何具有有限方差 σ^2 的分布抽样时，这也正确. 即假设样本来自具有方差 $\sigma^2 < \infty$ 的分布，则 $E(\bar{X}) = \mu$ 及 $E(S^2) = \sigma^2$（见练习 6.4-11）. 尽管 S^2 是 σ^2 的无偏估计量，然而 S 是 σ 的有偏估计量. 练习 6.4-11 要求证明，当从正态分布抽样时，cS 是 σ 的无偏估计量，其中

$$c = \frac{\sqrt{n-1}\,\Gamma\left(\dfrac{n-1}{2}\right)}{\sqrt{2}\,\Gamma\left(\dfrac{n}{2}\right)}$$

注 从这些例子和本节后的练习可以看出，给定参数的最大似然估计量和矩估计量有时是相同的，但往往是不同的. 同样值得注意的是，最大似然估计是一种非常普遍的估计方法，甚至能用于随机变量 $X_1, X_2, \cdots, X_n$ 不是相互独立同分布的情况. 一些练习（特别是练习 6.4-18 和练习 6.4-19）探讨了这一点.

最后，我们简略地描述被称为**百分位数匹配法**的估计方法. 它在本质上类似于上面的矩估计法，通过令样本百分位数等于总体百分位数（而不是令样本矩等于总体矩）获得参数的估计. 尽管这种方法广泛应用于许多分布，但它特别适用于估计那些矩不存在的连续型分布的参数. 例如，考虑具有均值 $\theta \in (-\infty, \infty)$ 的柯西分布，其概率密度函数是

$$f(x) = \frac{1}{1 + (x-\theta)^2}, \quad -\infty < x < \infty$$

该分布的均值不存在，所以我们不能使用矩估计法估计 θ. 可以让任何样本百分位数等于相应的总体百分位数来估计 θ，但此时因为 θ 是总体中位数，所以令第 50 百分位数等于样本中位数是最自然的，其样本量为 n 的随机样本来自具有参数 θ 的该种分布. 这就得到方程

$$\theta = \tilde{m}$$

它有平凡解 $\tilde{\theta} = \tilde{m}$. 更一般地, 如果令 $\pi_p(\theta_1, \theta_2, \cdots, \theta_r)$ 是连续型分布的第 $100p$ 百分位数, 具有参数 $\theta_1, \theta_2, \cdots, \theta_r$, 那么当这些百分位数存在时, 它们的百分位数匹配估计量是满足下面 r 个方程的任意 $\tilde{\theta}_1, \tilde{\theta}_2, \cdots, \tilde{\theta}_r$ 的值:

$$\pi_{p_k}(\tilde{\theta}_k) = \tilde{\pi}_{p_k}, \quad k = 1, 2, \cdots, r$$

其中, p_k 是 r 个在 0 到 1 之间任意选择的数, 样本百分位数 $\tilde{\pi}_{p_k}$ 的获得如 6.2 节所述.

例 6.4-10 令 X 是连续型随机变量, 具有概率密度函数

$$f(x; \alpha, \beta) = \frac{\alpha x^{\alpha-1}}{\beta^\alpha} \exp\left[-\left(\frac{x}{\beta}\right)^\alpha\right], \quad x > 0$$

它是 3.4 节介绍的韦布尔分布, 具有参数 $\alpha > 0$ 和 $\beta > 0$. 假设随机样本来自该分布, 第 25 和第 75 样本百分位数分别等于 6.0 和 13.0. 我们要利用这些百分位数, 通过百分位数匹配法去估计 α 和 β. 首先, 我们得到分布函数

$$F(x; \alpha, \beta) = \int_0^x \frac{\alpha t^{\alpha-1}}{\beta^\alpha} \exp\left[-\left(\frac{t}{\beta}\right)^\alpha\right] dt = 1 - \exp\left[-\left(\frac{x}{\beta}\right)^\alpha\right], \quad x \geq 0$$

然后令第 25 样本和总体百分位数相等, 我们得到方程 $F(6; \alpha, \beta) = 0.25$, 或等价地,

$$1 - \exp\left[-\left(\frac{6}{\beta}\right)^\alpha\right] = 0.25$$

或

$$\left(\frac{6.0}{\beta}\right)^\alpha = -\ln 0.75$$

类似地, 令第 75 样本和总体百分位数相等, 最终我们得到

$$\left(\frac{13.0}{\beta}\right)^\alpha = -\ln 0.25$$

用前一个等式除最后一个等式, 我们得到

$$\left(\frac{13.0}{6.0}\right)^\alpha = \frac{\ln 0.25}{\ln 0.75} = 4.818\,842$$

然后两边取自然对数, 求解 α 得到 $\tilde{\alpha} = 2.0338$. 把这个估计值代入原始方程中的任何一个, 求解 β 得到 $\tilde{\beta} = 11.0708$. ■

274

练习

6.4-1 令 $X_1, X_2, \cdots, X_n$ 是来自 $N(\mu, \sigma^2)$ 的随机样本, 其中均值 $\theta = \mu$ 满足 $-\infty < \theta < \infty$, σ^2 是一个已知的正数. 证明: θ 的最大似然估计量是 $\hat{\theta} = \overline{X}$.

6.4-2 样本量为 n 的随机样本 $X_1, X_2, \cdots, X_n$ 来自 $N(\mu, \sigma^2)$, 其中方差 $\theta = \sigma^2$ 满足 $0 < \theta < \infty$, μ 是一个已知

的实数. 证明: θ 的最大似然估计量是 $\hat{\theta} = (1/n) \sum_{i=1}^{n} (X_i - \mu)^2$, 而且它是 θ 的无偏估计量.

6.4-3 样本量为 n 的随机样本 $X_1, X_2, \cdots, X_n$ 来自泊松分布, 均值为 λ, $0 < \lambda < \infty$.

(a) 证明: λ 的最大似然估计量是 $\hat{\lambda} = \bar{X}$.

(b) 令 X 等于每 100 英尺用过的计算机磁带的缺陷数, 假设 X 服从均值为 λ 的泊松分布. 如果 X 的 40 个观测值中有 5 个 0, 7 个 1, 12 个 2, 9 个 3, 5 个 4, 1 个 5 及 1 个 6, 求 λ 的最大似然估计.

6.4-4 假设 X 是离散型随机变量, 具有概率质量函数

$$f(x) = \frac{2 + \theta(2-x)}{6}, \quad x = 1, 2, 3$$

其中未知参数 θ 属于参数空间 $\Omega = \{-1, 0, 1\}$. 进一步假设随机样本 X_1, X_2, X_3, X_4 来自此分布, 4 个观测值是 $\{x_1, x_2, x_3, x_4\} = \{3, 2, 3, 1\}$. 求 θ 的最大似然估计.

6.4-5 令 $X_1, X_2, \cdots, X_n$ 是来自具有给定概率密度函数的分布的随机样本. 在以下每种情况下, 求最大似然估计量 $\hat{\theta}$.

(a) $f(x; \theta) = (1/\theta^2) x e^{-x/\theta}$, $0 < x < \infty$, $0 < \theta < \infty$.

(b) $f(x; \theta) = (1/2\theta^3) x^2 e^{-x/\theta}$, $0 < x < \infty$, $0 < \theta < \infty$.

(c) $f(x; \theta) = (1/2) e^{-|x-\theta|}$, $-\infty < x < \infty$, $-\infty < \theta < \infty$.

提示: 求 θ 涉及最小化 $\sum |x_i - \theta|$, 这是一个困难的问题. 当 $n = 5$ 时, 对于 $x_1 = 6.1$, $x_2 = -1.1$, $x_3 = 3.2$, $x_4 = 0.7$ 及 $x_5 = 1.7$ 去解决这个问题, 你会发现其答案 (同时见练习 2.2-8).

6.4-6 求 $\theta_1 = \mu$ 和 $\theta_2 = \sigma^2$ 的最大似然估计, 如果样本量为 15 的随机样本来自 $N(\mu, \sigma^2)$, 观测值如下:

31.5	36.9	33.8	30.1	33.9
35.2	29.6	34.4	30.5	34.2
31.6	36.7	35.8	34.5	32.7

6.4-7 设 $f(x; \theta) = \theta x^{\theta-1}$, $0 < x < 1$, $\theta \in \Omega = \{\theta : 0 < \theta < \infty\}$, 令 $X_1, X_2, \cdots, X_n$ 表示样本量为 n, 来自此分布的随机样本.

(a) 画出 (i) $\theta = 1/2$, (ii) $\theta = 1$, (iii) $\theta = 2$ 时 X 的概率密度函数图.

(b) 证明: $\hat{\theta} = -n/\ln\left(\prod_{i=1}^{n} X_i\right)$ 是 θ 的最大似然估计量.

(c) 来自所给分布中的下列 3 组 10 个观测, 对于其中的每一组, 计算 θ 的最大似然估计值及矩估计值.

(i)	0.0256	0.3051	0.0278	0.8971	0.0739
	0.3191	0.7379	0.3671	0.9763	0.0102
(ii)	0.9960	0.3125	0.4374	0.7464	0.8278
	0.9518	0.9924	0.7112	0.2228	0.8609
(iii)	0.4698	0.3675	0.5991	0.9513	0.6049
	0.9917	0.1551	0.0710	0.2110	0.2154

6.4-8 令 $X_1, X_2, \cdots, X_n$ 是随机样本, 其总体分布的概率密度函数是 $f(x; \theta) = (1/\theta) x^{(1-\theta)/\theta}$, $0 < x < 1$, $0 < \theta < \infty$.

(a) 证明: θ 的最大似然估计量是 $\hat{\theta} = -(1/n) \sum_{i=1}^{n} \ln X_i$.

(b) 证明: $E(\hat{\theta}) = \theta$, 因此 $\hat{\theta}$ 是 θ 的无偏估计量.

6.4-9 令 $X_1, X_2, \cdots, X_n$ 是来自指数分布且样本量为 n 的随机样本，其概率密度函数是

$$f(x; \theta) = (1/\theta) e^{-x/\theta}, \quad 0 < x < \infty, \quad 0 < \theta < \infty$$

(a) 证明：$\overline{X}$ 是 θ 的无偏估计量.

(b) 证明：$\overline{X}$ 的方差等于 θ^2/n.

(c) 如果样本量为 5 的随机样本值是 3.5，8.1，0.9，4.4 和 0.5，那么 θ 的好的估计值是多少？

6.4-10 令 $X_1, X_2, \cdots, X_n$ 是样本量为 n 且来自几何分布的随机样本，p 是成功的概率.

(a) 用矩估计法求 p 的点估计.

(b) 直观解释你的估计是合理的.

(c) 使用下面数据给出 p 的点估计值：

3 34 7 4 19 2 1 19 43 2 22 4 19 11 7 1 2 21 15 16

6.4-11 令 $X_1, X_2, \cdots, X_n$ 是来自具有有限方差 σ^2 的随机样本. 证明：

$$S^2 = \sum_{i=1}^{n} \frac{(X_i - \overline{X})^2}{n-1}$$

是 σ^2 的无偏估计量. **提示**：记

$$S^2 = \frac{1}{n-1} \left(\sum_{i=1}^{n} X_i^2 - n\overline{X}^2 \right)$$

并计算 $E(S^2)$.

6.4-12 令 $X_1, X_2, \cdots, X_n$ 是 $b(1, p)$ 的随机样本（即 n 个独立的伯努利实验）. 因此，

$$Y = \sum_{i=1}^{n} X_i \quad \text{服从} \quad b(n, p)$$

(a) 证明：$\overline{X} = Y/n$ 是 p 的无偏估计量.

(b) 证明：$\mathrm{Var}(\overline{X}) = p(1-p)/n$.

(c) 证明：$E[\overline{X}(1-\overline{X})] = (n-1)[p(1-p)/n]$.

(d) 求 c 的值，使得 $c[\overline{X}(1-\overline{X})]$ 是 $p(1-p)$ 的无偏估计量.

6.4-13 令 $X_1, X_2, \cdots, X_n$ 是来自区间 $(\theta-1, \theta+1)$ 的均匀分布的随机样本，其中 $-\infty < \theta < \infty$.

(a) 求 θ 的矩估计量.

(b) 在(a)中求得的估计量是 θ 的无偏估计量吗？

(c) 已知 X 的下面 $n = 5$ 个观测值，给出 θ 的点估计值：

6.61   7.70   6.98   8.36   7.26

(d) 矩估计量的方差实际上比 $[\min(X_i) + \max(X_i)]/2$ 的方差大，后者是 θ 的最大似然估计量. 计算(c)中 $n = 5$ 个观测值的后一个估计量的值.

6.4-14 令 $X_1, X_2, \cdots, X_n$ 是来自正态分布且样本量为 n 的随机样本.

(a) 证明：σ 的一个无偏估计量是 cS，其中

$$c = \frac{\sqrt{n-1}\, \Gamma\left(\dfrac{n-1}{2}\right)}{\sqrt{2}\, \Gamma\left(\dfrac{n}{2}\right)}$$

提示：回忆一下 $(n-1)S^2/\sigma^2$ 服从的分布是 $\chi^2(n-1)$.

(b) 求当 $n=5$ 时 c 的值；当 $n=6$ 时 c 的值.

(c) c 作为 n 的函数，绘制函数 c 的图形. 当 n 无限增加时，c 的极限是多少？

6.4-15 已知来自伽马分布的 25 个观测值，其中均值 $\mu=\alpha\theta$，方差 $\sigma^2=\alpha\theta^2$，$0<\alpha<\infty$，$0<\theta<\infty$，使用矩估计法求 α 和 θ 的点估计值：

$$6.9 \quad 7.3 \quad 6.7 \quad 6.4 \quad 6.3 \quad 5.9 \quad 7.0 \quad 7.1 \quad 6.5 \quad 7.6 \quad 7.2 \quad 7.1 \quad 6.1$$
$$7.3 \quad 7.6 \quad 7.6 \quad 6.7 \quad 6.3 \quad 5.7 \quad 6.7 \quad 7.5 \quad 5.3 \quad 5.4 \quad 7.4 \quad 6.9$$

6.4-16 一个缸里有 64 只球，其中 N_1 只橙色，N_2 只蓝色. 随机抽样为从缸中不放回地抽取 $n=8$ 个球，并令 X 等于样本中橙色球的只数. 将此实验重复进行 30 次（每次重复之前，8 只球都会被放回缸中），产生如下数据：

$$3 \quad 0 \quad 0 \quad 1 \quad 1 \quad 1 \quad 1 \quad 3 \quad 1 \quad 1 \quad 2 \quad 0 \quad 1 \quad 3 \quad 1$$
$$0 \quad 1 \quad 0 \quad 2 \quad 1 \quad 1 \quad 2 \quad 3 \quad 2 \quad 2 \quad 4 \quad 3 \quad 1 \quad 1 \quad 2$$

利用这些数据猜测 N_1 的值，并给出你的猜测理由.

6.4-17 令 X 的概率密度函数定义为

$$f(x) = \begin{cases} \left(\dfrac{4}{\theta^2}\right)x, & 0 < x \leqslant \dfrac{\theta}{2} \\[2mm] -\left(\dfrac{4}{\theta^2}\right)x + \dfrac{4}{\theta}, & \dfrac{\theta}{2} < x \leqslant \theta \\[2mm] 0, & \text{其他} \end{cases}$$

其中 $\theta \in \Omega = \{\theta: 0<\theta\leqslant 2\}$.

(a) 画出 $\theta=1/2$，$\theta=1$ 和 $\theta=2$ 时的概率密度函数图.

(b) 利用矩估计法求 θ 的估计量.

(c) 对于 X 的如下观测值，求 θ 的点估计值：

$$0.3206 \quad 0.2408 \quad 0.2577 \quad 0.3557 \quad 0.4188 \quad 0.5601 \quad 0.0240 \quad 0.5422 \quad 0.4532 \quad 0.5592$$

6.4-18 令样本量均为 n、相互独立的随机样本来自 k 个正态分布，均值分别为 $\mu_j = c+d[j-(k+1)/2]$，$j=1,2,\cdots,k$，具有共同的方差 σ^2. 求 c 和 d 的最大似然估计量，其中 $-\infty<c<\infty$ 且 $-\infty<d<\infty$.

6.4-19 令相互独立的正态随机变量 $Y_1,Y_2,\cdots,Y_n$ 各自具有分布 $N(\mu,\gamma^2 x_i^2)$，$i=1,2,\cdots,n$，其中 x_1，$x_2,\cdots,x_n$ 已知，不完全相同，但均不等于 0. 求 μ 和 γ^2 的最大似然估计量.

6.4-20 令 $X_1,X_2,\cdots,X_n$ 是来自 $U(0,\theta)$ 的随机样本（样本量为 n），令 Y_n 是 $X_1,X_2,\cdots,X_n$ 的最大值.

(a) 给出 Y_n 的概率密度函数.

(b) 求 Y_n 的均值.

(c) 有人提出 θ 的一个估计量是 Y_n. 你可能从（b）部分的答案中注意到 Y_n 是 θ 的一个有偏估计量，然而对某个常数 c，cY_n 是无偏估计量，确定 c.

(d) 求 cY_n 的方差，其中 c 是你在（c）中确定的常数.

(e) 证明：$2\overline{X}$ 是 θ 的矩估计量，求 $2\overline{X}$ 的方差，它小于、等于还是大于 cY_n 的方差（这是你在（d）中得到的）？

6.4-21 再次考虑练习 6.4-9(c) 中的观测数据，它是由来自指数分布且样本量为 5 的随机样本组成的，分布密度函数 $f(x;\theta)=(1/\theta)e^{-x/\theta}$，$0<x<\infty$，$0<\theta<\infty$. 利用这些数据，通过匹配第 50 百分位数估计 θ.

6.5　简单回归问题

人们常常对两个变量之间的关系感兴趣，例如，进行某种化学反应的温度和反应产生的化合物的产量. 通常，这些变量中的一个(比如 x)比另一个提前知道，所以人们对于根据已知的 x 值预测未来的变量 Y 感兴趣. 因为 Y 是随机变量，所以我们不能肯定地预测它未来的观测值 $Y=y$. 我们先集中于估计给定 x 时 Y 的条件均值的问题，即 $E(Y\mid x)$. 现在，$E(Y\mid x)$ 通常是 x 的函数. 例如，在我们有关化学反应的产量 Y 的例子中，我们可能期待 $E(Y\mid x)$ 在一个指定的温度范围内随温度 x 的增大而增加. 有时 $E(Y\mid x)=\mu(x)$ 被假定为一个给定的形式，比如线性的、二次或指数的形式，即 $\mu(x)$ 可以假定等于 $\alpha+\beta x$，$\alpha+\beta x+\gamma x^2$ 或 $\alpha e^{\beta x}$. 为了估计 $E(Y\mid x)=\mu(x)$，或等价地，估计参数 α，β 和 γ，对于 x 的 n 个可能不同的值，比如 $x_1,x_2,\cdots,x_n$，我们根据其中的每一个去观测随机变量 Y. 一旦 n 个独立实验完成，我们就有 n 对已知的数对 (x_1,y_1)，(x_2,y_2)，$\cdots$，(x_n,y_n)，然后用这些数对估计 $E(Y\mid x)$. 像这样的问题通常被归为**回归分析**，因为 $E(Y\mid x)=\mu(x)$ 经常被称为回归曲线.

注　以 $\alpha+\beta x+\gamma x^2$ 形式表示的条件均值模型称为线性模型，因为它关于参数 α，β 和 γ 是线性的. 然而，注意到此模型关于 x 的图形不是直线，除非 $\gamma=0$. 因此，一个线性模型可能关于 x 不是线性的. 另一方面，$\alpha e^{\beta x}$ 不是线性模型，因为它关于 α 和 β 不是线性的.

让我们从 $E(Y\mid x)=\mu(x)$ 是 x 的线性函数的情况开始. 数据点是 (x_1,y_1)，(x_2,y_2)，$\cdots$，(x_n,y_n)，所以首先的问题是如何将直线拟合到数据集上(见图 6.5-1). 除了假设 Y 的均值是一个线性函数外，我们还假设对 x 的特定值，Y 的值会因一个随机变量 ε 而不同于其均值. 我们进一步假设 ε 的分布是 $N(0,\sigma^2)$. 因此，对于我们的线性模型，有

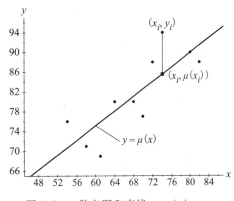

图 6.5-1　散点图和直线 $y=\mu(x)$

$$Y_i=\alpha_1+\beta x_i+\varepsilon_i$$

其中 $\varepsilon_i(i=1,2,\cdots,n)$ 是相互独立的，同服从 $N(0,\sigma^2)$. 未知参数 α_1 和 β 分别是直线 $\mu(x)=\alpha_1+\beta x$ 的 y 轴截距和斜率.

我们现在要去求 α_1，β 和 σ^2 的点估计，特别是求最大似然估计. 为方便起见，我们令 $\alpha_1=\alpha-\beta\bar{x}$，结果有

$$Y_i=\alpha+\beta(x_i-\bar{x})+\varepsilon_i，其中 \bar{x}=\frac{1}{n}\sum_{i=1}^n x_i$$

于是 Y_i 等于非随机量 $\alpha+\beta(x_i-\bar{x})$ 加上零均值正态随机变量 ε_i. 因此 $Y_1,Y_2,\cdots,Y_n$ 是相互独立的正态随机变量，各自的均值是 $\alpha+\beta(x_i-\bar{x})$，$i=1,2,\cdots,n$，未知的方差为 σ^2. 因此，它们的联合概率密度函数等于各自概率密度函数的乘积，即似然函数等于

277

$$L(\alpha, \beta, \sigma^2) = \prod_{i=1}^{n} \frac{1}{\sqrt{2\pi\sigma^2}} \exp\left\{ -\frac{[y_i - \alpha - \beta(x_i - \bar{x})]^2}{2\sigma^2} \right\}$$

$$= \left(\frac{1}{2\pi\sigma^2} \right)^{n/2} \exp\left\{ -\frac{\sum_{i=1}^{n} [y_i - \alpha - \beta(x_i - \bar{x})]^2}{2\sigma^2} \right\}$$

要最大化 $L(\alpha, \beta, \sigma^2)$，或等价地，最小化

$$-\ln L(\alpha, \beta, \sigma^2) = \frac{n}{2}\ln(2\pi\sigma^2) + \frac{\sum_{i=1}^{n} [y_i - \alpha - \beta(x_i - \bar{x})]^2}{2\sigma^2}$$

我们必须选择 α 和 β 去最小化

$$H(\alpha, \beta) = \sum_{i=1}^{n} [y_i - \alpha - \beta(x_i - \bar{x})]^2$$

因为 $|y_i - \alpha - \beta(x_i - \bar{x})| = |y_i - \mu(x_i)|$ 是从点 (x_i, y_i) 到直线 $y = \mu(x)$ 的垂直距离，所以我们注意到 $H(\alpha, \beta)$ 代表这些距离的平方和. 因此，选择 α 和 β 使得这些平方和最小，意味着我们在通过**最小二乘法**根据数据拟合直线. 相应地，α 和 β 的最大似然估计也称为**最小二乘估计**.

为了最小化 $H(\alpha, \beta)$，我们求两个一阶偏导数

$$\frac{\partial H(\alpha, \beta)}{\partial \alpha} = 2\sum_{i=1}^{n} [y_i - \alpha - \beta(x_i - \bar{x})](-1)$$

和

$$\frac{\partial H(\alpha, \beta)}{\partial \beta} = 2\sum_{i=1}^{n} [y_i - \alpha - \beta(x_i - \bar{x})][-(x_i - \bar{x})]$$

278

设 $\partial H(\alpha, \beta)/\partial \alpha = 0$，我们得到

$$\sum_{i=1}^{n} y_i - n\alpha - \beta \sum_{i=1}^{n}(x_i - \bar{x}) = 0$$

因为

$$\sum_{i=1}^{n}(x_i - \bar{x}) = 0$$

所以有

$$\sum_{i=1}^{n} y_i - n\alpha = 0$$

因此，

$$\hat{\alpha} = \overline{Y}$$

用 $\hat{\alpha}$ 的观测值 $\bar{y}$ 代替 α，方程 $\partial H(\alpha, \beta)/\partial \beta = 0$ 得到

$$\sum_{i=1}^{n} (y_i - \overline{y})(x_i - \overline{x}) - \beta \sum_{i=1}^{n} (x_i - \overline{x})^2 = 0$$

或等价地

$$\hat{\beta} = \frac{\sum_{i=1}^{n} (Y_i - \overline{Y})(x_i - \overline{x})}{\sum_{i=1}^{n} (x_i - \overline{x})^2} = \frac{\sum_{i=1}^{n} Y_i(x_i - \overline{x})}{\sum_{i=1}^{n} (x_i - \overline{x})^2}$$

标准的多元微积分方法能够用来证明通过令 $H(\alpha, \beta)$ 的一阶偏导数等于 0 获得的解确实是最小值点. 因此, 最能估计均值线 $\mu(x) = \alpha + \beta(x_i - \overline{x})$ 的直线是 $\hat{\alpha} + \hat{\beta}(x_i - \overline{x})$, 其中

$$\hat{\alpha} = \overline{Y} \tag{6.5-1}$$

及

$$\hat{\beta} = \frac{\sum_{i=1}^{n} Y_i(x_i - \overline{x})}{\sum_{i=1}^{n} (x_i - \overline{x})^2} = \frac{\sum_{i=1}^{n} x_i Y_i - (1/n)\left(\sum_{i=1}^{n} x_i\right)\left(\sum_{i=1}^{n} Y_i\right)}{\sum_{i=1}^{n} x_i^2 - (1/n)\left(\sum_{i=1}^{n} x_i\right)^2} \tag{6.5-2}$$

为了求 σ^2 的最大似然估计量, 考虑偏导数

$$\frac{\partial[-\ln L(\alpha, \beta, \sigma^2)]}{\partial(\sigma^2)} = \frac{n}{2\sigma^2} - \frac{\sum_{i=1}^{n} [y_i - \alpha - \beta(x_i - \overline{x})]^2}{2(\sigma^2)^2}$$

设它等于 0, 并将 α 和 β 用它们的解 $\hat{\alpha}$ 和 $\hat{\beta}$ 代替, 我们得到

$$\hat{\sigma}^2 = \frac{1}{n} \sum_{i=1}^{n} [Y_i - \hat{\alpha} - \hat{\beta}(x_i - \overline{x})]^2 \tag{6.5-3}$$

计算 $n\hat{\sigma}^2$ 的一个有用的公式是

$$n\hat{\sigma}^2 = \sum_{i=1}^{n} Y_i^2 - \frac{1}{n}\left(\sum_{i=1}^{n} Y_i\right)^2 - \hat{\beta}\sum_{i=1}^{n} x_i Y_i + \hat{\beta}\left(\frac{1}{n}\right)\left(\sum_{i=1}^{n} x_i\right)\left(\sum_{i=1}^{n} Y_i\right) \tag{6.5-4}$$

279

注意到公式 (6.5-3) 中计算 $\hat{\sigma}^2$ 的求和项是 Y_i 的值与 Y_i 的估计均值之差的平方. 令 $\hat{Y}_i = \hat{\alpha} + \hat{\beta}(x_i - \overline{x})$ 是 Y_i 的估计均值, 差

$$Y_i - \hat{Y}_i = Y_i - \hat{\alpha} - \hat{\beta}(x_i - \overline{x})$$

称为第 i 个**残差**, $i = 1, 2, \cdots, n$. 于是 σ^2 的最大似然估计是残差平方和除以 n. 残差之和总是等于 0. 然而, 在实际中, 由于四舍五入, 残差观测值 $y_i - \hat{y}_i$ 的总和有时与 0 略有不同. 由点 x_i, $y_i - \hat{y}_i$, $i = 1, 2, \cdots, n$ 绘制的散点图称为残差图, 它能说明线性回归是否提供了最佳的拟合.

例 6.5-1 绘制于图 6.5-1 中的 10 对数据是 10 名学生心理学课程考试成绩, x 是初试成绩, y 是期末考试成绩, x 和 y 的值见表 6.5-1. 用来计算参数估计值所需要的和也给出了. 当然, 在计算残差之前, 得先求出 α 和 β 的估计值.

表 6.5-1 有关考试成绩数据的计算

x	y	x^2	xy	y^2	$\hat{y}$	$y-\hat{y}$	$(y-\hat{y})^2$
70	77	4900	5390	5929	82.561 566	-5.561 566	30.931 016
74	94	5476	6956	8836	85.529 956	8.470 044	71.741 645
72	88	5184	6336	7744	84.045 761	3.954 239	15.636 006
68	80	4624	5440	6400	81.077 371	-1.077 371	1.160 728
58	71	3364	4118	5041	73.656 395	-2.656 395	7.056 434
54	76	2916	4104	5776	70.688 004	5.311 996	28.217 302
82	88	6724	7216	7744	91.466 737	-3.466 737	12.018 265
64	80	4096	5120	6400	78.108 980	1.891 020	3.575 957
80	90	6400	7200	8100	89.982 542	0.017 458	0.000 305
61	69	3721	4209	4761	75.882 687	-6.882 687	47.371 380
683	813	47 405	56 089	66 731		0.000 001	217.709 038

于是 $\hat{\alpha} = 813/10 = 81.3$,

$$\hat{\beta} = \frac{56\ 089 - (683)(813)/10}{47\ 405 - (683)(683)/10} = \frac{561.1}{756.1} = 0.742$$

因为 $\bar{x} = 683/10 = 68.3$,所以最小二乘回归直线是

$$\hat{y} = 81.3 + (0.742)(x - 68.3)$$

注意,统计软件(如 R 和 Minitab)能够容易地完成回归计算. 例如,Minitab 给出如下最小二乘回归直线:

$$\hat{y} = 30.6 + 0.742x$$

σ^2 的最大似然估计值是

$$\hat{\sigma}^2 = \frac{217.709\ 038}{10} = 21.7709$$

这些数据的残差图见图 6.5-2. ∎

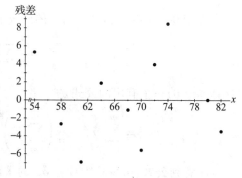

图 6.5-2 表 6.5-1 中数据的残差图

我们现在要考虑求 $\hat{\alpha}$ 和 $\hat{\beta}$ 的分布的问题. 前面的讨论将 $x_1, x_2, \cdots, x_n$ 看作非随机的常数. 当然,很多时候它们可以由实验者设定. 例如,一个实验化学家可以在许多预先设定的温度下产生某种化合物. 但是这些数字可能是对早前随机变量的观测,比如 SAT 成绩或初试成绩(如例 6.5-1). 然而,我们考虑的条件是 x 值在两种情况下都是给定的. 因此,在求 $\hat{\alpha}$ 和 $\hat{\beta}$ 的分布中,仅有的随机变量是 $Y_1, Y_2, \cdots, Y_n$.

因为 $\hat{\alpha}$ 是相互独立的正态变量的线性函数,所以 $\hat{\alpha}$ 服从正态分布,具有均值

$$E(\hat{\alpha}) = E\left(\frac{1}{n}\sum_{i=1}^{n} Y_i\right) = \frac{1}{n}\sum_{i=1}^{n} E(Y_i) = \frac{1}{n}\sum_{i=1}^{n} [\alpha + \beta(x_i - \bar{x})] = \alpha$$

方差

$$\mathrm{Var}(\hat{\alpha}) = \left(\frac{1}{n}\right)^2 \sum_{i=1}^{n} \mathrm{Var}(Y_i) = \frac{\sigma^2}{n}$$

估计量 $\hat{\beta}$ 也是 $Y_1, Y_2, \cdots, Y_n$ 的线性函数，因此服从正态分布，具有均值

$$E(\hat{\beta}) = \frac{\sum_{i=1}^{n}(x_i - \bar{x})E(Y_i)}{\sum_{i=1}^{n}(x_i - \bar{x})^2} = \frac{\sum_{i=1}^{n}(x_i - \bar{x})[\alpha + \beta(x_i - \bar{x})]}{\sum_{i=1}^{n}(x_i - \bar{x})^2}$$

$$= \frac{\alpha \sum_{i=1}^{n}(x_i - \bar{x}) + \beta \sum_{i=1}^{n}(x_i - \bar{x})^2}{\sum_{i=1}^{n}(x_i - \bar{x})^2} = \beta$$

方差

$$\mathrm{Var}(\hat{\beta}) = \sum_{i=1}^{n}\left[\frac{x_i - \bar{x}}{\sum_{j=1}^{n}(x_j - \bar{x})^2}\right]^2 \mathrm{Var}(Y_i) = \frac{\sum_{i=1}^{n}(x_i - \bar{x})^2}{\left[\sum_{i=1}^{n}(x_i - \bar{x})^2\right]^2}\sigma^2 = \frac{\sigma^2}{\sum_{i=1}^{n}(x_i - \bar{x})^2}$$

统计评述 我们现在用 1986 年 1 月 28 日"挑战者"号爆炸的数据来说明 (见参考文献中的 Ledolter 和 Hogg). 使用本节介绍的回归方法进行实际分析是不合适的，因为它们要求变量是连续的，而在这种情况下变量 Y 是离散的. 我们提供这一个例证是为了说明检验两个变量的关系是非常重要的，并且要使用所有可用的数据.

1986 年 1 月一个非常寒冷的早晨，"挑战者"号航天飞机从佛罗里达州肯尼迪角发射升空. 气象学家预报了气温 (到 1 月 27 日为止) 在 $26\,^\circ\mathrm{F}$ 到 $29\,^\circ\mathrm{F}$ 温度范围. 发射前一晚，在如此低温条件下进行发射是否合适在工程师和 NASA 官员之间存在很大的争论. 几名工程师建议不进行发射，因为他们认为 O 型环的失效跟温度有关. 以前发射经历的 O 型环失效数据是可用的，并在发射前一晚进行了研究. 有 7 个之前发生过的已知 O 型环受损事故. 图 6.5-3a 显示了此信息，它是根据发射温度和每次发射受损环的数量绘制的简单的散点图.

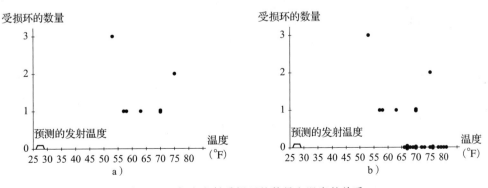

图 6.5-3 每次发射受损环的数量和温度的关系

仅从此散点图看，O 型环失效的数量与温度之间看起来似乎没有很强的关系. 基于此信息，以及其他的技术和政治考虑，决定发射"挑战者"号航天飞机. 众所周知，由于 O 型环失效，此次发射导致了灾难：7 条生命和数 10 亿美元的损失，以及太空计划的严重受挫.

有人可能会说，工程师研究了失效数量和温度的散点图，但看不出它们之间有什么关系. 然而，此观点忽略了一个事实，即工程师没有展示与此问题相关的所有数据. 他们只看有失效的例子，忽略了没有失效的情况. 事实上，之前有 17 次发射没有失效出现. 根据所有之前发射航天飞机的数据，绘制的每次发射受损 O 型环数量和温度关系的散点图见图 6.5-3b.

通过研究这些数据很难发现失效和温度之间的关系. 此外，人们认识到需要进行外推，需要推断出在观察到的温度范围之外的故障数量. 实际的发射温度是 31℉，而之前记录的最低发射温度是 53℉. 对没有数据的温度区域进行外推，得知进行发射通常是相当危险的. 如果 NASA 官员看过此散点图，那么发射肯定会被推迟. 这个例子表明为什么让有统计头脑的工程师参与重要决策是很重要的.

这些评论提出两个有趣的观点：（1）绘制一个变量对另一个变量的散点图很重要；（2）绘制相关的数据也很重要. 确实，一些数据用来决定发射"挑战者"号，这是真的，但是它没有利用所有相关的数据. 要做出好的决定，需要掌握统计学知识、学科知识、常识以及质疑信息相关性的能力.

练习

6.5-1 证明：来自简单线性回归模型中最小二乘拟合的残差 $Y_i - \hat{Y}_i (1, 2, \cdots, n)$ 之和等于 0.

6.5-2 在某些可用的回归模型情况中，知道当 $X = 0$ 时 Y 的均值等于 0，即 $Y_i = \beta x_i + \varepsilon_i$，其中对 $i = 1, 2, \cdots, n$，各个 ε_i 相互独立，同服从 $N(0, \sigma^2)$.

    （a）获得此模型下 β 和 σ^2 的最大似然估计量 $\hat{\beta}$ 和 $\hat{\sigma}^2$.

    （b）求 $\hat{\beta}$ 和 $\hat{\sigma}^2$ 的分布（你可以利用（无须证明）$\hat{\beta}$ 和 $\hat{\sigma}^2$ 相互独立这一事实，以及定理 9.3-1）.

    （c）假设样本量为 $n = 2$ 的样本由观测 $(x_1, y_1) = (1, 1)$，$(x_2, y_2) = (2, 1)$ 组成. 根据这些数据，计算（a）中所得 β 和 σ^2 的估计值，并在同一图中绘制这些点和拟合直线.

    （d）对于（c）中的数据，令 $\hat{y}_i = \hat{\beta} x_i$，$i = 1, 2$，计算残差 $y_i - \hat{y}_i (i = 1, 2)$，并证明其和不等于 0.

6.5-3 10 名学生的统计课程期中、期末考试成绩如下表所示.

    （a）对于这些数据，计算最小二乘回归直线.

    （b）在同一图中绘制这些点和最小二乘回归直线.

    （c）求 $\hat{\sigma}^2$ 的值.

期中	期末	期中	期末
70	87	67	73
74	79	70	83
80	88	64	79
84	98	74	91
80	96	82	94

6.5-4 微积分课程期末成绩的预测是根据学生高中数学平均成绩、数学学术能力倾向测验(SAT)成绩和数学入学考试成绩来进行的. 给出了 10 名学生的预测成绩 x 和获得成绩 y(2.0 代表 C, 2.3 代表 C+, 2.7 代表 B−, 等等).

(a) 对于这些数据, 计算最小二乘回归直线.

(b) 在同一图中绘制这些点和最小二乘回归直线.

(c) 求 $\hat{\sigma}^2$ 的值.

x	y	x	y
2.0	1.3	2.7	3.0
3.3	3.3	4.0	4.0
3.7	3.3	3.7	3.0
2.0	2.0	3.0	2.7
2.3	1.7	2.3	3.0

6.5-5 一名认为自己是"汽车人"的学生对汽车的马力和重量如何影响汽车从 0 英里/小时加速到 60 英里/小时的时间感兴趣. 下表给出了 14 辆汽车每一辆的马力、从 0 加速到 60 英里/小时的时间(秒)和重量(磅):

马力	0~60	重量	马力	0~60	重量
230	8.1	3516	282	6.2	3627
225	7.8	3690	300	6.4	3892
375	4.7	2976	220	7.7	3377
322	6.6	4215	250	7.0	3625
190	8.4	3761	315	5.3	3230
150	8.4	2940	200	6.2	2657
178	7.2	2818	300	5.5	3518

(a) 计算 "0~60" 关于马力的最小二乘回归直线.

(b) 在同一图形上绘制这些点和最小二乘回归直线.

(c) 计算 "0~60" 关于重量的最小二乘回归直线.

(d) 在同一图中绘制这些点和最小二乘回归直线.

(e) 两个变量中, 马力和重量哪个对 "0~60" 时间的影响最大?

6.5-6 令 x 和 y 分别是一个正在申请一所小型文理学院的学生在社会科学和自然科学方面的 ACT 成绩. $n=15$ 名这样的学生样本产生如下数据:

x	y	x	y	x	y
32	28	30	27	26	32
23	25	17	23	16	22
23	24	20	30	21	28
23	32	17	18	24	31
26	31	18	18	30	26

(a) 计算这些数据的最小二乘回归直线.

（b）在同一图形上绘制这些点和最小二乘回归直线.

（c）求 α，β 和 σ^2 的点估计值.

6.5-7 联邦贸易委员会测量了所有国产香烟中每根香烟的焦油和一氧化碳（CO）的毫克数. 令 x 和 y 分别等于 100 毫米的过滤薄荷香烟的焦油和 CO 的测量值，12 个品牌的样本产生如下数据：

品牌	x	y	品牌	x	y
Capri	9	6	Now	3	4
Carlton	4	6	Salem	17	18
Kent	14	14	Triumph	6	8
Kool Milds	12	12	True	7	8
Marlboro Lights	10	12	Vantage	8	13
Merit Ultras	5	7	Virginia Slims	15	13

（a）计算这些数据的最小二乘回归直线.

（b）在同一图中绘制这些点和最小二乘回归直线.

（c）求 α，β 和 σ^2 的点估计值.

6.5-8 下表中的数据是 Ledolter 和 Hogg（见参考文献）收集的数据集的一部分，它提供了 2007 款中型汽车在城市和高速公路每加仑行驶的英里数（mpg）以及汽车的整备重量：

类型	mpg 城市	mpg 高速公路	整备重量
Ford Fusion V6 SE	20	28	3230
Chevrolet Sebring Sedan Base	24	32	3287
Toyota Camry Solara SE	24	34	3240
Honda Accord Sedan	20	29	3344
Audi A6 3.2	21	29	3825
BMW 5-series 525i Sedan	20	29	3450
Chrysler PT Cruiser Base	22	29	3076
Mercedes E-Class E350 Sedan	19	26	3740
Volkswagen Passat Sedan 2.0T	23	32	3305
Nissan Altima 2.5	26	35	3055
Kia Optima LX	24	34	3142

（a）求高速公路 mpg（y）关于城市 mpg（x）的最小二乘回归直线.

（b）在同一图中绘制这些点和最小二乘回归直线.

（c）对于高速公路 mpg（y）关于整备重量（x）的回归，重复（a）和（b）中的内容.

6.5-9 在抗拉强度实验中，使用 Instron 4204 长方形丙烯酸玻璃条进行拉伸至失效的实验. 下面的数据给出了以毫米（mm）为单位的断裂前长度的变化量（x）和以平方毫米（mm^2）为单位的横截面面积（y）：

$$(5.28, 52.36) \quad (5.40, 52.58) \quad (4.65, 51.07) \quad (4.76, 52.28) \quad (5.55, 53.02)$$
$$(5.73, 52.10) \quad (5.84, 52.61) \quad (4.97, 52.21) \quad (5.50, 52.39) \quad (6.24, 53.77)$$

（a）求最小二乘回归直线方程.

（b）在同一图中绘制这些点和直线.

（c）解释你的结果.

6.5-10 黄金比例是 $\phi = (1+\sqrt{5})/2$. 对音乐感兴趣的数学家 John Putz 分析了莫扎特的奏鸣曲乐章，它被分成了两个不同的部分，两者在表演中都是重复的(见参考文献). 测量中的"呈示"部的长度用 a 表示，"展开和再现"部的长度用 b 表示. Putz 的推测是，莫扎特把他的乐章按接近黄金比例分割. 即 Putz 感兴趣于研究 $a+b$ 对 b 的散点图是否不仅仅是线性的，而且会沿直线 $y = \phi x$ 下降. 这里的数据为表格的形式，其中第一列是通过 Köchel 编目系统识别的节和乐章.

Köchel	a	b	$a+b$	Köchel	a	b	$a+b$
279，I	38	62	100	279，II	28	46	74
279，III	56	102	158	280，I	56	88	144
280，II	24	36	60	280，III	77	113	190
281，I	40	69	109	281，II	46	60	106
282，I	15	18	33	282，III	39	63	102
283，I	53	67	120	283，II	14	23	37
283，III	102	171	273	284，I	51	76	127
309，I	58	97	155	311，I	39	73	112
310，I	49	84	133	330，I	58	92	150
330，III	68	103	171	332，I	93	136	229
332，III	90	155	245	333，I	63	102	165
333，II	31	50	81	457，I	74	93	167
533，I	102	137	239	533，II	46	76	122
545，I	28	45	73	547a，I	78	118	196
570，I	79	130	209				

(a) 绘制 $a+b$ 对 b 的散点图，此图是否是线性的？

(b) 求最小二乘回归直线方程，将直线叠加在散点图上.

(c) 在散点图上叠加直线 $y = \phi x$，比较此直线和最小二乘回归直线(如果你愿意，可以用图形比较).

(d) 求点 $(a+b)/b$ 的样本均值，它是否接近 ϕ？

6.6 最大似然估计量的渐近分布

我们考虑具有概率密度函数为 $f(x;\theta)$ 的连续型分布，参数 θ 不含在分布的支撑集中. 而且，希望 $f(x;\theta)$ 具有我们没有在这里列出的许多数学性质. 然而，特别地，我们希望通过求解下面方程得到最大似然估计量 $\hat{\theta}$：

$$\frac{\partial[\ln L(\theta)]}{\partial \theta} = 0$$

在这里我们使用偏导数符号，因为 $L(\theta)$ 也含有 $x_1, x_2, \cdots, x_n$.

也就是说，

$$\frac{\partial[\ln L(\hat{\theta})]}{\partial \theta} = 0$$

其中现在的表达式含 $\hat{\theta}$，$L(\hat{\theta}) = f(X_1;\hat{\theta})f(X_2;\hat{\theta})\cdots f(X_n;\hat{\theta})$. 我们可以将后一方程的左边用

285

泰勒展开式在 θ 处展开的前两个项这一线性函数近似表示，即当 $L(\theta)=f(X_1;\theta)f(X_2;\theta)\cdots f(X_n;\theta)$ 时，

$$\frac{\partial[\ln L(\theta)]}{\partial\theta} + (\hat{\theta}-\theta)\frac{\partial^2[\ln L(\theta)]}{\partial\theta^2} \approx 0$$

显然，仅当 $\hat{\theta}$ 接近 θ 时该近似足够好，而且一个足够的数学证明所要的条件我们在这里没有给出(见 Hogg，McKean 和 Craig，2013). 但是可以作一个启发式的论证，即通过求解 $\hat{\theta}-\theta$ 得到

$$\hat{\theta}-\theta = \frac{\dfrac{\partial[\ln L(\theta)]}{\partial\theta}}{-\dfrac{\partial^2[\ln L(\theta)]}{\partial\theta^2}} \tag{6.6-1}$$

回顾一下

$$\ln L(\theta) = \ln f(X_1;\theta) + \ln f(X_2;\theta) + \cdots + \ln f(X_n;\theta)$$

及

$$\frac{\partial \ln L(\theta)}{\partial\theta} = \sum_{i=1}^{n} \frac{\partial[\ln f(X_i;\theta)]}{\partial\theta} \tag{6.6-2}$$

它是公式(6.6-1)中的分子. 然而，公式(6.6-2)给出了 n 个独立同分布随机变量的和

$$Y_i = \frac{\partial[\ln f(X_i;\theta)]}{\partial\theta}, \quad i = 1, 2, \cdots, n$$

因此，由中心极限定理，该和式近似服从正态分布，均值(在连续情况下)等于

$$\int_{-\infty}^{\infty} \frac{\partial[\ln f(x;\theta)]}{\partial\theta} f(x;\theta)\,\mathrm{d}x = \int_{-\infty}^{\infty} \frac{\partial[f(x;\theta)]}{\partial\theta}\frac{f(x;\theta)}{f(x;\theta)}\,\mathrm{d}x = \int_{-\infty}^{\infty} \frac{\partial[f(x;\theta)]}{\partial\theta}\,\mathrm{d}x$$

$$= \frac{\partial}{\partial\theta}\left[\int_{-\infty}^{\infty} f(x;\theta)\mathrm{d}x\right] = \frac{\partial}{\partial\theta}[1] = 0$$

显然，最后几步交换了积分运算和微分运算的顺序，我们需要允许其成立的某种数学条件. 当然，$f(x;\theta)$ 的积分等于 1 是因为它是概率密度函数.

由于我们知道每个 Y 的均值等于

$$\int_{-\infty}^{\infty} \frac{\partial[\ln f(x;\theta)]}{\partial\theta} f(x;\theta)\,\mathrm{d}x = 0$$

我们对方程中的每一项关于 θ 求导，得到

$$\int_{-\infty}^{\infty} \left\{ \frac{\partial^2[\ln f(x;\theta)]}{\partial\theta^2} f(x;\theta) + \frac{\partial[\ln f(x;\theta)]}{\partial\theta}\frac{\partial[f(x;\theta)]}{\partial\theta} \right\}\mathrm{d}x = 0$$

然而

$$\frac{\partial[f(x;\theta)]}{\partial\theta} = \frac{\partial[\ln f(x;\theta)]}{\partial\theta} f(x;\theta)$$

所以

$$\int_{-\infty}^{\infty} \left\{ \frac{\partial [\ln f(x;\theta)]}{\partial \theta} \right\}^2 f(x;\theta)\,\mathrm{d}x = -\int_{-\infty}^{\infty} \frac{\partial^2 [\ln f(x;\theta)]}{\partial \theta^2} f(x;\theta)\,\mathrm{d}x$$

因为 $E(Y) = 0$，所以最后一个表达式给出了 $Y = \partial[\ln f(X;\theta)]/\partial \theta$ 的方差. 因此公式 (6.6-2) 中和的方差等于该值的 n 倍，即

$$-nE\left\{ \frac{\partial^2 [\ln f(X;\theta)]}{\partial \theta^2} \right\}$$

我们将公式 (6.6-1) 重写为

$$\frac{\sqrt{n}(\hat{\theta} - \theta)}{\left(\dfrac{1}{\sqrt{-E\{\partial^2[\ln f(X;\theta)]/\partial\theta^2\}}} \right)} = \frac{\left(\dfrac{\partial[\ln L(\theta)]/\partial\theta}{\sqrt{-nE\{\partial^2[\ln f(X;\theta)]/\partial\theta^2\}}} \right)}{\left(\dfrac{-\dfrac{1}{n}\dfrac{\partial^2[\ln L(\theta)]}{\partial\theta^2}}{E\{-\partial^2[\ln f(X;\theta)]/\partial\theta^2\}} \right)} \tag{6.6-3}$$

因为对数似然函数的偏导数是如下 n 个独立随机变量之和 (见公式 (6.6-2)):

$$\partial[\ln f(X_i;\theta)]/\partial\theta, \quad i = 1, 2, \cdots, n$$

公式 (6.6-3) 右边的分子近似服从 $N(0,1)$ 分布，以及前面未阐明的数学条件要求，在某种意义上有

$$-\frac{1}{n}\frac{\partial^2[\ln L(\theta)]}{\partial\theta^2} \quad \text{收敛到} \quad E\{-\partial^2[\ln f(X;\theta)]/\partial\theta^2\}$$

因此，公式 (6.6-3) 中给出的比一定近似服从 $N(0,1)$. 也就是说，$\hat{\theta}$ 近似服从正态分布，均值为 θ，标准差为

$$\frac{1}{\sqrt{-nE\{\partial^2[\ln f(X;\theta)]/\partial\theta^2\}}}$$

287

例 6.6-1（续例 6.4-3）　根据基本的指数分布概率密度函数

$$f(x;\theta) = \frac{1}{\theta}\mathrm{e}^{-x/\theta}, \quad 0 < x < \infty, \quad \theta \in \Omega = \{\theta : 0 < \theta < \infty\}$$

可知 $\overline{X}$ 是最大似然估计量. 因为

$$\ln f(x;\theta) = -\ln\theta - \frac{x}{\theta}$$

以及

$$\frac{\partial[\ln f(x;\theta)]}{\partial\theta} = -\frac{1}{\theta} + \frac{x}{\theta^2}, \quad \frac{\partial^2[\ln f(x;\theta)]}{\partial\theta} = \frac{1}{\theta^2} - \frac{2x}{\theta^3}$$

我们有

$$-E\left[\frac{1}{\theta^2} - \frac{2X}{\theta^3} \right] = -\frac{1}{\theta^2} + \frac{2\theta}{\theta^3} = \frac{1}{\theta^2}$$

这是因为 $E(X)=\theta$. 也就是说，$\overline{X}$ 近似服从均值为 θ 和标准差为 $\theta/\sqrt{n}$ 的正态分布. 因此，随机区间 $\overline{X}\pm1.96(\theta/\sqrt{n})$ 以 0.95 的概率包含 θ. 将 θ 及 $\overline{X}$ 用观测值 $\overline{x}$ 代替，我们说 $\overline{x}\pm1.96\overline{x}/\sqrt{n}$ 是 θ 的一个近似置信水平为 95% 的置信区间. ∎

　　虽然上述结果的推导使用的是连续型分布，但是这对离散型分布也成立，只要其支撑集不含参数，下一个例子将对此说明.

　　例 6.6-2（续练习 6.4-3）　如果随机样本来自泊松分布，概率质量函数为

$$f(x;\lambda)=\frac{\lambda^x e^{-\lambda}}{x!}, \quad x=0,1,2,\cdots, \quad \lambda\in\Omega=\{\lambda:0<\lambda<\infty\}$$

那么 λ 的最大似然估计量是 $\hat{\lambda}=\overline{X}$. 现在

$$\ln f(x;\lambda)=x\ln\lambda-\lambda-\ln x!$$

同时

$$\frac{\partial[\ln f(x;\lambda)]}{\partial\lambda}=\frac{x}{\lambda}-1, \quad \frac{\partial^2[\ln f(x;\lambda)]}{\partial\lambda^2}=-\frac{x}{\lambda^2}$$

于是有

$$-E\left(-\frac{X}{\lambda^2}\right)=\frac{\lambda}{\lambda^2}=\frac{1}{\lambda}$$

以及 $\hat{\lambda}=\overline{X}$ 近似服从均值为 λ、标准差为 $\sqrt{\lambda/n}$ 的正态分布. 最后，$\overline{x}\pm1.645\sqrt{\overline{x}/n}$ 近似为 λ 的置信水平为 90% 的置信区间. 根据练习 6.4-3 的数据，$\overline{x}=2.225$，得到区间范围是 1.887 ~ 2.563. ∎

　　有趣的是另有一个与前面结果有些联系的定理，它表明 $\hat{\theta}$ 的方差是 θ 的任何无偏估计量方差的下界. 于是，我们知道如果某个无偏估计量的方差等于该下界，那么我们就不能找到更好的估计量，因此该估计量在最小方差无偏估计意义下是最优的. 所以，在这种限制下，最大似然估计量是最优估计量的类型.

　　我们在这里叙述 **Rao-Cramér 不等式**，而不证明它. 令 $X_1,X_2,\cdots,X_n$ 是来自连续型分布的随机样本，概率密度函数为 $f(x;\theta)$，$\theta\in\Omega=\{\theta:c<\theta<d\}$，其中 X 的支撑集与 θ 无关，所以我们可以对下面的积分式在积分符号里关于 θ 求导数：

$$\int_{-\infty}^{\infty}f(x;\theta)\,\mathrm{d}x=1$$

如果 $Y=u(X_1,X_2,\cdots,X_n)$ 是 θ 的无偏估计量，那么

$$\mathrm{Var}(Y)\geqslant\frac{1}{n\int_{-\infty}^{\infty}\{[\partial\ln f(x;\theta)/\partial\theta]\}^2 f(x;\theta)\mathrm{d}x}=\frac{-1}{n\int_{-\infty}^{\infty}[\partial^2\ln f(x;\theta)/\partial\theta^2]f(x;\theta)\mathrm{d}x}$$

注意到分母中的积分分别是期望

$$E\left\{\left[\frac{\partial\ln f(X;\theta)}{\partial\theta}\right]^2\right\} \quad 和 \quad E\left[\frac{\partial^2\ln f(X;\theta)}{\partial\theta^2}\right]$$

有时它们中的一个比另一个计算起来更容易. 同时注意到尽管 Rao-Cramér 下界仅仅是针对

连续型分布叙述的，但它对离散型分布也适合，只要用求和代替积分.

我们已经对两个分布计算了每个分布的这种下界：均值为 θ 的指数分布和均值为 λ 的泊松分布. 它们各自的下界分别是 θ^2/n 和 λ/n（见例 6.6-1 和例 6.6-2）. 由于在每种情况下 $\overline{X}$ 的方差等于相应的下界，故 $\overline{X}$ 是最小方差无偏估计量.

我们考虑另一个例子.

例 6.6-3(续练习 6.4-7) 令 X 的概率密度函数是

$$f(x;\theta) = \theta x^{\theta-1}, \quad 0 < x < 1, \quad \theta \in \Omega = \{\theta : 0 < \theta < \infty\}$$

那么我们有

$$\ln f(x;\theta) = \ln\theta + (\theta-1)\ln x$$

$$\frac{\partial \ln f(x;\theta)}{\partial \theta} = \frac{1}{\theta} + \ln x$$

及

$$\frac{\partial^2 \ln f(x;\theta)}{\partial \theta^2} = -\frac{1}{\theta^2}$$

因为 $E(-1/\theta^2) = -1/\theta^2$，所以 θ 的每一个无偏估计量的方差下界是 θ^2/n. 而且，最大似然估计量 $\hat{\theta} = -n/\ln\prod\limits_{i=1}^{n} X_i$ 近似服从均值为 θ、方差为 θ^2/n 的正态分布. 因此，在某种限制意义下，$\hat{\theta}$ 是 θ 的最小方差无偏估计量. ■

为了评价无偏估计量的价值，将其方差与 Rao-Cramér 下界进行比较. Rao-Cramér 下界和任一个无偏估计量实际方差的比率称为该估计量的**效率**. 比如，一个具有 50% 的效率的估计量意味着需要 $1/0.5 = 2$ 倍多的样本观测，才能与最小方差无偏估计量（100% 的有效估计量）在估计上做得同样好.

练习

6.6-1 令 $X_1, X_2, \cdots, X_n$ 是来自 $N(\theta, \sigma^2)$ 的随机样本，其中 σ^2 已知.

(a) 证明：$Y = (X_1 + X_2)/2$ 是 θ 的一个无偏估计量.

(b) 对于一般的 n，求 θ 的无偏估计量的方差的 Rao-Cramér 下界.

(c) 在(a)中的 Y 的效率等于多少？

6.6-2 令 $X_1, X_2, \cdots, X_n$ 表示来自 $b(1, p)$ 的随机样本. 我们知道 $\overline{X}$ 是 p 的一个无偏估计量，并且 $\mathrm{Var}(\overline{X}) = p(1-p)/n$（见练习 6.4-12）.

(a) 求 p 的任意无偏估计量的方差的 Rao-Cramér 下界.

(b) $\overline{X}$ 作为 p 的一个估计量，其效率等于多少？

6.6-3(续练习 6.4-2) 从已知均值为 μ 的正态分布中抽样，$\hat{\theta} = \sum\limits_{i=1}^{n} (X_i - \mu)^2/n$ 是 $\theta = \sigma^2$ 的最大似然估计量.

(a) 确定 Rao-Cramér 下界.

(b) $\hat{\theta}$ 的近似分布是什么？

(c) $n\hat{\theta}/\theta$ 的确切分布是什么？其中 $\theta = \sigma^2$.

6.6-4 如果随机样本 $X_1, X_2, \cdots, X_n$ 分别来自具有下列概率密度函数的分布，求相应的 Rao-Cramér 下界，以及最大似然估计量 $\hat{\theta}$ 的渐近方差.

(a) $f(x; \theta) = (1/\theta^2) x e^{-x/\theta}$, $0 < x < \infty$, $0 < \theta < \infty$.

(b) $f(x; \theta) = (1/2\theta^3) x^2 e^{-x/\theta}$, $0 < x < \infty$, $0 < \theta < \infty$.

(c) $f(x; \theta) = (1/\theta) x^{(1-\theta)/\theta}$, $0 < x < 1$, $0 < \theta < \infty$.

6.7 充分统计量

考虑样本量为 n 的随机样本来自参数（成功概率）为 p 的伯努利分布的情况，其中 $0 \leqslant p \leqslant 1$. 在 6.4 节中，我们知道 p 的最大似然估计量 $\hat{p} = \overline{X}$. 该估计量的一个特征（那时没有强调）是不同的随机样本可以导致相同的估计值. 例如，如果 $n = 3$，那么观测样本值 $(x_1, x_2, x_3) = (1, 0, 1)$ 和 $(x_1, x_2, x_3) = (0, 1, 1)$ 产生相同的 $\overline{x}$ 的值. 类似地，在样本量为 4 的随机样本来自均值为 λ 的泊松分布的情况，λ 的最大似然估计量是 $\hat{\lambda} = \overline{X}$（见练习 6.4-3），并且两个不同的样本值，比如 $(x_1, x_2, x_3, x_4) = (1, 5, 3, 1)$ 和 $(x_1, x_2, x_3, x_4) = (2, 4, 0, 4)$ 产生相同的最大似然估计值. 在两种情况下，未知参数的最大似然估计量是将随机样本压缩到单个统计量，即 $\overline{X}$. 尽管该统计量看起来是这些情况下合理的估计量，但是我们如何确信，在将样本压缩为其样本均值时，那些与估计未知参数有关的样本信息不会丢失？用另外一种方式讲，我们如何知道在这些情况下 $\overline{X}$ 是对未知参数估计的**充分统计量**？同样，在其他估计情况中，我们如何知道一个特殊统计量是否是一个未知参数同样意义下的充分统计量？本节提供了该问题的答案.

我们首先给出一个参数的充分统计量 $Y = u(X_1, X_2, \cdots, X_n)$ 的正式定义，使用大多数教材叙述的充要条件中的充分性，即著名的 Fisher-Neyman 因子分解定理. 我们这样做是因为我们发现入门级的读者可以容易地应用这样的定义. 然而，在使用这一定义时，我们将通过例子说明它的含义，其中一个含义有时也被用作充分性的定义. 理解例 6.7-3 对于充分统计量价值的理解是最重要的.

定义 6.7-1（因子分解定理） 令 $X_1, X_2, \cdots, X_n$ 表示随机变量，其联合概率密度函数或概率质量函数为 $f(x_1, x_2, \cdots, x_n; \theta)$，它与参数 θ 有关. 统计量 $Y = u(X_1, X_2, \cdots, X_n)$ 是 θ 的充分统计量，当且仅当

$$f(x_1, x_2, \cdots, x_n; \theta) = \phi[u(x_1, x_2, \cdots, x_n); \theta] h(x_1, x_2, \cdots, x_n)$$

其中 ϕ 仅仅通过 $u(x_1, x_2, \cdots, x_n)$ 依赖 $x_1, x_2, \cdots, x_n$，而 $h(x_1, x_2, \cdots, x_n)$ 不依赖 θ.

我们考虑有关这一定义的几个重要的例子和结果. 然而，我们首先注意到，在本书的所有例子中，随机变量 $X_1, X_2, \cdots, X_n$ 都将是一个随机样本，因此它们的联合概率密度函数或概率质量函数将是这样的形式：

$$f(x_1; \theta) f(x_2; \theta) \cdots f(x_n; \theta)$$

例 6.7-1 令 $X_1, X_2, \cdots, X_n$ 表示来自参数为 $\lambda > 0$ 的泊松分布的随机样本，那么

$$f(x_1; \lambda) f(x_2; \lambda) \cdots f(x_n; \lambda) = \frac{\lambda^{\Sigma x_i} e^{-n\lambda}}{x_1! x_2! \cdots x_n!} = (\lambda^{n\overline{x}} e^{-n\lambda}) \left(\frac{1}{x_1! x_2! \cdots x_n!} \right)$$

其中 $\bar{x} = (1/n) \sum\limits_{i=1}^{n} x_i$. 因此,由因子分解定理(定义 6.7-1),显然样本均值 $\bar{X}$ 是 λ 的充分统计量. 回想一下,λ 的最大似然估计量也是 $\bar{X}$,所以这里的最大似然估计量是充分统计量的一个函数. ∎

在例 6.7-1 中,如果我们用 $\sum\limits_{i=1}^{n} x_i$ 代替 $n\bar{x}$,很显然,和 $\sum\limits_{i=1}^{n} X_i$ 也是 λ 的充分统计量. 这当然符合我们的直觉,因为如果我们知道统计量 $\bar{X}$ 和 $\sum\limits_{i=1}^{n} X_i$ 中的一个,那么容易求得另一个. 如果推广这个想法,我们看到,如果 Y 是参数 θ 的充分统计量,那么 Y 的每一个不含 θ,具有单值可逆的函数也是 θ 的充分统计量. 同样的原因是,知道 Y 或者 Y 的函数,我们就知道另一个. 更正式地说,如果 $W = v(Y) = v[u(X_1, X_2, \cdots, X_n)]$ 是满足上面说明的函数,$Y = v^{-1}(W)$ 是其单值逆函数,那么因子分解定理可以写成

$$f(x_1, x_2, \cdots, x_n; \theta) = \phi[v^{-1}\{v[u(x_1, x_2, \cdots, x_n)]\}; \theta] \, h(x_1, x_2, \cdots, x_n)$$

该等式右边第一个因式通过 $v[u(x_1, x_2, \cdots, x_n)]$ 依赖 $x_1, x_2, \cdots, x_n$,所以 $W = v[u(X_1, X_2, \cdots, X_n)]$ 也是 θ 的充分统计量. 我们用一个连续型基本分布举例说明这个事实和因子分解定理.

例 6.7-2 令 $X_1, X_2, \cdots, X_n$ 是来自 $N(\mu, 1)$ 的随机样本,$-\infty < \mu < \infty$. 这些随机变量的联合概率密度函数是

$$\frac{1}{(2\pi)^{n/2}} \exp\left[-\frac{1}{2} \sum_{i=1}^{n} (x_i - \mu)^2\right] = \frac{1}{(2\pi)^{n/2}} \exp\left[-\frac{1}{2} \sum_{i=1}^{n} [(x_i - \bar{x}) + (\bar{x} - \mu)]^2\right]$$

$$= \left\{\exp\left[-\frac{n}{2}(\bar{x} - \mu)^2\right]\right\} \left\{\frac{1}{(2\pi)^{n/2}} \exp\left[-\frac{1}{2} \sum_{i=1}^{n} (x_i - \bar{x})^2\right]\right\}$$

由因子分解定理知,$\bar{X}$ 是 μ 的充分统计量. 现在,$\bar{X}^3$ 也是 μ 的充分统计量,因为知道 $\bar{X}^3$ 的值等价于知道 $\bar{X}$ 的值. 然而,$\bar{X}^2$ 不具有此性质,它不是 μ 的充分统计量. ∎

统计量 Y 的充分性的一个极其重要的结果是,当给定 $Y = y$ 时,$X_1, X_2, \cdots, X_n$ 的支撑集中任意给定的事件 A 的条件概率不依赖 θ. 这个结果有时候用作充分性的定义,并用下一个例子举例说明.

例 6.7-3 令 $X_1, X_2, \cdots, X_n$ 是来自伯努利分布的随机样本,具有概率质量函数

$$f(x; p) = p^x (1-p)^{1-x}, \quad x = 0, 1$$

其中 $p \in [0, 1]$. 我们知道

$$Y = X_1 + X_2 + \cdots + X_n$$

服从 $b(n, p)$,并且 Y 是 p 的充分统计量,因为 $X_1, X_2, \cdots, X_n$ 的联合概率质量函数等于

$$p^{x_1}(1-p)^{1-x_1} p^{x_2}(1-p)^{1-x_2} \cdots p^{x_n}(1-p)^{1-x_n} = [p^{\Sigma x_i}(1-p)^{n-\Sigma x_i}](1)$$

291

其中 $\phi(y;\ p)=p^y(1-p)^{n-y}$，$h(x_1,x_2,\cdots,x_n)=1$. 那么在 $y=0,1,\cdots,n-1$ 或 n 时，条件概率 $P(X_1=x_1,\cdots,X_n=x_n\mid Y=y)$ 等于多少？除非非负整数 $x_1,x_2,\cdots,x_n$ 之和等于 y，否则，该条件概率显然等于 0，它不依赖 p. 因此，仅仅对 $y=x_1+\cdots+x_n$ 时的解感兴趣. 由条件概率的定义，我们有

$$P(X_1=x_1,\cdots,X_n=x_n\mid Y=y)=\frac{P(X_1=x_1,\cdots,X_n=x_n)}{P(Y=y)}$$

$$=\frac{p^{x_1}(1-p)^{1-x_1}\cdots p^{x_n}(1-p)^{1-x_n}}{\binom{n}{y}p^y(1-p)^{n-y}}=\frac{1}{\binom{n}{y}}$$

其中 $y=x_1+\cdots+x_n$. 因为 y 等于集合 $x_1,x_2,\cdots,x_n$ 中 1 的个数，所以这个解仅仅是排列 $x_1,x_2,\cdots,x_n$ 中特别地恰好选到排有 y 个 1 和 $n-y$ 个 0 的概率，它不依赖参数 p. 也就是说，当给定充分统计量 $Y=y$ 时，$X_1=x_1$，$X_2=x_2$，$\cdots$，$X_n=x_n$ 的条件概率不依赖参数 p. ∎

292

观测到这一点是很有意思的，即例 6.7-1、例 6.7-2 和例 6.7-3 中的基本概率密度函数或概率质量函数能够写成指数的形式：

$$f(x;\theta)=\exp[K(x)p(\theta)+S(x)+q(\theta)]$$

其中它的支撑集与 θ 无关. 也就是说，我们分别有

$$\frac{\mathrm{e}^{-\lambda}\lambda^x}{x!}=\exp\{x\ln\lambda-\ln x!-\lambda\},\quad x=0,1,2,\cdots$$

$$\frac{1}{\sqrt{2\pi}}\mathrm{e}^{-(x-\mu)^2/2}=\exp\left\{x\mu-\frac{x^2}{2}-\frac{\mu^2}{2}-\frac{1}{2}\ln(2\pi)\right\},\quad -\infty<x<\infty$$

及

$$p^x(1-p)^{1-x}=\exp\left\{x\ln\left(\frac{p}{1-p}\right)+\ln(1-p)\right\},\quad x=0,1$$

在这里的每一个例子中，随机样本个体之和 $\sum_{i=1}^{n}X_i$ 是参数的充分统计量. 定理 6.7-1 推广了这一想法.

定理 6.7-1 令 $X_1,X_2,\cdots,X_n$ 是来自分布具有指数形式的概率密度函数或概率质量函数的随机样本

$$f(x;\theta)=\exp[K(x)p(\theta)+S(x)+q(\theta)]$$

其支撑集与 θ 无关. 那么统计量 $\sum_{i=1}^{n}K(X_i)$ 是 θ 的充分统计量.

证明 $X_1,X_2,\cdots,X_n$ 的联合概率密度函数（概率质量函数）等于

$$\exp\left[p(\theta)\sum_{i=1}^{n}K(x_i)+\sum_{i=1}^{n}S(x_i)+nq(\theta)\right]=\left\{\exp\left[p(\theta)\sum_{i=1}^{n}K(x_i)+nq(\theta)\right]\right\}\left\{\exp\left[\sum_{i=1}^{n}S(x_i)\right]\right\}$$

根据因子分解定理，统计量 $\sum\limits_{i=1}^{n} K(X_i)$ 是 θ 的充分统计量. □

在许多情况下，定理 6.7-1 通过少量计算就能求出参数的充分统计量，如下一个例子所示.

例 6.7-4 令 $X_1, X_2, \cdots, X_n$ 是来自指数分布的随机样本，概率密度函数为

$$f(x; \theta) = \frac{1}{\theta} e^{-x/\theta} = \exp\left[x\left(-\frac{1}{\theta}\right) - \ln\theta\right], \quad 0 < x < \infty$$

假设 $0 < \theta < \infty$. 这里 $K(x) = x$，因此 $\sum\limits_{i=1}^{n} X_i$ 是 θ 的充分统计量. 当然，$\overline{X} = \sum\limits_{i=1}^{n} X_i / n$ 也是充分统计量. ∎

注意到，如果存在所考虑参数的充分统计量，并且该参数的最大似然估计量是唯一的，那么最大似然估计量是充分统计量的函数. 为了直观地看明白这一点，考虑以下内容：如果充分统计量存在，那么似然函数等于

$$L(\theta) = f(x_1, x_2, \cdots, x_n; \theta) = \phi[u(x_1, x_2, \cdots, x_n); \theta] h(x_1, x_2, \cdots, x_n)$$

因为 $h(x_1, x_2, \cdots, x_n)$ 不依赖 θ，所以我们通过最大化 $\phi[u(x_1, x_2, \cdots, x_n); \theta]$ 来最大化 $L(\theta)$. 但是 ϕ 是仅仅通过统计值 $u(x_1, x_2, \cdots, x_n)$ 而依赖 $x_1, x_2, \cdots, x_n$ 的函数. 因此，如果有唯一的 θ 值使得 ϕ 达到最大，那么它一定是 $u(x_1, x_2, \cdots, x_n)$ 的函数. 也就是说，$\hat{\theta}$ 是充分统计量 $u(X_1, X_2, \cdots, X_n)$ 的函数. 这一事实在例 6.7-1 中被提及，但它可以通过其他例子和练习的应用来验证.

在许多情况下，我们有两个（或更多个）参数，比如 θ_1 和 θ_2. 前面所有的概念都可以扩展到这些情况. 例如，定义 6.7-1（因子分解定理）成为如下的两参数情形：如果

$$f(x_1, \cdots, x_n; \theta_1, \theta_2) = \phi[u_1(x_1, \cdots, x_n), u_2(x_1, \cdots, x_n); \theta_1, \theta_2] h(x_1, \cdots, x_n)$$

其中 ϕ 仅仅通过 $u_1(x_1, x_2, \cdots, x_n)$，$u_2(x_1, x_2, \cdots, x_n)$ 而依赖 $x_1, x_2, \cdots, x_n$，而且 $h(x_1, x_2, \cdots, x_n)$ 不依赖 θ_1 和 θ_2，因此 $Y_1 = u_1(X_1, X_2, \cdots, X_n)$ 和 $Y_2 = u_2(X_1, X_2, \cdots, X_n)$ 是 θ_1 和 θ_2 的**联合充分统计量**.

例 6.7-5 令 $X_1, X_2, \cdots, X_n$ 表示来自正态分布 $N(\theta_1 = \mu, \theta_2 = \sigma^2)$ 的随机样本. 那么

$$\prod_{i=1}^{n} f(x_i; \theta_1, \theta_2) = \left(\frac{1}{\sqrt{2\pi\theta_2}}\right)^n \exp\left[-\sum_{i=1}^{n}(x_i - \theta_1)^2 \bigg/ 2\theta_2\right]$$

$$= \exp\left[\left(-\frac{1}{2\theta_2}\right)\sum_{i=1}^{n} x_i^2 + \left(\frac{\theta_1}{\theta_2}\right)\sum_{i=1}^{n} x_i - \frac{n\theta_1^2}{2\theta_2} - n\ln\sqrt{2\pi\theta_2}\right] \cdot (1)$$

这样

$$Y_1 = \sum_{i=1}^{n} X_i^2 \quad \text{和} \quad Y_2 = \sum_{i=1}^{n} X_i$$

是 θ_1 和 θ_2 的联合充分统计量. 而且，函数

$$\overline{X} = \frac{Y_2}{n} \quad \text{和} \quad S^2 = \frac{Y_1 - Y_2^2/n}{n-1}$$

也是 θ_1 和 θ_2 的联合充分统计量，因为它们具有单值逆

$$Y_1 = (n-1)S^2 + n\overline{X}^2 \quad \text{和} \quad Y_2 = n\overline{X} \qquad \blacksquare$$

实际上，我们能够从定义 6.7-1 和例 6.7-5 看出，如果我们能够将概率密度函数写成指数的形式，那么就容易求联合充分统计量. 在该例子中，

$$f(x; \theta_1, \theta_2) = \exp\left(\frac{-1}{2\theta_2}x^2 + \frac{\theta_1}{\theta_2}x - \frac{\theta_1^2}{2\theta_2} - \ln\sqrt{2\pi\theta_2}\right)$$

所以

$$Y_1 = \sum_{i=1}^{n} X_i^2 \quad \text{和} \quad Y_2 = \sum_{i=1}^{n} X_i$$

是 θ_1 和 θ_2 的联合充分统计量. 如果我们从参数为 $\theta_1 = \mu_X$，$\theta_2 = \mu_Y$，$\theta_3 = \sigma_X^2$，$\theta_4 = \sigma_Y^2$ 和 $\theta_5 = \rho$ 的二维正态分布中抽取样本 (X_1, Y_1)，(X_2, Y_2)，$\cdots$，(X_n, Y_n)，那么可以给出更复杂的例子. 在练习 6.7-3 中，我们将二维正态概率密度函数 $f(x, y; \theta_1, \theta_2, \theta_3, \theta_4, \theta_5)$ 写成指数形式，并且知道 $Z_1 = \sum_{i=1}^{n} X_i^2$，$Z_2 = \sum_{i=1}^{n} Y_i^2$，$Z_3 = \sum_{i=1}^{n} X_i Y_i$，$Z_4 = \sum_{i=1}^{n} X_i$ 和 $Z_5 = \sum_{i=1}^{n} Y_i$ 是 θ_1，θ_2，θ_3，θ_4 和 θ_5 的联合充分统计量. 当然，函数

$$\overline{X} = \frac{Z_4}{n}, \quad \overline{Y} = \frac{Z_5}{n}, \quad S_X^2 = \frac{Z_1 - Z_4^2/n}{n-1}$$

$$S_Y^2 = \frac{Z_2 - Z_5^2/n}{n-1}, \quad R = \frac{(Z_3 - Z_4 Z_5/n)/(n-1)}{S_X S_Y}$$

具有单值逆，它们也是这些参数的充分统计量.

要强调的重要一点是，对于这些充分统计量存在的情况，一旦充分统计量被给定，在剩下的（条件）分布中就没有参数的额外信息剩余. 也就是说，所有的统计信息都应该基于充分统计量建立. 为了帮助读者在点估计中确信这一点，我们叙述并证明著名的 Rao-Blackwell 定理.

定理 6.7-2 令 $X_1, X_2, \cdots, X_n$ 是来自具有概率密度函数或概率质量函数为 $f(x; \theta)$，$\theta \in \Omega$ 的随机样本. 令 $Y_1 = u_1(X_1, X_2, \cdots, X_n)$ 是 θ 的充分统计量，并且令 $Y_2 = u_2(X_1, X_2, \cdots, X_n)$ 是 θ 的无偏估计量，其中 Y_2 不只是 Y_1 的函数，那么 $E(Y_2 \mid y_1) = u(y_1)$ 定义了统计量 $u(Y_1)$，它是充分统计量 Y_1 的函数，并且是 θ 的无偏估计量，其方差不超过 Y_2 的方差.

证明 令 $g(y_1, y_2; \theta)$ 是 Y_1 和 Y_2 的联合概率密度函数或概率质量函数，$g_1(y_1; \theta)$ 是 Y_1 的边际分布，因此

$$\frac{g(y_1, y_2; \theta)}{g_1(y_1; \theta)} = h(y_2 \mid y_1)$$

是给定 $Y_1 = y_1$ 的条件下 Y_2 的条件概率密度函数或条件概率质量函数. 因为 Y_1 是 θ 的充分统计量, 所以该等式不依赖 θ. 当然, 在连续型情况下,

$$u(y_1) = \int_{S_2} y_2 h(y_2 \mid y_1)\, \mathrm{d}y_2 = \int_{S_2} y_2 \frac{g(y_1, y_2; \theta)}{g_1(y_1; \theta)}\, \mathrm{d}y_2$$

$$E[u(Y_1)] = \int_{S_1} \left(\int_{S_2} y_2 \frac{g(y_1, y_2; \theta)}{g_1(y_1; \theta)}\, \mathrm{d}y_2 \right) g_1(y_1; \theta)\, \mathrm{d}y_1 = \int_{S_1} \int_{S_2} y_2\, g(y_1, y_2; \theta)\, \mathrm{d}y_2\, \mathrm{d}y_1 = \theta$$

295

这是因为 Y_2 是 θ 的无偏估计量. 因此, $u(Y_1)$ 也是 θ 的无偏估计量.

现在考虑

$$\begin{aligned} \mathrm{Var}(Y_2) = E[(Y_2 - \theta)^2] &= E[\{Y_2 - u(Y_1) + u(Y_1) - \theta\}^2] \\ &= E[\{Y_2 - u(Y_1)\}^2] + E[\{u(Y_1) - \theta\}^2] + 2E[\{Y_2 - u(Y_1)\}\{u(Y_1) - \theta\}] \end{aligned}$$

但最后一项等于

$$2 \int_{S_1} [u(y_1) - \theta] \left\{ \int_{S_2} [y_2 - u(y_1)] h(y_2 \mid y_1)\, \mathrm{d}y_2 \right\} g(y_1; \theta)\, \mathrm{d}y_1 = 0$$

这是因为 $u(y_1)$ 等于 Y_2 的条件期望 $E(Y_2 \mid y_1)$, 其条件分布由 $h(y_2 \mid y_1)$ 给出. 所以有

$$\mathrm{Var}(Y_2) = E[\{Y_2 - u(Y_1)\}^2] + \mathrm{Var}[u(Y_1)]$$

然而, $E[\{Y_2 - u(Y_1)\}^2] \geq 0$, 由于它是非负表达式的期望值. 因此

$$\mathrm{Var}(Y_2) \geq \mathrm{Var}[u(Y_1)] \qquad \square$$

该定理的重要性在于, 它表明了对于 θ 的每一个无偏估计量, 我们通常可以基于充分统计量求得另一个无偏估计量, 并且其方差小于前一个无偏估计量. 因此, 在这种意义下, 基于充分统计量求得的无偏估计量优于前者. 更重要的是, 我们也可以通过仅仅考虑基于充分统计量的那些无偏估计量, 来开始搜寻具有最小方差的无偏估计量. 此外, 在高级课程中我们证明了, 如果基本分布的概率密度函数或概率质量函数用指数形式表示, 只要无偏估计量存在, 那么只有充分统计量的一个函数是无偏的. 也就是说, 无偏估计量是唯一的 (见 Hogg、McKean 和 Craig, 2013).

还有一个有用的结果涉及参数 θ 的充分统计量 Y, 特别是用指数形式表示的概率密度函数或概率质量函数. 即如果另一个统计量 Z 的分布与 θ 无关, 那么 Y 和 Z 相互独立. 这正是样本来自分布 $N(\theta, \sigma^2)$ 时, $Z = (n-1)S^2$ 和 $Y = \overline{X}$ 相互独立的原因. 样本均值是 θ 的充分统计量, 而且

$$Z = (n-1)S^2 = \sum_{i=1}^{n} (X_i - \overline{X})^2$$

的分布与 θ 无关. 为了看清这一点, 我们注意到 Z 的矩母函数, 即 $E(\mathrm{e}^{tZ})$ 等于

$$\int_{-\infty}^{\infty} \int_{-\infty}^{\infty} \cdots \int_{-\infty}^{\infty} \exp\left[t \sum_{i=1}^{n} (x_i - \overline{x})^2 \right] \left(\frac{1}{\sqrt{2\pi}\sigma} \right)^n \exp\left[-\frac{\sum (x_i - \theta)^2}{2\sigma^2} \right] \mathrm{d}x_1 \mathrm{d}x_2 \cdots \mathrm{d}x_n$$

通过令 $x_i - \theta = w_i$, $i = 1, 2, \cdots, n$, 积分换元, 前面的表达式变成

$$\int_{-\infty}^{\infty} \int_{-\infty}^{\infty} \cdots \int_{-\infty}^{\infty} \exp\left[t \sum_{i=1}^{n} (w_i - \overline{w})^2 \right] \left(\frac{1}{\sqrt{2\pi}\sigma} \right)^n \exp\left[-\frac{\sum w_i^2}{2\sigma^2} \right] dw_1 dw_2 \cdots dw_n$$

它与 θ 无关.

证明该结论的思路是这样的, 注意到

$$\int_y [h(z|y) - g_2(z)] g_1(y; \theta) dy = g_2(z) - g_2(z) = 0$$

对所有 $\theta \in \Omega$ 成立. 然而, 由充分性假设, $h(z|y)$ 与 θ 无关. 因此, 由 Z 的分布与 θ 无关, $h(z|y) - g_2(z)$ 与 θ 无关. 因为 $N(\theta, \sigma^2)$ 具有指数形式的分布, 所以 $Y = \overline{X}$ 具有概率密度函数 $g_1(y|\theta)$, 就得要求 $h(z|y) - g_2(z)$ 等于 0. 也就是说

$$h(z|y) = g_2(z)$$

它意味着 Z 和 Y 相互独立. 这证明了定理 5.5-2 所陈述的 $\overline{X}$ 和 S^2 的独立性.

例 6.7-6 令 $X_1, X_2, \cdots, X_n$ 来自参数为 α(给定)和 $\theta > 0$ 的伽马分布的随机样本, 该分布具有指数形式. 现在, $Y = \sum_{i=1}^{n} X_i$ 是 θ 的充分统计量, 这是因为伽马分布的概率密度函数具有指数形式. 那么, 显然

$$Z = \frac{\sum_{i=1}^{n} a_i X_i}{\sum_{i=1}^{n} X_i}$$

具有的分布与尺度参数 θ 无关, 其中 $a_1, a_2, \cdots, a_n$ 不全等, 这是因为 Z 的矩母函数, 即

$$E(e^{tZ}) = \int_0^{\infty} \int_0^{\infty} \cdots \int_0^{\infty} \frac{e^{t\Sigma a_i X_i / \Sigma X_i}}{[\Gamma(\alpha)]^n \theta^{n\alpha}} (x_1 x_2 \cdots x_n)^{\alpha-1} e^{-\Sigma x_i/\theta} dx_1 dx_2 \cdots dx_n$$

它不依赖 θ, 这通过积分变换 $w_i = x_i/\theta (i = 1, 2, \cdots, n)$ 即可看出. 所以 Y 和 Z 是相互独立的统计量. ∎

只有一个充分统计量 Y 和一个参数 θ 时, Y 和 Z 相互独立的特殊情况首先由 Hogg (1953)观察到, 然后由 Basu(1955)推广到多个充分统计量和超过一个参数的情况, 这通常称为 **Basu 定理**.

由于这些结果, 充分统计量特别重要, 当它们存在时, 估计问题的解通常是基于它们得到的.

练习

6.7-1 令 $X_1, X_2, \cdots, X_n$ 是来自 $N(0, \sigma^2)$ 的随机样本.

(a) 求 σ^2 的充分统计量 Y.

(b) 证明: σ^2 的最大似然估计量是 Y 的函数.

(c) σ^2 的最大似然估计量是否是无偏的?

6.7-2 令 $X_1, X_2, \cdots, X_n$ 是来自均值 $\lambda > 0$ 的泊松分布的随机样本. 求条件概率 $P(X_1 = x_1, \cdots, X_n = x_n \mid Y = y)$, 其中 $Y = X_1 + \cdots + X_n$, 并且非负整数 $x_1, x_2, \cdots, x_n$ 之和等于 y. 注意此概率不依赖 λ.

6.7-3 将二维正态概率密度函数 $f(x, y; \theta_1, \theta_2, \theta_3, \theta_4, \theta_5)$ 写成指数形式，并证明 $Z_1 = \sum_{i=1}^{n} X_i^2$,

$Z_2 = \sum_{i=1}^{n} Y_i^2$, $Z_3 = \sum_{i=1}^{n} X_i Y_i$, $Z_4 = \sum_{i=1}^{n} X_i$ 和 $Z_5 = \sum_{i=1}^{n} Y_i$ 是 $\theta_1, \theta_2, \theta_3, \theta_4$ 和 θ_5 的联合充分统计量.

6.7-4 令 $X_1, X_2, \cdots, X_n$ 是随机样本，其总体概率密度函数为 $f(x; \theta) = \theta x^{\theta-1}$, $0 < x < 1$, 其中 $0 < \theta$.

(a) 求 θ 的充分统计量 Y.

(b) 证明：最大似然估计量 $\hat{\theta}$ 是 Y 的函数.

(c) 论证 $\hat{\theta}$ 也是 θ 的充分统计量.

297

6.7-5 令 $X_1, X_2, \cdots, X_n$ 是来自伽马分布的随机样本，参数 $\alpha = 1$ 和 $1/\theta > 0$. 证明：$Y = \sum_{i=1}^{n} X_i$ 是充分统计量，Y 服从参数为 n 和 $1/\theta$ 的伽马分布，以及 $(n-1)/Y$ 是 θ 的无偏估计量.

6.7-6 令 $X_1, X_2, \cdots, X_n$ 是来自伽马分布的随机样本，具有已知的参数 α 和未知的参数 $\theta > 0$.

(a) 证明：$Y = \sum_{i=1}^{n} X_i$ 是 θ 的充分统计量.

(b) 证明：θ 的最大似然估计量是 Y 的函数，并且是 θ 的无偏估计量.

6.7-7 令 $X_1, X_2, \cdots, X_n$ 是随机样本，其总体具有概率质量函数 $f(x; p) = p(1-p)^{x-1}$, $x = 1, 2, 3, \cdots$, 其中 $0 < p < 1$.

(a) 证明：$Y = \sum_{i=1}^{n} X_i$ 是 p 的充分统计量.

(b) 求 Y 的函数，使得它是 $\theta = 1/p$ 的无偏估计量.

6.7-8 令 $X_1, X_2, \cdots, X_n$ 是来自 $N(0, \theta)$ 的随机样本，其中 $\sigma^2 = \theta > 0$ 未知. 证明：θ 的充分统计量 $Y = \sum_{i=1}^{n} X_i^2$ 和 $Z = \sum_{i=1}^{n} a_i X_i / \sum_{i=1}^{n} X_i$ 相互独立. 提示：令 $x_i = \sqrt{\theta} y_i$, $i = 1, 2, \cdots, n$, 在多重积分中重新表示 $E[e^{tZ}]$.

6.7-9 令 $X_1, X_2, \cdots, X_n$ 是来自 $N(\theta_1, \theta_2)$ 的随机样本. 证明联合充分统计量 $Y_1 = \bar{X}$ 和 $Y_2 = S^2$ 独立于统计量

$$Z = \sum_{i=1}^{n-1} \frac{(X_{i+1} - X_i)^2}{S^2}$$

是因为 Z 的分布与 θ_1 和 θ_2 无关.

提示：令 $w_i = (x_i - \theta_1) / \sqrt{\theta_2}$, $i = 1, 2, \cdots, n$, 在多重积分中重新表示 $E[e^{tZ}]$.

6.7-10 令 $X_1, X_2, \cdots, X_n$ 是随机样本，其总体具有概率密度函数 $f(x; \theta) = \{\Gamma(2\theta) / [\Gamma(\theta)]^2\} x^{\theta-1} (1-x)^{\theta-1}$, $0 < x < 1$. 求 θ 的充分统计量.

6.7-11 令 $X_1, X_2, \cdots, X_n$ 是随机样本，其总体具有概率密度函数 $f(x; \theta) = (1/2)\theta^3 x^2 e^{-\theta x}$, $0 < x < \infty$. 证明：

$Y = \sum_{i=1}^{n} X_i$ 和 $Z = (X_1 + X_2)/Y$ 相互独立.

6.7-12 考虑 6.5 节介绍的回归模型 $Y_i = \alpha + \beta(x_i - \bar{x}) + \varepsilon_i$, 其中 $\varepsilon_1, \varepsilon_2, \cdots, \varepsilon_n$ 是来自 $N(0, \sigma^2)$ 的随机样本.

证明：$Z_1 = \sum_{i=1}^{n} Y_i$, $Z_2 = \sum_{i=1}^{n} Y_i^2$ 和 $Z_3 = \sum_{i=1}^{n} x_i Y_i$ 是 α, β 和 σ^2 的联合充分统计量.

6.7-13 令 X 是连续型随机变量，具有概率密度函数

$$f(x) = \frac{1}{2\theta} e^{-|x|/\theta}, \quad -\infty < x < \infty$$

(a) 求 θ 的充分统计量 Y.

(b) 证明：最大似然估计量 $\hat{\theta}$ 是 Y 的函数.

(c) 论证 $\hat{\theta}$ 也是 θ 的充分统计量.

6.8 贝叶斯估计

我们现在描述估计的另一个方法，它被称为贝叶斯学派的一群统计学家所使用. 为了完全理解他们的方法，需要的文本比我们分配给这个主题的文本还要多，不过，让我们通过考虑托马斯·贝叶斯定理的一个简单应用来开始这部分内容的简短介绍(见 1.5 节).

例 6.8-1 假设我们将从自泊松分布中抽取观测值，其均值 λ 等于 2 或者 4(但我们不知道究竟是哪一个). 此外，在进行实验之前，我们相信 $\lambda = 2$ 是参数的机会是 $\lambda = 4$ 的 4 倍. 也就是说，先验概率是 $P(\lambda = 2) = 0.8$ 和 $P(\lambda = 4) = 0.2$. 现在实验完成，我们观测到 $x = 6$. 基于这一点，我们的直觉告诉我们，$\lambda = 2$ 似乎比 $\lambda = 4$ 有更少的机会，这是因为观测 $x = 6$ 在 $\lambda = 4$ 的情况下比 $\lambda = 2$ 的情况下具有更大的概率. 用明显的记号，从附录 B 的表Ⅲ得到

$$P(X = 6 | \lambda = 2) = 0.995 - 0.983 = 0.012$$

及

$$P(X = 6 | \lambda = 4) = 0.889 - 0.785 = 0.104$$

我们的直觉能够通过计算当给定 $X = 6$ 时 $\lambda = 2$ 的条件概率得到支持：

$$P(\lambda = 2 | X = 6) = \frac{P(\lambda = 2, X = 6)}{P(X = 6)} = \frac{P(\lambda = 2)P(X = 6 | \lambda = 2)}{P(\lambda = 2)P(X = 6 | \lambda = 2) + P(\lambda = 4)P(X = 6 | \lambda = 4)}$$

$$= \frac{(0.8)(0.012)}{(0.8)(0.012) + (0.2)(0.104)} = 0.316$$

此条件概率称为当给定单个数据点(这里是 $x = 6$)时 $\lambda = 2$ 的后验概率. 以类似的方式，可以求出 $\lambda = 4$ 的后验概率是 0.684. 因此，我们看到 $\lambda = 2$ 的概率已经从 0.8(先验概率)减少到当有观测值 $x = 6$ 时的 0.316(后验概率). ■

在更多的实际应用中，参数 θ 可以取的值多于像例 6.8-1 中的两个值. 贝叶斯学派必定以某种方式通过**先验概率密度函数** $h(\theta)$ 将先验概率分配到整个参数空间. 他们已经开发了评估这些先验概率的程序，而我们根本无法公正地在这里评判这些方法. $h(\theta)$ 以某种方式反映贝叶斯学派想要分配给 θ 的各种可能值的先验权重. 在某些场合，如果 $h(\theta)$ 等于一个常数，这样 θ 服从均匀先验分布，那么我们说贝叶斯学派提供了**无信息**先验. 事实上，如果在实验之前就了解 θ 的某些知识的话，那么只要可能就应该避免无信息先验.

而且，在更多的实际例子中，我们通常抽取几个观测值，而不是仅仅一个观测值. 也就是说，我们取抽取随机样本，并且通常有参数 θ 的一个好的统计量，比如 Y. 假设我们考虑的是连续型的情况，Y 的概率密度函数 $g(y; \theta)$ 可以认为是当给定 θ 时 Y 的条件概率密度函数(在本节，今后我们写 $g(y; \theta) = g(y | \theta)$). 因此，我们可以视

$$g(y | \theta)h(\theta) = k(y, \theta)$$

为统计量 Y 和参数的联合概率密度函数. 当然，Y 的边际概率密度函数是

$$k_1(y) = \int_{-\infty}^{\infty} h(\theta)g(y \mid \theta)\,\mathrm{d}\theta$$

因此，

$$\frac{k(y,\theta)}{k_1(y)} = \frac{g(y \mid \theta)h(\theta)}{k_1(y)} = k(\theta \mid y)$$

可以作为当给定 $Y=y$ 时参数的条件概率密度函数. 该公式本质上是贝叶斯定理，并且 $k(\theta \mid y)$ 称为当给定 $Y=y$ 时 θ 的**后验概率密度**.

贝叶斯学派相信需要知道的有关参数的任何事情都概括在这个后验概率密度函数 $k(\theta \mid y)$ 中. 例如，假设他们被迫对参数 θ 做点估计，他们会注意到将根据概率密度函数 $k(\theta \mid y)$ 猜测这里的随机变量 θ 的值. 有很多方法可以做到这一点：分布的均值、中位数或者众数都将是合理的猜测. 然而，归根到底，最好的猜测显然依赖于对各种错误的惩罚，这些错误是由于不正确的猜测造成的. 例如，如果我们的惩罚是通过参数 θ 的猜测值 $w(y)$ 与真实值之间的误差的平方进行的，那么显然我们会使用条件均值

$$w(y) = \int_{-\infty}^{\infty} \theta k(\theta \mid y)\,\mathrm{d}\theta$$

作为 θ 的贝叶斯估计. 原因在于，通常如果 Z 是随机变量，那么 b 的函数 $E\big[(Z-b)^2\big]$ 在 $b = E(Z)$ 处达到最小（见例 2.2-4）. 同样地，如果惩罚（损失）函数是误差的绝对值 $|\theta - w(y)|$，那么我们使用分布的中位数. 原因在于，对任何随机变量 Z，$E[|Z-b|]$ 在 b 等于 Z 的分布的中位数时达到最小（见练习 2.2-8）.

例 6.8-2 假设 Y 服从参数为 n 和 $p=\theta$ 的二项分布，那么，当给定 θ 时，Y 的概率质量函数等于

$$g(y \mid \theta) = \binom{n}{y}\theta^y(1-\theta)^{n-y}, \quad y = 0,1,2,\cdots,n$$

让我们取参数的先验概率密度函数是贝塔概率密度函数：

$$h(\theta) = \frac{\Gamma(\alpha+\beta)}{\Gamma(\alpha)\Gamma(\beta)}\theta^{\alpha-1}(1-\theta)^{\beta-1}, \quad 0 < \theta < 1$$

通过选择参数 α 和 β，这样的先验概率密度函数给贝叶斯学派提供了很大的灵活性. 从而，联合概率可以表述为参数为 n 和 θ 的二项分布的概率质量函数与这个贝塔概率密度函数的乘积，即

$$k(y,\theta) = \binom{n}{y}\frac{\Gamma(\alpha+\beta)}{\Gamma(\alpha)\Gamma(\beta)}\theta^{y+\alpha-1}(1-\theta)^{n-y+\beta-1}$$

支撑集由 $y=0,1,2,\cdots,n$ 和 $0<\theta<1$ 给出. 我们求得

$$k_1(y) = \int_0^1 k(y,\theta)\,\mathrm{d}\theta = \binom{n}{y}\frac{\Gamma(\alpha+\beta)}{\Gamma(\alpha)\Gamma(\beta)}\frac{\Gamma(\alpha+y)\Gamma(n+\beta-y)}{\Gamma(n+\alpha+\beta)}$$

其支撑集是 $y=0,1,2,\cdots,n$，这通过计算参数为 $y+\alpha$ 和 $n-y+\beta$ 的贝塔概率密度函数的积分

等于 1 而得到. 因此

$$k(\theta \mid y) = \frac{k(y, \theta)}{k_1(y)} = \frac{\Gamma(n + \alpha + \beta)}{\Gamma(\alpha + y)\Gamma(n + \beta - y)} \theta^{y + \alpha - 1}(1 - \theta)^{n - y + \beta - 1}, \quad 0 < \theta < 1$$

它是参数为 $y+\alpha$ 和 $n-y+\beta$ 的贝塔概率密度函数. 根据平方误差损失函数, 我们必须关于 $w(y)$ 去最小化积分

$$\int_0^1 [\theta - w(y)]^2 k(\theta \mid y) \, \mathrm{d}\theta$$

来获得贝叶斯估计量. 但是, 如前所述, 如果 Z 是具有二阶矩的随机变量, 那么 $E[(Z-b)^2]$ 在 $b=E(Z)$ 处达到最小. 在前面的积分中, θ 好比是 Z, 具有概率密度函数 $k(\theta \mid y)$, $w(y)$ 好比是 b, 所以最小化通过

$$w(y) = E(\theta \mid y) = \frac{\alpha + y}{\alpha + \beta + n}$$

完成, 它是参数为 $y+\alpha$ 和 $n-y+\beta$ 的贝塔分布的均值 (见练习 5.2-8). 值得注意的是, 该贝叶斯估计量可以写成

$$w(y) = \left(\frac{n}{\alpha + \beta + n}\right)\left(\frac{y}{n}\right) + \left(\frac{\alpha + \beta}{\alpha + \beta + n}\right)\left(\frac{\alpha}{\alpha + \beta}\right)$$

它是 θ 的最大似然估计 y/n 和参数的先验分布的均值 $\alpha/(\alpha+\beta)$ 的加权平均. 此外, 各自的权重分别是 $n/(\alpha+\beta+n)$ 和 $(\alpha+\beta)/(\alpha+\beta+n)$. 因此, 我们看到应该这样选择 α 和 β, 要使得不仅 $\alpha/(\alpha+\beta)$ 是希望的先验均值, 而且它们的和 $\alpha+\beta$ 起到相应于样本量的作用. 也就是说, 如果我们希望我们的先验意见跟样本量 20 有相同的重要性, 那么我们应取 $\alpha+\beta=20$. 所以, 如果我们的先验均值等于 $3/4$, 那么我们选择 $\alpha=15$ 和 $\beta=5$. 也就是说, θ 的先验分布是 beta$(15,5)$. 如果我们观测到 $n=40$ 和 $y=28$, 那么后验概率质量函数是 beta$(28+15=43, 12+5=17)$. 先验和后验概率密度函数见图 6.8-1. ∎

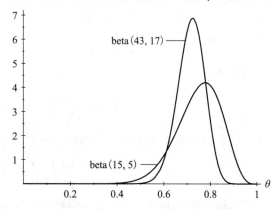

图 6.8-1 贝塔分布先验和后验概率密度函数

在例 6.8-2 中, 注意到这一点很方便, 即求 $k(\theta \mid y)$ 时不必确定 $k_1(y)$. 如果我们用 $k_1(y)$ 去除 $k(\theta \mid y)$, 则我们得到一个依赖 y 但不依赖 θ 的因子 $c(y)$ 和下式的乘积:

$$\theta^{y + \alpha - 1}(1 - \theta)^{n - y + \beta - 1}$$

也就是说,

$$k(\theta \mid y) = c(y) \theta^{y + \alpha - 1}(1 - \theta)^{n - y + \beta - 1}, \quad 0 < \theta < 1$$

然而, $c(y)$ 必须是 "常数", 以使得 $k(\theta \mid y)$ 是概率密度函数, 即

$$c(y) = \frac{\Gamma(n + \alpha + \beta)}{\Gamma(y + \alpha)\Gamma(n - y + \beta)}$$

因此, 贝叶斯学派经常写成 $k(\theta \mid y)$ 正比于 $k(y, \theta) = g(y \mid \theta) h(\theta)$. 也就是说

$$k(\theta \mid y) \propto g(y \mid \theta) h(\theta)$$

于是, 为了实际上构成概率密度函数, 他们只是求一个"常数"(当然, 它实际上是 y 的某个函数), 使得表达式的积分等于 1.

例 6.8-3 假设 $Y = \overline{X}$ 是样本容量为 n 的随机样本的样本均值, 它来自正态分布 $N(\theta, \sigma^2)$, 其中 σ^2 已知, 那么 $g(y \mid \theta)$ 是 $N(\theta, \sigma^2/n)$ 的密度. 进一步假设我们能够通过 $N(\theta_0, \sigma_0^2)$ 的密度函数 $h(\theta)$ 作为先验概率密度函数去分配先验权重给 θ, 则我们有

$$k(\theta \mid y) \propto \frac{1}{\sqrt{2\pi}\,(\sigma/\sqrt{n})} \frac{1}{\sqrt{2\pi}\sigma_0} \exp\left[-\frac{(y-\theta)^2}{2(\sigma^2/n)} - \frac{(\theta-\theta_0)^2}{2\sigma_0^2}\right]$$

如果我们排除所有的常数因子(包括仅含 y 的因子), 那么

$$k(\theta \mid y) \propto \exp\left[-\frac{(\sigma_0^2 + \sigma^2/n)\theta^2 - 2(y\sigma_0^2 + \theta_0\sigma^2/n)\theta}{2(\sigma^2/n)\sigma_0^2}\right]$$

此表达式可以通过完全平方得到简化, 以便于读懂(消除不含 θ 的因子后)

$$k(\theta \mid y) \propto \exp\left\{-\frac{[\theta - (y\sigma_0^2 + \theta_0\sigma^2/n)/(\sigma_0^2 + \sigma^2/n)]^2}{[2(\sigma^2/n)\sigma_0^2]/[\sigma_0^2 + (\sigma^2/n)]}\right\}$$

也就是说, 参数的后验概率密度函数显然是正态的, 具有均值

$$\frac{y\sigma_0^2 + \theta_0\sigma^2/n}{\sigma_0^2 + \sigma^2/n} = \left(\frac{\sigma_0^2}{\sigma_0^2 + \sigma^2/n}\right)y + \left(\frac{\sigma^2/n}{\sigma_0^2 + \sigma^2/n}\right)\theta_0$$

及方差 $(\sigma^2/n)\sigma_0^2/(\sigma_0^2 + \sigma^2/n)$. 如果使用平方误差损失函数, 那么该后验均值是贝叶斯估计量. 再一次注意到, 它是最大似然估计 $y = \overline{x}$ 和先验均值 θ_0 的加权平均. 贝叶斯估计量 $w(y)$ 总是先验判断和通常估计之间的一个值. 在这里和例 6.8-2 中, 我们也注意到, 随着 n 增大, 贝叶斯估计量越来越接近最大似然估计. 因此, 贝叶斯程序允许决策者以非常正式的方式将他或她的先验意见输入到解决方案中. 这样, 随着 n 增大, 这些先验意见的影响会越来越小. ■

在贝叶斯统计中, 推断 θ 需要的所有信息都包含在后验概率密度函数 $k(\theta \mid y)$ 里. 在例 6.8-2 和例 6.8-3 中, 我们通过使用平方误差损失函数求贝叶斯点估计. 注意到如果损失函数是误差的绝对值 $|w(y) - \theta|$, 那么贝叶斯估计量会是参数后验分布的中位数, 后验分布由 $k(\theta \mid y)$ 给出. 因此, 贝叶斯估计量正如它应该的那样, 随着不同的损失函数而变化.

最后, 如果需要求 θ 的区间估计, 我们将求 y 的两个函数, 比如是 $u(y)$ 和 $v(y)$, 使得

$$\int_{u(y)}^{v(y)} k(\theta \mid y)\,\mathrm{d}\theta = 1 - \alpha$$

其中 α 是很小的数, 比如 $\alpha = 0.05$. 那么, 在参数落在该区间的后验概率等于 $1 - \alpha$ 的意义下, 从 $u(y)$ 到 $v(y)$ 的观测区间将会作为参数的区间估计. 在例 6.8-3 中, 参数的后验概率密度函数是正态的, 区间

$$\frac{y\sigma_0^2 + \theta_0\sigma^2/n}{\sigma_0^2 + \sigma^2/n} \pm 1.96\sqrt{\frac{(\sigma^2/n)\sigma_0^2}{\sigma_0^2 + \sigma^2/n}}$$

作为 θ 的区间估计，取后验概率为 0.95.

在结束本小节内容时，注意到我们可以从样本观测 $X_1, X_2, \cdots, X_n$ 开始，而不是从某个统计量 Y 开始. 那么，在我们的讨论中，我们将用似然函数

$$L(\theta) = f(x_1 \mid \theta)f(x_2 \mid \theta)\cdots f(x_n \mid \theta)$$

替换 $g(y \mid \theta)$，该似然函数是给定 θ 时 $X_1, X_2, \cdots, X_n$ 的联合概率密度函数. 因此，我们发现

$$k(\theta \mid x_1, x_2, \cdots, x_n) \propto h(\theta)f(x_1 \mid \theta)f(x_2 \mid \theta)\cdots f(x_n \mid \theta) = h(\theta)L(\theta)$$

现在，给定数据的情况下，$k(\theta \mid x_1, x_2, \cdots, x_n)$ 包含了关于 θ 的所有信息. 这样，根据损失函数，我们可以选择后验分布的某个特征（如均值或中位数）作为 θ 的贝叶斯估计.

例 6.8-4　让我们再一次考虑例 6.8-2，但现在假设 $X_1, X_2, \cdots, X_n$ 是来自伯努利分布的随机样本，概率质量函数是

$$f(x \mid \theta) = \theta^x(1-\theta)^{1-x}, \quad x = 0, 1$$

θ 具有与前面相同的先验概率密度函数，$X_1, X_2, \cdots, X_n$ 和 θ 的联合分布是

$$\frac{\Gamma(\alpha+\beta)}{\Gamma(\alpha)\Gamma(\beta)}\theta^{\alpha-1}(1-\theta)^{\beta-1}\theta^{\sum_{i=1}^{n}x_i}(1-\theta)^{n-\sum_{i=1}^{n}x_i}, \quad 0 < \theta < 1, \ x_i = 0, 1$$

当然，当给定 $X_1 = x_1$，$X_2 = x_2$，$\cdots$，$X_n = x_n$ 时，θ 的后验概率密度函数是

$$k(\theta \mid x_1, x_2, \cdots, x_n) \propto \theta^{\sum_{i=1}^{n}x_i+\alpha-1}(1-\theta)^{n-\sum_{i=1}^{n}x_i+\beta-1}, \quad 0 < \theta < 1$$

它是参数为 $\alpha^* = \sum x_i + \alpha$，$\beta^* = n - \sum x_i + \beta$ 的贝塔分布. θ 的条件均值是

$$\frac{\sum_{i=1}^{n}x_i + \alpha}{n+\alpha+\beta} = \left(\frac{n}{n+\alpha+\beta}\right)\left(\frac{\sum_{i=1}^{n}x_i}{n}\right) + \left(\frac{\alpha+\beta}{n+\alpha+\beta}\right)\left(\frac{\alpha}{\alpha+\beta}\right)$$

取 $y = \sum x_i$，它与例 6.8-2 的结果完全相同. ∎

显然，积分的困难给贝叶斯学派带来了巨大的问题. 直到最近，计算机方面计算方法的进步才"解决了"许多这样的问题. 举一个简单的例子，假设统计量 Y 的概率密度函数 $f(y \mid \theta)$ 和先验概率密度函数 $h(\theta)$ 使得后验概率密度函数

$$k(\theta \mid y) = \frac{f(y \mid \theta)h(\theta)}{\int_{-\infty}^{\infty}f(y \mid \theta)h(\theta)\,\mathrm{d}\theta}$$

的矩很难通过分析的方式获得. 特别地，比如我们用平方误差损失，我们希望确定 $E(\theta \mid y)$，即

$$\delta(y) = \frac{\int_{-\infty}^{\infty}\theta f(y \mid \theta)h(\theta)\,\mathrm{d}\theta}{\int_{-\infty}^{\infty}f(y \mid \theta)h(\theta)\,\mathrm{d}\theta}$$

但做起来并不容易. 令 $f(y\mid\theta)=w(\theta)$, 那么我们希望评估比率

$$\frac{E[\theta w(\theta)]}{E[w(\theta)]}$$

其中 y 给定, 关于 θ 求期望值. 为了做到这一点, 我们简单地从给定的分布 $h(\theta)$ 生成许多 θ 值, 如 $\theta_1,\theta_2,\cdots,\theta_m$(其中 m 很大). 然后我们通过

$$\sum_{i=1}^{m}\frac{\theta_i w(\theta_i)}{m}\quad\text{和}\quad\sum_{i=1}^{m}\frac{w(\theta_i)}{m}$$

分别估计所需比率的分子和分母, 以得到

$$\tau=\frac{\sum_{i=1}^{m}\theta_i w(\theta_i)/m}{\sum_{i=1}^{m}w(\theta_i)/m}$$

　　除了这个简单的蒙特卡罗程序外, 在贝叶斯推断中还有其他特别有用的方法. 其中两个是**吉布斯抽样**和**马尔可夫链蒙特卡罗方法**(MCMC). 后者用于**分层贝叶斯模型**, 其先验有另一个参数, 而该参数有自己的先验. 也就是说, 我们有

$$f(y\mid\theta),\quad h(\theta\mid\tau),\quad\text{和}\quad g(\tau)$$

因此,

$$k(\theta,\tau\mid y)=\frac{f(y\mid\theta)h(\theta\mid\tau)g(\tau)}{\int_{-\infty}^{\infty}\int_{-\infty}^{\infty}f(y\mid\theta)h(\theta\mid\tau)g(\tau)\,\mathrm{d}\theta\,\mathrm{d}\tau}$$

及

$$k_1(\theta\mid y)=\int_{-\infty}^{\infty}k(\theta,\tau\mid y)\,\mathrm{d}\tau$$

因此, 对于平方误差损失, 贝叶斯估计量是

$$\int_{-\infty}^{\infty}\theta k_1(\theta\mid y)\,\mathrm{d}\theta$$

使用吉布斯抽样, 可以生成一个数值流 (θ_1,τ_1), (θ_2,τ_2), $\cdots$. 它能让我们估计 $k(\theta,\tau\mid y)$ 和 $\int_{-\infty}^{\infty}\theta k_1(\theta\mid y)\,\mathrm{d}\theta$. 这些程序是 MCMC 程序(需要另外的参考文献, 见 Hogg、McKean 和 Craig, 2013).

练习

6.8-1　令 Y 是来自均值为 θ 的泊松分布的随机样本的观测之和, θ 的先验分布是参数为 α 和 β 的伽马分布.
　　(a) 求当给定 $Y=y$ 时, θ 的后验概率密度函数.
　　(b) 如果损失函数是 $[w(y)-\theta]^2$, 求贝叶斯点估计 $w(y)$.
　　(c) 证明: 在(b)中求得的 $w(y)$ 是最大似然估计 y/n 和先验均值 $\alpha\beta$ 的加权平均, 各自的权系数分别是 $n/(n+1/\beta)$ 和 $(1/\beta)/(n+1/\beta)$.

6.8-2　令 $X_1,X_2,\cdots,X_n$ 是来自参数为 α 和 $\theta=1/\tau$ 的伽马分布的随机样本, 如果 τ 的先验分布是参数为 α_0 和 θ_0 的伽马分布的概率密度函数, 其先验均值是 $\alpha_0\theta_0$.

(a) 求当给定 $X_1 = x_1$, $X_2 = x_2$, $\cdots$, $X_n = x_n$ 时, τ 的后验概率密度函数.

304

(b) 求在(a)中得到的后验分布的均值, 并将其写成样本均值 $\overline{X}$ 和 $\alpha_0 \theta_0$ 的函数.

(c) 如果 $n = 10$, $\alpha = 3$, $\alpha_0 = 10$ 及 $\theta_0 = 2$, 解释你如何求得 τ 的 95% 的区间估计.

6.8-3　在例 6.8-2 中, 取 $n = 30$, $\alpha = 15$ 及 $\beta = 5$.

(a) 使用平方误差损失, 计算与贝叶斯估计量 $w(Y)$ 相关联的期望损失(风险函数).

(b) 与通常估计量 Y/n 相关联的风险函数当然是 $\theta(1-\theta)/30$. 求(a)中的风险函数小于 $\theta(1-\theta)/30$ 的 θ 值. 特别地, 如果先验均值 $\alpha/(\alpha+\beta) = 3/4$ 是合理的猜测, 那么哪些 θ 值会使得(a)中的风险函数在两个中更好(即它在 $\theta = 3/4$ 的邻域中更小)?

6.8-4　考虑随机样本 $X_1, X_2, \cdots, X_n$, 其分布具有概率密度函数

$$f(x \mid \theta) = 3\theta x^2 e^{-\theta x^3}, \quad 0 < x < \infty$$

令 θ 的先验概率密度函数是参数为 $\alpha = 4$ 和通常的 $\theta = 1/4$ 的伽马分布的概率密度函数. 求当给定 $X_1 = x_1$, $X_2 = x_2$, $\cdots$, $X_n = x_n$ 时, θ 的条件均值.

6.8-5　在例 6.8-3 中, 假设使用损失函数 $\left| \theta - w(Y) \right|$, 那么贝叶斯估计量 $w(Y)$ 是什么?

6.8-6　令 Y 是样本量为 n 的随机样本中最大顺序统计量, 样本来自的分布具有概率密度函数 $f(x \mid \theta) = 1/\theta$, $0 < x < \theta$. 假如 θ 具有先验概率密度函数

$$h(\theta) = \beta \alpha^\beta / \theta^{\beta+1}, \quad \alpha < \theta < \infty$$

其中 $\alpha > 0$, $\beta > 0$.

(a) 如果 $w(Y)$ 是 θ 贝叶斯估计量, 并且 $\left[\theta - w(Y)\right]^2$ 是损失函数, 求 $w(Y)$.

(b) 如果 $n = 4$, $\alpha = 1$ 及 $\beta = 2$, 求损失函数取 $\left| \theta - w(Y) \right|$ 时的贝叶斯估计量 $w(Y)$.

6.8-7　参考例 6.8-3, 假设我们选择 $\sigma_0^2 = d\sigma^2$, 其中 σ^2 在该例子中是已知的. 我们分配什么样的值给 d, 就会使得参数的后验概率密度函数的方差等于 $Y = \overline{X}$ 的方差 σ^2/n 的 2/3?

6.8-8　考虑 6.5 节的似然函数 $L(\alpha, \beta, \sigma^2)$, 令 α 和 β 独立于先验 $N(\alpha_1, \sigma_1^2)$ 和 $N(\beta_0, \sigma_0^2)$, 确定 $\alpha + \beta(x - \overline{x})$ 的后验均值.

历史评注　当统计学家考虑估计时, 就会想起 R. A. Fisher 对这一主题的许多方面的贡献: 最大似然估计、有效性和充分性. 当然, 自 20 世纪 20 年代以来, 更多统计学家对这一学科作出了贡献. 对读者来说, 浏览一下美国统计协会期刊、统计学年鉴及相关的期刊的目录, 以观察有多少文章是有关估计的, 这是一项有趣的练习. 我们的朋友经常问: "数学还有什么要做?" 大学图书馆里到处都是不断扩大的新数学期刊, 包括统计学.

我们必定观察到大多数最大似然估计量都具有近似正态分布, 并在本章给出了一个启发式的证明. 这些估计量出现在所谓的**正则**情况下, 特别是参数不在 X 的支撑集的端点之内的情况. 棣莫弗对二项分布的 $\hat{p}$ 证明了这个定理, 而拉普拉斯和高斯对许多其他分布的 $\overline{X}$ 证明了这个定理. 这是正态分布如此重要的真正原因: 大多数参数的估计量具有近似正态分布, 这允许我们构造置信区间(见第 7 章), 以及用这些估计做检验(见第 8 章).

美国的新贝叶斯运动实际上是 20 世纪 50 年代时从 J. Savage 开始的. 一开始, 贝叶斯学派的工作受到限制, 因为计算某些分布极其困难, 比如条件分布 $k(\theta \mid x_1, x_2, \cdots, x_n)$. 然而, 到 20 世纪 70 年代末, 计算机变得越来越有用, 因此计算变得容易多了, 特别是贝叶斯学派发展了吉布斯抽样和马尔可夫链蒙特卡罗方法(MCMC). 我们认为贝叶斯学派将继续壮大, 贝叶斯方法将是统计推断的主要方法, 甚至可能主导专业应用.

305 ~ 306

第7章 区间估计

7.1 均值的置信区间

设 $X_1, X_2, \cdots, X_n$ 是来自正态分布 $N(\mu, \sigma^2)$ 的一个随机样本，我们考虑未知的均值 μ 与其极大似然估计 $\overline{X}$ 的近似度. 为此，在方差 σ^2 已知的情况下，我们利用 $\overline{X}$ 的误差结构（分布），即 $\overline{X} \sim N(\mu, \sigma^2/n)$（见推论 5.5-1），构造未知参数 μ 的置信区间. 对于概率 $1-\alpha$，我们可以通过附录 B 的表 V 找到数 $z_{\alpha/2}$，使得

$$P\left(-z_{\alpha/2} \leqslant \frac{\overline{X} - \mu}{\sigma/\sqrt{n}} \leqslant z_{\alpha/2}\right) = 1 - \alpha$$

例如，若 $1-\alpha = 0.95$，则 $z_{\alpha/2} = z_{0.025} = 1.96$；若 $1-\alpha = 0.90$，则 $z_{\alpha/2} = z_{0.05} = 1.645$. 由 $\sigma > 0$ 可得，以下不等式等价：

$$-z_{\alpha/2} \leqslant \frac{\overline{X} - \mu}{\sigma/\sqrt{n}} \leqslant z_{\alpha/2}$$

$$-z_{\alpha/2}\left(\frac{\sigma}{\sqrt{n}}\right) \leqslant \overline{X} - \mu \leqslant z_{\alpha/2}\left(\frac{\sigma}{\sqrt{n}}\right)$$

$$-\overline{X} - z_{\alpha/2}\left(\frac{\sigma}{\sqrt{n}}\right) \leqslant -\mu \leqslant -\overline{X} + z_{\alpha/2}\left(\frac{\sigma}{\sqrt{n}}\right)$$

$$\overline{X} + z_{\alpha/2}\left(\frac{\sigma}{\sqrt{n}}\right) \geqslant \mu \geqslant \overline{X} - z_{\alpha/2}\left(\frac{\sigma}{\sqrt{n}}\right)$$

因为第一项的概率是 $1-\alpha$，所以最后一项的概率也必然是 $1-\alpha$，这是因为后者成立当且仅当前者成立. 即

$$P\left[\overline{X} - z_{\alpha/2}\left(\frac{\sigma}{\sqrt{n}}\right) \leqslant \mu \leqslant \overline{X} + z_{\alpha/2}\left(\frac{\sigma}{\sqrt{n}}\right)\right] = 1 - \alpha$$

于是，随机区间

$$\left[\overline{X} - z_{\alpha/2}\left(\frac{\sigma}{\sqrt{n}}\right), \overline{X} + z_{\alpha/2}\left(\frac{\sigma}{\sqrt{n}}\right)\right]$$

包含未知均值 μ 的概率为 $1-\alpha$.

一旦观测到样本，并计算出样本均值 $\bar{x}$，即得区间 $[\bar{x} - z_{\alpha/2}(\sigma/\sqrt{n}), \bar{x} + z_{\alpha/2}(\sigma/\sqrt{n})]$. 因为在取样前包含 μ 的随机区间的概率被设定为 $1-\alpha$，所以，我们简称 $\bar{x} \pm z_{\alpha/2}(\sigma/\sqrt{n})$ 为未知均值 μ 的一个 $100(1-\alpha)\%$ 置信区间. 例如，$\bar{x} - 1.96(\sigma/\sqrt{n})$ 是 μ 的一个 95% 置信区间. 称

$100(1-\alpha)\%$ 或 $1-\alpha$ 为置信度.

我们发现 μ 的置信区间是通过以其点估计 $\bar{x}$ 为中心, 再减去和加上 $z_{\alpha/2}(\sigma/\sqrt{n})$ 得到的. 注意到, 随着 n 的增加, $z_{\alpha/2}(\sigma/\sqrt{n})$ 在逐渐减小, 对于同样的置信度 $1-\alpha$ 而言, 置信区间的长度正在变小. 置信区间越短, 对 μ 的估计就越精确. 如果不受时间、金钱、努力或观测结果的可用性的限制, 统计学家显然可以通过增加样本量 n 使置信区间尽可能短. 对于固定的样本量 n, 也可以通过减小置信度 $1-\alpha$ 来缩短置信区间. 但如果这样做了, 缩短置信区间就会使我们失去一些可信度.

例 7.1-1   设 X 表示某制造商销售的 60 瓦灯泡的寿命. 假设 X 服从正态分布 $N(\mu, 1296)$. 随机抽取 $n=27$ 个灯泡进行检验, 直到它们烧坏, 得出样本均值 $\bar{x}=1478$ 小时, 则 μ 的一个 95% 的置信区间为

$$\left[\bar{x} - z_{0.025}\left(\frac{\sigma}{\sqrt{n}}\right), \bar{x} + z_{0.025}\left(\frac{\sigma}{\sqrt{n}}\right)\right] = \left[1478 - 1.96\left(\frac{36}{\sqrt{27}}\right), 1478 + 1.96\left(\frac{36}{\sqrt{27}}\right)\right]$$
$$= [1478 - 13.58, 1478 + 13.58]$$
$$= [1464.42, 1491.58] \qquad \blacksquare$$

通过下一个例子, 我们可以更加直观地理解置信区间.

例 7.1-2   设 $\bar{x}$ 是一个来自正态分布 $N(\mu, 16)$ 的样本量为 $n=5$ 的样本均值, 则未知均值 μ 的一个 90% 的置信区间为

$$\left[\bar{x} - 1.645\sqrt{\frac{16}{5}}, \bar{x} + 1.645\sqrt{\frac{16}{5}}\right]$$

308

对于一个特定的样本, 这个区间可能包含也可能不包含均值 μ. 然而, 如果计算了多个这样的区间, 大约有 90% 的区间应该包含均值 μ. 用计算机模拟了 50 个来自正态分布 $N(50, 16)$ 的样本量为 5 的样本, 假设均值未知, 对每组随机样本计算均值 μ 的 90% 置信区间. 图 7.1-1a 将这 50 个区间都描述为直线段. 注意到, 其中 45 条 (或 90%) 直线段包含均值 $\mu=50$. 对于其他 50 个置信区间的模拟, 虽然包含均值 μ 的置信区间占比 90% 左右, 但是数量和 45 很接近. (事实上, 如果 W 表示包含均值 μ 的 90% 置信区间数量, 则 $W \sim b(50, 0.9)$.) $\blacksquare$

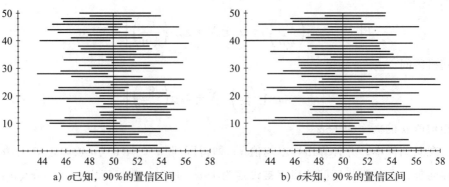

a) σ 已知, 90% 的置信区间   b) σ 未知, 90% 的置信区间

图 7.1-1   利用 z 和 t 得到的置信区间

如果无法假设样本来自正态分布，我们也可以得到 μ 的近似置信区间. 如果总体不服从正态分布，根据中心极限定理，当 n 充分大时，比值 $(\overline{X}-\mu)/(\sigma/\sqrt{n})$ 近似服从标准正态分布 $N(0,1)$. 在这种情况下，

$$P\left(-z_{\alpha/2} \leqslant \frac{\overline{X}-\mu}{\sigma/\sqrt{n}} \leqslant z_{\alpha/2}\right) \approx 1-\alpha$$

并且，μ 的一个近似 $100(1-\alpha)\%$ 置信区间为

$$\left[\overline{x}-z_{\alpha/2}\left(\frac{\sigma}{\sqrt{n}}\right), \overline{x}+z_{\alpha/2}\left(\frac{\sigma}{\sqrt{n}}\right)\right]$$

近似概率 $1-\alpha$ 与精确概率的接近程度取决于总体分布和样本量. 当总体分布是单峰（只有一个峰值）、对称和连续时，即使 n 很小，例如 $n=5$，近似情况也是很好的. 随着总体分布变得"不太正常"（即严重歪斜或离散），可能需要更大的样本量来保持合理、精确的近似. 但是，几乎在所有的实际应用中，n 大于等于 30 通常就够了.

例 7.1-3　设 X 表示一个美国人每天消耗橙汁的量（单位：克）. 已知 X 的标准差为 $\sigma=96$，为了估计 X 的期望 μ，橙子种植者协会随机抽取了 576 个美国人，发现他们平均每天喝 133 克橙汁. 因此，期望 μ 的一个近似的 90% 置信区间是

$$133 \pm 1.645\left(\frac{96}{\sqrt{576}}\right), \quad 或 \quad [133-6.58, 133+6.58] = [126.42, 139.58] \qquad \blacksquare$$

如果 σ^2 未知且样本量 $n \geqslant 30$，无论总体分布是否服从正态分布，我们都可以利用 $(\overline{X}-\mu)/(S/\sqrt{n})$ 近似服从正态分布 $N(0,1)$. 但是，如果总体分布严重偏斜或包含离群值，那么大多数统计学家会取更大的样本量，比如 50 甚至更多，即使这样，仍然可能不会产生好的结果. 在下面的例子中，我们将考虑当 n 很小时该怎么办.

例 7.1-4　马卡塔瓦湖是密歇根湖东侧的一个小湖，分为东西两个盆地. 为了估量冬季盐碱地城市街道对湖泊的影响，学生们从西部盆地采集了 32 份水样，并测量了钠含量（以百万分之几计）. 为了对未知的均值 μ 进行统计推断. 他们获得了以下数据：

13.0	18.5	16.4	14.8	19.4	17.3	23.2	24.9
20.8	19.3	18.8	23.1	15.2	19.9	19.1	18.1
25.1	16.8	20.4	17.4	25.2	23.1	15.3	19.4
16.0	21.7	15.2	21.3	21.5	16.8	15.6	17.6

从这些数据得知 $\overline{x}=19.07$，$s^2=10.60$. 因此，μ 的一个近似 95% 置信区间为

$$\overline{x} \pm 1.96\left(\frac{s}{\sqrt{n}}\right), \quad 或 \quad 19.07 \pm 1.96\sqrt{\frac{10.60}{32}}, \quad 或 \quad [17.94, 20.20] \qquad \blacksquare$$

于是，我们找到了当标准差 σ 已知，或 σ 未知但样本量很大时，正态分布的均值 μ 的置信区间. 然而，在许多应用中，样本量很小，且标准差 σ 未知，尽管在某些情况下，我们可能会对它的值有很好的了解. 例如，灯泡制造商可能会根据以往的经验很好地认识到不同类型的灯泡寿命的标准差. 但在大多数时候，相比均值，调查人员对标准差的了解更

少. 现在我们考虑在这些情况下该如何进行.

若随机样本来自正态总体, 则

$$T = \frac{\overline{X} - \mu}{S/\sqrt{n}}$$

服从自由度为 $n-1$ 的 t 分布, 见式 (5.5-2), 其中, S^2 为 σ^2 的无偏估计量. 选取 $t_{\alpha/2}(n-1)$ 使得 $P[T \geq t_{\alpha/2}(n-1)] = \alpha/2$. (见图 5.5-2b 和附录 B 的表 VI.)

310

$$1 - \alpha = P\left[-t_{\alpha/2}(n-1) \leq \frac{\overline{X} - \mu}{S/\sqrt{n}} \leq t_{\alpha/2}(n-1) \right]$$

$$= P\left[-t_{\alpha/2}(n-1)\left(\frac{S}{\sqrt{n}}\right) \leq \overline{X} - \mu \leq t_{\alpha/2}(n-1)\left(\frac{S}{\sqrt{n}}\right) \right]$$

$$= P\left[-\overline{X} - t_{\alpha/2}(n-1)\left(\frac{S}{\sqrt{n}}\right) \leq -\mu \leq -\overline{X} + t_{\alpha/2}(n-1)\left(\frac{S}{\sqrt{n}}\right) \right]$$

$$= P\left[\overline{X} - t_{\alpha/2}(n-1)\left(\frac{S}{\sqrt{n}}\right) \leq \mu \leq \overline{X} + t_{\alpha/2}(n-1)\left(\frac{S}{\sqrt{n}}\right) \right]$$

于是, 根据样本观测值可知, $\overline{x}, s^2$ 和 μ 的一个 $100(1-\alpha)\%$ 置信区间:

$$\left[\overline{x} - t_{\alpha/2}(n-1)\left(\frac{s}{\sqrt{n}}\right), \overline{x} + t_{\alpha/2}(n-1)\left(\frac{s}{\sqrt{n}}\right) \right]$$

例 7.1-5 设 X 表示一头普通奶牛在第一胎和第二胎之间的 305 天产奶期内所产生的乳脂 (单位: 磅). 假设 X 服从正态分布 $N(\mu, \sigma^2)$. 为了估计 μ, 一个农民测量了 $n = 20$ 头奶牛的乳脂产量, 并得到以下数据:

$$481 \quad 537 \quad 513 \quad 583 \quad 453 \quad 510 \quad 570 \quad 500 \quad 457 \quad 555$$

$$618 \quad 327 \quad 350 \quad 643 \quad 499 \quad 421 \quad 505 \quad 637 \quad 599 \quad 392$$

对于这些数据, $\overline{x} = 507.50$, $s = 89.75$. 故 μ 的一个点估计值为 $\overline{x} = 507.50$. 由于 $t_{0.05}(19) = 1.729$, 所以, μ 的一个 90% 置信区间为

$$507.50 \pm 1.729\left(\frac{89.75}{\sqrt{20}}\right) \quad 或 \quad 507.50 \pm 34.70, \quad 或 \quad [472.80, 542.20] \quad \blacksquare$$

设 T 服从自由度为 $n-1$ 的 t 分布. 因为 $t_{\alpha/2}(n-1) > z_{\alpha/2}$, 所以, 区间 $\overline{x} \pm z_{\alpha/2}(\sigma/\sqrt{n})$ 比区间 $\overline{x} \pm t_{\alpha/2}(n-1)(s/\sqrt{n})$ 更短. 毕竟在构造第一个区间时, 我们有更多关于 σ 的信息, 但第二个区间的长度非常依赖 s 的值. 如果 s 的观测值小于 σ, 则用第二种方法得到的置信区间更短. 但平均下来, 在这两个置信区间中, $\overline{x} \pm t_{\alpha/2}(n-1)(\sigma/\sqrt{n})$ 更短一些 (练习 7.1-14).

例 7.1-6 在例 7.1-2 中, 假设方差已知, 对正态分布的均值模拟了 50 个置信区间. 对于同样的数据, 因为 $t_{0.05}(4) = 2.132$, 所以, μ 的一个 90% 置信区间为 $\overline{x} \pm 2.132(s/\sqrt{5})$. 在这 50 个区间 (如图 7.1-1b 所示) 中, 有 46 个包含期望 $\mu = 50$. 注意这些区间长度不尽相同, 有些比对应的 z 区间长, 有些比对应的 z 区间短. 50 个 t 区间的平均长度为 7.137, 与 50 个

t 区间长度的期望值 7.169 非常接近(见练习 7.1-14). 当 $\sigma=4$ 时, z 区间长度均为 5.885. ∎　311

如果不能假设总体分布是正态的, 但 μ 和 σ 均未知, 则 μ 的近似置信区间仍然可以由以下公式算得:

$$T = \frac{\overline{X} - \mu}{S/\sqrt{n}}$$

这时, T 只是近似服从 t 分布. 一般来说, 对于许多非正态分布, 特别当总体分布是对称、单峰和连续时, 这个近似值是相当不错的(即它是稳健的). 然而, 如果分布是高度偏斜的, 那么使用这种近似结果是很危险的. 在这种情况下, 使用某些非参数方法寻找分布中位数的置信区间会更安全一些, 我们将在 7.5 节给出详细介绍.

我们还需要注意置信区间的另一个问题. 截至目前, 我们只创建了均值 μ 的所谓**双侧置信区间**. 但有时我们可能只需要得到 μ 的一个下界或者上界. 我们按以下步骤进行.

已知 $\overline{X}$ 是 n 个来自正态分布 $N(\mu, \sigma^2)$ 的随机样本的均值, 假设 σ^2 已知. 那么,

$$P\left(\frac{\overline{X} - \mu}{\sigma/\sqrt{n}} \leqslant z_{\alpha}\right) = 1 - \alpha$$

或

$$P\left[\overline{X} - z_{\alpha}\left(\frac{\sigma}{\sqrt{n}}\right) \leqslant \mu\right] = 1 - \alpha$$

一旦得到 $\overline{X}$ 的观测值 $\overline{x}$, 便知 μ 的一个 $100(1-\alpha)\%$ 单侧置信区间为 $[\overline{x} - z_{\alpha}(\sigma/\sqrt{n}), \infty)$. 也就是说, $\overline{x} - z_{\alpha}(\sigma/\sqrt{n})$ 是 μ 的一个 $1-\alpha$ 置信下界. 类似地, $(-\infty, \overline{x} + z_{\alpha}(\sigma/\sqrt{n})]$ 是 μ 的一个单侧置信区间, $\overline{x} + z_{\alpha}(\sigma/\sqrt{n})$ 是 μ 的一个 $1-\alpha$ 置信上界.

当 σ 未知时, 我们用 $T = (\overline{X} - \mu)/(S/\sqrt{n})$ 计算 μ 相应的上下界, 即 $\overline{x} + t_{\alpha}(n-1)(s/\sqrt{n})$ 和 $\overline{x} - t_{\alpha}(n-1)(s/\sqrt{n})$.

练习

7.1-1　从一个正态分布 $N(\mu, 25)$ 中抽取样本量为 16 的样本, 测得 $\overline{x} = 73.8$. 求 μ 的一个 95% 置信区间.

7.1-2　从一个正态分布 $N(\mu, 72)$ 中抽取样本量为 8 的样本, 测得 $\overline{x} = 85$. 求 μ 的如下置信度的置信区间:
　　　(a) 99%.　(b) 95%.　(c) 90%.　(d) 80%.

7.1-3　为确定纯硝酸盐对豌豆植株生长的影响, 我们种植了几个样本, 然后每天用纯硝酸盐浇灌. 两周后, 对植物进行测量. 以下是其中 7 个样本的数据:
$$17.5\quad 14.5\quad 15.2\quad 14.0\quad 17.3\quad 18.0\quad 13.8$$
假设这些数据是来自正态分布 $N(\mu, \sigma^2)$ 的随机样本.
　　　(a) 求 μ 的点估计值.
　　　(b) 求 σ 的点估计值.
　　　(c) 求 μ 的一个 90% 置信区间的端点.

7.1-4　设 X 为一包 "52 克" 糖果的质量. 假设 X 服从正态分布 $N(\mu, 4)$. 随机抽取 $n = 10$ 个 X 的观测值, 得到以下数据:
$$55.95\quad 56.54\quad 57.58\quad 55.13\quad 57.48\quad 56.06\quad 59.93\quad 58.30\quad 52.57\quad 58.46$$
　312
　　　(a) 求 μ 的点估计值.

（b）求 μ 的一个95%置信区间的端点.

（c）根据这些非常有限的数据，任选一个零食包里装的糖果少于52克的概率是多少？

7. 1-5 为了解马卡塔瓦湖有机废物数量（见例7.1-4），我们测量了100毫升水中的细菌菌落数量. 从东盆地的数百个菌落采集了30个样本，得到以下数据（单位：百）：

$$
\begin{array}{cccccccccc}
93 & 140 & 8 & 120 & 3 & 120 & 33 & 70 & 91 & 61 \\
7 & 100 & 19 & 98 & 110 & 23 & 14 & 94 & 57 & 9 \\
66 & 53 & 28 & 76 & 58 & 9 & 73 & 49 & 37 & 92
\end{array}
$$

求出在东盆地100毫升水中的平均菌落数（μ_E）的一个近似90%置信区间.

7. 1-6 为了确定马卡塔瓦湖西部盆地的细菌数量是否低于东部盆地，从西部盆地采集了37份水样本，并计算了100毫升水中的细菌菌落数量. 样本特征为 $\bar{x}=11.95$ 和 $s=11.80$（单位：百）. 求出在西盆地100毫升水中的平均菌落数（μ_W）的一个近似95%置信区间.

7. 1-7 现有13吨奶酪，包括22磅重的包装（标签质量），储存在一些老石膏矿里. 随机抽样 $n=9$ 个包装，测得以下质量（磅）：

$$21.50 \quad 18.95 \quad 18.55 \quad 19.40 \quad 19.15 \quad 22.35 \quad 22.90 \quad 22.20 \quad 23.10$$

假设奶酪的包装质量分布服从正态分布 $N(\mu,\sigma^2)$，求 μ 的一个95%置信区间.

7. 1-8 设特定品种的大豆每英亩产量服从正态分布 $N(\mu,\sigma^2)$. 在 $n=5$ 块地的随机样本中，每英亩产量（单位：蒲式耳）分别为37.4，48.8，46.9，55.0 和44.0.

（a）求 μ 的点估计值.

（b）求 μ 的一个90%置信区间.

7. 1-9 在周五夜班期间，从生产线上随机选择28个薄荷糖并称重. 它们的平均重量为 $\bar{x}=21.45$ 克，$s=0.31$ 克. 求所有薄荷糖的平均重量 μ 的近似90%单侧置信区间下界.

7. 1-10 为确定一种保持内塞密封的密封办法的有效性，我们进行了泄漏测试. 拿一根空气针插入塞子，将塞子和针放在水下，不断增加压力，直到观察到有泄漏. 设 X 表示压强（单位：磅/平方英寸）. 假设 X 服从正态分布 $N(\mu,\sigma^2)$. 测得 X 的 $n=10$ 个观测值：

$$3.1 \quad 3.3 \quad 4.5 \quad 2.8 \quad 3.5 \quad 3.5 \quad 3.7 \quad 4.2 \quad 3.9 \quad 3.3$$

利用观测结果求：

（a）μ 的点估计值.

（b）σ 的点估计值.

（c）μ 的一个95%单侧置信区间的置信上界.

7. 1-11 在芝加哥马拉松比赛中，随机挑选了41名跑完5分钟的运动员，他们的心率（每分钟心跳数）样本均值 $\bar{x}=132$，样本方差 $s^2=105$. 假设芝加哥马拉松赛所有跑完五分钟后运动员的心率呈正态分布，求其均值的95%的置信区间.

7. 1-12 在核物理中，探测器常用于测量粒子的能量. 为了校准探测器，将已知能量的粒子导入探测器. 对于相同能量的粒子，来自15个不同探测器的信号值为

$$260 \quad 216 \quad 259 \quad 206 \quad 265 \quad 284 \quad 291 \quad 229 \quad 232 \quad 250 \quad 225 \quad 242 \quad 240 \quad 252 \quad 236$$

（a）假设这些观测值都来自正态分布 $N(\mu,\sigma^2)$，求 μ 的一个95%置信区间.

（b）构造数据的箱线图.

（c）对于相同的输入能量，判断这些探测器在输出相同的信号方面做得好还是不好？

7. 1-13 一项研究测量了（1）在橄榄球运动员戴头盔时，通过不同方法进入嘴和鼻子开始复苏所引起的颈椎活动量，以及（2）完成每种方法所需的时间. 一种方法是使用手动螺丝刀将固定面罩的侧夹取下，然后将面罩向上翻转. 测得手动螺丝刀12个所需时间（单位：秒）为

$$33.8 \quad 31.6 \quad 28.5 \quad 29.9 \quad 29.8 \quad 26.0 \quad 35.7 \quad 27.2 \quad 29.1 \quad 32.1 \quad 26.1 \quad 24.1$$

假设这些独立观测值服从正态分布 $N(\mu, \sigma^2)$.

（a）求 μ 和 σ 的点估计.

（b）求 μ 的一个 95% 置信区间的置信上界.

（c）正态假设是否合理？为什么？

7.1-14　令 $X_1, X_2, \cdots, X_n$ 是来自正态分布 $N(\mu, \sigma^2)$ 的随机样本. 计算估计的 μ 的 95% 置信区间长度. 假设 $n=5$ 和方差为

（a）已知.

（b）未知.

　　提示：首先根据 $(n-1)S^2/\sigma^2$ 服从 $\chi^2(n-1)$ 分布（见练习 6.4-14）可以确定 $E\left[\sqrt{(n-1)S^2/\sigma^2}\right]$，然后可求得 $E(S)$.

7.1-15　一家汽车内部零件供应商在一个线束中放置了几根电线. 拉力测试是测量拉开拼接线所需的力. 客户要求每根接在线束上的金属丝必须承受 20 磅的拉力. 设 X 为拉开 20 根测量线所需的拉力. 假设 X 服从分布 $N(\mu, \sigma^2)$. 以下是对 X 的 20 个观测数据：

$$28.8 \quad 24.4 \quad 30.1 \quad 25.6 \quad 26.4 \quad 23.9 \quad 22.1 \quad 22.5 \quad 27.6 \quad 28.1$$
$$20.8 \quad 27.7 \quad 24.4 \quad 25.1 \quad 24.6 \quad 26.3 \quad 28.2 \quad 22.2 \quad 26.3 \quad 24.4$$

（a）求 μ 和 σ 的点估计.

（b）求 μ 的一个 99% 置信区间的置信下界.

7.1-16　假设 $\overline{X}$ 为一个来自正态分布 $N(\mu, 9)$ 的样本量为 n 的样本均值. 求 n，使得 $P(\overline{X}-1 < \mu < \overline{X}+1) = 0.90$.

7.2　两均值差的置信区间

　　假设我们想比较两个正态分布的均值. 设 $X_1, X_2, \cdots, X_{n_X}$ 和 $Y_1, Y_2, \cdots, Y_{n_Y}$ 分别来自两个相互独立的正态分布 $N(\mu_X, \sigma_X^2)$ 和 $N(\mu_Y, \sigma_Y^2)$，样本容量分别为 n_X 和 n_Y. 假设 σ_X^2 和 σ_Y^2 已知. 因为样本相互独立，所以对应的样本均值 $\overline{X}$ 与 $\overline{Y}$ 也相互独立，且分别服从正态分布 $N(\mu_X, \sigma_X^2/n_X)$ 和 $N(\mu_Y, \sigma_Y^2/n_Y)$. 于是，$W = \overline{X} - \overline{Y}$ 的分布为 $N(\mu_X - \mu_Y, \sigma_X^2/n_X + \sigma_Y^2/n_Y)$，并且

$$P\left(-z_{\alpha/2} \leqslant \frac{(\overline{X} - \overline{Y}) - (\mu_X - \mu_Y)}{\sqrt{\sigma_X^2/n_X + \sigma_Y^2/n_Y}} \leqslant z_{\alpha/2}\right) = 1 - \alpha$$

上式也可写作

$$P[(\overline{X} - \overline{Y}) - z_{\alpha/2}\sigma_W \leqslant \mu_X - \mu_Y \leqslant (\overline{X} - \overline{Y}) + z_{\alpha/2}\sigma_W] = 1 - \alpha$$

其中，$\sigma_W = \sqrt{\sigma_X^2/n_X + \sigma_Y^2/n_Y}$ 是 $\overline{X} - \overline{Y}$ 的标准差. 一旦实验完成，就可以计算出样本均值 $\overline{x} - \overline{y}$，从而，$\mu_X - \mu_Y$ 的一个 $100(1-\alpha)\%$ 置信区间为

$$[\overline{x} - \overline{y} - z_{\alpha/2}\sigma_W, \ \overline{x} - \overline{y} + z_{\alpha/2}\sigma_W]$$

或等价地写作 $\overline{x} - \overline{y} \pm z_{\alpha/2}\sigma_W$. 请注意，该区间是以 $\mu_X - \mu_Y$ 的点估计值 $\overline{x} - \overline{y}$ 为中心，并通过减去和加上 $z_{\alpha/2}$ 与它的点估计的标准差的乘积得到的.

　　例 7.2-1　在前面的讨论中，令 $n_X = 15$，$n_Y = 8$，$\overline{x} = 70.1$，$\overline{y} = 75.3$，$\sigma_X^2 = 60$，$\sigma_Y^2 = 40$，

$1-\alpha = 0.90$. 于是，$1-\alpha/2 = 0.95 = \Phi(1.645)$. 从而，

$$1.645\sigma_W = 1.645\sqrt{\frac{60}{15} + \frac{40}{8}} = 4.935$$

因为 $\bar{x} - \bar{y} = -5.2$，所以 $\mu_X - \mu_Y$ 的一个 90% 置信区间为

$$[-5.2 - 4.935, -5.2 + 4.935] = [-10.135, -0.265]$$

由于整个置信区间都位于原点左侧，所以我们怀疑 μ_Y 比 μ_X 大. ■

如果样本量很大，但是 σ_X 和 σ_Y 未知，我们可以分别用 S_X^2 和 S_Y^2 代替 σ_X^2 和 σ_Y^2，其中，S_X^2 和 S_Y^2 分别是总体方差 σ_X^2 和 σ_Y^2 的无偏估计. 这意味着

$$\bar{x} - \bar{y} \pm z_{\alpha/2}\sqrt{\frac{s_X^2}{n_X} + \frac{s_Y^2}{n_Y}}$$

可以作为 $\mu_X - \mu_Y$ 的一个近似 $100(1-\alpha)$% 置信区间.

接下来，考虑当方差未知但样本量很小时，两个正态分布的均值之差的置信区间的构造问题. 设 $X_1, X_2, \cdots, X_{n_X}$ 和 $Y_1, Y_2, \cdots, Y_{n_Y}$ 分别来自两个相互独立的正态总体 $N(\mu_X, \sigma_X^2)$ 和 $N(\mu_Y, \sigma_Y^2)$. 在样本量不大（比如远小于 30）时可能遇到困难. 然而即使这样，如果能假设方差相同但未知（即 $\sigma_X^2 = \sigma_Y^2 = \sigma^2$），那么我们还是有办法克服这个困难的.

我们知道，

$$Z = \frac{\overline{X} - \overline{Y} - (\mu_X - \mu_Y)}{\sqrt{\sigma^2/n_X + \sigma^2/n_Y}}$$

服从正态分布 $N(0,1)$. 此外，因为随机样本相互独立，所以

$$U = \frac{(n_X - 1)S_X^2}{\sigma^2} + \frac{(n_Y - 1)S_Y^2}{\sigma^2}$$

是两个独立的卡方随机变量之和，于是，$U \sim \chi^2(n_X + n_Y - 2)$. 另一方面，样本均值与样本方差相互独立，说明 Z 和 U 是相互独立的. 根据随机变量 T 的定义，

$$T = \frac{Z}{\sqrt{U/(n_X + n_Y - 2)}}$$

服从自由度为 $n_X + n_Y - 2$ 的 t 分布. 即

$$T = \frac{\dfrac{\overline{X} - \overline{Y} - (\mu_X - \mu_Y)}{\sqrt{\sigma^2/n_X + \sigma^2/n_Y}}}{\sqrt{\left[\dfrac{(n_X - 1)S_X^2}{\sigma^2} + \dfrac{(n_Y - 1)S_Y^2}{\sigma^2}\right]\bigg/(n_X + n_Y - 2)}} = \frac{\overline{X} - \overline{Y} - (\mu_X - \mu_Y)}{\sqrt{\left[\dfrac{(n_X - 1)S_X^2 + (n_Y - 1)S_Y^2}{n_X + n_Y - 2}\right]\left[\dfrac{1}{n_X} + \dfrac{1}{n_Y}\right]}}$$

服从自由度为 $n_X + n_Y - 2$ 的 t 分布. 于是，令 $t_0 = t_{\alpha/2}(n_X + n_Y - 2)$，我们有

$$P(-t_0 \leq T \leq t_0) = 1 - \alpha$$

解这个关于 $\mu_X - \mu_Y$ 的不等式得

$$P\left(\overline{X} - \overline{Y} - t_0 S_P \sqrt{\frac{1}{n_X} + \frac{1}{n_Y}} \leqslant \mu_X - \mu_Y \leqslant \overline{X} - \overline{Y} + t_0 S_P \sqrt{\frac{1}{n_X} + \frac{1}{n_Y}}\right)$$

其中, 共同标准差的合并估计为

$$S_P = \sqrt{\frac{(n_X - 1)S_X^2 + (n_Y - 1)S_Y^2}{n_X + n_Y - 2}}$$

如果 $\overline{x}$, $\overline{y}$, s_P 分别为 $\overline{X}$, Y, S_P 的观测值, 则 $\mu_X - \mu_Y$ 的一个 $100(1 - \alpha)\%$ 置信区间为

$$\left[\overline{x} - \overline{y} - t_0 s_P \sqrt{\frac{1}{n_X} + \frac{1}{n_Y}}, \overline{x} - \overline{y} + t_0 s_P \sqrt{\frac{1}{n_X} + \frac{1}{n_Y}}\right]$$

例 7.2-2 假设在数学标准化考试中, 大型中学学生与小型中学学生的成绩分别服从 $N(\mu_X, \sigma^2)$ 和 $N(\mu_Y, \sigma^2)$, 其中 σ^2 未知. 随机抽取 $n_X = 9$ 位大型中学的学生成绩, 测得 $\overline{x} = 81.31$, $s_X^2 = 60.76$, 随机抽取 $n_Y = 15$ 位小型中学的学生成绩, 测得 $\overline{y} = 78.61$, $s_Y^2 = 48.24$. 因为 $t_{0.025}(22) = 2.074$, 所以 $\mu_X - \mu_Y$ 的 95% 置信区间端点为

$$81.31 - 78.61 \pm 2.074 \sqrt{\frac{8(60.76) + 14(48.24)}{22}} \sqrt{\frac{1}{9} + \frac{1}{15}}$$

即 $\mu_X - \mu_Y$ 的 95% 置信区间为 $[-3.65, 9.05]$. ∎

注 等方差 (即 $\sigma_X^2 = \sigma_Y^2$) 这个假设可稍做修改, 我们仍然能够找到 $\mu_X - \mu_Y$ 的置信区间. 也就是说, 若方差的比率 σ_X^2 / σ_Y^2 已知, 则我们仍可用 t 分布作推断. (见练习 7.2-8.) 但在我们不知道方差的比率, 又怀疑未知的 σ_X^2 与 σ_Y^2 相差很大时, 怎么办? 最保险的做法是回到

$$\frac{\overline{X} - \overline{Y} - (\mu_X - \mu_Y)}{\sqrt{\sigma_X^2/n_X + \sigma_Y^2/n_Y}}$$

对 $\mu_X - \mu_Y$ 作推断, 但分别用估计值 S_X^2 和 S_Y^2 代替 σ_X^2 和 σ_Y^2, 即考虑

$$W = \frac{\overline{X} - \overline{Y} - (\mu_X - \mu_Y)}{\sqrt{S_X^2/n_X + S_Y^2/n_Y}}$$

W 的分布是什么? 像之前一样, 我们注意到, 若 n_X 与 n_Y 足够大且总体分布接近正态分布 (或至少没有较大偏差), 则 W 近似服从正态分布, 且可以利用

$$P(-z_{\alpha/2} \leqslant W \leqslant z_{\alpha/2}) \approx 1 - \alpha$$

得到关于 $\mu_X - \mu_Y$ 的置信区间. 不过, 对于较小的 n_X 与 n_Y, Welch 提出学生 t 分布可以作为 W 分布的近似值. Welch 的提议后来被 Aspin 修改. (见 A. A. Aspin, "Tables for Use in Comparisons Whose Accuracy Involves Two Variances, Separately Estimated," *Biometrika*, **36** (1949), pp. 290-296. B. L. Welch 在附录里提出了这里所使用的建议.) 近似学生 t 分布的自由度为 r, 其中

316

$$\frac{1}{r} = \frac{c^2}{n_X - 1} + \frac{(1-c)^2}{n_Y - 1} \quad \text{和} \quad c = \frac{s_X^2/n_X}{s_X^2/n_X + s_Y^2/n_Y}$$

r 的一个等价公式是

$$r = \frac{\left(\dfrac{s_X^2}{n_X} + \dfrac{s_Y^2}{n_Y}\right)^2}{\dfrac{1}{n_X - 1}\left(\dfrac{s_X^2}{n_X}\right)^2 + \dfrac{1}{n_Y - 1}\left(\dfrac{s_Y^2}{n_Y}\right)^2} \tag{7.2-1}$$

特别地, 当样本量较小、方差较大时, 通过大大减少通常的自由度 $n_X + n_Y - 2$, 本规则可以保护 r 的值. 当然, 减少自由度会增加 $t_{\alpha/2}$ 的值. 在使用附录 B 的表 VI 时, 若 r 不是整数, 可用 r 的整数部分 $[r]$ 作为相应的近似学生 t 分布的自由度. $\mu_X - \mu_Y$ 的一个近似 $100(1-\alpha)\%$ 置信区间为

$$\bar{x} - \bar{y} \pm t_{\alpha/2}(r)\sqrt{\frac{s_X^2}{n_X} + \frac{s_Y^2}{n_Y}}$$

更详细地考虑双样本 T 会很有趣, 即

$$\begin{aligned} T &= \frac{\overline{X} - \overline{Y} - (\mu_X - \mu_Y)}{\sqrt{\dfrac{(n_X - 1)S_X^2 + (n_Y - 1)S_Y^2}{n_X + n_Y - 2}\left(\dfrac{1}{n_X} + \dfrac{1}{n_Y}\right)}} \\ &= \frac{\overline{X} - \overline{Y} - (\mu_X - \mu_Y)}{\sqrt{\left[\dfrac{(n_X - 1)S_X^2}{n_X n_Y} + \dfrac{(n_Y - 1)S_Y^2}{n_X n_Y}\right]\left[\dfrac{n_X + n_Y}{n_X + n_Y - 2}\right]}} \end{aligned} \tag{7.2-2}$$

此时, 因为 $(n_X - 1)/n_X \approx 1$, $(n_Y - 1)/n_Y \approx 1$, 且 $(n_X + n_Y)/(n_X + n_Y - 2) \approx 1$, 所以

$$T \approx \frac{\overline{X} - \overline{Y} - (\mu_X - \mu_Y)}{\sqrt{\dfrac{S_X^2}{n_Y} + \dfrac{S_Y^2}{n_X}}}$$

我们可以看到, 在上式中, 每个方差除以错误的样本量! 也就是说, 如果样本量很大或者方差已知, 我们希望得到分母

$$\sqrt{\frac{S_X^2}{n_X} + \frac{S_Y^2}{n_Y}} \quad \text{或} \quad \sqrt{\frac{\sigma_X^2}{n_X} + \frac{\sigma_Y^2}{n_Y}}$$

因此, T 的样本量似乎改变了. 这样一来, 当样本量和方差不相等时, 使用这种 T 将会特别糟糕. 所以, 在使用该 T 构造 $\mu_X - \mu_Y$ 的置信区间时必须谨慎. 也就是说, 如果 $n_X < n_Y$ 且 $\sigma_X^2 < \sigma_Y^2$, 那么 T 并非近似服从自由度为 $n_X + n_Y - 2$ 的学生 t 分布: 由于分母中的项 s_Y^2/n_X 比它应有的值大得多, 所以, T 的分散度将远小于学生 t 分布的分散度. 相比之下, 如果 $n_Y < n_X$ 且 $\sigma_X^2 < \sigma_Y^2$, 那么通常情况下 $s_X^2/n_Y + s_Y^2/n_X$ 会比它应有的值更小, 且 T 的分布比学生

t 分布更分散.

　　然而, 有一个方法可以解决这个问题: 当总体分布逼近正态分布, 但样本量和方差有很大差异时, 建议使用

$$W = \frac{\overline{X} - \overline{Y} - (\mu_X - \mu_Y)}{\sqrt{\dfrac{S_X^2}{n_X} + \dfrac{S_Y^2}{n_Y}}} \tag{7.2-3}$$

Welch 证明了 W 近似服从式 (7.2-1) 给出的自由度为 $[r]$ 的 t 分布.

　　例 7.2-3　为了帮助理解前面的注, 我们用 Maple 进行了模拟. 为了得到 t 分布的分位数的 q-q 图, CAS 或某些计算机程序是十分重要的, 因为找到这些分位点很难.

318

　　利用 Maple 模拟 $N = 500$ 个 T (式 (7.2-2)) 的观测值和 $N = 500$ 个 W (式 (7.2-3)) 的观测值. 在图 7.2-1 中, $n_X = 6$, $n_Y = 8$, X 的观测值由 $N(0,1)$ 分布生成, Y 的观测值由 $N(0,36)$ 分布生成. 对于 Welch 的渐近 t 分布中的 r 值, 我们利用分布方差而不是样本方差, 以便可以利用同样的 r 计算 W 的 500 个值中的每一个.

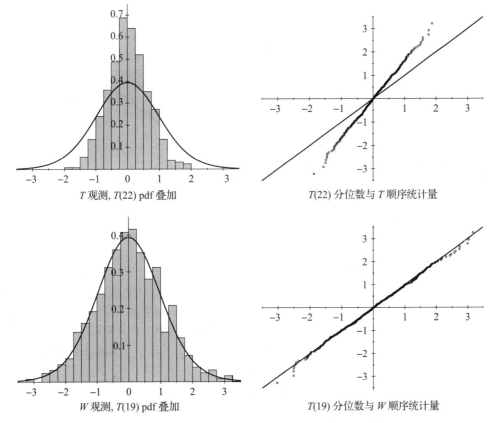

T 观测, $T(22)$ pdf 叠加

$T(22)$ 分位数与 T 顺序统计量

W 观测, $T(19)$ pdf 叠加

$T(19)$ 分位数与 W 顺序统计量

图 7.2-1　T 和 W 的观测, $n_X = 6$, $n_Y = 18$, $\sigma_X^2 = 1$, $\sigma_Y^2 = 36$

对于图 7.2-2 中的模拟结果，$n_X = 18$，$n_Y = 6$，X 的观测值由 $N(0,1)$ 分布生成，Y 的观测值由 $N(0,36)$ 分布生成. 如这些例子所示，在这两种情况下，当方差和样本量不相等时，Welch 的 W 经修正自由度 r 后要比通常的 T 好得多. ■

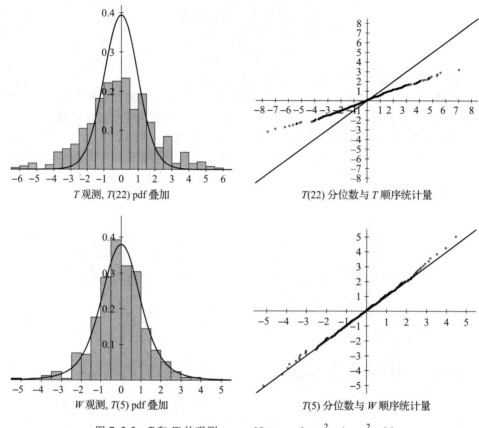

图 7.2-2 T 和 W 的观测，$n_X = 18$，$n_Y = 6$，$\sigma_X^2 = 1$，$\sigma_Y^2 = 36$

在一些应用中，有两种测量，例如，X 和 Y 是在同一对象上进行的. 在这些情况下，X 和 Y 可能是相依随机变量. 很多时候，这些都是"之前"和"之后"的测量，例如，在节食和锻炼计划中参加标准运动之前和之后的体重. 比较 X 和 Y 的均值，它不能使用我们刚刚开发的 t 统计量和置信区间，因为在那种情况下 X 和 Y 是独立的. 我们按以下步骤进行.

令 $(X_1, Y_1), (X_2, Y_2), \cdots, (X_n, Y_n)$ 是 n 对可能相依的测量，$D_i = X_i - Y_i$，$i = 1, 2, \cdots, n$. 假设 $D_1, D_2, \cdots, D_n$ 是服从 $N(\mu_D, \sigma_D^2)$ 的随机变量，其中，μ_D 和 σ_D 分别是每个差的均值和标准差. 为了得到 $\mu_X - \mu_Y$ 的置信区间，可以利用

$$T = \frac{\overline{D} - \mu_D}{S_D / \sqrt{n}}$$

其中，$\overline{D}$ 和 S_D 分别是 n 个差值的均值和标准差. 于是，T 服从自由度为 $n-1$ 的 t 分布. $\mu_D = \mu_X - \mu_Y$ 的一个 $100(1-\alpha)\%$ 置信区间的端点为

$$\overline{d} \pm t_{\alpha/2}(n-1) \frac{s_D}{\sqrt{n}}$$

其中，$\overline{d}$ 和 s_D 分别是 n 个差值的均值和标准差的观测值. 当然，这类似于前一节中给出的单个均值的置信区间. ∎

受试者	红(x)	绿(y)	$d=x-y$
1	0.30	0.43	-0.13
2	0.23	0.32	-0.09
3	0.41	0.58	-0.17
4	0.53	0.46	0.07
5	0.24	0.27	-0.03
6	0.36	0.41	-0.05
7	0.38	0.38	0.00
8	0.51	0.61	-0.10

例 7.2-4　为了比较人们对红灯和绿灯的反应时间，进行了一项实验. 当发出红灯或绿灯的信号时，要求受试者按下开关以关闭灯. 当按下开关时，时钟关闭，并以秒为单位记录反应时间. 右表中的结果给出了 8 名受试者的反应时间. 对于这些数据，$\overline{d} = -0.0625$，$s_D = 0.0765$. 假设反应时间的差服从正态分布. 为了得到 $\mu_D = \mu_X - \mu_Y$ 的一个 95% 置信区间，由附录 B 的表 Ⅵ 知，$t_{0.025}(7) = 2.365$. 于是，置信区间的端点为

$$-0.0625 \pm 2.365 \frac{0.076\,75}{\sqrt{8}}, \quad 或 \quad [-0.1265,\ 0.0015]$$

在这个非常有限的数据集中，置信区间虽然包含零，但接近端点 0.0015. 我们怀疑，如果抽取更多的数据，零可能不包括在置信区间内. 如果真的发生了这种情况，人们对红灯的反应似乎会更快.

当然，我们可以找到均值差 $\mu_X - \mu_Y$ 的单边置信区间. 假设我们认为我们改变了 X 分布的一些特征，并创建了一个 Y 分布，使得我们认为 $\mu_X > \mu_Y$. 让我们求 $\mu_X - \mu_Y$ 的一个 95% 单侧置信区间的下界. 假设这个下界大于零. 则我们会有 95% 的信心认为均值 μ_X 大于均值 μ_Y. 也就是说，所做的改变似乎降低了均值. 这在某些情况下是好的，例如高尔夫或赛车. 在其他情况下，我们希望变化是 $\mu_X < \mu_Y$，我们会找到 $\mu_X - \mu_Y$ 的单侧置信区间的一个上界，我们希望它小于零. 练习 7.2-5、练习 7.2-10 和练习 7.2-11 阐述了这些观点.

320

练习

7.2-1　设 X 品牌灯泡的使用寿命服从 $N(\mu_X, 784)$. Y 品牌灯泡的使用寿命服从 $N(\mu_Y, 627)$ 且与 X 独立. 若随机抽取 $n_X = 56$ 个 X 品牌灯泡测得均值为 $\overline{x} = 937.4$ 小时，随机抽取 $n_Y = 57$ 个 Y 品牌灯泡测得均值为 $\overline{y} = 988.9$ 小时. 求 $\mu_X - \mu_Y$ 的一个 90% 置信区间.

7.2-2　设 SAT 数学成绩的随机样本 $X_1, X_2, \cdots, X_5$ 服从 $N(\mu_X, \sigma^2)$，SAT 语言成绩的随机样本 $Y_1, Y_2, \cdots, Y_8$ 服从 $N(\mu_Y, \sigma^2)$. 观察到如下数据，计算 $\mu_X - \mu_Y$ 的一个 90% 置信区间：

$$x_1 = 644 \quad x_2 = 493 \quad x_3 = 532 \quad x_4 = 462 \quad x_5 = 565$$
$$y_1 = 623 \quad y_2 = 472 \quad y_3 = 492 \quad y_4 = 661 \quad y_5 = 540$$
$$y_6 = 502 \quad y_7 = 549 \quad y_8 = 518$$

7.2-3　两个国家成年男性身高的独立随机样本有以下结果：$n_X = 12$，$\overline{x} = 65.7$ 英寸，$s_X = 4$ 英寸，$n_Y = 15$，$\overline{y} = 68.2$ 英寸，$s_Y = 3$ 英寸. 计算高度总体均值的差 $\mu_X - \mu_Y$ 的一个置信度为 98% 的近似置信区间. 假设 $\sigma_X^2 = \sigma_Y^2$.

7.2-4 (体育运动中的医学和科学(1990 年 1 月)) 设 X 和 Y 分别等于截瘫并参加剧烈体育活动的男性和身体健全并参加日常普通活动的男性的血样本量(毫升). 假设 X 服从 $N(\mu_X, \sigma_X^2)$, Y 服从 $N(\mu_Y, \sigma_Y^2)$. 以下是 X 的 $n_X = 7$ 个观测值:

$$1612 \quad 1352 \quad 1456 \quad 1222 \quad 1560 \quad 1456 \quad 1924$$

以下是 Y 的 $n_Y = 10$ 个观测值:

$$1082 \quad 1300 \quad 1092 \quad 1040 \quad 910 \quad 1248 \quad 1092 \quad 1040 \quad 1092 \quad 1288$$

利用 X 和 Y 的观测值:

(a) 给出 $\mu_X - \mu_Y$ 的点估计.

(b) 求 $\mu_X - \mu_Y$ 的一个置信度为 95% 的置信区间. 因为方差 σ_X^2 和 σ_Y^2 可能不相等, 所以使用 Welch 的 T.

7.2-5 一位研究蜘蛛的生物学家对比较雌性和雄性绿猞猁蜘蛛的长度很感兴趣. 假设雄性蜘蛛的长度 X 近似服从 $N(\mu_X, \sigma_X^2)$, 雌性蜘蛛的长度 Y 近似服从 $N(\mu_Y, \sigma_Y^2)$. 以下是 X 的 $n_X = 30$ 个观测值:

5.20	4.70	5.75	7.50	6.45	6.55
4.70	4.80	5.95	5.20	6.35	6.95
5.70	6.20	5.40	6.20	5.85	6.80
5.65	5.50	5.65	5.85	5.75	6.35
5.75	5.95	5.90	7.00	6.10	5.80

以下是 Y 的 $n_Y = 30$ 个观测值:

8.25	9.95	5.90	7.05	8.45	7.55
9.80	10.80	6.60	7.55	8.10	9.10
6.10	9.30	8.75	7.00	7.80	8.00
9.00	6.30	8.35	8.70	8.00	7.50
9.50	8.30	7.05	8.30	7.95	9.60

两组观测值的测量单位均为毫米. 计算 $\mu_X - \mu_Y$ 的一个近似 95% 单侧置信区间上界.

7.2-6 为了确定用于将密封件固定在塞子上的塞子接头端部的楔块是否起作用, 进行了一项测试. 所采集的数据以测量楔块就位时从塞子上取下密封件所需的力 X(单位: 千牛顿)和不使用楔块时所需的力 Y(单位: 千牛顿). 假设 X 和 Y 的分布分别为 $N(\mu_X, \sigma_X^2)$ 和 $N(\mu_Y, \sigma_Y^2)$. X 的 10 个独立观测值为

$$3.26 \quad 2.26 \quad 2.62 \quad 2.62 \quad 2.36 \quad 3.00 \quad 2.62 \quad 2.40 \quad 2.30 \quad 2.40$$

Y 的 10 个独立观测值为

$$1.80 \quad 1.46 \quad 1.54 \quad 1.42 \quad 1.32 \quad 1.56 \quad 1.36 \quad 1.64 \quad 2.00 \quad 1.54$$

(a) 求 $\mu_X - \mu_Y$ 的一个置信度为 95% 的置信区间.

(b) 在同一图中构造这些数据的箱线图.

(c) 这个楔块有必要吗?

7.2-7 一家汽车供应商正在考虑更换电线以节省开支. 我们的想法是用一根 22 号线代替现在的 20 号线. 由于并非电线束中的所有电线都可以更改, 新电线必须与当前导线兼容才行. 为了确定新电线是否兼容, 随机抽取样本并通过拉力实验进行测量. 拉力测试测量拉开拼接导线所需的力. 客户要求最小拉力为 20 磅. 当前电线所需力的 20 个观测值为

$$28.8 \quad 24.4 \quad 30.1 \quad 25.6 \quad 26.4 \quad 23.9 \quad 22.1 \quad 22.5 \quad 27.6 \quad 28.1$$
$$20.8 \quad 27.7 \quad 24.4 \quad 25.1 \quad 24.6 \quad 26.3 \quad 28.2 \quad 22.2 \quad 26.3 \quad 24.4$$

对新电线所需力的 20 次观测结果如下：

$$14.1 \quad 12.2 \quad 14.0 \quad 14.6 \quad 8.5 \quad 12.6 \quad 13.7 \quad 14.8 \quad 14.1 \quad 13.2$$

$$12.1 \quad 11.4 \quad 10.1 \quad 14.2 \quad 13.6 \quad 13.1 \quad 11.9 \quad 14.8 \quad 11.1 \quad 13.5$$

（a）当前电线是否符合客户要求？

（b）求这两组电线均值之差的一个近似 90% 置信区间.

（c）在同一图中构造两组数据的箱线图.

（d）你对这家公司有什么建议？

7.2-8 令 $\overline{X}$, $\overline{Y}$, S_X^2 和 S_Y^2 分别表示来自独立总体 $N(\mu_X, \sigma_X^2)$ 和 $N(\mu_Y, \sigma_Y^2)$ 的样本量为 n_X 和 n_Y 的样本均值和总体方差的无偏估计，其中，μ_X, μ_Y, σ_X^2 和 σ_Y^2 未知. 若 $\sigma_X^2 / \sigma_Y^2 = d$ 是一个已知常数，则

（a）证明：$\dfrac{\overline{X} - \overline{Y} - (\mu_X - \mu_Y)}{\sqrt{d\sigma_Y^2 / n_X + \sigma_Y^2 / n_Y}}$ 服从 $N(0, 1)$.

（b）证明：$\dfrac{(n_X - 1)S_X^2}{d\sigma_Y^2} + \dfrac{(n_Y - 1)S_Y^2}{\sigma_Y^2}$ 服从 $\chi^2(n_X + n_Y - 2)$.

（c）证明：（a）和（b）中的两个随机变量相互独立.

（d）利用这些结果，构造一个服从 t 分布的随机变量（不依赖 σ_Y^2），并且可以用于构造 $\mu_X - \mu_Y$ 的置信区间.

7.2-9 在为期一学期的健康健身计划中，学生在学期初和学期末测量他们身体脂肪的百分比. 以下测量给出了 10 名男生和 10 名女生的这些百分比：

男生		女生	
计划前%	计划后%	计划前%	计划后%
11.10	9.97	22.90	22.89
19.50	15.80	31.60	33.47
14.00	13.02	27.70	25.75
8.30	9.28	21.70	19.80
12.40	11.51	19.36	18.00
7.89	7.40	25.03	22.33
12.10	10.70	26.90	25.26
8.30	10.40	25.75	24.90
12.31	11.40	23.63	21.80
10.00	11.95	25.06	24.28

（a）求出男生身体脂肪百分比差异的一个近似 90% 置信区间.

（b）求出女生身体脂肪百分比差异的一个近似 90% 置信区间.

（c）基于这些数据，脂肪百分比下降了吗？

（d）如果可能的话，检查每组差异是否来自正态分布.

7.2-10 24 名 9 年级和 10 年级的高中女生参加了超重型跳绳项目. 下面的数据给出了 40 码冲刺中每个女生的时间差（以秒为单位），即参加项目前时间减去参加项目后时间：

$$0.28 \quad 0.01 \quad 0.13 \quad 0.33 \quad -0.03 \quad 0.07 \quad -0.18 \quad -0.14$$

$$-0.33 \quad 0.01 \quad 0.22 \quad 0.29 \quad -0.08 \quad 0.23 \quad 0.08 \quad 0.04$$

$$-0.30 \quad -0.08 \quad 0.09 \quad 0.70 \quad 0.33 \quad -0.34 \quad 0.50 \quad 0.06$$

322

（a）求比赛时间差的均值 μ_D 的一个点估计.

（b）求 μ_D 的一个 95% 单侧置信区间下界.

（c）跳绳项目有效吗？

7.2-11 为了发现下肢对刺激的反应时间是否与年龄有关，霍普学院的生物力学实验室对健康的老年妇女和年轻妇女进行了测试. 设 X 和 Y 分别等于这两组前踢时的独立响应时间（千分之一秒）. 如果 $n_X = 60$，$\bar{x} = 671$，$s_X = 129$，而 $n_Y = 60$，$\bar{y} = 480$，$s_Y = 93$，求 $\mu_X - \mu_Y$ 的一个近似 95% 单侧置信区间下界.

7.2-12 设 X 和 Y 分别等于校园建筑中热水和冷水的硬度. 硬度是根据钙离子浓度（ppm）来测量的. 收集了以下数据（$n_X = 12$ 个 X 的观测值，$n_Y = 10$ 个 Y 的观测值）：

x:	133.5	137.2	136.3	133.3	137.5	135.4
	138.4	137.1	136.5	139.4	137.9	136.8

y:	134.0	134.7	136.0	132.7	134.6	135.2
	135.9	135.6	135.8	134.2		

（a）计算这些数据的样本均值和样本方差.

（b）假设 X 与 Y 分别服从 $N(\mu_X, \sigma_X^2)$ 和 $N(\mu_Y, \sigma_Y^2)$，构造 $\mu_X - \mu_Y$ 的一个 95% 置信区间.

（c）在同一个图上构造两组数据的箱线图.

（d）这些均值是否相同？

7.2-13 Ledolter 和 Hogg（见参考文献）报告了两种橡胶化合物的抗拉强度实验. 制备矩形材料并沿纵向拉伸. 制备了 14 份样品，其中 7 份来自化合物 A，7 份来自化合物 B，但后来发现两份 B 样品失效，必须从实验中移除. 其余样品的抗拉强度（单位为 100 磅/平方英寸）如下：

A：32 30 33 32 29 34 32

B：33 35 36 37 35

计算两种橡胶化合物的平均抗拉强度差大约 95% 的置信区间. 陈述你的假设.

7.3 比例的置信区间

我们认为直方图很好地描述了随机样本的观测值是如何分布的. 我们自然会问与各种类别相关的相对频率（或百分比）的准确性. 为了举例说明，在例子 6.1-1 中，关于 $n = 40$ 块糖的重量，我们发现类区间 $(22.25, 23.15)$ 的相对频率是 $8/40 = 0.20$，或 20%. 如果我们把这 40 个重量看作是从一个更大的糖重量总体中观测到的随机样本，那么对于这类糖的整个重量总体来说，20% 的重量与该类区间中的真实重量百分比（或 0.20% 的重量与真实重量百分比）有多接近？

在考虑这个问题时，我们把类区间 $(22.25, 23.15)$ 看作是"成功"，也就是说，有一些真正的成功概率，即在这个区间内的总体比例. 设 Y 等于 n 个观测值在该区间内的频率，从而（在独立性和恒定概率 p 的假设下）Y 具有二项分布 $b(n, p)$. 因此，问题是确定作为 p 的估计量——相对频率 Y/n 的准确性. 我们通过在未知 p 的情况下，找到基于 Y/n 的置信区间来解决这个问题.

一般来说，当观测 n 个独立的伯努利实验时，每次实验的成功概率为 p，我们将基于 Y/n 找到 p 的置信区间，其中 Y 是成功次数，Y/n 是 p 的无偏点估计量.

323

在 5.7 节，我们注意到，当 n 充分大时，

$$\frac{Y - np}{\sqrt{np(1-p)}} = \frac{(Y/n) - p}{\sqrt{p(1-p)/n}}$$

近似服从正态分布 $N(0,1)$. 这意味着，对于给定概率 $1-\alpha$，我们可以通过附录 B 的表 V 求出 $z_{\alpha/2}$，使得

$$P\left[-z_{\alpha/2} \leqslant \frac{(Y/n) - p}{\sqrt{p(1-p)/n}} \leqslant z_{\alpha/2}\right] \approx 1 - \alpha \tag{7.3-1}$$

如果我们能像在 7.1 节中求 μ 的置信区间那样做，则有

$$P\left[\frac{Y}{n} - z_{\alpha/2}\sqrt{\frac{p(1-p)}{n}} \leqslant p \leqslant \frac{Y}{n} + z_{\alpha/2}\sqrt{\frac{p(1-p)}{n}}\right] \approx 1 - \alpha$$

不幸的是，未知参数 p 出现在这个不等式的端点. 有两种方法摆脱这种困境. 首先，我们可以作一个额外的近似计算，即在 $p(1-p)/n$ 的端点用 Y/n 替换 p. 也就是说，如果 n 足够大，那么

$$P\left[\frac{Y}{n} - z_{\alpha/2}\sqrt{\frac{(Y/n)(1 - Y/n)}{n}} \leqslant p \leqslant \frac{Y}{n} + z_{\alpha/2}\sqrt{\frac{(Y/n)(1 - Y/n)}{n}}\right] \approx 1 - \alpha$$

仍然成立. 于是，对充分大的 n，如果 Y 的观测值为 y，则 p 的一个近似 $100(1-\alpha)\%$ 置信区间为

$$\left[\frac{y}{n} - z_{\alpha/2}\sqrt{\frac{(y/n)(1 - y/n)}{n}}, \frac{y}{n} + z_{\alpha/2}\sqrt{\frac{(y/n)(1 - y/n)}{n}}\right]$$

通常把这个区间简写为

$$\hat{p} \pm z_{\alpha/2}\sqrt{\frac{\hat{p}(1 - \hat{p})}{n}} \tag{7.3-2}$$

其中，$\hat{p} = y/n$. 正如 7.1 节中的 $\bar{x} \pm z_{\alpha/2}(\sigma/\sqrt{n})$，这个公式清楚地指出了估计 y/n 的可靠性，即我们有 $100(1-\alpha)\%$ 的信心认为 p 在 $(\hat{p} - z_{\alpha/2}\sqrt{\hat{p}(1-\hat{p})/n}, \hat{p} + z_{\alpha/2}\sqrt{\hat{p}(1-\hat{p})/n})$ 内.

求解 p 的第二种方法：注意到，在式 (7.3-1) 中不等式

$$\frac{|Y/n - p|}{\sqrt{p(1-p)/n}} \leqslant z_{\alpha/2}$$

等价于

$$H(p) = \left(\frac{Y}{n} - p\right)^2 - \frac{z_{\alpha/2}^2 p(1-p)}{n} \leqslant 0 \tag{7.3-3}$$

但是，$H(p)$ 是一个关于 p 的二次表达. 于是，我们可以通过找 $H(p)$ 的两个零点来计算满足 $H(p) \leqslant 0$ 的那些 p 的值. 在式 (7.3-3) 中，令 $\hat{p} = Y/n$，$z_0 = z_{\alpha/2}$，有

$$H(p) = \left(1 + \frac{z_0^2}{n}\right)p^2 - \left(2\hat{p} + \frac{z_0^2}{n}\right)p + \hat{p}^2$$

[324] 利用二次方程求根公式，$H(p)$ 的零点经化简后为

$$\frac{\hat{p} + z_0^2/(2n) \pm z_0\sqrt{\hat{p}(1-\hat{p})/n + z_0^2/(4n^2)}}{1 + z_0^2/n} \qquad (7.3\text{-}4)$$

这些零点给出了 p 的近似 $100(1-\alpha)\%$ 置信区间的端点. 如果 n 很大，则 $z_0^2/(2n)$，$z_0^2/(4n^2)$ 和 z_0^2/n 很小. 于是，当 n 很大时，式(7.3-2)和式(7.3-4)给出的置信区间近似相等.

例 7.3-1　让我们回到糖果重量直方图的例 6.1-1，$n=40$，$y/n = 8/40 = 0.20$. 若 $1-\alpha = 0.90$，$z_{\alpha/2} = 1.645$，则利用式(7.3-2)，我们发现真分数 p 的一个近似 90% 置信区间为

$$0.20 \pm 1.645\sqrt{\frac{(0.20)(0.80)}{40}}$$

即 $[0.096, 0.304]$，它与在区间 $(22.25, 23.15)$ 内占总量的百分比的一个近似 90% 置信区间 $[9.6\%, 30.4\%]$ 相同. 若我们利用式(7.3-4)给出的端点，则置信区间为 $[0.117, 0.321]$. 由于样本量小，这些区间内存在不可忽略的差异. 如果样本量 $n=400$，$y=80$，于是，$y/n = 80/400 = 0.2$，两个 90% 置信区间分别为 $[0.167, 0.233]$ 和 $[0.169, 0.235]$. 它们的差别很小. ■

例 7.3-2　在某一政治竞选活动中，一位候选人从有投票权的民众中随机得到一次投票. 结果是 $n=351$ 名选民中有 $y=185$ 人支持这位候选人. 即 $y/n = 185/351 = 0.527$，候选人是否非常有信心获胜？根据式(7.3-2)，支持这位候选人的投票总体的分数 p 的近似 95% 置信区间为

$$0.527 \pm 1.96\sqrt{\frac{(0.527)(0.473)}{351}}$$

或等价于 $[0.475, 0.579]$. 因此，p 很有可能低于 50%，候选人在竞选时当然应该考虑到这一可能性. ■

有时考虑 p 的单侧置信区间是合适的. 例如，我们可能对生产某些产品时缺陷比例的上界感兴趣. 或者我们可能对支持某位特定候选人的选民比例的下界感兴趣. p 的单侧置信区间上界为

$$\left[0, \frac{y}{n} + z_\alpha\sqrt{\frac{y/n(1-y/n)}{n}}\right]$$

而 p 的单侧置信区间下界为

$$\left[\frac{y}{n} - z_\alpha\sqrt{\frac{y/n(1-y/n)}{n}}, 1\right]$$

[325] 其中，每个置信区间的置信度均近似为 $1-\alpha$.

例 7.3-3　威斯康星州自然资源部(DNR)希望确定白尾鹿种群中慢性消瘦病(一种类似疯牛病的神经系统疾病)的患病率 p. 在该州一个特定地区、特定季节，有 272 头鹿被猎人合法捕杀. 将每只动物的组织样本提交给 DNR. 实验人员分析确定，其中有 9 头鹿患有慢性消瘦病. 假设 272 头捕获的鹿可以被很好地近似视为一个随机样本，则在威斯康星州该地

区 p 的一个近似 95% 单侧置信区间上界为

$$\left[0, \frac{9}{272} + 1.645\sqrt{\frac{(9/272)[1-(9/272)]}{272}}\right] = [0, 0.051]$$

因此，DNR 大约有 95% 的信心确信该州该地区白尾鹿种群中有慢性消瘦病的不超过 5.1%.　■

注　有时，这里建议的置信区间与给定的置信度并不十分接近，尤其是当 n 很小，或者 Y 或 $n-Y$ 中的一个接近零时. 很明显，$Y=0$ 或 $n-Y=0$ 会有问题，因为 $\hat{p}(1-\hat{p})$ 等于零，特别地，这意味着式 (7.3-2) 给出的间隔实际上是一个点.

获得 p 的置信区间的第三种方法(例如，见 Agresti 和 Coull，1998)是将式 (7.3-4) 中的 $\hat{p}$ 用 $\tilde{p}$ 替换：

$$\tilde{p} = \frac{Y + z_{\alpha/2}^2/2}{n + z_{\alpha/2}^2}$$

在进行此替换之后，得到的区间可以写为

$$\tilde{p} \pm z_{\alpha/2}\sqrt{\frac{\tilde{p}(1-\tilde{p})}{n + z_{\alpha/2}^2}}. \tag{7.3-5}$$

在 n 很小或 Y 或 $n-Y$ 接近零的情况下，该区间实际包含 p 的概率比区间 (式 7.3-2) 包含 p 的概率或区间式 (7.3-4) 包含 p 的概率更接近 $1-\alpha$.

值得特别注意的是，式 (7.3-5) 给出了 p 的置信度为 95% 的置信区间的特例. 当 $\alpha = 0.05$，$z_{\alpha/2}^2 = z_{0.025}^2 = 1.96^2 \approx 4$ 时，近似 95% 置信区间集中在 $\tilde{p} = (Y+2)/(n+4)$ 附近，即在观察到的样本上加上两次成功和两次失败而得到的增广样本中成功的比例.

例 7.3-4　回到例 7.3-1 的数据，利用式 (7.3-5) 中 $\alpha = 0.05$ 的特殊情况，发现 p 的近似 95% 置信区间为

$$0.226 \pm 1.96\sqrt{\frac{(0.226)(0.774)}{40 + 1.96^2}}$$

或 $[0.102, 0.350]$. 如果 $y=80$，$n=400$，由式 (7.3-5) 知，p 的近似 95% 置信区间为 $[0.164,$ $0.242]$.　■

通常有两种(或更多)可能独立的实验方法，假设它们成功的概率分别为 p_1 和 p_2. 设 n_1 和 n_2 分别为这两种方法相应的独立实验的数目，成功次数分别为 Y_1 和 Y_2. 为了对差 p_1-p_2 进行统计推断，我们进行如下操作.

由于相互独立的两个随机变量 Y_1/n_1 和 Y_2/n_2 的均值分别为 p_1 和 p_2，方差分别为 $p_1(1-p_1)/n_1$ 和 $p_2(1-p_2)/n_2$，我们从 5.4 节知道，差 $Y_1/n_1 - Y_2/n_2$ 的均值为 p_1-p_2，且方差为

$$\frac{p_1(1-p_1)}{n_1} + \frac{p_2(1-p_2)}{n_2}$$

(回想一下，两个独立随机变量差的方差等于方差之和)此外，Y_1/n_1 和 Y_2/n_2 具有近似正

326

态分布这一事实表明，它们的差

$$\frac{Y_1}{n_1} - \frac{Y_2}{n_2}$$

近似服从均值和方差如上所述的正态分布(见定理 5.5-1). 即

$$\frac{(Y_1/n_1) - (Y_2/n_2) - (p_1 - p_2)}{\sqrt{p_1(1 - p_1)/n_1 + p_2(1 - p_2)/n_2}}$$

近似服从正态分布 $N(0,1)$. 如果将分母中的 p_1 和 p_2 分别用 Y_1/n_1 和 Y_2/n_2 代替，当 n_1 和 n_2 充分大时，新的比值依然近似服从 $N(0,1)$. 于是，对于给定的 $1-\alpha$，我们可以根据附录 B 的表 V 查找到 $z_{\alpha/2}$，使得

$$P\left[-z_{\alpha/2} \leqslant \frac{(Y_1/n_1) - (Y_2/n_2) - (p_1 - p_2)}{\sqrt{(Y_1/n_1)(1 - Y_1/n_1)/n_1 + (Y_2/n_2)(1 - Y_2/n_2)/n_2}} \leqslant z_{\alpha/2}\right] \approx 1 - \alpha$$

一旦观测到 Y_1 和 Y_2 分别为 y_1 和 y_2，则可以对该近似值进行求解，从而得到未知差 p_1-p_2 的近似 $100(1-\alpha)\%$ 置信区间

$$\frac{y_1}{n_1} - \frac{y_2}{n_2} \pm z_{\alpha/2}\sqrt{\frac{(y_1/n_1)(1 - y_1/n_1)}{n_1} + \frac{(y_2/n_2)(1 - y_2/n_2)}{n_2}}$$

请再次注意此形式是如何表示差 p_1-p_2 的估计值 $y_1/n_1-y_2/n_2$ 的可靠性的.

例 7.3-5 测试了两种洗涤剂去除某种类型污渍的能力. 一名视察员判断，第一次在 91 项独立审判中有 63 项成功，第二次在 79 项独立审判中有 42 项成功. 相对成功率分别为 0.692 和 0.532. 两种洗涤剂的差值 p_1-p_2 的近似 90% 置信区间为

$$0.692 - 0.532 \pm 1.645\sqrt{\frac{(0.692)(0.308)}{91} + \frac{(0.532)(0.468)}{79}}$$

由于这一区间完全位于零的右边，因此，第一种洗涤剂可能比第二种洗涤剂更适合去除所述类型的污渍. ∎

练习

7.3-1 一家机械厂生产控制杆. 如果标准螺母不能拧到螺纹上，控制杆就有缺陷. 设商店生产的有缺陷的控制杆的比例为 p. 假设在从生产线上随机抽取的 642 个样本中有 24 个有缺陷的控制杆.
(a) 给出 p 的一个点估计.
(b) 利用式(7.3-2)计算 p 的一个近似 95% 置信区间.
(c) 利用式(7.3-4)计算 p 的一个近似 95% 置信区间.
(d) 利用式(7.3-5)计算 p 的一个近似 95% 置信区间.
(e) 求 p 的一个近似 95% 单侧置信区间上界.

7.3-2 设在荷兰第二天寄出的信件的比例为 p. 假设在随机抽样的 $n=200$ 封信中，有 $y=142$ 封是在邮寄后的第二天寄出的.
(a) 给出 p 的一个点估计.
(b) 利用式(7.3-2)计算 p 的一个近似 90% 置信区间.
(c) 利用式(7.3-4)计算 p 的一个近似 90% 置信区间.
(d) 利用式(7.3-5)计算 p 的一个近似 90% 置信区间.

（e）求 p 的一个近似 90% 单侧置信区间下界.

7.3-3　设过去一年中因训练过度而受伤的铁人三项运动员的比例为 p. 在随机挑选的 330 名铁人三项运动员中，167 人认为他们在过去一年中因训练过度而受伤.

（a）利用这些数据给出 p 的一个点估计.

（b）利用这些数据计算 p 的一个近似 90% 置信区间.

7.3-4　设赞成死刑的美国人的比例为 p. 如果随机抽样 $n = 1234$ 名美国人，有 $y = 864$ 人赞成死刑，求 p 的一个 95% 置信区间.

7.3-5　一个大城市的公共卫生官员决定，如果能提供强有力的证据证明该市 6 岁以下儿童中只有不到 90% 接种了 DPT 疫苗，那么他们将在全市范围内实施一项昂贵的免疫计划. 随机抽取全市 537 名 6 岁以下儿童，其中 460 名已接种 DPT 疫苗. 通过以下每一种方法获得该市免疫儿童比例的近似 95% 双侧置信区间.

（a）利用式（7.3-2）.

（b）利用式（7.3-4）.

（c）利用式（7.3-5）.

（d）实际上，在这种情况下，构造单侧置信区间比构造双侧置信区间更有意义. 因此，采用（a）中使用的方法，计算近似 95% 的单侧置信区间，该置信区间为城市中免疫儿童的比例上界. 根据这一结果，公共卫生官员是否应该实施免疫计划？

7.3-6　设选择慢跑作为娱乐活动的美国人的比例为 p. 如果在 5757 个选择慢跑的随机样本中有 1497 个，求 p 的近似 98% 置信区间.

7.3-7　设 p_1 和 p_2 分别表示在非洲和美洲的发展中国家中营养性贫血女性的比例. 假设随机抽样的 $n_1 = 2100$ 名非洲女性中有 $y_1 = 840$ 名营养性贫血，随机抽样的 $n_2 = 1900$ 名美洲女性中有 $y_2 = 323$ 名营养性贫血. 求 $p_1 - p_2$ 的一个 90% 置信区间.

7.3-8　一个民意调查："如果美国总统身份出了问题，你认为副总统有资格接任总统吗？"为了估计赞成这个问题的美国人的比例 p，随机抽取 1022 名成年人，388 人表示赞成.

（a）基于给定数据，求 p 的点估计.

（b）求 p 的一个近似 90% 置信区间.

（c）如果有新的投票结果，请对此问题给出更新的答案.

7.3-9　考虑以下两组女性：第一组女性每年花在衣服上的钱少于 500 美元；第二组女性每年花在衣服上的钱多于 1000 美元. 设 p_1 和 p_2 分别等于这两组认为衣服太贵的女性的比例. 假设第一组 1230 名女性的随机样本中有 1009 人认为衣服太贵，第二组 340 名女性的随机样本中有 207 人认为衣服太贵.

（a）求 $p_1 - p_2$ 的点估计.

（b）求 $p_1 - p_2$ 的一个近似 95% 置信区间.

7.3-10　糖果制造商从生产线上随机挑选薄荷糖并称重. 一周内，白班称了 $n_1 = 194$ 包薄荷糖，夜班称了 $n_2 = 162$ 包薄荷糖. 这些薄荷糖的重量不超过 21 克的数量分别为：白班 $y_1 = 28$，夜班 $y_2 = 11$. 设 p_1 和 p_2 分别表示白班和夜班重量不超过 21 克的薄荷糖的比例.

（a）求 p_1 的点估计.

（b）求 p_1 的一个近似 95% 置信区间的端点.

（c）求 $p_1 - p_2$ 的点估计.

（d）求 $p_1 - p_2$ 的一个近似 95% 单侧置信区间的下界.

7.3-11　对于亚洲（不包括中国）和非洲的发展中国家，设 p_1 和 p_2 分别表示有慢性营养不良（发育不良）的再教育儿童的比例. 如果 $n_1 = 1300$ 和 $n_2 = 1100$ 的相应随机样本中有 $y_1 = 520$ 个和 $y_2 = 385$ 个患有慢性营养不良的儿童，求 $p_1 - p_2$ 的一个近似 95% 置信区间.

328

7.3-12 一项环境调查包括询问被调查者什么是导致这个国家空气污染的主要原因，给出了"汽车""工厂"和"焚化炉"的选择. 设 p_A 和 p_B 分别表示使用 A 和 B 表格的人选择"工厂"的比例. 如果 460 个使用 A 表格的人中有 170 个选择了"工厂"，440 个使用 B 表格的人中有 141 个选择了"工厂"，

（a）求 $p_A - p_B$ 的一个近似 95% 置信区间.

（b）关于这个答案，两个表格一致吗？为什么？

7.3-13 根据 2017 年 10 月随机对 1028 名成年人进行电话采访，盖洛普新闻社报道，617 人赞成更严格的枪支管制法. 2018 年 3 月对 1041 名成年人的采访显示，694 人赞成更严格的枪支管制法. 设 p_1 和 p_2 分别表示 2017 年和 2018 年赞成更严格枪支管制法律的比例.

（a）求 p_1 和 p_2 的点估计.

（b）求 $p_1 - p_2$ 的一个近似 95% 单侧置信区间.

7.4 样本量

当科学研究人员咨询统计学家时，第一个问题通常是，"估计平均值时，样本量应该有多大？"为了使研究者相信答案取决于被观测的随机变量的变化，统计学家可以正确地回答："只要分布的标准差为零，就只需要一次观测."也就是说，如果 σ 等于零，那么一个观测值必然等于分布的未知均值. 当然，这是一个极端的情况，在实践中是不符合的。但是，它应该有助于说服人们，方差越小，达到给定精度所需的样本量就越小. 当我们考虑一些问题时，这个论断将变得更加清楚. 让我们从一个问题开始，这个问题涉及一个关于未知分布均值的统计推断.

例 7.4-1 数学系希望评价利用计算机教学微积分的新方法. 课程结束时，将根据参与学生的标准测试成绩进行评估. 特别感兴趣的是估计参加这门课程的学生的平均分数 μ. 由于必须购买新的计算设备，所以，系里不能让全校学生都参与这种新方法上微积分课. 此外，一些工作人员质疑这种方法的价值，因此不想让每个学生都接触这种新程序. 所以，一个愿望就是确定从选这门课的学生群体中随机挑选的学生人数 n. 找到样本量 n，使得我们可以相当确信 $\bar{x} \pm 1$ 包含测试成绩的未知值 μ. 根据以往经验，这种类型测试成绩的标准差大约为 15.（当学生学习标准微积分课程时，这个均值也是已知的.）因此，利用测试分数 X 的样本均值 $\bar{X}$ 近似服从 $N(\mu, \sigma^2/n)$ 这一事实，我们发现 μ 的一个近似 95% 置信区间为 $\bar{x} \pm 1.96(15/\sqrt{n})$. 即我们想要

$$1.96\left(\frac{15}{\sqrt{n}}\right) = 1$$

或等价地，$\sqrt{n} = 29.4$，于是，$n \approx 864.36$. 因 n 必须是整数，故 $n = 865$.   ■

在前面的例子中，很可能没有预料到本研究将需要多达 865 名学生. 如果是这样的话，统计人员必须与实验参与者讨论精确度和置信水平是否可以有所放松. 例如，与其要求 $\bar{x} \pm 1$ 是 μ 的 95% 置信区间，不如说 $\bar{x} \pm 2$ 是令人满意的 80% 置信区间. 如果这个修改是可以接受的，那么我们现在有

$$1.282\left(\frac{15}{\sqrt{n}}\right) = 2$$

或等价地，$\sqrt{n}=9.615$，于是，$n\approx92.4$. 因 n 必须是整数，故我们在实际中可能会用 $n=$ 93. 最有可能的是，参与该项目的人员会发现这个样本量更合理. 当然，任何大于 93 的样本都可以使用. 然后，可以将置信区间的长度从 $\bar{x}\pm2$ 减小，或者将置信度从 80% 增大，或者将这两种方法结合起来. 此外，由于标准差 σ 实际是否等于 15 可能存在一些问题，因此应该用样本标准差 s 来构造置信区间. 例如，假设观察到的样本特征是

$$n=145,\quad \bar{x}=77.2,\quad s=13.2$$

于是，μ 的一个近似 80% 置信区间为

$$\bar{x}\pm\frac{1.282s}{\sqrt{n}},\quad \text{或}\quad 77.2\pm1.41$$

一般地，如果想求 μ 的 $100(1-\alpha)\%$ 置信区间 $\bar{x}\pm z_{\alpha/2}(\sigma/\sqrt{n})$，其长度不超过 $\bar{x}\pm\varepsilon$，则样本量 n 应满足

$$\varepsilon=\frac{z_{\alpha/2}\sigma}{\sqrt{n}}$$

其中，$\Phi(z_{\alpha/2})=1-\alpha/2$. 即

$$n=\frac{z_{\alpha/2}^2\sigma^2}{\varepsilon^2} \tag{7.4-1}$$

其中，假设 σ^2 已知. 有时称 $\varepsilon=z_{\alpha/2}\sigma/\sqrt{n}$ 为**极大误差估计**. 请注意 ε 是置信区间的半宽.

如果实验者不知道 σ^2 的值，可能有必要先取一个初始样本，并用该样本中的 s^2 代替式 (7.4-1) 中的 σ^2. 此外，在 σ^2 未知的情况下，确定 n 更适合用基于均值的 $100(1-\alpha)\%$ 置信区间的修正方法，即 $\bar{x}\pm t_{\alpha/2}(n-1)(s/\sqrt{n})$. 该区间的半宽为 $t_{\alpha/2}(n-1)(s/\sqrt{n})$，在进行观测之前，该半宽的平方的期望值为 $t_{\alpha/2}^2(n-1)^2\sigma^2/n$. 用 ε_u^2 表示最后一个量（其中 u 表示"未知"），我们通过与已知 σ^2 的情况进行类比，发现置信区间的半宽平方的期望至多为 ε_u^2 所需的样本量必须满足不等式

$$\frac{n}{t_{\alpha/2}^2(n-1)}\geqslant\frac{\sigma^2}{\varepsilon_u^2} \tag{7.4-2}$$

虽然我们不能用式 (7.4-2) 给出 n 的显式解，但我们可以通过先解式 (7.4-1)（用 s^2 代替 σ^2），然后每次增加一个观测值来确定适当的 n，直到得到满足式 (7.4-2) 的 n 值. 下面的例子说明了这种方法.

例 7.4-2　假设我们希望得到方差未知的正态分布均值 μ 的 90% 双侧置信区间. 此外，假设我们希望半宽平方的期望 $E(\varepsilon_u^2)$ 不大于 9 个单位的平方. 最后，假设一个大小为 $n=15$ 的初始随机样本的均值和方差分别为 $\bar{x}=189$ 和 $s^2=74.8$. 如果以未知方差实际上等于 74.8 来获得所需样本量的初步猜测，利用式 (7.4-1)，我们发现 n 必须至少为

$$\frac{(1.645)^2(74.8)}{3^2}=22.41$$

然后，从 $n = 23$ 开始，不断增加 n 直到满足式 (7.4-2)（用 $s^2 = 74.8$ 代替 σ^2）. 我们发现 $n = 25$ 是最小的整数，因此，我们必须在初始样本的 15 次观测之外再进行 10 次观测，以达到预期的目标. 注意，在采用额外的 10 个观测值后计算的 μ 的 90% 置信区间的半宽平方未必小于或等于 9，这取决于从所有 25 个观测值计算的样本方差是否从 74.8 减少或增加. 我们只能说，如果总体方差小于或等于 74.8，则半宽平方的期望 $E(\varepsilon_u^2)$ 小于 9.   ■

我们经常在报纸和杂志上看到的统计数据是比例 p 的估计值. 例如，我们可能想知道失业劳动力的百分比，或者选民支持某位候选人的百分比. 有时要根据这些估计做出极其重要的决定. 如果是这样的话，我们肯定希望 p 的置信度很大且置信区间很短. 我们认识到这些情况需要大量的样本. 相反，如果所估计的比例 p 不是太重要，则只需较小置信度和较长置信区间估计即可，并且在这种情况下，可以使用较小的样本量.

331

例 7.4-3　假设已知失业率约为 8%（0.08），但为了给国家经济政策做出重要决定，我们希望更新我们的估计. 因此，假设我们希望有 99% 的置信度相信 p 的新估计值在真实 p 的 0.001 之内. 假设这是独立的伯努利实验（一个可能会被质疑的假设），当样本量 n 很大时，利用频率 y/n 给出了 p 的大约 99% 的置信区间：

$$\frac{y}{n} \pm 2.576 \sqrt{\frac{(y/n)(1 - y/n)}{n}}$$

尽管在抽样前我们并不知道 y/n，但因为 y/n 接近 0.08，我们知道

$$2.576 \sqrt{\frac{(y/n)(1 - y/n)}{n}} \approx 2.576 \sqrt{\frac{(0.08)(0.92)}{n}}$$

并且我们希望这个数等于 0.001，即

$$2.576 \sqrt{\frac{(0.08)(0.92)}{n}} = 0.001$$

或等价地，$\sqrt{n} = 2576 \sqrt{0.0736}$，从而，$n \approx 488\,394$. 也就是说，在我们的假设下，为了达到所需的可靠性和准确性，需要这样的样本量. 因为 n 如此之大，我们可能愿意将误差增加到 0.01，并可能将置信度降低到 98%. 在这种情况下，$\sqrt{n} = (2.326/0.01) \sqrt{0.0736}$，从而，$n \approx 3982$，这是一个更合理的样本量.   ■

从前面的例子中，我们希望学生认识到样本量（或置信区间的长度和置信度）的重要性，然后才能对一个说法赋权. 比如，"51% 的选民似乎支持候选人 A，46% 的选民支持候选人 B，3% 的人还没有决定." 这种说法是基于 100、2000 还是 10 000 名选民的样本呢？如果假设这是独立的伯努利实验，在以上情况下，支持候选人 A 的部分选民的 95% 置信区间分别为 $[0.41, 0.61]$、$[0.49, 0.53]$ 和 $[0.50, 0.52]$. 很明显，第一个区间（$n = 100$）不能保证候选人 A 得到至少一半选民的支持，而第三个区间（$n = 1000$）更令人信服.

一般来说，要找到估计 p 所需的样本量，请记住 p 的点估计是 $\hat{p} = y/n$，所以，p 的近似 $1 - \alpha$ 置信区间为

$$\hat{p} \pm z_{\alpha/2} \sqrt{\frac{\hat{p}(1 - \hat{p})}{n}}$$

假设我们希望有 $100(1-\alpha)\%$ 的信心相信 p 的估计在未知 p 的 $\varepsilon(\varepsilon=z_{\alpha/2}\sqrt{\hat{p}(1-\hat{p})/n})$ 范围内是点估计 $\hat{p}=y/n$ 的**极大误差**. 因为在实验前 $\hat{p}$ 未知, 我们不能利用 $\hat{p}$ 的值确定 n. 然而, 如果知道 p 约等于 p^*, 则所需样本量 n 为

332

$$\varepsilon = \frac{z_{\alpha/2}\sqrt{p^*(1-p^*)}}{\sqrt{n}}$$

的解, 即

$$n = \frac{z_{\alpha/2}^2 p^*(1-p^*)}{\varepsilon^2} \tag{7.4-3}$$

然而, 我们有时对 p 没有很强的先验概念, 正如我们在例 7.4-3 中对失业率所做的那样. 有趣的是, 无论 p 取 0 到 1 之间的哪个值, $p^*(1-p^*) \leqslant 1/4$ 总是正确的. 因此,

$$n = \frac{z_{\alpha/2}^2 p^*(1-p^*)}{\varepsilon^2} \leqslant \frac{z_{\alpha/2}^2}{4\varepsilon^2}$$

于是, 我们希望 p 的 $100(1-\alpha)\%$ 置信区间长度不大于 $y/n\pm\varepsilon$, 则 n 的一个保险的解为

$$n = \frac{z_{\alpha/2}^2}{4\varepsilon^2} \tag{7.4-4}$$

注　在这里, 我们使用 "帽子" 符号 (^) 表示一个估计量, 如 $\hat{p}=Y/n$ 和 $\hat{\mu}=\overline{X}$. 但要注意, 在前面的讨论中, 我们使用 $\hat{p}=y/n$ 作为 p 的一个估计值. 有时, 统计学家会发现使用 "帽子" 符号表示一个估计量和一个估计值是不一样的. 通常在使用时从上下文中可以清楚地看到.

例 7.4-4　一位可能的州长候选人想在宣布参选前评估一下选民的初步支持率. 如果在没有任何事先宣传的情况下, 有 0.15% 左右的选民支持, 这位候选人将参加竞选. 从随机选择的 n 名选民的投票中, 候选人希望估计的 y/n 在 p 的 0.03 范围内, 也就是说, 决定将基于形如 $y/n\pm0.03$ 的 95% 置信区间. 因为候选人不知道 p 的大小, 一位咨询统计学家给出了方程

$$n = \frac{(1.96)^2}{4(0.03)^2} = 1067.11$$

因此, 样本量应在 1068 左右才能达到所需的可靠性和准确性. 假设全州随机抽取 1068 名选民进行面试, 有 $y=214$ 人表示支持该候选人. 那么, p 的点估计值为 $\hat{p}=214/1068=0.20$, 并且 p 的一个大约 95% 置信区间为

$$0.20 \pm 1.96\sqrt{(0.20)(0.80)/n}, \quad 或 \quad 0.20 \pm 0.024$$

也就是说, 我们有大约 95% 的信心认为 p 属于区间 $[0.176, 0.224]$. 据这个样本, 候选人决定竞选公职. 注意, 对于 95% 的置信度, 我们求出了一个样本量, 因此, 最大估计误差为 0.03. 从所收集的数据来看, 最大估计误差只有 0.024. 我们得到了一个较小的误差, 因为我们通过假设 $p=0.50$ 得到了样本量, 而实际上 p 接近 0.20. ■

333

假设你想估计学生团体中赞成新政策的比例 p. 样品量应该有多大? 如果 p 接近 1/2,

并且你希望大约有 95% 的信心相信最大估计误差 $\varepsilon = 0.02$，则

$$n = \frac{(1.96)^2}{4(0.02)^2} = 2401$$

这样的样本量在一所大型大学里是有意义的. 不过，如果你是一所小学院的学生，整个招生人数可能会少于 2401 人. 因此，当总体相对于期望的样本量不是很大时，我们现在给出一个可以用来确定样本量的步骤.

假设 N 等于一个总体的样本量，并且假设总体中有 N_1 个个体具有一定的特征 C（例如，支持一个新的策略）. 设这个特征的比例为 $p = N_1/N$，那么 $1 - p = 1 - N_1/N$. 如果我们不放回地取一个样本量为 n 的样本，那么具有特征 C 的观测数 X 服从超几何分布. X 的均值和方差分别是

$$\mu = n\left(\frac{N_1}{N}\right) = np$$

和

$$\sigma^2 = n\left(\frac{N_1}{N}\right)\left(1 - \frac{N_1}{N}\right)\left(\frac{N-n}{N-1}\right) = np(1-p)\left(\frac{N-n}{N-1}\right)$$

X/n 的均值和方差分别为

$$E\left(\frac{X}{n}\right) = \frac{\mu}{n} = p$$

和

$$\mathrm{Var}\left(\frac{X}{n}\right) = \frac{\sigma^2}{n^2} = \frac{p(1-p)}{n}\left(\frac{N-n}{N-1}\right)$$

为了计算 p 的近似置信区间，我们可以利用正态近似：

$$P\left[-z_{\alpha/2} \leqslant \frac{\dfrac{X}{n} - p}{\sqrt{\dfrac{p(1-p)}{n}\left(\dfrac{N-n}{N-1}\right)}} \leqslant z_{\alpha/2}\right] \approx 1 - \alpha$$

于是，

$$1 - \alpha \approx P\left[\frac{X}{n} - z_{\alpha/2}\sqrt{\frac{p(1-p)}{n}\left(\frac{N-n}{N-1}\right)} \leqslant p \leqslant \frac{X}{n} + z_{\alpha/2}\sqrt{\frac{p(1-p)}{n}\left(\frac{N-n}{N-1}\right)}\right]$$

用 $\hat{p} = x/n$ 替换 p，我们发现 p 的近似 $1 - \alpha$ 置信区间为

$$\hat{p} \pm z_{\alpha/2}\sqrt{\frac{\hat{p}(1-\hat{p})}{n}\left(\frac{N-n}{N-1}\right)}$$

这类似于当 X 服从 $b(n,p)$ 分布时 p 的置信区间. 如果 N 相比 n 很大，则

$$\frac{N-n}{N-1} = \frac{1-n/N}{1-1/N} \approx 1$$

在这种情况下，两个区间基本上是相等的.

假设我们现在对确定样本大小 n 感兴趣，n 应满足 p 的近似 $1-\alpha$ 最大估计误差为 ε. 令

$$\varepsilon = z_{\alpha/2}\sqrt{\frac{p(1-p)}{n}\left(\frac{N-n}{N-1}\right)}$$

由此可以解出 n. 化简得

$$n = \frac{Nz_{\alpha/2}^2 p(1-p)}{(N-1)\varepsilon^2 + z_{\alpha/2}^2 p(1-p)} = \frac{z_{\alpha/2}^2 p(1-p)/\varepsilon^2}{\dfrac{N-1}{N} + \dfrac{z_{\alpha/2}^2 p(1-p)/\varepsilon^2}{N}}$$

如果令

$$m = \frac{z_{\alpha/2}^2 p^*(1-p^*)}{\varepsilon^2}$$

其中，n 由式(7.4-3)给出，则选择

$$n = \frac{m}{1 + \dfrac{m-1}{N}}$$

作为我们的样本量 n.

如果对 p 一无所知，则可通过设 $p^* = 1/2$ 确定 m. 例如，如果学生总人数是 $N=4000$，$1-\alpha = 0.95$，$\varepsilon = 0.02$，令 $p^* = 1/2$，那么，$m = 2401$，四舍五入到最近整数后，

$$n = \frac{2401}{1 + 2400/4000} = 1501$$

因此，我们将对大约 37.5% 的学生进行抽样.   ■

例 7.4-5   假设一个有 $N=3000$ 名学生的学院对学生支持教师评价新形式感兴趣. 为了估计喜欢新形式的比例 p，需要多大的样本，才能以近似 95% 的置信度使 p 的最大估计误差为 $\varepsilon = 0.03$? 如果我们假设 p 是完全未知的，用 $p^* = 1/2$，四舍五入后得

$$m = \frac{(1.96)^2}{4(0.03)^2} = 1068$$

于是，所需样本量经四舍五入后为

$$n = \frac{1068}{1 + 1067/3000} = 788$$ ■

练习

7.4-1 设 X 等于雄性白头翁的蹠骨长度. (蹠骨是鸟腿的一部分，介于看似向后的"膝盖"和看似"脚踝"之间)假设 X 的分布为 $N(\mu, 4.84)$. 求所需的样本量 n，使得我们有 95% 的信心相信 μ 的最大估计误差为 0.4.

7.4-2 设 X 等于"1000 克"瓶装肥皂的超重量. 假设 X 的分布为 $N(\mu, 169)$. 需要多大的样本量才能使我

们有 95% 的置信度认为 μ 的最大估计误差为 1.5?

7.4-3   一家公司把粉状肥皂装在 "6 磅" 的盒子里. 这些盒子中肥皂的样本均值和标准差目前分别为 6.09 磅和 0.02 磅. 如果平均每盒可以少装 0.01 磅, 则每年可节省 1.4 万美元. 对灌装设备进行调整, 但假定标准差保持不变.

(a) 如果要有 90% 的置信度认为新 μ 的最大估计误差为 1.5, 需要多大的样本量?

(b) 一个大小为 $n = 1219$ 的样本, $\bar{x} = 6.048$, $s = 0.022$. 计算 μ 的一个近似 90% 置信区间.

(c) 估计新调整后每年节省多少成本.

(d) 估计现在重量小于 6 磅的箱子所占的比例.

7.4-4   对 $n = 29$ 条鱼的长度 (厘米) 进行测量, 得出平均长度 $\bar{x} = 16.82$, $s^2 = 34.9$. 确定新样本的样本量, 使得 $\bar{x} \pm 0.5$ 为 μ 的一个近似 95% 的置信区间.

7.4-5   一位质量工程师希望有 98% 的信心认为梳妆台盖上由机器模制的左铰链的平均强度 (兆帕) μ 的最大估计误差为 0.25. 一个样本量为 $n = 32$ 份的初始样本的均值为 $\bar{x} = 35.68$, 标准差为 $s = 1.723$.

(a) 需要多大的样本量?

(b) 这是一个合理的样本量吗? (注意, 需要进行破坏性实验才能获得数据.)

7.4-6   制造商销售的灯泡的平均寿命为 1450 小时, 标准差为 33.7 小时. 一种新的制造工艺正在实验, 人们对了解新灯泡的平均寿命很感兴趣. 需要多大的样本量才能使 $\bar{x} \pm 5$ 为 μ 的一个 95% 置信区间? 你可以假设标准差的变化是最小的.

7.4-7   对于总统大选的民意测验, 设 p 表示支持候选人 A 的选民的比例. 需要多大的样本量, 才能使我们希望 p 的最大估计误差等于

(a) 0.03, 近似 95% 的置信度?

(b) 0.02, 近似 95% 的置信度?

(c) 0.03, 近似 90% 的置信度?

7.4-8   一些大学教授和学生在 137 只加拿大鹅孵出的那一年检查了专利血吸虫. 在这 137 只鹅中, 有 54 只被感染. 教授和学生们感兴趣估计这类鹅受感染的比例 p. 对于未来的研究, 确定样本量 n, 使 p 的估计值在未知 p 的 $\varepsilon = 0.04$ 范围内, 置信度约为 90%.

7.4-9   骰子被装了东西, 稍微改变了掷出 6 点的概率. 为了估计新掷出 6 点的概率 p, 骰子必须掷多少次, 才能使我们大约有 99% 的信心认为 p 的最大估计误差是 $\varepsilon = 0.02$?

7.4-10   假设我们希望得到美国左撇子比例 p 的一个近似 90% 的置信区间, 我们希望这个置信区间长度不大于 0.02 (相当于, 我们希望点估计的最大误差为 0.01). 在以下每种情况下, 获取实现此目标所需的样本量:

(a) 一个合理的先验猜测是 $p = 0.10$.

(b) 进行了一项试点研究, 有 200 人参与抽样, 其中 32 人是左撇子.

(c) 无论 p 值是多少, 置信区间长度都不能大于 0.02.

7.4-11   一些牙医对用标准移植技术研究胚胎大鼠腭部融合感兴趣. 当不进行治疗时, 融合的概率约为 0.89. 牙医希望在缺乏维生素 A 的情况下估计融合的可能性 p.

(a) 大鼠胚胎的样本量 n 需要多大才能使 $y \pm 0.1$ 为 p 的近似 95% 的置信区间?

(b) 如果 $n = 60$ 个腭部有 $y = 44$ 个显示融合, 给出 p 的 95% 置信区间.

7.4-12   设大学生中赞成校园酒精消费新政策的比例. 需要多大的样本量才能有 95% 的置信度认为 p 的最大估计误差是 0.04, 其中学生人数为

(a) $N = 1500$?

(b) $N = 15\,000$?

(c) $N = 25\,000$?

7.4-13   在塔上所做的 1000 个焊缝中, 有 15% 可能有缺陷. 为估计缺陷焊缝的比例 p, 须检查多少焊缝才

能以大约95%的置信度认为 p 的最大估计误差为0.04?

7.4-14 如果 Y_1/n 和 Y_2/n 分别是相互独立的二项分布 $b(n,p_1)$ 和 $b(n,p_2)$ 成功的频率. 计算 n, 使得随机区间 $Y_1/n - Y_2/n \pm 0.05$ 覆盖 $p_1 - p_2$ 的近似概率至少为0.80. **提示**: 取 $p_1^* = p_2^* = 1/2$ 来估计 n 的上界.

7.4-15 如果 $\overline{X}$ 和 $\overline{Y}$ 分别是两个样本量为 n 的独立随机样本的均值. 如果我们希望 $\overline{X} - \overline{Y} \pm 4$ 是 $\mu_X - \mu_Y$ 的一个近似90%置信区间, 求 n. 假设已知标准差为 $\sigma_X = 15$ 和 $\sigma_Y = 25$.

7.5 无分布百分位数的置信区间

在6.3节中, 我们根据顺序统计量定义了样本百分位数, 并注意到样本百分位数可用于估计对应的百分位数的分布. 在本节中, 我们使用顺序统计量来构造未知分布百分位数的置信区间. 由于在构造这些置信区间时很少假设总体分布(除了它是连续型的), 所以它们通常被称为无分布置信区间.

如果 $Y_1 < Y_2 < Y_3 < Y_4 < Y_5$ 是连续型分布的样本量为 $n=5$ 的顺序统计量, 那么样本中位数 Y_3 可以被认为是分布中位点 $\pi_{0.5}$ 的估计量. 令 $m = \pi_{0.5}$. 我们可以简单地使用样本中位数 Y_3 作为分布中位数 m 的估计量. 然而, 我们确信所有人都认识到, 只有5个样本, 如果观测到 $Y_3 = y_3$ 非常接近 m, 我们将非常幸运. 因此, 我们现在描述如何为 m 构造置信区间.

我们不再简单地使用 Y_3 作为 m 的估计量, 而是计算随机区间 (Y_1, Y_5) 包含 m 的概率 $P(Y_1 < m < Y_5)$. 如果一次独立观测(比如 X)小于 m, 我们称一次成功发生, 则每个独立实验成功的概率是 $P(X<m) = 0.5$, 这样做很容易. 为了使第一个顺序统计量 Y_1 小于 m, 最后一个顺序统计量 Y_5 大于 m, 必须至少有一次成功, 但不是五次都成功. 即

$$P(Y_1 < m < Y_5) = \sum_{k=1}^{4} \binom{5}{k} \left(\frac{1}{2}\right)^k \left(\frac{1}{2}\right)^{5-k} = 1 - \left(\frac{1}{2}\right)^5 - \left(\frac{1}{2}\right)^5 = \frac{15}{16}$$

因此, 随机区间 (Y_1, Y_5) 包含 m 的概率为 $15/16 \approx 0.94$. 现假设这个随机样本观测值分别等于 $y_1 < y_2 < y_3 < y_4 < y_5$. 那么 (y_1, y_5) 是 m 的94%置信区间.

有趣的是, 注意到随着样本量的增加会发生什么. 设 $Y_1 < Y_2 < \cdots < Y_n$ 为连续型分布的样本量为 n 的顺序统计量. 那么 $P(Y_1 < m < Y_n)$ 是至少有一次"成功"但不是 n 次都成功的概率, 其中每次实验的成功概率为 $P(X<m) = 0.5$. 因此,

$$P(Y_1 < m < Y_n) = \sum_{k=1}^{n-1} \binom{n}{k} \left(\frac{1}{2}\right)^k \left(\frac{1}{2}\right)^{n-k} = 1 - \left(\frac{1}{2}\right)^n - \left(\frac{1}{2}\right)^n = 1 - \left(\frac{1}{2}\right)^{n-1}$$

这个概率随着 n 的增加而增加, 因此, 相应的置信区间 (y_1, y_n) 将具有非常大的置信度 $1 - (1/2)^{n-1}$. 不幸的是, 区间 (y_1, y_n) 随着 n 的增加越来越宽, 于是, 我们不能很好地"固定" m. 然而, 如果用区间 (y_2, y_{n-1}) 或 (y_3, y_{n-2}), 将可获得更短区间, 但是置信度也会变小. 我们进一步调查这种可能性.

设连续型分布的样本量为 n 的顺序统计量为 $Y_1 < Y_2 < \cdots < Y_n$, 考虑 $P(Y_i < m < Y_j)$, 其中 $i < j$. 例如, 我们想求

337

$$P(Y_2 < m < Y_{n-1}) \quad \text{或} \quad P(Y_3 < m < Y_{n-2})$$

在 n 次独立实验中，如果实验结果 X 小于 m，则称之为成功。因此，每次实验的成功概率为 $P(X<m) = 0.5$。于是，要使第 i 个顺序统计量 Y_i 小于 m，第 j 个顺序统计量 Y_j 大于 m，至少要有 i 次成功，但少于 j 次成功（或者 $Y_j<m$）。也就是说，

$$P(Y_i < m < Y_j) = \sum_{k=i}^{j-1} \binom{n}{k} \left(\frac{1}{2}\right)^k \left(\frac{1}{2}\right)^{n-k} = 1 - \alpha$$

对于特定的 n，i 和 j，概率（即二项分布的概率之和 $1-\alpha$）可直接计算，或当 n 充分大时，近似为正态概率密度函数下的面积。观察到的区间 (y_i, y_j) 可以作为未知分布中位数的 $100(1-\alpha)\%$ 的置信区间。

例 7.5-1　在新英格兰海岸捕获 9 种特定鱼类的长度（厘米）分别为 32.5，27.6，29.3，30.1，15.5，21.7，22.8，21.2 和 19.0。因此，观察到的顺序统计量为

$$15.5 < 19.0 < 21.2 < 21.7 < 22.8 < 27.6 < 29.3 < 30.1 < 32.5$$

在抽样前，由附录 B 的表 Ⅱ 知

338

$$P(Y_2 < m < Y_8) = \sum_{k=2}^{7} \binom{9}{k} \left(\frac{1}{2}\right)^k \left(\frac{1}{2}\right)^{9-k} = 0.9805 - 0.0195 = 0.9610$$

故在新英格兰海岸捕获的所有这种鱼的长度中位数 m 的 96.1% 置信区间为 $(y_2 = 19.0, y_8 = 30.1)$。∎

为了让学生无须计算其中的许多概率，表 7.5-1 列出了在样本量为 $n = 5, 6, \cdots, 20$ 时，对未知 m 构造形如 (y_i, y_{n+1-i}) 的置信区间所需的信息。选择下标 i，使置信度 $P(Y_i < m < Y_{n+1-i})$ 大于 90%，并尽可能接近 95%。

对于样本量大于 20 的情况，我们用正态曲线下的面积近似二项分布的概率。为了说明这些近似值有多好，我们计算了表 7.5-1 中 $n=16$ 对应的概率。这里，由附录 B 的表 Ⅱ，我们有

$$1 - \alpha = P(Y_5 < m < Y_{12}) = \sum_{k=5}^{11} \binom{16}{k} \left(\frac{1}{2}\right)^k \left(\frac{1}{2}\right)^{16-k} = P(W = 5, 6, \cdots, 11)$$

$$= 0.9616 - 0.0384 = 0.9232$$

其中，$W \sim b(16, 1/2)$。因为 W 的均值 $np=8$，方差 $np(1-p)=4$，故正态近似为

$$1 - \alpha = P(4.5 < W < 11.5) = P\left(\frac{4.5-8}{2} < \frac{W-8}{2} < \frac{11.5-8}{2}\right)$$

标准化随机变量 $Z = (W-8)/2$ 近似服从标准正态分布。于是，

$$1 - \alpha \approx \Phi\left(\frac{3.5}{2}\right) - \Phi\left(\frac{-3.5}{2}\right) = \Phi(1.75) - \Phi(-1.75) = 0.9599 - 0.0401 = 0.9198$$

该值与表 7.5-1 中记录的概率 0.9232 非常接近。（请注意，Minitab 或其他一些计算机程序也可以使用。）

表 7.5-1　m 的置信区间信息

n	(i, n+1-i)	$P(Y_i < m < Y_{n+1-i})$	n	(i, n+1-i)	$P(Y_i < m < Y_{n+1-i})$
5	(1, 5)	0.9376	13	(3, 11)	0.9776
6	(1, 6)	0.9688	14	(4, 11)	0.9426
7	(1, 7)	0.9844	15	(4, 12)	0.9648
8	(2, 7)	0.9296	16	(5, 12)	0.9232
9	(2, 8)	0.9610	17	(5, 13)	0.9510
10	(2, 9)	0.9786	18	(5, 14)	0.9692
11	(3, 9)	0.9346	19	(6, 14)	0.9364
12	(3, 10)	0.9614	20	(6, 15)	0.9586

用于寻找连续型分布的中位数 m 的置信区间的方法可以应用于任何百分位数 π_p. 在这种情况下，如果 X 小于 π_p，我们称单次实验成功. 因此，每次独立实验的成功概率为 $P(X < \pi_p) = p$. 相应地，当 $i < j$ 时，$1 - \alpha = P(Y_i < \pi_p < Y_j)$ 表示至少有 i 次成功，但少于 j 次成功的概率. 因此，

$$1 - \alpha = P(Y_i < \pi_p < Y_j) = \sum_{k=i}^{j-1} \binom{n}{k} p^k (1-p)^{n-k}$$

一旦观察到样本并可确定顺序统计量，已知区间 (y_i, y_j) 就可以作为未知分布百分位数 π_p 的 $100(1-\alpha)\%$ 的置信区间.

例 7.5-2　以下数字代表从某个收入（以数百美元计）总体随机抽取 $n = 27$ 个观测值的顺序统计量：

261	269	271	274	279	280	283	284	286
287	292	293	296	300	304	305	313	321
322	329	341	343	356	364	391	417	476

假设我们有兴趣估计总体的第 25 百分位数 $\pi_{0.25}$. 因为 $(n+1)p = 28(1/4) = 7$，所以，第 7 个顺序统计量 $y_7 = 283$ 是 $\pi_{0.25}$ 的点估计. 为了求出 $\pi_{0.25}$ 的置信区间，让我们向下和向上移动一些顺序统计量，比如从 y_7 移到 y_4 和 y_{10}. 与区间 (y_4, y_{10}) 相对应的置信度是多少？在抽样之前，我们有

$$1 - \alpha = P(Y_4 < \pi_{0.25} < Y_{10}) = \sum_{k=4}^{9} \binom{27}{k} (0.25)^k (0.75)^{27-k} = 0.8201$$

$W \sim b(27, 1/4)$ 的均值为 $27/4 = 6.75$，方差为 $81/16$，我们对 W 使用正态近似得，

$$1 - \alpha = P(4 \leqslant W \leqslant 9) = P(3.5 < W < 9.5) \approx \Phi\left(\frac{9.5 - 6.75}{9/4}\right) - \Phi\left(\frac{3.5 - 6.75}{9/4}\right)$$

$$= \Phi\left(\frac{11}{9}\right) - \Phi\left(-\frac{13}{9}\right) = 0.8149$$

从而，$(y_4 = 274, y_{10} = 287)$ 是 $\pi_{0.25}$ 的一个 82.01%（或近似 81.49%）置信区间. 注意，我们

可以选择其他区间, 比如 $(y_3 = 271, y_{11} = 292)$, 这些区间的置信度不同. 每个研究人员必须选择所需的置信度, 然后选取适当的顺序统计量, 通常关于第 $(n+1)p$ 个顺序统计量对称. ■

当观测数量很大时, 能够相当容易地确定顺序统计量是很重要的. 如下一个例子所示, 6.2 节中介绍的茎叶图有助于确定所需的顺序统计量.

例 7.5-3 表 7.5-2 总结了 90 头奶牛在第一头小牛出生后 305 天的产奶期内生产的乳脂的测量结果, 其中每片叶子由两位数字组成. 从这个表容易看出 $y_8 = 392$. 经过一些努力可以证明 $y_{38} = 494$ 和 $y_{538} = 526$, 由此可以创建给定品种奶牛所有乳脂产量未知中位数 m 的一个置信区间 $(494, 526)$, 其置信度为

$$P(Y_{38} < m < Y_{53}) = \sum_{k=38}^{52} \binom{90}{k} \left(\frac{1}{2}\right)^k \left(\frac{1}{2}\right)^{90-k} \approx \Phi\left(\frac{52.5 - 45}{\sqrt{22.5}}\right) - \Phi\left(\frac{37.5 - 45}{\sqrt{22.5}}\right)$$

$$= \Phi(1.58) - \Phi(-1.58) = 0.8858$$

表 7.5-2 乳脂产量的顺序茎叶表

茎	叶								
2s	74								
2·									
3*									
3t	27	39							
3f	45	50							
3s									
3·	80	88	92	94	95				
4*	17	18							
4t	21	22	27	34	37	39			
4f	44	52	53	53	57	58			
4s	60	64	66	70	70	72	75	78	
4·	81	86	89	91	92	94	96	97	99
5*	00	00	01	02	05	09	10	13	13	16
5t	24	26	31	32	32	37	37	39	
5f	40	41	44	55					
5s	61	70	73	74					
5·	83	83	86	93	99				
6*	07	08	11	12	13	17	18	19	
6t	27	28	35	37					
6f	43	43	45						
6s	72								
6·	91	96							

类似地, $(y_{17} = 437, y_{29} = 470)$ 是第一四分位数 $\pi_{0.25}$ 的一个置信区间, 其置信度为

$$P(Y_{17} < \pi_{0.25} < Y_{29}) \approx \Phi\left(\frac{28.5-22.5}{\sqrt{16.875}}\right) - \Phi\left(\frac{16.5-22.5}{\sqrt{16.875}}\right) = \Phi(1.46) - \Phi(-1.46) = 0.8558$$

利用二项分布，Minitab 给出了精确的置信度分别为 0.8867 和 0.8569.　■

　　将用 $\bar{x} \pm t_{\alpha/2}(n-1)(s/\sqrt{n})$ 得到的均值 μ 的置信区间长度与本节中用无分布方法得到的中位数 m 的 $100(1-\alpha)\%$ 置信区间长度进行比较将会很有意思. 通常，如果样本来自与正态分布差别不太大的分布，则基于 $\bar{x}$ 的置信区间要短得多. 毕竟，当我们建立置信区间时，我们假设的要多得多. 对于无分布方法，我们假设分布是连续型的. 因此，如果分布是高度偏斜或重尾的，这样就可以存在离群值，那么无分布方法更安全、更稳健. 此外，无分布方法提供了一种获得不同百分位数置信区间的方法，研究人员通常对这种区间感兴趣.

练习

7.5-1　设 $Y_1 < Y_2 < Y_3 < Y_4 < Y_5 < Y_6$ 是连续型分布的样本量为 $n=6$ 的顺序统计量，其第 $(100p)$ 百分位数为 π_p. 计算

　（a）$P(Y_2 < \pi_{0.5} < Y_5)$.

　（b）$P(Y_1 < \pi_{02.5} < Y_4)$.

　（c）$P(Y_4 < \pi_{0.9} < Y_6)$.

7.5-2　对于马力在 290～390 之间的 2007 款轿车，以下测量给出了 $n=12$ 辆车从 0～60 英里/小时加速所需的时间（秒）：

$$6.0 \quad 6.3 \quad 5.0 \quad 6.0 \quad 5.7 \quad 5.9 \quad 6.8 \quad 5.5 \quad 5.4 \quad 4.8 \quad 5.4 \quad 5.8$$

　（a）求中位数 m 的 96.14% 置信区间.

　（b）区间 (y_1, y_7) 可以作为 $\pi_{0.3}$ 的一个置信区间. 求该区间并给出置信度.

7.5-3　以下是 $n=9$ 个电动变色镜样品中低端反射率的百分比：

$$7.12 \quad 7.22 \quad 6.78 \quad 6.31 \quad 5.99 \quad 6.58 \quad 7.80 \quad 7.40 \quad 7.05$$

　（a）求中位数 m 的近似 95% 置信区间的端点.

　（b）区间 (y_3, y_7) 可以作为 m 的一个置信区间. 求该区间并给出置信度.

7.5-4　设"80 磅"袋软水剂颗粒的平均重量为 m. 利用以下 $n=14$ 随机样本的重量，求出 m 的大约 95% 置信区间：

$$80.51 \quad 80.28 \quad 80.40 \quad 80.35 \quad 80.38 \quad 80.28 \quad 80.27$$
$$80.16 \quad 80.59 \quad 80.56 \quad 80.32 \quad 80.27 \quad 80.53 \quad 80.32$$

　（a）求 m 的一个 94.26% 置信区间.

　（b）区间 (y_6, y_{12}) 可以作为 $\pi_{0.6}$ 的一个置信区间. 它的置信度是多少？

7.5-5　一位研究蜘蛛的生物学家随机抽取了 20 只雄性绿猞猁蜘蛛（一种不会织网，但会追逐和跳跃猎物的蜘蛛）的样本，并测量了这 20 只蜘蛛其中一只前腿的长度（毫米）. 使用以下测量值构造 m 的置信区间，其置信度约等于 0.95：

$$15.10 \quad 13.55 \quad 15.75 \quad 20.00 \quad 15.45$$
$$13.60 \quad 16.45 \quad 14.05 \quad 16.95 \quad 19.05$$
$$16.40 \quad 17.05 \quad 15.25 \quad 16.65 \quad 16.25$$
$$17.75 \quad 15.40 \quad 16.80 \quad 17.55 \quad 19.05$$

7.5-6　一家公司生产标签重量为 20.4 克的薄荷糖. 该公司定期从生产线上抽样，并对所选薄荷糖称重. 在两个上午的生产过程中，对 81 块薄荷糖进行抽样，得到以下重量：

342

21.8	21.7	21.7	21.6	21.3	21.6	21.5	21.3	21.2
21.0	21.6	21.6	21.6	21.5	21.4	21.8	21.7	21.6
21.6	21.3	21.9	21.9	21.6	21.0	20.7	21.8	21.7
21.7	21.4	20.9	22.0	21.3	21.2	21.0	21.0	21.9
21.7	21.5	21.5	21.1	21.3	21.3	21.2	21.0	20.8
21.6	21.6	21.5	21.5	21.2	21.5	21.4	21.4	21.3
21.2	21.8	21.7	21.7	21.6	20.5	21.8	21.7	21.5
21.4	21.4	21.9	21.8	21.7	21.4	21.3	20.9	21.9
20.7	21.1	20.8	20.6	20.6	22.0	22.0	21.7	21.6

（a）利用茎 $20f$, $20s$, $20 \cdot$, $21 *$, …, $22 *$ 构造有序的茎叶图.

（b）求（i）四分之三分位数；（ii）第 60 百分位数；（iii）第 15 百分位数.

（c）求如下分位数的大约 95% 置信区间：（i）$\pi_{0.25}$；（ii）$m = \pi_{0.5}$；（iii）$\pi_{0.75}$.

7.5-7 以下是仪表上使用的 25 个指示器外壳的重量（克）（见练习 6.2-8）：

102.0	106.3	106.6	108.8	107.7
106.1	105.9	106.7	106.8	110.2
101.7	106.6	106.3	110.2	109.9
102.0	105.8	109.1	106.7	107.3
102.0	106.8	110.0	107.9	109.3

（a）按大小列出观测结果.

（b）给出 $\pi_{0.25}$, m 和 $\pi_{0.75}$ 的点估计.

（c）根据附录 B 的表 II，求以下置信区间，并指明相应的置信度：

  （i）(y_3, y_{10}), $\pi_{0.25}$ 的一个置信区间.

  （ii）(y_9, y_{17}), 中位数 m 的一个置信区间.

  （iii）(y_{16}, y_{23}), $\pi_{0.75}$ 的一个置信区间.

（d）利用 $\bar{x} \pm t_{\alpha/2}(24)(s/\sqrt{25})$ 计算 μ 的一个置信区间，其置信度是（c）中的（ii）. 比较这两个置信区间的中点.

7.5-8 在练习 7.5-5 中，生物学家还选择了 20 只雌性绿猞猁蜘蛛的随机样本，并测量了它们其中一只前腿的长度（毫米）. 使用以下数据构造 m 的置信区间，其置信度约为 0.95：

15.85	18.00	11.45	15.60	16.10
18.80	12.85	15.15	13.30	16.65
16.25	16.15	15.25	12.10	16.20
14.80	14.60	17.05	14.15	15.85

7.5-9 设 X 等于某一品牌牙膏中氟的含量. 规格为 $0.85 \sim 1.10\text{mg/g}$. 表 6.1-3 列出了 100 个此类测量值.

（a）给出中位数 $m = \pi_{0.5}$ 的一个点估计.

（b）求中位数 m 的一个近似 95% 置信区间. 可能的话，用计算机计算其精确置信度.

（c）给出第一四分位数的一个点估计.

（d）求第一四分位数的一个近似 95% 置信区间. 可能的话，用计算机计算其精确置信度.

（e）给出四分之三分位数的一个点估计.

（f）求四分之三分位数的一个近似 95% 置信区间. 可能的话，用计算机计算其精确置信度.

7.5-10 以下数据是新罕布什尔州东南部地区 $n = 25$ 口井的饮用水砷浓度（ppb）：

1.3, 1.5, 1.8, 2.6, 2.8, 3.5, 4.0, 4.8, 8.0, 9.5, 12, 14, 19, 23

41, 80, 100, 110, 120, 190, 240, 250, 300, 340, 580

(a) 区间(y_9, y_{16})可以作为中位数 m 的一个置信区间. 求该区间并给出置信度.

(b) 水质标准规定, 饮用水中第 90 百分位数$(\pi_{0.90})$的砷浓度不得超过 250ppb. 求 $\pi_{0.90}$ 的单侧置信下界, 其置信度大于并尽可能接近 95%. 该区间是否提供了违反水质标准的有力证据?

7.5-11　使用例 6.2-4 中给出的 39 枚维瑞卡金币的重量, 求出 $\pi_{0.25}$, $\pi_{0.5}$ 和 $\pi_{0.75}$ 的近似 95% 置信区间.

343

7.5-12　设 $Y_1 < Y_2 < \cdots < Y_8$ 为连续型分布的 8 个独立观测的顺序统计量, 其第 70 百分位数为 $\pi_{0.7} = 27.3$.

(a) 确定 $P(Y_7 < 27.3)$.

(b) 求 $P(Y_5 < 27.3 < Y_8)$.

7.6　更多的回归

在本节中, 我们使用 6.5 节中的符号和假设, 为线性回归模型中的重要变量建立置信区间. 可以证明(练习 7.6-13)

$$\sum_{i=1}^{n}[Y_i - \alpha - \beta(x_i - \bar{x})]^2 = \sum_{i=1}^{n}\{(\hat{\alpha}-\alpha) + (\hat{\beta}-\beta)(x_i-\bar{x}) + [Y_i - \hat{\alpha} - \hat{\beta}(x_i-\bar{x})]\}^2$$
$$= n(\hat{\alpha}-\alpha)^2 + (\hat{\beta}-\beta)^2\sum_{i=1}^{n}(x_i-\bar{x})^2 + \sum_{i=1}^{n}[Y_i - \hat{\alpha} - \hat{\beta}(x_i-\bar{x})]^2$$

$$(7.6-1)$$

根据 Y_i, $\hat{\alpha}$ 和 $\hat{\beta}$ 服从正态分布知,

$$\frac{[Y_i - \alpha - \beta(x_i-\bar{x})]^2}{\sigma^2}, \quad \frac{(\hat{\alpha}-\alpha)^2}{\left[\dfrac{\sigma^2}{n}\right]}, \quad \frac{(\hat{\beta}-\beta)^2}{\left[\dfrac{\sigma^2}{\sum_{i=1}^{n}(x_i-\bar{x})^2}\right]}$$

都服从自由度为 1 的卡方分布. 因为 $Y_1, Y_2, \cdots, Y_n$ 相互独立, 所以,

$$\frac{\sum_{i=1}^{n}[Y_i - \alpha - \beta(x_i-\bar{x})]^2}{\sigma^2}$$

服从 $\chi^2(n)$ 分布. 也就是说, 在式(7.6-1)左边除以 σ^2 后服从 $\chi^2(n)$ 分布, 并等于两个 $\chi^2(1)$ 随机变量的和, 且

$$\frac{\sum_{i=1}^{n}[Y_i - \hat{\alpha} - \hat{\beta}(x_i-\bar{x})]^2}{\sigma^2} = \frac{n\hat{\sigma}^2}{\sigma^2} \geq 0$$

于是, 我们可以猜测 $n\hat{\sigma}^2/\sigma^2$ 服从 $\chi^2(n-2)$. 这是正确的, 而且 $\hat{\alpha}$, $\hat{\beta}$ 和 $\hat{\sigma}^2$ 相互独立. (证明见 Hogg, McKean and Craig, *Introduction to Mathematical Statistics*, 7th ed. (Upper Saddle River, NJ: Prentice Hall, 2013).)

假如我们现在对构造直线的斜率 β 的置信区间感兴趣. 我们可以利用

$$T_1 = \frac{\sqrt{\sum_{i=1}^{n}(x_i - \bar{x})^2}\left(\dfrac{\hat{\beta} - \beta}{\sigma}\right)}{\sqrt{\dfrac{n\hat{\sigma}^2}{\sigma^2(n-2)}}} = \frac{\hat{\beta} - \beta}{\sqrt{\dfrac{n\hat{\sigma}^2}{(n-2)\sum_{i=1}^{n}(x_i - \bar{x})^2}}}$$

344 服从自由度为 $n-2$ 的 t 分布这一事实. 于是,

$$P\left[-t_{\gamma/2}(n-2) \leqslant \frac{\hat{\beta} - \beta}{\sqrt{\dfrac{n\hat{\sigma}^2}{(n-2)\sum_{i=1}^{n}(x_i - \bar{x})^2}}} \leqslant t_{\gamma/2}(n-2)\right] = 1 - \gamma$$

由此可见,

$$\left[\hat{\beta} - t_{\gamma/2}(n-2)\sqrt{\frac{n\hat{\sigma}^2}{(n-2)\sum_{i=1}^{n}(x_i - \bar{x})^2}}, \ \hat{\beta} + t_{\gamma/2}(n-2)\sqrt{\frac{n\hat{\sigma}^2}{(n-2)\sum_{i=1}^{n}(x_i - \bar{x})^2}}\right] \tag{7.6-2}$$

是 β 的一个 $100(1-\gamma)\%$ 置信区间.

类似地,

$$T_2 = \frac{\dfrac{\sqrt{n}(\hat{\alpha} - \alpha)}{\sigma}}{\sqrt{\dfrac{n\hat{\sigma}^2}{\sigma^2(n-2)}}} = \frac{\hat{\alpha} - \alpha}{\sqrt{\dfrac{\hat{\sigma}^2}{n-2}}}$$

服从自由度为 $n-2$ 的 t 分布. 于是, T_2 可以用于对 α 的推断. (见练习 7.6-14.) $n\hat{\sigma}^2/\sigma^2$ 服从自由度为 $n-2$ 的卡方分布的事实可以用来推断 σ^2. (见练习 7.6-15.)

我们已经注意到, $\hat{Y} = \hat{\alpha} + \hat{\beta}(x - \bar{x})$ 是对给定的 x 对 Y 均值的一个点估计, 或者我们可以认为这是对给定 x 的 Y 值的一个预测. 但 $\hat{Y}$ 与 Y 的均值或 Y 本身有多接近? 现在, 我们将对给定一个特定的 x 值找到 $\alpha + \beta(x-\bar{x})$ 的置信区间和 Y 的预测区间.

为了求出

$$E(Y) = \mu(x) = \alpha + \beta(x - \bar{x})$$

的置信区间, 令

$$\hat{Y} = \hat{\alpha} + \hat{\beta}(x - \bar{x})$$

由于 $\hat{Y}$ 是独立正态随机变量 $\hat{\alpha}$ 和 $\hat{\beta}$ 的线性组合, 所以 $\hat{Y}$ 服从正态分布. 此外,

$$E(\hat{Y}) = E[\hat{\alpha} + \hat{\beta}(x - \bar{x})] = \alpha + \beta(x - \bar{x})$$

$$\text{Var}(\hat{Y}) = \text{Var}[\hat{\alpha} + \hat{\beta}(x - \bar{x})] = \frac{\sigma^2}{n} + \frac{\sigma^2}{\displaystyle\sum_{i=1}^{n}(x_i - \bar{x})^2}(x - \bar{x})^2 = \sigma^2\left[\frac{1}{n} + \frac{(x - \bar{x})^2}{\displaystyle\sum_{i=1}^{n}(x_i - \bar{x})^2}\right]$$

345

回想一下 $n\hat{\sigma}^2/\sigma^2$ 的分布是 $\chi^2(n-2)$. 因为 $\hat{\alpha}$ 和 $\hat{\beta}$ 与 $\hat{\sigma}^2$ 相互独立，所以我们可以构造 t 统计量

$$T = \frac{\dfrac{\hat{\alpha} + \hat{\beta}(x - \bar{x}) - [\alpha + \beta(x - \bar{x})]}{\sigma\sqrt{\dfrac{1}{n} + \dfrac{(x - \bar{x})^2}{\displaystyle\sum_{i=1}^{n}(x_i - \bar{x})^2}}}}{\sqrt{\dfrac{n\hat{\sigma}^2}{(n-2)\sigma^2}}}$$

这里，T 服从自由度为 $r = n-2$ 的 t 分布. 接下来，从附录 B 的表 Ⅵ 找到 $t_{\gamma/2}(n-2)$，使得

$$P[-t_{\gamma/2}(n-2) \leq T \leq t_{\gamma/2}(n-2)] = 1 - \gamma$$

由此可得

$$P[\hat{\alpha} + \hat{\beta}(x - \bar{x}) - ct_{\gamma/2}(n-2) \leq \alpha + \beta(x - \bar{x}) \leq \hat{\alpha} + \hat{\beta}(x - \bar{x}) + ct_{\gamma/2}(n-2)] = 1 - \gamma$$

其中，

$$c = \sqrt{\frac{n\hat{\sigma}^2}{n-2}}\sqrt{\frac{1}{n} + \frac{(x - \bar{x})^2}{\displaystyle\sum_{i=1}^{n}(x_i - \bar{x})^2}}$$

于是，$\mu(x) = \alpha + \beta(x - \bar{x})$ 的一个 $100(1-\gamma)\%$ 置信区间端点为

$$\hat{\alpha} + \hat{\beta}(x - \bar{x}) \pm ct_{\gamma/2}(n-2)$$

请注意，这个区间的宽度依赖 x 的具体取值，这是因为 c 依赖 x. (见练习 7.6-1.)

我们利用 $(x_1, y_1), (x_2, y_2), \cdots, (x_n, y_n)$ 估计 α 和 β. 假设给定一个 x 的值 x_{n+1}，相应的 Y 的点估计为

$$\hat{y}_{n+1} = \hat{\alpha} + \hat{\beta}(x_{n+1} - \bar{x})$$

然而，$\hat{y}_{n+1}$ 只是随机变量

$$Y_{n+1} = \alpha + \beta(x_{n+1} - \bar{x}) + \varepsilon_{n+1}$$

的其中一种可能. 关于 Y_{n+1} 的所有可能取值，我们能说什么呢？我们现在将得到当 $x = x_{n+1}$ 时 Y_{n+1} 的**预测区间**，这与当 $x = x_{n+1}$ 时 Y 的均值的置信区间类似.

我们有

$$Y_{n+1} = \alpha + \beta(x_{n+1} - \bar{x}) + \varepsilon_{n+1}$$

其中，$\varepsilon_{n+1} \sim N(0, \sigma^2)$. 现在，

$$W = Y_{n+1} - \hat{\alpha} - \hat{\beta}(x_{n+1} - \bar{x})$$

是独立正态随机变量的线性组合，所以 W 服从正态分布. W 的均值为

$$E(W) = E[Y_{n+1} - \hat{\alpha} - \hat{\beta}(x_{n+1} - \bar{x})] = \alpha + \beta(x_{n+1} - \bar{x}) - \alpha - \beta(x_{n+1} - \bar{x}) = 0$$

因为 Y_{n+1}、$\hat{\alpha}$ 和 $\hat{\beta}$ 相互独立，故 W 的方差为

$$\text{Var}(W) = \sigma^2 + \frac{\sigma^2}{n} + \frac{\sigma^2}{\sum\limits_{i=1}^{n}(x_i - \bar{x})^2}(x_{n+1} - \bar{x})^2 = \sigma^2\left[1 + \frac{1}{n} + \frac{(x_{n+1} - \bar{x})^2}{\sum\limits_{i=1}^{n}(x_i - \bar{x})^2}\right]$$

回想一下 $n\hat{\sigma}^2/[(n-2)\sigma^2]$ 服从 $\chi^2(n-2)$ 分布. 因为 Y_{n+1}、$\hat{\alpha}$ 和 $\hat{\beta}$ 都与 $\hat{\sigma}^2$ 相互独立，所以，我们可以构造 t 统计量

$$T = \frac{\dfrac{Y_{n+1} - \hat{\alpha} - \hat{\beta}(x_{n+1} - \bar{x})}{\sigma\sqrt{1 + \dfrac{1}{n} + \dfrac{(x_{n+1} - \bar{x})^2}{\sum\limits_{i=1}^{n}(x_i - \bar{x})^2}}}}{\sqrt{\dfrac{n\hat{\sigma}^2}{(n-2)\sigma^2}}}$$

这里，T 服从自由度为 $r = n-2$ 的 t 分布. 接下来，从附录 B 的表 VI 找到常数 $t_{\gamma/2}(n-2)$，使得

$$P[-t_{\gamma/2}(n-2) \leqslant T \leqslant t_{\gamma/2}(n-2)] = 1 - \gamma$$

解这个关于 Y_{n+1} 的不等式，有

$$P[\hat{\alpha} + \hat{\beta}(x_{n+1} - \bar{x}) - \text{d}t_{\gamma/2}(n-2) \leqslant Y_{n+1} \leqslant \hat{\alpha} + \hat{\beta}(x_{n+1} - \bar{x}) + \text{d}t_{\gamma/2}(n-2)] = 1 - \gamma$$

其中，

$$d = \sqrt{\frac{n\hat{\sigma}^2}{n-2}}\sqrt{1 + \frac{1}{n} + \frac{(x_{n+1} - \bar{x})^2}{\sum\limits_{i=1}^{n}(x_i - \bar{x})^2}}$$

于是，Y_{n+1} 的一个 $100(1-\gamma)\%$ 置信区间端点为

$$\hat{\alpha} + \hat{\beta}(x_{n+1} - \bar{x}) \pm \text{d}t_{\gamma/2}(n-2)$$

当 $x_{n+1} = x$ 时，观察

$$d^2 = c^2 + \frac{n\hat{\sigma}^2}{n-2}$$

发现 Y 在 $X = x$ 处的 $100(1-\gamma)\%$ 预测区间比 $\mu(x)$ 的 $100(1-\gamma)\%$ 预测区间稍宽. 这是有道理的，因为 Y 的一个观测值（在给定的 X 处）与它的预测值之间的差往往大于 Y 值的整个总体均值（在相同的 X 处）与它的估计值之间的差.

$\{\mu(x):-\infty<x<\infty\}$ 的 $100(1-\gamma)\%$ 置信区间的全体称为 $\mu(x)$ 的一个 $100(1-\gamma)\%$ 逐点置信带. 类似地，$\{Y(x)=\alpha+\beta x+\varepsilon:-\infty<x<\infty\}$ 的 $100(1-\gamma)\%$ 置信区间的全体称为 Y 的一个 $100(1-\gamma)\%$ 逐点置信带. 注意，分别从置信区间和预测区间的 c 和 d 的表达式可以看出，这些置信带在 $x=\bar{x}$ 处最窄.

我们将利用例 6.5-1 中的数据举例说明，在给定 x 值时，$\mu(x)$ 的 95% 置信区间和 Y 的 95% 预测区间. 为了求这些区间，我们使用式 (6.5-1)、式 (6.5-2) 和式 (6.5-4).

例 7.6-1 利用例 6.5-1 中的数据，计算 $\mu(x)$ 的 95% 置信区间. 注意到，已知 $\bar{x}=68.3$，$\hat{\alpha}=81.3$，$\hat{\beta}=561.1/756.1=0.7421$，$\hat{\sigma}^2=21.7709$. 我们也需要

$$\sum_{i=1}^{n}(x_i-\bar{x})^2=\sum_{i=1}^{n}x_i^2-\left(\frac{1}{n}\right)\left(\sum_{i=1}^{n}x_i\right)^2=47\ 405-\frac{683^2}{10}=756.1$$

对于 95% 的置信度，$t_{0.025}(8)=2.306$. 当 $x=60$ 时，$\mu(60)$ 的 95% 置信区间的端点为

$$81.3+0.7421(60-68.3)\pm\left[\sqrt{\frac{10(21.7709)}{8}}\sqrt{\frac{1}{10}+\frac{(60-68.3)^2}{756.1}}\right](2.306)$$

或

$$75.1406\pm5.2589$$

类似地，当 $x=70$ 时，$\mu(70)$ 的 95% 置信区间的端点为

$$82.5616\pm3.8761$$

请注意，这些区间的长度依赖具体的 x 的取值. 图 7.6-1a 绘制了**散点图**、$\mu(x)$ 的一个 95% **逐点置信带**和 $\hat{y}=\hat{\alpha}+\hat{\beta}(x-\bar{x})$ 的最小二乘回归线.

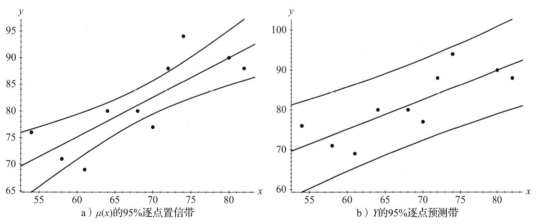

a) $\mu(x)$ 的 95% 逐点置信带　　　　　　b) Y 的 95% 逐点预测带

图 7.6-1　$\mu(x)$ 的 95% 逐点置信带和 Y 的 95% 逐点预测带

当 $x=60$ 时，Y 的 95% 置信区间的端点为

$$81.3+0.7421(60-68.3)\pm\left[\sqrt{\frac{10(21.7709)}{8}}\sqrt{1.1+\frac{(60-68.3)^2}{756.1}}\right](2.306)$$

或

$$75.1406 \pm 13.1289$$

请注意，这个区间比 $\mu(60)$ 的置信区间宽很多. 图 7.6-1b 绘制了散点图、Y 的 95% 逐点预测带和最小二乘回归线. ∎

我们现在将简单回归模型推广到**多元回归**情形. 假设我们观察多个 x 变量的值，比如 $x_1, x_2, \cdots, x_k$ 和每个 y 值. 例如，假设 x_1 等于学生的美国高等院校考试综合得分，x_2 等于学生在高中班级的排名，y 等于学生大学第一年的 GPA. 我们想从观测到的数据估计一个回归函数 $E(Y) = \mu(x_1, x_2, \cdots, x_k)$. 如果

$$\mu(x_1, x_2, \cdots, x_k) = \beta_1 x_1 + \beta_2 x_2 + \cdots + \beta_k x_k$$

则称我们有一个**线性模型**，因为这个表达式关于系数 β_1，β_2，$\cdots$，β_k 是线性的.

为了说明，请注意 6.5 节中给出的均值 $\alpha + \beta x$ 的模型关于 $\alpha = \beta_1$ 和 $\beta = \beta_2$ 是线性的，其中，$x_1 = 1$，$x_2 = x$. （为了方便起见，从 x 中减去了 x 值的均值.）然而，假设我们希望使用三次函数 $\beta_1 + \beta_2 x + \beta_2 x^2 + \beta_4 x^3$ 作为均值. 这个三次表达式仍然是一个线性模型（即关于 β 是线性的），我们可取 $x_1 = 1$，$x_2 = x$，$x_3 = x^2$，$x_4 = x^3$.

记 n 个观测点为

$$(x_{1j}, x_{2j}, \cdots, x_{kj}, y_j), \quad j = 1, 2, \cdots, n$$

为了用最小二乘法拟合线性模型 $\beta_1 x_1 + \beta_2 x_2 + \cdots + \beta_k x_k$，我们将最小化

$$G = \sum_{j=1}^{n} (y_j - \beta_1 x_{1j} - \beta_2 x_{2j} - \cdots - \beta_k x_{kj})^2$$

如果令 k 个一阶偏导数

$$\frac{\partial G}{\partial \beta_i} = \sum_{j=1}^{n} (-2)(y_j - \beta_1 x_{1j} - \beta_2 x_{2j} - \cdots - \beta_k x_{kj})(x_{ij}), \quad i = 1, 2, \cdots, k$$

都等于 0，则可得到 k 个**正规方程**

$$\beta_1 \sum_{j=1}^{n} x_{1j}^2 + \beta_2 \sum_{j=1}^{n} x_{1j} x_{2j} + \cdots + \beta_k \sum_{j=1}^{n} x_{1j} x_{kj} = \sum_{j=1}^{n} x_{1j} y_j$$

$$\beta_1 \sum_{j=1}^{n} x_{2j} x_{1j} + \beta_2 \sum_{j=1}^{n} x_{2j}^2 + \cdots + \beta_k \sum_{j=1}^{n} x_{2j} x_{kj} = \sum_{j=1}^{n} x_{2j} y_j$$

$$\vdots \qquad \vdots \qquad \ddots \qquad \vdots \qquad \vdots$$

$$\beta_1 \sum_{j=1}^{n} x_{kj} x_{1j} + \beta_2 \sum_{j=1}^{n} x_{kj} x_{2j} + \cdots + \beta_k \sum_{j=1}^{n} x_{kj}^2 = \sum_{j=1}^{n} x_{kj} y_j$$

这 k 个方程的解给出了 $\beta_1, \beta_2, \cdots, \beta_k$ 的最小二乘估计. 如果 $Y_1, Y_2, \cdots, Y_n$ 相互独立，且 $Y_j \sim N(\beta_1 x_{1j} + \beta_2 x_{2j} + \cdots + \beta_k x_{kj}, \sigma^2)$，$j = 1, 2, \cdots, n$，则 $\beta_1, \beta_2, \cdots, \beta_k$ 的这些最小二乘估计也是它们的极大似然估计.

例 7.6-2　利用最小二乘法，根据 (x_1, x_2, x_3, y) 的 5 组观测值：

$$(1,1,0,4),\ (1,0,1,3),\ (1,2,3,2),\ (1,3,0,6),\ (1,0,0,1)$$

拟合 $y = \beta_1 x_1 + \beta_2 x_2 + \beta_3 x_3$. 注意到，每个点的 $x_1 = 1$，于是，我们拟合 $y = \beta_1 + \beta_2 x_2 + \beta_3 x_3$ 即可. 因为

$$\sum_{j=1}^{5} x_{1j}^2 = 5, \quad \sum_{j=1}^{5} x_{1j} x_{2j} = 6, \quad \sum_{j=1}^{5} x_{1j} x_{3j} = 4, \quad \sum_{j=1}^{5} x_{1j} y_j = 16$$

$$\sum_{j=1}^{5} x_{2j} x_{1j} = 6, \quad \sum_{j=1}^{5} x_{2j}^2 = 14, \quad \sum_{j=1}^{5} x_{2j} x_{3j} = 6, \quad \sum_{j=1}^{5} x_{2j} y_j = 26$$

$$\sum_{j=1}^{5} x_{3j} x_{1j} = 4, \quad \sum_{j=1}^{5} x_{3j} x_{2j} = 6, \quad \sum_{j=1}^{5} x_{3j}^2 = 10, \quad \sum_{j=1}^{5} x_{3j} y_j = 9$$

所以正规方程为

$$5\beta_1 + 6\beta_2 + 4\beta_3 = 16$$
$$6\beta_1 + 14\beta_2 + 6\beta_3 = 26$$
$$4\beta_1 + 6\beta_2 + 10\beta_3 = 9$$

解这三个线性方程得

$$\hat{\beta}_1 = \frac{274}{112}, \quad \hat{\beta}_2 = \frac{127}{112}, \quad \hat{\beta}_3 = -\frac{85}{112}$$

于是，最小二乘拟合为

$$y = \frac{274 x_1 + 127 x_2 - 85 x_3}{112}$$

如果 x_1 总是等于 1，则等式变为

$$y = \frac{274 + 127 x_2 - 85 x_3}{112}$$

■ 〔350〕

　　有趣的是，通常的两个样本问题实际上是一个线性模型. 设 $\beta_1 = \mu_1$，$\beta_2 = \mu_2$，并考虑 n 对 (x_1, x_2) 等于 $(1, 0)$ 和 m 对 (x_1, x_2) 等于 $(0, 1)$. 这需要前 n 个变量 $Y_1, Y_2, \cdots, Y_n$ 中的每一个的均值为

$$\beta_1 \cdot 1 + \beta_2 \cdot 0 = \beta_1 = \mu_1$$

并且后 m 个变量 $Y_{n+1}, Y_{n+2}, \cdots, Y_{n+m}$ 的均值为

$$\beta_1 \cdot 0 + \beta_2 \cdot 1 = \beta_2 = \mu_2$$

这是二样本问题的背景，但是 $X_1, X_2, \cdots, X_n$ 和 $Y_1, Y_2, \cdots, Y_n$ 通常被分别替换为 $Y_1, Y_2, \cdots, Y_n$ 和 $Y_{n+1}, Y_{n+2}, \cdots, Y_{n+m}$.

练习

7.6-1　在简单线性回归模型中，当 $x = 0$ 时，Y 的均值为 $\alpha - \beta \bar{x} = \alpha_1$. α_1 的最小二乘估计为 $\hat{\alpha} - \hat{\beta} \bar{x} = \hat{\alpha}_1$.

　　(a) 在通常模型假设下，求 $\hat{\alpha}_1$ 的分布.

（b）求 α_1 的一个 $100(1-\gamma)\%$ 双侧置信区间表达式.

7.6-2 求 m 个独立同 X 分布的观测值 x^* 的平均值的 $100(1-\gamma)\%$ 双侧预测区间.

7.6-3 对于练习 6.5-3 的数据，在通常假设下，

（a）分别计算当 $x = 68$，75 和 82 时，$\mu(x)$ 的一个 95% 置信区间.

（b）分别计算当 $x = 68$，75 和 82 时，Y 的一个 95% 预测区间.

7.6-4 对于练习 6.5-4 的数据，在通常假设下，

（a）分别计算当 $x = 2$，3 和 4 时，$\mu(x)$ 的一个 95% 置信区间.

（b）分别计算当 $x = 2$，3 和 4 时，Y 的一个 95% 预测区间.

7.6-5 对于练习 6.5-7 的香烟数据，在通常假设下，

（a）分别计算当 $x = 5$，10 和 15 时，$\mu(x)$ 的一个 95% 置信区间.

（b）分别计算当 $x = 5$，10 和 15 时，Y 的一个 95% 预测区间.

7.6-6 一个计算机中心记录了它在连续十年中所维护的程序数.

（a）计算如下所示数据的最小二乘回归.

年	程序数	年	程序数
1	430	6	960
2	480	7	1200
3	565	8	1380
4	790	9	1530
5	885	10	1591

（b）在同一张图中画出点和回归线.

（c）在通常假设下，求在第 11 年维护程序数的一个 95% 预测区间.

7.6-7 对于练习 6.5-6 的美国高等院校考试数据，在通常假设下，

（a）分别计算当 $x = 17$，20，23，26 和 29 时，$\mu(x)$ 的一个 95% 置信区间.

（b）分别计算当 $x = 17$，20，23，26 和 29 时，Y 的一个 95% 预测区间.

7.6-8 利用最小二乘法，用回归面 $y = \beta_1 + \beta_2 x_1 + \beta_3 x_2$ 拟合以下 12 组 (x_1, x_2, y) 观测值：$(1,1,6)$，$(0,2,3)$，$(3,0,10)$，$(-2,0,-4)$，$(-1,2,0)$，$(0,0,1)$，$(2,1,8)$，$(-1,-1,-2)$，$(0,-3,-3)$，$(2,1,5)$，$(1,1,1)$，$(-1,0,-2)$.

7.6-9 利用最小二乘法，用三次方程 $y = \beta_1 + \beta_2 x + \beta_3 x^2 + \beta_4 x^3$ 拟合以下 10 组 (x, y) 的观测值：$(0,1)$，$(-1,-3)$，$(0,3)$，$(1,3)$，$(-1,-1)$，$(2,10)$，$(0,0)$，$(-2,-9)$，$(-1,-2)$，$(2,8)$.

7.6-10 利用最小二乘法，用二次曲线拟合如下一组点：(x_1, y_1)，(x_2, y_2)，$\cdots$，(x_n, y_n). 为此，令

$$h(\beta_1, \beta_2, \beta_3) = \sum_{i=1}^{n} (y_i - \beta_1 - \beta_2 x_i - \beta_3 x_i^2)^2$$

（a）令 h 关于 β_1，β_2 和 β_3 的三个一阶偏导数分别为 0，证明 β_1，β_2 和 β_3 满足以下方程（称为正规方程），所有的求和都是从 1 到 n：

$$\beta_1 n + \beta_2 \sum x_i + \beta_3 \sum x_i^2 = \sum y_i$$

$$\beta_1 \sum x_i + \beta_2 \sum x_i^2 + \beta_3 \sum x_i^3 = \sum x_i y_i$$

$$\beta_1 \sum x_i^2 + \beta_2 \sum x_i^3 + \beta_3 \sum x_i^4 = \sum x_i^2 y_i$$

（b）根据以下数据：

$$(6.91, 17.52)\quad(4.32, 22.69)\quad(2.38, 17.61)\quad(7.98, 14.29)$$
$$(8.26, 10.77)\quad(2.00, 12.87)\quad(3.10, 18.63)\quad(7.69, 16.77)$$
$$(2.21, 14.97)\quad(3.42, 19.16)\quad(8.18, 11.15)\quad(5.39, 22.41)$$
$$(1.19, 7.50)\quad(3.21, 19.06)\quad(5.47, 23.89)\quad(7.35, 16.63)$$
$$(2.32, 15.09)\quad(7.54, 14.75)\quad(1.27, 10.75)\quad(7.33, 17.42)$$
$$(8.41, 9.40)\quad(8.72, 9.83)\quad(6.09, 22.33)\quad(5.30, 21.37)$$
$$(7.30, 17.36)$$

$n = 25$, $\sum x_i = 133.34$, $\sum x_i^2 = 867.75$, $\sum x_i^3 = 6197.21$, $\sum x_i^4 = 46{,}318.88$, $\sum y_i = 404.22$,

$\sum x_i y_i = 2138.38$, $\sum x_i^2 y_i = 13{,}380.30$, 证明: $a = -1.88$, $b = 9.86$, $c = -0.995$.

(c) 画出关于这些数据的散点图和线性回归线.

(d) 计算并画出残差. 线性回归看上去合适吗?

(e) 证明: 最小二乘估计的二次回归曲线为 $\hat{y} = -1.88 + 9.86x - 0.995x^2$.

(f) 在同一张图上画出这些点和这个最小二乘估计的二次回归曲线.

(g) 画出二次回归的残差, 并与 (d) 做比较.

7.6-11 (本练习中提供的信息来自西景蓝莓农场和国家海洋与大气管理局报告 (NOAA).) 对于下面的数据对 (x, y), x 表示 6 月份密歇根州荷兰市的降雨量 (英寸), y 表示西景蓝莓农场蓝莓产量 (千磅):

$$(4.11, 56.2)\quad(5.49, 45.3)\quad(5.35, 31.0)\quad(6.53, 30.1)$$
$$(5.18, 40.0)\quad(4.89, 38.5)\quad(2.09, 50.0)\quad(1.40, 45.8)$$
$$(4.52, 45.9)\quad(1.11, 32.4)\quad(0.60, 18.2)\quad(3.80, 56.1)$$

这些是 1971 年至 1989 年 5 月 10 日或更早发生最后一次霜冻的年份的数据.

(a) 求这些数据的相关系数.

(b) 求最小二乘回归线.

(c) 在图上绘制散点图和最小二乘回归线.

(d) 计算并画出残差. 线性回归看上去是否合适?

(e) 求二次曲线的最小二乘估计.

(f) 计算和画出残差. 二次回归看上去是否合适?

(g) 简要解释你的结论.

7.6-12 解释为什么模型 $\mu(x) = \beta_1 e^{\beta_2 x}$ 不是线性模型. 对于 $\ln \mu(x)$, 两边取对数后是不是线性模型?

7.6-13 证明:

$$\sum_{i=1}^{n} [Y_i - \alpha - \beta(x_i - \bar{x})]^2 = n(\hat{\alpha} - \alpha)^2 + (\hat{\beta} - \beta)^2 \sum_{i=1}^{n} (x_i - \bar{x})^2 + \sum_{i=1}^{n} [Y_i - \hat{\alpha} - \hat{\beta}(x_i - \bar{x})]^2.$$

7.6-14 在通常假设下, 证明: α 的一个 $100(1-\gamma)\%$ 置信区间的端点为

$$\hat{\alpha} \pm t_{\gamma/2}(n-2)\sqrt{\frac{\hat{\sigma}^2}{n-2}}$$

7.6-15 在通常假设下, 证明: σ^2 的一个 $100(1-\gamma)\%$ 置信区间的端点为

$$\left[\frac{n\hat{\sigma}^2}{\chi_{\gamma/2}^2(n-2)}, \frac{n\hat{\sigma}^2}{\chi_{1-\gamma/2}^2(n-2)} \right]$$

7.6-16   在通常假设下，根据练习 6.5-4 中的预测成绩和实际成绩数据，求 α，β 和 σ^2 的 95% 置信区间.

7.6-17   在通常假设下，根据练习 6.5-3 中的期中和期末考试成绩数据，求 α，β 和 σ^2 的 95% 置信区间.

7.6-18   考虑"零截距"回归模型

$$Y_i = \beta x_i + \varepsilon_i \qquad (i = 1, 2, \ldots, n)$$

其中，$\varepsilon_1, \varepsilon_2, \cdots, \varepsilon_n$ 是独立同 $N(0, \sigma^2)$ 分布的随机变量.

(a) 设 $\hat{\beta}$ 和 $\hat{\sigma}^2$ 分别是练习 6.5-2 中 β 和 σ^2 的极大似然估计. 利用 $n\hat{\sigma}^2/\sigma^2$ 服从 $\chi^2(n-1)$ 以及 $\hat{\sigma}^2$ 与 $\hat{\beta}$ 相互独立这一事实，求 β 的一个 $100(1-\gamma)$% 置信区间.

(b) 设 Y_{n+1} 是在以下模型中 x 取值 x_{n+1} 时的新观测值，即

$$Y_{n+1} = \beta x_{n+1} + \varepsilon_{n+1}$$

其中，ε_{n+1} 与其他 ε_i 相互独立并同 $N(0, \sigma^2)$ 分布. 同时，令 $\hat{Y}_{n+1} = \hat{\beta} x_{n+1}$. 求 $\hat{Y}_{n+1} - Y_{n+1}$ 的分布，并由此给出 Y_{n+1} 的一个 $100(1-\gamma)$% 预测区间.

7.6-19   利用练习 6.5-8(a) 中的数据，在通常假设下，求 α，β 和 σ^2 的 95% 置信区间.

7.6-20   在通常假设下，考虑线性模型中 β 的一个 $100(1-\gamma)$% 形如式 (7.6-2) 的置信区间.

(a) 计算这个区间的宽度 W.

(b) 考虑包含 $n = 6$ 对数据的两个数据集 (x, y). 在第一个数据集中，$x_1 = x_2 = x_3 = 1$，$x_4 = x_5 = x_6 = 5$，而在第二个数据集中，$x_1 = 1$，$x_2 = x_3 = x_4 = x_5 = 3$，$x_6 = 5$. 对于哪个数据集，$\beta$ 的 $100(1-\gamma)$% 置信区间的宽度的平方期望更小？为什么？

7.7   重抽样方法

由于计算机的强大功能，近年来抽样和重抽样方法变得更加有用. 这些方法甚至在入门课程中用于说服学生相信统计数据具有分布，也就是说，统计数据是具有分布的随机变量. 在本书的这个阶段，读者应该确信这是真的，尽管我们确实在 5.6 节中使用了一些抽样来帮助理解样本均值具有近似正态分布的观点.

然而，重抽样方法不仅仅用于显示统计数据具有某些分布，还有助于找到用于进行统计推断的某些统计数据的近似分布. 我们已经知道很多关于 $\overline{X}$ 的分布，对 $\overline{X}$ 不需要重抽样方法. 特别地，$\overline{X}$ 近似服从均值为 μ、标准差为 $\sigma/\sqrt{n}$ 的正态分布. 当然，如果后者（标准差）未知，当样本量足够大，总体分布不是严重偏斜且尾部不是很长和很厚时，我们可以用 $S/\sqrt{n}$ 来估计它，并注意到 $(\overline{X} - \mu)/(S/\sqrt{n})$ 近似服从 $N(0,1)$.

如果随机样本来自正态分布或非常接近正态分布，我们就知道一些关于 S^2 分布的信息. 然而，统计量 S^2 并不十分稳健，因为它的分布会随着总体分布的变化而剧烈变化. 这与 $\overline{X}$ 不同，只要总体分布的均值 μ 和方差 σ^2 存在，$\overline{X}$ 总是近似正态分布. 那么，我们如何处理在很大程度上依赖给定的总体分布的统计量（如样本方差 S^2）的分布？我们使用重抽样方法，它本质上替代了理论计算. 我们需要了解这些不同估计量的分布，才能求得相应参数的置信区间.

现在让我们解释一下重抽样. 假设我们需要求出一些统计量（比如 S^2）的分布，但是我们不确定这是从正态分布中抽样的. $X_1, X_2, \cdots, X_n$ 的观测值为 $x_1, x_2, \cdots, x_n$. 事实上，如果我们对总体分布一无所知，那么经验分布是对总体分布的最佳估计. 因此，为了了解 S^2 的

分布，我们从这个经验分布中有放回地取一个大小为 n 的随机样本，并计算这个样本的 S^2，假设它是 s_1^2. 然后我们再做一次，得到 s_2^2. 再次，我们计算 s_3^2. 继续这样做很多次，比如 N 次，其中 N 可能是 1000，2000，甚至 10 000. 因为样本来自经验分布，而经验分布是总体分布的估计，所以，我们一旦有了 N 个 S^2 值，就可通过构造直方图、茎叶图或 q-q 图等来得到一些关于 S^2 分布的信息. 显然，我们必须用计算机来进行所有的抽样. 我们用的不是 S^2，而是一个叫作修剪均值的统计量来说明重抽样过程.

虽然我们通常不知道总体分布，但在这个例子中，我们说它是柯西分布，因为我们想首先回顾或介绍一些基本思想. 柯西分布的概率密度函数为

$$f(x) = \frac{1}{\pi(1+x^2)}, \quad -\infty < x < \infty$$

其累积分布函数为

$$F(x) = \int_{-\infty}^{x} \frac{1}{\pi(1+w^2)} \, \mathrm{d}w = \frac{1}{\pi} \arctan x + \frac{1}{2}, \quad -\infty < x < \infty$$

如果我们想生成一些服从这个分布的 X 值，可以令 Y 服从均匀分布 $U(0,1)$，并且定义 X 为

$$Y = F(X) = \frac{1}{\pi} \arctan X + \frac{1}{2}$$

或等价地，

$$X = \tan\left[\pi\left(Y - \frac{1}{2}\right)\right]$$

我们可以利用计算机生成 40 个 Y 值并计算出 40 个 X 值. 现在我们对每个 X 值加上 $\theta=5$，以产生一个中位数为 5 的柯西分布的一组样本. 即我们有 40 个 W 值的随机样本，其中 $W = X+5$. 我们将考虑一些用于估计这个分布中位数的统计量. 当然，通常情况下中位数的值是未知的，但这里我们知道它等于 $\theta=5$，并且我们的统计和估计是针对这个已知数的. 这 40 个 W 值按照从小到大排列如下：

−7.34	−5.92	−2.98	0.19	0.77	0.95	2.86	3.17	3.76	4.20
4.20	4.27	4.31	4.42	4.60	4.73	4.84	4.87	4.90	4.96
4.98	5.00	5.09	5.09	5.14	5.22	5.23	5.42	5.50	5.83
5.94	5.95	6.00	6.01	6.24	6.82	9.62	10.03	18.27	93.62

有趣的是，这 40 个值中的许多值在 3 到 7 之间，因此接近 $\theta=5$。这就好像它们是从均值 $\mu=5$ 和 $\sigma^2=1$ 的正态分布中产生的. 但是我们注意到了离群值，这些非常大或很小的值是由于柯西分布的重尾和长尾而出现的，这表明样本均值 $\overline{X}$ 不是中位数的一个很好估计. 它不在这个样本中，因为 $\overline{x}=6.67$. 在一个理论性更强的课程中，可以证明，由于柯西分布的均值 μ 和方差 σ^2 不存在，在估计中位数 θ 时，$\overline{X}$ 并不比单个观测 X_i 好. 样本中位数 $\tilde{m}$ 是 θ 的一个更好的估计，因为它不受离群值的影响. 这里的中位数 4.97 相当接近 5. 实际上，通过最大化

354

$$L(\theta) = \prod_{i=1}^{40} \frac{1}{\pi[1+(x_i-\theta)^2]}$$

得到的极大似然估计是相当好的, 但需要复杂的数值方法来计算. 于是, 更高级的理论表明, 在柯西分布的情况下, 通过对样本排序, 舍弃最小和最大 3/8 = 37.5% 的样本, 平均中间 25% 的样本, 得到的**修剪均值**几乎与最大似然估计值一样好, 但更容易计算. 这个修剪均值通常用 $\overline{X}_{0.375}$ 表示, 简记为 $\overline{X}_t$, 这里 $\overline{x}_t = 4.96$. 对于这个样本来说, 它不如中位数的估计好, 但对于大多数样本来说, 它更好. 修剪均值的方法通常非常有用, 很多时候使用较小的修剪百分比. 例如, 在滑冰和跳水等体育项目中, 通常会舍弃评委得分中最小和最大的一项.

对于这个柯西分布的例子, 我们从经验分布中重新抽样, 这个经验分布表明 40 个观测值的每一个出现的 "概率" 都是 1/40. 对每一个样本, 我们都求出了修剪均值 $\overline{X}_t$. 也就是说, 我们对每一次重抽样的观测值进行排序, 并对顺序统计量的中间 25%, 即中间的 10 个顺序统计量取平均. 我们这样做 $N = 1000$ 次, 从而得到 $N = 1000$ 个 $\overline{X}_t$ 值. 这些值如图 7.7-1a 中的直方图所示.

通过这个称为**自助法**(bootstrapping)的重抽样过程, 如果样本来自经验分布, 甚至来自与经验分布很接近的总体分布, 那么, 我们能对这个分布有一些了解. 然而, 如果样本来自柯西型分布, 则样本均值 $\overline{X}$ 的分布不是正态分布, $\overline{X}_t$ 近似服从正态分布. 从图 7.7-1a 中修剪均值的直方图来看, 情况似乎是这样. 这一观察结果得到了图 7.7-1b 中标准正态分布的四分位数与 $1000\overline{x}_t$ 值分位数的 q-q 图的支持: 该图非常接近于直线.

355

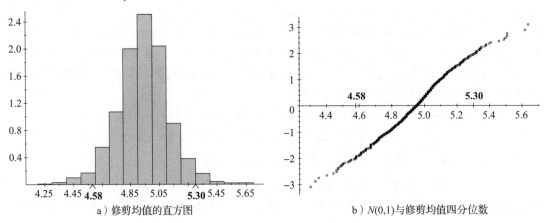

a) 修剪均值的直方图 b) $N(0,1)$与修剪均值四分位数

图 7.7-1 修剪均值的 $N = 1000$ 个观测值

我们如何求出 θ 的置信区间? 回忆一下, $\overline{X}_t - \theta$ 分布的中点是 0. 所以猜测 θ 是将 $\overline{X}_t$ 值的直方图移动至 0 大概位于转换后的直方图的中间处所需的量. 我们认识到这个直方图是从原始样本 $X_1, X_2, \cdots, X_{40}$ 生成的, 因此它实际上只是对 $\overline{X}_t$ 分布的估计.

我们可以通过移动直方图至其中位数(或均值)为 0 来得到 θ 的点估计. 但很明显, 这样做会产生一些误差，事实上，我们需要 θ 的边界，这些边界可由 θ 的置信区间确定.

为了求出置信区间，我们按如下步骤进行：在 $\overline{X}_t$ 的 $N=1000$ 个重抽样值中，我们找出两个点——c 和 d，使得大约 25 个值小于 c，25 个值大于 d. 即 c 和 d 大约分别是 $\overline{X}_t$ 的 $N=1000$ 个重抽样值的经验分布的第 2.5 百分位数和第 97.5 百分位数. 于是，θ 应该足够大，使得 2.5% 以上的 $\overline{X}_t$ 值小于 c，并且 θ 应该足够小，使得 2.5% 以上的 $\overline{X}_t$ 值大于 d. 这要求 $c<\theta$ 和 $\theta<d$. 于是，通过百分位数法可以求出 θ 的一个近似 95% 置信区间 $[c,d]$. 利用 $N=1000$ 个 $\overline{X}_t$ 值的自助（bootstrap）分布，θ 的 95% 置信区间为 $[4.58,5.30]$，这两点在直方图和 q-q 图上都有标记. 显然，我们可以把这个百分比改为其他值，比如 90%.

与自助方法相应的百分位数法是一个非参数过程，因为我们对总体分布没有作任何假设. 将它产生的答案与用顺序统计量 $Y_1<Y_2<\cdots<Y_{40}$ 得到的答案进行比较会很有趣. 如果样本来自连续型分布，利用计算器或计算机，当 θ 是中位数时，

$$P(Y_{14} < \theta < Y_{27}) = \sum_{k=14}^{26} \binom{40}{k}\left(\frac{1}{2}\right)^{40} = 0.9615$$

（见 7.5 节.）因为在我们这个例子中，$Y_{14}=4.42$，$Y_{27}=5.23$，所以 θ 的一个近似 96% 置信区间为 $[4.42,5.23]$. 当然，$\theta=5$ 是包含在这两个置信区间的. 在这种情况下，$\theta=5$ 的自助置信区间稍微对称一些，并且稍短一些，但是它确实需要更多的工作.

我们现在已经举例说明了自助方法，它允许我们用计算代替理论对总体分布的特征进行统计推断. 当我们遇到明显不满足某些基本假设的复杂数据集时，这种方法变得更重要. 例如，当样本来自参数为 $\mu=1$ 的指数分布，即其概率密度函数为 $f(x)=\mathrm{e}^{-x}$（$0<x<\infty$）时，考虑 $T=(\overline{X}-\mu)/(S/\sqrt{n})$ 的分布. 首先，我们不用重抽样，但是我们将通过从已知的指数分布中抽取 $N=1000$ 个随机样本来模拟当样本量 $n=16$ 时 T 的分布. 这里，

$$F(x) = \int_0^x \mathrm{e}^{-w}\,\mathrm{d}w = 1 - \mathrm{e}^{-x}, \quad 0 < x < \infty$$

所以，$Y=F(X)$ 意味着

$$X = -\ln(1-Y)$$

并且，如果 Y 服从均匀分布 $U(0,1)$，则 X 服从给定参数为 $\mu=1$ 的指数分布. 利用计算机，我们选择 $n=16$ 个 Y 值，并确定对应的 $n=16$ 个 X 值，最后计算 $T=(\overline{X}-\mu)/(S/\sqrt{16})$ 的值，比如 T_1. 我们不断重复这个过程，不仅得到 T_1，还有 $T_2,T_3,\cdots,T_{1000}$. 我们这样做了，并且在图 7.7-2a 中显示了 1000 个 T 值的直方图. 此外，图 7.7-2b 显示了 y 轴上四分位数为 $N(0,1)$ 的 q-q 图. 直方图和 q-q 图都表明，在这种情况下 T 的分布向左倾斜.

在前面的例子中，我们知道总体分布. 现在让我们从均值为 $\mu=1$ 的指数分布中抽样，但是在每个 X 上加上一个值 θ. 因此，我们将尝试估计新的均值 $\theta+1$. 作者知道 θ 的值，但现在读者还不知道. 这个随机样本的 16 个观测值是

11.9776	9.3889	9.9798	13.4676	9.2895	10.1242	9.5798	9.3148
9.0605	9.1680	11.0394	9.1083	10.3720	9.0523	13.2969	10.5852

356

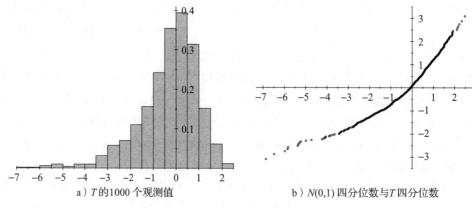

a）T的1000个观测值   b）$N(0,1)$四分位数与T四分位数

图 7.7-2   来自指数分布的 T 个观测值

在这一点上，我们试图找到 $\mu = \theta + 1$ 的置信区间，并且我们认为自己不知道总体分布是指数分布. 实际上，在实践中常常是这样的：我们不知道总体分布. 因此，我们使用经验分布作为总体分布的最佳猜测，它是通过在每个观测值上放置 1/16 的权重实现的. 这个经验分布的均值是 $\bar{x} = 10.3003$. 因此，我们现在通过从经验分布中模拟 $N = 1000$ 个随机样本

$$T = \frac{\overline{X} - 10.3003}{S/\sqrt{16}}$$

的值来获得对 T 的分布的一些认识.

我们得到 $t_1, t_2, \cdots, t_{1000}$，并用它们建立直方图（如图 7.7-3a 所示）以及 $q\text{-}q$ 图（如图 7.7-3b 所示）. 这两个图有些像图 7.7-2. 此外，1000 个 t 值的第 0.025 四分位数和第 0.975 四分位数分别为 $c = -3.1384$ 和 $d = 1.8167$.

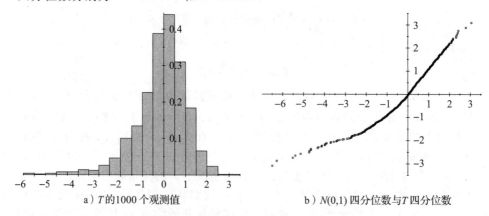

a）T的1000个观测值   b）$N(0,1)$四分位数与T四分位数

图 7.7-3   来自经验分布的 T 观测值

现在我们对 T 的分布的第 2.5 百分位数和第 97.5 百分位数有了一些了解. 因此，作为一个非常粗略的近似值，我们可以写作

$$P\left(-3.1384 \leqslant \frac{\overline{X} - \mu}{S/\sqrt{16}} \leqslant 1.8167\right) \approx 0.95.$$

357

将原来样本的 $\bar{x}$ 和 s 代入这个公式，便可得到大约 95% 的置信区间

$$[\bar{x} - 1.8167s/\sqrt{16}, \bar{x} - (-3.1384)s/\sqrt{16}]$$

当 $\bar{x} = 10.3003$ 和 $s = 1.4544$ 时，$\mu = \theta + 1$ 的近似 95% 置信区间为

$$[10.3003 - 1.8167(1.4544)/4, 10.3003 + 3.1384(1.4544)/4] = [9.6397, 11.4414]$$

请注意，因为我们对每个 x 值都加了 $\theta = 9$，所以这个区间包含了 $\theta + 1 = 10$。

很容易看出这个过程是如何得名的，因为这就像是"用你自己的鞋带把自己拉起来"，而经验分布充当鞋带的角色。

练习

7.7-1 如果时间和计算设施允许，考虑以下由与风相关的灾难造成的 40 项损失，四舍五入到 100 万美元（这些数据仅包括 200 万美元或以上的损失，为方便起见，这些损失是以百万美元订购和记录的）：

2	2	2	2	2	2	2	2	2	2
2	2	3	3	3	3	4	4	4	5
5	5	5	6	6	6	6	8	8	9
15	17	22	23	24	24	25	27	32	43

为了说明自助方法的详细过程，重抽样次数为 $N = 100$ 次，每次取样本量为 $n = 40$，并计算 $T = (\overline{X} - 5)/(S/\sqrt{40})$。这里原始样本的中位数为 5。构造一个重抽样 T 的 bootstrap 值的直方图。

7.7-2 根据本节给出的指数分布，考虑以下四舍五入至最接近的十分之一的 16 个观测值：

12.0	9.4	10.0	13.5	9.3	10.1	9.6	9.3
9.1	9.2	11.0	9.1	10.4	9.1	13.3	10.6

(a) 从这些观测值中重复抽取 $N = 200$ 次，每次抽取 $n = 16$ 个，并计算 s^2。建立一个这 200 个重抽样的 s^2 值的直方图。

(b) 模拟 $N = 200$ 个来自指数分布的样本，每个样本量为 $n - 16$，其中，指数分布的参数 θ 为 (a) 中的均值减去 9。对每个样本，计算 s^2 的值。为这 200 个 S^2 值构造一个直方图。

(c) 建立这两组样本方差的 q-q 图，并比较这两个 S^2 的经验分布。

358

7.7-3 参考例 7.5-1 中的数据，取大小为 $n = 9$ 的样本 $N = 1000$ 次，每次计算第 5 顺序统计量 y_5。

(a) 构造这 $N = 1000$ 个第 5 顺序统计量的直方图。

(b) 求中位数 $\pi_{0.5}$ 的一个点估计。

(c) 另外，通过求两个数计算 $\pi_{0.5}$ 的 96% 置信区间，有 $(1000)(0.02) = 20$ 个值小于第一个数，有 20 个值大于第二个数。这个区间与例子中给出的区间相比如何？

7.7-4 参考例 7.5-2 中的数据，取大小为 $n = 27$ 的样本 $N = 500$ 次，每次计算第 7 顺序统计量 y_7。

(a) 构造这 $N = 500$ 个第 5 顺序统计量的直方图。

(b) 求中位数 $\pi_{0.25}$ 的一个点估计。

(c) 通过求两个数计算 $\pi_{0.25}$ 的 82% 置信区间，有 $(500)(0.09) = 45$ 个值小于第一个数，有 205 个值大于第二个数。

(d) 这个区间与例子中给出的区间相比如何？

7.7-5 设 $X_1, X_2, \cdots, X_{21}$ 和 $Y_1, Y_2, \cdots, Y_{21}$ 是来自 $N(0,1)$ 分布的两个独立样本,样本量分别为 $n = 21$ 和 $m = 21$. 则 $F = S_X^2 / S_Y^2$ 服从 $F(20,20)$ 分布.

(a) 通过模拟 100 个 F 的观测值来实证地说明这种情况.

  (i) 绘制带有 $F(20,20)$ 概率密度函数的频率直方图.

  (ii) 绘制 $F(20,20)$ 四分位数与模拟数据顺序统计量对应的 q-q 图. 这是线性的吗?

(b) 考虑以下来自 $N(0,1)$ 分布的随机变量 X 的 21 个观测值:

$$0.1616 \ -0.8593 \ \ 0.3105 \ \ 0.3932 \ -0.2357 \ \ 0.9697 \ \ 1.3633$$
$$-0.4166 \ \ 0.7540 \ -1.0570 \ -0.1287 \ -0.6172 \ \ 0.3208 \ \ 0.9637$$
$$0.2494 \ -1.1907 \ -2.4699 \ -0.1931 \ \ 1.2274 \ -1.2826 \ -1.1532$$

考虑以下来自 $N(0,1)$ 分布的随机变量 Y 的 21 个观测值:

$$0.4419 \ -0.2313 \ \ 0.9233 \ -0.1203 \ \ 1.7659 \ -0.2022 \ \ 0.9036$$
$$-0.4996 \ -0.8778 \ -0.8574 \ \ 2.7574 \ \ 1.1033 \ \ 0.7066 \ \ 1.3595$$
$$-0.0056 \ -0.5545 \ -0.1491 \ -0.9774 \ -0.0868 \ \ 1.7462 \ -0.2636$$

从每组观测值中有放回地各抽取一个大小为 21 的样本. 计算 $v = s_X^2 / s_Y^2$ 的值. 这样重复进行 100 次, 得到来自这两组经验分布的 100 个 W 观测值. 与(a)中的图相比较, 看这 100 个观测值是否近似来自 $F(20,20)$ 分布.

(c) 考虑均值为 1 的指数随机变量 X 的如下 21 个观测值:

$$0.6958 \ \ 1.6394 \ \ 0.2464 \ \ 1.5827 \ \ 0.0201 \ \ 0.4544 \ \ 0.8427$$
$$0.6385 \ \ 0.1307 \ \ 1.0223 \ \ 1.3423 \ \ 1.6653 \ \ 0.0081 \ \ 5.2150$$
$$0.5453 \ \ 0.08440 \ \ 1.2346 \ \ 0.5721 \ \ 1.5167 \ \ 0.4843 \ \ 0.9145$$

再考虑均值为 1 的指数随机变量 Y 的如下 21 个观测值:

$$1.1921 \ \ 0.3708 \ \ 0.0874 \ \ 0.5696 \ \ 0.1192 \ \ 0.0164 \ \ 1.6482$$
$$0.2453 \ \ 0.4522 \ \ 3.2312 \ \ 1.4745 \ \ 0.8870 \ \ 2.8097 \ \ 0.8533$$
$$0.1466 \ \ 0.9494 \ \ 0.0485 \ \ 4.4379 \ \ 1.1244 \ \ 0.2624 \ \ 1.3655$$

从每组观测值中有放回地各抽取一个大小为 21 的样本. 计算 $v = s_X^2 / s_Y^2$ 的值. 这样重复进行 100 次, 得到来自这两组经验分布的 100 个 W 观测值. 与(a)中的图相比较, 看这 100 个观测值是否近似来自 $F(20,20)$ 分布.

7.7-6 以下 54 对数据给出了老忠实间歇泉喷发的持续时间(分钟), 以及下一次喷发前的时间(分钟):

$$(2.500, 72) \ \ (4.467, 88) \ \ (2.333, 62) \ \ (5.000, 87) \ \ (1.683, 57) \ \ (4.500, 94)$$
$$(4.500, 91) \ \ (2.083, 51) \ \ (4.367, 98) \ \ (1.583, 59) \ \ (4.500, 93) \ \ (4.550, 86)$$
$$(1.733, 70) \ \ (2.150, 63) \ \ (4.400, 91) \ \ (3.983, 82) \ \ (1.767, 58) \ \ (4.317, 97)$$
$$(1.917, 59) \ \ (4.583, 90) \ \ (1.833, 58) \ \ (4.767, 98) \ \ (1.917, 55) \ \ (4.433, 107)$$
$$(1.750, 61) \ \ (4.583, 82) \ \ (3.767, 91) \ \ (1.833, 65) \ \ (4.817, 97) \ \ (1.900, 52)$$
$$(4.517, 94) \ \ (2.000, 60) \ \ (4.650, 84) \ \ (1.817, 63) \ \ (4.917, 91) \ \ (4.000, 83)$$
$$(4.317, 84) \ \ (2.133, 71) \ \ (4.783, 83) \ \ (4.217, 70) \ \ (4.733, 81) \ \ (2.000, 60)$$
$$(4.717, 91) \ \ (1.917, 51) \ \ (4.233, 85) \ \ (1.567, 55) \ \ (4.567, 98) \ \ (2.133, 49)$$
$$(4.500, 85) \ \ (1.717, 65) \ \ (4.783, 102) \ \ (1.850, 56) \ \ (4.583, 86) \ \ (1.733, 62)$$

(a) 计算这些数据的相关系数, 并建立散点图.

(b) 为估计相关系数 R 的分布, 从经验分布中有放回地抽取 500 个样本量为 54 的样本, 并计算 R 值.

(c) 建立这 500 个 R 值的直方图.

(d) 模拟来自二元正态分布的 500 个样本量为 54 的样本, 其中, 二元正态分布的相关系数等于间歇泉数据的相关系数. 对于每个样本, 计算相关系数.

359

(e) 建立这 500 个相关系数观测值的直方图.

(f) 根据 (d) 的二元正态分布与 (b) 的 500 个观测值, 构造 R 的 500 个观测值的 q-q 图. R 的两个分布看上去是相等的吗?

历史评注　本章的一个重要主题是回归, 这是一种根据一些相关 (解释性) 变量得出某个过程结果的数学模型的方法. 如果我们知道某些解释变量的值, 那么我们建立这样的模型是为了给我们一些关于响应变量值的想法. 如果我们知道这些变量相关的方程的形式, 那么我们就可以把这个模型 "拟合" 到数据上, 也就是说, 我们可以从数据确定模型中未知参数的近似值. 现在, 没有一个模型是完全正确的, 但是, 正如著名的统计学家 George Box 所观察到的那样, "有些模型是有用的." 也就是说, 虽然模型可能是错误的, 但我们应该尽可能检查它们, 因为它们可能对揭示一些感兴趣的问题有足够好的近似.

一旦找到满意的模型, 就可以使用它们:

1. 确定每个解释变量的影响力 (有些变量的影响很小, 可以忽略不计).

2. 估计响应变量对于重要解释变量的给定值的条件均值.

3. 预测未来, 如即将到来的销售 (尽管有时应非常小心地完成这项工作).

4. 通常用一个更便宜的解释变量代替一个很难获得的昂贵的解释变量 (如化学需氧量 (COD) 代替生物需氧量 (BOD)).

Bootstrap 这个名字和由此产生的方法最早由斯坦福大学的 Brad Efron 使用. Efron 知道, "用自己的鞋带把自己拉起来" 这个短语似乎来自 Rudolph Erich Raspe 的 *The Surprising Adventures of Baron Munchausen*. 男爵从天上掉下来, 发现自己在一个 9 英寸深的洞里, 不知道怎么出去. 他评论道: "向下看, 我发现我穿了一双带着特别结实鞋带的靴子. 我紧紧地抓住它们, 使劲拉. 不久, 我就爬到了顶, 毫不费周折地踏上了陆地."

当然, 在统计的自助法中, 统计学家通过其自助 (经验分布) 认识到, 在没有很多其他假设时, 经验分布是对总体分布的最佳估计. 因此, 他们使用经验分布, 就好像它是总体分布一样, 来寻找感兴趣的统计数据的近似分布.

360

第8章 统计假设检验

8.1 单均值检验

上一章介绍了利用置信区间对单参数进行区间估计，这是非常重要的统计推断. 另一个非常重要的统计推断是假设检验. 对于假设检验，常常假设分布函数中的参数 θ 是在某一个参数空间 Θ 中，这个参数空间 Θ 可以划分为互不相容的两个子集 Θ_0 和 Θ_1. 统计中感兴趣的事情是利用观测数据判定是否 $\theta \in \Theta_0$，这称为**原假设**，记为 $H_0 : \theta \in \Theta_0$. 当 $\theta \in \Theta_1$ 时，称为**备择假设**，记为 $H_1 : \theta \in \Theta_1$. 在特定的思路下，利用数据判定这两个完备的假设，称为**假设检验过程**，或者，简单地称为**检验**. 本章的主题就是描述特定参数的假设检验及其某些特定性质.

我们首先讲解单总体均值 μ 的假设检验，并就假设检验的相关术语给出定义.

例 8.1-1 记 X 为钢筋断裂强度，如果钢筋是在过程 I 生产的，那么断裂强度 X 服从 $N(50,36)$. 如果使用新过程，即过程 II，此时断裂强度 X 服从 $N(55,36)$. 假定现在有一大批由过程 II 生产的钢筋，怎样才能检验过程 II 实现了断裂强度的均值增加了 5 个单位呢？

在这个问题中，我们假定 X 服从正态分布 $N(\mu,36)$，其中 μ 等于 50 或者 55. 我们想检验这个简单的原假设 $H_0 : \mu = 50$，及其相应的备择假设 $H_1 : \mu = 55$. 值得注意的是，每个假设都完全指定了 X 的分布，这就是称之为简单假设检验的原因. 也就是说，H_0 表示 $X \sim N(50, 36)$，H_1 表示 $X \sim N(55,36)$（如果备择假设 $H_1 : \mu > 50$，这将是一个复合假设. 因为它由 $\sigma^2 = 36$ 和均值大于 50 的所有正态分布组成）. 为了检验 H_0 和 H_1 这两个假设中哪一个是正确的，我们将根据这 n 根钢筋的断裂强度 $x_1, x_2, \cdots, x_n$（n 个随机样本的观测值）建立起规则. 该规则决定拒绝或者不拒绝 H_0. 因此，有必要将样本空间划分为两部分，即 C 和 C'，也就是说，如果 $(x_1, x_2, \cdots, x_n) \in C$，那么拒绝 H_0. 相应地，如果 $(x_1, x_2, \cdots, x_n) \in C'$，那么不拒绝 H_0. H_0 的拒绝域 C 被称为检验的**临界区域**. 通常，样本空间的划分是根据一个称为**检验统计量**的值指定. 在本例中，以 $\overline{X}$ 作为检验统计量，并令 $C = \{(x_1, x_2, \cdots, x_n) : \overline{x} \geqslant 53\}$. 也就是说，如果 $\overline{x} \geqslant 53$，我们拒绝 H_0. 如果 H_0 是真的，而 $(x_1, x_2, \cdots, x_n) \in C$，即在 H_0 是真的前提下 H_0 被拒绝，这是**第 I 类错误**. 如果 H_1 是真的，而 $(x_1, x_2, \cdots, x_n) \in C'$，即在 H_1 是真的前提下我们不拒绝 H_0，这是**第 II 类错误**. 第 I 类错误的概率被称为**显著性水平**，通常用 α 表示，即 $\alpha = P[(X_1, X_2, \cdots, X_n) \in C; H_0]$，也就是当 H_0 是真的前提下 $(X_1, X_2, \cdots, X_n)$ 落入区域 C 的概率. 第 II 类错误的概率通常用 β 表示，即 $\beta = P[(X_1, X_2, \cdots, X_n) \in C'; H_1]$，也就是在 H_0 是假的前提下不拒绝 H_0 的概率.

作为一个例子，假定检验 $n = 16$ 根钢筋，而且 $C = \{\overline{x} : \overline{x} \geqslant 53\}$. 那么，在 H_0 是真的前提下，$\overline{X}$ 服从 $N(50, 36/16)$；在 H_1 是真的前提下，$\overline{X}$ 服从 $N(55, 36/16)$. 所以，

$$\alpha = P(\overline{X} \geqslant 53; H_0) = P\left(\frac{\overline{X} - 50}{6/4} \geqslant \frac{53 - 50}{6/4}; H_0\right) = 1 - \Phi(2) = 0.0228$$

同时

$$\beta = P(\overline{X} < 53; H_1) = P\left(\frac{\overline{X} - 55}{6/4} < \frac{53 - 55}{6/4}; H_1\right) = \Phi\left(-\frac{4}{3}\right) = 1 - 0.9087 = 0.0913$$

图 8.1-1 分别呈现了在 H_0 为真和 H_1 为真的条件下 $\overline{X}$ 的概率密度图. 注意, 降低 α 将导致 β 的值增大, 反之亦然. 如果样本量逐渐增加, 那么 α 和 β 将同时减少. ■

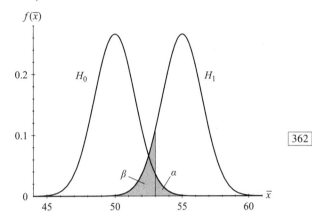

图 8.1-1　在 H_0 和 H_1 条件下 $\overline{X}$ 的概率密度函数

362

通过另一个对均值进行假设检验的例子, 我们将给出 p 值的定义.

例 8.1-2　假设总体分布是方差 $\sigma^2 = 100$, 均值 μ 未知的正态分布. 我们基于样本量为 52 的样本均值 $\overline{X}$, 对一个简单的原假设 $H_0: \mu = 60$ 及其对应的复合备择假设 $H_1: \mu > 60$ 进行假设检验. 假设我们获得了样本均值的观测值 $\overline{x} = 62.75$, 如果我们在 $\mu = 60$ 的前提下计算样本均值 $\overline{X}$ 大于等于 62.75 的概率, 那么我们就会获得在样本均值的观测值 $\overline{x} = 62.75$ 下的 **p 值**. 也就是说,

$$p \text{值} = P(\overline{X} \geqslant 62.75; \mu = 60) = P\left(\frac{\overline{X} - 60}{10/\sqrt{52}} \geqslant \frac{62.75 - 60}{10/\sqrt{52}}; \mu = 60\right)$$

$$= 1 - \Phi\left(\frac{62.75 - 60}{10/\sqrt{52}}\right) = 1 - \Phi(1.983) = 0.0237$$

如果 p 值非常小, 则我们趋向于拒绝原假设 $H_0: \mu = 60$. 针对这个例子, 如果 p 值小于等于 $\alpha = 0.05$, 则意味着拒绝原假设 $H_0: \mu = 60$, 等价于如果

$$\overline{x} \geqslant 60 + (1.645)\left(\frac{10}{\sqrt{52}}\right) = 62.281$$

则意味着拒绝原假设 $H_0: \mu = 60$. 所以

$$p \text{值} = 0.0237 < \alpha = 0.05 \quad \text{以及} \quad \overline{x} = 62.75 > 62.281$$

为了使读者对 p 值的概念有一个明确的理解, 我们实际上可以将 p 值看作在 H_0 下的**尾部概率**, 是在 H_0 下的假设检验的统计量(此处为 $\overline{X}$)超过统计量观测值的概率. (图 8.1-2 呈现了 $\overline{x} = 62.75$ 下的 p 值.) ■

一般来说, p 值是与单参数假设的任意假设检验相关的一种概率, 是在原假设成立的条件下检验统计量至少与其观测值一样处于极端的概率. 这里, "极端"的意思是"在 H_1

的方向上远离 H_0". 所以, 如果单边假设 H_1 完全由位于 H_0 假设下参数值的右边的值组成

（如例 8.1-2 中的情况）, 那么, p 值就是
检验统计量位于其观测值右边的概率, 其
计算就像随机实验尚未进行. 相似的阐述
可以应用于如果单边假设 H_1 完全由位于
H_0 假设下参数值的左边的值组成. 如果
H_1 是双边的, 那么假设检验的统计量的
观测值太大或太小, 都被认为是极端的.
因此, 与双边检验有关的 p 值一般取等于
检验统计量大于或等于其观测值的概率和
小于或等于其观测值的概率的两倍. 所
以, 如果例 8.1-2 中的备择假设是双边
的, $H_1: \mu \neq 60$, 那么, 其相应的 p 值
为 $2(0.0237) = 0.0474$.

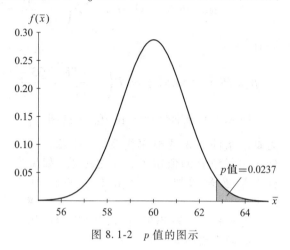

图 8.1-2　p 值的图示

正如刚才的定义, p 值是一种基于数据对 H_0 真实性的度量: p 值越小, 我们越不相信 H_0. 因此, 它比 "H_0 在显著性水平 α 下被拒绝" 这样的语句传递的信息更多. 在一个特定选择的 α 下, 这种说法并不能表明 H_0 是否会被拒绝在另一个 α 下. 因此, 大多数科研人员使用假设检验都只报告 p 值.

针对来自正态分布的样本, 我们通常假定的原假设 H_0 为 $H_0: \mu = \mu_0$. 这样一来, 有三种感兴趣的复合备择假设: (i) 均值 μ 已经增大, 即 $H_1: \mu \geq \mu_0$; (ii) 均值 μ 已经减小了, 即 $H_1: \mu < \mu_0$; (iii) 均值 μ 发生了改变, 尚不清楚是增大了还是减小了, 这就导致双边备择假设或 $H_1: \mu \neq \mu_0$.

对于假设 $H_0: \mu = \mu_0$ 及其对应的三种备择假设, 我们获得了一个取自该分布的随机样本和一个观测样本均值 $\bar{x}$, 这里 $\bar{x}$ 接近 μ_0 支持 H_0. 当 σ 已知时, $\bar{x}$ 和 μ_0 的接近程度用 $\bar{X}$ 的标准差 $\sigma/\sqrt{n}$ 来度量, 这种度量有时被称为**均值的标准误差**. 所以, 假设检验统计量可以定义为

$$Z = \frac{\bar{X} - \mu_0}{\sqrt{\sigma^2/n}} = \frac{\bar{X} - \mu_0}{\sigma/\sqrt{n}} \tag{8.1-1}$$

在显著性水平 α 下, 三种备择假设的临界区域分别为: (i) $z \geq z_\alpha$; (ii) $z < -z_\alpha$; (iii) $|z| \geq z_{\alpha/2}$. 用 $\bar{x}$ 表示, 三种备择假设的临界区域分别为: (i) $\bar{x} \geq \mu_0 + z_\alpha(\sigma/\sqrt{n})$; (ii) $\bar{x} < \mu_0 - z_\alpha(\sigma/\sqrt{n})$; (iii) $|\bar{x} - \mu_0| \geq z_{\alpha/2}(\sigma/\sqrt{n})$.

表 8.1-1 中总结了三种假设检验的临界区域. 这些结果都是在假定分布为 $N(\mu, \sigma^2)$ 和 σ^2 已知的前提下得到的.

通常, 在实践中方差 σ^2 是尚不清楚的. 因此, 我们现在采取更现实的立场,

表 8.1-1　方差已知时均值的假设检验

H_0	H_1	临界区域
$\mu = \mu_0$	$\mu > \mu_0$	$z \geq z_\alpha$ 或 $\bar{x} \geq \mu_0 + z_\alpha \sigma/\sqrt{n}$
$\mu = \mu_0$	$\mu < \mu_0$	$z \leq -z_\alpha$ 或 $\bar{x} \leq \mu_0 - z_\alpha \sigma/\sqrt{n}$
$\mu = \mu_0$	$\mu \neq \mu_0$	$|z| \geq z_{\alpha/2}$ 或 $|\bar{x} - \mu_0| \geq z_{\alpha/2} \sigma/\sqrt{n}$

假设方差是未知的. 假设我们的原假设 H_0 为 $H_0: \mu = \mu_0$，双边备择假设 H_1 为 $H_1: \mu \neq \mu_0$. 回顾 7.1 节的内容，随机样本 $X_1, X_2, \cdots X_n$ 来自正态分布 $N(\mu, \sigma^2)$，μ 的置信区间依赖统计量

$$T = \frac{\overline{X} - \mu}{\sqrt{S^2/n}} = \frac{\overline{X} - \mu}{S/\sqrt{n}}$$

364

这意味着将 μ 替换为 μ_0 的 T 是可用于假设检验 $H_0: \mu = \mu_0$ 的一个好的统计量. 此外，用无偏估计 S^2/n 替换 $(\overline{X} - \mu_0)/\sqrt{\sigma^2/n}$（公式 8.1-1）中的 σ^2/n 也是统计量非常自然地使用. 如果 $\mu = \mu_0$，T 统计量服从自由度为 $n-1$ 的 t 分布. 所以在 $\mu = \mu_0$ 时，

$$P[|T| \geq t_{\alpha/2}(n-1)] = P\left[\frac{|\overline{X} - \mu_0|}{S/\sqrt{n}} \geq t_{\alpha/2}(n-1)\right] = \alpha$$

于是，如果 $\bar{x}$ 和 s 分别是样本均值和样本标准差，那么显著性水平为 α 下拒绝 $H_0: \mu = \mu_0$ 的法则是当且仅当

$$|t| = \frac{|\bar{x} - \mu_0|}{s/\sqrt{n}} \geq t_{\alpha/2}(n-1)$$

值得注意的是，这个法则等价于如果 μ_0 不在置信度为 $100(1-\alpha)\%$ 的置信区间 $(\bar{x} - t_{\alpha/2}(n-1)s/\sqrt{n}$，$\bar{x} + t_{\alpha/2}(n-1)s/\sqrt{n})$ 中，那么就拒绝 $H_0: \mu = \mu_0$.

表 8.1-2 中总结了在假定分布为 $N(\mu, \sigma^2)$ 和 σ^2 未知的前提下对单个均值的假设检验，以及三个可能的备择假设的临界区域，其中 $t = (\bar{x} - \mu_0)/s/\sqrt{n}$ 而且 $n \leq 30$. 当 $n > 30$ 时，用 s 代替 σ，利用表 8.1-1 近似地进行假设检验.

表 8.1-2　方差未知时单个均值的假设检验

H_0	H_1	临界区域
$\mu = \mu_0$	$\mu > \mu_0$	$t \geq t_\alpha(n-1)$ 或 $\bar{x} \geq \mu_0 + t_\alpha(n-1)s/\sqrt{n}$
$\mu = \mu_0$	$\mu < \mu_0$	$t \leq -t_\alpha(n-1)$ 或 $x \leq \mu_0 - t_\alpha(n-1)s/\sqrt{n}$
$\mu = \mu_0$	$\mu = \mu_0$	$|t| \geq t_{\alpha/2}(n-1)$ 或 $|\bar{x} - \mu_0| \geq t_{\alpha/2}(n-1)s/\sqrt{n}$

例 8.1-3　设 X（毫米）等于小鼠肿瘤 15 天内的生长情况. 假设 X 的分布是 $N(\mu, \sigma^2)$ 检验原假设 $H_0: \mu = \mu_0 = 4.0$ 毫米，及其对应的双边备择假设 $H_1: \mu \neq 4.0$. 如果样本量 $n = 9$，显著性水平 $\alpha = 0.10$，那么临界区域为

$$|t| = \frac{|\bar{x} - 4.0|}{s/\sqrt{9}} \geq t_{\alpha/2}(8) = 1.860$$

如果我们给定 $n = 9$，$\bar{x} = 4.30$ 和 $s = 1.2$，那么

$$t = \frac{4.3 - 4.0}{1.2/\sqrt{9}} = \frac{0.3}{0.4} = 0.75$$

所以，

$$|t| = |0.75| < 1.860$$

在显著性水平 $\alpha = 10\%$ 下，我们不能拒绝 $H_0: \mu = 4.0$（见图 8.1-3）. p 值为 $|T| \geqslant 0.75$ 的双边概率，即

$$p\,值 = P(|T| \geqslant 0.75) = 2P(T \geqslant 0.75)$$

对于有 8 个自由度的 t 表，我们不能精确地找到这个 p 值. 我们可以将其近似为 0.50，因为

$$P(|T| \geqslant 0.706) = 2P(T \geqslant 0.706) = 0.50$$

然而，统计软件 Minitab 给出的 p 值为 0.4747（见图 8.1-3）. ■

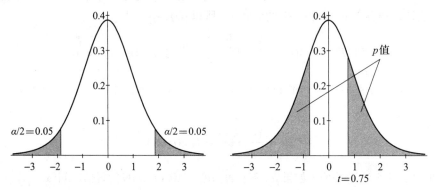

图 8.1-3　肿瘤生长均值的假设检验

　　下一个例子将演示应用 t 统计量进行单边备择假设的检验.

　　例 8.1-4　为了控制排入附近河流的废物的强度，一家造纸公司采取了一系列措施. 公司的成员相信他们降低了废物的氧气消耗功率，先前的 $\mu = 500$（以高锰酸盐的百万分之一为单位测量）. 他们计划使用连续 $n = 25$ 天的读数检验 $H_0: \mu = 500$ 和对应的 $H_1: \mu < 500$. 这 25 个值可以视为一个随机样本，显著性水平 $\alpha = 10\%$ 的临界区域为

$$t = \frac{\overline{x} - 500}{s/\sqrt{25}} \leqslant -t_{0.01}(24) = -2.492$$

样本均值和样本标准差的观测值分别为 $\overline{x} = 308.8$ 和 $s = 115.15$. 又因为

$$t = \frac{308.8 - 500}{115.15/\sqrt{25}} = -8.30 < -2.492$$

我们非常明确地拒绝原假设. 不过，请注意，尽管已经作了一些改进，但这种改进有可能还是存在问题. μ 的 99% 单侧置信区间为

$$[0, 308.8 + 2.492(115.25/\sqrt{25})] = [0, 366.191]$$

这个置信区间提供了关于 μ 的一个上界，可能帮助这家造纸公司回答这个问题. ■

　　假设检验和置信区间通常是等价的. 例如，对于小鼠肿瘤数据（例 8.1-3），未知均值的 90% 置信区间为

$$4.3 \pm (1.86)(1.2)/\sqrt{9}, \quad 或 \quad [3.56, 5.04]$$

因为 $t_{0.05}(8) = 1.86$. 注意，这个置信区间包含了原假设值 $\mu = 4.0$，我们不能拒绝 $H_0: \mu = 4.0$. 如果置信区间没有包含 $\mu = 4.0$，那么我们就会拒绝 $H_0: \mu = 4.0$. 许多统计学家认为通过置信区间进行统计检验比假设检验重要得多. 对于单边检验，我们使用单侧置信区间.

练习

8.1-1 假设某一特定总体的 IQ 分数近似服从 $N(\mu, 100)$. 检验 $H_0: \mu = 110$，及其对应的单边备择假设 $H_1: \mu > 110$，我们从总体抽取一个样本量 $n = 16$ 的随机样本来检验，其样本均值的观测值 $\bar{x} = 113.5$.

(a) 在 5% 的显著性水平下我们如何接受或拒绝 H_0？

(b) 在 10% 的显著性水平下我们如何接受或拒绝 H_0？

(c) 这个检验的 p 值是多少？

8.1-2 假设装在"12.6 盎司盒子"的谷物的重量服从 $N(\mu, 0.2^2)$. 美国食品和药物管理局只允许一小部分盒子的重量少于 12.6 盎司. 我们将检验原假设 $H_0: \mu = 13$ 和其备择假设 $H_1: \mu < 13$.

(a) 使用 $n = 25$ 的随机样本定义检验统计量和显著性水平 $\alpha = 0.025$ 下的临界区域.

(b) 如果 $\bar{x} = 12.9$，你的结论是什么？

(c) 这个检验的 p 值是多少？

8.1-3 设 X 是亚临界淬火的球墨铸铁的布氏硬度测量，假设其分布为 $N(\mu, 100)$. 我们将使用 25 个关于 X 的观测值检验原假设 $H_0: \mu = 170$ 和其备择假设 $H_1: \mu > 170$.

(a) 定义检验统计量和显著性水平 $\alpha = 0.05$ 下的临界区域. 画出这个临界区域的草图.

(b) 随机抽样 $n = 25$ 个关于 X 的观测值的尺寸如下：

$$170 \quad 167 \quad 174 \quad 179 \quad 179 \quad 156 \quad 163 \quad 156 \quad 187$$

$$156 \quad 183 \quad 179 \quad 174 \quad 179 \quad 170 \quad 156 \quad 187$$

$$179 \quad 183 \quad 174 \quad 187 \quad 167 \quad 159 \quad 170 \quad 179$$

计算检验统计量的值并明确地阐述你的结论.

(c) 近似计算这个检验的 p 值？

8.1-4 设 X 是自动售货机所制造留兰香胶的厚度. 假设其分布为 $N(\mu, \sigma^2)$. 目标厚度为 7.5 英寸. 我们将用 10 个观测值检验原假设 $H_0: \mu = 7.5$ 及其对应的双边备择假设.

(a) 定义检验统计量和显著性水平 $\alpha = 0.05$ 下的一个临界区域. 画图说明这个临界区域.

(b) 从生产线中随机选择所制造留兰香胶，测得 10 个关于 X 的观测值如下：

$$7.65 \quad 7.60 \quad 7.65 \quad 7.70 \quad 7.55 \quad 7.55 \quad 7.40 \quad 7.40 \quad 7.50 \quad 7.50$$

计算检验统计量的值并明确地阐述你的结论.

(c) $\mu = 7.5$ 是否包含在 μ 的 95% 的置信区间中.

8.1-5 美国的平均出生体重是 $\mu = 3315$ 克，标准差 $\sigma = 575$. 设 X 是在耶路撒冷出生时的重量(克). 假设 X 的分布为 $N(\mu, \sigma^2)$. 我们用样本量 $n = 30$ 来检验原假设 $H_0: \mu = 3315$ 及其备择假设 $H_1: \mu < 3315$.

(a) 定义一个显著性水平 $\alpha = 0.05$ 下的一个临界区域.

(b) 如果 $n = 30$ 的随机样本得到 $\bar{x} = 3189$ 和 $s = 488$，你的结论是什么？

(c) 检验的 p 值大约是多少？

8.1-6 设 X 等于一个女大学生用力肺活量(FVC)(升). (FVC 是学生能从肺里挤出的空气.) 假设 X 的分布为 $N(\mu, \sigma^2)$. 众所周知，$\mu = 3.4$ 升. 一位排球教练声称排球运动员的 FVC 大于 3.4. 她计划用一个 $n = 9$ 的随机样本检验她的声明.

(a) 定义原假设.

(b) 定义相应备择(教练的)假设.

(c) 定义检验统计量.

(d) 定义显著性水平 $\alpha = 0.05$ 下的一个临界区域. 画图说明这个临界区域.

(e) 计算检验统计量的值. 随机抽样得到以下观测值：

$$3.4 \quad 3.6 \quad 3.8 \quad 3.3 \quad 3.4 \quad 3.5 \quad 3.7 \quad 3.6 \quad 3.7$$

(f) 你的结论是什么？

(g) 这个检验的近似 p 值是多少？

8.1-7 维生素 B_6 是制药公司生产的多种维生素中的一种. 每一片药中维生素 B_6 的平均含量为 50 毫克. 该公司认为正常情况下维生素含量以 1 毫克/月退化，所以，三个月后就可以认为 $\mu = 47$ 毫克，现在有一群消费者怀疑三个月以后 $\mu < 47$.

(a) 在显著性水平 $\alpha = 0.05$ 的基础上定义一个临界区域，基于样本量 $n = 20$ 检验 $H_0 : \mu = 47$ 及其对应备择假设 $H_1 : \mu < 47$.

(b) 如果 20 片药的平均含量为 $\bar{x} = 46.94$，其标准差 $s = 0.15$，你的结论是什么？

(c) 这个检验的 p 值大约是多少？

8.1-8 为汽车制造商制造支架的一家公司定期从生产中选择支架进行扭矩测试. 其目标是要求平均扭矩等于 125 牛顿/米. 令 X 等于扭矩，假设 X 的分布为 $N(\mu, \sigma^2)$. 我们将使用样本量 $n = 20$ 检验 H_0: $\mu = 125$ 和对应的双边备择假设.

(a) 定义检验统计量和显著性水平 $\alpha = 0.05$ 下的一个临界区域. 画图说明这个临界区域.

(b) 利用下列观测值计算数值的检验统计数据，并说明你的结论：

$$128 \quad 149 \quad 136 \quad 114 \quad 126 \quad 142 \quad 124 \quad 136 \quad 122 \quad 118 \quad 122 \quad 129 \quad 118 \quad 122 \quad 129$$

8.1-9 在霍普学院生物野外研究站，观赏地被植物小蔓长春花得到了迅速蔓延，这是因为它能胜过当地的小型木本植物. 为了发现小蔓长春花是否利用天然化学武器抑制了本地植物的生长，生物学院的同学对 33 株向日葵幼苗进行实验，该实验是从小蔓长春花的小根中提取相应的提取物，对向日葵幼苗进行处理，几周后再测量向日葵幼苗的高度. 令 X 等于这些幼苗的高度，并假设 X 的分布为 $N(\mu, \sigma^2)$. 观测到幼苗的生长高度（厘米）是：

$$11.5 \quad 11.8 \quad 15.7 \quad 16.1 \quad 14.1 \quad 10.5 \quad 15.2 \quad 19.0 \quad 12.8 \quad 12.4 \quad 19.2$$
$$13.5 \quad 16.5 \quad 13.5 \quad 14.4 \quad 16.7 \quad 10.9 \quad 13.0 \quad 15.1 \quad 17.1 \quad 13.3 \quad 12.4$$
$$8.5 \quad 14.3 \quad 12.9 \quad 11.1 \quad 15.0 \quad 13.3 \quad 15.8 \quad 13.5 \quad 9.3 \quad 12.2 \quad 10.3$$

学生们还种了一些对照向日葵，其幼苗平均生长的高度为 15.7 厘米. 我们将检验原假设 $H_0 : \mu = 15.7$ 和对应的备择假设 $H_1 : \mu < 15.7$.

(a) 计算检验统计量的值，并给出这个检验 p 值的极限.

(b) 你的结论是什么？

(c) 找出置信度约为 98% 的单侧置信区间中 μ 的上界.

8.1-10 在一个机械测试实验室，亚克力玻璃条被拉伸至失效. 设 X 等于破裂之前长度的变化量（毫米）. 假设 X 的分布是 $N(\mu, \sigma^2)$. 我们将使用样本量 $n = 8$ 的观测值检验原假设 $H_0 : \mu = 5.70$ 和对应的备择假设 $H_1 : \mu < 5.70$.

(a) 定义检验统计量和显著性水平 $\alpha = 0.05$ 下的一个临界区域. 绘图说明这个临界区域.

(b) X 的 8 个随机抽样的观测值为以下数据：

$$5.71 \quad 5.80 \quad 6.03 \quad 5.87 \quad 6.22 \quad 5.92 \quad 5.57 \quad 5.83$$

计算检验统计量的值，并说明你的结论.

(c) 给出这个检验 p 值的近似值和界限.

8.1-11 奶制品供应商生产并销售奶制品，他们向生产婴儿配方奶粉的公司出售低脂奶粉. 为了测量牛奶中的脂肪含量，公司和供应商都从每个批次中检测脂肪含量的百分比. 10 个成对检验结果如下：

批号	公司测试 结果(x)	供应商测试 结果(y)	批号	公司测试 结果(x)	供应商测试 结果(y)
1	0.50	0.79	6	1.25	0.77
2	0.58	0.71	7	0.75	0.72
3	0.90	0.82	8	1.22	0.79
4	1.17	0.82	9	0.74	0.72
5	1.14	0.73	10	0.80	0.91

令 μ_D 表示差 $x-y$ 的均值. 用配对 t 检验来检验原假设 $H_0: \mu_D = 0$ 和对应的备择假设 $H_1: \mu_D > 0$. 显著性水平 $\alpha = 0.05$.

8.1-12　检验 A 品牌的高尔夫球的击球距离是否比 B 品牌高尔夫球更远, 17 名高尔夫球手每人打一个不同牌子的球, 8 名高尔夫球手在先击球 B 之前击球 A, 9 名高尔夫球手在击球 A 之前击球 B, 其结果如下:

高尔夫球手	B 品牌击球距离	A 品牌击球距离	高尔夫球手	B 品牌击球距离	A 品牌击球距离
1	265	252	10	274	260
2	272	276	11	274	267
3	246	243	12	269	267
4	260	246	13	244	251
5	274	275	14	212	222
6	263	246	15	235	235
7	255	244	16	254	255
8	258	245	17	224	231
9	276	259			

假设所配对实验中 A 距离和 B 距离的差值近似服从正态分布, 用 17 个差值的配对 t 检验检验原假设 $H_0: \mu_D = 0$ 和对应的备择假设 $H_1: \mu_D > 0$. 显著性水平 $\alpha = 0.05$.

8.1-13　一家制造发动机的公司, 每卷有 10 000 台终端. 在使用某一卷之前随机选择 20 个终端进行检验. 检验的是将终端与它的伴侣分开所需要的压力. 随着终端的 "粗糙化", 检验之间的压力会不断增加. (因为这种检验是破坏性检验, 被检验的终端不能在发动机中使用). 令 D 等于压力的差, 即检验 1 号的压力减去检验 2 号的压力. 假设 D 的分布为 $N(\mu_D, \sigma_D^2)$. 我们将使用 20 对样本观测值检验原假设 $H_0: \mu_D = 0$ 和对应的备择假设 $H_1: \mu_D < 0$. 显著性水平 $\alpha = 0.05$.

(a) 给出检验统计量和显著性水平 $\alpha = 0.05$ 下的一个临界区域. 画图说明这个临界区域.

(b) 使用下面的数据来计算检验统计量数据, 并清楚地陈述你的结论:

终端	检验 1	检验 2	终端	检验 1	检验 2
1	2.5	3.8	11	7.3	8.2
2	4.0	3.9	12	7.2	6.6
3	5.2	4.7	13	5.9	6.8
4	4.9	6.0	14	7.5	6.6
5	5.2	5.7	15	7.1	7.5
6	6.0	5.7	16	7.2	7.5
7	5.2	5.0	17	6.1	7.3
8	6.6	6.2	18	6.3	7.1
9	6.7	7.3	19	6.5	7.2
10	6.6	6.5	20	6.5	6.7

(c) 如果 $\alpha = 0.01$, 结论是什么?

(d) 这个检验的 p 值大约是多少?

8.2 两均值相等的检验

通常情况下, 比较两种不同分布或两个总体的均值是有意义的. 我们需要根据观测值是从这两个总体中成对抽样还是独立抽样, 考虑两种情况. 我们首先考虑成对抽样的情况.

如果 X 和 Y 采用成对抽样, 则可令 $D=X-Y$, 假设 $\mu_X=\mu_Y$ 可以换成等价假设 $H_0:\mu_D=0$. 例如, 假设 X 和 Y 等于一个人在参加一个为期八周的有氧舞蹈项目之前和之后的静息脉搏率. 我们会有兴趣检验 $H_0:\mu_D=0$(没有变化)对 $H_1:\mu_D>0$(有氧舞蹈程序降低了静息脉率). 因为 X 和 Y 是同一个人的测量值, X 和 Y 可能是相依的. 如果我们可以假设 D 的分布近似为 $N(\mu_D,\sigma_D^2)$, 则可以选择使用表 8.1-2 中单个均值的近似 t 检验. 这种检验通常被称为**配对 t 检验**.

例 8.2-1 九年级和十年级的 24 名女生被安排进行一项超重型的跳绳运动. 有人认为这样的跳绳运动会提高她们在 40 码短跑中的速度. 令 D 等于跑 40 码的时间差, "参加跳绳运动前的时间" 减去 "参加跳绳运动后的时间". 假设 D 的分布近似为 $N(\mu_D,\sigma_D^2)$. 检验原假设 $H_0:\mu_D=0$ 和对应的备择假设 $H_1:\mu_D>0$. 在显著性水平 $\alpha=0.05$ 下, 其检验统计量和临界区域如下:

$$t=\frac{\bar{d}-0}{s_D/\sqrt{24}}\geq t_{0.05}(23)=1.714$$

下面的数据给出了每名女生跑 40 码短跑所需的时间差值, 正数表示参加跳绳运动后的 40 码短跑更快:

0.28	0.01	0.13	0.33	−0.03	0.07	−0.18	−0.14
−0.33	0.01	0.22	0.29	−0.08	0.23	0.08	0.04
−0.30	−0.08	0.09	0.70	0.33	−0.34	0.50	0.06

由上面的数据, 可得 $\bar{d}=0.079$ 和 $s_D=0.255$. 所以, 检验统计量的观测值为:

$$t=\frac{0.079-0}{0.255/\sqrt{24}}=1.518$$

因为 $1.518<1.714$, 所以原假设不能被拒绝. 但是 $t_{0.10}(23)=1.319$ 同时 $t=1.518>1.319$, 所以在显著性水平 $\alpha=0.10$ 下原假设被拒绝. 也就是说,

$$0.05<p值<0.10 \qquad ■$$

现在假设随机变量 X 和 Y 是独立采样的, X 和 Y 分别服从正态分布 $N(\mu_X,\sigma_X^2)$, $N(\mu_Y,\sigma_Y^2)$. 检验原假设 $H_0:\mu_X=\mu_Y$ 和对应的备择假设 $H_1:\mu_X\neq\mu_Y$(或者单边备择假设 $H_1:\mu_X<\mu_Y$ 或 $H_1:\mu_X>\mu_Y$). 我们尝试使用在 7.2 节构造 $\mu_X-\mu_Y$ 置信区间相似的 t 分布统计量来检验这些类型的假设.

当 X 和 Y 是相互独立同正态分布时, 我们可以用在 7.2 节构造 $\mu_X-\mu_Y$ 置信区间同样的 t 统计量来检验均值的假设. 回想一下, 当 X 和 Y 的方差相等时, t 分布统计量用构造置信

区间.(这就是为什么在下一节我们要考虑两个方差相等的检验.)

我们从一个例子开始,然后给出一个表,列出一些假设和其对应的临界区域.一位植物学家对比较豌豆茎的生长反应很感兴趣:豌豆茎对两种不同水平的吲哚乙酸激素(IAA)的反应.使用16天大的豌豆,植物学家获得5毫米的切片,然后把这些切片浮在不同浓度的激素溶液的上面,观察激素对豌豆茎生长的影响.设 X 和 Y 分别表示在 $(0.5)(10)^{-4}$ 和 10^{-4} 水平的 IAA 的作用下,独立的切片在26小时内可归因于激素的生长.植物学家将检测原假设 $H_0: \mu_X - \mu_Y = 0$ 和对应的备择假设 $H_1: \mu_X - \mu_Y < 0$.假设 X 和 Y 是具有相同方差的独立正态分布的随机变量.假设随机样本量分别为 n_X 和 n_Y,那么,我们可以找到一个统计量来进行检验:

$$T = \frac{\overline{X} - \overline{Y}}{\sqrt{\{[(n_X-1)S_X^2 + (n_Y-1)S_Y^2]/(n_X+n_Y-2)\}(1/n_X + 1/n_Y)}} = \frac{\overline{X} - \overline{Y}}{S_P\sqrt{1/n_X + 1/n_Y}}$$

$$(8.2\text{-}1)$$

其中

$$S_P = \sqrt{\frac{(n_X-1)S_X^2 + (n_Y-1)S_Y^2}{n_X + n_Y - 2}}$$

$$(8.2\text{-}2)$$

当 H_0 为真时,T 服从自由度为 $r = n_X + n_Y - 2$ 的 t 分布.因此,如果 T 的观测值小于或等于 $-t_\alpha(n_X + n_Y - 2)$,则假设 H_0 被拒绝,而 H_1 被接受.

例 8.2-2   在前面的讨论中,植物学家测量了豌豆茎的生长(以毫米为单位)在 $n_X = 11$ 时 X 的观测值为:

> 0.8   1.8   1.0   0.1   0.9   1.7   1.0   1.4   0.9   1.2   0.5

同样,她得到了 $n_Y = 13$ 个 Y 的观测值:

> 1.0   0.8   1.6   2.6   1.3   1.1   2.4   1.8   2.5   1.4   1.9   2.0   1.2

通过上面的数据,得 $\overline{x} = 1.03$,$s_X^2 = 0.24$,$\overline{y} = 1.66$ 和 $s_Y^2 = 0.35$.对于原假设 $H_0: \mu_X - \mu_Y = 0$ 和对应的备择假设 $H_1: \mu_X - \mu_Y < 0$,临界区域为 $t \leq -t_{0.05}(22) = -1.717$,这里的 t 是公式(8.2-1)所表达的二样本 T 统计量的观测值.因为

$$t = \frac{1.03 - 1.66}{\sqrt{\{[10(0.24) + 12(0.35)]/(11 + 13 - 2)\}(1/11 + 1/13)}} = -2.81 < -1.717$$

所以在显著性水平 $\alpha = 0.05$ 下,原假设显然被拒绝.值得注意的是,这个检验的 p 值近似是 0.005,这是因为 $-t_{0.005}(22) = -2.819$.(参看图 8.2-1.)请注意样本方差没有太大差异.因此,大多数统计学家会使用这个二样本 T 检验.

构建箱线图,以获得两个样本的直观比较是很有意义的.对于这两组数据,X 样本的五数概括(最小值、三个四分位数、最大值)为

> 0.1   0.8   1.0   1.4   1.8

Y 的五数概括为

> 0.8   1.15   1.6   2.2   2.6

X 和 Y 的两个箱线图如图 8.2-2 所示.   ■

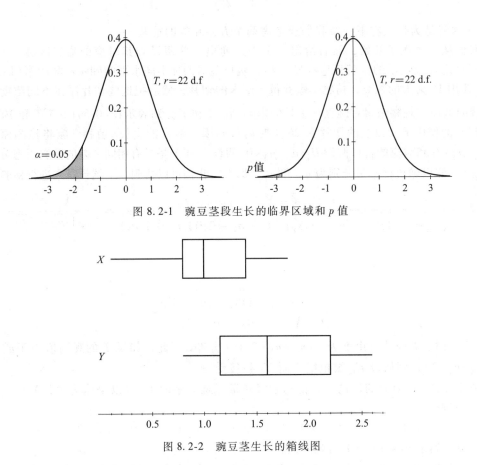

图 8.2-1　豌豆茎段生长的临界区域和 p 值

图 8.2-2　豌豆茎生长的箱线图

假设有样本量为 n_X 和 n_Y 的独立随机样本，对于同方差的两个正态总体，令 $\bar{x}$，$\bar{y}$ 和 s_P^2 分别为相应参数 μ_X，μ_Y 和 $\sigma_X^2 = \sigma_Y^2$ 的无偏估计的观测值，那么，当 $\sigma_X^2 = \sigma_Y^2$ 时，显著性水平 α 下的各种假设检验的检验准则呈现在表 8.2-1 中. 如果同方差的假设被违反了，但不是太严重，那么检验还是令人满意的，但显著性水平只是近似的. T 统计量和 s_p 的公式如式 (8.2-1) 和式 (8.2-2) 所示.

表 8.2-1　两均值相等的假设检验

H_0	H_1	临界区域
$\mu_X = \mu_Y$	$\mu_X > \mu_Y$	$t \geqslant t_\alpha(n+m-2)$ 或 $\bar{x}-\bar{y} \geqslant t_\alpha(n_X+n_Y-2)s_P\sqrt{1/n_X+1/n_Y}$
$\mu_X = \mu_Y$	$\mu_X < \mu_Y$	$t \leqslant -t_\alpha(n_X+n_Y-2)$ 或 $\bar{x}-\bar{y} \leqslant -t_\alpha(n_X+n_Y-2)s_P\sqrt{1/n_X+1/n_Y}$
$\mu_X = \mu_Y$	$\mu_X \neq \mu_Y$	$\lvert t \rvert \geqslant t_{\alpha/2}(n_X+n_Y-2)$ 或 $\lvert \bar{x}-\bar{y} \rvert \geqslant t_{\alpha/2}(n_X+n_Y-2)s_P\sqrt{1/n_X+1/n_Y}$

注　如何理解置信区间和假设检验的关系？我们看到表 8.2-1 中的每一个检验都有一个对应的检验置信区间. 举例来说，对于单边假设检验，如果零不在置信下界为 $\bar{x}-\bar{y}-t_\alpha(n_X+n_Y-2)s_P\sqrt{1/n_X+1/n_Y}$ 的单侧置信区间内，则等价于我们拒绝 $H_0: \mu_X - \mu_Y = 0$.

例 8.2-3　产品包装机上有 24 个罐头，编号从 1 到 24. 奇数号码的罐头在机器的一边，偶数号码的罐头在机器的另一边. 令 X 和 Y 分别为偶数号码的罐头重量和奇数号码的罐头重量，以克为单位. 假设 X 的分布和 Y 的分布分别是 $N(\mu_X, \sigma^2)$ 和 $N(\mu_Y, \sigma^2)$，X 和 Y 是相互独立的. 我们将检验原假设 $H_0: \mu_X - \mu_Y = 0$ 和对应备择假设 $H_1: \mu_X - \mu_Y \neq 0$. 机器设置好后，再进行检验. 在运行中随机抽样，并称每一个罐头的重量. 检验统计量由公式（8.2-1）给出，其中 $n_X = n_Y = 12$. 在显著性水平 $\alpha = 0.10$ 下，临界区域为 $|t| \geq t_{0.05}(22) = 1.717$.

对于 $n_X = 12$ 个观测值，即

$$1071 \quad 1076 \quad 1070 \quad 1083 \quad 1082 \quad 1067 \quad 1078 \quad 1080 \quad 1075 \quad 1084 \quad 1075 \quad 1080$$

$\bar{x} = 1076.75$，$s_X^2 = 29.30$. 对于 $n_Y = 12$ 个观测值，即

$$1074 \quad 1069 \quad 1075 \quad 1067 \quad 1068 \quad 1079 \quad 1082 \quad 1064 \quad 1070 \quad 1073 \quad 1072 \quad 1075$$

$\bar{y} = 1072.33$，$s_Y^2 = 26.24$. 计算 T 统计量的值是

$$t = \frac{1076.75 - 1072.33}{\sqrt{\dfrac{11(29.30) + 11(26.24)}{22}\left(\dfrac{1}{12} + \dfrac{1}{12}\right)}} = 2.05$$

因为

$$|t| = |2.05| = 2.05 > 1.717$$

所以在显著性水平 $\alpha = 0.10$ 下，原假设被拒绝. 但是，值得注意的是

$$|t| = 2.05 < 2.074 = t_{0.025}(22)$$

所以在显著性水平 $\alpha = 0.05$ 下，原假设不能被拒绝. 这个检验的 p 值在 0.05 与 0.10 之间. 373

同样，在同一个图上展示这两组数据的箱线图是有意义的. 这个箱线图如图 8.2-3 所示. X 的观测值的五数概括为（1067, 1072, 1077, 1081.5, 1084），Y 的观测值的五数概括为（1064, 1068.25, 1072.5, 1075, 1082）. 看来，额外的抽样将是可取的，从而检验机器的两边是否以相似的方式填充罐头. 如果不是，那就纠正一下，需要采取行动.　　■

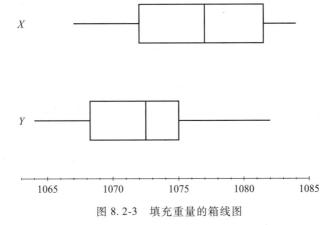

图 8.2-3　填充重量的箱线图

我们将对两均值的检验方法作两个修改. 第一，假设我们已经知道 X 和 Y 的方差，那

么，用于检验假设 $H_0 : \mu_X = \mu_Y$ 恰当的统计量为

$$Z = \frac{\overline{X} - \overline{Y}}{\sqrt{\dfrac{\sigma_X^2}{n_X} + \dfrac{\sigma_Y^2}{n_Y}}} \qquad (8.2\text{-}3)$$

当总体分布是正态分布时，在原假设成立的前提下，统计量 Z 服从标准正态分布. 第二，方差未知，样本量足够大，那么，把公式（8.2-3）中的 σ_X^2 替换为样本方差 s_X^2，用 σ_Y^2 替换为样本方差 s_Y^2，所得到的统计量近似服从 $N(0,1)$ 分布.

例 8.2-4 水果味口香糖和水果味泡泡口香糖的标准厚度是 6.7 英寸. 令 X 和 Y 是独立随机变量，分别表示这两种口香糖的厚度，以英寸为单位. 假设它们的分布分别为 $N(\mu_X, \sigma_X^2)$ 和 $N(\mu_Y, \sigma_Y^2)$. 因为泡泡糖比一般的口香糖有更多的弹性，很难把它卷起来准确地测量它的厚度. 我们将使用样本量 $n_X = 50$ 和 $n_Y = 40$ 检验原假设 $H_0 : \mu_X = \mu_Y$ 和对应的备择假设 $H_1 : \mu_X < \mu_Y$.

因为方差是未知的，而且样本量足够大，所以检验统计量为

$$Z = \frac{\overline{X} - \overline{Y}}{\sqrt{\dfrac{S_X^2}{50} + \dfrac{S_Y^2}{40}}}$$

在一个近似显著性水平 $\alpha = 0.01$ 下，临界区域为

$$z \leqslant -z_{0.01} = -2.326$$

X 的观测值如下：

6.85	6.60	6.70	6.75	6.75	6.90	6.85	6.90	6.70	6.85
6.60	6.70	6.75	6.70	6.70	6.70	6.55	6.60	6.95	6.95
6.80	6.80	6.70	6.75	6.60	6.70	6.65	6.55	6.55	6.60
6.60	6.70	6.80	6.75	6.60	6.75	6.50	6.75	6.70	6.65
6.70	6.70	6.55	6.65	6.60	6.65	6.60	6.65	6.80	6.60

相应地，$\overline{x} = 6.701$，$s_X = 0.108$. Y 的观测值如下：

7.10	7.05	6.70	6.75	6.90	6.90	6.65	6.60	6.55	6.55
6.85	6.90	6.60	6.85	6.95	7.10	6.95	6.90	7.15	7.05
6.70	6.90	6.85	6.95	7.05	6.75	6.90	6.80	6.70	6.75
6.90	6.90	6.70	6.70	6.90	6.90	6.70	6.70	6.90	6.95

相应地，$\overline{y} = 6.841$，$s_Y = 0.155$. 因为计算出检验统计量的值为

$$z = \frac{6.701 - 6.841}{\sqrt{0.108^2/50 + 0.155^2/40}} = -4.848 < -2.326$$

所以，原假设被拒绝.

箱线图如图 8.2-4 所示. X 的观测值的五数概括为 $(6.50, 6.60, 6.70, 6.75, 6.95)$,
Y 观测值的五数概括为 $(6.55, 6.70, 6.90, 6.94, 7.15)$. 这个图进一步证实了我们的结论. ∎

注　要使统计检验按设计执行, 它们底层所依据的假设必须得到合理的满足. 只要底层分布不是高度偏斜的, 正态性假设就不是太重要. 根据中心极限定理, $\overline{X}$ 和 $\overline{Y}$ 的分布近似是正态分布. 当分布变为非正态和高度偏态时, 样本均值和样本方差将变得更加依赖, 这就导致了使用学生 t 分布作为 T 统计量的近似分布出现问

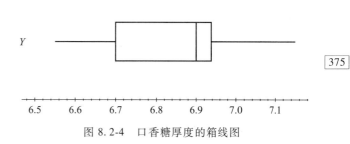

图 8.2-4　口香糖厚度的箱线图

题. 在这些情况下, 后面描述的一些非参数方法通常会执行得更好.（参见 8.5 节.）

很多情况下, 分布接近正态分布, 但方差不同, 应该避免使用 T 统计量, 特别是样本量不同的情况. 在这种情况下, 使用 Z 统计量或用样本方差替换方差的修正所得的统计量. 在后一种情况下, 如果 n_X 和 n_Y 足够大, 没有问题. 当 n_X 和 n_Y 比较小时, 大多数统计学家建议使用 Welch 的建议（或其他修正）. 也就是说, 他们会用自由度为 r 的近似学生 t 分布, 其中 r 由公式 (7.2-1) 给出. 另外, 8.5 节中描述的非参数方法也可以使用.

练习

在以下的一些练习中, 我们都假设分布是同方差的正态分布.

8.2-1　例 8.2-2 中的植物学家对协同作用的检验也非常感兴趣. 也就是说, 在赤霉素 (GA3) 和吲哚乙酸 (IAA) 两种激素下, 令 X_1 和 X_2 分别表示在赤霉素 (GA3) 和吲哚乙酸 (IAA) 激素作用下, 豌豆茎的生长响应 (mm). 同样, 令 $X = X_1 + X_2$ 和 Y 分别表示在赤霉素 (GA3) 和吲哚乙酸 (IAA) 同时存在下的生长响应. 假设 X 服从 $N(\mu_X, \sigma^2)$ 分布, Y 服从 $N(\mu_Y, \sigma^2)$ 分布. 植物学家对检验原假设 $H_0: \mu_X = \mu_Y$ 和对应的备择假设 $H_1: \mu_X < \mu_Y$ 十分感兴趣.

(a) 在 X 和 Y 的样本量为 $n_X = n_Y = 10$ 时, 给出 5% 的显著性水平下的临界区域, 并画出 t 分布的概率密度和临界区域.

(b) 对于 $n_X = 10$ 的观测值, 即

$$2.1 \quad 2.6 \quad 2.6 \quad 3.4 \quad 2.1 \quad 1.7 \quad 2.6 \quad 2.6 \quad 2.2 \quad 1.2$$

$n_Y = 10$ 的如下观测值:

$$3.5 \quad 3.9 \quad 3.0 \quad 2.3 \quad 2.1 \quad 3.1 \quad 3.6 \quad 1.8 \quad 2.9 \quad 3.3$$

计算检验统计量的值, 并阐述你的结果. 在图上画出统计量的位置.

(c) 在同一个图上画出 X 和 Y 的箱线图. 箱线图是否能进一步说明你的结果?

8.2-2　设 X 和 Y 分别表示雄性秧鸡和雌性秧鸡的重量 (克). 假设 X 服从 $N(\mu_X, \sigma_X^2)$ 分布, Y 服从 $N(\mu_Y, \sigma_Y^2)$ 分布.

(a) 假定 X 的样本量为 $n_X = 16$, Y 的样本量为 $n_Y = 13$, 在显著性水平 $\alpha = 0.10$ 下给出检验原假设 $H_0: \mu_X = \mu_Y$ 和对应单边备择假设 $H_1: \mu_X > \mu_Y$ 的临界区域.（假定方差是相等的.）

(b) 假定 $\overline{x} = 415.16$, $s_X^2 = 1356.75$, $\overline{y} = 347.40$ 和 $s_Y^2 = 692.21$, 计算检验统计量的值, 并阐述你的

结论.

(c) 尽管我们假定 $\sigma_X^2 = \sigma_Y^2$，但仍怀疑这个等式是无效的. 因此，尝试使用 Welch 的统计量来检验.

8.2-3 设 X 是低脂草莓木豆的重量，Y 是低脂蓝莓木豆的重量. 假设 X 服从 $N(\mu_X, \sigma_X^2)$ 分布，Y 服从 $N(\mu_Y, \sigma_Y^2)$ 分布. 对于 $n_X = 9$ 的观测值如下：

$$21.7 \quad 21.0 \quad 21.2 \quad 20.7 \quad 20.4 \quad 21.9 \quad 20.2 \quad 21.6 \quad 20.6$$

相应地，对于 $n_Y = 13$ 的观测值如下：

$$21.5 \quad 20.5 \quad 20.3 \quad 21.6 \quad 21.7 \quad 21.3 \quad 23.0 \quad 21.3 \quad 18.9 \quad 20.0 \quad 20.4 \quad 20.8 \quad 20.3$$

利用上述样本观测值回答下列问题：

(a) 在你所选择的显著性水平下，检验原假设 $H_0: \mu_X = \mu_Y$ 和对应双边备择假设 $H_1: \mu_X \neq \mu_Y$. 假定方差相等.

(b) 画出相应的箱线图，并利用箱线图支持你的结论.

8.2-4 为世界卫生组织的空气质量监测项目收集了一批关于空气中含悬浮粒子的浓度的数据，单位是 ug/m^3. 设 X 和 Y 分别表示墨尔本的商业中心和休斯敦的商业中心空气中含悬浮粒子的浓度，X 的样本量为 $n_X = 13$. 相应地，Y 的样本量为 $n_Y = 16$，检验原假设 $H_0: \mu_X = \mu_Y$ 和对应单边备择假设 $H_1: \mu_X < \mu_Y$.

(a) 在方差相等的前提下，给出显著性水平 $\alpha = 0.05$ 时的检验统计量和临界区域.

(b) 假定 $\bar{x} = 72.9$，$s_X = 25.6$，$\bar{y} = 81.7$ 和 $s_Y = 28.3$，计算检验统计量的值，并阐述你的结论.

(c) 求出检验 p 值的界.

8.2-5 一些护士在县公共卫生所进行了接受产前检查不足的妇女的调查. 他们从出生证明的信息中选择母亲为调查对象. 将被选择的母亲分成两组：一组有 14 位母亲，她们有 5 次或更少的产前检查；另一组有 14 位母亲，她们有 6 次或更多的产前检查. 设 X 和 Y 分别表示这两组孩子的出生重量（盎司），假设 X 服从 $N(\mu_X, \sigma^2)$ 分布，Y 服从 $N(\mu_Y, \sigma^2)$ 分布.

(a) 在显著性水平 $\alpha = 0.05$ 下，求出检验原假设 $H_0: \mu_X - \mu_Y = 0$ 和对应单边备择假设 $H_1: \mu_X - \mu_Y < 0$ 的检验统计量和临界区域.

(b) X 的样本观测值为

$$49 \quad 108 \quad 110 \quad 82 \quad 93 \quad 114 \quad 134 \quad 114 \quad 96 \quad 52 \quad 101 \quad 114 \quad 120 \quad 116$$

Y 的样本观测值为

$$133 \quad 108 \quad 93 \quad 119 \quad 119 \quad 98 \quad 106 \quad 131 \quad 87 \quad 153 \quad 116 \quad 129 \quad 97 \quad 110$$

计算检验统计量的值，并阐述你的结论.

(c) 近似计算 p 值.

(d) 在同一个图上画出两组数据的箱线图. 箱线图是否能进一步说明你的结果？

8.2-6 令 X 和 Y 分别等于将 3 号螺柱和 4 号螺柱从汽车车窗拉出所需要的力（以磅为单位）. 假设 X 服从 $N(\mu_X, \sigma^2)$ 分布，Y 服从 $N(\mu_Y, \sigma^2)$ 分布.

(a) 假定 $n_X = n_Y = 10$ 的随机样本被选择，在显著性水平 $\alpha = 0.05$ 下给出检验原假设 $H_0: \mu_X - \mu_Y = 0$ 和对应双边备择假设 $H_1: \mu_X - \mu_Y \neq 0$ 的检验统计量和临界区域.（假定方差是相等的.）

(b) 对于 $n_X = 10$ 的观测值如下：

$$111 \quad 120 \quad 139 \quad 136 \quad 138 \quad 149 \quad 143 \quad 145 \quad 111 \quad 123$$

相应地，对于 $n_Y = 10$ 的观测值如下：

$$152 \quad 155 \quad 133 \quad 134 \quad 119 \quad 155 \quad 142 \quad 146 \quad 157 \quad 149$$

计算检验统计量的值，并阐述你的结论.

（c）近似计算该检验的 p 值.

（d）在同一个图上画出两组数据的箱线图. 箱线图是否能进一步说明你的结果?

8.2-7   令 X 和 Y 分别等于过滤香烟和非过滤香烟所含焦油的毫克数. 假设 X 服从 $N(\mu_X, \sigma^2)$ 分布, Y 服从 $N(\mu_Y, \sigma^2)$ 分布. 使用 $n_X = 9$ 的 X 的随机样本观测, $n_Y = 11$ 的 Y 的随机样本观测, 检验原假设 $H_0: \mu_X - \mu_Y = 0$ 和对应单边备择假设 $H_1: \mu_X - \mu_Y < 0$.

（a）在方差相等的前提下, 求出显著性水平 $\alpha = 0.01$ 下的检验统计量和临界区域. 画出这个临界区域.

（b）对于 $n_X = 9$, X 的观测值如下:

$$0.9 \quad 1.1 \quad 0.1 \quad 0.7 \quad 0.4 \quad 0.9 \quad 0.8 \quad 1.0 \quad 0.4$$

相应地, 对于 $n_Y = 11$, Y 的观测值如下:

$$1.5 \quad 0.9 \quad 1.6 \quad 0.5 \quad 1.4 \quad 1.9 \quad 1.0 \quad 1.2 \quad 1.3 \quad 1.6 \quad 2.1$$

计算检验统计量的值, 阐述你的结论. 在图上标出统计量的观测值所处位置.

8.2-8 X 和 Y 分别为雄性沙鼠和雌性沙鼠的跗关节长度(毫米), 假设 X 服从 $N(\mu_X, \sigma_X^2)$ 分布, Y 服从 $N(\mu_Y, \sigma_Y^2)$ 分布. 假定 $n_X = 25$, $\bar{x} = 33.80$, $s_X^2 = 4.88$, 同时 $n_Y = 29$, $\bar{y} = 31.66$, $s_Y^2 = 5.81$, 在显著性水平 $\alpha = 0.01$ 下检验原假设 $H_0: \mu_X = \mu_Y$ 和对应单边备择假设 $H_1: \mu_X > \mu_Y$.

8.2-9   当溪流浑浊时, 它就不完全清澈. 由于水中的悬浮固体, 浊度越高水越不清澈. 研究了一条小溪 26 天, 一半在干燥天气(对应的是 X 的观测), 而另一半是在一场大雨之后(对应的是 Y 的观测). 假设 X 服从 $N(\mu_X, \sigma^2)$ 分布, Y 服从 $N(\mu_Y, \sigma^2)$ 分布. 以下浊度以 NTU(肾病浊度单位)为单位记录:

X 的样本观测值为

$$2.9 \quad 14.9 \quad 1.0 \quad 12.6 \quad 9.4 \quad 7.6 \quad 3.6 \quad 3.1 \quad 2.7 \quad 4.8 \quad 3.4 \quad 7.1 \quad 7.2$$

Y 的样本观测值为

$$7.8 \quad 4.2 \quad 2.4 \quad 12.9 \quad 17.3 \quad 10.4 \quad 5.9 \quad 4.9 \quad 5.1 \quad 8.4 \quad 10.8 \quad 23.4 \quad 9.7$$

（a）在显著性水平 $\alpha = 0.05$ 下, 检验原假设 $H_0: \mu_X = \mu_Y$ 和对应单边备择假设 $H_1: \mu_X < \mu_Y$. 求出 p 值的界, 并阐述你的结论.

（b）画出相应的箱线图, 箱线图是否能进一步说明你的结论?

8.2-10   植物将大气中的二氧化碳, 以及阳光中的水和能量转化为生长和繁殖所需的能量. 在正常空气中和富含二氧化碳的空气中进行实验, 以确定对植物生长的影响. 这些植物在四周的时间里被给予相同的水和阳光, 下表给出了植物的生长情况(单位为克):

正常空气: 4.67 4.21 2.18 3.91 4.09 5.24 2.94 4.71 4.04 5.79 3.80 4.38

富含二氧化碳的空气: 5.04 4.52 6.18 7.01 4.36 1.81 6.22 5.70

根据这些数据, 确定是否富含二氧化碳的空气促进植物生长.

377

8.2-11   假设 X 等于 4 月份的填充物重量, Y 等于 6 月份的填充物重量. 假定 $n_X = 90$, $\bar{x} = 8.10$, $s_X = 0.117$, 同时 $n_Y = 110$, $\bar{y} = 8.07$, $s_Y = 0.054$, 检验原假设 $H_0: \mu_X - \mu_Y = 0$ 和对应单边备择假设 $H_1: \mu_X - \mu_Y > 0$.

（a）在显著性水平 $\alpha = 0.05$ 下, 你的结论是什么? (**提示**: 方差是否相等?)

（b）这个检验的近似 p 值是多少?

8.2-12   假设 X 和 Y 分别表示雄性和雌性绿猞猁蜘蛛的长度, X 服从 $N(\mu_X, \sigma_X^2)$ 分布, Y 服从 $N(\mu_Y, \sigma_Y^2)$ 分布, 同时 $\sigma_Y^2 > \sigma_X^2$, 利用修正的 Z 统计量检验原假设 $H_0: \mu_X - \mu_Y = 0$ 和对应单边备择假设 $H_1: \mu_X - \mu_Y < 0$.

（a）在显著性水平 $\alpha = 0.025$ 下, 求出检验统计量和临界区域.

（b）使用练习 7.2-5 中给出的数据, 计算检验统计量的值并阐述你的结论.

（c）在同一图形上画两个箱线图. 你的图能证实这个结论吗?

8.2-13 学生们观察了某种肥料对植物生长的影响. 学生们给第一组植物（A 组）施这种肥料, 第二组植物（B 组）没有施肥, 观察两组植物 6 周内的植株生长情况, 单位为 mm.

    A 组: 55 61 33 57 17 46 50 42 71 51 63

    B 组: 31 27 12 44 9 25 34 53 33 21 32

（a）在方差相等的前提下, 检验生长均值相等的原假设和对应的施肥以后将增加生长的备择假设.

（b）在同一个图上画出两组生长数据的箱线图. 这个图是否证实了你对（a）的回答?

8.2-14 一个生态实验室研究了树木的传播模式. 对于糖枫树, 它的种子由风吹散. 对于美洲山毛榉树, 它的种子由哺乳动物传播. 在一块 50 米×50 米的土地上, 他们测量了树木之间的距离, 19 棵美洲山毛榉树和 19 棵糖枫树的距离如下（以米为单位）:

    美洲山毛榉树: 5.00 5.00 6.50 4.25 4.25 8.80 6.50

                    7.15 6.15 2.70 2.70 11.40 9.70

                    6.10 9.35 2.85 4.50 4.50 6.50

    糖枫树: 6.00 4.00 6.00 6.45 5.00 5.00 5.50

             2.35 2.35 3.90 3.90 5.35 3.15

             2.10 4.80 3.10 5.15 3.10 6.25

（a）检验均值相等的原假设和其对应的赞成山毛榉树之间的距离比糖枫树的距离要大一些的单边备择假设.

（b）画出两组数据的箱线图, 以证实你的结论.

8.3 方差检验

有时, 检验问题常常对单正态分布方差的假设检验（或者说标准差）、两个正态分布方差的假设检验（或者说标准差）非常有兴趣. 本节, 我们将阐述检验这些假设的过程.

为了激发对这类检验的需求, 我们注意到, 在许多产品的制造过程中, 在生产的产品中有小的可变性是非常重要的. 考虑这样一个案例: 生产治疗某种疾病的药物. 每片药都含有接近推荐量的活性成分是至关重要的, 因为活性成分过少会导致药物无效, 活性成分过多则会产生毒性. 假设一个完善的生产过程可以生产药丸, 其中有效成分含量的标准差为 0.6 微克. 再假设一家制药公司开发了一种新工艺, 声称其生产可以降低药丸的标准差. 因此, 公司想要检验原假设 $H_0: \sigma = 0.6$ 和单边备择假设 $H_1: \sigma < 0.6$. 从采用新工艺的生产线上随机抽取 n 个药丸样本, 根据这 n 个药丸中测定的有效成分量的样本标准差 s, 对 H_0 和 H_1 进行检验. 更具体地说, 当且仅当样本标准差小于 0.6 时, 拒绝原假设是合理的.

但是, 我们究竟应该如何测量 s 和 0.6 之间的差异呢? 通过类比, 对于均值 μ 的假设检验, 在正态分布下我们如何测量 $\overline{X}$ 与均值 μ 的差异, 也许我们可以先考虑使用比例差 $(s-0.6)/\sqrt{\mathrm{Var}(s)}$. 然而, 这样做在度量上有几个困难. 因为 s 本身是非负的, 这就导致了不对称: 比例差的分子左边以 -0.6 为界, 但是右边是无界的. 一个更好、更方便的差异测量是 $s/0.6$ 的比值, 甚至更方便的是平方和比例比:

$$\chi^2 = \frac{(n-1)S^2}{0.6^2}$$

将这个统计量记为 χ^2 的原因，是由于在 H_0 为真，样本从正态分布采样获得的前提下，这个统计量服从自由度为 $n-1$ 的卡方分布(定理 5.5-2). 因为自由度为 $n-1$ 的卡方分布的期望为 $n-1$，我们可以进一步认为 χ^2 离 $n-1$ 越远，s 的观测值与原假设声称的总体标准差的值之间的差异就越大. 因此，我们可以利用 χ^2 作为我们的检验统计量，当且仅当

$$\chi^2 < \chi^2_{1-\alpha}(n-1)$$

我们拒绝原假设 $H_0: \sigma=0.6$，接受备择假设 $H_1: \sigma<0.6$，这里 α 是显著性水平.

例 8.3-1　假设在前面的讨论中，$n=23$，$\alpha=0.05$，样本标准差 $s=0.42$，等价地，样本方差 $s^2=0.42^2=0.1764$，检验原假设 $H_0: \sigma=0.6$ 和单边备择假设 $H_1: \sigma<0.6$. 我们计算检验统计量

$$\chi^2 = \frac{(n-1)s^2}{0.6^2} = \frac{(22)(0.1764)}{0.36} = 10.78$$

与 $\chi^2_{0.95}(22)=12.34$ 进行比较，显然，我们拒绝原假设. 换句话说，可以得出结论，在 0.05 的显著性水平上，新生产工艺降低了药丸中有效成分含量的变化. ■

表 8.3-1 总结了单个标准差(或方差)的假设检验，包括单边假设检验和双边假设检验. 在表中，σ_0^2 代表原假设对 σ^2 所声称的值. 请注意，要使用这些检验，总体分布是正态分布，或非常接近正态分布是非常重要的. 如果总体不是正态分布，检验的表现可能很差，即使样本量很大，也不在能这种情况下进行检验.

表 8.3-1　方差的假设检验

H_0	H_1	临界区域
$\sigma^2=\sigma_0^2$	$\sigma^2>\sigma_0^2$	$s^2 \geqslant \dfrac{\sigma_0^2\chi_\alpha^2(n-1)}{n-1}$ 或 $\chi^2 \geqslant \chi_\alpha^2(n-1)$
$\sigma^2=\sigma_0^2$	$\sigma^2<\sigma_0^2$	$s^2 \leqslant \dfrac{\sigma_0^2\chi_{1-\alpha}^2(n-1)}{n-1}$ 或 $\chi^2 \leqslant \chi_{1-\alpha}^2(n-1)$
$\sigma^2=\sigma_0^2$	$\sigma^2 \neq \sigma_0^2$	$s^2 \leqslant \dfrac{\sigma_0^2\chi_{1-\alpha/2}^2(n-1)}{n-1}$ 或 $s^2 \geqslant \dfrac{\sigma_0^2\chi_{\alpha/2}^2(n-1)}{n-1}$ 或 $\chi^2 \leqslant \chi_{1-\alpha/2}^2(n-1)$ 或 $\chi^2 \geqslant \chi_{\alpha/2}^2(n-1)$

我们也能计算此关于方差检验的 p 值. 在例 8.3-1 中，p 值为

$$p\text{值} = P(W \leqslant 10.78)$$

379

其中 W 是自由度为 22 的卡方分布. 根据附录 B 的表 IV，我们得到

$$P(W \leqslant 10.98)=0.025 \quad P(W \leqslant 9.542)=0.01$$

所以，

$$0.01 < p\text{值} < 0.025$$

在显著性水平 0.025 下原假设被拒绝，但在 0.01 的显著性水平下原假设不被拒绝. 为了计算双边假设检验的 p 值，如果样本方差比 σ^2 大的话，双边假设检验的 p 值是卡方检验统计量大于观测值之外尾部概率的两倍，如果样本方差比 σ^2 小的话，双边假设检验的 p 值是卡

方检验统计量小于观测值之内概率的两倍. 在例 8.3-1 中, 如果备择假设是双边假设检验, 那么, p 值等于 $2P(W \leqslant 10.78)$, 介于 0.02 与 0.05 之间.

假定我们将正态分布关于方差 σ^2 的假设检验替代为关于方差 σ^2 的置信区间. 进一步假设我们从这个分布中随机抽取样本, 通过这些观测样本获得样本方差 S^2 的观测值. 由于 $\dfrac{(n-1)S^2}{\sigma^2}$ 服从自由度为 $n-1$ 的卡方分布, 对于任意的 $\alpha \in (0,1)$, 有

$$P\left(\chi_{1-\alpha/2}^2(n-1) \leqslant \frac{(n-1)S^2}{\sigma^2} \leqslant \chi_{\alpha/2}^2(n-1)\right) = 1-\alpha$$

括号内的不等式通过两边同时除以 $(n-1)S^2$ 进行代数运算, 然后对结果求倒数, 并适当地改变不等式的方向, 进行转化产生等价的概率命题:

$$P\left(\frac{(n-1)S^2}{\chi_{\alpha/2}^2(n-1)} \leqslant \sigma^2 \leqslant \frac{(n-1)S^2}{\chi_{1-\alpha/2}^2(n-1)}\right) = 1-\alpha$$

因此, 假设随机抽样总体为正态分布的前提下, 关于方差 σ^2 的 $100(1-\alpha)\%$ 的双侧置信区间为

$$\left[\frac{(n-1)s^2}{\chi_{\alpha/2}^2(n-1)}, \frac{(n-1)s^2}{\chi_{1-\alpha/2}^2(n-1)}\right]$$

注意, 与在第 7 章中介绍的均值和比例的双侧置信区间相比, 置信区间的端点不是由在点估计值 s^2 上加减相同的量获得的. 因此, s^2 一般不在置信区间的中点上. 还请注意, 仅仅通过对置信区间的端点取平方根的正根, 可以获得关于标准差 σ 的 $100(1-\alpha)\%$ 的置信区间.

例 8.3-2   为了进一步说明, 我们来求出本节前面描述的药丸中有效成分的方差的 95% 双侧置信区间. 用例 8.3-1 中关于样本量 $n=23$ 的一些结果, 可知置信区间为

$$\left[\frac{(22)(0.1764)}{\chi_{0.05}^2(22)}, \frac{(22)(0.1764)}{\chi_{0.95}^2(22)}\right] = \left[\frac{(22)(0.1764)}{33.92}, \frac{(22)(0.1764)}{12.34}\right] = [0.1144, 0.3145] \quad \blacksquare$$

关于方差的另一个检验是对于两个独立正态总体的方差是否相等的检验. 假设 X 服从 $N(\mu_X, \sigma_X^2)$ 分布, Y 服从 $N(\mu_Y, \sigma_Y^2)$ 分布, 检验原假设 $H_0: \sigma_X^2/\sigma_Y^2 = 1$(等价于 $\sigma_X^2 = \sigma_Y^2$), 假定从 X 随机抽样 n_X 个样本, 从 Y 随机抽样 n_Y 个样本, 那么 $(n_X-1)S_X^2/\sigma_X^2$ 和 $(n_Y-1)S_Y^2/\sigma_Y^2$ 分别服从独立卡方分布 $\chi^2(n_X-1)$ 和 $\chi^2(n_Y-1)$. 所以, 当 H_0 为真时,

$$F = \frac{\dfrac{(n_X-1)S_X^2}{\sigma_X^2(n_X-1)}}{\dfrac{(n_Y-1)S_Y^2}{\sigma_Y^2(n_Y-1)}} = \frac{S_X^2}{S_Y^2}$$

服从自由度为 $r_1 = n_X-1$ 和 $r_2 = n_Y-1$ 的 F 分布. F 统计量是我们的检验统计量. 当 H_0 为真

时，F 统计量的观测值接近 1.

对于正态分布，有三个可能的备择假设，在显著性水平 α 下，其临界区域归纳在表 8.3-2 中. 回想一下，F 的倒数 $1/F$ 仍是 F 分布，其自由度分别为 n_Y-1 和 n_X-1，所以，所有都用右尾临界区域表示，临界值很容易从附录 B 的表 Ⅷ 中找到.

表 8.3-2　方差相等的假设检验

H_0	H_1	临界区域
$\sigma_X^2 = \sigma_Y^2$	$\sigma_X^2 > \sigma_Y^2$	$\dfrac{s_X^2}{s_Y^2} \ge F_\alpha(n_X-1, n_Y-1)$
$\sigma_X^2 = \sigma_Y^2$	$\sigma_X^2 < \sigma_Y^2$	$\dfrac{s_Y^2}{s_X^2} \ge F_\alpha(n_Y-1, n_X-1)$
$\sigma_X^2 = \sigma_Y^2$	$\sigma_X^2 \ne \sigma_Y^2$	$\dfrac{s_X^2}{s_Y^2} \ge F_{\alpha/2}(n_X-1, n_Y-1)$ 或 $\dfrac{s_Y^2}{s_X^2} \ge F_{\alpha/2}(n_Y-1, n_X-1)$

紧接着，考虑两个方差之比的置信区间. 使用本节前面提到的事实，即

$$\frac{\dfrac{(n_Y-1)S_Y^2}{\sigma_Y^2(n_Y-1)}}{\dfrac{(n_X-1)S_X^2}{\sigma_X^2(n_X-1)}}$$

服从 $F(n_Y-1, n_X-1)$ 分布，所以，

$$1-\alpha = P\left[F_{1-\alpha/2}(n_Y-1, n_X-1) \le \frac{S_Y^2/\sigma_Y^2}{S_X^2/\sigma_X^2} \le F_{\alpha/2}(n_Y-1, n_X-1)\right]$$

$$= P\left[F_{1-\alpha/2}(n_Y-1, n_X-1)(S_X^2/S_Y^2) \le \frac{\sigma_X^2}{\sigma_Y^2} \le F_{\alpha/2}(n_Y-1, n_X-1)(S_X^2/S_Y^2)\right]$$

所以，

$$\left[F_{1-\alpha/2}(n_Y-1, n_X-1)(S_X^2/S_Y^2),\ F_{\alpha/2}(n_Y-1, n_X-1)(S_X^2/S_Y^2)\right]$$

或等价于

$$\left[\frac{S_X^2/S_Y^2}{F_{\alpha/2}(n_X-1, n_Y-1)},\ F_{\alpha/2}(n_Y-1, n_X-1)(S_X^2/S_Y^2)\right]$$

是方差之比 $\dfrac{\sigma_X^2}{\sigma_Y^2}$ 的 $100(1-\alpha)\%$ 的置信区间.

例 8.3-3　一位研究蜘蛛的生物学家认为，不仅雌性绿猞猁蜘蛛往往比雄性长，而且雌性绿猞猁蜘蛛的长度比雄性蜘蛛变化更大. 我们将检验后一种观点是否正确. 假设雄性绿猞猁蜘蛛的长度 X 服从 $N(\mu_X, \sigma_X^2)$ 分布，雌性的长度 Y 服从 $N(\mu_Y, \sigma_Y^2)$ 分布，X 和 Y 相互独立. 检验原假设 $H_0: \sigma_X^2/\sigma_Y^2=1$（等价于 $\sigma_X^2=\sigma_Y^2$）和其相对应的备择假设 $H_1: \sigma_X^2/\sigma_Y^2<1$（等价于 $\sigma_X^2<\sigma_Y^2$），我们分别用 X 和 Y 的 $n=30$ 和 $m=30$ 的样本观测. 在显著性水平 $\alpha=0.01$

381

下，其临界区域为

$$\frac{s_X^2}{s_Y^2} \geqslant F_{0.01}(29, 29) \approx 2.42$$

由附录 B 的表Ⅶ得到（更精确的值，用计算机是 2.4234）. 在练习 7.2-5 中，X 的样本量为 $n_X = 30$，相应地，$\bar{x} = 5.917$，$s_X^2 = 0.4399$；Y 的样本量为 $n_Y = 30$，相应地，$\bar{y} = 8.153$，$s_Y^2 = 1.4100$，又因为

$$\frac{s_X^2}{s_Y^2} = \frac{1.4100}{0.4399} = 3.2053 \geqslant 2.42$$

所以原假设被拒绝，支持生物学家的观点. 使用一台计算机，我们发现 p 值等于 0.0012，如图 8.3-1 所示.（见练习 7.2-5 和练习 8.2-12.）

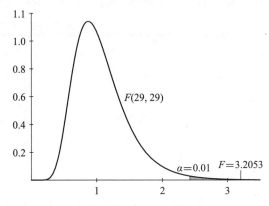

图 8.3-1 绿猞猁蜘蛛的方差检验

方差之比 $\dfrac{\sigma_X^2}{\sigma_Y^2}$ 的 95% 的置信区间是

$$\left[\frac{1/3.2053}{2.1010}, \frac{1}{3.2053} \cdot 2.1010\right] = [0.1485, 0.6555]$$

此处的计算是由 $F_{0.025}(29, 29) = 2.1010$ 获得的.

在例 8.2-2 中，我们在假设方差相等的前提下，使用 T 统计量检验两个均值是否相等. 在下一个示例中，我们将检验方差相等这个假设是否正确.

例 8.3-4 在例如 8.2-2 中，X 的样本量是 $n_X = 11$，Y 的样本量是 $n_Y = 13$，X 服从 $N(\mu_X, \sigma_X^2)$ 分布，Y 服从 $N(\mu_Y, \sigma_Y^2)$ 分布，在显著性水平 $\alpha = 0.05$ 下，检验原假设 $H_0: \sigma_X^2/\sigma_Y^2 = 1$ 和其相对应的双边备择假设，H_0 被拒绝，如果 $s_X^2/s_Y^2 \geqslant F_{0.025}(10, 12) = 3.37$ 或 $s_Y^2/s_X^2 > F_{0.025}(12, 10) = 3.62$. 用例 8.2-2 中的数据，我们可以得到

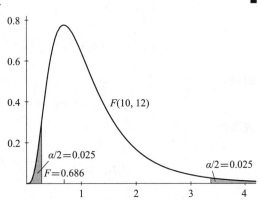

图 8.3-2 豌豆茎生长的方差检验

$$s_X^2/s_Y^2 = 0.24/0.35 = 0.686 \quad \text{以及} \quad s_Y^2/s_X^2 = 1.458$$

所以，我们不能拒绝 H_0. 因此，在例 8.2-2 中假设方差相等，使用 T 统计量的方法是有效的.（见图 8.3-2，注意 $F_{0.975}(10, 12) = 1/F_{0.025}(12, 10) = 1/3.62 = 0.276$.）

练习

在接下来的一些练习中，我们必须作出假设，比如用一般符号表示的正态分布的存在性.

8.3-1　假设在美国出生的婴儿体重（以克为单位）服从 $N(3315, 525^2)$ 分布（男婴和女婴的总和）. 令 X 等于渥太华家里出生的女婴的体重，并假设分布为 $N(\mu, \sigma^2)$.

　　(a) 利用 X 的 11 个观测值，在显著性水平 $\alpha = 0.05$ 下求出原假设 $H_0: \sigma^2 = 525^2$ 和对应备择假设 $H_1: \sigma^2 < 525^2$（家里出生的婴儿的体重变化较小）的检验统计量和检验的临界区域.

　　(b) 用下面有关体重的数据计算检验统计量，并阐述你的结论.

　　　　3119　2657　3459　3629　3345　3629　3515　3856　3629　3345　3062

　　(c) 计算该检验的近似 p 值.

8.3-2　设 Y 等于渥太华家里出生男婴的体重（克），并假设 Y 的分布为 $N(\mu, \sigma^2)$，以下是 11 个男婴的体重：

　　　　4082　3686　4111　3686　3175　4139　3686　3430　3289　3657　4082

　　(a) 在显著性水平 $\alpha = 0.05$ 下，检验原假设 $H_0: \sigma^2 = 525^2$ 和对应的备择假设 $H_1: \sigma^2 < 525^2$.

　　(b) 检验女婴体重（练习 8.3-1）的方差是否等于男婴的体重，以及双边备择假设.

　　(c) 检验渥太华家里出生的女婴体重的均值是否等于男婴体重的均值，及双边备择假设.

8.3-3　假设 X 等于一头荷斯坦奶牛在小牛出生后的 305 天的挤奶期间所产生的乳脂量. 我们将检验原假设 $H_0: \sigma^2 = 140^2$ 和对应备择假设 $H_1: \sigma^2 > 140^2$.

　　(a) 假定显著性水平为 $\alpha = 0.05$，X 有 25 个观测值，求出检验统计量和临界区域.

　　(b) 用下面 X 的 25 个观测数据计算检验统计量，并阐述你的结论：

　　　　425　710　661　664　732　714　934　761　744
　　　　653　725　657　421　573　535　602　537　405
　　　　874　791　721　849　567　468　975

8.3-4　5 月份里 6 磅装的洗衣皂的平均重量为 6.13 磅，标准差为 0.095 磅. 目标是降低标准差. 公司决定调整灌装机器，然后检验原假设 $H_0: \sigma = 0.095$ 和对应备择假设 $H_1: \sigma < 0.095$. 在 6 月份里，随机抽样了 $n = 20$ 个样本，计算得到 $\bar{x} = 6.10$，$s_X = 0.065$.

　　(a) 在显著性水平 $\alpha = 0.05$ 下公司的策略成功吗？

　　(b) 计算检验的近似 p 值.

8.3-5　美国的平均出生体重是 $\mu = 3315$ 克，标准差 $\sigma = 575$. 令 X 等于卢旺达的出生体重，假定 X 的分布为 $N(\mu, \sigma^2)$. 在显著性水平 $\alpha = 0.10$ 下，检验原假设 $H_0: \sigma = 575$ 和对应的备择假设 $H_1: \sigma < 575$.

　　(a) 当样本量 $n = 81$ 时，$\bar{x} = 2819$，$s = 496$，阐述你的结论.

　　(b) 检验的近似 p 值是多少？

8.3-6　心理学教授声称，大学生 IQ 得分的方差为 $\sigma^2 = 100$. 令 $X_1, X_2, \cdots, X_{23}$ 是一个样本量为 $n = 23$ 的 IQ 得分随机样本，假定其分布为 $N(\mu, \sigma^2)$，并设 $S^2 = (1/22) \sum_{i=1}^{23} (X_i - \bar{X})^2$ 是得分的样本方差.

　　(a) 在显著性水平 $\alpha = 0.05$ 下，给出原假设 $H_0: \sigma^2 = 100$ 和对应备择假设 $H_1: \sigma^2 \neq 100$ 的临界区域.

　　(b) 画出临界区域.

　　(c) 假定 $s^2 = 147.82$，你的结论是什么？

　　(d) 证明：$\mathrm{Var}(S^2) = 10\,000/11$，所以 S^2 的标准差是 30.15.（这有助于解释为什么你在 (a) 中得到的临界区域太宽了.）

（e）构造 σ^2 的置信度为 95% 的置信区间.

8.3-7　令 $X_1, X_2, \cdots, X_{19}$ 是样本量为 $n = 19$ 的来自正态分布 $N(\mu, \sigma^2)$ 的一个随机样本.

（a）在显著性水平 $\alpha = 0.05$ 下，给出原假设 $H_0: \sigma^2 = 30$ 对应的备择假设 $H_1: \sigma^2 = 80$ 的临界区域.

（b）利用（a）的临界区域，近似地计算第 II 类错误的概率 β.

8.3-8　令 X 和 Y 分别等于窄叶和阔叶瓜迪奥拉种子成熟所需天数. 假设 X 服从 $N(\mu_X, \sigma_X^2)$ 分布，Y 服从 $N(\mu_Y, \sigma_Y^2)$ 分布，X 和 Y 相互独立.

（a）X 的样本量 $n_X = 13$，$\bar{x} = 18.97$，$s_X^2 = 9.88$；Y 的样本量 $n_Y = 9$，$\bar{y} = 23.20$，$s_Y^2 = 4.08$，在显著性水平 $\alpha = 0.05$ 下，给出原假设 $H_0: \sigma_X^2/\sigma_Y^2 = 1$ 和其对应的备择假设 $H_1: \sigma_X^2/\sigma_Y^2 > 1$ 的临界区域.

（b）求出 σ_X^2/σ_Y^2 的 90% 的双侧置信区间.

8.3-9　令 X 和 Y 相互独立，分别服从 $N(\mu_X, \sigma_X^2)$ 分布和 $N(\mu_Y, \sigma_Y^2)$ 分布，检验原假设 $H_0: \sigma_X^2 = \sigma_Y^2$ 和其对应的备择假设 $H_1: \sigma_X^2 > \sigma_Y^2$.

（a）假定 $n_X = n_Y = 31$，$\bar{x} = 8.153$，$s_X^2 = 1.410$，$\bar{y} = 5.917$，$s_Y^2 = 0.4399$，$s_X^2/s_Y^2 = 3.2053$，在显著性水平 $\alpha = 0.01$ 下，证明：H_0 被拒绝当且仅当 $3.2053 > 2.39$.

（b）数值 2.39 是从何处得到的？

（c）求出 σ_X^2/σ_Y^2 的 95% 双侧置信区间.

8.3-10　为了测量一个家庭的空气污染，令 X 和 Y 分别等于在 24 小时内回家没有吸烟者的房子和有吸烟者的房子的悬浮颗粒物的数量（单位 $\mu g/m^3$），检验原假设 $H_0: \sigma_X^2/\sigma_Y^2 = 1$ 和其对应的备择假设 $H_1: \sigma_X^2/\sigma_Y^2 > 1$.

（a）假定 X 的样本量 $n_X = 9$，$\bar{x} = 93$，$s_X = 12.9$；Y 的样本量 $n_Y = 11$，$\bar{y} = 132$，$s_Y = 7.1$，在显著性水平 $\alpha = 0.05$ 下，给出相应临界区域和结论.

（b）在显著性水平 $\alpha = 0.05$ 下，检验原假设 $H_0: \mu_X = \mu_Y$ 和其对应的备择假设 $H_1: \mu_X < \mu_Y$.

8.3-11　在 8.2 节中，检验两个均值的相等性的假设检验，我们经常假设方差都是相等的. 在此练习中，我们在显著性水平 $\alpha = 0.05$ 下检验原假设 $H_0: \sigma_X^2/\sigma_Y^2 = 1$ 和其对应的备择假设 $H_1: \sigma_X^2/\sigma_Y^2 \neq 1$.

（a）练习 8.2-3.

（b）练习 8.2-4.

（c）练习 8.2-5.

（d）练习 8.2-6.

（e）练习 8.2-8.

8.3-12　随机抽样 X 品牌 $n_X = 7$ 个灯泡，有 $\bar{x} = 891$，$s_X^2 = 9201$；随机抽样 Y 品牌的 $n_Y = 10$ 个灯泡，有 $\bar{y} = 592$，$s_Y^2 = 4856$. 利用数据，在显著性水平 $\alpha = 0.05$ 下，检验原假设 $H_0: \sigma_X^2/\sigma_Y^2 = 1$ 和其对应的备择假设 $H_1: \sigma_X^2/\sigma_Y^2 > 1$，并给出你的结论.

8.4　比例检验

　　假设某一印刷电路的制造商大致观察到某一点出现电路故障的比例是 $p = 0.06$. 工程师和统计学家共同提出一些可能改进产品设计的修改建议. 为了检验这个新的程序，大家一致认为，$n = 200$ 个电路将用所提出的方法生产，然后检查. 令 Y 等于这 200 个电路中出现故障的数量，那么，如果 $Y/200$ 大约等于 0.06，则新程序似乎并没有带来改善. 一方面，如果 Y 很小，$Y/200$ 大约是 0.02 或 0.03，则我们可能会认为新方法比旧方法好. 另一方面，

如果 $Y/200$ 大约是 0.09 或 0.10，则提出的方法可能造成了更大比例的故障.

我们需要建立一个正式的准则，告诉我们什么时候接受新程序作为改进. 此外，我们必须知道这个准则的后果. 作为这个准则的一个例子，如果 $Y \leqslant 7$，或者等价地 $Y/n \leqslant 0.035$，我们可以声明新程序对产品有改进. 然而，我们应注意到，在 $n = 200$ 次实验中，在故障的概率是 $p = 0.06$ 的条件下，我们仍然可以观察到 7 次或更少的故障. 也就是说，我们错误地声明了新方法是一种改进，而它实际上并不是. 这只是第 I 类错误的一个特例. 相比之下，新程序使 p 小很多，那么新程序实际上改进了产品. 假设 $p = 0.03$，但我们仍可以观察到 $Y = 9$ 次故障，所以 $Y/200 = 0.045$，因此，我们可以再次错误地声明新方法不会带来改进. 而事实上，它已经做到了. 这是第 II 类错误. 我们必须研究这两种类型的错误概率，以充分理解我们的准则带来的后果.

让我们从模拟这种情况开始. 如果我们相信这些结果是在新的程序下进行的，是相互独立的，并且每个实验具有相同的故障率 p，那么 Y 服从二项分布 $b(200, p)$. 我们希望利用 p 的无偏估计 $\hat{p} = Y/200$ 作出统计推断. 当然，我们可以构造一个单侧置信区间，比如说，在 95% 的概率上提供 p 的置信上界：

$$\left[0, \hat{p} + 1.645 \sqrt{\frac{\hat{p}(1 - \hat{p})}{200}} \right]$$

这个推断是恰当的，许多统计学家只是简单地推导出它. 如果这个置信区间的上界包含 0.06，那么他们不能说新程序一定更好，至少在获取更多数据之前是这样. 然而，如果置信区间的上界小于 0.06，那么统计学家就有 95% 的把握认为真实的 p 现在小于 0.06，因此，他们将支持新工艺改善了相关印刷电路的制造这样的结论.

我们现在详细地描述 p 的置信区间与 p 的假设检验有关. 在我们的例子中，我们检验的是在新的制造工艺下故障率是 0.06，还是故障不低于 0.06，也就是检验原假设 $H_0: p = 0.06$ 和其对应的备择假设 $H_1: p < 0.06$. 因为在我们的例子中，如果 $Y \leqslant 7$，那么我们犯了第 I 类错误. 事实上，当 $p = 0.06$ 时，我们可以计算出第 I 类错误的概率. 我们定义第 I 类错误的概率为 α，并称之为检验的显著性水平，即

$$\alpha = P(Y \leqslant 7; p = 0.06) = \sum_{y=0}^{7} \binom{200}{y} (0.06)^y (0.94)^{200-y}$$

如果 n 很大但 p 很小，那么这些二项式的概率可以通过 $\lambda = 200(0.06) = 12$ 的泊松分布近似. 也就是说，根据泊松分布表，第 I 类错误的概率是

$$\alpha \approx \sum_{y=0}^{7} \frac{12^y e^{-12}}{y!} = 0.090$$

因此，这个检验的近似显著性水平 $\alpha = 0.090$.（你可以很容易地利用统计软件 Mintab 计算出在二项分布下 α 的精确值是 0.0829.）

这个 α 值相当小. 但是，如果 p 改进为 0.03，那么第 II 类错误的概率是多少？第 II 类错误的产生条件实际上是 $p = 0.03$ 时 $Y > 7$. 因此，第 II 类错误的概率，用 β 表示，即

$$\beta = P(Y > 7; p = 0.03) = \sum_{y=8}^{200} \binom{200}{y}(0.03)^y(0.97)^{200-y}$$

再次应用泊松近似，其中 $\lambda = 200(0.03) = 6$，得到

$$\beta \approx 1 - \sum_{y=0}^{7} \frac{6^y e^{-6}}{y!} = 1 - 0.744 = 0.256$$

（二项分布告诉我们，准确概率是 0.2539，所以，近似值很好.）创造了新程序的工程师和统计学家可能不太满意这个答案. 也就是说，他们可能会注意到制造电路的新程序确实将故障率从 0.06 降低到 0.03（一个很大的改进），但仍然有一个很好的机会，即 0.256 的可能性 $H_0: p = 0.06$ 被接受，而它们的改进被拒绝. 8.6 节将更多地讨论如何修改检验，以便满足两类错误的概率，即 α 和 β. 然而，为了减少两类错误，我们需要更大的样本量.

不用担心第 II 类错误的概率. 针对 $H_0: p = p_0$，其中 p_0 是某类特殊事件成功的概率，我们提供了一个用于检验的常用过程. 该检验基于这样一个事实：对于 n 次独立伯努利实验，成功的次数是 Y，当假设 $H_0: p = p_0$ 是真的，且样本量 n 足够大时，Y/n 近似服从正态分布 $N(p_0, p_0(1-p_0)/n)$. 假设备择假设为 $H_1: p > p_0$，也就是说，它是用于增加成功的可能性的备择假设. 考虑检验原假设 $H_0: p = p_0$ 和其对应的备择假设 $H_1: p > p_0$，那么拒绝原假设，当且仅当

$$Z = \frac{Y/n - p_0}{\sqrt{p_0(1-p_0)/n}} \geq z_\alpha$$

也就是说，如果 Y/n 以 Y/n 的 z_α 倍标准差超过 p_0，那么我们拒绝原假设，接受 $p > p_0$. 因为在原假设成立的前提下，Z 近似服从标准正态分布 $N(0,1)$，当 $H_0: p = p_0$ 是真的时，这个概率的近似值为 α，所以这个检验的显著性水平近似为 α.

如果备择假设是 $H_1: p < p_0$ 而不是 $H_1: p > p_0$，那么当 $Z \leq -z_\alpha$ 时达到近似 α 的水平. 所以，当 Y/n 以 Y/n 的 z_α 倍标准差小于 p_0 时，我们接受 $p < p_0$.

例 8.4-1 据称，许多商业生产的骰子是不均匀的，因为这些点实际上是刻痕，例如，6 点面比 1 点面轻. 令 p 等于用其中一个骰子掷出 6 的概率. 检验 $H_0: p = 1/6$ 与备择假设 $H_1: p > 1/6$. 掷这样的骰子得到总数为 $n = 8000$ 的观测值，令 Y 等于 8000 次实验中 6 点出现的次数. 那么，检验统计量是

$$Z = \frac{Y/n - 1/6}{\sqrt{(1/6)(5/6)/n}} = \frac{Y/8000 - 1/6}{\sqrt{(1/6)(5/6)/8000}}$$

如果我们使用显著性水平 $\alpha = 0.05$，那么临界区域为

$$z > z_{0.05} = 1.645$$

实验的结果得到 $y = 1389$，所以，计算统计量的值为

$$z = \frac{1389/8000 - 1/6}{\sqrt{(1/6)(5/6)/8000}} = 1.670$$

因为

$$z = 1.670 > 1.645$$

原假设被拒绝，实验结果表明这些骰子比均匀的骰子更容易掷出 6. (你可以自己实验，看看其他骰子.) ■

有时会考虑双边备择假设检验，即检验 $H_0: p = p_0$ 和 $H_1: p \neq p_0$. 例如，假设统计学课程通过率为 p_0，有一种干预(比如一些新的教学方法)，不知道通过率是增加，减少，还是大致相同. 因此，我们将检验原(无变化)假设 $H_0: p = p_0$ 和其对应的双边备择假设 $H_1: p \neq p_0$. 在显著性水平 $\alpha = 0.05$ 下，拒绝原假设，当且仅当

387

$$|Z| = \frac{|Y/n - p_0|}{\sqrt{p_0(1-p_0)/n}} \geqslant z_{\alpha/2}$$

因为在原假设 H_0 成立条件下，$P(|Z| \geqslant z_{\alpha/2}) \approx \alpha$. 这些满足显著性水平近似为 α 的检验准则在表 8.4-1 进行了总结.

回想一下与检验统计量相关的 p 值. p 值是在原假设 H_0 下，检验统计量(一个随机变量)等于或是比检验统计量在备择假设方向上的观测值更极端的概率. 与其选择临界区域，不如报告检验的 p 值，然后由读者作出决定. 在例 8.4-1 中，检验统计量的值为 $z = 1.67$，因为备择假设是 $H_1: p > 1/6$，所以 p 值为

表 8.4-1　单一比例的假设检验

H_0	H_1	临界区域
$p = p_0$	$p > p_0$	$z = \dfrac{y/n - p_0}{\sqrt{p_0(1-p_0)/n}} \geqslant z_\alpha$
$p = p_0$	$p < p_0$	$z = \dfrac{y/n - p_0}{\sqrt{p_0(1-p_0)/n}} \leqslant -z_\alpha$
$p = p_0$	$p \neq p_0$	$|z| = \left\vert \dfrac{y/n - p_0}{\sqrt{p_0(1-p_0)/n}} \right\vert \geqslant z_{\alpha/2}$

$$P(Z > 1.67) = 0.0475$$

注意到，p 值小于显著性水平 $\alpha = 0.05$，所以，在显著性水平 $\alpha = 0.05$ 下，我们趋向于拒绝原假设. 如果备择假设是双边假设 $H_1: p \neq 1/6$，那么，p 值为 $P(|Z| > 1.67) = 0.095$，这说明我们不能拒绝原假设.

通常人们对两种分布的成功概率或具有某种特性的两个总体的比例(即 p_1 和 p_2)的检验很感兴趣. 例如，如果 p_1 和 p_2 分别表示房主和租房者投票支持一项减少财产税的提案的比例，一个政治家可能有兴趣检验原假设 $H_0: p_1 = p_2$ 和其对应的备择假设 $H_1: p_1 > p_2$.

令 Y_1 和 Y_2 分别表示成功概率为 p_1 的 n_1 次独立伯努利实验和成功概率为 p_2 的 n_2 次独立伯努利实验中成功的观测数. 回顾一下，$\hat{p}_1 = Y_1/n_1$ 的近似分布为 $N[p_1, p_1(1-p_1)/n_1]$，同时 $\hat{p}_2 = Y_2/n_2$ 的近似分布为 $N[p_2, p_2(1-p_2)/n_2]$，所以，$\hat{p}_1 - \hat{p}_2 = Y_1/n_1 - Y_2/n_2$ 近似服从 $N[p_1 - p_2, p_1(1-p_1)/n_1 + p_2(1-p_2)/n_2]$. 显然，统计量

$$Z = \frac{Y_1/n_1 - Y_2/n_2 - (p_1 - p_2)}{\sqrt{p_1(1-p_1)/n_1 + p_2(1-p_2)/n_2}} \tag{8.4-1}$$

近似服从标准正态分布 $N(0,1)$. 检验原假设 $H_0: p_1 - p_2 = 0$，等价于检验 $H_0: p_1 = p_2$. 令 $p = p_1 = p_2$ 是原假设 H_0 下一个普通的值. 我们用 $\hat{p} = (Y_1 + Y_2)/(n_1 + n_2)$ 来估计 p. 将式 (8.4-1)分母中的 p_1 和 p_2 替换为这个估计值，我们得到了检验统计量

388

$$Z = \frac{\hat{p}_1 - \hat{p}_2 - 0}{\sqrt{\hat{p}(1-\hat{p})(1/n_1 + 1/n_2)}}$$

在原假设 H_0 成立的前提下，Z 近似服从标准正态分布 $N(0,1)$.

表 8.4-2 总结了三种可能的备择假设及其临界区域.

注 在假设检验 $H_0: p = p_0$ 和 $H_0: p_1 = p_2$ 中，统计学家有时使用不同分母的 z 统计量. 例如，对单一比例的假设检验，$\sqrt{p_0(1-p_0)/n}$ 能用 $\sqrt{(y/n)(1-y/n)/n}$ 代替. 对于两种比例相等的假设检验，也能用 $\sqrt{\dfrac{\hat{p}_1(1-\hat{p}_1)}{n_1} + \dfrac{\hat{p}_2(1-\hat{p}_2)}{n_2}}$ 代替分母.

表 8.4-2　两种比例的假设检验

H_0	H_1	临界区域
$p_1 = p_2$	$p_1 > p_2$	$z = \dfrac{\hat{p}_1 - \hat{p}_2}{\sqrt{\hat{p}(1-\hat{p})(1/n_1 + 1/n_2)}} \geq z_\alpha$
$p_1 = p_2$	$p_1 < p_2$	$z = \dfrac{\hat{p}_1 - \hat{p}_2}{\sqrt{\hat{p}(1-\hat{p})(1/n_1 + 1/n_2)}} \leq -z_\alpha$
$p_1 = p_2$	$p_1 \neq p_2$	$|z| = \dfrac{|\hat{p}_1 - \hat{p}_2|}{\sqrt{\hat{p}(1-\hat{p})(1/n_1 + 1/n_2)}} \geq z_{\alpha/2}$

因为这两种方法提供相同的数值结果，所以，我们没有强烈的偏好. 当原假设是明显错误的时，替换确实能更好地估计分子的标准差. 如果原假设可能是假的，那么这个结果也有一些优势. 此外，替换的方法可以同时应用在置信区间和假设检验. 例如，如果原假设为 $H_0: p = p_0$，且

$$z = \frac{\hat{p} - p_0}{\sqrt{\dfrac{\hat{p}(1-\hat{p})}{n}}} \leq -z_\alpha$$

则支持备择假设 $H_1: p < p_0$，上面的公式等价于

$$p_0 \notin \left[0, \hat{p} + z_\alpha \sqrt{\frac{\hat{p}(1-\hat{p})}{n}}\right)$$

后者是一个单侧置信区间，为 p 提供了一个上界. 如果备择假设为 $H_1: p \neq p_0$，且

$$\frac{|\hat{p} - p_0|}{\sqrt{\dfrac{\hat{p}(1-\hat{p})}{n}}} \geq z_{\alpha/2}$$

则拒绝原假设. 上面的公式等价于

$$p_0 \notin \left(\hat{p} - z_{\alpha/2}\sqrt{\frac{\hat{p}(1-\hat{p})}{n}}, \hat{p} + z_{\alpha/2}\sqrt{\frac{\hat{p}(1-\hat{p})}{n}}\right)$$

其中，后者是 p 的置信区间. 但是，使用表 8.4-1 和表 8.4-2 所示的表格，我们做得到更好的近似 α 水平意义下的检验. 因此，要权衡利弊，很难说哪一个更好. 幸运的是，数字答案大致相同.

在第二种情况下，p_1 和 p_2 的估计值是能通过 $\hat{p}_1 = y_1/n_1$，$\hat{p}_2 = y_2/n_2$ 观测到的. 对于足够大的 n_1 和 n_2，$p_1 - p_2$ 的 95% 置信区间为

$$\frac{y_1}{n_1} - \frac{y_2}{n_2} \pm 1.96 \sqrt{\frac{(y_1/n_1)(1 - y_1/n_1)}{n_1} + \frac{(y_2/n_2)(1 - y_2/n_2)}{n_2}}$$

如果 $p_1 - p_2 = 0$ 不在这个置信区间中，那么在显著性水平 $\alpha = 0.05$ 下我们拒绝 $H_0: p_1 - p_2 = 0$.
等价于，如果

$$\frac{\left| \dfrac{y_1}{n_1} - \dfrac{y_2}{n_2} \right|}{\sqrt{\dfrac{(y_1/n_1)(1 - y_1/n_1)}{n_1} + \dfrac{(y_2/n_2)(1 - y_2/n_2)}{n_2}}} \geq 1.96$$

则拒绝原假设 $H_0: p_1 - p_2 = 0$.

通常，如果参数 θ 的估计 $\hat{\theta}$（常常用极大似然估计）近似地（有时是精确地）服从正态分布 $N(\theta, \sigma_{\hat{\theta}}^2)$，那么，如果

$$\theta_0 \notin (\hat{\theta} - z_{\alpha/2}\, \sigma_{\hat{\theta}}, \ \hat{\theta} + z_{\alpha/2}\, \sigma_{\hat{\theta}})$$

那么在近似（有时是精确）的显著性水平 α 下，$H_0: \theta = \theta_0$ 被拒绝，接受 $H_1: \theta \neq \theta_0$. 等价地，

$$\frac{|\hat{\theta} - \theta_0|}{\sigma_{\hat{\theta}}} \geq z_{\alpha/2}$$

注意，$\sigma_{\hat{\theta}}$ 常常依赖于某些未知的必须被估计的参数，估计的参数代入 $\sigma_{\hat{\theta}}$ 得到 $\hat{\sigma}_{\hat{\theta}}$. 有时 $\sigma_{\hat{\theta}}$ 或它的估计常常被称为 $\hat{\theta}$ 的**标准误差**. 在我们上一个例子中，当 $\theta = p_1 - p_2$ 和 $\hat{\theta} = \hat{p}_1 - \hat{p}_2$ 时，我们在公式

$$\sqrt{\frac{p_1(1 - p_1)}{n_1} + \frac{p_2(1 - p_2)}{n_2}}$$

中用 y_1/n_1 替换 p_1，y_2/n_2 替换 p_2，获得 $\hat{p}_1 - \hat{p}_2 = \hat{\theta}$ 的标准误差.

练习

8.4-1 设 Y 为 $b(100, p)$，为了检验原假设 $H_0: p = 0.08$ 和备择假设 $H_1: p < 0.08$，当且仅当 $Y \leq 6$ 时，我们拒绝 H_0 并且接受 H_1.
  (a) 确定检验的显著性水平 α.
  (b) 假设 $p = 0.04$，求出第 II 类错误的概率.

8.4-2 一个碗里有两个红色的球，两个白色的球，第五个球不是红的就是白的. 用 p 表示从碗里取一个红色球的概率. 我们将检验简单原假设 $H_0: p = 3/5$ 和备择假设 $H_1: p = 2/5$，从碗中有放回地随机抽取四个球，一次一个. 设 X 等于取出的红球数.
  (a) 用 X 定义一个临界区域 C.
  (b) 对于 (a) 定义的临界区域 C，求 α 和 β 的值.

8.4-3 设 Y 为 $b(192, p)$，当且仅当 $Y \geq 152$ 时，我们拒绝 $H_0: p = 0.75$，接受 $H_1: p > 0.75$. 使用正态分布近似下列的值：
  (a) $\alpha = P(Y \geq 152; p = 0.75)$；
  (b) 当 $p = 0.80$ 时计算 $\beta = P(Y < 152)$.

390

8.4-4 设 p 为某网球运动员的第一次发球是好球的概率. 因为 $p=0.40$, 这个运动员为了增大这个概率, 决定上体育课. 当课程完成时, 在 $n=25$ 次实验的基础上, 检验原假设 $H_0: p=0.40$ 和备择假设 $H_1: p>0.40$. 令 Y 等于第一次发出好球的发球次数, 并令临界区域为 $C=\{y, y \geqslant 13\}$.

(a) 利用附录中的表 II 计算 $\alpha=P(Y \geqslant 13; p=0.40)$;

(b) 当 $p=0.60$ 时计算 $\beta=P(Y<13)$, 即用表 II 计算 $\beta=P(Y \leqslant 12; p=0.60)$.

8.4-5 如果新生儿的出生体重小于 2500 克, 我们说新生儿出生体重轻. 低于出生体重的新生儿比例是母亲缺乏营养的一个指标. 在美国, 大约 7% 的新生儿在出生时低于出生体重. 设 p 等于在苏丹出生的小于 2500 克的新生儿的比例. 我们应检验原假设 $H_0: p=0.07$ 和备择假设 $H_1: p>0.07$. 假设在随机样本 $n=209$ 名新生儿中, 有 $y=23$ 名体重低于 2500 克.

(a) 在显著性水平 $\alpha=0.05$ 下阐述你的结论.

(b) 在显著性水平 $\alpha=0.01$ 下, 你的结论是什么.

(c) 计算 p 值.

8.4-6 据称, 75% 的牙医为他们的口香糖患者推荐某种品牌的口香糖. 一个消费者团体对此表示怀疑, 并决定检验原假设 $H_0: p=0.75$ 和备择假设 $H_1: p<0.75$, p 是推荐这种牌子的口香糖牙医的比例. 一项对 390 名牙医的调查发现, 其中 273 人推荐特定品牌的口香糖.

(a) 在显著性水平 $\alpha=0.05$ 下阐述你的结论.

(b) 在显著性水平 $\alpha=0.01$ 下, 你的结论是什么.

(c) 计算 p 值.

8.4-7 老虎棒球队的管理层决定只在他们的球场内出售低酒精含量的啤酒, 以帮助对抗球迷的粗暴行为. 他们声称超过 40% 的球迷会支持这个决定. 令 p 等于在开赛当天赞成这个决定的老虎棒球队粉丝的比例. 我们将检验原假设 $H_0: p=0.40$ 和备择假设 $H_1: p>0.40$.

(a) 在显著性水平 $\alpha=0.05$ 下, 求出临界区域.

(b) 如果随机抽取了 $n=1278$ 名老虎棒球队粉丝, 发现有 $y=550$ 名赞成此新政策, 你的结论是什么?

8.4-8 根据美国人口普查局(U. S. Census Bureau) 的数据, 2016 年, 33.4% 的美国成年居民至少拥有学士学位. 假设一家新兴的高科技公司希望将总部设在符合几个标准的一座城市, 其中之一是该市成年居民中获得学士学位的比例至少高于全国水平. 一个特定的城市, 除了不知道它是否满足期望的教育水平的要求外, 满足所有的标准. 因此, 公司委托统计抽样公司抽取这个城市的成年居民, 从城市中随机抽取的 480 名成年人中, 179 人至少拥有学士学位. 这是否足够证明, 在 0.05 的显著性水平下, 这个城市符合预期的教育要求吗?

8.4-9 根据 1986 年的人口普查, 18 岁到 19 岁的男性中已婚的比例为 3.7%. 我们将检验这个百分比从 1986 年到 1988 年是否增加了.

(a) 定义原假设和备择假设.

(b) 在近似的显著性水平 $\alpha=0.01$ 下, 求出临界区域. 绘制一个标准正态分布的概率密度函数图来说明这个临界区域.

(c) 如果随机抽取了 $n=300$ 名 18 岁到 19 岁的男性, 发现有 $y=20$ 名已婚(美国 1988 年人口普查的统计摘要), 你的结论是什么? 在(b) 中绘出的图上显示你计算的检验统计值.

8.4-10 由于密歇根州旅游业的发展, 有人建议该州的公立学校在劳动节之后开学. 为了确定对这一变化的支持是否大于 65%, 进行了公众投票. 令 p 等于密歇根州支持劳动节后开学的比例. 检验原假设 $H_0: p=0.65$ 和备择假设 $H_1: p>0.65$.

(a) 定义检验统计量, 并确定显著性水平 $\alpha=0.05$ 下的临界区域.

(b) 假定在样本量为 $n=414$ 中有超过 414 个支持劳动节后开学, 计算统计量的值.

(c) 求出 P 值, 并阐述的结论.

（d）求出 p 的 95% 的单侧置信区间的单侧置信下界.

391

8.4-11 制造拨动杆的机械车间有白班和夜班. 如果标准螺母不能拧到螺纹上, 则肘杆有缺陷. 令 p_1 和 p_2 分别为由白班和夜班生产的有缺陷杠杆的比例. 我们将基于两个随机样本, 从白班和夜班的生产中各抽取 1000 个杠杆. 检验原假设 $H_0: p_1 = p_2$ 和其对应的双边备择假设 $H_1: p_1 \neq p_2$.

（a）求出检验统计量和在显著性水平 $\alpha = 0.05$ 下的临界区域. 画出标准正态分布的概率密度函数图说明这个临界区域.

（b）如果观察到白班和夜班生产的杠杆中分别有 $y_1 = 37$ 和 $y_2 = 53$ 个有缺陷, 分别计算检验统计量的值. 并在（a）画出的图中标出统计量的观测值, 根据数据结果阐述你的结论.

8.4-12 设 p 等于一盒混合颜色糖果中黄色糖果的比例. 令 $p = 0.20$.

（a）求出一个检验统计量和显著性水平 $\alpha = 0.05$ 下的临界区域, 来检验原假设 $H_0: p = 0.20$ 和双边备择假设 $H_1: p \neq 0.20$.

（b）为了进行这个检验, 让 20 名学生数出一盒 48.1 克混合颜色糖果中黄色糖果的数量 y 和总糖果数量 n, y/n 的结果如下: 8/56, 13/55, 12/58, 13/56, 14/57, 5/54, 14/56, 15/57, 11/54, 13/55, 10/57, 8/59, 10/54, 11/55, 12/56, 11/57, 6/54, 7/58, 12/58, 14/58 检验原假设 $H_0: p = 0.20$, 拒绝原假设的学生比例是多少?

（c）假设原假设成立, 你认为会有多少比例的学生拒绝原假设?

（d）对于（b）的 20 个比率中的每一个, 可以计算出 p 的 95% 置信区间. p 的 95% 置信区间中覆盖 $p = 0.20$ 的比例是多少?

（e）如果将 20 个结果合并到一起, $\sum_{i=1}^{20} y_i$ 等于黄色糖果的数量和 $\sum_{i=1}^{20} n_i$ 等于总样本量, 我们是否拒绝 $H_0: p = 0.20$?

8.4-13 设 p_m 和 p_f 分别为雄性和雌性的白冠麻雀返回它们的孵化地的比例. 如果 894 只雄性中有 124 只返回和 700 只雌性中有 70 只返回（*The Condor*, 1992, pp.117-133）, 求出 $p_m - p_f$ 的 95% 置信区间的端点. 你的结果是否与在显著性水平 $\alpha = 0.05$ 下检验原假设 $H_0: p_1 = p_2$ 和其对应的双边备择假设 $H_1: p_1 \neq p_2$ 的结果一致?

8.4-14 设 p_1 和 p_2 分别为非洲和美洲两个发展中国家低于平均出生体重（低于 2500 克）婴儿的比例. 我们检验原假设 $H_0: p_1 = p_2$ 和其备择假设 $H_1: p_1 > p_2$.

（a）求出显著性水平 $\alpha = 0.05$ 下的临界区域.

（b）如果样本量分别为 $n_1 = 900$ 和 $n_2 = 700$ 下所观测到的低于平均出生体重的婴儿数分别为 $y_1 = 135$ 和 $y_2 = 77$, 阐述你的结论.

（c）在显著性水平 $\alpha = 0.01$ 下, 你的结论是什么?

（d）计算此检验的 p 值.

8.4-15 6 名学生每人有一副牌, 从自己的牌中随机选择一张.

（a）证明: 至少有一次匹配的概率等于 0.259.

（b）现在让每名学生从 1~52（含）中随机选择一个整数. 令 p 等于至少一次匹配的概率. 近似检验原假设 $H_0: p = 0.259$ 和其相对应的备择假设. 解释你的选择.

（c）如果这个实验进行多次, 你的结论是什么?

8.4-16 设 p 为某些不懂基本统计概念的工程师的比例. 不幸的是, 在过去, 这个数字一直很高, 大约是 $p = 0.73$. 一项提高统计方法知识的新计划已经实施, 预计在此方案下, p 将从上述 0.73 开始下降. 检验原假设 $H_0: p = 0.73$ 和备择假设 $H_1: p < 0.73$. 300 名工程师参加了新项目的测试, 其中 204 名工程师（即 68%）不理解某些基本的统计学概念. 计算 p 值, 以确定该新项目的结果是否表示进展. 也就是说, 我们在显著性水平 $\alpha = 0.01$ 下, 可以拒绝 H_0 而选择 H_1 吗?

8.5 一些无分布检验

正如前面章节中所提到的，有时显然不符合正态分布或其他分布的假设，这时应该考虑称为**非参数**或**无分布**方法. 例如，对某一连续型分布的未知中位数 m 作出一些假设，比如说，$H_0: m = m_0$ 和其对应的备择假设 $H_1: m \neq m_0$. 从数据出发，我们能构造置信水平为 $100(1-\alpha)\%$ 的置信区间，如果 m_0 不在置信区间中，则在显著性水平 α 下，我们拒绝原假设 H_0.

令 X 是某一连续型随机变量，m 是 X 的中位数. 我们用**符号检验**检验原假设 $H_0: m = m_0$ 和其对应的备择假设. 也就是说，如果 $X_1, X_2, \cdots, X_n$ 是来自此分布的随机样本的观测值，Y 等于 $X_1 - m_0, X_2 - m_0, \cdots, X_n - m_0$ 中负数的个数，那么，在 H_0 成立的前提下 Y 服从二项分布 $b(n, 1/2)$，Y 就是符号检验的统计量. 如果 Y 足够大或足够小，那么我们拒绝原假设 $H_0: m = m_0$.

例 8.5-1 设 X 为进入呼叫中心的两次呼叫之间的时间长度，以秒为单位. 设 m 为该连续型分布的唯一中位数. 我们检验原假设 $H_0: m = 6.2$ 和备择假设 $H_1: m < 6.2$. 附录 B 中的表 II 告诉我们，在样本量为 20 的随机样本中，如果 Y 是两次呼叫之间的时间长度小于 6.2 的次数，则临界区域 $C = \{y: y \geqslant 14\}$，其显著性水平为 $\alpha = 0.0577$. 样本量 20 下的观测值如下：

6.8	5.7	6.9	5.3	4.1	9.8	1.7	7.0
2.1	19.0	18.9	16.9	10.4	44.1	2.9	2.4
4.8	18.9	4.8	7.9				

因为 $y = 9$，所以原假设不能被拒绝. ∎

符号检验也可以用来检验两个可能相依的连续型随机变量 X 和 Y 的假设，即检验 $p = P(X > Y) = 1/2$. 为检验原假设 $H_0: p = 1/2$ 和其对应的备择假设，我们考虑独立对 (X_1, Y_1)，$(X_2, Y_2), \cdots, (X_n, Y_n)$，令 W 等于 $X_k - Y_k > 0$ 的配对数，如果 H_0 成立，那么 W 服从二项分布 $b(n, 1/2)$，这个假设检验基于统计量 W 实现. 例如，假设 X 是一个人右脚的长度，Y 是对应的左脚的长度，因此，有一个自然的配对，这里 $H_0: p = P(X > Y) = 1/2$ 表明，一个特定个体的任何一只脚都有可能更长.

对符号检验的一个主要异议是它没有考虑到 $X_1 - m_0, X_2 - m_0, \cdots, X_n - m_0$ 的差的大小. 我们现在讨论 **Wilcoxon 符号秩检验**，这个检验确实考虑到了差的大小，即 $|X_k - m_0|$，$k = 1, 2 \cdots n$. 然而，为了找到这个新统计量的分布，除了假设随机变量 X 是连续型的，我们还必须假设 X 的概率密度函数关于中位数是对称的. 我们在接下来的讨论中都如此假定. 因为连续型的假定，没有两个观测值是相等的，没有观测值等于中值.

我们感兴趣的是检验假设 $H_0: m = m_0$，其中 m_0 是给定的常数. 用我们的随机样本 $X_1, X_2, \cdots, X_n$，我们对绝对值 $|X_1 - m_0|, |X_2 - m_0|, \cdots, |X_n - m_0|$ 按从小到大排列，得到其秩，即我们用秩 R_k 表示 $|X_k - m_0|$ 在 $|X_1 - m_0|, |X_2 - m_0|, \cdots, |X_n - m_0|$ 之间所排的位置. 注意 $R_1, R_2, \cdots, R_n$ 是 $1, 2, \cdots, n$ 这 n 个正数的一个排列. 对于每一个 R_k，我们把 $X_k - m_0$ 的符号联系起来，也就是说，如果 $X_k - m_0 > 0$，则我们使用 R_k，但是如果 $X_k - m_0 < 0$，则我们使用 $-R_k$. Wilcoxon 符号秩统计量 W 就是这 n 个符号秩的和.

例 8.5-2 假设 $n=10$ 条太阳鱼的长度是

$$x_i: \quad 5.0 \quad 3.9 \quad 5.2 \quad 5.5 \quad 2.8 \quad 6.1 \quad 6.4 \quad 2.6 \quad 1.7 \quad 4.3$$

我们检验原假设 $H_0: m=3.7$ 和备择假设 $H_1: m>3.7$. 所以

$$x_k - m_0: \quad 1.3, \quad 0.2, \quad 1.5, \quad 1.8, \quad -0.9, \quad 2.4, \quad 2.7, \quad -1.1, \quad -2.0, \quad 0.6$$

$$|x_k - m_0|: \quad 1.3, \quad 0.2, \quad 1.5, \quad 1.8, \quad 0.9, \quad 2.4, \quad 2.7, \quad 1.1, \quad 2.0, \quad 0.6$$

$$\text{秩:} \quad 5, \quad 1, \quad 6, \quad 7, \quad 3, \quad 9, \quad 10, \quad 4, \quad 8, \quad 2$$

$$\text{符号秩:} \quad 5, \quad 1, \quad 6, \quad 7, \quad -3, \quad 9, \quad 10, \quad -4, \quad -8, \quad 2$$

故 Wilcoxon 符号秩统计量等于

$$W = 5 + 1 + 6 + 7 - 3 + 9 + 10 - 4 - 8 + 2 = 25$$

顺便说一句,肯定的答案似乎是合理的,因为 10 个数据中小于 3.7 的个数是 3,这是在符号检验中使用的统计量的观测值. ∎

如果假设 $H_0: m=m_0$ 为真,则大约有一半的差是负的,因此,大约有一半的符号是负号. 因此,当 W 的观测值接近于 0 时,似乎可以支持假设 $H_0: m=m_0$. 如果备择假设是 $H_1: m>m_0$,当 W 的观测值 w 足够大时拒绝原假设. 因为在这种情况下,较大的偏差 $|X_k - m_0|$ 通常与 $x_k - m_0 > 0$ 的观测值有关,所以,临界区域为 $\{w: w \geqslant c_1\}$. 如果备择假设是 $H_1: m < m_0$,那么,临界区域的形式为 $\{w: w \leqslant c_2\}$. 当然,对于双边备择假设 $H_1: m \neq m_0$,其临界区域为 $\{w: w \leqslant c_3 \text{ 或 } w \geqslant c_4\}$. 为了求出 c_1,c_2,c_3 和 c_4 的值,从而得出期望的显著性水平,我们需要根据假定考虑这种分布具有某些特征,确定 W 在 H_0 下的分布是必要的.

当 $H_0: m=m_0$ 为真时,

$$P(X_k < m_0) = P(X_k > m_0) = \frac{1}{2}, \quad k = 1, 2, \cdots, n$$

所以,关于 $|X_k - m_0|$ 的秩 R_k 是与负号相连的概率是 $1/2$. 此外,因为 $X_1, X_2, \cdots, X_n$ 是相互独立的,所以这 n 个符号的分配是相互独立的. 此外,W 是一个包含整数 $1, 2, \cdots, n$ 的和,每一个都有正负号. 因为底层的分布是对称的,所以很明显 W 和随机变量 $V = \sum_{k=1}^{n} V_k$ 的分布是一样的,其中 $V_1, V_2, \cdots, V_n$ 是独立的,且 $P(V_k = k) = P(V_k = -k) = \frac{1}{2}, K = 1, 2, \cdots, n$. 也就是说,$V$ 是一个包含整数 $1, 2, \cdots, n$ 的和,这些整数通过独立赋值得到它们的代数符号.

因为 W 和 V 的分布是相同的,所以期望和方差都相等. 我们很容易计算 V 的期望和方差. 因为 V_k 的期望为

$$E(V_k) = -k\left(\frac{1}{2}\right) + k\left(\frac{1}{2}\right) = 0$$

所以

$$E(W) = E(V) = \sum_{k=1}^{n} E(V_k) = 0$$

V_k 的方差为

$$\mathrm{Var}(V_k) = E(V_k^2) = (-k)^2\left(\frac{1}{2}\right) + (k)^2\left(\frac{1}{2}\right) = k^2$$

所以

$$\mathrm{Var}(W) = \mathrm{Var}(V) = \sum_{k=1}^{n} \mathrm{Var}(V_k) = \sum_{k=1}^{n} k^2 = \frac{n(n+1)(2n+1)}{6}$$

通常，因为 W 的概率质量函数没有明确的表达式. 我们不会尝试求出 W 的分布，然而，我们可以在足够的耐心和计算机支持下，演示如何找到 W（或 V）的分布. 回顾 V_k 的矩母函数是

$$M_k(t) = \mathrm{e}^{t(-k)}\left(\frac{1}{2}\right) + \mathrm{e}^{t(+k)}\left(\frac{1}{2}\right) = \frac{\mathrm{e}^{-kt} + \mathrm{e}^{kt}}{2}, \quad k = 1, 2, \cdots, n, \ -\infty < t < \infty$$

令 $n=2$，那么 V_1+V_2 的矩母函数是

$$M(t) = E[\mathrm{e}^{t(V_1+V_2)}], \quad -\infty < t < \infty$$

根据 V_1 和 V_2 的相互独立性，我们可得出

$$M(t) = E(\mathrm{e}^{tV_1})E(\mathrm{e}^{tV_2}) = \left(\frac{\mathrm{e}^{-t} + \mathrm{e}^{t}}{2}\right)\left(\frac{\mathrm{e}^{-2t} + \mathrm{e}^{2t}}{2}\right) = \frac{\mathrm{e}^{-3t} + \mathrm{e}^{-t} + \mathrm{e}^{t} + \mathrm{e}^{3t}}{4}, \quad -\infty < t < \infty$$

这意味着 V_1+V_2 的取值为 $-3, -1, 1, 3$，每一个取值的概率为 $1/4$.

令 $n=3$，那么 $V_1+V_2+V_3$ 的矩母函数是

$$M(t) = E[\mathrm{e}^{t(V_1+V_2+V_3)}] = E[\mathrm{e}^{t(V_1+V_2)}]E(\mathrm{e}^{tV_3}) = \left(\frac{\mathrm{e}^{-3t} + \mathrm{e}^{-t} + \mathrm{e}^{t} + \mathrm{e}^{3t}}{4}\right)\left(\frac{\mathrm{e}^{-3t} + \mathrm{e}^{3t}}{2}\right)$$

$$= \frac{\mathrm{e}^{-6t} + \mathrm{e}^{-4t} + \mathrm{e}^{-2t} + 2\mathrm{e}^0 + \mathrm{e}^{-2t} + \mathrm{e}^{-4t} + \mathrm{e}^{-6t}}{8}, \quad -\infty < t < \infty$$

这意味着 $V_1+V_2+V_3$ 的取值为 -6，-4，-2，0，2，4，6，每一个取值的概率分别为 $1/8$，$1/8$，$1/8$，$2/8$，$1/8$，$1/8$，$1/8$. 显然，对于 $n=4,5,6,\cdots$，这个过程可以继续，但它相当乏味. 然而，幸运的是，尽管 $V_1, V_2, V_3, \cdots, V_n$ 不是同分布的随机变量，但它们的和 V 仍然可以用正态分布近似. 为了得到 V（或 W）的正态近似，中心极限的更一般形式的定理比 5.9 节中证明的定理更适用于标准化的随机变量

$$Z = \frac{W - 0}{\sqrt{n(n+1)(2n+1)/6}}$$

当 H_0 为真时，Z 近似服从 $N(0,1)$ 分布. 我们不需要证明，就可以接受这个更一般的中心极限定理，这样我们就可以用正态分布近似概率. 如果 n 足够大，那么 $P(W \geqslant c; H_0) \approx P(Z \geqslant z_\alpha; H_0)$，其中 c 是指定的常数. 下一个例子更能说明这种近似.

例 8.5-3 统计量 W 或 V 的矩母函数为

$$M(t) = \prod_{k=1}^{n} \frac{\mathrm{e}^{-kt} + \mathrm{e}^{kt}}{2}, \quad -\infty < t < \infty$$

使用 Maple 这样的计算机代数系统，我们可以展开 $M(t)$，得到 e^{-kt} 的系数，它等于 $P(W=k)$。在图 8.5-1 中，我们分别绘制了在 $n=4$（近似较差），$n=10$ 时，统计量 W 随 n 近似正态分布 $N(0, n(n+1)(2n+1)/6)$ 概率密度函数的概率直方图。需要注意的是，在概率直方图中矩形的宽度等于 2，因此，5.7 节中提到的"连续性的半单位校正"现在等于 1. ■

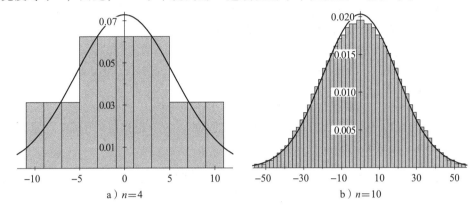

图 8.5-1　Wilcoxon 分布

例 8.5-4　设 m 为连续型对称分布的中位数。为检验 $H_0: m=160$ 和其对应的备择假设 $H_1: m>160$，我们取随机样本 $n=16$。假设样本的观测值是 176.9，158.3，152.1，158.8，172.4，169.8，159.7，162.7，156.6，174.5，184.4，165.2，147.8，177.8，160.1，160.5. 表 8.5-1 对 $|x_k-160|$ 的差的大小进行了排序和排名。那些差 X_k-160 为负的已经被画了线，并且秩在这些有序值的下面。对于这组数据，

$$w = 1 - 2 + 3 - 4 - 5 + 6 + \cdots + 16 = 60$$

396

表 8.5-1　与 160 的差的绝对值的排序

0.1	0.3	0.5	1.2	1.7	2.7	3.4	5.2
1	2	3	4	5	6	7	8
7.9	9.8	12.2	12.4	14.5	16.9	17.8	24.4
9	10	11	12	13	14	15	16

近似的 p 值为

$$p \text{ 值} = P(W \geqslant 60) = P\left(\frac{W-0}{\sqrt{(16)(17)(33)/6}} \geqslant \frac{60-1-0}{\sqrt{(16)(17)(33)/6}} \right) \approx P(Z \geqslant 1.525) = 0.0636$$

（Maple 计算出确切 p 值等于 4251/65 536 = 0.0649.）这样的 p 值表明数据太少，以至于在 $\alpha=0.05$ 下无法否定 H_0，但是如果这种模式继续，获得更大的样本量，我们肯定会拒绝 H_0. ■

虽然理论上我们可以忽略 k 满足 $x_k=m_0$ 的可能性和 $i \neq j$ 满足 $|X_k-m_0| = |X_j-m_0|$ 的情况。但在实际中，这些情况通常都发生。如果某个 k 满足 $X_k=m_0$，则删除该观测值，通过减少样本量来执行检验。如果两个或多个观测值与 m_0 的差的绝对值是相等，则将每个观测

值赋给相应秩的平均值. 这样引起的 W 分布的变化不是非常大. 因此, 我们继续使用相同的正态分布的近似值.

我们现在举一个例子, 它有一些相同的观测结果.

例 8.5-5　我们考虑了一组配对数据, 它们是在学期开始和结束时测量身体的脂肪百分比. 设 m 为组内差的中位数. 我们将使用 Wilcoxon 符号秩统计量检验原假设 $H_0: m = 0$ 和其对应的备择假设 $H_1: m > 0$, 组内差的观测值如下:

$$
\begin{array}{rrrrrrrrr}
1.8 & -3.1 & 0.1 & 1.1 & 0.6 & -5.1 & 9.2 & 0.2 & 0.4 \\
0.0 & 1.9 & -0.4 & -1.5 & 1.4 & -1.0 & 2.2 & 0.8 & -0.4 \\
2.0 & -5.8 & -3.4 & -2.3 & 3.0 & 2.7 & 0.2 & 3.2 &
\end{array}
$$

尽管有 26 个差, 我们应忽略差等于 0 的那一个, 继续使用 $n = 25$ 个非零差. 表 8.5-2 列出了有序的非零绝对值, 带下划线的是原本为负值的. 秩在各个观测值的下面. 注意, 在打结的情况下, 给出了打结测量值的平均秩.

表 8.5-2　身体脂肪百分比变化的绝对值的排序

0.1	0.2	0.2	0.4	<u>0.4</u>	<u>0.4</u>	0.6	0.8	<u>1.0</u>	1.1	1.4	<u>1.5</u>	1.8
1	2.5	2.5	5	5	5	7	8	9	10	11	12	13
1.9	2.0	2.2	<u>2.3</u>	2.7	3.0	<u>3.1</u>	3.2	<u>3.4</u>	<u>5.1</u>	<u>5.8</u>	9.2	
14	15	16	17	18	19	20	21	22	23	24	25	

Wilcoxon 符号秩统计量的观测值为

$$
w = 1 + 2.5 + 2.5 + 5 - 5 - 5 + \cdots + 25 = 51
$$

在连续修正下 p 值的近似值为

$$
p \text{值} = P(W \geqslant 51) \approx P\left(Z \geqslant \frac{51 - 1 - 0}{\sqrt{(25)(26)(51)/6}} \right) = P(Z \geqslant 0.673) = 0.2505
$$

所以, 在 $\alpha = 0.05$ 下, 甚至在 $\alpha = 0.25$ 下, 我们都不拒绝原假设. ■

另一种由 Wilcoxon 提出的方法, 被称为 **Wilcoxon 秩和检验**, 用两个对应样本的观测值的秩来检验两个连续型分布的相等性. 对于这个检验, 我们假定累积分布函数 F 和 G 有相同的形状, 即存在一个常数 c, 使得对于所有的 x 满足 $F(x) = G(x + c)$. 为了继续检验, 以数量级递增的形式放置合并的样本 $x_1, x_2 \cdots x_{n_X}$ 和 $y_1, y_2 \cdots y_{n_Y}$. 对这些排序以后的数据分配秩 $1, 2, \cdots, n_X + n_Y$. 就结而言, 分配与结的值相联系的平均秩. 令 w 等于样本 $x_1, x_2, \cdots, x_{n_X}$ 的秩的和. 如果 Y 的分布函数是 X 的分布函数向右边的移动, 那么 X 的观测值倾向于比 Y 的观测值要小一些, 同时 w 的值比 $F(z) = G(z)$ 所期望的小一些. 如果 m_X 和 m_Y 分别是所对应的中位数, 那么检验原假设 $H_0: m_X = m_Y$ 和其对应的备择假设 $H_1: m_X < m_Y$ 的临界区域的形式为 $w \leqslant c$. 类似地, 对于备择假设为 $H_1: m_X > m_Y$, 其临界区域的形式为 $w \geqslant c$.

我们不推导 Wilcoxon 秩和统计量 W 的分布. 然而, 如果 n_X 和 n_Y 两者都大于 7, 可以近似使用正态分布. 当 $F(z) = G(z)$ 时, W 的期望和方差分别为

$$
\mu_W = \frac{n_X(n_X + n_Y + 1)}{2}
$$

$$\mathrm{Var}(W) = \frac{n_X n_Y (n_X + n_Y + 1)}{12}$$

所以统计量

$$Z = \frac{W - n_X(n_X + n_Y + 1)/2}{\sqrt{n_X n_Y (n_X + n_Y + 1)/12}}$$

近似服从 $N(0,1)$ 正态分布.

例 8.5-6　随机选取由公司 A 和 B 包装好的肉桂罐头，分别得到 $n_X = 8$ 和 $n_Y = 8$ 的肉桂罐头的重量，X 和 Y 的观察结果如下：

x：117.1　121.3　127.8　121.9　117.4　124.5　119.5　115.1
y：123.5　125.3　126.5　127.9　122.1　125.6　129.8　117.2

我们用 $w \leqslant c$ 检验原假设 $H_0: m_X = m_Y$ 和其对应的备择假设 $H_1: m_X < m_Y$.

为了计算 W 的值，有时构建一个**背对背茎叶图**显示是有帮助的. 在这样的显示中，茎在中间，叶在左右.（见表 8.5-3.）从该双侧茎叶的显示中，合并后的样本如表 8.5-4 所示，公司 A 生产的重量画上了下划线，秩是根据观测值得到的.

表 8.5-3　肉桂重量的背对背茎叶图

x	叶	茎	y	叶
	51	11f		
	71	11s	72	
74	95	11·		
19	13	12*		
		12t	21	35
	45	12f	53	56
	78	12s	65	79
		12·	98	

注：数字乘以 10^{-1}

表 8.5-4　组合的顺序样本

<u>115.1</u>	<u>117.1</u>	117.2	<u>117.4</u>	<u>119.5</u>	<u>121.3</u>	<u>121.9</u>	122.1
1	2	3	4	5	6	7	8
123.5	<u>124.5</u>	125.3	125.6	126.5	<u>127.8</u>	127.9	129.8
9	10	11	12	13	14	15	16

从表 8.5-4 中，可以计算得到：

$$w = 1 + 2 + 4 + 5 + 6 + 7 + 10 + 14 = 49$$

利用半个单位的连续型修正，我们能计算该检验的 p 值：

$$p \text{ 值} = P(W \leqslant 49) = P\left(\frac{W - 68}{\sqrt{90.667}} \leqslant \frac{49.5 - 68}{\sqrt{90.667}}\right) \approx P(Z \leqslant -1.943) = 0.0260$$

在近似 0.05 的显著性水平下，H_0 被拒绝，我们得出这样的结论：由 A 公司包装的肉桂罐头重量的中位数比由 B 公司包装的肉桂罐头重量的中位数小. ∎

练习

8.5-1　据称，某些糖果重量的中位数 m 为 4 万磅.

(a) 使用以下 13 个观察值和 Wilcoxon 符号秩统计量，在显著性水平 $\alpha = 0.05$ 下检验原假设 $H_0: m = 40.000$ 和单边备择假设 $H_1: m < 40.000$.

41 195　39 485　41 229　36 840　38 050　40 890　38 345

34 930　39 245　31 031　40 780　38 050　30 906

（b）该检验的近似 p 值是多少？

（c）用符号检验来检验此假设.

（d）计算利用符号检验统计量得到的 p 值，并与利用 Wilcoxon 符号秩统计量计算出来的 p 值进行比较.

8.5-2 两组学生上同一门经济学课，一组在教室里，另一组在网上，每组 24 名学生. 学生们首先根据累计平均成绩点和经济学背景进行配对，然后通过抛硬币来分配课程.（这个过程重复了 24 次.）课程结束时，给每个班发了一张纸进行同样的期末考试. 在近似显著性水平 $\alpha = 0.05$ 下，使用 Wilcoxon 符号秩检验，来检验这两种教学方法的效果是一致和对应的双边备择假设. 每对学生的最终分数差如下（在线学生的分数被对应班级学生成绩减去）：

$$
\begin{array}{cccccc}
14 & -4 & -6 & -2 & -1 & 18 \\
6 & 12 & 8 & -4 & 13 & 7 \\
2 & 6 & 21 & 7 & -2 & 11 \\
-3 & -14 & -2 & 17 & -4 & -5
\end{array}
$$

8.5-3 令 X 等于好时（Hershey）葡萄味糖果的重量（以克为单位）. 用 m 表示 X 的中位数. 在显著性水平 $\alpha = 0.05$ 下检验原假设 $H_0: m = 5.900$ 和单边备择假设 $H_1: m > 5.900$. 样本量为 25 的观测值如下：

$$
5.625 \quad 5.665 \quad 5.697 \quad 5.837 \quad 5.863 \quad 5.870 \quad 5.878 \quad 5.884 \quad 5.908
$$

$$
5.967 \quad 6.019 \quad 6.020 \quad 6.029 \quad 6.032 \quad 6.037 \quad 6.045 \quad 6.049
$$

$$
6.050 \quad 6.079 \quad 6.116 \quad 6.159 \quad 6.186 \quad 6.199 \quad 6.307 \quad 6.387
$$

（a）用符号检验来检验此假设.

（b）用 Wilcoxon 符号秩统计量检验此假设.

（c）用 t 统计量来检验此假设.

（d）阐述这三种方法的优缺点.

8.5-4 模拟产生了 $n = 10$ 个服从柯西分布的随机数如下：

$$
-1.9415, \ 0.5901, \ -5.9848, \ -0.0790,
$$

$$
-0.7757, \ -1.0962, \ 9.3820, \ -74.0216, \ -3.0678, \ 3.8545
$$

对于柯西分布，均值不存在，但是可以认为其中位数 m 等于 0. 用 Wilcoxon 符号秩统计量和这些数据来检验原假设 $H_0: m = 0$ 和双边备择假设 $H_1: m \neq 0$. 显著性水平 $\alpha = 0.05$.

8.5-5 假设 X 等于学生秋季学期的平均成绩，同时 Y 为同一个学生春季学期的平均成绩. 设 m 等于 $X - Y$ 差值的中位数. 在近似显著性水平 $\alpha = 0.05$ 下，检验原假设 $H_0: m = 0$ 和根据你过去的经验来选择的备择假设. 使用以下 15 个配对数据的观测值来检验假设.

x	y	x	y
2.88	3.22	3.98	3.76
3.67	3.49	4.00	3.96
2.76	2.54	3.39	3.52
2.34	2.17	2.59	2.36
2.46	2.53	2.78	2.62
3.20	2.98	2.85	3.06
3.17	2.98	3.25	3.16
2.90	2.84		

8.5-6　令 m 等于在一项健康动态研究中，男新生的右手臂后测握力的中位数（千克）. 我们使用 $n = 15$ 个这样的学生进行原假设 $H_0: m = 50$ 和单边备择假设 $H_1: m > 50$ 的检验.

(a) 观测到后测握力的数据如下：

$$58.0 \quad 52.5 \quad 46.0 \quad 57.5 \quad 52.0 \quad 45.5 \quad 65.5 \quad 71.0$$
$$57.0 \quad 54.0 \quad 48.0 \quad 58.0 \quad 35.5 \quad 44.0 \quad 53.0$$

在近似显著性水平 $\alpha = 0.05$ 下，用 Wilcoxon 符号秩统计量检验此假设.

(b) 该检验的 p 值是多少？

8.5-7　令 X 等于一袋是 "一磅" 胡萝卜的重量. 设 m 为袋子总体的中位数. 检验原假设 $H_0: m = 1.14$ 和单边备择假设 $H_1: m > 1.14$. 400

(a) 观测到胡萝卜的重量的数据如下：

$$1.12 \quad 1.13 \quad 1.19 \quad 1.25 \quad 1.06 \quad 1.31 \quad 1.12 \quad 1.23 \quad 1.29 \quad 1.17 \quad 1.20 \quad 1.11 \quad 1.18 \quad 1.23$$

在近似显著性水平 $\alpha = 0.05$ 下，用符号统计量检验此假设.

(b) 该检验的 p 值是多少？

(c) 用 Wilcoxon 符号秩统计量检验此假设，你的结论是什么？

(d) 用 Wilcoxon 符号秩统计量近似计算检验的 p 值.

8.5-8　一家制药公司对测试湿度对铝制包装药丸重量的影响很感兴趣. 设 X 表示药丸包装已经在一个含有 100% 的湿度一个星期后包装是好的时药丸含包装的重量，Y 表示药丸包装已经在加热到 30℃ 一个星期后包装有所缺陷药丸含包装的重量（以克为单位）.

(a) 基于 Wilcoxon 秩和统计量，用 $n_X = 12$ 和 $n_Y = 12$ 随机抽样得到 X 和 Y 的观察数据，在近似显著性水平 $\alpha = 0.05$ 下，检验原假设 $H_0: m_X = m_Y$ 和其备择假设 $H_1: m_X < m_Y$.

x：　$0.7565 \quad 0.7720 \quad 0.7776 \quad 0.7750 \quad 0.7494 \quad 0.7615$
　　　$0.7741 \quad 0.7701 \quad 0.7712 \quad 0.7719 \quad 0.7546 \quad 0.7719$

y：　$0.7870 \quad 0.7750 \quad 0.7720 \quad 0.7876 \quad 0.7795 \quad 0.7972$
　　　$0.7815 \quad 0.7811 \quad 0.7731 \quad 0.7613 \quad 0.7816 \quad 0.7851$

该检验的 p 值是多少？

(b) 画出数据的 q-q 图并解释.（**提示**：这个 q-q 图画的是 X 的经验分布相对于 Y 的经验分布.）

8.5-9　让我们比较一下两家不同厂家生产的某款灯泡的故障时间. 令 X 和 Y 是随机选取的 10 个灯泡通过测试得到的故障时间. 在数百小时之前就发生故障的时间数据如下：

x：$5.6 \quad 4.6 \quad 6.8 \quad 4.9 \quad 6.1 \quad 5.3 \quad 4.5 \quad 5.8 \quad 5.4 \quad 4.7$

y：$7.2 \quad 8.1 \quad 5.1 \quad 7.3 \quad 6.9 \quad 7.8 \quad 5.9 \quad 6.7 \quad 6.5 \quad 7.1$

(a) 在近似显著性水平 $\alpha = 0.05$ 下，用 Wilcoxon 秩和统计量来检验故障时间的中位数是否相等，并计算其 p 值.

(b) 画出数据的 q-q 图并解释.（**提示**：这个 q-q 图画的是 X 的经验分布相对于 Y 的经验分布.）

8.5-10　令 X 和 Y 是生长在两大片土地上蓝色云杉的高度，以厘米为单位. 我们将通过测量从每一块地里随机挑选的 12 棵树来比较这些高度. 用 $n_X = 12$ 和 $n_Y = 12$ 随机抽样得到 X 和 Y 的观察数据，在近似显著性水平 $\alpha = 0.05$ 下，用 Wilcoxon 秩和统计量来检验原假设 $H_0: m_X = m_Y$ 和其备择假设 $H_1: m_X < m_Y$.

x：$90.4 \quad 77.2 \quad 75.9 \quad 83.2 \quad 84.0 \quad 90.2 \quad 87.6 \quad 67.4 \quad 77.6 \quad 69.3 \quad 83.3 \quad 72.7$

y：$92.7 \quad 78.9 \quad 82.5 \quad 88.6 \quad 95.0 \quad 94.4 \quad 73.1 \quad 88.3 \quad 90.4 \quad 86.5 \quad 84.7 \quad 87.5$

8.5-11　假设 X 和 Y 分别等于来自同一连锁店的一家位于南侧和一家位于北侧食品店的食品杂货订单（以 10 美元为单位）. 我们将用下面的这些数据，来检验原假设 $H_0: m_X = m_Y$ 和对应的双边备择假设：

x：$5.13 \quad 8.22 \quad 11.81 \quad 13.77 \quad 15.36 \quad 23.71 \quad 31.39 \quad 34.65 \quad 40.17 \quad 75.58$

y：$4.42 \quad 6.47 \quad 7.12 \quad 10.50 \quad 12.12 \quad 12.57 \quad 21.29 \quad 33.14 \quad 62.84 \quad 72.05$

（a）在近似显著性水平 $\alpha=0.05$ 下，用 Wilcoxon 秩和统计量来检验. 双边备择假设对应的 p 值是多少.

（b）画出数据的 q-q 图并解释.（**提示**：这个 q-q 图画的是 X 的经验分布相对于 Y 的经验分布.）

8.5-12 一条包车线路有 48 人巴士和 38 人巴士. 设 m_{48} 和 m_{38} 分别表示每辆公交车每天行驶的英里数的中位数. 在近似显著性水平 $\alpha=0.05$ 下，用 Wilcoxon 秩和统计量来检验原假设 $H_0: m_{48}=m_{38}$ 和其备择假设 $H_1: m_{48}>m_{38}$. 随机抽取 9 个和 11 个随机样本，得到一系列每天行驶的英里数如下：

48 人巴士： 331 308 300 414 253 323 452 396 104

38 人巴士： 248 393 260 355 279 184 386 450 432 196 197

401

8.5-13 一家公司生产肥皂粉，并将其包装在六磅的盒子中. 质量保证部门对这种包装的填充物的重量很感兴趣. 从该公司的东线和西线采取随机抽样，到了以下重量：

东线（x）： 6.06 6.04 6.11 6.06 6.06 6.07 6.06 6.08 6.05 6.09

西线（y）： 6.08 6.03 6.04 6.07 6.11 6.08 6.08 6.10 6.06 6.04

（a）设 m_X 和 m_Y 分别表示东线和西线的重量的中位数. 在近似显著性水平 $\alpha=0.05$ 下，用 Wilcoxon 秩和统计量来检验原假设 $H_0: m_X=m_Y$ 和双边备择假设，并计算双边检验下的 p 值.

（b）画出数据的 q-q 图.

8.5-14 数据是在霍普学院生物力学实验室的阶梯方向实验中收集的. 这项研究的目的是测试健康的年轻人和健康的老年人之间建立步进反应的差异. 在实验的一部分，受试者被告知他们应该朝哪个方向迈出一步. 然后，当有信号时，受试者朝那个方向迈出一步，他们抬起脚迈出这一步所花的时间是有测量的. 在整个测试过程中，这个方向会重复几次，对于每个受试者，计算某个方向上所有"发射"时间的平均值. 为了方便，向前平均发射时间（千分之一秒）罗列如下：

年轻受试者 397 433 450 468 485 488 498 504 561

565 569 576 577 579 581 586 696

老年受试者 463 538 549 573 588 590 594 626 627

653 674 728 818 835 863 888 936

（a）用茎 3·，4*，…，9*画出背对背的茎叶图.

（b）在 $\alpha\approx0.05$ 下，用 Wilcoxon 秩和统计量来检验年轻受试者的中位数和老年受试者的中位数相等的原假设和年轻受试者的中位数小于老年受试者的中位数的备择假设.

（c）用检验均值相等的类似 T 统计量来检验此假设，结论如何？

8.5-15 在一种叫 Sosippus floridanus 的蜘蛛身上进行毫米级测量，这种蜘蛛原产于佛罗里达. 现有 10 只雌蜘蛛和 10 只雄蜘蛛，它们身体、前腿和后腿的长度罗列如下：

雌蜘蛛身体的长度	雌蜘蛛前腿的长度	雌蜘蛛后腿的长度	雄蜘蛛身体的长度	雄蜘蛛前腿的长度	雄蜘蛛后腿的长度
11.06	15.03	19.29	12.26	21.22	25.54
13.87	17.96	22.74	11.66	18.62	23.94
12.93	17.56	21.28	12.53	18.62	23.94
15.08	21.22	25.54	13.00	19.95	25.80
17.82	22.61	28.86	11.79	19.15	25.40
14.14	20.08	25.14	12.46	19.02	25.27
12.26	16.49	20.22	10.65	17.29	22.21
17.82	18.75	24.61	10.39	17.02	21.81
20.17	23.01	28.46	12.26	18.49	23.41
16.88	22.48	28.59	14.07	22.61	28.86

在这个练习中,我们将使用 Wilcoxon 秩和统计量来进行雌性和雄性体型比较. 对于下面每个练习题,通过构造背对背的茎叶图显示.

(a) 在 $\alpha \approx 0.05$ 下用 Wilcoxon 秩和统计量来检验雌性身体长度的中位数和雄性身体长度的中位数相等的原假设和其备择假设.

(b) 在 $\alpha \approx 0.05$ 下用 Wilcoxon 秩和统计量来检验雌性前腿长度的中位数和雄性前腿长度的中位数相等的原假设和其对应的双边备择假设.

(c) 在 $\alpha \approx 0.05$ 下用 Wilcoxon 秩和统计量来检验雌性后腿长度的中位数和雄性后腿长度的中位数相等的原假设和其对应的双边备择假设.

8.5-16　练习 8.2-10 给出了在正常的空气中和富含二氧化碳的空气中植物的生长数据. 现将这些数据重复如下:

正常的空气(x)4.67　4.21　2.18　3.91　4.09　5.24　2.94　4.71　4.04　5.79　3.80　4.38

富含二氧化碳的空气(y)5.04　4.52　6.18　7.01　4.36　1.81　6.22　5.70

在本练习中,我们将用 Wilcoxon 秩和统计量来检验中位数是相等的,即 $H_0: m_X = m_Y$ 和其备择假设 $H_1: m_X < m_Y$. 你可以选择显著性水平,然后清楚地给出近似的 p 值,以及为什么你会得出这样一个特定的结论. 展示你的工作.

(a) 用 Wilcoxon 秩和统计量得到的结论是什么?

(b) 在练习 8.2-10 中用 t 统计量得到的结论是什么?

(c) 比较两种检验方法.

402

8.6　统计检验的功效函数

在这一章,我们将对普遍常见的统计假设提出几个检验统计量,以这样一种方式描述显著性水平 α 和每一个的 p 值. 回想一下,假设检验的显著性水平是犯第一类错误的概率,也就是原假设为真时拒绝原假设的概率. 在本节中,我们考虑发生另一种错误的概率: 备择假设为真时失败拒绝原假设的概率. 这种考虑将导致为原假设 H_0 和相应的备择假设 H_1 找到最优势检验的方法.

例 8.6-1　假设给定姓名标签,一个人可以把它放在右边或左边. 令 p 等于将姓名标签放在右边的概率. 检验原假设 $H_0: p = 1/2$ 和其备择假设 $H_1: p < 1/2$.(包括原假设中的 p 是大于 $1/2$ 的,即我们可以考虑原假设 $H_0: p \geq 1/2$.)我们将对随机抽样的 $n = 20$ 个人给出姓名标签. 如果某个人将其姓名标签放在右边,那么 $X_i = 1$;如果他将其姓名标签放在左边,那么 $X_i = 0, X_1, X_2, \cdots, X_{20}$ 这些伯努利随机变量表示他们放姓名标签的位置. 我们用 $Y = \sum_{i=1}^{20} X_i$ 作为我们的检验统计量,那么 Y 服从二项分布 $b(20, p)$. 我们可以将临界区域定义为 $C = \{y: y \leq 6\}$,等价形式为 $\{(x_1, x_2, \cdots, x_{20}): \sum_{i=1}^{20} x_i \leq 6\}$. 如果 $p = 1/2$,那么 Y 是 $b(20, 1/2)$,相应的显著性水平为

$$\alpha = P\left(Y \leq 6; p = \frac{1}{2}\right) = \sum_{y=0}^{6} \binom{20}{y} \left(\frac{1}{2}\right)^{20} = 0.0577$$

它来自附录 B 的表 Ⅱ. 当然,第 Ⅱ 类错误 β 的改变依赖备择假设 $H_1: p < 1/2$ 中在何处进行评价而获得 p 的值. 例如,当 $p = 1/4$ 时,

$$\beta = P\left(7 \leqslant Y \leqslant 20; \ p = \frac{1}{4}\right) = \sum_{y=7}^{20} \binom{20}{y}\left(\frac{1}{4}\right)^{y}\left(\frac{3}{4}\right)^{20-y} = 0.2142$$

而当 $p = 1/10$ 时，

$$\beta = P\left(7 \leqslant Y \leqslant 20; \ p = \frac{1}{10}\right) = \sum_{y=7}^{20} \binom{20}{y}\left(\frac{1}{10}\right)^{y}\left(\frac{9}{10}\right)^{20-y} = 0.0024$$

当 H_1 为真时未能拒绝 H_0 的概率就是第 II 类错误 β，我们用 K 表示当 H_1 为真时拒绝 H_0 的概率，从而代替 β. 毕竟 β 和 $K = 1-\beta$ 提供了统一的信息. 因为 K 是 p 的函数，可以通过 $K(p)$ 来明确表示. 这个概率为

$$K(p) = \sum_{y=0}^{6} \binom{20}{y} p^{y}(1-p)^{20-y}, \quad 0 < p \leqslant \frac{1}{2}$$

$K(p)$ 作为 p 的函数，称为**检验的功效函数**. 观察一下可以发现，我们不仅可以为 H_1 中的 p 定义这个函数，也可以为 H_0 中的 p 定义这个函数，即 $p = 1/2$. 当然 $\alpha = K(1/2) = 0.0577$，$1 - K(1/4) = 0.2142$，$1 - K(1/10) = 0.0024$. 功效函数在指定 p 处的值称为在参数空间的这一点处检验的**功效**. 例如，在点 $p = 1/4$ 处的功效为 $K(1/4) = 0.7858$，在点 $p = 1/10$ 处的功效为 $K(1/10) = 0.9976$. 一个可接受的功效函数是，当 H_0 为真时功效函数是很小的，当 p 远远小于 $1/2$ 时的功效函数是很大的. (此功效函数的图形见图 8.6-1.) ■

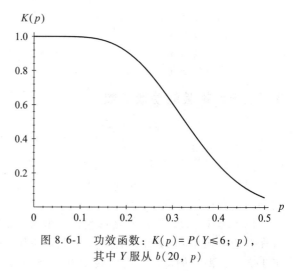

图 8.6-1   功效函数：$K(p) = P(Y \leqslant 6; \ p)$，其中 Y 服从 $b(20, p)$

例 8.6-2 设 X_1, X_2, X_3, X_4 为来自服从自由度为 θ 的卡方分布的随机样本(样本量为 4)，θ 为未知的正整数. 假设我们希望用临界区域 $C = \left\{(x_1, x_2, x_3, x_4): \sum_{i=1}^{4} x_i \geqslant c\right\}$ 检验原假设 $H_0: \theta = 1$ 和其备择假设 $H_1: \theta > 1$，其中 c 满足显著性水平为 0.025. 回想一下，n 个相互独立、服从卡方分布的随机变量的和服从自由度为这 n 个卡方分布自由度和的卡方分布. 我们希望当 Y 服从 $\chi^2(4)$ 时，找到 c，满足 $P(Y > c) = 0.025$. 利用附录 B 中的表 IV，我们发现 $c = 11.14$.

接下来，我们希望找到在样本量 0.025 下 $\theta = 5$ 时的功效. 当 $\theta = 5$ 时，X_1, X_2, X_3, X_4 的和服从自由度为 20 的卡方分布. 所以，我们需要计算 $P(Y > 11.14)$，其中 Y 服从 $\chi^2(20)$. 用前面提到的表，我们可以发现功效位于 0.90 和 0.95 之间. 使用计算机，我们可以计算出小数点后三位的功效，它是 0.943. ■

在例 8.6-1 中，我们引入了检验功效函数的新概念. 现在我们展示如何选择样本量，以创建检验满足具有所希望的功效.

例 8.6-3　设 $X_1, X_2, \cdots, X_n$ 是样本量为 n、来自服从正态分布 $N(\mu, 100)$ 的随机样本，这可以假设为采用一种新的教学方法（如计算机相关材料）下的学生成绩的统计分布. 检验原假设 $H_0: \mu = 60$（假设 60 分是以前教学方法的平均分数，这就是一种不变的假设）和其备择假设 $H_1: \mu > 60$. 在样本量 $n = 25$ 的情况下来考虑. 样本均值 $\overline{X}$ 是 μ 的极大似然估计，所以，根据这一统计量来做出判决是较为合理的. 首先我们使用 $\bar{x} \geqslant 62$ 作为规则来拒绝 H_0. 那么，这个检验的结果是什么？这个检验的功效函数如何？

404

首先找到拒绝 $H_0: \mu = 60$ 而接受 $\mu \geqslant 60$ 的各种各样值的概率. 因为这个检验在 $\bar{x} \geqslant 62$ 要求拒绝 H_0，拒绝 H_0 的概率为

$$K(\mu) = P(\overline{X} \geqslant 62; \mu)$$

当在新的教学方法下平均分数为 μ 时，$\overline{X}$ 服从正态分布 $N(\mu, 100/25 = 4)$. 所以，功效函数 $K(\mu)$ 为

$$K(\mu) = P\left(\frac{\overline{X} - \mu}{2} \geqslant \frac{62 - \mu}{2}; \mu\right) = 1 - \Phi\left(\frac{62 - \mu}{2}\right), \quad 60 \leqslant \mu$$

通过使用这个特殊的检验，可以获得拒绝 $H_0: \mu = 60$ 的概率. 表 8.6-1 中呈现 $K(\mu)$ 的几个值. 图 8.6-2 绘制了功效函数 $K(\mu)$ 的图像.

表 8.6-1　功效函数的值

μ	$K(\mu)$
60	0.1587
61	0.3085
62	0.5000
63	0.6915
64	0.8413
65	0.9332
66	0.9772

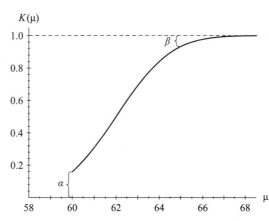

图 8.6-2　功效函数 $K(\mu) = 1 - \Phi([62 - \mu]/2)$

功效函数在 $\mu = 60$ 时为 $K(60) = 0.1587$，这就是显著性水平. 功效函数在 $\mu = 65$ 时为 $K(65) = 0.9332$，这是做出正确决策的概率（等价于当 $\mu = 65$ 时拒绝 $H_0: \mu = 60$ 的概率）. 因此，我们很高兴功效函数在这里很大. 另一方面，$1 - K(65) = 0.0668$，这是当 $\mu = 65$ 不拒绝 $H_0: \mu = 60$ 的概率，即第 II 类错误的概率，通常记为 $\beta = 0.0668$. 显然，概率 $\beta = 1 - K(\mu_1)$ 是第 II 类错误的概率，其中 μ_1 是来自备择假设 $H_1: \mu > 60$ 中的一个值. 所以，当 $\mu = 65$ 时 $\beta = 0.0668$，当 $\mu = 63$ 时 $\beta = 1 - K(63) = 0.3085$.

405

通常情况下，统计学家喜欢显著性水平 α（即第 I 类错误）小于 0.1587，或者大约为

0.05，或者更小. 如果在样本量 $n=25$ 下我们喜欢 $\alpha=0.05$，那么我们不在用临界区域 $\bar{x} \geqslant$ 62，我们用 $\bar{x} \geqslant c$，其中 c 通过下面的方法确定：

$$K(60) = P(\overline{X} \geqslant 62; \mu = 60) = 0.05$$

当 $\mu=60$ 时，$\overline{X}$ 服从正态分布 $N(60,4)$，所以，c 通过下面的方法确定：

$$K(60) = P\left(\frac{\overline{X}-60}{2} \geqslant \frac{c-60}{2}; \mu = 60\right) = 1 - \Phi\left(\frac{c-60}{2}\right) = 0.05$$

由附录 B 的表 Va，我们得到

$$\frac{c-60}{2} = 1.645 = z_{0.05}, \quad c = 60 + 3.29 = 63.29$$

虽然 α 由 0.1587 减小到 0.05，但在 $\mu=65$ 处的 β 从 0.0668 增加到

$$\beta = 1 - P(\overline{X} \geqslant 63.29; \mu = 65) = 1 - P\left(\frac{\overline{X}-65}{2} \geqslant \frac{63.29-65}{2}; \mu = 65\right)$$

$$= \Phi(-0.855) = 0.1963$$

一般来说，在不改变样本量或假设检验类型的情况下，α 的降低将导致 β 的增大. 这两种类型的错误概率 α 和 β 只能通过增加样本量，或者在某种程度上，建立一个更好的假设检验来降低.

举一个例子. 假定样本量从 $n=25$ 增加到 $n=100$，在显著性水平 $\alpha=0.05$ 下，我们仍然用形式 $\bar{x} \geqslant c$ 进行检验. 由于 $\overline{X}$ 服从正态分布 $N(\mu, 100/100 = 1)$，c 通过下面的方法确定：

$$\alpha = P(\overline{X} \geqslant c; \mu = 60) = 0.05$$

等价于

$$P\left(\frac{\overline{X}-60}{1} \geqslant \frac{c-60}{1}; \mu = 60\right) = 0.05$$

这意味着 $c-60=1.645$，所以 $c=61.645$. 相应的功效函数为

$$K(\mu) = P(\overline{X} \geqslant 61.645; \mu) = P\left(\frac{\overline{X}-\mu}{1} \geqslant \frac{61.645-\mu}{1}; \mu\right) = 1 - \Phi(61.645 - \mu)$$

特别地，当均值 $\mu=65$ 时，

$$\beta = 1 - K(\mu) = \Phi(61.645 - 65) = \Phi(-3.355) = 0.0004$$

β 的值大大减小了，从 $n=25$ 时的 0.1963，减少到 $n=100$ 时的 0.0004.

实际上，功效函数可以用来确定所需的样本量，使第一类错误和第二类错误的概率尽可能小. 举例来说，我们再次使用 $\bar{x} \geqslant c$ 作为临界区域. 进一步，假设我们希望 $\alpha=0.025$，当 $\mu=65$ 时，$\beta=0.05$. 因为 $\overline{X}$ 服从正态分布 $N(\mu, 100/n)$，所以

$$0.025 = K(60) = P(\overline{X} \geqslant c; \mu = 60) = 1 - \Phi\left(\frac{c-60}{10/\sqrt{n}}\right)$$

同时

$$0.05 = 1 - K(65) = 1 - P(\overline{X} \geq c; \mu = 65) = \Phi\left(\frac{c - 65}{10/\sqrt{n}}\right)$$

所以

$$\frac{c - 60}{10/\sqrt{n}} = 1.96, \quad \frac{c - 65}{10/\sqrt{n}} = -1.645$$

同时求解关于 c 和 $10/\sqrt{n}$ 这些方程，得

$$c = 60 + 1.96\frac{5}{3.605} = 62.718$$

$$\frac{10}{\sqrt{n}} = \frac{5}{3.605}$$

所以

$$\sqrt{n} = 7.21, \quad n = 51.98$$

因为 n 必须是一个正整数，所以我们用 $n = 52$，因此获得 $\alpha \approx 0.025$，$\beta \approx 0.05$. ∎

下面这个例子是例 8.6-1 的延伸.

例 8.6-4 检验原假设 $H_0: p = 1/2$ 和其备择假设 $H_1: p < 1/2$. 随机抽取伯努利实验样本 $X_1, X_2, \cdots, X_n$，用检验统计量 $Y = \sum_{i=1}^{n} X_i$，Y 服从二项分布 $B(n, p)$. 将临界区域定义为 $C = \{y: y \leq c\}$. 检验的功效函数为 $K(p) = P\{Y \leq c; p\}$. 我们将选择样本量 n 和常数 c，以满足 $K(1/2) \approx 0.05$，$K(1/4) \approx 0.90$. 也就是说，我们想要的显著性水平为 $\alpha = K(1/2) = 0.05$，当 $p = 1/4$ 时功效函数为 0.90. 我们继续进行如下：因为

$$0.05 = P\left(Y \leq c; p = \frac{1}{2}\right) = P\left(\frac{Y - n/2}{\sqrt{n(1/2)(1/2)}} \leq \frac{c - n/2}{\sqrt{n(1/2)(1/2)}}\right) \approx \Phi\left(\frac{c + 0.5 - n/2}{\sqrt{n/4}}\right)$$

由此可见，

$$(c + 0.5 - n/2)/\sqrt{n/4} \approx -1.645$$

407

又因为

$$0.90 = P\left(Y \leq c; p = \frac{1}{4}\right) = P\left(\frac{Y - n/4}{\sqrt{n(1/4)(3/4)}} \leq \frac{c - n/4}{\sqrt{n(1/4)(3/4)}}\right) \approx \Phi\left(\frac{c + 0.5 - n/4}{\sqrt{3n/16}}\right)$$

由此可见，

$$(c + 0.5 - n/4)/\sqrt{3n/16} \approx 1.282$$

所以

$$\frac{n}{4} \approx 1.645\sqrt{\frac{n}{4}} + 1.282\sqrt{\frac{3n}{16}}, \quad \sqrt{n} \approx 4(1.378) = 5.512$$

所以 n 约等于 31. 从前两个近似等式，可以求出 c 大约等于 10.9. 使用 $n = 31$ 和 $c = 10.9$ 可

以得到 $K(1/2) = 0.05$，$K(1/4) = 0.90$，这些只是近似值. 事实上，因为 Y 必须是整数，所以令 $c = 10$. 然后，$n = 31$，使用正态近似得：

$$\alpha = K\left(\frac{1}{2}\right) = P\left(Y \le 10; p = \frac{1}{2}\right) \approx 0.0362$$

$$K\left(\frac{1}{4}\right) = P\left(Y \le 10; p = \frac{1}{4}\right) \approx 0.8730$$

或者，我们可以令 $c = 11$，$n = 31$，还是用正态分布近似，得

$$\alpha = K\left(\frac{1}{2}\right) = P\left(Y \le 11; p = \frac{1}{2}\right) \approx 0.0754$$

$$K\left(\frac{1}{4}\right) = P\left(Y \le 11; p = \frac{1}{4}\right) \approx 0.9401$$

使用二项分布，它们的值分别是 0.0354，0.8716，0.0748 和 0.9356. ∎

练习

8.6-1 一个特定大小的袋子可以装 25 磅的土豆. 农民在田里装满这样的袋子. 假设 X 是一袋土豆的重量，服从正态分布 $N(\mu, 9)$，我们将检验原假设 $H_0: \mu = 25$ 和其备择假设 $H_1: \mu < 25$. 设 X_1, X_2, X_3, X_4 为来自这个分布样本量为 4 的随机样本，令检验临界区域为 $C = \{\bar{x} \le 22.5\}$，其中 $\bar{x}$ 是样本均值 $\bar{X}$ 的观测值.

(a) 这个检验的功效函数是什么？ 特别地，你的检验的显著性水平 $\alpha = K(25)$ 是多大？

(b) 如果随机抽取的四袋土豆得到的样本观测值为 $x_1 = 21.24$，$x_2 = 24.81$，$x_3 = 23.62$ 和 $x_4 = 26.82$，你的检验结果是接受还是拒绝 H_0？

(c) (b) 题与 $\bar{x}$ 相关的 p 值是多少？

8.6-2 让 X 等于一个标签样本量为 350 毫升的瓶子中液体的毫升数，分布为正态分布 $N(\mu, 4)$ 检验原假设 $H_0: \mu = 355$ 和其备择假设 $H_1: \mu < 355$. 设临界区域为 $C = \{\bar{x}: \bar{x} \le 354.05\}$，其中 $\bar{x}$ 是样本量为 $n = 12$ 的样本均值观测值.

(a) 这个检验的功效函数是什么？

(b) 这个检验的显著性水平 (近似) 是多少？

(c) 求功效函数 $K(354.05)$ 和 $K(353.1)$ 的值，画出功效函数的图形.

(d) 用下列 12 个观测值阐述你的结论：

350 353 354 356 353 352 354 355 357 353 354 355

(e) 这个检验的近似的 p 值是多少？

8.6-3 设 p 为非出生在艾奥瓦州上艾奥瓦大学的学生比例. 检验原假设 $H_0: p = 0.4$ 和其备择假设 $H_1: p \ne 0.4$. 你将随机抽取 25 名艾奥瓦大学的学生，当且仅当样本中非艾奥瓦州出生的学生人数为小于 6 或大于 14 时，你拒绝 H_0.

(a) 确定这个检验的显著性水平 α.

(b) 求出检验的功效函数.

(c) 求出功效函数在 $p = 0.2$ 的值.

8.6-4 设 $X_1, X_2, \cdots, X_{10}$ 是来自参数为 p 的几何分布的随机样本. 检验原假设 $H_0: p = 0.4$ 和其备择假设 $H_1: p > 0.4$. 设临界区域为 $C = \left\{ (x_1, x_2, \cdots, x_{10}): \sum_{i=1}^{10} x_i \le 14 \right\}$.

(a) 确定这个检验的显著性水平 α.

（b）当 $p = 0.7$ 时，求出第 II 类错误的概率 β.

提示：n 个相互独立的参数为 p 的几何分布的随机变量的和服从参数为 n 和 p 的负二项分布.

8.6-5　假设 X 等于紫花苜蓿的产量，单位是吨每年每英亩. 假设它服从正态分布 $N(1.5, 0.09)$. 人们希望有一种新肥料能增加平均产量. 我们将检验原假设 $H_0 : \mu = 1.5$ 和其备择假设 $H_1 : \mu > 1.5$. 假设使用了新肥料以后方差继续为 $\sigma^2 = 0.09$，用 $\overline{X}$ 表示样本量为的 n 的样本均值，作为检验的统计量，当 $\overline{X} \geqslant c$ 时拒绝 H_0. 求出 n 和 c，使功效函数 $K(\mu) = P(\overline{X} \geqslant c; \mu)$ 满足 $\alpha = K(1.5) = 0.05$，$K(1.7) = 0.95$.

8.6-6　设 $X_1, X_2, \cdots, X_{24}$ 是来自正态分布 $N(\mu, \sigma^2)$ 的随机样本，其中 μ 和 σ^2 是未知的. 检验原假设 $H_0 : \sigma^2 = 10$ 和其备择假设 $H_1 : \sigma^2 < 10$. 设临界区域为 $C = \{S^2 : S^2 \leqslant c\}$.

（a）在显著性水平 $\alpha = 0.05$ 下确定临界区域的 c.

（b）确定 c，使其满足在 $\sigma^2 = 2$ 时功效函数的值为 0.9.

8.6-7　设 p 为某网球运动员的首次发球是好球的概率，$p = 0.40$. 这个运动员决定参加补习班以提高成绩，课程完成后，在 $n = 25$ 次实验的基础上，让 y 等于首次发球是好球的总次数，在临界区域为 $C = \{y : y \geqslant 14\}$ 的条件下，检验原假设 $H_0 : p = 0.40$ 和其备择假设 $H_1 : p > 0.40$.

（a）求出检验的功效函数.

（b）你的检验的显著性水平 $\alpha = K(0.40)$ 是多大？利用附录 B 中的表 II 的值计算.

（c）利用表 II，求出功效函数 $K(p)$ 在 $p = 0.45$，0.50，0.60，0.70，0.80，0.90 处的值.

（d）画出功效函数的图形.

（e）如果课程完成后 $y = 15$，是否拒绝 H_0？

（f）在 $y = 15$ 时，检验的 p 值是多少？

8.6-8　假设 X 等于一头荷斯坦奶牛在小牛出生后的 305 天的挤奶期间所产生的乳脂量. 假设 X 的分布为 $N(\mu, 1402)$. 检验原假设 $H_0 : \mu = 715$ 和其备择假设 $H_1 : \mu < 715$. 临界区域为 $C = \{\overline{x} : \overline{x} \leqslant 668.94\}$，其中 $\overline{x}$ 是随机挑选的 $n = 25$ 头牛的乳脂重量的样本均值的观测值.

（a）求出检验的功效函数 $K(\mu)$.

（b）检验的显著性水平是什么？

（c）功效函数 $K(668.94)$ 和 $K(622.88)$ 的值是多少？

（d）画出功效函数的图形.

（e）从下面的 25 个 X 的观测值中能得出什么结论：

$$425 \quad 710 \quad 661 \quad 664 \quad 732 \quad 714 \quad 934 \quad 761 \quad 744$$
$$653 \quad 725 \quad 657 \quad 421 \quad 573 \quad 535 \quad 602 \quad 537 \quad 405$$
$$874 \quad 791 \quad 721 \quad 849 \quad 567 \quad 468 \quad 975$$

（f）这个检验的近似 p 值是多大？

8.6-9　如果令 $C = \{\overline{x} : \overline{x} \leqslant c\}$ 是练习 8.6-8 的临界区域，求出 n 和 c，使显著性水平 $\alpha = 0.05$，在 $\mu = 650$ 时功效函数的值为 0.90.

8.6-10　令 X 服从伯努利分布，其概率质量函数为

$$f(x; p) = p^x (1-p)^{1-x}, \quad x = 0, 1, \quad 0 \leqslant p \leqslant 1$$

检验原假设 $H_0 : p < 0.4$ 和其备择假设 $H_1 : p > 0.4$. 检验统计量为 $Y = \sum_{i=1}^{n} X_i$，其中 $X_1, X_2, \cdots, X_n$ 是一个来自伯努利分布的大小为 n 的随机样本. 令临界区域为 $C = \{y : y \geqslant c\}$.

（a）设 $n = 100$. 在同一组坐标轴上画出三个临界区域 $C_1 = \{y : y \geqslant 40\}$，$C_2 = \{y : y \geqslant 50\}$，$C_3 = \{y :$

$y \geqslant 60\}$ 所对应的功效函数的图形. 用正态分布近似计算的概率.

(b) 令 $C = \{y : y \geqslant 0.45n\}$. 在同一组坐标轴上, 画出样本量分别为 10, 100 和 1000 时的功效函数的草图.

8.6-11 令 p 等于某一产品的不合格率. 检验原假设 $H_0 : p = 1/26$ 和其备择假设 $H_1 : p > 1/26$. 我们随机选取 n 个项目, 令 Y 为这些样品中次品的个数, 我们拒绝 H_0 当且仅当 $y \geqslant c$. 求出 n 和 c, 使功效函数 $K(p) = P(Y \geqslant c ; p)$, 满足 $\alpha = K(1/26) \approx 0.05$, 以及 $K(1/10) \approx 0.90$. **提示**: 用正态分布或泊松逼近定理来计算此题.

8.6-12 设 $X_1, X_2, \cdots, X_8$ 是样本量 $n = 8$、来自均值为 λ 的泊松分布的随机样本. 当 $\sum_{i=1}^{8} x_i \geqslant 8$ 时拒绝原假设 $H_0 : \lambda = 0.5$, 接受备择假设 $H_1 : \lambda > 0.5$.

(a) 计算该检验的显著性水平 α.

(b) 利用泊松分布概率的和表达检验的功效函数 $K(\lambda)$.

(c) 利用附录 B 的表 III, 计算功效函数 $K(0.75)$, $K(1)$ 和 $K(1.25)$.

8.6-13 设 X_1, X_2, X_3 是样本量 $n = 3$、来自均值为 $\theta > 0$ 的指数分布的随机样本. 当 $\sum_{i=1}^{3} x_i \leqslant 2$ 时拒绝原假设 $H_0 : \theta = 2$, 接受备择假设 $H_1 : \theta < 2$.

(a) 用积分表达式表达检验的功效函数 $K(\theta)$.

(b) 使用分部积分法将功效函数表示为求和函数.

(c) 利用附录 B 的表 III 求出功效函数 $\alpha = K(2), K(1), K(1/2)$ 和 $K(1/4)$.

8.6-14 考虑分布 $N(\mu_X, 400)$ 和 $N(\mu_Y, 225)$. 令 $\theta = \mu_X - \mu_Y$, $\bar{x}$ 和 $\bar{y}$ 定义为样本量为 n 的分别来自两个分布的独立随机样本的样本均值的观测值. 当 $\overline{x - y} \geqslant c$ 时拒绝原假设 $H_0 : \theta = 0$, 接受备择假设 $H_1 : \theta < 0$. 令 $K(\theta)$ 为其功效函数. 求出 n 和 c, 使势函数近似满足 $\alpha = K(0) = 0.05$, 以及 $K(10) = 0.90$.

8.7 最优临界区域

在这一节中, 我们考虑满足假设检验的临界区域应该具有的性质. 为了介绍我们的调查, 我们从一个非统计的例子开始.

例 8.7-1 假设你有 α 美元用来买书. 此外, 假设你对书本身不感兴趣, 只是想尽可能多地填满你的书架. 你如何决定买哪本书? 下面的方法合理吗? 首先, 把所有可用的免费书籍都拿走. 然后开始选择那些占据一英寸书架的成本最小的书. 也就是说, 选择 c/w 比值最小的那些书, 其中 w 是书的宽度 (英寸), c 是书的成本. 继续这样选书, 直到你花了 α 美元. ■

例 8.7-1 提供了在大小为 α 的条件下如何选择好的临界区域的背景, 让我们考虑一个简单的原假设 $H_0 : \theta = \theta_0$ 和对应的简单的备择假设 $H_1 : \theta = \theta_1$. 在这个讨论中, 我们假定 X_1, $X_2, \cdots, X_n$ 是一组随机变量, 其联合分布函数为离散型的概率质量函数, 这里我们用 $L(\theta ; x_1, x_2, \cdots, x_n)$ 来表示:

$$P(X_1 = x_1, X_2 = x_2, \cdots, X_n = x_n ; \theta) = L(\theta ; x_1, x_2, \cdots, x_n)$$

大小为 α 的临界区域 C 应该是当 $\theta = \theta_0$ 时在点 $(x_1, x_2, \cdots, x_n)$ 的概率为 α 的集合. 对于一个好的检验, 集合 C 应该是在当 $\theta = \theta_1$ 时拥有大的概率, 这是因为我们希望在 $H_1 : \theta = \theta_1$ 的条件下拒绝 $H_0 : \theta = \theta_0$. 因此, 临界区域 C 的第一个点是使比值 $\dfrac{L(\theta_0 ; x_1, x_2, \cdots, x_n)}{L(\theta_1 ; x_1, x_2, \cdots, x_n)}$ 达到最小值

的点.

也就是说,"成本"的概率相比我们在 $\theta = \theta_1$ 之下可以"购买"的概率在 $H_0: \theta = \theta_0$ 时是很小的. 下一个加到 C 中的点是使比值达到第二小的点. 我们将继续以这种方式向 C 添加点, 直到 C 在 $H_0: \theta = \theta_0$ 下的概率达到 α. 通过这种方式, 对于给定的显著性水平 α, 我们得到该检验的临界区域 C, 它使得在 $H_1: \theta = \theta_1$ 是真的前提下拥有最大的概率. 现在我们通过定义一个最佳临界区域来规范化这个讨论, 并证明著名的奈曼-皮尔逊引理.

定义 8.7-1   考虑简单的原假设 $H_0: \theta = \theta_0$ 和对应的简单的备择假设 $H_1: \theta = \theta_1$ 的检验. 令 C 是大小为 α 的临界区域, 即 $\alpha = P(C, \theta_0)$. 如果对于任意一个满足 $\alpha = P(D, \theta_0)$ 的临界区域 D, 都有

$$P(C; \theta_1) \geqslant P(D; \theta_1)$$

则称临界区域 C 是**最优临界区域**. 即在 $H_1: \theta = \theta_1$ 为真的前提下用临界区域 C 拒绝 $H_0: \theta = \theta_0$ 的概率至少和使用任意其他满足大小为 α 的临界区域 D 所对应的概率一样大.

因此, 满足大小为 α 的最优临界区域是所有大小为 α 的临界区域中具有最强大的功效的临界区域. 奈曼-皮尔逊引理给出了寻找满足大小为 α 的最优临界区域的充分条件.

定理 8.7-1(奈曼-皮尔逊引理)   假定 $X_1, X_2, \cdots, X_n$ 是样本量为 n 的来自分布 $f(x; \theta)$ 的随机变量, 其中参数 θ 有两种可能的值 θ_0 和 θ_1. 利用似然函数表示 $X_1, X_2, \cdots, X_n$ 的联合概率密度或联合质量函数:

$$L(\theta) = L(\theta; x_1, x_2, \cdots, x_n) = f(x_1; \theta)f(x_2; \theta)\cdots f(x_n; \theta)$$

如果存在正的常数 k 和样本空间的子集 C, 满足下列条件:

(a) $P[(X_1, X_2, \cdots, X_n) \in C; \theta] = \alpha$;

(b) 当 $\dfrac{L(\theta_0)}{L(\theta_1)} \leqslant k$ 时, $(x_1, x_2, \cdots, x_n) \in C$;

(c) 当 $\dfrac{L(\theta_0)}{L(\theta_1)} \geqslant k$ 时, $(x_1, x_2, \cdots, x_n) \in C'$;

那么, C 是检验简单的原假设 $H_0: \theta = \theta_0$ 和对应的简单的备择假设 $H_1: \theta = \theta_1$, 满足大小为 α 的最优临界区域.

证明   我们证明随机变量为连续型时的定理. 对于离散型随机变量, 用求和符号代替积分符号即可. 为了简化说明, 我们将使用以下符号:

$$\int_B L(\theta) = \int_B \cdots \int L(\theta; x_1, x_2, \cdots, x_n) \, \mathrm{d}x_1 \, \mathrm{d}x_2 \cdots \mathrm{d}x_n$$

假定存在满足大小为 α 的临界区域 D, 那么

$$\alpha = \int_C L(\theta_0) = \int_D L(\theta_0)$$

那么可以得出

$$0 = \int_C L(\theta_0) - \int_D L(\theta_0) = \int_{C \cap D'} L(\theta_0) + \int_{C \cap D} L(\theta_0) - \int_{C \cap D} L(\theta_0) - \int_{C' \cap D} L(\theta_0)$$

所以

$$0 = \int_{C \cap D'} L(\theta_0) - \int_{C' \cap D} L(\theta_0)$$

利用假设(b),在区域 C 中的每一个点都满足 $kL(\theta_1) \geqslant L(\theta_0)$,所以在区域 $C \cap D'$ 中每一点也满足,因此,

$$k \int_{C \cap D'} L(\theta_1) \geqslant \int_{C \cap D'} L(\theta_0)$$

利用假设(c),区域 C' 中的每一个点都满足 $kL(\theta_1) \leqslant L(\theta_0)$,所以在区域 $C' \cap D$ 中每一点也满足,因此,

$$k \int_{C' \cap D} L(\theta_1) \leqslant \int_{C' \cap D} L(\theta_0)$$

因此,

$$0 = \int_{C \cap D'} L(\theta_0) - \int_{C' \cap D} L(\theta_0) \leqslant (k) \left\{ \int_{C \cap D'} L(\theta_1) - \int_{C' \cap D} L(\theta_1) \right\}$$

即

$$0 \leqslant (k) \left\{ \int_{C \cap D'} L(\theta_1) + \int_{C \cap D} L(\theta_1) - \int_{C \cap D} L(\theta_1) - \int_{C' \cap D} L(\theta_1) \right\}$$

等价于

$$0 \leqslant (k) \left\{ \int_C L(\theta_1) - \int_D L(\theta_1) \right\}$$

所以

$$\int_C L(\theta_1) \geqslant \int_D L(\theta_1)$$

也就是说,$P(C;\theta_1) \geqslant P(D;\theta_1)$. 因为这对于任意满足大小为 α 的临界区域 D 都成立,所以,C 满足大小为 α 的最优临界区域. □

我们考虑一个例子来说明奈曼-皮尔逊引理. 令 $X_1, X_2, \cdots, X_n$ 为连续型分布的随机样本,其概率密度函数为

$$f(x; \theta) = \left(\frac{\theta + 1}{2} \right) x^\theta, \quad -1 < x < 1$$

其中 θ 是非负偶数. 考虑检验原假设 $H_0: \theta = 0$ 和对应的简单的备择假设 $H_1: \theta = 2$ 的检验. 利用奈曼-皮尔逊引理知,这个检验的最优临界区域的形式为 $L(0)/L(2) \leqslant k$,其中

$$L(\theta) = \prod_{i=1}^{n} \left(\frac{\theta + 1}{2} \right) x_i^\theta = \left(\frac{\theta + 1}{2} \right)^n \left(\prod_{i=1}^{n} x_i^\theta \right)$$

计算 $L(\theta)$ 在 $\theta=0$ 和 $\theta=2$ 时的值，我们发现最优临界区域的形式为 $1\Big/\Big[3^n\Big(\prod\limits_{i=1}^{n}x_i^2\Big)\Big]\leqslant k$，

等价于 $\prod\limits_{i=1}^{n}x_i^2\geqslant c$，其中 $c=1/(3^n k)$. 注意在 H_0 下 X 服从均匀分布 $U(-1,1)$，但是在 H_1 的条件下 X 有一个概率更接近于 -1 和 1，稍接近于 0 的相对分布（见图 8.7-1）. 因此，最优势检验拒绝 H_0 当且仅当观测值 X_i^2 在某种总体意义上很大（接近 1），使得它们的连乘更大，这是完全合理的.

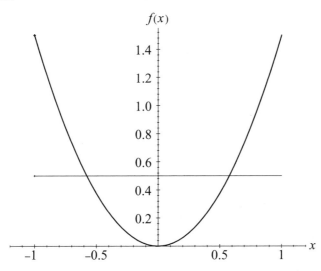

图 8.7-1   随机变量 X 在 $\theta=0$ 或 $\theta=2$ 时的概率密度函数

考虑下一个例子，其假设检验是基于正态分布的随机样本进行的，这是将奈曼-皮尔逊引理应用于更常用的分布的例子.

例 8.7-2   令 $X_1,X_2,\cdots,X_n$ 为来自正态分布 $N(\mu,36)$ 的随机样本. 对于检验简单原假设 $H_0:\mu=50$ 和对应的简单的备择假设 $H_1:\mu=55$，我们将找出最优临界区域. 用似然比函数 $L(50)/L(55)$，我们将在样本空间中找到这些点，使得这个比值小于或等于某个常数 k，也就是说，我们将解出下面的式子：

$$\frac{L(50)}{L(55)}=\frac{(72\pi)^{-n/2}\exp\Big[-\Big(\dfrac{1}{72}\Big)\sum\limits_{i=1}^{n}(x_i-50)^2\Big]}{(72\pi)^{-n/2}\exp\Big[-\Big(\dfrac{1}{72}\Big)\sum\limits_{i=1}^{n}(x_i-55)^2\Big]}=\exp\Big[-\Big(\frac{1}{72}\Big)\Big(10\sum\limits_{i=1}^{n}x_i+n50^2-n55^2\Big)\Big]\leqslant k$$

如果我们对不等式的两边取自然对数，我们会发现：

$$-10\sum_{i=1}^{n}x_i-n50^2+n55^2\leqslant(72)\ln k$$

所以，

$$\frac{1}{n}\sum_{i=1}^{n} x_i \geq -\frac{1}{10n}\left[n50^2 - n55^2 + (72)\ln k\right]$$

等价于

$$\overline{x} \geq c$$

其中 $c = -(1/10n)\left[n50^2 - n55^2 + (72)\ln k\right]$. 所以 $L(50)/L(55) \leq k$ 等价于 $\overline{x} \geq c$. 根据奈曼–皮尔逊引理知，最优临界区域为

$$C = \{(x_1, x_2, \ldots, x_n): \overline{x} \geq c\}$$

其中 c 应满足临界区域的大小为 α. 例如 $n = 16$ 和 $c = 53$，那么，因为 $\overline{X}$ 在 H_0 下服从正态分布 $N(50, 36/16)$，所以

$$\alpha = P(\overline{X} \geq 53; \mu = 50) = P\left(\frac{\overline{X} - 50}{6/4} \geq \frac{3}{6/4}; \mu = 50\right) = 1 - \Phi(2) = 0.0228 \qquad \blacksquare$$

最后，这个例子还说明了通常不等式 $L(\theta_0)/L(\theta_1) \leq k$ 可以用函数 $u(x_1, x_2, \cdots, x_n)$ 表示为 $u(x_1, x_2, \cdots x_n) \geq c_1$ 或 $u(x_1, x_2, \cdots x_n) \leq c_2$ 是正确的，其中 c_1 和 c_2 满足临界区域的大小为 α. 所以，检验依赖统计量 $u(x_1, x_2, \cdots x_n)$. 作为一个例子，如果我们希望 α 是给定的，比如 0.05，那么我们可以选择 c_1 或 c_2. 在例 8.7-2 中，我们想要 $\alpha = 0.05$，那么

$$0.05 = P(\overline{X} \geq c; \mu = 50) = P\left(\frac{\overline{X} - 50}{6/4} \geq \frac{c - 50}{6/4}; \mu = 50\right) = 1 - \Phi\left(\frac{c - 50}{6/4}\right)$$

所以 $(c - 50)/(3/2) = 1.645$ 等价于

$$c = 50 + \frac{3}{2}(1.645) \approx 52.47$$

例 8.7-3　令 $X_1, X_2, \cdots, X_n$ 是样本量为 n，来自均值为 λ 的泊松分布的随机样本. 我们将找出最优临界区域，对于检验简单的原假设 $H_0: \lambda = 2$ 和对应的简单的备择假设 $H_1: \lambda = 5$. 似然比函数为

$$\frac{L(2)}{L(5)} = \frac{2^{\Sigma x_i} e^{-2n}}{x_1! x_2! \cdots x_n!} \frac{x_1! x_2! \cdots x_n!}{5^{\Sigma x_i} e^{-5n}} \leq k$$

这个不等式等价于

$$\left(\frac{2}{5}\right)^{\Sigma x_i} e^{3n} \leq k, \quad 或 \quad (\Sigma x_i)\ln\left(\frac{2}{5}\right) + 3n \leq \ln k$$

因为 $\ln(2/5) < 0$，最后的不等式等价于

$$\sum_{i=1}^{n} x_i \geq \frac{\ln k - 3n}{\ln(2/5)} = c$$

如果 $n=4$ 和 $c=13$，那么

$$\alpha = P\left(\sum_{i=1}^{4} X_i \geq 53; \lambda = 2\right) = 1 - 0.936 = 0.064$$

因为当 $\lambda = 2$ 时，$\sum_{i=1}^{4} X_i$ 服从均值为 8 的泊松分布，所以，这个值从附录的表 III 中获得. ■

当 $H_0: \theta = \theta_0$ 和 $H_1: \theta = \theta_1$ 都是简单的假设时，一个满足大小为 α 的最优临界区域是在 H_1 是真时拒绝 H_0 的概率，相比满足大小为 α 的临界区域是最大的. 这种利用最优临界区域进行的检验被称为**最优功效检验**，因为它在 $\theta = \theta_1$ 时功效函数相比其他具有显著性水平 α 的检验而言具有最大的功效. 如果 H_1 是一个复合假设，则检验的功效函数取决于 H_1 的每一个简单的选择.

定义 8.7-2　如果对于 H_1 的每一个简单的选择，临界区域是最优势检验，满足大小为 α 的临界区域 C 被称为**一致最优势检验**，临界区域 C 也称为大小为 α 的**一致最优势临界区域**.

当备择假设是复合假设时，让我们再来考虑例 8.7-2.

例 8.7-4　令 $X_1, X_2, \cdots, X_n$ 为来自正态分布 $N(\mu, 36)$ 的随机样本. 我们已经看到，对于检验简单原假设 $H_0: \mu = 50$ 和对应的简单的备择假设 $H_1: \mu = 55$，其最优临界区域 C 为 $C = \{(x_1, x_2, \cdots, x_n): \bar{x} \geq c\}$，其中 c 应满足临界区域的大小为 α. 现在，我们考虑原假设 $H_0: \mu = 50$ 和对应的单边复合假设 $H_1: \mu > 50$. 对于在 H_1 中的每一个简单的假设而言，我们用 $\mu = \mu_1$ 导出其似然比函数：

$$\frac{L(50)}{L(\mu_1)} = \frac{(72\pi)^{-n/2} \exp\left[-\left(\frac{1}{72}\right)\sum_{i=1}^{n}(x_i - 50)^2\right]}{(72\pi)^{-n/2} \exp\left[-\left(\frac{1}{72}\right)\sum_{i=1}^{n}(x_i - \mu_1)^2\right]}$$

$$= \exp\left[-\frac{1}{72}\left\{2(\mu_1 - 50)\sum_{i=1}^{n} x_i + n(50^2 - \mu_1^2)\right\}\right]$$

现在，$L(50)/L(\mu_1) \leq k$，当且仅当

$$\bar{x} \geq \frac{(-72)\ln(k)}{2n(\mu_1 - 50)} + \frac{50 + \mu_1}{2} = c$$

所以，对于原假设 $H_0: \mu = 50$ 和对应的简单备择假设 $H_1: \mu = \mu_1$，其中 $\mu_1 > 50$，大小为 α 的最优临界区域为 $C = \{(x_1, x_2, \cdots, x_n): \bar{x} \geq c\}$，其中 c 满足 $P(\bar{X} \geq c, H_0: \mu = 50) = 0.05$. 注意到，对 $\mu_1 > 50$ 的每一个选择可以使用相同的 c 值，但是（当然）k 并不保持不变. 因为临界区域 C 定义了一个检验，它对于 $\mu_1 > 50$ 的每一个简单的替代都是最优功效检验，所以，C 是大小为 α 的一致最优功效检验. 再一次，如果 $\alpha = 0.05$，则 $c \approx 52.47$. ■

例 8.7-5　令 Y 来自二项分布 $b(n, p)$，对于简单原假设 $H_0: p = p_0$ 和单边备择假设 $H_1:$

$p>p_0$，求出一致最优功效检验. 考虑 $p_1>p_0$，那么

$$\frac{L(p_0)}{L(p_1)} = \frac{\binom{n}{y}p_0^y(1-p_0)^{n-y}}{\binom{n}{y}p_1^y(1-p_1)^{n-y}} \leqslant k$$

等价于

$$\left[\frac{p_0(1-p_1)}{p_1(1-p_0)}\right]^y \left[\frac{1-p_0}{1-p_1}\right]^n \leqslant k$$

即

$$y\ln\left[\frac{p_0(1-p_1)}{p_1(1-p_0)}\right] \leqslant \ln k - n\ln\left[\frac{1-p_0}{1-p_1}\right]$$

因为 $p_0<p_1$，能得到 $p_0(1-p_1)<p_1(1-p_0)$，所以 $\ln[p_0(1-p_1)/p_1(1-p_0)]<0$，从而得到

$$\frac{y}{n} \geqslant \frac{\ln k - n\ln[(1-p_0)/(1-p_1)]}{n\ln[p_0(1-p_1)/p_1(1-p_0)]} = c$$

对于每一个 $p_1>p_0$ 成立.

有趣的是，如果备择假设是单边检验 $H_1:p<p_0$，则相似的操作可以得到一个一致最优功效检验，形式为 $(y/n)\leqslant c$. 所以，表 8.4-1 中给出的检验 $H_0:p=p_0$ 和单侧备择假设的临界区域都是一致最优功效检验. ■

练习 8.7-5 将证明一致最优功效检验并不总是存在的. 特别地，对于复合检验是双边假设检验时，一致最优功效检验通常不存在.

注 我们以一个简单但重要的观察来结束这一节：如果统计量 $u(X_1,X_2,\cdots,X_n)$ 是参数 θ 的充分统计量，那么由分解定理可知，

$$\frac{L(\theta_0)}{L(\theta_1)} = \frac{\phi[u(x_1,x_2,\ldots,x_n);\theta_0]\,h(x_1,x_2,\ldots,x_n)}{\phi[u(x_1,x_2,\ldots,x_n);\theta_1]\,h(x_1,x_2,\ldots,x_n)} = \frac{\phi[u(x_1,x_2,\ldots,x_n);\theta_0]}{\phi[u(x_1,x_2,\ldots,x_n);\theta_1]}$$

所以，$L(\theta_0)/L(\theta_1)\leqslant k$ 提供了一个临界区域，该临界区域是观测值 $x_1,x_2,\cdots,x_n$ 的函数，只需要通过 $y=u(x_1,x_2,\cdots,x_n)$ 的观测值来确定. 因此，最优势检验和一致最优功效检验的临界区域是基于充分统计量而存在的.

练习

8.7-1 设 $X_1,X_2,\cdots,X_n$ 为来自正态分布 $N(\mu,64)$ 的随机样本.

    (a) 对于简单原假设 $H_0:\mu=80$ 和简单的备择假设 $H_1:\mu=76$，证明 $C=\{(x_1,x_2,\cdots,x_n):\bar{x}\leqslant c\}$ 是最优临界区域.

    (b) 求出 n 和 c，使得 $\alpha\approx0.05$，$\beta\approx0.05$.

8.7-2 设 $X_1,X_2,\cdots,X_n$ 为来自正态分布 $N(0,\sigma^2)$ 的随机样本.

    (a) 证明：$C=\left\{(x_1,x_2,\cdots,x_n):\sum_{i=1}^{n}x_i^2\geqslant c\right\}$ 是最优临界区域，对于简单原假设 $H_0:\sigma^2=4$ 和简单的备择假设 $H_1:\sigma^2=16$.

(b) 如果 $n = 15$，在 $\alpha = 0.05$ 下求出 c. **提示**：$\sum\limits_{i=1}^{n} x_i^2 / \sigma^2$ 服从 $\chi^2(n)$.

(c) 如果 $n = 15$，c 是（b）中的值，求出，$\beta = P\left(\sum\limits_{i=1}^{n} x_i^2 < c; \sigma^2 = 16 \right)$ 的近似值.

8.7-3 设 X 服从均值为 θ 的指数分布，也就是说，其概率密度函数为 $f(x; \theta) = (1/\theta) e^{-x/\theta}$，$0 < x < \infty$，令 $X_1, X_2, \cdots, X_n$ 为来自这个分布的随机样本.

(a) 对于简单原假设 $H_0: \theta = 3$ 和简单的备择假设 $H_1: \theta = 5$，证明：最优临界区域依赖于统计量

$$\sum_{i=1}^{n} x_i.$$

(b) 如果 $n = 12$，基于 $(2/\theta) \sum\limits_{i=1}^{12} X_i$ 服从 $\chi^2(24)$，求出大小 $\alpha = 0.10$ 下的最优临界区域.

(c) 如果 $n = 12$，求出大小 $\alpha = 0.10$ 下对于简单原假设 $H_0: \theta = 3$ 和简单的备择假设 $H_1: \theta = 7$ 的最优临界区域.

(d) 如果 $H_1: \theta > 3$，（b）和（c）求出的共同区域是不是大小 $\alpha = 0.10$ 下的一致最优临界区域？

8.7-4 设 $X_1, X_2, \cdots, X_n$ 为来自伯努利分布 $b(1, p)$ 的随机样本.

(a) 证明：对于简单原假设 $H_0: p = 0.9$ 和简单的备择假设 $H_1: p = 0.8$，最优临界区域依赖于统计量

$$\sum_{i=1}^{n} x_i,$$ 它的分布为二项分布 $b(n, p)$.

(b) 如果 $C = \left\{ (x_1, x_2, \cdots, x_n): \sum\limits_{i=1}^{n} x_i \leqslant n(0.85) \right\}$，同时 $Y = \sum\limits_{i=1}^{n} x_i$，求出 n 的值，使得 $\alpha = P(Y \leqslant n(0.85); p = 0.9) \approx 0.10$. **提示**：用正态分布近似二项分布.

(c) 利用（b）的结果，近似计算 $\beta = P(Y > n(0.85); p = 0.8)$.

(d) 如果备择假设为 $H_1: p < 0.9$，（b）题求出的检验是不是一致最优检验？

8.7-5 设 $X_1, X_2, \cdots, X_n$ 为来自正态分布 $N(\mu, 36)$ 的随机样本.

(a) 对于简单原假设 $H_0: \mu = 50$ 和对应的备择假设 $H_1: \mu < 50$，证明：$C = \{\bar{x}: \bar{x} \leqslant c\}$ 是一致最优临界区域.

(b) 用这个结果和例 8.7-4 的结果，证明：对于原假设 $H_0: \mu = 50$ 和备择假设 $H_1: \mu \neq 50$，一致最优功效检验不存在.

8.7-6 设 $X_1, X_2, \cdots, X_n$ 为来自正态分布 $N(\mu, 9)$ 的随机样本. 利用三种临界区域 $C_1 = \{\bar{x}: \bar{x} \geqslant c_1\}$，$C_2 = \{\bar{x}: \bar{x} \leqslant c_2\}$ 和 $C_3 = \{\bar{x}: |\bar{x} - 80| \geqslant c_3\}$ 来检验原假设 $H_0: \mu = 80$ 和备择假设 $H_1: \mu \neq 80$.

(a) 如果 $n = 16$，求出 c_1，c_2 和 c_3，使得它们都是大小为 0.05 的临界区域，即求

$$0.05 = P(\overline{X} \in C_1; \mu = 80) = P(\overline{X} \in C_2; \mu = 80) = P(\overline{X} \in C_3; \mu = 80)$$

(b) 在同一张坐标纸上，画出这三个临界区域的功效函数的草图.

8.7-7 设 $X_1, X_2, \cdots, X_{10}$ 为来自均值为 μ 的泊松分布样本量为 10 的随机样本.

(a) 对于简单原假设 $H_0: \mu = 0.5$ 和对应的备择假设 $H_1: \mu > 0.5$. 证明：一致最优临界区域依赖于统计量 $\sum\limits_{i=1}^{10} X_i$.

(b) 求出临界区域大小 $\alpha = 0.068$ 下的一致最优临界区域. 回顾一下 $\sum\limits_{i=1}^{10} X_i$ 服从均值为 10μ 的泊松分布.

（c）画出功效函数的图像.

8.7-8 考虑 $X_1, X_2, \cdots, X_n$ 为来自概率密度函数为 $f(x;\theta) = \theta(1-x)^{\theta-1}$，$0 < x < 1$ 的随机样本，其中 $0 < \theta$. 对于简单原假设 $H_0: \theta = 1$ 和对应的备择假设 $H_1: \theta > 1$，求出其一致最优功效检验.

8.7-9 考虑 $X_1, X_2, \cdots, X_5$ 为来自伯努利分布 $p(x;\theta) = \theta^x (1-\theta)^{1-x}$，$x = 0$，$1$ 的随机样本，如果 $Y = \sum_{i=1}^{5} X_i \leq c$ 拒绝原假设 $H_0: \theta = 1/2$，接受备择假设 $H_1: \theta < 1/2$. 证明：该检验是一致最优功效检验，并求出在 $c = 1$ 条件下的功效函数 $K(\theta)$.

8.7-10 考虑 $X_1, X_2, \cdots, X_n$ 是来自概率密度为

$$f(x;\theta) = \frac{1}{2\theta} e^{-|x|/\theta}, \quad -\infty < x < \infty$$

的随机样本，对于简单原假设 $H_0: \theta = 1$ 和简单备择假设 $H_1: \theta = 2$，求出最优临界区域.

8.7-11 证明：在练习 8.6-4 中，在水平 α 下检验原假设 $H_0: p = 0.4$ 和备择假设 $H_1: p > 0.4$ 的检验是一致最优功效检验.（其中 α 是该练习（a）中的结果.）

417

8.8 似然比检验

在本节中，我们将针对原假设 H_0 和备择假设 H_1 的一个或两个都是复合假设，构造检验的一种通用的方法. 我们继续假设概率密度函数的函数形式是已知的，但依赖于一个或多个未知参数. 也就是说，假设 X 的概率密度函数为 $f(x;\theta)$，其中 θ 代表一个或多个未知参数. 我们令 Ω 为参数空间，即参数 θ 由 H_0 或 H_1 给出所有可能的值的集合. 这些假设将被表述为

$$H_0: \theta \in \omega, \quad H_1: \theta \in \omega'$$

其中 ω 是 Ω 的子集，ω' 是相对于 Ω 中 ω 的补集. 该检验将使用一个分别在 ω 和 Ω 上最大化的似然函数的比率来构建. 从某种意义上说，当两个假设很简单时，将在奈曼-皮尔逊引理中出现似然比的一种自然概括.

定义 8.8-1 **似然比** 定义如下：

$$\lambda = \frac{L(\hat{\omega})}{L(\hat{\Omega})}$$

其中 $L(\hat{\omega})$ 是当 $\theta \in \omega$ 时关于 θ 的最大似然函数，$L(\hat{\Omega})$ 是当 $\theta \in \Omega$ 时关于 θ 的最大似然函数.

因为 λ 是非负函数之比，所以 $\lambda \geq 0$. 此外，因为 $\omega \subset \Omega$，所以 $L(\hat{\omega}) \leq L(\hat{\Omega})$，因此，$\lambda \leq 1$. 所以 $0 \leq \lambda \leq 1$. 如果在 ω 上似然函数 L 的最大值远远小于在 Ω 上似然函数 L 的最大值，那么这就隐含数据 $x_1, x_2, \cdots, x_n$ 不支持假设 $H_0: \theta \in \omega$. 也就是说，似然比 $\lambda = L(\hat{\omega})/L(\hat{\Omega})$ 是一个将导致拒绝假设 H_0 的小值. 相反，λ 的值靠近 1 将接受原假设 H_0. 这样的原因导致下面的定义.

定义 8.8-2 检验假设 $H_0: \theta \in \omega$，及其对应的 $H_1: \theta \in \omega'$，**似然比检验的临界区域** 是满足

$$\lambda = \frac{L(\hat{\omega})}{L(\hat{\Omega})} \leq k$$

的样本空间的点构成的集合，其中 $0<k<1$，由所希望的显著性水平来确定 k.

下面的例子阐述下面的定义.

例 8.8-1 假设 X 是以盎司为单位的一袋 "10 磅" 的糖的重量，其分布为 $N(\mu,5)$. 我们检验原假设 $H_0:\mu=162$ 和对应的备择假设 $H_1:\mu\neq162$. 所以 $\Omega=\{\mu:-\infty<\mu<\infty\}$，而且 $\omega=\{162\}$. 为求出似然比，需要求出 $L(\hat{\omega})$ 和 $L(\hat{\Omega})$. 当 H_0 为真时，μ 的值仅有一个，即 $\mu=162$，所以 $L(\hat{\omega})=L(162)$. 为了求 $L(\hat{\Omega})$，我们必须求出使得 $L(\mu)$ 达到最大值的 μ. 回顾一下 $\hat{\mu}=\bar{x}$ 是 μ 的极大似然估计，所以 $L(\hat{\Omega})=L(\bar{x})$，同时可得似然比 $\lambda=L(\hat{\omega})/L(\hat{\Omega})$ 的具体表达式： 〔418〕

$$\lambda=\frac{(10\pi)^{-n/2}\exp\left[-\left(\dfrac{1}{10}\right)\sum_{i=1}^{n}(x_i-162)^2\right]}{(10\pi)^{-n/2}\exp\left[-\left(\dfrac{1}{10}\right)\sum_{i=1}^{n}(x_i-\bar{x})^2\right]}=\frac{\exp\left[-\left(\dfrac{1}{10}\right)\sum_{i=1}^{n}(x_i-\bar{x})^2-\left(\dfrac{n}{10}\right)(\bar{x}-162)^2\right]}{\exp\left[-\left(\dfrac{1}{10}\right)\sum_{i=1}^{n}(x_i-\bar{x})^2\right]}$$

$$=\exp\left[-\frac{n}{10}(\bar{x}-162)^2\right]$$

一方面，$\bar{x}$ 接近 162 的值倾向于支持 H_0，在这种情况下 λ 接近 1. 另一方面，$\bar{x}$ 与 162 相差太大，会趋于支持 H_1.（$n=5$ 时此似然比曲线图见图 8.8-1.）

似然比检验的临界区域是 $\lambda\leqslant k$，其中 k 被选中，使检验满足某种显著性水平 α. 我们使用奈曼-皮尔逊引理，并使用此检验准则简化这个不等式，我们发现 $\lambda\leqslant k$ 等价于下列的每一个不等式：

$$-\left(\frac{n}{10}\right)(\bar{x}-162)^2\leqslant\ln k$$

$$(\bar{x}-162)^2\geqslant-\left(\frac{10}{n}\right)\ln k$$

$$\frac{|\bar{x}-162|}{\sqrt{5}/\sqrt{n}}\geqslant\frac{\sqrt{-(10/n)\ln k}}{\sqrt{5}/\sqrt{n}}=c$$

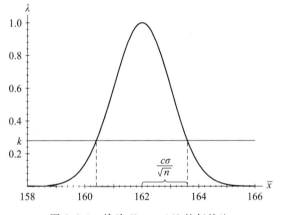

图 8.8-1   检验 $H_0:\mu=162$ 的似然比

〔419〕

因为当 $H_0:\mu=162$ 为真时，$Z=(\bar{x}-162)/(\sqrt{5}/\sqrt{n})$ 服从标准正态分布 $N(0,1)$，所以 $c=z_{\alpha/2}$. 所以，临界区域是

$$C=\left\{\bar{x}:\frac{|\bar{x}-162|^2}{\sqrt{5}/\sqrt{n}}\geqslant z_{\alpha/2}\right\}$$

举一个例子，如果 $\alpha=0.05$，那么 $z_{0.025}=1.96$. ∎

如例 8.8-1 中所示，不等式 $\lambda\leqslant k$ 通常可以表达分布已知的统计量的术语. 另外，请注意，虽然似然比检验是一个直观的检验，当 H_0 和 H_1 都是简单假设时，它与奈曼-皮尔逊

引理给出的临界区域相同.

假设 $X_1, X_2, \cdots, X_n$ 为来自总体为正态分布 $N(\mu, \sigma^2)$ 的随机样本，其中 μ 和 σ^2 都是未知的. 对于原假设 $H_0: \mu = \mu_0$ 和双边备择假设 $H_1: \mu \neq \mu_0$，我们考虑一下似然比检验. 对于这个检验，

$$\omega = \{(\mu, \sigma^2): \mu = \mu_0, \ 0 < \sigma^2 < \infty\}$$

同时

$$\Omega = \{(\mu, \sigma^2): -\infty < \mu < \infty, \ 0 < \sigma^2 < \infty\}$$

如果 $(\mu, \sigma^2) \in \Omega$，那么极大似然估计值为 $\hat{\mu} = \overline{x}$ 和 $\hat{\sigma}^2 = (1/n) \sum_{i=1}^{n} (x_i - \overline{x})^2$. 所以

$$L(\hat{\Omega}) = \left[\frac{1}{2\pi(1/n) \sum_{i=1}^{n} (x_i - \overline{x})^2} \right]^{n/2} \exp\left[-\frac{\sum_{i=1}^{n} (x_i - \overline{x})^2}{(2/n) \sum_{i=1}^{n} (x_i - \overline{x})^2} \right] = \left[\frac{n\mathrm{e}^{-1}}{2\pi \sum_{i=1}^{n} (x_i - \overline{x})^2} \right]^{n/2}$$

类似地，如果 $(\mu, \sigma^2) \in \omega$，那么极大似然估计值为 $\hat{\mu} = \mu_0$ 和 $\hat{\sigma}^2 = (1/n) \sum_{i=1}^{n} (x_i - \mu_0)^2$，所以

$$L(\hat{\omega}) = \left[\frac{1}{2\pi(1/n) \sum_{i=1}^{n} (x_i - \mu_0)^2} \right]^{n/2} \exp\left[-\frac{\sum_{i=1}^{n} (x_i - \mu_0)^2}{(2/n) \sum_{i=1}^{n} (x_i - \mu_0)^2} \right] = \left[\frac{n\mathrm{e}^{-1}}{2\pi \sum_{i=1}^{n} (x_i - \mu_0)^2} \right]^{n/2}$$

所以，这个检验的似然比 $\lambda = L(\hat{\omega})/L(\hat{\Omega})$ 为

$$\lambda = \frac{\left[\dfrac{n\mathrm{e}^{-1}}{2\pi \sum_{i=1}^{n} (x_i - \mu_0)^2} \right]^{n/2}}{\left[\dfrac{n\mathrm{e}^{-1}}{2\pi \sum_{i=1}^{n} (x_i - \overline{x})^2} \right]^{n/2}} = \left[\frac{\sum_{i=1}^{n} (x_i - \overline{x})^2}{\sum_{i=1}^{n} (x_i - \mu_0)^2} \right]^{n/2}$$

注意到，

$$\sum_{i=1}^{n} (x_i - \mu_0)^2 = \sum_{i=1}^{n} (x_i - \overline{x} + \overline{x} - \mu_0)^2 = \sum_{i=1}^{n} (x_i - \overline{x})^2 + n(\overline{x} - \mu_0)^2$$

如果将这个式子替换 λ 的分母，得到

$$\lambda = \left[\frac{\sum_{i=1}^{n}(x_i-\bar{x})^2}{\sum_{i=1}^{n}(x_i-\bar{x})^2+n(\bar{x}-\mu_0)^2}\right]^{n/2} = \left[\frac{1}{1+\frac{n(\bar{x}-\mu_0)^2}{\sum_{i=1}^{n}(x_i-\bar{x})^2}}\right]^{n/2}$$

注意，当 $\bar{x}$ 接近 μ_0 时，λ 是接近 1. 当 $\bar{x}$ 和 μ_0 相差很大时，λ 很小. 似然比检验由不等式 $\lambda \le k$ 导出，等价地有

$$\frac{1}{1+\frac{n(\bar{x}-\mu_0)^2}{\sum_{i=1}^{n}(x_i-\bar{x})^2}} \le k^{2/n}$$

或者，等价地，

$$\frac{n(\bar{x}-\mu_0)^2}{[1/(n-1)]\sum_{i=1}^{n}(x_i-\bar{x})^2} \ge (n-1)(k^{-2/n}-1)$$

当 H_0 为真时，$\sqrt{n}(\bar{X}-\mu_0)/\sigma$ 服从标准正态分布 $N(0,1)$，同时 $\sum_{i=1}^{n}(X_i-\bar{X})^2/\sigma^2$ 服从卡方分布 $\chi^2(n-1)$，两者相互独立. 所以，在 H_0 下，

$$T = \frac{\sqrt{n}(\bar{X}-\mu_0)/\sigma}{\sqrt{\sum_{i=1}^{n}(X_i-\bar{X})^2/[\sigma^2(n-1)]}} = \frac{\sqrt{n}(\bar{X}-\mu_0)}{\sqrt{\sum_{i=1}^{n}(X_i-\bar{X})^2/(n-1)}} = \frac{\bar{X}-\mu_0}{S/\sqrt{n}}$$

服从自由度为 $r=n-1$ 的 t 分布. 根据似然比临界区域，H_0 被拒绝，当且仅当观察到

$$T^2 \ge (n-1)(k^{-2/n}-1)$$

也就是说，在显著性水平 α 下，拒绝 $H_0:\mu=\mu_0$，接受 $H_1:\mu\ne\mu_0$，当且仅当 $|T|\ge t_{\alpha/2}(n-1)$.

请注意，此检验与表 8.1-2 中列出的检验对于 $H_0:\mu=\mu_0$ 和对应的 $H_1:\mu\ne\mu_0$ 完全相同，也就是说，这里列出的检验就是一个似然比检验. 事实上，表 8.1-2 和表 8.2-1 中给出的 6 个检验都是似然比检验. 因此，与这些表格相关的例子和练习都是这种检验的例子.

本节的最后讨论一下关于正态总体方差的检验. 让 $X_1,X_2,\cdots,X_n$ 为来自总体为正态分布 $N(\mu,\sigma^2)$ 的随机样本，其中 μ 和 σ^2 都是未知的. 我们检验原假设 $H_0:\sigma^2=\sigma_0^2$ 和双边备择假设 $H_1:\sigma^2\ne\sigma_0^2$，显然

$$\omega = \{(\mu,\sigma^2): -\infty < \mu < \infty, \ \sigma^2 = \sigma_0^2\}$$

同时

$$\Omega = \{(\mu, \sigma^2): -\infty < \mu < \infty, \ 0 < \sigma^2 < \infty\}$$

在关于均值的检验中，我们得到

$$L(\hat{\Omega}) = \left[\frac{ne^{-1}}{2\pi \sum_{i=1}^{n}(x_i - \bar{x})^2}\right]^{n/2}$$

如果 $(\mu, \sigma^2) \in \omega$，那么极大似然估计值为 $\hat{\mu} = \bar{x}$ 和 $\hat{\sigma}^2 = \sigma_0^2$，所以

$$L(\hat{\omega}) = \left(\frac{1}{2\pi\sigma_0^2}\right)^{n/2} \exp\left[-\frac{\sum_{i=1}^{n}(x_i - \bar{x})^2}{2\sigma_0^2}\right]$$

由此可得，这个检验的似然比 $\lambda = L(\hat{\omega})/L(\hat{\Omega})$ 为

$$\lambda = \left(\frac{w}{n}\right)^{n/2} \exp\left(-\frac{w}{2} + \frac{n}{2}\right) \le k$$

其中 $w = \sum_{i=1}^{n}(x_i - \bar{x})^2/\sigma_0^2$. 对于 w，我们得到解的形式为 $w \le c_1$ 或 $w \ge c_2$，其中常数 c_1 和 c_2 为关于常数 k 和 n 的恰当的函数，以达到预期的显著性水平 α. 然而 c_1 和 c_2 的这些值不需要一定使得区域 $w \le c_1$ 和 $w \ge c_2$ 发生的概率为 $\alpha/2$. 如果 $H_0: \sigma^2 = \sigma_0^2$ 为真的，那么 $W = \sum_{i=1}^{n}(X_i - \bar{X})^2/\sigma_0^2$ 服从 $\chi^2(n-1)$ 分布. 大多数统计学家通过 $c_1 = \chi^2_{1-\alpha/2}(n-1)$ 和 $c_2 = \chi^2_{\alpha/2}(n-1)$ 修正这个检验. 事实上，大多数检验都涉及正态分布下的假设为似然比检验或其轻微修改，包括回归的检验和方差分析(见第 9 章).

　　注　当充分统计量存在时，似然比检验是建立在充分统计量上的，此时最优临界区域和一致最优功效临界区域同样存在.

练习

8.8-1　在例 8.8-1 中，假定 $n = 20$ 和 $\bar{x} = 161.1$.
　　(a) 如果 $\alpha = 0.10$，是否接受 H_0?
　　(b) 如果 $\alpha = 0.05$，是否接受 H_0?
　　(c) 该检验的 p 值是多少?

8.8-2　假设 X 是以盎司为单位的一袋"10 磅"的糖的重量，其分布为 $N(\mu, 0.03)$. 令 $X_1, X_2, \cdots, X_n$ 是来自这一分布的随机样本.
　　(a) 检验原假设 $H_0: \mu \ge 10.35$ 和对应的备择假设 $H_1: \mu < 10.35$，利用似然比检验求出大小为 0.05 的临界区域. **提示:** 如果 $\mu > 10.35$ 同时 $\bar{x} < 10.35$，那么 $\hat{\mu} = 10.35$.
　　(b) 如果随机样本的样本量为 $n = 50$，相应的 $\bar{x} = 10.31$，H_0 是否被拒绝? **提示:** 当 H_0 是真时，接受 $\mu \ge 10.35$ 的极端值，即 $\mu = 10.35$，求出临界值 z_α.
　　(c) 检验的 p 值是多少?

8.8-3　假设 $X_1, X_2, \cdots, X_n$ 是样本量为 n 的来自正态分布 $N(\mu, 100)$ 的随机样本.

(a) 检验原假设 $H_0:\mu=230$ 和备择假设 $H_1:\mu>230$，利用似然比检验求出临界区域.

(b) 这个是不是一致最优功效检验？

(c) 如果随机样本的样本量为 $n=16$，相应地，$\bar{x}=232.6$，在显著性水平 $\alpha=0.10$ 下，H_0 是否被接受？

(d) 检验的 p 值是多少？

8.8-4　假设 $X_1,X_2,\cdots,X_n$ 是样本量为 n 的来自正态分布 $N(\mu,\sigma_0^2)$ 的随机样本，其中 μ 是未知的，σ_0^2 是已知的.

(a) 检验原假设 $H_0:\mu=\mu_0$ 和备择假设 $H_1:\mu\neq\mu_0$，求出似然比检验. 证明：显著性水平为 α 时的临界区域为 $|\bar{X}-\mu_0|\geqslant z_{\alpha/2}\sigma_0\sqrt{n}$.

(b) 当 $\sigma_0^2=255$，样本量为 $n=100$，相应，$\bar{x}=56.13$，$\alpha=0.05$ 时，检验原假设 $H_0:\mu=59$ 和备择假设 $H_1:\mu\neq59$.

(c) 检验的 p 值是多少？注意 H_1 是双边备择假设.

8.8-5　检验原假设 $H_0:\mu=30$ 和备择假设 $H_1:\mu\neq30$，其中 μ 是正态分布的期望，σ^2 是未知的. 如果样本量为 $n=9$，相应的 $\bar{x}=32.8$，$s=4$，显著性水平 $\alpha=0.05$，H_0 是否被接受？这个检验近似的 p 值是多少？

8.8-6　在正态分布前提下，检验原假设 $H_0:\mu=335$ 和备择假设 $H_1:\mu<335$，其样本量为 $n=17$，相应地，$\bar{x}=324.8$，$s=40$，在显著性水平 $\alpha=0.10$ 下 H_0 是否被接受？

8.8-7　假设 X 的分布是 μ 和 σ^2 均未知的正态分布，检验原假设 $H_0:\mu=1.80$ 和备择假设 $H_1:\mu>1.80$，其样本量为 $n=121$，相应地，$\bar{x}=1.84$，$s=0.20$，在显著性水平 $\alpha=0.10$ 下 H_0 是否被接受？检验的 p 值是多少？ 422

8.8-8　假设 $X_1,X_2,\cdots,X_n$ 是来自均值为 θ 的指数分布的随机样本. 检验原假设 $H_0:\theta=\theta_0$ 和备择假设 $H_1:\theta\neq\theta_0$，证明：似然比检验下的临界区域的形式为 $\sum\limits_{i=1}^{n}x_i\leqslant c_1$ 或 $\sum\limits_{i=1}^{n}x_i\geqslant c_2$. 利用卡方分布表修正检验，使其使用起来比较容易.

8.8-9　设大小分别为 n 和 m 且相互独立的，分别来自两个正态分布的随机样本，其中均值 μ_X 和 μ_Y 未知，方差 σ_X^2 和 σ_Y^2 未知.

(a) 证明：在 $\sigma_X^2=\sigma_Y^2$ 的条件下，检验原假设 $H_0:\mu_X=\mu_Y$ 和备择假设 $H_1:\mu_X\neq\mu_Y$ 的似然比检验是通常用的两样本 t 统计量.

(b) 证明：检验原假设 $H_0:\sigma_X^2=\sigma_Y^2$ 和备择假设 $H_1:\sigma_X^2\neq\sigma_Y^2$ 的似然比检验是通常用的二样本 F 统计量.

8.8-10　参考练习 6.4-19，针对 μ 未知，原假设 $H_0:\gamma=1$ 和其他各种备择假设，求出似然比检验.

8.8-11　假设 $Y_1,Y_2,\cdots,Y_n$ 相互独立，样本量为 n 的来自正态分布 $N(\beta x_i,\sigma^2)$ 的随机样本，其中 $x_1,x_2,\cdots,x_n$ 是已知的，β 和 σ^2 是未知参数.

(a) 求出原假设 $H_0:\beta=0$ 和备择假设 $H_1:\beta\neq0$ 的似然比检验.

(b) 该检验是否依赖于众所周知的分布的统计量？

历史评注　本节中介绍的大多数检验方法都来自奈曼和皮尔逊(伊贡，即卡尔的儿子)的理论中. 奈曼和皮尔逊组成了一个团队，特别是在 20 世纪 20~30 年代，产生了一系列对假设检验领域有重要贡献的理论结果.

奈曼和皮尔逊在进行假设检验时知道，他们需要一个临界区域，当备择假设为真时，这个临界区域有很高的概率，但是他们没有找到最好的方法. 在某一天的晚上，奈曼正在考虑这个问题，他的妻子告诉他，他们要去听音乐会. 他在音乐会上一直在想这个问题，最后，在音乐会进行到一半时，他想出了一个解决办法：选择临界区域内的点，使备择假设下的概率密度函数与原假设下的概率密度函数之比尽可能大. 因此，奈曼-皮尔森引理诞生了. 有时，解决方法会以最奇怪的方式出现.

在 Wilcoxon 提出二样本检验后不久，曼尼(Mann)和惠特尼(Whitney)建议应该基于概率 $P(X<Y)$ 的估计来进行检验. 在这个检验中，他们令 U 等于 $X_i<Y_j(i=1,2\cdots n_X)$ 的这些数乘以 $j=1,2,\cdots,n_Y$ 这个数. 用例 8.5-6 中的数据，我们能计算出 U，在 (X,Y) 的 $(n_X)(n_Y)=$ $(8)(8)=64$ 的数据对中得到 $u=51$. 所以概率 $P(X<Y)$ 的估计为 $\dfrac{51}{64}$，或者表示为 $u/n_X n_Y$. 在 Mann-Whitney 的建议中值得注意的是，U 只是 Wilcoxon 秩和统计量 W 的一个线性函数，并提供了相同的检验. 因此，Wilcoxon 秩和检验也称为 Mann-Whitney 检验.

值得注意的是，Wilcoxon 秩和检验对极值的敏感性远远低于基于 $\overline{X}-\overline{Y}$ 的学生 t 检验. 因此，如果有相当大的偏度或污染，这些无分布检验要安全得多. 特别是，Wilcoxon 秩和检验是相当好的，如果分布接近正态分布，那么它不会使功效函数损失太多. 值得注意的是，单样本 Wilcoxon 检验潜在要求分布的对称性，而二样本 Wilcoxon 检验不要求，因此可以用于偏态分布.

从超出本文范围的理论发展来看，二样本 Wilcoxon 检验，对于通常基于正态分布假设的单样本和二样本检验，是强有力的竞争对手. 因此，如果正态假设受到质疑，那么就应该考虑 Wilcoxon 检验.

计算机程序，包括 Minitab，都可以计算 Wilcoxon 秩和统计量和 Mann-Whitney 统计量的值. 然而，手工做这些检验是有意义的，这样你可以看到正在计算的内容！

第9章 其他检验

9.1 卡方拟合优度检验

我们现在考虑非常重要的卡方统计量的应用，这是卡尔·皮尔逊在 1900 年首次提出的. 正如读者所看到的，它是一个适应性非常强的检验统计量，可用于许多不同类型的检验. 尤其是应用于检验不同概率模型的适用性.

为了让读者了解卡尔·皮尔逊为什么首先提出卡方统计量，我们从二项分布开始. 也就是说，令 Y_1 服从 $b(n, p_1)$，其中 $0 < p_1 < 1$. 根据中心极限定理，只要 n 足够大，

$$Z = \frac{Y_1 - np_1}{\sqrt{np_1(1 - p_1)}}$$

特别是当 $np_1 \geq 5$ 和 $n(1 - p_1) \geq 5$ 时，近似服从 $N(0, 1)$. 因此，$Q_1 = Z^2$ 近似服从 $\chi^2(1)$. 如果令 $Y_2 = n - Y_1$ 以及 $p_2 = 1 - p_1$，我们看到 Q_1 可以写成

$$Q_1 = \frac{(Y_1 - np_1)^2}{np_1(1 - p_1)} = \frac{(Y_1 - np_1)^2}{np_1} + \frac{(Y_1 - np_1)^2}{n(1 - p_1)}$$

因为

$$(Y_1 - np_1)^2 = (n - Y_1 - n[1 - p_1])^2 = (Y_2 - np_2)^2$$

所以我们有

$$Q_1 = \frac{(Y_1 - np_1)^2}{np_1} + \frac{(Y_2 - np_2)^2}{np_2}$$

现在让我们仔细考虑最后一个表达式 Q_1 中的每一项. 当然，Y_1 是"成功"的数目，np_1 是"成功"的期望值，即 $E(Y_1) = np_1$. 类似地，Y_2 和 np_2 分别是"失败"的数目和期望值，因此每个分子由观测到的值和期望值之差的平方组成. 注意，Q_1 可以写成

$$Q_1 = \sum_{i=1}^{2} \frac{(Y_i - np_i)^2}{np_i} \tag{9.1-1}$$

我们直观地看到，它近似服从自由度为 1 的卡方分布. 从某种意义上说，Q_1 衡量了观测值和相应期望值之间的"接近度". 例如，如果 Y_1 和 Y_2 的观测值等于它们的期望值，则计算出的 Q_1 等于 $q_1 = 0$. 但是，如果它们相差很大，则计算得到的 $Q_1 = q_1$ 相对较大.

总之，我们令某实验具有 k 个（而不是只有两个）互斥且无遗漏的结果，比如 A_1，$A_2, \cdots, A_k$. 令 $p_i = P(A_i)$，于是 $\sum_{i=1}^{k} p_i = 1$. 实验独立重复了 n 次，我们令 Y_i 表示重复实验中

结果为 $A_i(i=1,2,\cdots,k)$ 的次数. 这里 $Y_1,Y_2,\cdots,Y_{k-1}$ 的联合分布是二项分布的直接推广, 如下所示.

考虑联合概率质量函数, 我们看到

$$f(y_1,y_2,\cdots,y_{k-1}) = P(Y_1=y_1,Y_2=y_2,\cdots,Y_{k-1}=y_{k-1})$$

其中, $y_1,y_2,\cdots,y_{k-1}$ 为非负整数, 因此 $y_1+y_2+\cdots+y_{k-1} \leqslant n$. 注意, 我们不需要考虑 Y_k, 因为一旦观察到其他 $k-1$ 个随机变量分别等于 $y_1,y_2,\cdots,y_{k-1}$, 我们知道

$$Y_k = n-y_1-y_2-\cdots-y_{k-1} = y_k$$

从实验的独立性来看, 每种特殊排列 $y_1A_1s,y_2A_2s,\cdots,y_kA_ks$ 的概率为

$$p_1^{y_1}p_2^{y_2}\cdots p_k^{y_k}$$

这种排列的数目是多项式系数

$$\binom{n}{y_1,y_2,\cdots,y_k} = \frac{n!}{y_1!\,y_2!\cdots y_k!}$$

因此, 这两个表达式的乘积给出了 $Y_1,Y_2,\cdots,Y_{k-1}$ 的联合概率质量函数:

$$f(y_1,y_2,\cdots,y_{k-1}) = \frac{n!}{y_1!\,y_2!\cdots y_k!}p_1^{y_1}p_2^{y_2}\cdots p_k^{y_k},$$

$$y_1\geqslant 0,y_2\geqslant 0,\cdots,y_{k-1}\geqslant 0,\quad y_1+y_2+\cdots+y_{k-1}\leqslant n$$

我们说 $Y_1,Y_2,\cdots,Y_{k-1}$ 服从参数为 n 和 $p_1,p_2,\cdots,p_{k-1}$ 的**多项式分布**(multinomial distribution). 回顾知, $y_k=n-y_1-y_2-\cdots-y_{k-1}$ 且 $p_k=1-p_1+p_2+\cdots+p_{k-1}$.

于是皮尔逊扩展 Q_1(公式(9.1-1), 其中包含 Y_1 和 $Y_2=n-Y_1$)为 Q_{k-1} 的表达式, 它包含 $Y_1,Y_2,\cdots,Y_{k-1}$ 和 $Y_k=n-Y_1-Y_2-\cdots-Y_{k-1}$, 即

$$Q_{k-1} = \sum_{i=1}^{k}\frac{(Y_i-np_i)^2}{np_i}$$

他认为 Q_{k-1} 近似服从自由度为 $k-1$ 的卡方分布, 就像我们认为 Q_1 近似服从 $\chi^2(1)$ 一样. 我们接受皮尔逊的结论, 因为证明超出了本书的范围.

有些作者建议 n 应该足够大, 以便 $np_i\geqslant 5$, $i=1,2,\cdots,k$, 从而确保近似分布是恰当的. 这对初学者来说是一个很好的建议, 尽管我们已经看到当 $np_i\geqslant 1(i=1,2,\cdots,k)$ 时, 这个近似非常有效. 重要的是要防止某些特定的 np_i 变得非常小, 以至于 Q_{k-1} 中的对应项, 即 $(Y-np_i)^2/np_i$, 由于分母很小而倾向于支配其他项. 无论如何, 必须认识到 Q_{k-1} 只有近似的卡方分布.

现在我们展示如何利用 Q_{k-1} 近似服从 $\chi^2(k-1)$ 的事实来检验不同结果概率的假设. 令一个实验有 k 个互斥且无遗漏的结果 $A_1,A_2,\cdots,A_k$. 我们想检验 $p_i=P(A_i)$ 是否等于已知数 p_{i0}, $i=1,2,\cdots,k$. 也就是说, 我们提出检验假设

$$H_0: p_i=p_{i0}, \quad i=1,2,\cdots,k$$

与备择假设(至少其中一个等式是错误的)相反. 为了检验该假设, 我们取一个大小为 n 的样本, 即独立重复实验 n 次. 如果观察到的 A_i 发生的次数 y_i 和 H_0 为真时 A_i 发生的期望数 np_{i0} 近似相等, 则我们倾向于接受 H_0. 也就是说, 如果

$$q_{k-1} = \sum_{i=1}^{k} \frac{(y_i - np_{i0})^2}{np_{i0}}$$

"很小", 我们倾向于接受 H_0. 因为 Q_{k-1} 近似服从 $\chi^2(k-1)$, 如果 $q_{k-1} \geq \chi_\alpha^2(k-1)$, 其中 α 为置信水平, 则我们将拒绝 H_0.

例 9.1-1　如果要求用户记录一系列随机数字, 例如

$$3 \quad 7 \quad 2 \quad 4 \quad 1 \quad 9 \quad 7 \quad 2 \quad 1 \quad 5 \quad 0 \quad 8 \cdots$$

我们通常发现他们不愿意在相邻的位置记录相同甚至最接近的两个数字. 然而, 在真正的随机数生成中, 下一个数字与前一个数字相同的概率是 $p_{10} = 1/10$. 下一个数字与前一个数字只有距离 1(假设 0 和 9 的距离为 1)的概率是 $p_{20} = 2/10$, 所有其他可能性的概率是 $p_{30} = 7/10$. 我们将检验一个人的随机序列的概念, 让他记录一个由 51 个数字组成的字符串, 这个字符串近似代表了一个随机数字的产生. 因此, 我们检验

$$H_0: p_1 = p_{10} = \frac{1}{10}, \quad p_2 = p_{20} = \frac{2}{10}, \quad p_3 = p_{30} = \frac{7}{10}$$

显著性水平为 $\alpha = 0.05$ 的检验临界区域为 $q_2 \geq \chi_{0.05}^2(2) = 5.991$, 数字顺序如下:

$$\begin{array}{ccccccccccccc}
5 & 8 & 3 & 1 & 9 & 4 & 6 & 7 & 9 & 2 & 6 & 3 & 0 \\
8 & 7 & 5 & 1 & 3 & 6 & 2 & 1 & 9 & 5 & 4 & 8 & 0 \\
3 & 7 & 1 & 4 & 6 & 0 & 4 & 3 & 8 & 2 & 7 & 3 & 9 \\
8 & 5 & 6 & 1 & 8 & 7 & 0 & 3 & 5 & 2 & 5 & 2 \\
\end{array}$$

我们浏览了这个列表, 观察了下一个数字与前一个数字相同或相距一个数字的频率:

	频率	预期数量
相同	0	$50(1/10) = 5$
距离 1	8	$50(2/10) = 10$
其他	42	$50(7/10) = 35$
总计	50	50

计算出的卡方统计量是

$$\frac{(0-5)^2}{5} + \frac{(8-10)^2}{10} + \frac{(42-35)^2}{35} = 6.8 > 5.991 = \chi_{0.05}^2(2)$$

因此, 我们可以说, 这串 51 位数字似乎不是随机的. ∎

使用卡方检验的一个主要缺点为它是一种多面检验. 也就是说, 备择假设非常广泛, 很难将备择假设限制在诸如 $H_1: p_1 > p_{10}, p_2 > p_{20}, p_3 > p_{30}(k=3)$ 的情况. 事实上, 一些统计学家可能会使用 Y_1, Y_2 和 Y_3 的线性函数检验 H_0 与这个特定的备择假设 H_1. 然而, 该讨论过程超出了本书的范围, 因为它涉及更多因变量 Y_1, Y_2 和 Y_3 的线性函数的分布. 无论如何, 真正认识到这种包含所有备择情况的卡方统计检验 $H_0: p_i = p_{i0}(i = 1, 2, \cdots, k)$ 的学生通常会

427

理解，当使用卡方统计量时，在给定的显著性水平 α 下拒绝 H_0 比使用适当的"单边"统计量时要困难得多.

许多实验产生一组数据，比如 $x_1, x_2, \cdots, x_n$，而实验人员通常对确定这些数据是否可以作为给定分布的随机样本 $X_1, X_2, \cdots, X_n$ 的观测值感兴趣. 也就是说，该分布假设是否能作为这些样本的合理概率模型. 要了解卡方检验如何帮助我们回答此类问题，可考虑一个非常简单的例子.

例 9.1-2 令 X 表示随机投掷四枚硬币时出现正面朝上的次数. 假设四枚硬币是独立的，并且每枚硬币出现正面朝上的概率是 $1/2$，X 服从 $b(4, 1/2)$. 重复实验 100 次，分别在 7，18，40，31 和 4 次投掷中观察到 0，1，2，3 和 4 次正面朝上. 这些结果支持原假设？也就是说，$b(4, 1/2)$ 为 X 分布的合理模型吗？为了回答这个问题，我们首先令 $A_1 = \{0\}$，$A_2 = \{1\}$，$A_3 = \{2\}$，$A_4 = \{3\}$ 和 $A_5 = \{4\}$. 如果当 X 服从 $b(4, 1/2)$ 时 $p_{i0} = P(X \in A_i)$，则

$$p_{10} = p_{50} = \binom{4}{0}\left(\frac{1}{2}\right)^4 = \frac{1}{16} = 0.0625$$

$$p_{20} = p_{40} = \binom{4}{1}\left(\frac{1}{2}\right)^4 = \frac{4}{16} = 0.25$$

$$p_{30} = \binom{4}{2}\left(\frac{1}{2}\right)^4 = \frac{6}{16} = 0.375$$

在显著性水平 $\alpha = 0.05$ 下，如果 Q_4 的观测值大于 $\chi^2(4) = 9.488$，则原假设

$$H_0: p_i = p_{i0}, \quad i = 1, 2, \cdots, 5$$

将被拒绝. 如果我们重复这个实验 100 次，分别得到 $Y_1, Y_2, \cdots, Y_5$ 的观测值 $y_1 = 7$，$y_2 = 18$，$y_3 = 40$，$y_4 = 31$，$y_5 = 4$，则 Q_4 的计算值为

$$q_4 = \frac{(7 - 6.25)^2}{6.25} + \frac{(18 - 25)^2}{25} + \frac{(40 - 37.5)^2}{37.5} + \frac{(31 - 25)^2}{25} + \frac{(4 - 6.25)^2}{6.25} = 4.47$$

因为 $4.47 < 9.488$，这个假设没有被拒绝. 也就是说，数据支持 $b(4, 1/2)$ 是 X 的合理概率模型的假设. 回想一下，卡方随机变量的均值等于其自由度. 在本例中，均值为 4，且 Q_4 的观测值为 4.47，略大于均值. ■

到目前为止，用卡方统计量 Q_{k-1} 检验的所有假设 H_0 都比较简单（例如，完全指定的 $H_0: p_i = p_{i0}$，$i = 1, 2, \cdots, k$，每个 p_{i0} 都是已知的）. 情况并非总是如此，$p_{10}, p_{20}, \cdots, p_{k0}$ 是一个或多个未知参数的函数的情况会经常发生. 例如，假设例 9.1-2 中 X 的假设模型是 $H_0: X$ 服从 $b(4, p)$，$0 < p < 1$，则

$$p_{i0} = P(X \in A_i) = \frac{4!}{(i-1)!(5-i)!} p^{i-1}(1-p)^{5-i}, \quad i = 1, 2, \cdots, 5$$

这是未知参数 p 的函数. 当然，如果 $H_0: p_i = p_{i0}$，$i = 1, 2, \cdots, 5$ 为真，那么对于大 n，

$$Q_4 = \sum_{i=1}^{5} \frac{(Y_i - np_{i0})^2}{np_{i0}}$$

仍然近似服从自由度为 4 的卡方分布. 困难在于当 $Y_1, Y_2, \cdots, Y_5$ 的观测值等于 $y_1, y_2, \cdots, y_5$

时，Q_4 无法计算，因为 $p_{10}, p_{20}, \cdots, p_{50}$（于是 Q_4）是未知参数 p 的函数.

解决该困难的一种方法是从数据中估计 p，然后使用此估计值进行计算. 值得注意的是：假设 p 的估计是通过对 Q_4 最小化实现的，从而得到 $\tilde{p}$. 这个 $\tilde{p}$ 有时被称为 p 的**最小卡方估计量**. 那么如果这个 $\tilde{p}$ 用于计算 Q_4，则统计量 Q_4 仍然具有近似的卡方分布，但仅有 $4-1=3$ 个自由度，即对于每个用最小卡方技术估计的参数，近似卡方分布的自由度减少一个. 我们没有证明就接受这个结果（证明相当困难）. 虽然我们已经考虑过当 p_{i0}，$i=1,2,\cdots,k$ 是只有一个参数的函数时结论成立，但当有多个未知参数时，比如 d，它仍然成立. 因此，在更一般的情况下，检验将通过计算 Q_{k-1} 来完成，使用 Y_i 和估计的 p_{i0}，$i=1,2,\cdots,k$，以获得 q_{k-1}（q_{k-1} 是最小卡方）. 该值将同一个临界值 $\chi_\alpha^2(k-1-d)$ 进行比较. 在我们的特殊情况下，将计算出的（最小的）卡方 q_4 与 $\chi_\alpha^2(3)$ 进行比较.

所有这一切还存在一个问题：通常很难找到最小卡方估计. 因此，大多数统计学家通常使用一些合理的方法来估计参数（最大似然是令人满意的）. 然后他们计算 q_{k-1}，它比最小的卡方稍大，并和 $\chi_\alpha^2(k-1-d)$ 进行比较. 注意，与使用最小卡方的方案相比，由于计算出的 q_{k-1} 大于最小的 q_{k-1}，该方法提供了稍大的拒绝 H_0 的概率.

例 9.1-3 设 X 表示钡 133 在 1/10 秒内发射的 α 粒子数. 用盖革计数器在固定位置对 X 进行了以下 50 次观测：

7	4	3	6	4	4	5	3	5	3
5	5	3	2	5	4	3	3	7	6
6	4	3	11	9	6	7	4	5	4
7	3	2	8	6	7	4	1	9	8
4	8	9	3	9	7	7	9	3	10

实验者感兴趣的是确定 X 是否具有泊松分布. 为了检验 H_0：X 服从泊松分布，H_1：X 不服从泊松分布，我们首先估计 X 的均值，即 λ，50 个观测值的样本均值 $\bar{x}=5.4$. 然后我们将这个实验的结果集划分为子集 $A_1=\{0,1,2,3\}$，$A_2=\{4\}$，$A_3=\{5\}$，$A_4=\{6\}$，$A_5=\{7\}$，$A_6=\{8,9,10,\cdots\}$.（注意，我们将 $\{0,1,2,3\}$ 归为 A_1，$\{8,9,10,\cdots\}$ 归为 A_6，所以如果 H_0 为真，则每一组的结果预期至少为 5）. 在表 9.1-1 中，对数据进行分组，给出了对应原假设为 X 具有估计得到的 $\hat{\lambda}=\bar{x}=5.4$ 的泊松分布的估计概率. 因为估计出了一个参数，Q_{6-1} 近似服从自由度为 $r=6-1-1=4$ 的卡方分布. 还有，因为

$$q_5 = \frac{[13-50(0.213)]^2}{50(0.213)} + \cdots + \frac{[10-50(0.178)]^2}{50(0.178)} = 2.763 < 9.488 = \chi_{0.05}^2(4)$$

表 9.1-1　分组盖革计数器数据

	结果					
	A_1	A_2	A_3	A_4	A_5	A_6
频率	13	9	6	5	7	10
概率	0.213	0.160	0.173	0.156	0.120	0.178
预期（$50 p_i$）	10.65	8.00	8.65	7.80	6.00	8.90

H_0 在 5% 显著性水平下不被拒绝. 也就是说，仅利用这些数据，不足以拒绝 X 具有泊松分布的假设. ■

现在我们考虑连续型随机变量 X 分布模型的检验问题. 也就是说，如果 $F(X)$ 是 X 的分布函数，我们希望对所有 x 检验

$$H_0: F(x) = F_0(x)$$

备择假设为对至少一个 x，两个累积分布函数不相等，其中 $F_0(x)$ 是一些已知的连续型分布函数. 回顾之前内容，我们使用 q-q 图考虑过这类问题. 为了使用卡方统计量，我们必须将 X 的可能值集划分为 k 个集合. 这样做的一种方法是：用点 $b_0, b_1, b_2, \cdots, b_k$ 将区间 $[0,1]$ 划分为 k 个集合，其中

$$0 = b_0 < b_1 < b_2 < \cdots < b_k = 1$$

设 $a_i = F_0^{-1}(b_i)$, $i = 1, 2, \cdots, k-1$；$A_1 = (-\infty, a_1]$, $A_i = (a_{i-1}, a_i]$, $i = 1, 2, \cdots, k$；且 $A_k = (a_{k-1}, \infty)$；$p_i = P(X \in A_i)$, $i = 1, 2, \cdots, k$. 设 Y_i 表示在 n 次独立重复实验中，X 的观测值属于 A_i 的次数，其中 $i = 1, 2, \cdots, k$，则 $Y_1, Y_2, \cdots, Y_k$ 服从参数为 n, $p_1, p_2, \cdots, p_{k-1}$ 的多项式分布. 当 X 的分布函数为 $F_0(x)$ 时，设 $p_{i0} = P(X \in A_i)$, $i = 1, 2, \cdots, k$. 我们实际检验的假设是 H_0 的一个修正，即

$$H_0': p_i = p_{i0}, \quad i = 1, 2, \cdots, k$$

如果卡方统计量

$$Q_{k-1} = \sum_{i=1}^{k} \frac{(Y_i - np_{i0})^2}{np_{i0}}$$

的观测值至少和 $\chi_\alpha^2(k-1)$ 一样，则拒绝该假设. 如果假设 $H_0': p_i = p_{i0}$, $i = 1, 2, \cdots, k$ 未被拒绝，则我们不拒绝假设 $H_0: F(x) = F_0(x)$.

例 9.1-4 例 6.1-5 给出了报警间隔时间的 105 个观测值(以分钟为单位). 同时给出这些数据的直方图(见图 6.1-4)，以叠加 $\theta = 20$ 指数概率密度函数. 我们现在将使用卡方拟合优度检验确定其是否是数据的合适模型. 也就是说，如果 X 等于拨打 911 电话之间的时间，则我们将检验原假设为 X 的分布是指数分布，均值 $\theta = 20$. 表 9.1-2 将数据分为 9 类，给出了这些类的概率和期望值. 利用频率和期望值，卡方拟合优度统计量为

$$q_8 = \frac{(41 - 38.0520)^2}{38.0520} + \frac{(22 - 24.2655)^2}{24.2655} + \cdots + \frac{(2 - 2.8665)^2}{2.8665} = 4.6861$$

表 9.1-2 报警间隔时间摘要

等级	频率	概率	期望值	等级	频率	概率	期望值
$A_1 = [0, 9]$	41	0.3624	38.0520	$A_6 = (45, 54]$	5	0.0382	4.0110
$A_2 = (9, 18]$	22	0.2311	24.2655	$A_7 = (54, 63]$	2	0.0244	2.5620
$A_3 = (18, 27]$	11	0.1473	15.4665	$A_8 = (63, 72]$	3	0.0155	1.6275
$A_4 = (27, 36]$	10	0.0939	9.8595	$A_9 = (72, \infty)$	2	0.0273	2.8665
$A_5 = (36, 45]$	9	0.0599	6.2895				

与此检验相关的 p 值为 0.7905，它意味着这是非常好的拟合.

注意，我们假设已知 $\theta = 20$. 我们也可以让 $\theta = \bar{x}$ 来进行该检验，记住我们会失去一个自由度. 在本例中，结果将大致相同. ■

同样成立的是，在处理连续型随机变量模型时，我们需频繁地估计未知参数. 例如，设 H_0 为 X 服从 $N(\mu, \sigma^2)$，其中 μ 和 σ^2 未知. 对于随机样本 $X_1, X_2, \cdots, X_n$，我们首先可以用 $\bar{x}$ 和 s_X^2 估计 μ 和 σ^2. 我们把空间 $\{x: -\infty < x < +\infty\}$ 划分为 k 个互不相交的集合 $A_1, A_2, \cdots, A_k$，然后分别用 μ 和 σ^2 的估计值（即 $\bar{x}$ 和 s_X^2）来估计

$$p_{i0} = \int_{A_i} \frac{1}{s_X \sqrt{2\pi}} \exp\left[-\frac{(x - \bar{x})^2}{2s_X^2} \right] dx$$

$i = 1, 2, \cdots, k$. 使用 $A_1, A_2, \cdots, A_k$ 的观测频率 $y_1, y_2, \cdots, y_k$，分别从观测样本 $x_1, x_2, \cdots, x_n$ 和由 $\bar{x}$ 和 s_X^2 估计的 $\hat{p}_{10}, \hat{p}_{20}, \cdots, \hat{p}_{k0}$，用 $\chi_\alpha^2(k-1-2)$ 比较计算出的

$$q_{k-1} = \sum_{i=1}^{k} \frac{(y_i - n\hat{p}_{i0})^2}{n\hat{p}_{i0}}$$

值 q_{k-1} 将再次略大于使用最小卡方估计得到的值. 一些练习给出了估计一个或多个参数的过程. 最后，请注意，本节中给出的方法通常在更一般的拟合优度检验进行分类. 特别是，本节中的检验将归为**卡方拟合优度检验**.

432

练习

9.1-1 一磅一袋的巧克力花生，里面有 224 块糖果，每一块都是棕色、橙色、绿色或黄色的. 检验原假设装袋机对糖果四种颜色的分配是一样的，也就是说，检验

$$H_0: p_B = p_O = p_G = p_Y = \frac{1}{4}$$

观测值为 42 块棕色、64 块橙色、53 绿色和 65 块黄色糖果. 可以选择显著性水平或给出一个近似的 p 值.

9.1-2 一种特殊品牌的糖果巧克力有五种不同的颜色，我们称之为 $A_1 = \{棕色\}$，$A_2 = \{黄色\}$，$A_3 = \{橙色\}$，$A_4 = \{绿色\}$，和 $A_5 = \{咖啡色\}$. 设 p_i 等于随机选择的糖果颜色属于 A_i 的概率，$i = 1, 2, \cdots, 5$. 检验原假设

$$H_0: p_1 = 0.4, \ p_2 = 0.2, \ p_3 = 0.2, \ p_4 = 0.1, \ p_5 = 0.1$$

使用随机抽样的 $n = 580$ 块糖果，其颜色产生相应的频率为 224，119，130，48 和 59. 可以选择显著性水平或给出一个近似的 p 值.

9.1-3 在密歇根三日彩票比赛中，每天两次产生一个三位数的整数，每次一位数. 设 p_i 表示生成数字 i 的概率，$i = 0, 1, \cdots, 9$. 设 $\alpha = 0.05$，用以下 50 位数字检验 $H_0: p_0 = p_1 = \cdots = p_9 = 1/10$：

1	6	9	9	3	8	5	0	6	7
4	7	5	9	4	6	5	6	4	4
4	8	0	9	3	2	1	5	4	5
7	3	2	1	4	6	7	1	3	4
4	8	8	6	1	6	1	2	8	8

9.1-4 在生物实验室里，学生们用玉米来检验孟德尔的遗传理论. 该理论认为，"平滑与黄色""褶皱与黄色""平滑与紫色"和"褶皱与紫色"四个类别的频率将以 9∶3∶3∶1 的比例出现. 如果一个学生分别为这四个类别统计 124，30，43 和 11，这些数据是否支持孟德尔的理论? 设 $\alpha = 0.05$.

9.1-5 让 X 等于三个孩子家庭中女孩的数量. 我们将使用卡方拟合优度统计量来检验 X 的分布为 $b(3, 0.5)$ 的原假设.

(a) 用 $\alpha = 0.05$ 显著性水平定义检验统计量和临界区域.

(b) 在接受检验的学生中，有 52 人来自有三个孩子的家庭. 在这些家庭中，$x = 0, 1, 2, 3$ 人分别来自 5，17，24，6 个孩子的家庭. 计算检验统计量的值并陈述你的结论，考虑样本是如何选择的.

9.1-6 据称，对于 1999 年或更早铸造的硬币便士，掷出硬币正面朝上的概率为 $p = 0.30$. 三个学生聚在一起，每人掷 1 便士，记录下三次掷出中正面朝上的次数 X. 他们重复这个实验 $n = 200$ 次，分别观察 0，1，2 和 3 次正面朝上分别出现在 57，95，38 和 10 次. 利用这些数据检验 X 是 $b(3, 0.30)$ 的假设. 给出此检验的 p 值界限. 此外，在 600 次掷硬币中，计算正面朝上的次数，然后计算 p 的 95% 置信区间.

9.1-7 一种罕见的突变导致大肠杆菌对链霉素产生耐药性. 这种突变可以通过在含有抗生素培养基的培养皿上镀上许多细菌来检测. 任何生长在这种培养基上的菌落都是由一个突变细胞产生的. 一个 $n = 150$ 的链霉素琼脂培养皿样本，每个培养皿镀 106 个细菌，计数菌落数. 结果表明: 92 个培养皿有 0 个菌落，46 个培养皿有 1 个菌落，8 个培养皿有 2 个菌落，3 个培养皿有 3 个菌落，1 个培养皿有 4 个菌落. 令 X 等于每个培养皿的菌落数. 检验 X 服从泊松分布. 使用 $\bar{x} = 0.5$ 作为 λ 的估计值. 设 $\alpha = 0.01$.

9.1-8 在草原上设置的 40 个捕虫器中，观察到一种特定种类的甲虫的以下计数:

捕虫器中的甲虫数量	0	1	2	3	4	5	6
频率	15	12	7	2	3	0	1

设 X 为随机选择的捕虫器中甲虫的数量.

(a) 检验 X 服从泊松分布. 通过将有三个或更多甲虫的捕虫器组合成一个组，将数据分为四类，并使用 $\alpha = 0.05$.

(b) 检验 $Y = X + 1$ 服从几何分布. 将数据按 (a) 分组，并使用 $\alpha = 0.05$.

9.1-9 为了估计艾奥瓦州野鸡的相对多度和地理分布，艾奥瓦州自然资源部每年对野鸡进行路边调查. 在与一个县的五个随机选择的农场接壤的道路上，标记农场 A、B、C、D 和 E，调查计数如下:

农场	野鸡数	路英里数	农场	野鸡数	路英里数
A	3	1	D	5	1
B	8	1	E	11	3
C	9	2			

关于生物地理分布的一个假设，称为空间随机性假设 (spatial randomness hypothesis)，应用于野鸡调查，认为野鸡随机分布在整个均匀的栖息地，以这样的方式，沿着任何一段道路的野鸡的期望数量与道路的长度成正比. 沿着每个农场行驶的道路长度显示在表的最右栏中. 调查数据支持还是拒绝该县农田野鸡的空间随机性假设? 取 $\alpha = 0.05$.

9.1-10 为了确定放射性同位素的半衰期，了解给定探测器在一定时间内的背景辐射是什么是很重要的. 每隔 300 秒进行一次 γ 射线探测实验，得到以下数据:

```
0 2 4 6 6 1 7 4 6 1 1 2 3 6 4 2 7 4 4 2
2 5 4 4 4 1 2 4 3 2 2 5 0 3 1 1 0 0 5 2
7 1 3 3 3 2 3 1 4 1 3 5 3 5 1 3 3 0 3 2
6 1 1 4 6 3 6 4 4 2 2 4 3 3 6 1 6 2 5 0
6 3 4 3 1 1 4 6 1 5 1 1 4 1 4 1 1 1 3 3
4 3 3 2 5 2 1 3 5 3 2 7 0 4 2 3 3 5 6 1
4 2 6 4 2 0 4 4 7 3 5 2 2 3 1 3 1 3 6 5
4 8 2 2 4 2 2 1 4 7 5 2 1 1 4 1 4 3 6 2
1 1 2 2 2 3 5 4 3 2 2 3 3 2 4 4 3 2 2
3 6 1 1 3 3 2 1 4 5 5 1 2 3 3 1 3 7 2 5
4 2 0 6 2 3 0 4 4 5 2 5 0 0 4 2 4 6 2 2
2 2 2 5 2 2 3 4 2 3 7 1 1 7 1 3 6 0 5 3
0 0 3 3 0 2 4 3 1 2 3 3 4 3 2 2 7 5 3
5 1 1 2 2 6 1 3 1 4 4 2 3 4 5 1 3 4 3 1
0 3 7 4 0 5 2 5 4 4 2 2 3 2 4 6 5 5 3 4
```

这些看起来像是均值为 $\lambda = 3$ 的泊松随机变量的观测值吗？要回答此问题，请执行以下操作：

(a) 求出 $0, 1, 2, \cdots, 8$ 的频率.

(b) 计算样本均值和样本方差. 它们大致相等吗？

(c) 在同一张图上构造一个 $\lambda = 3$ 的概率直方图和一个相对频率直方图.

(d) 用 $\alpha = 0.05$ 和卡方拟合优度检验回答这个问题.

9.1-11　设 X 等于 90 头牛在其第一头小牛出生后 305 天的产奶期内生产的乳脂量（单位：磅）. 用 $k = 10$ 等概率检验 X 服从 $N(\mu, \sigma^2)$ 分布. 你可以拿 $\bar{x} = 511.633$ 和 $s_X = 87.576$ 分别作为 μ 和 σ 的估计. 数据如下：

```
486  537  513  583  453  510  570  500  458  555
618  327  350  643  500  497  421  505  637  599
392  574  492  635  460  696  593  422  499  524
539  339  472  427  532  470  417  437  388  481
537  489  418  434  466  464  544  475  608  444
573  611  586  613  645  540  494  532  691  478
513  583  457  612  628  516  452  501  453  643
541  439  627  619  617  394  607  502  395  470
531  526  496  561  491  380  345  274  672  509
```

9.1-12　一位生物学家正在研究引起游泳者瘙痒的禽血吸虫的生命周期. 他的研究是用普通的秋沙鸭（Mergus merganser）作为成虫，用水生蜗牛作为幼虫期的中间宿主. 生命史是循环的.（更多相关信息，参见 http://swimmersitch.org/.）作为本研究的一部分，生物学家和他的学生使用自然种群中的蜗牛来测量蜗牛每天行进的距离（以厘米为单位）. 推测是，有明显感染的蜗牛不会像没有感染的蜗牛走得那么远.

以下是蜗牛每天行走的距离（厘米）. 感染组 39 例，对照组 31 例.

感染蜗牛组的距离（有序的）：

```
263  238  226  220  170  155  139  123  119  107  107  97  90
 90   90   79   75   74   71   66   60   55   47   47  47  45
 43   41   40   39   38   38   35   32   32   28   19  10  10
```

对照蜗牛组的距离(有序):

$$314 \quad 300 \quad 274 \quad 246 \quad 190 \quad 186 \quad 185 \quad 182 \quad 180 \quad 141 \quad 132$$

$$129 \quad 110 \quad 100 \quad 95 \quad 95 \quad 93 \quad 83 \quad 55 \quad 52 \quad 50 \quad 48$$

$$48 \quad 44 \quad 40 \quad 32 \quad 30 \quad 25 \quad 24 \quad 18 \quad 7$$

434

(a) 求出两组蜗牛的样本均值和样本标准差.

(b) 在同一张图上绘制两组蜗牛的箱线图.

(c) 对于对照组,检验距离来自指数分布的假设. 使用 $\bar{x}$ 作为 θ 的估计值. 将数据分组为五个或十个类,每个类的概率相等. 因此,期望值将分别为 6.2 或 3.1.

(d) 对于感染的蜗牛组,检验距离来自 $\alpha = 2$ 和 $\theta = 42$ 的伽马分布的假设. 使用十个概率相等的类,使每个类的期望值为 3.9. 使用 Minitab 或其他计算机程序计算类的边界.

9.1-13　练习 6.1-4 给出了 50 种金属合金丝的熔点数据,如下:

$$
\begin{array}{cccccccccc}
320 & 326 & 325 & 318 & 322 & 320 & 329 & 317 & 316 & 331 \\
320 & 320 & 317 & 329 & 316 & 308 & 321 & 319 & 322 & 335 \\
318 & 313 & 327 & 314 & 329 & 323 & 327 & 323 & 324 & 314 \\
308 & 305 & 328 & 330 & 322 & 310 & 324 & 314 & 312 & 318 \\
313 & 320 & 324 & 311 & 317 & 325 & 328 & 319 & 310 & 324 \\
\end{array}
$$

检验假设:这些是来自正态分布随机变量的观测值. 注意,必须估计两个参数:μ 和 σ^2.

9.2　列联表

在本节中,我们将证明卡方检验的灵活性. 我们首先来看一种检验两个或多个分布是否相等的方法,有时被称作同质性检验(test for homogeneity). 然后考虑一个分类属性独立性的检验(test for independence of attributes of classification). 这两种检验产生了相似的检验统计量.

假设两个独立实验中的每一个都可以以 k 个相互排斥且详尽的事件 $A_1, A_2, \cdots, A_k$ 中的一个结束. 令

$$p_{ij} = P(A_i), \quad i = 1, 2, \cdots, k, \quad j = 1, 2$$

即 $p_{11}, p_{21}, \cdots, p_{k1}$ 是第一个实验中事件的概率,$p_{12}, p_{22}, \cdots, p_{k2}$ 是与第二个实验相关的事件的概率. 让实验分别重复 n_1 次和 n_2 次. 同样,令 $Y_{11}, Y_{21}, \cdots, Y_{k1}$ 为 $A_1, A_2, \cdots, A_k$ 与第一个实验的 n_1 个独立实验相关联的频率. 类似地,令 $Y_{12}, Y_{22}, \cdots, Y_{k2}$ 分别是与第二个实验的 n_2 个独立实验相关联的频率. 当然,$\sum\limits_{i=1}^{k} Y_{ij} = n_j$, $j = 1, 2$. 根据与基本卡方检验相对应的抽样分布理论,我们知道每一个

$$\sum_{i=1}^{k} \frac{(Y_{ij} - n_j p_{ij})^2}{n_j p_{ij}}, \quad j = 1, 2$$

近似服从自由度为 $k-1$ 的卡方分布. 因为这两个实验是独立的(因此两个卡方统计量是独立的),所以

$$\sum_{j=1}^{2} \sum_{i=1}^{k} \frac{(Y_{ij} - n_j p_{ij})^2}{n_j p_{ij}}$$

近似服从自由度为 $k-1+k-1 = 2k-2$ 的卡方分布.

通常，$p_{ij}(i=1,2,\cdots,k,\ j=1,2)$ 是未知的，我们希望检验假设

$$H_0: p_{11}=p_{12},\ p_{21}=p_{22},\cdots,\ p_{k1}=p_{k2}$$

435

也就是说，H_0 是两独立实验对应概率相等的假设. 备择假设是 H_0 中至少有一个等式是错误的. 在 H_0 下，我们可以估计未知的

$$p_{i1}=p_{i2},\quad i=1,2,\cdots,k$$

通过使用相对频率 $(Y_{i1}+Y_{i2})/(n_1+n_2)$，$i=1,2,\cdots,k$. 也就是说，如果 H_0 为真，我们可以说这两个实验实际上是一个更大的实验的一部分，其中 $Y_{i1}+Y_{i2}$ 是 A_i，$i=1,2,\cdots,k$ 的频率. 注意，我们只能在估计 $k-1$ 个概率 $p_{i1}=p_{i2}$ 时用

$$\frac{Y_{i1}+Y_{i2}}{n_1+n_2},\quad i=1,2,\cdots,k-1$$

因为 k 个概率之和必须等于 1. 也就是说，$p_{k1}=p_{k2}$ 的估计量是

$$1-\frac{Y_{11}+Y_{12}}{n_1+n_2}-\cdots-\frac{Y_{k-1,1}+Y_{k-1,2}}{n_1+n_2}=\frac{Y_{k1}+Y_{k2}}{n_1+n_2}$$

代入这些估计量，我们发现

$$Q=\sum_{j=1}^{2}\sum_{i=1}^{k}\frac{[Y_{ij}-n_j(Y_{i1}+Y_{i2})/(n_1+n_2)]^2}{n_j(Y_{i1}+Y_{i2})/(n_1+n_2)}$$

近似服从自由度为 $2k-1-(k-1)=k-1$ 的卡方分布. 这里 $k-1$ 从 $2k-2$ 中减去，因为这是估计参数的数目. 在显著性水平 α 下检验 H_0 的临界区域为

$$q\geqslant\chi_\alpha^2(k-1)$$

例 9.2-1　为了检验两种教学方法，我们分别从两组中随机挑选了 50 名学生. 在教学结束时，每个学生由一个评估小组分配一个等级（A、B、C、D 或 F）. 数据记录如下：

	年级					总计
	A	B	C	D	F	
第一组	8	13	16	10	3	50
第二组	4	9	14	16	7	50

因此，如果假设 H_0，对应概率相等为真，则概率的估计分别为

$$\frac{8+4}{100}=0.12,\ 0.22,\ 0.30,\ 0.26,\ \frac{3+7}{100}=0.10$$

因此，$n_1p_{i1}=n_2p_{i2}$ 的估计值分别为 6、11、15、13 和 5. 因此，Q 的计算值是

436

$$q=\frac{(8-6)^2}{6}+\frac{(13-11)^2}{11}+\frac{(16-15)^2}{15}+\frac{(10-13)^2}{13}+\frac{(3-5)^2}{5}+$$

$$\frac{(4-6)^2}{6}+\frac{(9-11)^2}{11}+\frac{(14-15)^2}{15}+\frac{(16-13)^2}{13}+\frac{(7-5)^2}{5}$$

$$=\frac{4}{6}+\frac{4}{11}+\frac{1}{15}+\frac{9}{13}+\frac{4}{5}+\frac{4}{6}+\frac{4}{11}+\frac{1}{15}+\frac{9}{13}+\frac{4}{5}=5.18$$

现在，在 H_0 下，Q 近似服从自由度为 $k-1=4$ 的卡方分布，所以 $\alpha=0.05$ 临界区域为 $q \geqslant 9.488 = \chi^2_{0.05}(4)$. 这里 $q=5.18<9.488$，所以在 5% 显著性水平下不拒绝 H_0. 此外，$q=5.18$ 的 p 值为 0.268，大于传统显著性水平. 因此，通过这些数据，我们不能说这两种教学方法有什么不同. ■

很显然，该过程可以扩展到检验 h 个独立分布相等的情况. 也就是说，令

$$p_{ij} = P(A_i), \quad i=1,2,\cdots,k, \quad j=1,2,\cdots,h$$

且检验

$$H_0: p_{i1} = p_{i2} = \cdots = p_{ih} = p_i, \quad i=1,2,\cdots,k$$

独立重复第 j 次实验 n_j 次，令 $Y_{11}, Y_{21}, \cdots, Y_{k1}$ 分别表示事件 $A_1, A_2, \cdots, A_k$ 的频率. 现在，

$$Q = \sum_{j=1}^{h} \sum_{i=1}^{k} \frac{(Y_{ij} - n_j p_{ij})^2}{n_j p_{ij}}$$

近似服从自由度为 $h(k-1)$ 的卡方分布. 在 H_0 假设下，我们需估计 $k-1$ 个概率，用

$$\hat{p}_i = \frac{\sum\limits_{j=1}^{h} Y_{ij}}{\sum\limits_{j=1}^{h} n_j}, \quad i=1,2,\cdots,k-1$$

因为 p_k 的估计是由 $\hat{p}_k = 1 - \hat{p}_1 - \hat{p}_2 - \cdots - \hat{p}_{k-1}$ 估计的. 我们用这些估计得到

$$Q = \sum_{j=1}^{h} \sum_{i=1}^{k} \frac{(Y_{ij} - n_j \hat{p}_i)^2}{n_j \hat{p}_i}$$

它近似服从卡方分布，其自由度由 $h(k-1)-(k-1)=(h-1)(k-1)$ 给出.

让我们看看如何使用前面的步骤来检验两个或多个独立的不是多项式分布的相等性. 首先假设给定的随机变量 U 和 V 分别具有分布函数 $F(u)$ 和 $G(v)$. 有时，对于所有 x 检验假设 $H_0: F(x)=G(x)$. 之前，我们考虑了均值 $\mu_U = \mu_V$ 相等的检验（双样本 t 检验，假设方差齐性和正态性）和方差 $\sigma_U^2 = \sigma_V^2$ 相等的检验（F 检验）. 我们还考虑了一个关于中位数 $m_U = m_V$ 相等的检验（Wilcoxon 秩和检验），只是假设 F 和 G 具有相同的形状和分布. 现在我们只假定分布是独立的.

我们对检验假设 H_0: 对所有 x 有 $F(x)=G(x)$ 感兴趣. 这个假设将被另一个假设所取代. 将实线划分为 k 个互不相交的区间 $A_1, A_2, \cdots, A_k$. 令

$$p_{i1} = P(U \in A_i), \quad i=1,2,\cdots,k$$

和

$$p_{i2} = P(V \in A_i), \quad i=1,2,\cdots,k$$

我们观察到如果对所有 x 有 $F(x)=G(x)$，则 $p_{i1} = p_{i2}$，$i=1,2,\cdots,k$. 我们替换假设 H_0: 对所有 x 有 $F(x)=G(x)$ 为不那么严格的假设 H_0': $p_{i1} = p_{i2}$，$i=1,2,\cdots,k$. 也就是说，我们现在对

检验两个多项式分布的相等性很感兴趣.

令 n_1 和 n_2 分别表示 U 和 V 的独立观测数. 对于 $i=1,2,\cdots,k$, 令 Y_{ij} 表示属于区间 A_i 的 U 和 V 的观测值数目, $j=1$, 2. 此时, 我们继续进行前面所述的 H'_0 检验. 当然, 如果 H'_0 在(近似)显著性水平 α 处被拒绝, 则 H_0 以相同的概率被拒绝. 但是, 如果 H'_0 为真, 则 H_0 不一定为真. 因此, 如果 H'_0 被接受, 最好说我们不拒绝 H_0, 而不是说接受 H_0.

在应用中, 经常遇到如何选择 $A_1,A_2,\cdots,A_k$ 的问题. 显然, 对于 k 或分区的分割标记没有唯一的选择. 但有趣的是, 观察到组合样本可用于此选择, 而不打乱 Q 的近似分布. 例如, 假设 $n_1=n_2=20$. 我们可以很容易地选择分区的划分标记, 使 $k=4$, 且四分之一的组合样本分别落入四个间隔.

例 9.2-2　随机选择两款主要品牌车型各 20 辆. 全部 40 辆车进行加速寿命实验. 也就是说, 短时间内它们在非常差的道路上行驶很多英里, 其故障时间(以周为单位)记录如下:

品牌 U：25　31　20　42　39　19　35　36　44　26　38　31　29　41　43　36　28　31　25　38

品牌 V：28　17　33　25　31　21　16　19　31　27　23　19　25　22　29　32　24　20　34　26

如果我们使用 23.5、28.5 和 34.5 作为分区的划分标记, 我们注意到 40 辆车中正好有四分之一的车会落入由此产生的四个间隔中. 因此, 数据可以总结如下:

	A_1	A_2	A_3	A_4	总计
品牌 U	2	4	4	10	20
品牌 V	8	6	6	0	20

每个 p_i 的估计值是 $10/40=1/4$, 乘以 $n_j=20$, 得到 5. 因此, 计算出的 Q 是

$$q = \frac{(2-5)^2}{5} + \frac{(4-5)^2}{5} + \frac{(4-5)^2}{5} + \frac{(10-5)^2}{5} + \frac{(8-5)^2}{5} + \frac{(6-5)^2}{5} + \frac{(6-5)^2}{5} + \frac{(0-5)^2}{5}$$

$$= \frac{72}{5} = 14.4 > 7.815 = \chi^2_{0.05}(3)$$

另外, p 值为 0.0028. 因此, 两个品牌的汽车在加速寿命实验下的寿命分布不同. 品牌 U 似乎比品牌 V 更好. ∎

同样, 应该清楚如何将此方法扩展到两个以上的分布, 且此扩展将在练习中说明.

现在让我们假设一个随机实验的结果可以被两个不同的属性分类, 比如身高和体重. 假设第一个属性被分配给 k 个相互排斥且详尽的事件(如 $A_1,A_2,\cdots,A_k$)中的一个, 而第二个属性被分配给 h 个相互排斥且详尽的事件(如 $B_1,B_2,\cdots,B_h$)中的一个. 定义 $A_i \cap B_j$ 的概率为

$$p_{ij} = P(A_i \cap B_j), \quad i=1,2,\cdots,k, \quad j=1,2,\cdots,h$$

独立重复随机实验 n 次, Y_{ij} 表示事件 $A_i \cap B_j$ 的频率. 因为有 kh 个事件如 $A_i \cap B_j$, 随机变量

$$Q_{kh-1} = \sum_{j=1}^{h} \sum_{i=1}^{k} \frac{(Y_{ij} - np_{ij})^2}{np_{ij}}$$

438

近似服从自由度为 $kh-1$ 的卡方分布，前提是 n 很大.

假设我们想检验 A 和 B 属性独立的假设，即

$$H_0: P(A_i \cap B_j) = P(A_i)P(B_j), \quad i = 1, 2, \cdots, k, \quad j = 1, 2, \cdots, h$$

备择假设为至少其中一个等式是错误的. 我们用 p_i 表示 $P(A_i)$，用 p_j 表示 $P(B_j)$，也就是说，

$$p_{i\cdot} = \sum_{j=1}^{h} p_{ij} = P(A_i), \quad p_{\cdot j} = \sum_{i=1}^{k} p_{ij} = P(B_j)$$

当然，

$$1 = \sum_{j=1}^{h} \sum_{i=1}^{k} p_{ij} = \sum_{j=1}^{h} p_{\cdot j} = \sum_{i=1}^{k} p_{i\cdot}$$

那么假设可以表述为

$$H_0: p_{ij} = p_{i\cdot} p_{\cdot j}, \quad i = 1, 2, \cdots, k, \quad j = 1, 2, \cdots, h$$

为了检验 H_0，我们可以使用 Q_{kh-1}，用 $p_{i\cdot} p_{\cdot j}$ 代替 p_{ij}. 但是如果 $p_{i\cdot}(i=1,2,\cdots,k)$，和 $p_{\cdot j}(j=1,2,\cdots,h)$ 是未知的，就像它们通常在应用中时一样，我们一旦观察到频率，就不能计算 Q_{kh-1}. 在这种情况下，我们通过

$$\hat{p}_{i\cdot} = \frac{y_{i\cdot}}{n}, \quad \text{其中} \quad y_{i\cdot} = \sum_{j=1}^{h} y_{ij}$$

估计这些未知参数. 其中 $y_{i\cdot}$ 是观察到的 A_i 的频率，$i = 1, 2, \cdots, k$，

$$\hat{p}_{\cdot j} = \frac{y_{\cdot j}}{n}, \quad \text{其中} \quad y_{\cdot j} = \sum_{i=1}^{k} y_{ij}$$

是观察到的 $B_j(j=1,2,\cdots,h)$ 的频率. 因为 $\sum_{i=1}^{k} p_{i\cdot} = \sum_{j=1}^{h} p_{\cdot j} = 1$，我们实际上只估计 $k-1+h-1=k+h-2$ 个参数. 因此，如果这些估计用在 Q_{kh-1} 中，$p_{ij} = p_{i\cdot} p_{\cdot j}$，那么，根据前面所述的规则，随机变量

$$Q = \sum_{j=1}^{h} \sum_{i=1}^{k} \frac{[Y_{ij} - n(Y_{i\cdot}/n)(Y_{\cdot j}/n)]^2}{n(Y_{i\cdot}/n)(Y_{\cdot j}/n)}$$

近似服从自由度为 $kh-1-(k+h-2)=(k-1)(h-1)$ 的卡方分布，前提是 H_0 为真. 如果该统计量的计算值超过了 $\chi_{\alpha}^2[(k-1)(h-1)]$，则假设 H_0 在 α 显著性水平上被拒绝.

例 9.2-3　根据学生就读的学校和性别，对艾奥瓦大学随机抽取的 400 名本科生进行分类. 结果记录在表 9.2-1 中，称为 **$k \times h$ 列联表**，在这种情况下，$k = 2$ 和 $h = 5$.（此时不要关心括号中的数字.）顺便说一下，这些数据确实反映了艾奥瓦大学本科生的组成，但为了使计算更容易，本例对它们进行了一些修改.

表 9.2-1   艾奥瓦大学本科生

性别	大学					总计
	商业	工程	自由艺术	护理	药学	
男	21	16	145	2	6	190
	(16.625)	(9.5)	(152)	(7.125)	(4.75)	
女	14	4	175	13	4	210
	(18.375)	(10.5)	(168)	(7.875)	(5.25)	
总计	35	20	320	15	10	400

440

我们希望检验原假设 $H_0: p_{ij} = p_{i\cdot}p_{\cdot j}$，$i = 1, 2$ 和 $j = 1, 2, 3, 4, 5$，即学生就读的学院独立于该学生的性别. 在 H_0 下，概率的估计是

$$\hat{p}_{1\cdot} = \frac{190}{400} = 0.475, \quad \hat{p}_{2\cdot} = \frac{210}{400} = 0.525$$

和

$$\hat{p}_{\cdot 1} = \frac{35}{400} = 0.0875, \quad \hat{p}_{\cdot 2} = 0.05, \quad \hat{p}_{\cdot 3} = 0.8, \quad \hat{p}_{\cdot 4} = 0.0375, \quad \hat{p}_{\cdot 5} = 0.025$$

期望数 $n(y_{i\cdot}/n)(y_{\cdot j}/n)$ 计算如下：

$$400(0.475)(0.0875) = 16.625$$
$$400(0.525)(0.0875) = 18.375$$
$$400(0.475)(0.05) = 9.5$$

等. 这些值记录在表 9.2-1 的括号中. 计算出的卡方统计量是

$$q = \frac{(21 - 16.625)^2}{16.625} + \frac{(14 - 18.375)^2}{18.375} + \cdots + \frac{(4 - 5.25)^2}{5.25}$$
$$= 1.15 + 1.04 + 4.45 + 4.02 + 0.32 + 0.29 + 3.69 + 3.34 + 0.33 + 0.30 = 18.93$$

因为自由度为 $(k-1)(h-1) = 4$，这个 $q = 18.93 > 13.28 = \chi^2_{0.01}(4)$，我们在 $\alpha = 0.01$ 显著性水平下拒绝 H_0. 此外，由于 q 的前两个学期来自商学院，后两个学期来自工程学院等，很明显，工程和护理专业的入学人数比其他学院对性别的依赖程度更高，因为它们对卡方统计的价值贡献最大. 值得注意的是，一个预期的数字是 5，即 4.75. 然而，由于 q 中的关联项对卡方值的贡献不是非常大，所以我们并不关注. ∎

很显然，前面的检验过程可以扩展到两个以上的属性. 例如，如果第三个属性属于 m 个互斥且穷举的事件(如 $C_1, C_2, \cdots, C_m$)中的唯一一个，那么我们使用

$$Q = \sum_{r=1}^{m} \sum_{j=1}^{h} \sum_{i=1}^{k} \frac{[Y_{ijr} - n(Y_{i\cdot\cdot}/n)(Y_{\cdot j\cdot}/n)(Y_{\cdot\cdot r}/n)]^2}{n(Y_{i\cdot\cdot}/n)(Y_{\cdot j\cdot}/n)(Y_{\cdot\cdot r}/n)}$$

检验三个属性的独立性，式中 Y_{ijr}, $Y_{i\cdot\cdot}$, $Y_{\cdot j\cdot}$ 和 $Y_{\cdot\cdot r}$ 是 n 个独立实验中 $A_i \cap B_j \cap C_r$, A_i, B_j 和 C_r 事件的各自观察频率. 如果 n 很大，并且三个属性是独立的，那么 Q 近似服从自由度为 $khm - 1 - (k-1) - (h-1) - (m-1) = khm - k - h - m + 2$ 的卡方分布.

与进一步探讨该扩展情况相比，关注列联表的一些有趣用法将更有指导意义.

例 9.2-4 我们观察到 30 个值 $x_1, x_2, \cdots, x_{30}$，称这些值为随机样本的值. 也就是说，对应的随机变量 $X_1, X_2, \cdots, X_{30}$ 应该是相互独立的，且每一个随机变量都具有相同的分布. 然而，通过观察 30 个值，我们发现一个上升趋势，这表明可能存在某种依赖性和/或随机变量实际上没有相同的分布. 一个简单的检验它们是否可以被认为是随机样本的观测值的方法如下：标记每个 x 高（H）或低（L），这取决于它是否高于或低于样本中位数. 然后将 x 值分成三组：$x_1, x_2, \cdots, x_{10}$；$x_{11}, x_{12}, \cdots, x_{20}$ 和 $x_{21}, x_{22}, \cdots, x_{30}$. 当然，如果观测值是随机样本，我们希望每组有 5 个 H 和 5 个 L. 也就是说，分类为 H 或 L 的属性应该独立于组号. 这些数据的描述提供了一个 3×2 列联表. 例如，假设 30 个值是

```
5.6   8.2   7.8   4.8   5.5   8.1   6.7   7.7   9.3   6.9
8.2  10.1   7.5   6.9  11.1   9.2   8.7  10.3  10.7  10.0
9.2  11.6  10.3  11.7   9.9  10.6  10.0  11.4  10.9  11.1
```

中位数可以取两个中间观测值（即 9.2 和 9.3）的平均值. 将 H 或 L 中每一项与此中位数进行比较后，我们得到以下 3×2 列联表：

分组	L	H	总计
1	9	1	10
2	5	5	10
3	1	9	10
总计	15	15	30

这里每个 $n(y_i./n)(y._j/n) = 30(10/30)(15/30) = 5$，因此 Q 的计算值是

$$q = \frac{(9-5)^2}{5} + \frac{(1-5)^2}{5} + \frac{(5-5)^2}{5} + \frac{(5-5)^2}{5} + \frac{(1-5)^2}{5} + \frac{(9-5)^2}{5}$$

$$= 12.8 > 5.991 = \chi^2_{0.05}(2)$$

因为在这种情况下，自由度为 $(k-1)(h-1) = 2$（p 值为 0.0017）. 因此，我们拒绝这 30 个值可能是随机样本观测值的假设. 显然，可以对该方案进行修改：将样本分成多于（或少于）三组，并对不同的项目进行评级，如低（L）、中（M）和高（H）. ∎

卡方统计量几乎能在任何有独立性的情况下得到相当有效的应用，这一点再强调也不为过. 例如，假设我们有一组工人，他们具有基本相同的资格（培训、经验等）. 许多人认为，工人的工资和性别应该是独立的属性，但有人声称，在一些特殊情况下，与该问题相关的属性存在依赖或差别.

例 9.2-5 两组工人对某一特定类型的工作具有相同的资格. 以下 2×5 列联表总结了他们的薪资经验，表中不包括每个薪资范围的上限：

分组	薪资（千美元）					总计
	27~29 岁	29~31 岁	31~33 岁	33~35 岁	35 岁及以上	
1	6	11	16	14	13	60
2	5	9	8	6	2	30
总计	11	20	24	20	15	90

为了在 $\alpha = 0.05$ 显著性水平上，通过这些数据检验分组分配和薪资是否无关，我们计算

$$q = \frac{[6 - 90(60/90)(11/90)]^2}{90(60/90)(11/90)} + \cdots + \frac{[2 - 90(30/90)(15/90)]^2}{90(30/90)(15/90)} = 4.752 < 9.488 = \chi^2_{0.05}(4)$$

另外，p 值为 0.313. 因此，在这些有限的数据下，分组分配和薪资似乎是独立的. ■

在做练习题之前，请注意，我们可以将本节最后两个示例看作是检验两个或多个多项式分布的相等性. 在例 9.2-4 中，三组定义三个二项分布，在例 9.2-5 中，两组定义两个多项式分布. 如果我们使用本节前面概述的计算，会发生什么？有趣的是，我们得到了完全相同的卡方值，在每种情况下，自由度等于 $(k-1)(h-1)$. 因此，我们把它看作是独立性检验还是一些多项分布的相等性检验都没有区别. 我们建议使用特定情况下最自然的术语.

练习

9.2-1 我们希望了解两组护士是否以相同的方式将时间分为六个不同的类别. 也就是说，正在考虑的假设是 $H_0: p_{i1} = p_{i2}$，$i = 1, 2, \cdots, 6$. 为了验证这一假设，护士在几天内被随机观察，每次观察都会在六个类别的一个类别中产生一个标记. 结果摘要如下面频率表所示：

	类别						共计
	1	2	3	4	5	6	
第一组	95	36	71	21	45	32	300
第二组	53	26	43	18	32	28	200

使用卡方检验 $\alpha = 0.05$.

9.2-2 假设观察到第三组护士以及练习 9.2-1 的第一组和第二组，结果分别为 130, 75, 136, 33, 61 和 65. 检验 $H_0: p_{i1} = p_{i2} = p_{i3}$，$i = 1, 2, \cdots 6$，显著性水平 $\alpha = 0.025$.

9.2-3 比较由 15 名学生组成的两个班级，分别采用两种不同的教学方法，在标准化考试中给出以下分数：
U 班：91 42 39 62 55 82 67 44 51 77 61 52 76 41 59
V 班：80 71 55 67 61 93 49 78 57 88 79 81 63 51 75
使用卡方检验（$\alpha = 0.05$），将组合样本分为三个相等部分(低、中、高)，检验测试分数分布的相等性.

9.2-4 假设观察到 15 名学生的第三节课（W）和练习 9.2-3 的 U、V 课，结果得到
91 73 67 83 59 98 87 69 78 80 65 94 82 74 85
再次使用 $\alpha = 0.05$ 的卡方检验，通过将组合样本分成三个相等部分来检验三个分布的相等性.

9.2-5 在下一列联表中，1015 人按性别以及他们对公共场所全面禁烟是赞成、反对还是没有意见进行了分类：

性别	在公共场所吸烟			总数
	赞成	反对	没有意见	
男	262	231	10	503
女	302	205	5	512
总计	564	436	15	1015

检验性别与公共场所吸烟意见独立的原假设. 给出该检验的近似 p 值.

9.2-6 一项对 100 名学生的随机调查要求每个学生从五种选择中选择最喜欢的娱乐活动形式. 调查结果如下：

性别	休闲选择					总数
	篮球	棒球、垒球	游泳	跑步	慢跑、网球	
男	21	5	9	12	13	60
女	9	3	1	15	12	40
总计	30	8	10	27	25	100

443

检验选择是否独立于被调查者的性别. 估计检验的 p 值. 我们会在 $\alpha = 0.05$ 下拒绝原假设吗?

9.2-7 随机抽取 100 名音乐专业学生, 按性别和所演奏的乐器(包括声音)分类如下:

性别	仪器					总分
	钢琴	木管弦乐	铜管	弦乐	声乐	
男	4	11	15	6	9	45
女	7	18	6	6	18	55
总计	11	29	21	12	27	100

检验仪器的选择是否独立于被调查者的性别. 估计该检验的 p 值.

9.2-8 一个使用某所大学娱乐设施的学生对男性使用设施与女性使用设施之间是否存在差异感兴趣. 使用 $\alpha = 0.05$ 和以下数据来检验设施和性别独立的原假设:

性别	职工		总计
	球场	赛道	
男	51	30	81
女	43	48	91
总计	94	78	172

9.2-9 一项对高中女生的调查将她们分为两类: 是否参加体育运动和是否有一个或多个哥哥. 使用以下数据检验这两个分类属性独立的原假设:

哥哥	参加的项目		总计
	是	否	
是	12	8	20
否	13	27	40
总计	25	35	60

估计该检验的 p 值. 如果 $\alpha = 0.05$, 我们是否拒绝原假设?

9.2-10 根据年龄和胆固醇水平, 对 50 名接受胆固醇测试的妇女进行随机抽样, 并将其分为以下列联表.

年龄	胆固醇检测			总计
	<180	180~210	>210	
<50 人	5	11	9	25
≥50	4	3	18	25
总计	9	14	27	50

检验原假设 H_0: 年龄和胆固醇水平是独立的分类属性. 如果 $\alpha = 0.01$, 你的结论是什么?

9.2-11 尽管高中成绩和考试成绩(如 SAT 或 ACT)可以用来预测大学一年级平均成绩(GPA), 但许多教育工作者声称, 影响 GPA 的一个更重要的因素是学生的生活条件. 特别是, 据说学生的室友对他的成绩有很大的影响. 为了验证这一假设, 我们随机选择 200 名学生, 并根据以下两个属性对每个学生进行分类:

(a) 学生室友的排名, 从 1 到 5 分, 1 分表示难以相处和不鼓励奖学金的人, 5 分表示志趣相投和鼓励奖学金的人.

(b) 学生一年级的平均成绩. 假设这个分类给出了以下 5×4 列联表:

室友排名	平均成绩				总计
	<2.00	2.00~2.69	2.70~3.19	3.20~4.00	
1	8	9	10	4	31
2	5	11	15	11	42
3	6	7	20	14	47
4	3	5	22	23	53
5	1	3	11	12	27
总计	23	35	78	64	200

计算用于检验两个属性独立性的卡方统计量，并与 $\alpha = 0.05$ 相关的临界值进行比较．

9.2-12　在一项心理学实验中，140 名学生被分为强调左半球大脑技能的专业（如哲学、物理学和数学）和强调右半球技能的专业（如艺术、音乐、戏剧和舞蹈）．根据手的姿势，他们也被分为三组（右无反转、左反转和左无反转）．数据如下：

	左侧	右侧
右无反转	89	29
左反转	5	4
左无反转	5	8

这些数据是否显示有足够的证据来反驳大学专业的选择与手的姿势无关的说法？设 $\alpha = 0.025$．

9.2-13　为了确定媒体报道新闻的可信度，进行了一项研究．这些被调查者被要求给出他们的年龄、性别、教育程度和最可信的媒介．调查结果如下：

年龄	最可信的媒介			总计
	报纸	电视	广播	
35 岁以下	30	68	10	108
35~54 岁	61	79	20	160
54 岁以上	98	43	21	162
总计	189	190	51	430

性别	最可信的媒介			总计
	报纸	电视	广播	
男	92	108	19	219
女	97	81	32	210
总计	189	189	51	429

受教育程度	最可信的媒介			总计
	报纸	电视	广播	
小学	45	22	6	73
高中	94	115	30	239
大学	49	52	13	114
总计	188	189	49	426

（a）$\alpha = 0.05$ 检验媒体可信度和年龄是否独立．

（b）$\alpha = 0.05$ 检验媒体可信度和性别是否独立．

（c）在 $\alpha = 0.05$ 时检验媒体可信度和受教育程度是否独立.

（d）给出每次检验的近似 p 值.

9.2-14　Ledolter 和 Hogg（见参考文献）报告了 $n = 200$ 名工程师的起薪, 这些工程师的起薪在他们的班级中分为较低的 25%（A1）、第二个 25%（A2）、第三个 25%（A3）和较高的 25%（A4）. 此外, 这 200 名工程师按眼睛颜色分类. 以下是总结结果:

眼睛	起薪				总计
	A_1	A_2	A_3	A_4	
蓝色	22	17	21	20	80
棕色	14	20	20	16	70
其他	14	13	9	14	50
总计	50	50	50	50	200

眼睛的颜色和起薪是独立的属性吗? 使用 $\alpha = 0.05$.

9.3　单因素方差分析

通常, 实验者希望比较两个以上群体的均值: 例如, 几种不同玉米杂交种的平均产量、三种或三种以上指导方法后的平均考试分数, 或者从许多不同类型小型汽车中获得的每加仑平均英里数. 有时, 群体由某特定因素的不同水平（例如, 给定药物的不同剂量）的实验引起的. 因此, 考虑不同分布的不同均值的相等性是在**单因素实验**的分析下进行的.

在 8.2 节中, 我们讨论了如何比较两个正态分布的平均值. 更一般地, 现在让我们考虑 m 个正态分布, 其均值为 $\mu_1, \mu_2, \cdots, \mu_m$, 方差未知为 σ^2. 我们希望考虑的一个推论是检验 m 均值的相等性, 即 $H_0: \mu_1 = \mu_2 = \cdots = \mu_m = \mu$, 其中 μ 未指定, 备择假设为至少一个均值与其他均值不同. 为了验证该假设, 我们将从这些分布中独立抽取随机样本. 设 X_{i1}, $X_{i2}, \cdots, X_{in_1}$ 代表正态分布 $N(\mu_i, \sigma^2)$, $i = 1, 2, \cdots, m$ 中大小为 n_i 的随机样本. 在表 9.3-1 中, 我们指出了这些随机样本以及行均值（样本均值）, 其中 $n = n_1 + n_2 + \cdots + n_m$,

$$\overline{X}_{..} = \frac{1}{n} \sum_{i=1}^{m} \sum_{j=1}^{n_i} X_{ij}, \quad \overline{X}_{i\cdot} = \frac{1}{n_i} \sum_{j=1}^{n_i} X_{ij}, \quad i = 1, 2, \cdots, m$$

表 9.3-1　单因素随机样本

					均值
$X_1:$	X_{11}	X_{12}	$\cdots$	X_{1n_1}	$\overline{X}_{1\cdot}$
$X_2:$	X_{21}	X_{22}	$\cdots$	X_{2n_2}	$\overline{X}_{2\cdot}$
$\vdots$	$\vdots$	$\vdots$	$\vdots$	$\vdots$	$\vdots$
$X_m:$	X_{m1}	X_{m2}	$\cdots$	X_{mn_m}	$\overline{X}_{m\cdot}$
总均值					$\overline{X}_{..}$

446

均值 $\overline{X}_{..}$ 和 $\overline{X}_{t\cdot}$ 的点表示取平均的索引. 这里 $\overline{X}_{..}$ 是两个指数的均值, 而 $\overline{X}_{t\cdot}$ 只是索引 j 的均值. 为了确定 H_0 检验的临界区域, 我们首先将与组合样本方差相关的平方和划分为两部分. 平方和由

$$\mathrm{SS(TO)} = \sum_{i=1}^{m}\sum_{j=1}^{n_i}(X_{ij}-\overline{X}_{..})^2 = \sum_{i=1}^{m}\sum_{j=1}^{n_i}(X_{ij}-\overline{X}_{i.}+\overline{X}_{i.}-\overline{X}_{..})^2$$

$$= \sum_{i=1}^{m}\sum_{j=1}^{n_i}(X_{ij}-\overline{X}_{i.})^2 + \sum_{i=1}^{m}\sum_{j=1}^{n_i}(\overline{X}_{i.}-\overline{X}_{..})^2 + 2\sum_{i=1}^{m}\sum_{j=1}^{n_i}(X_{ij}-\overline{X}_{i.})(\overline{X}_{i.}-\overline{X}_{..})$$

给出. 该恒等式右边的最后一项可以写成

$$2\sum_{i=1}^{m}\left[(\overline{X}_{i.}-\overline{X}_{..})\sum_{j=1}^{n_i}(X_{ij}-\overline{X}_{i.})\right] = 2\sum_{i=1}^{m}(\overline{X}_{i.}-\overline{X}_{..})(n_i\overline{X}_{i.}-n_i\overline{X}_{i.}) = 0$$

前面项可以写成

$$\sum_{i=1}^{m}\sum_{j=1}^{n_i}(\overline{X}_{i.}-\overline{X}_{..})^2 = \sum_{i=1}^{m}n_i(\overline{X}_{i.}-\overline{X}_{..})^2$$

所以,

$$\mathrm{SS(TO)} = \sum_{i=1}^{m}\sum_{j=1}^{n_i}(X_{ij}-\overline{X}_{i.})^2 + \sum_{i=1}^{m}n_i(\overline{X}_{i.}-\overline{X}_{..})^2$$

对于符号, 令

$$\mathrm{SS(TO)} = \sum_{i=1}^{m}\sum_{j=1}^{n_i}(X_{ij}-\overline{X}_{..})^2 \quad （总平方和）$$

$$\mathrm{SS(E)} = \sum_{i=1}^{m}\sum_{j=1}^{n_i}(X_{ij}-\overline{X}_{i.})^2 \quad （处理个体内、群内、组内平方和，也称作误差平方和）$$

$$\mathrm{SS(T)} = \sum_{i=1}^{m}n_i(\overline{X}_{i.}-\overline{X}_{..})^2 \quad （不同处理间、群间、组间平方和，也称作处理间平方和）$$

所以

$$\mathrm{SS(TO)} = \mathrm{SS(E)} + \mathrm{SS(T)}$$

447

当 H_0 为真时, 我们可以将 X_{ij}, $i=1,2,\cdots,m$, $j=1,2,\cdots,n_t$ 看作正态分布 $N(\mu,\sigma^2)$ 中大小为 $n=n_1+n_2+\cdots+n_m$ 的随机样本. 则 $\mathrm{SS(TO)}/(n-1)$ 是 σ^2 的无偏估计, 因为 $\mathrm{SS(TO)}/\sigma^2$ 是 $\chi^2(n-1)$, 因此 $E[\mathrm{SS(TO)}/\sigma^2]=n-1$ 和 $E[\mathrm{SS(TO)}/(n-1)]=\sigma^2$. 仅基于第 i 个分布样本的 σ^2 的无偏估计是

$$W_i = \frac{\displaystyle\sum_{j=1}^{n_i}(X_{ij}-\overline{X}_{i.})^2}{n_i-1} \quad i=1,2,\cdots,m$$

因为 $(n_i-1)W_i/\sigma^2$ 是 $\chi^2(n_i-1)$, 所以

$$E\left[\frac{(n_i-1)W_i}{\sigma^2}\right]=n_i-1$$

并且有

$$E(W_i)=\sigma^2, \quad i=1,2,\cdots,m$$

因此，m 个这些独立的卡方随机变量之和，即

$$\sum_{i=1}^{m}\frac{(n_i-1)W_i}{\sigma^2}=\frac{\text{SS(E)}}{\sigma^2}$$

也服从自由度为 $(n_1-1)+(n_2-1)+\cdots+(n_m-1)=n-m$ 的卡方分布. 因此，$\text{SS(E)}/(n-m)$ 是 σ^2 的无偏估计. 我们现在有

$$\frac{\text{SS(TO)}}{\sigma^2}=\frac{\text{SS(E)}}{\sigma^2}+\frac{\text{SS(T)}}{\sigma^2}$$

其中

$$\frac{\text{SS(TO)}}{\sigma^2} \text{ 服从 } \chi^2(n-1), \quad \frac{\text{SS(E)}}{\sigma^2} \text{ 服从 } \chi^2(n-m)$$

因为 $\text{SS(T)}\geqslant0$，有定理（见下面的注）指出 SS(E) 和 SS(T) 是独立的，$\text{SS(T)}/\sigma^2$ 的分布是 $\chi^2(m-1)$.

注 平方和 SS(T)、SS(E) 和 SS(TO) 是变量 X_{ij}，$i=1,2,\cdots,m$，$j=1,2,\cdots,n_i$ 中的**二次型**例子. 也就是说，这些平方和中的每个项在 X_{ij} 中都是二次的. 此外，变量的系数是实数，所以这些平方和称为**实二次型**. 下一个未经证明的定理将在本章中使用.（有关证明请参见 Hogg、McKean 和 Craig，*Introduction to Mathematical Statistics*，7th ed.（Upper Saddle River：Prentice Hall，2013）.）

定理 9.3-1 设 $Q=Q_1+Q_2+\cdots+Q_k$，其中 $Q,Q_1,\cdots,Q_k$ 是 n 个相互独立的正态分布随机变量中的 $k+1$ 实二次型，方差 σ^2 相同. 假设 $Q/\sigma^2,Q_1/\sigma^2,\cdots,Q_{k-1}/\sigma^2$ 分别服从自由度为 $r,r_1,r_2,\cdots,r_{k-1}$ 的卡方分布. 如果 Q_k 非负，则

（a）$Q_1,\cdots,Q_k$ 是相互独立的；并由此

（b）Q_k/σ^2 服从自由度为 $r-(r_1+\cdots+r_{k-1})=r_k$ 的卡方分布.

因为在原假设 H_0 下，$\text{SS(T)}/\sigma^2$ 是 $\chi^2(m-1)$，我们有 $E[\text{SS(T)}/\sigma^2]=m-1$，因此 $E[\text{SS(T)}/(m-1)]=\sigma^2$. 现在，无论 H_0 是真是假，基于 SS(E) 的 σ^2 的估计量，即 $\text{SS(E)}/(n-m)$ 总是无偏的. 然而，如果均值 $\mu_1,\mu_2,\cdots\mu_m$ 不相等，则基于 SS(T) 的估计量的期望值将大于 σ^2. 为了使最后的陈述更清楚，我们有

$$E[\text{SS(T)}]=E\left[\sum_{i=1}^{m}n_i(\overline{X}_{i\cdot}-\overline{X}_{\cdot\cdot})^2\right]=E\left[\sum_{i=1}^{m}n_i\overline{X}_{i\cdot}^2-n\overline{X}_{\cdot\cdot}^2\right]$$

$$=\sum_{i=1}^{m}n_i\{\text{Var}(\overline{X}_{i\cdot})+[E(\overline{X}_{i\cdot})]^2\}-n\{\text{Var}(\overline{X}_{\cdot\cdot})+[E(\overline{X}_{\cdot\cdot})]^2\}$$

$$= \sum_{i=1}^{m} n_i \left\{ \frac{\sigma^2}{n_i} + \mu_i^2 \right\} - n \left\{ \frac{\sigma^2}{n} + \overline{\mu}^2 \right\} = (m-1)\sigma^2 + \sum_{i=1}^{m} n_i (\mu_i - \overline{\mu})^2$$

其中 $\overline{\mu} = (1/n) \sum_{i=1}^{m} n_i \mu_i$. 如果 $\mu_1 = \mu_2 = \cdots = \mu_m = \mu$, 则

$$E\left(\frac{\text{SS(T)}}{m-1} \right) = \sigma^2$$

如果均值不都相等, 那么

$$E\left[\frac{\text{SS(T)}}{m-1} \right] = \sigma^2 + \sum_{i=1}^{m} n_i \frac{(\mu_i - \overline{\mu})^2}{m-1} > \sigma^2$$

我们可以根据 $\text{SS(T)}/(m-1)$ 和 $\text{SS(E)}/(n-m)$ 的比率来检验 H_0, 只要 H_0: $\mu_1 = \mu_2 = \cdots = \mu_m$ 为真, 这两个比值就都是 σ^2 的无偏估计量. 因此, 在 H_0 下, 将假定比率值接近 1. 然而, 均值 $\mu_1, \mu_2, \cdots \mu_m$ 不同的情况下, 因为 $E[\text{SS(T)}/(m-1)]$ 变大, 该比率变大. 在 H_0 下, 因为 $\text{SS(T)}/(\sigma^2)$ 和 $\text{SS(E)}/(\sigma^2)$ 是独立的卡方变量, 所以比率

$$\frac{\text{SS(T)}/(m-1)}{\text{SS(E)}/(n-m)} = \frac{[\text{SS(T)}/\sigma^2]/(m-1)}{[\text{SS(E)}/\sigma^2]/(n-m)} = F$$

服从自由度为 $m-1$ 和 n 的 F 分布. 如果 F 的观测值太大, 我们将拒绝 H_0, 因为这表明我们有一个相对较大的 SS(T), 它意味着均值是不相等的. 因此, 显著性水平 α 下的临界区域为 $F \geq F_\alpha(m-1, n-m)$.

通常检验多个均值相等性的信息会总结于**方差分析**(或 ANOVA)表(如表 9.3-2 所示)中, 其中均方(MS)为平方和(SS)除以其自由度.

表 9.3-2   方差分析表

来源	平方和(SS)	自由度	均方(MS)	F 比率
处理	SS(T)	$m-1$	$\text{MS(T)} = \dfrac{\text{SS(T)}}{m-1}$	$\dfrac{\text{MS(T)}}{\text{MS(E)}}$
误差	SS(E)	$n-m$	$\text{MS(E)} = \dfrac{\text{SS(E)}}{n-m}$	
总计	SS(TO)	$n-1$		

例 9.3-1   设 X_1, X_2, X_3, X_4 为正态分布 $N(\mu_i, \sigma^2)$, $i = 1, 2, 3, 4$ 的独立随机变量, 我们要检验

$$H_0: \mu_1 = \mu_2 = \mu_3 = \mu_4 = \mu$$

和对应所有基于四个分布的样本量为 $n_i = 3$ 的随机样本的备择假设. $\alpha = 0.05$ 的临界区域由

$$F = \frac{\text{SS(T)}/(4-1)}{\text{SS(E)}/(12-4)} \geq 4.07 = F_{0.05}(3, 8)$$

给出.

观测数据见表 9.3-3.（显然，这些数据不是正态分布的观测值. 它们是用来说明计算结果的. ）

表 9.3-3　说明性数据

	观测值			$\overline{X}_{i.}$
x_1:	13	8	9	10
x_2:	15	11	13	13
x_3:	8	12	7	9
x_4:	11	15	10	12
$\overline{x}_{..}$				11

对于给定的数据，计算出的 SS(TO)，SS(E) 和 SS(T) 是

$$\text{SS(TO)} = (13 - 11)^2 + (8 - 11)^2 + \cdots + (15 - 11)^2 + (10 - 11)^2 = 80$$
$$\text{SS(E)} = (13 - 10)^2 + (8 - 10)^2 + \cdots + (15 - 12)^2 + (10 - 12)^2 = 50$$
$$\text{SS(T)} = 3[(10 - 11)^2 + (13 - 11)^2 + (9 - 11)^2 + (12 - 11)^2] = 30$$

注意，由于 SS(TO) = SS(E)+SS(T)，三个值中只有两个需要直接从数据中计算. 这里 F 的计算值是

$$\frac{30/3}{50/8} = 1.6 < 4.07$$

H_0 不被拒绝. p 值是在 H_0 下得到一个 F 的概率，这个 F 至少和这个计算值 F 一样大. 它通常由计算机程序给出.

本例信息在表 9.3-4 中进行了总结. 我们再次注意到（这里和其他地方）F 统计量是两个适当均方的比率. ■

表 9.3-4　说明性数据的方差分析表

来源	平方和(SS)	自由度	均方(MS)	F 比率	p 值
处理	30	3	30/3	1.6	0.624
误差	50	8	50/8		
总计	80	11			

有时能够简化 SS(TO)，SS(T) 和 SS(E) 的计算（并减少通过从观测值中减去平均值而产生的舍入误差）且可替代的代数等价公式是

$$\text{SS(TO)} = \sum_{i=1}^{m} \sum_{j=1}^{n_i} X_{ij}^2 - \frac{1}{n}\left[\sum_{i=1}^{m} \sum_{j=1}^{n_i} X_{ij}\right]^2$$

$$\text{SS(T)} = \sum_{i=1}^{m} \frac{1}{n_i}\left[\sum_{j=1}^{n_i} X_{ij}\right]^2 - \frac{1}{n}\left[\sum_{i=1}^{m} \sum_{j=1}^{n_i} X_{ij}\right]^2$$

和

$$\text{SS(E)} = \text{SS(TO)} - \text{SS(T)}$$

值得注意的是，在这些公式中每个平方除以观测值的平方和：$X_{i,j}^2$ 除以 1，$\left(\sum\limits_{j=1}^{n_i} X_{i,j}\right)^2$ 除以 n_i，且 $\left(\sum\limits_{i=1}^{m}\sum\limits_{j=1}^{n_i} X_{ij}\right)^2$ 除以 n. 例 9.3-2 使用了上述公式. 尽管它们很有用，但我们鼓励在计算机上使用适当的统计软件包来辅助进行这些计算.

如果所有样本大小均为 7，则可以通过在每个样本的同一图形上绘制箱线图来获得细节. 例 9.3-2 也说明了该方法.

例 9.3-2 制造汽车的窗户有 5 个固定螺栓. 某制造这些窗户的公司进行"拉拔实验"，以确定从窗户中拔出螺栓所需的力(单位：磅). 设 X_i，$i=1,2,3,4,5$，等于位置 i 所需的力，并假设 X_i 的分布为 $N(\mu_i, \sigma^2)$. 我们将在每个位置使用 7 个独立的观测值来检验原假设 $H_0: \mu_1 = \mu_2 = \mu_3 = \mu_4 = \mu_5$. 在 $\alpha = 0.01$ 显著性水平下，如果计算出

$$F = \frac{\mathrm{SS(T)}/(5-1)}{\mathrm{SS(E)}/(35-5)} \geq 4.02 = F_{0.01}(4,30)$$

则 H_0 将被拒绝，表 9.3-5 给出了观测数据和某些总和. 对于这些数据，

451

$$\mathrm{SS(TO)} = 556\,174 - \frac{1}{35}(4334)^2 = 19\,500.97$$

$$\mathrm{SS(T)} = \frac{1}{7}(645^2 + 721^2 + 970^2 + 1017^2 + 981^2) - \frac{1}{35}(4334)^2 = 16\,672.11$$

$$\mathrm{SS(E)} = 19\,500.97 - 16\,672.11 = 2828.86$$

表 9.3-5   拉拔检验数据

	观测值							$\sum\limits_{j=1}^{7} x_{ij}$	$\sum\limits_{j=1}^{7} x_{ij}^2$
x_1:	92	90	87	105	86	83	102	645	59 847
x_2:	100	108	98	110	114	97	94	721	74 609
x_3:	143	149	138	136	139	120	145	970	134 936
x_4:	147	144	160	149	152	131	134	1017	148 367
x_5:	142	155	119	134	133	146	152	981	138 415
总计								4334	556 174

因为计算出的 F 是

$$F = \frac{16\,672.11/4}{2828.86/30} = 44.20$$

原假设显然被拒绝了. 表 9.3-6 总结了从方程式中获得的信息.

表 9.3-6   拉拔检验方差分析表

来源	平方和(SS)	自由度	均方(MS)	F 比率
处理	16 672.11	4	4168.03	44.20
误差	2828.86	30	94.30	
总计	19 500.97	34		

但为什么 H_0 被拒绝? 图 9.3-1 所示的箱线图有助于回答这个问题. 从位置 1 和位置 2 中拔出螺栓所需的力看起来与位置 3、4 和 5 相似, 但与位置 1 和位置 2 不同(见练习 9.3-10). 对窗户的调查将确认情况如此. ∎

与二样本 t 检验一样, F 检验在潜在分布为非正态分布的情况下效果很好, 除非分布是高度倾斜的或方差完全不同. 在后者情况下, 我们可能需要转换观测值, 使数据更对称, 具有大致相同的方差, 或者使用超出本书范围的某些非参数方法.

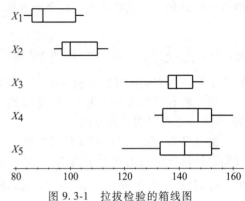

图 9.3-1　拉拔检验的箱线图

练习

(在接下来的一些练习中, 我们必须做出假设, 例如方差相等的正态分布.)

9.3-1　设 μ_1, μ_2, μ_3 分别为三个正态分布的均值, 相同的方差 σ^2 未知. 为了在 $\alpha = 0.05$ 显著性水平上检验假设 $H_0: \mu_1 = \mu_2 = \mu_3$, 我们从每个分布中随机抽取 4 个样本. 如果三个分布的观测值分别为以下值, 确定我们是接受还是拒绝 H_0:

x_1:　5　9　6　8

x_2:　11　13　10　12

x_3:　10　6　9　9

9.3-2　设 μ_i 为每英亩玉米品种 i 的平均产量(单位: 蒲式耳), $i = 1, 2, 3, 4$. 为了在 5% 显著性水平下检验假设 $H_0: \mu_1 = \mu_2 = \mu_3 = \mu_4$, 种植了四个玉米品种的四块实验田. 如果四种玉米的每英亩蒲式耳产量分别为以下值, 确定我们是接受还是拒绝 H_0:

x_1:　158.82　166.99　164.30　168.73

x_2:　176.84　165.69　167.87　166.18

x_3:　180.16　168.84　170.65　173.58

x_4:　151.58　163.51　164.57　160.75

9.3-3　四组, 每组三头猪, 分别喂食四种不同的饲料, 持续一定的时间, 检验假设 $H_0: \mu_1 = \mu_2 = \mu_3 = \mu_4$, 其中 μ_i, $i = 1, 2, 3, 4$ 是每种饲料的平均增. 使用观察到的增重数据(单位: 磅)在 5% 显著水平下检验 H_0:

x_1:　194.11　182.80　187.43

x_2:　216.06　203.50　216.88

x_3:　178.10　189.20　181.33

x_4:　197.11　202.68　209.18

9.3-4　Ledolter 和 Hogg(见参考文献)报告说, 土木工程师希望比较三种不同类型梁的强度, 一种梁(A)由钢制成, 两种梁(B 和 C)由不同且更昂贵的合金制成. 每根梁在给定的力作用下都会测量一定的挠度(单位: 0.001 英寸), 因此小的挠度表示梁的强度很大. 样本量分别为 $n_1 = 8$, $n_2 = 6$ 和 $n_3 = 6$ 的三个样本的订单信息, 如下所示:

A:　79　82　83　84　85　86　86　87

B:　74　75　76　77　78　82

C:　77　78　79　79　79　82

(a) 使用这些数据，$\alpha = 0.05$ 和 F 检验来检验三个均值的相等性.

(b) 对于每一组数据，在同一个图上构造箱线图，并对图进行解释.

9.3-5 母布谷鸟在其他鸟巢产卵."养父母"通常会上当受骗，可能是因为它们自己的蛋和布谷鸟的蛋大小相似. 之后有人(见参考文献)调查了这一可能的解释，并测量了在三个物种的巢穴中发现的布谷鸟蛋的长度(mm). 以下是他得到的结果：

篱笆麻雀： 22.0 23.9 20.9 23.8 25.0 24.0 21.7 23.8 22.8 23.1

　　　　　　23.1 23.5 23.0 23.0

　　罗宾： 21.8 23.0 23.3 22.4 23.0 23.0 23.0 22.4 23.9 22.3

　　　　　　22.0 22.6 22.0 22.1 21.1 23.0

　　鹪鹩： 19.8 22.1 21.5 20.9 22.0 21.0 22.3 21.0 20.3 20.9

　　　　　　22.0 20.0 20.8 21.2 21.0

(a) 构建一个方差分析表来检验这三个均值的相等性.

(b) 对于每一组数据，在同一个图上构造箱线图.

(c) 解释你的结果.

9.3-6 设 X_1，X_2，X_3，X_4 分别等于50岁以下女性、50岁以下男性、50岁以上女性和50岁以上男性的胆固醇水平(单位为毫克每毫升血液). 假设 X_i 的分布为 $N(\mu_i, \sigma^2)$，$i = 1,2,3,4$. 我们将使用每个 X_i 的七个观测值来检验原假设 $H_0: \mu_1 = \mu_2 = \mu_3 = \mu_4$.

(a) 给出 $\alpha = 0.05$ 显著性水平下的临界区域.

(b) 使用以下数据构造一个方差分析表来阐明你的结论：

x_1: 221 213 202 183 185 197 162

x_2: 271 192 189 209 227 236 142

x_3: 262 193 224 201 161 178 265

x_4: 192 253 248 278 232 267 289

(c) 给出该检验的 p 值界限.

(d) 对于每一组数据，在同一个图上构造箱线图，并对图进行解释.

9.3-7 Montgomery(见参考文献)研究了合成纤维的强度，这种强度可能受到纤维中棉花百分比的影响. 这一百分比分为五个级别，每一级别有五个观测结果.

棉花百分比	抗拉强度(英寸磅/平方英寸)				
15	7	7	15	11	9
20	12	17	12	18	18
25	14	18	18	19	19
30	19	25	22	19	23
35	7	10	11	15	11

使用 F 检验，$\alpha = 0.05$，以查看受棉花百分比影响的平均断裂强度是否存在差异.

9.3-8 不同尺寸的钉子装在"一磅"的盒子里. 设 X_i 等于钉子尺寸为 $(4i)C(i = 1,2,3,4,5)$ 的盒子重量，其中 $4C$、$8C$、$12C$、$16C$ 和 $20C$ 是从最小到最大的铅锤尺寸. 假设 X_i 的分布为 $N(\mu_i, \sigma^2)$. 为了检验"一磅"盒子的平均重量对于不同大小的钉子都是相等的这一原假设，我们使用大小为7的随机样本，将钉子的重量精确到百分之一磅.

(a) 给出显著性水平 $\alpha = 0.05$ 的临界区域.

(b) 使用以下数据构造方差分析表并阐明你的结论：

$$x_1: \quad 1.03 \quad 1.04 \quad 1.07 \quad 1.03 \quad 1.08 \quad 1.06 \quad 1.07$$

$$x_2: \quad 1.03 \quad 1.10 \quad 1.08 \quad 1.05 \quad 1.06 \quad 1.06 \quad 1.05$$

$$x_3: \quad 1.03 \quad 1.08 \quad 1.06 \quad 1.02 \quad 1.04 \quad 1.04 \quad 1.07$$

$$x_4: \quad 1.10 \quad 1.10 \quad 1.09 \quad 1.09 \quad 1.06 \quad 1.05 \quad 1.08$$

$$x_5: \quad 1.04 \quad 1.06 \quad 1.07 \quad 1.06 \quad 1.05 \quad 1.07 \quad 1.05$$

454 （c）对于每一组数据，在同一个图上构造箱线图，并对图进行解释.

9.3-9 设 X_i，$i=1,2,3,4$ 等于高尔夫球从发球台击中时的距离（以码为单位），其中 i 表示第 i 个制造商的索引. 假设当球被某个高尔夫球手击中时，X_i 的分布为 $N(\mu_i, \sigma^2)$，$i=1,2,3,4$. 我们将使用每个随机变量的三个观测值来检验原假设 $H_0: \mu_1=\mu_2=\mu_3=\mu_4$.

（a）给出显著性水平 $\alpha=0.05$ 的临界区域.

（b）使用以下数据构造方差分析表并阐明你的结论：

$$x_1: \quad 240 \quad 221 \quad 265$$

$$x_2: \quad 286 \quad 256 \quad 272$$

$$x_3: \quad 259 \quad 245 \quad 232$$

$$x_4: \quad 239 \quad 215 \quad 223$$

（c）如果 $\alpha=0.025$，你的结论是什么？

（d）该检验的近似 p 值是多少？

9.3-10 从图 9.31 中的箱线图来看，X_1 和 X_2 的均值可能相等，并且 X_3、X_4 和 X_5 的均值可能相等，但与前两个不同.

（a）使用例 9.3-2 中的数据以及 t 检验和 F 检验，检验假设 $H_0: \mu_1=\mu_2$，对应双边备择假设. 设 $\alpha=0.05$. F 和 t 检验的结果相同吗？

（b）使用例 9.3-2 中的数据，检验 $H_0: \mu_3=\mu_4=\mu_5$. 设 $\alpha=0.05$.

9.3-11 一辆柴油动力汽车的司机决定检验该地区销售的三种柴油的质量. 检验将基于每加仑英里数（mpg）. 做通常的假定，取 $\alpha=0.05$，并使用以下数据来检验三个均值相等的原假设：

品牌 A： 38.7　39.2　40.1　38.9

品牌 B： 41.9　42.3　41.3

品牌 C： 40.8　41.2　39.5　38.9　40.3

9.3-12 一种特殊工艺是在一块玻璃上涂一层涂层，使其对触摸很敏感. 每天从生产线上随机挑选玻璃片，在玻璃上的 12 个不同位置测量耐磨性. 以下数据给出了在 12 月 6 日、12 月 7 日和 12 月 22 日三个不同的日子里，对 11 块玻璃进行的 12 次测量的均值：

12 月 6 日： 175.05　177.44　181.94　176.51　182.12　164.34　163.20　168.12　171.26
　　　　　　171.92　167.87

12 月 7 日： 175.93　176.62　171.39　173.90　178.34　172.90　174.67　174.27　177.16
　　　　　　184.13　167.21

12 月 22 日： 167.27　161.48　161.86　173.83　170.75　172.90　173.27　170.82　170.93
　　　　　　173.89　177.68

（a）使用这些数据检验这三天的均值是否相等.

（b）用箱线图确认你的答案.

9.3-13 对于气溶胶产品，有三种重量：皮重（容器重量）、浓缩物重量和推进剂重量. 设 X_1，X_2，X_3 表示三个不同日期的推进剂重量（克）. 假设这些独立随机变量中的每一个都是具有共同方差的正态分布，各自的均值为 μ_1，μ_2 和 μ_3. 我们将使用每个随机变量的九个观测值检验原假设 $H_0: \mu_1=\mu_2=\mu_3$.

(a) 给出显著性水平 $\alpha = 0.01$ 的临界区域.

(b) 使用以下数据构造方差分析表,并阐明你的结论:

x_1: 43.06　43.32　42.63　42.86　43.05　42.87　42.94　42.80　42.36

x_2: 42.33　42.81　42.13　42.41　42.39　42.10　42.42　41.42　42.52

x_3: 42.83　42.57　42.96　43.16　42.25　42.24　42.20　41.97　42.61

(c) 对于每一组数据,在同一个图上构造箱线图,并对图进行解释.

9.3-14　Ledolter 和 Hogg(见参考文献)报告了三名具有不同经验的磁制动器制动轮制造工人的比较. 工人 A 有四年工作经验, 工人 B 有七年工作经验, 工人 C 有一年工作经验. 公司很关心产品的质量, 该质量是由制动轮的规定直径和实际直径之间的差异来衡量的. 在给定的一天, 主管从每个工人的产出中随机选择 9 个制动轮. 以下数据以百分之一英寸为单位给出了指定直径和实际直径之间的差异:

工人 A: 　2.0　3.0　2.3　3.5　3.0　2.0　4.0　4.5　3.0

工人 B: 　1.5　3.0　4.5　3.0　3.0　2.0　2.5　1.0　2.0

工人 C: 　2.5　3.0　2.0　2.5　1.5　2.5　2.5　3.0　3.5

(a) 检验三个不同工人的平均素质是否存在显著差异.

(b) 数据的箱线图是否证实了你求得的问题(a)的答案?

9.3-15　Ledolter 和 Hogg(见参考文献)报告说, 饲养场的经营者希望比较三种不同的牛饲料补充剂的效果. 他从 1000 多只牛中随机抽取 15 只一岁的小母牛, 随机分成三组. 每组得到不同的饲料补充. 在注意到 A 组中的一头母牛因事故而丢失后, 经营者记录了六个月内体重的增加(单位:磅), 如下所示:

A 组: 　500　650　530　680

B 组: 　700　620　780　830　860

C 组: 　500　520　400　580　410

(a) 检验三种不同的饲料补充剂在平均体重增加方面是否存在差异.

(b) 数据的箱线图是否证实了你求得的问题(a)的答案?

9.4　双因素方差分析

　　在 9.3 节中考虑的几种均值相等性的检验是一种称为方差分析(ANOVA)的统计推断方法. 该方法的名称来源于二次型 $\mathrm{SS(TO)} = (n-1)S^2$ (组合样本均值的平方和)分解为其分量并进行分析. 在这一节中, 我们将研究方差分析中的其他问题. 在这里, 我们将考虑两个因素的情况, 但读者也可以看到如何将其扩展到三个因素和其他情况.

　　考虑有必要调查影响实验结果的双因素影响的情况. 例如, 教学方法(讲座、讨论、计算机辅助、电视等)和班级规模可能会影响学生在标准考试中的分数, 或者汽车类型和所用汽油的等级可能会改变每加仑的英里数. 在后一个例子中, 如果每加仑的英里数不受汽油等级的影响, 我们无疑会使用最便宜的等级.

　　我们在本节中讨论的第一个方差分析模型称为**每个单元格一个观测值的双因素分类** (two-way classification with one observation per cell). 假设有两个因素(属性), 其中一个有 a 个水平, 另一个有 b 个水平. 因此, 有 $n = ab$ 个可能的组合, 每个组合决定一个单元格. 让我们把这些单元格想象成一行一列. 在这里, 我们对每个单元格进行一次观测, 并用 X_{ij} 表示第 i 行第 j 列中的观测值. 进一步假设 X_{ij} 是服从 $N(\mu_{ij}, \sigma^2)$ 的独立随机变量, $i = 1, 2, \cdots, a$, $j = 1, 2, \cdots, b$, 并且 $n = ab$. (在应用中, 对正态性和齐次(方差相同)的假设可以稍微放宽，检验的显著性水平几乎没有变化.）我们假设均值 μ_{ij} 由行效应、列效应和重复操作的总体效应组成，因此 $\mu_{ij} = \mu + \alpha_i + \beta_j$，其中 $\sum\limits_{i=1}^{a} \alpha_i = 0$，且 $\sum\limits_{j=1}^{b} \beta_j = 0$. 参数 α 表示第 i 行效果，参数 β_j 表示第 j 列效果.

注 不失一般性，假设

$$\sum_{i=1}^{a} \alpha_i = \sum_{j=1}^{b} \beta_j = 0$$

456

定义 $\mu_{ij} = \mu' + \alpha_i' + \beta_j'$，且记

$$\overline{\alpha}' = \left(\frac{1}{a}\right)\sum_{i=1}^{a} \alpha_i' \quad \overline{\beta}' = \left(\frac{1}{b}\right)\sum_{j=1}^{b} \beta_j'$$

我们有

$$\mu_{ij} = (\mu' + \overline{\alpha}' + \overline{\beta}') + (\alpha_i' - \overline{\alpha}') + (\beta_j' - \overline{\beta}') = \mu + \alpha_i + \beta_j$$

其中 $\sum\limits_{i=1}^{a} \alpha_i = 0$ 且 $\sum\limits_{j=1}^{b} \beta_j = 0$. 读者可以在练习 9.4-2 的 μ_{ij} 式子中找到 μ，α_i 和 β_j.

因为 $\sum\limits_{i=1}^{a} \alpha_i = 0$，所以为了验证不存在行效应的假设，我们将检验原假设 H_A: $\alpha_1 = \alpha_2 = \cdots = \alpha_a = 0$. 备择假设是 H_A 中至少有一个等式是错误的. 类似地，因为 $\sum\limits_{j=1}^{b} \beta_j = 0$，所以为了检验没有列效应，我们将检验原假设 H_B: $\beta_1 = \beta_2 = \cdots = \beta_b = 0$. 备择假设是 H_A 中至少有一个等式是错误的. 为了检验这些假设，我们将再次把平方和分为几个部分. 令

$$\overline{X}_{i\cdot} = \frac{1}{b}\sum_{j=1}^{b} X_{ij}, \quad \overline{X}_{\cdot j} = \frac{1}{a}\sum_{i=1}^{a} X_{ij}, \quad \overline{X}_{\cdot\cdot} = \frac{1}{ab}\sum_{i=1}^{a}\sum_{j=1}^{b} X_{ij}$$

我们有

$$\begin{aligned}
\mathrm{SS(TO)} &= \sum_{i=1}^{a}\sum_{j=1}^{b}(X_{ij} - \overline{X}_{\cdot\cdot})^2 = \sum_{i=1}^{a}\sum_{j=1}^{b}[(\overline{X}_{i\cdot} - \overline{X}_{\cdot\cdot}) + (\overline{X}_{\cdot j} - \overline{X}_{\cdot\cdot}) + (X_{ij} - \overline{X}_{i\cdot} - \overline{X}_{\cdot j} + \overline{X}_{\cdot\cdot})]^2 \\
&= b\sum_{i=1}^{a}(\overline{X}_{i\cdot} - \overline{X}_{\cdot\cdot})^2 + a\sum_{j=1}^{b}(\overline{X}_{\cdot j} - \overline{X}_{\cdot\cdot})^2 + \sum_{i=1}^{a}\sum_{j=1}^{b}(X_{ij} - \overline{X}_{i\cdot} - \overline{X}_{\cdot j} + \overline{X}_{\cdot\cdot})^2 \\
&= \mathrm{SS(A)} + \mathrm{SS(B)} + \mathrm{SS(E)}
\end{aligned}$$

其中 SS(A) 是因子 A 各水平之间或各行之间的平方和；SS(B) 是因子 B 各水平之间或各列之间的平方和；SS(E) 是误差或残差平方和. 练习 9.4-4 要求读者说明三项式和的平方中三个交叉项等于零. 误差平方和的分布不依赖均值 μ_{ij}，前提是加法模型是正确的. 因此，无论 H_A 为真还是 H_B 为真，其分布都是相同的，因此 SS(E) 就像 9.3 节 SS(E) 一样充当"测量棒". 这点可以通过如下形式看得更加清楚：

$$\text{SS(E)} = \sum_{i=1}^{a} \sum_{j=1}^{b} (X_{ij} - \overline{X}_{i\cdot} - \overline{X}_{\cdot j} + \overline{X}_{\cdot\cdot})^2 = \sum_{i=1}^{a} \sum_{j=1}^{b} [X_{ij} - (\overline{X}_{i\cdot} - \overline{X}_{\cdot\cdot}) - (\overline{X}_{\cdot j} - \overline{X}_{\cdot\cdot}) - \overline{X}_{\cdot\cdot}]^2$$

457

并注意到右边项中的求和类似于

$$X_{ij} - \mu_{ij} = X_{ij} - \alpha_i - \beta_j - \mu$$

现在我们证明，$\text{SS(A)}/\sigma^2$，$\text{SS(B)}/\sigma^2$ 和 $\text{SS(E)}/\sigma^2$ 是独立的卡方变量，前提是 H_A 或 H_B 为真，也就是说，当所有均值 μ_{ij} 都有一个共同的值 μ 时. 为此，我们首先注意到 $\text{SS(TO)}/\sigma^2$ 是 $\chi^2(ab-1)$. 此外，从 9.3 节中我们可以看出，$\text{SS(A)}/\sigma^2$ 和 $\text{SS(B)}/\sigma^2$ 等表达式是卡方变量，即分别用 a 和 b 替换 9.3 节中的 n_i，分别记为 $\chi^2(a-1)$ 和 $\chi^2(b-1)$. 显然，$\text{SS(E)} \geqslant 0$，因此根据定理 9.3-1，$\text{SS(A)}/\sigma^2$，$\text{SS(B)}/\sigma^2$ 和 $\text{SS(E)}/\sigma^2$ 分别是具有自由度为 $a-1$，$b-1$ 和 $ab-1-(a-1)-(b-1) = (a-1)(b-1)$ 的独立卡方变量.

为了检验假设 H_A: $\alpha_1 = \alpha_2 = \cdots = \alpha_a = 0$，我们将使用平方的行和 SS(A) 与平方的残差和 SS(E). 当 H_A 为真时，$\text{SS(A)}/\sigma^2$ 和 $\text{SS(E)}/\sigma^2$ 分别是自由度为 $a-1$ 和 $(a-1)(b-1)$ 的独立卡方变量. 因此，当 H_A 为真时，$\text{SS(A)}/(a-1)$ 和 $\text{SS(E)}/[(a-1)(b-1)]$ 都是 σ^2 的无偏估计. 然而，当 H_A 不为真时，$E[\text{SS(A)}/(a-1)] > \sigma^2$，因此当

$$F_A = \frac{\text{SS(A)}/[\sigma^2(a-1)]}{\text{SS(E)}/[\sigma^2(a-1)(b-1)]} = \frac{\text{SS(A)}/(a-1)}{\text{SS(E)}/[(a-1)(b-1)]}$$

"太大" 时，我们将拒绝 H_A. 因为当 H_A 为真时，F_A 服从自由度为 $a-1$ 和 $(a-1)(b-1)$ 的 F 分布，如果 F_A 的观测值满足 $F_A \geqslant F_\alpha[a-1, (a-1)(b-1)]$，则在 α 显著性水平上 H_A 被拒绝.

同样，假设 H_B 的检验 H_B: $\beta_1 = \beta_2 = \cdots = \beta_b = 0$ 可以基于

$$F_B = \frac{\text{SS(B)}/[\sigma^2(b-1)]}{\text{SS(E)}/[\sigma^2(a-1)(b-1)]} = \frac{\text{SS(B)}/(b-1)}{\text{SS(E)}/[(a-1)(b-1)]}$$

它服从自由度为 $b-1$ 和 $(a-1)(b-1)$ 的 F 分布，前提是 H_B 是真的.

表 9.4-1 是方差分析表，其总结了这些假设检验所需的信息. F_A 和 F_B 的公式表明，它们都是两个均方的比值.

表 9.4-1 双因素方差分析表，每个单元的观测值

来源	平方和（SS）	自由度	均方（MS）	F 比
因子 A（行）	SS(A)	$a-1$	$\text{MS(A)} = \dfrac{\text{SS(A)}}{a-1}$	$\dfrac{\text{MS(A)}}{\text{MS(E)}}$
因子 B（列）	SS(B)	$b-1$	$\text{MS(B)} = \dfrac{\text{SS(B)}}{b-1}$	$\dfrac{\text{MS(B)}}{\text{MS(E)}}$
误差	SS(E)	$(a-1)(b-1)$	$\text{MS(E)} = \dfrac{\text{SS(E)}}{(a-1)(b-1)}$	
总计	SS(TO)	$ab-1$		

458

例 9.4-1 三辆车中的每一辆都由四种不同牌号的汽油驱动. 表 9.4-2 中记录了每辆车在不同品牌汽油下的行驶里程数, $ab=(3)(4)=12$ 种不同组合下的每加仑行驶里程数. 我们想检验一下这四种品牌的汽油是否都能达到同样的里程数. 在我们的符号中, 我们检验假设

$$H_B: \beta_1 = \beta_2 = \beta_3 = \beta_4 = 0$$

表 9.4-2 汽油里程数据

车辆	汽油				$\bar{x}_{i.}$
	1	2	3	4	
1	26	28	31	31	29
2	24	25	28	27	26
3	25	25	28	26	26
$\bar{x}_{.j}$	25	26	29	28	27

在 1% 显著性水平下, 我们拒绝 H_B, 如果计算出的 F, 即

$$\frac{SS(B)/(4-1)}{SS(E)/[(3-1)(4-1)]} \geqslant 9.78 = F_{0.01}(3, 6)$$

我们有

$$SS(B) = 3[(25-27)^2 + (26-27)^2 + (29-27)^2 + (28-27)^2] = 30$$
$$SS(E) = (26-29-25+27)^2 + (24-26-25+27)^2 + \cdots + (26-26-28+27)^2 = 4$$

因此, 计算出的 F 是

$$\frac{30/3}{4/6} = 15 > 9.78$$

且 H_B 被拒绝. 也就是说, 汽油似乎提供了不同的性能(至少对这三辆车). ■

表 9.4-3 总结了本例的信息.

表 9.4-3 汽油里程数据方差分析表

来源	平方和(SS)	自由度	均方(MS)	F 比	p 值
行(A)	24	2	12	18	0.003
列(B)	30	3	10	15	0.003
误差	4	6	2/3		
总计	58	11			

在双因素分类问题中, 这两个因素的特定组合可能与从加法模型得到的结果不同. 例如, 在例 9.4-1 中, 3 号汽油似乎是最好的汽油, 1 号车似乎是最好的汽车. 但是, 有时两个最好的汽油"混合"不好, 联合性能差. 也就是说, 车和汽油的组合可能会有一种奇怪的交互作用, 因此, 联合性能并没有预期的好. 有时, 我们会从每一个因素的一些较低水平的组合中得到好的结果. 这种现象被称为**交互作用**(interaction), 它在实践中经常发生(如化学中). 为了检验可能的交互作用, 我们将考虑一个双因素分类问题, 在这个问题中, 每个单元取 $c>1$ 个独立的观测值.

假设 $X_{ijk}(i=1,2,\cdots,a,\ j=1,2,\cdots,c,\ k=1,2,\cdots,c)$ 是 $n=abc$ 个相互独立且具有共同未知方差 σ^2 的正态随机变量. 每个 $X_{ijk}(k=1,2,\cdots,c)$ 的均值是 $\mu_{ij}=\mu+\alpha_i+\beta_j+\gamma_{ij}$, 其中 $\sum_{i=1}^{a}\alpha_i=0$, $\sum_{j=1}^{b}\beta_j=0$, $\sum_{i=1}^{a}\gamma_{ij}=0$ 且 $\sum_{i=1}^{b}\gamma_{ij}=0$. 参数 γ_{ij} 称为与单元 (i,j) 相关的交互作用效应. 也就是说, 一个分类的第 i 级和另一个分类的第 j 级之间的交互作用效应是 γ_{ij}. 练习 9.4-6 要求读者对于某些给定的 μ_{ij} 测定 μ、α_i、β_j 和 γ_{ij}.

为了检验 (a) 行效应等于零, (b) 列效应等于零, 以及 (c) 不存在交互作用的假设, 我们再次将平方和分为几个分量. 令

$$\overline{X}_{ij\cdot}=\frac{1}{c}\sum_{k=1}^{c}X_{ijk}$$

$$\overline{X}_{i\cdot\cdot}=\frac{1}{bc}\sum_{j=1}^{b}\sum_{k=1}^{c}X_{ijk}$$

$$\overline{X}_{\cdot j\cdot}=\frac{1}{ac}\sum_{i=1}^{a}\sum_{k=1}^{c}X_{ijk}$$

$$\overline{X}_{\cdots}=\frac{1}{abc}\sum_{i=1}^{a}\sum_{j=1}^{b}\sum_{k=1}^{c}X_{ijk}$$

我们有

$$\mathrm{SS(TO)}=\sum_{i=1}^{a}\sum_{j=1}^{b}\sum_{k=1}^{c}(X_{ijk}-\overline{X}_{\cdots})^2=bc\sum_{i=1}^{a}(\overline{X}_{i\cdot\cdot}-\overline{X}_{\cdots})^2+ac\sum_{j=1}^{b}(\overline{X}_{\cdot j\cdot}-\overline{X}_{\cdots})^2+$$

$$c\sum_{i=1}^{a}\sum_{j=1}^{b}(\overline{X}_{ij\cdot}-\overline{X}_{i\cdot\cdot}-\overline{X}_{\cdot j\cdot}+\overline{X}_{\cdots})^2+\sum_{i=1}^{a}\sum_{j=1}^{b}\sum_{k=1}^{c}(X_{ijk}-\overline{X}_{ij\cdot})^2$$

$$=\mathrm{SS(A)}+\mathrm{SS(B)}+\mathrm{SS(AB)}+\mathrm{SS(E)}$$

其中 $\mathrm{SS(A)}$ 是行的平方和, 或因子 A 各水平之间的平方和; $\mathrm{SS(B)}$ 是列的平方和, 或因子 B 各水平之间的平方和; $\mathrm{SS(AB)}$ 是交互作用的平方和; $\mathrm{SS(E)}$ 是误差平方和. 同样, 我们可以证明交叉项和为零.

为了考虑 $\mathrm{SS(A)}$、$\mathrm{SS(B)}$、$\mathrm{SS(AB)}$ 和 $\mathrm{SS(E)}$ 的联合分布, 我们假设所有均值都等于相同的 μ 值. 当然, 我们知道 $\mathrm{SS(TO)}/\sigma^2$ 是 $\chi^2(abc-1)$. 另外, 通过让 9.3 节的 n_i 分别等于 bc 和 ac, 我们知道 $\mathrm{SS(A)}/\sigma^2$ 和 $\mathrm{SS(B)}/\sigma^2$ 是 $\chi^2(a-1)$ 和 $\chi^2(b-1)$. 而且,

$$\frac{\sum_{k=1}^{c}(X_{ijk}-\overline{X}_{ij\cdot})^2}{\sigma^2}$$

是 $\chi^2(c-1)$. 因此, $\mathrm{SS(E)}/\sigma^2$ 是 ab 独立卡方变量的和, 因此是 $\chi^2[ab(c-1)]$. 当然, $\mathrm{SS(AB)}\geqslant0$. 因此, 根据定理 9.3-1, $\mathrm{SS(A)}/\sigma^2$, $\mathrm{SS(B)}/\sigma^2$, $\mathrm{SS(AB)}/\sigma^2$ 和 $\mathrm{SS(E)}/\sigma^2$ 是

相互独立的卡方变量, 分别具有 $a-1$, $b-1$, $(a-1)(b-1)$ 和 $ab(c-1)$ 自由度.

为了检验有关行、列和交互作用效应的假设, 我们形成了 F 统计量, 其中分子受各自假设的偏差影响, 而分母是 SS(E) 的函数, 其分布仅取决于 σ^2 的值, 而不取决于单元格平均值. 因此, SS(E) 再次充当我们的测量棒.

检验假设

$$H_{AB} : \gamma_{ij} = 0, \quad i = 1, 2, \cdots, a; \quad j = 1, 2, \cdots, b$$

(与其相反的备择假设为 H_{AB} 中至少有一个等式是错误的) 的统计量为

$$F_{AB} = \frac{c \sum\limits_{i=1}^{a} \sum\limits_{j=1}^{b} (\overline{X}_{ij.} - \overline{X}_{i..} - \overline{X}_{.j.} + \overline{X}_{...})^2 / [\sigma^2 (a-1)(b-1)]}{\sum\limits_{i=1}^{a} \sum\limits_{j=1}^{b} \sum\limits_{k=1}^{c} (X_{ijk} - \overline{X}_{ij.})^2 / [\sigma^2 ab(c-1)]}$$

$$= \frac{\text{SS(AB)}/[(a-1)(b-1)]}{\text{SS(E)}/[ab(c-1)]}$$

当 H_{AB} 为真时, 该统计量服从自由度为 $(a-1)(b-1)$ 和 $ab(c-1)$ 的 F 分布. 如果计算出的 $F_{AB} \geqslant F_{\alpha}[(a-1)(b-1), ab(c-1)]$, 我们在 α 显著性水平上拒绝 H_{AB}, 并说均值之间存在差异, 因为似乎存在交互作用. 如果 H_{AB} 被拒绝, 大多数统计学家不会继续检验行和列的效果.

检验假设

$$H_A : \alpha_1 = \alpha_2 = \cdots = \alpha_a = 0$$

的统计量是

$$F_A = \frac{bc \sum\limits_{i=1}^{a} (\overline{X}_{i..} - \overline{X}_{...})^2 / [\sigma^2 (a-1)]}{\sum\limits_{i=1}^{a} \sum\limits_{j=1}^{b} \sum\limits_{k=1}^{c} (X_{ijk} - \overline{X}_{ij.})^2 / [\sigma^2 ab(c-1)]} = \frac{\text{SS(A)}/(a-1)}{\text{SS(E)}/[ab(c-1)]}$$

当 H_A 为真时, 该统计量服从自由度为 $a-1$ 和 $ab(c-1)$ 的 F 分布. 检验假设

$$H_B : \beta_1 = \beta_2 = \cdots = \beta_b = 0$$

的统计量是

$$F_B = \frac{ac \sum\limits_{j=1}^{b} (\overline{X}_{.j.} - \overline{X}_{...})^2 / [\sigma^2 (b-1)]}{\sum\limits_{i=1}^{a} \sum\limits_{j=1}^{b} \sum\limits_{k=1}^{c} (X_{ijk} - \overline{X}_{ij.})^2 / [\sigma^2 ab(c-1)]} = \frac{\text{SS(B)}/(b-1)}{\text{SS(E)}/[ab(c-1)]}$$

当 H_B 为真时, 该统计量服从自由度为 $b-1$ 和 $ab(c-1)$ 的 F 分布. 如果 F 的观测值大于用来产生所需显著性水平的给定常数, 则拒绝这些假设.

表 9.4-4 是方差分析表, 总结了这些假设检验所需的信息.

表 9.4-4　双因素方差分析表，每个单元的 c 观测值

来源	平方和(SS)	自由度	均方(MS)	F 比
因子 A (行)	SS(A)	$a-1$	$MS(A)=\dfrac{SS(A)}{a-1}$	$\dfrac{MS(A)}{MS(E)}$
因子 B (列)	SS(B)	$b-1$	$MS(B)=\dfrac{SS(B)}{b-1}$	$\dfrac{MS(B)}{MS(E)}$
因子 AB (交叉项)	SS(AB)	$(a-1)(b-1)$	$MS(AB)=\dfrac{SS(AB)}{(a-1)(b-1)}$	$\dfrac{MS(AB)}{MS(E)}$
误差	SS(E)	$ab(c-1)$	$MS(E)=\dfrac{SS(E)}{ab(c-1)}$	
总计	SS(TO)	$abc-1$		

例 9.4-2　考虑以下实验：108 人被随机分成 6 组，每组 18 人. 每个人都有三组数字要加. 这三个数字要么在一个"下数组"中，要么在一个"交叉数组"中，表示因子 A 的两个水平. 因子 B 的水平由要添加的数字中的位数决定：一位数、两位数或三位数. 表 9.4-5 用每个单元的一个样本问题说明了这个实验，但是，请注意，一个人只处理其中一种类型的问题. 每个人被分为六组，并被告知在 90 秒内尽可能多地解决问题. 记录的测量值是两次实验中正确工作的平均问题数.

当使用多个对象时，计算机将成为一个不值钱的工具. 一个计算机程序提供表 9.4-6 所示的汇总表，其中列出了行数、列数和单元格数. 每个单元格平均为 18 人提供了较大的计算量.

简单地考虑这些均值，我们可以清楚地看到有一个列效应：添加一个数字比添加三个数字容易并不奇怪.

这些结果最有趣的特点是它们显示了交互作用的可能性. 最大的单元格平均数出现在交叉数组中添加一个数字的单元格中. 但是，请注意，对于两位数和三位数的数字，下数组的平均值大于交叉数组的平均值.

表 9.4-5　位数数组图解

数组 类型	位数		
	1	2	3
下数组	5	25	259
	3	69	567
	8	37	130
交叉	5+3+8 =	25+69+37 =	259+567+130 =

表 9.4-6　单元格、行和列表示添加数字

数组 类型	位数			行平均
	1	2	3	
下数组	23.806	10.694	6.278	13.593
交叉	26.056	6.750	3.944	12.250
列平均	24.931	8.722	5.111	

462

计算机提供了方差分析表 9.4-7. SS(E)的自由度不在附录 B 的 F 表中. 但是，从计算机打印输出中获得的最右边一栏提供了每次检验的 p 值，即获得 F 等于或大于计算出的 F 比的概率. 注意，例如，为了检验交互作用，$F=5.51$，p 值为 0.0053. 因此，在显著性水平 $\alpha=0.05$ 或 $\alpha=0.01$ 下，没有交互作用的假设将被拒绝，但在 $\alpha=0.001$ 时，它不会被拒绝. ■

表 9.4-7　加数方差分析表

来源	平方和(SS)	自由度	均方(MS)	F 比	p 值
因子 A(行)	48.678	1	48.669	2.885	0.0925
因子 B(位数)	8022.73	2	4011.363	237.778	<0.0001
交叉	185.92	2	92.961	5.510	0.0053

（续）

来源	平方和(SS)	自由度	均方(MS)	F 比	p 值
误差	1720.76	102	16.870		
总计	9978.08	107			

练习

（在接下来的一些练习中，我们需做出假设，例如方差相等的正态分布等.）

9.4-1 对于例 9.4-1 中给出的数据，在 5% 显著性水平下检验假设 H_A: $\alpha_1 = \alpha_2 = \alpha_3 = 0$.

9.4-2 当 $a = 3$ 和 $b = 4$ 时，如果 μ_{ij}, $i = 1,2,3$ 和 $j = 1,2,3,4$ 由

$$
\begin{array}{cccc}
6 & 3 & 7 & 8 \\
10 & 7 & 11 & 12 \\
8 & 5 & 9 & 10
\end{array}
$$

给出，则求 μ, α_i 和 β_j. 请注意，在"加法"模型（如这个模型）中，一行（列）可以通过向另一行（列）的每个元素添加一个常量值确定.

9.4-3 我们希望比较 $a = 3$ 种不同干燥方法（处理）对应的混凝土抗压强度. 混凝土是分批搅拌的，其体积只够生产三个圆柱体. 尽管注意实现均匀性，但我们预计用于获得以下抗压强度的 $b = 5$ 批次之间存在一些差异（几乎没有理由怀疑交互作用，因此，每个单元中只进行一次观察）：

治疗	批次				
	B_1	B_2	B_3	B_4	B_5
A_1	52	47	44	51	42
A_2	60	55	49	52	43
A_3	56	48	45	44	38

（a）使用 5% 显著性水平，检验 H_A: $\alpha_1 = \alpha_2 = \alpha_3 = 0$.

（b）使用 5% 显著性水平，检验 H_B: $\beta_1 = \beta_2 = \beta_3 = \beta_4 = \beta_5 = 0$. （参见参考文献中的 Ledolter 和 Hogg. ）

9.4-4 证明交叉项是由 $(\overline{X}_{i.} - \overline{X}_{..})$, $(\overline{X}_{.j} - \overline{X}_{..})$ 形成，$(\overline{X}_{ij} - \overline{X}_{i.} - \overline{X}_{.j} + \overline{X}_{..})$ 的和为零，$i = 1,2,\cdots a$ 且 $j = 1,2,\cdots, b$. 提示：例如可以写成

$$
\sum_{i=1}^{a}\sum_{j=1}^{b}(\overline{X}_{.j} - \overline{X}_{..})(X_{ij} - \overline{X}_{i.} - \overline{X}_{.j} + \overline{X}_{..}) = \sum_{j=1}^{b}(\overline{X}_{.j} - \overline{X}_{..})\sum_{i=1}^{a}[(X_{ij} - \overline{X}_{.j}) - (\overline{X}_{i.} - \overline{X}_{..})]
$$

按这里的分组，对内求和项的每一项求和，得到零.

9.4-5 一名心理学生对检验老鼠的食物消耗会受到某种药物的影响感兴趣. 她使用一个属性的两个水平（即药物和安慰剂），以及第二个属性的四个水平（即雄性（M）、去势（C）、雌性（F）和去卵巢（O）. 对于每个单元格，她观察了五只老鼠. 下表列出了每 24 小时消耗的食物量（克）：

	M	C	F	O
药物	22.56	16.54	18.58	18.20
	25.02	24.64	15.44	14.56
	23.66	24.62	16.12	15.54
	17.22	19.06	16.88	16.82
	22.58	20.12	17.58	14.56
安慰剂	25.64	22.50	17.82	19.74
	28.84	24.48	15.76	17.48
	26.00	25.52	12.96	16.46
	26.02	24.76	15.00	16.44
	23.24	20.62	19.54	15.70

（a）使用 5% 显著性水平，检验 H_{AB}：$\gamma_{ij}=0$，$i=1,2$，$j=1,2,3,4$.

（b）使用 5% 显著性水平，检验 H_A：$\alpha_1=\alpha_2=0$.

（c）使用 5% 显著性水平，检验 H_B：$\beta_1=\beta_2=\beta_3=\beta_4=0$.

（d）如何修改此模型，使分类有三个属性，每个属性有两个水平？

9.4-6 当 $a=3$ 和 $b=4$ 时，如果 μ_{ij}，$i=1,2,3$ 和 $j=1,2,3,4$ 由

$$
\begin{array}{cccc}
6 & 7 & 7 & 12 \\
10 & 3 & 11 & 8 \\
8 & 5 & 9 & 10
\end{array}
$$

给出，则求 μ，α_i，β_j 和 γ_{ij}. 注意这里的布局和练习 9.4-2 中的布局之间的区别. 交互作用是否有助于解释差异？

9.4-7 为了检验四个品牌的汽油在行驶里程方面是否具有相同的性能，三辆车均使用四个品牌的汽油. 然后 12 个可能的组合中的每一个被重复 4 次. 下表中每个单元格记录了每次重复中每加仑的英里数：

小车	汽油品牌							
	1		2		3		4	
1	31.0	24.9	26.3	30.0	25.8	29.4	27.8	27.3
	26.2	28.8	25.2	31.6	24.5	24.8	28.2	30.4
2	30.6	29.5	25.5	26.8	26.6	23.7	28.1	27.1
	30.8	28.9	27.4	29.4	28.2	26.1	31.5	29.1
3	24.2	23.1	27.4	28.1	25.2	26.7	26.3	26.4
	26.8	27.4	26.4	26.9	27.7	28.1	27.9	28.8

检验假设 H_{AB}：没有交互作用，H_A：没有行效应，H_B：没有列效应，每一个均在 5% 显著性水平上考虑.

9.4-8 有另一种看待练习 9.3-6 的方法，即作为一个双因素分析，对性别为女性和男性、年龄在 50 岁以下和至少 50 岁之间的差异问题进行分析，每个受试者被测量的是胆固醇水平. 数据设置如下：

464

性别	年龄		性别	年龄	
	<50	≥50		<50	≥50
女性	221	262	男性	271	192
	213	193		192	253
	202	224		189	248
	183	201		209	278
	185	161		227	232
	197	178		236	267
	162	265		142	289

（a）检验 H_{AB}：$\gamma_{ij}=0$，$i=1,2$；$j=1,2$（无交互作用）.

（b）检验 H_A：$\alpha_1=\alpha_2=0$（无行效应）.

（c）检验 H_B：$\beta_1=\beta_2=0$（无列效应）.

每次检验使用 5% 的显著性水平.

9.4-9 Ledolter 和 Hogg（见参考文献）报告说，有吸烟史的志愿者被分为重度、中度和不吸烟人群，直到每一类中有 9 名男性被接受为止. 每个类别的三名男性被随机分配到以下三种压力测试：自行车

测力计、跑步机和台阶测试. 以分钟为单位记录最大摄氧量的时间如下：

吸烟史	测试		
	自行车	跑步机	台阶测试
不吸烟	12.8, 13.5, 11.2	16.2, 18.1, 17.8	22.6, 19.3, 18.9
中度	10.9, 11.1, 9.8	15.5, 13.8, 16.2	20.1, 21.0, 15.9
重度	8.7, 9.2, 7.5	14.7, 13.2, 8.1	16.2, 16.1, 17.8

（a）分析实验结果. 获得方差分析表，检验无行效应、无列效应和无交互作用的假设.

（b）使用箱线图，以图形方式比较数据.

9.5 广义析因设计和 2^k 析因设计

在 9.4 节中，我们研究了双因子实验，其中 A 因子在 a 水平上执行，B 因子在 b 水平上执行. 如果没有重复，我们需要 ab 个水平组合，如果每个组合都有 c 个重复，我们需要总共 abc 个实验.

现在让我们考虑有三个因素的情况，即 A、B 和 C，分别有 a、b 和 c 的水平. 这里总共有 abc 个水平组合，如果在每个组合中，我们都有 d 个重复，则需要 $abcd$ 个实验. 一旦这些实验以某种随机顺序运行并收集数据，就可以使用计算机程序计算方差分析表中的条目，如表 9.5-1 所示.

表 9.5-1　方差分析表

来源	平方和（SS）	自由度	均方（MS）	F 比
A	SS(A)	$a-1$	MS(A)	$\dfrac{MS(A)}{MS(E)}$
B	SS(B)	$b-1$	MS(B)	$\dfrac{MS(B)}{MS(E)}$
C	SS(C)	$c-1$	MS(C)	$\dfrac{MS(C)}{MS(E)}$
AB	SS(AB)	$(a-1)(b-1)$	MS(AB)	$\dfrac{MS(AB)}{MS(E)}$
AC	SS(AC)	$(a-1)(c-1)$	MS(AC)	$\dfrac{MS(AC)}{MS(E)}$
BC	SS(BC)	$(b-1)(c-1)$	MS(BC)	$\dfrac{MS(BC)}{MS(E)}$
ABC	SS(ABC)	$(a-1)(b-1)(c-1)$	MS(ABC)	$\dfrac{MS(ABC)}{MS(E)}$
误差	SS(E)	$abc(d-1)$	$MS(E)=\dfrac{SS(E)}{ab(c-1)}$	
总计	SS(TO)	$abcd-1$		

主效应（A、B 和 C）和双因素交互作用（AB、AC 和 BC）具有与双因素方差分析相同的解释. 三因素交互作用表示平均数 $\mu_{ijh}(i=1,2,\cdots,a; j=1,2,\cdots,b; h=1,2,\cdots,c)$ 的模型的一部分，不能用只包括主效应和两因素交互作用的模型来解释. 特别是，如果对于每个固定 h，由 μ_{ijh} 创建的"平面"与由每个其他固定 h 创建的"平面"是"平行的"，则三因子交互作用等于零. 通常，高阶交互作用往往很小.

在检验序列中, 我们首先通过检查是否

$$MS(ABC)/MS(E) \geq F_\alpha[(a-1)(b-1)(c-1), abc(d-1)]$$

如果这个不等式成立, 则 ABC 交互作用在 α 水平上是显著的. 然后, 我们将不再继续用 F 值检验双因素之间的交互作用以及它们的主效应, 但不分析数据. 例如, 对于每个固定的 h, 我们可以查看因子 A 和 B 的双因子方差分析. 当然, 如果不等式不成立, 我们下一步将使用适当的 F 值检验双因子交互作用. 如果这些不显著, 则我们检查主效应 A, B 和 C.

　　有三个或三个以上因素的因子分析需要很多实验, 特别是如果每个因子有几个水平. 通常, 在健康、社会和物理科学中, 实验者想要考虑几个因素(可能多达 10、20, 甚至数百个), 他们负担不起这么多的实验. 在初步或筛选调查中尤其如此, 他们希望发现似乎最重要的因素. 在这些情况下, 他们经常考虑因子实验, 如 k 个因子中的每一个仅两个水平上运行, 通常没有重复. 我们只考虑这种情况, 尽管读者应该认识到它有许多变化. 特别是, 有方法只调查这些 2^k 析因设计. 对更多信息感兴趣的读者应该参考一本关于实验设计的好书, 如 Box、Hunter 和 Hunter 的书(见参考文献). 许多工业统计学家认为, 这些统计方法在改进产品和工艺设计方面最为有用. 因此, 这显然是一个极其重要的话题, 因为许多行业都非常关注其产品的质量.

　　在因子实验中, k 因子中每一个只考虑两个水平, 这些水平被选择在一些合理的低值和高值. 也就是说, 在某领域人的帮助下, 考虑了每个因素的典型范围. 例如, 如果我们考虑的烘焙温度在 300 到 375 之间, 选择一个具有代表性的低值, 比如 320°, 选择一个具有代表性的高值, 比如 355°. 这些选择是没有公式的, 熟悉实验的人会帮助做出这些选择. 通常, 只考虑两种不同类型的材料(如织物), 一种称为低, 另一种称为高.

　　因此, 我们为每个因子选择一个低和高, 并将它们分别编码为 -1 和 $+1$, 或者更简单地说, 分别编码为 $-$ 和 $+$. 对于 $k = 2$、3 和 4, 我们分别按照表 9.5-2、表 9.5-3 和表 9.5-4 中的标准顺序给出了三个 2^k 设计. 从这三张表中, 我们可以很容易地看出什么是标准订单. A 列以减号开始, 然后符号交替出现. B 列以两个减号开始, 然后两个减号交替出现. C 列有 4 个减号, 然后是 4 个加号, 依此类推. D 列有 8 个减号, 然后是 8 个加号. 很容易将这一思想推广到 2^k 设计, 其中 $k \geq 5$. 为了说明这一点, 在 2^5 个设计中的 E 列

465

表 9.5-2　2^2 设计

运行	2^2 设计		观察值
	A	B	
1	−	−	X_1
2	+	−	X_2
3	−	+	X_3
4	+	+	X_4

表 9.5-3　2^3 设计

运行	2^3 设计			观察值
	A	B	C	
1	−	−	−	X_1
2	+	−	−	X_2
3	−	+	−	X_3
4	+	+	−	X_4
5	−	−	+	X_5
6	+	−	+	X_6
7	−	+	+	X_7
8	+	+	+	X_8

466 下，我们有 16 个减号和 16 个加号，这一共占了 32 个实验.

表 9.5-4 2^4 设计

运行	2^4 设计				观察值
	A	B	C	D	
1	−	−	−	−	X_1
2	+	−	−	−	X_2
3	−	+	−	−	X_3
4	+	+	−	−	X_4
5	−	−	+	−	X_5
6	+	−	+	−	X_6
7	−	+	+	−	X_7
8	+	+	+	−	X_8
9	−	−	−	+	X_9
10	+	−	−	+	X_{10}
11	−	+	−	+	X_{11}
12	+	+	−	+	X_{12}
13	−	−	+	+	X_{13}
14	+	−	+	+	X_{14}
15	−	+	+	+	X_{15}
16	+	+	+	+	X_{16}

要完全确定这些运行的含义，请考虑表 9.5-4 中的运行编号 12：A 设置为高级别，B 设置为高级别，C 设置为低级别，D 设置为高级别. 值 X_{12} 是这 4 个设置的一个组合所产生的随机观察值. 必须强调的是，运行不一定按 $1,2,3,\cdots,2^k$ 的顺序执行. 事实上，如果可能的话，它们应该按随机顺序执行. 也就是说，在 2^3 个设计中，实际上如果这是随机选择的前 8 个正整数排列，我们可以按 3，2，8，6，5，1，4，7 的顺序进行实验.

一旦所有的 2^k 实验都运行完毕，就可以考虑平方和的总和

$$\sum_{i=1}^{2^k} (X_i - \overline{X})^2$$

并且很容易分解成 $2^k - 1$ 个部分，分别表示 k 个主效应、$\binom{k}{2}$ 个双因子交互作用、$\binom{k}{3}$ 个三因子交互作用等的测量值（估计值），直到我们有一个 k 因子交互作用为止. 我们用表 9.5-5

467 中的 2^3 个设计来说明这个分解. 注意，AB 列是通过 A 列元素与 B 列元素的形式相乘得到的. 同样，AC 也是通过 A 列元素与 C 列元素的形式相乘得到的，以此类推，直到 ABC 列是 A、B、C 列的相应元素. 接下来，我们用这七列符号和相应的观察值构造 7 种线性形式. 然后，通过将线性形式除以 $2^k = 2^3 = 8$，得出主效应（A，B，C）、双因素交互作用（AB，

468 AC，BC）和三因素交互作用（ABC）的测量值（估计值）（一些统计学家除以 $2^{k-1} = 2^{3-1} = 4$）. 这些被定义为

$$[A] = (-X_1 + X_2 - X_3 + X_4 - X_5 + X_6 - X_7 + X_8)/8$$
$$[B] = (-X_1 - X_2 + X_3 + X_4 - X_5 - X_6 + X_7 + X_8)/8$$
$$[C] = (-X_1 - X_2 - X_3 - X_4 + X_5 + X_6 + X_7 + X_8)/8$$
$$[AB] = (+X_1 - X_2 - X_3 + X_4 + X_5 - X_6 - X_7 + X_8)/8$$
$$[AC] = (+X_1 - X_2 + X_3 - X_4 - X_5 + X_6 - X_7 + X_8)/8$$
$$[BC] = (+X_1 + X_2 - X_3 - X_4 - X_5 - X_6 + X_7 + X_8)/8$$
$$[ABC] = (-X_1 + X_2 + X_3 - X_4 + X_5 - X_6 - X_7 + X_8)/8$$

表 9.5-5 2^3 设计分解

运行	2^3 设计			AB	AC	BC	ABC	观察值
	A	B	C					
1	−	−	−	+	+	+	−	X_1
2	+	−	−	−	−	+	+	X_2
3	−	+	−	−	+	−	+	X_3
4	+	+	−	+	−	−	−	X_4
5	−	−	+	+	−	−	+	X_5
6	+	−	+	−	+	−	−	X_6
7	−	+	+	−	−	+	−	X_7
8	+	+	+	+	+	+	+	X_8

假设正态性、相互独立性和同方差 σ^2，在所有均值相等的原假设下，这些测量都具有均值为零且方差为 $\sigma^2/8$（通常为 $\sigma^2/2^k$）的正态分布. 这意味着每个测量除以 $\sigma^2/8$ 的平方是 $\chi^2(1)$. 此外，可以证明（见练习 9.5-2）

$$\sum_{i=1}^{8}(X_i - \overline{X})^2 = 8([A]^2 + [B]^2 + [C]^2 + [AB]^2 + [AC]^2 + [BC]^2 + [ABC]^2)$$

因此，根据定理 9.3-1，右边的项，除以 σ^2，是相互独立的随机变量，每个都是 $\chi^2(1)$. 虽然需要更多的理论，但由此可见线性形式 [A]、[B]、[C]、[AB]、[AC]、[BC] 和 [ABC] 是相互独立的 $N(0, \sigma^2/8)$ 随机变量.

由于我们假设没有运行任何重复，如何获得 σ^2 的估计值，来查看有无任何主效应或交互作用是显著的？为了获得帮助，我们求助于 q-q 图的使用，因为在整体原假设下，这 7 个测量是相互独立的、具有相同的均值和方差的正态分布变量. 因此，如果事实上原假设为真，那么正常百分位数与测量值的有序值对应的 q-q 图应该大约在一条直线上. 如果其中一个点"在直线外"，那么我们可能会认为，整个原假设是不正确的，与该点所代表的因素相关的影响是显著的. 可能有两个或三个点偏离了直线，则所有相应的效应（主效应或交互作用）应该被进一步研究. 显然，这不是一个正式的检验，但在实践中的应用已经非常成功.

作为一个例子，我们利用评估洗涤对织物阻燃处理的影响的实验数据. 这些数据经过了一些修改，取自 Mary G. Natrella 出版的 *Experimental Statistics*，*National Bureau of Standards Handbook* 91（Washington，DC：U.S. Government Printing Office，1963）. 因子 A 是织物的类型（棉缎或僧布），因子 B 对应两种不同的阻燃处理，因子 C 描述了洗涤条件（一次洗

涤后不洗涤). 观察过程是进行几英寸的燃烧, 火焰测试后在标准尺寸的织物上测量. 它们按如下标准顺序:

$$x_1 = 41.0, \quad x_2 = 30.5, \quad x_3 = 47.5, \quad x_4 = 27.0, \quad x_5 = 39.5, \quad x_6 = 26.5, \quad x_7 = 48.0, \quad x_8 = 27.5$$

因此, 效果的衡量标准是

$$[A] = (-41.0 + 30.5 - 47.5 + 27.0 - 39.5 + 26.5 - 48.0 + 27.5)/8 = -8.06$$
$$[B] = (-41.0 - 30.5 + 47.5 + 27.0 - 39.5 - 26.5 + 48.0 + 27.5)/8 = 1.56$$
$$[C] = (-41.0 - 30.5 - 47.5 - 27.0 + 39.5 + 26.5 + 48.0 + 27.5)/8 = 0.56$$
$$[AB] = (+41.0 - 30.5 - 47.5 + 27.0 + 39.5 - 26.5 - 48.0 + 27.5)/8 = -2.19$$
$$[AC] = (+41.0 - 30.5 + 47.5 - 27.0 - 39.5 + 26.5 - 48.0 + 27.5)/8 = -0.31$$
$$[BC] = (+41.0 + 30.5 - 47.5 - 27.0 - 39.5 - 26.5 + 48.0 + 27.5)/8 = 0.81$$
$$[ABC] = (-41.0 + 30.5 + 47.5 - 27.0 + 39.5 - 26.5 - 48.0 + 27.5)/8 = 0.31$$

在表 9.5-6 中, 我们对这 7 个测量进行排序, 确定它们的百分位数, 并找到标准正态分布的相应百分位数.

表 9.5-6　下令采取的七项措施

有效性的同一性	有序效应	百分位数	来自 $N(0, 1)$ 的百分位数
[A]	-8.06	12.5	-1.15
[AB]	-2.19	25.0	-0.67
[AC]	-0.31	37.5	-0.32
[ABC]	0.31	50.0	0.00
[C]	0.56	62.5	0.32
[BC]	0.81	75.0	0.67
[B]	1.56	87.5	1.15

图 9.5-1 给出了 q-q 图. 每一点都有其影响. 一条直线可以很好地拟合其中的六个点, 但是与 [A] = -8.06 相关的点离这条直线很远. 因此, 因子 A(织物类型)的主要影响似乎是显著的. 值得注意的是, 洗涤因素 C 似乎不是一个重要因素.

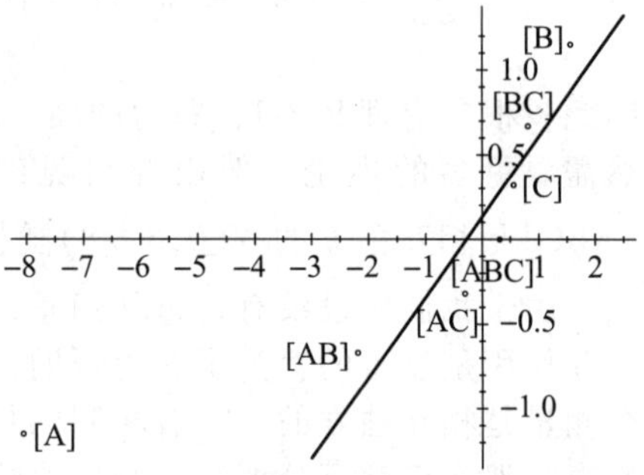

练习

9.5-1　写出一个 2^2 设计, 显示四次运行的 A、B 和 AB 列.

(a) 如果 X_1, X_2, X_3 和 X_4 是按标准顺序分别运行的四个观测值, 则写出测量两个主要效应和交互作用的三种线性形式 [A]、[B] 和 [AB]. 这些线性形式应该包括除数 $2^2 = 4$.

(b) 证明: $\sum_{i=1}^{4} (X_i - \bar{X})^2 = 4([A]^2 + [B]^2 + [AB]^2)$.

(c) 在所有均值都相等的原假设下, 且通常假设(正态性、相互独立性和共同方差), (b)中的表达式除以 σ^2 后的分布是怎样的?

9.5-2　证明: 在 2^3 设计中,

图 9.5-1　正态百分位数与估计效果的 q-q 图

$$\sum_{i=1}^{8}(X_i - \overline{X})^2 = 8([A]^2 + [B]^2 + [C]^2 + [AB]^2 + [AC]^2 + [BC]^2 + [ABC]^2)$$

提示：因为这个方程的左、右两边项在变量 $X_1, X_2, \cdots, X_8$ 中都是对称的，所以只需要说明 $X_1 X_i$，$i = 1, 2, \cdots, 8$ 的系数在方程的每项中相等. 当然，回想一下 $\overline{X} = (X_1 + X_2 + \cdots + X_8)/8$.

9.5-3 证明由 $n = 2$ 个样本得到的方差 σ^2 的无偏估计是两个观测值差的平方的二分之一. 因此，如果一个 2^k 设计是重复的，比如说用 X_{i1} 和 X_{i2}，$i = 1, 2, \cdots, 2^k$，那么共同 σ^2 的估计是

$$\frac{1}{2^{k+1}} \sum_{i=1}^{2^k}(X_{i1} - X_{i2})^2 = \text{MS(E)}$$

在通常假设下，该方程意味着原假设成立时，$2^k[A]^2/\text{MS}(E)$，$2^k[B]^2/\text{MS}(E)$，$2^k[AB]^2/\text{MS}(E)$ 等中的每一个都具有 $F(1, 2^k)$ 分布. 当然，这种方法可以检验各种影响的重要性，包括交互作用.

9.5-4 Ledolter 和 Hogg(见参考文献)指出，改变温度(因子 A)、反应时间(因子 B)和浓度(因子 C)的某一化学反应的产率百分比为 $x_1 = 79.7$，$x_2 = 74.3$，$x_3 = 76.7$，$x_4 = 70.0$，$x_5 = 84$，$x_6 = 81.3$，$x_7 = 87.3$ 和 $x_8 = 73.7$，按 2^3 设计的标准顺序排列.

(a) 估计主效应、三个双因素交互作用和三个因素交互作用效应.

(b) 构建一个合适的 q-q 图，看看这些效应是否每一个都显著大于其他效应.

9.5-5 Box、Hunter 和 Hunter(见参考文献)研究了催化剂装料(10 磅 = −1, 20 磅 = +1)、温度(220℃ = −1, 240℃ = +1)、压力(50psi = −1, 80psi = +1)和浓度(10% = −1, 12% = +1)对某一化学品转化率(X)的影响. 按照标准顺序，2^4 设计的结果如下：

$$x_1 = 71, \quad x_2 = 61, \quad x_3 = 90, \quad x_4 = 82, \quad x_5 = 68, \quad x_6 = 61, \quad x_7 = 87, \quad x_8 = 80$$
$$x_9 = 61, \quad x_{10} = 50, \quad x_{11} = 89, \quad x_{12} = 83, \quad x_{13} = 59, \quad x_{14} = 51, \quad x_{15} = 85, \quad x_{16} = 78$$

(a) 估计主效应和二、三、四因素交互作用效应.

(b) 构建一个合适的 q-q 图，并评估各种效应的重要性.

9.6 回归和相关性检验

在 6.5 节中，我们考虑了非常简单的回归曲线(即直线)的参数估计. 我们可以使用参数的置信区间来检验关于它们的假设. 例如，使用与 6.5 节相同的模型，我们可以使用 t 随机变量检验假设 H_0: $\beta = \beta_0$，该随机变量用于 β 替换为 β_0 的置信区间，即

$$T_1 = \frac{\hat{\beta} - \beta_0}{\sqrt{\dfrac{n\hat{\sigma}^2}{(n-2)\sum_{i=1}^{n}(x_i - \overline{x})^2}}}$$

表 9.6-1 给出了原假设和三个可能的备择假设；这些检验过程等价于说明如果 β_0 不在某个置信区间内，则拒绝 H_0. 例如，如果 β_0 不在下界的单边置信区间内，则第一个检验相当于拒绝 H_0.

表 9.6-1　回归线斜率的检验

H_0	H_1	临界区域
$\beta = \beta_0$	$\beta > \beta_0$	$t_1 \geq t_\alpha(n-2)$
$\beta = \beta_0$	$\beta < \beta_0$	$t_1 \leq t_\alpha(n-2)$
$\beta = \beta_0$	$\beta \neq \beta_0$	$\lvert t_1 \rvert \geq t_{\alpha/2}(n-2)$

471

$$\hat{\beta} - t_\alpha(n-2)\sqrt{\frac{n\hat{\sigma}^2}{(n-2)\sum_{i=1}^{n}(x_i-\overline{x})^2}}$$

通常我们对检验斜率等于零的原假设感兴趣, 所以我们检验 $H_0: \beta = 0$.

例 9.6-1   让 x 等于学生在心理学课程中的期中考试成绩, y 等于期末考试成绩相同的学生. 对于 $n=10$ 名学生, 我们将检验 $H_0: \beta = 0$ 对应 $H_1: \beta \neq 0$. 在 0.01 显著性水平下, 临界区域为 $|t_1| \geq t_{0.005}(8) = 3.355$. 利用例 6.5-1 中数据, 我们发现 T_1 的观测值为

$$t_1 = \frac{0.742 - 0}{\sqrt{10(21.7709)/8(756.1)}} = \frac{0.742}{0.1897} = 3.911$$

因此, 我们拒绝 H_0, 并得出结论: 学生的期末考试成绩与其期中考试成绩有关.   ■

接下来我们考虑二元正态分布的相关系数 ρ 的检验. 设 X 和 Y 具有二元正态分布. 我们知道, 如果相关系数 ρ 为零, 那么 X 和 Y 是独立随机变量. 此外, ρ 的值给出了 X 和 Y 之间线性关系的度量. 我们现在给出利用样本相关系数检验假设 $H_0: \rho = 0$ 以及构造 ρ 的置信区间的方法.

设 $(X_1, Y_1), (X_2, Y_2), \cdots, (X_n, Y_n)$ 表示参数为 μ_X, μ_Y, σ_X^2, σ_Y^2 和 ρ 的二元正态分布的随机样本. 也就是说, n 对 (X, Y) 是独立的, 并且每对都具有相同的二元正态分布. **样本相关系数**为

$$R = \frac{[1/(n-1)]\sum_{i=1}^{n}(X_i-\overline{X})(Y_i-\overline{Y})}{\sqrt{[1/(n-1)]\sum_{i=1}^{n}(X_i-\overline{X})^2}\sqrt{[1/(n-1)]\sum_{i=1}^{n}(Y_i-\overline{Y})^2}} = \frac{S_{XY}}{S_X S_Y}$$

我们注意到

$$R\frac{S_Y}{S_X} = \frac{S_{XY}}{S_X^2} = \frac{[1/(n-1)]\sum_{i=1}^{n}(X_i-\overline{X})(Y_i-\overline{Y})}{[1/(n-1)]\sum_{i=1}^{n}(X_i-\overline{X})^2}$$

当 X 值固定在 $X_1 = x_1$, $X_2 = x_2, \cdots, X_n = x_n$ 时, 它正是我们在 6.5 节中得到的 $\hat{\beta}$ 的解. 让我们考虑暂时固定的这些值, 以便考虑条件分布, 给定 $X_1 = x_1, X_2 = x_2, \cdots, X_n = x_n$. 此外, 如果 $H_0: \rho = 0$ 为真, 则 $Y_1, Y_2, \cdots, Y_n$ 独立于 $X_1, X_2, \cdots, X_n$ 和 $\beta = \rho\sigma_Y/\sigma_X = 0$. 在这些条件下,

假设 $X_1 = x_1, X_2 = x_2, \cdots, X_n = x_n$,   当 $s_X^2 > 0$ 时

$$\hat{\beta} = \frac{\sum_{i=1}^{n}(X_i-\overline{X})(Y_i-\overline{Y})}{\sum_{i=1}^{n}(X_i-\overline{X})^2}$$

的条件分布是 $N[0,\sigma_Y^2/(n-1)s_X^2]$. 此外，回顾 6.5 节，给定 $X_1=x_1,X_2=x_2,\cdots,X_n=x_n$,

$$\frac{\sum_{i=1}^{n}[Y_i-\overline{Y}-(S_{XY}/S_X^2)(X_i-\overline{X})]^2}{\sigma_Y^2}=\frac{(n-1)S_Y^2(1-R^2)}{\sigma_Y^2}$$

的条件分布是 $\chi^2(n-2)$，并且与 $\hat{\beta}$ 无关 (见练习 9.6-6). 因此，当 $\rho=0$ 时，

$$T=\frac{(RS_Y/S_X)/(\sigma_Y/\sqrt{n-1}\,S_X)}{\sqrt{[(n-1)S_Y^2(1-R^2)/\sigma_Y^2][1/(n-2)]}}=\frac{R\sqrt{n-2}}{\sqrt{1-R^2}}$$

的条件分布是自由度为 $n-2$ 的 t 分布. 然而，由于给定 $X_1=x_1$, $X_2=x_2,\cdots,X_n=x_n$, T 的条件分布不依赖于 $x_1,x_2,\cdots,x_n$，因此 T 的无条件分布必须是自由度为 $n-2$ 的 t 分布，且当 $\rho=0$ 时，T 和 $(X_1,X_2,\cdots,X_n)$ 是独立的.

注 有趣的是，在讨论 T 的分布时，(X,Y) 具有二元正态分布的假设是可以放松的. 具体地说，如果 X 和 Y 是独立的，Y 是正态分布，那么无论 X 的分布如何，T 都是 t 分布. 显然，X 和 Y 在所有这些过程中的作用是可以逆转的. 特别是，如果 X 和 Y 独立，那么 T 和 $Y_1,Y_2,\cdots,Y_n$ 也是独立的.

现在可以用 T 来检验 H_0: $\rho=0$. 如果备择假设是 H_1: $\rho>0$，我们将使用观察得到的 $T\geqslant t_\alpha(n-2)$ 定义临界区域，因为大的 T 意味着大的 R. 对于备择假设 H_1: $\rho<0$ 和 H_1: $\rho\neq 0$，将进行明显的修改，后者会产生双边检验.

利用 T 的概率密度函数 $h(t)$，我们可以求出当 $-1<r<1$ 时 R 的分布函数和 pdf，前提是 $\rho=0$:

$$G(r)=P(R\leqslant r)=P\left(T\leqslant\frac{r\sqrt{n-2}}{\sqrt{1-r^2}}\right)=\int_{-\infty}^{r\sqrt{n-2}/\sqrt{1-r^2}}h(t)\,\mathrm{d}t$$

$$=\int_{-\infty}^{r\sqrt{n-2}/\sqrt{1-r^2}}\frac{\Gamma[(n-1)/2]}{\Gamma(1/2)\,\Gamma[(n-2)/2]}\frac{1}{\sqrt{n-2}}\left(1+\frac{t^2}{n-2}\right)^{-(n-1)/2}\mathrm{d}t$$

$G(r)$ 关于 r 的导数是 (见附录 D.4)

$$g(r)=h\left(\frac{r\sqrt{n-2}}{\sqrt{1-r^2}}\right)\frac{\mathrm{d}(r\sqrt{n-2}/\sqrt{1-r^2})}{\mathrm{d}r}$$

等价于

$$g(r)=\frac{\Gamma[(n-1)/2]}{\Gamma(1/2)\,\Gamma[(n-2)/2]}(1-r^2)^{(n-4)/2},\quad -1<r<1$$

因此，为了在显著性水平 α 下检验假设 H_0: $\rho=0$ 对应于备择假设 H_1: $\rho\neq 0$,

$$\alpha=P(|R|\geqslant r_{\alpha/2}(n-2);H_0)=P(|T|\geqslant t_{\alpha/2}(n-2);H_0)$$

473

选择常数 $r_{\alpha/2}(n-2)$ 或常数 $t_{\alpha/2}(n-2)$，从而决定使用 R 或 T 表.

绘制 R 的 pdf 是很有趣的. 尤其要注意的是，如果 $n=4$，则 $g(r)=1/2$, $-1<r<1$，且如

果 $n=6$，则 $g(r)=(3/4)(1-r^2)$，$-1<r<1$. 图 9.6-1 给出了 $n=8$ 和 $n=14$ 时 R 的 pdf. 回想一下，当 $\rho=0$ 时，这是 R 的 pdf. 随着 n 的增加，R 更可能等于接近 0 的值.

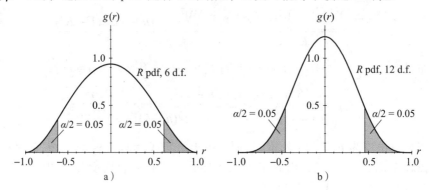

图 9.6-1 R 在 $n=8$，$n=14$ 时的概率密度函数

附录 B 中的表 XI 列出了当 $\rho=0$ 时 R 分布函数的选定值. 例如，如果 $n=8$，那么自由度的数量是 6，且 $P(R\leqslant 0.7887)=0.99$. 此外，如果 $\alpha=0.10$，则 $r_{\alpha/2}(6)=r_{0.05}(6)=0.625$（见图 9.6-1a）.

也可以通过使用以下事实来获取 α 大小的近似检验：

$$W = \frac{1}{2}\ln\frac{1+R}{1-R}$$

近似服从正态分布，均值为 $(1/2)\ln[(1+\rho)/(1-\rho)]$ 和方差是 $1/(n-3)$. 我们不加证明地接受该结论（见练习 9.6-8）. 因此 $H_0: \rho=\rho_0$ 的检验可以基于统计量

$$Z = \frac{\dfrac{1}{2}\ln\dfrac{1+R}{1-R} - \dfrac{1}{2}\ln\dfrac{1+\rho_0}{1-\rho_0}}{\sqrt{\dfrac{1}{n-3}}}$$

在 H_0 下其近似服从 $N(0, 1)$. 请注意，这种近似 α 大小的检验可用于检验指定非零总体相关系数的原假设，而精确 α 大小的检验仅可与原假设 $H_0: \rho=0$ 一起使用. 另外，请注意，对于近似检验，样本大小必须至少为 $n=4$，但对于精确检验，$n=3$ 就足够了.

例 9.6-2 我们想在 $\alpha=0.05$ 显著性水平上检验假设 $H_0: \rho=0$ 对应 $H_1: \rho\neq 0$. 来自二元正态分布的 18 个随机样本产生了 $r=0.35$ 的样本相关系数. 根据附录 B 中的表 IX，由于 $0.35<0.4683$，H_0 在 $\alpha=0.05$ 显著性水平下被接受（而不是被拒绝）. 使用 t 分布，如果 $|t|\geqslant 2.210=t_{0.025}(16)$，那么我们将拒绝 H_0. 因为

$$t = \frac{0.35\sqrt{16}}{\sqrt{1-(0.35)^2}} = 1.495$$

H_0 不被拒绝. 当我们使用 Z 的正态近似，如果 $|z|\geqslant 1.96$，则 H_0 将被拒绝. 由于

$$z = \frac{(1/2)\ln[(1+0.35)/(1-0.35)] - 0}{\sqrt{1/(18-3)}} = 1.415$$

所以 H_0 不被拒绝.

为了估计 ρ 的 $1-\alpha$ 置信区间, 我们使用 Z 分布的正态逼近. 因此, 我们从附录 B 的表 V 中选择常数 $c=z_{\alpha/2}$, 有

$$P\left(-c \leqslant \frac{(1/2)\ln[(1+R)/(1-R)] - (1/2)\ln[(1+\rho)/(1-\rho)]}{\sqrt{1/(n-3)}} \leqslant c\right) \approx 1-\alpha$$

经过几次代数运算, 这个公式变成

$$P\left(\frac{1+R-(1-R)\exp(2c/\sqrt{n-3})}{1+R+(1-R)\exp(2c/\sqrt{n-3})} \leqslant \rho \leqslant \frac{1+R-(1-R)\exp(-2c/\sqrt{n-3})}{1+R+(1-R)\exp(-2c/\sqrt{n-3})}\right) \approx 1-\alpha$$

例 9.6-3 假设一个来自二维正态分布的 12 个随机样本产生相关系数 $r=0.6$. ρ 的 95% 置信区间为

$$\left[\frac{1+0.6-(1-0.6)\exp\left(\dfrac{2(1.96)}{3}\right)}{1+0.6+(1-0.6)\exp\left(\dfrac{2(1.96)}{3}\right)}, \frac{1+0.6-(1-0.6)\exp\left(\dfrac{-2(1.96)}{3}\right)}{1+0.6+(1-0.6)\exp\left(\dfrac{-2(1.96)}{3}\right)}\right] = [0.040, 0.873]$$

如果样本量为 $n=39$, $r=0.6$, 则 ρ 的 95% 的置信区间约为 $[0.351, 0.770]$. ∎

练习

(在接下来的一些练习中, 我们必须用通用符号来假设正态分布.)

9.6-1 对于练习 6.5-3 中给出的数据, 使用 t 检验在显著性水平 $\alpha=0.025$ 下对 H_0: $\beta=0$ 和 H_1: $\beta>0$ 进行检验.

9.6-2 对于练习 6.5-4 中给出的数据, 使用 t 检验在显著性水平 $\alpha=0.025$ 下对 H_0: $\beta=0$ 和 H_1: $\beta>0$ 进行检验.

9.6-3 来自二元正态分布样本量为 $n=27$ 的随机样本产生 $r=-0.45$ 的样本相关系数. 在显著性水平 $\alpha=0.05$ 下, 原假设 H_0: $\rho=0$ 是否会被拒绝而有利于备择假设 H_1: $\rho\neq0$?

475

9.6-4 在保龄球运动中, 通常第一局得分好, 第二局得分差, 反之亦然. 以下 6 对数字给出了同一个人在连续 6 个星期二晚上投出的第一场和第二场比赛的分数:

游戏一: 170　190　200　183　187　178

游戏二: 197　178　150　176　205　153

假设其服从二维正态分布, 并用这些分数在 $\alpha=0.10$ 下检验假设 H_0: $\rho=0$ 与 H_1: $\rho\neq0$.

9.6-5 从二维正态分布得到的 28 个样本的相关系数 $r=0.65$. 求出 ρ 的 90% 置信区间.

9.6-6 通过平方二项式表达式 $[(Y_i-\overline{Y})-(S_{XY}/s_X^2)(x_i-\overline{x})]$, 有

$$\sum_{i=1}^{n}[(Y_i-\overline{Y})-(S_{XY}/s_X^2)(x_i-\overline{x})]^2 = \sum_{i=1}^{n}(Y_i-\overline{Y})^2 - 2\left(\frac{S_{XY}}{s_X^2}\right)\sum_{i=1}^{n}(x_i-\overline{x})(Y_i-\overline{Y}) + \frac{S_{XY}^2}{s_X^4}\sum_{i=1}^{n}(x_i-\overline{x})^2$$

等于 $(n-1)S_Y^2(1-R^2)$, 其中 $X_1=x_1, X_2=x_2, \cdots, X_n=x_n$.

提示: 用 $R s_X S_Y$ 替代 $\displaystyle\sum_{i=1}^{n}(x_i-\overline{x})(Y_i-\overline{Y})/(n-1)$.

9.6-7 为了帮助确定秧鸡是否根据体重选择配偶, 捕获并称重了 14 对秧鸡. 在 $\alpha=0.01$ 显著性水平下, 检验原假设 H_0: $\rho=0$ 对应双边备择假设. 考虑到 $n=14$ 对秧鸡的雄性和雌性体重产生了 $r=-0.252$

的样本相关系数, H_0 会被拒绝吗?

9.6-8 在从二维正态分布抽样时, 如果样本量 N 较大, 则样本的相关系数 R 近似服从正态分布 $N[\rho, (1-\rho^2)2/N]$. 因为, 对于大的 n, R 接近于 ρ, 所以使用 $u(R)$ 关于 ρ 的泰勒展开式的两项, 并确定函数 $u(R)$, 使其具有(本质上)不含 ρ 的方差(本练习的解答解释了为什么建议使用转换 $1/2\ln[(1+R)(1-R)]$).

9.6-9 证明当 $\rho = 0$ 时:

(a) R 的 pdf 图的拐点在 $r = \pm 1/\sqrt{n-5}$ ($n \geqslant 7$).

(b) $E(R) = 0$.

(c) $\mathrm{Var}(R) = 1/(n-1)$, $n \geqslant 3$. 提示: 注意 $E(R^2) = E[1-(1-R^2)]$.

9.6-10 在大学健康健身项目中, 令 X 等于项目开始时女新生的体重(千克), 令 Y 等于她在学期中的体重变化. 对于 (x, y) 的 $n = 16$ 个观测值, 我们将使用以下数据来检验原假设 H_0: $\rho = 0$ 与双边备择假设:

$$(61.4, -3.2) \quad (62.9, 1.4) \quad (58.7, 1.3) \quad (49.3, 0.6)$$
$$(71.3, 0.2) \quad (81.5, -2.2) \quad (60.8, 0.9) \quad (50.2, 0.2)$$
$$(60.3, 2.0) \quad (54.6, 0.3) \quad (51.1, 3.7) \quad (53.3, 0.2)$$
$$(81.0, -0.5) \quad (67.6, -0.8) \quad (71.4, -0.1) \quad (72.1, -0.1)$$

(a) 如果 $\alpha = 0.10$, 结论是什么? (b) 如果 $\alpha = 0.05$, 结论是什么?

9.6-11 设 X 和 Y 具有相关系数为 ρ 的二维正态分布. 检验 H_0: $\rho = 0$ 与 H_1: $\rho \neq 0$, 选择 n 对观测值的随机样本. 假设样本相关系数 $r = 0.68$. 使用 $\alpha = 0.05$ 的显著性水平, 找出样本量 n 的最小值, 从而拒绝 H_0.

9.6-12 在练习 6.5-5 中, 给出了 14 辆车的马力, 即所需的时间(从 0 到 60)以及重量(单位: 磅). 在此重复这些数据:

马力	0 至 60	重量	马力	0 至 60	重量
230	8.1	3516	282	6.2	3627
225	7.8	3690	300	6.4	3892
375	4.7	2976	220	7.7	3377
322	6.6	4215	250	7.0	3625
190	8.4	3761	315	5.3	3230
150	8.4	2940	200	6.2	2657
178	7.2	2818	300	5.5	3518

(a) 设 ρ 为马力与重量的相关系数, 检验 H_0: $\rho = 0$ 与 H_1: $\rho \neq 0$.

(b) 设 ρ 为马力与 "0 至 60" 的相关系数, 检验 H_0: $\rho = 0$ 与 H_1: $\rho < 0$.

(c) 设 ρ 为马力与 "0 至 60" 的相关系数, 检验 H_0: $\rho = 0$ 与 H_1: $\rho \neq 0$.

9.7 统计质量控制

统计方法可用于医学研究、工程、化学和心理学等许多科学领域. 通常, 有必要比较两种做事的方法, 比如说, 旧方法和可能的新方法. 我们很可能是在实验室的情况下, 收集每种方法的数据, 并试图决定新方法是否真的比旧方法好. 不用说, 不惜重金改用新的方式是很可怕的, 结果却发现, 新的方式其实并不比旧的好多少. 也就是说, 假设实验室的结果通过某种统计方法表明，新的似乎比旧的好. 那么我们真的能把实验室里的结果推断出来吗？显然，统计学家不能做出这些决定，但他们应该由一些既懂统计又懂有关专业的专业人士做出决定. 统计分析可能会提供有用的指导，但我们仍然需要专家做出最终决定.

然而，即使在任何过程中调查可能的改变之前，确定目前相关进程的内容是极其重要的. 通常，一个组织的负责人不了解上述许多过程. 简单地衡量一下经常发生的事情就可以得到改进. 在许多情况下，测量是容易的，例如确定螺栓的直径，但有时是极其困难的，例如在评价良好的教学或许多其他服务活动中. 但是，如果可能的话，我们鼓励相关人员开始"倾听"他们的流程. 也就是说，他们应该衡量组织中正在发生的事情. 单单这些测量往往是好的改进的开始. 虽然我们在本章中的大部分评论都是关于制造业中所做的测量，但服务业经常发现它们同样有用.

有一段时间，一些制造厂会制造一些零件，用于建造一些设备. 比如说，厂子中的一条特定生产线，生产出一个特定的部分，每天可能生产几百条. 然后，这些物品将被送到一个检查笼，通常几天甚至几周后在那里检查它们是否完好. 有时，检查人员会在两周前制造的物品中发现许多不合格品. 对此，除了报废或返工有缺陷的零件外，几乎没有其他办法，这两种方法都代价高昂.

20 世纪 20 年代，在贝尔实验室工作的 W. A. Shewhart 认识到这是一种不受欢迎的情况，建议在适当的频率下，在制造这些零件时对其进行取样. 如果样品表明产品令人满意，生产过程将继续进行. 但是，如果取样的零件不令人满意，则应进行修正，使情况变得令人满意. 这一思想产生了通常被称为 Shewhart 控制图（Shewhart control chart）的东西，这是早期被称为统计质量控制（statistical quality control）的基础. 今天，它通常被称为统计过程控制（statistical process control）.

Shewhart 控制图由一个统计数据的计算值组成，比如 $\bar{x}$，按顺序绘制. 也就是说，在生产产品的过程中，每隔一段时间（每小时、每天或每周，取决于生产的产品数量）抽取一个大小为 n 的样本并对其进行检验，得到观测值 $x_1, x_2, \cdots, x_n$. 计算均值 $\bar{x}$ 和标准差 s. 这样重复 k 次，$\bar{x}$ 和 s 的 k 个值取平均，分别得到 $\bar{\bar{x}}$ 和 $\bar{s}$. 通常 k 等于 10 到 30 之间的某个数.

中心极限定理表明，如果真实均值 μ 和标准差 σ 是已知的，那么几乎所有的 $\bar{x}$ 值都会在 $\mu - 3\sigma/\sqrt{n}$ 和 $\mu + 3\sigma/\sqrt{n}$ 之间进行绘图，除非系统已经改变. 但是，假设我们既不知道 μ 也不知道 σ，那么 μ 由 $\bar{\bar{x}}$ 和 $3\sigma/\sqrt{n}$ 通过 $A_3 \bar{s}$ 估计，其中 $\bar{\bar{x}}$ 和 $\bar{s}$ 分别是 k 个 $\bar{x}$ 和 $\bar{s}$ 观测值的均值，A_3 取决于 n 的因子，可在统计质量控制书籍中找到. 表 9.7-1 给出了一些 A_3 值（以及稍后将使用的一些其他常数）作为 n 的典型值.

477

表 9.7-1　与控制图一起使用的一些常量

n	A_3	B_3	B_3	A_2	D_3	D_4
4	1.63	0	2.27	0.73	0	2.28
5	1.43	0	2.09	0.58	0	2.11
6	1.29	0.03	1.97	0.48	0	2.00
8	1.10	0.185	1.815	0.37	0.14	1.86
10	0.98	0.28	1.72	0.31	0.22	1.78
20	0.68	0.51	1.49	0.18	0.41	1.59

$\mu \pm 3\sigma/\sqrt{n}$ 的估计 $\bar{\bar{x}} + A_3 \bar{s}$ 被称为控制上限(UCL), $\bar{\bar{x}} - A_3 \bar{s}$ 被称为控制下限(LCL),并且 $\bar{\bar{x}}$ 提供中心线的估计值. 典型图见图 9.7-1. 这里,在第 13 个采样周期中, $\bar{x}$ 超出了控制限值,这表明过程发生了变化,需要进行一些调查和采取一些行动来纠正这种变化,这类似于过程中的向上移动.

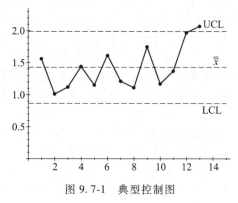

图 9.7-1　典型控制图

注意,还有一个 s 值的控制图. 根据抽样分布理论, B_3 和 B_4 的值已经确定,并在表 9.7-1 中给出. 因此我们知道,如果潜在分布没有变化,几乎所有的 s 值都应该在 B_3 和 B_4 之间. 同样,如果一个单独的 s 值超出了这些控制范围,就应该采取一些措施,因为潜在分布的改变似乎有了变化.

通常,当这些图表在 $k = 10$ 到 30 个采样周期之后首次构建时,许多点超出控制范围. 一个由工人、过程经理、主管、工程师甚至统计员组成的团队应该设法找出发生这种情况的原因,并纠正这种情况. 完成后,在控制范围内绘制点图,该过程处于"统计控制中". 然而,处于统计控制中并不能保证对产品满意. 因为 $A_3 \bar{s}$ 是 $3\sigma/\sqrt{n}$ 的估计值,因此 $\sqrt{n} A_3 \bar{s}$ 是 3σ 的估计值,并且当潜在分布接近正态分布的情况时,几乎所有项都介于 $\bar{\bar{x}} \pm \sqrt{n} A_3 \bar{s}$ 之间. 如果这些限制太宽,则必须再次进行修正.

如果变化在控制中(即如果 $\bar{x}$ 和 s 在他们的控制范围内),我们说,在 $\bar{x}$ 和 s 中看到的变化是由于共同的原因. 如果在这种制度下生产的具有这些现有共同原因的产品令人满意,那么生产将继续下去. 但是,如果 $\bar{x}$ 或 s 超出控制限值,则表明某些特殊原因正在起作用,必须加以纠正. 也就是说,小组应该调查这个问题并采取一些行动.

例 9.7-1　一家公司生产一种存储控制台. 一天两次,九个关键特征在从生产线上随机挑选的五个控制台上进行测试. 其中一个特点是,较低的存储组件门需要时间才能完全打开. 表 9.7-2 列出了在一周内测试的控制台的打开时间(秒). 表中还包括样品均值、样品标准差和范围.

表 9.7-2　控制台打开时间

组别	x_1	x_2	x_3	x_4	x_5	$\bar{x}$	s	R
1	1.2	1.8	1.7	1.3	1.4	1.480	0.259	0.60
2	1.5	1.2	1.0	1.0	1.8	1.300	0.346	0.80
3	0.9	1.6	1.0	1.0	1.0	1.100	0.283	0.70
4	1.3	0.9	0.9	1.2	1.0	1.060	0.182	0.40
5	0.7	0.8	0.9	0.6	0.8	0.760	0.114	0.30
6	1.2	0.9	1.1	1.0	1.0	1.040	0.104	0.30
7	1.1	0.9	1.1	1.0	1.4	1.100	0.187	0.50
8	1.4	0.9	0.9	1.1	1.0	1.060	0.207	0.50
9	1.3	1.4	1.1	1.5	1.6	1.380	0.192	0.50
10	1.6	1.5	1.4	1.3	1.5	1.460	0.114	0.30
						$\bar{\bar{x}} = 1.174$	$\bar{s} = 0.200$	$\bar{R} = 0.49$

$\overline{x}$ 的控制上限和控制下限采用表 9.7-1 中的 A_3，$n=5$，如下所示：

$$\text{UCL} = \overline{\overline{x}} + A_3\overline{s} = 1.174 + 1.43(0.20) = 1.460$$

和

$$\text{LCL} = \overline{\overline{x}} - A_3\overline{s} = 1.174 - 1.43(0.20) = 0.888$$

这些控制限值和样品均值绘制在图 9.7-2 的 $\overline{x}$ 图表上. 应该对第五个采样周期有所关注. 因此，应该实施调查，以确定为什么特定 $\overline{x}$ 低于 LCL.

s 的 UCL 和 LCL 使用表 9.7-1 中的 B_3 和 B_4，$n=5$，如下所示：

$$\text{UCL} = B_4\overline{s} = 2.09(0.200) = 0.418$$

和

$$\text{LCL} = B_3\overline{s} = 0(0.200) = 0$$

这些控制限值和样品标准差绘制在图 9.7-2 的 s 图上.

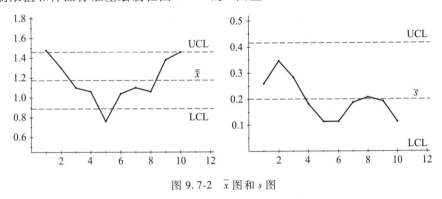

图 9.7-2　$\overline{x}$ 图和 s 图

几乎所有的观测值都应该介于 $\overline{\overline{x}} \pm \sqrt{n}A_3\overline{s}$ 两者之间，也就是说，

$$1.174 + \sqrt{5}(1.43)(0.20) = 1.814$$

和

$$1.174 - \sqrt{5}(1.43)(0.20) = 0.535$$

这种情况如图 9.7-3 所示，其中所有 50 个观测值都在这些控制范围内.

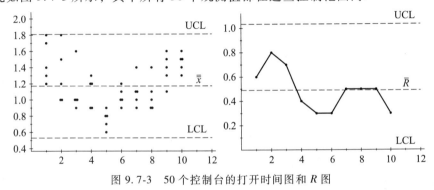

图 9.7-3　50 个控制台的打开时间图和 R 图

在大多数关于统计质量控制的书籍中，有一种在 $\bar{x}$ 图上构造极限的替代方法. 对于每个样本，我们计算范围 R，这是样本极差的绝对值. 这个计算比计算 s 容易得多. 取 k 个样本后，我们计算这些 R 值的平均值，得到 $\bar{R}$ 和 $\bar{x}$. 统计量 $A_2\bar{R}$ 用作 $3\sigma/\sqrt{n}$ 的估计值，其中 A_2 见表 9.7-1. 因此，$\mu\pm 3\sigma/\sqrt{n}$ 的估计 $\bar{\bar{x}}\pm\sqrt{n}A_2\bar{R}$ 可用作 $\bar{x}$ 图的 UCL 和 LCL.

此外，$\sqrt{n}A_2\bar{R}$ 是 3σ 的估计值，因此，对于接近正态分布的潜在分布，我们发现几乎所有的观测值都在 $\bar{\bar{x}}\pm\sqrt{n}A_2\bar{R}$ 限制范围内.

进一步，一个 R 图还可以用中心线 $\bar{R}$ 和控制限值为 $D_3\bar{R}$ 和 $D_4\bar{R}$ 来构造，其中 D_3 和 D_4 如表 9.7-1 所示，并已确定，因此，如果潜在分布没有变化，则几乎所有 R 值都应在控制限值之间. 因此，如果一个 R 的值超出这些限制，则表明潜在分布的范围发生了变化，应考虑采取一些纠正措施.

关于 R 的用法而不是 s 的用法将在下一个例子进行说明.

例 9.7-2   使用例 9.7-1 中的数据，我们计算 $\bar{x}$ 图表的 UCL 和 LCL. 我们用 $\bar{\bar{x}}\pm\sqrt{n}A_2\bar{R}$ 具体如下：

$$\mathrm{UCL} = \bar{\bar{x}} + A_2\bar{R} = 1.174 + 0.58(0.49) = 1.458$$

和

$$\mathrm{LCL} = \bar{\bar{x}} - A_2\bar{R} = 1.174 - 0.58(0.49) = 0.890$$

注意，这些值非常接近我们在图 9.7-2 中 $\bar{x}$ 图表使用的限制值 $\bar{\bar{x}}\pm\sqrt{n}A_3\bar{s}$. 此外，几乎所有的观测值结果都应该在 $\bar{\bar{x}}\pm\sqrt{n}A_2\bar{R}$ 内，它们是

$$\mathrm{UCL} = 1.174 + \sqrt{5}(0.58)(0.49) = 1.809$$

和

$$\mathrm{LCL} = 1.174 - \sqrt{5}(0.58)(0.49) = 0.539$$

注意，这些值几乎与例 9.7-1 中的限值相同，并绘制在图 9.7-3 中.

可以用中心线 $\bar{R} = 0.49$ 和控制限值

$$\mathrm{UCL} = D_4\bar{R} = 2.11(0.49) = 1.034$$

和

$$\mathrm{LCL} = D_3\bar{R} = 0(0.49) = 0$$

构造一个 R 图表. 图 9.7-3 显示了该范围的控制图，我们看到它的模式与图 9.7-2 中的 s 图相似. ■

还有另外两个 Shewhart 控制图：p 图和 c 图. 中心极限定理为 $\bar{x}$ 图中的 3σ 极限提供了证明，也证明了 p 图中的控制极限. 假设随机选择的 n 个项目中的缺陷数量，即 D 服从二项分布 $b(n, p)$. 那么极限 $p\pm 3\sqrt{p(1-p)/n}$ 应该包括几乎所有的 D/n 值. 然而，p 必须通过 D 的 k 个观测值，即 $D_1, D_2, \cdots, D_k$，并计算统计质量控制文献中所称的 $\bar{p}$ 来估计，即

$$\bar{p} = \frac{D_1 + D_2 + \cdots + D_k}{kn}$$

因此，不合格率 D/n 的 LCL 和 UCL 分别由

$$LCL = \bar{p} - 3\sqrt{\bar{p}(1-\bar{p})/n}$$

和

$$UCL = \bar{p} + 3\sqrt{\bar{p}(1-\bar{p})/n}$$

给出. 如果过程处于控制状态，几乎所有的 D/n 值都在 LCL 和 UCL 之间. 尽管如此，这可能并不令人满意，可能需要改进以降低 p. 但是，如果令人满意，让过程在这些引起变化的常见原因下继续，直到某个点 D/n 在控制范围之外，这表明某个特殊原因改变了变化.（顺便说一句，如果 D/n 低于 LCL，这很可能表明已经做了一些更好的改变，我们想找出原因. 一般来说，偏离的统计值往往表明已经取得了好的（以及坏的）突破）.

下一个例子给出了一个简单实验的结果，可以很容易地复制它.

例 9.7-3 令 D_i 等于一袋 1.69 盎司的黄色糖果的数量. 因为每袋糖果的块数略有不同，在确定控制限值时，我们应使用 n 的平均值. 表 9.7-3 列出了 20 个包装的糖果数量、黄色的数量和黄色的比例.

表 9.7-3　黄色糖果数据

包装	n_i	D_i	D_i/n_i	包装	n_i	D_i	n_i/D_i
1	56	8	0.14	11	57	10	0.18
2	55	13	0.24	12	59	8	0.14
3	58	12	0.21	13	54	10	0.19
4	56	13	0.23	14	55	11	0.20
5	57	14	0.25	15	56	12	0.21
6	54	5	0.09	16	57	11	0.19
7	56	14	0.25	17	54	6	0.11
8	57	15	0.26	18	58	7	0.12
9	54	11	0.20	19	58	12	0.21
10	55	13	0.24	20	58	14	0.24

对于这些数据，

$$\sum_{i=1}^{20} n_i = 1124, \quad \sum_{i=1}^{20} D_i = 219$$

因此

$$\bar{p} = \frac{219}{1124} = 0.195, \quad \bar{n} = \frac{1124}{20} \approx 56$$

所以，LCL 和 UCL 分别由

$$LCL = \bar{p} - 3\sqrt{\bar{p}(1-\bar{p})/56} = 0.195 - 3\sqrt{0.195(0.805)/56} = 0.036$$

和

$$UCL = \bar{p} + 3\sqrt{\bar{p}(1-\bar{p})/56} = 0.195 + 3\sqrt{0.195(0.805)/56} = 0.354$$

给出. p 的控制图如图 9.7-4 所示.(供参考,p 的 "真" 值为 0.20.)　■

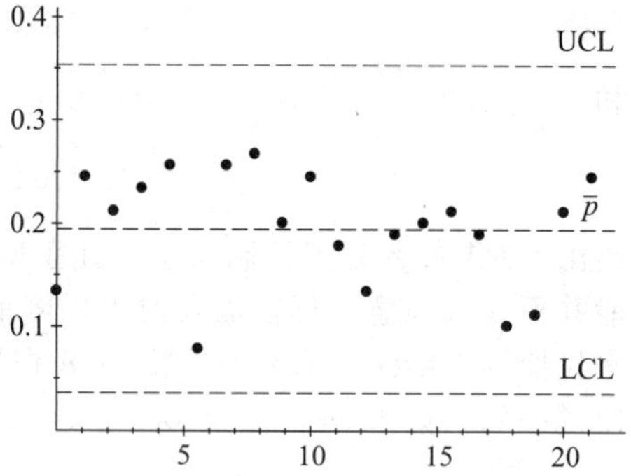

考虑对 c 图的以下解释:假设某个产品的缺陷数,比如 C,服从参数 λ 的泊松分布. 如果 λ 足够大,如例 5.7-5 所示,则我们考虑用具有连续的 $N(\lambda, \lambda)$ 分布近似离散泊松分布. 因此,从 $\lambda - 3\sqrt{\lambda}$ 到 $\lambda + 3\sqrt{\lambda}$ 的区间实际上包含所有 C 值. 但是,由于 λ 是未知的,它必须用 k 个值 c_1, $c_2, \cdots, c_k$ 的平均值 $\bar{c}$ 来近似. 因此,C 的两个控制限值计算如下:

$$LCL = \bar{c} - 3\sqrt{\bar{c}} \quad \text{和} \quad UCL = \bar{c} + 3\sqrt{\bar{c}}$$

图 9.7-4　p 图

关于 $\bar{x}$ 和 $\bar{p}$ 图的评论同样适用于 c 图,但我们必须记住,每个 c 值是一个制造项目上的缺陷数量,而不是平均 $\bar{x}$ 或有缺陷的部分 D/n.

483

练习

9.7-1　重要的是要控制液体洗碗机肥皂的黏度,使其流出容器,但不会流出太快. 因此,每天随机抽取样本,并测量黏度(单位:厘泊). 在本练习中使用以下 20 组五个观测值:

观测值					$\bar{x}$	s	R
158	147	158	159	169	158.20	7.79	22
151	166	151	143	169	156.00	11.05	26
153	174	151	164	185	165.40	14.33	34
168	140	180	176	154	163.60	16.52	40
160	187	145	164	158	162.80	15.29	42
169	153	149	144	157	154.40	9.48	25
156	183	157	140	162	159.60	15.47	43
158	160	180	154	160	162.40	10.14	26
164	168	154	158	164	161.60	5.55	14
159	153	170	158	170	162.00	7.65	17
150	161	169	166	154	160.00	7.97	19
157	138	155	134	165	149.80	13.22	31
161	172	156	145	153	157.40	10.01	27
143	152	152	156	163	153.20	7.26	20
179	157	135	172	143	157.20	18.63	44
154	165	145	152	145	152.20	8.23	20
171	189	144	154	147	161.00	18.83	45
187	147	159	167	151	162.20	15.85	40
153	168	148	188	152	161.80	16.50	40
165	155	140	157	176	158.60	13.28	36

（a）计算 $\overline{\overline{x}}$，$\overline{s}$ 和 $\overline{R}$ 的值.

（b）使用 A_3 和 $\overline{s}$ 的值构造 $\overline{x}$ 图表.

（c）构造一个 s 图.

（d）使用 A_2 和 $\overline{R}$ 的值构造 $\overline{x}$ 图表.

（e）构建一个 R 图.

（f）图表是否表明黏度处于统计控制中？

9.7-2　有必要控制产品中固体的百分比，因此每天随机抽取样品并测量固体的百分比，在本练习中使用以下 20 组五个观测值：

观测值					$\overline{x}$	s	R
69.8	71.3	65.6	66.3	70.1	68.62	2.51	5.7
71.9	69.6	71.9	71.1	71.7	71.24	0.97	2.3
71.9	69.8	66.8	68.3	64.4	68.24	2.86	7.5
64.2	65.1	63.7	66.2	61.9	64.22	1.61	4.3
66.1	62.9	66.9	67.3	63.3	65.30	2.06	4.4
63.4	67.2	67.4	65.5	66.2	65.94	1.61	4.0
67.5	67.3	66.9	66.5	65.5	66.74	0.79	2.0
63.9	64.6	62.3	66.2	67.2	64.84	1.92	4.9
66.0	69.8	69.7	71.0	69.8	69.26	1.90	5.0
66.0	70.3	65.5	67.0	66.8	67.12	1.88	4.8
67.6	68.6	66.5	66.2	70.4	67.86	1.71	4.2
68.1	64.3	65.2	68.0	65.1	66.14	1.78	3.8
64.5	66.6	65.2	69.3	62.0	65.52	2.69	7.3
67.1	68.3	64.0	64.9	68.2	66.50	1.96	4.3
67.1	63.8	71.4	67.5	63.7	66.70	3.17	7.7
60.7	63.5	62.9	67.0	69.6	64.74	3.53	8.9
71.0	68.6	68.1	67.4	71.7	69.36	1.88	4.3
69.5	61.5	63.7	66.3	68.6	65.92	3.34	8.0
66.7	75.2	79.0	75.3	79.2	75.08	5.07	12.5
77.3	67.2	69.3	67.9	65.6	69.46	4.58	11.7

（a）计算 $\overline{\overline{x}}$，$\overline{s}$ 和 $\overline{R}$ 的值.

（b）使用 A_3 和 $\overline{s}$ 的值构造 $\overline{x}$ 图表.

（c）构造一个 s 图.

（d）使用 A_2 和 $\overline{R}$ 的值构造 $\overline{x}$ 图表.

（e）构建一个 R 图.

（f）图表是否表明该产品中的固体百分比处于统计控制中？

9.7-3　控制包装物品的净重很重要. 因此，每天从生产线上随机选择物品并记录其重量. 使用以下 20 组 5 个重量（克）进行此练习（注意，此处记录的重量是实际重量减去 330）：

484

观测值					$\overline{x}$	s	R
7.97	8.10	7.73	8.26	7.30	7.872	0.3740	0.96
8.11	7.26	7.99	7.88	8.88	8.024	0.5800	1.62
7.60	8.23	8.07	8.51	8.05	8.092	0.3309	0.91
8.44	4.35	4.33	4.48	3.89	5.098	1.8815	4.55

（续）

		观测值			$\bar{x}$	s	R
5.11	4.05	5.62	4.13	5.01	4.784	0.6750	1.57
4.79	5.25	5.19	5.23	3.97	4.886	0.5458	1.28
4.47	4.58	5.35	5.86	5.61	5.174	0.6205	1.39
5.82	4.51	5.38	5.01	5.54	5.252	0.5077	1.31
5.06	4.98	4.13	4.58	4.35	4.620	0.3993	0.93
4.74	3.77	5.05	4.03	4.29	4.376	0.5199	1.28
4.05	3.71	4.73	3.51	4.76	4.152	0.5748	1.25
3.94	5.72	5.07	5.09	4.61	4.886	0.6599	1.78
4.63	3.79	4.69	5.13	4.66	4.580	0.4867	1.34
4.30	4.07	4.39	4.63	4.47	4.372	0.2079	0.56
4.05	4.14	4.01	3.95	4.05	4.040	0.0693	0.19
4.20	4.50	5.32	4.42	5.24	4.736	0.5094	1.12
4.54	5.23	4.32	4.66	3.86	4.522	0.4999	1.37
5.02	4.10	5.08	4.94	5.18	4.864	0.4360	1.08
4.80	4.73	4.82	4.69	4.27	4.662	0.2253	0.55
4.55	4.76	4.45	4.85	4.02	4.526	0.3249	0.83

（a）计算 $\bar{\bar{x}}$，$\bar{s}$ 和 $\bar{R}$ 的值.

（b）使用 A_3 和 $\bar{s}$ 的值构造 $\bar{x}$ 图表.

（c）构造一个 s 图.

（d）使用 A_2 和 $\bar{R}$ 的值构造 $\bar{x}$ 图表.

（e）构建一个 R 图.

（f）图表是否表明这些填充权重处于统计控制中?

9.7-4 一家公司生产的螺栓大约有 $\bar{p}=0.02$ 的缺陷，这是令人满意的. 为监控工艺质量，每小时随机抽取 100 个螺栓，并统计缺陷螺栓数量. 根据 $\bar{p}=0.02$，计算 $\bar{p}$ 图的 UCL 和 LCL. 然后假设在接下来的 24 小时内，观察到以下数量的有缺陷的螺栓:

    4 1 1 0 5 2 1 3 4 3 1 0 0 4 1 1 6 2 0 0 2 8 7 5

在此期间是否需要采取任何行动?

9.7-5 为了说明如何计算表 9.7-1 中的数值，A_3 的数值见该习题. 设 $X_1, X_2, \cdots, X_n$ 为取自正态分布 $N(\mu, \sigma^2)$ 且大小为 n 的随机样本. 令 S^2 等于这个随机样本的样本方差.

（a）利用 $Y=(n-1)S^2/\sigma^2$ 为 $\chi^2(n-1)$ 分布并满足 $E[S^2]=\sigma^2$ 的事实来说明.

（b）利用 $\chi^2(n-1)$ 分布的概率密度函数寻找 $E(\sqrt{Y})$ 的值.

（c）证明:

$$E\left[\frac{\sqrt{n-1}\,\Gamma\left(\frac{n-1}{2}\right)}{\sqrt{2}\,\Gamma\left(\frac{n}{2}\right)}S\right]=\sigma$$

（d）对 $n=5$ 和 $n=6$，证明: 表 9.7-1 中的

$$\frac{3}{\sqrt{n}}\left[\frac{\sqrt{n-1}\,\Gamma\left(\frac{n-1}{2}\right)}{\sqrt{2}\,\Gamma\left(\frac{n}{2}\right)}\right]=A_3$$

因此 $A_3\bar{s}$ 近似 $3\sigma/\sqrt{n}$. （见练习 6.4-14.）

9.7-6　在一家毛纺织厂，检查100码的毛条. 在过去的20个观测值中，发现了以下缺陷数据：

$$2\ \ 4\ \ 0\ \ 1\ \ 0\ \ 3\ \ 4\ \ 1\ \ 1\ \ 2\ \ 4\ \ 0\ \ 0\ \ 1\ \ 0\ \ 3\ \ 2\ \ 3\ \ 5\ \ 0$$

(a) 计算 c 图的控制限值并绘制此控制图.

(b) 这个过程是否在统计控制中？

9.7-7　在过去，每小时测试 $n=50$ 个保险丝，$\bar{p}=0.03$ 被发现有缺陷. 计算 UCL 和 LCL. 在一个生产错误之后，假设真 p 变为 $p=0.05$.

(a) 下一次观测超过 UCL 的概率是多少？

(b) 接下来五次观测中至少有一次超过 UCL 的概率是多少？**提示**：假设独立性，并计算接下来五个观察结果中没有一个超过 UCL 的概率.

9.7-8　Snee（见参考文献）已经测量了油漆罐"耳"的厚度.（油漆罐的"耳"是固定罐盖的拉环.）每隔一段时间，从一个漏斗中抽取五个油漆罐的样品，收集两台机器的生产，并测量每个耳的厚度. 30个此类样品的结果（千分之一英寸）如下：

485

观测值					$\bar{x}$	s	R
29	36	39	34	34	34.4	3.646 92	10
29	29	28	32	31	29.8	1.643 17	4
34	34	39	38	37	36.4	2.302 17	5
35	37	33	38	41	36.8	3.033 15	8
30	29	31	38	29	31.4	3.781 53	9
34	31	37	39	36	35.4	3.049 59	8
30	35	33	40	36	34.8	3.701 35	10
28	28	31	34	30	30.2	2.489 98	6
32	36	38	38	35	35.8	2.489 98	6
35	30	37	35	31	33.6	2.966 48	7
35	30	35	38	35	34.6	2.880 97	8
38	34	35	35	31	34.6	2.509 98	7
34	35	33	30	34	33.2	1.923 54	5
40	35	34	33	35	35.4	2.701 85	7
34	35	38	35	30	34.4	2.880 97	8
35	30	35	29	37	33.2	3.492 85	8
40	31	38	35	31	35.0	4.062 02	9
35	36	30	33	32	33.2	2.387 47	6
35	34	35	30	36	34.0	2.345 21	6
35	35	31	38	36	35.0	2.549 51	7
32	36	36	32	36	34.4	2.190 89	4
36	37	32	34	34	34.6	1.949 36	5
29	34	33	37	35	33.6	2.966 48	8
36	36	35	37	37	36.2	0.836 66	2
36	30	35	33	31	33.0	2.549 51	6
35	30	29	38	35	33.4	3.781 53	9
35	36	30	34	36	34.2	2.489 98	6
35	30	36	29	35	33.0	3.240 37	7
38	36	35	31	31	34.2	3.114 48	7
30	34	40	28	30	32.4	4.774 93	12

(a) 计算 $\bar{\bar{x}}$, $\bar{s}$ 和 $\bar{R}$ 的值.

（b）使用 A_3 和 $\bar{s}$ 的值构造 $\bar{x}$ 图表.

（c）构造一个 s 图.

（d）使用 A_2 和 $\bar{R}$ 的值构造 $\bar{x}$ 图表.

（e）构建一个 R 图.

（f）图表是否表明这些填充权重处于统计控制中?

9.7-9 Ledolter 和 Hogg（见参考文献）报告说，在不锈钢管的生产中，每 100 英尺的缺陷数量应加以控制. 从 15 个随机选择的 100 英尺长的管道中，观察到以下关于缺陷数量的数据:

$$6 \quad 10 \quad 8 \quad 1 \quad 7 \quad 9 \quad 7 \quad 4 \quad 5 \quad 10 \quad 3 \quad 4 \quad 9 \quad 8 \quad 5$$

（a）计算 c 图的控制限值并绘制此控制图.

（b）这个过程是否在统计控制中?

9.7-10 假设我们发现 50 英尺长的锡带上的瑕疵平均约为 $\bar{c} = 1.4$ 条. 计算控制限值. 假设这个过程已经失控，并且这个平均值已经增加到 3.0.

（a）下一次观测超过 UCL 的概率是多少?

（b）接下来 10 次观测中至少有一次超过 UCL 的概率是多少?

历史评注 卡方检验是卡尔·皮尔逊（Karl Pearson）发明的，只是在参数估计中有些错误. 在罗纳德·费希尔（R. A. Fisher）还是一个鲁莽的年轻人时，他曾告诉他的前辈皮尔逊，每估计一个参数应该减少一个卡方分布的自由度. 皮尔逊从不相信这一点（当然，费希尔是正确的），而且，作为著名的 *Biometrika* 杂志的编辑，皮尔逊阻止费希尔在他后来的职业生涯中在该杂志上发表文章. 费希尔很失望，两人在有生之年都在斗争. 然而，后来费希尔发现，这场冲突对他有利，因为这使他考虑在哪些应用期刊上发表文章，从而成为一个更好、更全面的科学家.

本章的另一个重要主题是方差分析（ANOVA）. 我们在这里的展示仅仅触及了这个主题的表面，更一般的设计实验的分析由费希尔开发. 对于我们在本节中考虑的简单情况，费希尔展示了如何检验单因素和双因素情况中的最佳因素水平. 我们在 9.5 节中研究了一些重要的推广. 费希尔对设计实验的分析做出了巨大贡献.

从 20 世纪 20 年代开始，随着 Walter A. Shewhart 控制图的出现，质量改进使制造业发生了重大变化. 公平地说，应该注意的是，英国差不多在同一时间启动了一个类似的项目. 如 9.7 节所述，统计质量控制在第二次世界大战期间确实产生了巨大影响，许多大学开设了这方面的短期课程. 这些课程在战后仍在继续，但在全面提高素质的重要性方面发展滞后. W. Edwards 抱怨说，日本人从 20 世纪 50 年代开始使用他的质量理念，但美国人直到 1980 年才采用这些理念. 那一年，美国全国广播公司（NBC）播出了一个名为"如果日本可以，为什么我们不能?"的节目，并且 Deming 是那次广播的"明星". 他说，第二天他的电话"开始响起来了"，很多公司都要求他花一天时间和他们在一起，让他们走上正确的道路. 据 Deming 说，他们都想要"速溶布丁"，他指出，他要求日本人给他五年时间，让他做出他开创的改进. 实际上，运用他的理念，这些公司中的许多公司在质量方面确实比这更早取得了实质性成果. 然而，正是在美国全国广播公司（NBC）的节目之后，Deming 开始了他著名的四天（four-day）课程，大约在他 93 岁去世前 10 天，他在 1993 年 12 月讲授了最后一次课.

20 世纪 70 年代和 80 年代的许多质量研究都使用了"全面质量管理"或后来的"持续过程改进"的名称，然而，它是摩托罗拉的 6σ 计划，该计划从 20 世纪 80 年代末开始，此后持续了 30 多年，产生了最大的影响. 除摩托罗拉外，通用 GE、Allied 等公司都使用了这一系统.

附录 A　参　考　文　献

Aspin, A. A., "Tables for Use in Comparisons Whose Accuracy Involves Two Variances, Separately Estimated," *Biometrika*, **36** (1949), pp. 290–296.

Agresti, A., and B.A. Coull, "Approximate is Better than 'Exact' for Interval Estimation of Binomial Proportions," *Amer. Statist.*, **52** (1998), pp. 119–126.

Basu, D., "On Statistics Independent of a Complete Sufficient Statistic," *Sankhya*, **15** (1955), pp. 377–380.

Bernstein, P. L., *Against the Gods: The Remarkable Story of Risk*. New York: John Wiley & Sons, Inc., 1996.

Box, G. E. P., J. S. Hunter, and W. G. Hunter, *Statistics for Experimenters: Design, Innovation, and Discovery*, 2nd ed., New York: John Wiley & Sons, Inc., 2005.

Box, G. E. P. and M. E. Muller, "A Note on the Generation of Random Normal Deviates," *Ann. Math. Statist.*, **29** (1958), pp. 610–611.

Hogg, R. V., "Testing the Equality of Means of Rectangular Populations," *Ann. Math. Statist.*, **24** (1953), p. 691.

Hogg, R. V., and A. T. Craig, *Introduction to Mathematical Statistics*, 3rd ed., New York: Macmillan Publishing Co., 1970.

Hogg, R. V., J. W. McKean, and A. T. Craig, *Introduction to Mathematical Statistics*, 7th ed. Upper Saddle River, NJ: Prentice Hall, 2013.

Hogg, R. V., and A. T. Craig, "On the Decomposition of Certain Chi-Square Variables," *Ann. Math. Statist.*, **29** (1958), pp. 608–610.

Karian, Z. A. and E. A. Tanis, *Probability & Statistics: Explorations with MAPLE*, 2nd ed. Upper Saddle River, NJ: Prentice Hall, 1999.

Latter, O. H. "The Cuckoo's Egg," *Biometrika*, **1** (1901), pp. 164–176.

Ledolter, J. and R. V. Hogg, *Applied Statistics for Engineers and Scientists*, 3rd ed. Upper Saddle River, NJ: Prentice Hall, 2010.

Montgomery, D. C., *Design and Analysis of Experiments*, 2nd ed. New York: John Wiley & Sons, Inc., 1984.

Natrella, M. G., *Experimental Statistics, National Bureau of Standards Handbook 91*. Washington, DC: U.S. Government Printing Office, 1963.

Nicol, S. J., "Who's Picking Up the Pieces?" *Primus*, **4** (1994), pp. 182–184.

Pearson, K., "On the Criterion That a Given System of Deviations from the Probable in the Case of a Correlated System of Variables Is Such That It Can Be Reasonably Supposed to Have Arisen from Random Sampling," *Phil. Mag.*, Series 5, **50** (1900), pp. 157–175.

Putz, J., "The Golden Section and the Piano Sonatas of Mozart," *Mathematics Magazine*, **68** (1995), pp. 275–282.

Rafter, J. A., M. L. Abell, and J. P. Braselton, *Statistics with Maple*. Amsterdam and Boston: Academic Press, An imprint of Elsevier Science (USA), 2003.

Raspe, R. E. *The Surprising Adventures of Baron Munchausen*, IndyPublish.com, 2001.

Snee, R. D., "Graphical Analysis of Process Variation Studies," *Journal of Quality Technology*, **15** (1983), pp. 76–88.

Snee, R. D., L. B. Hare, and J. R. Trout, *Experiments in Industry*, Milwaukee: American Society of Quality Control, 1985.

Stigler, S. M., *The History of Statistics: The Measurement of Uncertainty Before 1900*. Cambridge, MA: Harvard University Press, 1986.

Tanis, E. A., "Maple Integrated Into the Instruction of Probability and Statistics," *Proceedings of the Statistical Computing Section* (1998), American Statistical Association, pp. 19–24.

Tanis, E. A. and R. V. Hogg, *A Brief Course in Mathematical Statistics*. Upper Saddle River, NJ: Prentice Hall, 2008.

Tukey, J. W., *Exploratory Data Analysis*. Reading, MA: Addison-Wesley Publishing Company, 1977.

Velleman, P. F. and D. C. Hoaglin, *Applications, Basics, and Computing of Exploratory Data Analysis*, Boston: Duxbury Press, 1981.

Wilcoxon, F., "Individual Comparisons by Ranking Methods," *Biometrics Bull.*, **1** (1945), pp. 80–83.

Zerger, M., "Mean Meets Variance," *Primus*, **4** (1994), pp. 106–108.

附录 B 表

表 I　二项式系数

$$\binom{n}{r} = \frac{n!}{r! \ (n-r)!} = \binom{n}{n-r}$$

n	$\binom{n}{0}$	$\binom{n}{1}$	$\binom{n}{2}$	$\binom{n}{3}$	$\binom{n}{4}$	$\binom{n}{5}$	$\binom{n}{6}$	$\binom{n}{7}$	$\binom{n}{8}$	$\binom{n}{9}$	$\binom{n}{10}$	$\binom{n}{11}$	$\binom{n}{12}$	$\binom{n}{13}$
0	1													
1	1	1												
2	1	2	1											
3	1	3	3	1										
4	1	4	6	4	1									
5	1	5	10	10	5	1								
6	1	6	15	20	15	6	1							
7	1	7	21	35	35	21	7	1						
8	1	8	28	56	70	56	28	8	1					
9	1	9	36	84	126	126	84	36	9	1				
10	1	10	45	120	210	252	210	120	45	10	1			
11	1	11	55	165	330	462	462	330	165	55	11	1		
12	1	12	66	220	495	792	924	792	495	220	66	12	1	
13	1	13	78	286	715	1287	1716	1716	1287	715	286	78	13	1
14	1	14	91	364	1001	2002	3003	3432	3003	2002	1001	364	91	14
15	1	15	105	455	1365	3003	5005	6435	6435	5005	3003	1365	455	105
16	1	16	120	560	1820	4368	8008	11 440	12 870	11 440	8008	4368	1820	560
17	1	17	136	680	2380	6188	12 376	19 448	24 310	24 310	19 448	12 376	6188	2380
18	1	18	153	816	3060	8568	18 564	31 824	43 758	48 620	43 758	31 824	18 564	8568
19	1	19	171	969	3876	11 628	27 132	50 388	75 582	92 378	92 378	75 582	50 388	27 132
20	1	20	190	1140	4845	15 504	38 760	77 520	125 970	167 960	184 756	167 960	125 970	77 520
21	1	21	210	1330	5985	20 349	54 264	116 280	203 490	293 930	352 716	352 716	293 930	203 490
22	1	22	231	1540	7315	26 334	74 613	170 544	319 770	497 420	646 646	705 432	646 646	497 420
23	1	23	253	1771	8855	33 649	100 947	245 157	490 314	817 190	1 144 066	1 352 078	1 352 078	1 144 066
24	1	24	276	2024	10 626	42 504	134 596	346 104	735 471	1 307 504	1 961 256	2 496 144	2 704 156	2 496 144
25	1	25	300	2300	12 650	53 130	177 100	480 700	1 081 575	2 042 975	3 268 760	4 457 400	5 200 300	5 200 300
26	1	26	325	2600	14 950	65 780	230 230	657 800	1 562 275	3 124 550	5 311 735	7 726 160	9 657 700	10 400 600

对于 $r>13$ 你可以使用恒等式 $\binom{n}{r} = \binom{n}{n-r}$.

表 Ⅱ 二项分布

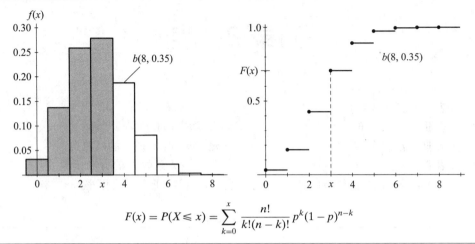

$$F(x) = P(X \leqslant x) = \sum_{k=0}^{x} \frac{n!}{k!(n-k)!} p^k (1-p)^{n-k}$$

n	x	p									
		0.05	0.10	0.15	0.20	0.25	0.30	0.35	0.40	0.45	0.50
2	0	0.9025	0.8100	0.7225	0.6400	0.5625	0.4900	0.4225	0.3600	0.3025	0.2500
	1	0.9975	0.9900	0.9775	0.9600	0.9375	0.9100	0.8775	0.8400	0.7975	0.7500
	2	1.0000	1.0000	1.0000	1.0000	1.0000	1.0000	1.0000	1.0000	1.0000	1.0000
3	0	0.8574	0.7290	0.6141	0.5120	0.4219	0.3430	0.2746	0.2160	0.1664	0.1250
	1	0.9928	0.9720	0.9392	0.8960	0.8438	0.7840	0.7182	0.6480	0.5748	0.5000
	2	0.9999	0.9990	0.9966	0.9920	0.9844	0.9730	0.9571	0.9360	0.9089	0.8750
	3	1.0000	1.0000	1.0000	1.0000	1.0000	1.0000	1.0000	1.0000	1.0000	1.0000
4	0	0.8145	0.6561	0.5220	0.4096	0.3164	0.2401	0.1785	0.1296	0.0915	0.0625
	1	0.9860	0.9477	0.8905	0.8192	0.7383	0.6517	0.5630	0.4752	0.3910	0.3125
	2	0.9995	0.9963	0.9880	0.9728	0.9492	0.9163	0.8735	0.8208	0.7585	0.6875
	3	1.0000	0.9999	0.9995	0.9984	0.9961	0.9919	0.9850	0.9744	0.9590	0.9375
	4	1.0000	1.0000	1.0000	1.0000	1.0000	1.0000	1.0000	1.0000	1.0000	1.0000
5	0	0.7738	0.5905	0.4437	0.3277	0.2373	0.1681	0.1160	0.0778	0.0503	0.0312
	1	0.9774	0.9185	0.8352	0.7373	0.6328	0.5282	0.4284	0.3370	0.2562	0.1875
	2	0.9988	0.9914	0.9734	0.9421	0.8965	0.8369	0.7648	0.6826	0.5931	0.5000
	3	1.0000	0.9995	0.9978	0.9933	0.9844	0.9692	0.9460	0.9130	0.8688	0.8125
	4	1.0000	1.0000	0.9999	0.9997	0.9990	0.9976	0.9947	0.9898	0.9815	0.9688
	5	1.0000	1.0000	1.0000	1.0000	1.0000	1.0000	1.0000	1.0000	1.0000	1.0000
6	0	0.7351	0.5314	0.3771	0.2621	0.1780	0.1176	0.0754	0.0467	0.0277	0.0156
	1	0.9672	0.8857	0.7765	0.6553	0.5339	0.4202	0.3191	0.2333	0.1636	0.1094
	2	0.9978	0.9842	0.9527	0.9011	0.8306	0.7443	0.6471	0.5443	0.4415	0.3438
	3	0.9999	0.9987	0.9941	0.9830	0.9624	0.9295	0.8826	0.8208	0.7447	0.6562
	4	1.0000	0.9999	0.9996	0.9984	0.9954	0.9891	0.9777	0.9590	0.9308	0.8906
	5	1.0000	1.0000	1.0000	0.9999	0.9998	0.9993	0.9982	0.9959	0.9917	0.9844
	6	1.0000	1.0000	1.0000	1.0000	1.0000	1.0000	1.0000	1.0000	1.0000	1.0000
7	0	0.6983	0.4783	0.3206	0.2097	0.1335	0.0824	0.0490	0.0280	0.0152	0.0078

表 451

（续）

n	x	0.05	0.10	0.15	0.20	0.25	0.30	0.35	0.40	0.45	0.50
						p					
	1	0.9556	0.8503	0.7166	0.5767	0.4449	0.3294	0.2338	0.1586	0.1024	0.0625
	2	0.9962	0.9743	0.9262	0.8520	0.7564	0.6471	0.5323	0.4199	0.3164	0.2266
	3	0.9998	0.9973	0.9879	0.9667	0.9294	0.8740	0.8002	0.7102	0.6083	0.5000
	4	1.0000	0.9998	0.9988	0.9953	0.9871	0.9712	0.9444	0.9037	0.8471	0.7734
	5	1.0000	1.0000	0.9999	0.9996	0.9987	0.9962	0.9910	0.9812	0.9643	0.9375
	6	1.0000	1.0000	1.0000	1.0000	0.9999	0.9998	0.9994	0.9984	0.9963	0.9922
	7	1.0000	1.0000	1.0000	1.0000	1.0000	1.0000	1.0000	1.0000	1.0000	1.0000
8	0	0.6634	0.4305	0.2725	0.1678	0.1001	0.0576	0.0319	0.0168	0.0084	0.0039
	1	0.9428	0.8131	0.6572	0.5033	0.3671	0.2553	0.1691	0.1064	0.0632	0.0352
	2	0.9942	0.9619	0.8948	0.7969	0.6785	0.5518	0.4278	0.3154	0.2201	0.1445
	3	0.9996	0.9950	0.9786	0.9437	0.8862	0.8059	0.7064	0.5941	0.4770	0.3633
	4	1.0000	0.9996	0.9971	0.9896	0.9727	0.9420	0.8939	0.8263	0.7396	0.6367
	5	1.0000	1.0000	0.9998	0.9988	0.9958	0.9887	0.9747	0.9502	0.9115	0.8555
	6	1.0000	1.0000	1.0000	0.9999	0.9996	0.9987	0.9964	0.9915	0.9819	0.9648
	7	1.0000	1.0000	1.0000	1.0000	1.0000	0.9999	0.9998	0.9993	0.9983	0.9961
	8	1.0000	1.0000	1.0000	1.0000	1.0000	1.0000	1.0000	1.0000	1.0000	1.0000
9	0	0.6302	0.3874	0.2316	0.1342	0.0751	0.0404	0.0207	0.0101	0.0046	0.0020
	1	0.9288	0.7748	0.5995	0.4362	0.3003	0.1960	0.1211	0.0705	0.0385	0.0195
	2	0.9916	0.9470	0.8591	0.7382	0.6007	0.4628	0.3373	0.2318	0.1495	0.0898
	3	0.9994	0.9917	0.9661	0.9144	0.8343	0.7297	0.6089	0.4826	0.3614	0.2539
	4	1.0000	0.9991	0.9944	0.9804	0.9511	0.9012	0.8283	0.7334	0.6214	0.5000
	5	1.0000	0.9999	0.9994	0.9969	0.9900	0.9747	0.9464	0.9006	0.8342	0.7461
	6	1.0000	1.0000	1.0000	0.9997	0.9987	0.9957	0.9888	0.9750	0.9502	0.9102
	7	1.0000	1.0000	1.0000	1.0000	0.9999	0.9996	0.9986	0.9962	0.9909	0.9805
	8	1.0000	1.0000	1.0000	1.0000	1.0000	1.0000	0.9999	0.9997	0.9992	0.9980
	9	1.0000	1.0000	1.0000	1.0000	1.0000	1.0000	1.0000	1.0000	1.0000	1.0000
10	0	0.5987	0.3487	0.1969	0.1074	0.0563	0.0282	0.0135	0.0060	0.0025	0.0010
	1	0.9139	0.7361	0.5443	0.3758	0.2440	0.1493	0.0860	0.0464	0.0233	0.0107
	2	0.9885	0.9298	0.8202	0.6778	0.5256	0.3828	0.2616	0.1673	0.0996	0.0547
	3	0.9990	0.9872	0.9500	0.8791	0.7759	0.6496	0.5138	0.3823	0.2660	0.1719
	4	0.9999	0.9984	0.9901	0.9672	0.9219	0.8497	0.7515	0.6331	0.5044	0.3770
	5	1.0000	0.9999	0.9986	0.9936	0.9803	0.9527	0.9051	0.8338	0.7384	0.6230
	6	1.0000	1.0000	0.9999	0.9991	0.9965	0.9894	0.9740	0.9452	0.8980	0.8281
	7	1.0000	1.0000	1.0000	0.9999	0.9996	0.9984	0.9952	0.9877	0.9726	0.9453
	8	1.0000	1.0000	1.0000	1.0000	1.0000	0.9999	0.9995	0.9983	0.9955	0.9893
	9	1.0000	1.0000	1.0000	1.0000	1.0000	1.0000	1.0000	0.9999	0.9997	0.9990
	10	1.0000	1.0000	1.0000	1.0000	1.0000	1.0000	1.0000	1.0000	1.0000	1.0000
11	0	0.5688	0.3138	0.1673	0.0859	0.0422	0.0198	0.0088	0.0036	0.0014	0.0005
	1	0.8981	0.6974	0.4922	0.3221	0.1971	0.1130	0.0606	0.0302	0.0139	0.0059
	2	0.9848	0.9104	0.7788	0.6174	0.4552	0.3127	0.2001	0.1189	0.0652	0.0327
	3	0.9984	0.9815	0.9306	0.8389	0.7133	0.5696	0.4256	0.2963	0.1911	0.1133
	4	0.9999	0.9972	0.9841	0.9496	0.8854	0.7897	0.6683	0.5328	0.3971	0.2744

493

（续）

n	x	0.05	0.10	0.15	0.20	0.25	0.30	0.35	0.40	0.45	0.50
	5	1.0000	0.9997	0.9973	0.9883	0.9657	0.9218	0.8513	0.7535	0.6331	0.5000
	6	1.0000	1.0000	0.9997	0.9980	0.9924	0.9784	0.9499	0.9006	0.8262	0.7256
	7	1.0000	1.0000	1.0000	0.9998	0.9988	0.9957	0.9878	0.9707	0.9390	0.8867
	8	1.0000	1.0000	1.0000	1.0000	0.9999	0.9994	0.9980	0.9941	0.9852	0.9673
	9	1.0000	1.0000	1.0000	1.0000	1.0000	1.0000	0.9998	0.9993	0.9978	0.9941
	10	1.0000	1.0000	1.0000	1.0000	1.0000	1.0000	1.0000	1.0000	0.9998	0.9995
	11	1.0000	1.0000	1.0000	1.0000	1.0000	1.0000	1.0000	1.0000	1.0000	1.0000
12	0	0.5404	0.2824	0.1422	0.0687	0.0317	0.0138	0.0057	0.0022	0.0008	0.0002
	1	0.8816	0.6590	0.4435	0.2749	0.1584	0.0850	0.0424	0.0196	0.0083	0.0032
	2	0.9804	0.8891	0.7358	0.5583	0.3907	0.2528	0.1513	0.0834	0.0421	0.0193
	3	0.9978	0.9744	0.9078	0.7946	0.6488	0.4925	0.3467	0.2253	0.1345	0.0730
	4	0.9998	0.9957	0.9761	0.9274	0.8424	0.7237	0.5833	0.4382	0.3044	0.1938
	5	1.0000	0.9995	0.9954	0.9806	0.9456	0.8822	0.7873	0.6652	0.5269	0.3872
	6	1.0000	0.9999	0.9993	0.9961	0.9857	0.9614	0.9154	0.8418	0.7393	0.6128
	7	1.0000	1.0000	0.9999	0.9994	0.9972	0.9905	0.9745	0.9427	0.8883	0.8062
	8	1.0000	1.0000	1.0000	0.9999	0.9996	0.9983	0.9944	0.9847	0.9644	0.9270
	9	1.0000	1.0000	1.0000	1.0000	1.0000	0.9998	0.9992	0.9972	0.9921	0.9807
	10	1.0000	1.0000	1.0000	1.0000	1.0000	1.0000	0.9999	0.9997	0.9989	0.9968
	11	1.0000	1.0000	1.0000	1.0000	1.0000	1.0000	1.0000	1.0000	0.9999	0.9998
	12	1.0000	1.0000	1.0000	1.0000	1.0000	1.0000	1.0000	1.0000	1.0000	1.0000
13	0	0.5133	0.2542	0.1209	0.0550	0.0238	0.0097	0.0037	0.0013	0.0004	0.0001
	1	0.8646	0.6213	0.3983	0.2336	0.1267	0.0637	0.0296	0.0126	0.0049	0.0017
	2	0.9755	0.8661	0.6920	0.5017	0.3326	0.2025	0.1132	0.0579	0.0269	0.0112
	3	0.9969	0.9658	0.8820	0.7473	0.5843	0.4206	0.2783	0.1686	0.0929	0.0461
	4	0.9997	0.9935	0.9658	0.9009	0.7940	0.6543	0.5005	0.3530	0.2279	0.1334
	5	1.0000	0.9991	0.9924	0.9700	0.9198	0.8346	0.7159	0.5744	0.4268	0.2905
	6	1.0000	0.9999	0.9987	0.9930	0.9757	0.9376	0.8705	0.7712	0.6437	0.5000
	7	1.0000	1.0000	0.9998	0.9988	0.9944	0.9818	0.9538	0.9023	0.8212	0.7095
	8	1.0000	1.0000	1.0000	0.9998	0.9990	0.9960	0.9874	0.9679	0.9302	0.8666
	9	1.0000	1.0000	1.0000	1.0000	0.9999	0.9993	0.9975	0.9922	0.9797	0.9539
	10	1.0000	1.0000	1.0000	1.0000	1.0000	0.9999	0.9997	0.9987	0.9959	0.9888
	11	1.0000	1.0000	1.0000	1.0000	1.0000	1.0000	1.0000	0.9999	0.9995	0.9983
	12	1.0000	1.0000	1.0000	1.0000	1.0000	1.0000	1.0000	1.0000	1.0000	0.9999
	13	1.0000	1.0000	1.0000	1.0000	1.0000	1.0000	1.0000	1.0000	1.0000	1.0000
14	0	0.4877	0.2288	0.1028	0.0440	0.0178	0.0068	0.0024	0.0008	0.0002	0.0001
	1	0.8470	0.5846	0.3567	0.1979	0.1010	0.0475	0.0205	0.0081	0.0029	0.0009
	2	0.9699	0.8416	0.6479	0.4481	0.2811	0.1608	0.0839	0.0398	0.0170	0.0065
	3	0.9958	0.9559	0.8535	0.6982	0.5213	0.3552	0.2205	0.1243	0.0632	0.0287
	4	0.9996	0.9908	0.9533	0.8702	0.7415	0.5842	0.4227	0.2793	0.1672	0.0898
	5	1.0000	0.9985	0.9885	0.9561	0.8883	0.7805	0.6405	0.4859	0.3373	0.2120
	6	1.0000	0.9998	0.9978	0.9884	0.9617	0.9067	0.8164	0.6925	0.5461	0.3953
	7	1.0000	1.0000	0.9997	0.9976	0.9897	0.9685	0.9247	0.8499	0.7414	0.6047
	8	1.0000	1.0000	1.0000	0.9996	0.9978	0.9917	0.9757	0.9417	0.8811	0.7880

表 453

（续）

n	x	0.05	0.10	0.15	0.20	0.25	0.30	0.35	0.40	0.45	0.50
						p					
	9	1.0000	1.0000	1.0000	1.0000	0.9997	0.9983	0.9940	0.9825	0.9574	0.9102
	10	1.0000	1.0000	1.0000	1.0000	1.0000	0.9998	0.9989	0.9961	0.9886	0.9713
	11	1.0000	1.0000	1.0000	1.0000	1.0000	1.0000	0.9999	0.9994	0.9978	0.9935
	12	1.0000	1.0000	1.0000	1.0000	1.0000	1.0000	1.0000	0.9999	0.9997	0.9991
	13	1.0000	1.0000	1.0000	1.0000	1.0000	1.0000	1.0000	1.0000	1.0000	0.9999
	14	1.0000	1.0000	1.0000	1.0000	1.0000	1.0000	1.0000	1.0000	1.0000	1.0000
15	0	0.4633	0.2059	0.0874	0.0352	0.0134	0.0047	0.0016	0.0005	0.0001	0.0000
	1	0.8290	0.5490	0.3186	0.1671	0.0802	0.0353	0.0142	0.0052	0.0017	0.0005
	2	0.9638	0.8159	0.6042	0.3980	0.2361	0.1268	0.0617	0.0271	0.0107	0.0037
	3	0.9945	0.9444	0.8227	0.6482	0.4613	0.2969	0.1727	0.0905	0.0424	0.0176
	4	0.9994	0.9873	0.9383	0.8358	0.6865	0.5155	0.3519	0.2173	0.1204	0.0592
	5	0.9999	0.9978	0.9832	0.9389	0.8516	0.7216	0.5643	0.4032	0.2608	0.1509
	6	1.0000	0.9997	0.9964	0.9819	0.9434	0.8689	0.7548	0.6098	0.4522	0.3036
	7	1.0000	1.0000	0.9994	0.9958	0.9827	0.9500	0.8868	0.7869	0.6535	0.5000
	8	1.0000	1.0000	0.9999	0.9992	0.9958	0.9848	0.9578	0.9050	0.8182	0.6964
	9	1.0000	1.0000	1.0000	0.9999	0.9992	0.9963	0.9876	0.9662	0.9231	0.8491
	10	1.0000	1.0000	1.0000	1.0000	0.9999	0.9993	0.9972	0.9907	0.9745	0.9408
	11	1.0000	1.0000	1.0000	1.0000	1.0000	0.9999	0.9995	0.9981	0.9937	0.9824
	12	1.0000	1.0000	1.0000	1.0000	1.0000	1.0000	0.9999	0.9987	0.9989	0.9963
	13	1.0000	1.0000	1.0000	1.0000	1.0000	1.0000	1.0000	1.0000	0.9999	0.9995
	14	1.0000	1.0000	1.0000	1.0000	1.0000	1.0000	1.0000	1.0000	1.0000	1.0000
	15	1.0000	1.0000	1.0000	1.0000	1.0000	1.0000	1.0000	1.0000	1.0000	1.0000
16	0	0.4401	0.1853	0.0743	0.0281	0.0100	0.0033	0.0010	0.0003	0.0001	0.0000
	1	0.8108	0.5147	0.2839	0.1407	0.0635	0.0261	0.0098	0.0033	0.0010	0.0003
	2	0.9571	0.7892	0.5614	0.3518	0.1971	0.0994	0.0451	0.0183	0.0066	0.0021
	3	0.9930	0.9316	0.7899	0.5981	0.4050	0.2459	0.1339	0.0651	0.0281	0.0106
	4	0.9991	0.9830	0.9209	0.7982	0.6302	0.4499	0.2892	0.1666	0.0853	0.0384
	5	0.9999	0.9967	0.9765	0.9183	0.8103	0.6598	0.4900	0.3288	0.1976	0.1051
	6	1.0000	0.9995	0.9944	0.9733	0.9204	0.8247	0.6881	0.5272	0.3660	0.2272
	7	1.0000	0.9999	0.9989	0.9930	0.9729	0.9256	0.8406	0.7161	0.5629	0.4018
	8	1.0000	1.0000	0.9998	0.9985	0.9925	0.9743	0.9329	0.8577	0.7441	0.5982
	9	1.0000	1.0000	1.0000	0.9998	0.9984	0.9929	0.9771	0.9417	0.8759	0.7728
	10	1.0000	1.0000	1.0000	1.0000	0.9997	0.9984	0.9938	0.9809	0.9514	0.8949
	11	1.0000	1.0000	1.0000	1.0000	1.0000	0.9997	0.9987	0.9951	0.9851	0.9616
	12	1.0000	1.0000	1.0000	1.0000	1.0000	1.0000	0.9998	0.9991	0.9965	0.9894
	13	1.0000	1.0000	1.0000	1.0000	1.0000	1.0000	1.0000	0.9999	0.9994	0.9979
	14	1.0000	1.0000	1.0000	1.0000	1.0000	1.0000	1.0000	1.0000	0.9999	0.9997
	15	1.0000	1.0000	1.0000	1.0000	1.0000	1.0000	1.0000	1.0000	1.0000	1.0000
	16	1.0000	1.0000	1.0000	1.0000	1.0000	1.0000	1.0000	1.0000	1.0000	1.0000
20	0	0.3585	0.1216	0.0388	0.0115	0.0032	0.0008	0.0002	0.0000	0.0000	0.0000
	1	0.7358	0.3917	0.1756	0.0692	0.0243	0.0076	0.0021	0.0005	0.0001	0.0000
	2	0.9245	0.6769	0.4049	0.2061	0.0913	0.0355	0.0121	0.0036	0.0009	0.0002
	3	0.9841	0.8670	0.6477	0.4114	0.2252	0.1071	0.0444	0.0160	0.0049	0.0013

（续）

n	x	0.05	0.10	0.15	0.20	0.25	0.30	0.35	0.40	0.45	0.50
						p					
	4	0.9974	0.9568	0.8298	0.6296	0.4148	0.2375	0.1182	0.0510	0.0189	0.0059
	5	0.9997	0.9887	0.9327	0.8042	0.6172	0.4164	0.2454	0.1256	0.0553	0.0207
	6	1.0000	0.9976	0.9781	0.9133	0.7858	0.6080	0.4166	0.2500	0.1299	0.0577
	7	1.0000	0.9996	0.9941	0.9679	0.8982	0.7723	0.6010	0.4159	0.2520	0.1316
	8	1.0000	0.9999	0.9987	0.9900	0.9591	0.8867	0.7624	0.5956	0.4143	0.2517
	9	1.0000	1.0000	0.9998	0.9974	0.9861	0.9520	0.8782	0.7553	0.5914	0.4119
	10	1.0000	1.0000	1.0000	0.9994	0.9961	0.9829	0.9468	0.8725	0.7507	0.5881
	11	1.0000	1.0000	1.0000	0.9999	0.9991	0.9949	0.9804	0.9435	0.8692	0.7483
	12	1.0000	1.0000	1.0000	1.0000	0.9998	0.9987	0.9940	0.9790	0.9420	0.8684
	13	1.0000	1.0000	1.0000	1.0000	1.0000	0.9997	0.9985	0.9935	0.9786	0.9423
	14	1.0000	1.0000	1.0000	1.0000	1.0000	1.0000	0.9997	0.9984	0.9936	0.9793
	15	1.0000	1.0000	1.0000	1.0000	1.0000	1.0000	1.0000	0.9997	0.9985	0.9941
	16	1.0000	1.0000	1.0000	1.0000	1.0000	1.0000	1.0000	1.0000	0.9997	0.9987
	17	1.0000	1.0000	1.0000	1.0000	1.0000	1.0000	1.0000	1.0000	1.0000	0.9998
	18	1.0000	1.0000	1.0000	1.0000	1.0000	1.0000	1.0000	1.0000	1.0000	1.0000
	19	1.0000	1.0000	1.0000	1.0000	1.0000	1.0000	1.0000	1.0000	1.0000	1.0000
	20	1.0000	1.0000	1.0000	1.0000	1.0000	1.0000	1.0000	1.0000	1.0000	1.0000
25	0	0.2774	0.0718	0.0172	0.0038	0.0008	0.0001	0.0000	0.0000	0.0000	0.0000
	1	0.6424	0.2712	0.0931	0.0274	0.0070	0.0016	0.0003	0.0001	0.0000	0.0000
	2	0.8729	0.5371	0.2537	0.0982	0.0321	0.0090	0.0021	0.0004	0.0001	0.0000
	3	0.9659	0.7636	0.4711	0.2340	0.0962	0.0332	0.0097	0.0024	0.0005	0.0001
	4	0.9928	0.9020	0.6821	0.4207	0.2137	0.0905	0.0320	0.0095	0.0023	0.0005
	5	0.9988	0.9666	0.8385	0.6167	0.3783	0.1935	0.0826	0.0294	0.0086	0.0020
	6	0.9998	0.9905	0.9305	0.7800	0.5611	0.3407	0.1734	0.0736	0.0258	0.0073
	7	1.0000	0.9977	0.9745	0.8909	0.7265	0.5118	0.3061	0.1536	0.0639	0.0216
	8	1.0000	0.9995	0.9920	0.9532	0.8506	0.6769	0.4668	0.2735	0.1340	0.0539
	9	1.0000	0.9999	0.9979	0.9827	0.9287	0.8106	0.6303	0.4246	0.2424	0.1148
	10	1.0000	1.0000	0.9995	0.9944	0.9703	0.9022	0.7712	0.5858	0.3843	0.2122
	11	1.0000	1.0000	0.9999	0.9985	0.9893	0.9558	0.8746	0.7323	0.5426	0.3450
	12	1.0000	1.0000	1.0000	0.9996	0.9966	0.9825	0.9396	0.8462	0.6937	0.5000
	13	1.0000	1.0000	1.0000	0.9999	0.9991	0.9940	0.9745	0.9222	0.8173	0.6550
	14	1.0000	1.0000	1.0000	1.0000	0.9998	0.9982	0.9907	0.9656	0.9040	0.7878
	15	1.0000	1.0000	1.0000	1.0000	1.0000	0.9995	0.9971	0.9868	0.9560	0.8852
	16	1.0000	1.0000	1.0000	1.0000	1.0000	0.9999	0.9992	0.9957	0.9826	0.9461
	17	1.0000	1.0000	1.0000	1.0000	1.0000	1.0000	0.9998	0.9988	0.9942	0.9784
	18	1.0000	1.0000	1.0000	1.0000	1.0000	1.0000	1.0000	0.9997	0.9984	0.9927
	19	1.0000	1.0000	1.0000	1.0000	1.0000	1.0000	1.0000	0.9999	0.9996	0.9980
	20	1.0000	1.0000	1.0000	1.0000	1.0000	1.0000	1.0000	1.0000	0.9999	0.9995
	21	1.0000	1.0000	1.0000	1.0000	1.0000	1.0000	1.0000	1.0000	1.0000	0.9999
	22	1.0000	1.0000	1.0000	1.0000	1.0000	1.0000	1.0000	1.0000	1.0000	1.0000
	23	1.0000	1.0000	1.0000	1.0000	1.0000	1.0000	1.0000	1.0000	1.0000	1.0000
	24	1.0000	1.0000	1.0000	1.0000	1.0000	1.0000	1.0000	1.0000	1.0000	1.0000
	25	1.0000	1.0000	1.0000	1.0000	1.0000	1.0000	1.0000	1.0000	1.0000	1.0000

表   *455*

表Ⅲ   泊松分布

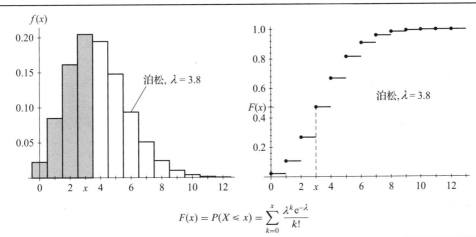

泊松，$\lambda = 3.8$

泊松，$\lambda = 3.8$

$$F(x) = P(X \leq x) = \sum_{k=0}^{x} \frac{\lambda^k \mathrm{e}^{-\lambda}}{k!}$$

x	0.1	0.2	0.3	0.4	0.5	0.6	0.7	0.8	0.9	1.0
					$\lambda = E(X)$					
0	0.905	0.819	0.741	0.670	0.607	0.549	0.497	0.449	0.407	0.368
1	0.995	0.982	0.963	0.938	0.910	0.878	0.844	0.809	0.772	0.736
2	1.000	0.999	0.996	0.992	0.986	0.977	0.966	0.953	0.937	0.920
3	1.000	1.000	1.000	0.999	0.998	0.997	0.994	0.991	0.987	0.981
4	1.000	1.000	1.000	1.000	1.000	1.000	0.999	0.999	0.998	0.996
5	1.000	1.000	1.000	1.000	1.000	1.000	1.000	1.000	1.000	0.999
6	1.000	1.000	1.000	1.000	1.000	1.000	1.000	1.000	1.000	1.000

x	1.1	1.2	1.3	1.4	1.5	1.6	1.7	1.8	1.9	2.0
0	0.333	0.301	0.273	0.247	0.223	0.202	0.183	0.165	0.150	0.135
1	0.699	0.663	0.627	0.592	0.558	0.525	0.493	0.463	0.434	0.406
2	0.900	0.879	0.857	0.833	0.809	0.783	0.757	0.731	0.704	0.677
3	0.974	0.966	0.957	0.946	0.934	0.921	0.907	0.891	0.875	0.857
4	0.995	0.992	0.989	0.986	0.981	0.976	0.970	0.964	0.956	0.947
5	0.999	0.998	0.998	0.997	0.996	0.994	0.992	0.990	0.987	0.983
6	1.000	1.000	1.000	0.999	0.999	0.999	0.998	0.997	0.997	0.995
7	1.000	1.000	1.000	1.000	1.000	1.000	1.000	0.999	0.999	0.999
8	1.000	1.000	1.000	1.000	1.000	1.000	1.000	1.000	1.000	1.000

x	2.2	2.4	2.6	2.8	3.0	3.2	3.4	3.6	3.8	4.0
0	0.111	0.091	0.074	0.061	0.050	0.041	0.033	0.027	0.022	0.018
1	0.355	0.308	0.267	0.231	0.199	0.171	0.147	0.126	0.107	0.092
2	0.623	0.570	0.518	0.469	0.423	0.380	0.340	0.303	0.269	0.238
3	0.819	0.779	0.736	0.692	0.647	0.603	0.558	0.515	0.473	0.433
4	0.928	0.904	0.877	0.848	0.815	0.781	0.744	0.706	0.668	0.629
5	0.975	0.964	0.951	0.935	0.916	0.895	0.871	0.844	0.816	0.785
6	0.993	0.988	0.983	0.976	0.966	0.955	0.942	0.927	0.909	0.889
7	0.998	0.997	0.995	0.992	0.988	0.983	0.977	0.969	0.960	0.949
8	1.000	0.999	0.999	0.998	0.996	0.994	0.992	0.988	0.984	0.979
9	1.000	1.000	1.000	0.999	0.999	0.998	0.997	0.996	0.994	0.992

（续）

x	$\lambda = E(X)$									
	2.2	2.4	2.6	2.8	3.0	3.2	3.4	3.6	3.8	4.0
10	1.000	1.000	1.000	1.000	1.000	1.000	0.999	0.999	0.998	0.997
11	1.000	1.000	1.000	1.000	1.000	1.000	1.000	1.000	0.999	0.999
12	1.000	1.000	1.000	1.000	1.000	1.000	1.000	1.000	1.000	1.000

x	4.2	4.4	4.6	4.8	5.0	5.2	5.4	5.6	5.8	6.0
0	0.015	0.012	0.010	0.008	0.007	0.006	0.005	0.004	0.003	0.002
1	0.078	0.066	0.056	0.048	0.040	0.034	0.029	0.024	0.021	0.017
2	0.210	0.185	0.163	0.143	0.125	0.109	0.095	0.082	0.072	0.062
3	0.395	0.359	0.326	0.294	0.265	0.238	0.213	0.191	0.170	0.151
4	0.590	0.551	0.513	0.476	0.440	0.406	0.373	0.342	0.313	0.285
5	0.753	0.720	0.686	0.651	0.616	0.581	0.546	0.512	0.478	0.446
6	0.867	0.844	0.818	0.791	0.762	0.732	0.702	0.670	0.638	0.606
7	0.936	0.921	0.905	0.887	0.867	0.845	0.822	0.797	0.771	0.744
8	0.972	0.964	0.955	0.944	0.932	0.918	0.903	0.886	0.867	0.847
9	0.989	0.985	0.980	0.975	0.968	0.960	0.951	0.941	0.929	0.916
10	0.996	0.994	0.992	0.990	0.986	0.982	0.977	0.972	0.965	0.957
11	0.999	0.998	0.997	0.996	0.995	0.993	0.990	0.988	0.984	0.980
12	1.000	0.999	0.999	0.999	0.998	0.997	0.996	0.995	0.993	0.991
13	1.000	1.000	1.000	1.000	0.999	0.999	0.999	0.998	0.997	0.996
14	1.000	1.000	1.000	1.000	1.000	1.000	0.999	0.999	0.999	0.999
15	1.000	1.000	1.000	1.000	1.000	1.000	1.000	1.000	1.000	0.999
16	1.000	1.000	1.000	1.000	1.000	1.000	1.000	1.000	1.000	1.000

x	6.5	7.0	7.5	8.0	8.5	9.0	9.5	10.0	10.5	11.0
0	0.002	0.001	0.001	0.000	0.000	0.000	0.000	0.000	0.000	0.000
1	0.011	0.007	0.005	0.003	0.002	0.001	0.001	0.000	0.000	0.000
2	0.043	0.030	0.020	0.014	0.009	0.006	0.004	0.003	0.002	0.001
3	0.112	0.082	0.059	0.042	0.030	0.021	0.015	0.010	0.007	0.005
4	0.224	0.173	0.132	0.100	0.074	0.055	0.040	0.029	0.021	0.015
5	0.369	0.301	0.241	0.191	0.150	0.116	0.089	0.067	0.050	0.038
6	0.527	0.450	0.378	0.313	0.256	0.207	0.165	0.130	0.102	0.079
7	0.673	0.599	0.525	0.453	0.386	0.324	0.269	0.220	0.179	0.143
8	0.792	0.729	0.662	0.593	0.523	0.456	0.392	0.333	0.279	0.232
9	0.877	0.830	0.776	0.717	0.653	0.587	0.522	0.458	0.397	0.341
10	0.933	0.901	0.862	0.816	0.763	0.706	0.645	0.583	0.521	0.460
11	0.966	0.947	0.921	0.888	0.849	0.803	0.752	0.697	0.639	0.579
12	0.984	0.973	0.957	0.936	0.909	0.876	0.836	0.792	0.742	0.689
13	0.993	0.987	0.978	0.966	0.949	0.926	0.898	0.864	0.825	0.781
14	0.997	0.994	0.990	0.983	0.973	0.959	0.940	0.917	0.888	0.854
15	0.999	0.998	0.995	0.992	0.986	0.978	0.967	0.951	0.932	0.907
16	1.000	0.999	0.998	0.996	0.993	0.989	0.982	0.973	0.960	0.944
17	1.000	1.000	0.999	0.998	0.997	0.995	0.991	0.986	0.978	0.968
18	1.000	1.000	1.000	0.999	0.999	0.998	0.096	0.993	0.988	0.982
19	1.000	1.000	1.000	1.000	0.999	0.999	0.998	0.997	0.994	0.991

表　457

（续）

x	$\lambda = E(X)$									
	6.5	7.0	7.5	8.0	8.5	9.0	9.5	10.0	10.5	11.0
20	1.000	1.000	1.000	1.000	1.000	1.000	0.999	0.998	0.997	0.995
21	1.000	1.000	1.000	1.000	1.000	1.000	1.000	0.999	0.999	0.998
22	1.000	1.000	1.000	1.000	1.000	1.000	1.000	1.000	0.999	0.999
23	1.000	1.000	1.000	1.000	1.000	1.000	1.000	1.000	1.000	1.000

499

x	11.5	12.0	12.5	13.0	13.5	14.0	14.5	15.0	15.5	16.0
0	0.000	0.000	0.000	0.000	0.000	0.000	0.000	0.000	0.000	0.000
1	0.000	0.000	0.000	0.000	0.000	0.000	0.000	0.000	0.000	0.000
2	0.001	0.001	0.000	0.000	0.000	0.000	0.000	0.000	0.000	0.000
3	0.003	0.002	0.002	0.001	0.001	0.000	0.000	0.000	0.000	0.000
4	0.011	0.008	0.005	0.004	0.003	0.002	0.001	0.001	0.001	0.000
5	0.028	0.020	0.015	0.011	0.008	0.006	0.004	0.003	0.002	0.001
6	0.060	0.046	0.035	0.026	0.019	0.014	0.010	0.008	0.006	0.004
7	0.114	0.090	0.070	0.054	0.041	0.032	0.024	0.018	0.013	0.010
8	0.191	0.155	0.125	0.100	0.079	0.062	0.048	0.037	0.029	0.022
9	0.289	0.242	0.201	0.166	0.135	0.109	0.088	0.070	0.055	0.043
10	0.402	0.347	0.297	0.252	0.211	0.176	0.145	0.118	0.096	0.077
11	0.520	0.462	0.406	0.353	0.304	0.260	0.220	0.185	0.154	0.127
12	0.633	0.576	0.519	0.463	0.409	0.358	0.311	0.268	0.228	0.193
13	0.733	0.682	0.629	0.573	0.518	0.464	0.413	0.363	0.317	0.275
14	0.815	0.772	0.725	0.675	0.623	0.570	0.518	0.466	0.415	0.368
15	0.878	0.844	0.806	0.764	0.718	0.669	0.619	0.568	0.517	0.467
16	0.924	0.899	0.869	0.835	0.798	0.756	0.711	0.664	0.615	0.566
17	0.954	0.937	0.916	0.890	0.861	0.827	0.790	0.749	0.705	0.659
18	0.974	0.963	0.948	0.930	0.908	0.883	0.853	0.819	0.782	0.742
19	0.986	0.979	0.969	0.957	0.942	0.923	0.901	0.875	0.846	0.812
20	0.992	0.988	0.983	0.975	0.965	0.952	0.936	0.917	0.894	0.868
21	0.996	0.994	0.991	0.986	0.980	0.971	0.960	0.947	0.930	0.911
22	0.999	0.997	0.995	0.992	0.989	0.983	0.976	0.967	0.956	0.942
23	0.999	0.999	0.998	0.996	0.994	0.991	0.986	0.981	0.973	0.963
24	1.000	0.999	0.999	0.998	0.997	0.995	0.992	0.989	0.984	0.978
25	1.000	1.000	0.999	0.999	0.998	0.997	0.996	0.994	0.991	0.987
26	1.000	1.000	1.000	1.000	0.999	0.999	0.998	0.997	0.995	0.993
27	1.000	1.000	1.000	1.000	1.000	0.999	0.999	0.998	0.997	0.996
28	1.000	1.000	1.000	1.000	1.000	1.000	0.999	0.999	0.999	0.998
29	1.000	1.000	1.000	1.000	1.000	1.000	1.000	1.000	0.999	0.999
30	1.000	1.000	1.000	1.000	1.000	1.000	1.000	1.000	1.000	0.999
31	1.000	1.000	1.000	1.000	1.000	1.000	1.000	1.000	1.000	1.000
32	1.000	1.000	1.000	1.000	1.000	1.000	1.000	1.000	1.000	1.000
33	1.000	1.000	1.000	1.000	1.000	1.000	1.000	1.000	1.000	1.000
34	1.000	1.000	1.000	1.000	1.000	1.000	1.000	1.000	1.000	1.000
35	1.000	1.000	1.000	1.000	1.000	1.000	1.000	1.000	1.000	1.000

500

表 IV   卡方分布

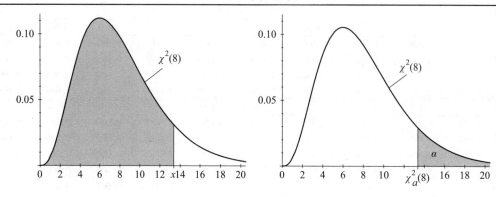

$$P(X \leqslant x) = \int_0^x \frac{1}{\Gamma(r/2)2^{r/2}} w^{r/2-1} e^{-w/2} dw$$

	$P(X \leqslant x)$							
	0.010	0.025	0.050	0.100	0.900	0.950	0.975	0.990
r	$\chi^2_{0.99}(r)$	$\chi^2_{0.975}(r)$	$\chi^2_{0.95}(r)$	$\chi^2_{0.90}(r)$	$\chi^2_{0.10}(r)$	$\chi^2_{0.05}(r)$	$\chi^2_{0.025}(r)$	$\chi^2_{0.01}(r)$
1	0.000	0.001	0.004	0.016	2.706	3.841	5.024	6.635
2	0.020	0.051	0.103	0.211	4.605	5.991	7.378	9.210
3	0.115	0.216	0.352	0.584	6.251	7.815	9.348	11.34
4	0.297	0.484	0.711	1.064	7.779	9.488	11.14	13.28
5	0.554	0.831	1.145	1.610	9.236	11.07	12.83	15.09
6	0.872	1.237	1.635	2.204	10.64	12.59	14.45	16.81
7	1.239	1.690	2.167	2.833	12.02	14.07	16.01	18.48
8	1.646	2.180	2.733	3.490	13.36	15.51	17.54	20.09
9	2.088	2.700	3.325	4.168	14.68	16.92	19.02	21.67
10	2.558	3.247	3.940	4.865	15.99	18.31	20.48	23.21
11	3.053	3.816	4.575	5.578	17.28	19.68	21.92	24.72
12	3.571	4.404	5.226	6.304	18.55	21.03	23.34	26.22
13	4.107	5.009	5.892	7.042	19.81	22.36	24.74	27.69
14	4.660	5.629	6.571	7.790	21.06	23.68	26.12	29.14
15	5.229	6.262	7.261	8.547	22.31	25.00	27.49	30.58
16	5.812	6.908	7.962	9.312	23.54	26.30	28.84	32.00
17	6.408	7.564	8.672	10.08	24.77	27.59	30.19	33.41
18	7.015	8.231	9.390	10.86	25.99	28.87	31.53	34.80
19	7.633	8.907	10.12	11.65	27.20	30.14	32.85	36.19
20	8.260	9.591	10.85	12.44	28.41	31.41	34.17	37.57
21	8.897	10.28	11.59	13.24	29.62	32.67	35.48	38.93
22	9.542	10.98	12.34	14.04	30.81	33.92	36.78	40.29
23	10.20	11.69	13.09	14.85	32.01	35.17	38.08	41.64
24	10.86	12.40	13.85	15.66	33.20	36.42	39.36	42.98
25	11.52	13.12	14.61	16.47	34.38	37.65	40.65	44.31
26	12.20	13.84	15.38	17.29	35.56	38.88	41.92	45.64
27	12.88	14.57	16.15	18.11	36.74	40.11	43.19	46.96
28	13.56	15.31	16.93	18.94	37.92	41.34	44.46	48.28

表   *459*

（续）

	$P(X \leqslant x)$							
	0.010	0.025	0.050	0.100	0.900	0.950	0.975	0.990
r	$\chi^2_{0.99}(r)$	$\chi^2_{0.975}(r)$	$\chi^2_{0.95}(r)$	$\chi^2_{0.90}(r)$	$\chi^2_{0.10}(r)$	$\chi^2_{0.05}(r)$	$\chi^2_{0.025}(r)$	$\chi^2_{0.01}(r)$
29	14.26	16.05	17.71	19.77	39.09	42.56	45.72	49.59
30	14.95	16.79	18.49	20.60	40.26	43.77	46.98	50.89
40	22.16	24.43	26.51	29.05	51.80	55.76	59.34	63.69
50	29.71	32.36	34.76	37.69	63.17	67.50	71.42	76.15
60	37.48	40.48	43.19	46.46	74.40	79.08	83.30	88.38
70	45.44	48.76	51.74	55.33	85.53	90.53	95.02	100.4
80	53.34	57.15	60.39	64.28	96.58	101.9	106.6	112.3

本表根据 *Biometrika Tables for Statisticians* 的表Ⅲ节略和改编，由 E. S. Pearson and H. O. Hartley 编辑.

表 Va   标准正态分布函数

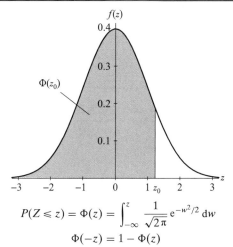

$$P(Z \leqslant z) = \Phi(z) = \int_{-\infty}^{z} \frac{1}{\sqrt{2\pi}} e^{-w^2/2} \, dw$$

$$\Phi(-z) = 1 - \Phi(z)$$

z	0.00	0.01	0.02	0.03	0.04	0.05	0.06	0.07	0.08	0.09
0.0	0.5000	0.5040	0.5080	0.5120	0.5160	0.5199	0.5239	0.5279	0.5319	0.5359
0.1	0.5398	0.5438	0.5478	0.5517	0.5557	0.5596	0.5636	0.5675	0.5714	0.5753
0.2	0.5793	0.5832	0.5871	0.5910	0.5948	0.5987	0.6026	0.6064	0.6103	0.6141
0.3	0.6179	0.6217	0.6255	0.6293	0.6331	0.6368	0.6406	0.6443	0.6480	0.6517
0.4	0.6554	0.6591	0.6628	0.6664	0.6700	0.6736	0.6772	0.6808	0.6844	0.6879
0.5	0.6915	0.6950	0.6985	0.7019	0.7054	0.7088	0.7123	0.7157	0.7190	0.7224
0.6	0.7257	0.7291	0.7324	0.7357	0.7389	0.7422	0.7454	0.7486	0.7517	0.7549
0.7	0.7580	0.7611	0.7642	0.7673	0.7703	0.7734	0.7764	0.7794	0.7823	0.7852
0.8	0.7881	0.7910	0.7939	0.7967	0.7995	0.8023	0.8051	0.8078	0.8106	0.8133
0.9	0.8159	0.8186	0.8212	0.8238	0.8264	0.8289	0.8315	0.8340	0.8365	0.8389
1.0	0.8413	0.8438	0.8461	0.8485	0.8508	0.8531	0.8554	0.8577	0.8599	0.8621
1.1	0.8643	0.8665	0.8686	0.8708	0.8729	0.8749	0.8770	0.8790	0.8810	0.8830
1.2	0.8849	0.8869	0.8888	0.8907	0.8925	0.8944	0.8962	0.8980	0.8997	0.9015
1.3	0.9032	0.9049	0.9066	0.9082	0.9099	0.9115	0.9131	0.9147	0.9162	0.9177
1.4	0.9192	0.9207	0.9222	0.9236	0.9251	0.9265	0.9279	0.9292	0.9306	0.9319
1.5	0.9332	0.9345	0.9357	0.9370	0.9382	0.9394	0.9406	0.9418	0.9429	0.9441

（续）

z	0.00	0.01	0.02	0.03	0.04	0.05	0.06	0.07	0.08	0.09
1.6	0.9452	0.9463	0.9474	0.9484	0.9495	0.9505	0.9515	0.9525	0.9535	0.9545
1.7	0.9554	0.9564	0.9573	0.9582	0.9591	0.9599	0.9608	0.9616	0.9625	0.9633
1.8	0.9641	0.9649	0.9656	0.9664	0.9671	0.9678	0.9686	0.9693	0.9699	0.9706
1.9	0.9713	0.9719	0.9726	0.9732	0.9738	0.9744	0.9750	0.9756	0.9761	0.9767
2.0	0.9772	0.9778	0.9783	0.9788	0.9793	0.9798	0.9803	0.9808	0.9812	0.9817
2.1	0.9821	0.9826	0.9830	0.9834	0.9838	0.9842	0.9846	0.9850	0.9854	0.9857
2.2	0.9861	0.9864	0.9868	0.9871	0.9875	0.9878	0.9881	0.9884	0.9887	0.9890
2.3	0.9893	0.9896	0.9898	0.9901	0.9904	0.9906	0.9909	0.9911	0.9913	0.9916
2.4	0.9918	0.9920	0.9922	0.9925	0.9927	0.9929	0.9931	0.9932	0.9934	0.9936
2.5	0.9938	0.9940	0.9941	0.9943	0.9945	0.9946	0.9948	0.9949	0.9951	0.9952
2.6	0.9953	0.9955	0.9956	0.9957	0.9959	0.9960	0.9961	0.9962	0.9963	0.9964
2.7	0.9965	0.9966	0.9967	0.9968	0.9969	0.9970	0.9971	0.9972	0.9973	0.9974
2.8	0.9974	0.9975	0.9976	0.9977	0.9977	0.9978	0.9979	0.9979	0.9980	0.9981
2.9	0.9981	0.9982	0.9982	0.9983	0.9984	0.9984	0.9985	0.9985	0.9986	0.9986
3.0	0.9987	0.9987	0.9987	0.9988	0.9988	0.9989	0.9989	0.9989	0.9990	0.9990
α	0.400	0.300	0.200	0.100	0.050	0.025	0.020	0.010	0.005	0.001
z_α	0.253	0.524	0.842	1.282	1.645	1.960	2.054	2.326	2.576	3.090
$z_{\alpha/2}$	0.842	1.036	1.282	1.645	1.960	2.240	2.326	2.576	2.807	3.291

表 Vb   标准正态右尾概率

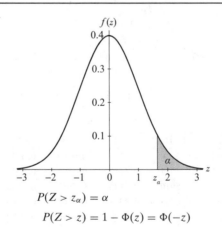

$$P(Z > z_\alpha) = \alpha$$

$$P(Z > z) = 1 - \Phi(z) = \Phi(-z)$$

z_α	0.00	0.01	0.02	0.03	0.04	0.05	0.06	0.07	0.08	0.09
0.0	0.5000	0.4960	0.4920	0.4880	0.4840	0.4801	0.4761	0.4721	0.4681	0.4641
0.1	0.4602	0.4562	0.4522	0.4483	0.4443	0.4404	0.4364	0.4325	0.4286	0.4247
0.2	0.4207	0.4168	0.4129	0.4090	0.4052	0.4013	0.3974	0.3936	0.3897	0.3859
0.3	0.3821	0.3783	0.3745	0.3707	0.3669	0.3632	0.3594	0.3557	0.3520	0.3483
0.4	0.3446	0.3409	0.3372	0.3336	0.3300	0.3264	0.3228	0.3192	0.3156	0.3121
0.5	0.3085	0.3050	0.3015	0.2981	0.2946	0.2912	0.2877	0.2843	0.2810	0.2776
0.6	0.2743	0.2709	0.2676	0.2643	0.2611	0.2578	0.2546	0.2514	0.2483	0.2451
0.7	0.2420	0.2389	0.2358	0.2327	0.2296	0.2266	0.2236	0.2206	0.2177	0.2148
0.8	0.2119	0.2090	0.2061	0.2033	0.2005	0.1977	0.1949	0.1922	0.1894	0.1867
0.9	0.1841	0.1814	0.1788	0.1762	0.1736	0.1711	0.1685	0.1660	0.1635	0.1611

表   *461*

（续）

z_α	0.00	0.01	0.02	0.03	0.04	0.05	0.06	0.07	0.08	0.09
1.0	0.1587	0.1562	0.1539	0.1515	0.1492	0.1469	0.1446	0.1423	0.1401	0.1379
1.1	0.1357	0.1335	0.1314	0.1292	0.1271	0.1251	0.1230	0.1210	0.1190	0.1170
1.2	0.1151	0.1131	0.1112	0.1093	0.1075	0.1056	0.1038	0.1020	0.1003	0.0985
1.3	0.0968	0.0951	0.0934	0.0918	0.0901	0.0885	0.0869	0.0853	0.0838	0.0823
1.4	0.0808	0.0793	0.0778	0.0764	0.0749	0.0735	0.0721	0.0708	0.0694	0.0681
1.5	0.0668	0.0655	0.0643	0.0630	0.0618	0.0606	0.0594	0.0582	0.0571	0.0559
1.6	0.0548	0.0537	0.0526	0.0516	0.0505	0.0495	0.0485	0.0475	0.0465	0.0455
1.7	0.0446	0.0436	0.0427	0.0418	0.0409	0.0401	0.0392	0.0384	0.0375	0.0367
1.8	0.0359	0.0351	0.0344	0.0336	0.0329	0.0322	0.0314	0.0307	0.0301	0.0294
1.9	0.0287	0.0281	0.0274	0.0268	0.0262	0.0256	0.0250	0.0244	0.0239	0.0233
2.0	0.0228	0.0222	0.0217	0.0212	0.0207	0.0202	0.0197	0.0192	0.0188	0.0183
2.1	0.0179	0.0174	0.0170	0.0166	0.0162	0.0158	0.0154	0.0150	0.0146	0.0143
2.2	0.0139	0.0136	0.0132	0.0129	0.0125	0.0122	0.0119	0.0116	0.0113	0.0110
2.3	0.0107	0.0104	0.0102	0.0099	0.0096	0.0094	0.0091	0.0089	0.0087	0.0084
2.4	0.0082	0.0080	0.0078	0.0075	0.0073	0.0071	0.0069	0.0068	0.0066	0.0064
2.5	0.0062	0.0060	0.0059	0.0057	0.0055	0.0054	0.0052	0.0051	0.0049	0.0048
2.6	0.0047	0.0045	0.0044	0.0043	0.0041	0.0040	0.0039	0.0038	0.0037	0.0036
2.7	0.0035	0.0034	0.0033	0.0032	0.0031	0.0030	0.0029	0.0028	0.0027	0.0026
2.8	0.0026	0.0025	0.0024	0.0023	0.0023	0.0022	0.0021	0.0021	0.0020	0.0019
2.9	0.0019	0.0018	0.0018	0.0017	0.0016	0.0016	0.0015	0.0015	0.0014	0.0014
3.0	0.0013	0.0013	0.0013	0.0012	0.0012	0.0011	0.0011	0.0011	0.0010	0.0010
3.1	0.0010	0.0009	0.0009	0.0009	0.0008	0.0008	0.0008	0.0008	0.0007	0.0007
3.2	0.0007	0.0007	0.0006	0.0006	0.0006	0.0006	0.0006	0.0005	0.0005	0.0005
3.3	0.0005	0.0005	0.0005	0.0004	0.0004	0.0004	0.0004	0.0004	0.0004	0.0003
3.4	0.0003	0.0003	0.0003	0.0003	0.0003	0.0003	0.0003	0.0003	0.0003	0.0002

表 Ⅵ   t 分布

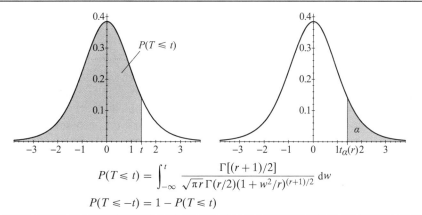

$$P(T \le t) = \int_{-\infty}^{t} \frac{\Gamma[(r+1)/2]}{\sqrt{\pi r}\,\Gamma(r/2)(1+w^2/r)^{(r+1)/2}} \, dw$$

$$P(T \le -t) = 1 - P(T \le t)$$

	$P(T \le t)$						
	0.60	0.75	0.90	0.95	0.975	0.99	0.995
r	$t_{0.40}(r)$	$t_{0.25}(r)$	$t_{0.10}(r)$	$t_{0.05}(r)$	$t_{0.025}(r)$	$t_{0.01}(r)$	$t_{0.005}(r)$
1	0.325	1.000	3.078	6.314	12.706	31.821	63.657
2	0.289	0.816	1.886	2.920	4.303	6.965	9.925

（续）

	$P(T\leq t)$						
	0.60	0.75	0.90	0.95	0.975	0.99	0.995
r	$t_{0.40}(r)$	$t_{0.25}(r)$	$t_{0.10}(r)$	$t_{0.05}(r)$	$t_{0.025}(r)$	$t_{0.01}(r)$	$t_{0.005}(r)$
3	0.277	0.765	1.638	2.353	3.182	4.541	5.841
4	0.271	0.741	1.533	2.132	2.776	3.747	4.604
5	0.267	0.727	1.476	2.015	2.571	3.365	4.032
6	0.265	0.718	1.440	1.943	2.447	3.143	3.707
7	0.263	0.711	1.415	1.895	2.365	2.998	3.499
8	0.262	0.706	1.397	1.860	2.306	2.896	3.355
9	0.261	0.703	1.383	1.833	2.262	2.821	3.250
10	0.260	0.700	1.372	1.812	2.228	2.764	3.169
11	0.260	0.697	1.363	1.796	2.201	2.718	3.106
12	0.259	0.695	1.356	1.782	2.179	2.681	3.055
13	0.259	0.694	1.350	1.771	2.160	2.650	3.012
14	0.258	0.692	1.345	1.761	2.145	2.624	2.997
15	0.258	0.691	1.341	1.753	2.131	2.602	2.947
16	0.258	0.690	1.337	1.746	2.120	2.583	2.921
17	0.257	0.689	1.333	1.740	2.110	2.567	2.898
18	0.257	0.688	1.330	1.734	2.101	2.552	2.878
19	0.257	0.688	1.328	1.729	2.093	2.539	2.861
20	0.257	0.687	1.325	1.725	2.086	2.528	2.845
21	0.257	0.686	1.323	1.721	2.080	2.518	2.831
22	0.256	0.686	1.321	1.717	2.074	2.508	2.819
23	0.256	0.685	1.319	1.714	2.069	2.500	2.807
24	0.256	0.685	1.318	1.711	2.064	2.492	2.797
25	0.256	0.684	1.316	1.708	2.060	2.485	2.787
26	0.256	0.684	1.315	1.706	2.056	2.479	2.779
27	0.256	0.684	1.314	1.703	2.052	2.473	2.771
28	0.256	0.683	1.313	1.701	2.048	2.467	2.763
29	0.256	0.683	1.311	1.699	2.045	2.462	2.756
30	0.256	0.683	1.310	1.697	2.042	2.457	2.750
35	0.255	0.682	1.306	1.690	2.030	2.438	2.724
40	0.255	0.681	1.303	1.684	2.021	2.423	2.705
45	0.255	0.680	1.301	1.679	2.014	2.412	2.690
50	0.255	0.679	1.299	1.676	2.009	2.403	2.678
55	0.255	0.679	1.297	1.673	2.004	2.396	2.668
60	0.254	0.679	1.296	1.671	2.000	2.390	2.660
65	0.254	0.678	1.295	1.669	1.997	2.385	2.654
70	0.254	0.678	1.294	1.667	1.994	2.381	2.648
75	0.254	0.678	1.293	1.665	1.992	2.377	2.643
80	0.254	0.677	1.292	1.664	1.990	2.374	2.639
85	0.254	0.677	1.292	1.663	1.988	2.371	2.635
90	0.254	0.677	1.291	1.662	1.987	2.369	2.632
95	0.254	0.677	1.291	1.661	1.985	2.366	2.629
100	0.254	0.677	1.290	1.660	1.984	2.364	2.626

504

表　463

（续）

	$P(T \leqslant t)$						
	0.60	0.75	0.90	0.95	0.975	0.99	0.995
r	$t_{0.40}(r)$	$t_{0.25}(r)$	$t_{0.10}(r)$	$t_{0.05}(r)$	$t_{0.025}(r)$	$t_{0.01}(r)$	$t_{0.005}(r)$
110	0.254	0.677	1.289	1.659	1.982	2.361	2.621
120	0.254	0.677	1.289	1.658	1.980	2.358	2.617
150	0.254	0.676	1.287	1.655	1.976	2.351	2.609
200	0.254	0.676	1.286	1.653	1.972	2.345	2.601
250	0.254	0.675	1.285	1.651	1.969	2.341	2.596
300	0.254	0.675	1.284	1.650	1.968	2.339	2.592
350	0.254	0.675	1.284	1.649	1.967	2.337	2.590
400	0.254	0.675	1.284	1.649	1.966	2.336	2.588
450	0.253	0.675	1.283	1.648	1.965	2.335	2.587
500	0.253	0.675	1.283	1.648	1.965	2.334	2.586
600	0.253	0.675	1.283	1.647	1.964	2.333	2.584
700	0.253	0.675	1.283	1.647	1.963	2.332	2.583
800	0.253	0.675	1.283	1.647	1.963	2.331	2.582
900	0.253	0.675	1.282	1.647	1.963	2.330	2.581
1000	0.253	0.675	1.282	1.646	1.962	2.330	2.581
∞	0.253	0.674	1.282	1.645	1.960	2.326	2.576

　　本表摘自 Longman Group Ltd., London 出版的 Fisher and Yates：*Statistical Tables for Biological*, *Agricultural*, *and Medical Research* 的表Ⅲ（曾由 Oliver and Boyd, Edinburgh 出版过）。

表Ⅶ　F 分布

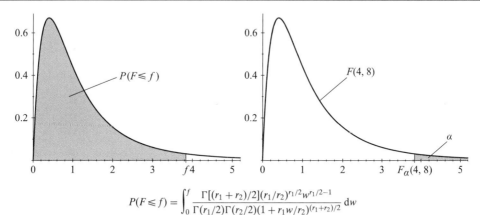

$$P(F \leqslant f) = \int_0^f \frac{\Gamma[(r_1 + r_2)/2](r_1/r_2)^{r_1/2} w^{r_1/2 - 1}}{\Gamma(r_1/2)\Gamma(r_2/2)(1 + r_1 w/r_2)^{(r_1 + r_2)/2}} \, \mathrm{d}w$$

α	$P(F \leqslant f)$	分母自由度 r_2	分子自由度 r_1									
			1	2	3	4	5	6	7	8	9	10
0.05	0.95	1	161.4	199.5	215.7	224.6	230.2	234.0	236.8	238.9	240.5	241.9
0.025	0.975		647.79	799.50	864.16	899.58	921.85	937.11	948.22	956.66	963.28	968.63
0.01	0.99		4052	4999.5	5403	5625	5764	5859	5928	5981	6022	6056
0.05	0.95	2	18.51	19.00	19.16	19.25	19.30	19.33	19.35	19.37	19.38	19.40
0.025	0.975		38.51	39.00	39.17	39.25	39.30	39.33	39.36	39.37	39.39	39.40
0.01	0.99		98.50	99.00	99.17	99.25	99.30	99.33	99.36	99.37	99.39	99.40

（续）

α	$P(F \leqslant f)$	分母自由度 r_2	分子自由度 r_1									
			1	2	3	4	5	6	7	8	9	10
0.05	0.95	3	10.13	9.55	9.28	9.12	9.01	8.94	8.89	8.85	8.81	8.79
0.025	0.975		17.44	16.04	15.44	15.10	14.88	14.73	14.62	14.54	14.47	14.42
0.01	0.99		34.12	30.82	29.46	28.71	28.24	27.91	27.67	27.49	27.35	27.23
0.05	0.95	4	7.71	6.94	6.59	6.39	6.26	6.16	6.09	6.04	6.00	5.96
0.025	0.975		12.22	10.65	9.98	9.60	9.36	9.20	9.07	8.98	8.90	8.84
0.01	0.99		21.20	18.00	16.69	15.98	15.52	15.21	14.98	14.80	14.66	14.55
0.05	0.95	5	6.61	5.79	5.41	5.19	5.05	4.95	4.88	4.82	4.77	4.74
0.025	0.975		10.01	8.43	7.76	7.39	7.15	6.98	6.85	6.76	6.68	6.62
0.01	0.99		16.26	13.27	12.06	11.39	10.97	10.67	10.46	10.29	10.16	10.05
0.05	0.95	6	5.99	5.14	4.76	4.53	4.39	4.28	4.21	4.15	4.10	4.06
0.025	0.975		8.81	7.26	6.60	6.23	5.99	5.82	5.70	5.60	5.52	5.46
0.01	0.99		13.75	10.92	9.78	9.15	8.75	8.47	8.26	8.10	7.98	7.87
0.05	0.95	7	5.59	4.74	4.35	4.12	3.97	3.87	3.79	3.73	3.68	3.64
0.025	0.975		8.07	6.54	5.89	5.52	5.29	5.12	4.99	4.90	4.82	4.76
0.01	0.99		12.25	9.55	8.45	7.85	7.46	7.19	6.99	6.84	6.72	6.62
0.05	0.95	8	5.32	4.46	4.07	3.84	3.69	3.58	3.50	3.44	3.39	3.35
0.025	0.975		7.57	6.06	5.42	5.05	4.82	4.65	4.53	4.43	4.36	4.30
0.01	0.99		11.26	8.65	7.59	7.01	6.63	6.37	6.18	6.03	5.91	5.81
0.05	0.95	9	5.12	4.26	3.86	3.63	3.48	3.37	3.29	3.23	3.18	3.14
0.025	0.975		7.21	5.71	5.08	4.72	4.48	4.32	4.20	4.10	4.03	3.96
0.01	0.99		10.56	8.02	6.99	6.42	6.06	5.80	5.61	5.47	5.35	5.26
0.05	0.95	10	4.96	4.10	3.71	3.48	3.33	3.22	3.14	3.07	3.02	2.98
0.025	0.975		6.94	5.46	4.83	4.47	4.24	4.07	3.95	3.85	3.78	3.72
0.01	0.99		10.04	7.56	6.55	5.99	5.64	5.39	5.20	5.06	4.94	4.85
0.05	0.95	12	4.75	3.89	3.49	3.26	3.11	3.00	2.91	2.85	2.80	2.75
0.025	0.975		6.55	5.10	4.47	4.12	3.89	3.73	3.61	3.51	3.44	3.37
0.01	0.99		9.33	6.93	5.95	5.41	5.06	4.82	4.64	4.50	4.39	4.30
0.05	0.95	15	4.54	3.68	3.29	3.06	2.90	2.79	2.71	2.64	2.59	2.54
0.025	0.975		6.20	4.77	4.15	3.80	3.58	3.41	3.29	3.20	3.12	3.06
0.01	0.99		8.68	6.36	5.42	4.89	4.56	4.32	4.14	4.00	3.89	3.80
0.05	0.95	20	4.35	3.49	3.10	2.87	2.71	2.60	2.51	2.45	2.39	2.35
0.025	0.975		5.87	4.46	3.86	3.51	3.29	3.13	3.01	2.91	2.84	2.77
0.01	0.99		8.10	5.85	4.94	4.43	4.10	3.87	3.70	3.56	3.46	3.37
0.05	0.95	24	4.26	3.40	3.01	2.78	2.62	2.51	2.42	2.36	2.30	2.25
0.025	0.975		5.72	4.32	3.72	3.38	3.15	2.99	2.87	2.78	2.70	2.64
0.01	0.99		7.82	5.61	4.72	4.22	3.90	3.67	3.50	3.36	3.26	3.17
0.05	0.95	30	4.17	3.32	2.92	2.69	2.53	2.42	2.33	2.27	2.21	2.16
0.025	0.975		5.57	4.18	3.59	3.25	3.03	2.87	2.75	2.65	2.57	2.51
0.01	0.99		7.56	5.39	4.51	4.02	3.70	3.47	3.30	3.17	3.07	2.98

表 465

（续）

α	$P(F\leqslant f)$	分母 自由度 r_2	分子自由度 r_1									
			1	2	3	4	5	6	7	8	9	10
0.05	0.95	40	4.08	3.23	2.84	2.61	2.45	2.34	2.25	2.18	2.12	2.08
0.025	0.975		5.42	4.05	3.46	3.13	2.90	2.74	2.62	2.53	2.45	2.39
0.01	0.99		7.31	5.18	4.31	3.83	3.51	3.29	3.12	2.99	2.89	2.80
0.05	0.95	60	4.00	3.15	2.76	2.53	2.37	2.25	2.17	2.10	2.04	1.99
0.025	0.975		5.29	3.93	3.34	3.01	2.79	2.63	2.51	2.41	2.33	2.27
0.01	0.99		7.08	4.98	4.13	3.65	3.34	3.12	2.95	2.82	2.72	2.63
0.05	0.95	120	3.92	3.07	2.68	2.45	2.29	2.17	2.09	2.02	1.96	1.91
0.025	0.975		5.15	3.80	3.23	2.89	2.67	2.52	2.39	2.30	2.22	2.16
0.01	0.99		6.85	4.79	3.95	3.48	3.17	2.96	2.79	2.66	2.56	2.47
0.05	0.95	∞	3.84	3.00	2.60	2.37	2.21	2.10	2.01	1.94	1.88	1.83
0.025	0.975		5.02	3.69	3.12	2.79	2.57	2.41	2.29	2.19	2.11	2.05
0.01	0.99		6.63	4.61	3.78	3.32	3.02	2.80	2.64	2.51	2.41	2.32

507

α	$P(F\leqslant f)$	分母 自由度 r_2	分子自由度 r_1								
			12	15	20	24	30	40	60	120	∞
0.05	0.95	1	243.9	245.9	248.0	249.1	250.1	251.1	252.2	253.3	254.3
0.025	0.975		976.71	984.87	993.10	997.25	1001.4	1005.6	1009.8	1014.0	1018.3
0.01	0.99		6106	6157	6209	6235	6261	6287	6313	6339	6366
0.05	0.95	2	19.41	19.43	19.45	19.45	19.46	19.47	19.48	19.49	19.50
0.025	0.975		39.42	39.43	39.45	39.46	39.47	39.47	39.48	39.49	39.50
0.01	0.99		99.42	99.43	99.45	99.46	99.47	99.47	99.48	99.49	99.50
0.05	0.95	3	8.74	8.70	8.66	8.64	8.62	8.59	8.57	8.55	8.53
0.025	0.975		14.34	14.25	14.17	14.12	14.08	14.04	13.99	13.95	13.90
0.01	0.99		27.05	26.87	26.69	26.60	26.50	26.41	26.32	26.22	26.13
0.05	0.95	4	5.91	5.86	5.80	5.77	5.75	5.72	5.69	5.66	5.63
0.025	0.975		8.75	8.66	8.56	8.51	8.46	8.41	8.36	8.31	8.26
0.01	0.99		14.37	14.20	14.02	13.93	13.84	13.75	13.65	13.56	13.46
0.05	0.95	5	4.68	4.62	4.56	4.53	4.50	4.46	4.43	4.40	4.36
0.025	0.975		6.52	6.43	6.33	6.28	6.23	6.18	6.12	6.07	6.02
0.01	0.99		9.89	9.72	9.55	9.47	9.38	9.29	9.20	9.11	9.02
0.05	0.95	6	4.00	3.94	3.87	3.84	3.81	3.77	3.74	3.70	3.67
0.025	0.975		5.37	5.27	5.17	5.12	5.07	5.01	4.96	4.90	4.85
0.01	0.99		7.72	7.56	7.40	7.31	7.23	7.14	7.06	6.97	6.88
0.05	0.95	7	3.57	3.51	3.41	3.41	3.38	3.34	3.30	3.27	3.23
0.025	0.975		4.67	4.57	4.47	4.42	4.36	4.31	4.25	4.20	4.14
0.01	0.99		6.47	6.31	6.16	6.07	5.99	5.91	5.82	5.74	5.65
0.05	0.95	8	3.28	3.22	3.15	3.12	3.08	3.04	3.01	2.97	2.93
0.025	0.975		4.20	4.10	4.00	3.95	3.89	3.84	3.78	3.73	3.67
0.01	0.99		5.67	5.52	5.36	5.28	5.20	5.12	5.03	4.95	4.86
0.05	0.95	9	3.07	3.01	2.94	2.90	2.86	2.83	2.79	2.75	2.71
0.025	0.975		3.87	3.77	3.67	3.61	3.56	3.51	3.45	3.39	3.33
0.01	0.99		5.11	4.96	4.81	4.73	4.65	4.57	4.48	4.40	4.31

508

（续）

α	$P(F \leqslant f)$	分母自由度 r_2	分子自由度 r_1								
			12	15	20	24	30	40	60	120	∞
0.05	0.95	10	2.91	2.85	2.77	2.74	2.70	2.66	2.62	2.58	2.54
0.025	0.975		3.62	3.52	3.42	3.37	3.31	3.26	3.20	3.14	3.08
0.01	0.99		4.71	4.56	4.41	4.33	4.25	4.17	4.08	4.00	3.91
0.05	0.95	12	2.69	2.62	2.54	2.51	2.47	2.43	2.38	2.34	2.30
0.025	0.975		3.28	3.18	3.07	3.02	2.96	2.91	2.85	2.79	2.72
0.01	0.99		4.16	4.01	3.86	3.78	3.70	3.62	3.54	3.45	3.36
0.05	0.95	15	2.48	2.40	2.33	2.29	2.25	2.20	2.16	2.11	2.07
0.025	0.975		2.96	2.86	2.76	2.70	2.64	2.59	2.52	2.46	2.40
0.01	0.99		3.67	3.52	3.37	3.29	3.21	3.13	3.05	2.96	2.87
0.05	0.95	20	2.28	2.20	2.12	2.08	2.04	1.99	1.95	1.90	1.84
0.025	0.975		2.68	2.57	2.46	2.41	2.35	2.29	2.22	2.16	2.09
0.01	0.99		3.23	3.09	2.94	2.86	2.78	2.69	2.61	2.52	2.42
0.05	0.95	24	2.18	2.11	2.03	1.98	1.94	1.89	1.84	1.79	1.73
0.025	0.975		2.54	2.44	2.33	2.27	2.21	2.15	2.08	2.01	1.94
0.01	0.99		3.03	2.89	2.74	2.66	2.58	2.49	2.40	2.31	2.21
0.05	0.95	30	2.09	2.01	1.93	1.89	1.84	1.79	1.74	1.68	1.62
0.025	0.975		2.41	2.31	2.20	2.14	2.07	2.01	1.94	1.87	1.79
0.01	0.99		2.84	2.70	2.55	2.47	2.39	2.30	2.21	2.11	2.01
0.05	0.95	40	2.00	1.92	1.84	1.79	1.74	1.69	1.64	1.58	1.51
0.025	0.975		2.29	2.18	2.07	2.01	1.94	1.88	1.80	1.72	1.64
0.01	0.99		2.66	2.52	2.37	2.29	2.20	2.11	2.02	1.92	1.80
0.05	0.95	60	1.92	1.84	1.75	1.70	1.65	1.59	1.53	1.47	1.39
0.025	0.975		2.17	2.06	1.94	1.88	1.82	1.74	1.67	1.58	1.48
0.01	0.99		2.50	2.35	2.20	2.12	2.03	1.94	1.84	1.73	1.60
0.05	0.95	120	1.83	1.75	1.66	1.61	1.55	1.50	1.43	1.35	1.25
0.025	0.975		2.05	1.95	1.82	1.76	1.69	1.61	1.53	1.43	1.31
0.01	0.99		2.34	2.19	2.03	1.95	1.86	1.76	1.66	1.53	1.38
0.05	0.95	∞	1.75	1.67	1.57	1.52	1.46	1.39	1.32	1.22	1.00
0.025	0.975		1.94	1.83	1.71	1.64	1.57	1.48	1.39	1.27	1.00
0.01	0.99		2.18	2.04	1.88	1.79	1.70	1.59	1.47	1.32	1.00

表Ⅷ 区间(0,1)上的随机数

3407	1440	6960	8675	5649	5793	1514
5044	9859	4658	7779	7986	0520	6697
0045	4999	4930	7408	7551	3124	0527
7536	1448	7843	4801	3147	3071	4749
7653	4231	1233	4409	0609	6448	2900
6157	1144	4779	0951	3757	9562	2354

表　　467

（续）

6593	8668	4871	0946	3155	3941	9662
3187	7434	0315	4418	1569	1101	0043
4780	1071	6814	2733	7968	8541	1003
9414	6170	2581	1398	2429	4763	9192
1948	2360	7244	9682	5418	0596	4971
1843	0914	9705	7861	6861	7865	7293
4944	8903	0460	0188	0530	7790	9118
3882	3195	8287	3298	9532	9066	8225
6596	9009	2055	4081	4842	7852	5915
4793	2503	2906	6807	2028	1075	7175
2112	0232	5334	1443	7306	6418	9639
0743	1083	8071	9779	5973	1141	4393
8856	5352	3384	8891	9189	1680	3192
8027	4975	2346	5786	0693	5615	2047
3134	1688	4071	3766	0570	2142	3492
0633	9002	1305	2256	5956	9256	8979
8771	6069	1598	4275	6017	5946	8189
2672	1304	2186	8279	2430	4896	3698
3136	1916	8886	8617	9312	5070	2720
6490	7491	6562	5355	3794	3555	7510
8628	0501	4618	3364	6709	1289	0543
9270	0504	5018	7013	4423	2147	4089
5723	3807	4997	4699	2231	3193	8130
6228	8874	7271	2621	5746	6333	0345
7645	3379	8376	3030	0351	8290	3640
6842	5836	6203	6171	2698	4086	5469
6126	7792	9337	7773	7286	4236	1788
4956	0215	3468	8038	6144	9753	3131
1327	4736	6229	8965	7215	6458	3937
9188	1516	5279	5433	2254	5768	8718
0271	9627	9442	9217	4656	7603	8826
2127	1847	1331	5122	8332	8195	3322
2102	9201	2911	7318	7670	6079	2676
1706	6011	5280	5552	5180	4630	4747
7501	7635	2301	0889	6955	8113	4364
5705	1900	7144	8707	9065	8163	9846
3234	2599	3295	9160	8441	0085	9317
5641	4935	7971	8917	1978	5649	5799
2127	1868	3664	9376	1984	6315	8396

表 IX   相关系数 *R* 的分布函数 $\rho = 0$

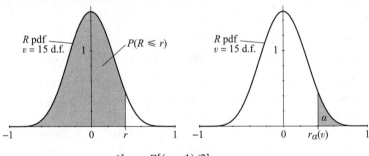

$$P(R \leq r) = \int_{-1}^{r} \frac{\Gamma[(n-1)/2]}{\Gamma(1/2)\Gamma[(n-2)/2]} (1 - w^2)^{(n-4)/2}\, dw$$

自由度为 $\nu = n-2$	$P(R \leq r)$			
	0.95	0.975	0.99	0.995
	$r_{0.05}(\nu)$	$r_{0.025}(\nu)$	$r_{0.01}(\nu)$	$r_{0.005}(\nu)$
1	0.9877	0.9969	0.9995	0.9999
2	0.9000	0.9500	0.9800	0.9900
3	0.8053	0.8783	0.9343	0.9587
4	0.7292	0.8113	0.8822	0.9172
5	0.6694	0.7544	0.8329	0.8745
6	0.6215	0.7067	0.7887	0.8343
7	0.5822	0.6664	0.7497	0.7977
8	0.5493	0.6319	0.7154	0.7646
9	0.5214	0.6020	0.6850	0.7348
10	0.4972	0.5759	0.6581	0.7079
11	0.4761	0.5529	0.6338	0.6835
12	0.4575	0.5323	0.6120	0.6613
13	0.4408	0.5139	0.5922	0.6411
14	0.4258	0.4973	0.5742	0.6226
15	0.4123	0.4821	0.5577	0.6054
16	0.4000	0.4683	0.5425	0.5897
17	0.3887	0.4555	0.5285	0.5750
18	0.3783	0.4437	0.5154	0.5614
19	0.3687	0.4328	0.5033	0.5487
20	0.3597	0.4226	0.4920	0.5367
25	0.3232	0.3808	0.4450	0.4869
30	0.2959	0.3494	0.4092	0.4487
35	0.2746	0.3246	0.3809	0.4182
40	0.2572	0.3044	0.3578	0.3931
45	0.2428	0.2875	0.3383	0.3721
50	0.2306	0.2732	0.3218	0.3541
60	0.2108	0.2500	0.2948	0.3248
70	0.1954	0.2318	0.2736	0.3017
80	0.1829	0.2172	0.2565	0.2829
90	0.1725	0.2049	0.2422	0.2673
100	0.1638	0.1946	0.2300	0.2540

附录 C 奇数编号练习答案

第 1 章

1.1-1 0.68.

1.1-3 (a) 12/52；(b) 2/52；(c) 16/52；(d) 1；(e) 0.

1.1-5 (a) 1/6；(b) 5/6；(c) 1.

1.1-7 0.63.

1.1-9 (a) $3(1/3)-3(1/3)^2+(1/3)^3$；

　　　 (b) $P(A_1 \cup A_2 \cup A_3)=1-[1-3(1/3)+3(1/3)^2-(1/3)^3]=1-(1-1/3)^3$.

1.1-11 (a) $S=\{00,0,1,2,3,\cdots,36\}$；(b) $P(A)=2/38$；(c) $P(B)=4/38$；(d) $P(D)=18/38$.

1.1-13 2/3.

1.2-1 1000.

1.2-3 (a) 6 760 000；(b) 17 576 000.

1.2-5 (a) 24；(b) 256.

1.2-7 (a) 0.0024；(b) 0.0012；(c) 0.0006；(d) 0.0004.

1.2-9 (a) 2；(b) 8；(c) 20；(d) 40.

1.2-11 (a) 362 880；(b) 84；(c) 512.

1.2-13 (a) 0.005 39；(b) 0.008 82；(c) 0.005 39；(d) 是.

1.2-17 (a) 0.000 24；(b) 0.001 44；(c) 0.021 13；(d) 0.047 54；(e) 0.42257.

1.3-1 (a) 5000/1 000 000；(b) 78 515/1 000 000；(c) 73 630/995 000；(d) 4 885/78 515.

　　　 (e) (c)表示没有 HIV 且检测结果为阳性的概率；(d) 表示检测结果为阳性且患有 HIV 的概率.

1.3-3 (a) 5/35；(b) 26/35；(c) 5/19；(d) 9/23；(e) 左.

1.3-5 (a) $S=\{(R,R),(R,W),(W,R),(W,W)\}$；(b) 1/3.

1.3-7 1/5.

1.3-9 (f) $1-1/e$.

1.3-11 (a) 365^r；(b) $365P_r$；(c) $1-365P_r/365^r$；(d) 23.

1.3-13 (b) 8/36；(c) 5/11；(e) $8/36+2[(5/36)(5/11)+(4/36)(4/10)+(3/36)(3/9)]=0.492\,93$.

1.3-15 11.

1.4-1 (a) 0.14；(b) 0.76；(c) 0.86.

1.4-3 (a) 1/6；(b) 1/12；(c) 1/4；(d) 1/4；(e) 1/2.

1.4-5 是；$0.9=0.8+0.5-(0.8)(0.5)$.

1.4-7 (a) 0.29；(b) 0.44.

1.4-9 (a) 0.36；(b) 0.49；(c) 0.01.

1.4-11 (a) 不成立；除非 $A=\varnothing$ 或者 $B=\varnothing$，则 A 和 B 是不相关和独立的.

　　　　(b) 仅当 $P(A)=0$ 或者 $P(B)=1$ 时.

1.4-13 (a) $(1/3)^3(2/3)^2+(1/3)^2(2/3)^3=12/243$；(b) 1/15.

1.4-15 (a) 1/16, 1/8, 5/32, 5/32；(b) 14/323, 35/323, 105/646, 60/323；(c) 两个模型皆不是最优.

1.4-17 (a) $1-(11/12)^{12}$；(b) $1-(11/12)^{11}$.

1.4-19 (b) $1-1/e$.

1.4-21 (a) 0.2666；(b) 0.5481；(c) 0.8296.

1.5-1 (a) 21/32；(b) 16/21.

1.5-3 0.151.

1.5-5 60/95 = 0.632.

1.5-7 0.8182.

1.5-9 (a) 495/30，480 = 0.016；(b) 29 985/30 480 = 0.984.

1.5-11 1/4.

1.5-13 0.542 29.

第 2 章

2.1-3 (a) 10；(b) 1/55；(c) 3；(d) 1/30；(e) $n(n+1)/2$；(f) 1.

2.1-5 (b)

X	频率	相对频率	$f(x)$	X	频率	相对频率	$f(x)$
1	38	0.38	0.40	3	21	0.21	0.20
2	27	0.27	0.30	4	14	0.14	0.10

2.1-7 (a) $f(x) = \dfrac{13-2x}{36}$，$x=1,2,3,4,5,6$；(b) $g(0) = \dfrac{6}{36}$，$g(y) = \dfrac{12-2y}{36}$，$y=1,2,3,4,5$.

2.1-11 2/5.

2.2-1 (a) 3；(b) 7；(c) 4/3；(d) 7/3；(e) $(2n+1)/3$；(f) 不存在；发散至 ∞.

2.2-5 360 美元.

2.2-7 (a) $h(z) = (4-z^{1/3})/6$，$z=1,8,27$；(b) \$23/3；(c) \$7/3.

2.2-9 $E(X) = -17/216 = -\$0.0787$.

2.2-11 (a) $-\$1/19$；(b) $-\$1/37$.

2.2-13 −0.014 14 美元.

2.3-1 (a) 5；0；由于 $\sigma = 0$，γ 无定义；(b) 3；2；0；(c) 7；8；0；(d) 7/3；5/9；$-7\sqrt{5}/25$；(e) 0；4/5；0；(f) 0；1/2；0.

2.3-3 (a) (ii) 127/64；(iii) $\sqrt{7359}/64$；(iv) 1.6635；(b) (ii) 385/64；(iii) $\sqrt{7359}/64$；(iv) −1.6635.

2.3-5 $f(x) = 1/13$，$x=1,2,\cdots,13$；$\mu = 7$.

2.3-7 $m = 7$.

2.3-9 1809.80 美元.

2.3-11 $\mu = 2$，$\sigma^2 = 4/5$，$f(x) = \begin{cases} 2/5, & x=1, \\ 1/5, & x=2, \\ 2/5, & x=3. \end{cases}$

2.3-13 $(4/5)^3(1/5)$.

2.3-15 (a) 0.4604；(b) 0.5580；(c) 0.0184.

2.3-17 (a) $f(x) = (x-1)/2^x$，$x=2,3,\cdots$；(c) $\mu = 4$，$\sigma^2 = 4$；(d) (i) 1/2，(ii) 5/16，(iii) 1/4.

2.3-19 (a) $\mu = 1$，$\sigma^2 = 1$；(b) 19/30.

2.4-1 $f(x) = (7/18)^x(11/18)^{1-x}$，$x=0,1$；$\mu = 7/18$；$\sigma^2 = 77/324$.

2.4-3　（a）$(1/5)^2(4/5)^4 = 0.0164$；（b）$\dfrac{6!}{2!\ 4!}(1/5)^2(4/5)^4 = 0.2458$；

2.4-5　（a）0.4207；（b）0.5793；（c）0.1633；（d）$\mu = 5$，$\sigma^2 = 4$，$\sigma = 2$.

2.4-7　（a）$b(2000, \pi/4)$；（b）1570.796，337.096，18.360；（c）π；

　　　（f）产生 2000 个 n 维随机数 $X_1, X_2, \cdots X_{2000}$. 令 W 表示落入集合 $A = \left\{ (x_1, \cdots, x_n) : \displaystyle\sum_{i=1}^{n} x_i^2 \leq 1 \right\}$ 的

　　　数据个数.

2.4-9　（a）$b(20, 0.80)$；（b）$\mu = 16$，$\sigma^2 = 3.2$，$\sigma = 1.789$；（c）（i）0.1746，（ii）0.6296，（iii）0.3704.

2.4-11　$\gamma = (1 - 2p)/\sqrt{np(1-p)}$.

2.4-13　（a）0.6513；（b）0.7941.

2.4-15　0.178.

2.4-17　（a）0.0778；（b）0.3456；（c）0.9898.

2.4-19　（a）$b(1, 2/3)$，$\mu = 2/3$，$\sigma^2 = 2/9$，$\sigma = \sqrt{2}/3$；（b）$b(12, 0.75)$，$\mu = 9$，$\sigma^2 = 2.25$，$\sigma = 1.5$.

2.5-1　0.416.

2.5-3　（a）19/20；（b）1/20；（c）9/20.

2.5-5　（c）

X	频率	相对频率	$f(x)$	X	频率	相对频率	$f(x)$
0	13	0.325	0.2532	3	2	0.050	0.0660
1	16	0.400	0.4220	4	0	0.000	0.0076
2	9	0.225	0.2509	5	0	0.000	0.0003

2.5-7　（a）1/10，737，573；（b）82/3，579，191；（c）4100/3，579，191；

　　　（d）213，200/10，737，573；（e）−0.636 美元；（f）−0.543 美元.

2.5-9　（a）39/98；（b）221/245.

2.5-11　（b）众数是 75；（c）$\mu = 1824/25$.

2.6-1　（a）$0.9^{12} = 0.2824$；（b）0.0236.

2.6-3　（a）$\mu = 10/0.60$，$\sigma^2 = 4/0.36$，$\sigma = 2/0.60$；（b）0.1240.

2.6-7　$M(t) = e^{5t}$，$-\infty < t < \infty$，$f(5) = 1$.

2.6-9　25/3.

2.7-1　（a）0.547；（b）0.762；（c）0.433.

2.7-3　0.540.

2.7-5　0.558.

2.7-7　0.947.

2.7-9　（a）2.681；（b）$n = 6$.

2.7-11　（a）0.564（二项分布），0.506（泊松近似）；

　　　（b）598.56 美元（二项分布），613.90 美元（泊松近似，见附录的表Ⅲ），614.14 美元（泊松近似和计算机计算的概率）.

2.7-13　21/16.

第3章

3.1-3　（a）$f(x) = 1/10$，$0 < x < 10$；（b）2/10；（c）6/10；（d）$\mu = 5$；（e）$\sigma^2 = 25/3$.

3.1-5　（a）$G(w) = (w - a)/(b - a)$，$a \leq w \leq b$；（b）$U(a, b)$.

3.1-7　（a）（i）3；（ii）$F(x) = x^4$，$0 \leq x \leq 1$；（iv）$\mu = 4/5$，$\sigma^2 = 2/75$，$\gamma = -3\sqrt{6}/7$；

(b) (i) 3/16; (ii) $F(x) = (1/8)x^{3/2}$, $0 \le x \le 4$; (iv) $\mu = 12/5$, $\sigma^2 = 192/175$, $\gamma = -2\sqrt{21}/27$;

(c) (i) 1/4; (ii) $F(x) = x^{1/4}$, $0 \le x \le 1$. (iv) $\mu = 1/5$, $\sigma^2 = 16/225$, $\gamma = 18/13$.

3.1-9   (b) $F(x) = \begin{cases} 0, & x < 0, \\ x(2-x), & 0 \le x < 1, \\ 1, & 1 \le x; \end{cases}$ (c) (i) 3/4, (ii) 1/2, (iii) 0, (iv) 1/16.

3.1-11   (a) $c = 2$; (b) $E(Y) = 2$; (c) $E(Y^2) = \infty$.

3.1-13 $f(x) = \dfrac{e^{-x}}{(1+e^{-x})^2} = \dfrac{e^{-x}}{(1+e^{-x})^2} \dfrac{e^{2x}}{e^{2x}} = \dfrac{e^x}{(e^x+1)^2} = f(-x)$.

3.1-15   (a) $1/e$; (b) $1/e^{19/8}$.

3.1-17   740.74 美元.

3.1-19   (a) $\mu = \$28\,571.43$, $\sigma = \$15\,971.91$; (b) 0.6554.

3.1-21 $\displaystyle\int_{-\infty}^{\infty} \sum_{i=1}^{k} c_i f_i(x)\,\mathrm{d}x = \sum_{i=1}^{k} c_i \int_{-\infty}^{\infty} f_i(x)\,\mathrm{d}x = \sum_{i=1}^{k} c_i = 1$; (a) $\mu = \displaystyle\sum_{i=1}^{k} c_i \mu_i$, $\sigma^2 = \displaystyle\sum_{i=1}^{k} c_i(\sigma_i^2 + \mu_i^2) - \mu^2$.

3.2-1 $f(x) = (1/3)e^{-x/3}$, $0 < x < \infty$; $\mu = 3$; $\sigma^2 = 9$; (a) $f(x) = 3e^{-3x}$, $0 < x < \infty$; $\mu = 1/3$; $\sigma^2 = 1/9$.

3.2-3 $P(X > x+y \mid X > x) = \dfrac{P(X > x+y)}{P(X > x)} = \dfrac{e^{-(x+y)/\theta}}{e^{-x/\theta}} = P(X > y)$.

3.2-5 $F(x) = 1 - e^{-(x-\delta)/\theta}$, $\delta \le x < \infty$; (a) $\theta + \delta$; θ^2.

3.2-9 $f(x) = \dfrac{1}{\Gamma(20)7^{20}} x^{19} e^{-x/7}$, $0 \le x < \infty$; $\mu = 140$; $\sigma^2 = 980$.

3.2-11   (a) $E(1/X) = 1/[\theta(\alpha-1)]$.

3.2-13   (a) 0.80; (b) $a = 11.69$, $b = 38.08$; (c) $\mu = 23$, $\sigma^2 = 46$; (d) 35.17, 13.09.

3.2-15   (a) $r-2$; (b) $x = r-2 \pm \sqrt{2r-4}$, $r \ge 4$.

3.2-17   0.9444.

3.2-19   1.96, 或者每天 1960 个单元, 得到 3304.96 美元的期望收益.

3.2-21 $e^{-1/2}$.

3.2-23 $M = 83.38$.

3.3-1   (a) 0.3026; (b) 0.7320; (c) 0.9406; (d) 0.0027; (e) 0.9500; (f) 0.6826; (g) 0.9544; (h) 0.9974.

3.3-3   (a) 1.96; (b) 1.96; (c) 1.645; (d) 1.645.

3.3-5   (a) 0.4452; (b) 0.6006; (c) 0.0923; (d) 0.0359; (e) 0.6826; (f) 0.9544; (g) 0.9974; (h) 0.9868.

3.3-7   (a) 0.6853; (b) 39.2.

3.3-9   (a) $\Gamma(\alpha = 1/2, \theta = 8)$; (b) $\Gamma(\alpha = 1/2, \theta = 2\sigma^2)$.

3.3-11   (a) 0.0401; (b) 0.8159.

3.3-13   0.1998.

3.3-15   (a) $\sigma = 0.043$; (b) $\mu = 12.116$.

3.3-17   这三个分布分别是参数为 $\theta = 4$ 的指数分布、卡方分布 $\chi^2(4)$ 和正态分布 $N(4, 1)$. 各自的期望都是 4, 因此 mgf 曲线的斜率在 $t = 0$ 时等于 4.

3.4-1 $e^{-(5/10)^2} = e^{-1/4} = 0.7788$.

3.4-3   参数为 α 和 $\dfrac{\beta}{3^{\frac{1}{\alpha}}}$ 的韦布尔分布.

3.4-5　(a) 0.5；(b) 0；(c) 0.25；(d) 0.75；(e) 0.625；(f) 0.75.

3.4-7　(b) $\mu = 31/24$，$\sigma^2 = 167/576$；(c) 15/64；1/4；0；11/16.

3.4-9　(a) $F(x) = \begin{cases} 0, & x<0, \\ x/2, & 0\leqslant x<1, \\ 1/2, & 1\leqslant x<2, \\ 4/6, & 2\leqslant x<4, \\ 5/6, & 4\leqslant x<6, \\ 1, & 6\leqslant x; \end{cases}$　(b) 2.25 美元.

3.4-11　$3+5\mathrm{e}^{-3/5} = 5.744$.

3.4-13　$\mu = 226.21$ 美元，$\sigma = 1486.92$ 美元.

3.4-15　$\mu = 345.54$ 美元，$\sigma = 780.97$ 美元.

3.4-17　$g(y) = \dfrac{c}{3y}\exp(-(1/3)\ln y)$，$\mathrm{e}^{0.12}<y<\mathrm{e}^{0.24}$；$c = 1/0.037\,673\,092\,8$.

3.4-19　0.4219.

3.4-21　(a) $\mathrm{e}^{-(125/216)}$；(b) $120\cdot\Gamma(4/3) = 107.1575$.

第 4 章

4.1-1　(a) 1/33；(b) 1/24；(c) 1/18；(d) 6.

4.1-3　(a) $f_X(x) = (2x+5)/16$，$x=1,2$；(b) $f_Y(y) = (2y+3)/32$，$y=1,2,3,4$；(c) 3/32；(d) 9/32；

　　(e) 3/16；(f) 1/4；(g) 独立；(h) $\mu_X = 25/16$；$\mu_Y = 45/16$；$\sigma_X^2 = 63/256$；$\sigma_Y^2 = 295/256$.

4.1-5　(a) $x=0,1,2,3,4$，$y=0\cdots,x$；$f_X(x) = (x+1)/15$，$x=0,1,2,3,4$；$f_Y(y) = (5-y)/15$，$y=0,1,2,3,4$；

　　(b) $x=0,1,2,3,4$，$y=0\cdots,4-x$；$f_X(x) = (5-x)/15$，$x=0,1,2,3,4$；$f_Y(y) = (5-y)/15$，$y=0,1,2,3,4$；

　　(c) $x=0,1,2,3,4$，$y=x,\cdots,4$；$f_X(x) = (5-x)/15$，$x=0,1,2,3,4$；$f_Y(y) = (y+1)/15$，$y=0,1,2,3,4$；

　　(c) $x=0,1,2,3,4$，$y=4-x,\cdots,4$；$f_X(x) = (x+1)/15$，$x=0,1,2,3,4$；$f_Y(y) = (y+1)/15$，$y=0,1,2,3,4$.

4.1-7　(b) $f(x,y) = 1/16$，$x=1,2,3,4$；$y=x+1,x+2,x+3,x+4$；(c) $f_X(x) = 1/4$，$x=1,2,3,4$；

　　(d) $f_Y(y) = (4-|y-5|)/16$，$y=2,3,4,5,6,7,8$；(e) 由于不是矩形区域，故独立.

4.1-9　点 $(\pm 1,0)$ 和 $(0,\pm 1)$ 的概率各为 9/64，点 $(\pm 2,\pm 1)$ 和 $(\pm 1,\pm 2)$ 的概率各为 3/64；点 $(3,\pm 0)$ 和 $(0,\pm 3)$ 的概率各为 1/64.

　　(b) $b(6,1/2)$，$b(6,1/2)$.

4.1-11　(a) $f(x,y) = \dfrac{15!}{x!\,y!\,(15-x-y)!}\left(\dfrac{6}{10}\right)^x\left(\dfrac{3}{10}\right)^y\left(\dfrac{1}{10}\right)^{15-x-y}$，$0\leqslant x+y\leqslant 15$；

　　(b) 不能，因为不是矩形区域. (c) 0.0735；(d) $b(15,0.6)$；(e) 0.9095.

4.2-1　$\mu_X = 25/16$；$\mu_Y = 45/16$；$\sigma_X^2 = 63/256$；$\sigma_Y^2 = 295/256$；$\mathrm{Cov}(X,Y) = -\dfrac{5}{256}$；

　　$\rho = -\dfrac{\sqrt{2065}}{1239} = -\dfrac{1}{3}\sqrt{\dfrac{5}{413}} = -0.0367$；独立.

4.2-3　(a) $\mu_X = 5/2$；$\mu_Y = 5$；$\sigma_X^2 = 5/4$；$\sigma_Y^2 = 5/2$；$\mathrm{Cov}(X,Y) = 5/4$；$\rho = \sqrt{2}/2$；(b) $y = x+5/2$.

4.2-5　$a = \mu_Y - \mu_X b$，$b = \mathrm{Cov}(X,Y)/\sigma_X^2$.

4.2-7　(a) 0.5；(b) -0.5；(c) 0.5；(d) -0.5.

4.2-9　(a) No；(b) $\mathrm{Cov}(X,Y) = 0$，$\rho = 0$.

4.2-11　(a) $c = 1/154$；(c) $f_X(0) = 6/77$，$f_X(1) = 21/77$，$f_X(2) = 30/77$，$f_X(3) = 20/77$；$f_Y(0) = 30/77$，

　　$f_Y(1) = 32/77$，$f_Y(2) = 15/77$；(d) 否；(e) $\mu_X = 141/77$，$\sigma_X^2 = 4836/5929$；

515

(f) $\mu_Y = 62/77$, $\sigma_Y^2 = 3240/5929$; (g) $\mathrm{Cov}(X,Y) = 1422/5929$; (h) $\rho = 79\sqrt{12\,090}/24\,180$;

(i) $y = 215/806 + (237/806)x$.

4.3-1 (a) $f_X(x) = (4x+10)/32$, $x = 1, 2$; $f_Y(y) = (3+2y)/32$, $y = 1,2,3,4$;

(b) $g(x \mid y) = (x+y)/(3+2y)$, $x = 1,2$, $y = 1,2,3,4$;

(c) $h(y \mid x) = (x+y)/(4x+10)$, $y = 1,2,3,4$, $x = 1,2$;

(d) $9/14$, $7/18$, $5/9$; (e) $20/7$, $55/49$.

4.3-3 (a) $f(x,y) = \dfrac{50!}{x! \; y! \; (50-x-y)!}(0.02)^x(0.90)^y(0.08)^{50-x-y}$, $0 \le x+y \le 50$;

(b) Y 是 $b(50, 0.90)$; (c) $b(47, 0.90/0.98)$; (d) $2115/49$; (e) $\rho = -3/7$.

4.3-5 (a) $E(Y \mid x) = 2(2/3) - (2/3)x$, $x = 0,1,2$; (b) 是.

4.3-7 $E(Y \mid x) = x + 5/2$, $x = 1,2,3,4$; 是.

4.3-9 (a) $f_X(x) = 1/8$, $x = 0,1,\cdots,7$; (b) $h(y \mid x) = 1/3$, $y = x, x+1, x+2$, for $x = 0,1,\cdots,7$;

(c) $E(Y \mid x) = x+1$, $x = 0,1,\cdots,7$; (d) $\sigma_{Y \mid x}^2 = 2/3$;

(e) $f_Y(y) = \begin{cases} 1/24, & y = 0,9, \\ 2/24, & y = 1,8, \\ 3/24, & y = 2,3,4,5,6,7. \end{cases}$

4.3-11 $E(Y) = 1/p$, $\mathrm{Var}(Y) = 1/p^2$.

4.4-1 (a) $f_X(x) = x/2$, $0 \le x \le 2$; $f_Y(y) = 3y^2/8$, $0 \le y \le 2$; (b) 独立，因为 $f_X(x)f_Y(y) = f(x, y)$;

(c) $\mu_X = 4/3$; $\mu_Y = 3/2$; $\sigma_X^2 = 2/9$; $\sigma_Y^2 = 3/20$; (d) $3/5$.

4.4-3 $f_X(x) = 2e^{-2x}$, $0 < x < \infty$; $f_Y(y) = 2e^{-y}(1-e^{-y})$, $0 < y < \infty$; 不独立.

4.4-5 (a) $c = 24$; (b) $c = 30/17$; (c) $c = 2/(e-2)$; (d) $c = 1/2$.

4.4-7 (b) $1/3$.

4.4-9 $11/30$.

4.4-11 (a) $c = 8$; (b) $29/93$.

4.4-13 (a) $f_X(x) = 2x$, $0 \le x \le 1$; $f_Y(y) = 2(1-y)$, $0 \le y \le 1$;

(b) $\mu_X = 2/3$; $\mu_Y = 1/3$; $\sigma_X^2 = 1/18$; $\sigma_Y^2 = 1/18$; $\mathrm{Cov}(X, Y) = 1/36$; $\rho = 1/2$; (c) $y = (1/2)x$.

4.4-15 $E(Y \mid x) = x$, $E(X) = 0.700$, 因此, 700 美元.

4.4-17 (b) $f_X(x) = 1/10$, $0 \le x \le 10$; (c) $h(y \mid x) = 1/4$, $10-x \le y \le 14-x$ $(0 \le x \le 10)$;

(d) $E(Y \mid x) = 12 - x$.

4.4-19 (a) $f(x, y) = 1/(2x^2)$, $0 < x < 2$, $0 < y < x^2$; (b) $f_Y(y) = (2-\sqrt{y})/(4\sqrt{y})$, $0 < y < 4$;

(c) $E(X \mid y) = [2\sqrt{y} \ln(2/\sqrt{y})]/[2-\sqrt{y}]$; (d) $E(Y \mid x) = x^2/2$.

4.4-21 $1 - \ln 2$.

4.5-1 (a) 0.6006; (b) 0.7888; (c) 0.8185; (d) 0.9371.

4.5-3 (a) 0.5245; (b) 0.7357.

4.5-5 (a) $N(86.4, 40.96)$; (b) 0.4192.

4.5-7 (a) 0.8248; (b) $E(Y \mid x) = 457.1735 - 0.2655x$; (c) $\mathrm{Var}(Y \mid x) = 645.9375$; (d) 0.8079.

4.5-9 $a(x) = x - 11$, $b(x) = x + 5$.

4.5-11 (a) 0.2857; (b) $\mu_{Y \mid x} = -0.2x + 4.7$; (c) $\sigma_{Y \mid x}^2 = 8.0784$; (d) 0.4228.

4.5-13 (a) 0.3721; (b) 0.1084.

第 5 章

5.1-1　(a) $g(y) = (1-p)^{(y/2)-1} p$, $y = 2, 4, 6, \cdots$; (b) $g(y) = (1-p)^{\sqrt{y}-1} p$, $y = 1, 4, 9, \cdots$.

5.1-3　$g(y) = 2y$, $0 < y < 1$.

5.1-5　$g(y) = (1/8) y^5 e^{-y^2/2}$, $0 < y < \infty$.

5.1-7　均值为 2 的指数分布.

5.1-9　(a) $G(x) = \dfrac{1}{0.04} (\ln x - \ln 50\,000 - 0.03)$, $50\,000 e^{0.03} < x < 50\,000 e^{0.07}$;

$$g(x) = \frac{1}{0.04x}, \quad 50\,000 e^{0.03} < x < 50\,000 e^{0.07};$$

(b) 将一年分成 n 份, 每一份的利息是 R/n. 则年末总的金额为 $50\,000(1+R/n)^n$, 当 n 趋于无穷时, 可以验证极限值即为 $50\,000 e^R$.

5.1-11　(a) $G(y) = P(Y \leqslant y) = P(X \leqslant \ln y) = 1 - e^{-y}$, $0 \leqslant y < \infty$;

(b) $G(y) = 1 - \exp[-e^{(\ln y - \theta_1)/\theta_2}]$, $0 \leqslant y < \infty$; $g(y) = \exp[-e^{(\ln y - \theta_1)/\theta_2}][e^{(\ln y - \theta_1)/\theta_2}][1/\theta_2 y]$, $0 \leqslant y < \infty$;

(c) $G(y) = 1 - e^{-(y/\beta)^\alpha}$, $0 \leqslant y < \infty$; $g(y) = (\alpha y^{\alpha-1}/\beta^\alpha) e^{-(y/\beta)^\alpha}$, $0 < y < \infty$; Y 服从形状参数 α 和比例参数 β 的韦布尔分布.

(d) $\exp(-e^{-2}) = 0.873$.

5.1-13　(a) $\dfrac{1}{2} - \dfrac{\arctan 1}{\pi} = 0.25$; (b) $\dfrac{1}{2} - \dfrac{\arctan 5}{\pi} = 0.0628$; (c) $\dfrac{1}{2} - \dfrac{\arctan 10}{\pi} = 0.0317$.

5.1-15　(b) (i) $\exp(\mu + \sigma^2/2)$, (ii) $\exp(2\mu + 2\sigma^2)$, (iii) $\exp(2\mu + 2\sigma^2) - \exp(2\mu + \sigma^2)$.

5.1-17　(a) $g(y) = \dfrac{1}{\sqrt{2\pi y}} \exp(-y/2)$, $0 < y < \infty$; (b) $g(y) = \dfrac{3}{2}\sqrt{y}$, $0 < y < 1$.

5.2-1　$g(y_1, y_2) = (1/4) e^{-y_2/2}$, $0 < y_1 < y_2 < \infty$; $g_1(y_1) = (1/2) e^{-y_1/2}$, $0 < y_1 < \infty$;

$g_2(y_2) = (y_2/4) e^{-y_2/2}$, $0 < y_2 < \infty$; 否.

5.2-3　$\mu - \dfrac{r_2}{r_2 - 2}$, $r_2 > 2$; $\sigma^2 = \dfrac{2 r_2^2 (r_1 + r_2 - 2)}{r_1 (r_2 - 2)^2 (r_2 - 4)}$, $r_2 > 4$.

5.2-5　(a) 14.80; (b) $1/7.01 = 0.1427$; (c) 0.95.

5.2-9　840.

5.2-11　(a) 0.1792; (b) 0.1792.

5.2-13　(a) $G(y_1, y_2) = \displaystyle\int_0^{y_1} \int_u^{y_2} 2(1/1000^2) \exp[-(u+v)/1000] \, dv \, du = 2\exp[-(y_1 + y_2)/1000] - \exp[-y_1/500] - 2\exp[-y_2/1000] + 1$, $0 < y_1 < y_2 < \infty$;

(b) $2e^{-6/5} - e^{-12/5} \approx 0.5117$.

5.2-17　$g(z) = \dfrac{\Gamma(\alpha+\beta)}{\Gamma(\alpha)\Gamma(\beta)} (1-z)^{\alpha-1} z^{\beta-1}$, $0 < z < 1$.

5.3-1　(a) 0.0182; (b) 0.0337.

5.3-3　(a) 36/125; (b) 2/7.

5.3-5 $g(y) = \begin{cases} 1/36, & y=2, \\ 4/36, & y=3, \\ 10/36, & y=4, \\ 12/36, & y=5, \\ 9/36, & y=6; \end{cases}$ $\mu = 14/3$, $\sigma^2 = 10/9$.

5.3-7   2/5.

5.3-9   (a) $E(Y_k) = \begin{cases} \mu, & \text{若是奇数} \\ 0, & \text{若是偶数} \end{cases}$ $\mathrm{Var}(Y_k) = \sum_{i=1}^{k} [(-1)^{i-1}]^2 \sigma^2 = k\sigma^2$.

5.3-11   (a) 0.0035; (b) 8; (c) $\mu_Y = 6$, $\sigma_Y^2 = 4$.

5.3-13 $1 - e^{-3/100} \approx 0.03$.

5.3-15   21 816 美元.

5.3-17   5.

5.3-19   (c) 利用数学软件 Maple, 可得 $\mu = 13$, 315, 424/3, 011, 805 = 4.4211;

(d) 当硬币数为 16 时, $E(Y) = 5.377$; 当硬币数为 32 时, $E(Y) = 6.355$.

5.4-1   (a) $g(y) = \begin{cases} 1/64, & y = 3, 12, \\ 3/64, & y = 4, 11, \\ 6/64, & y = 5, 10, \\ 10/64, & y = 6, 9, \\ 12/64, & y = 7, 8. \end{cases}$

5.4-3   (a) $M(t) = e^{7(e^t - 1)}$, $-\infty < t < \infty$; (b) 泊松分布, $\lambda = 7$; (c) 0.800.

5.4-5   0.925.

5.4-7   (a) $M(t) = 1/(1-5t)^{21}$, $t < 1/5$; (b) 伽马分布 $\Gamma(\alpha, \theta)$, $\alpha = 21$, $\theta = 5$;

517

(c) 伽马分布 $\Gamma(\alpha, \theta)$, $\alpha = 21$, $\theta = 5/3$.

5.4-11   (a) $g(w) = 1/12$, $w = 0, 1, 2, \cdots, 11$; (b) $h(w) = 1/36$, $w = 0, 1, 2, \cdots, 35$.

5.4-13   (a) $h_1(w_1) = \begin{cases} 1/36, & w_1 = 0, \\ 4/36, & w_1 = 1, \\ 10/36, & w_1 = 2, \\ 12/36, & w_1 = 3, \\ 9/36, & w_1 = 4; \end{cases}$ (b) $h_2(w) = h_1(w)$; (c) $h(w) = \begin{cases} 1/1296, & w = 0 \\ 8/1296, & w = 1, \\ 36/1296, & w = 2, \\ 104/1296, & w = 3, \\ 214/1296, & w = 4, \\ 312/1296, & w = 5, \\ 324/1296, & w = 6, \\ 216/1296, & w = 7, \\ 81/1296, & w = 8; \end{cases}$

(d) 分母 $6^8 = 1\ 679\ 616$, 相应的分子为 1, 16, 136, 784, 3, 388, 11, 536, 31, 864, 72, 592, 137, 638, 217, 776, 286, 776, 311, 472, 274, 428, 190, 512, 99, 144, 34, 992, 6, 561;

(e) 随着 n 增大, 直方图更加对称.

5.4-15   (b) $\mu_Y = 25/3$, $\sigma_Y^2 = 130/9$; (c) $P(Y = y) = \begin{cases} 96/1024, & y = 4, \\ 144/1024, & y = 5, \\ 150/1024, & y = 6, \\ 135/1024, & y = 7. \end{cases}$

5.4-17　$Y-X+25$ 服从 $b(50,1/2)$；$P(Y-X \geqslant 2) = \sum_{k=27}^{50} \binom{50}{k} \left(\frac{1}{2}\right)^{50} = 0.3359.$

5.4-19　$1-17/2e^3 = 0.5678.$

5.4-21　$0.4207.$

5.5-1　（a）0.4772；（b）$0.8561.$

5.5-3　（a）46.58，2.56；（b）$0.8447.$

5.5-5　（b）0.05466；$0.3102.$

5.5-7　$0.9830.$

5.5-9　（a）0.3085；（b）$0.2267.$

5.5-11　$0.8413>0.7734$，选择 X.

5.5-13　（a）$t(2)$；（c）$\mu_V=0$；（d）$\sigma_V=1$；（e）因为对于随机变量 V，分子和分母不独立.

5.5-15　（a）2.567；（b）-1.740；（c）$0.90.$

5.6-1　$0.4772.$

5.6-3　$0.8185.$

5.6-5　（a）$\chi^2(18)$；（b）0.0756，$0.9974.$

5.6-7　$0.6247.$

5.6-9　$P(1.7 \leqslant Y \leqslant 3.2) = 0.6749$；正态近似概率为 $0.6796.$

5.6-11　$0.9522.$

5.6-13　（a）$\int_0^{25} \frac{1}{\Gamma(13)2^{13}} y^{13-1} e^{-y/2} dy = 0.4810(\text{Maple})$；（b）$0.4449(\text{正态近似}).$

5.7-1　（a）0.2878，0.2881；（b）0.4428，0.4435；（c）0.1550，$0.1554.$

5.7-3　$0.9258(\text{正态近似})$，$0.9258(\text{二项分布}).$

5.7-5　$0.3085(\text{正态近似})$，$0.3164(\text{二项分布}).$

5.7-7　$0.6247(\text{正态近似})$，$0.6148(\text{二项分布}).$

5.7-9　（a）0.5548；（b）$0.3823.$

5.7-11　$0.9901.$（精确概率是 $0.9875.$）

5.7-13　（a）0.3802；（b）$0.7571.$

5.7-15　$0.4734(\text{正态近似})$，$0.4749(\text{泊松近似 } \lambda=50)$；$0.4769(\text{使用 } b(5000,0.01)).$

5.7-17　$0.6455(\text{正态近似})$，$0.6449(\text{泊松分布}).$

5.7-19　$444\,305.2$ 美元.

5.8-1　（a）0.84；（b）$0.082.$

5.8-3　$k=1.464$；$8/15.$

5.8-5　（a）0.25；（b）0.85；（c）$0.925.$

5.8-7　（a）$E(W)=0$；方差不存在.

5.9-1　（a）0.9984；（b）$0.9982.$

5.9-3　$M(t) = \left[1-\frac{2t\sigma^2}{n-1}\right]^{-(n-1)/2} \to e^{\sigma^2 t}$，$-\infty < t < \infty.$

518

第 6 章

6.1-1　（a）$\bar{x}=1.1$；（b）$s^2=0.0350$；（c）$s=0.1871.$

6.1-3　（a）$\bar{x}=16.706$，$s=1.852$；（b）频率：$[1,1,2,14,18,16,23,10,7,2,1,1].$

6.1-5　（a）$\bar{x}=112.12$；$s=231.3576$；（d）一半的观测值小于中位数，$m=48.$

6.1-7 (b) $\bar{x} = 7.275$, $s = 1.967$.

6.1-9 (a) 分类边界 $90.5, 108.5, 126.5, \cdots, 306.5$；频率：$[8,11,4,1,0,0,0,1,2,12,12,3]$；(b) $\bar{x} = 201$；

(c) 分类边界 $47.5, 52.5, \cdots, 107.5$；频率：$[4,4,9,4,4,0,3,9,7,5,4,1]$；(d) $\bar{x} = 76.35$.

6.2-1 (a)

茎	叶	频率
11	9	1
12	3	1
13	6 7	2
14	1 1 4 4 4 6 7 8 8 8 8 9 9 9	14
15	0 0 1 3 4 5 5 6 6 6 6 6 7 8 8 9 9 9	18
16	1 1 1 1 1 3 3 5 5 6 6 6 7 7 8 9	16
17	0 1 1 1 1 1 2 2 2 3 4 4 4 6 6 7 7 8 8 8 8 8 8	23
18	0 0 0 1 1 4 5 8 9 9	10
19	0 1 3 3 4 7 8	7
20	2 8	2
21	5	1
22	1	1

注：数字乘以 10^{-1}.

(b) 11.9, 15.5, 16.65, 17.8, 22.1；(c) 有 3 个可疑的离群值.

6.2-3 (a) 男性的频率：$[1,1,3,4,20,23,16,10,3,0,1]$，女性的频率：$[5,14,32,36,13]$；

(c) 男性的五数概括：$0.5, 1.325, 1.7, 2.0, 2.7$. 女性的五数概括：$1.4, 3.5, 4.0, 4.525, 6.5$.

6.2-5 (b) 五数概括：$5, 35/2, 48, 173/2, 1,815$；(d) 内栏 190，外栏 293.5；

(e) 均值受离群值影响很大.

6.2-7 (a)

茎	叶	频率	茎	叶	频率
127	8	1	131	2 3 4 4 5 5 7	7
128	8	1	132	2 7 7 8	4
129	5 8 9	3	133	7 9	2
130	8	1	134	8	1

注：数字乘以 10^{-1}.

(b) $131.3, 7.0, 2.575, 131.45, 131.47, 3.034$；

(c) 五数概括：$127.8, 130.125, 131.45, 132.70, 134.8$.

6.2-9 (a)

茎	叶	频率	茎	叶	频率
30f	5	1	32 $*$	0 0 0 0 0 1	6
30s		0	32t	2 2 2 3 3	5
30$\bullet$	8 8	2	32f	4 4 4 4 5 5	6
31 $*$	0 0 1	3	32s	6 7 7	3
31t	2 3 3	3	32$\bullet$	8 8 9 9 9	5
31f	4 4 4	3	33 $*$	0 1	2
31s	6 6 7 7 7	5	33t		0
31$\bullet$	8 8 8 9 9	5	33f	5	1

(b) 五数概括：$305, 315.5, 320, 325, 335$.

6.3-1 (b) $\tilde{m} = 146$, $\tilde{\pi}_{0.80} = 270$; (c) $\tilde{q}_1 = 95$, $\tilde{q}_3 = 225$.

6.3-3 (a) $g_3(y) = 10(1 - e^{-y/3})^2 e^{-y}$, $0 < y < \infty$; (b) $5(1 - e^{-5/3})^4 e^{-5/3} + (1 - e^{-5/3})^5 = 0.7599$;

     (c) $e^{-5/3} = 0.1889$.

6.3-5 (a) 0.2553; (b) 0.7483.

6.3-7 (a) $g_1(y) = (19/\theta)(e^{-19y/\theta})$, $0 < y < \infty$, 均值为 $\theta/19$ 的指数分布. (b) 1/20.

6.3-9 (a) $g_r(y) = \dfrac{n!}{(r-1)!\,(n-r)!}(1 - e^{-y})^{r-1}(e^{-y})^{n-r} e^{-y}$, $0 < y < \infty$;

     (b) 参数 $\alpha = n - r + 1$, $\beta = r$ 的贝塔概率分布.

6.3-11 (a) $g(y_1, y_n) = n(n-1)(y_n - y_1)^{n-2}$, $0 < y_1 < y_n < 1$;

     (b) $h(w_1, w_2) = n(n-1) w_2^{n-1}(1 - w_1)^{n-2}$, $0 < w_1 < 1$, $0 < w_2 < 1$;

     $h_1(w_1) = (n-1)(1 - w_1)^{n-2}$, $0 < w_1 < 1$; $h_2(w_2) = n w_2^{n-1}$, $0 < w_2 < 1$;

     (c) 独立.

6.3-13 (a) 根据 q-q 图的线性性可得两者皆为正态分布.

6.3-15 坐标分别为：$(0.5, 1/3)$, $(0.8, 2/3)$, $(107, 1)$.

6.4-3 (b) $\bar{x} = 89/40 = 2.225$.

6.4-5 (a) $\hat{\theta} = \bar{X}/2$; (b) $\hat{\theta} = \bar{X}/3$; (c) $\hat{\theta}$ 等于样本中位数.

6.4-7 (c) (i) $\hat{\theta} = 0.5493$, $\tilde{\theta} = 0.5975$, (ii) $\hat{\theta} = 2.2101$, $\tilde{\theta} = 2.4004$, (iii) $\hat{\theta} = 0.9588$, $\tilde{\theta} = 0.8646$.

6.4-9 (c) $\bar{x} = 3.48$.

6.4-13 (a) $\tilde{\theta} = \bar{X}$; (b) 是; (c) 7.382; (d) 7.485.

6.4-15 $\bar{x} = \alpha\theta$, $\nu = \alpha\theta^2$, 所以 $\tilde{\theta} = \nu/\bar{x} = 0.0658$, $\tilde{\alpha} = \bar{x}^2/\nu = 102.4991$.

6.4-17 (b) $\tilde{\theta} = 2\bar{X}$; (c) 0.74646.

6.4-19 $\hat{\mu} = \dfrac{\displaystyle\sum_{i=1}^{n} y_i/x_i^2}{\displaystyle\sum_{i=1}^{n} 1/x_i^2}$; $\hat{\gamma}^2 = \dfrac{1}{n}\displaystyle\sum_{i=1}^{n}\dfrac{(y_i - \hat{\mu})^2}{x_i^2}$.

6.4-21 求解 $1 - \exp(-3.5/\theta) = 0.5$ 得 $\tilde{\theta} = 5.049$.

6.5-3 (a) $\hat{y} = 86.8 + (842/829)(x - 74.5)$; (c) $\hat{\sigma}^2 = 17.9998$.

6.5-5 (a) $\hat{y} = 10.6 - 0.015x$; (c) $\hat{y} = 5.47 + 0.0004x$; (e) 马力.

6.5-7 (a) $\hat{y} = 0.819x + 2.575$; (c) $\hat{\alpha} = 10.083$; $\hat{\beta} = 0.819$; $\hat{\sigma}^2 = 3.294$.

6.5-9 (a) $\hat{y} = 46.59 + 1.085x$.

6.6-1 (b) σ^2/n; (c) $2/n$.

6.6-3 (a) $2\theta^2/n$; (b) $N(\theta, 2\theta^2/n)$; (c) $\chi^2(n)$.

6.7-1 (a) $\displaystyle\sum_{i=1}^{n} X_i^2$; (b) $\hat{\sigma}^2 = \left(\dfrac{1}{n}\right)\displaystyle\sum_{i=1}^{n} X_i^2$; (c) 是.

6.7-7 (a) $f(x; p) = \exp\{x \ln(1-p) + \ln[p/(1-p)]\}$; $K(x) = x$; 得证. (b) $\bar{X}$.

6.7-13 (a) $f(x; \theta) = \exp[\,|x| \cdot (-1/\theta)] - \ln(2\theta)$; $K(x) = |x|$, 得证. (b) $\hat{\theta} = \dfrac{1}{n} \cdot Y$; (c) $\hat{\theta}$ 是 Y 的函数.

6.8-1 (a) $k(\theta \mid y) \propto \theta^{\alpha+y-1} e^{-\theta(n+1/\beta)}$. 因此, θ 的后验概率密度函数是参数为 $\alpha + y$ 和 $1/(n + 1/\beta)$ 的伽马分布.

519

(b) $w(y) = E(\theta \mid y) = (\alpha + y)/(n + 1/\beta)$; (c) $w(y) = \left(\dfrac{y}{n}\right)\left(\dfrac{n}{n+1/\beta}\right) + (\alpha\beta)\left(\dfrac{1/\beta}{n+1/\beta}\right)$.

6.8-3 (a) $E[\{w(Y) - \theta\}^2] = \{E[w(Y) - \theta]\}^2 + \mathrm{Var}[w(Y)] = (74\theta^2 - 114\theta + 45)/500$;

(b) $\theta = 0.569$ to $\theta = 0.872$.

6.8-5 中位数，或者均值；因为后验概率密度函数是对称的.

6.8-7 $d = 2/n$.

第 7 章

7.1-1 $[71.35, 76.25]$.

7.1-3 (a) $\bar{x} = 15.757$; (b) $s = 1.792$; (c) $[14.441, 17.073]$.

7.1-5 $[48.467, 72.266]$ or $[48.076, 72.657]$.

7.1-7 $[19.47, 22.33]$.

7.1-9 $[21.373, \infty)$.

7.1-11 $[128.77, 135.23]$.

7.1-13 (a) $29.49, 3.41$; (b) $[0, 31.259]$; (c) 是，由 q-q 图的线性和相应的正规方程可得.

7.1-15 (a) $\bar{x} = 25.475$, $s = 2.4935$; (b) $[24.059, \infty)$.

7.2-1 $[-59.725, -43.275]$.

7.2-3 $[-5.845, 0.845]$.

7.2-5 $(-\infty, -1.828]$.

7.2-7 (a) 是的； (b) $[11.47, 13.72]$; (c) 没有改变.

7.2-9 (a) $[-0.556, 1.450]$; (b) $[0.367, 1.863]$; (c) 男同学：没有；女同学：有.

7.2-11 $[157.227, \infty)$.

7.2-13 $[-5.599, -1.373]$（等方差），否则 $[-5.577, -1.394]$.

7.3-1 (a) 0.0374; (b) $[0.0227, 0.0521]$; (c) $[0.0252, 0.0550]$; (d) $[0.0250, 0.0553]$;
(e) $[0, 0.0497]$.

7.3-3 (a) 0.5061; (b) $[0.4608, 0.5513]$ 或者 $[0.4609, 0.5511]$ 或者 $[0.4607, 0.5513]$.

7.3-5 (a) $\hat{p} = 0.857$, $[0.827, 0.887]$; (b) $[0.825, 0.884]$; (c) $\tilde{p} = 0.854$, $[0.824, 0.884]$;
(d) $[0, 0.881]$；因为这个区间完全在 90% 的左边，官员们应该执行这个计划.

7.3-7 $[0.207, 0.253]$.

7.3-9 (a) 0.2115; (b) $[0.1554, 0.2676]$.

7.3-11 $[0.011, 0.089]$.

7.3-13 (a) $\hat{p}_1 = 0.600$, $\hat{p}_2 = 0.667$; (b) $[-0.108, -0.025]$.

7.4-1 117.

7.4-3 (a) 近似 1083; (b) $[6.047, 6.049]$; (c) \$58 800; (d) 0.0145.

7.4-5 (a) 近似 257; (b) 是.

7.4-7 (a) 1068; (b) 2401; (c) 752.

7.4-9 2305.

7.4-11 (a) 38; (b) $[0.621, 0.845]$.

7.4-13 235.

7.4-15 144.

7.5-1 (a) 0.7812; (b) 0.7844; (c) 0.4528.

7.5-3 (a) $(6.31, 7.40)$; (b) $(6.58, 7.22)$, 0.8204.

7.5-5 $(15.40, 17.05)$.

7.5-7　(a)

茎	叶									频率	茎	叶									频率
101	7									1	106	1	3	3	6	6	7	7	8	8	9
102	0	0	0							3	107	3	7	9							3
103										0	108	8									1
104										0	109	1	3	9							3
105	8	9								2	110	0	2	2							3

520

(b)　$\tilde{\pi}_{0.25}=106.0$，$\tilde{m}=106.7$，$\tilde{\pi}_{0.75}=108.95$；

(c)　(i) $(102.0,106.6)$，89.66%；(ii) $(106.3,107.7)$，89.22%；

(iii) $(107.3,110.0)$，89.66%；

(d)　$[105.89,107.61]$，89.22%；$[105.87,107.63]$，90%.

7.5-9　(a) $\tilde{\pi}_{0.50}=\tilde{m}=0.92$；(b) $(y_{41},y_{60})=(0.92,0.93)$；$0.9426$(正态近似)，$0.9431$(二项分布)；

(c) $\tilde{\pi}_{0.25}=0.89$；(d) $(y_{17},y_{34})=(0.88,0.90)$；$0.9504$(正态近似)，$0.9513$(二项分布)；

(e) $\tilde{\pi}_{0.75}=0.97$；(f) $(y_{67},y_{84})=(0.95,0.98)$；$0.9504$(正态近似)，$0.9513$(二项分布)；

7.5-11　$y_4=5.08<\pi_{0.25}<y_{15}=5.27$，$y_{14}=5.27<\pi_{0.5}<y_{26}=5.31$，$y_{24}=5.30<\pi_{0.75}<y_{35}=5.35$.

7.6-1　(a) 均值为 α_1，方差为 $\sigma^2\left(\dfrac{1}{n}+\dfrac{\bar{x}^2}{\sum\limits_{i=1}^{n}(x_i-\bar{x})^2}\right)$ 的正态分布；

(b) $\hat{\alpha}_1\pm h t_{\gamma/2}(n-2)$，其中 $h=\hat{\sigma}\sqrt{\dfrac{n}{n-2}}\sqrt{\dfrac{1}{n}+\dfrac{\bar{x}^2}{\sum\limits_{i=1}^{n}(x_i-\bar{x})^2}}$.

7.6-3　(a) $[75.283,85.113]$，$[83.838,90.777]$，$[89.107,99.728]$；

(b) $[68.206,92.190]$，$[75.833,98.783]$，$[82.258,106.577]$.

7.6-5　(a) $[4.897,8.444]$，$[9.464,12.068]$，$[12.718,17.004]$；

(b) $[1.899,11.442]$，$[6.149,15.383]$，$[9.940,19.782]$.

7.6-7　(a) $[19.669,26.856]$，$[22.122,27.441]$，$[24.048,28.551]$，$[25.191,30.445]$，$[25.791,32.882]$；

(b) $[15.530,30.996]$，$[17.306,32.256]$，$[18.915,33.684]$，$[20.351,35.285]$，$[21.618,37.055]$.

7.6-9　$\hat{y}=1.1037+2.0327x-0.2974x^2+0.6204x^3$.

7.6-11　(a) $r=0.143$；(b) $\hat{y}=37.68+0.83x$；(d) 否；(e) $\hat{y}=12.845+22.566x-3.218x^2$；(f) 是.

7.6-17　$[83.341,90.259]$，$[0.478,1.553]$，$[10.265,82.578]$.

7.6-19　$[29.987,31.285]$，$[0.923,1.527]$，$[0.428,3.018]$.

第 8 章

8.1-1　(a) $1.4<1.645$，不拒绝 H_0；(b) $1.4>1.282$，拒绝 H_0；(c) p 值为 0.0808.

8.1-3　(a) $z=(\bar{x}-170)/2$，$z\geqslant1.645$；不拒绝 H_0；(c) 0.1038.

8.1-5　(a) $t=(\bar{x}-3315)/(s/\sqrt{30})\leqslant-1.699$；(b) $-1.414>-1.699$，不拒绝 H_0；

(c) $0.05<p$ 值<0.10 或者 p 值≈0.08.

8.1-7　(a) $t=(\bar{x}-47)/(s/\sqrt{20})\leqslant-1.729$；(b) $-1.789<-1.729$，拒绝 H_0；

(c) $0.025<p$ 值<0.05 或者 p 值≈0.045.

8.1-9　(a) -4.60，p 值<0.0001；(b) 显然，拒绝 H_0；(c) $[0,14.612]$ or $[0,14.573]$(正态近似).

8.1-11　$1.477<1.833$，不拒绝 H_0；

8.1-13　(a) $t \leqslant -1.729$；(b) $t = -1.994 < -1.729$，拒绝 H_0；

　　　　(c) $t = -1.994 > -2.539$，不拒绝 H_0；(d) $0.025 < p$ 值 < 0.05，p 值 $= 0.0304$.

8.2-1　(a) $t \leqslant -1.734$；(b) $t = -2.221 < -1.734$，拒绝 H_0；

8.2-3　(a) $|t| = 0.374 < 2.086$. 不拒绝 $H_0(\alpha = 0.05)$；

8.2-5　(a) $t < -1.706$；(b) $-1.714 < -1.706$，拒绝 H_0；(c) $0.025 < p$ 值 < 0.05.

8.2-7　(a) $t < -2.552$；(b) $t = -3.638 < -2.552$，拒绝 H_0；

8.2-9　(a) $t = -1.67$，$0.05 < p$ 值 < 0.10 或者 p 值 ≈ 0.054，无理由拒绝 H_0.

8.2-11　(a) $z = 2.245 > 1.645$，拒绝 H_0；(b) p 值 $= 0.0124$.

8.2-13　(a) $t = 3.440$，p 值 < 0.005，拒绝 H_0；

8.3-1　(a) $\chi^2 = \dfrac{10s^2}{525^2} \leqslant 3.940$；(b) $4.104 > 3.940$，不拒绝 H_0；

　　　　(c) $0.05 < p$ 值 < 0.10，p 值 $= 0.057$(计算机).

8.3-3　(a) $\chi^2 = 24s^2/140^2$，$\chi^2 \geqslant 36.42$；(b) $29.18 < 36.42$，不拒绝 H_0；

8.3-5　(a) $59.53 < 64.28$，拒绝 H_0；(b) $0.025 < p$ 值 < 0.05，p 值 $= 0.042$(计算机).

8.3-7　(a) $\chi^2 \geqslant 28.87$ or $s^2 \geqslant 48.117$；(b) $\beta \approx 0.10$.

8.3-9　(a) 如果 $F = s_X^2/s_Y^2 = 3.2053 \geqslant F_{0.01}(30,30)$，则拒绝 H_0；(b) $F_{0.01}(30,30) = 2.39$，拒绝 H_0；

　　　　(c) $[1.548, 6.635]$.

8.3-11　(a) $s_X^2/s_Y^2 = 0.362 < F_{0.025}(8,12) = 3.51$，$s_Y^2/s_X^2 = 2.759 < F_{0.025}(12,8) = 4.20$，不拒绝 H_0；

　　　　(b) $s_X^2/s_Y^2 = 0.818 < F_{0.025}(12,15) = 2.96$，$s_Y^2/s_X^2 = 1.222 < F_{0.025}(15,12) = 3.18$，不拒绝 H_0；

　　　　(c) $s_X^2/s_Y^2 = 1.836 < F_{0.025}(13,13) = 3.115$，$s_Y^2/s_X^2 = 0.545 < F_{0.025}(13,13) = 3.115$，不拒绝 H_0；

　　　　(d) $s_X^2/s_Y^2 = 1.318 < F_{0.025}(9,9) = 4.03$，$s_Y^2/s_X^2 = 0.759 < F_{0.025}(9,9) = 4.03$，不拒绝 H_0；

　　　　(e) $s_X^2/x_Y^2 = 0.84 < F_{0.025}(24,28) = 2.17$，$s_Y^2/s_X^2 = 1.19 < F_{0.025}(28,24) = 2.23$，不拒绝 H_0.

8.4-1　(a) 0.3032(利用 $b(100,0.08)$)，0.313(泊松近似)，0.2902(正态近似)；

　　　　(b) 0.1064(利用 $b(100,0.04)$)，0.111(泊松近似)，0.1010(正态近似)；

8.4-3　(a) $\alpha = 0.1056$；(b) $\beta = 0.3524$.

8.4-5　(a) $z = 2.269 > 1.645$，拒绝 H_0；(b) $z = 2.269 < 2.326$，不拒绝 H_0；(c) p 值 $= 0.0116$.

8.4-7　(a) $z = \dfrac{y/n - 0.40}{\sqrt{(0.40)(0.60)/n}} \geqslant 1.645$；(b) $z = 2.215 > 1.645$，拒绝 H_0；

8.4-9　(a) $H_0: p = 0.037$，$H_1: p > 0.037$；(b) $z = (y/300 - p_0)/\sqrt{p_0(1-p_0)/300} \geqslant 2.326$，$p_0 = 0.037$；

　　　　(c) $z = 2.722 > 2.326$，拒绝 H_0；

8.4-11　(a) $|z| \geqslant 1.960$；(b) $1.726 < 1.960$，不拒绝 H_0；

8.4-13　$[0.007, 0.071]$；是的，因为 $2.346 > 1.96$.

8.4-15　(a) $P($至少有一个匹配$) = 1 - P($都不匹配$) = 1 - \dfrac{52}{52}\cdots\dfrac{47}{52} = 0.259$.

8.5-1　(a) $-55 < -47.08$，拒绝 H_0，(b) 0.0296；(c) $9 < 10$，不拒绝 H_0；(d) p 值 $= 0.013\ 34$.

8.5-3　(a) $y = 17$，p 值 $= 0.0539$；(b) $w = 171$，p 值 $= 0.0111$；(c) $t = 2.608$，p 值 $= 0.0077$.

8.5-5　$w = 54$，单边备择假设的 p 值 ≈ 0.0661，不拒绝 H_0.

8.5-7　(a) $y = 5$，不拒绝 H_0；(b) p 值 $= 0.2120$；(c) $z = 2.072 > 1.645(\alpha = 0.05)$，拒绝 H_0；(d) p 值 $= 0.0191$.

8.5-9　(a) $w = 65$，p 值 ≈ 0.0028，拒绝 H_0；

8.5-11　(a) $w = 115$，p 值 ≈ 0.4727，不拒绝 H_0；

8.5-13　(a) $w = 102.5$, p 值 ≈ 0.8798, 不拒绝 H_0;

8.5-15　(a) $w = 139$, p 值 ≈ 0.0057, 拒绝 H_0; (b) $w = 109$, p 值 ≈ 0.7913, 不拒绝 H_0;

　　　　(c) $w = 102$, p 值 ≈ 0.8499, 不拒绝 H_0;

8.6-1　(a) $K(\mu) = \Phi\left(\dfrac{22.5-\mu}{3/2}\right)$; $\alpha = 0.0478$; (b) $\bar{x} = 24.1225 > 22.5$, 不拒绝 H_0; (c) 0.2793.

8.6-3　X, 在 H_0 之下, 非艾奥瓦州出生的学生人数服从 $b(25, 0.4)$;

　　　　(a) $\alpha = 0.0638$; (b) $K(p) = 1 - \displaystyle\sum_{k=6}^{14} \binom{25}{k} p^k (1-p)^{25-k}$; (c) $K(0.2) = 0.6167$.

8.6-5　$n = 25$, $c = 1.6$.

8.6-7　(a) $K(p) = \displaystyle\sum_{y=14}^{25} \binom{25}{y} p^y (1-p)^{25-y}$, $0.40 \leqslant p \leqslant 1.0$; (b) $\alpha = 0.0778$;

　　　　(c) 0.1827, 0.3450, 0.7323, 0.9558, 0.9985, 1.0000; (d) 是; (e) 0.0344.

8.6-9　$n = 40$, $c = 678.38$.

8.6-11　由正态近似有 $n = 130$, $c = 8.61$, $\alpha = 0.0498$, $\beta = 0.0997$; 由二项分布在临界区域 $Y \geqslant 9$, $n = 130$,

　　　　$\alpha = 0.0643$, $\beta = 0.0880$.

8.6-13　(a) $K(\theta) = \displaystyle\int_0^2 \dfrac{1}{\Gamma(3)\theta^3} x^{3-1} e^{-x/\theta} \mathrm{d}x$; (b) $K(\theta) = 1 - \displaystyle\sum_{y=0}^{2} \dfrac{(2/\theta)^y}{y!} e^{-2/\theta}$;

　　　　(c) $K(2) = 0.080$, $K(1) = 0.323$, $K(1/2) = 0.762$, $K(1/4) = 0.986$.

8.7-1　(a) $\dfrac{L(80)}{L(76)} = \exp\left[\dfrac{8}{128} \displaystyle\sum_{i=1}^{n} x_i - \dfrac{624n}{128}\right] \leqslant k$ 或 $\bar{x} \leqslant c$; (b) $n = 43$, $c = 78$.

8.7-3　(a) $\dfrac{L(3)}{L(5)} \leqslant k$ 当且仅当 $\displaystyle\sum_{i=1}^{n} x_i \geqslant (-15/2)\left[\ln(k) - \ln(5/3)^n\right] = c$;

　　　　(b) $\bar{x} \geqslant 4.15$; (c) $\bar{x} \geqslant 4.15$; (d) 是.

8.7-5　(a) $\dfrac{L(50)}{L(\mu_1)} \leqslant k$ 当且仅当 $\bar{x} \leqslant \dfrac{(-72)\ln(k)}{2n(\mu_1-50)} + \dfrac{50+\mu_1}{2} = c$.

8.7-7　(a) $\dfrac{L(0.5)}{L(\mu)} \leqslant k$ 当且仅当 $\displaystyle\sum_{i=1}^{n} x_i \geqslant \dfrac{\ln(k) + n(0.5-\mu)}{\ln(0.5/\mu)} = c$; (b) $\displaystyle\sum_{i=1}^{10} x_i \geqslant 9$.

8.7-9　$K(\theta) = P(Y \leqslant 1) = (1-\theta)^5 + 5\theta(1-\theta)^4 = (1-\theta)^4(1+4\theta)$, $0 < \theta \leqslant 1/2$.

8.8-1　(a) $|-1.80| > 1.645$, 拒绝 H_0; (b) $|-1.80| < 1.96$, 不拒绝 H_0; (c) p 值 $= 0.0718$.

8.8-3　(a) $\bar{x} \geqslant 230 + 10 z_\alpha/\sqrt{n}$ or $\dfrac{\bar{x}-230}{10/\sqrt{n}} \geqslant z_\alpha$; (b) 是的; (c) $1.04 < 1.282$, 不拒绝 H_0; (d) p 值 $= 0.1492$. 522

8.8-5　(a) $|2.10| < 2.306$, 不拒绝 H_0; $0.05 < p$ 值 < 0.10. (p 值 $= 0.069$)

8.8-7　$2.20 > 1.282$, 拒绝 H_0; p 值 $= 0.0139$.

8.8-9　(a) 当 $\mu_X = \mu_Y = \mu$ 和 $\sigma_X^2 = \sigma_Y^2 = \sigma^2$,

$$\hat{\mu} = \dfrac{\displaystyle\sum_{i=1}^{n_X} x_i + \displaystyle\sum_{i=1}^{n_Y} y_i}{n_X + n_Y}, \qquad \hat{\sigma}^2 = \dfrac{\displaystyle\sum_{i=1}^{n_X} (x_i - \hat{\mu})^2 + \displaystyle\sum_{i=1}^{n_Y} (y_i - \hat{\mu})^2}{n_X + n_Y}$$

当 $\mu_X \neq \mu_Y$ 且 $\sigma_X^2 = \sigma_Y^2 = \sigma^2$,

$$\hat{\mu}_X = \bar{x}, \quad \hat{\mu}_Y = \bar{y}, \quad \hat{\sigma}^2 = \frac{\sum_{i=1}^{n_X} (x_i - \bar{x})^2 + \sum_{i=1}^{n_Y} (y_i - \bar{y})^2}{n_X + n_Y}$$

$$\lambda = \frac{1}{\left\{ 1 + (\bar{x} - \bar{y})^2 \Big/ \left[\sum_{i=1}^{n_X} (x_i - \bar{x})^2 + \sum_{i=1}^{n_Y} (y_i - \bar{y})^2 \right] \right\}^{(n_X + n_Y)/2}}$$

它们是自由度为 $n_X + n_Y - 2$ 的 t 分布随机变量的函数:

$$t = c \frac{\bar{x} - \bar{y}}{\sqrt{\sum_{i=1}^{n_X} (x_i - \bar{x})^2 + \sum_{i=1}^{n_Y} (y_i - \bar{y})^2}}$$

(b) 当 H_0 为真, $\hat{\mu}_X = \bar{x}$, $\hat{\mu}_Y = \bar{y}$, $\hat{\sigma}^2 = \dfrac{\sum_{i=1}^{n_X} (x_i - \bar{x})^2 + \sum_{i=1}^{n_Y} (y_i - \hat{y})^2}{n_X + n_Y}$.

当 H_1 为真, $\hat{\mu}_X = \bar{x}$, $\hat{\mu}_Y = \bar{y}$,

$$\hat{\sigma}_X^2 = \frac{1}{n_X} \sum_{i=1}^{n_X} (x_i - \bar{x})^2, \quad \hat{\sigma}_Y^2 = \frac{1}{n_Y} \sum_{i=1}^{n_Y} (y_i - \bar{y})^2$$

$$\lambda = \frac{(n_X + n_Y)^{(n_X + n_Y)/2}}{n_X^{n_X/2} n_Y^{n_Y/2}} \frac{\left[\sum_{i=1}^{n_Y} (y_i - \bar{y})^2 \Big/ \sum_{i=1}^{n_X} (x_i - \bar{x})^2 \right]^{n_Y/2}}{\left[1 + \sum_{i=1}^{n_Y} (y_i - \bar{y})^2 \Big/ \sum_{i=1}^{n_X} (x_i - \bar{x})^2 \right]^{(n_X + n_Y)/2}}$$

它们是自由为 $n_Y - 1$ 和 $n_X - 1$ 的 F 分布随机变量的函数:

$$F = \frac{\sum_{i=1}^{n_Y} (y_i - \bar{y})^2 / (n_Y - 1)}{\sum_{i=1}^{n_X} (x_i - \bar{x})^2 / (n_X - 1)}$$

8.8-11 (a) $\hat{\beta} = \dfrac{\sum_{i=1}^{n} x_i y_i}{\sum_{i=1}^{n} x_i^2}$; $\hat{\sigma}^2 = \dfrac{1}{n} \sum_{i=1}^{n} (y_i - \hat{\beta} x_i)^2$

$$\lambda = \left[\frac{1}{1 + \hat{\beta}^2 \sum_{i=1}^{n} x_i^2 \Big/ \sum_{i=1}^{n} (y_i - \hat{\beta} x_i)^2} \right]^{n/2};$$

(b) λ 是自由度为 $n-1$ 的 t 分布 $T = c \dfrac{\hat{\beta} \sqrt{\sum_{i=1}^{n} x_i^2}}{\sqrt{\sum_{i=1}^{n} (y_i - \hat{\beta} x_i)^2}}$ 的函数.

第9章

9.1-1　$6.25 < 7.815$，若 $\alpha = 0.05$，不拒绝 H_0；p 值 ≈ 0.10.

9.1-3　$7.60 < 16.92$，不拒绝 H_0.

9.1-5　(a) $q_3 \geqslant 7.815$；(b) $q_3 = 1.744 < 7.815$，不拒绝 H_0.

9.1-7　将最后两类分组：利用表Ⅲ，$2.750 < 9.210$，不分组：$3.464 < 11.34$；利用计算机软件，$2.589 < 9.210$，不分组：$3.730 < 11.34$. 在这两种情况下，不拒绝 H_0.

9.1-9　$q_4 = 3.741 < \chi^2_{0.05}(4) = 9.488$，所以计数支持空间随机性假说.

9.1-11　使用 10 组相同的概率，$4.44 < 14.07 = \chi^2_{0.05}(7)$，故不拒绝 H_0.

9.1-13　$\bar{x} = 320.10$，$s^2 = 45.56$；利用类边界 $303.5, 307.5, \cdots, 335.5$，$q = 3.21 < 11.07 = \chi^2_{0.05}(5)$，不拒绝 H_0.

9.2-1　$3.23 < 11.07$，不拒绝 H_0.

9.2-3　$2.40 < 5.991$，不拒绝 H_0.

9.2-5　$5.975 < \chi^2_{0.05}(2) = 5.991$，不拒绝原假设；但是 p 值 ≈ 0.05.

9.2-7　$8.449 < \chi^2_{0.05}(4) = 9.488$，不拒绝原假设；$0.05 < p$ 值 < 0.10；p 值 $= 0.076$.

9.2-9　$4.149 > \chi^2_{0.05}(1) = 3.841$，拒绝独立性假设.

9.2-11　$23.78 > 21.03$，拒绝不独立性假设.

9.2-13　(a) $39.591 > 9.488$，拒绝不独立性假设. (b) $7.117 > 5.991$，拒绝不独立性假设.
　　　　(c) $11.398 > 9.488$，拒绝不独立性假设. (d) 相应的 p 值小于 < 0.001，0.028，0.022.

9.3-1　$7.875 > 4.26$，拒绝 H_0.

9.3-3　$13.773 > 4.07$，拒绝 H_0.

9.3-5　(a)

来源	误差平方和	自由度	平均误差平方和	F 统计量	p 值
治疗	31.112	2	15.556	22.33	0.000
误差	29.261	42	0.697		
总误差	60.372	44			

　　　　(b) 相应的均值为 23.114，22.556 和 21.120，最短的蛋在最小的鸟的巢里.

9.3-7　$14.757 > 2.87$，拒绝 H_0.

9.3-9　(a) $F \geqslant 4.07$；(b) $4.106 > 4.07$，拒绝 H_0. (c) $4.106 < 5.42$，不拒绝 H_0.
　　　　(d) $0.025 < p$ 值 < 0.05，p 值 ≈ 0.05.

9.3-11　$10.224 > 4.26$，拒绝 H_0.

9.3-13　(a) $F \geqslant 5.61$；(b) $6.337 > 5.61$，拒绝 H_0.

9.3-15　(a) $F = 12.47$，p 值 $= 0.00149$，在饲料补充剂上似乎有统计差异.
　　　　(b) 是的，补充剂 B 表现最好，补充剂 C 表现最差. 其中 $\bar{x}_1 = 590$，$\bar{x}_2 = 758$，$\bar{x}_3 = 482$.

9.4-1　$18.00 > 5.14$，拒绝 H_A.

9.4-3　(a) $7.624 > 4.46$，拒绝 H_A. (b) $15.538 > 3.84$，拒绝 H_B.

9.4-5　(a) $1.723 < 2.90$，接受 H_{AB}；(b) $5.533 > 4.15$，拒绝 H_A. (c) $28.645 > 2.90$，拒绝 H_B.

9.4-7　(a) $1.727 < 2.37$，接受 H_{AB}；(b) $2.238 < 3.27$，不拒绝 H_A. (c) $2.063 < 2.87$，不拒绝 H_B.

9.4-9　(a)

来源	误差平方和	自由度	平均误差平方和	F 统计量	p 值
吸烟历史	84.899	2	42.449	12.90	0.000
测试	298.072	2	149.036	45.28	0.000
交互	2.815	4	0.704	0.21	0.927
误差	59.247	18	3.291		
总误差	445.032	26			

9.5-1

$$2^2 \text{ 设计}$$

运行	A	B	AB	观测	运行	A	B	AB	观测
1	−	−	+	X_1	3	−	+	−	X_3
2	+	−	−	X_2	4	+	+	+	X_4

(a) $[A] = (-X_1 + X_2 - X_3 + X_4)/4$, $[B] = (-X_1 - X_2 + X_3 + X_4)/4$, $[AB] = (X_1 - X_2 - X_3 + X_4)/4$;

(b) 可以比较方程两边关于 X_1^2, $X_1 X_2$, $X_1 X_3$ 和 $X_1 X_4$ 的系数得到它们分别是 $3/4$, $-1/2$ 和 $-1/2$.

(c) 每个是 $\chi^2(1)$.

9.5-3　$[A]$ 是 $N(0, \sigma^2/2)$, 所以 $E[(X_2 - X_1)^2/4] = \sigma^2/2$ 或者 $E[(X_2 - X_1)^2/2] = \sigma^2$.

9.5-5　(a) $[A] = -4$, $[B] = 12$, $[C] = -1.125$, $[D] = -2.75$, $[AB] = 0.5$, $[AC] = 0.375$, $[AD] = 0$, $[BC] = -0.625$, $[BD] = 2.25$, $[CD] = -0.125$, $[ABC] = -0.375$, $[ABD] = 0.25$, $[ACD] = -0.125$, $[BCD] = -0.375$, $[ABCD] = -0.125$;

(b) 显然存在温度(A)效应. 还有催化剂电荷(B)效应, 可能还有浓度(D)和温度-浓度(BD)效应

9.6-1　$4.359 > 2.306$, 拒绝 H_0.

9.6-3　$-0.45 < -0.3808$, 拒绝 H_0.

9.6-5　$[0.419, 0.802]$.

9.6-7　$|r| = 0.252 < 0.6613$, 不拒绝 H_0.

9.6-11　$n = 9$.

9.7-1　(a) $\bar{\bar{x}} = 158.97$, $\bar{s} = 12.1525$, $\bar{R} = 30.55$; (f) 是的.

9.7-3　(a) $\bar{\bar{x}} = 5.176 + 330 = 335.176$, $\bar{s} = 0.5214$, $\bar{R} = 1.294$; (f) 是的.

9.7-5　(b) $E(\sqrt{Y}) = \dfrac{\sqrt{2}\,\Gamma\left(\dfrac{n}{2}\right)}{\Gamma\left(\dfrac{n-1}{2}\right)}$; (c) $S = \dfrac{\sigma\sqrt{Y}}{\sqrt{n-1}}$, 所以 $E(S) = \dfrac{\sqrt{2}\,\Gamma\left(\dfrac{n}{2}\right)}{\sqrt{n-1}\,\Gamma\left(\dfrac{n-1}{2}\right)}\sigma$.

9.7-7　LCL = 0, UCL = 0.1024; (a) 0.0378; (b) 0.1752.

9.7-9　(a) LCL = 0, UCL = 13.99; (b) 是.

附录 D　数学技术综述

D.1　集的代数

被考虑的对象的总体称为**全集**，用 S 表示. S 中的每个对象称为 S 的一个**元素**. 如果集合 A 的所有元素都在 S 中，那么 A 称为 S 的一个**子集**. 在概率应用中，S 通常表示**样本空间**. **事件** A 是一个实验的可能结果的集合，是 S 的子集. 我们说，如果实验的结果是 A 的元素，则表示事件 A 发生. 集合或事件 A 可以通过列出其所有元素或定义其元素必须满足的性质来描述.

例 D.1-1　四个面是等边三角形的立体图形被称为正四面体，将四面体的四个面分别编号为 1，2，3，4. 当掷出四面体时，实验的结果表示向下的面上标记的数字. 如果四面体滚动两次，并且我们记录第一次掷出和第二次掷出的实验结果，则样本空间如图 D.1-1 所示.

设事件 A 表示第二次实验结果为 1 或 2 的事件. 也就是说，

$$A = \{(x, y): y = 1 \quad \text{或} \quad y = 2\}$$

令

$$B = \{(x, y): x + y = 6\} = \{(2, 4), (3, 3), (4, 2)\}$$

令

$$C = \{(x, y): x + y \geq 7\} = \{(4, 3), (3, 4), (4, 4)\}$$

事件 A，B 和 C 如图 D.1-1 所示.　　　　　　　　　　　　■

当 a 是 A 的一个元素时，我们记 $a \in A$. 当 a 不是 A 的元素时，我们记 $a \notin A$. 因此，在例 D.1-1 中，我们有 $(3,1) \in A$ 和 $(1,3) \notin A$. 如果集合 A 中的每个元素也是 B 的元素，那么 A 是 B 的一个**子集**，我们记 $A \subset B$，从概率上来讲，如果事件 A 发生时事件 B 发生，那么 $A \subset B$. 两个集合 A 和 B 相等（即 $A = B$），当且仅当 $A \subset B$ 且 $B \subset A$. 注意 $A \subset A$ 和 $A \subset S$ 总是成立的，其中 S 是全集. 我们用 $\varnothing$ 表示不包含任何元素的集合. 此集合称为 NULL 或**空集**. 对于所有集合 A，$\varnothing \subset A$.

包含 A 或 B 的元素的集合称为 A，B 的**并集**，表示为 $A \cup B$. 包含 A 和 B 的元素的集合称为 A，B 的**交集**，表示为 $A \cap B$.

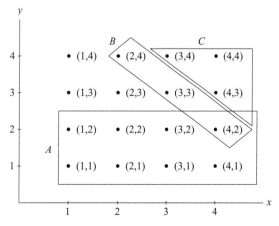

图 D.1-1　四面骰子掷两次的样本空间

集合 A 的**补集**表示不在集合 A 中的全集 S 中元素的集合，记为 A'. 在概率论中，如果 A 和 B 两个事件中至少有一个事件发生，那么记为 $A \cup B$；若两个事件都发生，则记为 $A \cap B$. A 未发生的事件记为 A'，A 未发生但 B 发生记为 $A'B$. 如果 $A \cap B = \varnothing$，则称 A 和 B **互斥**. 例如，在例 D.1-1 中，$B \cup C = \{(x,y) : x+y \geq 6\}$，$A \cap B = \{(4,2)\}$，$A \cap C = \varnothing$，注意，事件 A 和 C 是互斥的. 此外，$C' = \{(x,y) : x+y \leq 6\}$.

并集和交集的运算可推广到两个集合以上. 设 $A_1, A_2, \cdots, A_n$ 是一组有限集合. 那么并集

$$A_1 \cup A_2 \cup \cdots \cup A_n = \bigcup_{k=1}^{n} A_k$$

表示至少属于其中一个 A_k 的元素集合，$k = 1, 2, \cdots, n$. 交集

$$A_1 \cap A_2 \cap \cdots \cap A_n = \bigcap_{k=1}^{n} A_k$$

表示集合中的元素属于每个集合 A_k，$k = 1, 2, \cdots, n$. 类似地，令 $A_1, A_2, \cdots, A_n, \cdots$ 是可数个集合. 则 x 属于**并集**

$$A_1 \cup A_2 \cup A_3 \cup \cdots = \bigcup_{k=1}^{\infty} A_k$$

如果 x 至少属于一个 A_k，$k = 1, 2, 3, \cdots$. 此外，x 属于**交集**

$$A_1 \cap A_2 \cap A_3 \cap \cdots = \bigcap_{k=1}^{\infty} A_k$$

如果 x 属于所有的 A_k，，$k = 1, 2, 3, \cdots$.

例 D.1-2　令

$$A_k = \left\{ x : \frac{10}{k+1} \leq x \leq 10 \right\}, \quad k = 1, 2, 3, \cdots$$

则

$$\bigcup_{k=1}^{8} A_k = \left\{ x : \frac{10}{9} \leq x \leq 10 \right\}$$

$$\bigcup_{k=1}^{\infty} A_k = \{ x : 0 < x \leq 10 \}$$

由于 0 不在上面任一个集合 A_k 中，因此上述并集不包含 0 元素. 此外，有

$$\bigcap_{k=1}^{8} A_k = \{ x : 5 \leq x \leq 10 \} = A_1$$

和

$$\bigcap_{k=1}^{\infty} A_k = \{ x : 5 \leq x \leq 10 \} = A_1$$

成立，因为 $A_1 \subset A_k$，$k = 1, 2, 3, \cdots$. ■

用维恩图解释集合运算是一种简便方法. 在图 D.1-2 中，全集 S 由矩形及其内部表示，S 的子集由椭圆所包围的点以及这些子集的并集来表示. 所考虑的集合是阴影区域.

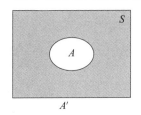 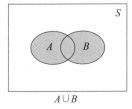 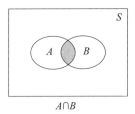 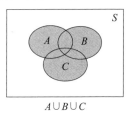

$$A'\qquad\qquad A\cup B\qquad\qquad A\cap B\qquad\qquad A\cup B\cup C$$

图 D.1-2　集合的代数运算

集合运算满足多个性质. 例如，如果 A，B 和 C 是 S 的子集，则我们有以下定律：

交换律：
$$A \cup B = B \cup A$$
$$A \cap B = B \cap A$$

结合律：
$$(A \cup B) \cup C = A \cup (B \cup C)$$
$$(A \cap B) \cap C = A \cap (B \cap C)$$

分配律：
$$A \cap (B \cup C) = (A \cap B) \cup (A \cap C)$$
$$A \cup (B \cap C) = (A \cup B) \cap (A \cup C)$$

德摩根定律：
$$(A \cup B)' = A' \cap B'$$
$$(A \cap B)' = A' \cup B'$$

527

一个维恩图将被用来证明德摩根定律的第一定律. 在图 D.1-3a 中，$A \cup B$ 由水平线表示，因此 $(A \cup B)'$ 是由垂直线表示的区域. 在图 D.1-3b 中，A' 用水平线表示，B' 用垂直线表示. 元素属于 $A' \cap B'$，如果它属于 A' 和 B'. 因此，交叉区域代表 $A' \cap B'$. 显然，这个交叉区域与图 D.1-3a 中的垂直线阴影相同.

图 D.1-3　维恩图说明德摩根定律

528

D.2　超几何分布的数学工具

设随机变量 X 具有超几何分布. 也就是说，X 的概率密度函数为

$$f(x) = \frac{\dbinom{N_1}{x}\dbinom{N_2}{n-x}}{\dbinom{N_1+N_2}{n}} = \frac{\dbinom{N_1}{x}\dbinom{N_2}{n-x}}{\dbinom{N}{n}}, \quad x \leqslant n,\, x \leqslant N_1,\, n-x \leqslant N_2$$

为了证明 $\sum\limits_{x=0}^{n} f(x) = 1$，同时为了求得随机变量 X 的均值和方差，我们使用下面的定理.

定理 D. 2-1

$$\binom{N}{n} = \sum_{x=0}^{n} \binom{N_1}{x}\binom{N_2}{n-x}$$

其中，$N = N_1 + N_2$；若 $j > k$，则 $\binom{k}{j} = 0$.

证明　因为 $N = N_1 + N_2$，我们有：

$$(1+y)^N \equiv (1+y)^{N_1}(1+y)^{N_2} \tag{D. 2-1}$$

我们将扩展每一个二项式，因为等式两边的多项式是相等的，公式（D.2-1）中两侧的 y^n 的系数必须相等. 利用二项展开式，我们将公式（D.2-1）的左侧展开为

$$(1+y)^N = \sum_{k=0}^{N} \binom{N}{k} y^k = \binom{N}{0} + \binom{N}{1}y + \cdots + \binom{N}{n}y^n + \cdots + \binom{N}{N}y^N$$

公式（D.2-1）的右边展开为

$$(1+y)^{N_1}(1+y)^{N_2} = \left[\binom{N_1}{0} + \binom{N_1}{1}y + \cdots + \binom{N_1}{n}y^n + \cdots + \binom{N_1}{N_1}y^{N_1} \right] \times$$

$$\left[\binom{N_2}{0} + \binom{N_2}{1}y + \cdots + \binom{N_2}{n}y^n + \cdots + \binom{N_2}{N_2}y^{N_2} \right]$$

y^n 的系数为

$$\binom{N_1}{0}\binom{N_2}{n} + \binom{N_1}{1}\binom{N_2}{n-1} + \cdots + \binom{N_1}{n}\binom{N_2}{0} = \sum_{x=0}^{n} \binom{N_1}{x}\binom{N_2}{n-x}$$

且该系数必须等于公式（D.2-1）左边 y^n 的系数 $\binom{N}{n}$.　□

根据定理 D.2-1，我们发现如果 X 具有概率分布函数为 $f(x)$ 的超几何分布，则

$$\sum_{x=0}^{n} f(x) = \sum_{x=0}^{n} \frac{\binom{N_1}{x}\binom{N_2}{n-x}}{\binom{N}{n}} = 1$$

为了找到超几何随机变量的均值和方差，注意到在 $n > 0$ 的情况下，

$$\binom{N}{n} = \frac{N!}{n!(N-n)!} = \frac{N}{n} \cdot \frac{(N-1)!}{(n-1)!(N-n)!} = \frac{N}{n}\binom{N-1}{n-1}$$

超几何随机变量 X 的均值是

$$\mu = \sum_{x=0}^{n} xf(x) = \frac{\displaystyle\sum_{x=1}^{n} x \cdot \frac{N_1!}{x!(N_1-x)!} \cdot \frac{N_2!}{(n-x)!(N_2-n+x)!}}{\binom{N}{n}}$$

$$= \frac{N_1 \sum_{x=1}^{n} \frac{(N_1 - 1)!}{(x-1)!(N_1 - x)!} \cdot \frac{N_2!}{(n-x)!(N_2 - n + x)!}}{\binom{N}{n}}$$

如果我们求和式中作变量替换 $k = x - 1$，且在分母中用 $\binom{N}{n}\binom{N-1}{n-1}$ 代替 $\binom{N}{n}$，则上式变为

$$\mu = \frac{N_1}{\binom{N}{n}} \frac{\sum_{k=0}^{n-1} \frac{(N_1 - 1)!}{k!(N_1 - 1 - k)!} \cdot \frac{N_2!}{(n-k-1)!(N_2 - n + k + 1)!}}{\binom{N-1}{n-1}}$$

$$= n\left(\frac{N_1}{N}\right) \frac{\sum_{k=0}^{n-1} \binom{N_1 - 1}{k}\binom{N_2}{n-1-k}}{\binom{N-1}{n-1}} = n\left(\frac{N_1}{N}\right)$$

因为，由定理 D.2-1，求和表达式中的 μ 等于 $\binom{N-1}{n-1}$。

注意到

$$\text{Var}(X) = \sigma^2 = E[(X - \mu)^2] = E[X^2] - \mu^2 = E[X(X-1)] + E(X) - \mu^2$$

因此，为了得到 X 的方差，我们首先需要得到 $E[X(X-1)]$：

$$E[X(X-1)] = \sum_{x=0}^{n} x(x-1) f(x) = \frac{\sum_{x=2}^{n} x(x-1) \frac{N_1!}{x!(N_1 - x)!} \cdot \frac{N_2!}{(n-x)!(N_2 - n + x)!}}{\binom{N}{n}}$$

$$= N_1(N_1 - 1) \frac{\sum_{x=2}^{n} \frac{(N_1 - 2)!}{(x-2)!(N_1 - x)!} \cdot \frac{N_2!}{(n-x)!(N_2 - n + x)!}}{\binom{N}{n}}$$

在求和中，令 $k = x - 2$，在分母中，记

$$\binom{N}{n} = \frac{N!}{n!(N-n)!} = \frac{N(N-1)}{n(n-1)}\binom{N-2}{n-2}$$

因此，由定理 D.2-1 得

$$E[X(X-1)] = \frac{N_1(N_1 - 1)}{\frac{N(N-1)}{n(n-1)}} \sum_{k=0}^{n-2} \frac{\binom{N_1 - 2}{k}\binom{N_2}{n-2-k}}{\binom{N-2}{n-2}} = \frac{N_1(N_1 - 1)(n)(n-1)}{N(N-1)}$$

因此, 在一些代数运算之后, 超几何随机变量的方差是

$$\sigma^2 = \frac{N_1(N_1-1)(n)(n-1)}{N(N-1)} + \frac{nN_1}{N} - \left(\frac{nN_1}{N}\right)^2 = n\left(\frac{N_1}{N}\right)\left(\frac{N_2}{N}\right)\left(\frac{N-n}{N-1}\right)$$

D.3 极限

在这节, 我们将向读者介绍许多关于微积分及相关主题的优秀书籍. 这里我们简单地给出一些我们在概率和统计中最有用的知识点.

在微积分课程早期, 讨论了下面极限的存在性用字母 e 表示:

$$e = \lim_{t \to 0} (1+t)^{1/t} = \lim_{n \to \infty} \left(1+\frac{1}{n}\right)^n$$

当然, 这里的 e 是无理数, 有六个重要数字, 等于 2.718 28.

通常, 某些极限具有的价值是容易理解的. 例如, $-1<r<1$, 几何级数之和可写作

$$\lim_{n \to \infty} (1+r+r^2+\cdots+r^{n-1}) = \lim_{n \to \infty} \left(\frac{1-r^n}{1-r}\right) = \frac{1}{1-r}$$

也就是说, 很容易可以确定比率 $(1-r^n)/(1-r)$ 的极限, 因为当 $-1<r<1$ 时, $\lim\limits_{n \to \infty} r^n = 0$.

然而, 并不是说每个比率的极限都很容易确定, 比如我们考虑

$$\lim_{b \to \infty} (be^{-b}) = \lim_{b \to \infty} \left(\frac{b}{e^b}\right)$$

因为该式中分子和分母都是区域无穷的, 所以我们可以使用**洛必达法则**求分子和分母的导数的极限. 从而有

$$\lim_{b \to \infty} \left(\frac{b}{e^b}\right) = \lim_{b \to \infty} \left(\frac{1}{e^b}\right) = 0$$

这一结果可用于积分的计算

$$\int_0^\infty xe^{-x}\,dx = \lim_{b \to \infty} \int_0^b xe^{-x}\,dx = \lim_{b \to \infty} [-xe^{-x} - e^{-x}]_0^b = \lim_{b \to \infty} [1 - be^{-b} - e^{-b}] = 1$$

因为

$$\frac{d}{dx}[-xe^{-x} - e^{-x}] = xe^{-x} - e^{-x} + e^{-x} = xe^{-x}$$

也就是说, $-xe^{-x} - e^{-x}$ 是 xe^{-x} 的导数.

另一个重要的极限是

$$\lim_{n \to \infty} \left(1+\frac{b}{n}\right)^n = \lim_{n \to \infty} e^{n\ln(1+b/n)}$$

其中 b 是常数.

因为指数函数是连续的, 所以极限可以先作用在指数部分, 也就是说,

$$\lim_{n \to \infty} \exp[n\ln(1+b/n)] = \exp[\lim_{n \to \infty} n\ln(1+b/n)]$$

根据洛必达法则，指数部分的极限等于

$$\lim_{n \to \infty} \frac{\ln(1 + b/n)}{1/n} = \lim_{n \to \infty} \frac{\frac{-b/n^2}{1 + b/n}}{-1/n^2} = \lim_{n \to \infty} \frac{b}{1 + b/n} = b$$

因为这个极限等于 b，所以原极限为

$$\lim_{n \to \infty} \left(1 + \frac{b}{n} \right)^n = e^b$$

当 $b = -1$ 时，这个极限在概率中广泛应用：

$$\lim_{n \to \infty} \left(1 - \frac{1}{n} \right)^n = e^{-1}$$

D.4　无穷级数

函数 $f(x)$ 在 $x = b$ 点处具有各阶导数，则可以得到以下泰勒级数展开：

$$f(x) = f(b) + \frac{f'(b)}{1!}(x - b) + \frac{f''(b)}{2!}(x - b)^2 + \frac{f'''(b)}{3!}(x - b)^3 + \cdots$$

若 $b = 0$，则所得的特殊展开又被称为**麦克劳林级数**：

$$f(x) = f(0) + \frac{f'(0)}{1!}x + \frac{f''(0)}{2!}x^2 + \frac{f'''(0)}{3!}x^3 + \cdots$$

例如，取 $f(x) = e^x$，它的各阶导数为 $f^{(r)}(x) = e^x$，则 $f^{(r)}(0) = e^0 = 1$，$r = 1, 2, 3, \cdots$，因此，$f(x) = e^x$ 的麦克劳林级数为

$$e^x = 1 + \frac{x}{1!} + \frac{x^2}{2!} + \frac{x^3}{3!} + \frac{x^4}{4!} + \cdots$$

由**比率检验**，

$$\lim_{n \to \infty} \left| \frac{x^n/n!}{x^{n-1}/(n-1)!} \right| = \lim_{n \to \infty} \left| \frac{x}{n} \right| = 0$$

表明 e^x 的麦克劳林级数展开收敛于 x 的所有实值.

注意，例如，

$$e = 1 + \frac{1}{1!} + \frac{1}{2!} + \frac{1}{3!} + \cdots$$

$$e^{-1} = 1 - \frac{1}{1!} + \frac{1}{2!} - \frac{1}{3!} + \cdots + \frac{(-1)^n}{n!} + \cdots$$

作为另一个例子，考虑

$$h(w) = (1 - w)^{-r}$$

其中 r 是正整数. 在这里

533

$$h'(w) = r(1-w)^{-(r+1)}$$

$$h''(w) = (r)(r+1)(1-w)^{-(r+2)}$$

$$h'''(w) = (r)(r+1)(r+2)(1-w)^{-(r+3)}$$

$$\vdots$$

一般来说，$h^{(k)}(0) = (r)(r+1)\cdots(r+k-1) = (r+k-1)! / (r-1)!$，因此

$$(1-w)^{-r} = 1 + \frac{(r+1-1)!}{(r-1)!\,1!}w + \frac{(r+2-1)!}{(r-1)!\,2!}w^2 + \cdots + \frac{(r+k-1)!}{(r-1)!\,k!}w^k + \cdots$$

$$= \sum_{k=0}^{\infty} \binom{r+k-1}{r-1} w^k$$

这通常被称为负二项级数. 利用比率检验，我们得到

$$\lim_{n \to \infty} \left| \frac{w^n(r+n-1)!/[(r-1)!\,n!]}{w^{n-1}(r+n-2)!/[(r-1)!\,(n-1)!]} \right| = \lim_{n \to \infty} \left| \frac{w(r+n-1)}{n} \right| = |w|$$

因此，当 $|W| < 1$，或 $-1 < W < 1$ 时，级数收敛.

负二项随机变量的命名源于负二项级数，在给出两者关系之前，我们注意到，当 $-1 < w < 1$ 时，有如下等式成立：

$$h(w) = \sum_{k=0}^{\infty} \binom{r+k-1}{r-1} w^k = (1-w)^{-r}$$

$$h'(w) = \sum_{k=1}^{\infty} \binom{r+k-1}{r-1} k w^{k-1} = r(1-w)^{-r-1}$$

$$h''(w) = \sum_{k=2}^{\infty} \binom{r+k-1}{r-1} k(k-1) w^{k-2} = r(r+1)(1-w)^{-r-2}$$

负二项随机变量 X 的概率分布函数是

$$g(x) = \binom{x-1}{r-1} p^r q^{x-r}, \quad x = r, r+1, r+2, \cdots$$

在 $h(w) = (1-w)^{-r}$ 的级数展开中，令 $x = k+r$，有

$$\sum_{x=r}^{\infty} \binom{x-1}{r-1} w^{x-r} = (1-w)^{-r}$$

在这个方程中，令 $w = q$，我们得到

$$\sum_{x=r}^{\infty} g(x) = \sum_{x=r}^{\infty} \binom{x-1}{r-1} p^r q^{x-r} = p^r(1-q)^{-r} = 1$$

也就是说，$g(x)$ 满足概率分布函数的性质.

为了得到 X 的均值，我们首先求出

$$E(X - r) = \sum_{x=r}^{\infty} (x - r)\binom{x - 1}{r - 1} p^r q^{x-r} = \sum_{x=r+1}^{\infty} (x - r)\binom{x - 1}{r - 1} p^r q^{x-r}$$

然后在后一个求和式中令 $k = x - r$，并利用 $h'(w)$ 的展开有

$$E(X - r) = \sum_{k=1}^{\infty} (k)\binom{r + k - 1}{r - 1} p^r q^k = p^r q \sum_{k=1}^{\infty} \binom{r + k - 1}{r - 1} k q^{k-1} = p^r qr(1 - q)^{-r-1} = r\left(\frac{q}{p}\right)$$

因此，

$$E(X) = r + r\left(\frac{q}{p}\right) = r\left(1 + \frac{q}{p}\right) = r\left(\frac{1}{p}\right)$$

类似地，利用 $h''(w)$，我们可以得到

$$E[(X - r)(X - r - 1)] = \left(\frac{q^2}{p^2}\right)(r)(r + 1)$$

因此，

$$\mathrm{Var}(X) = \mathrm{Var}(X - r) = \left(\frac{q^2}{p^2}\right)(r)(r + 1) + r\left(\frac{q}{p}\right) - r^2\left(\frac{q^2}{p^2}\right) = r\left(\frac{q}{p^2}\right)$$

当 $r = 1$ 时，负二项级数的一个特殊情况是著名的几何级数

$$(1 - w)^{-1} = 1 + w + w^2 + w^3 + \cdots$$

其中 $-1 < w < 1$.

几何级数的命名源于几何概率分布. 回顾几何级数

$$g(r) = \sum_{k=0}^{\infty} ar^k = \frac{a}{1 - r} \tag{D.4-1}$$

其中 $1 < r < 1$. 为了找到几何随机变量 X 的均值和方差，在相应的求负二项随机变量的均值和方差的公式中简单令 $r - 1$ 即可. 但是，如果你想直接求出均值和方差，你可以使用以下公式：

$$g'(r) = \sum_{k=1}^{\infty} akr^{k-1} = \frac{a}{(1 - r)^2} \tag{D.4-2}$$

和

$$g''(r) = \sum_{k=2}^{\infty} ak(k - 1)r^{k-2} = \frac{2a}{(1 - r)^3} \tag{D.4-3}$$

求出 $E(X)$ 和 $E[X(X-1)]$.

在与几何随机变量相关的应用中，几何级数的 n 项部分和也具有重要意义：

$$s_n = \sum_{k=0}^{n-1} ar^k = \frac{a(1 - r^n)}{1 - r}$$

此外，对数序列在日常生活中也是一个有用的工具. 考虑

$$f(x) = \ln(1 + x)$$

$$f'(x) = (1 + x)^{-1}$$

$$f''(x) = (-1)(1 + x)^{-2}$$

$$f'''(x) = (-1)(-2)(1 + x)^{-3}$$

$$\vdots$$

因此，$f^{(r)}(0) = (-1)^{r-1}(r=1)!$ 且当 $-1 < x < 1$ 时，

$$\ln(1 + x) = \frac{0!}{1!}x - \frac{1!}{2!}x^2 + \frac{2!}{3!}x^3 - \frac{3!}{4!}x^4 + \cdots = x - \frac{x^2}{2} + \frac{x^3}{3} - \frac{x^4}{4} + \cdots$$

收敛.

现在考虑以下问题："如果利率是 i，那么货币需要多长时间才能增值一倍？"假设复利是以每年为基础的，你从 1 美元开始，一年后你有 $1+i$ 美元，两年后你拥有的美元数是

$$(1 + i) + i(1 + i) = (1 + i)^2$$

继续这个过程，我们发现我们必须解决的方程是

$$(1 + i)^n = 2$$

其解是

$$n = \frac{\ln 2}{\ln(1 + i)}$$

为了逼近 n 的值，回忆 $\ln 2$ 约等于 0.693，并利用 $f(x) = \ln(1+x)$ 的级数展开来求取 n：

$$n \approx \frac{0.693}{i - \dfrac{i^2}{2} + \dfrac{i^3}{3} - \cdots}$$

由于分母中的交错级数，分母比 i 小一点. 通常，金融经纪人将分子增加一点（例如，0.72），然后简单地除以 i，得到经典的"72 规则"，即

$$n \approx \frac{72}{100i} \tag{D.4-4}$$

例如，如果 $i = 0.08$，那么 $n \approx 72/8 = 9$ 提供了一个极好的近似（答案大约是 9.006）. 很多人发现"72 规则"在处理金钱方面非常有用.

D.5 积分

令 $F'(t) = f(t)$，$a \leqslant t \leqslant b$，那么

$$\int_a^b f(t)\,dt = F(b) - F(a)$$

因此，如果 $u(x)$ 满足 $u'(x)$ 存在且 $a \leqslant u(x)$，那么

$$\int_a^{u(x)} f(t)\,dt = F[u(x)] - F(a)$$

对上面的等式求导，我们得到

$$\frac{\mathrm{d}}{\mathrm{d}x}\left[\int_a^{u(x)} f(t)\,\mathrm{d}t\right] = F'[u(x)]u'(x) = f[u(x)]u'(x)$$

例如，若 $0<\nu$，则

$$\frac{\mathrm{d}}{\mathrm{d}\nu}\left[2\int_0^{\sqrt{\nu}} \frac{1}{\sqrt{2\pi}}\,\mathrm{e}^{-z^2/2}\,\mathrm{d}z\right] = \left(\frac{2}{\sqrt{2\pi}}\,\mathrm{e}^{-\nu/2}\right)\frac{1}{2\sqrt{\nu}} = \frac{\nu^{(1/2)-1}\,\mathrm{e}^{-\nu/2}}{\sqrt{\pi}\,2^{1/2}}$$

此方程式可以用来证明如果 Z 服从 $N(0,1)$，那么 Z^2 服从 $\chi^2(1)$.

前面的例子可以通过改变积分中的变量 ν 来实现. 即首先利用下面的事实：

$$\int_a^b f(x)\,\mathrm{d}x = \int_{u(a)}^{u(b)} f[w(y)]\,w'(y)\,\mathrm{d}y$$

其中 $x=w(y)$ 是单调递增（递减）函数，它的导数为 $w'(y)$，反函数为 $y=u(x)$. 在这个例子中，取 $a=0$，$b=\sqrt{w}$，$z=\sqrt{t}$，$z'=1/2\sqrt{t}$，$t=z^2$，可以得到

$$2\int_0^{\sqrt{\nu}} \frac{1}{\sqrt{2\pi}}\,\mathrm{e}^{-z^2/2}\,\mathrm{d}z = 2\int_0^{\nu} \frac{1}{\sqrt{2\pi}}\,\mathrm{e}^{-t/2}\left(\frac{1}{2\sqrt{t}}\right)\mathrm{d}t$$

根据微积分中的一个基本定理，上式右端的导数为

$$2\frac{1}{\sqrt{2\pi}}\,\mathrm{e}^{-\nu/2}\left(\frac{1}{2\sqrt{\nu}}\right) = \frac{\nu^{(1/2)-1}\,\mathrm{e}^{-\nu/2}}{\sqrt{\pi}\,2^{1/2}}$$

分部积分法会被经常使用. 此方法基于两个 x 的函数 $u(x)$ 和 $\nu(x)$ 乘积的导数. 此导数为

$$\frac{\mathrm{d}}{\mathrm{d}x}[u(x)v(x)] = u(x)v'(x) + v(x)u'(x)$$

因此，

$$[u(x)v(x)]_a^b = \int_a^b u(x)v'(x)\,\mathrm{d}x + \int_a^b v(x)u'(x)\,\mathrm{d}x$$

等价地，

$$\int_a^b u(x)v'(x)\,\mathrm{d}x = [u(x)v(x)]_a^b - \int_a^b v(x)u'(x)\,\mathrm{d}x$$

例如，令 $u(x)=x$，$v'(x)=\mathrm{e}^{-x}$，我们得到

$$\int_0^b x\mathrm{e}^{-x}\,\mathrm{d}x = \left[-x\mathrm{e}^{-x}\right]_0^b - \int_0^b (1)(-\mathrm{e}^{-x})\,\mathrm{d}x = -b\mathrm{e}^{-b} + \left[-\mathrm{e}^{-x}\right]_0^b = -b\mathrm{e}^{-b} - \mathrm{e}^{-b} + 1$$

这是因为 $u'(x)=1$，$v(x)=-\mathrm{e}^{-x}$.

考虑到乘法满足交换律，我们不需要区分 $u(x)$ 和 $v'(x)$.

再例如如下积分：

$$\int_0^b x^3 \mathrm{e}^{-x}\,\mathrm{d}x$$

需要进行三次分部积分，其中第一次需要令 $u(x)=x^3$，$v'(x)=\mathrm{e}^{-x}$. 但注意到

$$\frac{\mathrm{d}}{\mathrm{d}x}(-x^3\mathrm{e}^{-x}) = x^3\mathrm{e}^{-x} - 3x^2\mathrm{e}^{-x}$$

即 $-x^3\mathrm{e}^{-x}$ "几乎" 是 $x^3\mathrm{e}^{-x}$ 的原函数——在去掉不希望得到的 $-3x^2\mathrm{e}^{-x}$ 这一项后. 显然，

$$\frac{\mathrm{d}}{\mathrm{d}x}(-x^3\mathrm{e}^{-x} - 3x^2\mathrm{e}^{-x}) = x^3\mathrm{e}^{-x} - 3x^2\mathrm{e}^{-x} + 3x^2\mathrm{e}^{-x} - 6x\mathrm{e}^{-x} = x^3\mathrm{e}^{-x} - 6x\mathrm{e}^{-x}$$

我们避开了不希望得到的 $-3x^2\mathrm{e}^{-x}$ 这一项，但是得到了新的一项 $-6x\mathrm{e}^{-x}$. 而

$$\frac{\mathrm{d}}{\mathrm{d}x}(-x^3\mathrm{e}^{-x} - 3x^2\mathrm{e}^{-x} - 6x\mathrm{e}^{-x}) = x^3\mathrm{e}^{-x} - 6\mathrm{e}^{-x}$$

以及

$$\frac{\mathrm{d}}{\mathrm{d}x}(-x^3\mathrm{e}^{-x} - 3x^2\mathrm{e}^{-x} - 6x\mathrm{e}^{-x} - 6\mathrm{e}^{-x}) = x^3\mathrm{e}^{-x}$$

即

$$-x^3\mathrm{e}^{-x} - 3x^2\mathrm{e}^{-x} - 6x\mathrm{e}^{-x} - 6\mathrm{e}^{-x}$$

是 $x^3\mathrm{e}^{-x}$ 的原函数，在推导的过程中并未指定 u 和 v.

作为这个技巧的练习，考虑

$$\int_0^{\pi/2} x^2\cos x\,\mathrm{d}x = \left[x^2\sin x + 2x\cos x - 2\sin x\right]_0^{\pi/2}$$

此时 $x^2\sin x$ 是我们首先猜到的一项，因为 $x^2\cos x$ 的导数中含有 $\sin x$ 因子. 但是我们得到了不希望得到的项 $2x\sin x$，这也是为什么要加上 $2x\cos x$ 这一项. 因为 $\cos x$ 的导数为 $-\sin x$，$-2x\sin x$ 可以抵消 $2x\sin x$. $2x\cos x$ 导数的第二项为 $2\cos x$，我们可以取下一项为 $-2\sin x$ 来抵消它.

或许最好的验算办法就是求右端

$$x^2\sin x + 2x\cos x - 2\sin x$$

的导数，过程中要注意某些项是如何抵消的，最终只留下 $x^2\cos x$. 下面的积分作为练习：

$$\int x^4\mathrm{e}^{-x}\,\mathrm{d}x, \quad \int x^3\sin x\,\mathrm{d}x, \quad \int x^5\mathrm{e}^x\,\mathrm{d}x$$

D.6 多元微积分

我们只讨论两个变量的函数，比如说，

$$z = f(x, y)$$

但是相关的分析可以延伸到两个以上的变量情形. 通过将"另一个"变量看作常数，然后利

用通常的导数法则，我们可以分别得到关于 x 和 y 的一阶偏导数，由 $\dfrac{\partial z}{\partial x}$ 和 $\dfrac{\partial z}{\partial y}$ 表示. 例如，

$$\frac{\partial(x^2 y + \sin x)}{\partial x} = 2xy + \cos x$$

$$\frac{\partial(\mathrm{e}^{xy^2})}{\partial y} = (\mathrm{e}^{xy^2})(2xy)$$

二阶偏导数简单地说是一阶偏导数的一阶偏导数. 比如若 $z = \mathrm{e}^{xy^2}$，那么

$$\frac{\partial}{\partial x}\left(\frac{\partial z}{\partial y}\right) = \frac{\partial}{\partial x}(2xy\mathrm{e}^{xy^2}) = 2xy\mathrm{e}^{xy^2}(y^2) + 2y\mathrm{e}^{xy^2}$$

对于符号，我们有以下约定：

$$\frac{\partial}{\partial x}\left(\frac{\partial z}{\partial x}\right) = \frac{\partial^2 z}{\partial x^2}, \quad \frac{\partial}{\partial x}\left(\frac{\partial z}{\partial y}\right) = \frac{\partial^2 z}{\partial x \partial y}, \quad \frac{\partial}{\partial y}\left(\frac{\partial z}{\partial x}\right) = \frac{\partial^2 z}{\partial y \partial x}, \quad \frac{\partial}{\partial y}\left(\frac{\partial z}{\partial y}\right) = \frac{\partial^2 z}{\partial y^2}$$

一般地，对于连续函数，其二阶连续偏导满足

$$\frac{\partial^2 z}{\partial x \partial y} = \frac{\partial^2 z}{\partial y \partial x}$$

对于 $z = f(x, y)$ 的局部极大或极小值，若一阶导数存在，我们有

$$\frac{\partial z}{\partial x} = 0 \quad \text{和} \quad \frac{\partial z}{\partial y} = 0$$

为了保证局部极大或极小值存在，我们需要

$$\left(\frac{\partial^2 z}{\partial x^2}\right)\left(\frac{\partial^2 z}{\partial y^2}\right) - \left(\frac{\partial^2 z}{\partial x \partial y}\right)^2 > 0$$

此外，当 $\dfrac{\partial^2 z}{\partial x^2} > 0$ 时对应局部极小值，当 $\dfrac{\partial^2 z}{\partial x^2} < 0$ 时对应局部极大值.

　　最小二乘法是统计学中的一个重要方法，目的是找到参数 a 和 b，使得下面的式子取最小值：

$$K(a, b) = \sum_{i=1}^{n} (y_i - a - bx_i)^2$$

因此，求解下面两个方程：

$$\frac{\partial K}{\partial a} = \sum_{i=1}^{n} 2(y_i - a - bx_i)(-1) = 0$$

$$\frac{\partial K}{\partial b} = \sum_{i=1}^{n} 2(y_i - a - bx_i)(-x_i) = 0$$

可以求得 $K(a, b)$ 取最小值的点 (a, b). 继续求二阶偏导数，得到

539

$$\frac{\partial^2 K}{\partial a^2} = \sum_{i=1}^{n} 2(-1)(-1) = 2n > 0$$

$$\frac{\partial^2 K}{\partial b^2} = \sum_{i=1}^{n} 2(-x_i)(-x_i) = 2\sum_{i=1}^{n} x_i^2 > 0$$

和

$$\frac{\partial^2 K}{\partial a \partial b} = \sum_{i=1}^{n} 2(-1)(-x_i) = 2\sum_{i=1}^{n} x_i$$

因为不是所有的 x_i 都相等，所以 $\left(\sum_{i=1}^{n} x_i \right)^2 < n\sum_{i=1}^{n} x_i^2$，

从而

$$\left(2\sum_{i=1}^{n} x_i \right)^2 - (2n)\left(2\sum_{i=1}^{n} x_i^2 \right) < 0$$

注意到 $\frac{\partial^2 z}{\partial x^2} > 0$，因此方程组 $\frac{\partial K}{\partial a} = 0$ 和 $\frac{\partial K}{\partial b} = 0$ 存在唯一的

极小值解.

540   **二重积分**

$$P(A) = \iint_A f(x, y)\,\mathrm{d}x\,\mathrm{d}y$$

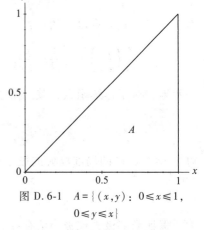

图 D.6-1 $A = \{(x, y): 0 \leqslant x \leqslant 1,$
$0 \leqslant y \leqslant x\}$

通常可以通过计算两个连续的累次积分获得. 例如，假设 $A = \{(x, y): 0 \leqslant x \leqslant 1,\ 0 \leqslant y \leqslant x\}$
（如图 D.6-1 所示），则

$$\iint_A (x + x^3y^2)\,\mathrm{d}x\,\mathrm{d}y = \int_0^1 \left[\int_0^x (x + x^3y^2)\,\mathrm{d}y \right] \mathrm{d}x = \int_0^1 \left[xy + \frac{x^3y^3}{3} \right]_0^x \mathrm{d}x$$

$$= \int_0^1 \left(x^2 + \frac{x^6}{3} \right) \mathrm{d}x = \left[\frac{x^3}{3} + \frac{x^7}{3 \cdot 7} \right]_0^1 = \frac{1}{3} + \frac{1}{21} = \frac{8}{21}$$

对于累次上下限的限制是：对于每一个固定在 0 和 1 之间的 x，y 被限制为从 0 到 x 的积分
区间. 同样地，在 y 上的内积分中，x 被视为常数.

在评价这个二重积分时，我们可以将 y 限制在从 0 到 1 的区间. 然后 x 介于 y 和 1 之
541   间. 也就是说，我们将计算累次积分

$$\int_0^1 \left[\int_y^1 (x + x^3y^2)\,\mathrm{d}x \right] \mathrm{d}y = \int_0^1 \left[\frac{x^2}{2} + \frac{x^4y^2}{4} \right]_y^1 \mathrm{d}y = \int_0^1 \left[\frac{1}{2} + \frac{y^2}{4} - \frac{y^2}{2} - \frac{y^6}{4} \right] \mathrm{d}y$$

$$= \left[\frac{y}{2} - \frac{y^3}{3 \cdot 4} - \frac{y^7}{7 \cdot 4} \right]_0^1 = \frac{1}{2} - \frac{1}{12} - \frac{1}{28} = \frac{8}{21}$$

最后，我们可以改变二重积分中的变量

$$P(A) = \iint_A f(x, y)\, \mathrm{d}x\, \mathrm{d}y$$

如果 $f(x, y)$ 是连续型随机变量 X 和 Y 的联合概率密度函数，则二重积分表示二维随机变量落在区域 A 的概率 $P[(X, Y) \in A]$. 考虑变换 $z = u_1(x, y)$ 和 $w = u_2(x, y)$ 的逆变换：$x = v_1(z, w)$ 和 $y = v_2(z, w)$，有如下行列式：

$$J = \begin{vmatrix} \dfrac{\partial x}{\partial z} & \dfrac{\partial x}{\partial w} \\[2mm] \dfrac{\partial y}{\partial z} & \dfrac{\partial y}{\partial w} \end{vmatrix}$$

该行列式又被称为逆变换的**雅可比矩阵**. 此外，假设区域 A 映射到 (z, w) 空间中的区域 B. 因为我们通常在本书中处理概率，所以我们固定积分的符号，使它是正的（通过使用雅可比的绝对值）. 然后我们得到

$$\iint_A f(x, y)\, \mathrm{d}x\, \mathrm{d}y = \iint_B f[v_1(z, w), v_2(z, w)]\, |J|\, \mathrm{d}z\, \mathrm{d}w$$

为了解释上面的式子，令

$$f(x, y) = \frac{1}{2\pi}\, \mathrm{e}^{-(x^2 + y^2)/2}, \quad -\infty < x < \infty, \quad -\infty < y < \infty$$

我们知道这是两个独立的具有正态分布的随机变量的联合概率密度函数，且它们的均值为 0，方差为 1. 假设 $A = \{(x, y): 0 \leqslant x^2 + y^2 \leqslant 1\}$，考虑积分

$$P(A) = \iint_A f(x, y)\, \mathrm{d}x\, \mathrm{d}y$$

是不可能直接对于变量 x 和 y 处理的. 然而，考虑极坐标的逆变换，

$$x = r\cos\theta, \quad y = r\sin\theta$$

雅各比行列式为

$$J = \begin{vmatrix} \cos\theta & -r\sin\theta \\ \sin\theta & r\cos\theta \end{vmatrix} = r(\cos^2\theta + \sin^2\theta) = r \qquad \boxed{542}$$

因为区域 A 映射到 $B = \{(r, \theta): 0 \leqslant r \leqslant 1, 0 \leqslant \theta < 2\pi\}$，我们有

$$P(A) = \int_0^{2\pi} \left(\int_0^1 \frac{1}{2\pi}\, \mathrm{e}^{-r^2/2}\, r\, \mathrm{d}r \right) \mathrm{d}\theta = \int_0^{2\pi} \left[-\frac{1}{2\pi}\, \mathrm{e}^{-r^2/2} \right]_0^1 \mathrm{d}\theta$$

$$= \int_0^{2\pi} \frac{1}{2\pi}\, (1 - \mathrm{e}^{-1/2})\, \mathrm{d}\theta = \frac{1}{2\pi}\, (1 - \mathrm{e}^{-1/2})\, 2\pi = 1 - \mathrm{e}^{-1/2} \qquad \boxed{543}$$

索　引

索引中的页码为英文原书页码，与书中页边标注的页码一致.

推荐阅读

统计学习导论——基于R应用

作者：Gareth James 等 ISBN：978-7-111-49771-4 定价：79.00元

统计反思：用R和Stan例解贝叶斯方法

作者：Richard McElreath ISBN：978-7-111-62491-2 定价：139.00元

计算机时代的统计推断：算法、演化和数据科学

作者：Bradley Efron ISBN：978-7-111-62752-4 定价：119.00元

应用预测建模

作者：Max Kuhn 等 ISBN：978-7-111-53342-9 定价：99.00元